美国金属学会热处理手册

B卷 钢的热处理工艺、设备及控制

ASM Handbook
Volume 4B Steel Heat Treating Technologies

美国金属学会手册编委会 组编

［美］乔恩 L. 多塞特（Jon L. Dossett）
乔治 E. 陶敦（George E. Totten） 主编

邵周俊 樊东黎 顾剑锋 等译

机械工业出版社

本书主要介绍了各种不同的热处理工艺、设备与控制技术，淬火冷却介质的特性及其冷却技术，以及热处理畸变控制与裂纹预防，如畸变模型与模拟技术，还介绍了热处理总体过程和工艺影响因素及其控制，其中包括炉温均匀性测定、成本计算、脱碳控制等。本书由世界上热处理各研究领域的著名专家撰写而成，反映了当代热处理工艺技术水平，具有先进性、全面性和实用性。

本书可供热处理工程技术人员参考，也可供产品设计人员和相关专业的在校师生及研究人员参考。

ASM Handbook Volume 4B Steel Heat Treating Technologies / Edited by Jon L. Dossett and George E. Totten/ ISBN：978－1－62708－025－5

北京市版权局著作权合同登记　图字：01－2015－1924 号。

图书在版编目（CIP）数据

美国金属学会热处理手册．B 卷，钢的热处理工艺、设备及控制/（美）乔恩·L. 多塞特（Jon L. Dossett），（美）乔治·E. 陶敦（George E. Totten）主编；邵周俊等译．—北京：机械工业出版社，2020.4（2024.4 重印）

书名原文：ASM Handbook，Volume 4B：Steel Heat Treating Technologies

ISBN 978-7-111-65099-7

Ⅰ. ①美…　Ⅱ. ①乔…　②乔…　③邵…　Ⅲ. ①钢－热处理－技术手册　Ⅳ. ①TG15－62

中国版本图书馆 CIP 数据核字（2020）第 044571 号

机械工业出版社（北京市百万庄大街 22 号　邮政编码 100037）

策划编辑：陈保华　责任编辑：陈保华　章承林

责任校对：张晓蓉　封面设计：马精明

责任印制：刘　媛

涿州市般润文化传播有限公司印刷

2024 年 4 月第 1 版第 2 次印刷

184mm×260mm · 40.75 印张 · 2 插页 · 1405 千字

标准书号：ISBN 978-7-111-65099-7

定价：239.00 元

电话服务　　网络服务

客服电话：010－88361066　　机　工　官　网：www.cmpbook.com

010－88379833　　机　工　官　博：weibo.com/cmp1952

010－68326294　　金　书　网：www.golden－book.com

封底无防伪标均为盗版　　机工教育服务网：www.cmpedu.com

译者序

自 1923 年美国金属学会发行小型的数据活页集和出版最早单卷《金属手册》（Metals Handbook），至今已有 90 余年的历史。2014 年前后，美国金属学会陆续出版了最新的《美国金属手册》（ASM Handbook），该手册共计 23 分册（34 卷），热处理手册是其中第 4 分册。一直以来，该套手册提供了完整、值得信赖的参考数据。通过查阅《美国金属手册》，可以深入了解各种工业产品最适合的选材、制造流程和详尽的工艺。

随着科学技术的发展，以前出版的各版本该套手册已难以完全容纳和满足当今热处理领域的数据更新和热处理技术发展的需要，出版更新和扩展日益增长的钢铁材料和非铁合金材料热处理数据手册显得尤为重要和刻不容缓。2014 年由美国金属学会（ASM International）组织全面修订再版了《美国金属手册》。在该套手册中，将 1991 出版的仅 1 卷的热处理部分扩充为 5 卷。本书为其中的 B 卷，主要介绍了钢的热处理工艺、设备及控制。

本书共 5 章，由世界上热处理各研究领域的著名专家撰写而成，涵盖了钢的热处理设备、控制系统、现场攻关及其相关问题的基础原理，以及热处理畸变控制与裂纹预防，如畸变模型与仿真技术等。本书详细介绍了各种不同的热处理设备与控制技术，淬火冷却介质的特性及其冷却系统，还介绍了热处理总体过程和工艺影响因素及其控制，其中包括炉温均匀性测定、成本计算、脱碳控制等。本书基本上代表和反映了当代钢的热处理与表面改性领域的技术水平，提供了大量翔实、权威、可靠的参考资料。

20 世纪 90 年代翻译出版的《美国金属手册》，对我国热处理领域教学、科研和生产起到了非常大的作用，少走了不少科研弯路。相信新版手册的翻译和出版必将对我国热处理行业的技术进步再次发挥巨大作用，对现代装备制造业及新兴高科技产业的发展产生更大的影响。

作为一名长期从事金属材料热处理的科研生产和行业工作者，深知这套手册的分量和影响。能够承担 2014 年版《美国金属学会热处理分册　B 卷　钢的热处理工艺、设备及控制》的翻译工作，我感到非常荣幸，同时深感责任重大。好在有国内从事热处理专业分领域知名专家、教授和生产一线同行的携手并进，相互切磋，共同完成了本书的翻译工作。在翻译过程中，大家努力学习和更新专业知识，在尊重原文的基础上，力求做到“正确、专业、通俗易懂”。

在众多同行和家人的理解和支持下，经过一年多的不懈努力，翻译工作得以顺利完成。参加翻译的人员有樊东黎（1.1、1.2、2.8），张静文、罗新民（1.3、3.4），邵周俊（1.4、2.9、5.1、5.2、5.3），高直（2.1），蒋志俊（2.2），刘晔东（2.3），刘日新（2.4），卓优（2.5），刘亚坤（2.6），闫满刚（2.7），付丛伟（2.10），陈春怀（3.1、3.2），姚继洪（3.3），左永平（3.5、3.6、3.7），石伟（4.1、4.2、4.3、4.4），顾剑锋（4.5），张立文（5.4），主要由邵周俊统稿。

由于本书篇幅大，内容涉及热处理诸多相关领域，译文尚有不足之处，在此恳请各位读者斧正。另外，在翻译过程中，也发现了原文中的部分错误，进行了注解和更正。

邵周俊

Email：Shaozhj@chts.org.cn；

Zhjshao@qq.com

序

本书是《美国金属手册》中5卷热处理分册的第2卷（B卷），主要内容是热处理工艺、设备及控制。此次重要修订会对钢的热处理方法、技术和应用的经济和工程产生巨大的影响。修订后的手册更符合源于1913年的底特律“钢的热处理工作者俱乐部”的初衷，即当今美国金属学会的宗旨。

本书是《美国金属学会热处理手册　A卷　钢的热处理基础和工艺流程》的延续，包含钢的热处理设备和工艺技术方面的内容，也包含工艺控制手段以及影响热处理生产效率和经济性的各种工艺操作参数。

像美国金属学会的其他手册一样，本书的编写、审阅和编辑是依靠组织多名作者一起共同完成的。他们志愿向我们提供了权威的、技术可行的、易懂的、公认可信的标准参考资料。我们也要感谢为解决共性难题、协助开展技术培训，以及为确认可信度做出贡献的志愿者，这些资料多是为协助解决实际问题而开展技术培训使用过的，事实证明行之有效。我们也要特别感谢本卷的主要编写人员：Jon Dossett，George Totten，Volker Schulze，Thomas Lübben 和 Jürgen Hoffmeister。

热处理学会主席　Roger A. Jones
美国金属学会主席　C. Ravi Ravindran
美国金属学会常务董事　Thomas S. Passek

前言

本书是对《美国金属学会热处理手册 A卷 钢的热处理基础和工艺流程》的延续。和上版一样，其目的是为各类从事热处理生产、研究的群体，包括研究人员、工程师、技术员和大学生提供综合参考，按照其各种不同工作和熟练程度满足其不同的需求。

本书包括钢的热处理设备、运行和工艺方面的内容。其中包括工艺控制手段和影响钢的热处理生产效果和经济性的各种规程参数。本书开始部分介绍了过程控制总概念，讨论了热处理作业中最重要变数之一的炉温均匀性的评价方法，还介绍了成本计算和热处理出现问题的原因，如热处理前和实施过程中的脱碳、淬火畸变和开裂等。

修改和新增补章节包括现代炉型、耐火部件、控制、气氛控制、测温、淬火冷却介质、淬火冷却和搅拌系统。另外，本书也针对畸变和残余应力控制难题给出了当代工程前景。这一关键课题是解决钢在热处理过程中遇到的一些难题的核心。残余应力和畸变控制的工程理论（包括计算机模型和模拟）是值得肯定的，在实际生产中的应用不断拓展，前景光明。不论全能型热处理厂还是热处理加工车间都需求更具柔性化和可信效果，这是一种工艺过程的改进。在此项工作中，我们要特别感谢卡尔斯鲁尔理工技术学院的沃克尔·舒尔茨教授（Prof. Volker Schulze）、材料科学基础研究所的托马斯·鲁本博士（Dr. Thomas Lübben），他们为残余应力和畸变工程章节的编写付出了艰辛努力。

如同其他分册的编写出版工作，本书也在编写范围和成果取舍方面有综合考虑。例如，对淬火冷却系统中冷却介质的处理和过滤的介绍用了较多篇幅，对通用设备的设计和维护的介绍也更加详细。另外，某些专题（例如“热传导方程”）可能超出了常规热处理工作内容的范围，尽管热处理同行能够成功地依靠实际经验确定加热和冷却规范，但是日常还需要一定的理论能够为突发事件的分析提供坚实基础。

最后，我们对所有作者和审稿人表示感谢，他们为本书的撰写、编辑和出版付出了时间，没有他们的辛劳，本书是不可能问世的。

Jon L. Dossett
George E. Totten

使用计量单位说明

根据董事会决议，美国金属学会同时采用了出版界习惯使用的米制计量单位和英、美习惯使用的美制计量单位。在手册的编写中，编者们试图采用米制计量单位为主的国际单位制（SI），辅以对应的美制计量单位来表示数据。采用SI单位为主的原因是基于美国金属学会董事会的决议和世界各国现已广泛使用SI单位。在大多数情况下，书中文字中和表格中的工程数据以SI为基础的计量单位给出，并在相应的括号里给出美制计量单位的数据。例如，压力、应力和强度都是用SI单位中的帕斯卡（Pa）前加上一个合适的词头，同时还以美制计量单位（磅力每平方英寸，psi）来表示。为了节省篇幅，较大的磅力每平方英寸（psi）数值转换用千磅力每平方英寸（ksi）来表示（1ksi = 1000psi），吨（$kg \times 10^3$）有时转换为兆克来表示（Mg），而一些严格的科学数据只采用SI单位来表示。

为保证插图整洁清晰，有些插图只采用一种计量单位表示。参考文献引用的插图采用国际单位制（SI）和美制计量单位两种计量单位表示。图中SI单位通常表示在插图的左边和底部，相应的美制计量单位表示在插图的右边和顶部。

规范或标准出版物的数据可以根据数据的属性，只采用该规范或标准制定单位所使用的计量单位或采用两种计量单位表示。例如，在典型美制计量单位的美国钢板标准中，屈服强度通常以两种计量单位表示，而该标准中钢板厚度可能只采用了英寸表示。

根据标准测试方法得到的数据，如标准中提出了推荐特定的计量单位体系，则采用该计量单位体系表示。在可行的情况下，也给出了另一种计量单位的等值数据。一些统计数据也只以进行原始数据分析时的计量单位给出。

不同计量单位的转换和舍入按照IEEE/ASTM SI－10标准，并结合原始数据的有效数字进行。例如，退火温度1570℉有三位有效数字，换算后的等效摄氏度为855℃，而不是更精确的854.44℃。对于一个发生在精确温度的物理现象，如纯银的熔化，应采用资料给出的温度961.93℃或1763.5℉。在一些情况下（特别是在表格和数据汇编时），温度值是在国际单位制（℃）和美制计量单位（℉）间进行相互替代，而不是进行转换。

严格对照IEEE/ASTM SI－10标准，本手册使用的计量单位有几个例外，但每个例外都是为尽可能提高手册的清晰程度。最值得注意的一个例外是密度（每单位体积的质量）的计量单位使用了g/cm^3，而不是kg/m^3。为避免产生歧义，国际单位制的计量单位中不采用括号，而是仅在单位间或基本单位间采用一个斜杠（对角线）组合成计量单位，所有斜杠前的为计量单位的分子，而斜杠后的为计量单位的分母。

目 录

第1章 概论

1.1 钢的热处理过程控制——导言

钢的热处理工艺（见表1-1）有许多种，主要用于改善显微组织，获得预期性能。热处理包括各种退火（完全退火、亚温退火、临界退火、再结晶退火、扩散退火、等温退火、软化退火）、正火、去应力、直接淬火和表面淬火、回火。直接淬火包含奥氏体化和随后的快速冷却（淬火），以形成以非常硬的亚稳态晶体结构形式存在的、被称作马氏体的碳过饱和固溶体组织。同样，可通过多种化学热处理工艺（不包括在表1-1中）对钢件表面施行马氏体淬火硬化。详见本手册A卷《钢的热处理基础和工艺流程》。

表1-1 碳素钢和低合金钢的典型热处理工艺

工　艺	特　征
奥氏体化：把钢加热到临界温度以上完成奥氏体转变	亚共析钢加热到 Ac_3 以上30~50℃（55~90℉），过共析钢加热到 Ac_1 以上30~50℃（55~90℉）。Ac_3 是铁素体完全转变为奥氏体的温度，Ac_1 是加热时开始转变为奥氏体的温度 必须限制加热速度和保证均匀性，以避免开裂和翘曲，并控制250~600℃（480~1110℉）范围内的热应力 要控制碳当量，以减小钢的开裂倾向 根据炉型（辐射率、温度和炉气成分）和炉料（钢种和热物理性能）及其几何因素确定保温时间
退火：热处理过程包括加热、在适当温度下保持，然后冷却到常温，使金属接近于平衡组织状态。退火的主要目的是使钢软化、提高可加工性和易切削性，同时也能消除内应力，恢复塑性和韧性，细化晶粒，减少钢中气体，改善合金元素分布	完全退火：亚共析钢加热到 Ac_3 以上30~50℃（55~90℉），然后以规定冷速通过临界温度。其目的是阻断高碳钢的连续碳化物网，以改善钢的切削加工性 部分（临界区）退火：加热到临界温度区间（Ac_1~Ac_3），然后缓慢冷却，以改善钢的切削加工性 亚临界退火：加热到 Ac_1 以下10~20℃（20~35℉），在静止空气中缓冷，适用于回火贝氏体或马氏体组织，使铁素体中的碳化物球化，软化显微组织，以改善低碳（w_C < 0.25%）钢的冷加工性能或使高碳钢和合金钢软化 再结晶退火：把钢加热到高于再结晶温度（$T_R \approx 0.4T_{熔}$），保持30min~1h，然后冷却。处理温度取决于预变形、晶粒大小和保温时间。再结晶过程形成无应变晶粒形状，产生一种塑性的球状显微组织 等温退火：将亚共析钢加热到 Ac_3 以上的奥氏体化温度范围，保温到足以完成固溶，获得完全奥氏体组织，然后快冷到珠光体转变范围，直至完成铁素体+珠光体转变，最后快速冷却 球化（软化）退火：使钢件长时间在临界温度 Ac_1 以下加热，随后炉冷 扩散（均匀化）退火：使钢件快速加热到1100~1200℃（2010~2190℉），保持8~16h，炉冷到800~850℃（1470~1560℉），然后在静止空气中冷到室温，用于钢锭和铸件，使化学偏析降到最低程度
正火：其目的是获得均匀的铁素体和珠光体显微组织（比退火组织晶粒更小，层片更薄）	把亚共析钢加热到 Ac_3 以上40~50℃（80~90℉），过共析钢加热到 Ac_{cm} 以上40~50℃（80~90℉），按钢件大小确定保温时间，然后在静止空气中冷却，以细化晶粒和改善均匀性

（续）

工艺		特征
去应力：特别适用于消除制造过程前积累的残余应力，导致屈服强度明显降低，消除应力，并使残余应力降至某安全数值		加热到 Ac_1 以下并保持所需时间，使残余应力降到所希望的程度，然后使钢以足够低的速度冷却，以避免残余应力过高。低于300℃（570℉）可较快冷却。去应力不会发生显微组织变化。根据钢种确定加热温度，推荐加热温度范围为550～700℃（1020～1290℉），此范围高于再结晶温度。低于260℃（500℉）应力消除很少或不会消除，在540℃（1005℉），约90%的应力会被消除。去应力的最高温度应低于淬火后的回火温度30℃（55℉）。去应力效果取决于温度和时间
淬火	淬透性：钢在奥氏体化和淬火后获得一定深度淬硬层的能力	淬透性取决于奥氏体的碳浓度、合金元素、奥氏体化温度、淬火时的奥氏体晶粒度、工件截面尺寸和形状以及淬火条件
	淬冷烈度：淬火冷却介质从炽热钢件中吸取热量的能力	选择各种合金钢用淬火冷却介质的具体建议可参照 SAE AMS 2759 标准。淬火冷却介质包括水、盐水、聚合物溶液、气体或空气以及碱液
回火：在钢经过淬火和正火以后施行的热处理工艺，其目的是获得所需的力学性能，包括韧性和塑性，降低硬度，改善尺寸稳定性		回火过程是将淬火后的钢件加热到低于 Ac_1 某一温度，淬火马氏体转变为回火马氏体，即高分散度的球形渗碳体（碳化物）分布在铁素体软基体上，会降低硬度，提高韧性，使硬度达到期望水平，最后通过冷却结束碳化物析出。回火效果取决于回火温度和时间

钢的热处理基本原理虽已很清楚，但理论和实际的结合还是很复杂的。钢的热处理实践涉及许多变量。表1-1中虽然定义了最低要求，但不一定能确定热处理实践中的所有极端情况。由表1-2可见，尚有许多影响热处理规范和结果的变量。图1-1所示的鱼骨图也演示了在中性淬火工序中的变量。

表1-2 制定工艺规范要考虑的热处理参数

热处理可变参数		工艺规范考虑因素	热处理可变参数		工艺规范考虑因素
铸件	钢种	钢种/或成分	热处理设备	炉门密封状态	热处理方法、时间、温度
	成分	钢种/成分		炉子控制	热处理方法、时间、温度
	最小截面尺寸	不重要		升温控制	热处理方法、时间、温度
	最大截面尺寸	最大截面尺寸		炉区控制	热处理方法、时间、温度
	重量	最大截面尺寸		降温控制	热处理方法、时间、温度
	致密度或零件尺寸变化	最大截面尺寸		控制 T/C 位置	热处理方法、时间、温度
	显微组织	不重要		控制 T/C 响应	热处理方法、时间、温度
	前处理	不重要		炉气	不重要
	表面状态	不重要		保持温度变化	热处理方法、时间、温度
热处理设备	炉型	热处理方法、时间、温度	热处理生产	温度设定	热处理方法、温度
	炉子尺寸	热处理方法、时间、温度		上料温度	热处理方法、温度
	燃烧器位置	热处理方法、时间、温度		升温时间	热处理方法、时间
	燃烧器数量	热处理方法、时间、温度		保温时间	热处理方法、时间
	隔热层	热处理方法、时间、温度		料筐/吊架几何尺寸	满料
	燃烧器的工作特性	热处理方法、时间、温度		装炉量	满料
	耐火砖支承	热处理方法、时间、温度		装料密度	满料
	炉门密封类型	热处理方法、时间、温度		装料方式	满料

（续）

热处理可变参数		工艺规范考虑因素
热处理生产	初始炉温	热处理方法、时间、温度
	升温/保温时间判据	热处理方法、时间、温度
	保温时间变化	热处理方法、时间
淬冷设备	淬火剂种类	淬火剂种类
	淬火槽容量	开始淬火温度
	补水条件	开始淬火温度
	液压泵进/出口位置	开始淬火温度
淬火生产/控制	淬火冷却速度	淬火冷却速度
	延迟时间	延迟时间
	起始淬火温度	起始淬火温度
	起始炉料温度	不重要
	装炉量	满料
	炉料表面积	满料
淬火生产/控制	淬火硬度	淬火硬度下限
	铸件最终温度	终淬温度
	铸件表面状态	不重要
	局部淬冷速度	淬冷速度
	局部淬冷温度	终淬温度
正火	室温	不重要
	空气流速	空气流速
	空气相对湿度	重要性不大
	装炉量	满料
	装炉密度	满料
	局部空气流速	空气流速
	局部温度	空气

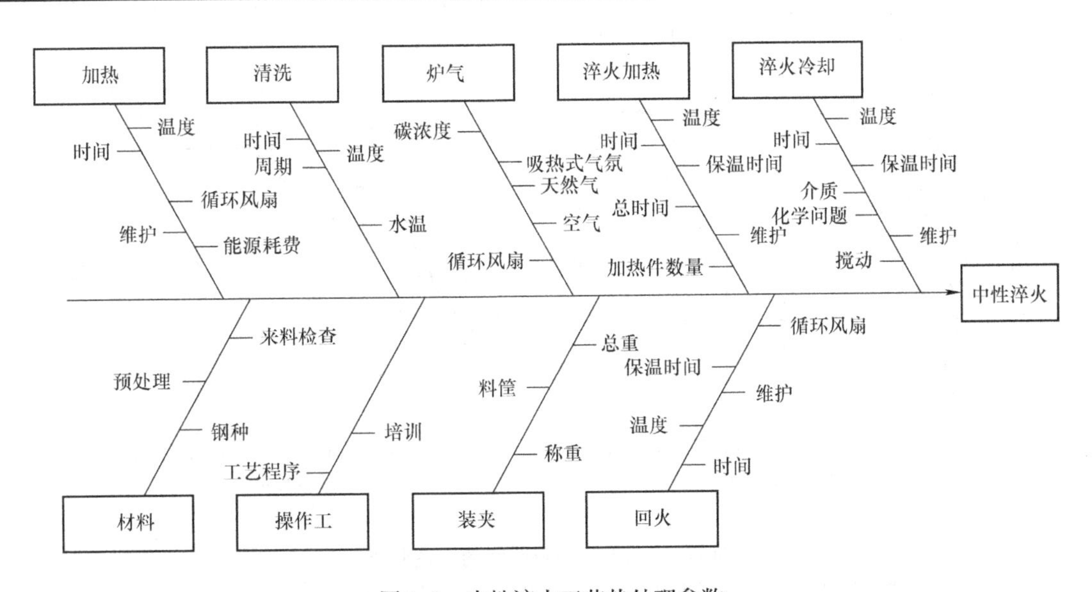

图 1-1　中性淬火工艺热处理参数

要从这些参数的重要性、测量的难易程度，以及经济和质量的平衡角度，综合决定对这些参数施行控制、监测或不予置理。任何热处理工序的重要工艺参数几乎都可归入以下三种类型：

1）为实施一种工艺必须严格控制的参数，诸如温度、时间等。

2）已知参数虽对工艺效果有影响，但由于控制的复杂性和费用过高只能不予置理或简单地人工控制。

3）根本不可控的可变参数，如天然气成分、可利用的热输入等。

钢的热处理规范的一些通用基本要素（参数）：①合金钢的牌号/成分；②最大截面尺寸；③热处理温度－时间曲线；④额定装炉量。

当然，关键工艺参数还应视具体工艺而定。如周期式气体渗碳炉通常应控制的工艺参数：①温度；②炉气碳势；③时间；④吸热式气流量；⑤富化气流量；⑥炉气循环程度；⑦淬火剂性能（温度和搅动）。

上述前 2 项温度和碳势一般是自动控制的，而第3项时间通常依靠自动和手动都能保持正常，最后4项经常是无警告运行，直至出现问题才进行检查。但是，要保持过程控制发挥预防作用这样的理念，尽可能在连续自动化的基础上，给予其他重要参数以更多的重视。

1.1.1 时间-温度曲线

很明显，控制热处理性能的依据是工件的时间-温度曲线，而不是炉子的时间和温度。工件的时间-温度曲线不仅取决于当时的时间-温度曲线，而且取决于到达该温度的加热曲线和炉子的升温速度。工件的截面尺寸、满料和部分装料也将影响达到奥氏体化温度的时间。图1-2b所示为大装炉量和大截面工件达到设定温度的时间差。此图也说明了采用炉料之间热电偶而非简单地测量装有大截面热处理件炉子的加热时间的重要性。满料炉内料筐中心的工件比部分装料炉内零件表现出更大的时间-温度曲线差别。因此，还应细心装炉，以保证良好的炉气循环。

针对装料炉子的温度监测问题，采用过度保守的“每英寸一小时”规则，以保证炉料中心能达到所要求的温度。这些做法通常要比实际情况需要更长时间。采用现代化温度数据采集系统，可以监测炉料的加热状态，而不只是炉子温度。这一技术进步提供了按炉料确定热处理时间和温度的可能性，这比根据炉温确定热处理周期更为精确。

通常用以下两种方法之一来测量有关热处理范畴的温度：热电偶或红外高温计。由于费用低、结构简单和本身的可靠性，在大多数情况下，人们都把热电偶作为最实用的传感器。它对于气体温度的传感是最为完善的，甚至在依赖辐射的真空炉中也效果良好。然而，它不太适用于穿过炉壁测量工件的实际温度。

由于热电偶经常因失去精度而缓慢失效，同时插入的两根热电偶经常会保持一致，甚至同时损坏，因此可定期更换或交替更换热电偶。除了测量和工艺关联明显的温度外，测定一些与工艺相关不大的项目，如冷却水、轴承和炉门密封处的温度同样需要关心，最常用的也是热电偶测定。

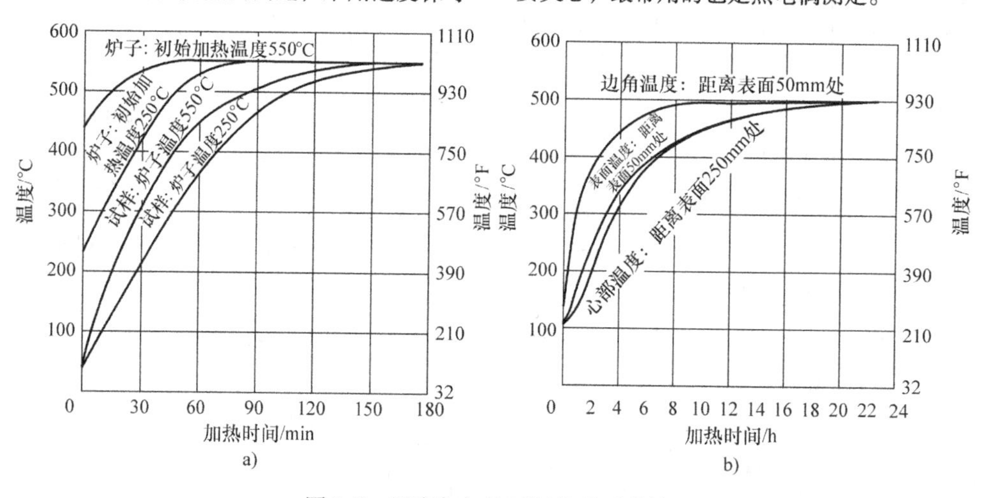

图1-2 温度与加热时间的关系曲线

a）初始加热温度与加热时间的关系 b）大装炉量不同位置的温度与加热时间的关系

红外测温科学虽有长足进步，多用于感应淬火，但用于封闭式炉子会产生紊乱的效果。如果炉子不用碳氢化合物裂解气氛，结果尚可，否则产生的炭黑会阻碍光学通道。本书2.4节“热处理的温度控制”中有更多的相关信息。

热处理中大多用“通-断”方式控制温度，如采用发热元件的接触器或燃烧器的“高-低”燃烧系统。其他尚有比例调节方式，即调节燃烧器的燃气-空气化学计量比或加热元件的供电系统。

每一类加热系统都具有能量的适当分配功能，以使炉子达到和维持规定的温度。可用燃气表或电能表直接测量炉子所用能量，也可用更加先进的手段来测控相对值。

当然，要从生产成本、效益和工艺数据的综合角度考虑能量消耗，还要加上在炉内运行的某种工艺被炉料吸收的附加能量。按图1-3所示方式加入炉料有助于实现成功利用能源。

图1-3所示为热量输入炉内之后先达到设定温度，装炉后温度下降到某一平衡点再回升到设定温度的整个工艺过程。在这个平衡点，输入炉内的热量等于通过炉壁的热损失和炉气外泄带走的热量。

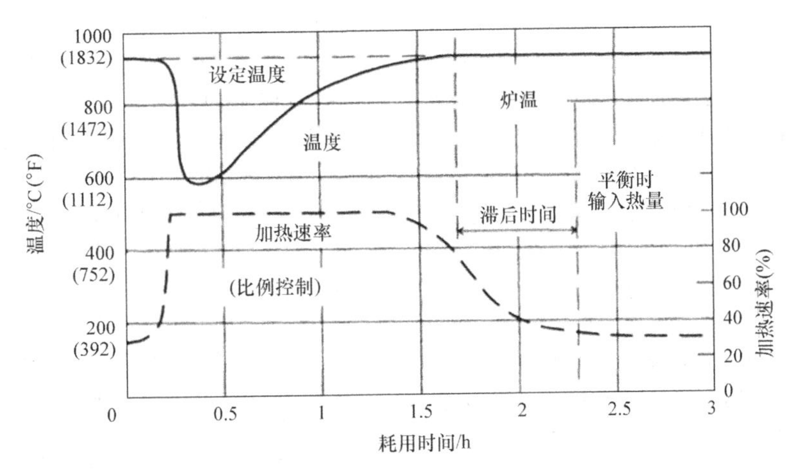

图 1-3 炉温与热平衡耗用时间的关系

大多数车间里，装炉量是经常变化的，而工艺效果因为缺乏装炉量影响工艺结果的信息而受到影响。使用一个很便宜的、精准谐调的比例调节温度控制器，就可以利用大装炉量达到设定温度需要更多热量的原理对大装炉量进行补偿。

图 1-4 所示为装炉量大小对热平衡的影响。虽然装炉量对炉温所需恢复时间的长短相对影响不大，但是对热平衡则有巨大影响。根据得到的数据，炉子的输入热量是一个比较容易得到的信息，但也的确是一个更能精确控制工艺的重要数值。

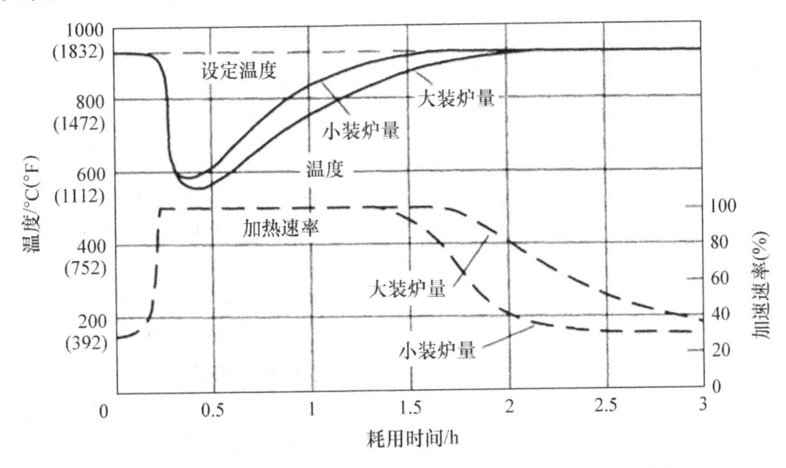

图 1-4 装炉量大小对热平衡的影响（温度 - 时间关系图）

炉温均匀性始终是一个重要问题，特别是在无对流的真空应用中。虽然使炉内温度均匀的过程可能存在一定困难，但有文献报道使用多支热电偶还是比较容易达到较好效果的。毫无疑问，在炉子不同位置插入热电偶监测炉温均匀性，针对其平均值和分散度自动计算和报警是易于实现的。炉温均匀性对真空炉来说更是一个重要指标，这种方法在真空炉上已使用多年。由此可见，监测热电偶在评价炉温均匀性和保证其重现性方面很重要。

1.1.2 温度均匀性检测

Darrell A Rydzcwski，Controls Servicc，Inc.

大家都很清楚热处理过程精确控温的必要性，但也必须看到炉子工作区各处温度和控温仪的指示值会有很大偏差。因此，AMS2750E、CQI-9 第 3 版或 AMS A991/A991M-08 关于高温测量相关技术条件要求热处理工作者定期按规定对炉子工作区实施温度均匀性测量，以使其保持在设定温度的可接受范围。这些技术条件还要求炉温控制和相关热电偶都应满足特定精度，并且定期校准，因为所有这些因素都对炉子工作区的温度控制和均匀性有很大影响。

必须在规定期限内对炉温的控制、监测和记录设备施行标定。特别是要通过精度试验系统的检验，检查工艺热电偶，以保证其不累积过量误差，且不超出规定允差。

总之，从标定、系统精度试验到温度均匀性测定数据采集，都将给热处理操作工提供炉子系统在整个工作区达到和保持设定温度能力的真凭实据。

（1）温度均匀性测定　谈到温度均匀性测定就会联想到TUS——一个描述全炉工作区温度变化的试验规程。其重要性是能使热处理作业者明确炉子系统的每个工作区域合格，并且其工作温度范围合格。

AMS 2750E是这样定义合格工作区域的：如果温度变化满足均匀度允差要求，就可以确定为合格工作区域。CQI－9第3版也有类似定义。因此，ASTM A 991/A 991M－08完全认可确定此合格工作区域的重要性。

在合格工作区外工作就可以认为是在不合格炉中生产（图1-5）。AMS 2750E规定了经测试温度均匀性允差范围内的热加工温度。

无论炉子的全部工作区还是被认为是合格的工作区，必须形成文件记录并保存，同时向操作者说明和交代清楚合格工作区，以保证炉料能装在测出的合格工作区内。

同样，也要形成文件记录并保存，同时向操作者说明和交代清楚炉子系统的合格工作温度范围，以保证炉料不在此温度范围外生产。

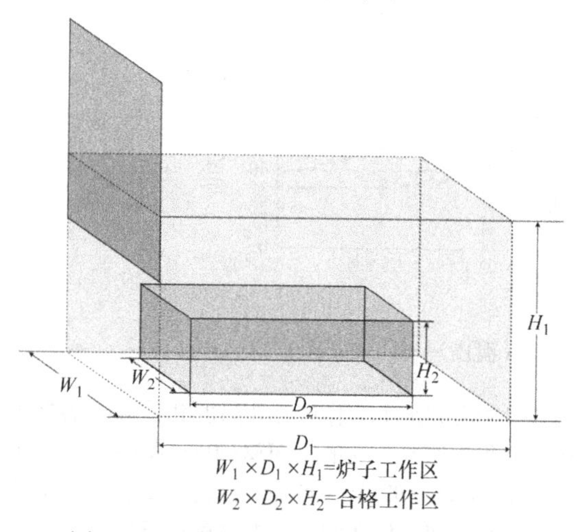

图1-5　炉子工作区和合格工作区示意图

（2）炉温均匀性检验规程的编制　按照正确的规范实施TUS，是对热处理企业的重大投资。利用此试验规程能获得有价值的信息，特别是在加班时也能以同一方式正确作业。

因此，最初的TUS十分重要，因为它奠定了日后炉子对比试验TUS数据的基准。

在最初实施TUS的过程中，温度控制调谐参数需要确认，需要评估温度控制器偏差，也要评估控制热电偶位置的有效性。如果是燃烧炉的话，还需要评估燃烧器装置，以及测定炉子的合格工作区和合格工作温度范围。

最初成功实施TUS基准的位置，必须形成文件保存，使所要求的炉子关键参数达到良好的TUS效果。随后还要周期性地施行TUS。如果TUS对比调查数据显示炉子性能有变化，这些基准位置有助于进行根本性原因分析。

重视AMS 2750E、CQI－9第3版3.4.1.1和3.4.1.2或ASTM A991/A 991 M 08的技术条件是十分必要的。其中要求热处理操作者在完成炉子改造后还要进行一次新的温度均匀性（最初/原始）TUS，这些列项如下，但是还不够详尽。

把炉子从已有文件记录状态施行改造后，发生改变的项目包括如下：

1）提高最高合格工作温度。

2）降低最低合格工作温度。

3）改变燃烧器的尺寸、数量或位置。

4）改变加热元件的数量、类型或位置。

5）改善空气流动（挡板位置、风速、风扇数量等）。

6）改变耐火层厚度。

7）使用不同热性能的新型耐火材料。

8）改变控制传感器的位置。

9）改变最初设定的燃烧压力。

10）改变控温方式（从高－低/开－闭方式改为比例调节）。

11）改变控温调节常数。

12）扩大工作区体积，包括先前未测试区域。

这些并不被认为是一种非常周密的方案，只给出了一些炉子改造项目的举例，使其能改进炉温均匀性指标，因此还需要一个另外的TUS。因此，规定炉子系统的维护程序，测定炉温均匀性效果对热处理企业十分重要。如果炉子的合格工作区温度均匀性不达标，则在成功施行TUS前，不能继续在这台炉中生产。

通过TUS试验不仅可获得炉子现行工艺能力的证据（也可从后文看到，这也就是长期运行工艺再现性的保证），也是最能向热处理企业提供炉子维护程序有效性的证明。通过一段时间的生产实践，TUS试验就能证实炉子维护程序在再现性上是否能够充分满足炉子温度控制的偏差要求，保持已建立的合格工作区。

如果已连续实现TUS效果，在其维护程序中还要特别注意提高高温测量要求。为此，AMS 2750E、CQI－9第3版和ASTM A991/A991M－08规定了关于几种高温计的指标，要求热处理作业者必须严格遵守一些事项的特别规定，例如控制设备的精确度、热电偶的精度、温控设施的标定期限以及确认热电偶完好性的系统精确度试验。缺乏炉温控制设施定期连续校准规程或证明热电偶完整性的连续精确度测试，热处理企业就很难有机会使其炉子系统保持良好的TUS效果。

AMS 2750E、CQI－9第3版和ASTM A991/A991M－08规定要求实施TUS，以保证在生产中能真实反映炉子的典型参数。此类探讨可向热处理人员提供大量的有价值数据，以供在经典生产模式下分析炉子性能。

例如，如果连续式炉的所有炉门正常生产时都按程序规定开启，则实施TUS时也必须打开。如果生产中没有采用慢速加热和保持炉温平稳，在实施TUS时也就不必采用这些措施。如果在生产中用过量空气燃烧，那么在TUS中也必须这样做出规定。如果在生产中使用风扇，则在TUS中必须规定用风扇。

应注意炉内气氛潜在的安全问题，否则将不能完全实现生产参数和/或增加TUS的试验传感器。

TUS的目的是确定炉子系统的工艺能力。热处理人员若能真实掌握生产参数，就能收集更多的有价值数据。同时，一旦决定采用一种方式，就应在随后的试验中遵照相同的TUS方法，只有这样才能顺利地对炉子性能进行严格评价。

对现行TUS数据进行分析，包括和过去收集的TUS数据进行对比，以证实和评价出现的某些变化，包括加热到指定温度的时间是否更长、整体温度均匀性变化、热点和冷点位置的变动都应即时记录。这些变化可揭示出炉子的老化后果，如炉门密封的损坏、耐火砖碎裂、燃烧器出问题或其他多种原因。但是，如果每次TUS试验规程不完全一致，这些历史性的比较分析就不具备实质意义。因此，这种调研必须认真实行，以保证其有效性，从而获得具有价值的数据。这些调研要遵循一致性基础。

通过对TUS采用一致性方法，收集的数据提供了使炉子系统保持长期良好运行的客观证据。TUS不仅是一种有用的工具，也是构成炉子有效运行维护规程的重要组成部分。

（3）制定温度均匀性测定的管理规程 AMS 2750E、CQI－9第3版、ASTM A991/A991M－08规程和其他多个文件直接说明了TUS试验的重要性，是关乎正常高温计维护程序的一个必不可少的组成部分。这些规程都认为，正确执行TUS的规定，对收集到的数据进行分析，对确定工艺能力有很大帮助。当然，必须要注意这些硬性的特定要求也有可能有重大改变，使问题复杂化。这在热处理人员使用多种高温计时并不少见，每种高温计都有自己的TUS规格（见表1-3）。为此，当热处理人员实施TUS时，清楚这些差别是十分重要的，但也必须明白，AMS 2750E和CQI－9第3版提出的都是最低要求，其他所用工艺和使用更精确高温测量的规程也必须遵守。

表1-3 温度均匀性监测管理规范的各种技术要求比较

技术要求题目	AMS 2750E	CQI－9第3版	ASTM A991/A991M－08
初次或初级TUS	要求	不要求	要求（初级）
定期或二次TUS	要求	要求	要求（二级）
专用TUS频次规定	按炉子级别或仪器类型变化而定	按工艺表格每季1次或每年1次	每年1次
允许TUS频次降低	有	无	无
炉温均匀性要求	按炉子类别	按工艺表格	按用户产品要求
TUS试验温度要求	依初始或定期TUS和炉子工作温度范围而变化	对铝合金工作范围不超过85℃（155℉），其他金属＜170℃（305℉），要求1次	如果工作温度范围不超过150℃（300℉），要求1次
TUS试验点数要求	按AMS 2750E专用规则	按CQI－9第3版专用规则	工作区高度小于300mm（12in）的网带炉是3个点，其他炉型按各自要求
传感器精度	±2.2℃（±4℉）或读数的0.35%	±1.1℃（±2.0℉）或读数的±0.4%	未专门设定
装料/空炉	两者皆有	两者皆有	装料
合格/不合格判据	按AMS 2750E专项规定	按CQI－9第3版专门规定	按客户产品技术条件
可供选择的试验方法	按AMS 2750E专门要求	按CQI－9第3版专门要求	按ASTM A991/A991M－08专门要求

作为通用规则，服务于航空、国防工业的热处理厂家需要保证 AMS 2750E 的技术要求，而服务于汽车行业的热处理企业特别要求保证达到 CQI-9 第 3 版、ASTM A991/A991M-08 的规定。另外，不涉及任何市场环节，但对于任一用于热处理生产的炉子都应绝对符合 TUS 的试验技术条件。

（4）温度均匀性试验用热电偶　TUS 的温度数据是靠现场试验设备系统收集的。此系统包括与 TUS 试验热电偶连接的数据采集装置，在 TUS 测试过程中，数据采集部分通常设在炉外，但是采集设备设在炉子内部也是可行的。选择 TUS 试验热电偶的类型和款式时需要考虑多种因素，诸如费用、是否希望 TUS 试验热电偶重复使用，以及把热电偶放入炉内相关工作区的可能性。为使选择的 TUS 温度点获得高的可信度，要明确两个关键点，一个是在哪个温度进行 TUS，另一个是在试验炉内使用何种气氛。

必须慎重选择热电偶的偶丝类型和尺寸，保证适用，而且在规定的温度上限之内。这些规定可在现行版的 ASTM E230（见表 1-4）、ASTM MNL 12 以及 ASTM E608（见表 1-5）中找到，也可直接从热电偶供应商处获得。另外，炉子绝热层类型必须适合于推荐的 TUS 试验温度，还须考虑抗磨损和抗湿性以及炉气对测温热电偶的潜在影响。

炉内气氛对 TUS 测温热电偶有重大影响。例如 K 型热电偶暴露在含硫气氛中容易损坏，此类热电偶电极正端材料中的铬在低氧浓度环境有选择性氧化倾向，导致严重的负端标定漂移。单纯空气也会对 TUS 测试热电偶造成不利影响。如在高温下使用陶瓷纤维管的热电偶实行 TUS 时，若炉中装有钢制品件，废气中的碳会在 TUS 测试热电偶两端搭桥，使搜集到的数据失真。

表 1-4　带保护管热电偶的推荐温度上限（ASTM E230）

热电偶类型	各种尺寸偶丝的温度上限/℃（℉）			
	No. 8 线规	No. 14 线规	No. 20 线规	No. 24 线规
T	—	370（700）	260（500）	200（400）
J	760（1400）	590（1100）	480（900）	370（700）
K 和 N	1260（2300）	1090（2000）	980（1800）	870（1600）

表 1-5　铠装热电偶的推荐温度上限（ASTM E608）

热电偶类型	不同铠管直径的温度上限/℃（℉）			
	1.6mm（0.062in）	3.2mm（0.125in）	4.8mm（0.188in）	6.4mm（0.250in）
T	260（500）	315（600）	370（700）	370（700）
J	440（825）	520（970）	620（1150）	720（1330）
K 和 N	920（1690）	1070（1960）	1150（2100）	1150（2100）

由于气氛及其对热电偶的潜在的负面影响，建议使用可重复使用的铠装热电偶代替便宜的一次性陶瓷纤维绝缘热电偶。在 TUS 试验时，为减少热电偶出现问题，对 N 型和 K 型热电偶进行比较，证明 N 型的氧化敏感性小，插入深度小，总体上比 K 型稳定。

AMS 2750E 和 CQI-9 第 3 版规定，要求 TUS 测试热电偶在初次使用前要经过 NIST（美国国家标准技术研究院）或其他相当于国家技术研究院所的标定，其精度必须符合标准要求。这些规程也要求 TUS 试验热电偶在其使用温度范围内标定时，其标定间隔不可大于规定时间，因为在此间隔内，热电偶规程会发生变化。

TUS 测试热电偶的标定报告中应包括标定日期、标定数据来源、名义测试温度、实测温度读数、所用标定技术、校正系数或每个标定温度的偏差。掌握热电偶和 TUS 测定仪器标定温度的校正系数或偏差，将使热处理人员通过 TUS 监测在收集到的数据中确定真实温度值，这也可视为校正后的数据。

如果要求的 TUS 测试温度落在测试热电偶或相关记录仪标定点之间，允许在标定校正系数间插入。如此就可以确定精确的校正系数或偏差值。也应注意到 AMS 2750E 要求按照 ASTM E29 或某些其他国家标准来求整。每种类型的炉子系统在 TUS 测试热电偶放入工作区时都表现出自己的特点。在一些情况下，通过炉子检测系统，并接通炉外温度采集系统来跟踪热电偶数据是很有价值的，然而炉门，特别是中间炉门的开启会影响跟踪结果的应用。

当跟踪热电偶丝不能穿过炉子时，数据采集设施可留在炉子工作区内，使 TUS 得以实施。为使这些数据采集系统得以精心利用，就必须保证在温度极限上不超时或将浸入淬火槽时间不超时（如果这些系统未特别考虑能经受这种浸泡的话）。由于系列TUS试验是在正常计划的基础上实施的，有必要研发一种可在最短时间完成的TUS设置，而且还要保证每次TUS试验的热电偶都处于相同位置。

因此，也要重视固定TUS测试热电偶的测试夹具。理想的夹具有助于保证测试从一次到另一次的安装一致性、高效率，确保精确绘出合格工作区尺寸。如果要将热电偶插入散热器中，要注意AMS 2750E和CQI-9第3版规定的位置极限尺寸，也要求其材料成分和在测试中进行典型工艺处理产品的热性能相吻合。不论是焊接的散热器还是试验台架都要事先仔细考虑而后确定，这样可以有效地避免散热器过大或过烧。

TUS试验台架的捆绑须保持一定的松动，使测试热电偶能自由伸缩。这种方式既可用于一次性热电偶丝，也可用于多次使用的铠装热电偶，特别是当测试温度达到或超过925℃（1700℉）时。

为采集可信的TUS数据，要选择在其使用范围内经过标定合适的热电偶，并将其适当安装在炉子工作区内的固定位置。在缺少收集到的TUS温度精确数据时，热处理人员会接受似乎能满足规定要求而实际上却不能的数据。另外，热处理人员对不符合特定要求的TUS结果也会错误地下结论，而且他们自己还能找到的确不真实的问题所在。

（5）温度均匀性测定用气氛　尽管进行TUS测试的目的是客观反映生产参数，但采用的气氛却是要认真考虑的。某些气氛不仅对测试热电偶有副作用，也会隐藏安全隐患。应看到气氛本来对温度均匀性虽影响不大，但供气系统却可能引起明显的炉子性能问题，这在温度的均匀性结果上可能有显示。

虽然AMS 2750E和CQI-9第3版的规程没有涉及气氛问题，但在可能的条件下可采用惰性气体或铠装TUS试验传感器，可以减小气氛的潜在影响。无论如何，不管采取何种方法，安全始终是总体评价的首要问题。

（6）装料炉或空炉的温度检测　起初，一些高温计说明书要求测定装料炉和空炉两种状态下的温度均匀性，其他高温计也给出了装料炉或空炉的TUS试验方法供热处理人员二选一。

AMS 2750E和CQI-9第3版都允许热处理人员在装炉或模拟装炉态，装炉或不装试验架条件下进行TUS试验。一旦决定一种试验方法，AMS 2750E要求热处理人员必须遵守，除非执行起始TUS，并重新启动降低TUS允许频率的工艺。根据热处理人员所期待数据对工艺运行的作用决定施行装料炉或空炉的TUS测试，这就变成一个简单的问题，哪种方法提供的信息对热处理人员更有价值，是工件温度或是气氛温度？

例如AMS 2750E和CQI-9第3版，两者都规定，可以在空的连续网带炉中进行TUS测试，这使热处理人员获得有关如何能够使炉子系统胜任在相应装炉降温条件下工作的信息很少，随后，也不能得到典型产品正常生产运行所关心的保温时间的信息。同样的试验结果适用于周期式炉。采集的空炉温度数据没有提供零件达到指定温度所需时间，而且对确定产品的哪种制造方法是更有效的或刚好可满足要求的没有帮助。

另一个需要考虑的细节是装炉量大小。炉料外形对温度均匀性也有很大影响。虽然AMS 2750E和CQI-9第3版对此无特殊要求，但也应考虑在完成TUS的附加条件里，以保证炉料尺寸大小不会造成炉子工作区内温度均匀性超差。

通过TUS采用的研发工艺，在考虑采用哪种方法时，热处理人员不仅应关注应用管理条文，还要研发那些与工艺运行相关的产生附加值的数据。

（7）数据采集和提交报告　温度均匀性检测数据应在足以检出潜在超差状态的取样速率下采集。进而，数据的采集应始于任何TUS试验热电偶达到其偏差值之前，以使任一TUS热电偶超过上偏差的数值容易被检测到。

当TUS测试架正在置于预热炉子或浸入淬火槽时，完全可以在测试架放入容器过程中开始采集数据。

应注意TUS采集数据的取样速率要求，AMS 2750E和CQI-9第三版对此要求有区别。通常，AMS 2750E要求TUS热电偶的温度数据至少每2min采集一次，尽管这是AMS 2750E针对某些特定条件下提出的采集数据附加要求。相比之下，CQI-9第3版则要求TUS热电偶采集温度数据至少每2min一次，但连续炉或半连续炉除外。在这种情况下，所有测试热电偶的数据必须至少每30s记录一次。TUS测试热电偶除采集温度数据外，AMS 2750E和CQI-9第3版还要求炉子系统的工艺温度记录仪表可采集TUS全过程的区域温度数据。AMS 2750E和CQI-9第3版也要求把过程记录的规定作为TUS报告的一部分。另外，AMS 2750E还要求过程记录中包括炉子系统所用仪表的全部热电偶产生的温度数据，其中也包括温度上限、冷却监测设备以及多个载荷的热电偶数据。

不论执行AMS 2750E还是CQI-9第3版，在完成一次 TUS 试验时，必须确定炉温的稳定性。虽然 AMS 2750E 和 CQI－9 第3版对稳定性的定义有所区别，但基本上所有 TUS 测试热电偶和所有炉子区段过程传感器都在容差范围内，并显示出再现温度曲线或工艺周期循环。ASTM A991/A 991M－08 的高温测量规程在叙述 TUS 要求时没有使用“稳定性”一词，但这并不意味着在测试过程中不验证温度分布的重现性。

不管管理规程如何规定，但要求是一致的：提供炉子系统能保持在炉温均匀性要求容差之内的客观证据，其要求也同样重要。一旦温度数据被采集，在 TUS 报告中就必须包括管理信息的专门要求。报告中的技术要求从一个规程到另一个规程可能有变化，因此热处理人员要明白，哪一个规程必须包含在报告文件中。

经过严格观察就会明白，来源于这些规程要求的 TUS 数据，将会给热处理人员以很大帮助，使其能以始终如一的方式完成此项测试，从而实现投资的最大价值。

（8）其他试验方法　在某些情况下，单纯实施 TUS 会产生难以克服的困难，而标准的 TUS 方法又不起作用。因此，从证实炉子系统温度的均匀性能力上，热处理人员还是要承担责任的。在此情况下，AMS 2750E 和 CQI－9 第3版中的测试方法都有助于确定炉子系统的温度均匀性。每一种规程都有各自独特的试验研究方法，而且只要选定一种，就不要选另一种。

在 AMS 2750E 中，容许将单个热电偶重复插入炉壁、炉膛或炉顶来测量合格工作区体积，直到完全测出合格工作区尺寸；也允许进行性能检测，使热处理人员能分析这些对工艺温度变化敏感的性能，并建立起针对完成定期常规性能检测的变化趋向基准线。

CQI－9 第3版规定的 TUS 试验方法要一直保留到热处理人员研发另外一种方法。新推荐方法必须具有可操作性，满足工艺要求，符合 CQI－9 第3版的规定，满足客户提出的要求。如果热处理人员不能研发出另外一种可代替 TUS 的试验方法，CQI－9 第3版也允许把性能检测作为获得热加工能力判据的一种手段。

如果用另外一种新的试验方法作为鉴定温度均匀性能力的测试方法，热处理人员必须清楚所用工艺或高温测量规程要求，以保证其适应性。

1.1.3　炉内气氛

与炉内气氛关联的各种参数的测量对控制热处理工艺有特别重要的意义。钢在炉内可控气氛中进行热处理时，最多出现四种相组成，如气体、铁素体、奥氏体、渗碳体。由于珠光体是铁素体和渗碳体的层状混合物，而莱氏体又是渗碳体和奥氏体的共晶混合物，它们都是不可分割的相。如果产生氧化皮或炭黑，会变成5种或6种相组成。

钢件在热处理炉中可能发生以下反应：

$$Fe + H_2O \rightleftharpoons FeO + H_2 \quad (1\text{-}1)$$

$$Fe + CO_2 \rightleftharpoons FeO + CO \quad (1\text{-}2)$$

$$CO + H_2O \rightleftharpoons CO_2 + H_2 \quad (1\text{-}3)$$

$$CH_4 + CO_2 \rightleftharpoons 2H_2 + 2CO \quad (1\text{-}4)$$

$$Fe + CO + H_2 \rightleftharpoons (Fe,C) + H_2O \quad (1\text{-}5)$$

$$2CO + Fe \rightleftharpoons (Fe,C) + CO_2 \quad (1\text{-}6)$$

$$Fe + CH_4 \rightleftharpoons (Fe,C) + 2H_2 \quad (1\text{-}7)$$

$$2CO + O_2 \rightleftharpoons 2CO_2 \quad (1\text{-}8)$$

$$CO + 3H_2 \rightleftharpoons CH_4 + H_2O \quad (1\text{-}9)$$

上述每种反应都是可逆的，在环境条件下，其反应方向取决于 Lechatelier－Brawn 定律。这些反应不会同时发生，也不都是所希望的或有益处的。式（1-1）和式（1-2）是形成氧化皮的表征，经常是不希望出现的状态。式（1-5）、式（1-6）和式（1-7）是渗碳和复碳反应。式（1-5）和式（1-6）是炉内中性淬火气氛的一种重要反应。

按照式（1-5）或式（1-6）（按任何方向）对炉气中的8种、10种或者更多种成分进行分析很复杂，也很是很困难的。幸而，可利用吉布斯（Gibbs）相律来确定多相体系中的独立变量。冶金学家和工程师用多相平衡原理可轻易掌握和控制炉气。

有关气氛控制细节可参阅本书2.3节。

（1）气压　炉内压力的手动测量通常使用水柱量程为0～2.5mm（0～1in）的水压表。其读数实际上是炉子内外压力的差值，可使用在此读数范围内尚能产生高水平电信号（如4～20mA）的廉价压力传感器测定，但要注意这种信号在长期使用时的可靠性，因为传感器管路会堵塞或缩径。

在信号经过标定时，以压力读取和信号重发的模拟显示为特色的传感器是非常有用的，传感器应该具有从零到整个测试范围内的最大适应性。

由于炉门开关或其他干扰，炉压经常会发生大范围的波动，故要求压力无论是在波峰或谷底都要有智能信号调节功能。炉气压力有时还要用排气阀实行闭环控制，此装置有利于保持炉压稳定。

（2）真空度　常用的真空炉通常要求至少装有两个可严密监控炉内状态的传感器。因为在高真空度下低氧水平是理想状态，可用氧化锆传感器对气体进行直接测量。可用多种方法测量真空度，最常用的有两种：用热电偶测量低真空度以及用冷阴极仪测高真空度。用热丝电离残留气体的方法可测13nPa（10^{-10}Torr）以下的压力。如果残留气体成分和预期有差别，除了电容压力计，其他方法都会产生误差。

（3）工艺气体流量 近年来，可控气氛炉工艺气体流量的测定受到广泛重视。可利用的几种方法费用差别很大。选择特殊方法时必须十分小心，因为测量气体流量的费用必须和总体测量计划的其他数据采集元器件保持平衡。

最便宜的测量气体流量的方法是用简易开关装置。其工作原理大都是测量通过管路中固定孔的气体压降（和压力转换器），但只能反映是否超出固定流量上限值。然而，在气体管路的不同位置安装两个流量转换器就可以查明气体流量是在理想范围、超出上限或低于下限。流量继电器特别适用于固定气体（如吸热式气氛、放热式气氛和氮气）流量，甚至甲醇类液体。

双流量继电器是一种可报警的数据采集系统。每当气体流量降到规定范围之外，就需要人工干预来校准。当要求精确测量气体流量时，可采用以下两项技术：真实质量电子流量计和带电子控制阀的转子流量计。

上述每种技术都要求外接电源和系统电路接线。

真实质量技术采用热量测定原理，即测定从控温热球带走的热量。该技术的优点是本身的精确度（用经过标定的流量计）很高，而与其压力是否波动无关。其缺点是仅依赖电子信号（通常为4～20mA），流量指示有盲目性。

转子流量计技术比真实质量技术成本略高，但有两个突出优点：一个是可读浮子标尺刻度（图1-6），另一个是可利用同一浮子的电子位置传感。该技术的缺点在于准确度和分辨率。这种测量方法对温度和压力变化比较敏感，要求逆流测定，电子信号的分辨率仅为标尺的±2.5%。然而，此技术仍可被优先选择，因为其标定的间隔时间长。

另外，转子流量计系统最适用于小流量液体（如氧-甲醇系统）的测定。然而，甲醇的黏度随温度变化很快，而且为获得更大的精确度，必须根据使用转子类流量计对其温度读数进行相应的电子补偿。

通常用可调排气阀和电动执行机构来控制气体流量。最容易安装和维护的电动执行器是一种能接受电子信号（如4～20mA）和在相应位置安装的设施。利用滑线反馈技术的电动马达因为有长期维护问题，而不建议采用。

电动控制阀的另外一个问题是流量和阀的位置不成比例。例如可以实现开度为0%和100%的信号调节，但50%开度的信号给出的被测气体流量是满标尺刻度的20%。该现象是由多种因素的变化所造成的，其中包括联动调整、管路压降、阀口固有的非线性。

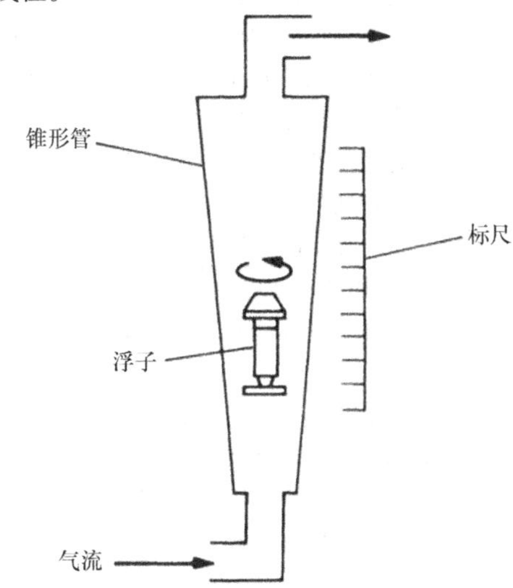

图1-6 转子流量计组成示意图

对于腐蚀性气体（如氨），就要求采用不锈钢结构，这使得这些阀门很昂贵。另一种可在一些情况下测量和控制气体流量完全不同的技术是脉冲时间-比例调节系统。例如，在这种管路中安装一个简单的“开通-关闭”阀门，当阀门打开时有固定的已知流量通过。其平均气体流量可用如下公式计算：

$$平均流量 = \frac{阀开通时间 \times 阀开通时的流量}{阀开通时间 + 阀关闭时间}$$

如果开通或关闭的时间是自动切换的，而且按炉子尺寸短时保持，按这种方式工作的系统，其测量和控制气体流量的费用最低，也最容易标定。目前市场上很容易找到某些大功率过程控制器实现对开通或关闭时间的控制。在使用两种工艺气体（例如氨-甲醇）的情况下，相互间必须保持一定比率。利用上述技术设计一种电子控制系统，测量两种工艺气体流量，控制一种或两种皆控可以维持其固定比率。这种系统的费用很高，控制甲醇流量可显著影响工艺效果。

（4）气体成分分析 下列为成功使用的测定气体成分技术。

1）氧探头分析。这是测量氧含量低于0.01%（质量分数）的优质技术，还可以根据已知的CO量或氢中的水含量推算出碳势，具有原位测量和可靠性良好的优点，且无须频繁校准。

2）红外吸收分析仪。这是一种对碳氢化合物气氛中 CO、CO_2或 CH_4浓度测定的优质技术。根据需要可配备相应设施对同时形成的上述气体成分进行全面测量，对碳势施行精确计算。因该设备成本高，故通常多台炉子共用一个分析仪。其主要缺点是必须往仪器中通气体样品，且须经常校准。

3）露点仪。用压力变化/冷凝原理测量，在已知含碳、氢气体成分的前提下，用测量结果可以计算出碳势。其缺点是测量在物理学上有难度，对操作技术和判断能力有依赖，需往分析仪中通入气样，即使有露点自动检测系统，但缺乏足够的预防维护措施，不能长期维持其正常工作。

4）质谱法。用此技术可对气体成分进行全面分析，但对一些低含量气体的分析缺乏精确度，标定也困难。其他缺点尚有成本高，要求操作者水平高，需通入气样，故在线热处理很少使用。

5）气体色谱法（见质谱法）。

尽管复杂的气体分析系统不会在日常工作中发挥热处理过程控制功能，但在离线方式下分析气源变化趋势也许更有价值。

（5）气氛搅拌　尽管尚未见到气氛搅拌方面的成功测量方法，但是不良的循环系统当然是共同感兴趣的问题。这在依赖风机循环的系统是最明显的，但也存在其他的可能性，包括测量炉气循环管路中输入冷球的热量测定。相信在不远的将来，这类系统肯定会有开发研制。

1.1.4 淬冷参数

淬冷也许是热处理操作过程中最重要的工艺技术。在加热阶段，同样也有多种参数影响冷却过程的相变动力学，而淬火硬化要求特别快的冷速，淬火过程也要求零件均匀冷却，足够的淬冷烈度能保证快速冷却，且在达到马氏体开始转变温度（*Ms*）前防止发生珠光体转变。

铸件淬冷烈度受多种因素影响。本套手册 A 卷《钢的热处理基础和工艺流程》中“钢的淬火”一节中有详细论述。其关键变量为淬火冷却介质种类、淬火槽液最初温度、淬火槽液流速、淬火后槽液最终温度。淬火槽容积和淬火冷却介质种类十分重要，水的补充（控制槽中水温升高）和淬火冷却介质局部流速也影响冷却速度。另外，淬火经验和淬火设备也同样重要。当把整筐的复杂零件放入淬火槽时，依赖精确计算出相变动力学的最短时间和最长时间是有困难的。淬火装炉量、装炉密度和零件表面状态也都对铸铁－淬火冷却介质界面局部传热系数有影响。

（1）淬火槽液温度　测量淬火槽液温度是许多工厂经常开展的项目。通常，这只具有监测功能，不包含加热或冷却系统的反馈控制。从采集数据角度，在实际淬火操作中注意任何变化、观察槽液温度、有代表性地记录起始温度和达到的最高温度是有意义的。在弱搅拌淬火槽中，必须保证所测温度是槽液温度的真实数据。

（2）淬火冷却介质黏度　液态淬火冷却介质，特别是聚合物溶液黏度是其成分的重要指标，而对淬火油，黏度大则是其老化或被污染的征兆。黏度可在现场测量，但其结果有随温度变化的特征，故测定数值需要按温度进行补偿。

（3）淬火冷却介质成分　淬火冷却介质成分和污染物的测定也是当前热处理界关心的一个重要领域。就淬火油而言，其添加剂量、碱度、氧化物或泥渣含量、水含量测定都是重要的工作项目。当这些产品的成本明显增加时，就迫使企业花费较多的精力学习和探索如何通过添加剂和清理净化延长淬火油的服役时间。除了水含量的分析，当前尚无适用于实时数据采集的油品成分测定技术。一些商品油中水分分析仪容易受到频繁故障的局限，尽管安全原因有要求，但是不适合在本书中讨论。

各种聚合物水溶液具有共同特性，即浓度。综上所述，用温度计补偿的黏度传感器很容易测出其浓度以及在不同搅拌程度下的淬火特性。

盐和其他添加剂水溶液通常用密度计监测。在实验室用液体密度计很容易实现此种测试，而生产现场却不容易在自动数据采集条件下实现。

（4）淬火冷却介质搅拌　虽然淬火系统的吸热速率通常主要依靠淬火冷却介质的作用，但搅动也有较大的促进效果。淬火冷却介质的搅动作为一种参数很容易通过变速螺旋桨或泵来控制。然而这种搅动的测量会依照载荷量和载荷外形而不时变化，这是另一问题。

首先必须要在关于适合测量搅动量的单位上统一认识。大多数人想当然地认为要用速度单位（如每秒多少英尺）或体积单位（如每小时多少加仑），但这些单位不能计算出在一定装炉量下的液流形态，也不能测出在相同流速下从一个载荷到另一个载荷后的液流形态如何变化。直觉说明泵或螺旋桨的测量、角速度和随之算出的线速度不能表示出淬火槽里发生的情况。如螺旋桨马达仍在运转，但螺旋桨已脱落或某处淬火冷却介质停止流动，这时也许还要安装一个传感器，通常在炉料前后的液流中安置微型自转涡轮机直接监测液流速度。

使用此系统存在两个问题：一个是涡轮机会被

固体污物堵塞给出虚假的低读数；另一个是经常难以使转动器定位，故也难以获得精确的测量结果。

（5）淬火冷却介质冷却效果 用标准试验方法测定淬火冷却介质的实际冷却性能，可能是对淬火参数控制最受关切的事情。前几年，开发出多种实验室用淬火冷却介质评价试验方法。其实际操作为试验时把一个心部嵌有热电偶的探头加热，随后在淬火冷却介质样品中淬火。其结果经常表现出一种原始冷却曲线，也可以画出瞬间冷速－探头温度关系曲线（图 1-7）。此设备的使用价值和实际应用推动了淬火冷却介质评定标准的制定。遗憾的是标准评价（SE）试验是全手动的，而且不能用自动数据采集系统在生产现场完成。

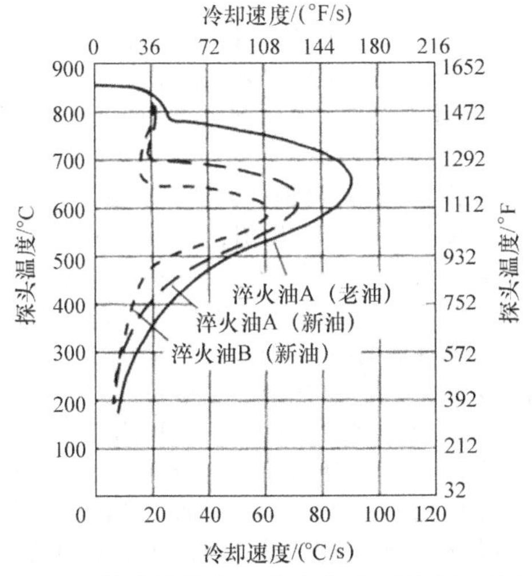

图 1-7 淬火油的探头冷速曲线（淬火油具有同样的黏度值，使用同一个淬火冷速测定仪）

1.1.5 工艺能力和生产能力

工艺能力的研究关联到所有类型的制造工艺，从所测试的性能角度来确定一种产品的统计变量。工艺能力是指一种工艺在人工、材料和其他条件在很长一段周期内正常变动时的生产再现性。长期正常运行时的磨损不可避免地要求在生产出不符合技术要求的零件前进行返修。如前文所述，工艺效果也和材料性能相关联，如淬透性、化学成分和零件的几何形状。

对热处理工艺来说，最频繁测定的性能是硬度和渗层深度。在探讨工艺能力之前需要弄清楚各项技术规范要求，首先是检验尺度的精确性或所用的检验方法以及进行这些检验的精确位置。在清晰地建立各种技术要求后，就可以进行基本工艺能力的调研。要注意所选取的试件在炉料中的位置，使其能体现工艺变量的极端性。试件位置的选择指南要符合 MIL－H－6875 中温度均匀性测定所规定的炉料位置要求。

强烈推荐使用正态分布概率法进行数据描述和绘图。如果数据不能画成直线（直线代表正常分布），就明显或确切地说明是一种和冶金或工艺关联因素造成的失真。对于连续工艺过程，为反映工艺加热的电能波动或其他与时间相关的工艺失常情况，在足够长的时间内取样也是重要的。总体工艺能力（图 1-8）是多种因素的综合结果。可以把这些因素归为以下 4 类，并按不良背景信号（噪声）的固有来源和非固有来源分类。

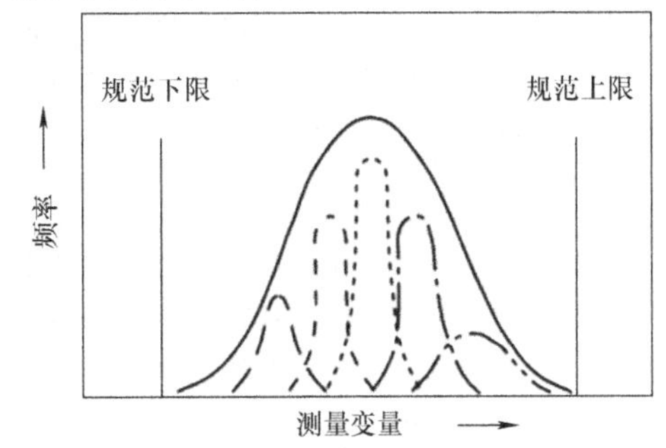

图 1-8 影响最终热处理工艺效果的因素

1）基础材料影响（固有干扰）：指材料本身性质、缺陷、淬透性差异，以及不同批次和不同材料间的变化。

2）与零件相关的影响（固有干扰）：零件几何形状和截面尺寸变化。

3）工艺过程影响（非固有干扰）：包括工艺控制、质量效应、时间控制、炉气控制和冷却方式（均匀度和平均烈度）对温度均匀性的影响。

4）评价方法影响（非固有干扰）：包括标准的精度和测量方法的精度。

工艺能力的研究基础是使用适当的标准试件，从固有干扰因素中分离出一种变量，从而获得其本身具有的工艺能力。当然也应考虑非固有因素影响。另外，也要用评价方法完成计量重复性和再现性（GR&R）研究，以求出这些因素对变量的影响。

为了成功地利用工艺能力研究，使其成为一种提炼和细化工艺变量的动态工具，结合工艺能力研究应采取以下三个步骤：

步骤 1，识别重要的控制变量及其对工艺属性的相对影响（利用工艺模拟技术来完成）；利用相应的工艺输出结果来确定工艺输入；编制工艺控制规程文件。

步骤 2，改进控制规程、制造规程或设备，以减小工艺变数。

步骤 3，重新测定工艺能力（按上述步骤 1），以查明相关变化的有效性。

（1）材料变量 弄清楚入厂加工产品的性能是

很重要的。这样可以分离出可控制的入厂材料变量，并可在工艺的产品变量中施行单独校正。在使用统计控制技术监控工艺或产品质量的均匀度前，弄清楚在热处理前如何控制原材料均匀性也十分重要，即既要按原材料种类，也要按钢的冶炼炉号或按铸造材料的批号分别存放。

有一个重要的材料因素是脱碳，碳含量[㊀]大于0.30%的大多数钢都或多或少存在脱碳。此缺陷的缘由是基础钢材冶炼，如果在钢件热处理前未被加工去除，就会影响零件在感应淬火、火焰淬火或直接淬火热处理后的表面硬度，而这些热处理工艺又不能校正表面已有的脱碳状态。另外，应该认识到大多数热处理过程也会引起脱碳。

另一类缺陷是带状组织。许多钢材，特别是AISI 1100或1200系列脱硫钢易出现带状或微合金偏析缺陷。热处理前已有的带状组织是制造棒材的富铁素体和富珠光体带沿轧制方向的延伸。研究发现，此类状态可导致钢淬火后在不同化学成分的带间有4～10HRC的硬度变化。当此带很宽而热处理时间又很短时问题最严重，如感应淬火时。

对某些材料，特别明显的是铸铁，其硬度测试结果对所用硬度标尺很敏感。硬度值对测试方法和硬度标尺敏感是由于钢件内不同相组分的硬度有明显差异。其他待热处理的材料也会出现此效应。

(2) 与零件相关的变量　统计方法表明，零件热处理后还有其他特性，如截面尺寸变化、几何形状、表面粗糙度等影响测试结果。如果只测量工艺过程中的变化或变动，附带试件（也称试棒）就可准确评价热处理工艺。要使其成为统计过程控制的有效工具，必须按以下要求精心设计试件：

1）正确选择附带试件的尺寸、形状和所加工零件直接关联的材料，以及零件轮廓。

2）制备足够数量（用同一炉号钢材）和质量的附带试件，以消除或尽量减小因工艺变化而产生的材料均匀性变化。

用试件的统计过程控制结合热处理后零件的统计质量控制，可以确认和控制仅仅由工艺引起的产品质量变化。

(3) 与工艺过程有关的变量　确认工艺过程的变化倾向是降低热处理产品差异性的最重要步骤。在考虑下一步做什么之前，必须确认重要工艺参数及其影响。虽然这些都是冶金常识，但是一些变量的相互复杂作用经常能导致毫无意义的结果。

例如，钢在淬火时，选择淬火剂和淬火温度是十分重要的因变量。一般常识（即传热定律）认为，淬火剂温度越高，淬火能力越弱。此规律可以说对，也可以说不对，具体视淬火剂种类和使用温度范围而定。

一些淬火油的冷却曲线表现出峰值，即淬火剂在一定温度下能实现最快的冷却，低于或高于此温度冷速都会变慢。事情还有更复杂的，此特性峰值还会因油的老化和搅动发生变化。搅动是影响所有淬火剂冷却性能的极其重要因素。因此，选择一种最佳淬火条件不是一件很容易的事情。

为处理此类复杂问题开发一种测试方法的意义就等同于设计一种试验（不应和经验数据的简单线性回归插入法混淆）。例如，高碳钢零件淬火假设的经验数据列于表1-6，其中期望的最终硬度是55HRC，而未列出畸变、塑性等其他重要参数。

表1-6　高碳钢零件获得55HRC硬度的最佳奥氏体化温度和回火温度的确定

奥氏体化温度		所选回火温度下的硬度HRC		
℃	℉	150℃（300℉）	260℃（500℉）	370℃（700℉）
790	1450	60～62	55～57	46～50
845	1550	62～63	55～62	49～53
900	1650	61～64	57～61	50～55

从表1-6中数据可明显看出，其中有奥氏体化温度和回火温度的多个组合，使其处于设定点结果的中心。按照这些数据的设定观点，有助于选出可保证最小结果可变性的最优组合。可以看出，选取900℃（1650℉）奥氏体化，315℃（600℉）回火，心部硬度达到55HRC，而790℃（1450℉）奥氏体化，260℃（500℉）回火也同样能达到。为减少硬度偏差，选择哪种工艺最好，可依据以下两种意见：

1）数字显示奥氏体化温度越高，测定的硬度范围越宽。

2）回火温度从260℃（500℉）提高到370℃（700℉）对硬度的影响比从150℃（300℉）到260℃（500℉）要大。

根据这些观点，可认为790℃/260℃（1450℉/500℉）的组合比900℃/315℃（1650℉/600℉）更令人满意，因为其结果在更窄的范围内，即获得55HRC具有更好的工艺效果。其缘由在“试验设计”一节中将有详细论述。

㊀ 本书中，含量一词若无特殊说明，均指质量分数。

（4）测量精度 使用可追溯的试验模块和压头，以及稳定的硬度标准进行标定的最重要原因是为了达到统计质量控制的更高水准。

试验变量无论如何都必须消除，以使生产零件的工艺尽可能在大范围内施行。这意味着使测试仪器、砧台、操作人员、压头和模块误差都能保持在生产允差的最可能小的比率内。标准模块的一致性是一个非常重要的可控变量，有些模块据称在40HRC以下的硬度偏差是0.2HRC。即在更大更厚的模块上进行10次标准测试不会出现大于0.2HRC的读数偏差，很有可能读数上没有显示误差。另外，用薄的校准模块进行5次测试，在5个读数里就会出现0.4HRC的偏离，很可能出现0.4HRC或更大的其他测量偏差。

在绘制 $X-R$ 控制图（X 是试件偏差平均值，R 是偏差范围）时，总是错误地推荐用大的模块偏差，这样不能使硬度计在狭窄范围内保持一贯精确。这些偏差可能导致不正确的工艺能力或工艺出现问题。一致性更好、稳定性更高的试验模块使试验精度范围更窄，性能再现性更好。

利用下列各项措施，可减小硬度测试偏差：

1）使用可减小操作者影响的数显式硬度计（即电动机驱动或全自动加载、卸载）。

2）使用非常稳定和均匀的硬度模块。

3）用校准过的金刚石压头作为参照标准。

4）对操作人员进行良好的硬度测试培训。

5）用适当的装夹设施和/或用辅助夹具支撑形状不规则的零件。

6）在用机器检测过的零件最常用的一个或多个范围内，使用标准试验模块进行硬度测试设备的日常检查。

1.1.6 试验设计

在研究领域，对多种因素造成的偏差进行研究的试验方法称为试验设计（DOE）。试验设计不可和按经验数据进行的简易线性回归内插法混淆。热处理试验设计练习的主要目的有两个：

1）确定各种偏差和组合偏差对工艺经济性和质量效果平衡的影响。

2）确定可变参数的最佳值，以使工艺集中在期望点。由于这些工艺参数可能形成的偏差或预期偏差使最终偏差减小，并减小因材料变量导致的最终偏差。

以下是试验设计技术对重大工艺参数确定和调节的一般应用举例。其他行业用此技术也成功地改善了包括齿轮压力淬火、气体渗碳和铝合金淬火的工艺可靠性。

试验设计练习举例：

AISI 1040钢冷拉花键轴叉感应淬火。花键直径为34.11mm（1.343in），长度为900.68mm（35.460in）。这些零件是用10kHz的机式电源（300kW、800V、375A）以6工位扫描淬火的。感应器尺寸为44.45mm（1.75in）。

试验设计练习的设定对象是确定各种感应淬火参数和产品最终性能（包括畸变）间的关系。其最终目的是优化工艺，生产出具有可接受性能（包括畸变）的零件。表1-7为最终零件所期望的各种性能。

表1-7 直径为34.11mm（1.343in）的1040钢冷拉花键轴叉的预期性能

性能	推荐尺寸	优选状态	
		数值	目标
有效渗碳层	正常	$\bar{x}$=4.83mm（0.190in）	40HRC
表面硬度	最高	58HRC	1040钢
花键轴尺寸变化	最小	0.0000mm（0.0000in）	绝对值
平直度超差（TIR①）	最小	0.000mm（0.000in）	—
热处理氧化皮	最小	0mg/cm^2（0oz/in^2）	—

① TIR指总偏离指数。

影响工艺过程的因素可分为两组：

1）工艺因素：即可变因素，如速度和功率。

2）干扰因素：例如，不可变的感应工位数。另一种是试验过程中不变的又极其重要的变量，是对所涉及的不同炉次钢的化学成分分析。

表1-8和表1-9为测出的工艺因素和干扰因素的实际限值。为测定各类偏差的可能组合，设计了一系列试验。各种试验可参阅A1、C6等（见表1-10）。

表1-8 按表1-7所列直径为34.11mm（1.343in）的1040钢花键轴叉三次感应淬火技术规范的工艺因素

工艺因素	工艺条件		
	炉次1	炉次2	炉次3
扫描速度/(s/m)(spf①)	110(36)	120(40)	—
电功率(%②)	98	94	90
淬火剂温度/℃(℉)	25(80)	40(100)	50(120)
淬火压力/kPa(psi)	55(8)	70(10)	83(12)
转速/(r/min)	10	36	60

① spf指秒每英尺。

② 设定点为100%，电压输出为800V。

从此试验设计练习中可得出如下结论：

1）可用试验设计方法成功建立感应淬火工艺参数和最终性能之间的关系。

2）感应淬火件的性能和尺寸变化在一定程度上是可控的。

表 1-9 按表 1-7 所列直径为 34.11mm（1.343in）的 1040 钢花键轴叉三次感应淬火的干扰因素

淬透性	钢的冶炼过程	炉次	化学成分（质量分数，%）						理想直径 D_I①
			C	Mn	Ni	Cr	Mo	Si	
低	铝细化晶粒钢锭	M1 N26177	0.37	0.71	0.02	0.04	0.01	0.23	0.88
中	钒细化晶粒钢锭	M2 B944212	0.39	0.85	0.05	0.07	0.01	0.27	1.16
高	钒细化晶粒钢锭	M3 B8101	0.42	0.87	0.04	0.07	0.01	0.28	1.24

① 以英寸表示的淬透性计算值。

表 1-10 基于表 1-8 系列试验的工艺因素变量组合

试验级别	A 扫描速度		B 电功率		C 淬火冷却介质温度		D 淬火压力		E 转速 /(r/min)
	spf	s/m	设定（%）	电压/V	℃	℉	kPa	psi	
1	110	36	98	785	25	80	55	8	10
2	110	36	98	785	40	100	70	10	36
3	110	36	98	785	50	120	83	12	60
4	110	36	94	750	25	80	55	8	36
5	110	36	94	750	40	100	70	10	60
6	110	36	94	750	50	120	83	12	10
7	110	36	90	720	25	80	55	8	10
8	110	36	90	720	40	100	70	10	36
9	110	36	90	720	50	120	83	12	60
10	120	40	98	785	25	80	55	8	60
11	120	40	98	785	40	100	70	10	10
12	120	40	98	785	50	120	83	12	36
13	120	40	94	750	25	80	55	8	60
14	120	40	94	750	40	100	70	10	10
15	120	40	94	750	50	120	83	12	36
16	120	40	90	720	25	80	55	8	36
17	120	40	90	720	40	100	70	10	0
18	120	40	90	720	50	120	83	12	10

3）1040 钢棒的预先冷加工量和/或淬透性是影响淬硬层深度（72%）、表面硬度（18%）、花键轴尺寸变化（53%）和总偏离指数 TIR（12%）的最重要因素。

最后，依据统计过程控制（SPC）分析可提出以下建议：

1）1040 钢的淬透性可在 24.4 ~ 32.0mm（0.94 ~ 1.26in）的理想直径范围内进行控制。

2）冷加工人员应该了解控制和减小残余应力的方法。

（1）测试和分析 进行这些试验时，还应检测和验证最终性能。然后用信号（S）/噪声（N）比率的概念对结果进行数学分析。此概念在理解有关工艺过程控制上会感到有些困难，举例说明可帮助理解，如辨别接听海外电话时的 S/N 现象，在此类通信背景中往往会出现一些嘶嘶声。线路信号的嘶嘶声就是噪声，但还是能听到说了些什么，这就是高 S/N 比率；另外，如果噪声强到信号强度听不见，这就是设计的低 S/N 比率。

S/N 比率是用分贝（dB）度量的。这是一种对数单位，能把一个很大的比率压缩到很小的数字。在过程控制中，信号是过程输入的可控量，而噪声则是引起偏差的不可控变量。过程控制有多种计算 S/N 比率的专用公式，但都依据下述通用式：

$$S/N = 10\lg \frac{\bar{x}}{\sigma} \tag{1-10}$$

式中，σ 是标准偏差。要注意以下各点：

1）高 S/N 比率表示一种变量（或因素）对产品零件性能有相当大的影响。

2）用 S/N 既能测出两者的平均值或变化，也能测出偏差值。

3）S/N 每次增加 3dB，损失再损失作用减半，因此 3dB 的变化是相当大的。

表 1-11A 和表 1-11B 所列的淬硬层深度计算结果：4.83mm（0.190in）的淬硬层深度是令人满意的。

表 1-11A　用于确定花键轴叉感应淬火获得 4.83mm（0.190in）平均淬硬层深的 S/N 比率分析

试验编号	特性													
	工艺因素									干扰因素		平均淬硬层		S/N/dB
	扫描速度		电源		淬火冷却介质温度		淬火压力		转速	材料淬透性	工位	mm	in	
	s/m	spf	设定(%)	电压/V	℃	℉	kPa	psi	r/min					
A1	110	36										4.83	0.190	131
A2	120	40										5.31	0.209	119
B1			98	785								5.49	0.216	79
B2			94	750								5.13	0.202	90
B3			90	720								4.57	0.180	81
C1					25	80						5.18	0.204	85
C2					40	100						5.11	0.201	92
C3					50	120						4.90	0.193	84
D1							55	8				5.05	0.199	83
D2							70	10				5.13	0.200	82
D3							83	12				5.13	0.200	84
E1									10			5.13	0.200	84
E2									30			5.13	0.200	82
E3									60			5.03	0.198	84
M1										低		3.73	0.147	
M2										中		5.66	0.223	
M3										高		5.79	0.228	
S1											1号	4.95	0.195	
S2											2号	4.98	0.196	
S3											3号	5.11	0.201	
S4											4号	5.11	0.201	
S5											5号	5.11	0.201	
S6											6号	5.18	0.204	

表 1-11B　对表 1-11A 中各种性能和 S/N 比率影响的累积偏差

性能	归因于各种性能的变量（%）	S/N 比率的影响（%）
	工艺因素	
扫描速度	4.7	29.0
电源	11.2	40.0
淬火冷却介质温度	轻度	轻度
淬火压力	轻度	轻度
转速	轻度	轻度
	干扰因素	
材料淬透性	72.0	—
工位	轻度	—

用 S/N 比率能正确辨认最优工艺因素以获得预期的 4.83mm（0.190in）淬硬层。正如表 1-10 中所列，依靠试验数值求得的这些因素是：

试验编号	工艺因素	
A1	扫描速度	110s/m（36spf）
B2	电源	94%（750V）
C1	淬火冷却介质温度	25℃（80℉）
D2	淬火压力	70kPa（10psi）
D3	淬火压力	83kPa（12psi）
E2	转速	36r/min
E3	转速	60r/min

虽然计算出一个极高的干扰因素，但还是找出了72%的淬硬深度变化直接归因于材料变化。这里72%的材料因素是：

材料	平均淬硬层深度	
	mm	in
1	3.96	0.156
2	5.31	0.209
3	5.54	0.218

因此，综合扫描速度、电源和材料淬透性的累积偏差为4.7% +11.2% +72.0% =87.9%，而淬火冷却介质温度、淬火压力、转速和工位数综合占总偏差的12.1%。

（2）试验研发准则　下面只是具有中等淬透性的1040钢经试验确定淬硬层深度的准则。

1）工艺因素：①扫描速度，13s/m（4 spf）的速度变化将改变平均淬透层深度0.48mm（0.019in）；②电源，8%的电压变化将改变0.91mm（0.036in）的平均淬硬层深度；③淬火冷却介质温度，25℃（40℉）的温度变化将改变平均淬硬层深度0.28mm（0.011in）；④淬火压力，压力由55kPa（8psi）增加到83kPa（12psi）对淬硬层深度没有影响；⑤转速，在10～60r/min范围内变化对淬硬层无影响。

2）干扰因素：①材料淬透性，这是影响淬硬层的主要因素（72%）；②淬硬层深度，从一个工位移到另一个工位变化很小。

3）附加因素。对表面硬度、畸变和氧化皮等其他性能进行了类似分析，其结果如下：①对花键轴叉尺寸有明显影响的热循环烈度，例如以120s/m × 90%V输入，以最低加热温度和最小淬火速度（50℃ ×55kPa或120℉ ×8psi）处理的花键轴叉畸变，显著小于最大热输入和最快冷却速度淬火的花键轴叉；②此试验未证实淬硬层越深，尺寸变化越大的理论（见表1-12）；③材料对花键轴尺寸变化的影响占53%，可能由淬透性差别引起，或由各种棒材的不同冷加工量引起；④对零件进行的总偏离指数（TIR）分析所得结论反映出花键轴尺寸变化；⑤最快扫描速度时氧化皮最少（因为在高温暴露于空气的时间最短）；⑥在试验允许范围内，工艺因素对表面硬度影响不大。

表1-12　平均淬硬层深度对花键轴尺寸变化的影响

材料	平均淬硬层深度		花键轴尺寸变化	
	mm	in	mm	in
M1	3.73	0.147	0.038	0.0015
M2	5.66	0.223	0.013	0.0005
M3	5.79	0.228	0.015	0.0006

（3）最终优化条件　表1-13所列为总体考虑的工艺因素优选条件，按照获得的信息，对参数组合可做出如下最佳总体选择：

试验编号	工艺因素	
A1	扫描速度	110s/m（36 spf）
B2	电源	94%（750V）
C3	淬火冷却介质温度	50℃（120℉）
D2	淬火压力	70kPa（10 psi）
E2	转速	36r/min

表1-13　确定花键轴最佳性能条件工艺因素的S/N比率分析

特性	试验编号①	工艺因素								
		扫描速度		电源		淬火冷却介质温度		淬火压力		转速/(r/min)
		s/m	spf	设定（%）	电压/V	℃	℉	kPa	psi	
有效淬硬层	A1	110	36	—	—	—	—	—	—	—
	B2	—	—	94	750	—	—	—	—	—
	C1	—	—	—	—	25	80	—	—	—
表面硬度	B1	—	—	98	785	—	—	—	—	—
	C1	—	—	—	—	25	80	—	—	—
	E2	—	—	—	—	—	—	—	—	30
	E3	—	—	—	—	—	—	—	—	60

（续）

特性	试验编号①	工艺因素								
		扫描速度		电源		淬火冷却介质温度		淬火压力		转速/(r/min)
		s/m	spf	设定（%）	电压/V	℃	℉	kPa	psi	
花键轴尺寸变化	A1	110	36	—	—	—	—	—	—	—
	B3	—	—	90	720	—	—	—	—	—
	C3	—	—	—	—	50	120	—	—	—
	D1	—	—	—	—	—	—	55	8	—
	E2	—	—	—	—	—	—	—	—	30
	E3	—	—	—	—	—	—	—	—	60
平直度 TIR	A1	110	36	—	—	—	—	—	—	—
	B3	—	—	90	720	—	—	—	—	—
	C3	—	—	—	—	50	120	—	—	—
	D2	—	—	—	—	—	—	70	10	—
	E2	—	—	—	—	—	—	—	—	30
热处理氧化皮	A2	120	40	—	—	—	—	—	—	—
	B1	—	—	98	785	—	—	—	—	—
	C1	—	—	—	—	25	80	—	—	—
	D2	—	—	—	—	—	—	70	10	—
最优总评	A1	110	36	—	—	—	—	—	—	—
	B2	—	—	94	750	—	—	—	—	—
	C3	—	—	—	—	50	120	—	—	—
	D2	—	—	—	—	—	—	70	10	—
	E2	—	—	—	—	—	—	—	—	30

① 下划线表示此变量的最佳 S/N 比率。

应看到必须确认验证试验是否达到预期结果。如果未达到预期改进，应该认为该试验在优化参数的定位上是不成功的，或者不存在优化参数。选择优化参数的最终结果列于表 1-14。

表 1-14　通过 S/N 比率分析确认花键轴叉的最优性能参数

	参数								
	有效淬硬层		表面硬度 HRC	花键轴尺寸变化		平直度 TIR		热处理氧化皮	
	mm	in		mm	in	mm	in	mg	oz
平均值	4.78	0.188	56.3	0.02	0.0008	2.97	0.117	648	0.0229
目标值	4.83	0.190	58	0.00	0.0000	0.000	0.000	0	0

1.1.7　试件

如前文所述，如果只想测量工艺变量的变化，用试件可获得对热处理工艺的精确评价。

举例：监测渗碳淬火过程的试件，用来监测 5 ~ 8 个齿节的 8620H 钢渗碳淬火齿轮的表面硬度、有效淬硬层深度和心部硬度的工艺偏差。

根据齿厚和试件心部冷却以及淬透性曲线相应突变区来选择试件直径。这意味着试件心部硬度的监测是一种淬火均匀度的非直接测量。单一炉次 8620 钢件每 10000 件至少测试一个试件。常用试件的外径尺寸是（12.7 ~ 17.8）mm ± 0.13mm[（0.500 ~ 0.700）in ± 0.005in）]，长度是 64mm ± 1.6mm（2.5in ± 0.06in）。

在试件上开槽，然后用铁丝将其捆在炉料上。每批炉料至少要有一个试件或每4h插入一个试件。单一炉次的8620钢件每10000件至少要测试一个试件。所有连续式炉每排要有一个试件。在所有炉料的加工零件有代表性的位置上悬挂试件。试件只用于对淬火进行评价，不允许用于回火。用于统计质量控制（SQC）的检测试棒源于在时间、温度或淬火规程没有反常变化的全过程。

（1）试件的检测规程　将试件表面锉平，使表面光滑，检查硬度。用洛氏标尺检测3个洛氏硬度读数，记下平均值。不能使用V形砧台，但能用平板状或点平状砧台。

从试棒心部切一个6.4mm（0.25in）厚的平行截面，将金刚石压头和砧座置于1/2半径处，用洛氏标尺C检测心部的硬度并记录。

（2）有效淬硬层深度　按上述剖面，用粒度为F120或更细的砂纸打磨检测表面，从表面一直测到硬度为85.5HR15N（50HRC）位置。以0.001in的读数精度记录下有效淬硬层深度。

有效淬硬层是用500gf（4.9N）试验力的显微硬度计测到相当于50HRC位置的检测方法评定的。因此，有效淬硬层深度的每10次测试至少有一次和/或任何一次不在规范范围内的检测都需要用显微硬度法来验证。

上述结果以图1-9所示的形式记录在炉子工艺曲线上。

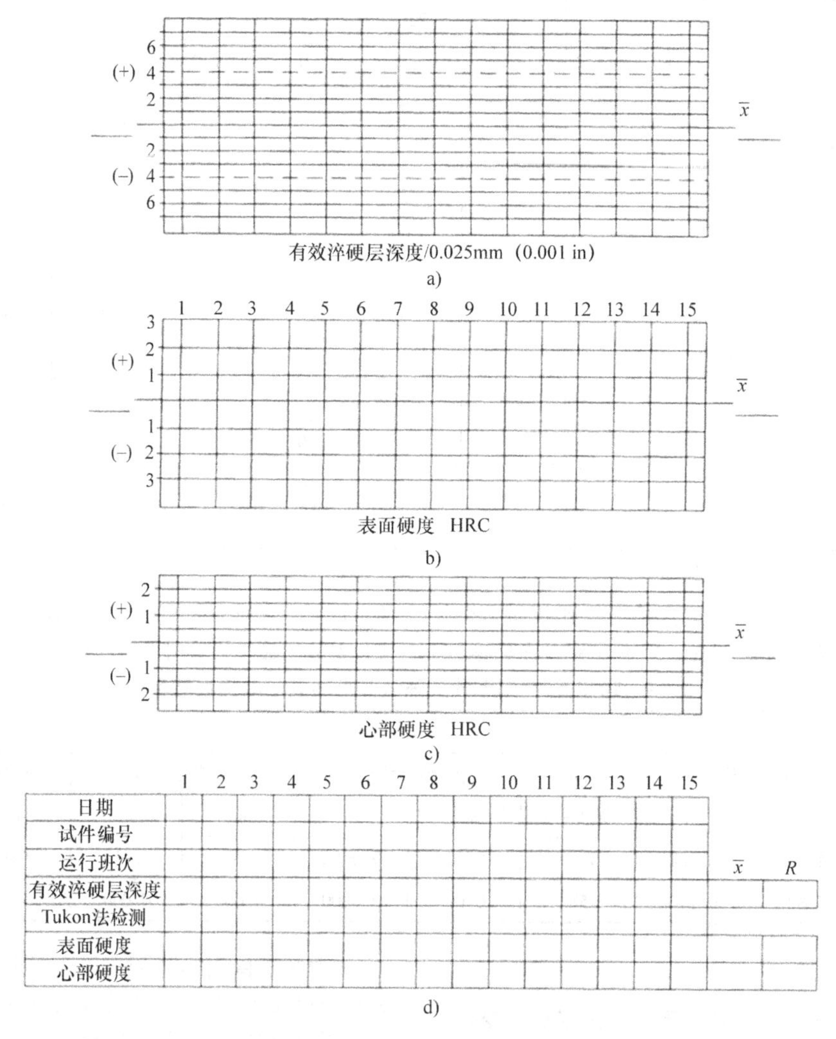

图1-9　8620钢试件的性能变化

a）有效淬硬层深度　b）表面硬度　c）心部硬度　d）按a）、b）、c）的工艺周期和数据绘制的表格

直到建立起上下控制极限平均值的概念，此方法近期才开始用于监控。

用标准试件和模拟来选择工艺参数，各工艺参数对有效淬硬层深度等性能的影响详列于表1-15。

从表1-15中可明显发现淬冷均一性是和渗碳工艺时间、温度和炉气控制一样的重要因素。

表1-15 优选工艺参数偏差对要求表面碳含量为0.85%~1.00%、870℃（1600℉）渗碳有效淬硬层深度的影响

淬硬层深度		选择参数的淬硬层深度偏差①（%）											
mm	in	温度偏差（ΔT）			时间偏差（Δt）			碳含量偏差（Δw_C）					
		11℃（20℉）	28℃（50℉）	56℃（100℉）	5min	10min	30min	炉气			淬冷均一性②		
								0.10%	0.15%	0.25%	0.05%	0.10%	0.20%
0.51	0.020	6	14	33	3	7	20	8	13	27	11	23	45
1.02	0.040	6	16	34	1	2	5	8	13	27	11	23	45
1.52	0.060	7	17	35	>1	1	2	8	13	27	11	23	45
2.03	0.080	9	19	36	>1	>1	1	8	13	27	11	23	45

① 工艺总偏差 = $\sqrt{A^2+B^2+C^2+D^2\cdots\cdots Z^2}$，式中，$A$、$B$、$C$、$D$……分别是$\Delta T$、$\Delta t$、炉气$\Delta w_C$、淬冷均一性及其他附加变量引起的偏差百分数。

② 淬硬到50HRC的淬硬层表面碳含量。

1.1.8 机械动作部件

过程控制范畴的对象，如炉门、淬火升降机、推料机构和风扇，人们对这些机械零部件的概念似乎有些陌生。但是，当这些零部件产生故障和损坏时，不难发现这些部件的问题还是很值得考虑的。

依靠简单观察和分析限位开关、解算器和许多炉子上已有的信号，可采集到与工艺相关的大量重要数据。

例如，最好是测量出把炉料从加热区转移到淬火槽的时间，并将此数据进行对数处理。此结果随时间变化而变化，并能对严重机械故障在影响工艺过程前发出警报。

应经常对照规定时间查看大型连续式推杆炉的实际推料时间，也要留意在固定时段的推料次数。

（1）风扇和泵 一种工艺是否成功和具有可重复性，气氛和淬火剂的循环/搅动是十分重要的。如果不便于测量循环系统（气氛或淬火冷速）的影响，那么另一件最应该做的事便是测量循环系统的一些其他指标。

有几种可用来测量风扇和泵的速度的设备：

1）零速开关。这些相对便宜（300~400美元）的设备很容易就近架设一个旋转驱动轴或转轮，可保证在一定低速范围内运转。使用传动带驱动设备时，由于这是一种能检出传动带磨损或打滑的唯一方法，也是十分难能可贵的方法。

2）电流开关。这也是一种便宜（每相200~300美元）的能检出超额电流的简易设施。在传动带驱动液压泵的情况下，电动机的驱动电流大约为5A。如果传动带突然断开或支架突然坠落，电动机的驱动电流会突降到约3A。如果使用三相电动机，必须对三相全部监控。电流开关的其他用途包括用于带式炉的传动带驱动电动机，电流消耗提高可能意味着传动带被拉紧。

3）电流转换器。类似于电流开关，除非产生低级别（4~20mA）的信号。相对于电流开关，电流转换器的应用取决于现有数据采集硬件的复杂装置。用于淬火油的电流转换器可使搅拌机电流消耗随油温和装料密度升高或降低。

（2）传送带和转筒机构 测量炉子传送带速度和进料速率可获得有用的工艺过程信息，可直接、间接测量或控制产品在炉内停留时间、装炉量大小、装炉密度和均匀性。在固定速率机构（如炉子传送带）的情况下，可采用以下几种方法：

1）转速表。测量任何一种电动机驱动设备有多种选择。转速表的优点是在慢速转动时可快速获得信息。转速表有两个问题：一个是只测量主动机件，而非从动机件；另一个是通常依赖于以模拟方式传送读数，要设定较多的标定问题。

2）限位开关。用于测量如传送带、滚筒或机械分度盘等的慢速机械动作，一个限定开关结合一个已知时间基点是一件很容易实现的事。例如，在传送带上，传动链轮通常都可在限定开关上提供一个可靠点获得一个周期脉冲，此脉冲的频率和宽度都与传送带速度直接相关。有时信息收集时间非常长是此类技术的缺陷。

（3）炉子装料速度 上面关于限定开关的论述同样适用于炉子装料机。根据两个限定开关动作之间的时间间隔，再结合一个模拟或数显称重计就能获得一个脉冲式推料机频率，按每小时磅数的统计就可以编码和对数运算，进而按重量调节工艺过程。

（4）炉料跟踪 可以按计划跟踪贯通式多盘炉或贯通式多台炉，从而获得过程控制和生产量两方面的重要数据。当数据采集系统监测到相应机械信号时，就可以确定料盘从一个位置移到另一个位置。对收集的数据进行分类，并将其划归到使用的料盘。

例如，大型推杆炉给定料盘的计算机记录，最后将包括料盘实际所在工区时的工区平均温度。记录也表示出料盘进入和离开工区的时间。用一些常用数据收集系统不能对数据分类和储存。如果需要此类设备，在选择时必须细心。

（5）振动监控器 一些装有电动机的炉子因失去平衡、轴承损坏或其他原因会发生过度振动。要把振动传感器安装在设备的关键位置，以便能在发生灾难性破坏前及时发现问题。这些设施能传输和振幅成比例的低水平信号。数据采集系统必须智能化，并且应不会受到沉重机械动作（如炉门开启）的影响。

致谢

本节中“工艺和生产能力”和“试验设计”两部分，由 J. Dossett、G. M. Backer、T. D. Brown 和 D. W. McCurdy 编写，原载于参考文献 4。

参考文献

1. M. Solari and P. Bilmes, Component Design, *Failure Analysis of Heat Treated Steel Components*, L.C.F. Canale, R.A. Mesquita, and G.E. Totten, Ed., ASM International, 2008, p 1–42
2. L. Campos Franceschini Canale, G. Totten, and D. Pye, Heat-Treating Process Design, *Handbook of Metallurgical Process Design*, G. Totten, K. Funatani, and L. Xie, Ed., Marcel Dekker Inc., New York, 2004
3. “Heat Treatment Procedure Qualification: Final Technical Report,” The Pennsylvania State University, Work Performed for U.S. Department of Energy Under Contract No. DE-FC07-99ID13841
4. J. Dossett, G.M. Baker, T.D. Brown, and D.W. McCurdy, Statistical Process Control of Heat-Treating Operations, *Heat Treating*, Vol 4, *ASM Handbook*, ASM International, 1991, p 620–637
5. K.E. Thelning, *Steel and Its Heat Treatment*, Butterworths, 1975
6. “Aerospace Material Specification, Pyrometry,” AMS2750 Rev E, SAE International, Revised 2012-07
7. “Special Process: Heat Treat System Assessment,” CQI-9, 3rd ed., AIAG, 2011
8. “Standard Test Method for Conducting Temperature Uniformity Surveys of Furnaces Used to Heat Treat Steel Products,” A 991/A 991M-08, ASTM International, 2008
9. “Aerospace Material Specification, Pyrometry,” AMS2750 Rev E, Section 2.2.42, SAE International, 2012
10. “Aerospace Material Specification, Pyrometry,” AMS2750 Rev E, Section 2.2.41, SAE International, 2012
11. “Aerospace Material Specification, Pyrometry,” AMS2750 Rev E, Sections 3.5.3 and 3.5.8, SAE International, 2012
12. “Special Process: Heat Treat System Assessment,” CQI-9 3rd ed., Sections 3.4.1.1 and 3.4.1.2, AIAG, 2011
13. “Standard Test Method for Conducting Temperature Uniformity Surveys of Furnaces Used to Heat Treat Steel Products,” A 991/A 991M-08, Section 6.2.1.2, ASTM International, 2008
14. “Special Process: Heat Treat System Assessment.” CQI-9, 3rd ed., Glossary of Terms, Furnace Modifications, AIAG, 2011
15. “Standard Specification and Temperature-Electromotive Force (EMF) Tables for Standardized Thermocouples,” E230-02, ASTM International, 2002
16. “Standard Specification for Mineral-Insulated Metal-Sheathed Base Metal Thermocouples,” E 608/E 608M-00, ASTM International, 2000
17. “Aerospace Material Specification, Pyrometry,” AMS2750 Rev E, SAE International, 2012
18. “Special Process: Heat Treat System Assessment,” CQI-9 3rd ed., AIAG, 2011
19. “Standard Practice for Using Significant Digits in Test Data to Determine Conformance with Specifications,” E29-08, ASTM International, 2008

1.2 热处理的成本计算

J. L. Dossett，Consultant

1.2.1 概述

虽然各种热处理工艺明显有各自的热处理成本，但总有一种确定热处理设备每小时生产运行成本的计算方法系统可以用于成本和价格的精确计算。本节在总结全能热处理企业和专业热处理企业经验的基础上介绍这种简单、合理和系统性的方法。

作者根据在全能热处理企业作为工艺师和管理者的经验，认为成本是靠许多平均值和大量成本项目的综合计算获得的，而不使用和单项工序或工艺相关联的专项成本。通常的所谓成本概念都是错误的。例如，能源成本用热处理作业占有的面积来计量，而不考虑热处理能源约占全厂能源成本的 90%，但只占全厂总面积的5%这一事实。这就导致早在20世纪70年代的全能热处理企业渗碳平均成本仅为0.04美元/lb，而当地专业热处理企业，在同样装炉量、同样层深要求的渗碳成本则为0.15～0.30美元/lb，这还比较符合实际。

每家专业热处理企业都能提供一页又一页的每种热处理工艺按磅计价的价格表，每个年度的价格单都是在上一年度乘以涨价因子再重新发布。一旦被质疑，那些报价和定价的人不能确定大多数价格原本是怎么计算的，而只能说这是几年前制定的，而后又逐年更新。根据这种经验，热处理计价错误会影响企业的业绩和效益。

本节的目的是开发一种既简便又具有适当精确度的成本价格计算体系。此体系既考虑因基本成本项目改变而导致年度成本变化，也能随时施行换算，最后精确地计算出一台设备或一组零件的小时作业成本。该体系的一个优点是如果已知一种零件的装炉特征和工艺周期，一定可以精确确定该设备和工艺的每个零件或每磅零件的价格。此体系的另一优点是如果记录下该设备处理每个零件每年实际的总小时数，就很容易计算出这台设备和工艺的每个零件或每磅零件的热处理价格。第三个优点是如果一台设备的每年每种零件的总作业小时数有记录，就可按设备小时费用精确逆向计算出其销售额占实际总销量的份额。专用设备或工艺定价的误差可在随后校正。

一个早期发表的属于通用工艺领域热处理成本的著作就是用此方法完成的，见参考文献［1］。虽然早期方法没有分摊到特定设备的成本，但是此方法还是计算了所用设备类别的成本。

1.2.2 运营细节

成本的背景数据都是取自专业热处理企业。企业中热处理零件的范围很广，包括各类轴、齿轮、链轮、衬套、飞机连杆和相应的发动机零件等。需要热处理的材料有钢、铸钢、各类铸铁以及耐磨耐蚀铸铁。企业都是每日24h不间断作业的，也容许假日作业，据此每台主要设备每年可利用的作业小时数高达350×24h＝10704h。

（1）可控气氛热处理　有6台可控气氛整体淬火炉（2台双区式，4台单区式），1条带清洗机和回火炉的推杆式气体渗碳炉生产线。所用工艺为渗碳、碳氮共渗、淬火和回火，保护气氛退火和复碳。这些类似级别炉子的销售额和使用数据都有记录。可控气氛热处理费用总共约占总销售额的52%。

除推杆炉是用电加热以外，其他炉子都是燃气炉。现场设有液氨罐和液氮罐，所有炉子都有手动和自动氮气净化系统。双区周期式气氛炉及其附带的2台回火炉都符合AMS 2750的规定。所有炉子都设有自动程序周期控制和碳势控制系统，都使用快速淬火油，其中3台周期式回火炉也配有氮基保护气氛，有2台3600ft^3/h的露点仪自动控制和空气冷却的气体发生器供应吸热式气氛，排放的气体进入环形共用管路。

（2）感应热处理　共有5台感应加热设备，每台都有销售额和使用数据记录，感应热处理费用总计约占总销售额的28%。

有3台射频（RF）设备（50kW、60kW和150kW）和2台3～10kHz设备（100kW和150kW）。每台设备都配有程控双扫描器，也可连续使用。两种浓度（5%和20%）的可控温聚合物溶液淬火槽，每台设备上各配一个。用蒸馏水冷却的电气冷却元件使用壳式和管式热交换器（用于聚合物淬火液），使用19000L（5000gaL）的大型水处理系统。用2台蒸发冷却塔轮换工作，使系统在运行时保持冷态。感应热处理区还有2台连续式回火炉，总回火周期为2h，以及2台周期式回火炉和1台清洗机。

（3）铝合金热处理　有一台大型燃气式空气循环炉（有合格证书），附设有可搬运1360kg（3000lb）铝件的机械手。在19000L容积的水槽中进行固溶处理，并在同一炉中时效。该设备有营业额和使用数据记录。铝合金热处理费用约占总销售额的3%。

（4）高温热处理　有2台带机械手的直接燃烧高温炉（可达1090℃或2000℉），配备有机械手、鼓风冷却站和两个19000L的淬火水槽。这些设备主要用于17Cr和27Cr白口铸铁的淬火、锰钢的固溶处理和其他钢种的正火和退火。有设备销售额和使用数据记录。这些热处理费用约占总销售额的13%。

（5）辅助设备　另外，有2台矫直机、封闭涂敷机、冷处理箱、玻璃推焊器、台式喷丸机和喷丸清理滚筒。这些设备也有销售额和使用数据记录，其费用约占总销售额的4%。

1.2.3 成本分类

为计算每台设备每小时热处理加工的成本和最终销售价格，其成本可划分为以下几类：

1）直接成本。

2）分摊成本。

3）投资成本。

4）综合行政管理（G&A）成本。

企业用的大多数热处理成本计算系统具有累积不同类型成本的计算功能，利用这些规定或合理调整措施可划定较大的成本收集领域是完全必要的。

（1）直接成本　指直接确定一台或数台设备的小时作业成本，其组成部分如下：

1）直接劳务成本。直接劳务成本是指直接完成工艺的人工小时成本。如果一个人被分配操作2台设备，则每台设备的费用只占1/2的小时费率，许多公司把直接劳务成本作为剥离成本项目和直接人工数的平均数，如此就很容易算出直接人工的平均小时成本。

2）福利。福利是指直接用于员工的附加福利总和除以范围内的员工数。此笔费用包括但不限于企业支付的健康和生命保险、工人奖励、联邦和各州的失业金、假日和休假开销、雇员社会保险、企业个人退休金账户以及其他多项费用。

3）能源成本。能源成本既包括用于加热、电机、发热体和动力用电能，也包括用于燃烧器、点火器、火帘、富化气、发生器气氛以及用于清洗机和回火炉的天然气。

4）用水成本。用水成本包括一般用水费用和工艺设备用水费用，也包括冷却风扇和轴承用水费用、清洁用水费用、水处理费用、离化或蒸馏费用。

5）工艺气体成本。工艺气体成本包括其他工艺气体或工艺安全用气，如氨（气态或无水液氨）、丙烯、氢、氩或碳氢化合物添加剂。工业用氮气或安全净化用氮，按其用途也可视作固有成本。

（2）分摊成本　通常是一系列的小笔费用，很难直接确定，其平均费用和累积费用可用专用设备或同类设备较为精确地测算。其组成部分如下：

1）洗炉用氮成本。洗炉用氮成本包括购买和使用气体的总费用。

2）工艺控制成本。工艺控制成本包括外购替换件、热电偶、保护管、仪器检测、设备配件、炉子定期检测、热电偶和温度标定，还包括控制阀、线圈、阀、马达、氧探头更换、炉外分析仪保养、标定等。

3）淬火剂成本。淬火剂成本包括添加的淬火材料费用，如水、聚合物、油、淬火用气体以及其他淬火剂费用。

4）维修保养。维修保养包括外购设备保养、替换材料和服务，如风扇、马达、轴承、辐射管、耐火材料、炉底板或滑轨等的费用。保养部门的内部成本及其费用则归到综合行政管理（G&A）部分开支。

5）工夹具成本。工夹具成本包括料盘、料筐、吊夹具零件、感应器或定位器，以及这些物品的维修成本。

（3）投资成本　购买设备和直接与设备相关联的费用的年度计划成本。

（4）综合行政管理成本　包括所有其他不能直接分摊的行政和管理成本，包括行政和管理职能的成本，所有涉及与福利成本相关的非直接人员费用，建筑成本、建筑维修以及通用设施。这些成本都包罗在综合管理类别里，这一成本在总成本中占有一定比例。

（5）效率因子（利润）　是对热处理工序或热处理企业的预期投资总回报或投资回报率。

1.2.4　采集消耗/成本数据

必须保存每台设备在一定时间内（至少一年）的准确生产记录。当前，利用过程传感器和计算机数据库采集系统可实现成本的精确监控。如果一个企业具有过程控制的主平台，就完全具有通过传感器记录下所用的设备使用、气体使用、电能消耗、用水等数据的能力，也能记录风扇、泵、搅拌马达等的实际运营时间。如此，这些数据就可用来替代此处所列的一些“训练”估算。

依赖保留的良好记录，就可用此数据确定分配成本的小时数。在此描述的方法中，要按照设备用途和其他重要成本信息用电子表格记录。表1-16所列为必要计算用的转换系数，这些系数包括热处理工艺使用的各种物品的能源单位转换和液体-气体转换。

表1-16　常用转换系数

物品	单位	转换
电能	1 hp	=745.7W
		=0.7457kW
		=3412.1Btu/h
天然气	1 therm	=100000Btu
		=100ft^3
吸热式气氛（发生器）	1000 ft^3（产出）	=204ft^{3}天然气（反应需求量）
氨（无水氨）	1 gal	=5.46 lb
	1 lb	=123.5ft^3（气体）
		=22.5ft^3（液体）
氮	1 gal	=93.11ft^3（气体）

表1-17所列为2002年度各种物品典型的年平均成本，如天然气、电能、用水等。每therm（kW·h）或每gal的平均成本是以年度总成本（包括成本总成）除以总用量来确定的。表1-17所列其他用品的费用，如吸热式气体平均成本是在当时的

劳动力和公用开支基础上确定的工艺控制和发生器运行的维修保养费用。

表 1-17 重要物资成本、直接成本和综合行政管理费用所占比例

物品	单位	平均成本/美元	总用量	总成本/美元
直接人工成本①	美元/h	13.85	36.594	506.827
直接人工福利①	美元/h	3.39	36.594	124.054
电能	美元/(kW · h)	0.0669	2152.586	144.008
天然气	美元/therm	0.458	694.843	318.238
自来水	美元/gal	0.00352	1610.277	5.668
处理水	美元/gal	0.0056		
蒸馏水	美元/gal	0.3990	1.815	724
氮	美元/100 ft^3	0.38		29.853
氨	美元/100 ft^3	0.23	1137.391	2614
吸热式气体②	美元/1000 ft^3	2.23		
淬火油	美元/gal	3.30	4.158	13.772
感应淬火	美元/gal	10.22	550	5.622
工艺控制	按实际成本分摊			
工厂用电	按实际成本分摊			
维修保养	按实际成本分摊			
工具夹	按实际成本分摊			
综合行政管理（G&A）费用所占比例	0.485			

① 包括部分临时职员。

② 由电子表格计算而得。

采集单一设施使用数据。为了第一次完成一台主要设备的成本清单，首先要对所有公用项目进行确认和记录。弄清主要热源的使用费率是很有帮助的，有时在设备上打印有原始能源消耗数据。估算值通常占计算值的 50% ~60%，这是计算加热能源消耗的良好开端。

应确定的气体消耗不单单限于燃气加热器、点火器、火帘等。如果已知气体压降，则燃烧器和火帘用天然气信息可按气体流量来确定。

所有的加热器、马达、风扇或鼓风机的电耗都必须记录，各种用项的数值、功率和所有各种不同任务的日常周期也要记录。

1.2.5 成本构成的配置

在成本计算系统里，对一台设备设定的所有可分摊成本通常不能一一对应和跟踪。通常根据设备类型，对成本进行分组或分类。因此经常需要做成本的一些配置，这要周密考虑各种配置需求的依据，并熟识此项工序。

如果一些物品的费用，诸如电、燃气、气体、水、人力、折旧等只用于一台设备，这个数据容易得到，那就用这个数据来分摊。否则，针对一组设备的成本，此成本范畴也要加以分摊。采用以下所列技术很容易实现这种分摊。所有分摊的成本构成都应填入消耗平衡单，所有范畴和物品的总消耗都应包括在内，并施行总的收支平衡。以下就是进行这种平衡预算的一例。其中已知氮的总费用，还要确定每一台用气设备洗炉用氮的小时成本。

（1）洗炉用氮的分摊　已知全年用氮费用为 29853 美元。其中包括设备消耗，如储气罐及相关设施 6000 美元，还有氮的排空消耗和实际用氮量。和吸热式气氛流量一样，也要在每台炉子上设定洗炉用氮流量，然后把洗炉用氮的总成本分摊给 7 台气氛炉。

表 1-18 所列为所有洗炉用氮的平均小时成本，将总成本 29853 美元除以总时间 30071h，其结果等于 0.993 美元/h。随后将总的平均用氮成本转换成氮气体积，用氮总费用与吸热式气氛的相对流量成正比。表中最后一栏表示每台炉子的小时平均成本。这些费用的平均值和最初计算出的平均成本密切相关。设备的总销售额见表 1-19。此处使用的总成本平衡或成本构成技术适用于所有的成本基本构成，以保证所有包含的用项与总耗费相平衡。

表 1-18　洗炉用氮的成本分摊

设备	氮的消耗				
	用途	吸热式气氛/h	用量	体积因子	每小时成本/美元
Pacific 1（2 区）	洗炉	800	4872	2	1.21
Pacific 2（2 区）	洗炉	800	4872	2	1.21
Pacific 3（1 区）	洗炉	400	4452	1	0.61
Pacific 4（1 区）	洗炉	400	4452	1	0.61
Pacific 5（1 区）	洗炉	400	4452	1	0.61
Holcroft（1 区）	洗炉	800	4868	2	1.21
Ipsen 推杆炉	洗炉	1000	2125	2.5	1.50
总计		4600	30071	11.5	
平均年成本/美元	0.385/100ft^3			29853.00	
平均使用成本/(美元/h)			0.993		0.993

表 1-19　工厂设备小时费率的比较

主要设备	台数	销售价格/(美元/h)
气氛炉		
Pacific（2 区）0.6m×0.9m（24in×36in），带清洗、回火	2	55.13
Pacific（1 区）0.6m×0.9m（24in×36in）IQ，带清洗、回火	3	20.09
Holcroft（1 区）0.8m×1.2m（30in×48in）IQ，带清洗、回火	1	33.93
Ipsen P-9 0.6m×0.6m（24in×24in）推杆生产线，带清洗、回火	1	155.30
Surface 3600 CFH 吸热式发生炉	2	6.70
感应热处理炉		
50kW　RF/回火	1	42.56
60kW　RF/回火	1	46.73
150kW　RF/回火	1	55.61
100kW　3~10kHz/回火	1	55.37
150kW　3~10kHz/回火	1	65.51
铝合金热处理炉		
OF 1.5m×2.4m×1.2m（5ft×8ft×4ft）铝合金固溶+时效	1	25.13
敞焰加热炉		
OF Joneston 1.2m×2.4m×0.9m（4ft×8ft×3ft）燃气高温炉	1	39.91
OF 1.2m×2.4m×1.2m（4ft×8ft×4ft）燃气高温炉	1	49.73

注：IQ（integral quench）表示密封箱式炉（多用炉），CFH 表示立方英尺/小时（ft^3/h），RF 表示射频，OF（open-fired）表示敞焰加热。

（2）工艺控制和淬火剂成本的分摊　如表 1-20 所示，主要设备在第 1 列，工艺控制系统分成了 3 组，A 为温度控制系统；B 为氧探头碳势控制系统；C 为 AMS 2750 认证系统。表中第 2 列所示为每台设备的温控系统数量。其中包括控制仪、温度计、记录仪及所有相关设备。第 3 列为每台气氛炉的碳控系统数量，第 4 列是检验合格的设备数量。每个组分类别的总数分属到每台主要设备，随后把已知成本按组分在每个类别的百分数进行分摊。

油淬成本用同样方式（用量）按设备粗略分配，单区炉用量的百分比要减去约 10%，将其加到推杆炉上，因为推料频次多带出的淬火油也多。

感应淬火用聚合物淬火剂成本也按特定设备的相对用量来分摊。

（3）保养维修和工夹具成本配置　如表 1-21 所示，第 1 列和第 2 列为各台主要设备及各类型设备的年度直接成本。每台设备的加权因子按其服役年限、维修程度和检修次数决定；“1”用作平均数，这些因子位于第 3 列。第 4 列中的因子是根据设备类型加权后的。此因子乘以该类型设备的总成本，再按成本比例分摊到各台设备。用同样的方法可确定各台设备的工夹具成本。

表 1-20　工艺控制和淬火剂的成本配置

设备	工艺控制				淬火剂			利用率	
	系统			成本/美元	体积	因子①	成本/美元	可用时间	h/年
	A	B	C						
气氛炉									
Pacific1，带清洗、回火②	15	2	1	6532	1500	0.162	2223	0.58	4872
Pacific2，带清洗、回火②	15	2	1	6532	1500	0.162	2223	0.58	4872
Pacific3，带清洗、回火	7	1		1863	1000	0.135	1852	0.53	4452
Pacific4，带清洗、回火	7	1		1863	1000	0.135	1852	0.53	4452
Pacific5，带清洗、回火	7	1		1863	1000	0.135	1852	0.53	4452
费用/成本						6000		23100	
Holcroft，带清洗、回火	10	1		2387	1800	0.161	2212	0.577	4847
Ipsen 推杆炉，带清洗	11	3		3841	2000	0.110	1509	0.253	2125
费用/成本					9800	1.000	13722		30072
吸热式发生器 1	3	1		1164				0.5	4982③
吸热式发生器 2	3	1		1164				0.5	4982③
感应热处理炉									
50kW　RF/回火	1			175	600	0.282	1583	0.709	5956
60kW　RF/回火	1			175	600	0.245	1387	0.617	5183
150kW　RF/回火	1			175	800	0.126	710	0.318	2671
100kW　3～10kHz/回火	1			175	800	0.125	703	0.315	2646
150kW　3～10kHz/回火	1			175	800	0.222	1248	0.559	4696
费用/成本					3600	1.000	5622	21152	
蒸馏水	1			175					
中央冷却水	1			175					
铝合金热处理炉									
OF 1.5m×2.4m（5ft×8ft）铝合金固溶+时效	6			1048	5000			0.63	5292
敞焰高热炉									
OF Johnston 燃气高温炉	6			1048				0.512	4301
OF 1.2m×2.4m（4ft×8ft）燃气高温炉	6			1048	5000			0.355	2982
	103	13	2		10000				7283
A:年度成本,温度控制④	17990				淬火油		13722	总计	63799
B:年度成本,碳势控制⑤	5120				聚合物淬火剂		5622		
C:检定合格设备⑥	5265								

① 依据使用率。

② 按 AMS 2750 检定。

③ 平均值。

④ 所有系统。

⑤ 仅为气氛炉。

⑥ 仅为 Pacific 1 和 Pacific 2 气氛炉。

表 1-21 维护维修和工具夹的成本配置

设备	修理和维护				年度成本/美元	工夹具		
	年度成本/美元	加权因子①	因子	成本/美元		加权因子②	因子	成本/美元
Pacific1，带清洗、回火		1.1	0.212	7420		1.3	0.232	1385
Pacific2，带清洗、回火		1.1	0.212	7420		1.1	0.232	1385
Pacific3，带清洗、回火		1	0.192	6745		1	0.179	1065
Pacific4，带清洗、回火		1	0.192	6745		1	0.179	1065
Pacific5，带清洗、回火		1	0.192	6745		1	0.179	1065
年度成本	35074.00	5.2	1.000	35074	5966.00	5.6	1.000	5966
Holcroft，带清洗、回火	13125.00	1	0.055	13125	1722.00	1	1.000	1722
Ipsen 推杆炉	12969.00	1	0.055	12969	6359.00	1	1.000	6359
吸热式发生炉 1		1	0.500	2487				
吸热式发生炉 2		1	0.500	2487				
年度成本	4973.00							
50kW RF/回火		0.8	0.148	3690		1	0.185	593
60kW RF/回火		1	0.185	4613		1.2	0.222	712
150kW RF/回火		1	0.185	4613		1	0.185	593
100kW 3～10kHz/回火		1.6	0.296	7381		1	0.185	593
150kW 3～10kHz/回火		1	0.185	4613		1.2	0.222	712
年度成本	24910.00	5.4	1.000	24910	3204.00	5.4	1.000	3204
1.5m×2.4m(5ft×8ft) 铝		0.7	0.152	723		1	0.250	2430
OF Johnston 敞焰高温炉		1.8	0.391	1859		1.5	0.375	3645
1.2m×2.4m(4ft×8ft)高温炉		2.1	0.457	2168		1.5	0.375	3645
年度成本	4750.00	4.6	1.000	4750	9720.00	4	1.000	9720

① 相对维修需求权重因子。

② 夹具/感应器权重因子。

1.2.6 吸热式气氛成本的确定

要准备的第一张小时成本清单用来确定吸热式气氛的平均成本，然后把它作为各种类型气氛炉的工艺成本的成本因子。表 1-22 为这种记录单。在记录单上表明设备名称、填写日期和其他使用细目。在收集到所有使用数据后填入其他应用细节、实际用项和成本数据。表中各项的含义如下：

1）数量是指同类设备数量。

2）规格或尺寸是指同类设备的尺寸或规格、测量单位。

3）占空比是指在热处理循环过程中该类设备运行的时间占循环周期的比率。

4）总用量是指转换成通用单位。

5）单位成本是指表 1-17 中每种物品年度总费用中的单台成本。

6）小时成本是指后面两个数字相乘得到该项耗费的每小时成本。

计算出直接人工成本、福利和能源总消耗之后，将其求和，得出总的可变成本。下一个要输入的是分摊成本（实际使用的），按照一定的分摊比例进入年度核算，用美元来计算。此数字随后除以每年的小时数就构成总成本中的分摊成本。综合行政管理（G&A）成本比率乘以总直接成本就构成了该项成本。每年的折旧处理偿还期限除以每年的小时数就得出总小时成本中的折旧贡献率。最后，总小时成本是右边一列最后三个数值的总和。总小时成本为 6.70 美元或 2.23 美元/1000ft^3。此数值适用于所有气氛炉的吸热式气氛成本计算。

表 1-23 和表 1-24 所示分别为 Pacific 型 2 区周期炉和 Ispen 推杆炉生产线工业气氛炉的典型成本清单。除了直接成本构成只适用于这些炉子以外，同

样的程序也适用于吸热式气发生炉。这些记录单的其他特色是添加了效率因子和售价行。加入实时生产附加成本构成是为了推行延长开始工作周期。

表 1-23 和表 1-24 底部是按周期时长计算出的每 0.45kg（1 lb）的销售价格。对 6h 渗碳周期每磅价格的对比表明推杆炉每磅价格要低 0.02 美元（0.30 美元对 0.32 美元），推杆生产线的小时销售额是 155.88 美元，而 Pacific 型 2 区周期炉的小时销售额为 55.13 美元。

表 1-22 吸热式气氛的成本分析

设备名称	3600 CFH 发生器		平均产气量：3000 ft^3/h					
日期	2/15/2003							
用途								
	数量	规格或尺寸	单位	占空比	总用量	单位	单位成本/美元	小时成本/美元
直接人工成本			h	0.0208	30min/d	人	13.85	0.29
福利			美元/h	0.0208	30min/d	美元/h	3.39	0.07
电能								
燃气鼓风机	1	1.5	hp	1.00	1.10	kW · h		
冷却风扇（排出）	2	0.33	hp	1.00	0.24	kW · h		
混合泵	1	3	hp	1.00	2.21	kW · h		
电能总计					3.55	kW · h	0.0669	0.24
天然气（加热）		550	ft^3/h	0.20	3.85	therms		
点火		75	ft^3/h	1.00	0.75	therms		
气体发生炉		612	ft^3/h	1.00	6.12	therms		
天然气总用量					4.60	therms	0.458	2.11
总可变成本						美元/h		2.70
分摊成本		年度总计/美元		份额	分摊成本/美元			
工艺控制系统		1164.00	美元/年	1.000	1164.00	美元/年		0.23
维修/维护		4793.00	美元/年	0.5	2486.50	美元/年		0.50
总直接成本						美元/h		3.44
炉子折旧	1	75000.00	美元	14	5357.14	美元/年		1.08
G&A 成本（占总成本的百分数）	0.485%							2.19
总小时成本								6.70
						每年小时数		4982
天然气价格					0.458 美元/therm			
吸热式气氛成本					2.23 美元/1000ft^3			

表 1-23 周期式双区淬火炉、清洗、回火炉生产线成本分析

设备名称	Pacific 型 2 区	0.6m×0.9m×0.6m（24in×36in×24in） 726kg（1600lb）总量/h 检定合格						
日期	2/15/2003							
用途	渗碳							
	数量	规格或尺寸	单位	占空比	总用量	单位	单位成本/美元	小时成本/美元
直接人工成本		0.66	人	1	0.66	人	13.85	9.14
福利		0.66	美元/h	1	0.66	美元/h	3.39	2.24

（续）

设备名称	Pacific 型 2 区	0. 6m×0. 9m×0. 6m（24in×36in×24in）					
日期	2/15/2003	726kg（1600lb）总量/h					
用途	渗碳	检定合格					
	数量	规格或尺寸	单位	占空比	总用量	单位	单位成本/美元	小时成本/美元
电能（加热）		0	kW·h			kW·h		
燃气鼓风机	1	1	hp	1. 00	0. 74	kW·h		
风扇	2	2	hp	1. 00	2. 94	kW·h		
淬火加热器	2	10	kW·h	0. 10	2. 00	kW·h		
淬火搅拌器	2	1	hp	0. 20	0. 29	kW·h		
驱动马达	1	0. 75	hp	0. 10	0. 06	kW·h		
淬火泵	1	5	hp	0. 25	0. 92	kW·h		
淬火冷却器	2	2	hp	0. 10	0. 29	kW·h		
清洗机	1	2	hp	0. 20	0. 29	kW·h		
回火炉	1	5	hp	1. 00	3. 68	kW·h		
电能总耗					11. 21	kW·h	0. 0669	0. 75
天然气（加热用）	1	1300000	Btu	0. 60	7. 20	therms		
点火	3	100	ft³/h	1. 00	3. 00	therms		
火帘	2	250	ft³/h	0. 01	0. 05	therms		
富化气	1	120	ft³/h	1	1. 20	therms		
清洗机	0. 2	180000	Btu	0. 5	0. 18	therms		
回火炉	1	400000	Btu	0. 6	2. 40	therms		
天然气总消耗					14. 63	therms	0. 458	6. 70
吸热式气氛	1	800	ft³/h	1. 00	800. 00	ft³/h	0. 00223	1. 78
冷却用水		7	gal/h	1. 00	20	gal/h	0. 0056	0. 11
清洗用水		5	gal/h	0. 20	15	gal/h	0. 00352	0. 05
氨		24	ft³/h	0. 50	20	ft³/h	0. 0023	0. 05
分摊成本		年度总额/美元		份额	分摊成本/美元			
洗炉用氮					1	美元/h	1. 21	1. 21
工艺控制系统		6532. 00	美元/年	1. 000	6. 532	美元/h		1. 34
淬火剂		2223. 00	美元/年	1. 000	2. 223	美元/h		0. 46
修理/维护		7420. 00	美元/年	1	7. 420	美元/h		1. 52
夹具		1185. 00	美元/年	1	1. 385	美元/h		0. 28
总可变成本						美元/h		25. 61
炉子折旧	1	300000. 00	美元	14	2142857	美元/h		4. 40
清洗机折旧	0. 2	15000. 00	美元	14	21429	美元/h		0. 04
回火炉折旧	1	45000. 00	美元	14	321429	美元/h		0. 66
小计								30. 74

（续）

设备名称	Pacific 型 2 区	0.6m×0.9m×0.6m（24in×36in×24in） 726kg（1600lb）总量/h 检定合格						
日期	2/15/2003							
用途	渗碳							
	数量	规格或尺寸	单位	占空比	总用量	单位	单位成本/美元	小时成本/美元
G&A 成本（占总成本的百分数）	0.485%							14.91
总小时成本								45.65
效率因子	0.75							11.41
售价								总计 57.06
	周期	净重/盘	盘	0.45kg（1 lb）/h		成本/0.45kg（1 lb）/美元		
加热时间	1							
2h 周期	3	600	1.5	400.0		0.14		
4h 周期	5	600	2.5	240.0		0.24		
6h 周期	7	600	3.5	171.4		0.33		
12h 周期	13	600	6.5	92.3		0.62		
每年小时数								4872

表 1-25 和表 1-26 表明两种不同频率（射频和 3～10kHz）感应淬火设备的成本清单。通过再次的相同方法探讨，说明对直接成本的配置是和气氛炉不一样的。

表 1-27 是铝合金固溶和时效处理的燃气式空气循环炉的成本清单。该设备销售额是每小时 25.13 美元。表 1-19 所列为主要设备销售额的总额。为了保证能包括所有的使用成本，必须设置单独记录单。完成成本单初稿或设备有重大变动时，要按直接人员、公用事项、折旧规定以及其他物品费用实现确切的预期总计。

表 1-24　单排 9 料盘推杆炉生产线的成本分析

设备名称	Ipsen 推杆炉	0.6m×0.6m×0.6m（24in×24in×24in）高温 224kg（500lb）毛重/盘 9 盘/炉						
日期	2/15/2003							
用途	渗碳							
	基数	规格	单位	占空比	用量	单位	单位成本/美元	小时成本/美元
直接人工		1.33	人		1.33	人	13.85	18.42
福利		1.33	美元/h		1.33	美元/h	3.39	4.52
电能（加热）		90	kW·h	0.60	54	kW·h		
循环风扇	3	3	hp	1.00	6.71	kW·h		
淬火搅拌	4	3	hp	0.20	1.79	kW·h		
驱动马达	2	1	hp	0.10	0.15	kW·h		
淬火冷却	2	5	hp	0.20	1.49	kW·h		
供水	1	10	hp	1.00	7.46	kW·h		
回收水	1	10	hp	0.50	3.73	kW·h		
清洗机	1	2	hp	0.50	0.75	kW·h		
回火炉	2	2	hp	1.00	2.98	kW·h		
总电耗					79.05	kW·h	0.0669	5.29

（续）

设备名称	Ipsen 推杆炉	0. 6m×0. 6m×0. 6m（24in×24in×24in）高温						
日期	2/15/2003	224kg（500lb）毛重/盘						
用途	渗碳	9 盘/炉						
	基数	规格	单位	占空比	用量	单位	单位成本/美元	小时成本/美元
天然气(加热)								
点火（安保）	3	100	ft³/h	1. 00	3. 00	therms		
火帘	2	250	ft³/h	0. 10	0. 50	therms		
富化气		130	ft³/h	1	1. 30	therms		
清洗机		150	ft³/h	0. 5	0. 75	therms		
回火炉		400	ft³/h	0. 5	2. 00	therms		
天然气总耗					7. 55	therms	0. 458	3. 46
吸热式气		1500	ft³/h	1	1. 00	ft³/h	0. 00223	3. 35
冷却水		40	gal/h	1. 00	40	gal/h	0. 0056	0. 22
清洗机		5	gal/h	1. 00	5	gal/h	0. 0035	0. 02
氨		10	ft³/h	0. 33	20	ft³/h	0. 0023	0. 05
分摊成本		年度总和		份额	分摊成本			
氮（洗炉）					1. 00	美元/h	1. 50	1. 50
工艺控制体系		3841. 00	美元/年	1. 00	3841. 00	美元/年		1. 81
淬火剂		1508. 00	美元/年	1. 000	1508. 00	美元/年		0. 71
修理/维护		12969. 00	美元/年	1. 00	12969. 00	美元/年		6. 10
夹具		6359. 00	美元/年	1. 00	6359. 00	美元/年		2. 99
总可变成本						美元/h		48. 42
炉子折旧	1	850000. 00	美元	14	60714. 29	美元/年		28. 57
清洗机折旧	1	30000. 00	美元	14	2142. 86	美元/年		1. 01
回火炉折旧	1	50000. 00	美元	14	3571. 43	美元/年		1. 68
G&A 成本(占总成本的百分数)	0. 485%							38. 65
成本小计								总计 118. 33
生产率	0. 95							5. 92
总成本								总计 124. 24
效率因子	0. 75							31. 06
销售价格								总计 155. 30
	周期	净产出	料盘	0. 45kg（1 lb）/h		成本/0. 45kg（1 lb)/美元		
加热时间	1							
6h 周期	6. 75	400	0. 78	512. 8		0. 30		
9h 周期	9. 75	400	1. 08	369. 2		0. 42		
12h 周期	12. 75	400	1. 42	282. 4		0. 55		
每年小时数								2125

表 1-25 60kW 射频感应设备和回火炉的成本分析

设备名称/用途			60kW RF，2/15/2003，双扫描					
	基数	规格或极大值	单位	占空比	用量	单位	单位成本/美元	小时成本/美元
直接人工		1	人		13.85	人		13.85
福利		1	美元/h		3.39	美元/h		3.39
电能（加热）		60	kW·h	0.50	30	kW·h		
电器冷却	1	5	hp	1.00	6.71	kW·h		
淬火剂冷却	1	7.5	hp	1.00	10.06	kW·h		
淬火剂回收	1	1	hp	0.33	0.44	kW·h		
淬火剂加热	1	10	kW·h	0.00	0.00	kW·h		
清洗机	1	5	hp	0.20	1.34	kW·h		
回火炉	2	2	hp	0.50	1.34	kW·h		
电能总消耗					44.89	kW·h	0.0669	3.34
燃气（回火）		300000	Btu	0.50	1.50	therm	0.458	0.69
蒸馏水		0.089	gal/h	1	0.089	gal/h	0.349	0.04
软化水		25	gal/h	1	25	gal/h	0.0056	0.14
分摊成本		年总成本		份额	分摊成本			
工艺控制体系		175.00	美元/年	1.000	175.00	美元/年		0.03
淬火剂		1378.00	美元/年	1.000	1378.00	美元/年		0.27
修理/维护		4613.00	美元/年	1	4613.00	美元/年		0.89
夹具		712.00	美元/年	1	712.00	美元/年		0.14
总可变成本						美元/h		22.77
炉子折旧	1	150000.00	美元	14	10714.29	美元/年		2.07
清洗机折旧	0.2	10000.00	美元	14	142.86	美元/年		0.03
回火炉折旧	0.5	45000.00	美元	14	1607.14	美元/年		0.31
G&A 成本（占总成本的百分数）	0.485%							12.21
总小时成本								总计 37.38
效率因子	0.75							3.35
销售价格								总计 46.73
每年小时数								5183

表 1-26 150kW，3～10kHz 感应设备和回火炉的成本分析

设备名称/用途			150kW，3～10kHz，2/15/2003，双扫描/连续作业					
	基数	规格	单位	占空比	用量	单位	单位成本/美元	小时成本/美元
直接人工		1	人		13.85	人		13.85
福利		1	美元/h		3.39	美元/h		3.39
电能（加热）		150	kW·h	0.66	99	kW·h		
电器冷却	1	5	hp	1.00	6.71	kW·h		
淬火剂冷却	1	7.5	hp	1.00	10.06	kW·h		

（续）

设备名称/用途	150kW，3～10kHz，2/15/2003，双扫描/连续作业							
	基数	规格	单位	占空比	用量	单位	单位成本/美元	小时成本/美元
淬火剂回流	1	1	hp	0.33	0.44	kW·h		
淬火剂加热	1	10	kW·h	0.10	1.00	kW·h		
清洗机	1	5	hp	0.20	1.34	kW·h		
回火炉	2	2	hp	1.00	5.36	kW·h		
总电耗					123.91	kW·h	0.0669	8.29
回火炉燃气	2	300000	Btu	0.50	3.00	therm	0.458	1.37
蒸馏水		0.089	gal/h	1	0.089	gal/h	0.399	0.04
软化水		40	gal/h	1	40	gal/h	0.0056	0.22
分摊成本		年总成本		份额	分摊成本			
工艺控制体系		175.00	美元/年	1	175.00	美元/年		0.07
淬火剂		1248.00	美元/年	1	1248.00	美元/年		0.47
修理/维护		4613.00	美元/年	1	4613.00	美元/年		1.73
夹具		712.00	美元/年	1	712.00	美元/年		0.27
总可变成本						美元/h		29.69
炉子折旧	1	185000.00	美元	14	13214.29	美元/年		4.95
清洗机折旧	0.2	10000.00	美元	14	142.86	美元/年		0.05
回火炉折旧	0.5	45000.00	美元	14	1607.14	美元/年		0.60
G&A 成本（占总成本的百分数）	0.485%							17.12
总小时成本								总计 52.41
效率因子	0.75							13.10
销售价格								总计 65.51
每年小时数								2671

表 1-27 铝合金热处理炉的成本分析

设备名称/日期	1.5m(高)×2.4m(长)×1.2m(宽)(5ft×8ft×4ft)，铝合金热处理炉，2/15/2003							
	基数	规格	单位	占空比	用量	单位	单位成本/美元	小时成本/美元
直接人工		0.5	人		13.85	人		6.93
福利		0.5	美元/h		3.39	美元/h		1.70
电能（加热）								
燃烧风机	1	5	hp	1.00	3.73	kW·h		
风扇	2	5	hp	1.00	7.46	kW·h		
机械手	2	5	hp	0.10	0.75	kW·h		
淬火冷却	2	10	hp	0.10	0.75	kW·h		
总电耗					12.67	kW·h	0.0669	0.85
天然气(加热)		900000	Btu	0.50	4.5	therms		
天然气总用量					4.50	therms	0.458	2.06

(续)

设备名称/日期	1.5m(高)×2.4m(长)×1.2m(宽)(5ft×8ft×4ft), 铝合金热处理炉, 2/15/2003							
	基数	规格	单位	占空比	用量	单位	单位成本/美元	小时成本/美元
水淬		20	gal/h	1	20.00	gal	0.00352	0.07
分摊成本		年总成本		份额	分摊成本			
工艺控制体系		1068.00	美元/年	1.000	1048.00	美元/年		0.20
修理/维护		723.00	美元/年	1	723.00	美元/年		0.14
夹具		2430.00	美元/年	1	2430.00	美元/年		0.46
总可变成本						美元/h		12.39
炉子折旧	1	85000.00	成本美元	11	6071.47	美元/年		1.15
G&A 成本(占总成本的百分数)	0.485%							6.57
总成本								总计 20.11
效率因子	0.75							5.03
销售价格								总计 25.13
每年小时数								5292

1.2.7 结语

每种热处理作业都是独特的，本书给出的价格不一定都是适用的，然而所介绍的技术方法都适用于推算准确的成本和价格。

使用电子表格确定热处理设备作业的小时成本是一种简便合理又有条理的体系。一旦推算和实际所用物品费用相平衡，当物品价格变动或更换设备时，此记录单很容易按年度更新。当已知周期或载荷特征就可利用这些数据来计算每磅或每件的售价。每台主要设备成本一经确定，则设备的总销售额就可从成本数据相对于实际售价的比较中，确定可做校正的特定范围。

参考文献

1. ASM Committee on Heat Treating, The Cost of Heat Treating, *Met. Prog.*, American Society for Metals, July 1954, p 128–130A
2. Air and Natural Gas Flow Capacity Chart (SCFH), Hauck Manufacturing Co., Lebanon, PA, www.hauckburner.com

1.3 热处理的相关问题

Lauralice C. F. Canale, Eschola de Engenharia de Sao Carlos
Jan Vatavuk, Universidade Presbiteriana Mackenzie
George E. Totten, Portland State University
Xinmin Luo, Jiangsu University

当物体撤去外部原始作用力后在内部仍然存在的应力称为残余应力（也称为内应力），这种应力也是导致畸变的常见原因。在钢的各种工艺方法中，热处理对残余应力控制和尺寸控制的影响最大。在各种不同的热处理工艺过程中，淬火是最重要的方式之一。据估计，大约有 20% 的热处理问题与加热有关，而 80% 与冷却有关。碳素钢和合金钢在热处理过程中会发生开裂，而开裂失效通常发生在淬火过程中，也会发生在淬火结束后。失效原因一般归结于淬火冷却介质，其他的失效原因通常归结于淬火零件的设计、加热过程、钢材成分不合理以及应力集中（局部小范围内应力升高），例如折叠处和接缝，这种情况一般源于前道加工过程。与冶金学相关的因素包括脱碳、非金属杂质物、内氧化和晶内偏析等。因此，几乎每一步工艺过程都能影响零件的最终形状。整个工艺过程中的许多因素之间相互影响（图1-10），这使钢件淬火失效的综合机制变得十分复杂。畸变和开裂本身就是一个复杂的过程。本节概述了与材料和工艺相关的因素对各种不同类型热处理失效的影响。

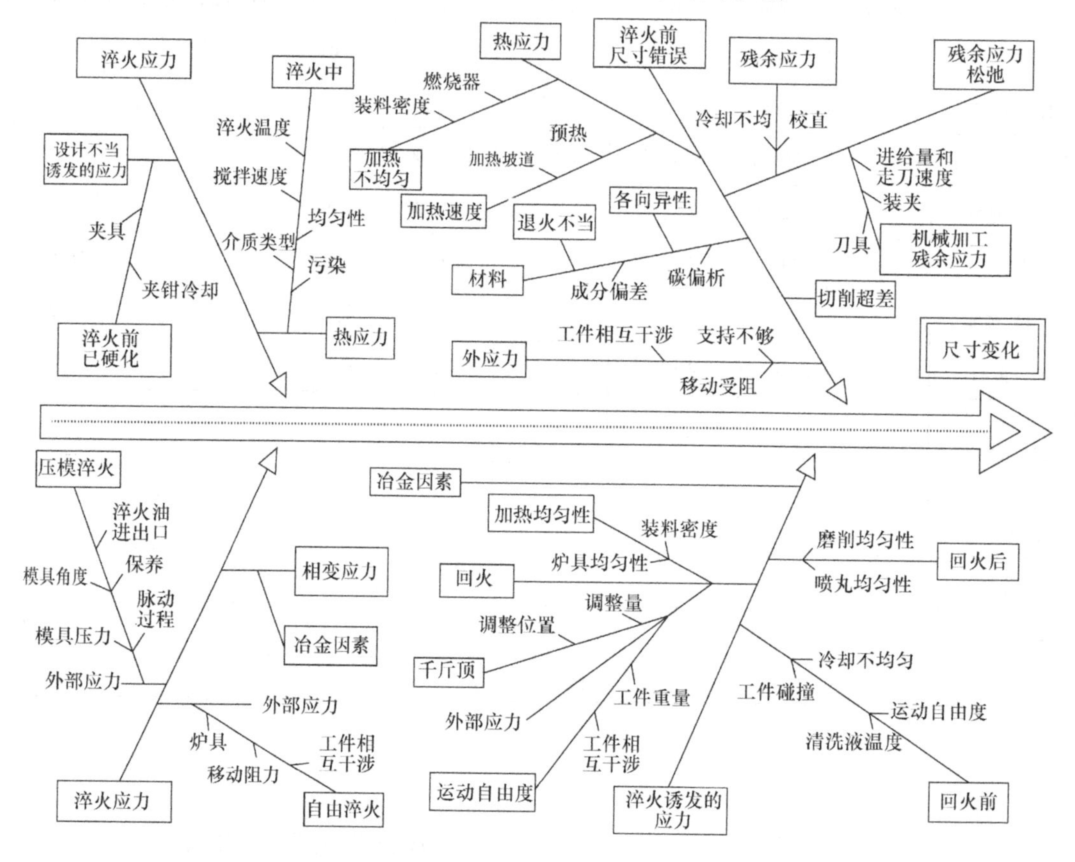

图1-10 钢件热处理尺寸畸变原因总览

1.3.1 加热和冷却过程中的相变

硬度、强度、塑性和韧性这些特性取决于钢中显微组织的组分。相变过程的第一步是将钢加热至其奥氏体化温度。为了得到所希望的淬火硬度，钢通过快速冷却以避免珠光体的形成，因为珠光体是一种硬度相对较低的转变产物，由纤细的薄片状的铁素体（图1-11）和渗碳体（Fe_3C）组成。快速冷却可以最大程度地获得马氏体组织，这是一种硬度相对较高的过冷奥氏体转变产物。

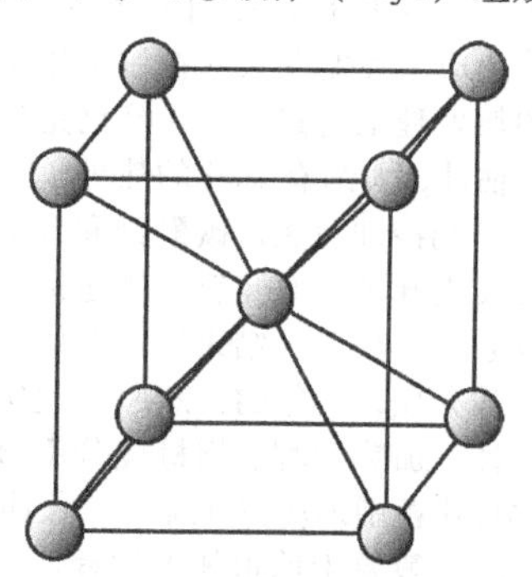

图1-11 铁素体体心立方（bcc）晶格

碳在铁素体中的溶解度相当低，在723℃（1333℉）时仅为0.02%，其bcc晶格间隙相对于奥氏体的面心立方（fcc）晶格和马氏体的体心四方（bct）晶格来说，明显较小。

在可淬火硬化的钢中，按照冷却速度渐慢的相变顺序，奥氏体连续冷却转变产物通常是马氏体、贝氏体、珠光体、铁素体和渗碳体（图1-12）。这些产物的形成及其所占数量比例取决于冷却温度、时间及合金的化学成分。形成的转变产物可以用转变图来形象地说明，转变图显示了钢的微观结构形成过程和温度－时间的相互关系。常用的两种转变图是TTT（过冷奥氏体等温冷却转变）图和CCT（过冷奥氏体连续冷却转变）图。

1. 时间－温度－相变（TTT）图

时间－温度－相变图也称为过冷奥氏体等温冷

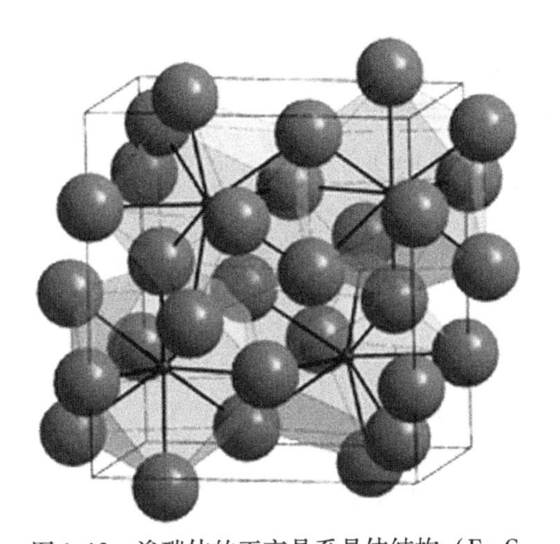

图1-12 渗碳体的正交晶系晶体结构（Fe_3C，或ε碳化物，含有93.3%的铁和6.67%的碳）

注：图中球体代表铁（Fe）原子。每个碳原子围绕着8个铁原子，或者说每个铁原子与3个碳原子相连。这是一种在铁原子重复排列的密排六方基面上，碳原子占据其间隙位置的晶体结构。

却转变（IT）图。将钢的小试样加热到奥氏体化温度，使其彻底转变为奥氏体，迅速冷却到介于奥氏体化和马氏体开始转变温度（*Ms*）之间的某一温度，保持一段时间直到转变完成，并确定转变产物。反复这样的操作直到TTT图绘制完成。图1-13所示为普通中碳钢（AISI 1045）的TTT图。TTT图只可沿图示等温线读取。

2. 连续冷却转变（CCT）图

为了建立CCT图，例如图1-14中的AISI 1045钢的CCT图，需要将试验用钢的若干试样以不同的设定速度连续冷却，测量由冷却开始到介于奥氏体化温度和马氏体开始转变温度之间的不同温度下各种转变产物的比例组成。CCT图提供了每个相变对应的温度数据，一定冷却速度下随时间变化获得的转变产物数量，和获得马氏体所必需的冷却速度。CCT图只能顺着不同冷却速度的曲线读取。临界冷却速度由图中所用钢淬火时不发生珠光体转变所需要的时间决定。一般规律是，淬火冷却介质的冷却速度必须等于或大于珠光体转变曲线鼻尖处的冷却速度，以获得最多的马氏体组织。

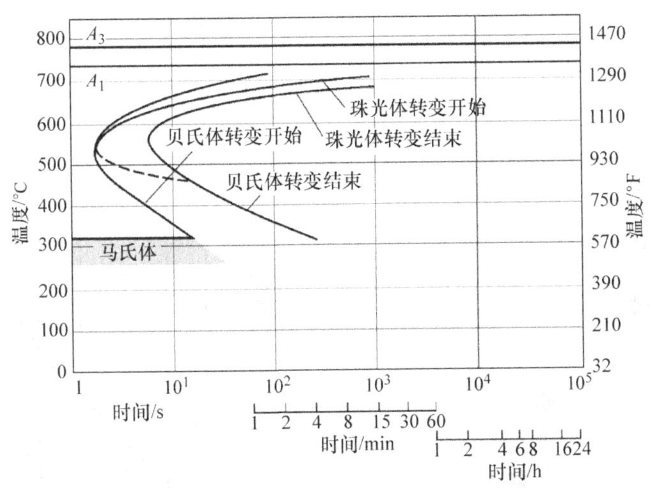

图1-13 *w*（C）=0.45% 钢的时间-温度-相变图

注：奥氏体化温度为880℃（1615℉）。

3. 晶体结构

当钢缓慢冷却时，其内部也同时发生着晶体结构（大小）的变化，由不太密集堆积排列的面心立方（fcc）结构奥氏体转变为更加密集堆积的体心立方（bcc）结构铁素体。当钢件快速冷却时，铁素体的形成就被抑制，形成比奥氏体还紧密的具有体心四方（bct）结构的马氏体。图1-15所示即为这几种晶格结构，从马氏体开始转变温度*Ms*形成的马氏体产生体积膨胀（图1-16）。

晶格类型的改变与淬火过程中的加热和冷却有关，其比体积将发生变化，从而导致热处理零件尺寸和形状的改变。表1-28总结了一些在加热和冷却过程中由晶格类型改变而产生的比体积变化，说明了在不同的转变阶段晶格类型变化对淬火应力的影响。晶格结构改变最显著的特点是马氏体正方度畸变的程度，这直接影响其比体积（图1-15）。通常，当碳含量低于0.02%时，碳原子的分布无序，正方度畸变可以忽略。如果当碳含量大于0.02%时，马氏体正方度畸变程度（%）按如下规律变化：

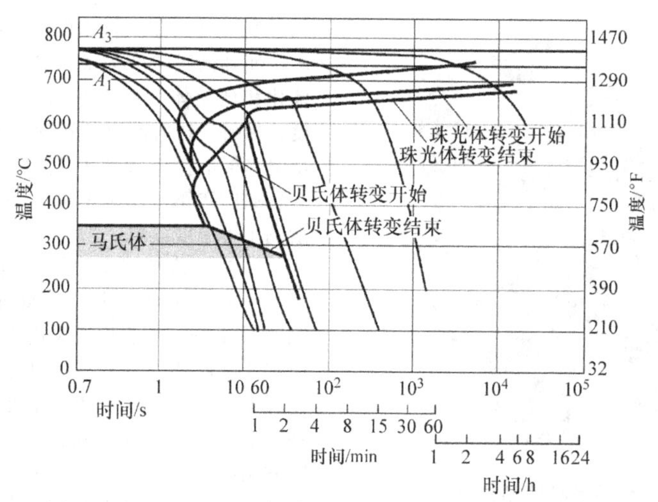

图 1-14 w(C) =0.45%钢的过冷奥氏体连续冷却转变图

注：奥氏体化温度为880℃（1615℉）。

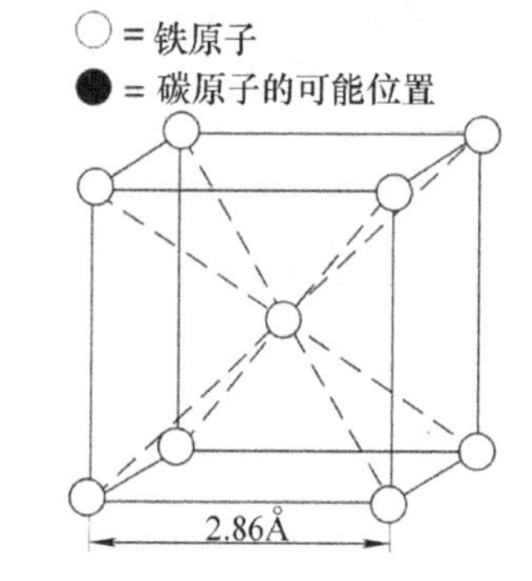

铁素体晶格(体心立方,bcc)

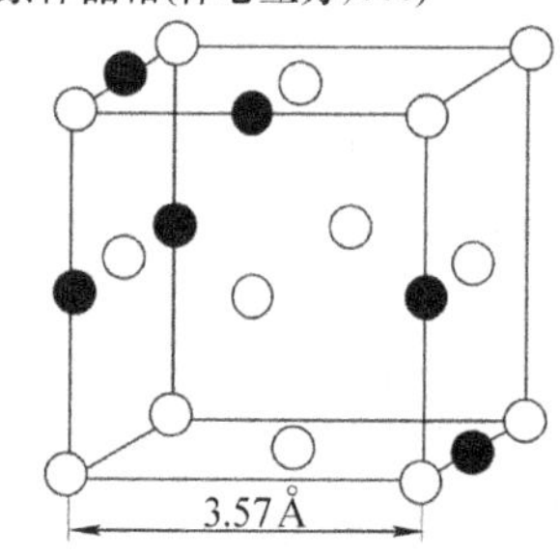

奥氏体晶格(面心立方,fcc)

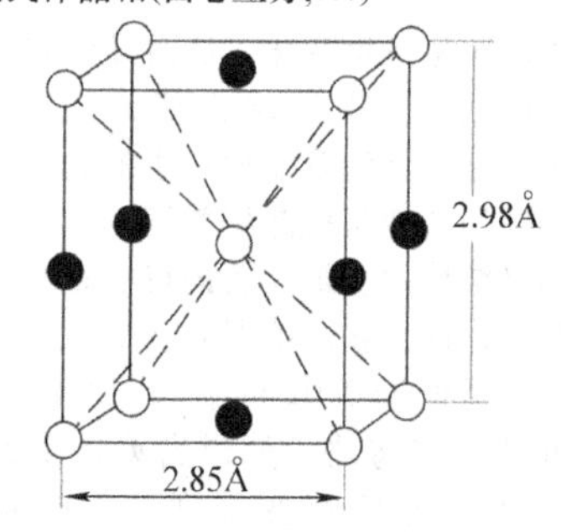

马氏体晶格(体心四方,bct)

图 1-15 几种晶格结构（1Å = 10^{-10}m）

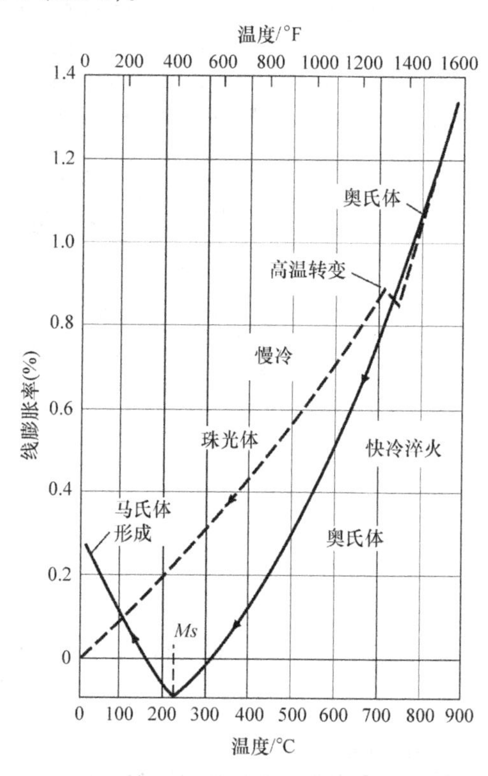

图 1-16 钢在加热和冷却时的膨胀和收缩

$$c/a = (1+\gamma)C_m \tag{1-11}$$

式中，c 为 bct 马氏体单位晶胞的 z 轴晶格长度；a 为 bct 马氏体单位晶胞的 x（y）轴晶格长度；γ 为常数，其值为 0.046 ± 0.001；C_m 为马氏体中碳的质量分数。

淬火可以引起马氏体正方度的不规则畸变。由于大多数淬火钢的碳含量都超过 0.2%，因此不可忽略其产生淬火裂纹和畸变的可能性。不规则畸变造成的影响甚至比零件厚度不均匀或是零件整个截断面不能全部淬硬更为严重。

表1-28表明，钢在奥氏体化时，加热过程中钢的体积变化不可忽略。尽管淬火零件的膨胀应力可以通过高温得以松弛，但对形状复杂的高精密零件则必须考虑这种畸变。

表1-28 钢在相变时的体积变化

相变类型	晶格变化	体积变化（%）
珠光体→奥氏体	bcc→fcc	-4.64+2.21(% C)①
奥氏体→马氏体	fcc→bcc	4.64-0.33(% C)
奥氏体→针状下贝氏体	fcc→bcc	4.64-1.43(% C)
奥氏体→羽毛状上贝氏体	fcc→bcc	4.64-2.21(% C)

① 表示碳的质量分数，后同。

图1-17所示为残留奥氏体晶格和马氏体晶格参数之间的关系，从中可以看出，奥氏体的晶格随着碳含量的增加而发生膨胀。特别是当碳化物和铁素体的混合物转变为马氏体后，碳含量升高引起体积膨胀，当碳含量为0.25%时，线膨胀率大约为0.05mm/mm（0.002in/in）；若碳含量提高到1.2%时，所引起的线膨胀率大约为0.18mm/mm（0.007in/in）。对于共析钢，奥氏体转变为马氏体后产生的尺寸微量增加大约为0.36mm/mm（0.014in/in）。这些例子说明碳含量和钢的相变影响残余应力和尺寸变化，从而导致零件形状产生变化。

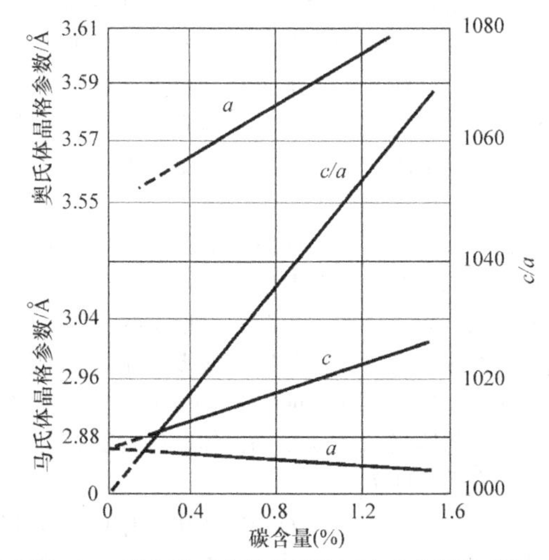

图1-17 碳含量对残留奥氏体面心立方晶格参数和室温下马氏体体心四方晶格参数 a、c 的影响

4. 相变产生的体积变化估算

钢在加热和冷却时有可能获得多种不同的显微组织。对于指定钢种来说，由CCT图和TTT图可以说明可能产生的相变组织，同时也会引起尺寸变化，这取决于钢的碳含量和形成的相变产物。表1-29为不同显微组织组分的原子体积，可见它们与碳含量有关。表1-30根据不同显微组织产物的碳含量给出了体积变化的估算值。

表1-29 不同显微组织组分的原子体积

相构成	表观原子体积/Å^3
铁素体	11.789
渗碳体	12.769
铁素体+碳化物	11.786+0.163（%C）
珠光体	11.916
奥氏体	11.401+0.329（% C）
马氏体	11.789+0.370（% C）

表1-30 碳素工具钢淬火过程中的尺寸变化

反应	体积变化（%）	尺寸变化/(in/in)
球状珠光体→奥氏体	-4.64+2.21（%C）	-0.0155+0.0074（%C）
奥氏体→马氏体	4.64-0.53（%C）	0.0155-0.00118（%C）
球状珠光体→马氏体	1.68（%C）	0.0056（%C）
奥氏体→下贝氏体①	4.64-1.43（%C）	0.0156-0.0048（%C）
球状珠光体→下贝氏体①	0.78（%C）	0.0026（%C）
奥氏体→铁素体与渗碳体的组合②	4.64-2.21（%C）	0.0155-0.0074（%C）
球状珠光体→铁素体与渗碳体的组合②	0	0

① 假设下贝氏体是铁素体和碳化物的混合物。

② 假设上贝氏体和珠光体是铁素体和渗碳体的混合物。

据Thelning报道，由淬火引起的体积膨胀率（体积变化的百分数,%）可以根据下式进行估算：

$$(\Delta V/V)\times 100=(100-V_C-V_a)\times 1.68C+V_a[-4.64+2.21(\%C)] \qquad (1\text{-}12)$$

式中，V 表示体积；V_C 表示未溶渗碳体的体积分数（%）；V_a 表示奥氏体的体积分数（%）；C表示碳溶解于奥氏体和马氏体中的质量分数（%）。Berns 提出，如果 $\Delta V/V$ 的值已知或者可计算，那么零件在加热或冷却中由于温差 ΔT 而产生的一维内应力（σ）可用下式估算：

$$\sigma = E\varepsilon = E(\Delta V/V)/3 = E\alpha\Delta T \quad (1\text{-}13)$$

式中，E 表示弹性模量（$2\times10^5 \text{N/mm}^2$）；$\varepsilon$ 是应变；α 是热膨胀系数（$1.2\times10^{-5}\text{K}^{-1}$）。

从图 1-18 中可以看出，随着碳含量的增加，相变获得不同的显微组织，其相关体积变化也不同。

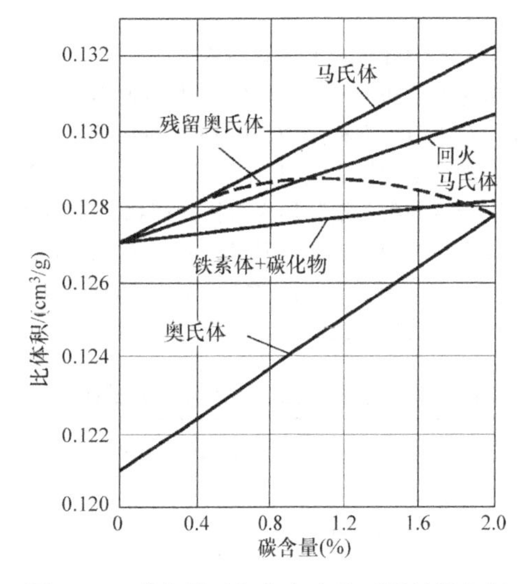

图 1-18 碳含量对相变产生的不同显微组织组分的比体积的影响

热力学决定了相变后的显微组织，例如珠光体、贝氏体和马氏体。相变开始和相变结束之间的温差很重要，特别是对于马氏体转变。马氏体开始转变温度是钢在热处理中最重要的热力学参数之一，因为它对于淬火过程中工件的开裂倾向有很大的影响。在热处理过程中，当碳含量大于 0.4% 时，马氏体开始转变温度在 330℃（625℉）以上时，工件容易开裂。碳含量和马氏体开始转变温度 Ms（℃）的影响可以根据 Steven 和 Haynes 公式来估算：

$$Ms = 561 - 474(\%\text{C}) - 33(\%\text{Mn}) - 17(\%\text{Ni}) - 17(\%\text{Cr}) - 21(\%\text{Mo})$$

该公式只适用于合金元素全部溶于奥氏体中的情况。马氏体开始转变温度和开裂间的关系如图 1-19所示。

钢的碳含量越低，马氏体开始转变温度 Ms 越高，以及淬火时奥氏体化温度越高，收缩应力会增大，但是淬火过程中马氏体数量的减少也会抵消一部分相变应力。相反，碳含量越高，马氏体开始转变温度越低，淬火后残留奥氏体的增加会平衡一些相变应力。因此，当一个渗碳零件（比如一个齿轮）

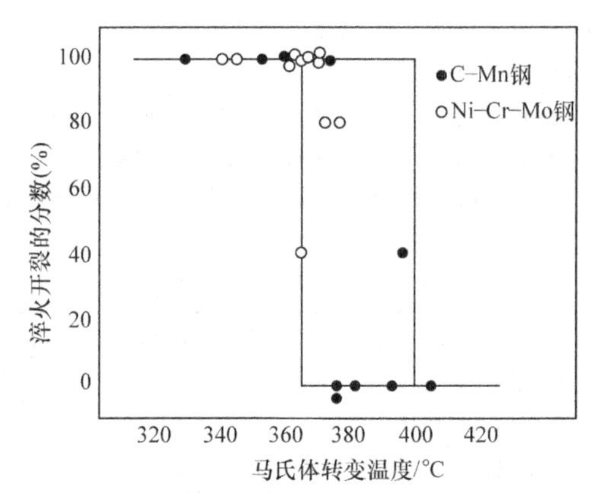

图 1-19 马氏体开始转变温度对淬火裂纹发生频率的影响

用任何淬火冷却介质淬火时，从表面到心部，碳含量的差异会在不同的层深处对应不同的马氏体开始转变温度，这样造成的结果是，在淬火过程中，马氏体转变首先在心部发生（碳含量最低，马氏体开始转变温度最高），最后在渗碳层表面发生（马氏体开始转变温度最低）。

在淬火齿轮的表面获得残余压应力是一个很好的利用马氏体开始转变温度来控制热处理畸变和开裂的实例，后文会进一步深入讨论这些原因。碳含量高会造成淬火后残留奥氏体增多，残留奥氏体可以消除淬火应力。Koistinen 和 Marburger 公式表明残留奥氏体的体积 V_r 取决于马氏体开始转变温度和淬火冷却介质温度 T_q：

$$V_r = \exp[-1.10\times10^{-2}(Ms - T_q)] \quad (1\text{-}14)$$

因此，随着相变应力作用的减弱，收缩应力的作用提高。

1.3.2 冷却过程和钢的相变

淬火前钢的显微组织如晶粒尺寸（图 1-20）、奥氏体化条件、淬火后马氏体形态（板条状、针状或超细状）和残留奥氏体等在淬火时效中都起着重要的作用。例如，钢中晶粒尺寸越小，屈服强度就

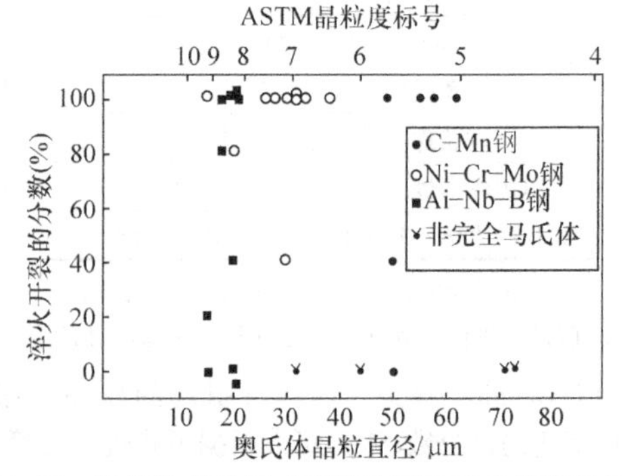

图 1-20 奥氏体晶粒尺寸对淬火裂纹发生频率的影响

越高，抗畸变或开裂能力就越强。另外，孪晶马氏体对相变开裂和不适当的淬火冷却烈度比较敏感。

淬火前原始组织的组分和状态，如渗碳体的均匀度或碳化物球化的程度、偏析程度、网状碳化物和带状组织等，所有这些都会严重影响零件的淬火效果，特别是长轴和管类工件。图1-21所示为碳素钢珠光体中的渗碳体形态和奥氏体化温度对淬火开裂敏感性的影响。

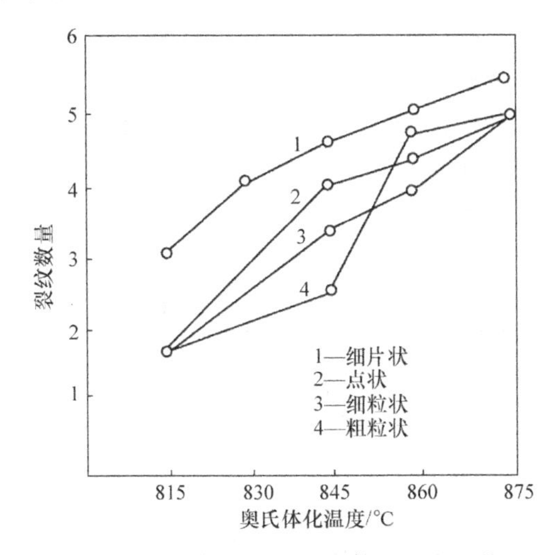

图1-21 渗碳体形态和奥氏体化温度对普通碳素钢淬火开裂敏感性的影响

高温下的奥氏体状态决定了淬火后残留奥氏体的数量。奥氏体中高的碳含量和溶解于奥氏体中的稳定化元素，会增加奥氏体的稳定性和残留奥氏体的数量。残留奥氏体具有良好的塑性，有益于缓解淬火产生的复合应力。尽管如此，如果淬火后残留奥氏体的含量超过10%~15%（体积分数），那么在后续冷加工时可以再转变成马氏体，就会引起工件失效。

一般来说，在分析失效原因特别是淬火开裂时，首先要考虑的是钢的化学成分，必须考虑碳含量和合金元素含量与淬火时效的关系。Kunitake和Susigawa公式说明碳和合金元素对开裂倾向的影响。这个公式称为碳当量（C_{eq}）指数，公式如下：

$$C_{eq} = C + Mn/5 + Cr/4 + Mo/3 + Ni/10 + V/5 + (Si - 0.5)/5 + Ti/5 + W/10 + Al/10$$

式中，每个元素的值用质量分数表示。钢开裂的倾向性随着C_{eq}的值增加而增加：$C_{eq} \leqslant 0.4$，没有开裂倾向；$0.4 < C_{eq} < 0.7$，有开裂倾向；$C_{eq} \geqslant 0.7$，很有可能开裂。

图1-22说明一旦C_{eq}超过某特定值时，开裂的频次会随着碳当量的增加而增加。一般来说，如果钢的C_{eq}值远大于0.55%时，被分类为开裂敏感性钢。考虑到淬火开裂倾向与淬冷和化学成分之间的关系（淬透性），钢材可分为空淬钢、水淬钢和油淬钢等类型。

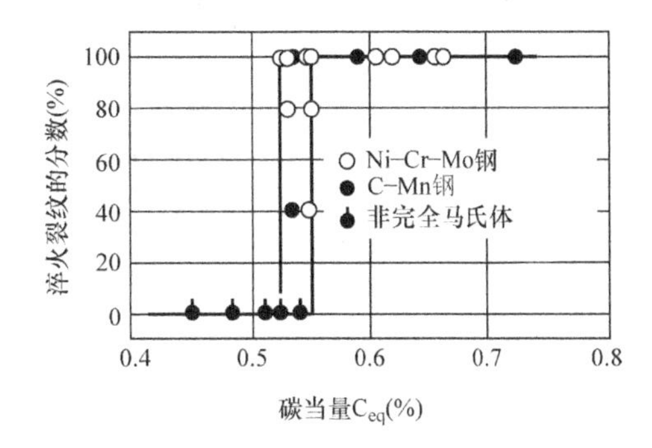

图1-22 碳当量对淬火开裂发生频率的影响

图1-23说明了以较慢的冷却速度淬火时，对减小收缩和应变应力有利。另外，硬化深度也会影响淬火畸变和开裂。一般来说，若一个圆柱体的心部没有完全淬透，那么它的长度和直径都会收缩；若一个零件被完全淬透，那么外径会增大。如果零件在淬火中承受的应力过大，那么就会在淬火过程中发生开裂。

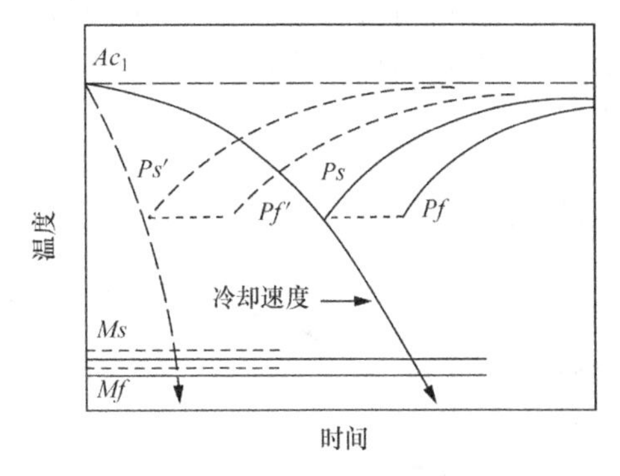

图1-23 钢的淬透特性（由化学成分决定）对淬火冷却速度的要求

钢件在制造加工过程中会产生很多缺陷，有的源于成分设计，也有的源于炼钢工艺。包括不希望的第二相的数量和分布、材质不均匀、晶粒大小不均匀、碳化物偏析和夹杂物等，这些都可能会在淬火过程中导致零件开裂。

另外一个衡量开裂倾向的参数是马氏体转变开始温度和转变完成温度的差值（*Ms* - *Mf*）。表1-31给出了常用钢的*Ms*和*Mf*。

开裂敏感性和相变温度范围之间的关系，一部分是由于高碳钢低的*Mf*值（膨胀较大），另一部分是由于宽的转变温度范围引起高温相变阶段形成的未经回火的脆性马氏体的开裂。

表 1-31 几种常用钢的马氏体转变开始温度（*Ms*）和转变完成温度（*Mf*）

AISI 钢牌号	奥氏体化温度/℃（℉）	*Ms*/℃（℉）	*Mf*/℃（℉）
1065	815（1500）	275（525）	150（300）
1090	885（1625）	215（420）	90（195）
1335	845（1550）	340（645）	230（455）
3140	845（1550）	330（625）	225（435）
4130	845（1550）	375（705）	290（555）
4140	845（1550）	340（645）	220（430）
4340	845（1550）	290（555）	165（330）
4640	845（1550）	340（645）	255（490）
5140	845（1550）	330（625）	240（465）
8630	870（1600）	365（690）	280（535）
8695	845（1550）	135（275）	—
9442	860（1580）	325（615）	-15（5）

Fujio 等人的研究结果表明，对一种特定钢来说，马氏体形成引起的体积膨胀可以用最大冷却速度来估计，如图 1-24 所示。对应 *Ms* 点的冷却时间和冷却速度，用类似的相关性可以估计出来。但是，这些相关性也取决于零件截面大小，因此像齿轮和其他一些复杂形状的零件并不适用，如图 1-25 所示。

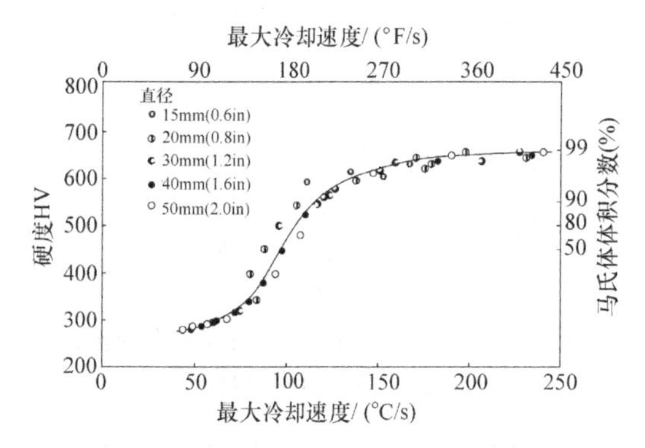

图 1-24 最大冷却速度对不同直径棒材淬火后硬度和马氏体体积分数的影响

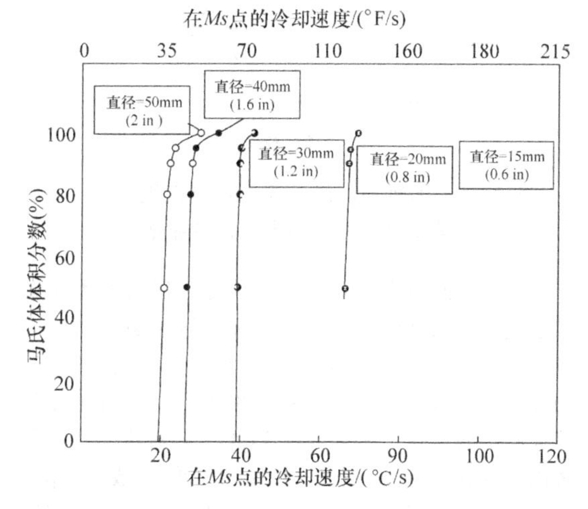

图 1-25 不同直径棒材在马氏体转变开始温度点（*Ms*）的冷却速度和马氏体体积分数的关系

注：同一曲线上的点对应棒材在不同的位置，因而代表不同的马氏体转变程度。

不管是否发生相变，冷却都对残余应力、畸变和开裂有影响。

（1）没有相变的冷却　假设钢冷却得足够快，冷却过程中也不会伴随有显微组织转变。在此条件下，最初零件表面的冷却会比心部冷却快得多。此时，心部的比体积会比表面的比体积大得多，表面的体积收缩（由于温度较低）受到心部大体积的抵抗，结果表面受拉，心部受压。

在心部的 *T* 点（图 1-26），来自表面的温差值最大，心部的冷却（收缩）远远快于表面。这会导致弹性表面的尺寸缩小，直到某个点发生应力转化，在这个点相对于心部来说表面受压应力。冷却终止后，就产生了表面和心部之间的残余应力分布（图 1-26 中右下角）。如果表面应力超过材料的高温屈服强度，那么它将发生塑性变形，导致尺寸改变。

（2）有相变的冷却　当钢在淬火冷却过程中伴随有相变发生时，有必要考虑热应力和相变应力合成的可能性。图 1-27 给出了这个过程的三种情况。

图 1-27a 表明在热应力变换方向前表面和心部发生相变时的现象。在 *Ms* 以上，形成的是热应力；

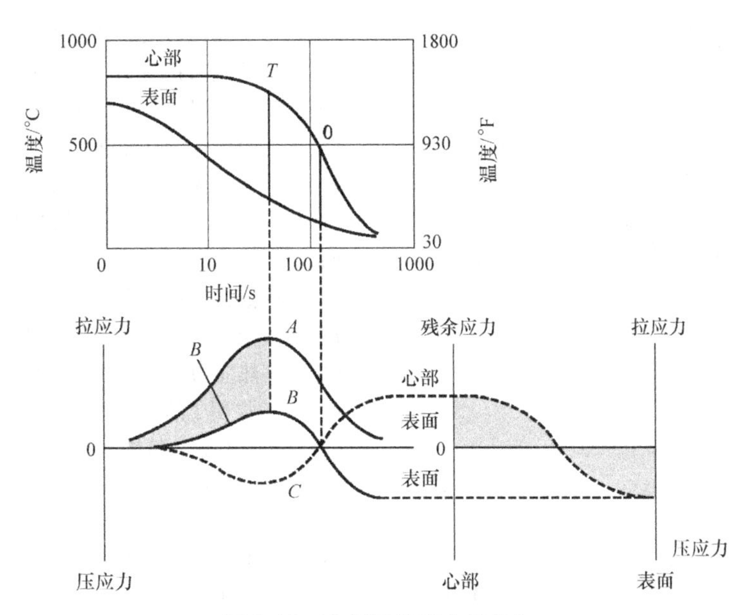

图 1-26 冷却时热应力的产生

进一步冷却后，心部的应力会超过屈服强度并发生塑性变形（延伸）。继而心部马氏体转变会引起大量的应力分量和体积增大。这时心部受到压应力，而表面受到拉应力。

图 1-27b 表明在热应力变换方向后，相变时发生的现象。相变引起的表层体积增加会使表面压应力增大。由于应力平衡，因此心部的拉应力也相应增大。

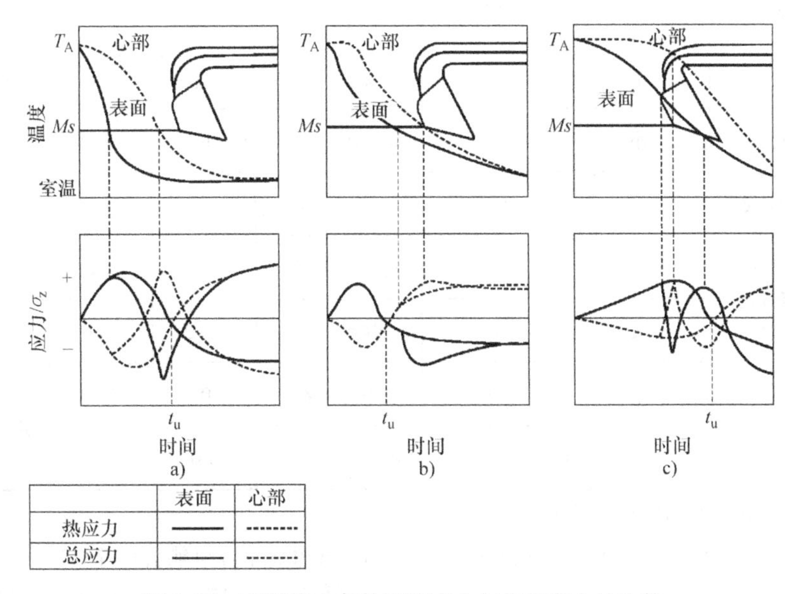

	表面	心部
热应力	———	--------
总应力	———	--------

图 1-27 不同淬火条件下热应力与相变应力的比较

虽然心部的相变后开始，但结束在表面相变之前（见图 1-27c），应力在冷却过程期间转变了三次。在应力逆转前后心部是否转变的结果很重要，因为热应力可以被抵消，在应力逆转前心部和表面受拉的表面会产生残余应力。

图 1-28 表明了温度变化和相变可引起工件形状改变。如果钢的相变发生在最大热应力之前，那么铁素体 - 珠光体组织的圆柱体试样会发生畸变成为桶状；如果钢的相变发生在最大热应力之后，那么奥氏体组织的圆柱体试样会被压缩成为滚筒状，并

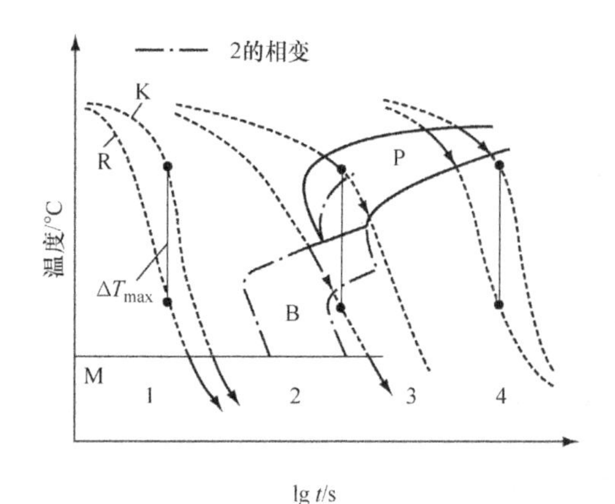

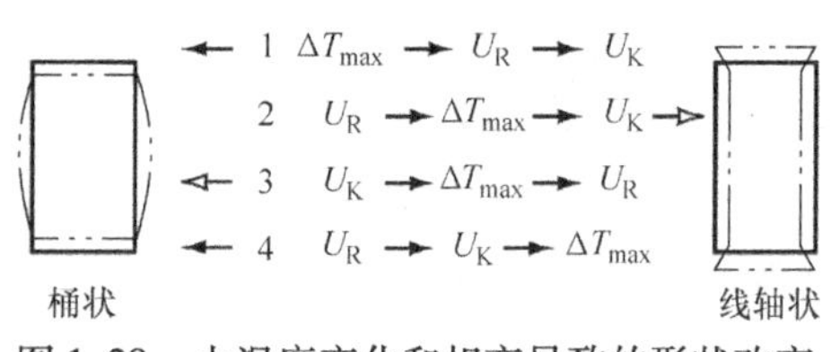

图 1-28 由温度变化和相变导致的形状改变

且随着马氏体的转变，体积会增加，这会导致表面产生很高的残余拉应力；如果钢的相变和最大热应力同时出现，那么心部相变会发生在表面相变之前，这会产生桶状畸变并伴随着产生很高的表面压应力；如果表面相变先于心部，那么相变应力会减小，甚至可能使热应力逆转。如果这样，那么会形成线轴状。

这些数据表明淬火时表面和心部的冷却曲线的位置必须用正确的特定钢的 TTT 图来考量，其中会产生许多热应力和相变应力交相混合的情况。表 1-32 简要地说明了这个过程。

对于有些钢，特别是高碳钢和合金钢，如果 *Mf* 低于 0℃（32℉），那么意味着这些钢在热处理之后会有 5%～15% 的残留奥氏体存在。残留奥氏体的数量对于产生的压应力大小影响很大，并且最终影响尺寸的变化和开裂的可能性。影响残留奥氏体转变的因素包括化学成分（化学成分影响 *Ms*）、淬火温度和冷却速度、奥氏体化温度、晶粒尺寸和回火。

表 1-32 带棱边工件热处理时的尺寸变化和残余应力

		心部（K）与表面（R）的温差（$T_K - T_R$）	相关体积变化（$\Delta V/V$）	尺寸相关度	凸度（$\Delta\varepsilon$）①	表面残余应力	热处理工艺
微观组织变化		小	≠0	$\varepsilon_1 = \varepsilon_{11} = \varepsilon_{111}$	0	0	回火，析出强化（各向同性材料）
热应力		大	0	$\varepsilon_1 < \varepsilon_{11} < \varepsilon_{111}$	>0	<0	奥氏体钢的淬火
热应力和相变应力	最大热应力后表面（R）+心部（K）的相变	小	>0	$\varepsilon_1 \approx \varepsilon_{11} \approx \varepsilon_{111}$	0	>>0	空冷
		大	>>0	$\varepsilon_1 < \varepsilon_{11} < \varepsilon_{111}$	>0	>>0	在水中完全淬硬
	最大热应力后表面相变先于心部相变	大	>0	$\varepsilon_1 > \varepsilon_{11} > \varepsilon_{111}$	<0	>0	中等淬硬深度
		大	>0	$\varepsilon_1 \ll \varepsilon_{11} \ll \varepsilon_{111}$	>>0	<<0	表层淬硬
	在表面+心部最大热应力之前的相变	小	≈0	$\varepsilon_1 \approx \varepsilon_{11} \approx \varepsilon_{111}$	0	≈0	正火，非硬化淬冷
		大	≈0	$\varepsilon_1 < \varepsilon_{11} < \varepsilon_{111}$	>0	<0	

① 凸度是指在平面的中间相对于边缘的尺寸变化。

1.3.3 回火

钢件通常在淬火后要再进行加热，以获得特定的力学性能。回火不仅提高了淬火钢的塑性和韧性，还减小了淬火应力并确保了尺寸的稳定性。如果没有在规定的温度及时回火，某些具有高淬透性、裂纹敏感性的钢件可能会在淬火后马上开裂。如果碰到这种情况，就需要一个预防应力缓解的紧急措施，称为快速回火。

回火将淬火钢加热到低于共析温度点的温度，以降低硬度和增加韧性，这个过程就是马氏体中碳的析出过程，分为四个阶段，见表 1-33。

表1-33 回火温度对钢的冶金反应和物理特性的影响

马氏体转变阶段	回火温度范围/℃（℉）	组织变化	物理变化
1	0~200（32~390）	析出 ε 正方度消失	收缩
2	200~300（390~570）	残留奥氏体分解	膨胀
3	230~350（445~660）	ε 碳化物分解为渗碳体	收缩
4	350~700（660~1290）	合金碳化物析出；晶粒粗化	膨胀

（1）第1阶段　伴随着晶格的收缩，在位错处发生碳的偏析。在片状马氏体中，碳原子在孪晶界面和｛102｝晶面形成团簇和过渡结构。体积会收缩约0.15%，具体视碳含量而定。

（2）第2阶段　残留奥氏体分解成贝氏体、铁素体和碳化物。六方晶格的中间体 ε 碳化物析出。在较高的温度下，贝氏体组织可以包含铁素体和渗碳体；在较低温度下，它可以包含铁素体和 ε 碳化物或 θ 碳化物。在这个阶段，残留奥氏体的转变取决于温度和时间，并且通常伴随有晶格的大幅度膨胀，以及其他的尺寸变化。

（3）第3阶段　铁素体和渗碳体在约230℃（445℉）以上的温度下沉淀。马氏体组织的回火会使晶格点阵收缩。对碳含量为1%的钢材，该阶段的收缩量可以高达0.25%。

（4）第4阶段　该阶段的回火温度为350℃（660℉），渗碳体和等轴铁素体晶粒长大。渗碳体颗粒凝聚和球化，导致晶格膨胀。

图1-29显示了微观结构变化对淬火钢在回火期间体积变化的影响。在第2阶段，碳素钢和低合金钢中的残留奥氏体转变为贝氏体，导致体积增加。钢从回火温度冷却，残留奥氏体转变成马氏体使体积增加。不同阶段的温度范围相互重叠，随着回火时间的变化而变化。此外，这里引用的温度范围取决于碳含量和回火过程中的加热速率。

当温度超过300℃（570℉）时，另外有碳化物沉淀析出，使材料在低温转变产生的内应力得到松弛。完全的碳化物沉淀析出发生在约400℃（750℉）。随着温度的进一步升高，铁素体和渗碳体颗粒将会聚集成球状组织。在铁素体与渗碳体混合物中渗碳体的形状将决定材料的最终性能。

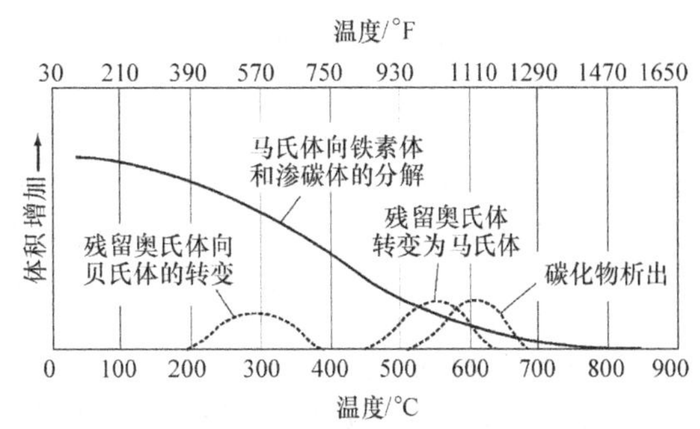

图1-29　回火过程中微观结构组成变化对体积变化的影响

在第4阶段回火过程中形成的四方结构马氏体称为回火马氏体。四方结构的形成使碳从固溶体中析出。当钢在200~300℃（390~570℉）加热时，会发生残留奥氏体向回火马氏体的转变。回火马氏体是一种由过饱和的 α 固溶体和 Fe_3C 组成的不均匀混合物：$Fe_{\gamma}C \rightarrow Fe_{\alpha}C + Fe_3C$。在300℃时，残留奥氏体中碳含量为0.15%~0.2%。

在回火过程中发生的微观结构变化导致零件尺寸的变化，原因在于淬火态马氏体和回火态马氏体之间铁原子体积的相对变化。在马氏体回火过程中所产生的应变称为回火应变，这对要求严格控制尺寸的钢件来说是极其重要的，如轴承和齿轮。

表1-34所给出的晶格常数和线胀系数可以计算S45C（JIS G4051）碳钢中各相的单位晶胞体积。过渡态 ε 碳化物的线胀系数被假定为与渗碳体的相同。在每个回火阶段，马氏体和铁素体的线胀系数是通过测定作为温度函数的热应变获得的。

表1-34 S45C钢回火后各构成相的晶格参数和热膨胀系数

相名称	晶体结构	晶格参数/Å	线胀系数/10^{-6}℃$^{-1}$
马氏体	bct	$a=2.8664-0.013$（%C） $c=2.8664+0.013$（%C）	12.0
铁素体	bcc	$a=2.8664$	11.5（第1阶段） 15.5（第3阶段）

（续）

相名称	晶体结构	晶格参数/Å	线胀系数/$10^{-6}℃^{-1}$
ε-碳化物	六方	$a=2.752$ $c=4.335$	12.5
渗碳体	斜方	$a=4.5234$ $b=5.0883$ $c=6.7426$	12.5

注：S45C 钢的名义成分（质量分数）：0.44% C；0.25% Si；0.75% Mn；0.03% Cr；0.035% Mo；<0.030% P；<0.035% S。

虽然迄今为止的讨论表明回火温度是主要变量，但材料内部结构的变化是热激活过程，因此，回火同时取决于温度和时间两个变量。通过改变回火参数，有可能用较长时间的较低温度回火来替代较高温度的回火。这样的交换关系可以采用 Holloman - Jaffe 参数 P（回火参数）来求证。该参数与硬度之间的方程式：

$$P=T(20+\lg t)\times10^{-3} \tag{1-15}$$

式中，T 为热力学温度（K）；t 为回火时间（h）。如果不知道回火时间，则假设回火时间为 1h，此时的 $\lg t=0$，可以忽略。

合金元素的存在也影响回火转变。这种影响取决于金属元素能否溶入铁素体和渗碳体，或者成特殊碳化物，即含有非铁碳化物，如 Cr_7C_3、W_2C、VC 和 Mo_2C。在低于 400℃（750℉）形成的 ε 碳化物和渗碳体晶格中，合金元素取代部分铁原子，并形成复杂的碳化物 $(Fe，Cr)_3C$ 和 $(Fe，V)_3C$。

在回火的第 1 阶段，回火温度低于 150℃（300℉）时，合金元素的存在影响不大。因为碳化物颗粒形核主要取决于碳在固溶体中的过饱和度。然而，在回火高达 450～500℃（840～930℉）的第 2 阶段，合金元素 Cr、W、No、V、Co 和 Si 的存在通过延缓碳化物颗粒生长，会对回火过程产生很大的影响。合金元素的存在降低了碳在 α 固溶体中的扩散速度，提高了原子间的结合强度，使得马氏体相的析出延迟，从而阻止 α 固溶体和碳化物晶界间扩散。

合金元素可以影响碳化物颗粒形核率。例如，Ni 加速形核速率，Cr、Mo 和 V 降低形核速率。特殊碳化物较慢的扩散速率导致形核速度变慢。因此，合金渗碳体如 $(Fe，Cr)_3C$ 的形核比 Fe_3C 的形核更慢。因此，合金元素通过将过渡碳化物和过饱和马氏体稳定至较高的回火温度，以及通过显著延缓渗碳体的析出和生长来延缓回火时的软化速率。碳化物形成速率的减缓也使铁基体中的晶粒生长受阻 。

图 1-30 所示为回火温度对 100Cr6 轴承钢尺寸偏差和残留奥氏体含量的影响。除了先前讨论的影响，由于屈服强度与温度有关，故回火过程中残余应力释放和塑性变形也能导致尺寸变化 。

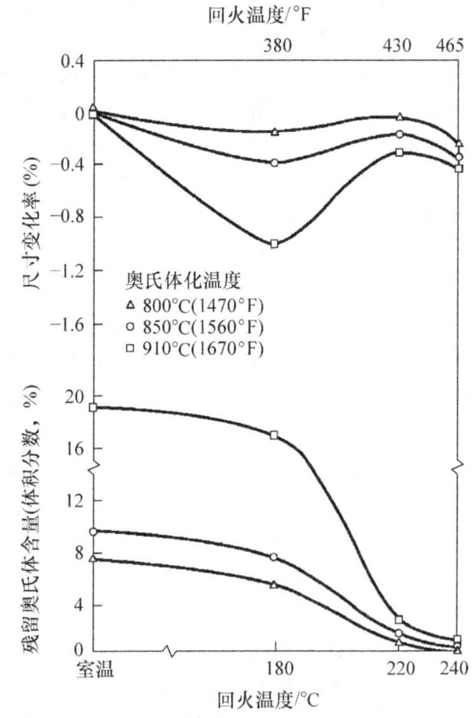

图 1-30　100Cr6 钢在不同奥氏体化温度下，回火温度对尺寸改变和残留奥氏体含量的影响

图 1-31 和图 1-32 说明回火可以释放应力。尺寸（直径×长度）为 40mm×100mm（1.6in×4in）的实心圆柱体进行水淬和回火。水淬后计算的残余应力分布如图 1-31 所示。图中空心和实心圆柱体表面上对应的应力用 X 射线衍射测得。在 400℃（750℉）回火后的残余应力分布如图 1-32a、b 所示，分别为经历 2h 和 50h 后圆柱体表面上的测量值。结果表明，在回火过程中圆柱体中各方向的应力都在降低。

Bohl 提出的回火工艺如下：

① 一般来说，回火温度越高，所得到的延展性和韧性越好。然而，强度和硬度却降低了。

② 当回火温度约为 230℃（445℉）时，由于高碳钢大量的残留奥氏体发生分解，硬度增加。

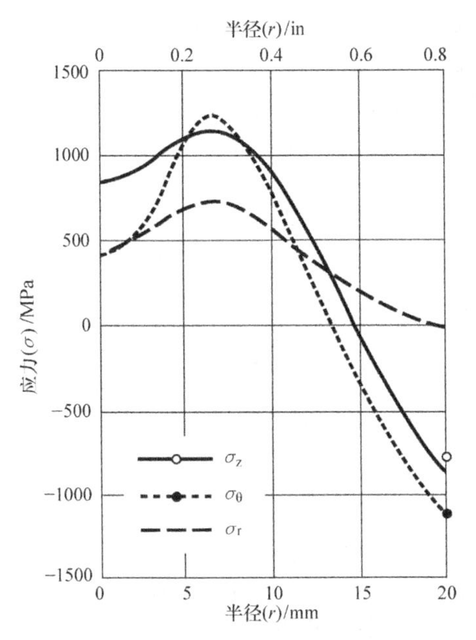

图1-31 圆柱体淬火后的应力分布

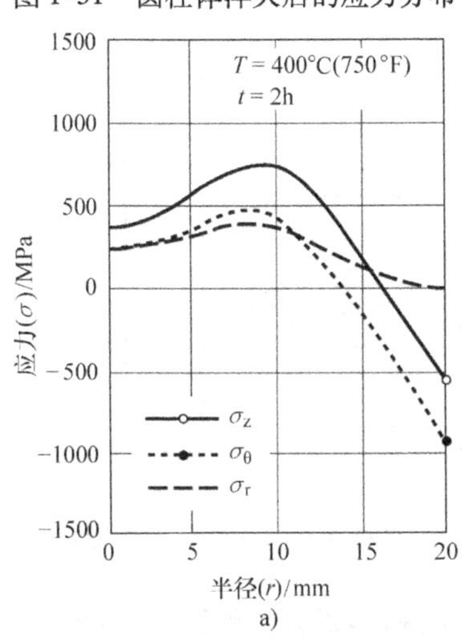

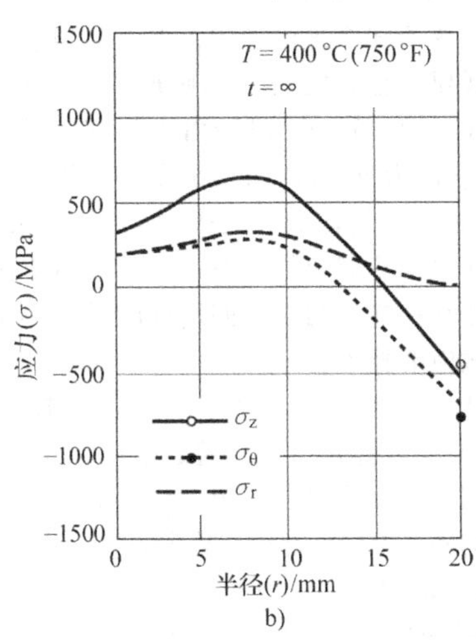

图1-32 圆柱体回火后的应力分布

③ 当回火温度约为260℃（500℉）时，由于马氏体板条周围的碳化物膜形成反而会降低钢的韧性（图1-33）。

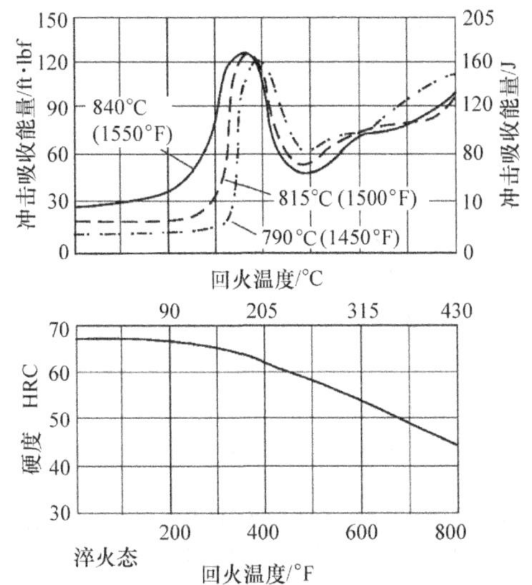

图1-33 硬质钢在260～315℃之间回火对韧性的不利影响

注：韧性下降不能用硬度衡量。

④ 在510～593℃（950～1100℉）下回火（或缓慢冷却），合金钢会变脆或韧性降低。这种现象并不会出现在普通碳素钢中，但含镍、锰、铬钢却使脆化程度加强。对于易脆化的钢回火温度应高于或低于这一温度范围，然后再在这一温度范围下快速淬冷。钼元素的加入可降低钢变脆的敏感性。

⑤ 高合金钢（如高速钢）包含大量的残留奥氏体，奥氏体在回火过程中很稳定，但从回火温度冷却时会转变成较脆的马氏体，因此需要进行二次回火以降低二次马氏体的脆性。

（1）基本畸变机制　加热和冷却时形状和体积的变化是由于以下三种原因：

1）当超过材料的屈服强度时，残余应力引起形状的变化。加热时就会有这种情况，因为加热时强度降低了。

2）由于温度梯度引起的不均匀膨胀而导致的应力。这些应力随着温度梯度而增加，一旦超过材料的屈服强度就会引起塑性变形。

3）由于相变而引起体积变化。当残余应力存在但没有超过屈服强度时，体积发生变化。

（2）残余应力的释放　工件内的残余应力可以通过加热得到释放，前提是应力没有超过材料的屈服强度。典型的拉伸试验应力－应变曲线如图1-34所示。起初的形状变化是弹性的，但随着应力的增加，即发生了永久性的塑性变形。一旦加热，由于塑性流变，

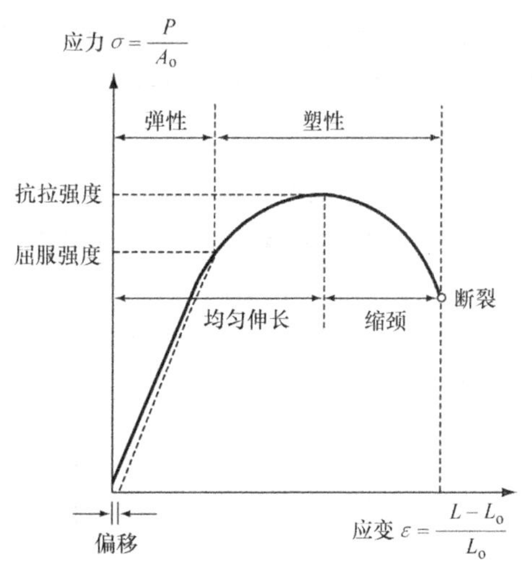

图 1-34 典型的拉伸试验应力－应变曲线

工件通过形状改变，应力逐渐消失。这是一个连续的过程，且随着工件温度的升高，材料的屈服强度降低，如图 1-35 所示。但是由于残余应力是温度和时间的函数，材料在低应力下会发生蠕变。而且，应力不可能降低到零，因为材料总有一定的屈服强度，低于该强度的残余应力就不能被消除。

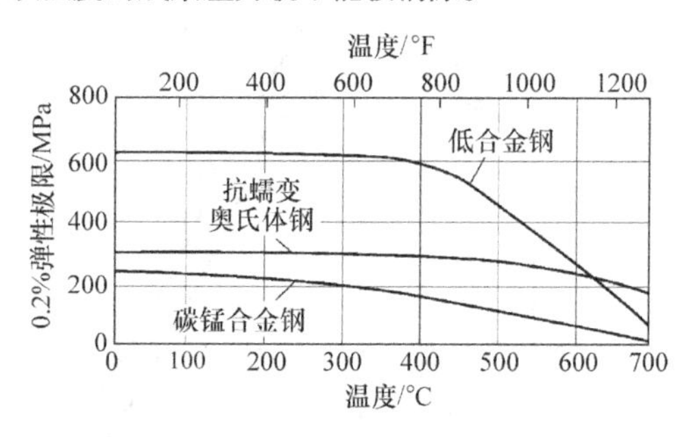

图 1-35 三类常见钢温度对屈服强度的影响

（3）相变时体积的变化　当对钢件加热时，组织转变伴随着体积缩小，如图 1-36 所示。

淬火时，钢的组织结构会从奥氏体转变成马氏体，

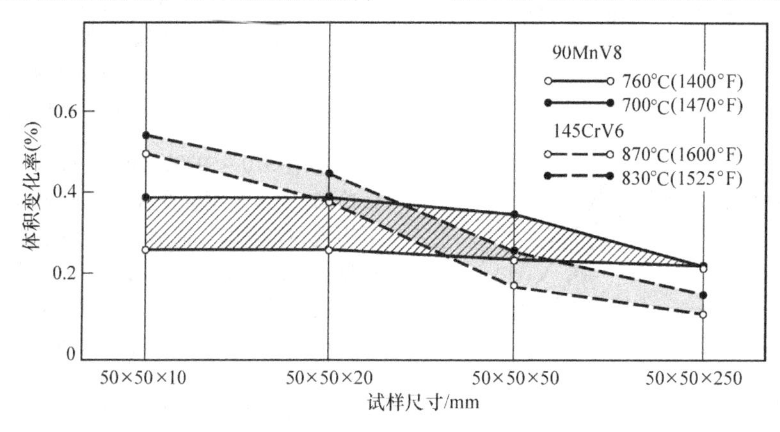

图 1-36 90MnV8 和 145CrV6 钢奥氏体化温度对不同尺寸试样相对体积变化率的影响

且体积也增加。如果体积的变化产生了应力，而该应力又比材料的强度小，则会产生残余应力。如果应力超过材料的强度，材料则会发生流变，极端条件下，还会引起断裂。这种膨胀与钢的成分有关。图 1-36 显示，两种钢的相对体积增加，都是奥氏体化温度和试样尺寸的函数。这些现象说明了一个众所周知的物理变化，当这些情况同时发生时情况将更为复杂。同时，其他的因素如升温速率、淬火，不同的组成元素也将进一步使这一过程复杂化。

对一个机器零件进行热处理加热时，在其横截面上将产生温度梯度。如果这个零件的某一部分比其周围材料温度高，则该部分体积的膨胀也会比周围材料的大。这是因为当应力超过强度时导致了材料的畸变。这些材料的畸变和升温速率及零件断面厚度有关。

1.3.4 材料和工艺对畸变的影响

在淬火冷却系统设计中，淬火剂的选择和冷却条件是关键参数。比如，一项研究曾对材料的畸变做了一个对比：680℃（1260℉）下对直径为 200mm（8in）、长度为 500mm（20in）的中碳钢（碳含量为 0.4%）钢棒进行淬火，结果（见图 1-37a、c）表明，由于钢中热应变的存在，尺寸上的变化基本相同。由于从钢棒的两端和四周同时散发热量，出现了端部效应的直径变化。

图 1-37b、d 显示了同样的试样在 850℃（1560℉）奥氏体化后分别通过水淬和油淬的结果。结果表明，由于热应力和相变应力的共同作用，油淬试样的各个方向上都存在较大的畸变。

Thuvander 和 Melander 模拟了尺寸为 70mm（2.8in）的立方块钢试样（0.15% C，1% Mn，0.75% Cr，0.85%

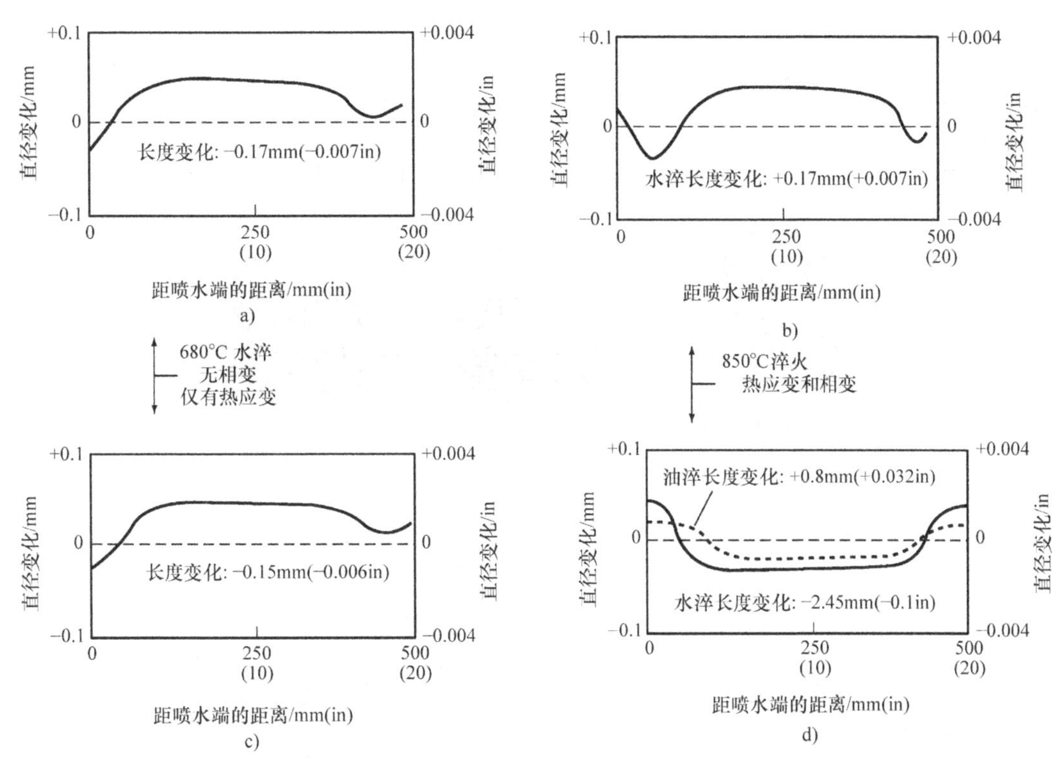

图 1-37 直径为 200mm、长度为 500mm 的中碳钢（碳含量为 0.4%）钢棒在加热和垂直淬火后的尺寸变化

Ni）在奥氏体化后经过水淬和油淬后的尺寸变化。结果（图 1-38）表明，水淬之后试样边缘和表面出现收缩，变成凹形，而且水淬的这种效应远远大于油淬。

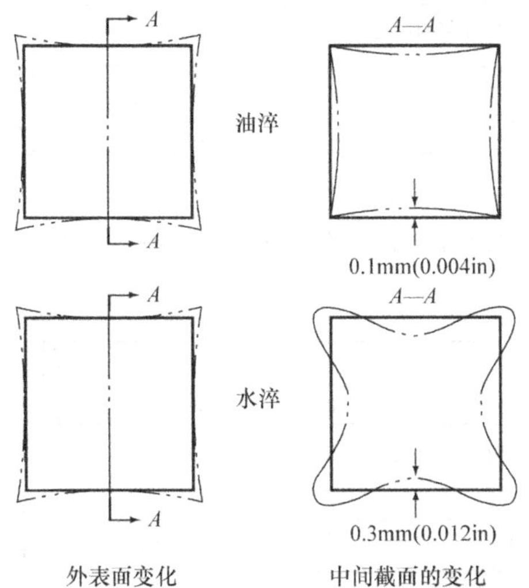

图 1-38 70mm（2.8in）立方块钢试样奥氏体化后水淬和油淬后的尺寸变化

在钢的热处理过程中，多种因素影响着钢的畸变和膨胀，其中包括零件设计、钢的牌号和状态、机械加工、零件在炉中的支承和装炉方式、表面状态、加热和气氛控制、残留奥氏体和淬火冷却过程等。

1. 零件设计

导致钢开裂和不合格的畸变的最重要原因之一是零件设计。零件设计得不合理，在加热和冷却的过程中，由于不均匀和不对称的热传导，会加重材料的畸变以及开裂。与淬火畸变和开裂问题有关的零件设计特征包括：

1）细长件或薄板件。这种工件在水淬时限定为 $L>5d$，油淬时限定为 $L>8d$，贝氏体等温淬火情况下限定为 $L>10d$。其中，L 为长度，d 为厚度或直径。细长件或薄板件的淬火可以用一个支持架撑着，如图 1-39 所示。

图 1-39 典型模压淬火系统

2）横截面面积大而薄的零件。通常定义为 $A>50t$ 的零件。其中，A 代表横截面面积，t 代表厚度。

超过以上尺寸的零件通常需要矫直或者模压淬火来保持尺寸的稳定性。如果可能的话，对淬透性足够的材料用油淬或者盐淬。图 1-40 所示为压模淬火系统的示意图。

在整个淬火循环过程中，淬火油流量和时间周期得到严格控制。

Bohl 建议的优化零件设计指南：

1）零件的质量和面积要平衡。

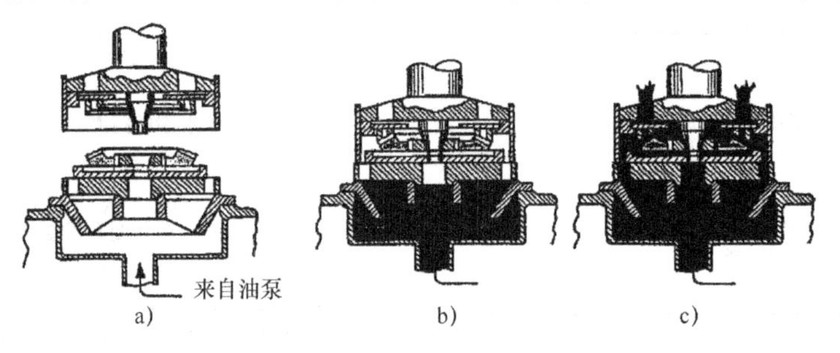

图 1-40 压模淬火系统的示意图

a）炽热的齿轮放在淬火工位的下模上 b）上模接触工件，工件在塑性状态下对准 c）定时循环开始，淬火油被压入淬火室和齿轮周围

2）避免尖角和凹角。

3）避免截面过渡之间的尖角。

4）避免单一的内部或外部键、键槽或花键。

5）在轮齿、花键和锯齿的基部保留足够的圆角或半径。

6）保证带锐角切口的孔不在一条直线上。

7）避免在零件底部开有带尖角的小孔，如拉深模和冲孔模，以防止剥落。

8）尽可能保持齿轮轮毂、刀具等零件厚度接近或相同，以防止凹陷。

为了减小畸变、开裂以及软点产生的可能性，还需要考虑以下几点：

1）加工余量足够大，以允许通过加工去除脱碳表面和表面缺陷，如折叠和接缝等。

2）尽可能地避免在靠近模块和大件的边缘不足 6.35mm（0.25in）处钻螺孔。使用低淬透性钢以避免开裂，或者在可能的条件下，堵塞螺孔以减小由于淬火产生的热应力。

3）尽可能避免盲孔。

4）在所有零件上尽可能设计圆角和倒角。

5）对结构不平衡和复杂形状的模具使用空淬或可以油淬或气淬的高碳工具钢。

6）若有可能，在大件或失衡零件上增加额外的孔，以便淬火时更快、更均匀的冷却。

7）不要在淬火前磨出切削刃。

8）避免深度划痕和加工刀痕。

9）对细长件，如长轴等，先进行粗加工，在精加工之前再进行去应力退火。

10）选用最适合又能胜任服役要求的钢材。

精良的零件设计是预防淬火失效的最好保障。

对称性设计也是减小畸变的一种重要的方法。一个设计不对称的齿轮通常会发生畸变（图 1-41）。轮齿上负荷的增加是其锥度的 4.3 次方。齿轮设计问题的解决方案是保证对称度最好，如图 1-42 所示。如果做不到的话，那么加压淬火或单齿感应淬火可能是较好的解决方案。

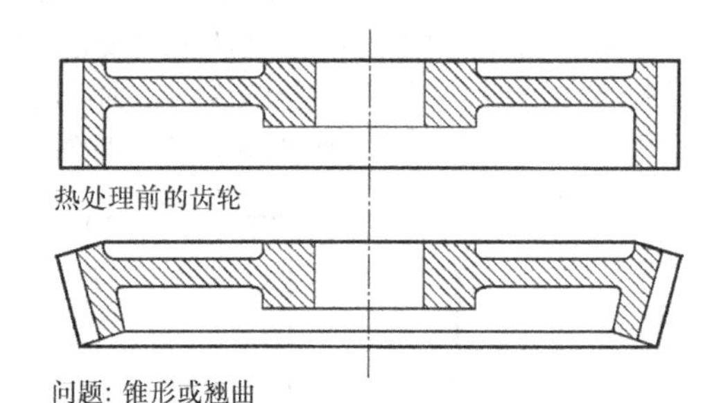

图 1-41 畸变难以控制的齿轮淬火示意图

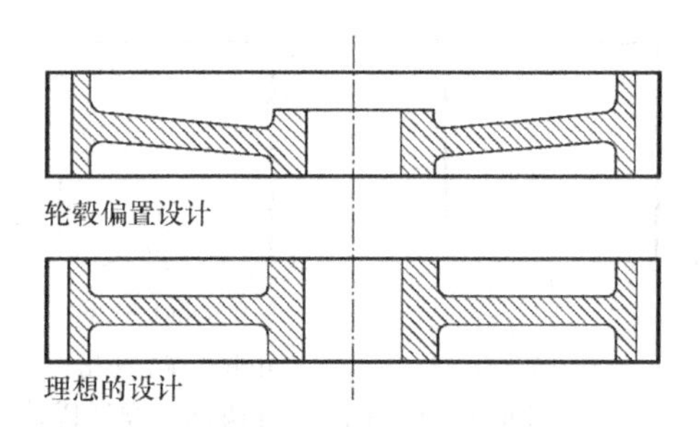

图 1-42 改变设计解决图 1-41 中淬火畸变问题的技术方案

另一个常见的设计问题是部件含有孔、较深的键槽和沟槽。图 1-43 所示为一个带十字交叉润滑孔的轴需要淬火，并给出了一个可供选择的方案。如

果径向十字交叉孔是必需的，则采用渗碳钢油淬比较好。

图 1-44 展示了带缺口工件淬火后的畸变，比如一个带有铣槽的轴，此处发生不均匀传热。缺口中的金属会受周围金属的收缩影响，结果缺口处冷却较慢，这是淬火剂的蒸发汽化导致的。因此，在冷却时，轴一侧的金属很短导致轴偏离轴线。解决这一类淬火畸变问题的基本原则通常是“短边就是热边”，这意味着受弯的金属部分要比另一边淬冷慢。

图 1-45 给出了一些减少淬火裂纹的矫正推荐设计。如果易淬裂的设计不可避免，那么有两个可能

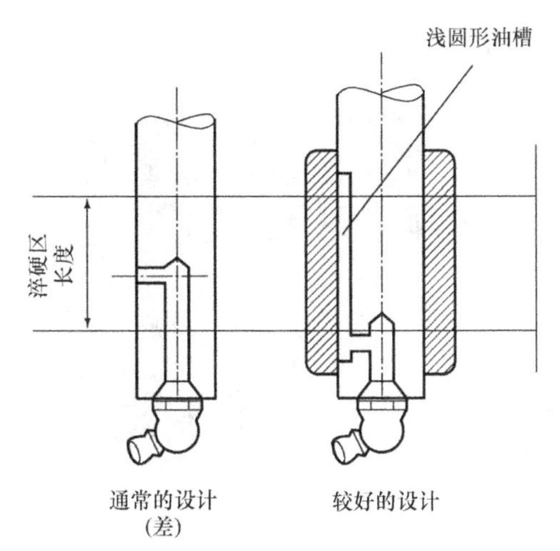

图 1-43 通过改变设计来解决轴孔淬火开裂问题的设计方案

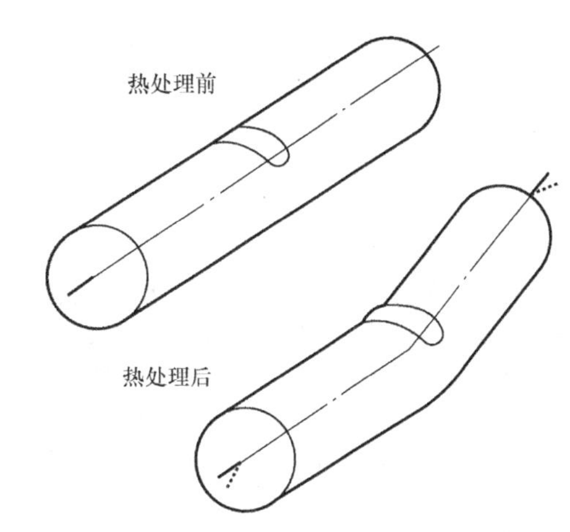

图 1-44 带缺口的轴类淬火时的畸变问题

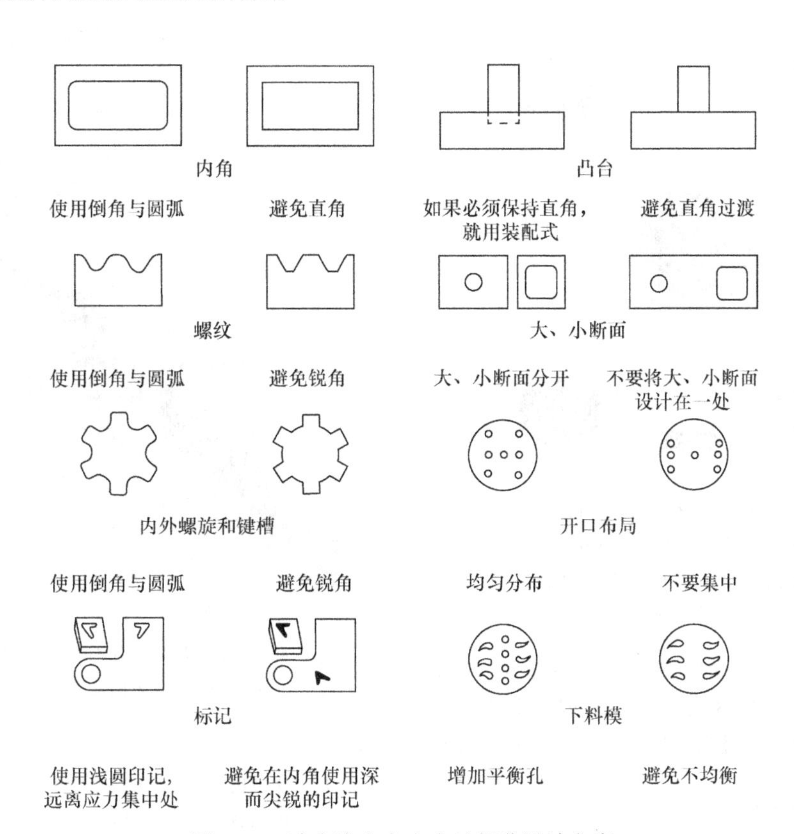

图 1-45 减小淬火内应力的部分设计方案

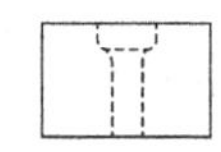
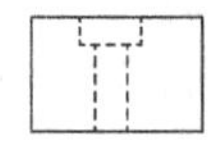
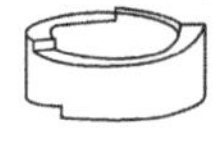
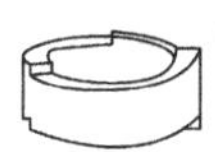

图 1-45 减小淬火内应力的部分设计方案（续）

的修改方案：一个是两件装配，再用机械连接或过盈配合；另一个是通过分级淬火或空冷钢来制造零件，这些方案都可减少应力和裂纹。

图 1-46 和图 1-47 展示了不合理设计方案导致淬火开裂的实例。在图 1-46 中，AISI O1 工具钢在油淬时，在尖角处产生了裂纹。一些裂纹与靠近边上的孔有关，在裂纹表面观察到了回火色，表明在回火前就发生了开裂。在图 1-47 中，一道裂纹源于尖角（即使是倒成圆角了，然而，角落处的一个缺口引起了开裂）。尽管这个工件是采用油淬的，但是边缘薄处冷却得快，最先形成马氏体，中间厚冷却较慢，故形成较大应力而开裂。空冷钢应该更适合这类工件。

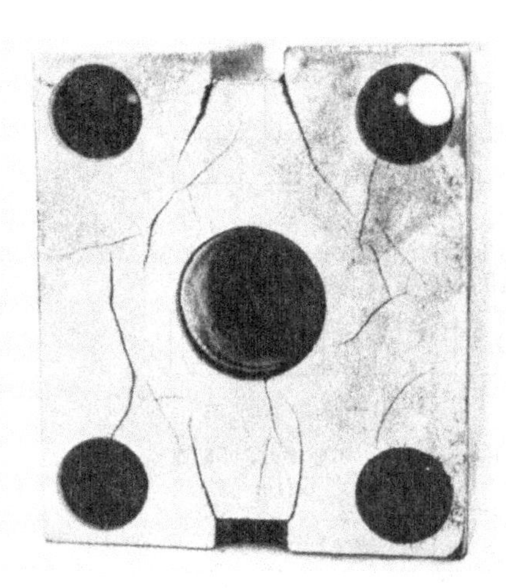

图 1-46 76mm×87mm×64mm 的 AISI O1 工具钢油淬开裂

注：裂纹始发于尖角，靠近边缘的小孔对开裂也有影响。

当零件截面有突变时，不合理的设计方案也会产生淬火裂纹。图 1-48 所示为 AISI 4140 钢的淬火和回火微观结构，其组织为回火马氏体，在尺寸变化处发现淬火裂纹。

2. 钢种和组织状态

即使钢的裂纹大多是由于不均匀的加热和冷却造成的，材料问题也是需要考虑的。一些典型的材料问题如下：

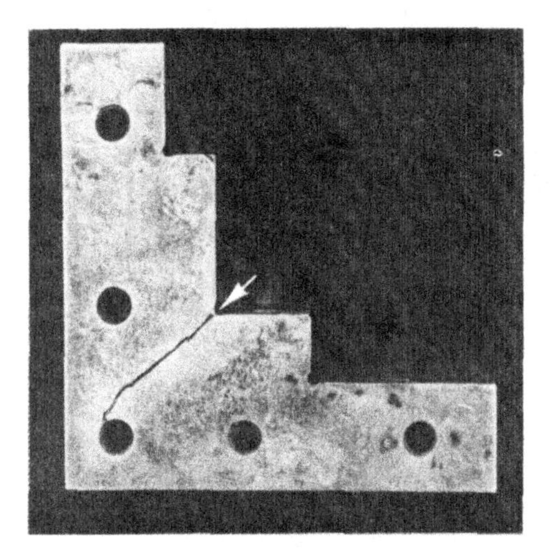

图 1-47 AISI O1 工具钢夹具油淬开裂案例

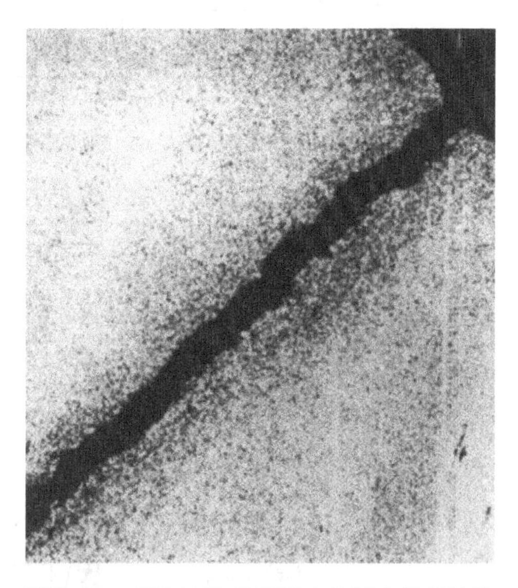

图 1-48 AISI 4140 钢的淬火和回火微观结构

注：100×，2%硝酸乙醇溶液侵蚀。

1）合金的成分不在规定范围内。

2）有问题的合金。例如，一些合金成分处于规定范围的下限，这些钢就必须用水淬。如果一些合金成分偏高或者在规定范围的上限，那么开裂就在所难免。出现这些问题的钢包括 1040、1045、1536、1541、1137、1141 和 1144。一般建议使用水、盐水和碱液淬碳钢，其平均碳含量见表 1-35。

表 1-35 适合水、盐水和碱液淬火的钢的碳含量极限值

产品		最大碳含量（质量分数,%）
加热炉淬火	一般情况	0.30
	简单形状	0.35
	很简单的形状（如棒料）	0.40
感应淬火	简单形状	0.50
	复杂形状	0.33

3）高锰或高铬的合金钢容易发生显微偏析，同时也很容易开裂。这类合金钢包括 1340、1345、1536、1541、4140 和 4150。如果可能的话，使用 8600 系列钢代替 4100 系列往往是一个很好的选择。

4）受“污染”的钢（含有质量分数超过 0.05% 的硫）。这类钢包括 1141 和 1144 系列，更容易由于高合金的偏析而开裂，合金偏析产生合金富集区和合金贫化区，意味着有更多的界面成为应力集中源。虽然粗晶粒结构可以改善切削加工性，但是也具有较大的脆性。

5）脱碳层厚度在直径方向上达到 0.06mm/1.6mm（0.002in/0.0625in）。

高碳钢在硬化时会承受更大的膨胀，这是由于随着碳含量降低，*Ms* 点温度也下降，在马氏体相变过程中伴随发生体积膨胀，在更低的温度下，钢的开裂倾向比畸变倾向更大。因此，高碳钢比低、中碳钢淬火时更容易出现开裂。根据经验，碳含量低于 0.35% 的普通碳素钢即使在很恶劣的条件下淬火也很少出现裂纹。因此，钢中的碳含量不应该超过工件服役所需要的量。

众所周知，由于不合适的锻造，含有许多粗大碳化物的区域可能会成为后续淬火裂纹的萌生点，特别是对于形状复杂的零件。因此，提供一个足够的锻造比，以便形成细小且均匀的碳化物很重要。

因为零件的制造，比如齿轮的生产，通常需要切削加工，待切削加工钢的状态是很重要的。此时，正火和不完全退火是理想的解决方案。钢在正火中没有得到软化或均匀化的情况下，进行不完全退火可以消除应力。它降低了奥氏体中碳以及合金碳化物的含量，使显微组织中含有更多的板条状马氏体，从而可提高材料的韧性。

3. 化学成分不当

钢的淬透性是由化学成分所决定的。获得钢所需性能的淬冷条件是与钢的淬透性密切相关的。因此，如果钢的化学成分不正确，淬火工艺条件再优选也没有用，如果再严重点的话，将导致零件开裂，这种问题并不少见。

为了说明这一点，以 1070 钢轴承圈淬火开裂为例。由表 1-36 可知，实际 1070 钢的化学成分不对。这个例子说明，当使用 AISI 1070 碳素钢专用淬火冷却介质时，钢的淬透性越高（高碳、高锰含量），淬火开裂越敏感。

表 1-36 AISI 1070 钢轴承圈的规定化学成分和实际化学成分的差别

元素	规定化学成分范围（质量分数,%）	实测化学成分（质量分数,%）
C	0.65～0.75	0.74
Mn	0.60～0.90	0.97
P	0.11	0.04
S	0.026	0.05
Si	0.10～0.20	0.23
Ni	—	0.07
Cr	—	0.11
Mo	—	0.22
Cu	—	0.10

4. 原始组织

钢的淬火前状态（如挤压、铸造、锻造、冷成形等）可能会增加淬火开裂的风险 。每种微观组织都需要特定的时间和温度来为材料做淬火前准备。例如，铸态组织必须经过均匀化处理，冷成形后要求正火和退火，而锻造组织必须正火以细化晶粒。

淬火开裂可能是由微观组织加热和冷却产生的不均匀性而引起的。图 1-49 所示为含有纵向裂纹的 AISI 403 不锈钢阀杆锻造的淬火显微组织。显微组织分析认为，开裂是由于锻造期间或锻造前加热产生的热应力引起的，粗大的晶粒与裂纹中的高温表面氧化物相关联。进一步检查发现裂纹中有高温、低温氧化物存在，这表明该开裂发生在锻造之前或锻造期间。

过度加热称为过烧。过烧是指低熔点组分早期熔化形成液膜，在晶界集中造成脆性，如图 1-50 所示。这种薄膜的脆性性质，因液膜冷却时引起的收缩形成气泡而被加剧。虽然过烧发生在轧制或锻造

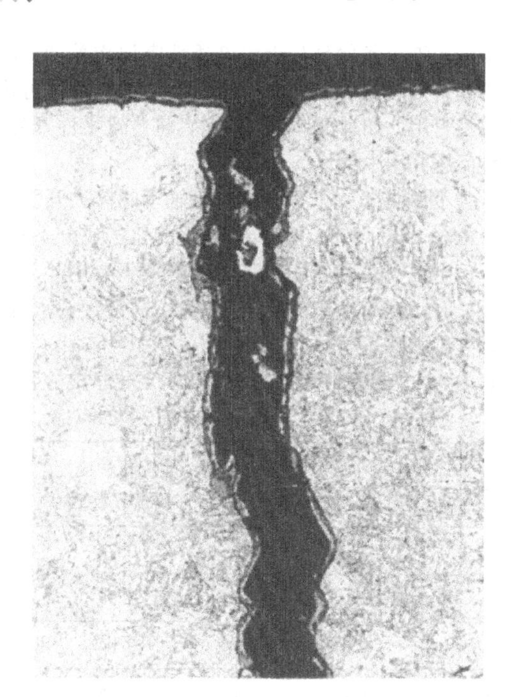

图 1-49 AISI 403 不锈钢阀杆锻造的淬火显微组织

注：表面和裂纹中均观测到高温氧化物和低温氧化物，没有证据说明裂纹是在淬火和回火过程中产生的；100×，Villela 试剂侵蚀。

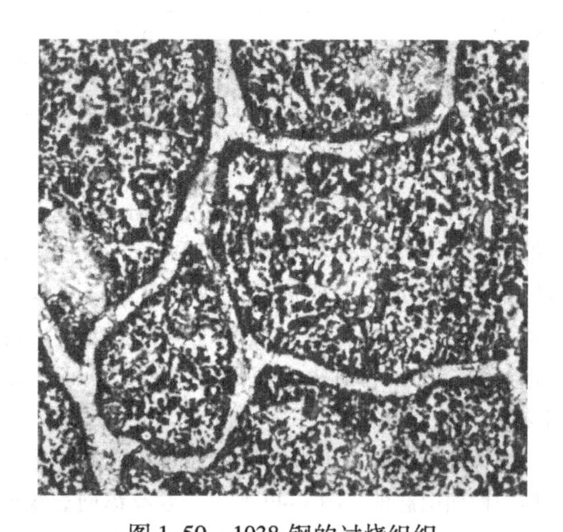

图 1-50 1038 钢的过烧组织

注：初始阶段的显微组织铁素体（白色）沿着原粗大的高温奥氏体晶界析出，基体由铁素体（白色）和珠光体（黑色）组成；100×，2% 硝酸乙醇溶液侵蚀。

过程中，但它通常在热处理后才被观察到。

当钢在其晶粒粗化温度范围内进行奥氏体化加热时，也可能形成混晶微观组织。混晶组织的淬火硬化反应不可预测，如图 1-51 所示。当钢的碳含量大于共析含量（0.8%）时，通常采用低于 A_{cm} 的温度淬火，从而使在淬火前有未溶碳化物存在。这就减少了因加热温度过高而带来的大量残留奥氏体含量。残留奥氏体含量增加，畸变和开裂的问题也增加。重要的是未溶碳化物呈球状分布，而不是呈沿晶界网状分布，后者在回火后会产生脆性。

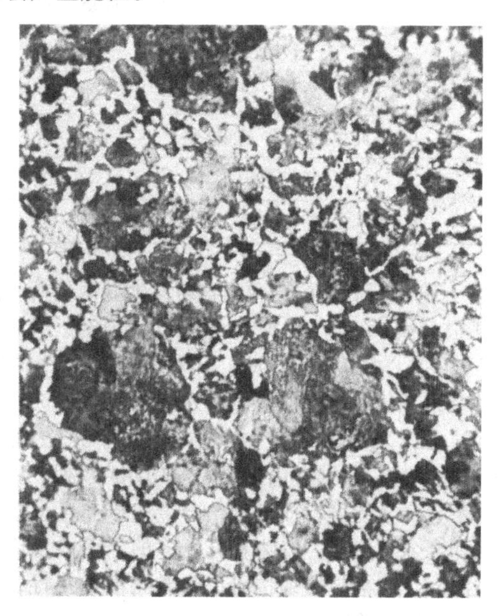

图 1-51 AISI 1040 钢棒 913℃（1675℉）奥氏体化 30min，然后在炉中缓慢冷却后的显微组织

注：可以观察到白色区域的铁素体、黑色区域的珠光体和由于在晶粒粗化温度范围加热而导致的混合晶粒；200×，硝酸乙醇溶液侵蚀。

奥氏体化温度的选择是实现碳的快速溶解和扩散与减小晶粒长大速度之间的一种协调。细化晶粒钢可采用快速加热而没有奥氏体晶粒长大的危险。但是粗大的奥氏体晶粒形成的淬火组织韧性差，开裂敏感性强。图 1-52 所示的淬火开裂是由于在过高的奥氏体化温度加热产生了粗大的奥氏体晶粒所致。

最佳奥氏体化时间是根据零件在炉中的总加热时间确定的，包括加热时间（将工件加热到奥氏体化温度所需要的时间）和奥氏体转变时间（完成显微组织转变所需的时间，或完成扩散过程所需的时间）。过长的加热时间会导致晶粒的不理想长大。

5. 加热和气氛控制

局部过热，特别是感应加热工件的潜在问题，这样的工件在随后淬火中会在尖角和截面突变处（应力集中处）产生淬火裂纹。开裂是由于淬火过程中在应力集中处残余应力的升高。解决这个问题的办法是通过增加感应器的功率密度来提高加热速度。对于简单的轴类零件，通过连续加热或多点同时扫描加热以减小整个加热区的温差。

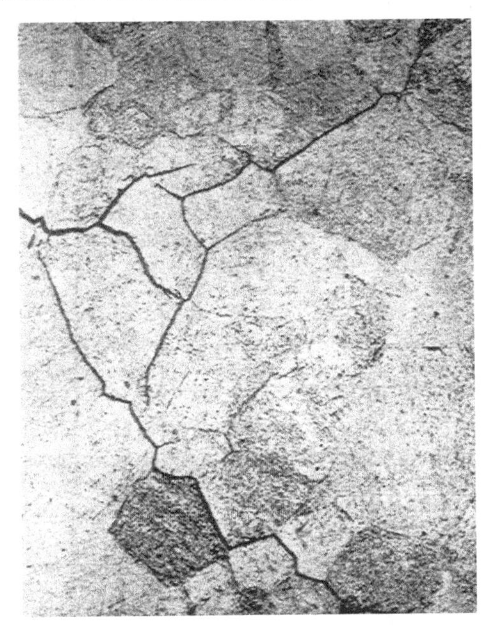

图1-52 奥氏体化温度过高造成的粗大晶粒边界产生的淬火裂纹

注：裂纹形状与原始粗大的奥氏体晶界有关。

解决与炉子设计和操作有关的热处理问题的建议措施包括：

1）清洗保护气氛淬火炉加料和卸料通道。网带炉和振底炉在工件转移期间要彻底清洗，以尽量减少气氛污染。

2）淬火加热炉的装料量通常过多，此时，从炉内的装料达到淬火温度的位置到出料门的距离应该小于出料门和上料门之间距离的20%。如果大于20%，要么提高生产率，要么关闭一些燃烧器。

达到奥氏体化温度之前由于加热速率过高可能出现一些与淬火开裂类似的裂纹。图1-53中的AISI 4140钢的显微组织说明了这一点。在这种情况下，如果开裂发生在淬火过程中，裂纹内没有表面氧化和脱碳。

开裂也可能是由于局部过热（非均匀加热）。AISI 4140钢管件端头截面（图1-54）的显微组织说明了这一点。中间位置发生周向开裂。据报道，这些管件是在奥氏体化后喷雾淬火的。显微组织检验证明粗大晶粒是淬火之前的奥氏体化阶段过热所造成的，发生了沿晶界开裂。然而，管件另一区域的显微组织分析结果为细晶马氏体。综合两者来看，数据表明奥氏体化时炉内装料有局部过热的地方，造成晶粒粗大。过热的位置在淬火应力作用下开裂。在中间部位发生断裂是由于材料心部固有的缺陷，这是从钢锭或铸造过程中带来的。

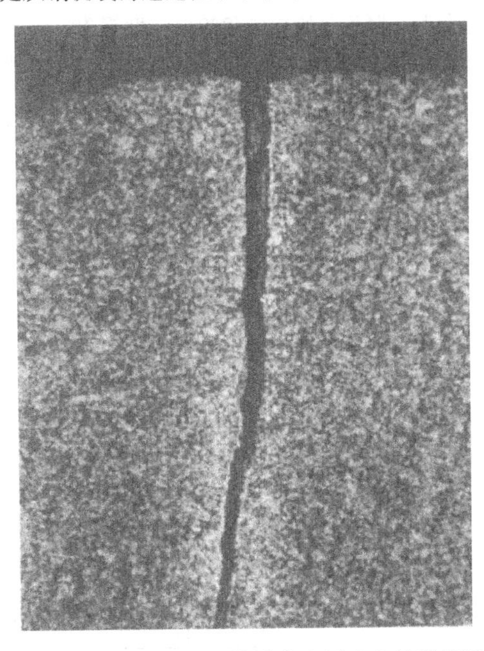

图1-53 AISI 4140钢的淬火和回火态显微组织（回火马氏体裂纹表面有脱碳和高温氧化特征）

注：50×，2%硝酸乙醇溶液侵蚀。

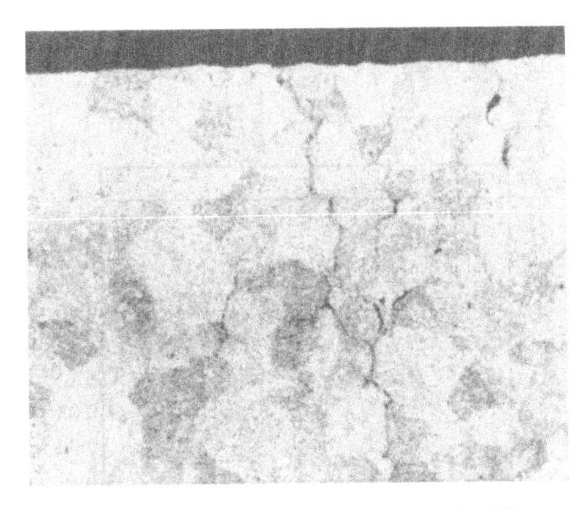

图1-54 AISI 4140钢淬火和回火后的显微组织（沿原奥氏体晶界产生晶间淬火裂纹）

注：100×，2%硝酸乙醇溶液侵蚀。

钢件的畸变和开裂源自没有适当保护气氛的非均匀加热。例如，如果钢在含水量高的燃气炉中直接加热，它可以吸附氢，从而导致氢脆和随后的开裂，而在干燥的气氛中，通常不会发生开裂。

6. 工件支承和装料方式

畸变的另一个来源是某些零件（如齿圈）热处理时因自重而发生凹陷。图1-55给出了齿圈形状分类的尺寸极限值。图 1-56 提供了畸变敏感类工件的分类。零件在加热时使用适当的支承，可使其平整度和圆度问题最小化，从而缩短磨削工时和去除过量材料，降低报废损失和渗层深度损失。为了达到满意的畸变控制，可用自制的支架或采用加压淬火。

如果装料不正确，小齿轮轴（图 1-57）易沿其长度方向（图 1-58）变弯。轴弯曲后必须矫直，这会增加生产成本。

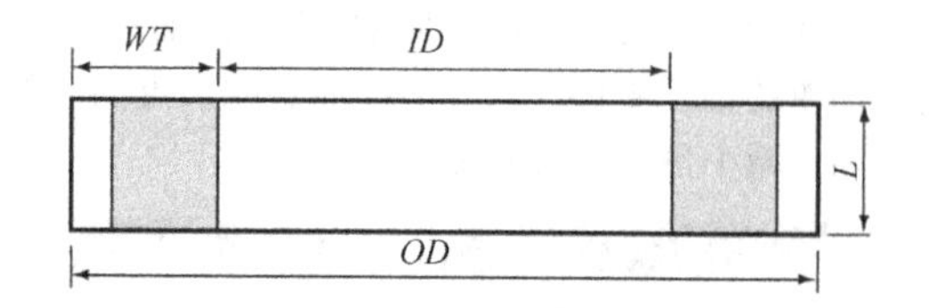

图 1-55 齿圈形状分类的尺寸极限值

注：长度/壁厚（L/WT）≤1.5；内径/外径（ID/OD）>0.4。最小壁厚的定义：$WT \geq 2.25 \times$ 模数 $+0.4 \times 5$（模数 $\times L \times OD^3$）$^{1/2}$。

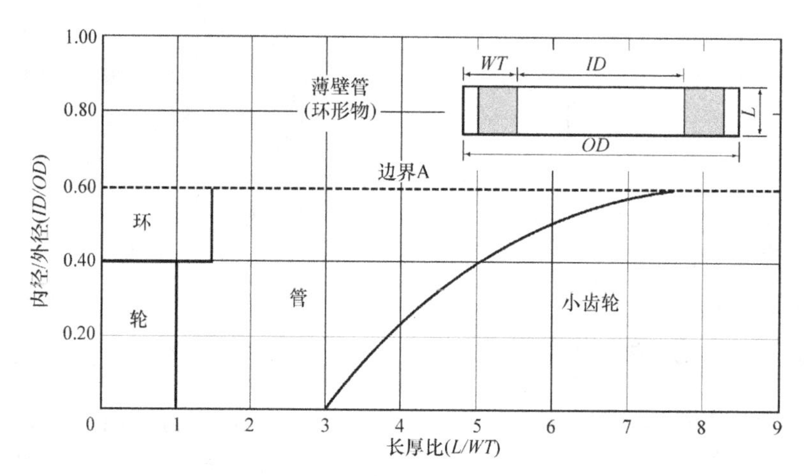

图 1-56 畸变敏感类工件的分类

WT—壁厚 *L*—长度

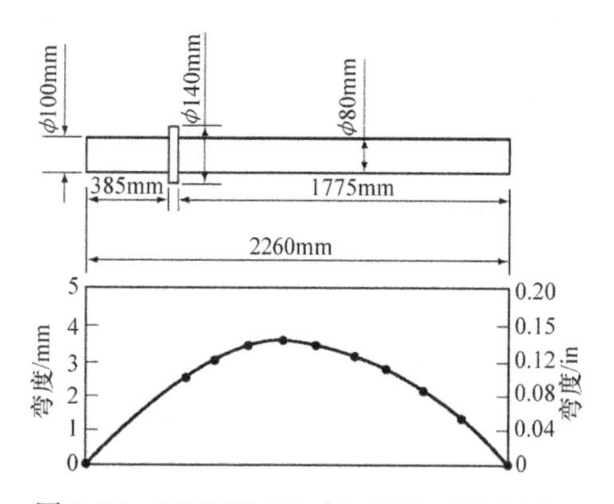

图 1-57 JIS SCM 440（0.4% C，1.05% Cr，0.22% Mo）钢齿轮轴在 850℃（1560℉）垂直吊挂油淬和 650℃（1110℉）回火的畸变情况

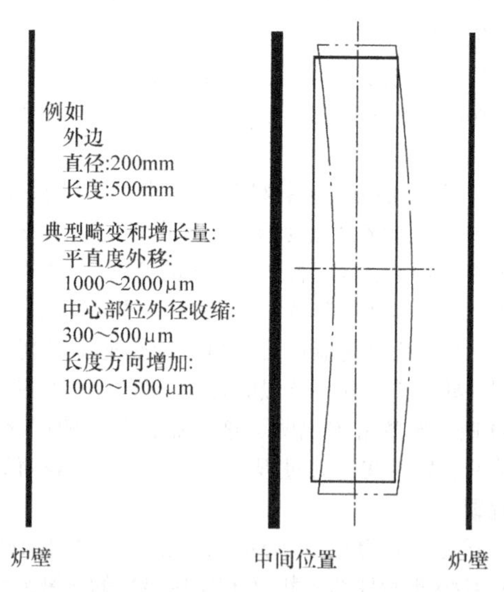

图 1-58 装炉引发的齿轮轴畸变实例

7. 表面状态

钢的淬火开裂可能与各种各样的问题有关，而这些问题只有在淬火后才能被发现，也就是说其根本原因不一定在淬火过程本身。表面状态包括淬火前原始组织、前道切削加工的应力集中、折叠和夹缝、夹杂物缺陷、磨削裂纹、化学偏析（带状组织）和合金贫化等。

紧贴表面的氧化皮就是锻件在用高压喷嘴燃气炉加热直接进行淬火时经常遇到的表面状态。图 1-59显示了表面氧化皮对 1095 碳钢和 18－8 不锈钢淬火性能的影响。冷却曲线在无搅拌快速油中淬火测得。氧化皮厚度为 0.08mm（0.003in）时，与无氧化皮的试样相比，1095 钢的冷却速度增加。然而，0.13mm（0.005in）的特厚氧化皮会降低冷却速度。与无氧化皮试样相比，0.013mm（0.0005in）厚的薄氧化皮也增加 18－8 不锈钢的冷却速度。

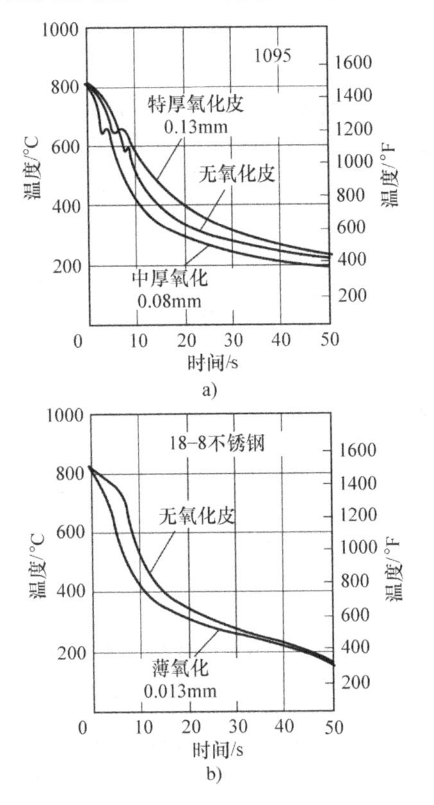

图 1-59 氧化皮对试样心部冷却曲线的影响

a）1095 钢在无搅拌快速淬火油中淬火（50℃，或 125℉）

b）18－8 不锈钢在带搅拌快速淬火油中淬火（25℃，或 75℉）

注：试样直径为 13mm，长为 64mm。

在实践中，工件表面上形成的致密氧化皮厚度有差异。这种差异使冷却速度不同，从而导致温度梯度，反过来，也可以说是氧化层隔热效果的差异带来的变化。这一问题，特别是含镍钢，可能产生软点和无法控制的畸变。表面氧化膜的形成可以通过使用适当的保护气氛使之减到最薄。

表面脱碳可能导致畸变和开裂增加。在某一深度的脱碳层内，工件无法淬火得到与未脱碳工件部位的相同硬度。不均匀的硬度促进了变形和开裂的增加，其原因包括：

1）脱碳表面的相变温度高于心部，因为 *Ms* 温度随碳含量增加而降低。相变温度的差异导致在脱碳表面产生高的残余拉应力，或导致应力不平衡而产生畸变。

2）脱碳表面的淬透性比心部低。因此，先形成高温转变产物成为心部其他不良产物的形核点。由于其马氏体含量较低，脱碳的表面比不脱碳的表面软，硬度的差异导致畸变。

解决脱碳问题的方法是在可控气氛炉中复碳，或用机械加工方法除去脱碳层。

冷热加工形成的表面夹缝和非金属夹杂物，可能导致开裂或使材料性能弱化。这些缺陷的存在阻碍了热状态下钢材在锻造时的自身焊合，从而造成应力集中。热轧棒材在热处理之前去除这些缺陷可防止开裂。表 1-37 提供了材料表面去除厚度推荐值。对半精加工棒材来说，直径方向上上冷加工除去 0.025mm/3.3mm（0.001in/0.13in）通常是可接受的。如果钢棒表层的缝隙过深，热处理前应进行磁粉检测。

表 1-37 防止热轧钢材表面夹缝和非金属夹杂物在热处理时诱发裂纹的去除厚度推荐值

加工状态	最小的材料去除量[①]	
	不添加硫	添加硫
顶尖车削	直径的 3%	直径的 3.8%
无心车削或磨削	直径的 2.6%	直径的 3.4%

① 根据棒料购买时的平直度，即最大为 3mm/1.5m。

1.3.5 淬冷

1. 淬火冷却介质选择和淬冷烈度

为了在一定截面尺寸内获得满意的显微组织，需要在一定的冷却速度下淬冷，这就需要精心选择淬火冷却介质。然而，使用具有超高散热能力的淬火冷却介质也是不可取的。通常情况下，淬冷烈度越大，导致畸变和开裂的倾向越大；虽然降低淬冷烈度可使畸变减小，但它又可能伴随不良的微观组织。因此，选择一种最佳淬火冷却介质和搅拌速度很难。淬火冷却介质的冷却能力（淬冷烈度）应尽可能低，同时又能保持足够高的冷却速度，以确保钢件的关键部分所需的显微组织、硬度和强度。

淬冷烈度定义为淬火剂从热的钢件上消除热量的能力，用格罗斯曼常数（*H*）来表示。表 1-38 提供了常用淬火冷却介质的典型格罗斯曼常数 *H*。图 1-60 显示了 *H* 值与由端淬距离 *J* 所表示的钢的淬透能力之间的相关性。虽然表 1-38 中的数值很有用，可以获得不同淬火冷却介质的淬冷烈度相对测量值，但很难在实践中直接应用，因为淬火冷却介质的实际流速如“中等”“良好”“强烈”和“剧烈”是不够确切的。

表 1-38 典型淬冷条件和格罗斯曼常数 *H* 值

淬火介质	*H* 值
慢速油，无搅拌	0.20
常规油，中等搅拌	0.35
快速油，良好搅拌	0.50
超速油，剧烈搅拌	0.70
水，无搅拌	1.00
水，强烈搅拌	1.50
盐水，无搅拌	2.00
盐水，剧烈搅拌	5.00
理想淬火条件	—

注：使用高压射流有可能使 *H* 值大于 5。

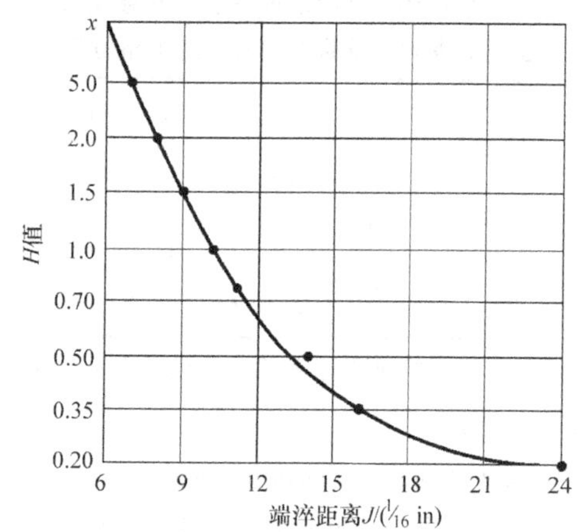

图 1-60 根据格罗斯曼常数 *H* 值和端淬距离 *J* 分析淬冷烈度

但由特定淬火冷却介质提供的实际冷却速率或热通量的测量值却提供了定量的淬冷烈度，见表 1-39典型淬火冷却介质传热系数的比较。

表 1-39 典型淬火冷却介质传热系数的比较

淬火介质	传热系数/[W/(m^2·K)]
静止空气	50 ~ 80
氮气，1bar①	100 ~ 150
盐浴或流化床	350 ~ 500
氦气，10bar	400 ~ 500
氮气，10bar	550 ~ 600
氧气，20bar	900 ~ 1000
静止油	1000 ~ 1500
氦气	1250 ~ 1350
循环油	1800 ~ 2200
氢气，40bar	2100 ~ 2300
循环水	3000 ~ 3500

① 1bar = 10^5Pa。

通常情况下，对于给定的淬火冷却介质，淬冷烈度越大，导致畸变和开裂的倾向就越大。这通常是热应力增加的缘故，而不是相变应力的结果。各种合金钢选用淬火冷却介质的标准，如 AMS 2759 给出了具体建议。图 1-61 所示为由于冷却速率过高而引起的淬火裂纹。

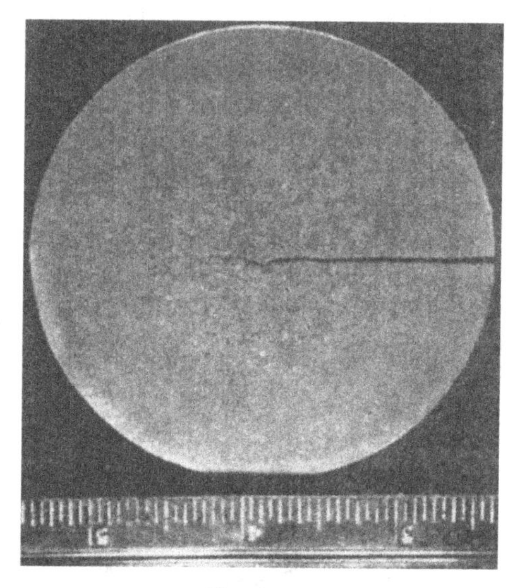

图 1-61 AISI 4340 合金钢调质后淬火裂纹的横截面宏观侵蚀图

图 1-62 所示为 20 CrMnTi 钢[*w*(C) = 0.17% ~ 0.23%，*w*(Cr) = 1.0% ~ 1.3%，*w*(Mn) = 0.80% ~ 1.10%，*w*(Si) = 0.17% ~ 0.37%，*w*(P) = 0.035%，*w*(S) = 0.035%]轧机齿轮轴的淬火裂纹。齿轮历经锻造和机加工，齿轮制造工艺包括正火、回火、切削加工，在 930℃ (1705℉) 渗碳，最后从 810℃ (1490℉) 淬火。由于硬度要求较高 (56 ~ 64HRC)，齿轮最初在水中淬火，然后转到油槽进一步冷却。

图 1-62 20CrMnTi 钢轧机齿轮轴的淬火裂纹

此外，关于淬火冷却介质选择的一般建议如下：

1) 大多数合金钢零件采用油淬以尽量减小畸

变。大多数小件和精磨以后大件的淬火方式是自由淬火。较大的齿轮，通常超过200mm（8in）时需采用夹具（模具）淬火以控制畸变。小齿轮和衬套等零件通常是套在8620钢渗碳芯轴上淬火的。

2）虽然降低淬冷烈度可减小畸变，但渗碳零件可能也会产生上贝氏体（淬火珠光体）等不良微观组织。

3）热油在300～400℃（570～750℉）范围内可以降低冷却速度。渗碳钢在热油中淬火可形成性能类似于马氏体的下贝氏体组织。

4）在温度略高于*Ms*温度的等温淬火冷却介质中进行贝氏体等温淬火能很好地控制畸变。残留奥氏体是与贝氏体等温淬火有关的重要问题，以锰和镍为主要合金元素的钢中残留奥氏体量最为明显。贝氏体等温淬火效果最好的钢是普通碳素钢和铬钼合金钢。

5）水溶性聚合物淬火冷却介质通常用来代替淬火油，但淬冷烈度仍然是主要问题。

6）如果钢材具有足够的淬透性以获得理想的性能，则可以使用气体和空气淬火，其畸变最小。

7）低淬透性钢可在盐水或强烈搅拌的淬火油中淬冷。然而，即使淬冷烈度很大，还是会产生像铁素体、珠光体和贝氏体等不期望的组织。

2. 淬火冷却均匀性

淬火冷却的不均匀性是淬火开裂的主要原因之一。它可以产生于淬火过程中零件表面周围的非均匀流场，或工件表面的非均匀润湿。两者都会在淬火过程中导致非均匀传热。不均匀淬冷在工件心部和表面之间建立起很大的温度梯度。这一影响如图1-63和图1-64所示的AISI 1045钢曲轴的显微组织。图1-64所示的显微组织是由与珠光体、贝氏体和针状铁素体相邻的回火马氏体，以及沿原奥氏体晶界分布的铁素体所组成。

淬火液的不良搅拌是淬火不均匀性的主要根源。搅拌旨在把零件表面的热流体传送到冷却系统的换热器，使正在淬火的所有工件的表面均匀散热。图1-65中的周期式淬火系统说明了在整个料框中水平放置的圆棒淬火时淬火冷却介质的轴向（垂直）流动。在这种情况下，圆棒的底面比顶面得到更大的搅拌流动。上层表面上出现的淬火开裂是由于不均匀散热所造成的。搅拌在底部产生更大的散热量，从而在顶部和底部表面之间建立起很大的温度梯度。

推荐使用能提供更好散热的浸没式喷射集管的设计准则包括：

1）确保工件整个表面能受到淬火冷却介质的均匀冲击。

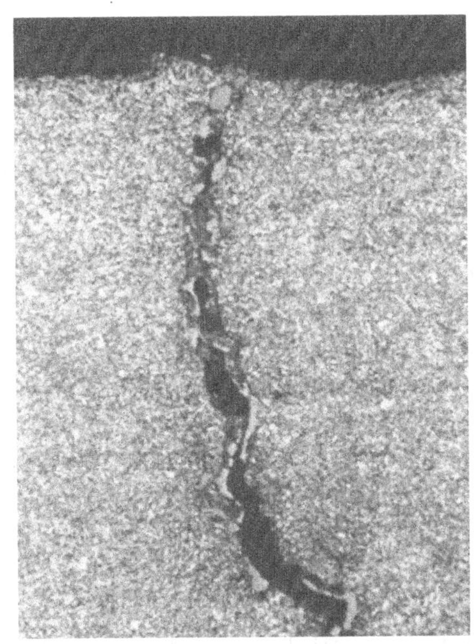

图1-63 AISI 1045钢调质后的微观组织含有带状分布的回火马氏体和部分贝氏体，裂纹中可见回火氧化物和二次裂纹

注：200×，2%硝酸乙醇溶液侵蚀。

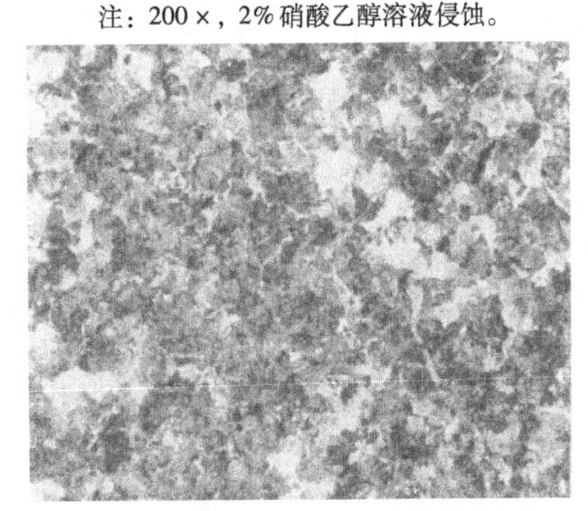

图1-64 AISI 1045钢调质后的微观组织，裂纹附近出现典型的欠热组织

注：400×，2%硝酸乙醇溶液侵蚀。

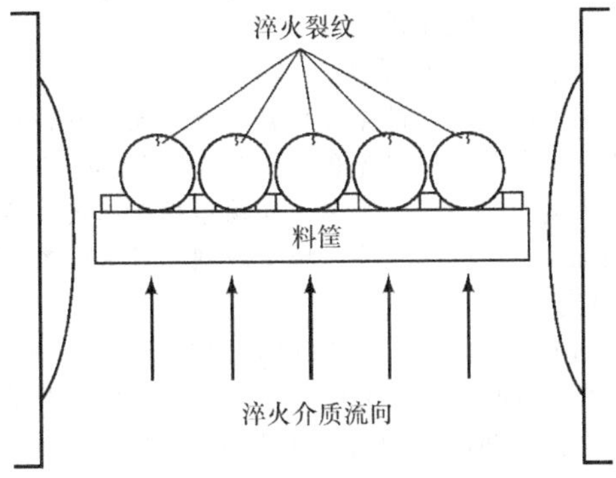

图1-65 周期式淬火系统中淬火冷却介质垂直通过料筐受阻

2）尽可能使用最大孔径［不小于 2.3mm（0.09in）］的集管。

3）从淬火的零件表面到喷射集管的距离至少保持 13mm（0.5in）。

4）确保连续不断地清除滚热的淬火冷却介质和蒸汽。

使用图 1-66 所示的搅拌系统可能会使工件发生过度扭曲，因为淬火冷却介质的流向相对于浸没的工件是在同一方向，或者相反的方向。解决这个问题的办法是在淬火过程中尽量减少淬火冷却介质流动，达到所需的传热效果就行，并通过机械装置在淬火冷却介质中上下移动工件来提供搅拌。确认淬火过程中非均匀流动的原因对控制畸变和尽量减少淬火开裂是很重要的。

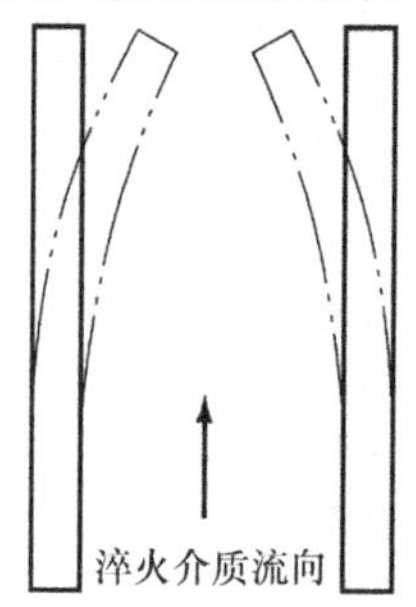

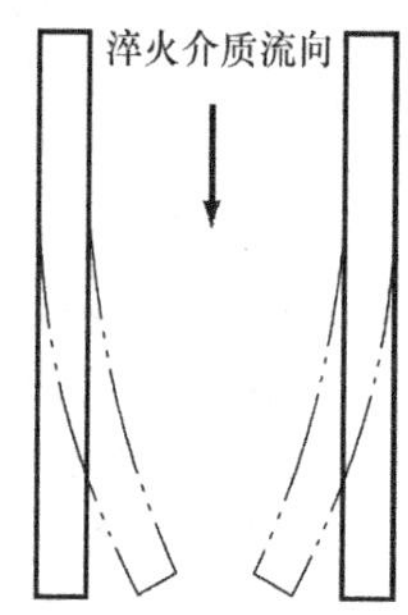

图 1-66　介质流动方向对畸变的影响

淬火过程中的不均匀温度梯度与界面润湿动力学息息相关，特别是有物态变化的水、油和水溶性聚合物溶液等介质。大多数易汽化的液体淬火冷却介质在大气压下的沸点温度为 100～300℃（210～570℉）。当工件在这些流体中淬火时，表面润湿通常取决于时间，这是影响冷却过程和可达到硬度的一个因素。

不均匀淬火的另一个主要来源是发泡和污染。污染物包括污泥、炭黑和其他不溶物，以及油中含水、水中含油和油中含其他油（特别是水溶性聚合物淬火冷却介质）。发泡和污染会导致软点，增加畸变，还可能导致开裂。

3. 淬火畸变和开裂

前文已经讨论过淬火开裂和淬火畸变这两种与淬火冷却介质相关的现象。虽然淬火开裂能够消除，但淬火畸变却不能。所以，问题是控制畸变，而不是消除。下面讨论与淬火畸变控制和淬火开裂相关的问题。

（1）淬火畸变　在淬火时可能发生的一种畸变形式是形状改变，当工件处于热状态时由其自重导致的弯曲、翘曲和扭转应力造成的三维形状改变。如前文所述，形状畸变归因于工件的支承和装载方式。

另一种畸变形式是尺寸畸变，包括伸长、收缩、增厚和减薄。尺寸畸变是淬火时伴随着每一种相变的体积变化。尺寸畸变进一步分为一维（1D）尺寸畸变、二维（2D）尺寸畸变和三维（3D）尺寸畸变。一维尺寸畸变的例子是杆状或细长件淬火时长度的变化，它主要是相变型畸变。二维尺寸畸变的例子是在两个维度上尺寸变化，也主要是相变型畸变，如薄板或厚板的淬火。大块材料可能发生三个维度的尺寸变化，是由于热应力和相变应力共同引起的畸变，这种畸变要复杂得多。Owaku 认为淬火畸变的主要原因之一是不均匀（非均匀）冷却。

（2）淬火开裂　钢开裂的主要原因是淬火过程中（图 1-61）冷却速度过大（高的淬冷烈度），裂纹直接从表面贯穿到心部。除了较大的相变应力外，冷却速度过大还产生更大的热应力。钢在马氏体转变过程中的开裂主要是由于马氏体形成时伴随体积增加。如果工件的总残余应力足够高，就会发生淬火开裂。

虽然工件淬火畸变和开裂往往是由于不均匀冷却，但材料的选择也是一个重要的因素。材料选择的准则包括：

1）检查成分公差，以确保合金成分在规定范围内。

2）选用较低的碳含量，因为高的碳含量往往对畸变和开裂更敏感。

3）如果可能的话，最好选择高合金钢和缓慢冷却组合。当然，选用高合金钢会显著增加材料成本。

开裂倾向随 *Ms* 的升高而降低。Kunitake 和 Susigawa 认为，对于镍、铬、钼、锰钢来说，当碳当量（C_{eq}）值都大于 0.525 时，开裂的概率增加，如图 1-22所示。

在冷却过程中，从奥氏体化温度 T_A 和马氏体转变点 *Ms* 产生的热应力（往往是不均匀的）和在 *Ms* 和 *Mf* 之间产生的相变应力会导致开裂。不均匀的表面冷却产生不均匀的热应力。在这种情况下，在较慢的冷却区域，收缩的延迟产生拉应力，导致拉裂。这种现象如图 1-67a 所示。在 *A* 点之前，快速、非均匀表面冷却影响相邻的 *B* 点，这种较慢的冷却导致 *B* 点延迟收缩，当到 *Ms* 点时，两种现象同时发生，影响马氏体相变。其结果是，*A* 点受压、*B* 点受拉。因为拉应力是张应力，如果应力足够大，就会在冷却延迟的区域发生开裂。

工件在 *Ms* 点和 *Mf* 点之间，当冷却不均匀时，在冷却缓慢的区域工件伸展或拉长，导致开裂，如图 1-67b 所示。到 *Ms* 点温度以下，*A* 点伸展将 *B* 点拉到 *B′* 点，在那里经受因马氏体相变的热膨胀。结果，快速冷却的外部点 *A* 经受拉伸，而慢慢冷却的点 *B* 经受压缩。而且，在内部 *B′* 点的推力下引起 *A*

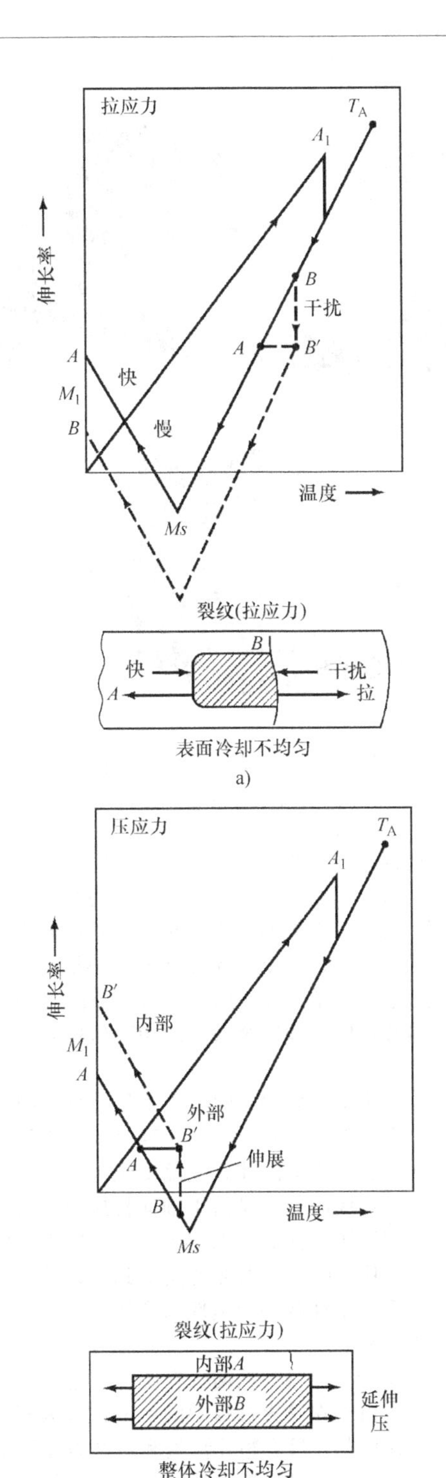

图1-67 拉应力、压应力和裂纹及其产生机制示意图

a）拉应力和裂纹 b）压应力和裂纹的产生机制

点开裂，这种拉伸开裂发生在淬火快冷区。

因此，在 T_A 和 *Ms* 温度之间因非均匀表面冷却发生的工件拉伸开裂，与在 *Ms* 和 *Mf* 温度之间因非均匀冷却发生的推力开裂是对立的，即使在 *Ms* 和 *Mf* 温度之间两种开裂都发生了。图1-68提供了压应力开裂和拉应力开裂的实例。

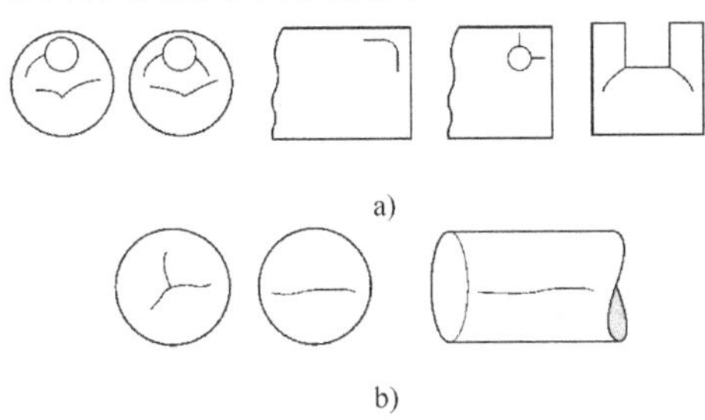

图1-68 压力开裂和拉力开裂的实例

a）淬火产生的拉应力裂纹 b）淬火产生的压应力裂纹

应力集中点通常是发生开裂的必要条件。应力的产生有两种类型，一种是几何缺口，另一种是材料中的缺口。前者包括切削加工痕迹、尖角和截面厚度急剧变化的地方。后者包括晶粒之间的效应、碳化物偏析和杂质的聚集 。

虽然希望消除一切应力集中，使淬火处理没有任何开裂的可能性，但这在大多数情况下是不可能的。所以，必须研究尽量减小潜在的淬火开裂的方法。Polyakov 建议对形状复杂的零件实行浸淬，以确定潜在开裂倾向的最小化和最大化条件（图1-69）。Polyakov 的淬火规则包括 ：

1）当工件浸入淬火冷却介质时，发生应力集中的边缘（P_{SC}）在工件的整个长度上同时接触淬火冷却介质。这是最容易发生淬火开裂的条件。

2）在工件各部位浸入的那一刻起，应力集中的边缘慢慢地接触淬火冷却介质，淬火开裂的可能性就可极大地减小。

4. 典型淬火失效分析

（1）纵向开裂（包括纵向断裂） 这种开裂通常发生在整体淬硬的工件上，并且是由于相变应力引起的。细长杆件通常对纵向开裂最敏感。纵向裂缝通常会在表面萌生，然后再沿轴向发展，形成单一的直缝，沿工件径向向内延伸。裂纹深度大于宽度，裂纹尖端终结在工件截面中心或靠近中心处。

纵向裂缝表现为沿晶断裂、表面层的粗大马氏体和心部粗大的板条状马氏体。这归因于渗碳温度过高，导致粗大的微观组织。这种微观组织不能在随后的奥氏体化过程中消除。因此，在最终淬火时，相对较高的奥氏体化温度和相对较低的淬火冷却介质温度诱发钢在相变过程中产生过大的淬火应力 。

（2）横向裂缝（包括完全断裂） 这种淬火裂纹通常发生在没有整体淬透的大截面零件上，主要由收缩应力诱导开裂。因此，淬火材料的截面或直径越大，需要的淬火冷却能力（淬冷烈度）也越大；淬火温度越高，由较大的温差引起淬火失效的可能性就越大。偶尔，淬火零件开裂或断裂甚至发生在

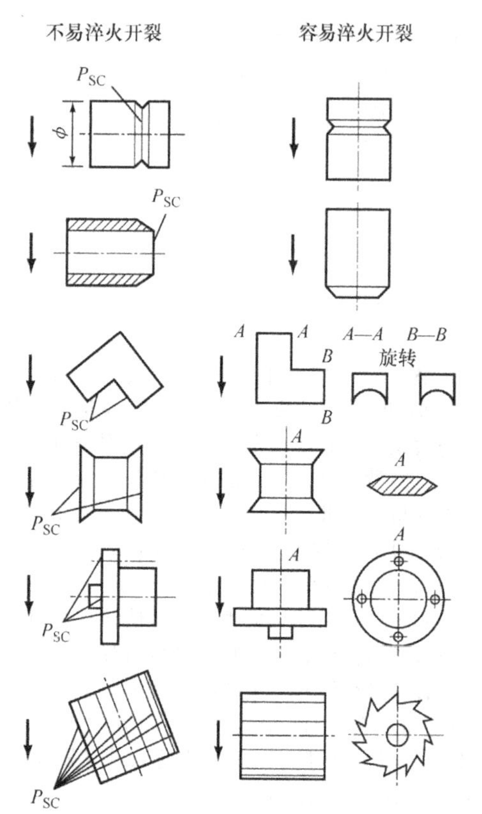

图 1-69 圆柱形零件浸入淬火剂的 Polyakov 淬火规则

注：水平虚线代表液体平面高度；垂直向下的箭头代表工件的浸入方向。P_{SC}代表淬火应力集中的边缘。

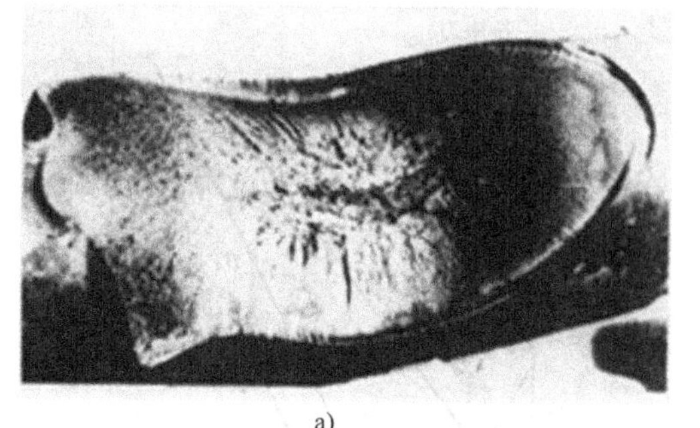

a)

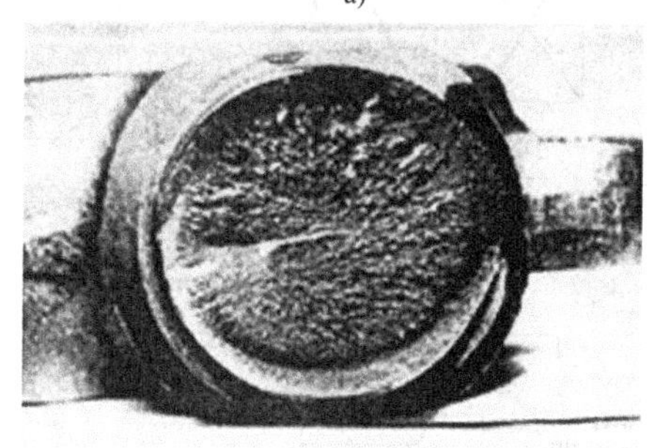

b)

图 1-70 轧辊和汽车零件淬火失效时的心部冶金缺陷

a) 轧辊 b) 汽车零部件

没有相变的时候，但这种现象仅仅发生在有很大的收缩应力时。此外，这种类型的淬火失效对淬火件心部的冶金缺陷特别敏感。图 1-70 所示为轧辊和汽车零件淬火失效时的心部冶金缺陷。

示例 1：直径 335mm、长 812mm（13in × 32in）的 40Cr（相当于 ASTM 5140）钢制折弯机活塞淬火与回火，硬度要求为 235HBW。活塞经去氢退火后，在 850℃（1560℉）保温 3h 奥氏体化，然后油淬 40min。在淬火过程中，活塞在空气中冷却约 2h 后突然断裂。裂纹包括横向裂缝和纵向断开裂纹。失效分析显示在其心部附近有大量网状分布的非金属夹杂物，导致开裂。

示例 2：两个 9Cr2 钢制轧辊在 870℃（1600℉）奥氏体化 2～2.5h，在 120℃（250℉）的油中淬火。一个轧辊断成两截，包括纵向开裂。另一个轧辊表面有两个弧形裂纹。金相分析表明，材料的化学组成（质量分数：0.88 % C，1.78 % Cr，0.31% Si，0.24% Mn，<0.3% Ni，<0.03% S，<0.03% P）符合规范，但轧辊未经去氢退火。因为钢的淬透性良好，开裂是由于收缩应力和相变应力同时作用造成的。因此，建议油冷到 250℃（480℉）后立即进行回火。

横向淬火开裂的共同特征是开裂突然发生在冷却过程的最后阶段，具有典型的脆性特征，没有明显的塑性变形。裂纹通常垂直于淬火件的轴向。径向断裂模式证明，裂纹首先在断面中心形成，然后向外表面扩展。在材料内部，还有各种冶金缺陷。因此，是收缩应力和冶金缺陷的相互作用导致淬火开裂。

当工件不是整体淬透时，该工件就可以视为两个部分，即内部和外部，如图 1-71 所示，在淬火的最后阶段，工件内侧的体积收缩受到外部掩盖。因此，在中心形成的裂纹是由于轴向拉应力。冶金缺陷的存在促进了纵向裂缝的产生，在径向应力作用下立即被扩展。同时，内部畸变受到刚性约束，使金属的变形从塑性状态向脆性断裂转变，最终发生低应力脆性断裂。

（3）弧形裂纹（包括网状裂纹） 这种裂纹的形成通常是由于在淬火过程中的一些组合因素，例如整体快速冷却、没有整体淬透和对开裂比较敏感的设计等。一般来说，淬火件对裂纹敏感的几何因素包括通孔、盲孔、断面厚度多变、台阶锐变和冷却介质流动不畅，这些都是非均匀冷却导致复杂淬火应力的原因。图 1-68a 所示为淬火件中形成弧形裂纹的可能位置示例，并建议以减少淬火裂纹形成可能性的设计为特点。

脱肩裂纹，也称为边缘裂纹，多发生在圆盘状淬火零件的轮廓处（图 1-72）。这种开裂是由于淬

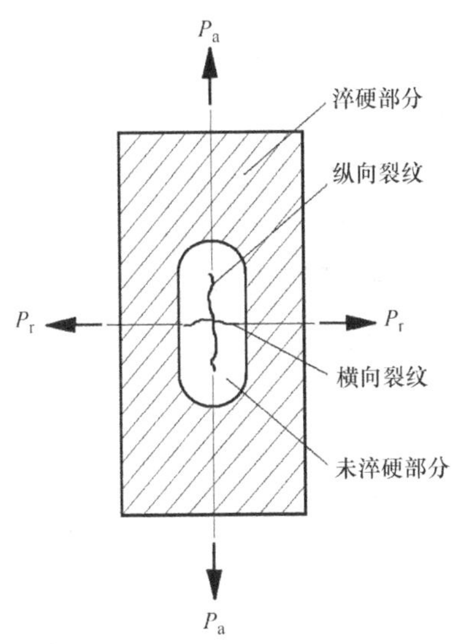

图1-71 不全部淬透大直径柱状件裂纹示意图

P_a—轴向应力 P_r—纵向应力

火件中不同部位的相变应力差异引起的。不同应力源自轮廓处的快速冷却在相变时产生较大的体积膨胀，受到零件相邻部位的约束。这种约束通常会引起切应力，源自零件严重的不均匀冷却。然而，这一问题是由于沿轮廓形成的过饱和马氏体产生的应力差异很大。

图1-72 链轮齿根部的脱肩裂纹

示例：长100mm、厚60mm（2.4in×4in）的RM-2（5Cr4W5Mo2V）热作模具钢（质量分数：0.45%C，3.60%Cr，5.05%W，1.95%Mo，1.00%V，0.20%Si，0.35%Mn，0.01%P，0.01%S，余量为铁）——一种新型的高强度钢制造的热作模具发生了淬火失效。这种钢在高温下具有优良的微观组织稳定性和良好的耐磨性，一般用于热挤压模具。该模具是在840～860℃（1540～1580℉）预热1h，在1130～1140℃（2065～2085℉）奥氏体化1h，在70～80℃（160～175℉）油淬，结果在表面产生了一条大裂纹。失效分析表明，其主要原因是粗大的铁素体晶粒和非均匀的低碳马氏体组成的显微组织，源自严重的表面脱碳和非均匀分布的碳化物和氧化物夹杂，这些提供了一条裂纹扩展的通道。

（4）其他原因 微观组织特征，如粗晶和网状碳化物的存在会导致淬火失效。图1-73显示了一个破损的17CrNiMo6钢（质量分数：0.14%～0.19%C，1.5%～1.8%Cr，1.4%～1.7%Ni，0.25%～0.35%Mo，0.15%～0.4%Si，0.4%～0.6%Mn，≤0.035%S，≤0.035%P）渗碳齿轮。由于高温渗碳的粗晶粒导致淬火失效，并且裂纹沿着晶界迅速扩展。防止渗碳大截面齿轮开裂的一种方法就是缓慢冷却到临界温度A_1以下，再重新加热到奥氏体化温度，然后淬冷。

a)

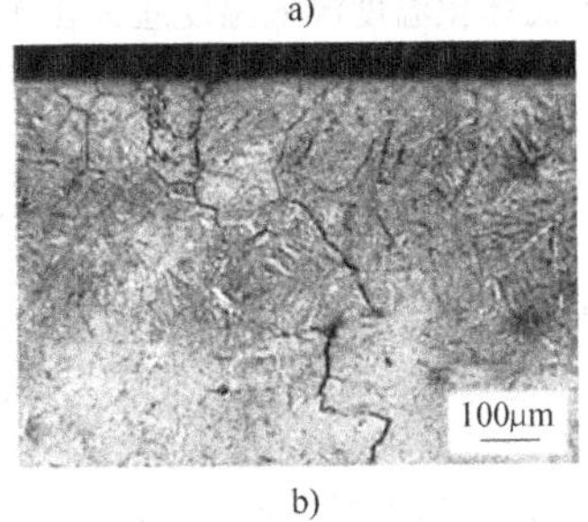

b)

图1-73 渗碳齿轮案例

a）17CrNiMo6钢渗碳齿轮

b）包含粗大晶粒和晶间裂纹的裂纹区域的典型形态

注：2%硝酸乙醇溶液侵蚀。

示例：22CrMoH钢（质量分数：0.19%～0.25%C，0.85%～1.25%Cr，0.35%～0.45Mo，0.55%～0.90%Mn，0.17%～0.37%Si，≤0.030%P，≤0.030%S，≤0.002%O）齿轮轴表面出现了纵向淬火裂纹。显微组织分析表明，齿轮轴含有严重的带状组织和相应的不均匀显微组织，两者成为淬火开裂的主要原因。此外，材料中的氢加速了裂纹扩展。

开裂问题归结为淬火应力和材料强度之间的关系。有必要了解由收缩应力和相变应力组成的复杂应力状态，这是淬火开裂的主要原因。这两种残余应力的影响并不总是很容易理解，因为它们往往取决于淬火件从表面到心部冷却和相变的均匀程度。其结果可能相差很大，原因包括淬火工件的大小、材料成分、冷却方法、淬冷温度等。因此，对于淬火失效问题，不能简单地归因于淬火冷却介质或其淬冷烈度。不同淬火冷却介质和淬火工艺过程提供了解决开裂问题的可能性，但最终的解决办法还在于设计更好的冷却方法和争取进一步改善均匀冷却。

5. 淬冷方法

零件的设计、材料选择和淬火冷却介质选择都是抑制钢铁零件淬火变形和开裂的重要因素。此外，减少畸变和消除开裂的几种常用方法包括间断淬火、加压淬火和芯轴淬火。

（1）间断淬火　间断淬火是将钢件从奥氏体化温度快速冷却到保温一定时间的那个温度，然后缓慢冷却。间断淬火的类型包括贝氏体等温淬火、马氏体分级淬火和双液淬火。淬火过程中间断的温度、在间断温度停留的时间和冷却速度因钢种和工件厚度而异。

1）马氏体分级淬火是从奥氏体化温度开始的一种间断淬火。其目的是刚好在马氏体相变温度以上使冷却延迟到整个钢件温度相等，从而使畸变、开裂和残余应力最小。图 1-74a、b 分别表示了常规淬火和马氏体分级淬火之间的差异。

马氏体分级淬火步骤包括：

① 从奥氏体化温度淬入温度通常在 *Ms* 点以上的热淬火冷却介质（油、熔盐、熔融金属或流态化颗粒床）。

② 浸没在淬火冷却介质中直到整个钢件温度均匀。

③ 以适当的速度（通常在空气中）冷却，以防止工件内外温差过大。如果冷却速度太快，由于马氏体的形成，深淬钢易于开裂。

整个工件在冷却至室温过程中，马氏体的形成相当均匀，从而避免了过大的残余应力。从分级淬火介质中取出的工件也易于完成校直或成形，因为工件还是热的。与常规淬火的工件一样，分级淬火工件以同样的方式回火（这样较好地避免了使用多少有些误导的马氏体等温淬火这个术语）。回火前的延迟时间不是那样苛刻，因为应力大大降低了。

马氏体分级淬火的优势在于表面与心部的温度梯度减小了，因为工件是淬入等温介质的，随后在空气中冷却到室温。马氏体分级淬火中产生的残余应力低于常规淬火，因为常规淬火当工件处于相对塑性的奥氏体状态时经历的温度变化最大，而且工件整个截面的最终转变和热量变化几乎同时发生。马氏体分级淬火也降低了淬火开裂的敏感性。

2）改型后的马氏体分级淬火有别于标准的马氏体分级淬火，仅仅在于淬火浴温是在 *Ms* 点以下（见图 1-74c）。较低的温度会增加淬冷烈度。这对低淬透性钢是很重要的，因为其需要更快的冷却速度，以达到足够的硬化层深度。因此，改型后的马氏体分级淬火比标准的马氏体分级淬火适用于更大成分范围的钢。

3）贝氏体等温淬火是将钢件从奥氏体化温度迅速冷却到高于 *Ms* 点的某一温度，保持此温度进行等温转变，随后空冷。工件必须冷却得足够快，以防止奥氏体分解；在淬火浴中要保持足够长的时间，

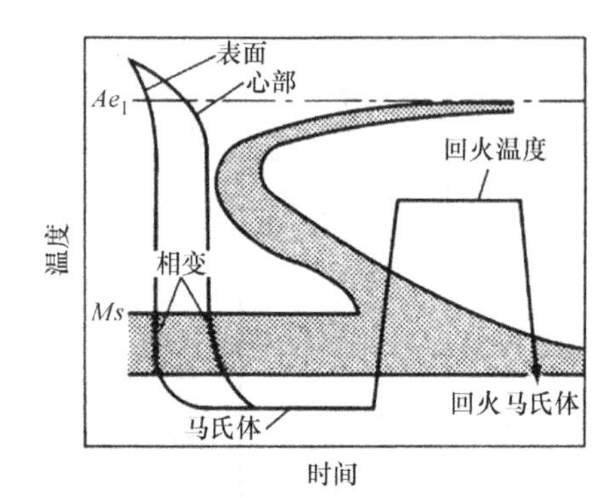

a)

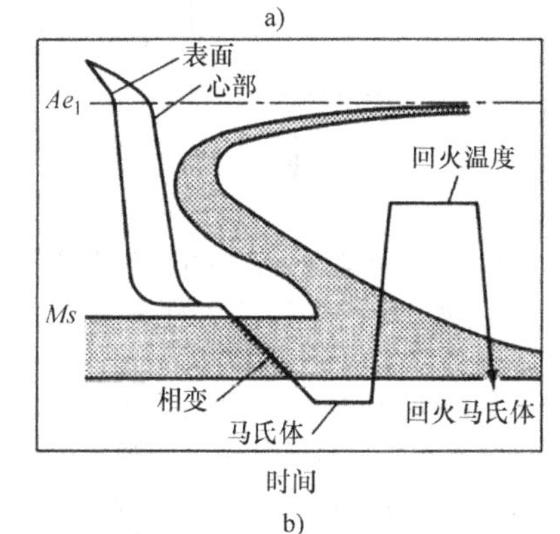

b)

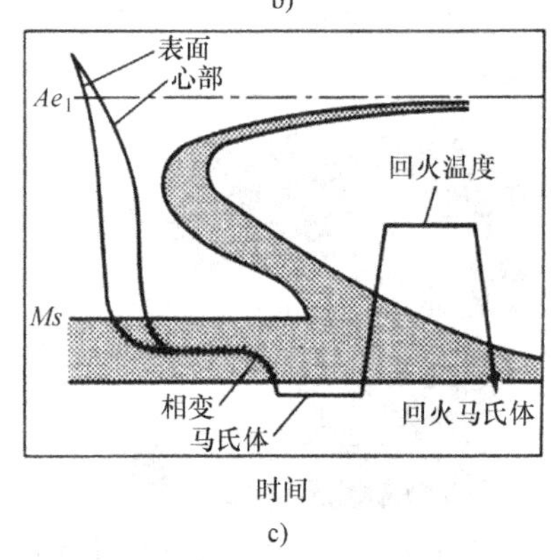

c)

图 1-74　马氏体转变范围内常规淬火、回火和分级淬火的冷却曲线

a）常规淬火和回火　b）马氏体分级淬火

c）改型后的马氏体分级淬火

以确保奥氏体完全转变为贝氏体。实际生产中等温淬火通常使用熔融盐浴。等温淬火时，工件通常可以比常规淬火和回火有较小的尺寸变化。此外，贝氏体等温淬火可减小开裂的可能性，提高延性、缺口冲击韧性和耐磨性。然而，贝氏体等温淬火受到合金成分和工件尺寸的限制。零件选择贝氏体等温淬火的重要考虑事项包括：

① 等温转变图的鼻尖位置和冷却速度。

② 在等温温度下奥氏体完全转变为贝氏体所需的时间。

③ *Ms* 温度 。

④ 可以获得完全贝氏体组织的最大截面厚度。

在贝氏体等温淬火中，低碳钢工件的厚度受到严格限制。例如1080钢，最大截面厚度只能约为5mm（0.2in）；低合金钢工件在较薄的部分通常限于约10mm（0.4in），而淬透性好的钢件厚度可达25mm（1in）。然而，厚度大于5mm的碳钢工件，当微观组织中可以容许有一些珠光体的话，也常常采用贝氏体等温淬火来生产。

4）双液淬火是在一个冷却工艺内，淬火工件的冷却速率需要突然改变而中断淬火的一种形式。通常的做法是在一种具有高的冷却能力的淬火冷却介质中降低工件的温度（例如水），直到工件冷却到低于等温转变图中鼻尖位置的温度，然后将工件转移到第二种介质（例如油、空气、惰性气体）中，以使其冷却时更加缓慢地通过马氏体转变温度范围。双液淬火经常用来减小畸变、开裂和尺寸变化。

（2）限制淬火技术　限制淬火就是限制畸变的淬火，例如，使用限形淬火夹具、加压淬火、冷模淬火、芯轴淬火等。在传统淬火中，有很多圆的平的和圆筒状工件，在淬火中，其畸变达到令人难以接受的程度。在这种情况下需要使用特殊的技术。然而，这些特殊的技术设备非常昂贵，而且生产率低下，结果导致热处理成本上升。因此，只有当最小的畸变也不能接受时才考虑使用这些技术。

1）限制淬火夹具昂贵，主要用于有高度技术限定的应用场合。代表性的例子是火箭和导弹的外壳，以及其他大型薄壁构件的淬火。

2）加压淬火和芯轴淬火　最广泛使用的专门技术是加压淬火。为了尽量减小淬火工艺造成的畸变，加压淬火和芯轴淬火模具必须既能提供适当的淬火冷却介质流量，又能保持被淬火工件的关键尺寸。在淬火时，模具或芯轴直接接触正在加热的工件，压床通过机械压力限制工件。这发生在淬火开始之前，此时工件是热的，具有塑性。然后压床和模具在可控的方式下迫使淬火冷却介质接触工件。

芯轴淬火被用来限制薄壁零件的畸变和椭圆度。在淬火过程中，接近孔直径大小的芯轴被紧紧地插入热零件内，然后返回到炉内。芯轴被磨削到接近内径的尺寸，故当这种金属件随后淬火时，孔均匀收缩至所需尺寸。芯轴淬火后，通常执行精密磨削工序。

3）冷模淬火　薄盘、细长杆和其他精密零件，传统的浸淬往往会引起变形超差，可以用冷模淬火来消除畸变。冷模淬火仅局限于表面面积大、质量小的零件，例如垫圈、小直径杆、薄刀片等工件。大型的、薄的推力垫圈必须在淬火硬化后平整，但由于下料和加工应力，其畸变相当严重。为了确保所需的平整度，垫圈从炉子出来后立即放入一对水冷模之间进行加压淬火。

（3）其他淬火方法　其他淬火方法包括局部淬火、喷雾淬火、雾冷淬火和强烈淬火。

1）局部淬火常用在工件的某些部位不希望受淬火冷却介质影响的时候。这时可以通过隔绝需要更加缓慢冷却的部位，所以淬火冷却介质只接触那些需要迅速冷却的部分。黏土涂覆法可用于局部淬火，例如，日本刀的水冷淬火。日本刀的淬火畸变和微观组织由黏土层的厚度分布所控制。厚黏土层（>0.1mm或0.04in）有隔绝效应可抑制冷却速度，而薄黏土层有加速效应，可增加冷却速度（图1-75）。局部淬火通常能有效地抑制过度变形和开裂。

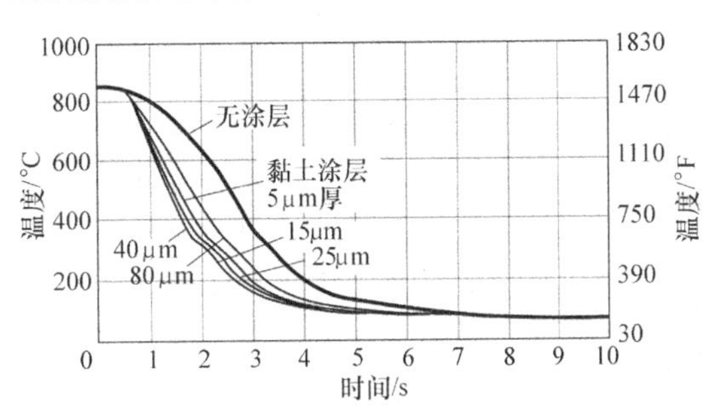

图1-75　直径10mm、长30mm（0.40in×1.20in）JIS S45C钢试样在30℃的静止水中淬火时，黏土涂层厚度对冷却曲线的影响

2）喷雾淬火是采用高压液流喷射零件的表面。喷雾淬火常用来减少畸变和开裂，因为当最佳喷射条件和喷射冷却表面选好后，它可以以高的冷却速度实现均匀淬火。冷却速度可以比较快，因为高强度淬火剂液滴喷射零件表面，可以有效散热。

3）雾冷淬火使用气体作为载体，以细雾或雾状液滴作为冷却介质。虽然类似于喷射淬火，但雾冷淬火的冷却速度较低，因其中液体含量相对较低。

4）强烈淬火在高温冷却阶段和奥氏体转变为马氏体期间都涉及强制对流热交换。强烈淬火在冷却过程中使得整个截面温度均匀。当Biot常数≥18时，冷却强度足以产生最大的表面压应力。强烈淬火的第二个标准是当最大表面压应力形成时，强烈冷却立即停止。

1.3.6　切削加工

切削加工过程中的材料去除可以造成高的残余应力水平，最终产生无法接受的畸变。当加工应力过量时，可能需要修改加工工序，包括粗加工、应力消除和精密加工。表1-40和表1-41为AISI建议的最小允许切削加工量。

表 1-40 厚板和方料的最小允许切削加工量

	厚度/mm (in)		宽度/mm(in)										
			0～13 (0～0.5)	>13～25 (>0.5～1)	>25～50 (>1～2)	>50～75 (>2～3)	>75～100 (>3～4)	>100～125 (>4～5)	>125～150 (>5～6)	>150～175 (>6～7)	>175～200 (>7～8)	>200～230 (>8～9)	>230～300 (>9～12)
热轧方棒和长方棒	0.13(0～0.5)	A	0.63(0.025)	0.63(0.025)	0.76(0.030)	0.90(0.035)	1.0(0.040)	1.0(0.045)	1.25(0.050)	1.4(0.055)	1.5(0.060)	1.5(0.060)	1.5(0.060)
		B	0.63(0.025)	0.90(0.035)	1.0(0.040)	1.25(0.050)	1.6(0.065)	2.0(0.080)	2.4(0.095)	2.6(0.105)	3.0(0.120)	3.3(0.130)	3.5(0.140)
	>13～25(>0.5～1)	A	—	1.0(0.045)	1.0(0.045)	1.25(0.050)	1.4(0.055)	1.5(0.060)	1.6(0.065)	1.8(0.070)	1.9(0.075)	1.9(0.075)	1.9(0.075)
		B	—	1.0(0.045)	1.25(0.050)	1.5(0.060)	1.9(0.075)	2.4(0.095)	2.9(0.115)	3.3(0.130)	3.8(0.150)	3.9(0.155)	3.9(0.155)
	>25～50(>1～2)	A	—	—	1.6(0.065)	1.6(0.065)	1.8(0.070)	1.8(0.070)	1.9(0.075)	2.0(0.080)	2.0(0.080)	2.4(0.095)	2.5(0.100)
		B	—	—	1.6(0.065)	1.8(0.070)	2.2(0.085)	2.7(0.105)	3.2(0.125)	3.7(0.145)	4.2(0.165)	4.3(0.170)	4.3(0.170)
	>50～75(>2～3)	A	—	—	—	2.2(0.085)	2.2(0.085)	2.2(0.085)	2.2(0.085)	2.3(0.090)	2.5(0.100)	2.5(0.100)	2.5(0.100)
		B	—	—	—	2.2(0.085)	2.5(0.100)	3.0(0.120)	3.4(0.135)	3.9(0.155)	4.3(0.170)	4.8(0.190)	4.8(0.190)
	>75～100(>3～4)	A	—	—	—	—	2.9(0.115)	2.9(0.115)	2.9(0.115)	2.9(0.115)	3.2(0.125)	3.2(0.125)	3.2(0.125)
		B	—	—	—	—	2.9(0.115)	3.2(0.125)	3.5(0.140)	4.3(0.170)	4.8(0.190)	4.8(0.190)	41.8(0.190)
冷拉方棒和长方棒	0～13(0～0.5)	A	0.60(0.025)	0.60(0.025)	0.75(0.030)	0.90(0.035)	1.0(0.040)	1.0(0.045)	—	—	—	—	—
		B	0.60(0.025)	0.90(0.035)	1.0(0.040)	1.25(0.050)	1.6(0.065)	2.0(0.080)	—	—	—	—	—
	>13～25(>0.5～1)	A	—	1.0(0.045)	1.0(0.045)	1.25(0.050)	1.4(0.055)	1.5(0.060)	—	—	—	—	—
		B	—	1.0(0.045)	1.25(0.050)	1.5(0.060)	1.9(0.075)	2.4(0.095)	—	—	—	—	—
	>25～50(>1～2)	A	—	—	1.6(0.065)	1.6(0.065)	1.8(0.070)	—	—	—	—	—	—
		B	—	—	1.6(0.065)	1.8(0.070)	2.1(0.085)	—	—	—	—	—	—

锻造方棒和长方棒	>13~25(0.5~1)	A	—	—	1.5(0.060)	1.6(0.065)	1.6(0.065)	1.9(0.075)	2.0(0.080)	2.2(0.085)	2.3(0.090)	2.5(0.100)	2.8(0.110)
		B	—	—	1.8(0.072)	2.1(0.084)	2.5(0.100)	3.0(120)	3.6(0.144)	4.2(0.168)	5.0(0.200)	5.0(0.200)	5.0(0.200)
	>25~50(>1~2)	A	—	—	2.3(0.090)	2.3(0.090)	2.3(0.090)	2.5(0.100)	2.8(0.110)	2.9(0.115)	3.2(0.125)	3.5(0.140)	3.8(0.150)
		B	—	—	2.3(0.090)	2.5(0.100)	2.7(0.108)	3.1(0.124)	3.7(0.148)	4.3(0.172)	5.0(0.200)	5.0(0.200)	5.0(0.200)
	>50~75(>2~3)	A	—	—	—	3.0(0.120)	3.0(0.120)	3.2(0.125)	3.3(0.130)	3.4(0.135)	3.8(0.150)	4.0(0.160)	4.4(0.175)
		B	—	—	—	3.0(0.120)	3.4(0.136)	3.5(0.140)	3.7(0.148)	4.3(0.172)	5.0(0.200)	5.0(0.200)	5.0(0.200)
	>75~100(>3~4)	A	—	—	—	—	3.8(0.150)	3.8(0.150)	4.0(0.160)	4.6(0.180)	5.0(0.200)	5.3(0.210)	5.7(0.225)
		B	—	—	—	—	3.8(0.150)	3.8(0.150)	4.0(0.160)	4.6(0.180)	5.0(0.200)	5.3(0.210)	5.7(0.225)
	>100~125(>4~5)	A	—	—	—	—	—	4.6(0.180)	4.6(0.180)	4.8(0.190)	5.3(0.210)	5.7(0.225)	6.3(0.250)
		B	—	—	—	—	—	4.6(0.180)	4.6(0.180)	4.8(0.190)	5.3(0.210)	5.7(0.225)	6.3(0.250)
	>125~150(>5~6)	A	—	—	—	—	—	—	5.3(0.210)	5.7(0.225)	5.7(0.225)	6.3(0.250)	6.3(0.250)
		B	—	—	—	—	—	—	5.3(0.210)	5.7(0.225)	5.7(0.225)	6.3(0.250)	6.3(0.250)
	>150~175(>6~7)	A	—	—	—	—	—	—	—	6.3(0.250)	6.3(0.250)	6.3(0.250)	6.3(0.250)
		B	—	—	—	—	—	—	—	6.3(0.250)	6.3(0.250)	6.3(0.250)	6.3(0.250)

注：每边的最小允许切削加工量是指热处理前的。A 指每边的厚度方向，B 指每边的宽度方向。

表 1-41 圆棒材、六方棒材和八角棒材热处理前的最小允许切削加工量

[单位：mm(in)]

订货尺寸	热轧	锻造	圆棒（粗车）	冷拉
≤13(0.5)	0.4(0.016)	—	—	0.4(0.016)
>13~25(>0.5~1)	0.8(0.0311)	—	—	0.8(0.031)
>25~50(>1-2)	1.2(0.048)	1.8(0.072)	—	1.2(0.048)
>50~75(>2~3)	1.6(0.063)	2.4(0.094)	0.5(0.020)	1.6(0.063)
>75~100(>3~4)	2.2(0.088)	2.5(0.120)	0.6(0.024)	2.2(0.088)
>100~125(>4~5)	2.8(0.112)	3.5(0.145)	0.75(0.032)	—
>125~150(>5~6)	3.8(0.150)	4.3(0.170)	1.0(0.040)	—
>150~400(>6~8)	5.0(0.200)	5.0(0.200)	1.2(0.048)	—
>400~250(>8~10)	5.0(0.200)	1.8(0.072)	—	—

工件热处理前的切削加工表面缺陷是应力产生的根源，切削加工留下的沟槽会引起开裂，如图 1-76所示。图 1-77 所示为 AISI S7 工具钢冲头的淬火裂纹。冲头有粗加工痕迹，这是淬火开裂的常见原因。由于相对较大的截面尺寸，冲头采用油淬至 540℃（1005℉），然后空冷。在开裂表面上观察到回火色。图 1-78 显示了冷冲压标记也能导致淬火开裂。此时，该 AISI S7 工具钢模具是空冷淬火的，但未回火。如果对开裂敏感的工件淬火后不立刻回火，也可能导致开裂。

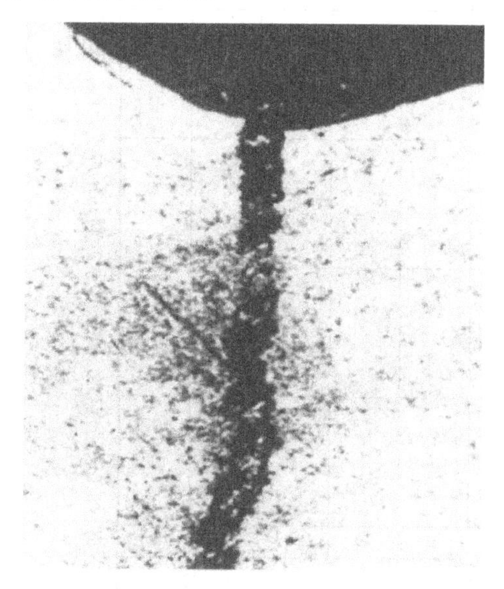

图 1-76 AISI 4140 合金钢调质后由回火马氏体组成的微观结构，淬火裂纹起始于切削加工沟槽

注：100×，2%硝酸乙醇溶液侵蚀。

图 1-77 AISI S7 工具钢冲头，由粗加工痕迹引发裂纹

图 1-78 AISI S7 工具钢模具上又深又锐的冲压标记产生淬火裂纹

淬火开裂的例子还包括那些源于尺寸突变（图 1-79）、转角处的应力集中（图 1-80）、螺纹和

齿轮齿根（图 1-81）、加工刀痕（图 1-82）和轧制接缝（图 1-83 和图 1-84）等。锻造过程中的氧化皮集中会造成折叠，这些会妨碍钢本身的高温焊合而导致裂纹（图 1-85 和图 1-86）。图示的样品是先在不腐蚀的条件下观察，在侵蚀后进行金相检验以确定裂纹位置。

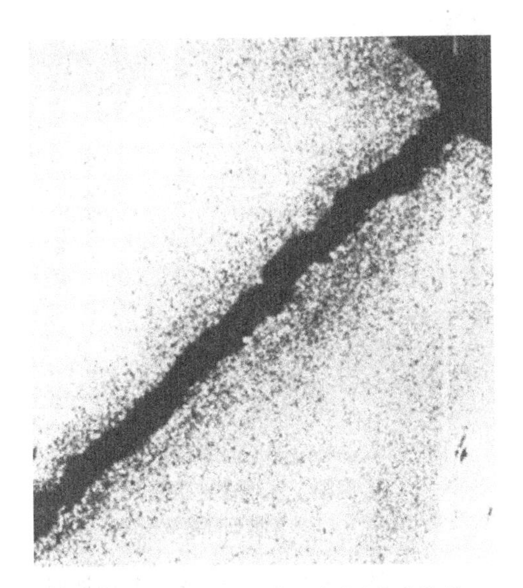

图 1-79　AISI 4140 合金钢调质后得到回火马氏体，在零件尺寸突变区产生淬火裂纹

注：90×，2% 硝酸乙醇溶液侵蚀。

图 1-80　AISI 4142 合金钢调质后得到回火马氏体，在零件圆角半径处产生淬火裂纹

注：100×，3% 硝酸乙醇溶液侵蚀。

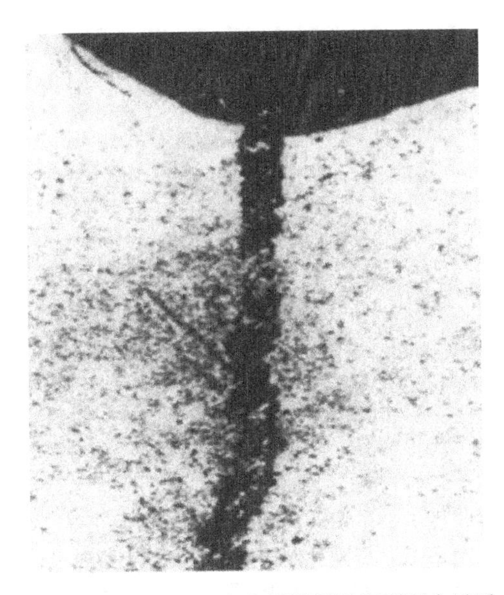

图 1-81　AISI 4140 合金钢调质后得到回火马氏体组织，在切削加工凹槽处产生淬火裂纹

注：100×，2% 硝酸乙醇溶液侵蚀。

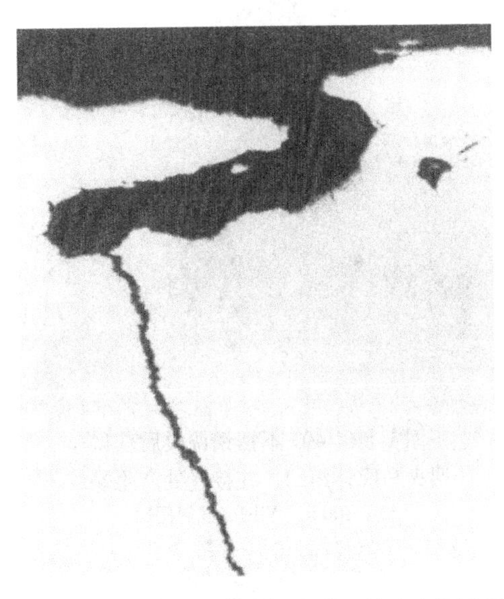

图 1-82　AISI 4118 合金钢渗碳、淬火和回火后获得回火马氏体，淬火裂纹从切削加工毛刺处开始蔓延

注：200×，不受侵蚀。

钢中可能存在多种类型的空隙，包括管状缩孔、锻造和轧制氧化皮，以及疏松。管状缩孔是铸造和冷却后形成的缺陷。它是由金属锭中最后一部分液体凝固过程中收缩形成的空腔，甚至能在轧制或锻造后仍然存在，但因为金属锭的两端是闭合的，所以直到钢棒被切开才可以看到。

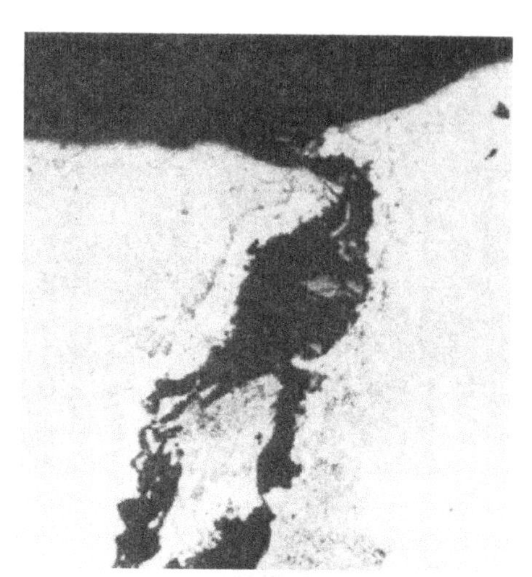

图 1-83　AISI 8630 合金钢淬火后获得马氏体，从轧制接缝处始发淬火裂纹

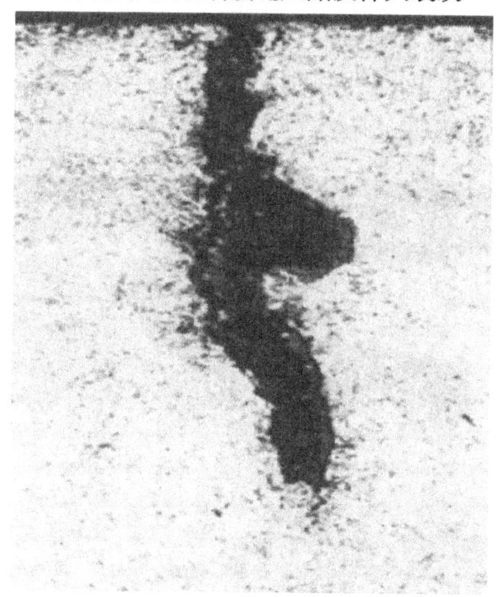

图 1-84　403 不锈钢调质后获得回火马氏体组织，在接缝处产生裂纹

注：100×，Vilella 试剂侵蚀。

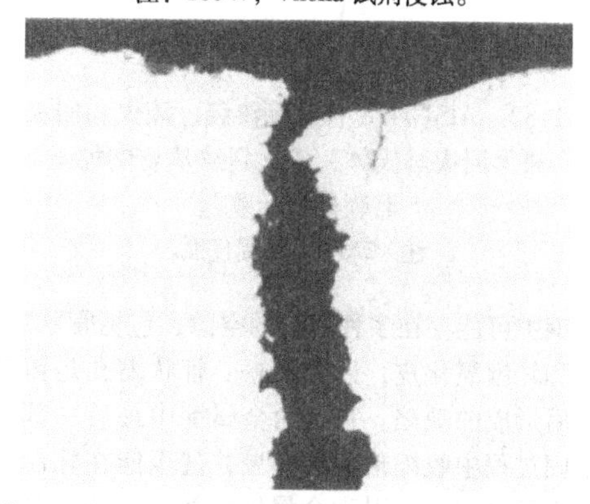

图 1-85　AISI 1030 钢锻造后直接调质获得显微组织回火马氏体，在锻造氧化皮附近发现开裂

注：100×，不受侵蚀。

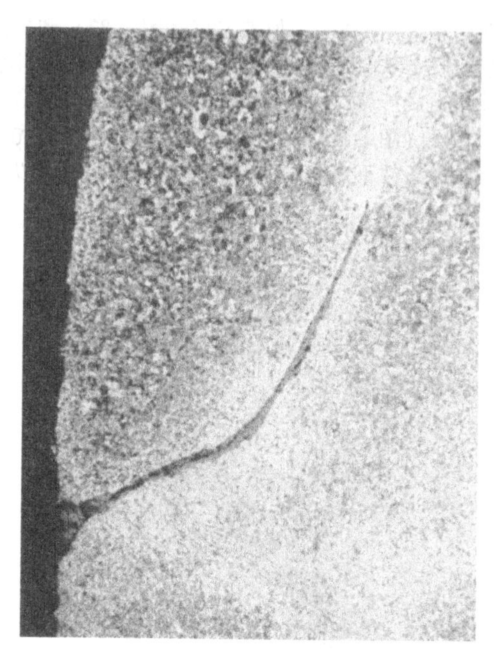

图 1-86　AISI 1045 钢锻态宏观组织形貌图，发现锻造折叠

注：27×，2%硝酸乙醇溶液侵蚀。

锻造和轧制氧化皮分别由锻造和轧制期间的不当操作而造成。很容易区分管状缩孔究竟是由锻造还是由轧制氧化皮造成的，因为其形状是圆的，与锻造和轧制氧化比较薄的裂纹外观不同。

铸钢、锻锭和热轧钢材中的疏松是金属凝固过程中被困在内部的气泡引起的，导致组织中有空洞和疏松。在热轧件中缩孔被拉长和贯穿于整个截面。这些原始缺陷会影响感应淬火工件，在表层下产生气孔而可能显示为亚表面空洞。空隙可引起加热不均匀和过热点，增加畸变和开裂倾向。图 1-87 所示为 8630 铸钢中的孔隙。

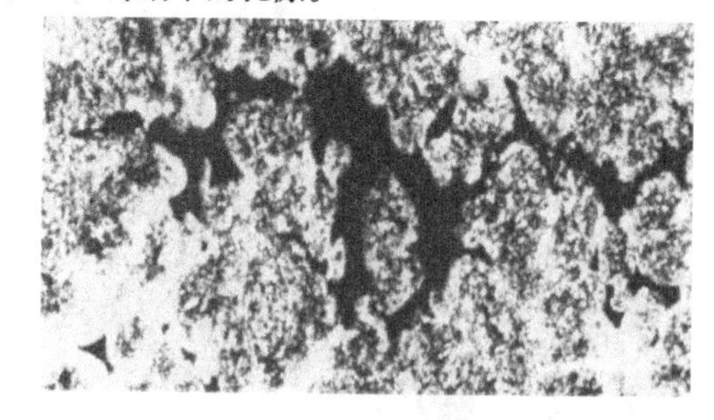

图 1-87　AISI 8630 铸钢调质后获得回火马氏体、珠光体和铁素体，显微组织内有潜在裂纹

注：90×，3%硝酸乙醇溶液侵蚀。

1.3.7　磨削

在汽车和航空航天方面应用的零件需要在渗碳

处理后磨削（磨料切削），以满足严格的公差要求。在磨削过程中可发生局部表面过热，这些区域的力学性能和残余拉应力会有所降低或改变。磨削烧伤区是工件在磨削过程中局部过热的区域。

磨削的机理如图1-88所示。磨削过程产生的热量传送到切屑（q_{chip}）、磨粒（q_s）、冷却液（q_{kss}）或工件（q_w）。如果产生的热量不充分散去，它会导致砂轮黏结破坏和钢件变形和开裂。如果表面加热到回火温度以上时，会发生热损伤。如果加热到足以使钢退火，会导致磨削烧伤。如果加热足以使钢发生重新奥氏体化，随后经磨削液淬火，在硬且脆的马氏体表层可能形成裂纹，这是严重的磨削烧伤。

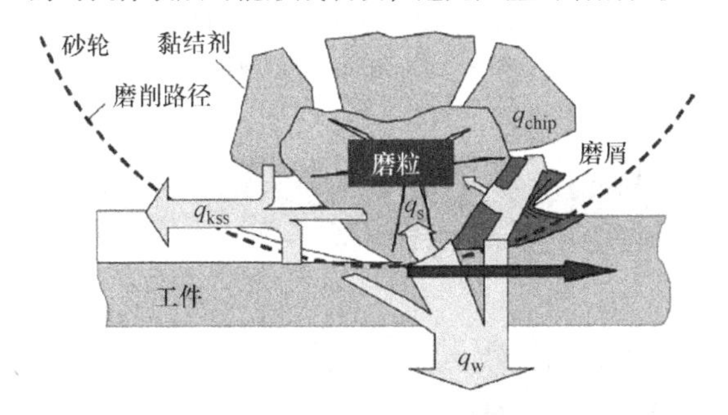

图1-88 磨削过程中的多种传热方式，工件中的热流会导致磨削烧伤

1. 磨削烧伤的分类

（1）氧化烧伤 氧化烧伤是指工件由于表面一层薄的金属氧化和冷却液的作用而变色，通常不会引起工件的任何冶金损伤。这种烧伤在磨削表面可以看到，此处温度很高。氧化烧伤的特点是表面呈蓝色的回火色。

（2）热软化 如果磨削表面温度超过工件的回火温度（过度回火），可能发生热软化。当磨削热不能从磨削表面充分转移以防引起马氏体回火时，表面温度增加，这将导致烧伤面的硬度下降和压应力也可能下降。

（3）残余拉应力 当工件的热胀系数超过其屈服应力时会发生开裂。在这些情况下靠近材料表面的是张力，从而降低疲劳寿命并导致应力腐蚀开裂抗力降低，甚至可以立即引起开裂。开裂的深度和严重程度取决于磨削温度和材料。

（4）重复淬火 当磨削温度超过 Ac_3，由于工件本体冷却，形成白亮的淬火马氏体，从而在表面生成一层薄薄的奥氏体。由于热处理，重复淬火的部分被过度回火的部分所包围，降低了硬度（图1-89）。

正确设计表层硬化过程能够获得具有晶粒细小回火马氏体的表面微观组织，而且各个零件、各个批次之间的差别最小。然而，磨削可以实现零件所需的尺寸和表面粗糙度，也能够去除热处理产生的意外冶金产物，例如网状碳化物和内氧化层。然而，令人难以接受的是，磨削也会加热表面，导致磨削烧伤，甚至开裂。图1-89所示为磨削过程中的温度分布及其对应的微观组织产物示意图。

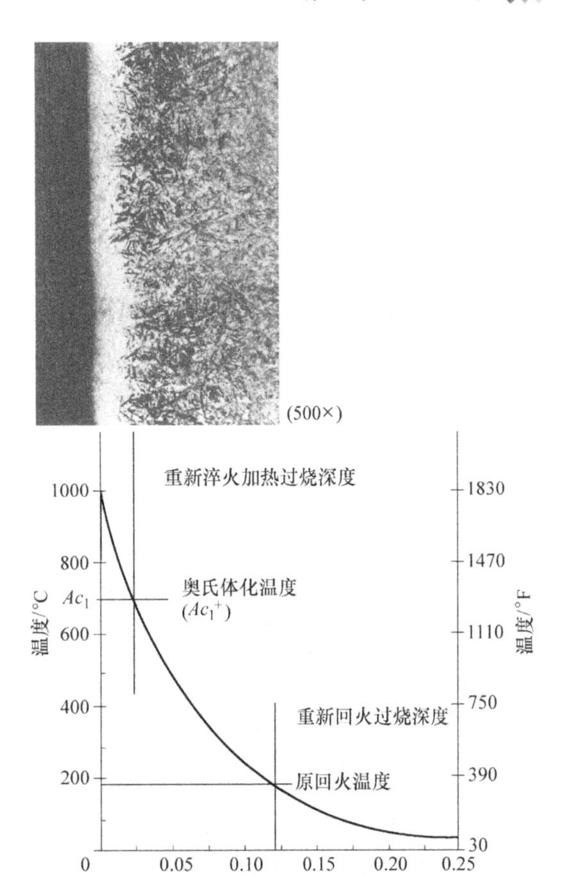

图1-89 与微观组织变化相对应的磨削表面的温度分布梯度

注：*Ac* 是缓慢加热时得到的奥氏体转变温度，若在高的加热速率下（例如在磨削中），则奥氏体转变温度会升高。

磨削裂纹（图1-90和图1-91）往往伴随着磨削烧伤。磨削裂纹通常垂直于磨削方向，与表面成直角地向内部渗透，磨削裂纹实质上渗入的深度可能比烧伤更深。

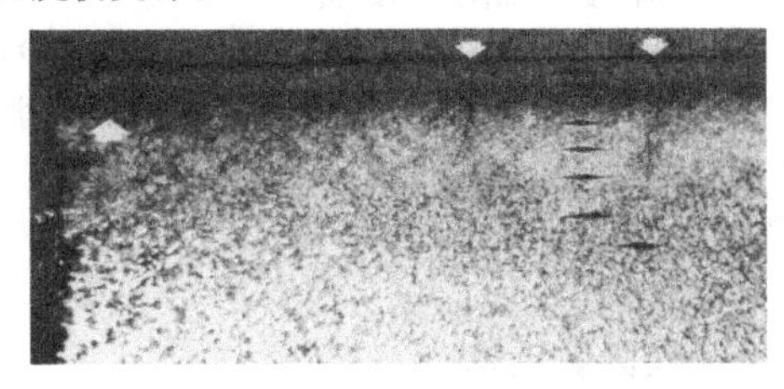

图1-90 8620钢表面硬化后的磨削裂纹微观组织

图 1-91 小型直齿轮侧面的磨削裂纹

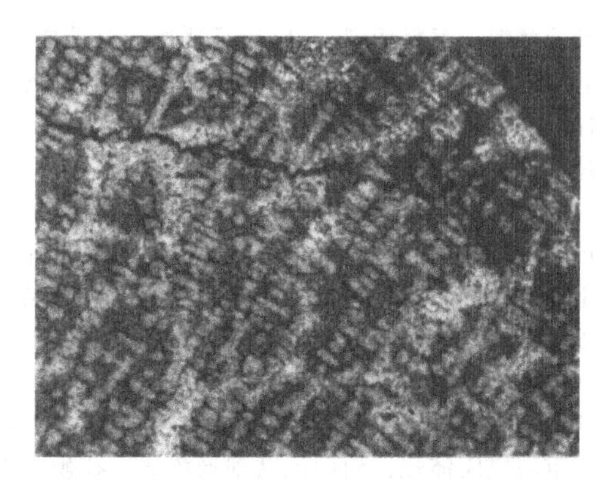

图 1-92 AISI G-3500 灰铸铁感应淬火显微组织，裂纹向淬硬层扩展

注：90×，3%硝酸乙醇溶液侵蚀。

图 1-93 过烧区重复淬火的截面显微组织（500×）

从图 1-90 中可以看出，从表面淬硬层向心部扩展（如小箭头所示）的微小裂纹，以及由磨削灼烧产生的烧伤层（左侧箭头黑色带）（注：硝酸酒精和氯化铁是适用于磨削烧伤的侵蚀剂）。

磨削砂轮的等级、砂轮转速和磨削深度都是磨削过程的重要因素。通常，先找高点，然后进行轻磨削。在湿磨时，确保冷却剂导向正确和供给充足。齿轮磨削应检查磨削烧伤、磨削裂纹和齿根部的台阶。磨削表面质量从质量好（残余压应力）到质量差（烧伤或甚至裂纹）差异很大。弯曲疲劳强度是改善还是严重受损取决于磨削表面质量。因为磨削改善了接触精度，提高了接触面的平整度，因此磨削过程的质量将影响润滑和接触疲劳强度。回火和喷丸可以用来提高磨削表面的质量。

2. 磨削裂纹潜在影响的实例

AISI G-3500 灰铸铁凸轮轴感应淬火，要求淬硬层深度为 1.5~3.8mm（0.06~0.15in），凸轮顶部硬度为 45 HRC。经过机械加工、磁粉探伤检查发现凸轮顶部开裂。化学分析表明其碳的质量分数高于规范值（3.56%，规范值为 3.10%~3.45%）。表面硬度为 52 HRC，超过要求的 45 HRC，凸轮顶部硬度是 94 HRB。显微组织检验表明奥氏体化温度过高，促使凸轮顶部表面和感应淬火层内部的残留奥氏体过量。分析认为凸轮顶部表面磨削加工应力反过来促成局部残留奥氏体转变为马氏体。磨削裂纹来自马氏体转变，如图 1-92 所示。

重复淬火烧伤区的特征是有回火层（图 1-93）。在这种情况下，重复淬火层由于马氏体体积膨胀处于压缩状态，而邻近区的回火马氏体相对处于拉应力状态。开裂可能发生在紧靠重复淬火层或者在两者界面处。

1.3.8 残留奥氏体

碳素钢的 *Ms* 和 *Mf* 温度都取决于碳含量。当 $w(C)>0.65\%$ 的碳素钢淬火时，*Mf* 温度通常低于室温（20℃或70℉），在某些情况下低于0℃（32℉）。因此，如果这些钢淬冷至室温，部分奥氏体仍未转变，即为残留奥氏体。

为了实现完全转变，钢必须在马氏体相变区淬冷并保持足够时间，让奥氏体转变为马氏体。如前所述，当 *Mf* 温度低于环境温度时，马氏体转变是不完全的，淬火态显微组织中含有残留奥氏体。在此情况下，通过直接淬入低于 *Mf* 温度的冷却液中可实现完全转变。然而，先将钢淬冷至环境温度，然后再低温冷却，让剩余的奥氏体转变为马氏体，但最终仍有一小部分残留奥氏体被保留下来。

随着碳含量增加，淬火时残留奥氏体有增加的趋势，如图 1-94 所示。这是因为 *Ms* 温度随着钢中碳含量的增加而降低。碳含量对 *Ms* 温度的影响可以用前文中的 Steven 和 Haynes 公式计算。对于 $w(C)>0.5\%$ 的钢，必须使用图 1-95 进行修正。

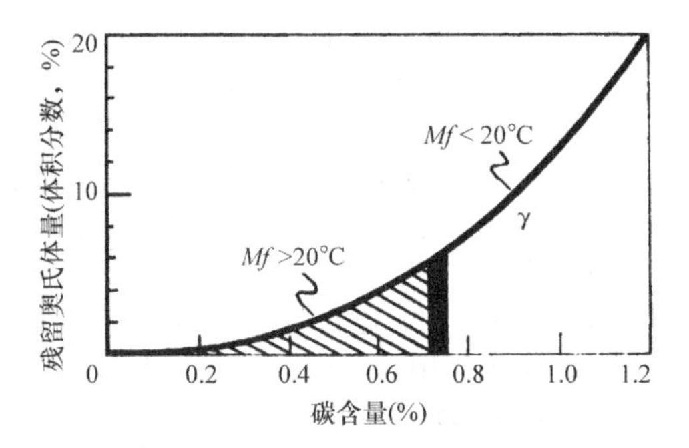

图1-94 碳含量对残留奥氏体量的影响

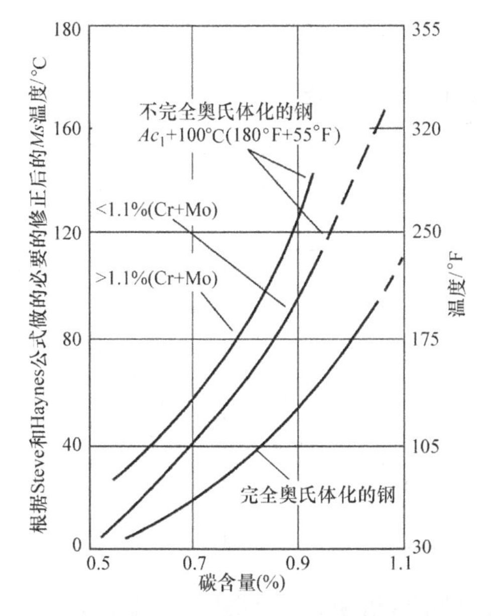

图1-95 Steven 和 Haynes 公式的修正曲线

注：虚线是 Parrish 修正；当 w(C) <0.9%，在 830℃（1530℉）保温超过 2h 会得到完全奥氏体化的组织。

通常，*Mf* 温度大约为 215℃（420℉），低于 *Ms* 温度。因此，当 *Mf* 温度比淬火冷却介质温度低时，向马氏体转变是不完全的。式（1-14）给出了未转变奥氏体体积分数与 *Ms* 和 T_q 的关系。Steven 和 Haynes 公式以及式（1-14）可用来估算钢的化学成分和淬火条件对残留奥氏体量的影响。

淬火后的残留奥氏体量不仅取决于 *Ms* 和 *Mf* 温度以及淬火条件，也取决于奥氏体化温度和时间。通常情况下，奥氏体化温度越高和时间越长，碳化物溶解量越多，因此，淬火后的残留奥氏体量越多。此外，淬火时相对于钢的临界冷却速度越慢，奥氏体稳定化程度越高，残留奥氏体量也就越多。在这些条件下，残留奥氏体的转变可能需要二次回火、深冷处理，或两者兼用。当实行两次回火时，第一次在较高的温度回火，残留奥氏体通过溶质元素析出，稳定化程度降低。第二次回火则在较低的温度，使第一次回火中由不稳定奥氏体转变的马氏体回火。

Yaso 等研究了两种高碳、高铬工模具钢 8Cr（质量分数：0.96% C，0.98% Si，0.41% Mn，7.23% Cr，0.80% Mo，0.23% V）和 12Cr（质量分数：1.4% C，0.23% Si，0.42% Mn，11.59 % Cr，1.93% Mo，0.24% V）的奥氏体化温度对残留奥氏体形成的影响。图1-96 给出了 12Cr 钢在 1050℃（1920℉）和 1150℃（2100℉）两种奥氏体化温度淬火冷却后的光学显微组织。随着奥氏体化温度的升高，极细的二次碳化物溶入基体，奥氏体晶粒粗化，当奥氏体化温度提高到超过 1100℃（2010℉）时，晶粒尺寸迅速长大。从 1150℃ 的奥氏体化温度淬冷形成的马氏体为透镜状结构，而从 1050℃ 的奥氏体化温度淬冷形成的马氏体，相对于透镜状马氏体，具有精细的板条结构。在马氏体形态上的变化，高碳、高铬钢类似于碳素钢。

图1-96 12Cr 钢分别在不同奥氏体化温度淬火冷却后的光学显微组织

a) 1050℃ b) 1150℃

注：边长为 10mm（0.4in）的立方体试样在该温度下加热 10min。此类钢的 A_1 温度大约为 800℃（1470℉），共晶温度大约为 1200℃（2190℉）。

用 X 射线衍射方法测定 12Cr 钢和 8Cr 钢中残留奥氏体量，如图 1-97 所示。从 950℃（1740℉）淬火，残留奥氏体量为 5%；从 1100℃（2010℉）淬火，残留奥氏体量增加到 30%；从 1200℃（2190℉）淬火，残留奥氏体量大约为 60%。这些数据表明，随着奥氏体化温度升高，室温下残留奥氏体变得更加稳定。

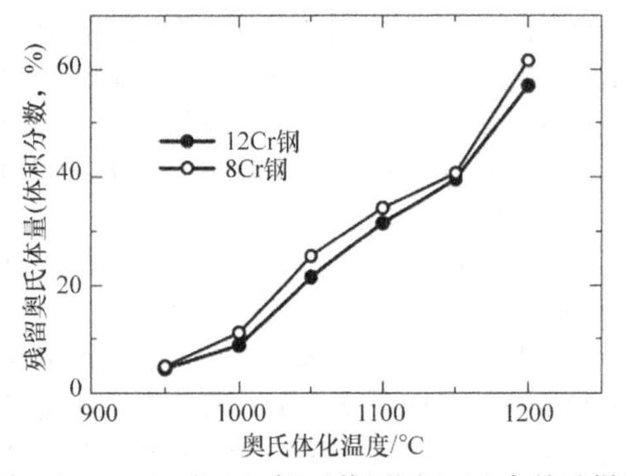

图 1-97 12Cr 和 8Cr 钢（共用图 1-96 中的试样）的奥氏体化温度对残留奥氏体量的影响

尺寸变化可以缓慢发生，也可以快速发生，这取决于淬火后形成的转变产物的体积组成。残余应力的变化、畸变和开裂的最重要因素之一是残留奥氏体的形成和转变。例如，表 1-42 中两种钢的数据说明淬火过程结束历经数天后，残留奥氏体仍然在缓慢地转变为马氏体。当尺寸控制和稳定性是热处理的主要目标之一时，这就成为一个特别重要的问题。因此，显微组织的观察和检测是任何畸变控制过程的重要组成部分。

图 1-98 表明镍铬钢显微组织中马氏体板条边界含有不同数量的残留奥氏体。残留奥氏体量取决于原始奥氏体晶粒尺寸和残留奥氏体量。

表 1-42 高碳钢淬火后在室温下尺寸随时间的变化

钢种/热处理	回火温度/℃（℉）	硬度 HRC	经过 n 天后的长度变化（% ×10^3）			
			n=7	n=30	n=90	n=365
1.1% C 工具钢/790℃（1455℉）淬火	—	66	-9.0	-18.0	-27.0	-40.0
	120（250）	65	-0.2	-0.6	-1.1	-1.9
	205（400）	63	0.0	-0.2	-0.3	-0.7
	260（500）	61.5	0.0	-0.2	-0.3	-0.3
1% C - Cr 钢/840℃（1545℉）淬火	—	64	-1.0	-4.2	-8.2	-11.0
	120（250）	65	0.3	0.5	0.7	0.6
	205（400）	62	0.0	-0.1	-0.1	-0.1
	260（500）	60	0.0	-0.1	-0.1	-0.1

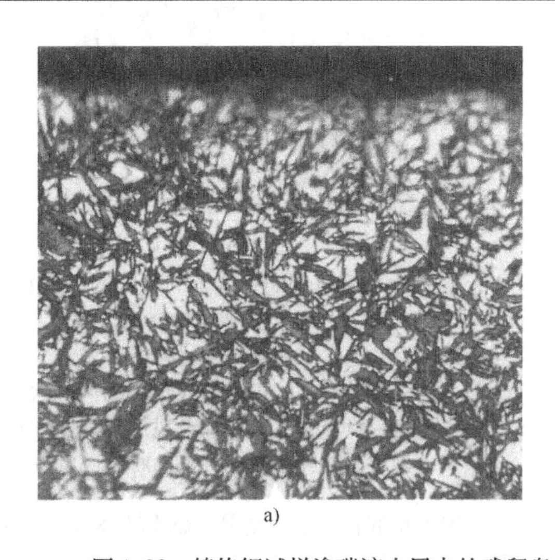
a)

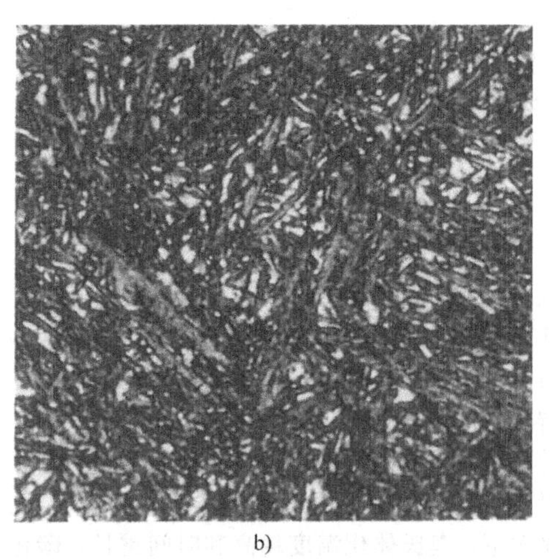
b)

图 1-98 镍铬钢试样渗碳淬火层中的残留奥氏体（白色）和马氏体（均放大 500 倍）
a）约 40%（体积分数）为残留奥氏体 b）约 15%（体积分数）为残留奥氏体

理想的残留奥氏体量取决于钢种和最终的用途。例如，齿轮通常由渗碳钢制造，表层碳含量为 0.8% ~1.0%。大量齿轮标准热处理要求残留奥氏体的体积分数为 15% ~20%。残留奥氏体的存在有助于减少磨损失效，齿轮的典型失效通常有麻点聚集，形成不规则的点蚀坑或剥落磨损。然而，工具通常是断裂失效，因而需要高的冲击强度，因此残留奥氏体量必须处于较低水平。航空航天应用通常需要将残留奥氏体量减低至4%（体积分数）以下，通常通过冷处理可达到目的。

残留奥氏体对钢性能的影响包括：

1）硬度降低，其降低量与残留奥氏体量成正比。

2）随残留奥氏体量的增加，抗拉强度和屈服强度降低。

3）与奥氏体完全转变为马氏体可以获得的结果相比，残留奥氏体使表面最大压应力降低。

4）降低强度和压应力，从而使疲劳抗力下降。

5）随残留奥氏体量的增加，耐磨性下降。

残留奥氏体量可以通过深冷处理使之转变成为马氏体而减少。另外，表面冷作方法（如喷丸和表面滚压）可用来使表面加工硬化并生成较高的压应力。

虽然残留奥氏体具有一定的有益作用，但后来转变为马氏体也伴随着局部体积增加4%～5%，以及内部应力的相应增加，这些应力足以导致畸变增加和开裂。低水平的残留奥氏体量和细小晶粒使得残留奥氏体和回火马氏体弥散分布，从而延迟萌生疲劳裂纹。

控制残留奥氏体量对马氏体钢的力学性能、尺寸稳定性和服役寿命很重要的。使用光学显微镜，已检测并评估了残留奥氏体的体积分数（>15%），并与合适的参照标准进行了比较。然而，该方法在许多应用方面还有不足，需要专业的设备和技术，如X射线衍射（XRD）方法，以精确测量低至0.5%的残留奥氏体量。ASTM E975提供了用X射线粉末衍射法定量确定残留奥氏体量的标准方法。

正确使用侵蚀剂能提高光学显微镜量化钢中残留奥氏体的准确性。Harris报道在4%～6%的硝酸乙醇溶液中加1%的苯扎氯铵（BKZ），通过改善深色的马氏体与不受侵蚀的奥氏体之间的对比度，有助于检测残留奥氏体。据称，对7%或更少的残留奥氏体，光学显微镜的检测结果能与X射线衍射结果保持高度一致。

其他研究人员还没有得到以上相同的结果。Su等人和Ma等人报道他们用光学金相定量表征的残留奥氏体含量要比X射线衍射测定的量低很多。Vander Voort利用不同侵蚀剂演示了光学显微镜量化测定SAE 8720渗碳钢残留奥氏体含量的不足之处（图1-99和图1-100）。

a)

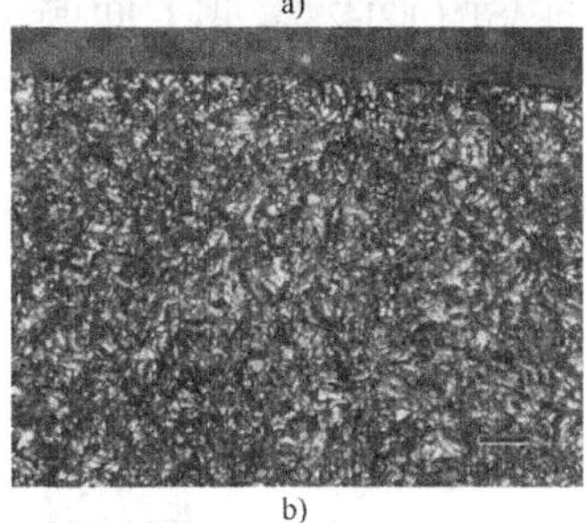

b)

图1-99 SAE 8720合金钢（质量分数：0.2%C，0.8%Mn，0.5%Cr，0.55%Ni，0.25%Mo）渗碳后的残留奥氏体量测定

a）2%硝酸乙醇溶液侵蚀 b）6%硝酸乙醇溶液和1%苯扎氯胺（一种湿润剂）侵蚀

注：用X射线检测的残留奥氏体体积分数为25.4%；X射线透入表面约0.5mm（0.02in）。图中标尺长为10μm。b图中试样用图像分析方法测得的残留奥氏体体积分数为13.3%。

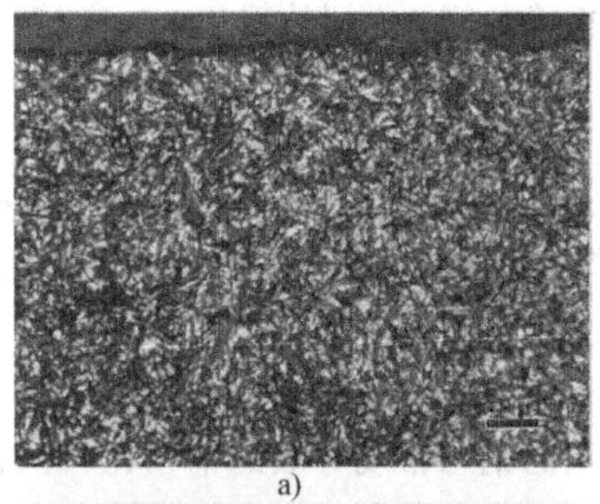

a)

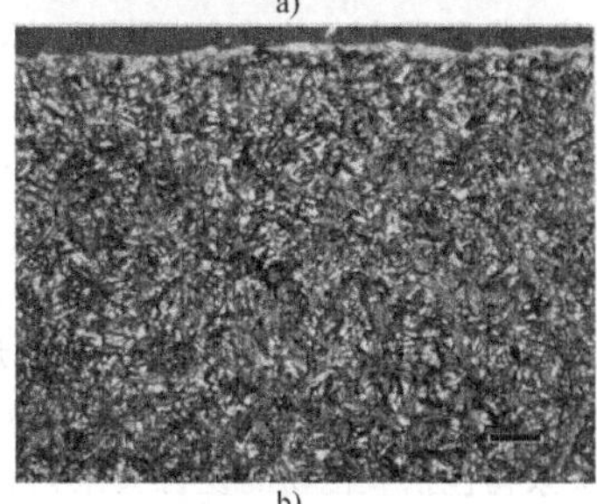

b)

图1-100 SAE 8720合金钢渗碳后的残留奥氏体量

a）Meyer－Eichholz 2号试剂侵蚀

b）10%的$Na_2S_2O_5$溶液侵蚀

注：经X射线测得残留奥氏体体积分数为25.4%，X射线透入表面约0.5mm（0.02in）。图中标尺寸长为10μm。a图中试样用图像分析法测得残留奥氏体体积分数为6.2%；b图中试样残留奥氏体体积分数为7.1%。

1.3.9 非金属夹杂物

非金属夹杂物是指存在于钢中的非金属和非金属化合物，一般是内部化学反应或外部污染的结果。通常情况下，按大小分类，>20mm 者为宏观夹杂物，1 ~ 20mm 者为微观夹杂物，<1mm 者为亚微米夹杂物 。确定钢中各个不同范围内的夹杂物大小、数量需要采用不同的分析方法。分析夹杂物的数量和类型的标准有 ASTM E45 和 ASTM E2142 等。图 1-101 所示为用于确定钢中典型夹杂物的大小范围及频率分布的方法。

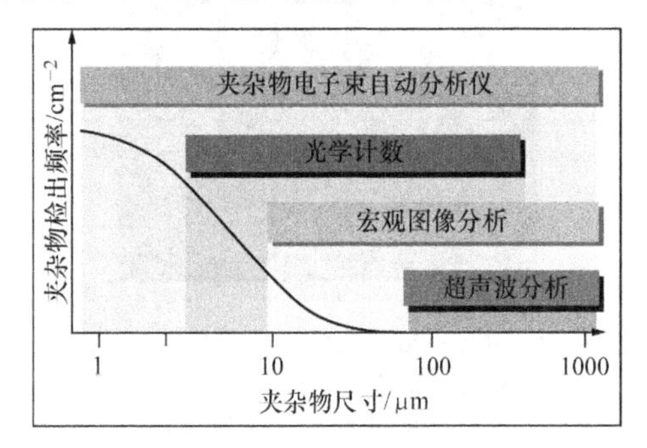

图 1-101 夹杂物尺寸测量方法和典型的频率分布图

非金属夹杂物可以使用任一能够反映光强、明场条件和图像分析软件的直立式或倒置式复合显微镜来观察和鉴别。复合光学显微镜可以显示彩色，从而提高图像各部分之间的反差。由于其对比度高，钢发亮，夹杂物发暗。就如不同类型夹杂物的灰度值（如氧化铝和硫化物）不同那样，不同类型夹杂物（如球状氧化物和硅酸盐）之间的形态学参数也不同。图 1-102 显示了使用图像分析软件观察到的不同类型的钢中非金属夹杂物。

所有钢都含有不同程度的非金属夹杂物，但清洁度等级高的钢与常规等级的钢相比，仅有极少的块状夹杂物。非金属夹杂物有外源性和本源性两种类型。外源性夹杂物发生在炼钢过程中，如颗粒状的或大块耐火材料混入钢液。这种污染物为本源性夹杂物提供了形核和生长的表面。

本源性非金属夹杂物是在钢包处理过程中由各添加元素之间的反应产物。典型的如脱氧过程产生的 Al_2O_3和 SiO_2，以及脱硫过程产生的 MnS 等。其他非金属夹杂物包括氧化物的复合夹杂物、硅酸盐、硫化物、碳化物等。其来源包括：

1）脱氧产物：主要为氧化铝夹杂。它是钢中氧气和添加铝通过脱氧反应生成的。氧化铝夹杂在高氧浓度下呈枝晶形态。

2）二次氧化物：是因铝残留在液态钢中生成的氧化物，随后被钢渣或耐火材料中的 FeO、MnO、SiO_2和其他氧化物继续氧化，或暴露于大气中而被氧化。

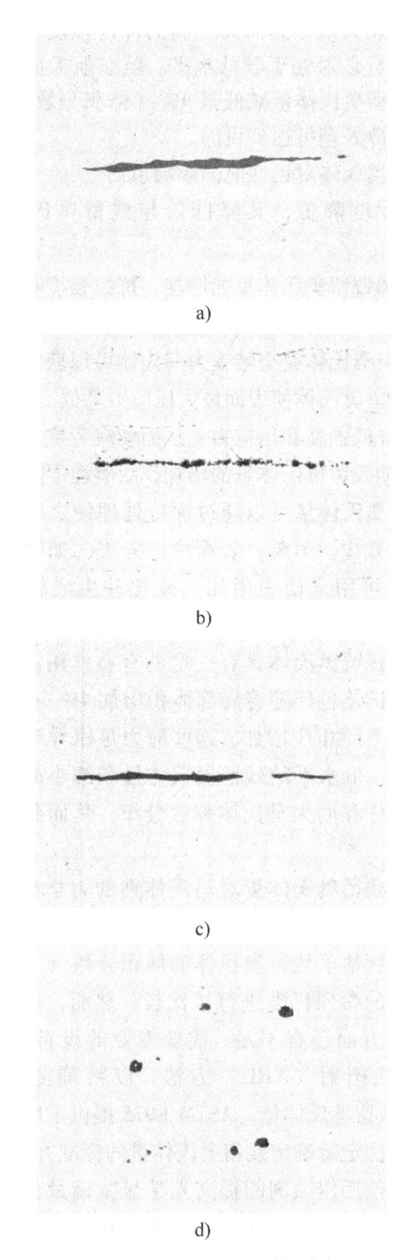

图 1-102 光学显微镜下的非金属杂物图像分析
a）硫化物 b）氧化铝 c）硅酸盐 d）球状氧化物

3）夹渣：发生在钢液在炼钢容器之间传输时，这些夹杂物通常呈球状。外源性夹杂物的其他来源还包括污垢、破碎的耐火材料和陶瓷炉衬材料等。它们作为氧化铝的非均质形核位置，可以包裹在夹杂物中心。

4）夹杂物变性化学反应产生的氧化物：例如，当用钙处理钢渣不完全时，含有 CaO 的夹杂物也可能来源于钢渣。

非金属夹杂物会影响钢材对内外应力的弹塑性响应。钢中夹杂物对力学性能和切削性能的影响取决于其类型、形状、纵横比、体积百分比和夹杂物的物理性能。冷却过程中的传热会在含夹杂物的钢基体周围产生热应力分布。由于材料性能方面的差别，尤其是在热导率和热胀系数方面，这种冷却过程中的热应力可以影响钢中夹杂物与基体的相互作用。夹杂物的存在可能导致开裂。例如，如果夹杂物足够硬和难以变形，钢中夹杂物与基体间的热应力可能足以导致钢与夹杂物相邻区域形成空洞，随着变形的进一步发展，最终可能扩展形成裂纹。

非金属夹杂物会降低钢的横向韧性和延展性，从而导致疲劳强度降低，尽管软性夹杂物比同样大小的硬性夹杂物的危害小些。如果空隙与非金属夹杂物（可能是由于热变形、成形轧制或锻造过程）结合在一起，其成为应力源的程度会增加。由于这些细微的裂纹、针孔、撕裂、裂缝、气泡和带状组织等，其变形行为会降低钢的质量。图 1-103 说明了非金属夹杂物和带状显微偏析的结合（这种现象将在本章的后面讨论）。但是，如果变形行为是由剪切机制造成的，夹杂物的应力源效应可以降低，如图1-104所示，非金属夹杂物侵蚀后呈“白蝴蝶”状。

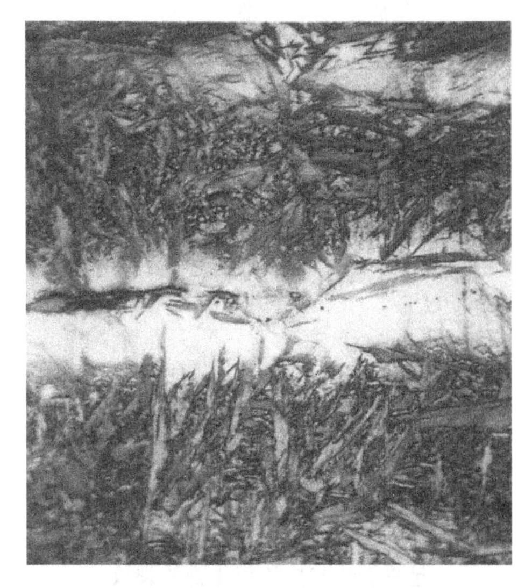

图 1-103 碳含量 1% 的合金钢中非金属夹杂物和带状分布的残留奥氏体

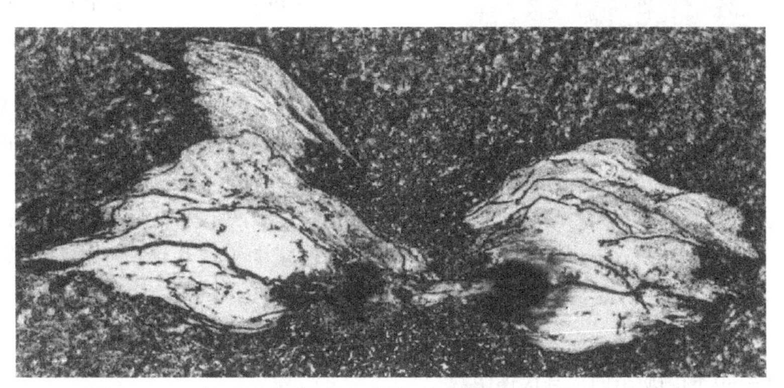

图 1-104 由于接触载荷产生的“白蝴蝶”状非金属夹杂物

注：675 ×，经侵蚀。

Volchok 和 Vilniansky 研究了钢中非金属夹杂物对疲劳裂纹形成与疲劳失效的作用，发现非金属夹杂物的形状是疲劳裂纹萌生和扩展的主导因素。锐棱形夹杂物比其他形状的夹杂物更容易萌发失效。虽然一些非金属夹杂物会加快失效，但也有报道说夹杂物有好处，特别是柔软、粒状（球形）类型的夹杂物，其好处包括铸造性能和切削性能的改善，以及拉伸延性和抗拉强度的增加。例如，据报道点状夹杂物可使低周疲劳抗力增加到 1.4 ~ 1.6 倍，高周疲劳抗力增加 1.15 ~ 1.25 倍。图 1-105 ~ 图 1-107 说明了由于夹杂物的存在而造成的钢件失效。

Masuyama 等提出了渗碳齿轮脱碳层导致疲劳失效的模型。加载前，脱碳层有硅的偏析，其晶界有铬和锰的氧化物存在。加载后，晶界和氧化物成为应力集中的地方，生成许多微裂纹，一些则结合生成较大的裂纹。虽然大部分裂纹仍在脱碳层内部，但是最危险的大裂纹延伸到齿轮更深部位而导致失效 。

内氧化也称为皮下氧化，是在钢的表面以下形成的腐蚀产物微粒。内氧化对钢的硬度、弯曲疲劳强度、残余应力和耐磨性均有害。

内氧化通常发生在某些合金成分主要是含锰、铬和硅的钢，在使用吸热式气氛在 900 ~ 950℃（1650 ~ 1740℉）渗碳过程中，氧、硫和其他气体向内扩散到氧化物夹杂处。吸热式气氛是由烃类气

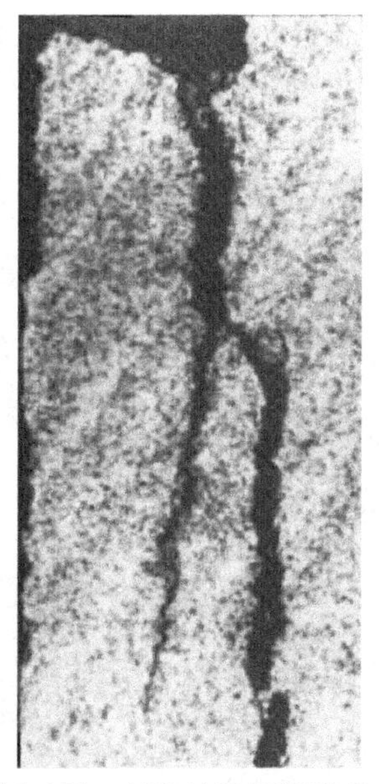

图 1-105　AISI 4150 钢调质态中起源于硅酸盐和硫化物的裂纹

注：100×，2%硝酸乙醇溶液侵蚀。

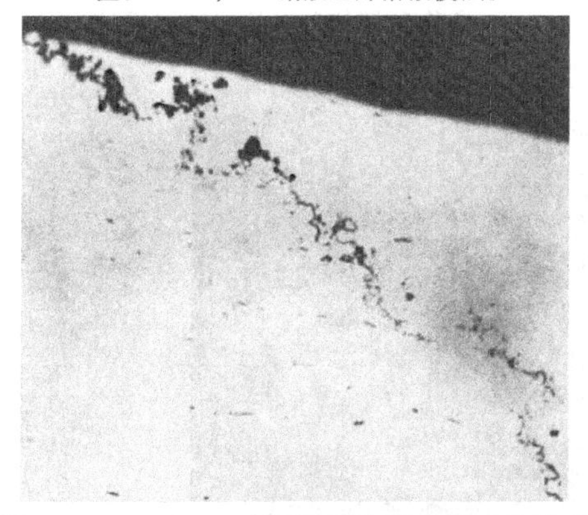

图 1-106　AISI 4140 钢调质态回火马氏体微观组织中夹杂物处产生裂纹

注：100×，未经侵蚀。

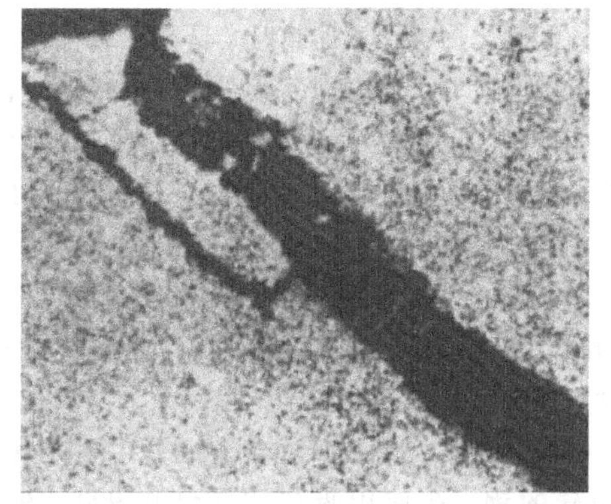

图 1-107　AISI 1140 钢调质后因为夹杂物导致裂纹的回火马氏体微观组织

注：200×，2%硝酸乙醇溶液侵蚀。

体，如天然气和液化气，通过控制燃烧产生的。内氧化所需要的氧主要来自燃烧过程的副产品，如二氧化碳和水蒸气。图 1-108 给出了吸热式气氛中各种合金元素的氧化电位。

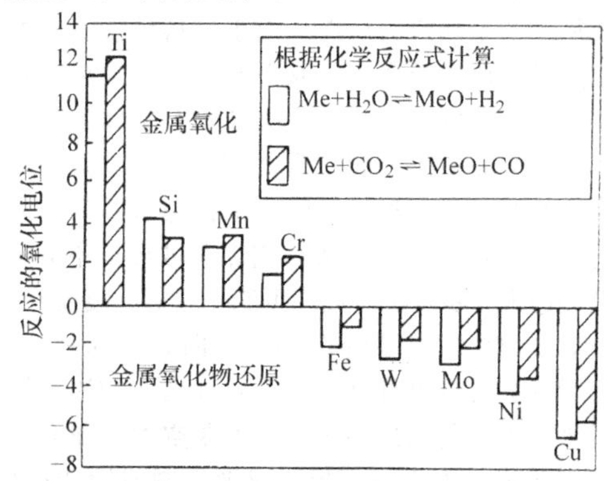

图 1-108　钢中的合金元素和铁元素在平均成分（体积分数）为 40% H_2，20% CO，1.5% CH_4，0.5% CO_2，0.28% H_2O（露点 10℃，或 50℉）和 37.72% N_2 的吸热式气氛中加热的氧化电位

Lohrmann 和 Lerche 报告的内氧化深度与铁碳合金的总氧化电位（TOP）有关，可用下式计算：

$$TOP = 4.87(\%Si) + 3.7(\%Mn) + 1.47(\%Cr) - 3.24(\%Ni) - 1.82(\%Mo)$$

使用吸热式气氛渗碳几乎不可能消除内氧化。渗碳钢中只要含有大约 0.25%（质量分数）的硅就远远超过了产生内氧化所需的硅含量。另外，硅的存在也减少了锰和铬产生内氧化的门槛值。但是，通过添加原子序数大于铁（26）的合金元素，如镍、钼等，就可以降低内氧化敏感性。

在特定的温度下，氧含量和氧气渗透深度随氧势（浓度）的增加而增加。氧的透入深度随温度和时间的增加，如图 1-109 所示。由于氧势随碳势增加而减少，故采用高碳势渗碳，内氧化现象就可以

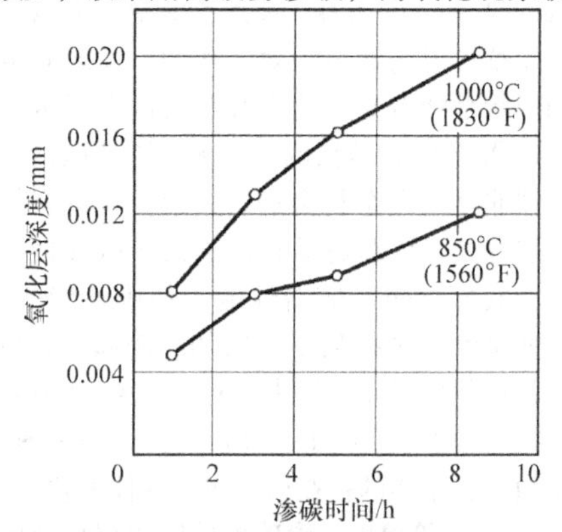

图 1-109　SAE 1015 钢在不同温度下渗碳时间对氧化层深度的影响

降低，当然，这也与用高碳势渗碳时时间较短有关。

金相观察发现两种常见的内氧化现象是近表面的球状颗粒物和在原奥氏体晶界附近的黑色相。球状颗粒物直径约为 0.5mm，出现深度约为 8 μm。它们主要发生在表面，但在晶界和亚晶界也经常发现，偶尔也在晶粒内发现。如果氧化发生在表面，晶粒直径通常为 0.5 ~ 1mm，但也可能大到 2 ~ 4mm。

在原奥氏体晶界的黑色相（内氧化）通常发生在更深部位，可达 5 ~ 25μm（图 1-110）。因此，表面晶粒的大小也会影响内氧化的程度，随着晶粒尺寸的增大，晶内氧化的可能性增加。

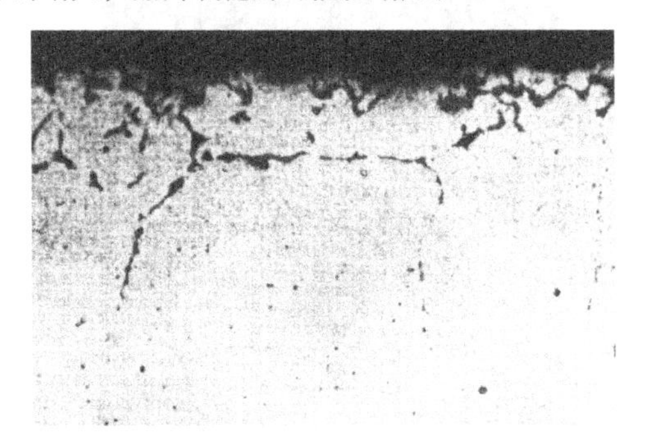

图 1-110　镍铬钢在试验炉内渗碳产生的晶界氧化物和晶内的氧化沉淀物（400 ×）

图 1-111 表示钢在气体渗碳时的内氧化现象。通常渗碳层越厚，表面的氧化就越厉害，内氧化深度也越大。内氧化的厚度通常为渗碳层深度的 5%，但也可能高达 10%。

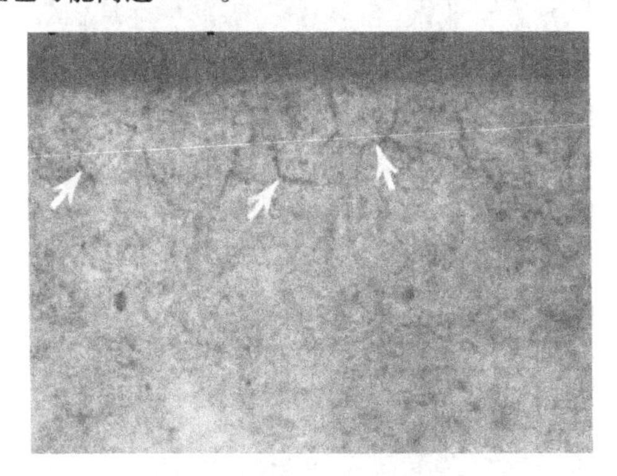

图 1-111　气体渗碳钢表面沿原晶界产生的晶间氧化物（1000 ×）

内氧化现象也受到渗碳钢表面状态的影响，一些有机杂质，如润滑油等，可能污染炉内渗碳气氛，氧化皮或腐蚀产物的存在会影响内氧化的形成及其深度。表面氧化物可以通过电解抛光、电解加工、珩磨、研磨、抛丸和喷丸等方法清理。虽然这些方法可以去除表面氧化物，但必须谨慎使用，因为它们可能带来其他负面效应，如诱导增加表面拉应力，诱导在随后二次加热过程出现脱碳和影响后续工艺过程的精确控制等风险。

表 1-43 提供了不同渗碳层深度的渗碳齿轮内氧化允许的最大深度（参阅 ISO 6336 - 5.2。相当于 ML、MQ 和 ME 级）。请注意，1 级没有规定值。经与客户协商，用喷丸恢复也是允许的。

表 1-43　不同渗碳层深度（齿部）的渗碳齿轮允许的内氧化层（HTTP）深度

（ANSI/AGMA 2001- C95）

［单位：mm（in）］

2 级	3 级	渗碳层深度
0.02(0.0008)	0.01(0.0004)	<0.7(<0.030)
0.025(0.0010)	0.02(0.0008)	0.7 ~ 1.5(0.030 ~ 0.06)
0.04(0.0016)	0.02(0.0008)	1.5 ~ 2.3(0.06 ~ 0.09)
0.05(0.0020)	0.025(0.0010)	2.3 ~ 3(0.09 ~ 0.12)
0.06(0.0024)	0.03(0.0012)	>3(>0.12)W

Shaw 等人的研究表明，对渗层厚度为 1.2mm（0.05in）的 20MnCr5 气体渗碳齿轮用喷丸和抛丸去除可能成为裂纹萌生源的 20 μm（0.08in）的内氧化层，引入足够高的压应力，弯曲疲劳强度可以大幅度地提高。疲劳强度的最大提高来自表面高的压应力，以及在亚表面中从夹杂物到表面形核裂纹萌生处内氧化晶界产生的表面压应力。因此，表层引入高的残余压应力是一种用于抑制疲劳裂纹萌生的可行方法。

Przylecka 等人的研究表明，开裂往往是一个相当复杂的过程。图 1-112 表明了伴随非马氏体转变产物的晶界氧化。内氧化同时发生在零件内部和外表面，铬和锰的氧化物通常在外表层的晶内和晶界形成；富硅氧化物通常在内部形成，并且完全分布在晶界上。

图 1-112　约 30μm 深的含非马氏体转变产物的晶界氧化物

注：200 ×，硝酸乙醇溶液侵蚀。

1.3.10 合金贫化

钢成分不均匀的另一个原因是合金贫化。和非金属夹杂物一样，合金贫化会导致更大的应力和裂纹，如图1-113所示。AISI 4100、4300和8600系列的钢特别容易发生合金贫化。

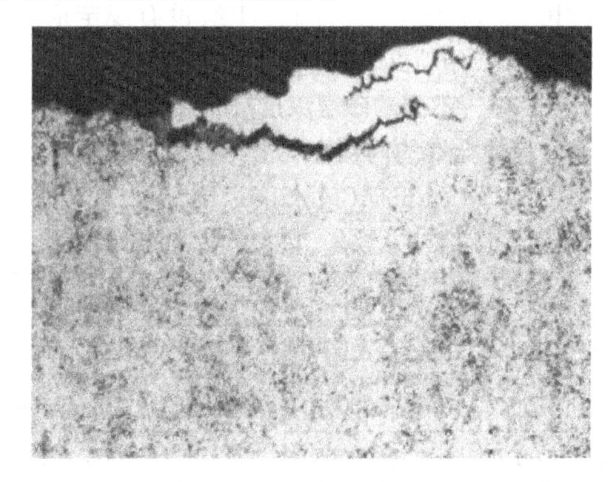

图1-113 AISI 4140钢调质后的微观组织：回火马氏体中由合金贫化产生的裂纹

注：91×，2%硝酸乙醇溶液侵蚀。

1.3.11 高温转变产物

高温转变产物（HTTP）在渗碳钢的表层，与内氧化发生在同一层内。HTTP是非马氏体组织，其中包括珠光体、上贝氏体和下贝氏体或它们的混合物。合金含量低的钢或大截面的工件淬火后在表面偏向转变为珠光体，而高合金钢或小截面的工件多形成贝氏体。但是如果冷却速度足够快，或者如果在氧化物形成区域内有足够数量的还原性元素如镍、钼等，就不会形成HTTP。

局部内氧化物的形成通过选择性氧化消耗如锰和铬等合金元素。HTTP常常比内氧化层更深，特别是在一些合金元素含量较低的钢中。HTTP的发生导致钢的硬度降低、表面压应力减小、弯曲疲劳性能和耐磨性降低。

控制HTTP的方法包括：

1）使用有足够合金元素的钢种，以便在淬火时得到全部马氏体。

2）在渗碳后期提高碳势，或向炉内添加氨气，以减少表层中的HTTP。

3）用更强烈的淬火方法来抑制HTTP的形成，但这可能引起畸变。

4）用磨削、喷砂或喷丸去除HTTP。

1.3.12 脱碳

脱碳是碳原子从工件表面的流失，其结果是在表面以下很短的距离内形成较低的碳浓度梯度。因为钢中的碳含量（碳化物）对钢的强度有重要影响，如果表面碳含量大于0.6%，表面硬度应该可以接受；当表面碳含量<0.6%，就会对钢的主要性能造成不利影响，例如，弯曲疲劳寿命可能降低50%。

脱碳层深度是指微观组织明显不同于心部的那个厚度。全脱碳层会在钢的表面形成完全的铁素体。在部分脱碳区，从表层铁素体到心部，碳含量逐渐增加。脱碳可用金相法观察（图1-114）。AISI 1018钢表面的全脱碳层如图1-114a所示，部分脱碳层如图1-114b所示。图1-115所示为一种弹簧钢的典型脱碳层。

a)

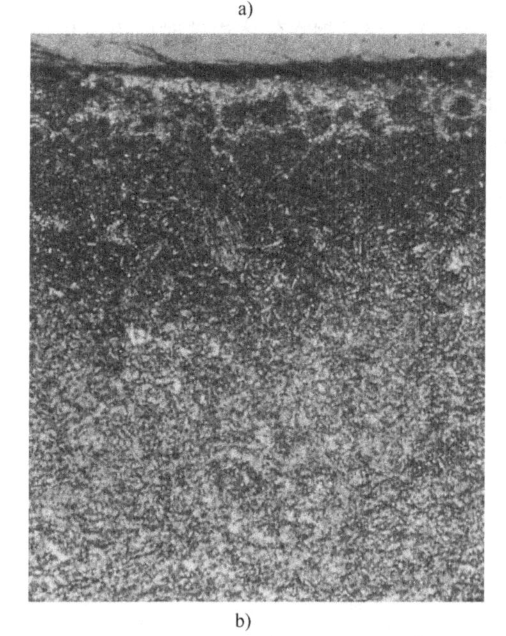

b)

图1-114 不同脱碳程度的微观照片

a）AISI 1018钢气体渗碳过程中因炉罐漏气导致的全脱碳层（500×，1%硝酸乙醇溶液侵蚀）

b）部分脱碳的试样（190×）

在与金属氧化（氧化皮）相同的条件下，碳也

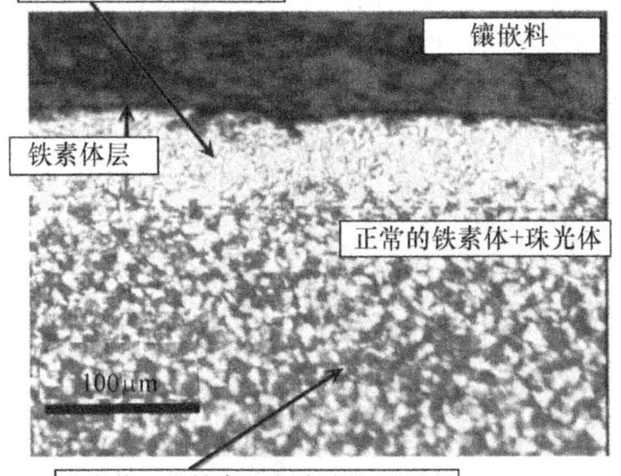

图1-115 含有铁素体脱碳层的冷拉弹簧钢丝

注：该钢材的化学成分（质量分数）为0.4%C，1.8%Si，0.3%Mn，1.05%Cr，0.25%Cu，0.55%Ni，0.07%Ti，0.07%V。当这种原材料淬火时，大部分铁素体被保留，对产品造成危害。

能被氧化。因此，尽管脱碳可以单独发生，但通常与氧化同时发生。碳在氧化过程中形成CO和CO_2。通常情况下，控制脱碳速率的最重要因素是碳在金属内的扩散速度，因为碳只有通过扩散来取代挥发消失的碳。

当温度超过700℃（1290℉）以上时，脱碳就可以发生，但通常是在温度超过910℃（1670℉）时最为严重。脱碳深度既取决于温度也取决于时间，如图1-116所示。

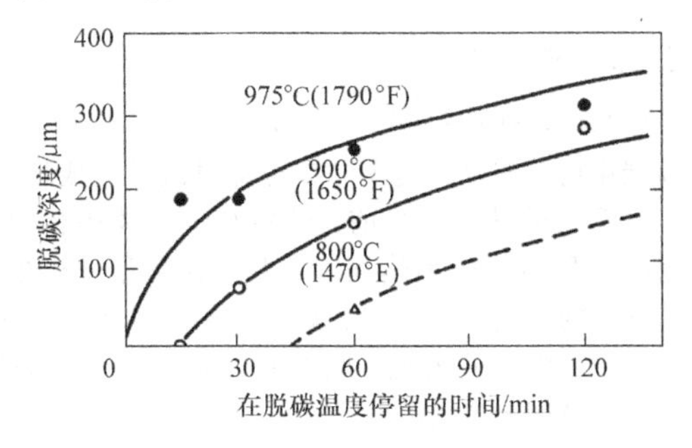

图1-116 在空气流态床中冷作钢的脱碳深度与温度和时间的关系

放热式气氛可作为保护气体用于防止脱碳、氧化和其他不良的表面反应。为了达到最佳效果，必须尽量降低露点以干燥气氛。露点和碳势（浓度）之间的关系如图1-117所示。

脱碳可以得到纠正，当然这取决于脱碳的程度。浅层或部分脱碳可用喷丸消除其影响。对于更深层次

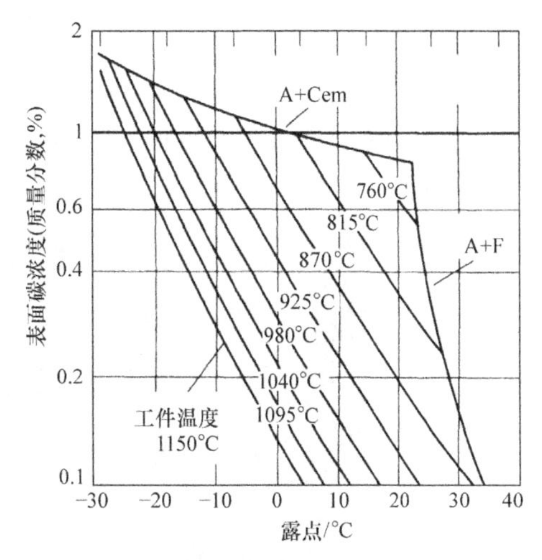

图1-117 在20%CO和40%H_2的吸热式气氛中和在不同温度下，普通碳钢碳势随露点的变化情况

的全脱碳层或部分脱碳层，可以采用复碳工艺，但它通常带来一些额外的畸变。图1-118a、b所示为脱碳弹簧钢使用复碳工艺后的金相组织。

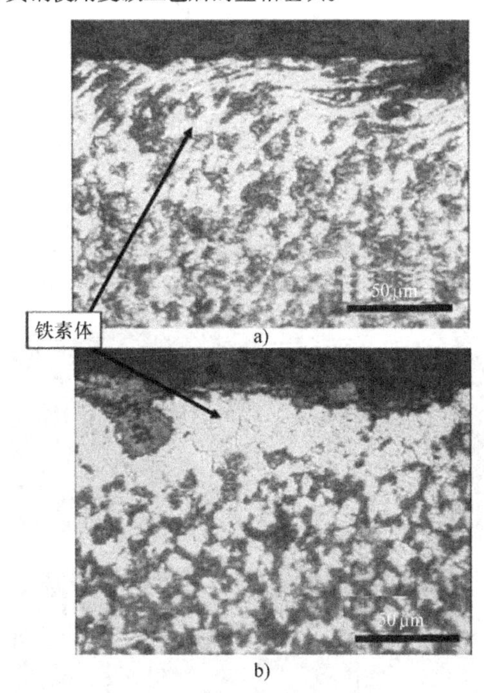

图1-118 脱碳弹簧钢使用复碳工艺后的金相组织
a）复碳层 b）脱碳层

ANSI/AGMA 2001-C95是一个脱碳标准。其中，1级没有规定限制条件；对于2级和3级，规定在表面0.13mm（0.005in）以下不得有明显的部分脱碳，未经磨削的齿根除外。另一个关于脱碳的标准是ISO6336－5.2。其中，对于MQ和ME级，因表层

0.1mm（0.004in）的脱碳而在试棒上表面硬度的降低不应超过2HRC。

据Haimbaugh报道，对于某一典型的感应加热工艺，在5s内加热到950℃（1740℉），若脱碳层深度为0.02mm（0.001in），通常是允许的。然而，对铸件、锻件、冷拉材和热轧材等，必须在再加热之前将脱碳层去除，或者进行复碳处理。图1-119a、c显示的为脱碳情况，而图1-119b显示淬火硬度从表面起随深度而增加。图1-120显示碳含量0.8%的钢正火后的脱碳情况。

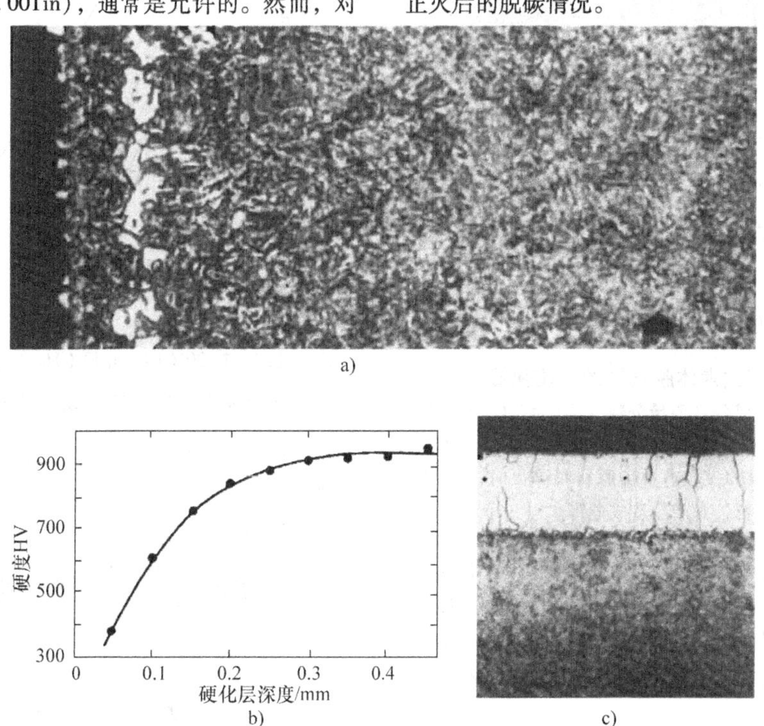

图1-119 脱碳情况1

a）过共析钢（1.2%C，0.17%Si，0.40%Mn）的脱碳层（250×，1%硝酸乙醇溶液侵蚀） b）共析钢调质后硬度随深度的变化 c）碳含量1%的钢带在淬火和回火状态下的全铁素体表层（250×，3%硝酸乙醇溶液侵蚀）

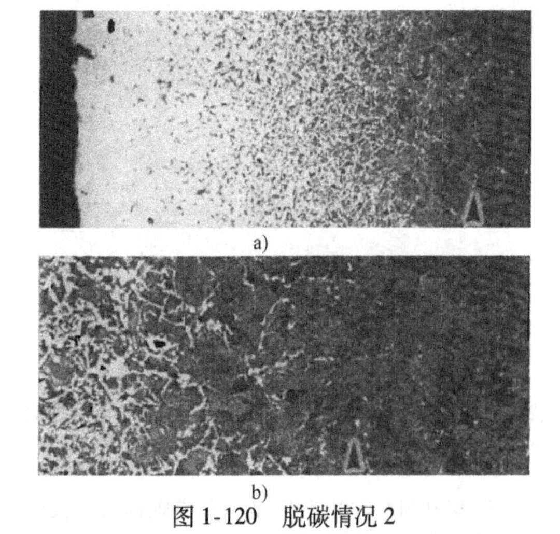

图1-120 脱碳情况2

a）碳含量0.8%的共析钢（0.78%C，0.30%Mn）脱碳形貌（50×，苦味酸乙醇溶液侵蚀） b）正常热轧试棒的截面微观形貌，箭头表明总脱碳层深度［100×，苦味酸乙醇溶液侵蚀后珠光体和铁素体（脱碳区域）均为白色）］

1.3.13 碳化物

过共析钢在加热到Ac_1以上温度后，就能形成游离碳化物。相反，奥氏体在冷却时或转变成珠光体、贝氏体或马氏体之前，碳将从奥氏体中析出。根据钢的具体成分和热处理条件，在金相分析中，游离碳化物以网状、球状、短杆状的大颗粒或以表面碳化物膜的形式出现。图1-121所示为不同碳化物的几何模型示意图。

块状碳化物（图1-122），可在等温条件下在奥氏体晶粒结合处形成。在该条件下碳化物以台阶和边缘生长机制在三个方向上形成，边缘高度远大于台阶高度，如图1-121a所示。

温度低于Ac_{cm}后，扩散到奥氏体晶界的多余的碳将析出形成薄片（图1-123）。尽管碳化物边缘和台阶的高度与产生大块碳化物的机制相似（图1-121b），但形成温度不同。这些碳化物颗粒与晶粒边界分离，形成一排，其长度等于原奥氏体晶

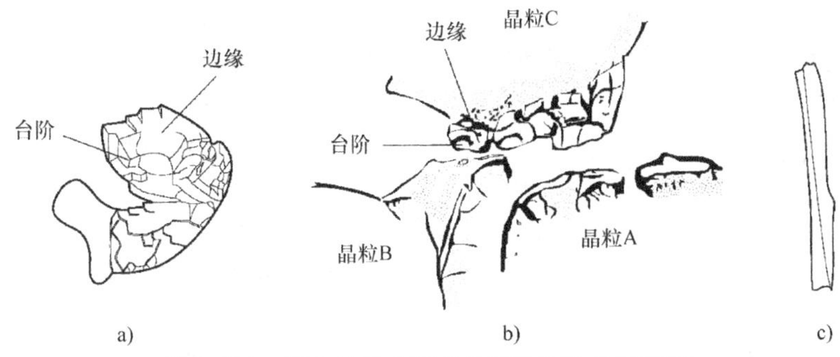

图1-121 淬火过程中形成的碳化物的几何模型

a）大块碳化物颗粒，4000× b）表层碳化物膜，2000× c）晶间碳化物，4000×

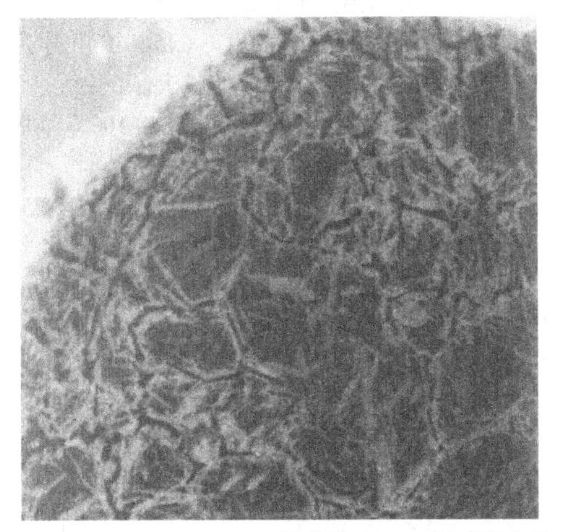

图1-122 4%Ni-C-Cr渗碳钢在Ac_{cm}温度以上渗碳过程中，表面形成的大量碳化物颗粒的微观形貌

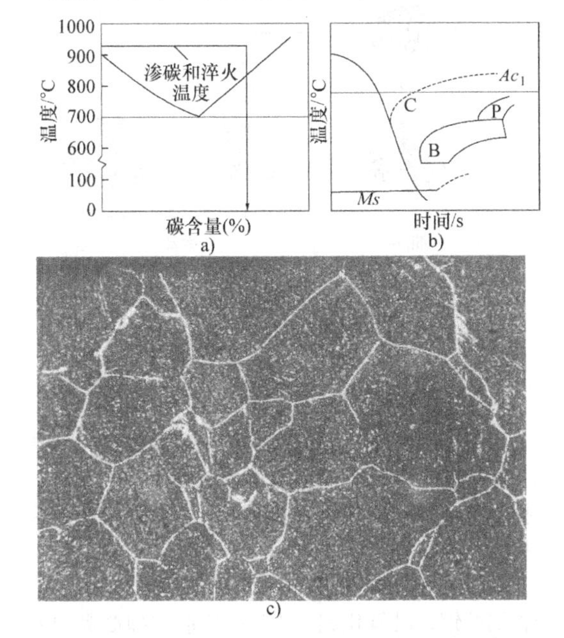

图1-123 从渗碳温度直接淬火的微观形貌示意图

a）与相图结合的示意图 b）高碳钢表面的连续冷却转变曲线

c）3%Ni-Cr渗碳钢直接淬火的微观组织（280×）

界。这些膜状碳化物形成连续的碳化物网（图1-124）。细小的晶粒可以减少碳化物在晶界的析出。高锰低合金钢更容易形成网状碳化物。晶界碳化物则在晶粒的界面上析出，以圆柱形和光滑螺旋面的模式存在（图1-121c）。

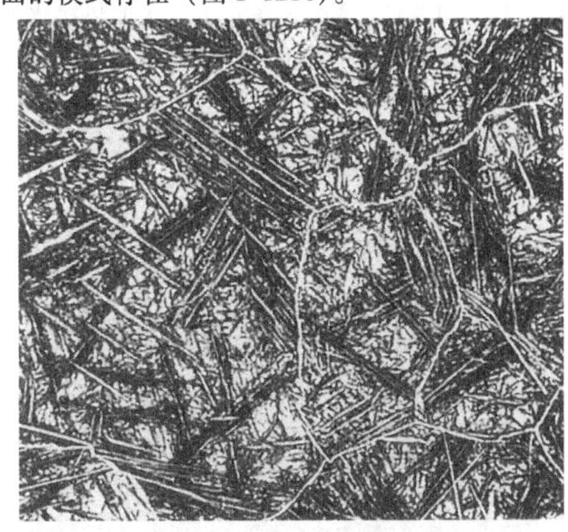

图1-124 4%Ni钢从渗碳温度缓冷后形成的碳化物（180×）

网状和分散的碳化物，虽然硬度比马氏体高，但因其含量低（通常<10%），故对宏观硬度无显著影响。含碳化物网的表面产生宏观残余拉应力，但是球状碳化物则产生宏观残余压应力。

连续的网状碳化物会降低弯曲疲劳强度，而局部碳化物网则无显著影响。在控制气氛渗碳条件下，碳化物可能在工件棱边和尖角等处集结长大。例如，尖角处的碳化物可以降低弯曲疲劳强度，当然，取决于形成的碳化物的数量和类型。在渗碳之前圆整尖角和棱边，可以消除这种影响。增加网状碳化物数量可改善高应力/低周滚动接触疲劳抗力。

在Ac_1～Ac_3之间，在渗碳气氛中缓慢加热钢件，可以形成分散的球状碳化物（图1-125）。连续或不连续的碳化物膜或片状碳化物（图1-126）容易在渗碳件表面形成。在气体渗碳中，碳化物的结构是从渗碳温度在高碳势气氛中冷却产生的结果。

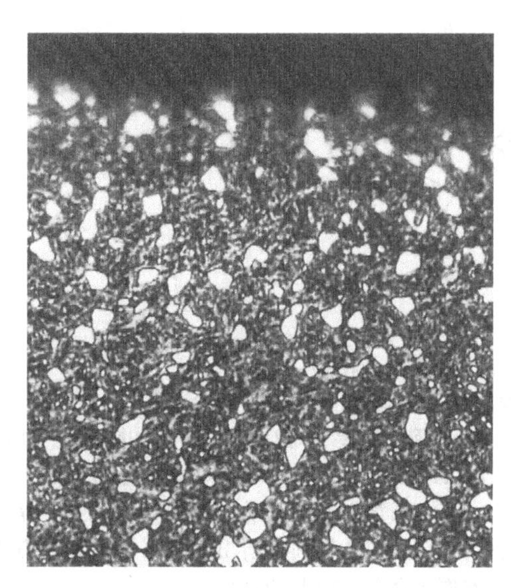

图 1-125 1% Cr – Mo 钢渗碳（二次加热淬火）表面的球状碳化物（850×）

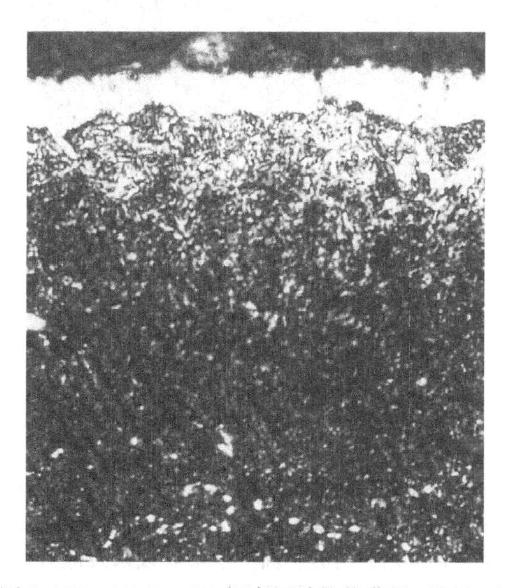

图 1-126 1% Cr – Mo 钢表面碳化物薄层（875×）

由于碳化物很硬，碳化物含量高的表面硬度值明显高于碳化物含量低的表面。超级渗碳工艺是在930℃（1705℉）和高碳势气氛下进行的，随后用亚临界退火冷却到刚好低于 Ac_1 的温度，重复这样的过程，最后再经过淬火和回火，结果可使表面碳含量达 1.8% ~3%，碳化物体积分数大于 25%。超级渗碳工件的弯曲疲劳性能较好，可提高 15%。但粗大的碳化物可致接触疲劳性能显著降低。耐磨性则一般随碳化物含量增加而提高。

分散、细小的碳化物颗粒一般没有有害影响，且在渗碳合金钢的再加热淬火中必然会形成。但如果大量的碳化物在工件最外层 0.05mm（0.002in）深处的尖角和棱边的晶界形成是不利的。在淬火过程中出现的网状碳化物对性能也是不利的。

1.3.14 显微组织特性

1. 晶粒尺寸

钢经渗碳以后，无论是在表层还是心部，钢的力学性能和强韧性不仅受到碳和合金元素含量及微观组织的影响，而且还受到晶粒大小的影响。通常情况下希望晶粒细小。平均晶粒尺寸通常是根据 ASTM E112 标准确定的，当然也可用其他标准。

图 1-127 表示温度升高对晶粒大小的影响。Vinograd 指出，当温度从 850℃（1560℉）升高到 1250℃（2280℉）时，晶粒开始长大。

1）晶粒合并发生在 Ac_3 以上 50 ~ 100℃（90 ~ 180℉）之间。

2）新的晶界和晶粒的形成在 Ac_3 以上 250 ~ 300℃（450 ~ 540℉）之间。

3）虽然晶界迁移可在任何温度下发生，但只有当温度高于 1100℃（2010℉）以上时才影响晶粒的长大。

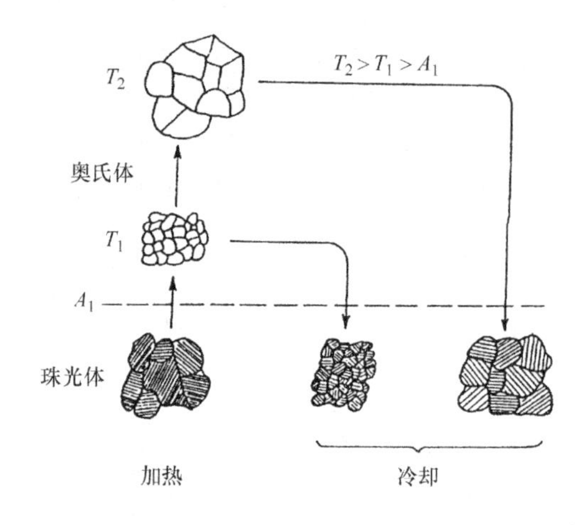

图 1-127 奥氏体化温度对共析钢正火后晶粒大小影响的示意图

如果钢件的断口表面观察到粗晶粒，往往表明热处理过程中所用奥氏体化温度过高，或没有针对具体钢种使用正确的热处理工艺。这就说明钢的许多性能是受晶粒大小影响的。

晶粒长大与钢的成分有关。含有合金元素的钢，如含铝的钢，以氮化铝（AlN）的形式抑制晶粒长大，被称为细晶粒钢。细晶粒钢表示晶粒不会轻易长大，除非奥氏体化温度很高，晶粒才迅速长大，如图 1-128 所示。含硅粗晶粒钢的晶粒通常随温度

（图1-128）升高而缓慢长大。

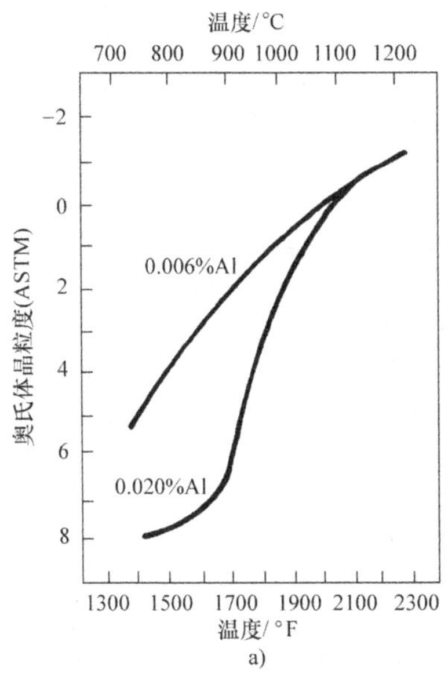

a)

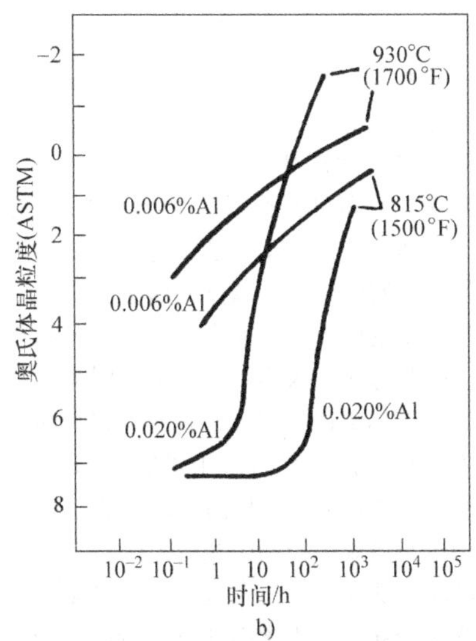

b)

图1-128 晶粒细化和非晶粒细化 AISI 1060 钢奥氏体化工艺参数和晶粒大小的关系

a）奥氏体化温度的影响，保温 2h

b）奥氏体化时间的影响

正火处理可以减小晶粒大小（晶粒细化），所谓正火就是把钢加热到其奥氏体化温度保温 10～20min，然后在空气中冷却。通常情况下，正火能够产生均匀和较小的晶粒。图1-129表示钢在晶粒细化正火前后的显微组织。

晶粒细化对低合金渗碳钢的表层和心部淬透性可能不利。不过，细晶粒一般还是作为首选。粗晶粒钢在热处理过程中发生畸变的可能性更大。奥氏体晶粒粗大，淬火后马氏体片也粗大，而且会有大量奥氏体残留。这对钢的疲劳性能和冲击强度有影响，因为粗大的马氏体片比细小的马氏体更易产生微裂纹。

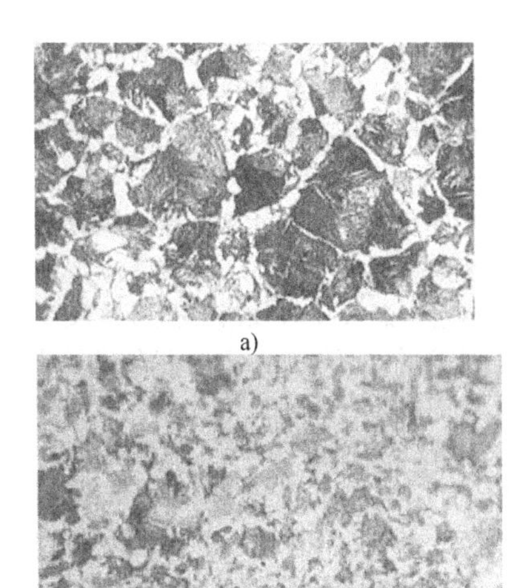

a)

b)

图1-129 钢在晶粒细化正火前后的显微组织（500×，1%硝酸乙醇溶液侵蚀）

a）AISI 1045 钢带退火后的显微组织

b）退火后再通过正火晶粒细化的显微组织

2. 微裂纹

微裂纹产生于片状马氏体的形成过程中。马氏体片长而薄时最常观察到微裂纹，在板条状马氏体中也有这种情况。当片状马氏体形成时其尖端产生的应变足以在已有马氏体片中和正在生长的马氏体片边界之间产生微裂纹。因此，微裂纹会穿过或沿着马氏体片发展。在原奥氏体晶界也观察到微裂纹，但微裂纹都局限于高碳的表层。粗大的高碳马氏体片更容易出现微裂纹。镍－铬钢中的微裂纹如图1-130所示。

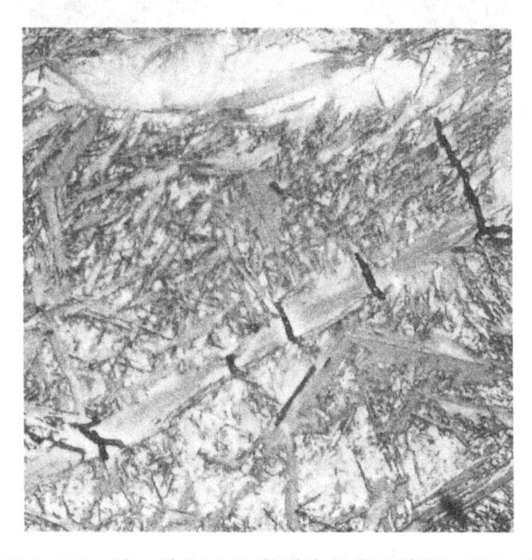

图1-130 镍－铬钢中的微裂纹和微观偏析（900×）

当钢中的碳含量在0.6%以上时，开裂倾向增加。当温度从Ac_1升高到920℃（1690℉）之间，产生裂纹的可能性随马氏体的固溶碳含量增加而升高。直接淬火使马氏体中的固溶碳保留得更多，因此，淬火方法和淬火温度都很重要。普通碳素钢和低合金钢在表面淬火过程中更易产生裂纹。然而，8620和52100钢也对裂纹比较敏感。微裂纹发生的频率和大小随晶粒增大而增加。氢的存在使开裂倾向加剧，但回火能使开裂倾向得到改善，即使在温度低至180℃（360℉）停留20min也有明显效果。

微裂纹的存在可能导致多种不同问题，它可使疲劳强度降低20%，但在这一领域的研究报告很少。同样地，相关标准也不多。ANSI/AGMA标准对1级和2级没有要求；对3级则规定在放大400倍的情况下，在0.06mm^2（0.0001in^2）内允许有10条微裂纹。

3. 显微偏析

显微偏析总是出现在如铸造等过程中。在铸钢件中显微偏析受合金元素含量和一些无法彻底去除的元素的影响。显微偏析的倾向与合金体系有关。硅、锰影响钼的显微偏析，而锰则影响硫的显微偏析。除了显微组织分析，元素分析也可以提供非常宝贵的信息来源以分析夹杂物形成的潜在原因。例如，如果锰含量不足，可能产生硫化物夹杂。一般来说，锰含量应该大约五倍于硫含量才能形成硫化锰。显微偏析敏感性从高到低的顺序：硫、铌、磷、锡、钼、铬、硅、锰和镍。图1-131所示为在一个断裂的轮齿中观察到的枝晶状显微偏析。

图1-131　一个断裂的轮齿中的枝晶状显微偏析（2×）

4. 带状组织

带状分布是钢中不同的微观组织沿轧制方向平行交替出现的一种宏观组织状态，特别是在缓慢冷却的碳素钢和合金钢中。它是由铸态残留下来的枝晶状显微偏析引起的。带状分布的主要原因是置换型合金元素（如锰、铬、钼）在凝固过程中产生的枝晶状显微偏析。在锻钢中显微偏析取决于工件锻造成形过程中经历的锻打次数，因为铸钢件的组织均匀性受钢中合金元素的扩散速率所控制。例如，铬和钼很容易均匀，而镍的均匀化过程非常缓慢。虽然偏析几乎总是存在的，但是带状显微组织的出现还与奥氏体晶粒度和奥氏体分解时的冷却条件有关。

带状分布可发生在所有钢中。对铸件进行重新加热和热轧有助于减少化学偏析。然而，与固态相变和残余凝固物有关的其他因素也会导致钢铁材料产品最终显微组织不同程度上的带状分布。

在锻件中，例如，正火与退火后的典型带状分布是由铁素体和珠光体交替出现构成的，源自正火或退火过程中冷却缓慢或冷却不足，或不够充分的奥氏体化条件。带状分布通常可用较高的奥氏体化温度和随后的快速冷却得以克服。

虽然带状分布可能不总是产生问题，但有时却至关重要。一般来说，硬度和显微组织深受偏析和带状分布的影响。富合金的区域倾向转变为马氏体或贝氏体，而贫合金的区域因冷速慢而出现较多的珠光体和铁素体。带状分布一般是不允许的，因为它影响切削加工性能。例如铝挤压模具的表面开裂面通常与带状分布的方向平行，这就归因于带状分布组织沿x、y和z轴不同的热胀系数，从而造成开裂。软点和力学性能较差也与微观偏析和带状分布组织有关，其中含有大量的粗大珠光体、粗大铁素体和铁素体集束等。

有报道分析了一种桥梁用锰钒高强度低合金钢（HSLA）ASTM A441钢的带状分布组织。这种钢的带状组织是在炼钢过程中合金元素的成分偏析导致的，使钢容易开裂。虽然现在在桥梁施工中通常已不再使用，但是过去用这种钢建造的桥梁可能会因带状组织开裂而造成问题。

图1-132～图1-134所示为合金偏析（明显的带状分布）导致钢件开裂的例子。图1-132所示为钢中回火马氏体和贝氏体的带状分布。贝氏体似乎源自钢中碳、锰的偏析，这将导致内应力增加，故在钢的表层和次表层都同时观察到了裂纹。图1-133所示为渗碳低碳钢销轴的心部显微组织，在条带状的铁素体和珠光体组织中观察到了MnS夹杂。图1-134所示为次表层开裂，像是穿晶裂纹。

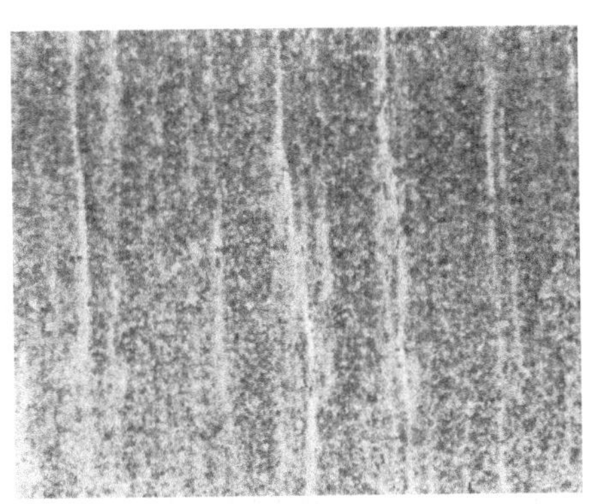

图 1-132　AISI 4140 钢调质后的回火马氏体和马氏体/贝氏体带状组织

注：50×，2% 硝酸乙醇溶液侵蚀。

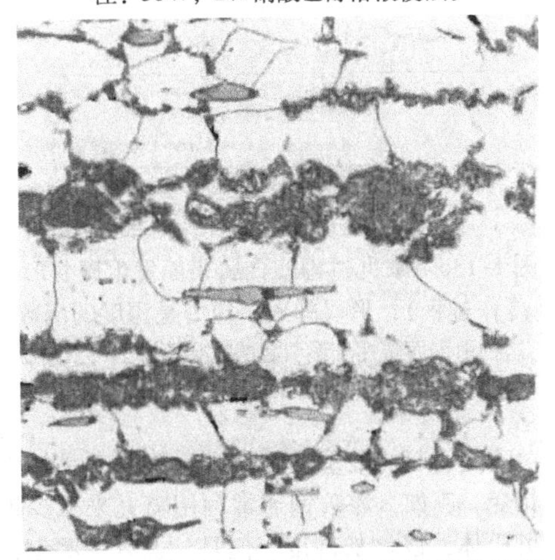

图 1-133　渗碳低碳钢销轴的心部带状组织

注：由白色铁素体和带有浅灰色 MnS 夹杂物的难以分辨的珠光体组成；200×；2% 硝酸乙醇溶液侵蚀。

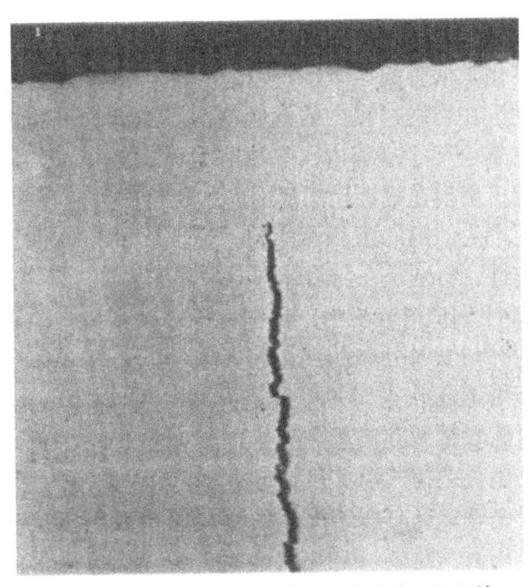

图 1-134　AISI 4140 钢调质后表面开裂

注：组织为带状分布的马氏体和回火马氏体/贝氏体；100×，2% 硝酸乙醇溶液侵蚀。

AISI 1144 钢（调整过硫含量的）销轴在感应淬火之前是要经过整体淬火的，结果造成开裂和软点。AISI 1144 钢的公称化学成分与该零件的实测化学成分见表 1-44，确认钢的化学成分在规定范围内。

未侵蚀状态下的金相检验表明钢中有许多长条状夹杂物条纹与销轴平行，呈带状分布。这是因为金属或非金属杂质被困在钢锭中，热加工时被拉长，形成与热加工方向平行的纵向夹杂物，在照片中显示为窄条纹。此外还观察到这种纵向夹杂物延伸到销轴端部表面的感应淬硬层中（图 1-135a）。和其他夹杂物一样，纵向夹杂物可能成为应力源，在淬火及在以后使用过程中都要充分加以重视。

表 1-44　AISI 1144 钢的公称化学成分和销轴的实测化学成分

	化学成分（质量分数，%）							
	C	Mn	Si	P	S	Cr	Ni	Mo	Cu
AISI 1144 钢	0.40～0.48	1.35～1.65	—	0.04	0.24～0.33	—	—	—	—
销轴	0.44	1.50	0.23	0.008	0.29	0.05	0.02	0.02	<0.01

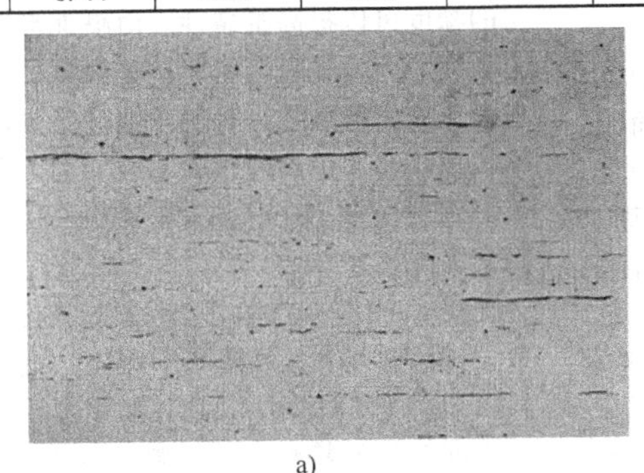

a)

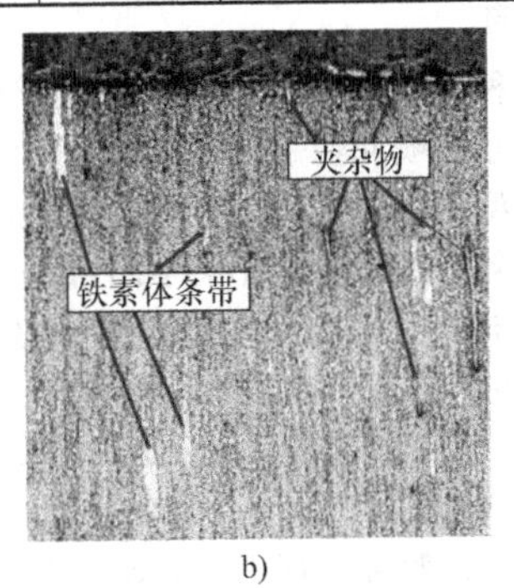

b)

图 1-135　销轴尖端部位的夹杂物

a）销轴尖端部位的条状夹杂物（100×，未侵蚀）

b）感应淬火后销轴的尖端部位有铁素体带和夹杂物（100×，3% 硝酸乙醇溶液侵蚀）

在侵蚀状态下的金相检验表明显微组织中存在许多化学偏析的区域。不可避免的合金元素化学偏析发生在炼钢过程中的钢锭凝固。如果这种情况发生在晶粒尺寸范围内，就被称为显微偏析。如果化学偏析出现在钢锭尺寸范围内，就被称为宏观偏析。由此产生的钢的组织不均匀性造成钢的整体性能不均匀性，特别是在与热轧方向垂直的方向上。在AISI 1144钢试样分析中，化学偏析以铁素体带的形式出现并与纵向分布的夹杂物合在一起。铁素体带状分布可造成软点，并可促进开裂（图1-135b）。在经过硫含量调整的钢中，纵向夹杂物仍不少见，因为这些夹杂物的形状和分布往往是难以控制的变量。

销轴端部感应淬火后的断裂模式表明在淬火应力作用下，断裂从夹杂物开始扩展，这与化学成分偏析有关。在类似个案中，AISI 1144钢销轴端部出现淬火后开裂，并伴随有软点。这些销轴在其端部感应淬火前是整体淬火的。显微组织分析表明，开裂和软点源自因严重的化学成分偏析而沿纵向呈带状分布的夹杂物，显著超过了该等级钢中正常观察到的情况。在存在淬火应力的情况下，沿纵向分布的夹杂物造成应力集中，导致裂纹萌生。

形变热处理可以改善显微偏析的分布状态和方向，在某些情况下甚至可以得到明显改善。然而，由于使钢完全均匀化需要长时间的保温，因此通常建议对于钢中的显微偏析可不进行任何处理。

显微偏析影响切削加工性。在高合金渗碳钢中，自渗碳温度的缓慢冷却过程中可能发生严重开裂。在渗碳和淬火钢中，显微偏析也能导致不受欢迎的马氏体和奥氏体区。奥氏体/马氏体型或马氏体/贝氏体型的带状分布降低抗疲劳性能，特别是当有贝氏体存在时。显微偏析也能影响工件在热处理过程中的尺寸变化和形状畸变。显微偏析和非金属夹杂物一起共同影响锻钢的横向韧性和延性。

1.3.15 喷丸

喷丸是一种冷作过程，在AMS-S-13165中叙述了其详细要求。喷丸就是一种颗粒对工件表面的撞击过程，典型的做法是在压缩空气或离心轮的带动下，使很小的球状颗粒物撞击到零件的加工表面。这些颗粒的撞击作用类似于用锤头敲击材料表面，造成钢铁表面的塑性变形和加工硬化。图1-136对比了材料在机加工后，喷丸前后残余应力的变化情况。喷丸使大量材料和许多钢制零件（包括锻模、齿轮）获得了优良性能。喷丸处理工艺的详细说明见相关参考文献。喷丸表面残余应力的分布均匀性与材料参数、几何尺寸改变以及喷丸过程中发生的其他变化有关。

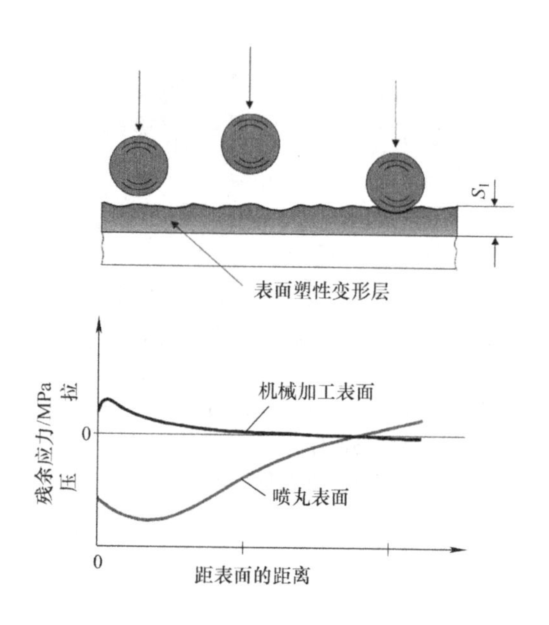

图1-136 喷丸过程使金属表面发生微变形（冷作过程），形成的残余应力是深度的函数

注：这种由表面塑性变形引起的残余压应力可减少断裂和应力腐蚀的可能性。

由喷丸引起的最重要的微观组织改变是加工硬化和相变。例如，渗碳钢通常利用喷丸来减少钢中残留奥氏体，以增加硬度。但是，也有一些钢，如AISI 304不锈钢，可通过采用喷丸使奥氏体转变为马氏体而产生加工硬化。

表面塑性变形引起的高残余压应力可减少开裂和应力腐蚀的可能性。拉应力会使材料表面延展或拉裂。相反，压应力则会使材料表面的晶粒受到挤压，因此会抑制疲劳裂纹的产生，在压应力区域里裂纹无法萌生或扩展。综上所述，增加残余压应力层的深度可以提高抗裂性。由喷丸形成的残余压应力的大小大致等于该材料抗拉强度的一半。较高的表面压应力可增强齿轮的弯曲疲劳强度，可以指数增长规律显著提高齿轮的承载能力。此外，表面疲劳、次表面裂纹扩展以及点蚀等可能性也都会降低。

表1-45综合列举了一些影响疲劳寿命的原始参数，包括喷丸中（可控和不可控）的主要参数。图1-137所示为AISI 4340钢表面残余压应力随工件表面深度变化的特性曲线。喷丸的主要参数有硬度、喷丸颗粒大小、喷丸机的气压大小、喷丸的覆盖面积以及喷丸强度。但材质及操作变量必须在测量特性曲线之前确定好。

表 1-45 影响疲劳寿命的可控和不可控的参数和喷丸参数

	可控	半可控	中间	不可控
材料状态				
硬度		X		
预应力		X		
温度			X	
工件的微观不连续性				
尺寸				X
类型				X
密度				X
来源			X	
变动倾向				X
机加工				
一致性				X
磨损				X
漂移				X
操作工				X
喷丸参数				
材质	X			
大小		X		
硬度		X		
密度		X		
速度		X		
喷距		X		
持续时间		X		
残余应力				
起始状态				X
加工后			X	
分布			X	
环境因素				
湿度				X
温度				X
大气压力				X

喷丸处理的强度可以用 Almen 试片测量。Almen 试片的变量有厚度、可变性和形状等。例如，SAE J442 规定喷丸强度越大，需要的 Almen 试片就越厚。Almen 试片厚度分 3 个等级，即 N 级、A 级和 C 级，与之相对应的厚度分别为 0.79mm、1.29mm 和 2.39mm（0.031in、0.051in 和 0.094in）。Almen 试

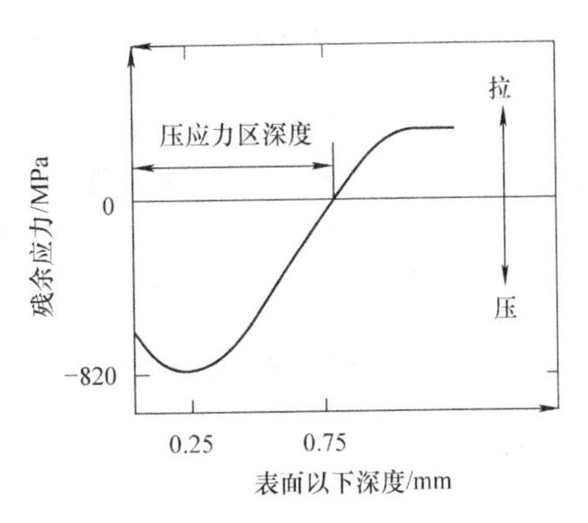

图 1-137 AISI 4340 钢件表面残余应力随喷丸处理深度变化的特性点

片所需的厚度随喷丸强度的增大而增大。

Almen 试片一般长 75.6 ~ 76.6mm（2.98 ~ 3.02in）、宽 18.85 ~ 19.05mm（0.74 ~ 0.75in），用碳素弹簧钢 SAE 1070 制成，硬度约为 45HRC。在 Almen 试片测试中，仅在试片单面进行喷丸。喷丸产生的残余压应力使得试片朝着喷丸方向弯曲。根据 Almen 试片的规定，喷丸强度可与弯曲弧度相对应（通过 Almen 量规测量）。例如，如果测得 A 级试片的弯曲弧度是 0.30mm（0.012in），那么对应的强度就是 0.012A（0.30A）。产生所需表面残余压应力的喷丸强度可以在图 1-138 中选择。

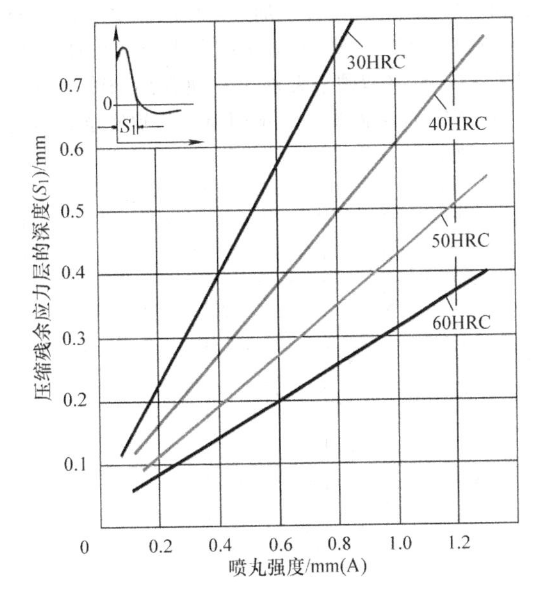

图 1-138 用于确定所需喷丸强度的喷丸强度与残余压应力层深度的关系图

前文中提到的脱碳现象经常会伴随过多残留奥氏体。由于脱碳现象不易检测，因此喷丸非常有助

于在脱碳的情况下提高材料的表面硬度和疲劳强度。如果一个齿轮本应有很高的表面硬度（例如大于58HRC），但在喷丸后出现不寻常的表面凹坑（源自喷丸前硬度不足），那么这个齿轮就可能发生过脱碳。喷丸后残留奥氏体会大大减少（见表1-46），渗碳后的SAE 5120钢喷丸后的数据表明强化层深度可达0.36mm（0.014in）。

表1-46 喷丸对残留奥氏体的影响

喷丸深度/mm（in）	残留奥氏体体积分数（%）	
	未喷丸	喷丸
0.0	5	3
0.01（0.0004）	7	4
0.02（0.0008）	14	5
0.03（0.0012）	13	6
0.04（0.0016）	14	7
0.05（0.0020）	14	7
0.06（0.0024）	15	8
0.07（0.0028）	15	9
0.10（0.0039）	15	10
0.14（0.0055）	12	10

图1-139表明16MnCr5钢经渗碳再喷丸处理后，表面残余压应力大幅度增加，硬化层深度可达2mm（0.08in），远远超过只经过渗碳而未经喷丸的材料。另外，WHSP（双硬喷丸加工）通常用来改善齿轮由于不完全淬火而未达到预期硬度的软质层。不完

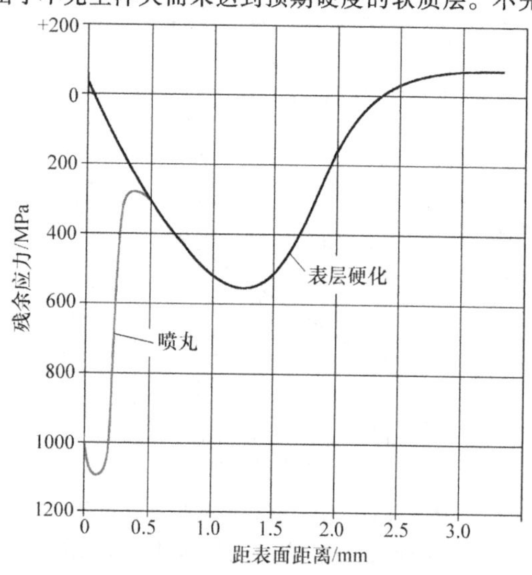

图1-139 16MnCr5钢经渗碳再喷丸处理的表面残余压应力的增加［硬化层深度达2mm（0.08in）］

全淬火会在渗碳淬火后产生表面氧化物（图1-140），该氧化物是气体渗碳炉内的多余氧气和钢中的合金元素Cr、Mn、Si的化学反应产物。在表面附近，由于氧化物形成丢失了一些相应的化学元素而形成一层托氏体或贝氏体。由于表层淬透性的降低导致了表面硬度降低和马氏体数量减少。通过渗碳淬火后WHSP能大幅度提高齿轮、轴和其他部件的疲劳强度。

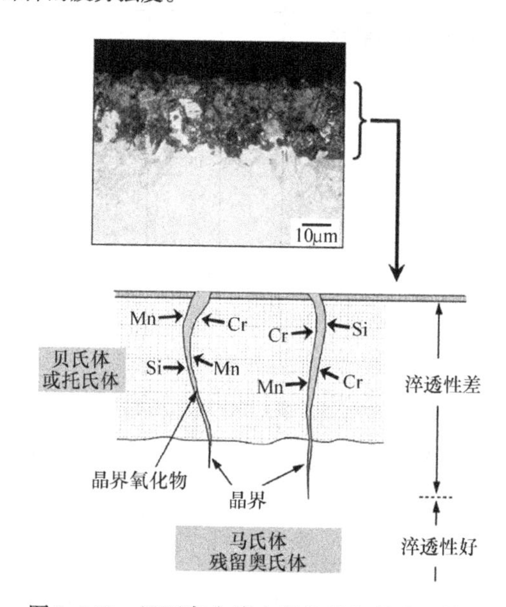

图1-140 经不完全淬火的齿轮钢的表面结构

激光也能用来产生冲击波而获得表面残余压应力。激光冲击和喷丸的联合使用获得的表面残余压应力比普通喷丸获得的残余压应力更深。在激光冲击过程中，激光束在零件表面生成10^7MPa/mm^2（1000 ksi/in^2）的脉冲压力，按照预先设定的冲击光斑搭接方式冲击，多次激光冲击获得的残余压应力深度是传统喷丸获得的残余压应力深度的4倍。

喷丸还可以用来清理切削加工方向的痕迹。该过程可通过遮盖进行定位，因此只对最重要的受力区域有影响。但如果原始表面很粗糙或凹凸不平，则喷丸可能导致折叠缺陷，结果是好处尽失。

1.3.16 结论

本节讨论了与淬火相关的各种失效形式及其原因，这些原因都是淬火回火钢在热处理过程中和热处理后所观察到的。就如Krauss指出的那样，淬火失效往往不是由单个因素引起的。例如，钢的某些失效可能是由热处理造成的，但不仅仅是热处理，

还包括许多其他原因，如：

1）夹杂物。

2）晶界偏析/析出相。

3）奥氏体化过程中的难溶碳化物和氮化物。

4）回火产生的粗大碳化物。

5）马氏体板条或针片。

6）原始奥氏体晶粒组织。

7）残留奥氏体。

8）微观偏析和宏观偏析。

9）零件几何尺寸。

在确定失效的根本原因时，以上的潜在因素必须单独或同时考虑。

致谢

本节的一部分改编自“与热处理操作有关的失效”和“与金属加工相关的失效”，均来自《失效分析和预防》，美国金属手册，第11卷，美国金属学会，2002。

参考文献

1. S. Owaku, Quench Distortion of Steel Parts, *Netsu Shori, J. Jpn. Soc. Heat Treat.*, Vol 32, No. 4, 1992, p 198–202
2. H. Walton, Dimensional Changes During Hardening and Tempering of Through-Hardened Bearing Steels, G.E. Totten, Ed., *Conf. Proc. Quenching and Distortion Control*, ASM International, 1992, p 265–273
3. G.E. Totten and M.A.H. Howes, Distortion of Heat Treated Components, Steel Heat Treatment Handbook, G.E. Totten and M.A.H. Howes, Eds., Marcel Dekker, Inc., New York, 1997, p 292
4. W.C. Chiou Jr., and E.A. Carter, Structure and Stability of Fe_3C-Cementite Surfaces from First Principles, *Surface Science*, Vol 530, 2003, p 87–100
5. “Heat Treatment of Tool Steel,” Brochure Edition 6, Uddeholm, Düsseldorf, Germany, 2007, http://www.uddeholm.com/files/heattreatment-english.pdf
6. S. Mocarski, Carburizing and its Control – I: Basic Considerations, *Ind. Heating*, Vol 41, No. 5, 1974, p 58–70
7. X. Luo and G.E. Totten, Analysis and Prevention of Quenching Failures and Proper Selection of Quenching Media: An Overview, *J. ASTM Intl.*, Vol 8, No. 4, 2011
8. F. Legat, Why Does Steel Crack During Quenching, Kovine Zlitine Technol., Vol 32, No, 3–4, 1998, p 273–276
9. A. Bavaro, Heat Treatments and Deformation, *Traitement Thermique*, Vol 240, 1990, p 37–41
10. F. Legat, Why Does Steel Crack During Quenching, *Kovine, Zlitine, Technologie*, Vol 32, No. 3–4, 1998, p 273–276
11. R.W. Bohl, “Difficulties and Imperfections Associated with Heat Treated Steel”, MEI Course 10, Lesson 13, ASM International
12. K.E. Thelning, *Steel and its Heat Treatment*, Butterworths, London, 1985
13. R.T. Von Bergen, The Effects of Quenchant Media Selection on the Distortion of Engineered Steel Parts, *Proc. Conf. on Quenching and Distortion Control*, G. E. Totten, Ed., ASM International, 1992, p 275–282
14. T. Kunitake and S. Susigawa, The Quench-Cracking Susceptibility of Steel *Sumitomo Search*, 1971, p 16–25
15. D.P. Koistinen and R.E. Marburger, A General Equation Prescribing the Extent of Austenite-Martensite Transformation in Pure Iron-Carbon Alloys and Plain Carbon Steels, *Acta Metall.*, Vol 7, 1959, p 59–60
16. Z-C. Liu, Quenching Cracking and Its Prevention, *Jinshu Revhuli (Heat Treat.)*, Vol 25, No. 3, 2010, p 72–79 (in Chinese)
17. T. Ericsson and B. Hildenwall, Thermal and Transformational Stresses, *Proc. 28th Sagamore Army Mater. Res. Conf.*, 1981, p 19–38
18. H. Fujio, T. Aida, and Y. Masumoto, “Distortions and Residual Stresses of Gears Caused by Hardening: 2nd Report – Through-Hardening of Gear Made of S45C Carbon Steel”, *Bull. Jpn. Soc. Mech. Eng.*, Vol 20, No. 150, Paper No. 150-19, 1977, p 1655–1662
19. R.W. Edmonson, Dimensional Changes in Steel During Heat Treatment, *Metal Treating*, Vol 20, No. 6, 1969, p 3–19.
20. C. Jensen, Dimensional Changes During Heat Treatment of Hot Work Steel, Ind. Heating, March 1993, p 33–38
21. H. Berns, Distortion and Crack Formation by Heat Treatment of Tools, *Radex Rundsch.*, Vol 1, 1989, p 40–57
22. A.V. Sverdlin and A.R. Ness, Effects of Alloying Elements on the Heat Treatment of Steel, in G.E. Totten, Ed., *Steel Heat Treatment Handbook, Second Edition – Steel Heat Treatment: Metallurgy and Technologies*, CRC Press Taylor & Francis Group, 2007
23. M. Wisti and M. Hingwe, Tempering of Steel, *Heat Treating*, Vol 4, *ASM*

Handbook, ASM International, 1991, p 121–136
24. M. Jung, S.J. Lee, and Y.K. Lee, Microstructural and Dilatational Changes during Tempering and Tempering Kinetics in Martensitic Medium-Carbon Steel, *Met. and Matls. Trans. A*, Vol 40A, March 2009, p 551–559
25. A.K. Sinha, Tempering, *Ferrous Physical Metallurgy*, Butterworths Publishers, 1989, p 523–608
26. G. Krauss, Tempering of Steel, *Steels: Heat Treatment and Processing Principles*, ASM International, 1990, p 205–261
27. L.C.F. Canale, X. Yao, J. Gu, and G.E. Totten, A Historical Overview of Steel Tempering Parameters, *Intl. J. Microstructure and Matls. Props.*, Vol 3, No. 4–5, 2008, p 474–525
28. P. Mayr, Dimensional Alteration of Parts Due to Heat Treatment, *Residual Stresses in Science and Technology*, Vol. 1, Garmisch-Partenkirschen, FRG, 1986, DGM Informationsgesellschaft mbH, FRG 1987, (*Met. A*, 8808-72-0399), p 57–77
29. Z. Cong, Cracking Analysis on 9Cr2 Steel Roller, *Heat Treat. Met.*, Editorial Office of Jinshu Rechuli, Beijing, China, Vol 29, No. 7, 2004, p 83–85
30. T. Inoue, K. Haraguchi, and S. Kimura, Analysis of Stresses due to Quenching and Tempering of Steel, *Trans. ISIJ*, 1978, Vol 18, p 11–15
31. D.A. Canonico, Stress-Relief in Heat Treating of Steel, *Heat Treating*, Vol 4, *ASM Handbook*, ASM International 1991, p 33–34
32. W.T. Cook, A Review of Selected Steel-Related Factors Controlling Distortion in Heat-Treatable Steels, *Heat Treatment of Metals*, 1992, Vol 2, No. 2, p 27–36
33. A. Thuvander and A. Melander, Calculation of Distortion During Quenching of a Low Carbon Steel, *Proc. First ASM Heat Treatment and Surf. Engrg. Conf. in Europe*, Trans. Tech. Publications, 1992, Part 2, p 767–782
34. P.C. Clarke, Close-Tolerance Heat Treatment of Gears, *Heat Treatment of Metals*, No. 3, 1998, p 61–64
35. R.F. Kern, Thinking Through to Successful Heat Treatment, *Metals Eng. Quarterly*, Vol 11, No. 1, 1971, p 1–4
36. R.F. Kern, Distortion and Cracking, II: Distortion from Quenching, *Heat Treating*, March 1985, p 41–45
37. R.F. Kern, Distortion and Cracking, III: How to Control Cracking, *Heat Treating*, April 1985, p 38–42
38. M. Solari and P. Bilmes, Component Design, Failure Analysis of Heat Treated Steel Components, L.C.F. Canale, R.A. Mesquita, and G.E. Totten, Eds., ASM International, 2008, p 1–42
39. R.L. Haimbaugh, Decarburization and Defects, Practical Induction Heat Treating, ASM International, 2001, p 151–164
40. H-J. Chen and Z.W. Jiang, Microstructure Improvement and Low-Temperature Quenching of Dies Made of Cr12-Type Steel, *Jinshu Rechuli*, No. 8, 1992, p 39–41
41. H-H. Shao, Analysis of the Causes of Cracking of a 12% Cr Steel Cold Die During Heat Treatment, *Jinshu Rechuli*, No. 11, 1995, p 43
42. R.R. Blackwood, L.M. Jarvis, D.G. Hoffman, and G.E. Totten, Conditions Leading to Quench Cracking Other Than Severity of Quench, Proc. 18th Conf., R.A. Wallis and H.W. Walton, Eds., ASM International, 1998, p 575–585
43. G. Parrish, *Carburizing: Microstructure and Properties*, ASM International, 1999
44. J.R. Davis, *ASM Materials Engineering Dictionary*, ASM International, 1992, p 407
45. M. Narazaki, G.E. Totten, and G.M. Webster, Hardening by Reheating and Quenching, Handbook of Residual Stress and Deformation of Steel, G.E. Totten, T. Inoue, and M.A.H. Howes, Eds., ASM International, 2002, p 248–295
46. P.F. Stratton, N. Saxena, and R. Jain, Requirements for Gas Quenching Systems, *Heat Treatment of Metals*, Vol 24, No. 3, 1997, p 60–63
47. H.M. Tensi, G.E. Totten, and G.M. Webster, Proposal to Monitor Agitation of Production Quench Tanks, *Proc.. 17th Conf.*, D.L. Milam, D.A. Poteet, G.D. Pfaffmann, V. Rudnev, A. Muehlbauer, and W.B. Albert, Eds., ASM International, 1997, p 423–441
48. S. Owaku, Quench Distortion of Steel Parts, *Netsu Shori*, J. Jpn. Soc. Heat Treatment, Vol 32, No. 4, 1992, p 198–202
49. R.T. Von Bergen, The Effects of Quenchant Media Selection on the Distortion of Engineered Steel Parts, *Quenching and Distortion Control*, G.E. Totten, Ed., ASM International, 1992, p 275–282
50. H.M. Tensi, A. Stich, and G.E. Totten, Fundamentals of Quenching, *Metal Heat Treating*, Mar./April 1995, p 20–28
51. G.E. Totten, M. Narazaki, R.R. Blackwood, and L.M. Jarvis, Failures Related to Heat Treating Operations, *Failure Analysis and Prevention*, Vol 11, *ASM Handbook*, ASM International, 2002, p 192–223
52. S. Owaku, Criterion of Quench Cracking: Its Sources and Prevention, *Netsu Shori*, J. Jpn. Soc. Heat Treatment, Vol 30,

No. 2, 1990, p 63–67
53. A.A. Polyakov, Quenching Properties of Parts Having Stress Concentrators, *Metal Science and Heat Treatment*, Vol 37, No.7–8, 1995, p 324–325
54. W. Changhao, Analysis of Quench Crack of a Gear, *Proc. Metal Processing-Heat Treatment*, Editorial Office of Jinshu Jiagong, Beijing, Vol 13, 2008, p 30–31
55. K. Liu, X. Xu, and Y. Su, Classification and Discussion on Quenching Cracks, *Physical Testing and Chemical Analysis - Part A: Physical Testing*, Editorial Office of Lihua Jianyan, Shanghai, Vol 41(ZL), 2005, p 108–111
56. J. Fu, L. Dai, and L. Yan. Analysis and Precaution of Quench Cracks for Large Workpieces, *Mechanical Worker-Heat Treatment*, Vol 7, 2007, p 34
57. Z. Zou, A. Ma, D. Song, J. Jiang, M. Gong, and Y. Gao, Failure Analysis of Quench Cracking of RM-2 Hot-Working Die Steel, *Heat Treatment of Metals*, Editorial Office of Jinshu Rechuli, Beijing, Vol 32, No. 12, 2007, p 100–102
58. L.C.F. Canale and G.E. Totten, Steel Heat Treatment Failures Due to Quenching, *Failure Analysis of Heat Treated Steel Components*, ASM International, 2008, p 255–284
59. R. Jin, Analysis of Quenching Distortion and Cracking of 22CrMoH Steel Gears and its Countermeasures, *Heat Treatment of Metals*, Vol 30, No. 5, 2005, p 86–89
60. B. Liscic, H.M. Tensi, G. E. Totten, and G. M. Webster, Non-Lubricating Process Fluids: Steel Quenching Technology, *Fuels and Lubricants Handbook: Technology, Properties, Performance and Testing*, G.E. Totten, S.R. Westbrook, and R.J. Shah, Eds., ASTM International, 2003, p 587–634
61. H. Webster and W. J. Laird, Jr., Martempering of Steel, *Heat Treating*, Vol 4, *ASM Handbook*,, 1991, p 137
62. *Metallurgy for the Non-Metallurgist, 2nd ed.*, A.C. Reardon, Ed., ASM International, 2011, p 228
63. J.R. Keough, W.J. Laird, Jr., and A.D. Godding, Austempering of Steel, *Heat Treating*, Vol 4, *ASM Handbook*, ASM International, 1991, p 152–163
64. L.E. Jones, The Fundamentals of Gear Press Quenching, *Gear Technology*, Mar./April, 1994, p 32–37
65. G. Hewitt, The Mechanics of Press Quenching, *Heat Treatment of Metals*, No. 4, 1979, p 88–91
66. H. Bomas, Th. Lübben, H.-W. Zoch, and P. Mayr, Influence of Quenching Devices on the Distortion of Case-Hardened Structural Components (Die Beeinflussung desVerzuges einsatzgehärteter Bauteile durch Abschreckvorrichtungen), *Härterei-Technische Mitteilungen*, Vol 45, No.3, 1990, p 188–195
67. N. Bugliarello, B. George, D. Giessel, D. McCurdy, R. Perkins, S. Richardson, and C. Zimmerman, Heat Treat Processes for Gears, *Gear Solutions*, July 2010, p 38–51
68. N.I. Kobasko, M.A. Aronov, J. Powell, and G.E. Totten, *Intensive Quenching Systems: Engineering and Design*, ASTM International, 2010
69. G. Blake, M. Margetts, and W. Silverthorne, Gear Failure Analysis Involving Grinding Burn, *Gear Technology*, Jan./Feb., 2009, p 62–66
70. M. Doverbo, "Correlation between Material Properties, Grinding Effects and Barkhausen Noise Measurements for Two Crankshaft Steels," M.S. Thesis, Chalmers University of Technology, Göteborg, Sweden, 2012
71. K.D. Sundarrajan, "Study of Grinding Burn using Design of Experiments Approach and Advanced Kaizen Methodology," M.S. Thesis, University of Nebraska, 2012
72. J.A. Badger, A. Torrance, Burn Awareness, *Cutting Tool Engineering*, Vol 52, No. 12, 2000
73. *Shot Peening Applications –9th ed.*, Metal Improvement Co., NJ
74. B. Liscic Heat Treatment of Steel, *Steel Heat Treatment Handbook*, G.E. Totten and M.A.H. Howes, Eds., Marcel Dekker, p 527–662
75. H.K.D.H. Bhadeshia, "The Theory and Significance of Retained Austenite in Steels", Ph.D. Thesis, University of Cambridge, UK, 1979
76. D.H. Herring, A Discussion of Retained Austenite, *Industrial Heating*, March, 2005, p 14–16
77. R.G. Bowes, Theory and Practice of Sub-Zero Treatment of Metals, *Intl. Heat Treatment and Surf. Engrg.*, Vol 2, No. 2, 2008, p 76–79
78. A.P. Gulyaev, Cold Treatment of Steel, *Metal Sci. and Heat Treatment*, Vol 40, No. 11–12, 1998, p 449–455
79. A.G. Haynes, "Interrelation of Isothermal and Continuous-Cooling Heat Treatments of Low-Alloy Steels and Their Practical Significance," Heat Treatment of Metals, Special Report 95, Iron and Steel Inst., 1966, p 13–23
80. A.V. Reddy, Retained Austenite, *Investigation of Aeronautical and Engineering Component Failures*, CRC Press, 2004, p 92–94
81. M. Yaso, S. Hayashi, S. Morito, T. Ohba, K. Kubota, and K. Murakami, Characteristics of Retained Austenite in Quenched High C-High Cr Alloy Steels, *Matls. Trans.*, Vol 50, No. 2, 2009, p 275–279

82. F.B. Abudaia, J.T. Evans, and B.A. Shaw, Characterization of Retained Austenite in Case Carburized Gears and its Influence on Fatigue Performance, *Gear Technology*, May/June, 2003, p 12–16
83. P. Stratton and P.H. Surburg, Retained Austenite Stabilization, *Gear Solutions*, July, 2009, p 45–47
84. D. Kirk, Residual Stresses and Retained Austenite in Shot Peened Steels, Proc. Intl. Conf. on Shot Peening ICSP-1, N. Lari, Ed., Sept. 1981 p 271–278
85. G.F. Vander Voort, Martensite and Retained Austenite, *Industrial Heating*, April 2009, p 51–54
86. S.H. Magner, R.J. De Angelis, W.N. Weins, and J.D. Makinson, A Historical Review of Retained Austenite and its Measurement by X-Ray Diffraction, *Advances in X-ray Analysis*, Vol 45, JCPDS-International Centre for Diffraction Data, 2002, p 92–97
87. "Determination of Volume Percent Retained Austenite by X-Ray Diffraction," Diffraction Notes, No. 33, Lambda Technologies, Cincinnati, 2006
88. "Standard Practice for X-Ray Determination of Retained Austenite in Steel with Near Random Crystallographic Orientation," ASTM E975-13, ASTM International
89. W.J. Harris, Comparison of Metallographic and X-Ray Measurements of Retained Austenite, *Nature*, No. 4087, Feb. 1948, p 315–316
90. Y.-Y. Su, L.-H. Chiu, T.-L. Chuang, C.-L. Huang, C.-Y. Wu, and K.-C. Liao, Retained Austenite Amount Determination Comparison in JIS SKD11 Steel using Quantitative Metallography and X-ray Diffraction Methods, *Adv.Matls. Res.*, Vols 482484, 2012, p 1165–1168
91. H. Ma, "The Quantitative Assessment of Retained Austenite in Induction Hardened Ductile Iron," M.S. Thesis, University of Windsor, 2012
92. "Standard Test Methods for Determining the Inclusion Content of Steel," ASTM E-45-13, ASTM International
93. "Standard Test Methods for Rating and Classifying Inclusions in Steel Using the Scanning Electron Microscope," ASTM E2142-08, ASTM International
94. "Steel Manufacturing Process Control Using an Automated Inclusions Analyzer," Application Note, Aspex Corp., Delmont, PA
95. "Application Notes: Non-Metallic Inclusion Analysis in Steel,", Olympus Corp., Waltham, MA www.olympus-ims.com/en/applications/nmi-analysis/
96. M.R. Allazadeh, C.I. Garcia, A.J. DeArdo, and M.R. Lovell, Analysis of Stress Thermally Induced Strain to the Steel Matrix, (Paper ID JAI102041) *J. of ASTM Intl.*, Vol 6, No. 5, 2009
97. M. Przylecka, W. Gestwa, L.C.F. Canale, X. Yao, and G.E. Totten, Sources of Failures in Carburized and Carbonitrided Components, *Failure Analysis of Heat Treated Steel Components*, L.C.F. Canale, R.A. Mesquita, and G.E. Totten, Eds., ASM International, 2008, p 177–240
98. I.P.Volchok and A.E.Vilniansky, Effect of Nonmetallic Inclusions on Crack Propagation and Fatigue Life of Steel, www.gruppofrattura.it/ocs/index.php/esis/ECF13/paper/view/8452/4896
99. D.H. Herring, Steel Cleanliness: Inclusions in Steel, *Industrial Heating*, Aug. 2009 p 18–20
100. M. Lohrmann and W. Lerche, Investigation of Process and Steel Influences on the Extent of Internal Oxidation on Gas Carburizing, *Heat Treatment of Metals*, No. 4, 2000, p 85–90
101. V.D. Kalner and S.A. Yurasov, Internal Oxidation During Carburizing, *Met. Sci. Heat Treat.* (USSR), Vol 12, No. 6, June 1970, p 451–454
102. I.Y. Arkhipov, V.A. Batyreva, and M.S. Polotskii, Internal Oxidation of the Case on Carburized Alloy Steels, *Met. Sci. Heat Treat.* (USSR), Vol 14, No. 6, 1972, p 508–512
103. A.A. Shaw, A.M. Korsunsky, and J.T. Evans, Surface Treatment and Residual Stress Effects in the Fatigue Strength of Carburized Gears, iECF-12, Fracture from Defects, *Proc. 12th Biennial European Conf. on Fracture*, M.W. Brown, E.R. de los Rios, and K.J. Miller, Eds., 1988, p 157–162
104. Cheng and S. He, Analysis of Quenching Cracks in Machine-Tool Pistons Under Supersonic Frequency Induction Hardening, *Heat Treat. Met.* (China), No. 4, 1991, p 51–52
105. W.E. Dowling, W.T. Donlon, W.B. Copple, and C.V. Darragh, Fatigue Behavior of Two Carburized Low-Alloy Steels, *Proc. 2nd Intl. Conf. on Carburizing and Nitriding with Atmospheres*, ASM International, 2005, p 55–60
106. Y. Prawoto, N. Sato, I. Otani, and M. Ikeda, Carbon Restoration for Decarburized Layer in Spring Steel, *J. Matls. Engrg. & Perf.*, Vol 13, 2004, p 627–636
107. S. Sato, K. Inoue, and A. Ohno, The Effect of Shot Peening to Decarburized Spring Steel Plate, *Proc. Intl. Conf. on Shot Peening ICSP-1*, N. Lari, Ed., 1981, p 303–312
108. D. Adamović, M. Stefanović, B. Jeremić, and S. Aleksandrović, "The Effects of Shot Peening on the Fatigue Life of Machine Elements," 34th Intl. Conf. on Prod.

Engrg., Sept., Niš, Serbia, 2011, p 421–424
109. R. Ruxanda and E. Florian, Microscopic Observations of the Carbide/Matrix Interphasic Interface in a Low-Alloyed Hypercarburized Steel," *Proc. 2nd Intl. Conf. on Carburizing and Nitriding with Atmospheres*, ASM International, 2005, p 117–121
110. J. Wang, Z. Qin, and J. Zhou, "Formation and Properties of Carburized Case with Spheroidal Carbides," 5th Intl. Congress on the Heat Treatment of Matls. (Budapest), Intl. Federation for Heat Treating and Surface Engineering (Scientific Soc. for Mech. Engrg.), 1986, p 1212–1219
111. J.G. Wang, Z. Feng, and J.C. Zhou, Effect of the Morphology of Carbides in the Carburizing Case on the Wear Resistance and the Contact Fatigue of Gears, *J. Mat. Eng.* (China), Vol 6, Dec. 1989, p 35–40
112. R. Kern, Supercarburizing, *Heat Treat.*, Oct. 1986, p 36–38
113. "Standard Test Methods for Determining Average Grain Size," ASTM E112-12, ASTM International
114. "Standard Test Methods for Estimating the Largest Grain Observed in a Metallographic Section (ALA Grain Size)," ASTM E930-99(2007), ASTM International
115. "Standard Test Methods for Characterizing Duplex Grain Sizes," ASTM E1181-02(2008), ASTM International
116. "Standard Test Methods for Determining Average Grain Size Using Semiautomatic and Automatic Image Analysis," ASTM E1382-97(2010), ASTM International
117. M.I. Vinograd, I.Y. Ul'Yanina, and G.A. Faivilevich, Mechanism of Austenite Grain Growth in Structural Steel, *Met. Sci. Heat Treat.* (USSR), Vol 17, No. 1–2, 1975
118. R.P. Brobst and G. Krauss, The Effect of Austenite Grain Size on Microcracking in Martensite of an Fe-1.2C Alloy, *Met. Trans.*, Vol 5, Feb. 1974, p 457–462
119. J. Hewitt, "The Study of Hydrogen in Low Alloy Steels By Internal Friction Techniques," Hydrogen in Steel, Special Report 73, Iron and Steel Inst., 1962, p 83–89
120. T.A. Balliet and G. Krauss, The Effect of the First and Second Stages of Tempering of Microcracking in Martensite of an Fe-1.2C Alloy, *Met. Trans. A*, Vol 7, Jan. 1976, p 81–86
121. G. Krauss, Solidification, Segregation and Banding in Carbon and Alloy Steels, *Metallurgical and Matls. Trans. N*, Vol 34B, Dec. 2003, p 781–792
122. D.H. Herring, Segregation and Banding in Carbon and Alloy Steel, *Industrial Heating*, Oct. 2013, p 16–18
123. K.C. Gogate, Problem Solving in Heat Treatment of Forgings, *Steelworld*, Feb. 2013, p 29–31
124. B. Pawłowski, P. Bała, R. Dziurka, and J. Krawczyk, Effect of Microstructural Banding in Hot-Work Tool Steel on Thermal Expansion Anisotropy, *J. of Achievements in Matls. & Mfg. Engrg. – JAMME*, Vol 56, No. 1, Jan. 2013, p 14–19
125. T. Hopwood II and J. Fairchild, "Kentucky Bridges with High-Strength Quenched and Tempered Steel," Research Report KCT-11-10/SPR401-10-1F, University of Kentucky, June 2011
126. www.mslab.boun.edu.tr/Heat_treatment.doc
127. Proc. 18th Heat Treating Conference, R.A. Wallis and H.W. Walton, Eds., ASM International, 1999
128. "Shot Cleaning and Shot Blasting," Kiefer GmbH., Oberflächen- & Strahltechnik, Ettlingen, Germany
129. S.-H. Chang, S.-C. Lee, and T.-P. Tang, Effect of Shot Peening Treatment on Forging Die Life, *Matls.Trans.*, Vol 49, No. 3, 2008, p 619–623
130. C.P. Diepart and N.K. Burrell, Improved Fatigue Performance of Gears through Controlled Shot Peening, *Proc. Intl. Conf. on Shot Peening ICSP-3*, H. Wohlfahrt, R. Kopp, and O. Vöhringer, Eds., Garmisch-Partenkirchen, Germany, Sept. 1987, p 169–177, www.shotpeener.com/library/pdf/1987044.pdf
131. J. Kritzler and W. Wübbenhorst, Inducing Compressive Stresses Through Controlled Shot Peening, *Handbook of Residual Stress and Deformation of Steel*, G.E. Totten, M.A.H. Howes, and T. Inoue, Eds., 2002, ASM International, 2002, p 345-360
132. K. H. Kloos and E. Macherauch, Development of Mechanical Surface Strengthening Processes from the Beginning until Today, *Proc. Intl. Conf. on Shot Peening ICSP-3*, H. Wohlfahrt, R. Kopp, and O. Vöhringer, Eds., Garmisch-Partenkirchen, Germany, Sept. 1987, p 1–25, www.shotpeener.com/library/pdf/1987015.pdf
133. W.P. Crosher, Tooth Tips, *Gear Solutions*, May 2007, p 19
134. M. Esterman, I.M. Nevarez, K. Ishii, and D.V. Nelson, Robust Design for Fatigue Performance: Shot Peening (Paper No. 96-DETC/DAC-1488), *Proc. 1996 ASME Design Engineering Technical Conf. and Computers in Engineering Conf.*, Aug. 1996, p 1–9
135. D. Kirk, Principles of Almen Strip Selection, The Shot Peener, Vol 27, No. 1, 2013, p 24–32

136. S. Matsumura and N. Hamasaka, "High Strength and Compactness of Gears by WHSP (Double Hard Shot Peening) Technology," Komatsu Technical Report, Vol 52, No. 158, 2006, p 1–5
137. A. Parker, "Laser Peening," S&TR, Lawrence Livermore National Laboratory, Mar. 2001, p 26–28

延伸阅读

- H.M. Howe, *The Metallography of Steel and Cast Iron*, McGraw-Hill, New York, 1916, p 556–65
- R.R. Blackwood and L.M. Jarvis, Avoiding Quench Cracking of Steel, *Ind. Heat.*, Mar. 1991, p 28–31
- "Test Strip Holder and Gage for Shot Peening," SAE J442 - Revised: 2013-02-18, SAE International
- "Shot Peening of Metal Parts," SAE AMS-S-13165 - Revised: 2007-12-17, SAE International
- G. Yang, Y. Liang,. Zou, Z. Tian, and Y. Dai, Quenching Cracking Reason Analysis of Spring Used for Train Buffer, *Materials for Mechanical Engineering*, Vol 33, No. 8, 2009, p 96–99

1.4 钢的脱碳机理、模型、预防、修复及其对零件寿命的影响

Roger N. Wright, Rensselaer Polylechnic Institute (Rcv Mr Wright)

一般来说，金属与环境的反应通常是表面反应，最常见的是反应产物逐渐破坏金属表面或使近表面成分、组织结构和性能发生改变。扫描电镜结果表明，近表面层成分呈梯度分布，促进了合金元素的体扩散和晶界扩散，这种物质传递导致微观组织和性能的梯度分布。在大多数情况下，这一行为对合金表面的性能产生不良影响，应用复杂的工艺技术来抑制或控制表面反应。在另外一些情况下，表面反应却是所希望的，这是有益的表面处理的基础。这种现象的传统案例涉及钢中碳在表面和环境中的化学反应，涉及钢表面的失碳现象称为脱碳。相反，钢表面增碳的现象称之为渗碳。本节专门讨论脱碳行为，这一现象通常也是一个复杂的不良渗碳过程，有时也是渗碳和脱碳两种反应的叠加。

1.4.1 基本化学反应

钢脱碳最重要的原因是钢件在高温下暴露在氧气中，如在空气中进行热加工和热处理，其中核心的化学反应如下：

$$2Fe + O_2 \rightarrow 2FeO \qquad (1\text{-}16)$$

$$FeO + C_{Fe} \rightarrow Fe + CO \qquad (1\text{-}17)$$

这样，钢铁氧化后生成化合物 FeO，与钢中的碳发生反应释放出气体 CO，进而降低了近表面的碳含量，钢件心部的碳扩散到近表面以补充缺失的碳。但是，上述反应通常很快足以造成钢表面碳含量下降而不具有碳钢或合金钢原来期望的性能，这层表面需要去除或加工掉，这些损失或额外的加工成本都是隐含的。值得注意的是，通过渗碳反应给钢表面补充碳是非常有用的工艺，这是式（1-17）的逆反应，即

$$Fe + CO \rightarrow FeO + C_{Fe} \qquad (1\text{-}18)$$

也就是说，如果通过反应式（1-16）大量降低了氧含量，抑制了脱碳反应，那么在环境中适当加入的 CO 能使近表面富碳，可从下列关系式中得到其他的渗碳反应：

$$CO + H_2 \rightarrow H_2O + C_{Fe} \qquad (1\text{-}19)$$

$$2CO \rightarrow CO_2 + C_{Fe} \qquad (1\text{-}20)$$

渗碳、脱碳过程控制涉及碳势的保持，碳势实际上等于钢表面的理想碳含量。在渗碳技术高度发展的今天，挑战难题是缺乏氧含量控制和反应过程的组分流量变化［式（1-18）~式（1-20）］，诱发逆向反应和脱碳。渗碳技术还涉及与含碳材料和甲烷的一些其他化学反应：

$$CH_4 \rightarrow 2H_2 + C_{Fe} \qquad (1\text{-}21)$$

然而，本节的重点在于讨论在感应加热之前，半精加工过程中引发的脱碳机理、预防、修复和效果，感应热处理工作者能够认识到这一现象，并通过工艺过程和性能相关的手段正确地解决这个问题。

1.4.2 扩散基础模型

1. 碳在铁－碳奥氏体中的扩散

总之，扩散总是涉及净流量，在已知相内，从试样的高碳区流向试样的低碳区。一旦浓度梯度维持在一定水平或趋于稳定，那么这个流量就不变。如果扩散流量降低了成分梯度，那么随着扩散的进行，扩散流量逐渐减小。对一定的方向而言，流量和成分梯度的关系可以用下列菲克第一定律来表达：

$$J = -D(dC/dx) \qquad (1\text{-}22)$$

式中，J 是流量［$kg/(m^2 \cdot s)$］；dC/dx 是 x 方向上的浓度梯度（kg/m^4）；D 是扩散系数（m^2/s）。D 是一个材料的性能特征，通常代表了一种元素通过给定晶体结构的能力。在本节，重点研究碳在铁中的扩散。

在一定的物理条件下，dC/dx 可能是一个常数，但通常会因扩散元素流动而减小，从高浓度区流向低浓度区。如果扩散系数与成分没有关系，那么指

定点的浓度随时间的变化而变化，即 dC/dt 可用菲克第二定律来表示：

$$dC/dt = D(\partial^2 C/\partial x^2) \tag{1-23}$$

这里，扩散系数是材料的一种性能，取决于扩散原子流通过晶体结构路径的情况。相对于铁原子，碳原子很小，甚至能够溶于铁晶体结构的间隙或空余空间。另外，碳原子还能轻易地从一个间隙迁移到邻近的间隙等。因此，碳在铁中的扩散率很高。

扩散是热激活过程，扩散系数的大小和原子跃迁的速率对温度很敏感，通常温度决定了扩散系数，可表示为

$$D = D_o \exp[-Q_d/(RT)] \tag{1-24}$$

式中，D_o 是初始扩散系数（m^2/s）；Q_d 是扩散激活能（J/mol）；R 是气体常数［J/（mol·K)］；T 为热力学温度（K）。对于碳在奥氏体中扩散这种情况，$D_o = 2.3 \times 10^{-5} m^2/s$，$Q_d = 148kJ/mol$。根据式（1-24），可以求得碳在奥氏体中的扩散系数，数据见表1-47。

表1-47 碳在奥氏体中的扩散系数

温度/℃（℉）	扩散系数/(m^2/s)
800（1470）	1.4×10^{-12}
900（1650）	5.9×10^{-12}
1000（1830）	1.9×10^{-11}
1100（2010）	5.3×10^{-11}
1200（2190）	1.3×10^{-10}

2. 模拟奥氏体脱碳

首先忽略氧化皮（氧化物等），最简单的模型是在半无限条件下求解菲克第二定律方程，这里奥氏体看作是厚度为两倍于脱碳层的钢板，求解方程如下：

$$C_x/C_0 = 1 - \text{erf}[(x/2)/(Dt)^{1/2}] \tag{1-25}$$

式中，C_0是钢的原始碳含量；x 是沿着垂线从一个表面到另一个表面的距离；C_x 是在 x 点的碳含量；erf 是方差函数。方差函数为

$$\text{erf}(z) = [2/(\pi)^{1/2}]\int_0^z \exp(-y^2)\,dy \tag{1-26}$$

式中，z 代表$[(x/2)/(Dt)^{1/2}]$。使用像 Mathematica 这类软件很容易计算方差函数，列表中的数据也能从标准参考实验中得到。图1-141 表示 C_x 是碳含量为0.4%的奥氏体态铁碳合金（忽略了低含碳量铁素体的形成）在 x 点的典型计算。

另外，脱碳层深度也可以根据式（1-26）来估算。脱碳总厚度不能根据原碳含量100%保留来计算，而是应该比这更低一些。为了演示，设碳含量保持在0.98，这样，如果设 $C/C_0 = 0.98$，再代入校

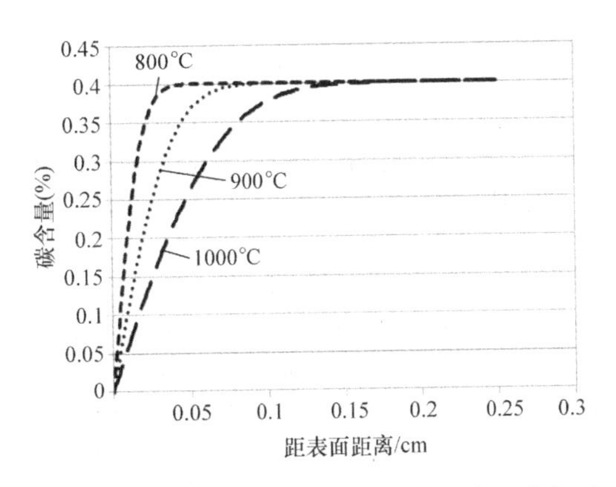

图1-141 碳含量为0.4%的铁碳合金在三个奥氏体相区温度下在空气中暴露2h后理论碳含量与脱碳层深度的关系

正后的扩散系数（D）和时间（t）就能计算出当初始碳含量为98%时的理论保守值。表1-48 给出了铁碳合金在三个奥氏体相区温度下在空气中暴露2h后的脱碳层深度（忽略低碳铁素体的形成）。

表1-48 铁碳合金奥氏体状态下脱碳层预测

温度/℃ ℉	扩散系数/(m^2/s)	脱碳层深度/mm(in)
800（1470）	1.43×10^{-12}	0.33（0.013）
900（1650）	5.90×10^{-12}	0.68（0.027）
1000（1830）	19.40×10^{-12}	1.23（0.05）

值得注意的是，通常热形变会产生 0.5mm（0.02in）或更深的脱碳层。脱碳层深度的重要性不仅是有益还是有害的问题，而是半无限分析可能对更薄的零件不够精确，这时碳损失发生在通向薄“板”中心线的所有方向上，在这种情况下，必须使用有限板厚的菲克第二定律，求解方法由下列傅立叶系列方程给出：

$$C(x,t) = \frac{4C_0}{\pi}\sum_{i=0}^{\infty}\left[\frac{1}{2j+1}\sin\left(\frac{(2j+1)\pi}{h}x\right)\right] \exp\left\{-\left(\frac{(2j+1)\pi}{h}\right)Dt\right\} \tag{1-27}$$

式中，j 是整数；h 是板厚。在傅里叶求和公式中的每个连续项总是小于原来的那个，这样，经过不长的一段时间之后，实际上只需要几个少数项就能精确预测碳浓度分布。

3. 氧化层形成的影响

尽管式（1-25）是一个非常有用的厚板脱碳研究的模型，但它并没有考虑钢在高温下氧化层的形成。氧化层同时又是一氧化碳产生的来源，也是去除一氧化碳的屏障。式（1-25）只描述了碳在铁中的扩散，不再是氧化层的屏障。另外，Birks 提出了

一个脱碳模型系数，表达如下：

$$(C_0-C)/(C_0-C_S)=\{\mathrm{erfc}[(x/2)/(Dt)^{1/2}]\}/\{\mathrm{erfc}[k_c/(2D)]^{1/2}\} \quad (1\text{-}28)$$

式中，C_S 是表面碳含量；erfc 是补充误差函数（1 - erf）；k_c 是抛物线速率常数，该常数是形成氧化皮消耗的金属厚度 X 和时间 t 的函数，即

$$k_c=X^2/(2t) \quad (1\text{-}29)$$

式（1-28）预测了碳浓度分布梯度受到氧化层和脱碳层形成两方面因素的影响。相对来说，式（1-29）的速率常数基本上不受外部氧分压的影响。再者，速率常数主要与温度有关，并遵循 Arrhenius 关系：

$$k_c=k_o\exp[-Q_s/(RT)] \quad (1\text{-}30)$$

式中，Q_s是活化能；k_o 是与温度相关的指数。该关系主要是了解氧化层生长过程模型。Mayott 和 Cioffi 等人已证明脱碳对环境中氧浓度在7% ~21%范围内相对不敏感。

大部分氧化皮会在加工过程中脱落或通过酸蚀去除。实际上，人们真正该关心的是无氧皮、半精加工零件的碳含量及其分布。也就是说，脱碳深度应该在钢件内部测定。

1.4.3 铁素体在脱碳过程中的作用

上面讨论的内容只涉及碳在奥氏体区中的扩散，奥氏体是面心立方（fcc）晶体结构，为相对较小的碳原子提供了迁移路径间隙。具有体心立方（bcc）晶体结构的铁素体也能提供与奥氏体有点相似的路径。事实上，碳在铁素体中的扩散系数实际上比在奥氏体中要大得多。例如，计算可得到碳在900℃（1650℉）下铁素体中的扩散系数是$1.7\times10^{-10}\mathrm{m^2/s}$，而在奥氏体中碳的扩散系数只有$5.9\times10^{-12}\mathrm{m^2/s}$。

但是，通过铁素体的碳扩散通量受到碳在铁素体中溶解度的限制。即式（1-22）表明，扩散通量不仅与扩散系数成正比，而且还与成分梯度成正比。这是因为碳在铁素体中的溶解度很小（碳含量为0.01%的相关温度范围），成分梯度小，而且碳的通量也有限。一旦超出这个范围，碳在铁素体中的活度（浓度）是非常低的。

基本上，一旦在钢表面形成了连续的铁素体脱碳层，脱碳速率降低，而且随着连续层的增厚越来越小。在这种情况下，奥氏体中的碳梯度（铁素体层下面）随着时间的增加而减小。

除此之外，铁素体大约只在900℃（1650℉）以下生成，因此在900～1400℃（1650～2550℉）就不形成（不是脱碳的抑制剂）。因此，900℃以上脱碳快而且范围比较广泛，这不仅仅是因为动力学上比较快，而且是因为缺少了铁素体的抑制。

最后，应该注意的是随着冷却的进行，低碳奥氏体可以转变成铁素体或铁素体/珠光体混合物。因此，钢表面在室温出现铁素体和铁素体/珠光体混合物层，并不一定是在高温脱碳过程中形成的。

1.4.4 脱碳过程中的等温相变

图1-142所示为铁 - 碳化物相图，它能帮助解释钢在空气中从脱碳开始进而形成稳定的碳浓度梯度过程中钢的显微组织的演变。试想一下在 A 点，其成分为 C_C的过共析钢加热到温度 T_1时。在脱碳的条件下，表面和近表面可能会产生碳含量为0，或趋近于0的 B 点。但是，整个显微组织保持奥氏体状态。一旦冷却到室温，钢的碳浓度随冷却速度和局部碳浓度的不同而变化，转变成一种或多种相组成（铁素体、珠光体、贝氏体和马氏体），奥氏体也可能有残留。

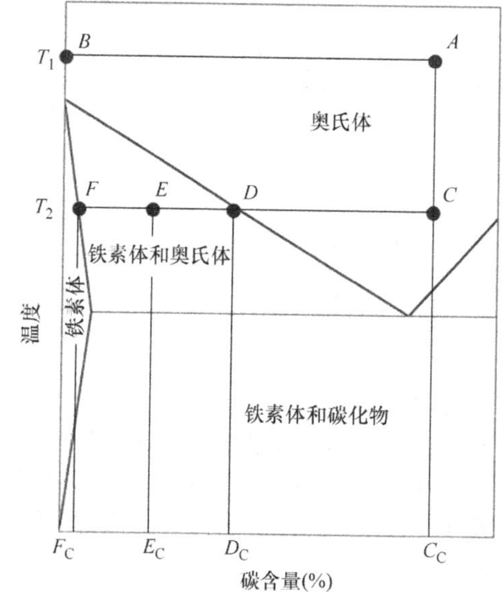

图1-142 铁 - 碳化物相图解释钢在空气中逐渐脱碳形成稳定态碳浓度分布过程中其微观组织演化

然后考虑 C 点，成分为 C_C的过共析钢加热到温度 T_2时，在脱碳条件下，表面和近表面区域能形成碳含量为0或趋近于0的 D、E 和 F 点。钢脱碳后的碳浓度介于 D_C 和 F_C 之间，产生含有先共析铁素体和奥氏体的微观组织。奥氏体的成分约为 D_C，先共析铁素体的成分则是 F_C。一旦冷却到室温，奥氏体视冷却速度大小会转变成一种或多种相组成（铁素体、珠光体、贝氏体和马氏体）。冷却不会显著影响先共析铁素体。

在空气或很低碳势气氛的稳定态脱碳条件（使用半无限分析法求得脱碳厚度）下，钢表面基本上

不含碳，冷却时产生铁素体表面层。这种情况称作完全脱碳，有时具有明显铁素体层的完全脱碳被称作第一类型脱碳，而具有最小铁素体厚度的完全脱碳也称作第二类型脱碳。

如果脱碳还没有达到稳定状态，表面碳含量也可能没有到零。例如，假设表面碳含量是 E_C，温度是 T_2，即图1-142中的 E 点。在这种情况下，显微组织中的奥氏体（成分为 D_C）和先共析铁素体（成分为 F_C）数量大致相同。冷却到室温时，奥氏体视冷却速度的不同转变成一种或多种相（铁素体、珠光体、贝氏体和马氏体）。冷却对先共析铁素体没有明显影响，冷却后的先共析铁素体不太可能是个连续相，它一定不会在钢表面上形成一层。这种情况被称为局部脱碳，或称作第三类型脱碳。

1.4.5 合金化对脱碳倾向的影响

首先做一个近似假设，低合金钢的脱碳与含有常规水平残留元素的碳素钢或铁碳合金相似。但是，高含量的 Cr、Mo、V 和 W 元素明显降低脱碳速度，这是解释工具钢和马氏体不锈钢脱碳行为的恰当依据，假定这一影响必然与通过“富铁素体”因素减少奥氏体含量有关系，或者说“碳化物形成合金元素”产生的稳定碳化物的溶解从动力学上抑制脱碳。这类性能将在 1.4.8 节叙述。

1.4.6 脱碳对钢和铸铁性能的影响

对于给定的一类显微组织来说，钢的力学性能在很大程度上取决于碳含量，图1-143说明了钢的碳含量对硬度的影响，给出了几种显微组织的维氏硬度和洛氏硬度。图1-143还表明对同一种钢经过同样的工艺处理，脱碳层硬度通常比预期更低，这一效应对高硬度、高抗拉强度的钢更为重要。尽管次表面脱碳后的韧性有可能比预期高，但是这一优点很难补偿硬度和强度下降的缺点。

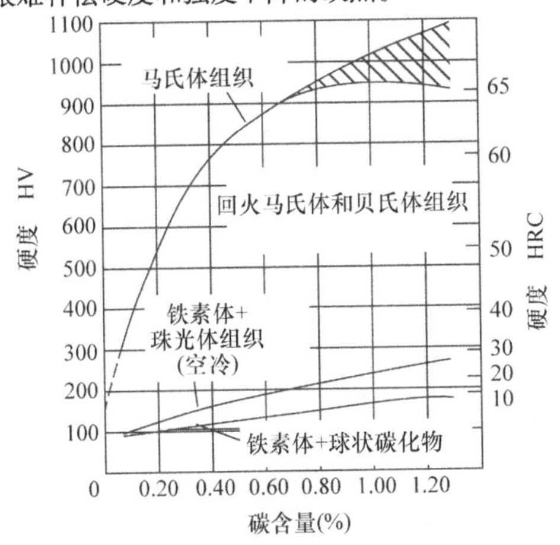

图1-143 钢的碳含量对微观组织硬度的影响

通常，表面硬度的降低与脱碳零件初始磨损速度的增加有关系，另外，还观察到这样的脱碳零件在加工过程中会增加刀具磨损。

因为大多数疲劳裂纹（尤其是在高周疲劳情况下）往往在表面产生，脱碳层的存在通常降低了钢件的疲劳强度，尤其是在高周弯曲和扭转情况下，即使在最好的情况下，钢的高周疲劳极限只有最大抗拉强度的50%。也就是说，表面强度的降低（即从回火马氏体转变成铁素体）可能造成高周疲劳强度的灾难性损失。图1-144中的数据表明脱碳使高周疲劳强度减少50%，而且低周疲劳强度也显著降低。

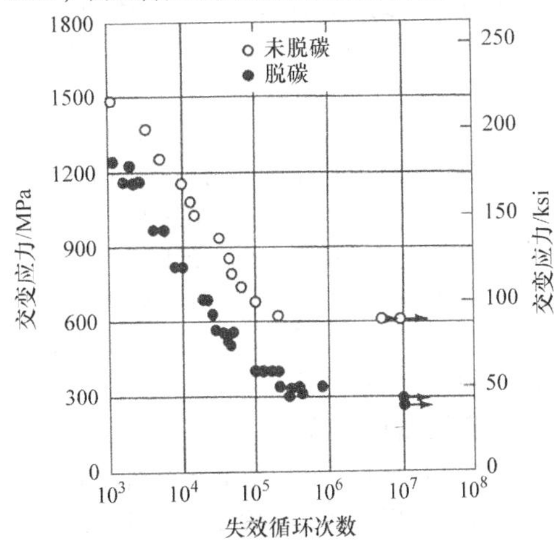

图1-144 脱碳使钢的疲劳强度降低

除此之外，几乎任何弯曲或扭曲时产生的应力在表面最大，因此，脱碳会降低弯曲和扭转屈服强度。但是，在脱碳杆件的拉伸试验中，脱碳降低了屈服强度，但对最大抗拉强度可能没有影响，除非脱碳层特别厚。

脱碳可能改变残余应力的状态，尤其是在渗碳表面。如果渗碳表面通常在热处理后出现压应力状态，脱碳使得相变次序发生逆转，从而使表面成为受拉状态。

如果脱碳区域很宽以至于超过了焊接热影响区，脱碳可能危害窄束高能焊接强度。电子束和激光束焊接焊缝可能会以这种方式受损。

铸铁的碳含量比钢高，因此脱碳本质有些不同，即使在物理化学方面很一致。有时在加工铸铁过程中脱碳是个优点，白心可锻铸铁就是通过延长退火工艺造成脱碳，形成“白心”的，使其韧性提高。还有，必须指出的是包括大块铸铁板脱碳在内的固态加工工艺可制备成钢。另外，铸铁近表面脱碳有时也用来改善铸铁表面热影响区和焊缝强度。

除了以上引用的总体脱碳以外，相对于铸铁表面脱碳而言，还有一些相关问题没有涉及。铸铁件脱碳之后，在近表面区域或边沿产生无石墨区。这会在加工表面时增加刀具磨损和振动，极度脱碳会产生铁素体边缘区，这些边棱会降低刀具寿命。在铸造冷却过程中，脱碳实际发生在与模壁之间的相互作用过程中。灰沙里的煤粉控制不当也会引起脱碳。

1.4.7 容易诱发脱碳的工艺

和前面讨论的普通化学工艺和模型相一致，任何在奥氏体化温度暴露在空气或氧气中的工艺过程都可能产生脱碳，这包括铸锭浇注和连铸、保温、热锻、热挤压、奥氏体化（快冷之前）、正火、完全退火、退火和球化。另外，除了表面层脱碳外，焊缝会把脱碳延伸到工件内部。充分了解了脱碳倾向之后，缓解脱碳的方法有去除表面层、渗碳（复碳）、喷砂、喷丸和均匀加热。

由式（1-20）可见，适当的气氛控制能够减少或消除脱碳，渗碳处理能够抑制脱碳。同样，缺少气氛控制或不当的渗碳工艺会引发脱碳。

尽管脱碳通常可视为一种工艺现象，在空气中高温作业会导致脱碳，特别是长时间暴露在空气中。因此，在一些重要应用场合，脱碳又被视作服役降级或零件损耗的一种形式。

1.4.8 典型脱碳数据

在提供脱碳数据之前，有必要介绍一下试验方法。一方面，早期的试验评价方法比较快，但只停留在表面层，如测试表面锉刀硬度或小载荷宏观硬度的影响。另一方面，精心使用化学分析方法也很有用。然而，最重要的诊断方法是金相法和显微压痕硬度试验。这些方法可以用在单独装夹的试样，非常有用。此类方法精确的论述可见 SAE J419。

图 1-145 所示为合金钢表面氧化脱碳层的横截面，照片中的上半部分可见到两层氧化物。铁氧化物层的形成次序通常为 FeO、Fe_3O_4 和 Fe_2O_3，FeO 形成于心部（尽管不是所有的氧化层都明显可见）。氧化物层下面是铁素体层（白色的腐蚀晶粒）外加奥氏体分解物。在照片底部，显微组织只有奥氏体分解物。在这张显微照片中，钢中的碳含量越往下越高，脱碳层延伸到视野下面。这也正是总脱碳层最简单的情形。

图 1-146a 给出了钢件近表面脱碳层的显微组织

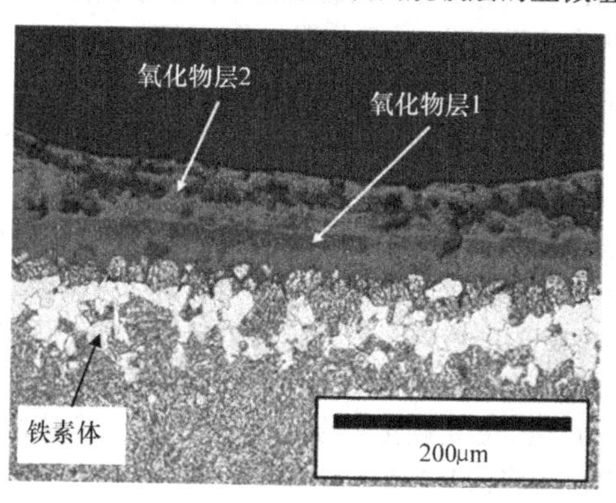

图 1-145 300M 低合金钢在 800℃（1470 ℉）空气中加热 2h 后的表面层显微组织

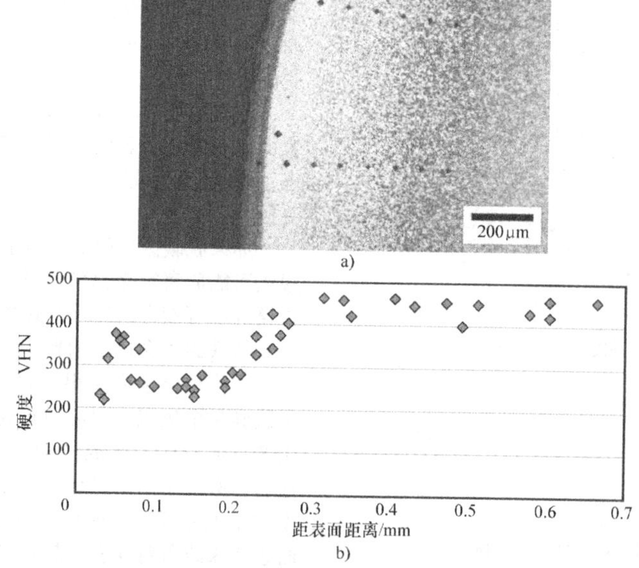

图 1-146 M48 工具钢在 1000℃（1830 ℉）下在空气中加热 2h 后显微硬度压痕典型图像及其相对应的显微硬度数值

a）显微硬度压痕典型图像 b）显微硬度数值

压痕，靠近表面的显微组织腐蚀较浅。图 1-146b 给出了硬度数据，氧化层的硬度越高，显微压痕越不规整。根据硬度数据，如果忽略氧化物层，脱碳层的硬度从 250VHN 到 450 VHN，脱碳层的厚度大约为 250mm。请注意图 1-146a 中浅色腐蚀范围与硬度的对应关系。

图 1-145 和图 1-146 给出了微观组织，反映了上游加工过程中的脱碳情况。通常最简单的方法是对疑似脱碳的钢件观察表面和检测显微压痕硬度。然而，可以通过把疑似钢种的表面样件在真空中进行简单的奥氏体化，然后快冷，就能得到界限更加分明的脱碳层。钢在淬火之后，得到的组织基本上是马氏体，随着碳含量的变化，硬度变化比得到的组织（奥氏体分解产物的混合物）更为明显。图 1-147给出了图 1-145 中试验用钢经真空奥氏体化后淬火的显微硬度梯度。尽管再现了硬度梯度，但是淬火破坏了原始组织，使一些碳扩散了，绝对需要真空淬火。

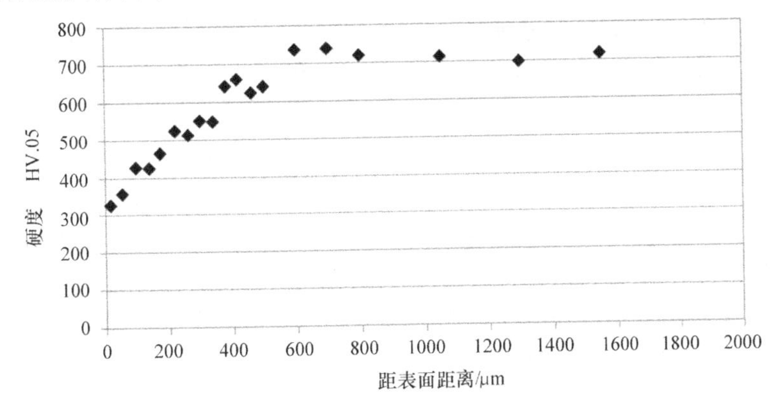

图 1-147 图 1-145 中试验用钢在真空中奥氏体化再淬冷后的硬度梯度分布（不包括氧化层），脱碳层厚度约为 500μm

式（1-25）能够计算出奥氏体的脱碳层深度（假定 $C_x/C_0=0.98$）。另外，这样的预测可帮助评估普通碳素钢在氧化性气氛中的脱碳。但是，检测零件横截面显微压痕硬度确定脱碳层厚度可能更明显，特别是在两种合金比较的情况下。表 1-49 给出了单独试验的一些对比数据。结果表明，几种合金钢的显微压痕硬度确定了脱碳层深度，暴露加热时间为 2h。在大多数情况下，随着加热温度的升高，脱碳深度明显增加。值得注意的是，高合金钢随着碳化物形成元素、铁素体化促进剂（Cr、Mo、V、W）的增加，脱碳得到了抑制。

表 1-49 几种合金钢根据显微压痕硬度计算求得的脱碳层深度

钢号	Cr、Mo、V、W 总含量（质量分数,%）	脱碳层深度/mm（in） 暴露加热温度/℃（℉） 800（1470）	900（1650）	1000（1830）	1100（2010）
Fe-C①	—	0.33(0.013)	0.68(0.027)	1.23(0.048)	2.05(0.081)
O1	1.17	0.46(0.018)	0.53(0.021)	0.74(0.029)	1.02(0.040)
300M	1.23	0.50(0.019)	0.83(0.032)	1.00(0.039)	—
A2	6.44	0.21(0.008)	0.50(0.019)	0.53(0.021)	0.64(0.025)
D2	12.65	0.26(0.010)	0.40(0.016)	0.45(0.018)	0.39(0.015)
M48	22.00	0.05(0.002)	0.13(0.005)	0.25(0.001)	—

① 根据式（1-25）计算求得的 Fe-C 奥氏体脱碳层理论值（忽略铁素体的形成）。

1.4.9 感应淬火的实际影响

一般来说，感应加热不应引起脱碳。名义上，在空气中加热 5s 会产生 0.02mm（0.0008in）的脱碳层，一般说来太薄了就没有那么重要了。应该注意的是，表面淬火用的气体混合物含有脱碳剂，这种不良的气氛控制可能导致脱碳。过长时间的过烧淬火也会产生问题，这也是通常保护气氛涉及的问题。

主要的实际问题涉及的脱碳层是前道工序在空气中铸造、热加工、热处理和退火。实际上，这还包括感应加热，钢铁板材在任何时间都可能存在表面脱碳倾向。在这种情况下，典型的保守做法是去掉一层工件表面以消除脱碳部分（和一些其他表面缺陷）。尽管工艺规范有变化，但常见毛坯的最小加工量见表1-50。比较一下表1-50和表1-49中的数值很有意义。

表1-50 去除零件脱碳层的技术要求

材料	零件厚度/cm(in)	去除深度/mm(in)
半精加工，非硫化钢	10（4）	1.6（0.063）
半精加工，硫化钢	10（4）	2.5（0.010）
热轧钢	5（2）	3.2（0.125）

在近表面显微组织和硬度允许的情况下，另外一种去除毛坯表面氧化皮的方法很简单，如ANSI/AGMA 2001－C95规定允许二级或三级脱碳，但是在放大倍数为400时不允许有明显的局部脱碳，即脱碳层厚度在0.13mm（0.005in）以内，但没有磨削的区域除外。

要求特别严格的是阀门弹簧用线材，在表面0.025mm（0.001in）下的碳含量不允许降低到0.40%，在通向心部0.013mm处碳含量必须保持在原有水平。

在任何热处理状态下，钢的性能都与碳含量相对应，包括显微组织演化、淬透性、硬度、屈服强度、抗拉强度、疲劳强度、耐磨性等。感应淬火也不例外，特别是普通的表面淬火。正在热处理的表面的碳含量与通常的冶金和力学性能规范要求有很大不同。

脱碳降低了钢的表面硬度和抗疲劳性能，导致脱碳零件的平均寿命降低。这就是为什么发生表面脱碳的关键零件或零件关键部位，通常要去除脱碳层的原因。脱碳本身不影响感应淬火工艺，但是淬火之后表面硬度下降会造成零件不合格。

脱碳可能不是由感应加热造成的，但是感应加热企业必须监控和避免这种潜在的问题。为避免零件不合格，通过正确分析以确定缺陷是在感应加热前还是后来产生的。除非特别细心，实际工序执行是在与供应商、顾客和管理者充分沟通之后进行的，否则此类监控时间会很长，而且太迟。对供应商而言，产品设计必须允许去除脱碳层或复碳。

参考文献

1. N. Birks, Mechanism of Decarburization, *Proc. of Conf. on Decarburization*,: Iron and Steel Institute, London, 1970, p 1–12
2. N. Birks, G.H. Meier, and F.S. Pettit, *Introduction to the High-temperature Oxidation of Metals* (2nd Ed.), Cambridge University Press, 2006
3. S.W. Mayott, “Analysis of the Effects of Reduced Oxygen Atmospheres on the Decarburization Depths of 300M Alloy Steel,” Master of Science Thesis, Rensselaer Polytechnic Institute, Troy, N.Y., 2010
4. R.D. Cioffi, R.N. Wright, and S. Mayott, Developing Data Bases for the Modeling of Decarburization in Steel, *Proc. 18th Intl. Forgemasters Mtg*, 2011, Pittsburgh, p 463–468
5. G. Krauss, Microstructure, Processing and Properties of Steels, *Properties and Selection: Irons, Steels, and High Performance Alloys*, Vol 1, *Metals Handbook*, 10th Ed., ASM International, 1990, p 126–139
6. B. Boardman, Fatigue Resistance of Steels, *Properties and Selection: Irons, Steels, and High Performance Alloys*, Vol 1, Metals Handbook, 10th Ed., ASM International, 1990, p 673–688
7. G. Parrish, *Carburizing: Microstructures and Properties*, ASM International, 1999, p 44
8. “Aspects of Foundry Practice and Their Influence on the Machinability of Iron Castings,” www.foseco.com.tr/tr/downloads/FoundryPractice/229-02
9. “Methods of Measuring Decarburization,” J419 1983-12, SAE International, 1983
10. R.D. Cioffi, R.N. Wright, and S. Mayott, Evaluating Decarburization in Tool Steel Rod, *Conf. Proc. 81st Annual Convention of Wire Assoc. Intl.*, 2011, p 50–55
11. M.J. Jackson, “Decarburization in High Alloy Steels”, Master of Science Thesis, Rensselaer Polytechnic Institute, Troy, N.Y., 2012.
12. R.E. Haimbaugh, *Practical Induction Heat Treating*, ASM International, 2001 p 151–164
13. G. Parrish, *Carburizing: Microstructures and Properties*, ASM International, 1999, p 48
14. L. Godfrey, Steel Springs, *Properties and Selection: Irons, Steels, and High Performance Alloys*, Vol 1, *Metals Handbook*, 10th Ed., ASM International, 1990, p 302–326

第2章 热处理设备和控制

2.1 热处理炉的分类

Alexey Sverdlin, Bradley University

工业炉是工业设备中最通用的设备之一。尽管很多领域都在使用工业炉，但却很难准确地给它一个定义。在材料加工过程中很多方面都要使用工业炉，并且基于这个现状，很多不同的工业领域在加工材料时都要在日常生产中使用工业炉。

工业热处理炉是被设计用来给不同热处理工艺进行加热的绝热外壳。热处理工艺对设备的主要要求是给工件提供必要的热源。炉内需要温度均匀分布，因而设备需要控制系统来精确地控制炉内温度。除炉温均匀性测控外，不同类型的工业炉内还会安装气氛控制、物料搬运等控件。

最基本的炉型是通过手动控制的直接加热炉。大型生产线主要使用可控气氛连续炉。在某些装置中，炉膛内装有特殊设备用来控制气氛以达到理想的表面状况。热处理炉最常见的是用来退火、正火、淬火、回火、球化处理、渗碳和消除应力。较少有热处理炉工作温度超过1400℃（2550℉），大部分的工作温度都为205～1095℃（400～2000℉）。它们通常具有良好的密闭性并结构紧凑，以确保空气不渗透，减少特殊气氛气体的外泄。在整个热处理布局中，为了满足加工时对时间-温度关系的要求，对能否提供足够的热处理能力需要进行特殊考量。

为了便于对材料进行批量加热、淬火、回火处理，淬火槽及起重机应安装在便于在最短时间内将工件从炉中转移到淬火冷却介质中的地方。在热处理炉中，因为温度大多在425～870℃（800～1600℉），很多部件由金属制成，如连续式炉中的传送带、滚筒，间接加热的辐射管、线圈的封皮及装箱退火设备。为了减少这些部件的维护，常常会使用一些特殊合金。

热处理炉的分类通常有几种方式：操作方式、用途、机械形式、加热方法、物料传动系统、能源使用类型及炉膛形式。按照热源或能源使用类型分类是常用的热处理炉分类方法之一，它可以分为燃烧加热炉、电加热炉及主要依靠风扇转动来改变空气动力场进行对流加热的热处理炉。

借助燃烧过程来加热，热量一般来源于固态、液态或气态的燃料燃烧，直接或间接对材料进行加热。最常见的燃料类型是石化燃料（如油、天然气、丙烷）。燃烧气体可以直接接触材料（直接加热）或与材料分离（间接加热，如辐射燃烧嘴、辐射板和马弗罐）。

在间接加热的炉型中，工作室充满了独立生成的气氛。最常见的气体生成方式是放热式或吸热式发生器。放热式生成燃烧气体时需要一小部分空气（获得浓型气氛）或需要大量空气（获得淡型气氛），这主要取决于希望获得什么样的气氛。放热式发生器一般由混合料燃烧嘴、燃烧工作室及气氛冷却器组成。吸热式发生器主要是通过催化重整燃料气体和少量空气来产生气氛的。吸热式发生器包括一个机械预混合系统和一个外部加热的、充满催化剂的蒸馏罐。

电加热过程（电工学）中用电流或电磁场来加热材料。直接加热法是在工件内部产生热量，方法是让电流通过材料，将感应电流（涡流）引入材料，或用电磁波激发材料内的原子/分子进行辐射（如微波）。间接加热方法使用这三种方法之一加热加热元件，通过传导、对流、辐射或组合方式传热给工件。

真空炉配有内部真空室，以防止零件与空气或大气发生反应。流化床炉通过把工件浸没在被加热的粒子流（通常是铝氧化物）和燃烧气体中加热工件。

大多数热处理炉都是燃料型的，尽管电加热炉已经取得重大进展，特别是在1095℃（2000℉）以上的高温应用中。现将两种加热方法的主要优点和缺点总结如下：

1. 电加热的优点

1）在使用现场，环境比燃料炉更清洁。

2）由于没有主要的排气系统，工厂的环境往往比较凉爽。

3）由于没有燃烧噪声和风机，运行更安静。

4）电网使加热更均匀。

5）不需要补风系统，不影响建筑物空气压力。

6）相对较高的能源效率。

2. 电加热的缺点

1）能源区域控制的灵活性受到限制。

2）改变加热能力有困难。

3）通常初始设备投资成本较高。

4）高峰时段电能费用较高。

5）通常运行费用较高，取决于当地能源费率。

6）电气元件必须更换，以保持最高效率。

3. 燃料加热的优点

1）使用简单的方法就可以灵活更换各种燃料。

2）能够通过回热装置从废气中回收热量。

3）通常比电加热的加热时间更快，能源成本更低。

4）采用对流和辐射传热。

4. 燃料加热的缺点

1）通常需要一套非常昂贵的通风系统来排放废气。

2）需要一套控制系统以保持燃烧效率最佳。

3）由于燃料的堆积损耗，效率较低。

4）如果使用不当，可能导致爆炸或火灾危险。

热处理炉的另一种分类是根据操作方式进行的。基于这种分类，热处理炉既可以是间歇式操作的，也可以是连续式操作的。这两种类型的基本区别不在于制造材料，尽管由于固有的设计要求存在差异。相反，关键的区别在于如何在设备内定位工作负荷，以及它们如何与炉膛内的气氛相互作用。间歇式炉往往用来处理需要长时间、大而重的工作负荷。在间歇式炉中，工作负荷通常是静止的，因此可以在接近平衡条件下与炉膛内气氛进行相互作用。在所有的间歇式炉类型中，整体淬火炉是最常见的。连续式炉的特点是工件以某种方式移动，工件周围的气氛随着工件位置的变化而发生急剧变化。在所有连续式炉类型中，推杆式炉是最常见的。

热处理炉可进一步分为熔炉和烤炉。今天（2014 年），烤炉结构可用于工作温度小于 760℃（1400 ℉）。烤炉采用对流加热技术，即以空气流通、燃烧产物或惰性气体作为加热工件的主要手段。烤炉与熔炉的结构也有很大的不同。

物料搬运系统的选择取决于物料的性质、所采用的加热方式、最佳的操作方式（连续式、间歇式）以及所使用的能源类型。过程加热设备的一个重要特性是如何将物料移入、加热和移出系统。物料搬运设备的几种重要类型有传送带、网带、料桶、辊棒、滚筒、旋转式转底炉、步进式加热炉、推杆式炉、台车式炉和连续式钢带炉。

从应用角度看，热处理炉可用于固溶处理和时效硬化、淬火、回火、退火、正火、消除应力、钎焊、渗碳和碳氮共渗。

对热处理炉来说，还有一些特殊用途炉型，包括连续板坯加热炉、方坯加热炉、电子束表面处理设备、感应加热系统、激光热处理设备、石英管炉、电阻加热系统、转指炉和螺旋输送炉。

热处理炉结构有几个设计标准，包括工作温度、加热方法、热膨胀材料、气氛和气流模式。若有必要，每个热处理炉应有温度控制以及显示气体和空气压力的仪表。热处理炉的主要参数是整体尺寸、工作空间尺寸、燃料消耗量（单位为 kg/h 或 m^3/h）（对于电炉，额定功率为 kW）、加热区的数量及其功率、最高温度、质量（单位为 t）和工作能力（单位为 kg/h）。

在所有的热处理布局中，应特别考虑提供足够的炉容量以维持处理所需的时间 - 温度关系。超出正常生产能力的热处理炉通常会产生不稳定和不均匀的产品。

为了间歇式转运加热、淬火和回火的物料，淬火槽和起重机的位置应确保将物料从炉中移到淬火冷却介质中的时间最短。热处理炉的布置必须确保第一炉淬冷后，第二炉可以立即安排装料并及时进行下一步处理。这种类型的操作通常需要三台炉子：两台加热炉和一台回火炉。

在选择热处理炉时，必须仔细考虑待加热产品的类型、待处理的种类和所需的生产率。表 2-1 列出了热处理炉的分类，表 2-2 列出了热处理炉的应用。

表 2-1 热处理炉的分类

操作方式	间歇式操作	台车式炉、箱式炉、升降式炉、井式炉、真空炉、车底式炉、罩式炉、空气动力热处理炉、离子炉、电子束炉、激光炉、翻转式炉、马弗炉、吊盖式炉、流化床炉、龙门架炉
	连续式操作	推杆式炉、滑轨炉、辊轨式炉、车盘式炉、辊底式炉、辊梁式炉、振底炉、步进式转底炉、输送带炉、螺旋输送带炉、连续式网带炉、往复式回转炉、转筒式炉、转指炉、推杆式炉和转底炉加热系统、链式炉、高架单轨炉、驼式炉、立式炉

（续）

加热方法	燃烧加热（燃气加热、燃油加热）炉、电加热炉、辐射管加热炉、空气动力学加热炉、电阻加热炉、感应加热炉、盐浴炉、流化床加热炉
应用	热处理（硬化和回火）炉、时效硬化炉、淬火炉、回火炉、退火炉、固溶处理炉、正火炉、去应力退火炉、钎焊炉、渗碳炉、碳氮共渗炉、渗氮炉、铁素体碳氮共渗炉
材料转运系统类型	传输带式炉、桶式炉、辊式炉、步进梁炉、推杆式炉、台车式炉、连续钢带式炉
传热方式	辐射炉、对流炉
余热回收	可复原炉、可再生炉

表 2-2　热处理炉的应用

热处理工艺	热处理炉
时效	空气动力学热处理炉、罩式炉、箱式炉、电阻加热炉、立式炉
退火	空气动力学热处理炉、罩式炉、箱式炉、电阻加热炉、台车式炉、立式炉 、输送带炉、升降式炉、驼式炉、激光炉、单轨炉、井式炉、推杆式炉、转指炉、螺旋输送炉、振动式炉、裂解炉、反转式炉、真空炉、步进梁炉
奥氏体化	整体淬火炉
等温淬火	输送带炉、盐浴炉
淬火	空气动力学热处理炉、罩式炉、箱式炉、电阻加热炉、台车式炉、输送带炉、电子束（表面）击炉、升降式炉、流化床炉、驼式炉、感应设备、整体淬火炉、单轨炉、井式炉、推杆式炉、石英管炉、电阻加热设备、辊底式炉、转指炉、盐浴炉、螺旋输送炉、振动式炉、翻转式炉、真空炉、步进梁炉
固溶处理	空气动力学热处理炉、罩式炉、箱式炉、升降式炉、井式炉、推杆式炉、辊底式炉、真空炉
去应力退火	空气动力热处理炉、罩式炉、箱式炉、台车式炉、升降式炉、驼式炉、整体淬火炉、单轨炉、井式炉、推杆炉、电阻加热炉、辊底式炉、螺旋输送炉、振动式炉、裂解炉、翻转式炉、真空炉、步进梁炉、转指炉
回火	空气动力学热处理炉、罩式炉、箱式炉、台车式炉、立式炉、输送带炉、升降式炉、流化床炉、驼式炉、螺旋送输炉、振动式炉、翻转式炉、真空炉、步进梁炉
正火	箱式炉、台车式炉、立式炉、整体淬火炉、单轨炉、井式炉、推杆式炉、电阻加热炉、辊底式炉、转指炉、盐浴炉、振动式炉、翻转式炉、真空炉、步进梁炉
烧结	驼式炉、石英管炉、井式炉、推杆式炉、真空炉、步进梁炉、网带炉
发蓝处理	罩式炉、井式炉、辊底式炉
渗氮	罩式炉、流化床炉、离子炉、井式炉、推杆式炉
钎焊	驼式炉、真空炉、输送带炉
渗碳	箱式炉、台车式炉、立式炉、输送带炉、流化床炉、离子炉、井式炉、推杆式炉、辊底式炉、振底炉、真空炉、盐浴炉
均匀化	箱式炉、台车式炉、输送带炉、井式炉
可锻化退火	箱式炉、台车式炉、推杆式炉、辊底式炉、翻转式炉、盐浴炉、升降式炉
球化处理	台车式炉、输送带炉、井式炉、翻转式炉
复碳处理	立式炉、输送带炉、整体淬火炉、井式炉、推杆式炉、辊底式炉
碳氮共渗	立式炉、输送带炉、流化床炉、整体淬火炉、离子炉、井式炉、推杆式炉、电阻加热炉、辊底式炉、盐浴炉、振底炉、真空炉

（续）

热处理工艺	热处理炉
氮碳共渗	流化床炉、整体淬火炉、离子炉、井式炉、推杆式炉、盐浴炉、真空炉
蒸汽处理	流化床炉、专用蒸汽热处理炉
渗金属	推杆式炉、真空炉
分级淬火	盐浴炉
碳沉积	真空炉
脱气	真空炉

2.1.1 间歇式炉

间歇式炉是由一次一批的热处理方式及炉子本身的设计命名的。间歇式炉在尺寸上略有不同，包括从披萨烤箱大小的小炉型到汽车底盘炉这样恰好可以用轨道小车来装产品的大炉型。

间歇式炉可以是单独的装置，如图 2-1 所示，其容量为 1600kg。这种比较普遍的间歇式淬火炉，一般工作温度为 790～950℃（1450～1750℉），最高工作温度可达 1095℃（2000℉），可用于渗碳、碳氮共渗、中性淬火、铁素体氮碳共渗、正火、退火、球化处理、应力消除。它可用于驱动器、车轴组件、传动部件轴、紧固件、轴承及齿轮等产品。

间歇式炉也可以和其他工艺，如淬火系统组合在一起，如图 2-2 所示。图 2-2 所示的顶装料炉不使用淬火槽也可以，不需要使用保护气氛。它的最高温度可达 650℃（1200℉），在没有淬火槽的情况下最大装载量为 5t，有淬火槽时最大装载量为 2.5t。间歇式炉装载后在固定时长加热之后卸载。间歇式炉可分为箱式炉、密封箱式炉、井式炉及台车式炉。

图 2-1　间歇式多用淬火炉

一般来讲，间歇式炉包含金属加固外壳的绝缘室、加热系统，一个或多个通往加热室的通道。最常见、最基本的间歇式炉是箱式炉，如图 2-3 所示。这种炉是一个高度隔热的钢箱，一面有门，内部有一个或多个气体燃烧器。箱式炉依据尺寸（箱体越大，可加工的零件就越大）、温度等级（温度越高可

图 2-2　间歇式炉系统

加工的产品越广）及生产率来分类。图 2-3 所示为电加热、57kW、1095℃（2000℉）的箱式炉，其他间歇式炉包括盐浴炉、真空炉、流化床炉和空气动力加热炉。

绝缘材料可以用纤维（如毯子或者垫子）、硬物（如木板、厚板、砖）或折叠的毯子模块。很多工艺需要涉及温度控制，因此好炉子往往需要更精确的

图 2-3　大型惰性气氛箱式炉

温度控制。在无气氛控制的炉中，燃烧器在炉室内直接点火，这一般被称为反应罐。在可控气氛炉中，燃烧器为辐射管，或者炉子设计保证燃烧器点火过程与炉内的载荷隔离。

在很多情况下，炉子同时装有内部及外部热循环系统。在外部热循环系统中，热交换器或热回流装置安装在设备外部，这种情况下，热交换器与设备操作整合到一起。在内部热回收循环系统中，燃烧产物在设备内部循环，因此火焰燃烧温度相对低些。

间歇式炉一般用于对小批量零件的热处理，也用于需要较厚层深或较长时间的渗碳。但其优势在于处理的零件尺寸上，而非渗层厚度，如难以用传送系统连续处理的特殊零件（如处理长钻杆的井式炉），或用台车式炉处理体积较大但数量较少的零件，如释放应力，或大锻件或铸件回火，或处理需要对热处理周期进行大范围更改的特殊零件。

1. 箱式炉

箱式炉有多种尺寸、应用和温度范围。关于其类型的大致分类是十分模糊的，最基本的是一个全封闭的、带门的加热箱，可以单次打开或关闭炉门，并有一个坚固的炉膛。一个典型的箱式炉开始时是室温或稍微高于室温，而后加热到最高温度，随后冷却回到初始温度。这种描述可以无限变化。箱式炉，顾名思义，十分像个箱子，需开门上料或通过其他机械装载。

图2-3所示的箱式炉包含镍铬合金线圈（由真空形成陶瓷纤维支撑）加热工件。工作空间的尺寸为宽 76cm、深 122cm、高 76cm（30in × 48in × 30in）。炉子有 18cm（7in）厚的隔热壁，由 13cm（5in）、1260℃（2300℉）的陶瓷纤维和 5cm（2in）、925℃（1700℉）的陶瓷纤维组成，16.5cm（6.5in）厚的隔热底板由 11cm（4.5in）、1260℃（2300℉）的耐火砖和 5cm（2in）、650℃（1200℉）的隔离板组成。

炉子的结构主要取决于它将服役的环境。如果所处环境有特殊气氛或者其他有害物质时，需要安装保护装置。电炉或燃气炉的良好使用性能与其安全性能密不可分。

炉膛尺寸十分灵活，既可能小于 $0.5m^2$ 又可以接近 $3m^2$。加热既可直接加热也可间接加热，也可使用电加热。如果有气氛控制要求往往要使用隔热炉或者半隔热炉。这类炉常常用来处理单个工件或者试验、研究中的小批量热处理，或者数量较小的生产。箱式炉的传热依靠在炉顶下面安装一个风扇或者是在炉外安装风扇以促进热循环。

箱式炉是由连续焊接的钢板和重型结构钢加工而成的。炉壁和炉顶覆盖低热质量的陶瓷纤维毯加以阻隔。炉门采用边缘堆叠的纤维隔热材料来减少因频繁开关门产生的堆叠失效。底板和出口附近由耐火砖压实。由此炉壳温度不得比环境高出 120℃（215℉）左右。

加热元件是耐火板固定的镍铬合金线圈。功率密度小于 $23250W/m^2$（$15W/in^2$），以保证产品寿命及热量分布均匀。陶瓷支座使元件远离炉壁绝缘层以保证热流及炉温均匀性。这种箱式炉的工作温度范围为 1095～1200℃（2000～2200℉），且加热到最高温度仅需 1h，精确度为 ±5.5℃（10℉）。有些炉子使用硅碳加热元件来代替镍铬合金线圈，这使得炉温可以达到 1540℃（2800℉）。

箱式炉也用于材料淬火。箱式淬火炉温度可以达到 1230℃（2250℉），并且可以自动将强化后的材料或零件移入淬火室。箱式炉的另一项应用是晶片产业的热氧化。图2-4所示就是可以在晶片表面形成一层薄氧化层的箱式炉，它的最高温度可以达到 1250℃（2250℉）。在炉内，氧化剂在高温下扩散到晶片中并与之反应。

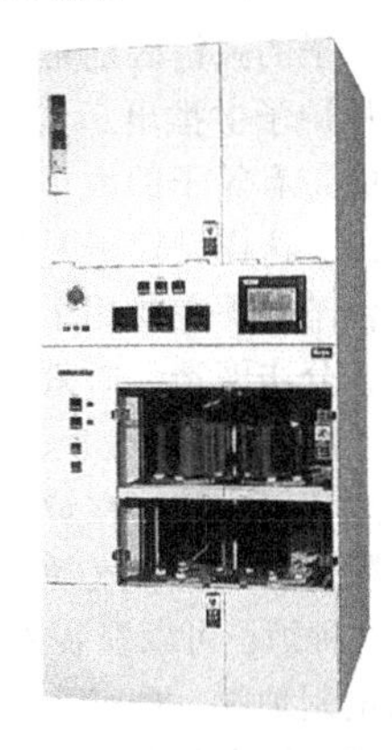

图2-4 热氧化用箱式炉

马弗式箱式炉有时也被称为蒸馏炉，是一种将需要处理的材料与燃料隔离开，并且所有产物都可再次进行燃烧的炉子，包括气体或粉尘。在发达国家，发展了先进的高温电加热元件及广泛的电加热化，新型的马弗炉很快改为电加热设计。

马弗炉通常采用前装料的箱式炉膛设计，用于高温处理，例如熔融玻璃、施釉、陶瓷烧制、软钎焊和硬钎焊。它们也经常在研究工作中应用。

强制对流箱式炉在实验室和生产中有多种用途，包括干燥、硫化、退火、材料试验和沥青试验。其风扇和加热器安装在炉子的顶部可以避免被溢出物损坏。其最高温度是 204℃（400℉）。

炉子的外部材料是采用横跨边界的金属制作而成的，这样覆盖在最后一层隔热材料时可以防止炉子被损伤。因为炉子是在工业车间中使用的，这种耐久性显得更加重要，因为偶尔会有材料或者工件掉落或者放置到炉子上。另外，当炉子内部的物体或者炉子本身发生爆炸或者故障时，这种坚硬的外壳可以防止热的碎片或有毒的气体从炉中泄漏出来，这些都显得尤为重要。外壳必须要保护炉子外面及内部的物体。

在所有上述提到的炉子中，内部材料最重要的目的就是对内部进行隔热保温。纤维材料通常用于高温炉，因为纤维中包含着大量的空气，是极好的隔热材料，而不锈钢材料通常用于实验室炉子，这样可以保证无菌。

炉子中的加热部件大多数都是陶瓷的，因为陶瓷具有高的耐热性能和良好的导热性能。因为加热部件是炉子中温度最高的元件，它们不可避免地要耐高温，并且不会释放烟雾或碎屑污染炉子中的样品或零件。

2. 台车式炉

台车式炉非常庞大，是用于工业生产中的首选。台车式炉和其他炉子的独特区别是装载的工件通过一个小车进入或从炉子中推出。重要的是，热处理炉的底部在庞大的带有轮子的大车上，这样便可以从炉子中推进推出。这样设计是因为台车式炉经常用于大的物件。台车式炉主要用于处理长物件、毛坯、钢板和铸锭，分步锻造、时效、退火、等温淬火、淬火、正火、预热、固溶处理、去应力和回火。

图2-5所示为台车式炉，在炉子的侧墙、炉顶和门洞上有多层隔热材料，有气动箱式密封门和电动竖直提升门。这种炉子可以安装风机、进行分区、控制工艺过程和定制炉膛。台车让这种炉子的装料变得很简单。它们能够进行精准控制，采用水银接触器或晶闸管控制器，配备有风机，还分为多个区，

图2-5 台车式炉

并且能够进行均衡的温度和空间控制。燃气炉配备有高速多区域燃烧器。燃气炉最高温度可以达到1300℃（2400℉）。电炉配备有含铁铝铬的加热元件，温度可以达到1200℃（2200℉），带有标准镍铬元件的可以达到1095℃（2000℉）。图2-5中的炉子最高温度可以达到1000℃（1800℉）。除了炉膛和炉膛支撑隔热材料外，都采用陶瓷纤维。这些炉子专为重载工件设计。

台车式炉外壳上安装有燃烧器和加热单元，安装好的炉膛由从炉子中进出的分离开的台车组成。台车通过安装在底部的由电动机驱动的齿轮和链条开进开出，台车本身靠安装在两侧轨道上的轮子移动。炉子的门洞是竖直提升形式，横跨在整个宽度上，靠液压或电动机驱动。

在门洞下面的结构是台车的尾部或轨道形状的单元带动着炉子开进和开出。头顶的起重机把工件装入炉子底部。台车式炉通常也叫作转向炉。炉子的底层是一个隔热的可移动的小车。台车式炉装满一炉子的工件有时要花上几天时间，以至于整个工件的表面都能有均匀的加热密度，为了增加热量的循环，工件通常放置在耐火支座上。

台车底部支座与炉子更加贴合，通过沙子密封来避免废气的泄漏。已经建造的台车式炉可以用来容纳数吨到几百吨的工件，用于轴类、钢棒、厚板、铸件和各种混杂物件的热处理。

这些热处理炉经常被用于加热大型的需要压力成形或者热处理的金属制品。它们也可以用于干燥铸造厂大量的模具。有两种类型的台车式炉，它们的不同之处主要是运输小车在炉膛的上面或下面。运输小车在炉膛下面的台车式炉，小车在炉子本身的轨道上行走，只有工件或装载工件的器具在炉子内部。在这种类型的炉子中，工件一般加热到900℃（1650℉）左右，且长度一般小于25m（82ft）。

台车式炉的台车可以在安装在台车上的电动机的驱动下自动行进，也可以由安装在底部的电动机带动连续的链条或齿轮组驱动着推进和推出。带有电动机驱动的台车由重型钢板和构件组成。台车的四周由带筋的锚固件和浇注料浇筑而成，这种浇注料耐热冲击。在台车四周的内部是耐火砖，表面浇筑有5cm（2in）厚的耐火浇注料用于抵抗外表的重载。每隔一段间隙都有专门为叉车放置物件制作的浇筑支座。低载的台车可以根据物件的结构和重量进行相应的配置。台车通过安装在上面的交流电动机和盘车开进和开出热处理炉。电缆卷盘为台车提供电力。台车轨道带有固定的底座，它们可以安装在地面上。台车底部的炉子在炉床或加热炉膛上部

带有拉杆，从其他方面来看，这种炉子用来加热涂有釉料的产品，例如餐具和冰箱等。这些变化由于整个台车在炉中和产品一起被加热造成。然而，大部分台车式炉用气、液体燃料或电阻加热器（含有铁铝铬元素或镍铬元素）进行加热。这些炉子的操作方法和标准的炉子相似，用燃料加热空气和炉膛。这些炉子往往配置有一个大门用来在大车或输送装置进出炉子后帮助密封炉子。

这些炉子的尺寸对其结构影响很大。一般来说，通常由焊接在支撑结构上的厚钢板组成炉子的外壳。内部通常是由耐火材料、陶瓷纤维和保温棉组成的，这些配置就保证炉子可以快速加热和冷却。总的隔热层厚度根据每个炉子的温度范围而定，不过通常为 20cm（8in）左右。热处理炉通常包括由镀铝的钢板构成的空气挡板。大多数时候，冷却循环系统也包括在整体的设计中。

台车式炉可以直接或间接加热，多样的设计已经用于改善炉膛中的热量分布。有些炉子中安装有电加热器。台车式炉包括两个相邻的炉膛，并带有一个普通的隔墙可以使退火和回火更为方便。

3. 升降式炉

升降式炉和台车式炉相似。由在炉床下特殊位置的装置带着台车转动，然后由一个电动机提升装置提升至炉膛，如图 2-6 所示。这些炉子用来处理大型及很重的工件，并且可以通过里外带有气体循环的装置对工件进行快速冷却。升降式炉的外壳比台车要降低一些，这样和传统的带有台车的炉子相比，可以提供更加充足的沙子和水密封。升降式炉适合对非铁合金进行固溶处理和沉淀强化处理。升降式炉的温度范围通常控制在 290 ~ 1260℃之间，气体加热和电加热都是这个温度范围。

4. 井式炉

井式炉也是当今（2014 年）工业中常用的热处理炉。同样，井式炉通常有很多型号和生产厂家，其中一个如图 2-7 所示。井式炉有很多应用，主要的用途是高低温的回火处理、退火、固溶处理、陶瓷化处理、上釉、渗碳和渗氮。井式炉通常也用来正火和淬火。

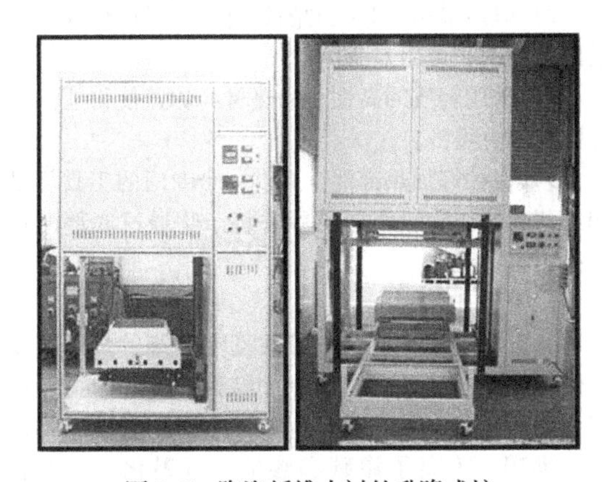

图 2-6　陶瓷纤维内衬的升降式炉

图 2-7　直径为 122cm（48in）的小井式炉

在带有圆柱形和矩形炉体的井式炉中，材料通过炉顶的一个门进行装载和卸载。大型井式炉通常把工作炉膛的一部分安装在地面以下，很多小型和不深的炉子安装在生产地面上，可以方便地装卸材料。等待处理的材料可以在空中悬停，装进一个料筐里然后放置到炉膛中，或者对于一些大型铸件，可以放置在炉中的支座上。

这种炉子的温度上限是 1200℃（2200℉），温度范围取决于生产商、型号及燃烧器的型号。井式炉既可以用气体加热也可以采用电加热，循环方式可以是自然循环也可以是强制循环，是否配置气氛处理的设施完全可以自己选择。井式炉通常用于长的工件，并且对密集摆放在料筐里的工件是很适合的。

图 2-8 所示的井式炉能够处理多种形状的零件，从针状轴承到大型齿轮，热处理工艺包括气体渗碳、碳氮共渗、气体渗氮、淬火、回火、退火（有气氛保护或无气氛保护）和时效。

图 2-8　立式井式炉

每种井式炉的加热过程都是不一样的。在气体加热的炉子中，炉子带有两个炉膛，一个带风扇加热室，另外一个为工作室。燃气被点燃以后，工件开始被加热，热量向工作室扩散。加热室通过循环风机进行加压。在工件上方形成压力，这种压力产生吸力，使热气在工件上方形成强力循环。这与电加热炉是基本一样的，仅仅有一些不同。第一个不同点是电加热炉使用空气而不是燃烧过的废气。再循环对流加热系统把有压力的空气带进工作室。加压的空气通过加热室中的加热部件进行加热，这些空气从工作室中再次循环。

在设计中，必须考虑一些特定的因素。炉子必须达到设计的温度，并且必须经受住这样的温度。加热室通过采用冷面和热面相结合的耐火砖以保证隔热保温充分，然后外面是陶瓷材料。这样便能很好地控制加热室的温度。工作室也是有内衬的，可以用来减少装料和卸料时的磨损。炉子也有一个电动或者空气驱动的顶门。每一个门洞可以帮助操作者打开炉门移动处理的工件。炉门安装在顶部，因此任何一个工件都可以通过顶部的提升机来进行装料。

井式炉在设计上有安全的特点，例如，当炉门打开时，炉门联锁系统将会关闭电源。燃气炉比电加热炉更安全，如空气鼓风机、计时器、高低气压转换开关、带有泄漏传感器的自动安全截止阀、主截止阀门。每种型号的炉子都可以进行过热急停，当温度升高至一定的温度，整个炉子就会停止工作。

井式炉也有使用要求。首先，必须达到客户设定的温度；其次，在加热室中加热温度必须保证均匀性。正常情况下，炉子模型会指定温度下降的范围。例如，炉温均匀性在1000℃ ±5℃ （1830℉ ±90℉）范围内。炉子也需要能够快速升温和冷却，这样在使用炉子时可以节省时间。

5. 盐浴炉

盐浴炉是另外一种类型的热处理炉，也叫作铅浴炉。这类炉子有一个熔池的盐或铅溶液，将待处理材料浸入其中进行热处理。这类炉子通常很小，在间歇式处理时采用像锅型一样的机器。但是也有一些大型的炉子是建造成矩形的，深度超过4.5m（15ft），可以满足大型工件，并且采用输送机可以连续操作，通常配备有铰链或一个减少烟气散失的可供通风的罩子。这类炉子用于对温度均匀性要求高并能对工件温度进行精准控制的地方。

图2-9所示的盐浴炉由在顶部带盖的耐火钢制坩埚、多层的隔热材料和耐火砖构成。400V，50Hz，三相加热，电阻加热线圈安装在坩埚周边的陶瓷管上，加热温度可达1000℃ （1830℉），通过一个带比例－积分－微分温度控制器的热电偶实现控温。

盐浴炉中的浴池加热并维持到合适的温度靠的是电加热器或燃料燃烧。工件在处理时表面得到盐浴和铅浴保护，保证温度均匀。许多工件部分选择性加热可以通过部分浸入来完成。表面硬化处理可以通过这种简单便宜的设备轻松完成。在900℃（1650℉）范围内变化的热处理应用包括去除应力、硬化、回火、等温淬火、分级淬火、渗碳、碳氮共渗和渗氮。盐浴炉的特点如下：

图2-9 盐浴炉

1）干净，安全，低噪声操作，可能是通过电加热时最好的工况。

2）保证了坩埚温度均匀，没有过热点。

3）可获得良好的炉温均匀性，从而保证了热处理的高质量。

4）通过充分快速的电源可以实现快速回温和最高生产率。

5）可对重型工件进行无故障操作。

6）使用寿命长，厚重的镍铬加热部件可以实现快速简单更换。

7）整体采用高等级的隔热材料，可以保证最高效的热效率和使用寿命。

8）采用轻质的高性能隔热材料炉盖使得盐浴炉在空载期更经济。

9）保护好加热部件，提供一个专门的工具可以用来清理盐浴和铅浴的炉膛并将杂物通过底部的孔洞排出。

6. 真空炉

真空炉是一种整个炉膛被真空环绕的炉子。真空炉代替普通炉子在生产中可以获得更好的物理性能和力学性能，用于退火、淬火、固溶处理、回火、低温渗碳、等离子渗碳和渗氮、石墨化、钎焊和烧结。

真空炉使用高温和低气压处理工件，通常在航空航天工业中使用。真空炉和其他炉子相比有很多优点。均衡加热的原因是热量通过对流流过整个炉子。真空炉提供的温度范围为 1100 ~ 1600℃(2000 ~ 2900℉)。由于真空的原因，炉内温度可以得到精准的控制。电加热真空炉和传统的燃气热处理炉技术相比已经消除了环境污染问题，并且可以和盐浴炉配合使用，可以进行精准的温度控制生产出高质量的产品。

真空炉中的污染水平和其他炉子相比是非常低的。缺少空气就阻止了氧气以及碳和其他空气成分污染金属制品。真空炉也能满足快速淬火的需要。当金属准备冷却时用一种惰性气体（通常是氩气）充满整个炉子消除热量。当使用惰性气体时，气压是大气压力的两倍。加压的气体赶走热量并把金属冷却到 400℃。炉子有一个双层圆柱状设计：外层是真空，内层用来钎焊或加热工件。炉子可以采用侧面装料或顶部装料，配置有门或盖子可以将外界空气完全密封。最大的顶部装料炉子直径 37m（120ft）、高 55m(180ft)。最小的真空炉的加热空间仅仅有 13cm(5in）宽、13cm（5in）高、25cm（10in）长。温度、真空度和其他可能对工件造成影响的因素都通过计算机进行控制。在这些炉子中，燃烧器都是采用燃气燃烧器并和真空圆筒隔离开。真空系统由回转叶轮泵、扩散泵和自动控制的阀门构成。

真空炉的炉膛尺寸从 0.028m^3（1ft^3）到数百立方英尺变化，这样就能够处理从几磅到数百吨的工件。真空炉有以下三种基本设计：①水平装料炉或箱式炉；②顶部装料立式炉或井式炉；③底部装料立式炉或罩式炉。

水平装料的设计通常采用带有 O 形密封的凸起门的圆柱形外壳。许多炉子都配备有永久的提升和可移动装置。一些水平装料炉包含多个炉膛可以进行内部的工件转移。输送带、步进梁、辊底炉膛和推杆式炉的设计都适合做真空炉。当处理细长条的工件或大型重载的工件时优先选择立式装料炉。

图 2-10 所示的真空炉有两个炉膛和独立的控制系统以及共享的泵系统、感应电源，最高的加热温度可以达到 2300℃（4170℉）。石墨坩埚可以装载一个 900kg 的工件。这种炉子有个小型工件通道，可以保证温度更加均匀。

热壁真空炉是第一个设计炉型。加热部件安装在一个耐热绝热室内，环绕在装有工件的真空炉膛。缓慢加热和冷却可以把温度降到 980℃（1800℉），这和燃气真空炉比较相似。

冷壁真空炉包含一圈安装在炉壁上和门上的水冷装置。外部容器的温度维持在环境温度，这样就不用再

图 2-10　卧式感应真空炉

建造大型的构筑物，因为容器的强度没有下降。此外，真空起到隔热器的作用，因为真空的热导率为零。

热区环绕在加热元件和内装工件的炉膛周围，远离炉墙，这样就可以使热量更加集中。隔热区通常建造成矩形箱体并装有刚性的石墨板，这是一种石墨毡材料或者是板和毡的组合。

热区最为重要的两个关键设计是防止隔热材料的变形，材料变形会导致翘曲、裂缝和垮塌。对加热区来说，一个合适的设计就是采用可靠的固定装置。另外一个因素就是热膨胀和收缩，必须考虑在内并充分消除，使得隔热材料膨胀和垮塌的风险最小。

全部金属加热区由多层同轴的薄片状耐热钢板组成，它们可以将能量反射回炉膛。炉子中的真空可以防止对流热损失并允许使用多层轻质辐射挡板。纯钼就是加热区最常用的耐热金属。

真空炉中的工件大多数情况下放置在由钼、奥氏体不锈钢或耐热镍铬合金制作的托盘或料筐中。作为工件支撑的托盘停放在石墨或金属炉床上，组成在炉子壳体下方三个或四个水平的栅栏。片状或管状的陶瓷材料通常被用于隔离的固定底座。

加热部件在高温下不能恶化，必须辐射出相当数量的能量，并容易更换。高温真空炉的加热部件材料包括耐热金属（钨、钼和钽）和纯净的石墨。

抽吸系统通常分为两个子系统：初步抽吸泵和高真空泵。分类为机械型、扩散型和低温深冷型的真空泵通常结合使用。

真空退火炉在加热前和加热中和所有的气氛连同正常气压的空气（氧气、氮气和水蒸气）从炉膛中排出。高温真空炉（ >980℃或 1800℉）是用于盐浴加热处理、钎焊、烧结应用的极好的替代品。燃气炉在高温时不能进行高效的操作。电能成本占真空炉用于加热处理总成本的¼ ~ ⅓。只要一安装，真空炉就越来越多地被用于处理以前使用燃气炉加工的工件。电加热真空炉对于满足长期的工业热处理目标也做出了贡献。

7. 车底式炉

车底式炉通常用于大型零件或焊接结构件的退

火、正火、回火和固溶退火。车底式炉的主要功能是将大型零件（例如重型铸件或工具钢模具）退火和淬火至800~1100℃（1470~2010℉）之间的温度。有时，车底式炉还可以与辐射加热一起使用。在车底式炉加热过程中最方便的部分是可以把负载装载到炉外的推车上，然后在推车所在的轨道上滑动。包括电动液压升降门和电动推车的一系列设计，可以使炉子在加热的时候打开，取出载荷进行冷却或淬火。

其他设计包括在炉中安装冷却监测器，从而可以更密切地监测冷却过程。最新的设计是每一侧都是打开的，这样以便一个推车加载，而另一个推车加热，然后一辆推车移开后，再放进去冷却，这能使生产效率实现最大化，同时也缩短了处理时间，并且当新载荷加热时可以使用炉内的剩余能量。车底式炉的主要部分是加热区、真空室、气体淬火系统、真空泵系统和电源。

车底式炉可以在各种温度下工作，并且可随着燃气循环温度从低温到高于1200℃（2190℉）的温度条件而变化。另外，其他制造商生产的车底式炉通常在1370℃（2500℉）下运行，但可以高达1450℃（2640℉）或更高。一些特制的炉子配备了一个简单的冷却系统和加热系统，这将给操作者提供一个更加宽泛的温度范围。

这些大型炉子的主要优点是在工作室两端设有双料台水冷门。如前所述，这样允许工作负载从一端移走，而从另一端加载，大大提高了这种大型炉子的生产率。带有自动锁环的铰链式前门和后门允许炉子保持稳定的内压。炉子的高性能气体淬火系统使用双气体回流管来降低压降。车底式炉热区是独一无二的，因为它采用了厚厚的石墨毡绝缘体的柔性屏蔽热基座。这就是车底式炉带来如此令人印象深刻的加热和冷却时间的原因。绝缘和加热元件安装在不锈钢支撑结构上，允许重量过大，同时保护零件免受可能达到1540℃（2800℉）的极高温度。专门设计的转运车可安全地移动高达68t（15万lb）的极重工作载荷，并沿着地板上的耐用轨道系统进行精确的装载和卸载。

可能的工作区域尺寸为137cm×137cm×ϕ366cm（54in×54in×ϕ144in），其容量为23t（5万lb）；137cm×137cm×ϕ3732cm（54in×54in×ϕ288in），其容量为45t（10万lb）；137cm×137cm×ϕ1097cm（54in×54in×ϕ432in），其容量为68t（15万lb）；203cm×203cm×ϕ1097cm（80in×80in×ϕ432in），也有68t（15万lb）的容量。这些炉子长达11m（36ft），可以容纳约75t（16万lb）的工作载荷。使用车底式炉的另一个好处是由于其形状，可以实现相对均匀的热分布。一些制造商通过热区保证温度均匀度为±5.5℃（±10℉），不仅通过形状，而且通过整个热区的石墨绝缘体达到一致的温度，该炉可用于高温达1370℃（2500℉）。薄薄的分段石墨电阻加热元件使加热和冷却的过程控制均匀。

车底式炉通过编程几乎可以实现完全自动化。操作员需要确保负载正确地装载在推车上。一旦推车滑入炉内，操作员除了观看屏幕并确保温度在其应有的位置之外，没有什么其他的事情可做。除了操作员的工作量最小化之外，车底式炉的设计还具有长寿命、易于维护、最小停机时间和较低的运营成本等特点。

车底式炉使用的材料必须能承受非常高的温度。对于实际的热区，大多数公司在炉膛中使用带有石墨导轨的钼销；在热区使用薄的、弯曲的、分段的石墨加热元件；在炉子长度上运行薄的、平坦的、分段的石墨加热条。大多数炉子有四层13mm（0.5in）厚的高纯度石墨毡，在炉边和炉的底部有六层相同的石墨毡用来绝缘。一些车底式炉具有全陶瓷纤维绝缘，如图2-11所示。所有绝缘和加热元件都安装在重型不锈钢支撑结构上。

图2-11 车底式炉

至于炉子的其余部分，真空室是有前后门的双壁水冷卧式室。其超大的进水口和出水口确保了最大的水流量。双气体淬火系统提供高达200 kPa（2 bar）的大型重型工作负载的高速冷却。每个淬火系统都具有一个径向鼓风机的驱动电动机，将骤冷气体直接通过水再循环到气体热交换器，然后通过石墨喷嘴进入热区。这些喷嘴直接喷向工作载荷以求最高冷却效率。还有两个气体回流管可以减少压降。真空泵系统由两个机械泵、两个增压鼓风机、两个扩散泵、两个保持泵和两个高真空阀组成。最后，电源采用空气冷却，以减少炉子所需的维护。

8. 罩式炉

罩式炉是功能极其多的炉子，可用于许多工艺，如氮碳共渗、氮氧化、回火、退火、淬化、等温淬火、应力消除、预热、固溶处理和正火。具体来说，圆柱形炉是为冷轧钢带的线圈进行光亮热处理以及中厚热轧板、棒材和线束的热处理而设计的。罩式炉还用于加热大型电动机和加热器，对某些金属和大玻璃块进化退火，以及多种行业的许多其他热处理应用。罩式炉通常用于需要特殊表面保护以防氧化或脱碳的材料。当罩式炉用于退火板材、带材、棒材和线材时，它们通常称为箱式退火炉、包式退火炉、线圈退火炉或覆盖层退火炉。

罩式炉的用途如此广泛，是因为它可以在非常宽的温度范围内使用，但通常用于1000~1500℃（1830~2730℉）之间的工艺。

罩式炉可以是由燃油或燃气直接加热或配备有用于间接燃烧的辐射管加热，也可以由电阻元件加热。根据所需的时间长短，用于大型炉的板材或锡板卷材的覆盖层退火炉的加热时间为24~44h，视情况而定。

罩式炉由五个工作部分组成：辐射段、对流段、燃烧器、烟气堆和吹灰器。辐射段是炉内的管道受到最高热量的部分，这种热量直接来自燃烧器。位于辐射段上方的对流段用于回收热量。传热是通过对流进行的，并通过炉内肋片管增加传热。烟气堆从炉中去除燃烧废气。吹灰器是必要的，由于较慢的空气运动，烟灰倾向于积聚在对流段内的肋片部分上。当炉子不使用时，通过吹灰器使用诸如水或空气的介质去除煤烟。

所谓的钟罩是可移动的，可以通过起重机在负载和炉床上下升降，并由起重机移开，在炉床充电时放在一边。许多内盖由耐热合金制成。将材料堆叠在永久性底座或支架上，将轻质内盖放置在烟气堆上，在底部用砂子密封，并提供恒定的气体气氛供应，然后将便携式加热单元降低到组件上。加热盖呈方形、矩形或圆柱形。载荷每次为32~363t（6.4万~72.6万lb），每个基座分布1~8架。

图2-12中的罩式炉使用AISI 304钢罐，最高温度为800℃（1470℉）；使用AISI 310钢罐，最高温度可达1000℃（1830℉）。它适用于钢铁材料和非铁金属材料的退火。炉子在惰性气氛下使用密封或真空密封的蒸馏组件。对于加工低碳钢线材，炉膛

图2-12　罩式炉

组件为砂子密封（装订线）或真空密封，用于电镀锌线材的无氧化退火。对于合金钢线材，金属线圈在真空和惰性气氛下进行处理，以防止脱碳。对于铜线材，炉膛为真空密封。装有循环风扇的炉体则用于电动冲压件的高渗透性脱碳。

罩式炉需要满足很高的性能标准，包括耐高温和耐蚀性。通过适当选择材料可以确保这些性能。陶瓷通常是一个很好的选择，因为它们具有高耐热性和耐蚀性。绝缘材料对于防止进一步的热损失也非常重要。普通耐火材料有耐火砖、陶瓷纤维和可浇注耐火材料。

罩式炉的直径通常为0.8m（2.6ft）~2m（6.6ft），高度为1.2m（3.9ft）~4m（13ft）。然而，大多数炉子制造商将根据客户的特定尺寸构建炉子。

9. 空气动力热处理炉

1963—1964年，苏联发明了空气动力加热工艺，由此引发了一类新型炉子的开发。在气动过程中，由离心风机产生的气体流动能量转化为热量。风扇转子作为压缩机和热源，同时促进炉气循环。这些炉子没有标准的术语，最广泛的名称是空气动力热处理炉（AHTF）和空气动力损耗炉。

本文所描述的气动加热与高超声速飞行并无关联，因为高超声速飞行是在固体物体表面和高速气流之间摩擦而产生热量。而上述这种效应在AHTF中是可以忽略的。用于材料加工的空气动力加热有两个方面：热产生和热传递到炉膛负荷。转子和循环气体路径的发热过程尚未完全了解。然而，对流换热可以用常规方法计算，并根据空气动力加热和工作负荷的性质进行调整。

由俄罗斯制造的工业AHTF的尺寸范围为1.25m×1.5m×2m（4.1ft×4.9ft×6.6ft）~10m×3.5m×3m（32.8ft×11.5ft×9.8ft）。图2-13中给出了两个典型的AHTF。

AHTF的最大温度和功率范围分别要求控制在120~700℃（250~1290℉）和25~400kW。AHTF在俄罗斯、乌克兰、乌兹别克斯坦、白俄罗斯、德国和加拿大被广泛应用于中低温热处理和500~550℃（930~1020℉）的化学热处理，温度偶尔也达到700℃（1290℉）。工业应用方面包括非铁金属和合金（尤其是铝合金和镁合金）、复合材料和其他材料的热处理；谷物、种子和食物产品的烘干；粉末、薄膜和涂料的化学热处理；以及实验室和其他方面的应用。

根据加热炉床和管道系统的几何形状不同，AHTF有一些不同的内部设计结构，从而影响空气流动、空气供应和回收。设计方面的变化如图2-14和图2-15所示。

a)

b)

图 2-13 两个典型的空气动力热处理炉

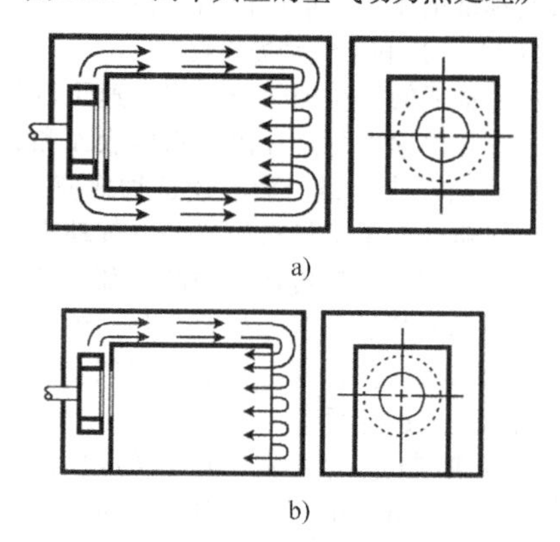

a)

b)

图 2-14 空气动力热处理炉加热室及其通风系统（一）

a）四面通风系统的加热室 b）三面通风系统的加热室

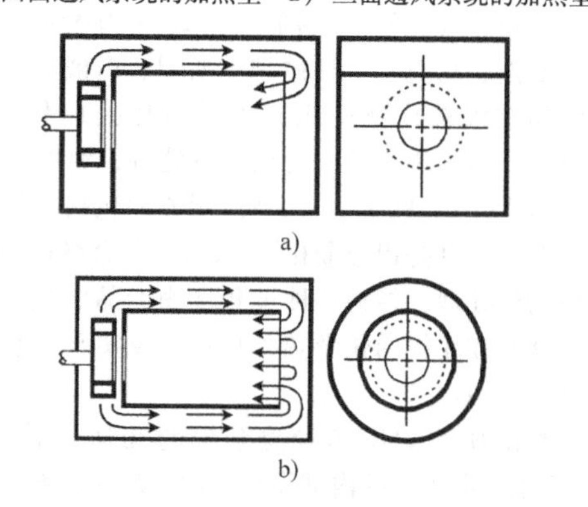

a)

b)

图 2-15 空气动力热处理炉加热室及其通风系统（二）

a）单面通风系统的加热室 b）环形通风系统的加热室

与燃料燃烧加热和电力加热相比，持续的温度均匀性、高效的能源利用和高生产率是气动加热系统的主要优势。

一个 AHTF 系统与众不同的特征是在一个密闭区域内产生均匀一致的热量。均匀加热是在热交换的主体和对象间存在较小的温差，从而强制对流换热的结果，这种均匀性是开放的加热原理例如电加热或燃料喷嘴加热所缺乏的。在 ±（1～4）℃ 或 ±（2～7）℉之间高效均匀的加热减少了局部过热的可能性，也减少了热量的损失。

对于吸收系数低的材料，空气动力加热转换的方法比辐射更为恰当，例如非铁金属和合金。在这些应用中，较高的加热均匀性使加热时间大为减少，同时也节省了能源。最终，在非铁金属热处理方面，AHTF 的生产率是以辐射和传导加热的电加热炉的 1.5 倍。对于气氛控制热处理来说，较高的气氛浓度使 AHTF 更加适合。

一是 AHTF 加热时的均匀和激烈程度很容易进行精确地调节和掌握，在热处理或者化学热处理方面能够对结果很好地进行过程控制。二是 AHTF 的气密性非常好（例如，与电加热炉相比），这就免除了在工作炉床内采用正压的需要。采用正常的大气气氛并且不使用保护气体，当对气密性不做要求时，加热单元的气压总在大气压以上。因为空气始终从炉床排出，就避免了流入，这就减少了对装填物件间歇性的冷却，并且提高了加热的均匀性。这就使得维持工作空间内稳定的气体温度的问题变得简单了。

ATHF 拥有简单的设计、安全的操控（减少火灾、爆炸和电压波动的风险）和节省空间的结构。炉子安装时常常穿过外墙，将它们的前侧放置在车间，工作室和动力系统安装在建筑物的外面。AHTF 的可靠性主要取决于其结构质量，以及转子的安装、调整（平衡）和维护保养情况。转子设计也相当简单，各部件很容易维修。一些 AHTF 已经在工业中使用 30 多年且无须大修。

循环加热装置中的热量由一个离心风扇形状的转子产生。热量的来源随着转子中和少量在循环回路中的空气动力的损失而变化。一般来说，在正常的工作模型中，离心风扇的工作效率在 50%～88% 之间变化。对于一些单独轮子的类型（即转子无外壳），静态效率减少到 5%～15%。在这种情况下，供给转子的大部分能量用来克服转子内部的流体阻力损失。

AHTF 中的流动气体的循环速度一般不会超过 20m/s（66ft/s），与气体循环管道摩擦以及炉床内部逃逸的部分造成的机械能损失是可以忽略不计的。在风机的转子中，气体的流动速度可以超过 50m/s (164ft/s)，由气体和转子圆盘以及叶片之间的摩擦造成的机械能损失可能非常大。因此，热能的主要来源是在流体变化时的空气动力损失。加热造成 90% ~95% 的转子能量损失。余下的能量，减去转子轴承上的少量能量损失，对于炉子气氛的循环是有用的。

10. 流化床炉

其合金炉罐内充满在空气/气体气垫上频繁上下浮动的砂状氧化铝颗粒。加热（内部或外部）之后，流化气体混合物刚好是热处理气氛，流化床便成了一个非常好的热处理炉，工件浸入其中。

流化床炉比周期式热处理气氛和真空炉有更高的热交换效率和更短的浸入时间。在流化床炉中氧化铝微粒对于所有的待处理工件给予各个表面同步的热量传导，保证了更快和更均匀的加热速率。

相比于真空炉，流化床炉（它也有一个高质量的表面）的优势：①可选择多种淬火冷却介质，再加上浸入式淬火或分级淬火，工件的淬火组织结构更优；②对于合金分配有更好的控制；③可热处理的钢种更广泛；④在同样的炉子里可以进行多种表面处理；⑤同等程度或更低程度的畸变；⑥更低的投资成本；⑦更低的维修成本；⑧更均匀的回火。

图 2-16 展示的是流化床炉独特的设计，当温度升高到 1200℃（2190℉）时，可以用来进行中碳钢的渗氮、渗碳、淬火、正火、退火和去应力。

图 2-16　流化床炉

操作安全是流化床炉的固有特性，作为一个开放的系统并不像密闭淬火炉或其他气氛的炉子，在这些炉子里，低温时混合气不安全问题在流化床炉中并不存在。例如空气和氨气用于氧氮共渗或者是空气、碳氢化合物和氨气用于氮碳共渗。不像在盐浴中，油泥和潮湿的部件在流化床中不会引起爆炸。除了一些特别的表面处理，预清洗也是不需要的。

2.1.2　连续式炉

连续式炉广泛运用于冶金工业轧制产品的热处理。热轧板材通过辊底式炉进行淬火、正火和退火。冷轧线材通过拉丝炉和罩式炉进行退火。拉丝炉用于带状碳素钢、不锈钢、非铁金属的热处理，以及电力金属带材的化学热处理和用于多种带材涂覆前的准备，例如锌合金或铝合金。标准的辊类产品在辊底式炉和箱式炉中进行处理。管材在辊底式炉、快速加热区段、步进辊底以及台车式炉中进行处理。棒条制品和盘绕线材在辊底式炉中进行处理；罩式炉用于小批量产品的处理。线材淬火在铅浴中进行，镀锌在铅浴炉中进行。火车的车轮和轮辋的热处理在上抽式炉，有时是在环状回转炉中进行。

炉墙和炉顶是固定的，炉床是可移动的，炉底通过砂子或液体与炉墙连接密封建造。一些炉子仅有一个单独的长长的炉室，另外一些有多个炉室，在炉室中材料是移动的。不同类型的连续式炉之间的区别是内部材料移动的方式不同，例如回转炉、辊底式炉、推杆式炉、输送带炉、步进梁炉、隧道炉、连续铰链炉、单轨型炉。连续式炉设计有的使用或不使用辅助设备用于炉内气氛的控制。通过直接或非直接的火焰加热或电加热，特别适合用于分区加热或冷却。

推杆式炉、台车式炉、辊底式炉、步进炉床再加上回转炉床和环形的炉子最适合用于大批量产品的连续热处理。在汽车发动机、拖拉机和轴承等产品的大量生产中，这种热处理炉被用于淬火 + 回火、正火 + 回火、渗氮和渗碳处理。

连续式炉和间歇式炉一样，由同样的部件构成：一个隔热的炉室、一套加热系统和进出炉门。连续式炉在加热时炉内的工件、产品或载荷都是可以移动的。原料经过一个静态的炉床，或者炉床自身是可移动的。如果炉床是静止的，材料通过滑道或辊子推进或拉出，或者通过网袋以及机械推动装置穿过炉子。除非因为推迟，连续式炉通常在恒定的热量输入速率下进行操作，因此燃烧喷嘴很少熄灭。一个连续移动（或频繁移动）的输送设备或炉床减少了冷却和重新加热炉子的需要，因此节约了能源。连续式炉的另外一个优势是精确地重复时间 - 温度循环，该循环是材料穿过炉子各个区域的运行速率的函数。下面简单介绍一下连续式炉及其应用。

1. 推杆式炉

推杆式炉是非常经济的，因为其热处理结果能够高度重复再现，并且自动化程度很高。依靠其用途和强大的生产能力，单一的或者多条生产系统正在应用推杆式炉。在和相当多的外部设备如回火和预氧化炉、清洗机、筐式输送机和存储设备等的组合中，完全的自动化操作对于将人力成本降至最低是有可能的。

这种热处理炉可用于各种各样的热处理，例如淬火、退火、渗碳、渗氮和回火等。被处理的材料通常放置在托盘上，这种托盘靠一种电动机械装置或液压装置推动。在定时的基础上，托盘连续地穿过炉床。仅仅改变推动间隔时间便可以改变穿过炉床的循环周期。这些热处理炉子包含与要求的工艺过程相一致的水溶性聚合物或油的设备。

图 2-17 所示的推杆式炉带有自动控制燃烧器，可以调节处理负荷最高至635t（140 万 lb)。

图 2-17 推杆式炉

装有待处理材料的托盘安装在炉床两侧的导轨上，因此可以通过气动或液压驱动的机械装置把托盘推进热处理炉。装有材料的托盘从淬火炉的一端被拉出，放置在淬火系统的支架上，这种淬火系统将会把托盘连同材料一起放入淬火槽。

当淬火循环结束后，从淬火槽中举起支架，然后通过一个电动机械装置移向回火炉并卸载到辊子输送机上。装有材料的托盘，将会逐个被安放到回火炉炉床两侧的轨道上，然后通过气动或液压驱动机械装置从装载的一端被推到排出的一端。装有材料的托盘逐个被放置在回火炉相反的一端卸载的区域，在这个区域，材料通过起重机、倾翻机构或人工被卸下来。空的托盘通过输送机被带回到淬火炉装载材料的区域开始下一轮生产循环。

如果推杆式炉用于气氛处理，则它们被辐射管道加热。否则，它们被带有完整燃烧系统的燃烧器加热，这个燃烧系统由燃烧风机、雾化风机、油加热和泵送系统以及输气系统组成。实际上，任何一种类型的液体或气体燃料都可以使用：熔炉油、轻柴油、天然气或者任何油气混合物都可以用于带有双重燃烧系统的热处理炉。

淬火炉带有一个回流换热器用来提高燃料的燃烧效率。回流换热器可以将用于燃烧的空气加热至200℃（390℉），预热后的空气将会供应给燃烧器。

作为替代品，热处理炉有用于电加热的耐热条/线/芯等加热元件，它们分布在炉侧壁、后壁和炉顶。加热炉的加热元件被分为一定数量的加热带，每个加热带有它们自己的加热器。

回火炉可以通过分布在不锈钢挡板后的燃烧器直接加热，这种不锈钢挡板可以引导炉内的热气流进行再循环。回火炉内有一台循环风机提供均匀稳定的热量并保证充分的热气循环。

淬火炉内侧壁分布着耐高温的陶瓷纤维，在炉顶和炉门的地方分布着许多耐高温模块。炉子的炉床底部是高铝砖外加一层隔热砖来降低炉子的表面温度。

推杆式炉是最广泛使用于气体渗碳处理的连续式炉。

大部分推杆式炉在建造时在装料和出料端都采用换气冲洗门洞以减少炉内气氛被空气污染。

推杆式炉的优点：①每美元的投资产出高，炉床区域效率高，每平方英尺空间上的产出高；②维修保养量低，容易装料和卸料，每个料盘之间的温度均衡性较少出现问题；③在所有的温度水平对于加热速率都有较好的控制方法；④逐渐地升温允许所有等级的冷钢件可以不用冷却炉而直接装料；⑤可以为任一合理长度的工件进行热处理。

推杆式炉的缺点：①对于工件的截面尺寸有限制，接触物料的表面必须是方形的，以防止堆积；②对于许多小批量的不同种类和不同厚度的钢件，缺乏高效加热的灵活性；③对水冷滑轨维修有困难，冷钢带可以放在热钢上，但使用水冷滑轨时，要对于产品的厚度进行限制（300～350mm 或 12～14in)；④炉床氧化皮清理困难，彻底清空热处理炉价格昂贵；⑤推动不同尺寸的工件穿过热处理炉有难度。

当托盘通过炉内时，使用滚轨来支撑和引导托盘。轨道、轮子和轴通常都是由合金材料制作而成的。有时为了降低轮子和轴以及轴和轨道之间的摩擦因数也会采用其他的材料。因为必需的推动力降低了，所以滚轨才可以用于重载的托盘和远距离推进。

2. 滑轨炉

滑轨炉（其中一个如图 2-18 所示）是一种推杆式炉，在这种炉子里处理的工件放置在平坦的可翻转的筐式铸造合金托盘上。图 2-18 所示的热处理炉轨道是由氧化铝和碳化硅构成的。托盘穿过炉子时被滑轨支撑。滑轨可以由耐热的镍铬合金铸造或锻造而成。为了降低滑轨的成本，碳硅耐火材料制造的轨道已经被应用。

图 2-18 分段滑轨的推杆式炉

3. 步进式转底炉

步进式转底炉也是连续式炉，之所以这样命名是因为当加热物料在炉中穿过时很像物品在炉中行走。图 2-19 展示了一个这样的热处理炉，它有完整的硬化、淬火、回火的功能，最大生产能力可以达到65t/h。处理的工件可以从薄片到条状再到横梁形状。当这些工件向上移动时，放置在静止炉床上的工件便被向上举起。当这些情况发生时，工件便在水平面上移动并穿过炉子。当工件下降时，它再次被放置在静止的炉床上，在循环结束时，工件放置在比炉床低的位置，然后返回到原始的位置。

图 2-19 步进式转底炉

使用步进式转底炉有四个主要的目的：淬火 + 回火、热处理加热、退火和消除应力。步进式转底炉拥有巨大的生产能力和多种可被掌控的应用。这些有部分原因归结为炉中的温度变化可以操作，物件通过炉子的速度可以改变，以及有两个门，其中一个用于已经加热好的产品进入炉子的另外一边。这些保证了步进式转底炉对于位置的运用是很适合的。

总的来说，步进式转底炉的主要优点包括：①很高的温度均匀性；②低燃料消耗；③产品的冶金性能良好；④操作灵活。

步进式转底炉主要用于弹簧、螺旋弹簧、轴、板材/刀片、管道和货车框架、钢筋、管材、固定部件、叉车叉子、气缸、定制部件和热冲压用的圆柱体的热处理。

步进式转底炉运用的技术自从发明第一台后已经有了很大的提高，并将自动化程度提升了一个台阶。这就意味着当一个人不得不从热处理炉中卸下产品时，工件可以以自动控制速度和温度从炉子中通过。这些炉子现在还可以自动提醒用户关于材料的运行状态，这和原始的炉子相比已经有了很大进步。

步进式转底炉的工作温度为 950 ~ 1250℃ (1740 ~ 2280℉)，保证了它可以用于淬火 + 回火、热处理加热、退火和消除应力。对这种温度的适应性是由操作者运用一台计算机自动操控炉子来完成的。

在步进式转底炉中，工件被放置在固定的耐火支座上。这些支座延伸至炉床的空缺处，当工件在炉中静止时，支座的顶部要高出炉床表面。这就使得炉中的气体在大部分工件表面和炉床之间进行循环。

对于提前移向炉口的工件，炉床首先垂直抬起接触工件，再抬起至距离支座有一小段距离。然后炉床再移动一段距离后停下来，随后在支座上把工件放低至新的位置。继续降低至最低的位置，然后朝着装料的方向返回至最初的位置，在那里等待下一个行程。

步进式转底炉使工件既没有像从推杆式炉中出来的那种接触痕迹，也没有像与加热炉水冷梁接触的线条痕，工件出炉状态和进炉状态一样，因而这种炉型可用于要求低畸变、高质量的工件。

步进式转底炉有一些性能要求，最基本的就是必须把温度升高至 950 ~ 1250℃ (1740 ~ 2280℉)。由于冶金工业和生产率的原因，炉子也必须满足特殊的加热速率。对炉子的另外一个要求是把能耗尽量降至最低。这主要通过设计减小入口和出口门洞的尺寸，以避免空气渗入。炉子必须易于建造，设计简单，可以容纳不同尺寸的物件，并可以卸载。最后，炉子允许对装入物件进行最小的物理标记，并且有可以忽略的水冷能量消耗。

这些炉子拥有一个采用焊接加固形成一个整体的钢材外壳。这个外壳由高强钢板组成并在外表制作有隔热涂层。这些炉子的内衬由低储热材料组成，这样的内衬可以降低热量损失和炉子壳体的温度。这些壳体通常由耐火砖或某些陶瓷纤维隔热材料制成。材料加热时放置的炉床也由耐火材料构成。

在步进式转底炉中，待热处理材料在一系列的步进式循环中穿过炉子。这些循环包括举高、横穿、降低和返回。在炉中，产品停靠在一系列的移动和静止单元内。这些单元由耐火材料覆盖着用以隔绝炉内的热量。对于移动材料穿过炉子的机械装置有一些结构配置。这些机械装置包括一个轮子和坡道的设计以及一个钟形的曲柄装置。这些特殊的设计由炉子加工车间来决定。

这些炉子的特点是采用顶式点火，这样就可以在产品的三面进行加热，前提是在金属毛坯之间有间隙。这种设计可以保证金属在热处理时有一个均匀的温度。由于是顶部点火，这也使炉子的基础更薄，因此降低了炉子基础的成本。步进式转底炉在热处理操作时不需要太多的水，这就降低了燃料消耗，进而降低了废气排出。

通过已给出的步进式转底炉的全部设计，通常情况下更适合对较小尺寸毛坯和低加热速率产品的热处理。这种炉子也有其他的优势，如可以用于更小数量的产品，较低的脱碳量，并且更容易卸载，其原因是它可以让最后一批毛坯穿过炉子。

由陶瓷构成的耐火材料用于保护炉子的结构，对于处理的材料来说可以保持炉内的热量。炉床的耐火材料通常是低铁、高密度、高铝或镁铬砖。侧墙和炉顶通常是高强度硅酸铝耐火砖。所有的耐火砖必须定期更换，如果需要也可以对个别砖进行更换。

炉膛的空气压力需要略微高于大气压，这样可以优化燃料消耗。但是，热气体漏出仍然会引起火苗外溢，对耐火砖造成伤害（降低耐火砖的使用寿命）。降低炉内过剩空气的数量仍然是非常重要的，因为过量的空气会导致大量的热损失。如果炉内是负压操作，将会发生空气渗入，这是不希望发生的，因为它会对空气燃料的比例造成消极影响。

把炉子上的开口控制得越小越好，并尽可能封闭所有的开口是非常重要的。这些开口包括装料口、卸料口以及炉子侧墙和顶部的所有观察孔。这样可以减少高温炉气的外溢并减少外部空气进入。

这种类型的新炉子通常配备有低排放型燃烧器。通过对炉子有效压力的控制也可以减少排放。这种类型的热处理炉的燃烧器可以使用气、油或油气混烧（双通道燃烧器）。烧油的热处理炉若进入过多的空气将会降低火焰的温度。一些炉子使用了可以产生相当于620kW 热量的燃烧器。

燃烧器轴的定位可以保持略微倾斜于炉顶，但是火焰绝对不能接触炉顶。火焰也不能直接接触待处理材料或者耐火砖，它们之间也不能相互影响。可以用红外线高温计测量材料的温度。

4. 步进梁炉

步进梁炉拥有可以越过静态大梁来升高或前进处理物件的步进式大梁。通过这套系统，移动大梁从静止大梁上将物件举高，向前移动，然后将物件降低，放回静止的大梁。当大梁移动时，产品也跟着移动。下一个动作是在水平面上，产品沿着大梁前进一段固定的距离然后随着大梁的降低，产品被放置在静止的炉床上。这些循环周期一直进行直到产品穿过整个炉子。这些模拟的周期性运动是命名为步进梁炉的原因。燃烧器固定在不上不下的位置，有时略微偏下方，和产品的距离也是固定的。来自待处理物件上方的热量使这种炉子更适合处理薄尺寸的产品。耐火材料按比例排列的炉床被用于抬高物件并将物件移动至出料端。

步进梁式输送系统采用直线运动以消除重而粗糙的装载物对炉床表面的磨损。大梁的垂直运动依靠一系列的液压长臂和带有辊子的互相连接的驱动杆相连来完成，辊轴在大梁长度方向密集地分布支撑着。水平方向的运动通过液压缸与最后的互相连接的大梁部分相连来完成。大梁是分段的，用以减少空间上对嵌入和移动的要求。

步进梁炉可以不用任何辅助设备而把炉子卸空。这在维修时非常有用，可以节约宝贵的时间。

图2-20所示为带有液压步进装置的步进梁炉。因为这种炉子在设计上可以从各个方向对产品进行加热，所以产品温度均匀。

图2-20　步进梁炉

步进梁炉可以进行的热处理有渗碳、中性淬火、碳氮共渗、退火、等温退火、正火、去应力、回火和在控制气氛下进行金属和陶瓷的高温烧结。应用主要包括扭力杆、螺旋弹簧、轨道组件和汽车以及航空部件。

步进梁炉的一些重要优势主要包括：①毛坯产品可以单独分开地放置在炉床上，避免使用标签；②积压和炉子的停滞时间缩短了；③通过活动大梁机械装置可以很容易地从两端把炉子清理干净；④因为与水冷的滑轨没有接触，滑轨划伤可以消除；⑤因为产品之间以及和炉床间没有摩擦，炉床表面和产品的损坏减少了；⑥通过选择合适数量的步进梁，当装载混合尺寸的产品时可以很好地利用炉床；⑦整个炉床长度的扩展潜能可以提高炉内废气的利用率并减少燃料消耗；其他型号的炉子并不存在这种优势，因为整个炉床长度受到限制。

步进梁炉的缺点包括：①系统复杂；②较高的成本；③炉床密封和耐火材料的维修；④工件在加热时表面脱落的氧化皮会产生其他问题。

5. 转底炉

转底炉用于处理需要单独处理的毛坯产品，以及太大而不能放置在连续基础上的毛坯和装料或卸料有困难或不可能装料/卸料的产品。转底炉如图 2-21所示。大型的铸件或加工件可以放置在这种炉子里进行热处理。这种炉子可以进行的处理工艺包括去应力、回火、退火和正火。典型的应用就是加热齿轮、壳体、液压缸和带有夹具的淬火物品或不用脱碳数量不定的需要掌控的物件、正火和拉拔。这种炉子也用来加热使用轻质托盘的较小物品和对组件渗碳。装料和卸料可以在同一个位置完成。转底炉有一个很宽泛的炉床尺寸，可以加热从小于200kg 到 50t 的产品。可以采用电加热、油或气点火加热，可以加热到 1200℃（2190℉）。有些炉子有一些非金属加热元件，例如碳化硅。

图 2-21　转底炉

6. 辊底式连续炉

辊底式连续炉大部分设计用于含铁的、非铁的和不锈钢材料在制品和成品管的退火。它们有着很高的产量，连续单元尤其适合对大量的同种材料进行均匀的处理。这种炉子可用于管材的光亮退火，冲压制品和拉拔件的正火、退火、淬火，以及钢棒的回火；可锻铸铁、小铸件和锻件的退火；平轧产品的正火。在钢材中循环退火会产生均匀的韧性组织。因此，在应用上包括提高带有螺旋结构的产品的机械加工性能，提高深拉产品的冷加工性能，提高机器零件和轴承的抗疲劳性能。在炉子中，钢材被加热至略微高于淬火温度（大约 925℃ 或1700℉），快冷至能够发生组织转变的温度（大约650℃或 1200℉），保持在这个温度直到组织转变发生，然后冷却。

辊底式炉不仅可作为一个单单的热处理炉，也可作为一系列用于加热和冷却的炉子，它们有时拥有一个带淬火槽的中间段。

图 2-22 所示的炉子是具有完全集成淬火、淬冷和回火的钢棒/商业化的热处理系统。辊底式炉加热快速均匀，不依赖于运行时间或工作载荷的大小。工作载荷通过加热区移动，加热区内有与工件或托盘接触的带电轴承辊。辊筒式输送机系统由一系列外部驱动的辊组成。滚动部分的单独操作允许连续或中断的工作流程。

图 2-22　辊底式炉

炉子可以由燃气辐射管或电热带式电阻器加热，并且通常具有受控的气氛以防止氧化和表面脱碳。最高炉温为 950℃（1750℉）。炉子的宽度可达 2.5m（8.2ft），长度为 35～60m（115～200ft），最大的炉子具有每天可达 270t（54 万 lb）的标准化生产能力。

7. 转筒式炉

其中两种如图 2-23 和图 2-24 所示。转筒式炉用于处理各种各样的小零件和部件，包括螺钉、螺母、螺栓、钉子、垫圈、支承辊和球类、链条和硬币。可能的热处理包括渗碳、碳氮共渗、淬火、退火和回火。转筒式炉的设计用于保持小零件和部件均匀热处理所需的优良淬火硬化性能。可调节速率、耐热的铸造转筒有助于稳定运动，使工件实现均匀的加热和渗碳。转筒式炉特别适用于 840～955℃（1550～1750℉）范围内在控制气氛下的淬火、碳氮共渗和渗碳作业。图 2-23 和图 2-24 所示的转筒式炉最高温度分别为 900℃（1650℉）和 950℃（1750℉）。另外它还提供了柔性化以便用于独立或复合生产环境。转筒式炉携有计量装载机和整体淬火系统，可以作为独立的淬火炉或退火炉，或作为具有回火炉、清洗机、气氛发生器、分析仪等完整淬火生产线的一部分。这些类型的炉子有很多尺寸，然而其中许多都很小。这些炉子用于小容量部件和高密度负载。从经济角度看，它的运营成本低。炉子由一个圆柱形的金属框架组成，通过耐火不锈钢制成的转筒进行绝热保温，该转筒按受待处理的负载。转筒的八边形形状和两个盖子使其完全密封。后盖用来进行气体注射，以适应需要完成的热处理，并且前盖用于装载和卸载部件。该炉还具有驱动系统，允许三个基本动作：在处理过程中翻转水平轴，通过倾斜系统摆放负载并使其均匀化和卸载，其中负载根据需要进行处理而进入冷却罐。

图 2-23 转筒式炉（一）

图 2-24 转筒式炉（二）

转筒式炉具有带上料机构的门，并与加载机构一起工作，以便将预先选定重量的、尺寸均匀的工件放置到转筒中，从而最小化减少控制气氛的损失。不锈钢转筒仅在外壳的一端支撑旋转，以使转筒悬臂进入壳体，自由端延伸到炉壳中。这种设计需要的维护更少，并且在维持控制气氛方面比在加热壳体内部旋转的设计更有效。螺旋传输使工件平稳地并无噪声地通过炉子。转筒的旋转有很宽范围的速度调节，用来实现时间处理周期的完全灵活性。内螺旋叶片的边缘与转筒的内壁是一体的，以防止部件卡住。与低碳钢转筒设计相比，不锈钢转筒具有优异的力学强度特性。炉管线预先设计成标准尺寸，额定容量为 225～450kg（500～1000 lb）。图 2-23 所示的转筒式炉的生产力为 400～1000kg / h（900～2200 lb/ h）。

转筒式炉有两种设计选择：电加热设计和燃气设计。电加热设计采用具有低电荷密度的电阻器。燃气设计炉则采用高产量燃烧器来建造，使用天然气作为加热气体。

8. 连续式网带炉

连续式网带炉可用于许多方面，包括紧固件、轴承、链条、汽车零件、自行车零件、锁和链条部件、弹簧、餐具、工具、刀具、刀片、针、外科手术工具、器具部件、压制零件、笔夹、发夹、精密零件等许多部件的淬火、回火、渗碳、碳氮共渗、固溶处理、等温淬火、清洗、内部淬火、钎焊和回火。图 2-25 所示就是连续式网带炉的一个例子。

图 2-25 连续式网带炉

连续式网带炉的结构与辊底式炉类似，除了带式输送机用于运送材料通过炉子以外。连续式网带炉适用于不能在滚筒上运行的小件的精确热处理。

连续式网带炉具有连续淬火工件的能力，可以提供更高的质量一致性，而不是以周期性的间隔分批进行淬火。这种类型的炉子通常不需要固定，并且部件可以滚动到骤冷箱中。连续输送式加热和淬火系统在质量、投资成本和运营成本方面都是比较理想的。与间歇式炉相比，连续式网带炉中的组件在工作温度下运行时间更短，并且消耗更少的能量。一次连续淬火几个部件，可以确保硬度、渗层深度和物理性能方面的很高的质量一致性。带有装载、清洗和回火的传送带辅助设备的制造工厂可以完全实现自动化。

连续式网带炉具有间歇地向前移动的传送带，并最终循环回到炉子的起点。使用燃油或燃气或电气元件对炉子进行加热。炉子还具有附加功能，如间接冷却、直接冷却或淬火、回火和清洗。

由于将加热系统分成几个独立的区域，炉内的温度保持恒定值。炉内的温度由安装在通道内的几个热电偶控制和监测。通常炉子的最高温度在 600～1200℃（1110～2190℉）的范围内，但也有可能温度范围在这些值之外的炉子。图 2-25 中的炉子的最高温度为 1200℃（2190℉）。一些连续式网带炉具有将传送回炉前部的闭合返回系统，以防止不必要的能量损失。一些连续式网带炉还包括高达 650℃（1200℉）的嵌入式回火炉。

一些连续式网带炉的加热元件不需要中断操作就可以拆卸和维护。涡轮机组和所有测量探头都可以从外部拆卸。由于绝缘外壳为半壳结构，因此使用很方便。由于采用液体密封，炉子和浴液可以快速分离。

连续式网带炉的一个缺点是网带的热膨胀。网带的运动取决于它在带轮上的张力，但是随着网带由于热膨胀而伸长，驱动轮上的驱动力将丢失。为此，使用张紧轮来保持带的旋转，而不需要考虑任何热膨胀。网带的拉紧也带来一些问题：随着网带上的张力在高温下增加，丝网的抗拉强度降低。这导致需要更重的网格，这就增加了负载比（带的重量与带上的材料的重量的比例），这有可能变得得不偿失。

连续式网带炉的结构包括以下一些基本要求：炉子的主要结构必须能够承受高达 1500℃（2730℉）的高温以及反复的加热和冷却。炉内的绝缘体必须是有效的绝缘体，以降低炉子的运行成本，并减少炉子周围的车间环境的温升。金属丝网必须能够承受滑轮所承受的张力，并且具有低的热膨胀系数。

炉内的空气动力学取决于分区。连续式网带炉利用多个控制分区在一个连续过程中生产出高质量零件。这些区域必须是可控的，而且彼此之间分开，否则，产品就不会按预期生产。为了控制各个区域并确保每个区域的温度不变，必须限制通过炉子的空气流量。气流不能完全停止，但气流越小越好。例如，炉子的加热区必须与淬火槽分离。如果来自炉子加热区的热量暴露于淬火槽，炉子将连续加热淬火液。这将导致在同一批次中早期运行的产品与同一批次后面的部件具有不同的性能。

由高强度合金制成的带式输送机可承载负载，而且耐热、抗氧化、耐腐蚀和耐磨损。输送带有许多不同的设计。一些输送机由几个单独的链条组成，这些链条由具有突出的隔离杆安装在固定的中心上，其中诸如板材负载被切割成一定长度。其他许多的网带则由敞开式网袋或编织链条构成，以允许热气体或保护气氛的自由循环，而另一种设计则使用连接到辊链上的平板或托盘承载工作负荷。

燃烧器是指燃气燃烧器或燃油燃烧器。燃烧器的功能是加热产品。对于连续式网带炉，燃烧器用于加热产品以达到热处理的目的。气体燃烧器是一种燃烧气体燃料用来制造火焰加热产品的装置。燃烧器可以使用许多气体燃料，诸如乙炔、丙烷、氧气和天然气。气体燃烧器还可以在顶端处混合燃料，例如乙炔和氧气。加热产品的另一种方法是使用燃油燃烧器，这是一种被定义为燃烧燃油的加热装置。燃油燃烧器由油泵、喷嘴、电磁阀、风扇、点火器和鼓风管几个关键部件组成。油泵吸油，并在流经喷嘴时提高速度。流量由电磁阀调节。当阀门打开时，允许燃料被推出喷嘴。当燃料离开喷嘴时，即被点火器点燃。点燃的燃料在鼓风管中燃烧，位于鼓风管后部的风扇迫使空气通过燃油燃烧的鼓风管，这使得燃油燃烧器在鼓风管前部产生了火焰。

连续式网带炉根据用途使用许多不同类型的加热元件。选择加热元件的一个重要考虑因素是火焰的温度和类型。用于为加热元件供电的燃料决定了火焰的温度，因此决定了炉子的温度。例如，煤油在高达 990℃（1815℉）的温度下燃烧，丙烷可以燃烧至 1200℃（2190℉）。此外火焰和燃料的类型还取决于是否要求使用直接火焰。

9. 连续链式炉

连续链式炉主要用于电线、管材、板条和线圈的退火。图 2-26 所示设备用于 300 和 400 系列不锈钢线材在 1060～1100℃（1940～2010℉）温度下的光亮退火。连续链式炉的温度范围为 1000～1750℃（1830～3180℉）。这种炉子还允许有其他的组合操作，例如清洗和/或涂覆。这些炉子已经研究开发，以用来减少退火板和线圈形式的锡板所需的额外转运和长时间的加热和冷却。热处理非卷带钢可以更好地控制整个零件的时间和温度要求，从而生产出更均匀的产品。这些炉子具有很高的生产率。

图2-26 连续链式炉

这类炉子的另一个优点是可以将其他操作与热处理过程结合起来，例如清洗、涂覆、回火轧制和校平，以避免额外的搬运以及用于单独生产线的重复搬运费用。连续链式炉可以是水平的或垂直的，后者称为塔式炉，主要用于节省占地面积。

10. 螺旋输送带炉

螺旋输送带炉是一种连续式炉，可以处理需要严格控制公差或产品直线度的长产品。它用于淬火、淬冷、回火和正火工艺。其炉膛由一系列合金或钢螺钉组成，通过固定轨道上的炉子将产品滚动。加热过程中材料的运动是通过旋转炉内的螺钉来完成的。图2-27所示的螺旋输送带炉的最高工作温度为1800℃（3270℉）。

图2-27 螺旋输送带炉

这些炉子使用优质原材料（如不锈钢）制造。炉子可以采用电加热、直接燃烧和间接燃气加热，以满足特定的工艺要求。炉子的设计宽度可以大于或等于15m（50ft）。

11. 驼背带式炉

驼背带式炉用于光亮退火和银金钎焊。典型炉子容量为36cm/min（14in/min），最高工作温度为980～1150℃（1800～2100℉），典型的总体尺寸为5.5m（18ft）长、107cm（42in）宽。其15cm（6in）宽的平衡平织网带通常由314不锈钢合金制成。图2-28所示的驼背带式炉的最高工作温度为980℃（1800℉）。

图2-28 驼背带式炉

12. 高架单轨炉

高架单轨炉的设计是将正在进行加热的材料悬挂甚至焊接到悬架杆上。大多数的连续搪瓷过程都是在高架单轨炉中进行的。图2-29所示的高架单轨炉具有移动式淬火槽，用于时效硬化。

图2-29 高架单轨炉

13. 天然气热处理炉

天然气热处理炉的设计使得特殊的绝缘炉轨道车从炉子前面的装载区域直接加入炉中进行热处理，如图2-30所示。炉中所用的时间取决于材料、厚度和热处理工艺，以满足相关要求。

图2-30所示的天然气热处理炉是用于消除金属制品焊接接头应力的专门设计，炉子可承受高达200t（40万lb）的载荷，并加热至最高925℃（1700℉），温度均匀性在±14℃（±25℉）以内。由于炉体尺寸较大，因此炉子安装在其独有的建筑中，它有32个

燃烧器，额定功率为 290kW（100 万 Btu/h），共计 9400kW（3200 万 Btu/h）供热能力，可以处理直径 5.5m（18ft）、长 22m（73ft）的圆形负载和宽 4.9m（16ft）、高 4.3m（14ft）、长 22m（73ft）的载荷，并能消除铝、钢和不锈钢的应力。

这种炉子使用天然气加热，因为使用电力更昂贵。天然气以及多余的空气也会加快室内空气的速度，这种固有优点在于热处理过程中可提供更均匀的温度而无须额外的设备。

图 2-30　天然气热处理炉

表 2-3 列出了常见间歇式炉和连续式炉的工作温度、优点和缺点。

表 2-3　间歇式炉和连续式炉的综合比较

炉子类型	工作温度		优　点	缺　点
	℃	℉		
间歇式运行				
箱式炉	95～1200	200～2200	1. 高效率处理小型零件 2. 热处理和加热运行多样化 3. 不需要鼓风机 4. 高速加热和冷却 5. 低成本	1. 间歇式运行的固有特点是产量低 2. 载荷可能会发生氧化和脱碳
台车式炉	95～1300	200～2400	1. 适用于不用叉车的大型载荷 2. 炉温均匀 3. 炉膛机构具有可移动性	1. 基本操作性价比高 2. 缺少气氛控制 3. 灵活性差
井式炉	150～1300	300～2400	1. 炉温均匀 2. 适用于长件和重型件 3. 灵活性好	1. 需要高架传送机构加载和卸载 2. 单位面积炉膛效率大约为 1465kg/m^2 (300lb/ft^2) 3. 载荷可能会氧化和脱碳 4. 建井需要成本
罩式炉	150～1200	300～2200	1. 能使用保护气氛 2. 一个炉盖对应多个底座 3. 气体加热或电气加热均可	1. 需要深井和桥式起重机 2. 工艺周期长
高温转底炉	315～1315	600～2400	1. 相当好的温度均匀性和气氛控制 2. 炉底板可旋转 3. 快速加热和冷却 4. 露点低	1. 需要人工搬运零件 2. 炉膛底板面积有限 3. 空间利用有限 4. 净空高度有要求
密封箱式炉	540～1120	1000～2050	1. 灵活性好 2. 零件在保护气氛下淬火转移 3. 不增碳无氧化 4. 投资成本低	1. 工艺转换停滞时间长 2. 小批量和试验应用需要人工操作
倾卸炉	315～1315	600～2400	1. 热损失减少 2. 密封性相当好 3. 气氛可控 4. 上料、卸料便利 5. 燃气、电气加热均可 6. 比台车式炉效率高 7. 适合重载 8. 控制简单	对于轻载荷性价比不高

（续）

炉子类型	工作温度		优　点	缺　点
	℃	℉		
空气动力加热炉	60～700	140～1290	1. 炉温均匀性好 2. 适合大尺寸工件 3. 可以用于不同的热处理工艺 4. 操作简单 5. 密封性好 6. 可采用不同类型的通风系统 7. 无须燃气或电加热	加热时间相对较长
连续式运行				
步进梁炉、螺旋输送带炉	150～1315	300～2400	1. 重型零件的连续热处理（步进梁炉） 2. 长圆柱形零件的连续热处理（螺旋输送带炉）	对零件尺寸有限制
转底炉	315～1315	600～2400	1. 工件通常从后面往前面移动 2. 高速加热 3. 中等空间要求 4. 重复性好 5. 控制简单 6. 小型零件的连续化生产 7. 便于自动化 8. 运行成本和维护成本低 9. 温度和气氛的均匀性好	投资成本中等
推杆式炉	150～955	300～1750	1. 适合小件大批量生产 2. 可根据应用情况定制 3. 机构简单，易于维护 4. 根据工件定位	1. 缺少灵活性——根据应用定制 2. 空间需求大 3. 小批量性价比不高 4. 投资成本较高
辊底式炉	150～980	300～1800	1. 具有连续型工艺和自动化的所有优点 2. 传热效率高 3. 便于加载和卸载 4. 不总是需要推盘或工装 5. 高产值 6. 可靠性好	1. 重载荷要求高温 2. 闲置时辊子有弯曲倾向 3. 维护成本比较高 4. 投资成本较高 5. 空间需求比较大
链式（网带式）炉	150～1150	300～2100	1. 输送带与工件接触面最小 2. 网带输送带可为轻量件连续式大批量生产提供方便 3. 加载灵活便利 4. 产品无氧化，表面光亮 5. 可根据某一具体应用来确定网带宽度、操作高度、工作室长度和产量的多种组合	1. 轻量级载荷 2. 网带寿命相对较短
链式（铸链式网带）炉	150～955	300～1750	使用铸链式输送带可以实现多种组合和重载，其他优点同网带式炉	1. 轻量级载荷 2. 网带寿命较长
输送带（链式输送带）炉	150～870	300～1600	不需要网带，工件直接放在链式输送带上，其他优点与网带式炉一样	1. 轻量级载荷 2. 链式网带寿命相对较短

（续）

炉子类型	工作温度		优　点	缺　点
	℃	℉		
震底炉	150～955	300～1750	1. 小型零件的连续热处理 2. 自动化程度高 3. 实现油淬并可以实现输送带控油 4. 电气或燃气加热均可	1. 待处理零件大小有限 2. 运行时有噪声
转筒式炉	150～955	300～1750	1. 运行效率高 2. 运行噪声小 3. 空间利用率高 4. 小批量（间歇式）生产 5. 便于实现自动化	1. 产品混装受限 2. 适合小零件（最大直径 300mm 或 12in） 3. 零件有刻痕和毛刺

2.1.3　回收和再生

对于燃气炉，热损失是指燃气中不能有效地用于炉中的燃气供应的热量。通过用热烟道气预热进入的冷空气可以显著提高燃烧效率。回收和再利用由烟气排放损失的热量通常主要有两种方法：回收和再生。回收利用换热器将热量从热烟道气转移到进入的冷的燃烧空气中。再生是通过使用热烟道气来预热燃烧空气并进一步增加燃烧器火焰温度来提高燃烧效率。

能源效率已成为热处理行业许多公司的头等大事。由于热废气是大多数工业炉中最大的损耗来源，预热燃烧空气提供了最大的节能潜力。再生空气预热被认为是提高高温过程加热能源效率的最有效途径。但在过去，人们认为它用于加热中小型热处理炉，过于复杂和昂贵，于是提出了一种新型的辐射管加热蓄热式燃烧器。

图 2-31 所示为废气温度与能源效率的函数关系。如果没有空气预热系统，废气温度上升使得能源效率损失明显。在 1000℃（1830℉）的工艺温度下，至少有 50% 的燃料输入将以热废气方式损失掉。

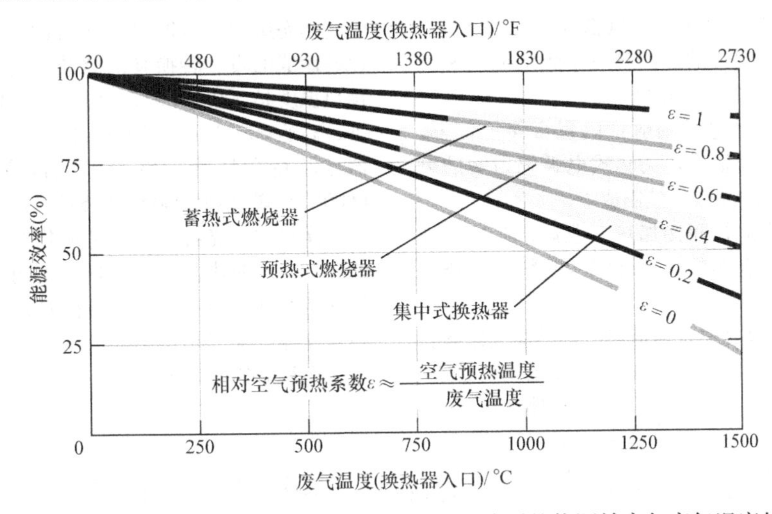

图 2-31　蓄热式燃烧器、预热式燃烧器和集中式换热器的能源效率与废气温度的关系

空气预热温度是提供给燃烧器的温度。必须考虑换热器和燃烧器之间的能量损失，废气温度是废气离开炉内的温度。在大多数情况下，废气温度接近工艺温度。在辐射加热炉中，废气温度可以远高于炉膛温度。进气口温度通常是大气温度，因此，相对空气预热系数可以表示为预热温度与废气温度之比，如图 2-32所示。相对空气预热系数是表征空气预热换热器性能的一个重要指标。

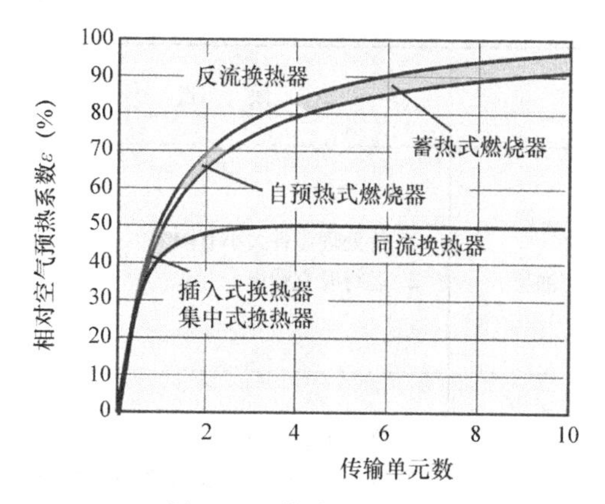

图 2-32 换热器的性能

燃气燃烧器是一种将燃气中的化学能通过燃烧转化为热能的装置，可以作为燃气器具的热源。采用余热回收方式的燃烧器有两种类型：高速直燃式和间接燃烧辐射式。

强制送风的燃气燃烧器是燃气燃烧器的主要类型，主要用于工业炉加热技术。这些燃烧器在气体燃料超压（压力 $p=5\text{kPa}$，或 0.7psi）和空气燃烧超压（$p=1\sim6\text{kPa}$，或 0.15 ~ 0.9psi）的条件下工作。空气燃烧通常起始于离心式通风机。强制送风燃烧器的分类取决于燃气与空气的混合方式以及火焰的特性。燃烧器的基本类型有：①平行双焰燃烧器；②半湍流中型火焰燃烧器；③短焰湍流燃烧器；④高速燃气脉冲燃烧器；⑤辐射燃烧器；⑥包体燃烧辐射管。

除了中压喷管，大部分用于工业加热的燃烧器属于强制送风类型。中压喷管（图 2-33）仅用于工业加热，特别是工业加热炉。中压喷管与强制送风燃烧器相比有许多优点。燃烧空气通过燃气喷射方式被吸入燃烧器，因此不需要安装燃烧空气和空气管道的风机。风机工作的同时就可以节能，占炉内吸收加热功率的 2%。喷管具有自调节能力，当燃烧器的功率发生变化时保持稳定的燃烧率。

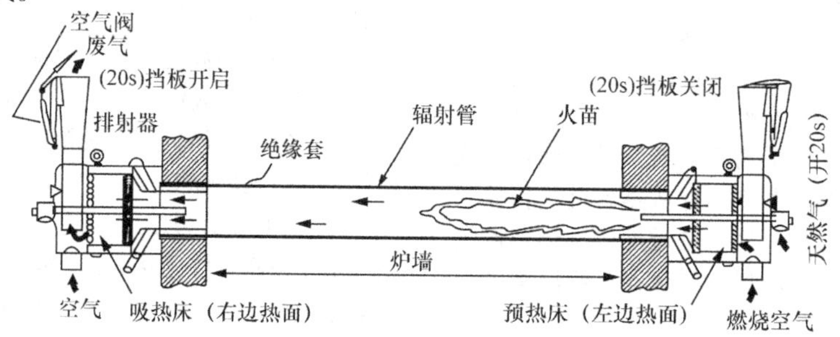

图 2-33 蓄热式辐射管燃烧器示意图

电弧辐射管是一种强制送风低压气体燃烧器，在一个由铁或陶瓷制成的封闭管道中燃烧燃气和空气混合物。加热空间可以通风排气。

最常见的类型是电弧辐射管内置金属换热器，热燃烧空气由换热器输出。夹套式电弧辐射管的燃烧管由陶瓷环或再结晶碳化硅制成。

当采用电弧辐射管间接加热工业炉，在控制气氛下进行钢和有色金属的热处理时，配料和燃烧气体不接触。

脉冲燃烧器安装在燃烧通道出口，燃烧气体从脉冲燃烧器高速喷出（80 ~ 120m/s），其中的均匀介质受到动态影响。图 2-33 的示意图给出了由再结晶碳化硅制成的带有转换管的脉冲燃烧器。一般的空气预热温度是 300 ~ 500℃（570 ~ 930℉），在某些情况下，高达 600℃（1110℉）。使用这种转换管的燃烧器可以在燃烧管中将天然气混合物和预热空气（600℃）燃烧到 2000℃（3630℉）。

换热式燃烧器是装配可加热燃烧空气的换热器的燃烧器。换热器安装在燃烧器内。与传统换热器加热所有燃烧器不同，配备换热式燃烧器的炉子空间被分隔成很多小而高效的换热器。连续式炉的集中式换热器如图 2-34 所示。

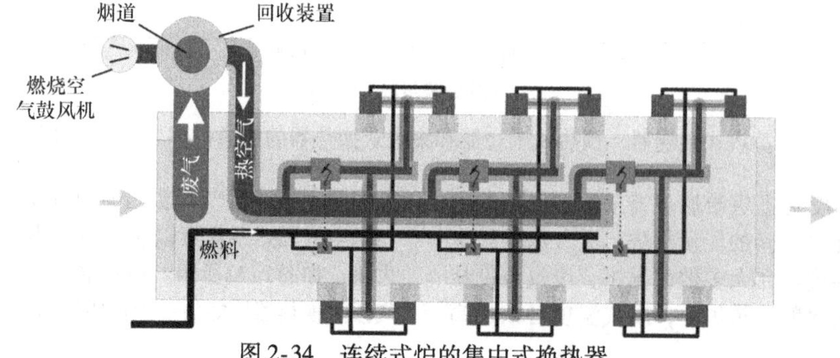

图 2-34 连续式炉的集中式换热器

蓄热式燃烧器是间断性工作的，而换热式燃烧器是连续工作并保持热空气在恒定温度。炉子的加热和烟道系统安装在炉体的两侧并交替工作，分别提供加热功能和燃气烟道功能。

燃烧气体在循环转换器内改变循环方向，且循环周期是可调节的。在蓄热式燃烧器的第二部分进行循环操作。燃烧空气循环通过第一部分（系统），将被加热到 800～1000℃（1470～1830℉）的高温，这减少了汽油燃料的消耗。通常用于热处理炉的蓄热式燃烧器是辐射管式，如图 2-33 所示。

2.1.4　炉温均匀性

要控制热处理过程，必须控制温度。热处理炉的工作热电偶必须在炉内安装前进行校准。测试炉温均匀性试验时，最好更换工作热电偶。温度均匀性是炉内在加热过程中耐热性的重要指标。与零件加工时有尺寸公差类似，加热时也有温度公差。美国汽车工程师学会按温度均匀性等级定义了热处理炉等级，见表 2-4。允许公差是按在热处理炉中进行的工艺来确定的。例如在油漆或粉末固化炉中，在 650℃（1200℉）进行钢的热处理，常见的允许公差为 ±5.6℃（±10℉），即加热室内的温度不允许超过温度设定值的 ±5.6℃（±10℉）。许多冶金规范要求公差为 2.8℃（5℉），例如铝合金的固溶处理。为了烘干零件，通常可以接受的公差为 ±11.1℃（±20℉）。如何测量温度均匀性？为了确定加热室内的温度均匀性，必须在几个位置进行温度测量，常用的方法是标准的九点测试。测试热电偶放置在加热室内的每个角落附近，另一个在中心。加热到所需的温度并保温一段时间后，测量并记录九个点温度值，通常可采用图表记录器或数据记录器进行记录。如果有任何一点超出了公差，必须关闭和调整设备并解决超差问题。

表 2-4　热处理炉温度均匀性等级

热处理炉等级	温度均匀性公差范围	
	℃	℉
1	±3	±5
2	±6	±10
3	±8	±15
4	±10	±20
5	±14	±25
6	±28	±50

如果发现温度均匀性不符合要求，必须进行一个或多个调整，以获得所需的加热参数。提高炉温均匀性的方法如下：

1）保证热处理炉热流平衡。

2）保证再循环空气充足。

3）保证空气输送顺畅。

4）保证确保绝缘。

5）保证装炉量合理。

6）保证炉膛尺寸适宜。

7）定期检验。

8）将加热器区域从 1 到 6 分开，并单独控制。

9）在炉中央放置一个热电偶，监测温度，并控制保温时间。

10）使用温度均匀性传感器（TUS）测量温度均匀性。

温度均匀性传感器的最佳数量和位置状态请参照航天材料规范标准 2750D。该规范涵盖了热处理设备的测温要求。除了温度均匀性传感器，该规范还涵盖了仪器仪表、热处理设备和系统的测试精度。

2.1.5　热处理炉保温

工业热处理炉需要满足不同的最高工作温度。大量的商用耐火材料可为热处理炉进行保温。耐火材料可按化学成分、用途及其制造方法分类。耐火材料应用于几乎所有的涉及高温和腐蚀的环境。耐火材料因具有优良的耐热性、耐化学腐蚀性和抗机械损伤，通常用于工业炉的隔热和保护。耐火材料失效可能导致生产时间、设备和产品本身的重大损失。耐火材料的耐火性能也影响设备安全、能耗和产品质量。因此，选择适合不同设备的耐火材料至关重要。随着工作温度升高（大于 1000℃ 或 1830℉），耐火材料的选择也开始变少。

耐火材料是无机的、非金属的、多孔的和非均质的材料，由热稳定的矿物聚集体、黏结剂相和添加剂组成。用于生产耐火材料的主要原料是硅、铝、镁、钙、锆的氧化物和非氧化物，如碳化物、氮化物、硼化物、硅酸盐和碳基材料。

耐火材料的主要类型包括耐火黏土砖、浇注料、陶瓷纤维和保温砖，可满足不同组合和形状的需求。耐火材料的价值不仅取决于材料本身的成本，还取决于工件的性质和在特定情况下的性能。气氛、温度和接触的材料决定了耐火材料的组成。

对热处理炉保温材料的一般要求包括：

1）耐高温性能。

2）服役条件下的承载能力。

3）抗污染性能。

4）在高温和反复热循环下，能保持足够的尺寸稳定性。

耐火材料的重要特性包括：

1）熔点。

2）化学成分。

3）密度、孔隙率。

4）表观密度。

5）在炉内气氛中的强度。

选择耐火材料的目的是最大限度地提高热处理炉的性能，制造商和用户选择耐火材料需考虑以下几点：

1）炉型。

2）热处理工艺。

3）应用领域。

4）工作温度。

5）耐磨损和抗碰撞能力。

6）炉内的载荷结构。

7）结构和温度波动（温度梯度）产生的热应力。

8）与炉内环境之间的化学相容性。

9）传热和节能。

10）成本因素。

埃林厄姆（Ellingham）图最初是冶炼萃取工业的工具，现在也常用来预测热处理中保护气氛和常见空气杂质的影响。

该图在耐火材料的选择方面非常有用。埃林厄姆图把金属氧化物形成的自由能（$\Delta G°$）作为温度的函数，可用来预测不同金属发生氧化反应的温度，判断金属及其氧化产物在高温下的相对稳定性，图中越低位置的金属氧化物抗氧化稳定性越好（图2-35）。

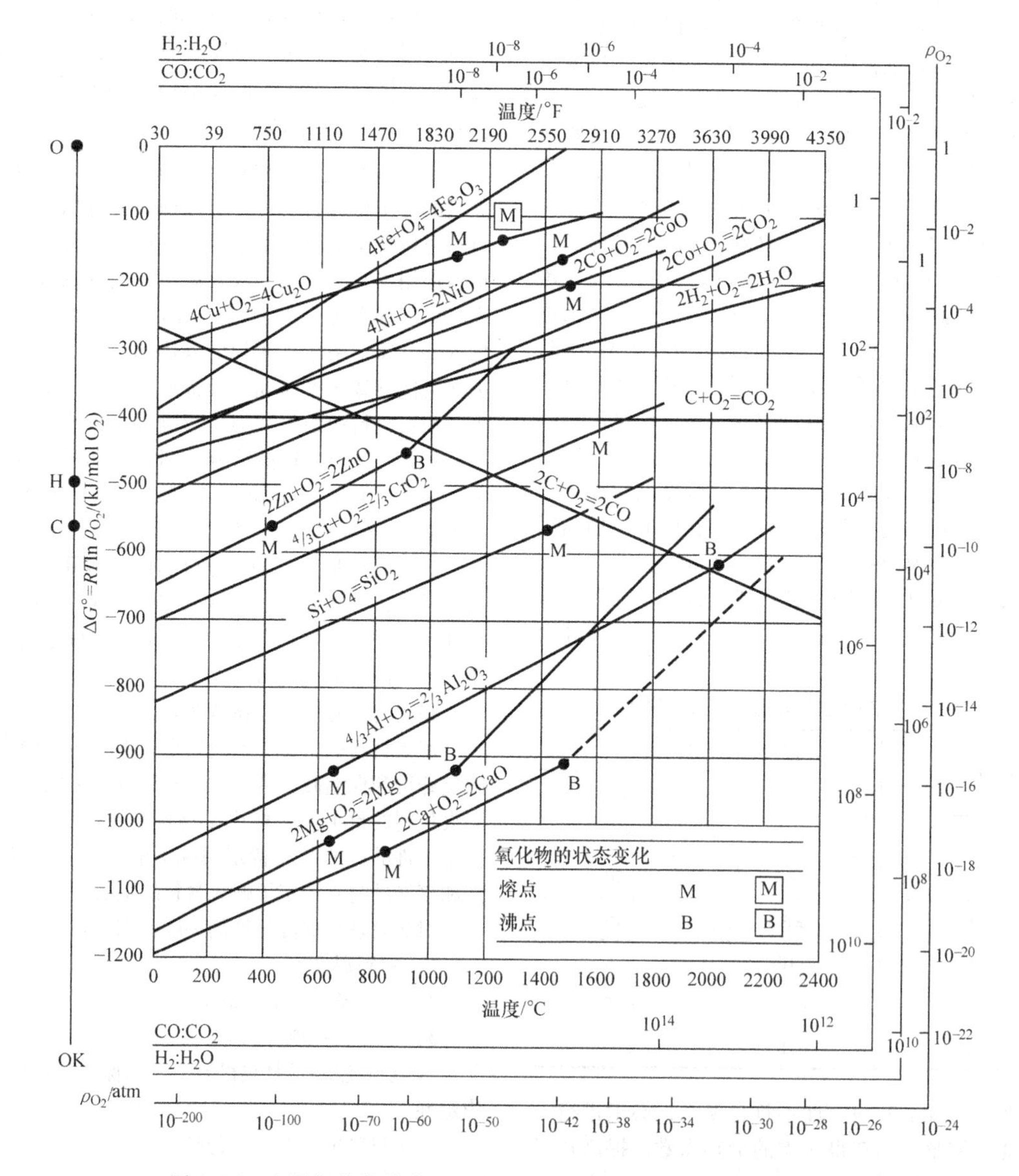

图 2-35　金属氧化物形成过程中温度与标准自由能之间的函数关系

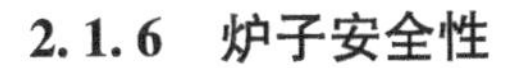

2.1.6　炉子安全性

1. 易燃气体

因为热处理是在 400 ~1200℃（750 ~2190℉）的温度范围内并在含有可燃气体的空气中进行的，例如氢气、碳氢化合物，包括甲烷、丙烯、丙烷和天然气，所以这些过程可能是危险的。然而，通过严格遵守已发布的安全规则和应用常识，热处理可以在对人身、环境都没有危害的情况下进行。炉子本身是危险的，因为它们是热的，但即使是冷的，它们也可能是危险的封闭空间。

热处理气氛使用的气体范围广泛。所有气体都有潜在的危险，因为它们的目的通常是产生氧气。此外，有些气体是易燃的，可以与空气形成爆炸性混合物；其他气体有的有毒性，有的既可燃又有毒。

较常见的热处理气氛气体的组成见表 2-5。其中五种的主要成分易燃，四种有毒。

表 2-5　热处理气氛气体的组成

组分气体	化学式	可燃性	毒性	窒息性	气氛的作用
氨气	NH_3	有	有	有	强烈渗氮
氩气	Ar	—	—	有	惰性
二氧化碳	CO_2	—	有（高浓度下）	—	氧化和脱碳
一氧化碳	CO	有	有	有	渗碳和弱还原
氦气	He	—	—	有	惰性
氢气	H_2	有	—	有	强还原
甲醇	CH_3OH	有	有	有（室温下为液体，其蒸气具有窒息性）	提供 CO 和 H_2
天然气（纯度低时）	CH_4	有	—	有	强渗碳、脱氧
氮气	N_2	—	—	有	大部分为惰性

毒性和可燃性问题并不局限于较高浓度的危险物质，即使相对较小的比例也可能发生。气体和空气的任何可燃混合物都可能爆炸。热处理气氛的可燃范围见表 2-6。可燃性的高限和低限之间的混合物在点燃时会燃烧，在一定条件下会爆炸或引爆。

表 2-6　热处理气氛的可燃范围

气体	体积分数（%）
H_2	4.0 ~7.4
CO	12.5 ~74.0
CH_4	5.3 ~14.0
NH_3	15.0 ~28.0
CH_3OH	6.7 ~36.0

由于易燃气体常常是工艺过程中必不可少的，主要的防护措施是防止空气进入炉壳，因此，安全的基本要求是持续通入气氛以保持正的炉膛压力。

热处理车间有很多影响安全的法规和标准。许多标准中常见的主要要求包括以下内容：

1）所有含有易燃成分的空气都有潜在的可燃性。

2）当炉内温度高于 760℃（1400℉）时，可用燃烧法将易燃气体引入或去除，或使用惰性气体吹扫清除。

3）当炉温低于 760℃（1400℉）时，可使用惰性气体吹扫和引入可燃性气氛。

4）易燃气体不得通入炉内，直到所有出口都有点火源。在所有情况下气流都必须得到充分燃烧。

5）易燃液体不得进入温度低于 750℃（1380℉）的炉区。

2. 油淬

油淬是热处理最大的安全隐患，往往导致设备损坏、业务中断、环境清理难，并可能引起工伤。热处理人员必须知道潜在爆炸或火灾的一些最常见的来源。其中最危险类型的工业火灾发生在淬火油中含有水。即使是极小的含水量（0.10%）也令人担忧。淬火油应连续监测并定期检查是否有水的存在，应泵送被污染的容器并采用分离技术。取样方法必须考虑水在淬火槽底部积聚的可能。只要有可能，就应该用风冷而不是用油 - 水换热器将油冷却。与炉子有关的火灾最危险的类型之一是当负载转移去淬火时“挂起”，或被卡住，特别是部分出油时。在热负荷和油表面之间的界面会产生大量的油蒸气，在许多熔炉中，这些烟雾是通过炉内气氛进行的，由点火器引燃。在工件缓慢冷却时，这将导致大的火焰或火炬。这种现象也可以发生在淬火转移缓慢时，换句话说，由于工厂的气压或液压系统发生严重失效，或机械发生故障，会导致转移受限。对于需要进行开放式油淬的井式炉，在发生停电时，应采用具有快速释放功能的起重机。

参考文献

1. W. Trinks, M.H. Mawhinney, R.A. Shannon, R.J. Reed, and J.R. Garvey, *Industrial Furnaces*, 6th ed., John Wiley & Sons, Inc., 2004
2. J.W. Smith, Types of Heat-Treating Furnaces, *Heat Treating*, Vol 4, *ASM Handbook*, ASM International, 1991, p 465–474
3. P. Mullinger and B. Jenkins, *Industrial and Process Furnaces: Principles, Design and Operation*, Butterworth-Heinemann, 2008
4. D.H. Herring, *Types of Heat Treating Equipment for Fasteners*, Fastener Technology International, Dec 2010
5. D.H. Herring, Classification of Heat-Treating Equipment (Part I), *Ind. Heat.*, Oct 2010
6. W.T. Lankford, Jr. et al., *The Making, Shaping and Treating of Steel*, 10th ed., United States Steel, 1985
7. D.H. Herring, Identify Sources of Oil Quench Fires, *Ind. Heat.*, Nov 2004
8. J.H. Greenberg, *Industrial Thermal Processing Equipment Handbook*, ASM International, 1994
9. A.C. Reardon, *Metallurgy for the Non-Metallurgist*, 2nd ed., ASM International, 2011
10. A. Sverdlin, A. Ness, and A. Drits, Aerodynamic Furnaces, *Adv. Mater. Process.*, April 1996
11. "Heat Treat Atmosphere Generators," TechPro, Heat Treat Consortium Energy Solutions Center, http://www.heattreatconsortium.com/TechPro/TechProFrameSet.htm
12. "Elevator Type Furnace," Ajeon Heating Industrial Co., Ltd., http://ajeon.en.ec21.com/Elevator_Type_Furnace--3496632_3496695.html
13. "Techcommentary: Vacuum Furnaces for Heat Treating, Brazing and Sintering," Publication TC-113555, Electric Power Research Institute (EPRI), Inc., Palo Alto, CA, 1999
14. D.H. Herring, *Vacuum Heat Treatment*, BNP Media II, LLC/Custom Media Group, Troy, MI, 2012
15. A. Sverdlin, A. Ness, M. Panhans, and Y. Sokolov, Heating Aluminum Alloys in Aerodynamic Furnaces, *Proceedings to the Heat Treating Conference* (Cincinnati, OH), 2011
16. B.L. Ferguson, R. Jones, D.S. MacKenzie, and D. Weires, Ed., *Heat Treating 2011: Proceedings of the 26th Conference*, Oct 31–Nov 2, 2011 (Cincinnati, OH), ASM International
17. V.M. Tymchak, Ed., *Spravochnik Konstruktora Pechei Prokatnogo Proizvodstva*, Vol 1, Moscow, 1970
18. B. Fredrick, Furnace and Muffle Designs Enhance Continuous Furnace Performance, *Ind. Heat.*, Sept 2004
19. J.D. Bowers, *Adv. Mater. Process.*, March 1990, p 63–64
20. G.E. Totten, *Steel Heat Treatment Equipment and Process Design*, 2nd ed., CRC Press, 2007
21. Aerospace Materials Specification Standard 2750D, SAE International, 2005
22. B. Mishra, Extractive Metallurgy, *Metals Handbook Desk Edition*, 2nd ed., ASM International, 1998, p 713–726
23. M.S. Stanescu and P.F. Stratton, Heat Treatment: Play It Safe! *Heat Treat. Prog.*, Sept/Oct 2006
24. D. Pye, Safety in Heat Treatment, *Ind. Heat.*, Jan 21, 2011
25. P.F. Stratton and M.S. Stanescu, An Introduction to Atmosphere Furnace Safety, *Heat Treating and Surface Engineering Proceedings of 22nd Heat Treating Conference, and the Second International Surface Engineering Congress* (Indianapolis, IN), 2003
26. H.F. Coward et al., *Limits of Flammability of Gases and Vapors*, U.S. Department of the Interior, Bureau of Mines, Washington, D.C., 1952
27. *Handbook of Compressed Gases*, Compressed Gas Association, Inc., New York, NY, Van Nostrand Reinhold Company, 1981
28. R. Ostrowski, Furnace Safety in Heat Treating, *Heat Treating*, Vol 4, *ASM Handbook*, ASM International, 1991

2.2 热处理炉内气氛

Ralph Poor, Surface Combustion

Steve Ruoff and Thomas Philips,

Air Products and Chemicals, Inc.

热处理炉内气氛的控制是确保完成高质量冶金及热处理工艺的关键因素。防止金属表面在高温下氧化始终是热处理炉内气氛控制的重要任务。从大量实践经验来看，炉膛内的气氛是热处理过程中的化学反应的积极参与者。

通过正确地应用和控制炉内气氛，为特定的热处理过程提供所需的合金元素，而在另外一些工艺中它能保持工件表面的清洁，当金属暴露在高温下时提供一种保护性的环境以隔绝空气对工件的不利影响。

本节将主要介绍应用于热处理工艺中的气氛类

型。更多的关于气氛控制方面的内容会在本书 2.3 节中详细描述。

2.2.1 经验流量公式

气体流量的控制对热处理工艺十分重要。通过对流入炉膛的气体进行控制可确保有足够多的气体来进行密封以防止空气渗透进来，以及能够快速地吹扫前室。按照通常的经验，炉膛内的气氛吹扫至少需要用 5 倍于炉膛体积的气体进行置换。

最简便的调节气氛流量的方法是通过一个能直接读数的流量计。在某些情况下，尽管总的流量能被测量，但在不同的入口位置，气氛分布也各不相同。流量是一个与炉膛体积和时间有关的函数。有一个经验流量公式能够精确地描述气氛流量与管道面积的关系，即

$$Q = 1651.25AC\sqrt{h/d} \quad (2\text{-}1)$$

式中，Q 为流量，单位是 ft^3/h；A 为孔或管道的面积，单位是 in^2；C 为置换因数；h 为压差；d 为气体的相对密度。

其中 C 取值如下：①当开口为扁平时，$C=0.61$；②当开口为锥形时，$C=0.95$；③当开口为反向的锥形口时，$C=0.9$。

2.2.2 气体的基本原理

气体分子在某种程度上讲是各自独立分开的，在所包含的空间内不停地运动着。气体与液体存在两个方面的不同：①气体能够被压缩；②气体能够充满整个密闭空间。气体和液体又都有相同的能力：①具有流动性；②能够施加压力到与它们接触的表面；③经过孔口的流速能被测量。

尽管在气体和蒸气之间并没有清晰的定义，但是“蒸气”这个词通常用在那些比较接近自身液化温度的气体。比如，水蒸气和二氧化碳通常被称作蒸气，是因为它们比较容易液化。空气、氢气和氮气则通常被称作气体。

1. 气压

根据气体可压缩性可以推导出一个简明的气体压力和体积之间的关系。这个关系被称为玻意耳（Boyle）定律：当温度不变的情况下，气体在密闭空间内的体积与绝对压力成反比。

密闭空间内的气体压力能够用水银或其他液体的 U 形管压力计来测量。U 形管的一边连接被测气体，另一边保持与大气相通。被测气体表现出的压力将会推动另一端与大气相通的液面升高。两个液面的高度差乘以该液体的密度就表示气体的压力与大气压相差多少。这个压力被称为表压，以区别于绝对压力，绝对压力要在表压基础上加上大气压力。

2. 扩散

如果两个或更多的密闭容器，最初包含各种不同气体，把它们连接在一起，并假设没有化学反应发生，分子的运动将会使得每一种气体相互渗透并布满所在容器的整个空间。在这种扩散的影响下，气体混合物最终会变得十分均匀。每一种气体都会膨胀到整个有效空间，就好像其他气体没有存在一样。根据玻意耳定律，每一种气体的绝对压力就降低到一个更低的值，称之为该气体的分压。气体混合物的压力将会等于每一种成分气体的分压之和。这个现象被称为道尔顿（Dalton）定律：在某个给定的温度下，几种不相互发生化学反应的气体混合物的压力等于每一种独立占据整个容器空间的气体的分压之和。

阿伏伽德罗（Avogadro）定律表明：在相同的温度和压力下，相同体积的不同气体所包含的分子数相同。当这个定律应用于气体的特定数量时，这个数量被称为摩尔（mol）。1mol 气体中的分子数量被称为阿伏伽德罗常数。1mol 任何气体包含有 6.02×10^{23} 个分子，在 0℃（32℉）和 1atm（760mm Hg 或 100kPa）或者海平面大气压下，占据约 22.4L（$0.79ft^3$）的空间体积。

3. 密度

气体的密度是指单位体积中包含的气体质量，密度受压力和温度的影响。密度和压力等比例增加，气体受热时膨胀，受冷时收缩。气体的密度已经能被精确地测量。1L（$0.038ft^3$）空气在标准温度和压力下，质量为 1.293g（0.04561oz），或者说空气密度为 $1.3kg/m^3$（$0.081lb/ft^3$）。气体的相对密度通常以空气为参照物来表示（表 2-7）。

表 2-7 常用气体和蒸气的性质

气体	化学符号	近似相对分子质量	密度①		相对密度②
			kg/m^3	lb/ft^3	
空气	—	28.97③	1.293	0.0807	1.000
氨气	NH_3	17.03	0.760	0.0474	0.588
氩气	Ar	39.95	0.178	0.0111	1.380
二氧化碳	CO_2	44.02	1.965	0.1228	1.520
一氧化碳	CO	28.01	1.250	0.078	0.967
氦气	He	4.00	0.179	0.0112	0.138
氢气	H_2	2.02	0.090	0.0056	0.070
甲烷	CH_4	16.04	0.716	0.0447	0.552
氮气	N_2	28.01	1.250	0.078	0.968
氧气	O_2	32.00	1.429	0.0892	1.105
丙烷	C_3H_8	44.09	1.968	0.1229	1.522
二氧化硫	SO_2	64.06	2.860	0.1785	2.212

① 标准温度和压力：0℃（32℉）和 760mmHg。

② 与空气相比的相对密度。

③ 由于空气是混合物，因此不具有真正的相对分子质量。这是其成分的平均相对分子质量。

4. 黏度

气体分子间的摩擦力或者黏度，与液体中一样，也是存在的。相对来说，因为气体分子间的距离比液体更大，所以气体中的黏度也显得低得多。气体分子之间的摩擦力会阻碍气体通过管道和沟槽时的运动。气体和液体的黏度因子用 P($1P=10^{-1}Pa\cdot s$) 来表示。温度的增加会导致气体黏度的增加，但液体黏度反而会下降。

5. 温度效应

查理（Charles）定律表明：一定质量的气体，当其体积一定时，它的压强与绝对温度成正比。通过温度效应，通用的气体定律能够写成如下的数学方程式

$$\frac{p_1V_1}{T_1}=\frac{p_2V_2}{T_2} \tag{2-2}$$

式中，p 为绝对压力；V 为一定质量气体的体积；T 为绝对温度；下标 1 和 2 指两组不同条件下的压力、体积和温度。

当热处理炉内气氛被要求提供一种或几种元素时，这些基本的气体定律变得非常重要。很多控制方式被用来计算碳势或者特定气氛中的某种元素势。化学热处理反应中的某一元素的不同数量能被用来反映气氛某一特定的势能。某一元素的定量测定可以通过充分理解反应所涉及的化学方程，以及产生这种元素的气体分压之间的关系来获得。

2.2.3 基本气体及蒸气

空气是热处理炉内的一种重要的气氛，因为空气是没有保护气氛的炉子中的主要成分，也因为它是主要的初始气氛。空气的化学组分是大约 79% 的氮气及 21% 的氧气，以及微量的二氧化碳和其他气体。空气通常表现为一种氧化气氛，因为氧气是空气中最活跃的组分。

1. 氧气

氧气能和绝大多数金属发生反应，生成氧化物。另外，氧气和溶解在钢中的碳原子发生反应，会降低钢件表面的碳浓度。

2. 氮气

氮气分子通常不与铁发生反应，因此在低碳钢退火时可以作为一种理想的保护气氛；但是，作为高碳钢的保护气氛时，它必须是非常干燥的，因为氮气中少量的水蒸气会导致脱碳。氮气分子会与许多不锈钢发生反应，所以在多数情况下，不能用于不锈钢的热处理。含活性氮原子的氮气（产生于常规热处理的不同温度）不是一种保护性气氛，因为活性氮原子会与铁原子结合形成细小分布的氮化物影响产品的表面硬度。在这种情况下，氩气通常被用来代替氮气作为保护性气氛。

3. 二氧化碳和一氧化碳

二氧化碳和一氧化碳在钢铁的生产工艺中非常重要。在奥氏体化温度，二氧化碳与钢中的碳在钢表面生成一氧化碳，即

$$(C)+CO_2\rightleftharpoons 2CO \tag{2-3}$$

式中，(C) 表示溶解在奥氏体中的碳。此反应继续进行，直到没有二氧化碳可用，或者直到在钢表面完全没有碳，此时，如果持续供应二氧化碳，铁和氧化亚铁会被氧化，反应方程式如下：

$$Fe+CO_2\rightleftharpoons FeO+CO \tag{2-4}$$

$$3FeO+CO_2\rightleftharpoons Fe_3O_4+CO \tag{2-5}$$

氧化亚铁（FeO）是稳定的氧化物，在高于 555℃（1030℉）形成，而磁性氧化物（Fe_3O_4）在低于 555℃（1030℉）形成，如图 2-36 所示。

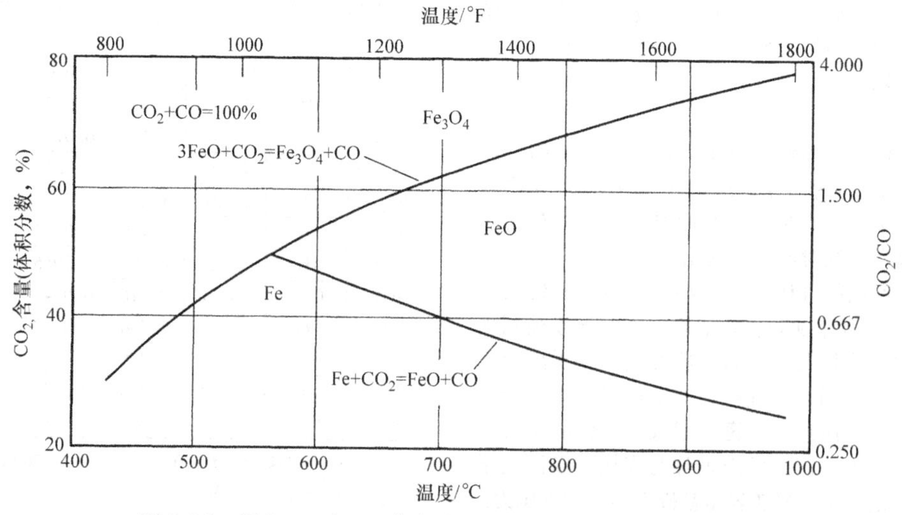

图 2-36 钢在 CO 和 CO_2 气氛中不同温度下加热时形成氧化物（FeO 和 Fe_3O_4）的平衡曲线

上述反应将一直进行，直到达到平衡。这些反应根据时间、温度、系统的压力以一定的速度进行。各种碳钢在 CO 和 CO_2 混合气氛中加热后的表面碳浓度平衡条件如图 2-37 所示。

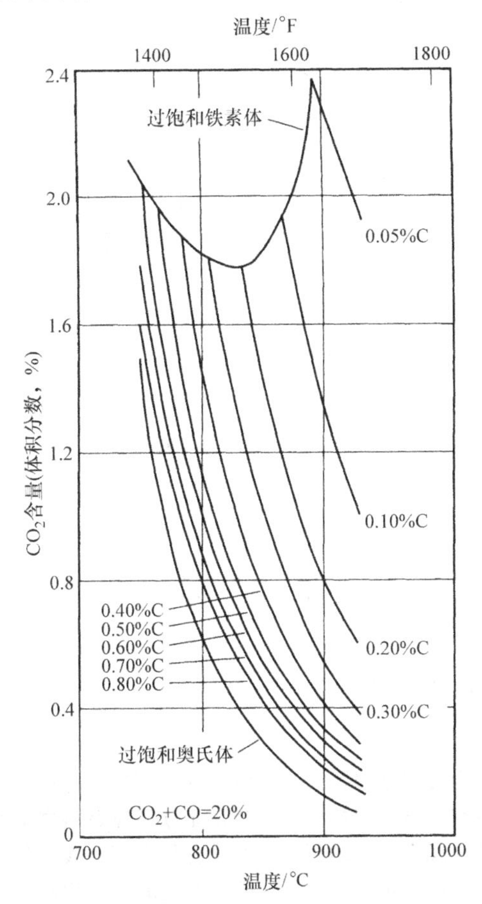

图 2-37　不同碳含量的碳钢在平衡条件下的温度与二氧化碳含量之间的关系

4. 氢气

氢气能够把氧化铁还原为纯铁。在一定的条件下，氢气可以使钢脱碳。氢气的脱碳作用取决于炉温、湿度（气氛和炉内的）、保温时间和钢中的碳含量。氢气的脱碳作用在 705℃（1300℉）以下微乎其微，但是当高于该温度时，它的脱碳作用会显著增加。水蒸气会增加脱碳的效果，因为它分解后会提供新生的氢原子和氧原子。

氢原子与钢中的碳反应生成甲烷，反应方程式如下：

$$(C)+4H \rightleftharpoons CH_4 \qquad (2\text{-}6)$$

氧原子与钢中的碳反应形成一氧化碳，反应方程式如下：

$$(C)+O \rightleftharpoons CO \qquad (2\text{-}7)$$

在低露点的氢气气氛中也有一些轻微脱碳的作用，特别是对高碳钢。即使当氢气不在新生态的条件下，也会与碳发生反应，反应方程式如下：

$$(C)+2H_2 \rightleftharpoons CH_4 \qquad (2\text{-}8)$$

显然，氢气的脱碳倾向在两种形式下都显著受到钢中碳含量的影响，并且可以预料，随着钢中碳含量的增加，受到的影响也越大。

5. 水蒸气

水蒸气能将铁氧化，反应方程式如下：

$$Fe+H_2O \rightleftharpoons FeO+H_2 \qquad (2\text{-}9)$$

并且水蒸气与钢中的碳相结合形成一氧化碳和氢气，反应方程式如下：

$$(C)+H_2O \rightleftharpoons CO+H_2 \qquad (2\text{-}10)$$

水蒸气与钢铁表面在非常低的温度和低的分压下就能反应。这就是冷却阶段钢件表面发蓝的主要原因。水蒸气在不同温度下氧化钢铁的平衡曲线如图 2-38 所示。

6. 碳氢化合物

最常添加的或在炉内能发现的碳氢气氛是甲烷（CH_4）、乙烷（C_2H_6）、丙烷（C_3H_8）、丙烯（C_3H_6）和丁烷（C_4H_{10}）。这些气体能够增加炉内气氛的渗碳倾向。这些气氛与加热后钢铁表面反应时的化学活性取决于它们的热分解过程和在钢铁表面形成活性碳原子的趋势，也取决于加热室和工件的温度。碳氢气体的热分解会导致炭黑的形成，其趋势会随着碳氢化合物碳原子比例的增加而增加。因此，丁烷和丙烷比乙烷和甲烷更容易在加热室内产生炭黑。

7. 惰性气体

惰性气体中的氩气和氦气常用于活性金属及其合金的热处理工艺。氩气因为比氦气的成本低得多，因而更受青睐。因为氦气没法被合成制造出来，其自然资源十分有限，因此氦气的价格相比于氩气常常更依赖于最终使用地点。空气中含有约 0.93%（体积分数）的氩气。氩气是通过先把空气液化，再从液态空气中分馏来提取而得到的。氦气则是通过类似于低温冷冻的方法从美国西部发现的天然气储藏中来提取获得的。在美国和墨西哥发现的油气储藏中含有 1%～8% 比例的氦气储藏。因为氦的密度很低（0.179×10^{-3} g/cm^3 或 6.47×10^{-6} lb/in^3，在 20℃或 70℉），所以大部分的氦气会被释放到大气层中而永久地消耗掉。正因为这样，未来氦气的供应存在很大威胁，将会越来越稀缺。

惰性气体作为保护气氛对于那些在热加工过程中不能采用其他保护气氛的金属和合金是特别有用的。惰性气体的两个主要应用是作为不锈钢的光亮淬火或退火以及钛合金的热处理工艺。氧气和水蒸气在不锈钢的光亮退火过程中应尽量避免，少于 0.01% 的氧含量且露点小于 −50℃（−60℉）是必不可少的。钛合金的热处理则需要不含氢气、氧气和含碳的气氛。

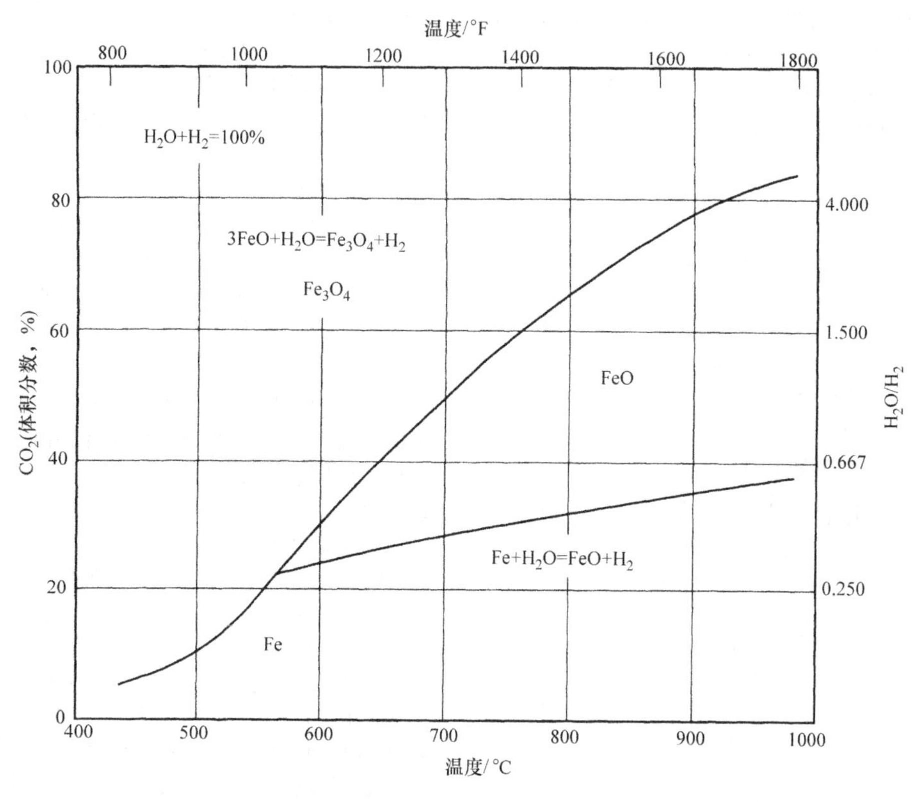

图 2-38 不同温度下铁在 H_2 和 H_2O 气氛中氧化还原反应曲线

需要慎重的是，要考虑惰性气体以及氮气的滞留问题。当人们需要进入密闭的舱室或容器内进行操作或维护时，推荐使用特殊的预防措施。虽然这些惰性气体是没有毒性的，但是在这些气体富集的区域可能发生窒息。因为惰性气体本身无色无臭，所以它们和氮气不容易识别，是有危险性的，所以重要的是要严格按照既定的“密闭空间安全程序”来操作，如“上锁/挂牌”的措施。

在底部装料炉子中，氦气和氮气会在容器的顶部位置聚集；而在竖直装料的炉子中，氩气和氮气会聚集在容器的底部。因此，在进入这些空间之前，一定要用空气进行充分吹扫并按照既定的“密闭空间安全”和“上锁/挂牌”程序来执行。其他适当的安全程序也是必要的。

2.2.4 热处理气氛反应

燃烧炉炉内的气氛就是碳氢化合物（烷烃类）燃料在炉内与空气或氧气直接燃烧的产物。这些炉内气体的组成物包含有以下部分或全部气体：二氧化碳、一氧化碳、氢气、氧气、氮气和水蒸气等。

当燃烧器添加过量的助燃空气，那么燃烧产物中不完全燃烧的燃气、一氧化碳和氢气比例将会减少，而可测量的氧气会继续增加。相反，燃烧器工作在空气不足的情况下，会在充分燃烧燃料之前就消耗掉几乎所有的氧气。在这种情况下，残留的氧气变得最小化，可测量到的未燃烧的一氧化碳和氢气继续存在。在所有条件下，大量的水蒸气会通过燃烧产生。其他能影响整体炉内气氛的主要因素是燃烧器的效率、炉子的密封性和炉门开口的尺寸。炉门开口的大小会影响可能存在的空气渗入的速率和残留氧气的数量。此外，配备多个燃烧器的炉子可能因为采用不同比例的空燃比而产生不可预测的成分。当炉内气氛中含有过量的氧气并伴随着水蒸气和二氧化碳时，氧化势能会在钢铁表面快速形成松散的氧化皮。空气不足的燃烧器产生极少的氧气和更大量的一氧化碳和氢气，它们是还原成分，可引起钢铁表面脱碳。在这种情况下，二氧化碳和水蒸气的存在，会促进形成不容易去除的致密氧化物。氧化的程度取决于炉温和在该温度下材料保持的时间。

尽管燃烧炉不能提供完全中性的气氛，但专门设计过的直接燃烧炉带有严格控制的燃烧器系统和精准的时间/温度过程循环，能够兼顾成本和质量的

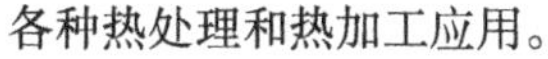
各种热处理和热加工应用。

1. 二氧化碳加氢气

氢气与二氧化碳或氧气反应会形成水蒸气。对于钢铁，水蒸气具有很高的氧化能力或脱碳能力，必须在炉气中被严格监测。

2. 水煤气反应

下面列出的是钢铁在高温下的氧化反应，是不可逆的和无法控制的，反应方程式如下：

$$2Fe + O_2 \rightarrow 2FeO \tag{2-11}$$

$$4Fe + 3O_2 \rightarrow 2Fe_2O_3 \tag{2-12}$$

$$3Fe + 2O_2 \rightarrow Fe_3O_4 \tag{2-13}$$

然而，有些氧化气体和金属反应，是可逆的并且可以被控制，因此可以有效地利用这些反应。在以下反应中，

$$Fe + H_2O \rightleftharpoons FeO + H_2 \tag{2-14}$$

$$Fe + CO_2 \rightleftharpoons FeO + CO \tag{2-15}$$

水蒸气和二氧化碳是氧化性气体，氢气和一氧化碳是还原性气体。最终，形成的还原性气体或者氧化性气体的量会变得足够大以至于抵消掉另一种气氛的影响力。通过适当控制这些反应，一种中性的、还原性的或者氧化性的效果就出现了。

这种可逆的反应能够通过如下的水煤气反应来进行控制：

$$CO + H_2O \rightleftharpoons CO_2 + H_2 \tag{2-16}$$

进入水煤气反应的气体与钢的表面反应引起氧化或者还原，这取决于对应于温度的平衡条件和反应系统的气氛组成。

在 830℃（1525℉），二氧化碳和水蒸气的氧化势能是相等的，一氧化碳和氢气的还原势能是相等的。因此，在此温度下，水煤气反应的平衡常数具有统一的数值。高于 830℃（1525℉），二氧化碳是比水蒸气更强的氧化剂，氢气是比一氧化碳更强的还原剂。低于 830℃（1525℉），正好相反。考虑以下反应：

$$C + CO_2 \rightarrow 2CO \tag{2-17}$$

$$CO + H_2O \rightleftharpoons CO_2 + H_2 \tag{2-18}$$

$$C + H_2O \rightleftharpoons CO + H_2 \tag{2-19}$$

和它们的平衡常数，分别为

$$K_1 = \frac{[CO_2]}{[CO]^2} \tag{2-20}$$

$$K_2 = \frac{[CO][H_2O]}{[CO_2][H_2]} \tag{2-21}$$

$$K_3 = \frac{[H_2O]}{[CO][H_2]} \tag{2-22}$$

表 2-8 中进行了一些数据的计算，假设氢含量保持恒定在 40%，和 $CO + CO_2$ 含量保持恒定在 20%。图 2-39 所示为碳的质量分数为 0.10% ~ 1.20% 的钢达到平衡条件时的露点。

表 2-8　$H_2-H_2O-CO-CO_2$ 体系的平衡常数、组成和露点的变化

温度		平衡常数			组成（体积分数，%）		露点	
℃	℉	K_1	K_2	K_3	CO_2	H_2O	℃	℉
650	1200	3.77	0.51	1.922	4.5	4.5	+32	+90
705	1300	0.942	0.66	0.695	2.6	3.4	+24	+75
760	1400	0.348	0.83	0.363	1.2	2	+18	+65
815	1500	0.125	1.02	0.127	0.5	1.02	+7	+45
870	1600	0.05	1.22	0.061	0.2	0.49	-3	+27
925	1700	0.022	1.44	0.003	0.1	0.25	-12	+10

注：假设氢含量保持恒定在 40%，并且假定 $CO + CO_2$ 含量保持恒定在 20%。

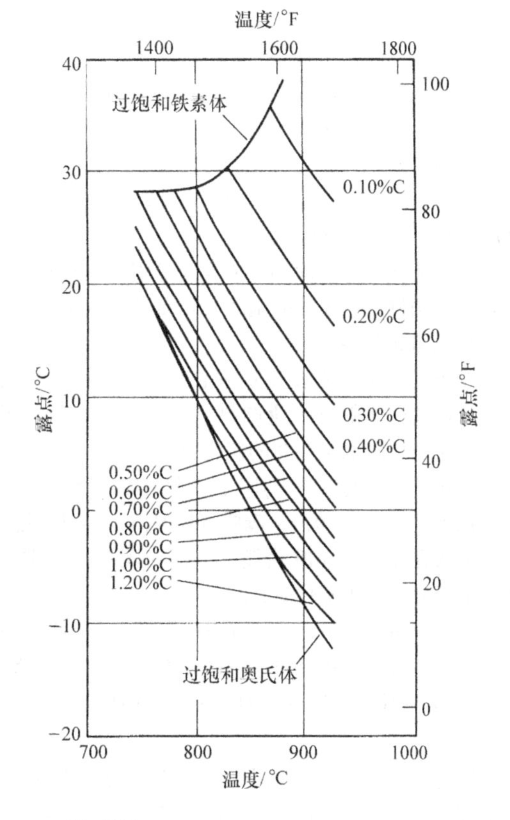

H_2=40%

CO_2+CO=20%

$H_2O = K \times H_2 \frac{CO_2}{CO}$

露点=T−459.6°C

$H_2O = 10^{8.0615-\left|\frac{407}{T}\right|}$

图 2-39　碳的质量分数为 0.10% ~ 1.20% 的钢达到平衡条件时的露点

3. 氨蒸气

氨气吸热后分解，发生下列吸热反应：

$$2NH_3 \rightarrow N_2 + 3H_2 \quad (2\text{-}23)$$

其中分解后的氨含有75%的氢气和25%的氮气。当氨蒸气被加热并通过适当的催化剂时就会发生裂解。裂解氨随后被冷却并通过净化分子筛吸附系统以除去未分解的氨气和水蒸气。

氨蒸气也可以用作添加剂，添加到合适的含碳载气气氛用于碳氮共渗，或者直接用于渗氮过程。在这些情况下，部分氨气在热处理炉内部发生分解，使氮气与加热后的钢表面形成坚硬的氮化物。

4. 锂蒸气

锂蒸气在炉内与水蒸气反应以形成氧化锂和氢气，反应方程式如下：

$$2Li + H_2O \rightarrow Li_2O + H_2 \quad (2\text{-}24)$$

锂蒸气也可以与任何存在于炉内气氛中的自由氧气形成氧化锂，反应方程式如下：

$$4Li + O_2 \rightarrow 2Li_2O \quad (2\text{-}25)$$

通过这些反应形成的氧化锂与气氛中存在的一些一氧化碳发生氧化，导致一定量的金属锂的释放，反应方程式如下：

$$2Li_2O + CO \rightarrow Li_2CO_3 + 2Li \quad (2\text{-}26)$$

释放的锂可以更多地吸收氧气。

这种蒸气的实际应用是在锻造炉中作为一种炉气来防止钢材加热至锻造温度后表面形成氧化皮。

5. 含硫的气氛

在炉气中的亚硫酸气体基本上是有害的，需要避免。这些气体来自工业燃料、炉衬耐火材料、工件加工时的切削油中存在的硫化合物。

硫化物以硫化氢（H_2S）、二氧化硫（SO_2）或三氧化硫（SO_3）、硫醇、噻吩（C_4H_4S）、金属硫酸盐等形式存在。当还原性气氛中存在硫时，通常会从以下反应中产生硫化氢：

$$SO_2 + 3H_2 \rightleftharpoons H_2S + 2H_2O \quad (2\text{-}27)$$

$$C_4H_4S + 6O_2 \rightarrow 4CO_2 + 2H_2O + SO_2 \quad (2\text{-}28)$$

$$2SO_2 + 3Fe + 2Ni \rightarrow Fe_2O_3 + NiS + NiO + FeS \quad (2\text{-}29)$$

当高镍钢加热的气氛中含有硫时，硫化镍和氧化镍都会形成，从而在表面形成“鳄鱼皮”的效果。除了损坏被热处理的零件外，这种效果还会加速高镍、高铬、耐热合金钢炉内部件、托盘和固定装置的失效。一般来说，硫在炉气中的存在会增加氧化皮形成的速率，并且该速率随温度升高而增加。

2.2.5 预制气氛的分类

大多数气氛是在本领域中经常使用的通用名称，或者在一些情况下通用的商品名称。美国天然气协会（AGA）根据气氛的制备方法或者其原始成分已经将商业上重要的预制气氛分为六大类。这六大类的定义如下：

（1）Class 100：放热式气氛　由部分或完全燃烧的气体和空气混合物形成，可以去除水蒸气达到所需的露点。

（2）Class 200：预制氮基气氛　以放热式气氛为基础，但去除了CO_2和水蒸气。

（3）Class 300：吸热式气氛　由燃料混合物和空气在一个外部加热的带有催化剂的反应室中部分反应后形成。

（4）Class 400：木炭基气氛　将空气通过一个放满炙热木炭的容器后形成。

（5）Class 500：放热 - 吸热式气氛　将燃料气和空气的混合物完全燃烧，再去除水蒸气并将二氧化碳通过在外部填有催化剂的加热室重新生成一氧化碳。

（6）Class 600：氨基气氛　由原始氨、分解氨或部分（或完全）燃烧的分解氨并控制露点的气氛组成。

这些大的分类领域被进一步细分，并用数字表示按照它们的制备方法来加以识别。子分类通过替换六个大类指数中的后两位零，并用两位数字编号来表示，例如：

01：使用稀薄的空气 - 气体混合物。

02：使用富化的空气 - 气体混合物。

03和04：气体的制备在炉内本身完成，而且没有使用单独的设备或发生器。

05和06：原始气体先经过炽热的木炭再进入工作室。

07和08：先添加原始烃类燃料气体进入基础气体后，再进入工作室。

09和10：先添加原始烃类燃料气体和干燥的原始氨气进入基础气体后，再进入工作室。

11和12：先添加燃烧后的氯气和烃类燃料气体以及空气进入基础气体后，再进入工作室。

13和14：基础气体先去除全部硫或全部含硫气体，再进入工作室。

15、16、17和18：添加锂蒸气进入基础气体，再通入工作室。

19和20：在炉内本身完成气体的制备并添加一定的锂蒸气。

21和22：先对基础气体进行一些额外的特殊处理，再通入工作室。

23和24：在发生器内，添加蒸气和空气并结合催化剂，以便将CO转化为CO_2，然后去除CO_2。

25 和 26：在发生器内，添加蒸气和空气并结合催化剂，以便将 CH_4 转化为 H_2 和 CO_2，然后去除 CO_2。

这种分类系统提供了大量的可能性以及可选择性。但在实际生产中，只有少数的气氛分类在工业上比较重要。表 2-9 列出了这些主要的热处理气氛和它们的典型应用。

除了上述提到的 AGA 关于热处理预制气氛的分类，从 20 世纪 70 年代末开始，更多新型的基于工业气体的气氛出现在热处理和其他金属加工领域。这些气氛是通过混合惰性的氮气和活性气体（如氢气和裂解的甲醇）来获得的。本书稍后给出这些基于工业气体的气氛的详细介绍。表 2-10 和表 2-11 比较了这些工业气体与传统气氛的差别。

表 2-9 主要热处理气氛的分类及应用

分类	描述	常用的应用	名义组成（体积分数,%）				
			N_2	CO	CO_2	H_2	CH_4
101	淡型放热式	钢的氧化物涂层	86.8	1.5	10.5	1.2	—
102	浓型放热式	光亮退火，铜钎焊，烧结	71.5	10.5	5	12.5	0.5
201	淡型氮基	中性加热	97.1	1.7	—	1.2	—
202	浓型氮基	退火，不锈钢钎焊	75.3	11	—	13.2	0.5
207	201 基础上加碳氢化合物	退火	—	—	—	—	—
208	202 基础上加碳氢化合物	退火	—	—	—	—	—
223	201 基础上加带催化剂的蒸气来转化一氧化碳	退火，钎焊	96.9	0.05	0.05	3	—
224	202 基础上加带催化剂的蒸气来转化一氧化碳	退火，钎焊	89.9	0.05	0.05	10	—
301	淡型吸热式	清洁淬火	45.1	19.6	0.4	34.6	0.3
302	浓型吸热式	气体渗碳	39.8	20.7	—	38.7	0.8
323	燃气 - 空气 - 蒸气混合物与催化剂转化 CH_4	退火，烧结，还原	5	21.4	8	65.6	5
325	燃气 - 空气 - 蒸气混合物用催化剂转化 CO	退火，烧结，还原	余量	0.05 ~ 0.1	0.05 ~ 0.1	50 ~ 99.6	—
402	木炭基	渗碳	64.1	34.7	—	1.2	—
501	淡型放热 - 吸热式	清洁淬火	63	17	—	20	—
502	浓型放热 - 吸热式	气体渗碳	60	19	—	21	—
600	氨基	渗氮，碳氮共渗	—	—	—	—	—
601	裂解氨	钎焊，烧结	25	—	—	75	—
621	淡型氨燃烧气氛	中性加热	99	—	—	1	—
622	浓型氨燃烧气氛	不锈钢粉末烧结	80	—	—	20	—

表 2-10 发生式气氛与工业氮基气氛系统的比较

气氛类型	发生式气氛					名称	名义组成（体积分数,%）			
	应用	名称	名义组成（体积分数,%）				N_2	H_2	CO	CH_4
			N_2	H_2	CO					
保护气氛	退火	放热	70 ~ 100	0 ~ 16	0 ~ 11	氮 - 氢	90 ~ 100	0 ~ 10	—	—
						氮 - 甲醇	91 ~ 100	0 ~ 6	0 ~ 3	—
		裂解氨	25	75	—	氮 - 氢	60 ~ 90	10 ~ 40	—	—

（续）

气氛类型	发生式气氛					名称	名义组成（体积分数，%）			
	应用	名称	名义组成（体积分数，%）				N_2	H_2	CO	CH_4
			N_2	H_2	CO					
反应气氛	钎焊	放热	70～80	10～16	8～11	氮－氢	95	5	—	—
		裂解氨	25	75	—	氮－氢	25	75	—	—
	烧结	吸热	40	40	20	氮－氢	90～95	10～5	—	—
		裂解氨	25	75	—	氮－氢	90～95	10～5	—	—
碳控制气氛	淬火	吸热	40	40	20	氮－甲烷	97	1	1	1
	渗碳	吸热	40	40	20	氮－甲醇	40	40	20	—
	脱碳	放热	85	5	3	氮－氢	90	10	—	—

表 2-11 保护性气氛和工业氮基气氛系统的组成

应用	输入气氛	炉内气氛分析（体积分数，%）					
		N_2	H_2	CO	CH_4	微量杂质	
						H_2O	CO_2
碳钢板、管、线	纯化后的放热式	80	12	8	—	0.01	0.5
	$N_2-5\%H_2$	95	5	—	—	0.001	—
碳钢棒	纯化后的放热式	100	—	—	—	0.01	0.5
	放热－吸热共混物	75	15	8	2	0.01	0.5
	$N_2-1\%C_3H_8$	97	1	1	1	0.001	0.01
	$N_2-5\%H_2-3\%CH_4$	90	7	2	1	0.001	0.01
	$N_2-3\%CH_3OH$	91	6	3	—	0.001	0.01
铜线、铜棒	淡型放热式	86	—	—	—	3	11
	$N_2-1\%H_2$	99	1	—	—	0.001	—
铝板	淡型放热式	86	—	—	—	3	11
	N_2	100	—	—	—	0.001	—
不锈钢板、线	裂解氨	25	75	—	—	0.001	—
	H_2	—	100	—	—	0.0005	—
	$N_2-40\%H_2$	60	40	—	—	0.0005	—
不锈钢管	裂解氨	25	75	—	—	0.001	—
	H_2	—	100	—	—	0.0005	—
	$N_2-25\%H_2$	75	25	—	—	0.005	—
铸铁退火	纯化的放热式	98	—	2	—	0.01	0.5
	$N_2-1\%C_3H_8$	97	1	1	1	0.001	0.2
镍铁片	裂解氨	25	75	—	—	0.001	—
	$N_2-15\%H_2$	85	15	—	—	0.001	—

2.2.6 炉内气氛的危害

炉内气氛是热处理中涉及的主要安全危害之一。一般来说，这些危害分为四类，即火灾、爆炸、毒性和窒息。

1. 火灾

当气氛中包含大于4%（体积分数）的可燃气体，它就可以归类为易燃物。只有在这个比例以内，才是实际的安全界限，这一点永远不能被忽视。可燃性气体（如H_2、CO、CH_4）和其他碳氢燃料气体不应该在低于760℃（1400℉）的温度，且没有用惰性气体正确地吹扫的情况下通入热处理炉室。

2. 爆炸

在某些条件下，空气与可燃气体的混合物在点燃时会发生爆炸。当炉室以正确的方式往炉内充气时，炉内温度等于或高于760℃（1400℉），可燃气体的混合物会在产生爆炸之前先燃烧，可以避免爆炸的危险。一般情况下，炉内的可燃性气氛从炉室中经过相邻的冷室或前室排出，它把这些炉室中的氧气燃烧干净。一旦前室没有氧气，就可以关闭炉门。炉气最终被燃烧掉，在排放口处点着的尾气火焰是一个可见的最明显的安全标志。设备的安全措施请始终遵循制造商的说明。

3. 毒性

炉内气氛中的许多组分是有毒的。应将它们在热处理炉出口处点燃，转化为燃烧产物。这些燃烧产物应该被排放到建筑物外面以避免污染建筑物内的空气。放置有气氛发生器和气氛热处理炉的建筑物或厂房的通风是主要的安全措施。

4. 窒息

窒息的危险不是热处理行业使用的气体所固有的，但是也是一个需要严密关注的问题。窒息可能是由一个看似无害的气体（例如，某种没有明显生理毒性的气体）在空气中达到很高浓度时导致的。正常情况下，氧气在空气中的浓度约为21%（体积分数）。正常大气压力下，氧气的最低浓度应为18%（体积分数）。其他气体（如氮气）可以很容易地降低氧浓度并致人死亡。

5. 危害

炉内气氛（吸热式、放热式、分解氨、分解醇类和氮基气氛）通常由易燃的、易爆的、有毒的、窒息性的气体或它们的混合物所组成。

在生产和使用这些气氛时，这四种潜在危害常常相互联系在一起。炉内气氛和空气的混合物可以在某个密闭区域积聚并发生爆炸。相对少量的气氛会发生意外燃烧或产生失控的火花。操作人员可能会通过呼吸、摄入或者皮肤接触而发生一氧化碳、氨气、甲醇中毒等伤害。当窒息物的浓度很高甚至替代呼吸所必需的氧气或空气时，很容易发生窒息。当然，这也包括惰性气体，如氮气或氩气。

表2-12A给出了常用炉气成分的危害特性。大部分的炉气组分是易燃的，其中四种有毒，四种是简单窒息物。一氧化碳、氨气和甲醇都是既易燃又有毒的。可燃成分的体积分数可以从裂解氨中的75%氢气，到净化后的放热气氛或氮基气氛中的微量。

表2-12A 热处理气氛组分的潜在危害和气体功能

气体	潜在危害			
	易燃	有毒	简单窒息	气体功能
氮气	—	—	是	惰性
氢气	是	—	是	强还原性
一氧化碳	是	是	—	渗碳和弱还原性
二氧化碳	—	是	是	氧化和脱碳
天然气	是	—	是	强力渗碳脱氧
氨气	是	是	—	强氮化
甲醇	是	是	—	制备一氧化碳和氢气

即使在用相对较少含量的危险气氛进行热处理时，也有发生危害的可能。因为气体可能会发生积聚或浓缩。在正常的操作流程下，即使所有的氮气都已被空气替代，系统中的可燃物成分也应通入安全氮气稀释到低于易燃的水平。爆炸、燃烧、中毒和窒息等危害可以因为通入安全氮气而减少，但不会完全消除（表2-12B）。

表2-12B 典型气氛成分的爆炸范围

气氛成分	空气中含量（体积分数,%）
氢气	4～75
一氧化碳	12～75
甲烷	5～15
氨气	15～28
甲醇	6～36

燃烧上限和下限之间的任何混合物将在点燃时燃烧，并且在某些条件下发生爆燃或爆炸。被点燃的可燃混合物产生的压力波的破坏力取决于气体的数量和燃气的燃烧热、燃烧方式（引燃或爆燃）以及密闭空间的构造。其释放的能量要么被周围环境所吸收，要么会摧毁它们。

大量使用可燃性气体，使得发生爆炸的危险性成为一个重要的安全问题。为了确保安全，用于处理气体的设备和系统必须进行正确的设计、操作和维护，以避免爆炸性混合物的聚集。这种危险的聚集很难被人工检测到，导致事故时有发生。正确设计安全系统，由训练有素的合格人员来完成维护和操作，会大幅度减少发生爆炸的危险。应该始终遵循制造商的建议指南来操作设备。

一般来说，大量的炉气随着炉门装料和卸料流出，并与空气混合，必须均匀地、彻底地燃烧。但是，某些情况会阻止炉气被正确地燃烧掉。有时候，可燃气体和空气的混合物会在炉内的前室或者通道处形成聚集，并迅速燃烧，强烈地发出闪光、产生火焰和排出炙热的气体，最后冲出炉门。未受保护的人员站在附近可能会被烧伤，眼睛特别容易受到伤害。

虽然这种类型的闪爆比爆炸杀伤力要低，但是却更常见。不管怎么说，操作人员接近这些区域而没有穿戴安全眼镜、防护面罩、手套和防火服，将会有非常严重的烧伤危险。如果正确建立并使用安全程序来清洁堵塞，检查炉体内部，并从炉中移出危险源，这种危险会大大减少。

日常操作所用的保护警示装置和护罩等不能代替在炉门附近工作的操作人员所需的特别保护措施。当然，在非可燃的富氮气氛中发生闪爆的可能性是很小的。

氨气、一氧化碳和甲醇都是高毒性的，它们在热处理行业中经常使用。液氨产生分解氨或者氨蒸气用于渗氮工艺。一氧化碳是放热式、吸热式气氛，以及甲醇裂解气的主要成分。甲醇用于发生裂解反应，生成氢气和一氧化碳。空气中含有体积分数低于0.5%的氨气或一氧化碳，在其中暴露0.5h即被认为是致命的。氨气和一氧化碳的更多信息，请参见表2-13和表2-14。

表2-13 空气中不同含量氨气的生理影响

体积分数（$10^{-4}\%$）	生理影响
20～50	第一感觉有异味
40	眼部有轻微刺激
100	暴露几分钟后，眼睛和鼻道有显著刺激
400	喉咙、鼻道和上呼吸道有严重刺激
700	眼部有严重刺激；如果暴露限制在小于0.5h，则不会产生永久性的影响
1700	严重咳嗽，支气管痉挛；小于0.5h的暴露可能有致命危险
2500～4500	短时暴露即有危险（0.5h）
5000	严重水肿，窒息；几乎立即致命

6. 阈限值

阈限值由北美政府与工业卫生学者联合会议以及OSHA（美国职业安全与保健管理局）和NIOSH（美国职业安全与保健研究所）公布，列出一氧化碳、二氧化碳、氨气和甲醇为通用的有毒化学品。

表2-14 一氧化碳的生理影响

体积分数（$10^{-4}\%$）	生理影响
100	允许暴露几个小时
400	可吸入1h，无明显影响
600	暴露1h后有微弱的影响
1000	造成不适的症状，但在1h后不会危险
1500	暴露1h有危险
4000	暴露不到1h就可致命

这些组织发布材料安全数据表，并在互联网上提供详细的有关处理、安全和危险的信息。体积分数超过$25\times10^{-4}\%$的氨气、$35\times10^{-4}\%$的一氧化碳和$200\times10^{-4}\%$的甲醇都是有害身体健康的，因此，只有短时间的暴露（在这些气氛中）才被允许。OSHA和NIOSH定义了拓展后的职业条件下的职业接触限值，表示为时间加权平均值（TWA），分别如下：

1）在一般工业，OSHA允许的暴露极限为$50\times10^{-4}\%$一氧化碳和氨气（8h TWA）。

2）NIOSH建议的接触限值为$35\times10^{-4}\%$一氧化碳和$25\times10^{-4}\%$氨气（TWA）。

防止氨气、甲醇蒸气的中毒，或者防止与液氨或甲醇的直接接触，部分取决于存储和输送系统的设计。这些氨气和甲醇系统及氨分解装置的供应商是相关详细安全知识的来源。

一氧化碳是无色无味的，并因此存在更大的安全隐患。致死的浓度会聚集在孤立的区域，无法被发现，直到有人员被这些烟雾气体伤害。根据本书的参考文献2，“在远远低于窒息的浓度水平，一氧化碳仍然非常危险，特别是在接触时间较长的情况下。一氧化碳可以说是一种致死的因素，最终带来灾难性的后果，它既是一个健康问题，更是一个安全问题。”一氧化碳能够阻断人体使用氧气，导致呼吸停止。它吸收氧气的能力是输送氧的血红蛋白的200多倍，因此吸入少量的一氧化碳就会消耗身体内的大量氧气。

为保证人员安全，特殊气氛管道必须密封，并且所有气体进入炉子必须燃烧干净并正确地排放。一氧化碳的高毒性使其需在仔细控制的条件下使用。对一氧化碳最安全和最方便的处理方法是确保炉内排出的尾气与空气充分混合，达到可燃比例，并随后点燃该混合物。燃烧产物的毒性要小得多，前提是必须被正确排放。

在一些应用中，一氧化碳将不会直接燃烧，因为它已经用惰性气体稀释达到与空气混合也不可燃的水平。对一氧化碳的特别预防措施是必须稀释到低于毒性的下限来排放，确保持续有效的通风，连续监测炉子附近的一氧化碳水平。特殊气体监测和应急设备必须被安装。

员工也应该熟悉早期的一氧化碳中毒症状并接受适当的急救训练。早期中毒症状包括轻微头晕、虚弱或头痛。在中毒的后期，受害者的嘴唇和皮肤会变成不正常的樱桃红色。

2.2.7 放热式发生气氛

放热式气体（Class100）被广泛地用作低成本热处理炉的气氛。放热式气氛分为两种基本类型：浓型和淡型。浓型放热式气氛（Class102）是10%～30%的一氧化碳和氢气的混合物，具有中等还原能力，而淡型放热式气氛（Class101）通常具有1%～4%的一氧化碳和氢气，具有较小的还原能力。

1. 浓型放热式气氛

浓型放热式气氛主要用于某些钢铁材料和非铁金属的清洁热处理。这些应用包括钢的退火和回火、铜和银的钎焊，以及粉末金属的烧结。

浓型放热式气氛的还原属性使得这种气氛适合某些特殊的工艺。图2-40所示为放热式气氛发生器的通常工作范围和相应的成分变化（通过干燥体积测量）。相应的成分包括以下气体产物：二氧化碳、一氧化碳、氢气和未燃烧甲烷。混合物的剩余部分是氮气。因为这些气氛具有低于0.10%的碳势，钢的热处理通常限于那些脱碳少的低碳钢或对脱碳不敏感的工艺。水蒸气大量存在并且可以通过冷却和冷凝干燥的方式部分地移除至相当于5℃（40℉）或更低的露点。这个步骤之后可以进一步用吸附剂干燥器脱水，最后根据实际需求，达到露点为-40～-50℃（-40～-60℉）的范围。

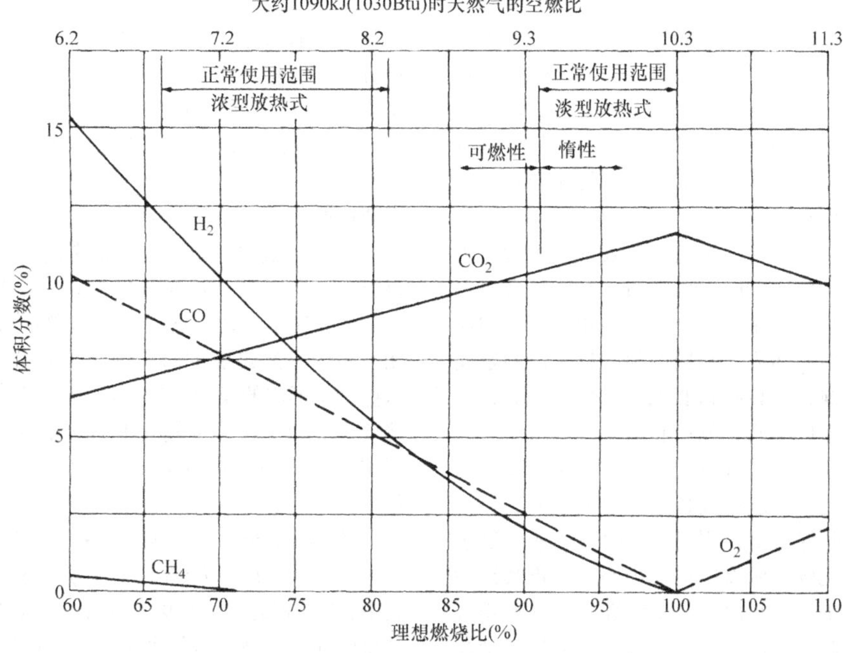

图2-40 放热式气氛的成分与空燃比的关系（天然气）

(1) 气氛的生成 浓型放热式气氛的生成是通过烃类燃料（如天然气或丙烷）燃烧产生的，并严格控制空燃比。这种空气-气体混合物在密闭空间中燃烧以保持足够的反应温度，并在至少980℃（1800℉）下维持足够的时间使燃烧反应达到平衡。维持反应进行所需的热量直接从燃烧热中获得。然后冷却所得气体除去燃烧所形成的部分水蒸气，使得反应气氛能被方便地传输和准确地计量。

在这个过程中，简化的甲烷与空气的理论反应方程式如下：

$$CH_4 + 1.25O_2 + 4.75N_2 \rightarrow 0.375CO_2 + 0.625CO + 0.88H_2 + 4.75N_2 + 1.12H_2O + \text{热量} \quad (2\text{-}30)$$

式中，1体积的燃料和6体积的空气产生6.63体积的反应气体产物，不包含要去除的水蒸气。

在实践中，放热气体发生器很少运行在空燃比为“6.6/1”以下，以防止不完全反应而形成炭黑。气体产物中也会存在残留的未反应的甲烷。

基本的浓型放热式气氛发生器（图2-41）具有

耐火材料衬里的燃烧室结构，在一些设计中，燃烧室内部分地填充有催化剂。燃烧室特别设计了可控的燃烧器系统，该系统能够提供精确控制的预设空燃比。燃烧室之后是带水冷的换热器，用于气体冷却和部分水蒸气的冷凝。一般情况下，反应产物中带有的饱和水蒸气露点大约为8℃（15℉），略高于冷却水的温度。

该发生器的操作十分简单和连续，能够手动或

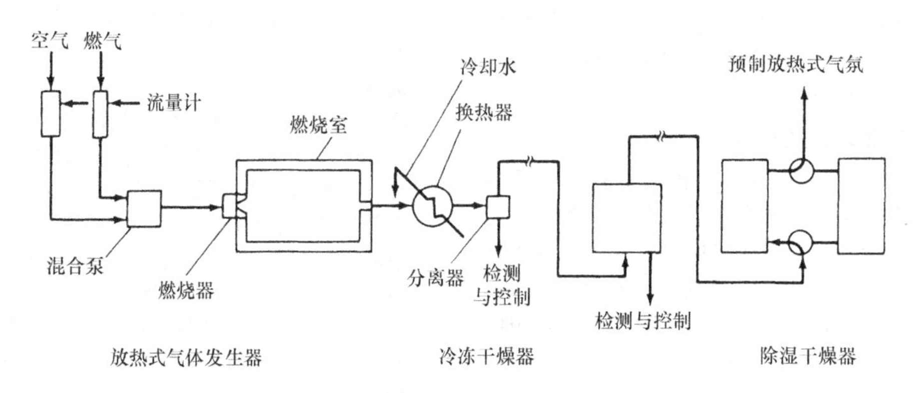

图2-41 放热式气氛发生器流程图

自动控制空气和燃气的流量和比例。该发生器中的安全装置包括顺序燃烧器点火装置、自动火焰监控、压力开关和手动复位燃料安全阀。定期运行监测包括观测压力、流量和不定时对气体样品进行取样分析。连续测量气体分析仪常用于测量气体产物的组成并显示可燃物的百分比含量。

（2）安全注意事项 浓型放热式气氛中含有大量的一氧化碳和氢气，以适当比例与空气混合时可以认为是易燃的。在作为炉内气氛使用时，它们应该与其他可燃性气体采取相同的预防措施。制定完善的设备操作规程应该被认真执行，仔细观察，特别是应该遵守正确的吹扫程序和预防空气渗透。大多数气氛发生器配备具有电子编程的点火程序并进行额外的安全监控。这些设备应该定期检测，以排除故障隐患，确保安全使用操作。因为这些气氛包含大量的一氧化碳，所以应极为小心，防止其泄漏到周围的大气中。车间内必须安装维护良好的排气设备、燃烧装置以及通风设备。热处理炉的安全性在2.2.6节已做了更深入的讨论。另外，还可以参阅2.2.5节。

2. 淡型放热式气氛

淡型放热式气氛在热处理应用中比较有限，特别是对铁基材料来说，除非这些气氛被应用于表面氧化或特殊的低温工艺。淡型放热式气氛在一定程度上用于诸如铜的退火工艺，以及更广泛地使用于排除氧气或提供吹扫、保护性气体的工艺。图2-40显示了气体发生器正常的使用范围并反映了在气体产物中二氧化碳、一氧化碳和氢气（通过干燥气体体积测量）的变化趋势。混合物的剩余部分是氮气和更少量的水蒸气。这种气氛的还原能力十分有限。大量存在的水蒸气可以通过冷却、冷凝干燥的方式部分地过滤移除至相当于5℃（40℉）的露点。这个步骤之后可以用吸附剂干燥或者变压吸附方式进一步脱水，最后根据实际需求，达到露点为-40～-50℃（-40～-60℉）的范围。吸附剂式干燥器需要在饱和之后进行再生。

（1）气氛的生成 淡型放热式气氛是通过烃类燃料（如天然气、丙烷或轻质燃油）燃烧产生的，并严格控制空燃比。这种空气和燃料的混合物在密闭空间中燃烧足够的时间使反应达到平衡。然后，这些燃烧形成的反应产物被冷却后部分地凝结为水蒸气，更利于气体的输送和计量。在这个过程中，甲烷作为燃料，它与空气的简化理论反应方程式如下：

$$CH_4 + 1.9O_2 + 7.6N_2 \rightarrow 0.9CO_2 + 0.1CO + 0.1H_2 + 7.6N_2 + 1.9H_2O + \text{热量} \quad (2\text{-}31)$$

式中，1体积的燃料和9.5体积的空气产生8.7体积的反应气体产物，不包含水蒸气。在实践中，放热式气体发生器很少运行在空燃比高于生产所需的至少1%的一氧化碳和氢气，以避免不必要的氧气残留。有一个特例是某些吹扫和保护气的应用，少量的氧气是被容许的，前提是没有可燃性的材料存在。在这种情况下，空燃比可以进一步增加到空气稍微过量，保持发生气中含有1%～2%的氧气。基本的淡型放热式气体发生器如图2-41所示。

（2）安全注意事项 淡型吸热式气氛发生器中总可燃物比例小于4%，因此被认为是没有燃烧危险的，能够将它当作惰性气体来处理和使用。当然，这些气氛中仍然含有一定量的一氧化碳，应该注意避免泄漏。使用这种发生器时，必须采用正确

的排放、燃烧以及通风设备，并配备特殊气体监测和报警装置。此外，当淡型放热式气氛被用于吹扫和保护气时，炉膛或者容器内部将会出现缺氧环境。如果必须进入这些空间，不管任何理由，炉膛内必须先用空气彻底吹扫。同时，必须遵守所有的制定的进入受限密闭空间的行为准则，并做好“上锁/标识”工作。

大多数气氛发生器配备具有电子编程的点火程序并有额外的安全监控，这些安全设备需要定期测试以保证没有故障，确保发生器的安全使用。

2.2.8 吸热式发生气氛

吸热式气氛由碳氢化合物原料与空气混合后在气氛发生器中产生。先将控制好比例的空气和原料气体在混合器或汽化器内组合（图 2-42），再轻微压缩，然后通入一个被加热到大约 1040℃（1900℉）的反应室里面。该反应室填充有镍基催化剂，可以将原料气体和空气裂解还原为含有一氧化碳和氢气的混合物（来自空气中的氮气也在其中）。

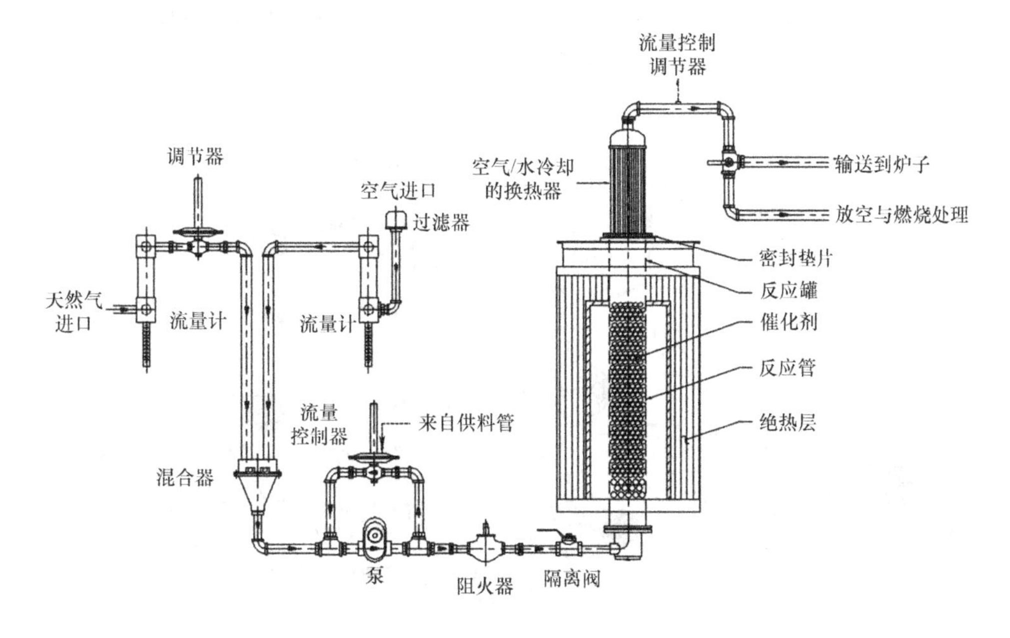

图 2-42 吸热式气氛发生器流程图

为了确保化学成分的完整性，在通过催化剂之后，吸热式气氛必须迅速冷却以防止逆反应的发生，即从一氧化碳生成碳和二氧化碳，反应方程式如下：

$$2CO \rightarrow C + CO_2 \quad (2\text{-}32)$$

该反应（在所示方向上）会在 705 ~ 480℃（1300 ~ 900℉）区间占主导地位。因此，气体在经过催化剂之后，被围绕在炉顶的水冷套中快速冷却至 315℃（600℉）以下，使得该反应被中止，从而不产生炭黑。最新的冷却单元设计有风冷换热器，能够减少对水冷却系统的需求。这种无炭黑的反应气体可以进一步在冷却器中冷却干燥，再去计量和分配。

天然气的主要成分是甲烷，是常用的原料。由天然气产生的吸热式气氛有一个典型的成分比例，即 40.0% 的氢气，39.5% 的氮气，19.5% ~ 20.5% 的一氧化碳，不高于 0.1% 的甲烷，0.2% 的水蒸气，以及 0.3% ~ 0.4% 的二氧化碳。吸热式气氛发生器使用丙烷、丁烷或其他可行的烷烃气体作为原料都能得到令人满意的效果。改变使用的烷烃类气体，产生的吸热式气氛的化学组成也会相应改变。当使用丙烷作为气体原料时，一个典型的成分比例是 45.0% 的氮气，31.0% 的氢气，23.5% 的一氧化碳，不高于 0.2% 的甲烷，小于 1% 的水蒸气，以及 0.4% ~ 0.5% 的二氧化碳。

（1）常见应用　吸热式气氛可用于几乎所有的需要强还原条件的热处理工艺。最常见的应用是作为气体渗碳和碳氮共渗工艺的载气。因为这种吸热式气氛能达到的碳当量（碳势）范围很广。它也能用于钢铁的光亮淬火硬化、锻件及棒料的碳修复、粉末冶金压制件的还原性气氛烧结等工艺。一般需要将发生器与工艺过程结合起来以确保生产的碳当量（碳势）适合于所用的工艺。

在气体渗碳应用中，添加更多的烷烃类气体会显著提高炉气的碳当量（碳势），因此可以通过这种方式来获得更多的中性载气或者更高的炉内碳势。

相反，添加少量的空气到吸热式气氛中可以显著降低炉内的碳势。此外，在载气中添加约5%的氨气来进行碳氮共渗处理也是很常见的。

（2）吸热式气氛的生产　在生产吸热式气氛的过程中，烷烃类气体和空气按一定比例混合，以保证反应后只生成一氧化碳和氢气，没有任何过量的二氧化碳或水蒸气。在被压缩到7～14kPa（1～2psig）后，空气和气体混合物经过一个火焰止回阀，通入填充有催化剂的密闭压力容器中。该压力容器通常用天然气从外部加热。催化室内部的温度应该控制在980～1040℃（1800～1900℉）之间，以保证气氛进行完全反应。另外，该容器的直径与长度之比必须依据给定的容量来正确设计，仔细控制该圆形容器的直径以避免在容器中心出现冷区。

因为天然气的主要成分是甲烷（CH_4），所以用天然气作为燃料生产吸热式气氛的整个化学反应可以表示如下：

$$2CH_4 + O_2 \rightarrow 2CO + 4H_2 \tag{2-33}$$

该反应与镍基催化剂发生作用的化学反应过程如图2-43所示。在甲烷与空气的反应中，2体积的甲烷对应3.8体积的氮气（氮气在反应前后体积不变）。

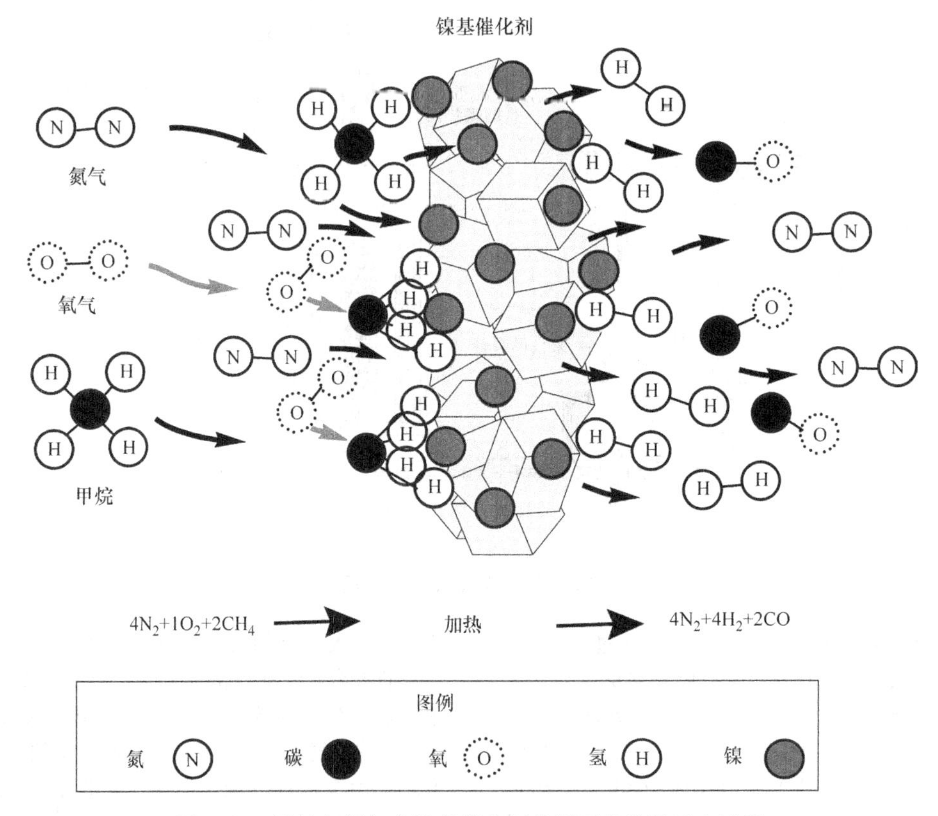

图2-43　甲烷与氧气在镍基催化剂作用下的化学反应过程

注：在催化剂的影响下，甲烷中的碳加速了与氧的结合。

甲烷与空气的反应分两个阶段进行。在第一阶段，一部分甲烷与空气燃烧并产生热量。在第二阶段，剩余的甲烷与第一阶段产生的二氧化碳和水蒸气发生反应。这后面的反应确切说是吸热的。因此，足够高的温度以及干净且充足的催化剂都是该反应完全进行所必需的。催化剂的存在将使得二氧化碳和水或水蒸气最少化，同时也使得甲烷的消耗最小。

所谓的完全反应气是指，在实际生产的气体中，甲烷含量不超过0.1%。如果温度不够高，气体没有完全反应，就会产生炭黑。一旦催化剂积聚炭黑，就会失效，气体的成分就会漂移，这会导致更多的甲烷和更高比例的二氧化碳和水蒸气生成。当这种情况发生时，气氛发生过程就没法被控制并维持住稳定的碳势。此外，未反应的甲烷将在热处理炉中分解，并产生额外的炭黑。

干净且有活性的催化剂对于精确控制碳势是非常重要的。催化剂最常用的是以多孔的耐火材料为基体，其中灌注着镍基氧化物的形式。

天然气中含有的硫化氢（H_2S）气体将严重影响吸热式气氛发生器。硫化氢会引起发生器产生高浓度的 CO_2、CH_4 和水蒸气，并使其变得不响应于空燃比的调节控制。这会导致吸热式气氛产生的碳当量（碳势）偏低。具体来说，在相对密度为 0.6 的天然气中，H_2S 浓度超过 $30\times10^{-4}\%$ 就会对产出的气体产生显著的影响。硫还会使镍基催化剂中毒，与镍形成硫化物。硫化镍具有较低的熔点，使得催化剂最终黏合在一起。如果发生这种情况，必须立即更换催化剂。

大多数吸热式发生器是通过对露点、CO_2 或氧浓度的监控来控制的。露点则可以通过自动调整进入发生器的空气和燃料气体的比率来控制。二氧化碳含量与吸热式气氛的露点之间的关系如图 2-44 所示。

广义而言，在常规的硬化和渗碳温度下，露点从 16℃ 到 -12℃（60℉至 10℉）可以分别获得与钢的碳含量从 0.20% 到 1.5% 相平衡的气氛。注意，建议将发生器的露点温度保持在 -1～4℃（30～40℉），将富化气添加到热处理炉中时，会显著降低炉内的露点，从而提高碳势。气氛发生器一般运行在低于 -2℃（28℉）的情况，这时需要经常燃烧掉发生器中多余的尾气。图 2-45 所示为露点与碳钢板中碳含量的关系，温度范围为 815～925℃（1500～1700℉）。生产 0℃（32℉）或更高露点的吸热式气氛将确保足够清洁的气体连续生产，而不需每周末停炉进行烧炭工作。在许多情况下，二氧化碳的百分比、露点或者氧探头测得的氧毫伏值都可用于控制气氛发生器的空燃比。通过这些方式，随后进入的空气湿度、燃料气体的添加量、发生器气体流量需求等改变都能够被控制。

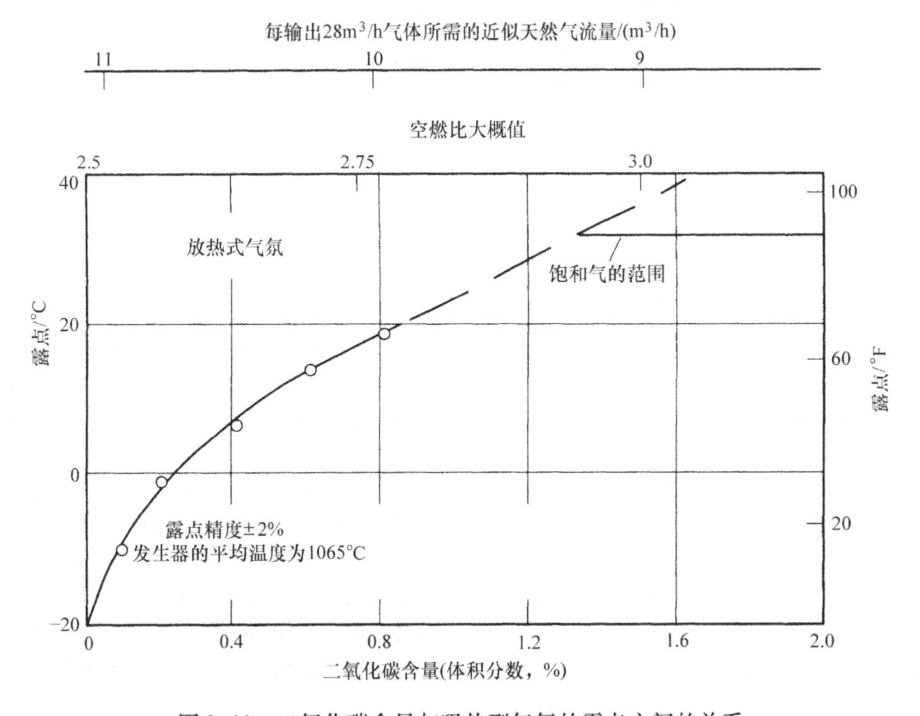

图 2-44　二氧化碳含量与吸热型气氛的露点之间的关系

（3）吸热式发生器的维护　下面是燃气加热的吸热式气氛发生器的维护内容，仅用于讨论目的。按照设备供应商所推荐的维护流程。

每周或每月维护，或按照操作说明书中的规定：

1）使用更高级的仪表验证控制温度（每日）。

2）使用另外的气源来验证露点的控制（每周）。

3）烧掉发生器中的炭黑（每月至少一次），条件允许可每周烧一次炭黑。

4）清洁空气冷却器的过滤器（如果配备）。

5）更换反应空气的过滤器。

6）更换燃料空气的过滤器（每月，如果装备）。

7）检查热电偶（每月）。

8）检查温度和露点控制仪表的校准情况（每月）。

9）检修控制器的采样系统。更换所有过滤器，并吹扫取样管道。

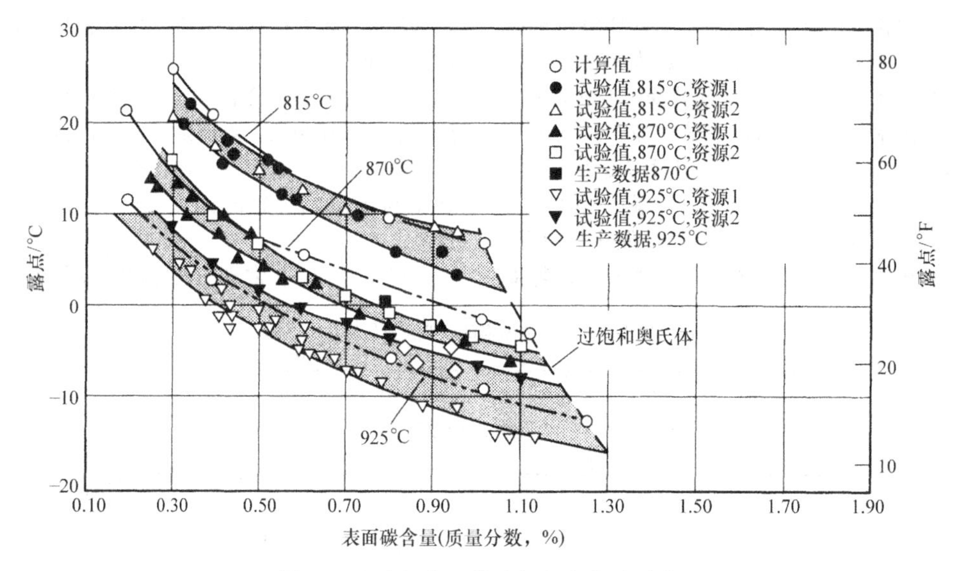

图 2-45 碳钢在吸热式气氛中的碳平衡

年度维护，或按照操作说明书中的规定：

1）测试所有安全控制装置。

2）检查各种调节器的运行情况，包括高精度仪表。

3）检查所有阀门的操作性和完整性。

4）检查发生器罐体中的催化剂，并填充到适当的水平或更换。

5）吹扫所有输送气体或预混物的管道，特别是通到调节器上的控制管道。

6）检查并清洁燃烧器。

7）清洁流量计，更换流量计密封油（如果必要）。

8）检查阻火阀。

9）每年更换鼓风机或混合泵的泵油，以及泵油过滤器（如果配备）。注意，不要使用机械油，并遵照制造商的用油指导进行。

10）检查混合泵里的压缩机叶片和轴承，必要时添加润滑油。

11）检查混合泵上的电动机轴承。

12）如果用水冷却，请检查冷却器，必要时更换。

13）清洁进入炉子的气体管道头。

(4) 安全措施　吸热式气氛具有很高的毒性，高度易燃，易快速形成爆炸性混合物，因此安全程序是非常必要的。完善的安全程序取决于所使用的设备、当地法令、正常操作程序、可用的应急设备类型、工厂布局、操作人员的素质等。最好的安全设备也不能替代训练有素的操作人员。

在安全程序和培训中必须提到几个关键的领域。最重要的是，吸热式发生器本身是一个加热炉，通常用燃气加热，因此所有适用于加热炉的安全预防措施，也必须应用于该发生器上。千万不要尝试在发生器还未达到设定温度，就开始生产吸热式气氛。安装在所有发生器中的阻火阀，必须处于正常工作状态，否则存在爆炸性气体在混合器中被点燃的危险。务必小心防止混合物中的空气体积增加到变为放热式气氛的比例并因此产生爆炸。此外，冷却系统必须保持工作以防止气氛供应系统过热。过热会导致反应向逆反应方向发生，从而产生爆炸性的混合物。

2.2.9 放热－吸热式气氛

放热－吸热式气氛（Class501 和 Class502）的组成和特性在 2.2.5 节中已做了描述。这种气氛是改良过的放热式气氛，它们比传统的吸热式气氛降低了还原性。（提示：也可参见 2.2.11 节。）

(1) 应用　放热－吸热式气氛有潜力替代放热式、吸热式和氮基这三种几乎覆盖每个应用的气氛。它们也可以用在渗碳和碳氮共渗中作为载气。然而，因为气氛相对密度和化学性质的差异，无法在前端接口部位将放热－吸热式气氛与吸热式气氛直接混合。这种限制可能不适用于放热－吸热式气氛发生器的使用。无法只提供一个发生器就可以经济地同时生产放热式和吸热式气氛。

(2) 成分　放热－吸热式气氛开始于空气和燃料气体在耐火炉衬燃烧室中混合后的燃烧反应。燃烧反应提供了额外的热量来维持第二阶段（或者叫吸热阶段）所需的足够温度。将第一阶段生成的燃烧产物脱去水汽，再把预定量的烷烃燃料气体添加到一起，形成混合气。这些混合气体再在带外部加热的催化剂作用下发生反应。

第一阶段的空气－燃料混合物非常接近完全燃烧的比例。正常情况下，在所产生的气体中含有 0.5% 的 CO 或 O_2是可以接受的。使用天然气作为燃料的反应，能够产生 11 体积的燃烧产物。如果除去反应过程中生成的水，总量会减少到 9.225 体积。在第二阶段，7.3 体积的燃烧产物和 1 体积的天然气反应产生 10.5 体积的最终气氛，其成分如下：

组分	体积分数（%）
CO_2	0～0.2
CO	17
H_2	20
N_2	余量

（3）设备　图 2-46 所示为一个典型的放热－吸热式气氛发生器的流程图。操作时，空气和燃料气体的流量通过固定的或可变的比例阀来调节，并且通过压力调节器来保持混合气体为预先设定好的比例。用一个气泵将混合气体引入带耐火材料衬的燃烧室（见图 2-46 中放热式单元 A）。然后燃烧的产物通过带喷淋的冷却器（气氛冷却器 B）。燃烧产物经过冷却之后，按一定比例与烷烃类燃料气体混合。燃烧产物与烃类燃料的比例由固定的或可变径的比例阀来控制。这些混合物再通过气泵压入有催化剂填充的 U 形合金管（见图 2-46 中吸热式单元 C），该 U 形管放置在有耐火炉衬的燃烧室中，由第一阶段燃烧产生的热量进行加热。经过这个 U 形管，气体混合物进入带水冷的气氛冷却器 D。再从这里，通过管道连接气氛出口并进入热处理炉中。

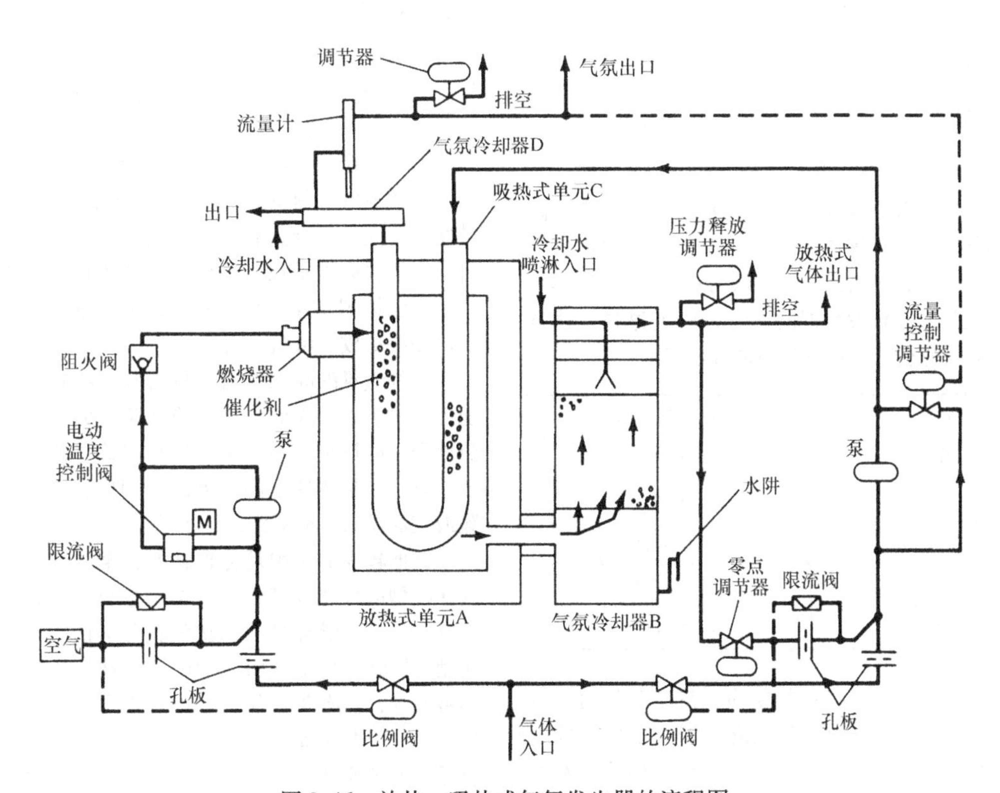

图 2-46　放热－吸热式气氛发生器的流程图

给定的装炉量所需的气氛流量受组成工装的工件的大小和加热炉的类型的影响。表 2-15 是在放热－吸热式气氛中对 1070 钢材质的小型零件淬火处理所需的设备要求。

（4）发生器的运行　发生器用于生产吸热式气氛时，一般运行在大约 1010℃（1850℉）。如果温度过低，反应进行不完全，如果温度太高，炉罐的寿命会大大缩短。所有的前文提及的操作吸热发生器时应该遵循的预防措施同样适用于现在这种情况。

表 2-15 在放热－吸热式气氛中对 1070 钢材质的小型零件淬火处理所需的设备要求

生产要求	
每个工装的零件数量	2625
每个零件的质量/kg(lb)	0.0069 (0.015)
最大净装炉质量/kg(lb)	18 (40)
生产率/kg(lb)	7.5 个工装 [135 (300)] /h
设备要求	
淬火炉	燃气辐射管单排推杆式自动淬火
炉膛尺寸/m(ft)	0.9 (3) 宽、2.9 (9½) 长
加热功率/(W/h)(Btu/h)	2.2×10^5 (7.5×10^5)
工作温度/℃(℉)	900 (1650)
发生器容量/(m^3/h)(ft^3/h)	68 (2400)
气氛类型	Class 502
油淬槽容量/L (gal)	1250 (330)
淬火油类型，闪点/℃(℉)	快速，180 (360)
油温/℃ (℉)	70 (160) (受控)
油搅拌	中

当使用同一发生器生产放热式为主的气氛时，基本上不需要改变操作条件。只要通过关闭第二阶段中的某些气阀，该单元可以用新产生的放热式气氛来吹扫掉部分吸热式气体，从而获得放热式气氛。当用作放热式气氛发生器时，约 90% 的燃料气体被完全燃烧，它会产生以下类似的气氛组成：

组分	体积分数 (%)
CO_2	10.0～11.0
O_2	0～1.0
CO	0～2.0
H_2	0～2.0
N_2	86.0～89.0

当从生产放热式气氛转换为吸热式气氛时，可以提供大约相当于其原来额定流量 25% 的放热式气氛。建议保留大约 0.5h 的时间在发生器中建立新的平衡。不管采用手动或自动方式，应用气体分析设备来确定所需的气氛何时达到平衡条件。

(5) 发生器的维护　放热－吸热式气氛发生器的典型维护流程包含以下几方面的内容。

每天一次的检查，或按照操作说明书中的规定：

1) 检查冷却水的流量。

2) 检查露点和第二阶段的气体分析，并根据需要进行调整。

3) 检查仪器。

每周一次的维护或按照操作说明书中的规定：

1) 检查第一阶段的气体分析，并做必要调整。

2) 检查温控阀的操作和连接。

3) 根据需要做好润滑。

4) 检查传动带。

每月一次的维护，或按照操作说明书中的规定：

1) 检查是否有泄漏。

2) 检查燃烧的操作和燃料保护设备，如手动复位截止阀，检查压力开关和火焰。

3) 根据需要检查并清洁空气过滤器。

4) 检查气氛冷却器 B（图 2-46）中的冷却分布。

5) 通过前后露点变化检查气氛冷却器 D（图 2-46）中的漏水情况，以及通过记录气氛在冷却器前后的压力读数来检查超标的炭黑沉积情况。

2.2.10 裂解氨式基础气氛

裂解氨（Class601）是中等成本的预制炉内气氛，它是一种干燥的、无碳源的还原性气氛。其典型组成：75% 的氢气，25% 的氮气，小于 300×10^{-4}% 的残余氨，小于 -50℃（-60℉）的露点。

裂解氨气氛的主要用途包括铜和银的光亮钎焊，某些镍合金、铜合金和碳钢的光亮热处理，电器元件的光亮退火以及在某些渗氮工艺中作为载体混合气体，包括 Floe 系统的渗氮。Floe 系统是一种可控制白亮层形成的渗氮方法。

这种气氛的高比例氢含量使其具有很强的脱氧能力，对于去除表面氧化物或者防止氧化物在高温热处理中的形成很有优势。但是在选择该气氛时应该注意，在某些特定的热处理应用中，它会导致氢脆或表面渗氮反应等意外结果。

其他较少的应用是将裂解氨完全或部分地与空气在改型的放热式气氛发生器中进行燃烧，获得二次气氛。这些燃烧过的二次气氛分为两类：一类是淡型的燃烧后的氨（Class621），它被认为是惰性和不可燃的，具有 0.25%～1.0% 的氢气，剩余的为氮气，另一类是浓型的燃烧后的氨（Class622），它具有适度的还原性，通常含有 5%～20% 的氢气，剩余的为氮气。在燃烧及第一次冷却后，这些气氛中仍然具有非常高的含水量。因此，非常有必要进一步用带有制冷剂和干燥剂的额外设备来脱去气氛中的水。这些处理后的气体可以提供高品质的从低度到中度的还原性气氛。但在实际应用中，这种气氛受到一些限制，比如该工艺需要消耗相对昂贵的无水氨气作为第一级的原料气体，以及需要增加额外的成本来运行放热式气氛发生器及干燥机。

（1）需要的设备　裂解氨（N_2+3H_2）是由购买来的无水氨（NH_3）在氨气分解装置中生产出来的。该装置将氨蒸气在装满催化剂的炉罐中加热到900～980℃（1650～1800℉）分解而来。随后，气体被冷却下来进行测量并输送到使用点。在催化剂作用下，氨蒸气在该反应温度被分解为独立组分的氢气和氮气，其基本的反应方程式如下：

$$2NH_3+\text{热量}\rightarrow N_2+3H_2 \quad (2\text{-}34)$$

式中，2体积的氨气产生4体积的裂解氨。

简易的氨气，裂解装置系统（图2-47）包含电加热或者气加热的炉室，装有一个或多个填充催化剂的合金炉罐，再带有一个间接水冷的换热器。其操作十分简单，带有手动或自动的工艺流量控制和合适的自动加热温度控制。该系统配备的安全装置包括压力开关、温控仪表和泄压阀。该系统需要的定期检查包括观察压力、温度、流量以及不定期的残余氨浓度的气氛分析。作为原料的无水液氨，由商业化的加压钢瓶、加压槽罐车或者铁路槽罐车来运输。氨气被传输到固定放置在客户现场的储存容器中。因为液氨是在高压下供应的，所以必须在使用点处配备压力和流量调节阀。为了确保氨裂解器正常和充分地运行，液氨通常先用蒸发器转化为氨蒸气。这个蒸发器是一个使用浸入型电加热器或者蒸气盘管的容器。有一些小的氨裂解装置会自带一个蒸发器来利用加热系统产生的余热，这样就可以直接从氨气小钢瓶中进行取气操作。为了获得最高品质的炉内气氛并且尽可能减少裂解器的维护，应该采用不带油杂质的冶金级别的干燥无水氨。

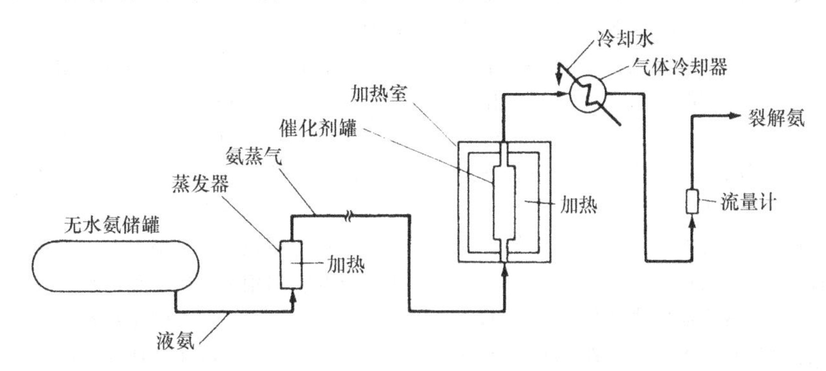

图2-47　简易的氨气裂解装置系统示意图

（2）安全预防措施　氨蒸气以及裂解氨在混合一定比例的空气后是可燃的。在操作和使用时，它们应与其他可燃性气体一样对待。氨蒸气同时对某些材料具有强烈的腐蚀性，如铜或者含铜合金。在选择管道材质或其他与其接触的部件时，要特别注意防止腐蚀失效和因此产生的泄漏。另外，因为氨气是存储在高压下的，并且具有很高的膨胀率，所以存储的钢瓶不能暴露在超过50℃的环境中，否则会发生非常危险的超压后果。氨气管道直径超过25mm（1in）应该采用足够压力等级的焊接钢接头，以及采用（80系列）钢管道。

氨气还会导致生理性危害（表2-13），当空气中氨气的浓度超过$100\times10^{-4}\%$时，会产生眼睛和呼吸道刺激。当然，氨气非常刺鼻，这种强烈的气味通常会给操作人员充分的泄漏提醒。

裂解氨中具有很高比例的氢气，必须像氢气气氛一样建立严格的操作规范并认真执行。特别重要的一点是，要注意用氮气吹扫来防止空气渗透并混合进来。另外，充分的炉内气氛循环能够避免低密度的气体聚集在炉室的上部。大部分氨裂解装置都要有安全装置来监控，并且这些安全装置应该被定期做失效和安全检查。

2.2.11　工业氮基气氛

工业氮基气氛是被绝大多数金属加工应用所接受的气氛。因为天然气短缺以及石油燃料供应的成本问题，许多热处理工艺在20世纪70年代末开始采用工业氮基气氛。

工业氮基气氛如今已经被金属加工和热处理行业广泛使用。在多数情况下，这种气氛的主要成分是氮气，由储槽、蒸发器，以及控制压力和流量的气氛面板来进行供应。氮气是一种高纯的、干燥的、惰性的气体，为热处理炉提供充分的吹扫和置换功能。液氮汽化之后再添加其他反应成分，最终的气氛成分和流量取决于特殊的冶金工艺、炉体设计、工作温度和被处理的材料。这些氮基气氛的基础成分十分相近，可以灵活地调整气氛的比例和流量来满足不同的终端要求。

1. 工业氮基气氛的种类

表2-10概括了目前使用氮基气氛的热处理应用，并对大部分常规使用的发生式气氛与目前使用的工业氮基气氛做了比较。

氮基气氛系统根据主要的气氛功能大致分为三类：保护性气氛、反应性气氛和碳势控制气氛。

（1）保护性气氛　这种气氛系统需要保护金属表面在热处理过程中不被氧化和脱碳。通常炉子漏气或吹扫不充分会导致氧气或水蒸气在炉内存在而发生这些不良反应。典型的应用包括铝钎焊，大多数黑色金属、有色金属的间歇或连续退火。该气氛系统采用纯氮气或者氮气混合少量（通常低于5%）的反应性气体，如氢气、甲烷、丙烷或甲醇蒸气。

这些反应性气体还原炉内气氛的气态氧化物或者还原金属表面的氧化物。保护性气氛最好用于保护相对清洁的金属表面不被氧化，而不是用于去除热加工或者锻造之后的粗大氧化物。

（2）反应性气氛　这种气氛系统需要一定浓度（大于5%）的反应性气体来还原金属氧化物或者为钢铁材料提供少量的碳。这种反应性成分通常是氢气和一氧化碳。它们的浓度取决于需去除的氧化物的量，以及炉内形成的反应产物、水蒸气、二氧化碳等的数量。典型的应用包括光亮退火、不锈钢退火、钎焊、粉末冶金烧结和铁粉还原。

（3）碳势控制气氛　这种氮基气氛系统的主要功能是能够与钢铁在可控条件下发生大量的表面渗碳或脱碳的反应。这些热处理应用中钢铁表面的化学性能会发生显著的改变。该气氛系统的特点是氮气中含有高浓度的反应性气体，而且要求碳传输的速度和数量能够由气氛组分来控制。典型的气氛包括10%～50%的氢气（H_2），5%～20%的一氧化碳（CO），不高于3%的二氧化碳和水蒸气（H_2O）。碳势控制气氛最常用的应用包括机加工件的渗碳和碳氮共渗工艺、中性淬火、电工钢的脱碳退火、粉末冶金烧结以及热加工或锻造件的表面碳修复。碳势控制气氛的一个实例是用于渗碳、碳氮共渗以及中性淬火等工艺的氮－甲醇气氛。这种气氛与天然气或另外一种烷烃类基础的发生气非常类似。氮－甲醇的混合物通过特殊设计的喷头或雾化喷嘴注射或滴入热处理炉内。当这种气氛暴露在炉温超过760℃（1400℉）以上时，甲醇发生分解，反应方程式如下：

$$CH_3OH \rightarrow 2H_2 + CO \qquad (2\text{-}35)$$

为了获得传统的20% CO、40% H_2、40% N_2 成分的吸热式发生气氛，可以采用40%的氮气和60%的甲醇分解产物的混合物来制备。气氛的组成可以根据工艺和材料需求而定制。

甲醇的简便转换因子包括：

①1gal/h 液体 = 63.1cm^3/min 液体；②1cm^3/min 液体 = 3.83 ft^3/h 分解甲醇；③1gal/h 液体 = 241ft^3/h分解甲醇。

2. 工业氮基气氛的优势

工业氮基气氛对于绝大多数热处理应用来说，提供了技术上可行的针对发生式气氛的替代方案。尽管氮基气氛供应系统与传统气氛发生器都能同样得到所需的气氛，但两者在安全、设备、操作以及功能上存在一些重大的差别。在从发生器转换到工业氮气系统之前必须充分理解这些差别。

发生式气氛提供一种固定的输出成分，该成分由输入的空气与燃料的比例，过滤及纯化设备，设备及催化剂的相关条件来决定。工业氮基气氛系统通常来自于存储在独立储罐中的基本气体成分，经过混合配比得到所需的气氛组成。氮基气氛的最终成分能够在工艺周期的不同时间内以及炉内不同位置处发生改变。

工业氮基气氛的大多数组成都来源于超低杂质的生产工艺，比如液氮的杂质含量通常少于$20 \times 10^{-4}\%$。而且，因为没有空气－燃料混合物的副产品，混合好的氮基气氛有着低于－60℃的露点，同时氧气或二氧化碳中杂质的含量少于$10 \times 10^{-4}\%$。

气氛的还原性或者碳势取决于以下几个反应方程式以及它们相关的反应平衡常数。其中几个如下：

$$FeO + H_2 \rightleftharpoons Fe + H_2O \qquad (2\text{-}36)$$

$$Fe + 2CO \rightleftharpoons FeC + CO_2 \qquad (2\text{-}37)$$

$$Fe + CO + H_2 \rightleftharpoons FeC + H_2O \qquad (2\text{-}38)$$

因为工业氮基气氛混合物显著地降低了炉内气氛的水蒸气和二氧化碳含量，所以当保持在之前提到的比例下的热力学势能时，所需的反应气体的数量也能够减少。最终结果是高达60%的可燃性产物的发生式气氛能够被只含有不超过10%氢气和一氧化碳的氮基混合物所取代。通过采用工业氮基气氛系统，许多热处理气氛的应用都能够从可燃性的组分转变为非可燃性组分。

因为有基础的气体组分（氮气）可用，所以工业氮基气氛热处理可以从纯氮气吹扫开始以减少工件表面的氧化。在加热周期，可以采用较多的反应性混合物来使得严重氧化的工件光亮退火，在冷却阶段，可以采用较少的反应性保护气氛，最终在打开炉门之前，再用纯氮气吹扫以去除剩余的可燃气体。

因为氮基气氛的成分可以随着时间而改变，所以它也可以根据热处理炉不同区域的功能需求来调节。例如，在三区式的粉末冶金炉内，可以在两端使用纯氮气吹扫气帘来减少空气的进入。在预烧结区可以通过控制 H_2 和 H_2O 的比例，提供一种轻微的氧化性气氛。露点控制提供足够的水蒸气来有效地破坏及去除从粉末压制品中挥发出来的黏结剂。在烧结区可以采用氮气、氢气、一氧化碳的混合物来提供高度还原性的气氛，同时带有一定的碳势来提供所需的烧结强度及金属成分。在冷却区，添加氮气保护气氛来使工件在一个清洁的、无氧化的条件下冷却到室温。

这种控制气氛成分的能力也允许在热处理过程中调整气体总流量的灵活性。这种特性的最常见优势是在带有炉门的炉型进行装料时采用大流量方式。当炉门打开时，一个微型开关控制氮气的吹扫流量来减少进入炉内的空气。当炉门关闭时，气氛流量回到维持炉内所需的足够压力水平，进而执行所需的气体 - 金属的界面反应。

在有些氢气含量比发生式气氛显著减少的工业氮基气氛应用中，也能经常发现流量因为气氛密度而减少的现象。最常见的例子是用吸热式气氛（40% H_2）（图 2-48a）或者裂解氨（75% H_2）（图 2-48b）作为保护性气氛的应用，它们可被含氢量低于 10% 的氮氢混合气所替代。在这些例子中，气体相对密度从裂解氨的 0.295 变化到吸热式气氛的 0.595 或者氮氢混合物的 0.90。这种气氛相对密度的增加会导致炉内压力的增加和更有效的吹扫杂质的能力。试验证明，相对于更低相对密度的发生式气氛，新气氛的平均流量可以减少 10% ~20%。这些流量的减少也因为工业氮基气氛能够在连续炉的不同区域引入不同流量的能力而成为可能。

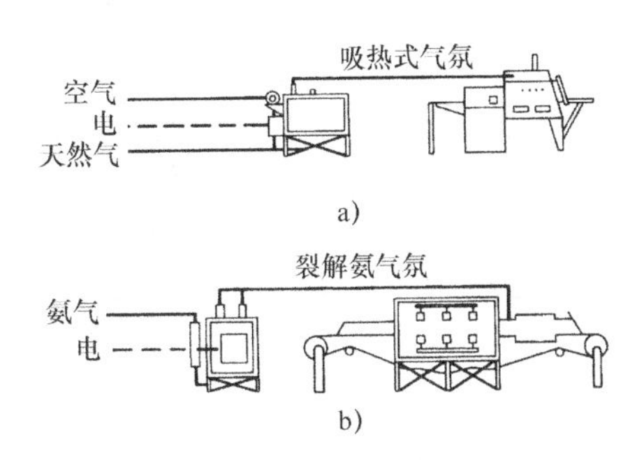

图 2-48　保护性气氛的生产过程
a）吸热式气氛　b）裂解氨气氛

3. 工业氮基气氛的应用

表 2-11、表 2-16、表 2-17 比较了工业氮基气氛与发生式气氛在相关热处理工艺中的应用。显示了使用中的典型发生式气氛以及氮基气氛的替代方案。表 2-11 中的保护性气氛应用表明工业氮基气氛具有替代放热式、吸热式及裂解氨等气氛在大范围的退火工艺中应用的潜力。氮基替代气氛有纯氮、氮氢、氮甲醇以及氮 - 烃类化合物等。

表 2-16　用于钎焊和烧结应用的反应性气氛的组成

应　用	输入气氛	炉内气氛分析（体积分数,%）					
		N_2	H_2	CO	CH_4	微量杂质	
						H_2O	CO_2
铜钎碳钢	浓型放热式	70	14	11	1	0.05	4
	吸热式	40	39	19	2	0.05	0.1
	N_2 -5% H_2	95	5	—	—	0.001	—
	N_2 -3% CH_3OH	91	6	3	—	0.001	0.01
银钎焊不锈钢	裂解氨	25	75	—	—	0.001	—
	N_2 -25% H_2	0 ~75	100 ~25	—	—	0.001	—
金属化陶瓷	裂解氨 + 水	25	75	—	—	3	—
	N_2 -10% H_2 -2% H_2O	90	10	—	—	2	—
玻璃 - 金属密封	放热式	75	9	7	—	3	6
	N_2 -10% H_2 -2% H_2O	88	10	—	—	2	—
碳钢烧结（密度为 6.4 ~6.8g/cm^3，或 0.23 ~25lb/in^3，<0.4% C）	吸热式	40	39	19	2	0.05	0.1
	N_2 -5% H_2	95	5	—	—	0.001	—
	吸热式	40	39	19	2	0.05	0.2
碳钢烧结（密度为 6.8 ~7.2g/cm^3，或 0.25 ~0.26lb/in^3，>0.4% C）	N_2 - 吸热式	87	8	4	1	0.01	0.05
	N_2 -8% CH_3OH	76	16	7	1	0.005	0.05
	N_2 -8% H_2 -2% CH_4	90	8	1	1	0.005	0.01

（续）

应　用	输入气氛	炉内气氛分析（体积分数,%）					
		N_2	H_2	CO	CH_4	微量杂质	
						H_2O	CO_2
黄铜、青铜烧结	裂解氨	25	75	—	—	0.001	—
	吸热	40	39	19	2	0.05	0.3
	$N_2-10\%H_2$	90	10	—	—	0.001	—
不锈钢烧结	裂解氨	25	75	—	—	0.001	—
	H_2	—	100	—	—	0.001	—
碳化钨							
烧结和钎焊	裂解氨	25	75	—	—	0.001	—
烧结	H_2	—	100	—	—	0.001	—
预烧结	$N_2-20\%H_2$	80	20	—	—	0.001	—
镍烧结	裂解氨	25	75	—	—	0.001	—
	$N_2-10\%H_2$	90	10	—	—	0.001	—

在多数情况下，氮基气氛含有较低的可燃物成分（一氧化碳、氢气）。氮基气氛也通常含有较少的气体杂质（二氧化碳、水蒸气）。在某些应用中，能采用不止一种氮基气氛，这取决于炉子的设计和被加工材料的需求等级。

反应性气氛常被用于诸如钎焊和粉末冶金烧结等热处理应用。这种气氛与金属表面反应并去除金属氧化物。在钎焊中，要求化学净化的金属表面来确保焊料正确流动并扩散到基体金属中。在粉末冶金烧结中，还原粉末表面的氧化物能够促进扩散并在粉末压制件内部获得更好的烧结效果。这些气氛的反应同样提供了碳的传输。在钎焊中，材料中残留的含碳黏结剂以及钎料中的有机物必须被气氛驱除以保证焊料金属的流动。在碳钢粉末金属的烧结中，含碳黏结剂必须在炉内某一段被去除，而在另一段碳又必须被有效保留并作用于钢铁部件，以获得正确的化学成分。表2-16总结了反应性气氛的可选方案，同时列出了这些气氛中的主要成分以及微量杂质。

碳势控制气氛利用可控的气体-金属反应将碳从气氛中传输到金属表面。其中两个主要的反应方程式如下：

$$2CO \rightleftharpoons C + CO_2 \tag{2-39}$$

$$CO + H_2 \rightleftharpoons C + H_2O \tag{2-40}$$

因为这些应用需要大量的碳传输，所以通常要寻找比原来的保护性和反应性气氛更高浓度的一氧化碳和氢气。表2-17提供了这类碳势控制气氛系统中的典型成分。

表2-17　针对特定应用的碳控制气氛的组成

应用	输入气氛	炉内气氛分析（体积分数,%）					
		N_2	H_2	CO	CH_4	微量杂质	
						H_2O	CO_2
中性淬火	吸热式 + CH_4	39	40	19	2	0.05	0.1
	$N_2-2\%CH_4$，或$1\%\ C_3H_8$	97	1	1	1	0.001	0.01
	$N_2-5\%CH_3OH-1\%\ CH_4$	84	10	5	1	0.005	0.01
渗碳	吸热式 + CH_4	37	40	18	5	0.05	0.1
	$N_2-20\%CH_3OH+CH_4$	37	40	18	5	0.05	0.1
	$N_2-17\%CH_4-4\%CO_2$	70	16	7	7	0.005	0.05
	$N_2-20\%CH_4-5\%H_2O$	55	28	10	7	0.01	0.05

（续）

应用	输入气氛	炉内气氛分析（体积分数,%）					
		N_2	H_2	CO	CH_4	微量杂质	
						H_2O	CO_2
碳氮共渗	吸热式 + CH_4 + NH_3	36	40	18	5	0.05	0.1
	N_2 −20% CH_3OH + CH_4 + NH_3	36	40	18	5	0.05	0.1
	N_2 −17% CH_4 −4% CO_2 + NH_3	68	18	7	7	0.005	0.05
	N_2 −20% CH_4 −5% H_2O + NH_3	53	30	10	7	0.01	0.05
钢片脱碳	放热式 + H_2O	75	9	7	—	3	6
	N_2 −10% H_2 −4% H_2O	83	10	1	—	3	3
	N_2 −5% CH_3OH −4% H_2O	79	10	2	—	3	6

碳势控制气氛系统被用于钢铁的表面渗碳、中性淬火以及电动机硅钢片的脱碳退火。这类碳势控制气氛系统的最重要要求是可控性。在中性淬火中，气氛的碳势必须与钢材的表面碳含量保持一致，从而防止表面脱碳或增碳。钢件的表面渗碳不仅需要气氛有所需的碳势，还需要持续的碳供给以提供正确的渗碳层深度。电动机和变压器钢片的脱碳需要可控地从钢材中移除碳，又不在表面发生氧化。这些应用目前主要所用的气氛是放热 - 吸热发生式气氛以及氮 - 氢和氮 - 甲醇混合的气氛系统。

在商业氮基气氛中，甲醇被用来为反应性气氛和碳势控制气氛提供氢气和一氧化碳。甲醇以液体或者蒸气的状态加入热处理炉内。当甲醇被暴露在炉温超过 760℃（1400℉）时，甲醇会根据下列反应式发生分解：

$$CH_3OH \rightarrow 2H_2 + CO \tag{2-41}$$

4. 工业氮基气氛的供应系统

在各种各样的工业氮基气氛供应模式中，液氮方式是最普遍的。工业级的液氮通常有 99.998% 的纯度，最多不超过 $10 \times 10^{-4}\%$ 的氧气。其他供应模式有压缩气体钢瓶、大宗气体罐以及现场制气发生器。最佳的供应模式需要考虑许多因素，包括纯度和压力的需求、流量（瞬间的、连续的、峰值的、平均的）、操作流程、采用现场制气方式时所需的能耗等。标准的气体钢瓶集装规格通常是 12 个或者 16 个钢瓶一组，能够满足小用量的需求。大宗气体的氮气通过槽罐车或固定式的管道输送在热处理行业中不是很常用。

图 2-49 所示为工业氮基气氛系统的基本组成。图 2-49a 所示为用于退火、钎焊或烧结的氮 - 氢保护性气氛系统。图 2-49b 所示为典型的用于渗碳工艺的氮 - 甲醇系统。图 2-49c 所示是常规的氮/氢气氛在连续式炉中的气流分布示意图。工业氮气系统有三个基本组成部分：装有基础气氛组成的存储容器所组成的供应系统，用于控制每种气体流量的混合面板，以及适合气氛和炉子设计安全需要的管道及电气接线。

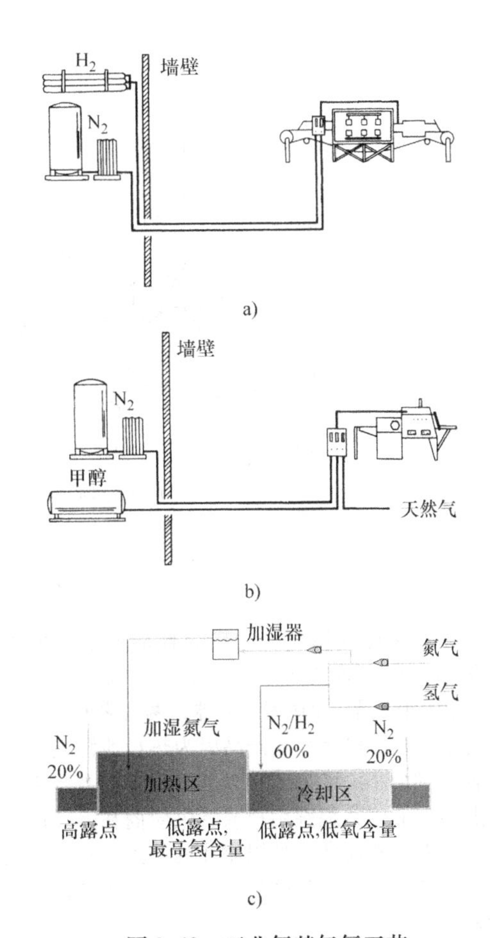

图 2-49　工业氮基气氛工艺
a）氮 - 氢保护性气氛　b）使用甲醇和天然气的含碳气氛
c）连续式炉氮/氢气典型气流分布示意图

图2-50所示为典型的液氮供应系统，包含深冷液体储罐及相关控制装置，室温蒸发器将液氮转化为气态，压力控制站用来调节供给用户生产线的输出压力。液氮储罐的容积大小可以从230～75700L(60～20000gal)。对于更大的用量需求，可以将多个储罐连接在一起。储罐的最大工作压力通常定在250psig（1.72MPa)，操作时一般低于这个数值也足以保证将氮气通过管道及控制系统送到用户使用点时具有足够的压力。高压储罐压力为400～600psig(2.76～4.14MPa)，主要用于真空淬火炉等应用，它们需要比传统气氛炉更高的供应压力。在需要高压的某些情况下，采用高压液体泵把液氮汽化到气体储罐的方式对液氮系统更有效。另外一个可选的高达450psig（3.1MPa）的高压应用是一种自动控制系统，从标准储罐中抽取液体然后通过两套可切换的带增压汽化器的液氮钢瓶来提高液体压力。高压液体通过汽化器从一个钢瓶中抽取出来，同时另一个钢瓶泄压并重新填充液体。这种系统的一个实例称之为Trifecta高压气体供应系统，如图2-51所示。

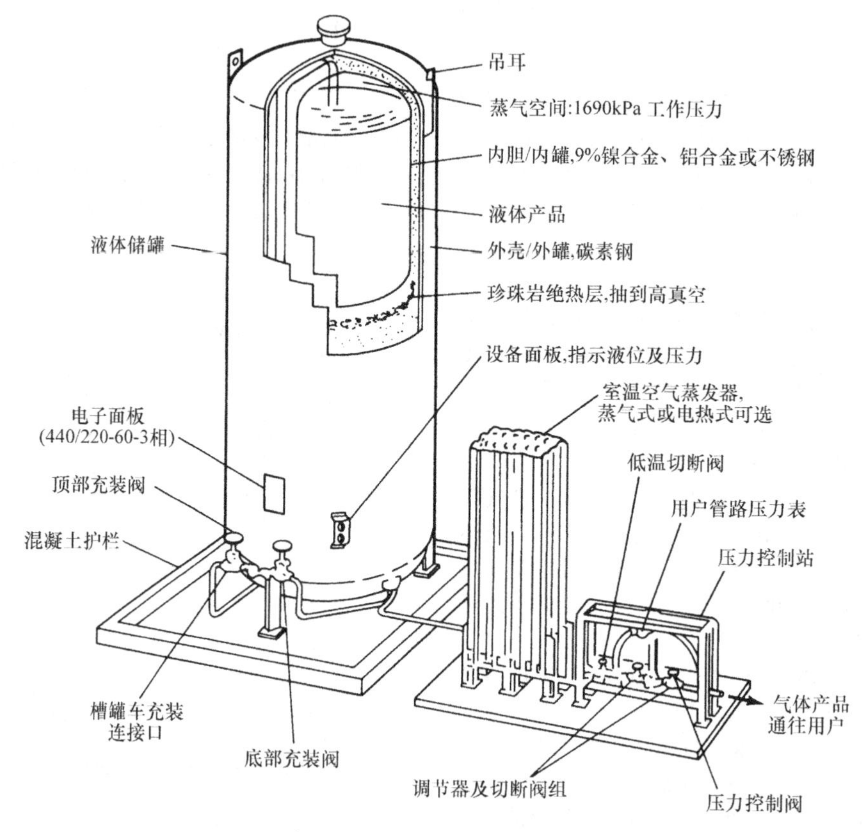

图2-50 典型的液氮储存设施

专业的深冷储罐有一个内部储罐来盛放液氮(－195℃，或－320℉，在0psig的饱和蒸汽压条件下)，储罐外部是一个碳素钢容器，两者之间是真空绝热层，绝热层可将液氮产品因为热量泄漏造成的损失降低到最小。液氮储罐通常采用遥控系统来远程监控罐内液位并提醒用户或者供应商在需要的时候补液。蒸发器通常是带铝鳍片的管道，有很大的表面积来传递外界空气中的热量，以便将液体蒸发为气体。

液氮是在大型空气分离工厂制造的，利用压缩再低温精馏的方式从空气中分离而来，空气中大约含有78%的氮气和21%的氧气。液氮用槽罐车经过长途运输，运送到客户的液体储槽中。同所有深冷液体一样，液氮的优势是比气态气体的运输和储存效率更高，用气量越大越是如此。液氢转变为气体时，体积膨胀大约是标准温度和压力条件下的700倍。

其他由大气分离而来的气体，如氩气和氧气，它们的供应与存储系统基本上与氮气是相同的。

5. 现场氮气制备系统

对于相当连续且稳定的氮气用户来说，现场制备氮气是一个非常经济的选择。有一些常用的现场

图 2-51　Trifecta 高压气体供应系统

图 2-52　膜分离制氮机

制气系统可以选用非低温膜分离式、非低温变压吸附式以及低温空气分离式。选择特定的系统要综合考虑各种因素，如纯度、流量、方式、压力以及能耗。

氮气膜分离系统采用聚合物多孔纤维的填充束来有选择性地渗入和吸附氧气及水蒸气，从而获得干燥的富氮气流。该系统主要由一个空气压缩机和装有分子膜模块的过滤筛组成，它能提供压力为 150psig（1MPa）甚至更高的稳定气流。图 2-52 所示为一个典型的小型膜分离供应系统。这些系统在较低纯度时更有效率，通常范围是 95% ~99.9% 纯度的氮气，这也限制了它们在需要很低氧含量的热处理气氛中的应用性。根据纯度的要求以及模块的使用数量，产气量能够在很大范围内调节。

变压吸附（PSA）系统采用两套可切换的装满碳分子筛的反应塔将氧气从压缩空气原料气中去除。这种系统能够生产纯度低至 95% 的氮气，但更普遍的是生产纯度为 98% ~99.999% 的氮气。因此，该系统能够很经济地适用于那些需要液氮纯度水平较高的应用。图 2-53a 所示为一个典型的 PSA 系统示意图，由一台空气压缩机、一个空气预处理装置、一个空气缓冲罐和两个可切换的填充吸附分子筛的反应器以及一个产品缓冲罐组成。图 2-53b 所示为 PSA 的带控制面板的双塔反应器以及产品缓冲罐。根据气体纯度以及特殊的系统设计要求，双塔一般 60 ~90s 切换一次。当一个塔在泄压而释放被捕捉的气体时，另一个塔正常工作并生产氮气。产气能力是与纯度相关的函数关系，最高能够达到 2600Nm^3/h（$10^5 ft^3/h$）。

深冷空气分离装置也被用于现场制氮。虽然比

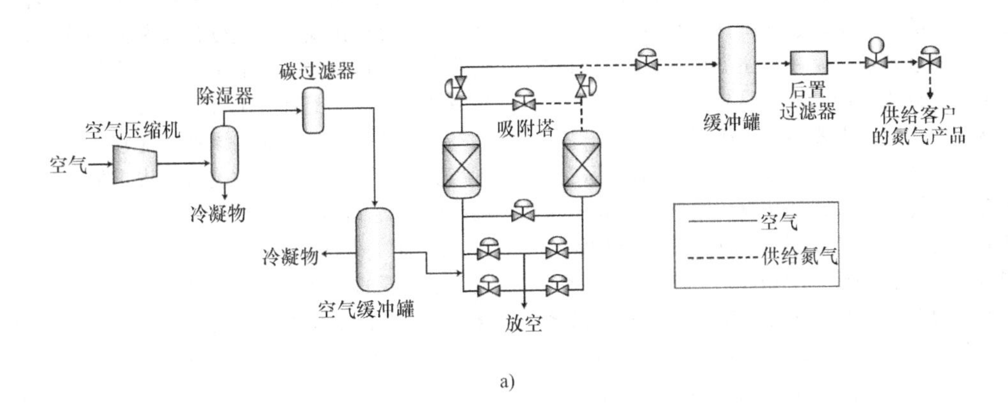

a)

图 2-53　变压吸附制氮机
a）系统示意图

b)

图 2-53 变压吸附制氮机（续）
b）带有控制面板和产品缓冲罐的 PSA 双塔

那种需要用槽罐车来运输的液氮空气分离站要小得多，但这种系统也是同样基于低温分馏的原理来分离和提纯氮气的。因此，这种氮气的纯度接近于那种运输过来的液氮纯度。一个主要的区别是，许多这种小型空气分离系统，特别是较小的单元，不生产低温液体产品反而需要消耗掉少量液氮用来弥补系统的制冷平衡。这部分液体来自于备用的液氮系统。还有些空气分离站就是被设计来制造少量的液氮以补充备用供应系统的。图 2-54 所示典型的深冷氮气制备系统的示意图。空气被主空气压缩机压缩，随后在后冷却器中冷却。之后，空气通过预处理系统去除水蒸气、二氧化碳以及大相对分子质量的碳氢化合物。在真空绝热的罐体或冷箱里面，空气被进一步冷却，并通过与主换热器流出的工艺气流逆向换热的方式被部分液化。这股冷的、部分液化的空气和气体混合物进入精馏柱，在此混合物被分离为高纯氮气和富集氧气的废液。

所有类型的现场制气设备通常都被远程监控和操作，并带有在线的氧气分析仪和能在线下运行的遥感自动测量信号。这取决于不同现场制气装置的机械特性，通常配有一个液氮系统作为一个自动化的不间断的备用供应源。该系统能够在维修期间或者当实际的流量需求超过装置的设定能力而需要高温调节时发挥作用。

6. 氮气安全

最主要的安全注意点是氮气是一种窒息剂，能够在某些条件下置换掉正常的氧气含量。因为它无色无味无臭无刺激性，所以它无法让人警惕。缺氧的环境能使人头昏、失去知觉甚至死亡。在所有可能的密闭空间都应使用氧气监控。液氮有额外的危险性，当液氮膨胀为气态时产生增压的能力以及非常低的温度会导致人员的低温冻伤。

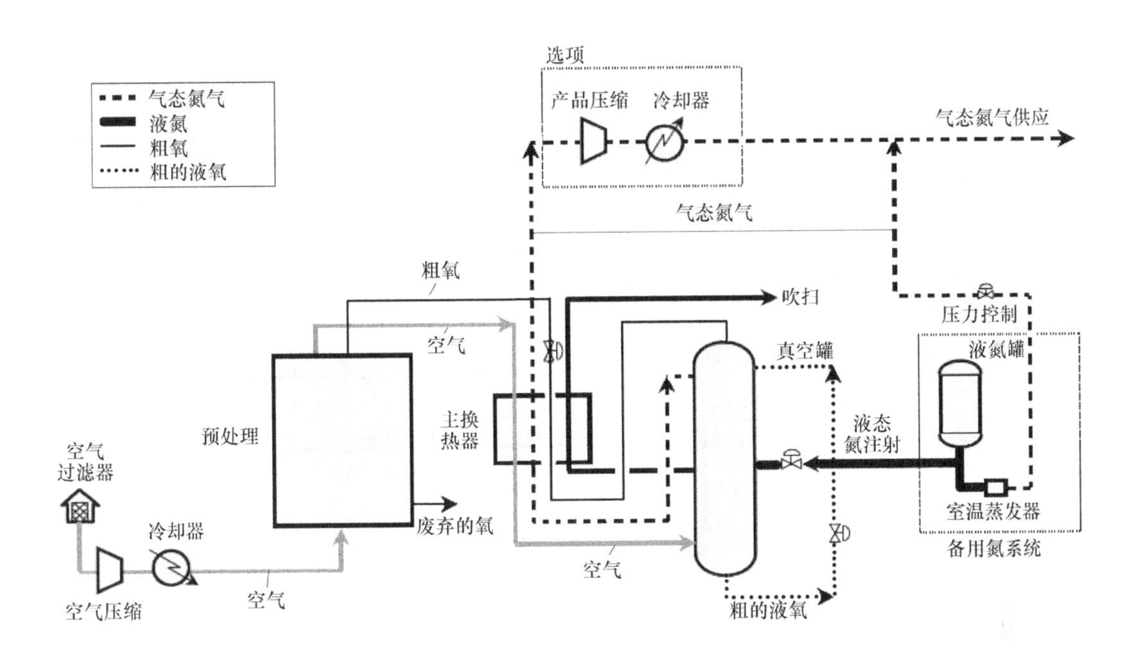

图 2-54　低温氮气发生器原理图

因为氮气是非腐蚀性的，不需要特殊的存储材料。然而，也应该选择正确的结构材料来承受液氮的低温所带来的潜在冷脆问题。需要正确设计供应及管道系统，以应对需要紧急吹扫可燃性气氛的情况。其他的氮气用途，如回填真空炉的腔室，如果是用普通的氮气供应系统来供应的，也应特别注意。

当涉及氮气问题时，应参考材料安全数据表和标准设计规范。

7. 甲醇供给系统

在一些工业应用的氮基气氛中，液体甲醇（CH_3OH，通常缩写为 MeOH，也称木精）常作为碳控制气氛系统中氢气和一氧化碳的来源。甲醇储存装置通常使用不同结构的碳素钢储存容器，旨在避免着火和人体接触。甲醇储罐的设计必须考虑多个因素，包括高于或低于地面的应用、加压或泵送系统、容量、与二级容器要求，如堵塞、通风、电气连接。甲醇的储存要与危险源分离，如易燃气体、氧化剂或火源。惰性气体如氮气通常填充在甲醇储罐的顶部，其压力非常低，通常在 10 ~ 20cm（4 ~ 8in）H_2O 范围内。甲醇的规范化管理，请参阅相关手册。

有两种常用的技术可将甲醇从储存罐输送到位于炉子上的混配装置。一种是用比填充储存罐的顶部空间压力更高的惰性气体（通常是氮气），驱动甲醇通过管道输送到炉子上的混合设备中。图 2-55 所示为一个地下甲醇储存系统，是使用氮气加压输送甲醇的系统。压力传递系统通常成本低，但需要更强的罐体，同时会使下游混合装置和流量计量设备中产生氮气气泡。加压甲醇系统的压力要求通常为 25 ~ 40psig（0.17 ~ 0.28MPa）。另一种替代氮气加压输送甲醇的方式是单泵或双泵系统，使用防爆的电子控制泵将甲醇输送到炉内混合设备。一般的泵送压力为 25 ~ 40psig（0.17 ~ 0.28MPa）。

对于体积小于 210L（55gal）的桶装甲醇，也可以储存在地面上。地面安装必须符合相关法规。这些法规包括但不限于美国机械工程师学会锅炉压力容器规范的第 1 部分第 8 小节；OSHA 29 CFR 1910.119，“高危化学品的过程安全管理”；NFPA 30 “易燃与可燃液体规范”；NFPA 70，“国家电气规范”；NFPA 77，“防静电推荐操作”。地面甲醇储罐应放置在由钢筋混凝土建造和体积为 110% 储罐容积的围堤中。这些甲醇自吸泵、储罐管道、输送管应有漏电保护和接地保护。图 2-56 所示为一种典型的地上甲醇储罐示意图，带有双泵输送和 110% 储罐容积的混凝土围堤。

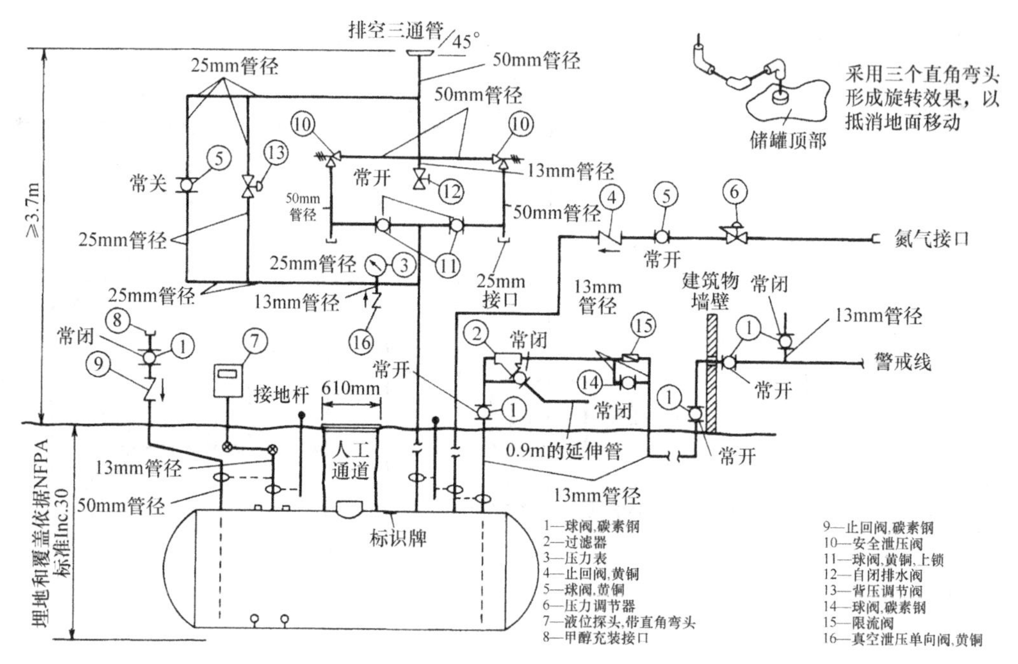

图2-55 典型地下甲醇储罐系统（图中所有管道的壁厚均为40规格）

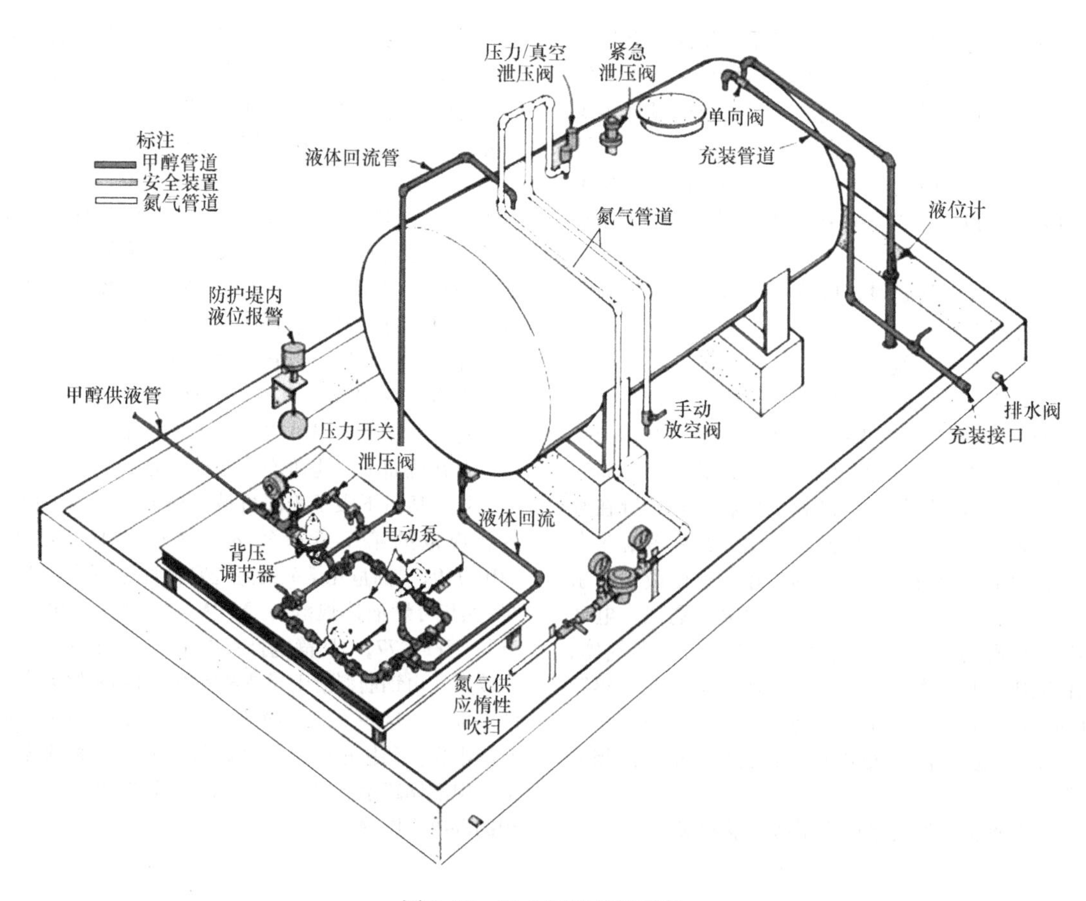

图2-56 地上甲醇储罐系统

8. 甲醇的安全

甲醇的主要危险是非常易燃，而且是一种有毒和刺激性的液体或气体。要避免甲醇与火源和强氧化剂的接触。甲醇燃烧的火焰明亮或呈浅蓝色。甲醇是无色液体，但有轻微的酒精气味，当它不纯净时气味更大。由于材料的相容性，碳素钢适用于存储甲醇，而不宜使用铝、铜、锌。因为甲醇被美国运输部（DOT）归类为易燃液体，所以必须用授权容器包装。当通过铁路、水路或公路运输时，托运人必须遵守所有 DOT 规则，注意装载、搬运和标识。在甲醇罐车和卸载系统或卸载设备进行任何连接和接触之前，甲醇罐车应先接地释放静电。在从货车向甲醇罐加液之前，必须将罐体与货车之间用电线连接并接地。甲醇罐车卸载绝不允许使用空气作为压力源。可以使用氮气作为压力源，前提是该甲醇罐是一个压力容器。在处理甲醇问题时，应参考材料安全数据表和标准设计规范。

2.2.12　氩气气氛

工业氩气是由液化空气经过蒸馏获得的。因为大气层只含有大约1%的氩气，所以它是一种较昂贵的气体。在焊接中，它常被用作惰性的保护气体。氩气是一种稀有气体，比氮气的惰性更大，可以在一些容易被氮气污染的高合金材料的热处理中使用。它还常用于热等静压工艺、难熔金属的高温烧结、稀土磁性材料的加工等。钛和钛合金也宜在氩气气氛中热处理。

与氮气一样，氩气的主要安全问题是它在一定条件下能够取代空气中的正常氧含量，从而有窒息的隐患。因为氩气无臭、无味、无色、无刺激性，所以它没有警告性特征。此外，氩气比空气密度大，可以积聚在低洼地区，如深坑和地下室，增加形成缺氧环境的可能性。

2.2.13　氢气气氛

氢气是一种强烈的脱氧剂，它的脱氧能力仅受含水量的影响。它的热导率大约是空气的七倍。氢气的主要缺点是，在高温下，通过位错或通过化学键很容易被多数常见金属吸收。氢的吸收可能导致严重的脆性问题，特别是在高碳钢中。氢气还可以还原钢中的氧化物夹杂形成水分子，从而在高温下产生足够的压力以引起钢的晶间断裂。干燥的氢气能在高温下与碳反应形成甲烷，从而使高碳钢表面脱碳。

1. 氢气气氛的应用

氢气在许多热处理工艺中被用作反应性的还原气体。作为工业基础气氛，它通常和氮气混合，形成 90% 氮气和 10% 氢气的混合气。以氢气为基础的工业气体主要用于不锈钢、低碳钢、电工钢和某些有色金属的光亮退火。氢气的高导热性使其成为罩式退火炉降低热处理工艺时间的理想气体。它还可用于耐火材料如碳化钨和碳化钽的烧结，不锈钢和耐热合金的镍钎焊，铜的钎焊，金属矿石的直接还原，金属粉末的退火和粉末冶金件的烧结。图 2-57 所示为在氢气气氛中金属和氧化物的平衡点的有关数据。

2. 不锈钢粉末冶金零件在氢气中的烧结

不锈钢粉末冶金件在 425℃（800℉）裂解氨气氛下预热后，在 1275℃（2325℉）的干燥氢气气氛（露点为 -40℃或 -40℉）中进行烧结。预热段和烧

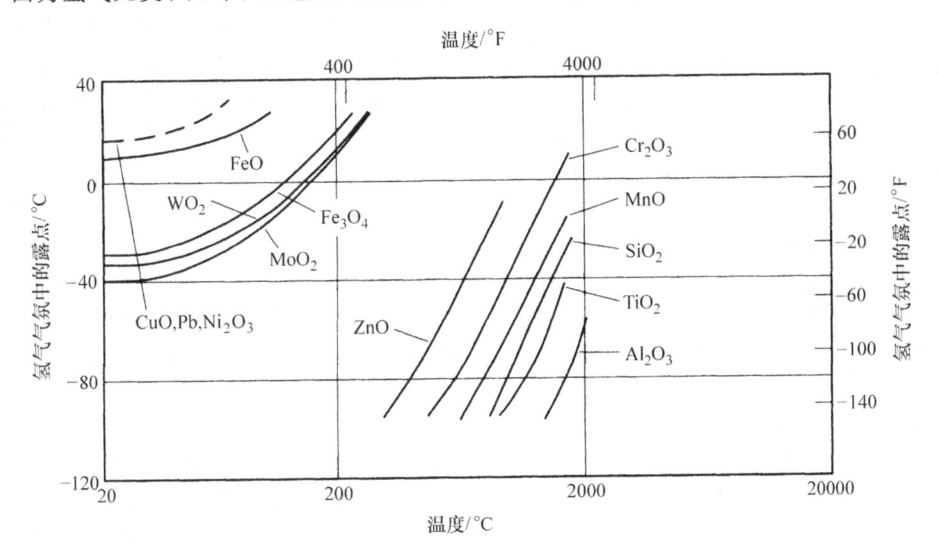

图 2-57　在氢气气氛中金属和氧化物的平衡

结段都是用电炉进行加热的。所使用设备的详细情况见表2-18。

表2-18 在氢气气氛中烧结不锈钢粉末冶金件的设备要求

生产要求	
工装质量/kg(lb)	9 (20)
加热周期/min	40
每小时产量/kg(lb)	14 (30)
设备要求	
燃烧炉	推杆式炉，电加热；强制对流
炉膛尺寸/mm(in)	255×150×915 (10×6×36)
冷却室长度/m(ft)	1.8 (6)
功率/hp(kW)	27 (20)
工作温度/℃ (℉)	425 (800)
气氛及流量/(m^3/h)(ft^3/h)	裂解氨，4.2 (150)
高温炉	开放室，电加热；前推，后拉
炉膛尺寸/mm(in)	255×610 (10×24) (预热段)
	255×915 (10×36) (高温加热段)
冷却室长度/mm(ft)	2.4 (8)
功率/hp(kW)	47 (35)
工作温度/℃ (℉)	1275 (2325)
气氛及流量/(m^3/h) (ft^3/h)	干燥氢气，9.9 (350)；露点为-40℃ (-40℉)

3. 工业气体供氢系统

对于部分或100%使用氢气作为炉内气氛的应用，有多种供应氢气的方法。气态和液态氢是最常见的供应方式，对于需求量较小的客户，可以使用气瓶装或罐装供应，而在某些情况下，也可以考虑现场制气。与大气中含有的气体（如氮气和氩气）一样，氢气最有效的供给方式受到很多因素的影响，如气体纯度、压力、流量、运行时间、地理位置等。在世界上几乎所有地区，都没有液态氢生产和配送设施，如在美国和加拿大，大量气态氢更为常用，而现场制氢正在随着技术的发展而增长。市售的氢气纯度通常在99.95%~99.999%之间，其中大量气态氢通常纯度较低，并且更容易波动，而液态氢通常可保持较高水平的纯度。

当以大宗气体方式供应时，氢气采用槽车方式将气体运到现场，通常再换回来一个已用完的槽车，回到分装/制造点再进行气体充装。这些槽车在16960kPa（2460psig）的压力下能装载3570Nm^3（126000ft^3）的氢气。另一种可选方案是将鱼雷管式氢气储存模块放置在客户现场，这些存储模块通常3个一组，并且可以堆叠成型，最多时可多达18个。最常见的单个鱼雷管式存储模块在16960kPa（2460psig）压力下，可容纳约220Nm^3（8350ft^3）的氢气。在某些情况下，固定的12瓶或16瓶气瓶组成的集装格从输送罐车中重新填充可以成为大型鱼雷管氢气储罐的经济替代方案。对于所有这些大用气量的系统，都会使用压力控制支路来调节用户管线的压力，并远程监控压力水平。

对于液氢用量较大的用户，供给系统的特点与低温大气气体类似，例如液氮。液氢（沸点为-238℃或-432℉，在0psig的标准条件下）存储在特殊的高度绝热的低温储罐中，蒸发变成气体后使用。典型的供应系统包括带相应控制器的储罐，用于将液体转化为气相的室温空气蒸发器，以及调节用户管线压力的压力控制站。液氢罐容积大小范围从2270~75700L（600~20000gal）都有。考虑到氢气的临界压力（187.5psig或1.29MPa），这些储罐的最大允许工作压力为150psig（1.03MPa），在低于该水平的压力下运行时，需要提供足够的气体压力使其通过管道和控制系统到达用户的使用点。

生产的气态和液态氢与来自于大气中的氮气、氩气有很大的不同。氢气的制备不采用低温空气分离方法，而通常从化工厂或炼油厂的富氢尾气中进行提纯，或者采用对天然气的蒸气进行重整再提纯的方法来制取氢气。气态氢可以使用压缩热循环的方式进行液化。与其他低温液体一样，液态氢的优点在于对于较大的体积，它可以比散装气体更有效地分配和储存。液态氢在标准温度和压力条件下可膨胀至约850倍的气体体积。

现场制氢发生器也是商业化的可选择的供氢模式，考虑到所需的气体流量和模式、能耗、天然气价格等因素，可以近似替代大宗气体或液体氢气的供应。这些系统通常是基于水的电解或碳氢化合物（如天然气）的重整。如果需要，生产出的氢气的纯度可以超过99.999%，产气量高达1000Nm^3/h（38000ft^3/h）。

4. 氢气的安全

氢气的主要危险是火灾和爆炸。由于它在空气环境中的易燃性高，氢气的安全问题非常重要。氢气供应系统的正确设计和选址非常重要。氢气可以被非常小的能量点燃，比如静电，并且能以不可见的火焰燃烧。在空气中，4%~75%之间的氢浓度被认为是易燃的。它能消耗空气中的氧气，可引起缺氧窒息。氢气无色、无味、无臭、无刺激性，没有警告性特征。液态氢有额外的危险，由于潜在的增压，汽化时产生非常低的温度会造成人员低温烧伤。

因为它是无腐蚀性的，一般不需要特殊的容器或管道材料。然而由于液氢的低温，施工使用的材料必须选择能承受潜在冷脆的组件。氢气管道应尽量减少泄漏的可能性。

氢气的另一个重要特性是，它是一个强大的脱氧剂，其脱氧能力仅受气氛中含水量的影响。在高温下，氢气通过位错或化学键结合很容易被多数常见金属吸收。氢的吸收可能导致严重的脆性问题，特别是在高碳钢中。氢气还可以还原钢中的氧化物夹杂形成水分子，从而在高温下产生足够的压力以引起钢的晶间断裂。干燥的氢气能在高温下与碳反应形成甲烷，从而使高碳钢表面脱碳。

当氢气在炉内使用时，无论是储存还是在发生器中，都要提供充足的惰性气体（如氮气）来进行吹扫，不管这些氮气是来自储罐还是发生器。处理与氢气相关问题时，应参考材料安全数据表和标准设计规范。

5. 混配装置

工业气体的混合和流量控制系统设计应符合发生式气氛指南以及其他安全守则。它们也应按照每个当地国家的具体法规进行设计。控制面板还需要根据适用的国家电气代码（National Electric code）进行设计，例如Ⅰ类、第2组、B组的要求。然而，由于工业气体系统的气体组分在储存、压力和流量方面是相对独立的，与气氛发生器运行相比存在一定差异。该混配系统应能在正常和紧急情况下都确保安全运行，并兼顾炉子设计及工艺条件。图2-58所示为两种工业氮基气氛的通用混合设备示意图。这些示意图与图2-49所示的保护气氛和渗碳气氛系统的存储供应图解是一致的。

工业气体经过气体混配装置，可以确保把精确且一致的气体组分供应给热处理炉。整个系统也有能力轻松地调整气体组分，以满足不同的炉况需求。在大多数应用中，氮气都是主要成分，占到气氛的50%～100%。根据不同的应用，富化气通常是氢气，也可能是甲烷、丙烷或液体甲醇。图2-58a展示了双组分混配系统。每个支路由压力调节器、安全阀、压力表、流量计、控制阀和止回阀组成。氮气压力用于打开氢气支路的常闭式气动阀。如果氮气因为某些原因失去了压力，可燃气体的流动会自动关闭。因此，可燃气体不可能进入炉内将可燃物与氮气联锁的另一种方法是使用氮气流量传感器。通常这将由流量开关或氮气流量计上的磁力传感器来完成。氢气切断电磁阀也应与炉温联锁，以防止可燃气体在低于760℃（1400℉）时流入炉内形成爆炸性混合物。

图2-58b显示了通常用于渗碳应用的氮－甲醇－甲烷混合气氛面板。由于组件的数量多以及涉及间歇式炉渗碳的工艺，因此该甲醇面板的设计比保护气氛系统更复杂。

每条支路通常由与图2-58a中的双组分系统相同的主要部件组成，如压力调节器、安全阀、压力表、流量计、流量控制阀和止回阀。由于可燃成分与氮气压力互锁，氮气压力的降低会使甲醇和甲烷关闭。可燃气体与炉内温度和控制面板的电源供给也是互锁的。炉内温度低于760℃（1400℉）或控制面板的电源断开，系统将关闭可燃气体。

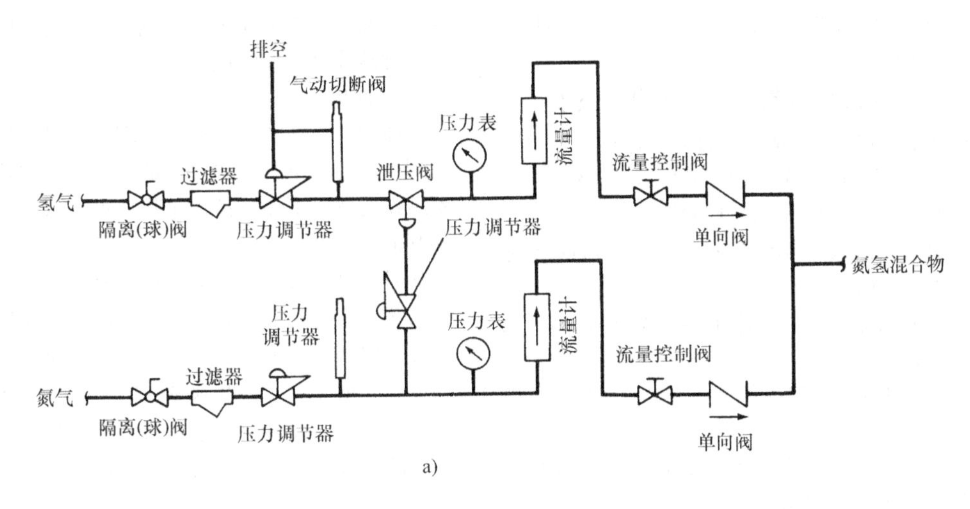

图2-58 商业氮基气氛混配系统示意图

a）双组分混配系统

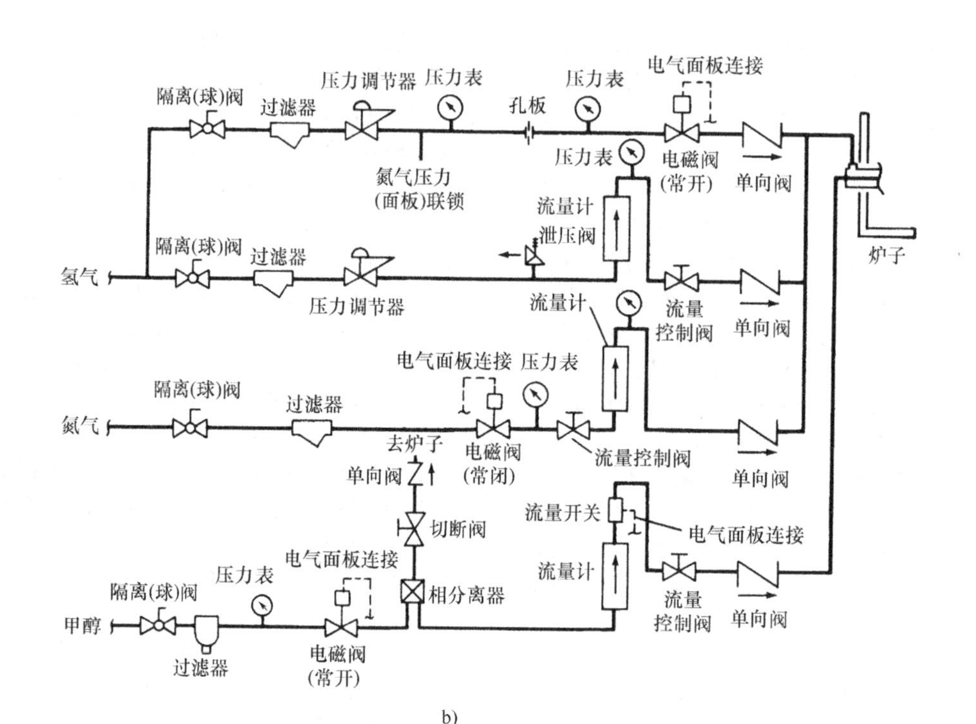

图2-58 商业氮基气氛混配系统示意图（续）

b）三组分混配系统

该气氛面板通常包括一个独立的氮气吹扫系统，该系统预设了具有压力调节器孔板流量控制。在炉温低或突发停电时，报警声音响起，氮气吹扫开始，可燃气体被切断关闭。氮气吹扫和内炉门也有互锁，通过微动开关电路在装料或者淬火时打开大流量吹扫。在这种模式下，吹扫将持续5～60min。可编程序逻辑控制器通常被植入面板来提供额外的功能，包括信号的输入/输出，以便与炉子控制以及用户的监测和报警系统交互。

2.2.14 真空回填气氛、分压操作及淬火

用特定的气体回填真空炉有许多原因，取决于不同的炉型和不同工艺阶段所涉及的特殊操作。

以下是与真空相关的气氛或回填气。

1）如真空回火操作那样在真空吹扫和抽真空之后提供氮气等气氛。

2）在真空加热后的工艺循环结束时消除真空，随后进行真空冷却。

3）在炉子于高真空条件下空转之后消除或释放真空。

4）降低真空/真空度的数值，以使被热处理的特定材料不挥发掉某些元素。

5）在真空加工过程中提供吹扫气体。

6）为气体冷却或气体淬火冷却提供一种手段。

7）消除或减少多室油淬真空炉中的淬火油的蒸发。

8）提供渗氮气氛，如离子渗氮。

9）提供渗碳气氛，如真空渗碳或低压真空渗碳。

常见的回填气氛是氮气和氩气，氢气和氦气的使用范围较小。多种碳氢化合物可用于真空渗碳。离子渗氮传统上使用氮气、氢气、甲烷，偶尔使用二氧化碳或氩气来控制辉光。

1. 回填

通常，当真空炉结束热处理时，习惯把炉子抽回到很高的真空度。这样做是为了在真空炉空闲或不工作的情况下保持炉内干燥，没有水蒸气、空气和其他污染物。一般来说，如果真空炉闲置或者不工作时，空气从上一次炉子打开时进入，这些空气及水蒸气将渗透到保温层中，并在随后的热处理工艺加热周期逸散出来。加热期间的这种释放可能会污染热处理部件或使其褪色。因此，为了消除这个问题，应该将真空炉迅速抽回到高真空度，以便从炉中除去这些污染物。当需要使用炉子时，必须将真空释放。释放真空时不要用空气，这将会造成潜在的污染，应使用干燥的惰性气体进行真空释放，通常是氮气，有时是氩气。

2. 淬火

冷却用的惰性气体常用氮气、氩气，某些不常用的情况下会使用氦气。氢气由于其极强的传热能力和保持零件光亮的特性，也在某些特定的应用中使用，但是氢气非常容易爆炸，在安全性方面需要关注。如果要保持工件的表面完整性并避免对炉子部件的损坏，冷却气体中的污染物必须保持在较低的水平。通常由低温液体供应的工业气体很容易获得较高的纯度，典型的纯度范围为 99.995% ~ 99.998%（杂质含量为 $50\times10^{-4}\%\sim20\times10^{-4}\%$）。现场制备的气体，例如来自膜分离制氮或变压吸附系统的气体，由于较低的纯度和不规则的用气要求，很少用于真空炉淬火。

带强制循环的气体回填可实现更快速的冷却速度和加速淬火，并且应用于许多金属合金材料的退火生产。它还可以提高设备的使用效率。冷却气体通常在高温保温阶段结束时引入真空室。当内部压力达到某一预定水平时，相对于大气压力稍微为负压或正压，气体通过负载循环，然后通过位于加热区之外的适当换热器。真空炉炉体的设计及其结构强度决定了其能承受的最大压力水平。气体回填压力通常用 bar 或 atm 描述，$1\text{bar}=10^5\text{Pa}\approx1\text{atm}$。典型的真空炉设计有以下压力：1bar，2bar，5bar，6bar，10bar，12bar，15bar，20bar 和 30bar。大多数真空炉还带有高压气体储罐，其充装的压力比淬火压力高，这样炉子就可以被快速地填满。

在较高的淬火压力下，通常为 12bar 甚至更高，就需要特殊的工业气体液氮供应系统。标准的液氮供应系统的压力限制在 14 ~ 15bar（200 ~ 220psig），这是因为通常的液体储罐的最大允许工作压力为 17bar（250psig）。从低温液体供应系统中获得更高压的气体有好几种方法，但最经济的方法取决于多种因素。炉子的尺寸和回填所需的相应的气体体积必须是已知的，然后相应的缓冲罐要选择合适的大小，这需要缓冲罐的压力与其内部体积之间达到平衡。因此，缓冲罐的压力是影响供气系统选择的因素之一。另一个因素是估算每个月的用气量，这通常取决于炉子需要回填的次数。

使用高压液体储罐的低温系统通常导致最少量的气体放空，但是一次性投资成本较高，而且某种程度上受制于低温液体的临界点（液氮为 473psig，或约 32bar）。高压液体罐一般以 27bar（400psig）和 41bar（600psig）为标准。切换高压低温系统到成本较低的标准压力液体供应罐时，标准压力容器每次放空排放会产生较高的排气损失。这些系统通常也被限制在大约 31bar（450psig）。高压液体泵送系统还使用标准压力液体罐，低温泵灌装高压缸体或水管。这些系统具有高得多的压力范围，高的多达 150bar（2200psig），并且如果设计得当，排放损失相对较低，尽管总体投资成本最高。每种类型系统的维护成本以及天然气的单位价格都是要进行全面评估的其他因素。如果直接从高压气体系统（例如氦气）使用工业气体，使用鱼雷管或集装格，则压力限制较少成为问题，但通常大部分残留气体在较低压力时无法使用。

图 2-59 所示为气体选择对冷却速率的影响。由于冷却时，负荷和设备是确定的，因此冷却速率变化的原因是气体的热导率、热容、黏度和密度的不同。还有具体的实例，如使用气体混合物以更低的成本实现更快的冷却速度。气体成本逐渐增加，氮气成本最低，其次是氢气，然后是氩气，最昂贵的是氦气（是氮气成本的 20 倍以上）。氢气有爆炸的危险，通常用于有限的应用。

图 2-60 所示为当使用相同的冷却气体、负载和设备时，循环气压对冷却速率的影响。对于空气硬化的材料，稍微的负压能提供足够的冷却来硬化它们，例如空气硬化不锈钢和工具钢，而正压力提供可接受的冷却速率来硬化材料，如 M2 工具钢。较高的气体压力，结合高的气体速度，可以接近油的冷却速度。负载质量和部件横截面尺寸也决定了冷却速率，并且必须被确认为是冷却速率的影响因子。如果要保持工件的表面完整性并避免对炉子部件的损坏，冷却气体中的污染物必须保持在较低的水平。

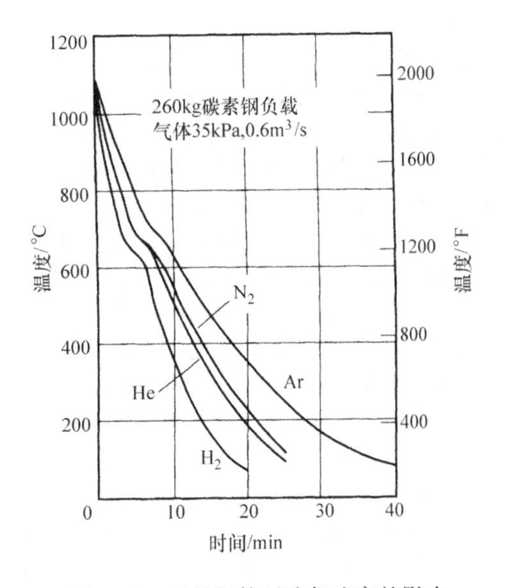

图 2-59 四种气体对冷却速率的影响

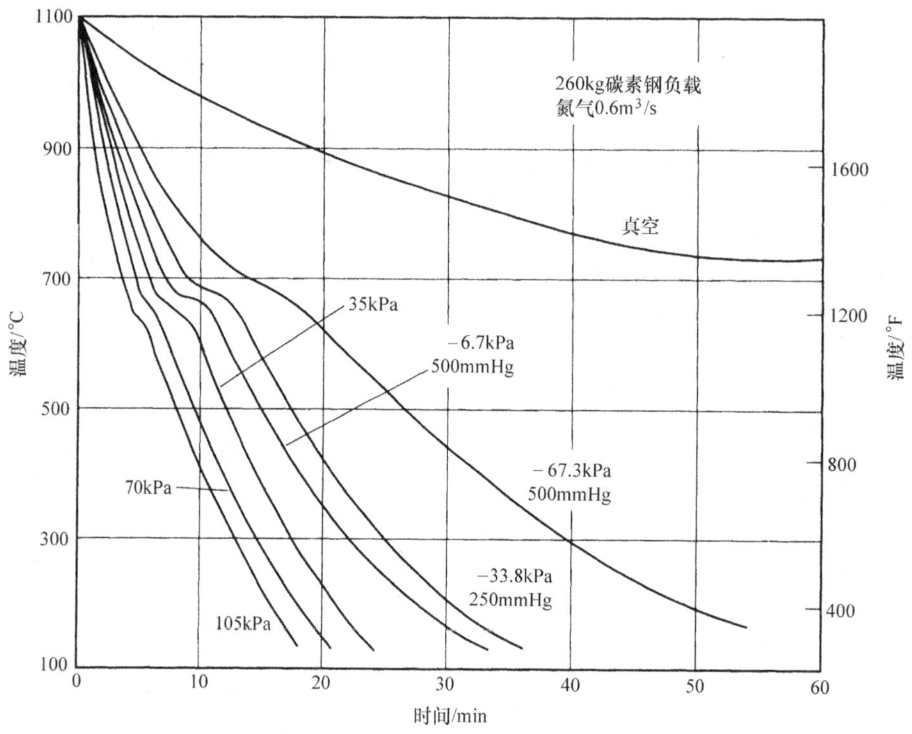

图2-60 循环气压对冷却速率的影响

3. 分压气体的添加和控制

对于给定的材料和温度，真空度有时可能太低了。常见的情况是M系列高速钢的热处理，通常在1150℃（2100℉）以上进行。如果这种材料在高真空环境下进行处理，材料中的铬元素会蒸发，这将会损坏工件，并且铬蒸气沉积在炉内的冷壁上会进一步损坏真空炉。

为了避免或减轻这种情况，将允许少量的气体（通常为氩气、氮气或氢气）通入炉中，并将真空度提高到足够高的水平，以消除这种元素蒸发问题。其实，也可以在真空泵系统上施加额外的负载，从而防止炉内的真空度保持在很低的水平。小针阀可以用于控制非常少量的填充气体，以维持分压。

一般来说，作为分压气体，氩气是真正的惰性气体，不会与工件发生任何反应。氮气经常使用，是一种不太昂贵的选择，但它会使材料渗氮，尤其是不锈钢，因此并不是在所有应用中都能用。

氢气也能用作分压气体，并且很多时候在高流量下使用，作为一种吹扫气体带走炉内的杂质气体。若需使用氢气，则应采取特殊预防措施，以防止真空泵中的潜在点火源，一旦氢气离开炉子就可能导致爆炸。在使用氢气的情况下，炉中的最大分压通常保持在2.13kPa（16Torr）以下。大多数分压水平控制在100～1000μmHg之间，或0.013～0.133kPa（0.1～1Torr）。另一个在更高的压力下操作的实例是防止在换热器的钎焊期间铜元素的蒸发。将氮气通入炉中并保持0.27kPa（2.0Torr）的压力会抑制铜的挥发。

4. 真空渗碳气氛

真空渗碳也称为低压渗碳。真空炉可以通过加入各种气氛来进行钢的渗碳。这些含有碳氢化合物的气氛将在合适的温度下引发渗碳。根据不同的渗碳介质，分压设置会有所不同。传统上，乙炔需要低于1.067kPa（8Torr）的压力水平，否则会发生严重的积炭。乙炔通常在0.267～0.667kPa（2～5Torr）下工作。相比之下，甲烷需要更高的分压，至少53.3kPa（400Torr），通常高达93.3kPa（700Torr）。环己烷通常在1.33kPa（10Torr）下工作，它并没有特殊的限制，可以在0.26～6.67kPa（2～50Torr）之间工作。其他烃类还包括丙烷、乙烯及其各种组合。

在真空渗碳中，强渗阶段先发生，在工件和气氛之间发生最大的碳传输，其后是扩散阶段，碳的供应被中断并且表面处的碳扩散到工件中。整个过程中将在强渗和扩散阶段交替发生。通常，在扩散阶段，随着气体供应的中断，真空泵快速将渗碳气氛抽走。另一种方式是将碳氢化合物与氮气混合，用氮气来稀释扩散阶段的碳势。

真空渗碳通常在 815 ~ 980℃（1500 ~ 1800℉）的温度范围内进行。然而，除了工件材料的限制，也没有理由说温度不能低于 760℃（1400℉），或不能超过 1140℃（2100℉）。在真空渗碳和扩散过程中，最初形成了 1.0% ~1.5% 的表面碳含量，尽管碳的含量取决于对于给定的温度下饱和碳浓度。随后高碳渗层在真空中向工件内部扩散，直到表面碳含量和渗层深度达到要求。

5. 离子渗碳气氛

在真空中通过高电压系统离子化的碳氢气体是用于离子渗碳的合适气氛。甲烷是很好的碳源，因此经常被使用。阳极（可能是炉子的外壁）和阴极（工件）之间的电压差将在临界真空压力下产生等离子体（图 2-61）。所得离子在工件表面上注入和冲击并产生碳势。离子渗碳比常规气体渗碳快得多，其中表面碳含量接近饱和，类似于低压真空渗碳。添加其他稀释气体可用于碳控制和辉光的控制。

AISI 1018 钢在 1.3 ~ 2.7kPa（10 ~ 20Torr）和 1050℃（1925℉）的甲烷气氛中进行 10min 的离子渗碳，可产生 1.0mm（0.040in）深的渗碳层。渗碳之后，在相同温度的真空中进行了 30min 的扩散处理。产生等离子体需要大约 400V（直流）的电压。

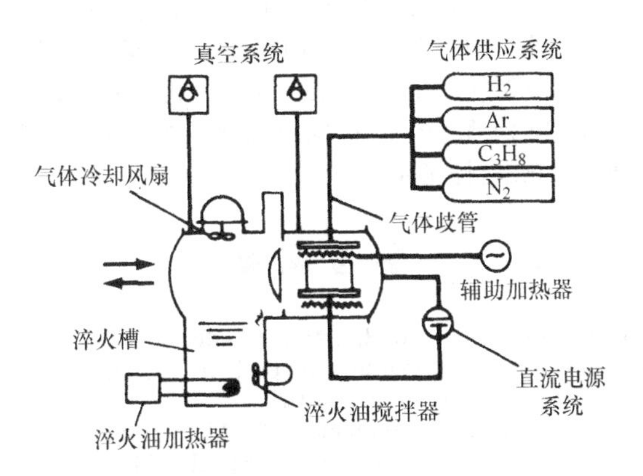

图 2-61　双室等离子体渗碳炉，由等离子体渗碳室和油淬炉组成

6. 离子渗氮气氛

离子渗氮与离子渗碳相似，只是渗氮气氛产生氮离子，并且该过程相比渗碳是在更低的温度下进行的（图 2-62）。传统上，氢和氮的混合物是氮离子的合适来源，能够产生 γ′渗氮层。另外，添加甲烷、氮气和氢气将产生 ε 渗氮层。

一个典型的离子渗氮工艺是 AISI 4140 钢放置在 510℃、0.9kPa（7Torr）压力、电流密度为 0.8mA/cm²、75% 氢气和 25% 氮气的混合物中保温 8h，将产生 0.30mm（0.012in）的渗氮层。要产生等离子体，需要提供大约 400V（直流）的电压。其他合金，如 300 系列不锈钢、M2 工具钢和渗氮钢种，都适用于离子渗氮工艺。

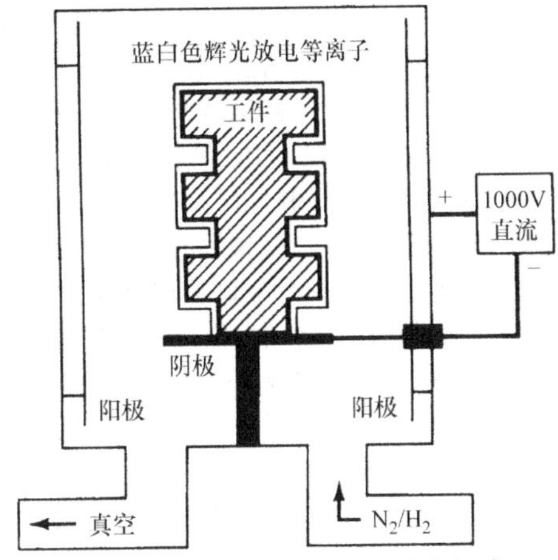

图 2-62　离子渗氮系统的基本组成

注：在工件表面上的高动能氮离子轰击由组件周围的蓝白色辉光放电表示。

2.2.15　评估气氛需求

评估热处理炉的气氛需求受到几个因素的影响。运行成本是选择气氛系统的主要考虑因素之一。另一个主要因素是购买硬件，以及安装和满足相关的安全要求所产生的资本投入。在某些情况下，所有的成本考虑应该为了满足严格的冶金规范，以及达到高水平的热处理精度。

调查的彻底性和项目的定义参数决定了分析的有效性。

1. 工艺要求的影响

许多设备都是由多个不同的工艺进程组成的。在这种情况下，气氛系统必须要有合理的响应时间。例如，多用炉可以在一个工艺环节中进行渗碳，随后在下一个环节中直接进行中碳素钢的清洁淬火，而不需要长时间的加热等待。该种工艺意味着炉内碳势将在 0.9% ~0.3% 之间变化。在吸热式气氛下，该变化意味着气氛的露点需要从 −12℃（10℉）变化到 18℃（64℉）。在氮基气氛下，则可以通过添加含碳介质和氧化剂来完成渗碳工艺环节，再通过除去这些添加物来完成淬火环节。

在一些设备中，所需的气氛流量取决于工艺要求而不是防止空气渗透到炉室。例如，当需要为大表面积的渗碳部件提供渗碳元素时，就要保证基本的气氛流量；而在烧结时，所需的氢气流量对应于所需还原的氧化物或硫化物的量。

因此，必须区分对气氛用量的需求是来自于排除不需要的气体防止氧化，还是来自于确保精确的化学反应的需要。随着工艺规范变得越来越严格，对化学反应精度的要求越来越高，对于气氛控制的可靠性需求也越来越迫切。

2. 炉子设计的影响

炉子的设计和气氛的选择是相互依存的。无论是何种气氛炉，密封性都是关键因素，并且在各种类型的气氛炉中，如推盘炉、间歇式炉、链式炉、辊底炉、网带炉、转底炉、罩式炉、吊装炉等，设计师的设计思路可归纳为三种装料方式和四种卸料方式。

（1）敞口式装卸料　气氛炉的第一种装卸料方式是（将工件）通过一个敞口炉门（来进行的）。为防止空气通过炉门，必须提供足够的气氛进入炉内，也可以通过使用火帘或火焰网板来显著减少空气的进入。在可能的情况下，将工作炉床提升到敞口上方也是一个有效的办法。

（2）前室或冷室装卸料　第二种装卸料的方式是通过与炉子相连接的前室来进行的。最常用到前室的炉型是推盘炉或间歇式炉。装载的托盘放置在前室中，前室外门关闭。关闭炉门足够长的时间进行吹扫来保证前室的空气完全清除。这种吹扫可以通过来自内炉门周围的炉气或打开预设好的气体直接进入炉内进行。在内炉门打开以允许装料托盘进入加热室之前，为了将污染最小化，大约需要五倍于前室体积的气氛通过前室。通过前室侧壁进行操作的任何机构必须装有固定的压紧密封，这些密封必须定期维护。随着内门的升高和降低，前室中的气氛也会经历温度的变化，使得前室气体迅速膨胀，随后减小。关闭炉门时速度不能太快，太快会导致前室中的气体收缩大于通向前室的气体流量，这样会造成不能正常吹扫。

（3）固定或可移动底装卸料　第三种装卸料方式是将工件放置在固定或可移动的炉子底座上，或者将底座升起装料，或者底座不动将炉体放置在基座上。装载了工件的炉膛需要进行吹扫，再经过一个时间 - 温度工艺循环。当这个热处理周期完成时，将炉膛中的工件暴露出来并移开。

（4）淬火槽卸料　第四种卸载方式是将工件直接推入出料端的淬火槽（图 2-61）。为了保护炉内的气氛，必须安装喷射器，防止从淬火槽的流体管线上方吸取气氛。如果淬火冷却介质是水基的，那么喷射器能够防止水蒸气污染炉内气氛。如果淬火剂是油，那么喷射器能够防止飞溅的油和烟雾破坏炉内气氛。有一种在淬火槽喷射器与淬火冷却介质之间的层流淬火流体喷射技术已被成功应用于直接淬火工艺。

（5）用风扇增加气氛均匀性　另外一个额外的对气氛会有直接影响的设计因素是风扇的使用。风扇可以增加正在加工的工件表面的气氛流量和气体的有效浓度，并加速工艺所需化学成分的气氛的化学反应的进行。在进行淬火时，风扇的使用显得尤为重要。设计良好的风扇会随着各种化学反应的发生彻底混合气氛，并提高密集载荷下的温度均匀性。随着气流的增加，温度均匀性也得到提高（参见 2.4 节）。

3. 成本、可用性以及可靠性的影响

设备的成本、可行性以及可靠性影响工业工厂的位置选择。热处理生产会消耗大量的能量。随着能源成本的增加，这些成本和可行性受到管理层更多的关注和筹划，特别是在能源供应紧缩的情况下。

大多数热处理生产需要天然气、电力和水的供应。水是冷却所需要的条件。这些设施不仅是热处理炉本身所需要的，而且是制备热处理气氛所必需的。在许多情况下，天然气是优先择的能源。它不仅可以用作热处理炉的燃料，而且可以作为原料来制备热处理气氛。

由于能源供应变得更加昂贵，特别是在世界某些地区，寻求替代燃料或双重燃料用于加热炉相对更好。寻找可替代的气氛原料虽然有些困难，但解决方案也是有的。工业氮基气氛比如氮气、氩气和氢气等通过两种方式提供替代方案。对于常规用量的需求，可以以商业化的空气分离工厂为中心，将生产的气体以液体的形式运输和储存到使用现场。对于大用量的需求，可以在热处理工厂现场或附近安装现场制气装置。随着氮 - 甲醇气氛技术的发展，现在的热处理生产中可以不再需要天然气或其他碳氢化合物来制备渗碳气氛。

参考文献

1. W. McKinley and H.S. Nayar, Safety Considerations in Sintering Atmospheres, *Prog. Powder Metall.*, Vol 35, 1979
2. J.T. Holtzberg, Requirements for Monitoring Carbon Monoxide, *Ind. Heat.*, March 1980
3. "Industrial Furnaces Using a Special Processing Atmosphere," ANSI/NFPA 86C, National Fire Protection Association, Dec 1983
4. "Threshold Limit Values of Substances in Workroom Air," Paper presented at the American Conference of Governmental and Industrial Hygienists, 1979
5. "Safety and Health Standard 29 CFR 1910," Occupational Safety and Health Administration, June 1981
6. F.T. Bodurtha, *Industrial Explosion, Prevention and Protection*, McGraw-Hill, 1980
7. *Handbook of Industrial Loss Prevention*, Factory Mutual Engineering Company, McGraw-Hill, 1967

2.3 热处理炉内气氛的控制

Jim Oakes, Super System Inc.
John Lutz, AFC – Holcroft

炉内气氛是金属热处理过程中获得所期望的化学反应的基本因素。例如，随着炉温的升高，炉内气氛的一个重要任务即是防止工件氧化或产生氧化皮。防止工件脱碳或实际上造成工件脱碳是炉内气氛的另一个重要功能。而有些工艺如气体渗碳、碳氮共渗、氮碳共渗和气体渗氮取决于气氛中各个组分的浓度高低，据此来改变工件的表面化学状态。

所有的气氛控制方法实际上都可以分为两种：一种是控制已经进入炉内的气氛，另一种是在气氛通入炉子之前对气源进行相关的控制。这些控制是利用气氛控制装置实现的。各种各样的装置及仪器仪表可以有效地控制吸热式、放热式、氮－甲醇、氮－碳氢化合物和氮－氢型气氛。

2.3.1 热处理气氛的基本原理

热处理气氛大部分都是气体混合物，包含一氧化碳、二氧化碳、甲烷、氮气、氢气和水蒸气。各种气体的相对量取决于气体发生器所用的气体类型、工艺温度及工艺过程中添加的气体量。例如，用天然气和空气进行催化反应制备的吸热式气氛具有如下成分（体积分数,%）：20CO，40H_2，40N_2，0.1 ~ 0.5CO_2，0.2 ~ 1.2H_2O，以及0.2 ~0.8CH_4。在热处理温度向炉内注入40% N_2 和 60% CH_3OH 可以获得合成的吸热式气氛。在气体渗碳中，最常用的工业方法是用吸热式气氛作为载气并添加天然气或丙烷气进行富化。

气氛控制的基础是在热处理气氛中多种组分之间可能发生的一些气体反应。本小节将概述与氧化以及为保证渗碳或防止脱碳的碳势控制相关的气体反应。

1. 氧化反应概述

铁基材料可能发生几个氧化反应，方程式如下：

$$4Fe_3O_4 + O_2 \rightleftharpoons 6Fe_2O_3 \quad (2\text{-}42)$$

$$6FeO + O_2 \rightleftharpoons 2Fe_3O_4 \quad (2\text{-}43)$$

$$2Fe + O_2 \rightleftharpoons 2FeO \quad (2\text{-}44)$$

如图 2-63 所示，式（2-42）在 1000℃时需要的最小分压的上限大约是 10^{-2}atm。含 7% 氧其余为氮气的气氛按照最低分压原理，氧的分压远远高于 10^{-2}atm，因此从这个角度看，以上反应都是可以进行的。

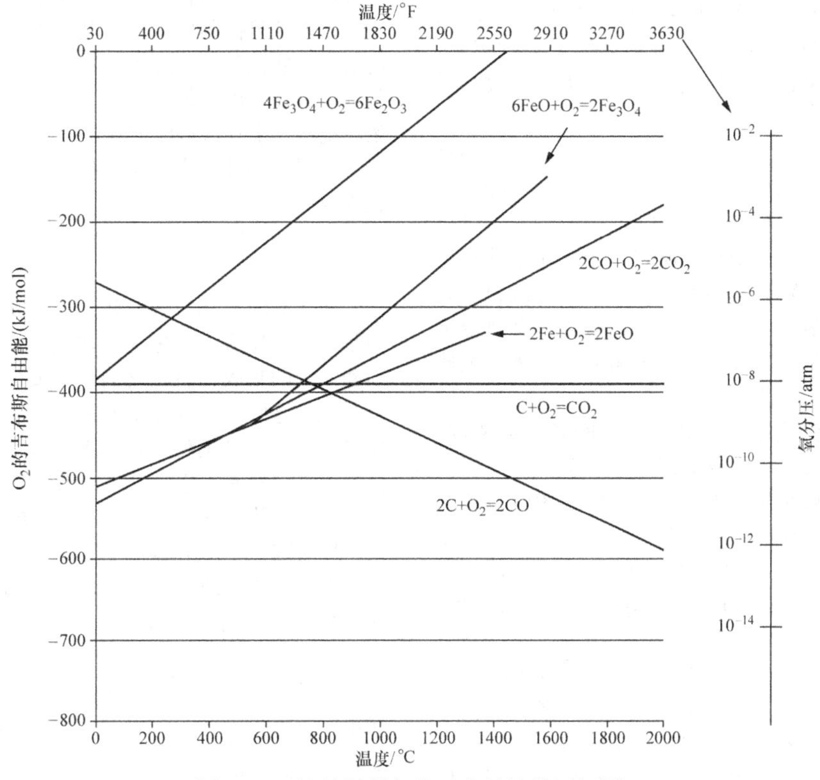

图 2-63 铁基材料氧化反应的埃林厄姆图

从图 2-63 所示的埃林厄姆图中还可以得出，在从室温到大约 570℃（1060℉）之间，式（2-43）是最稳定的铁的氧化反应，因为其自由能最低。这表明随着 FeO 的形成，其将进一步与氧结合形成

Fe_3O_4。因而 FeO 是亚稳相，随着时间的延长，在 570℃（1060℉）以下不会出现。在 570℃（1060℉）以上，式（2-44）将生成最稳定的氧化铁。也就是说，在 570℃（1060℉）以上，Fe_3O_4 会与一个铁原子结合形成 4FeO，这是因为它是在这个点上与钢最接近的氧化物。在所有温度范围内，式（2-42）是最不稳定的氧化反应，因此除非没有可用的铁从而形成其他氧化物，否则不会发生。

2. 渗碳与脱碳气体反应概述

如果要防止表面氧化，钢中的碳就应该不能轻易和氧结合。因此，要求不能直接生成 CO_2 或 CO，可以通过改变埃林厄姆图中的自由能来实现。在 700℃（1290℉）以下，反应方程式（2-45）更稳定些；而在 700℃（1290℉）以上，反应方程式（2-46）更稳定。值得注意的是，式（2-46）所示反应是在埃林厄姆图中唯一一个稳定性随温度升高而增加的，形成了负的斜率。尽管式（2-45）所示反应在低温时最稳定的，但它要求先形成一氧化碳。然而，一氧化碳直到温度高于 700℃（1290℉）才能稳定。在 700℃（1290℉），式（2-46）所示反应比式（2-45）所示反应更稳定。这样由一氧化碳和氧气形成二氧化碳是不可能的。由于这些平衡反应贯穿于工件的整个加热过程中，反应是不断变化的，而且没有一个反应能够完整地描述铁或碳的氧化。从脱碳的机理来讲，在加热过程中，大约半数的反应平衡都会发生变化。

$$2CO + O_2 \rightleftharpoons 2CO_2 \quad (2\text{-}45)$$

$$2C + O_2 \rightleftharpoons 2CO \quad (2\text{-}46)$$

$$C + O_2 \rightleftharpoons 2CO_2 \quad (2\text{-}47)$$

当相应的气体分子与金属表面相互作用并且将碳传输到表面。随着气体释放出碳原子，碳原子就会进入金属的表层。活性物质的含量影响有效分子与金属表面接触的速度，因而影响混合气体在金属表面释放碳原子的速度。

气氛的碳势决定了被处理工件的表面碳浓度。气体间的反应决定了气氛的组成及碳势。气－固反应负责实际的碳传输任务，进而决定了渗碳或脱碳的速度。碳传输到工件表面的平衡反应方程式如下：

$$2CO \rightleftharpoons C + CO_2 \quad (2\text{-}48)$$

$$CO + H_2 \rightleftharpoons C + H_2O \quad (2\text{-}49)$$

$$CH_4 \rightleftharpoons C + 2H_2 \quad (2\text{-}50)$$

例如，一氧化碳能分解成碳（被钢件吸收）和二氧化碳（CO_2）。同样，如果氢气与一氧化碳同时存在，也会产生渗碳及水汽。相反，H_2O 和 CO_2 分子浓度（相对于平衡浓度）决定了已经传输到工件表面的碳是否会快速返回到气态。如果二氧化碳和水汽的浓度没有适当控制，钢件将发生脱碳。

还有很重要的一点是，要认识到前面所述的反应方程均是指平衡状态下，意味着（理论上）要得到真正意义上的平衡状态需要无限长的时间。在钢的实际热处理中，反应时间无论如何都是一个重要的因素。某些反应慢，而某些反应快。快的反应控制工艺过程，也是主要关注的反应。在这种情况下，式（2-42）~式（2-44）中的气－固反应要比气－气反应慢。碳从气相传输到钢件表面要比气体分子间相互作用慢。尤其是式（2-50）反应更慢，因为甲烷（CH_4）是相对稳定的分子，不容易分解。

在典型炉气中有如下三个重要的气相反应：

$$H_2 + CO_2 \rightleftharpoons H_2O + CO \quad (2\text{-}51)$$

$$H_2 + 1/2O_2 \rightleftharpoons H_2O \quad (2\text{-}52)$$

$$CO + 1/2O_2 \rightleftharpoons CO_2 \quad (2\text{-}53)$$

动力学方面，气－气反应［式（2-51）~式（2-53）］相对较快，式（2-53）最快。在充分混合的均匀气氛中，快速反应能够达到平衡。这里提到的气相反应通常把温度高于 790℃（1450℉）的炉内气氛视为平衡状态。因此，气氛中的碳势在很大程度上决定了被处理工件的表面碳浓度。

2.3.2 碳势控制

除非对气氛中的渗碳和脱碳组分含量进行分析并且控制，否则控制碳势将是相当困难的。

通常碳势控制的实现，基本上是通过控制水汽的浓度（露点）、二氧化碳浓度或氧的分压来完成的。通过往炉内添加碳氢富化气（如甲烷）或加入稀释空气来实现碳势的控制。

为了维持气氛中设定的碳势，必须要考虑如下化学反应：

$$CH_4 + H_2O \rightarrow CO + 3H_2 \quad (2\text{-}54)$$

$$CH_4 + CO_2 \rightarrow 2CO + 2H_2 \quad (2\text{-}55)$$

式（2-54）和式（2-55）反应比较慢，一般认为是非平衡反应，也称为吸热式反应。这些反应伴随着能量的吸收，但是它们是重要的补给反应。也就是说，这些反应补充了 CO 和 H_2，并由于加入甲烷（富化气）帮助将 CO_2 和 H_2O 的浓度维持在适当低的水平。然而，这些反应对改变气氛特性，特别是对有效碳势的影响来说，并不重要。

1. 碳势与二氧化碳浓度

碳势控制原理根据平衡反应方程式（2-48），其平衡常数 K_1 由下式给出：

$$K_1 = \frac{a_c P_{CO_2}}{P_{CO}^2} \quad (2\text{-}56)$$

式中，a_c为碳的活度；P_{CO_2}和 P_{CO}分别为 CO_2 和 CO 的分压。式（2-56）也可以转换为

$$a_c = \frac{K_1 P_{CO_2}}{P_{CO}^2} \quad (2\text{-}57)$$

a_c的大小与碳势的对应关系如图 2-64 所示，表

示出 a_c与奥氏体中碳浓度在不同等温温度（815～1040℃，或 1500～1900℉）下的对应关系。由于 K_1 只与温度有关，载气中 P_{CO} 也是常量（通常为 20kPa，或 0.20atm），通过改变 P_{CO_2}就可以实现碳势控制。图 2-65 所示为以含 20% CO 的吸热式气氛为基础计算出的 CO_2 含量与碳浓度间的平衡关系。很多研究人员通过试验获得了二氧化碳含量与碳浓度间的关系值，尽管不同的研究人员之间获得的试验数值以及计算的数值有些差异，但这些结论总体来说是相互吻合的，因此控制 CO_2 含量可作为一种可靠的碳势控制方法。

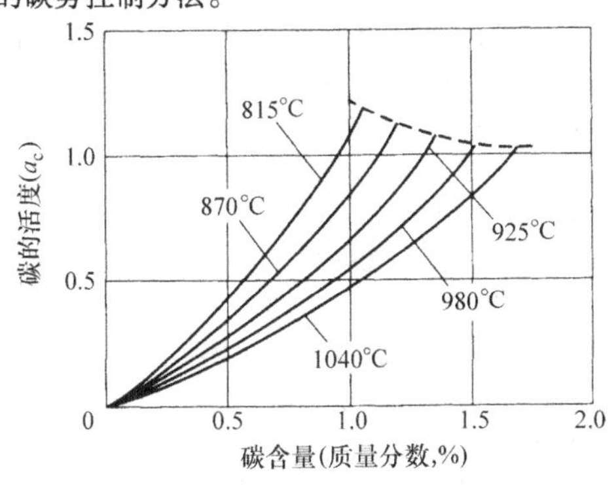

图 2-64 在各温度下碳的活度与奥氏体中碳含量的等温平衡关系曲线

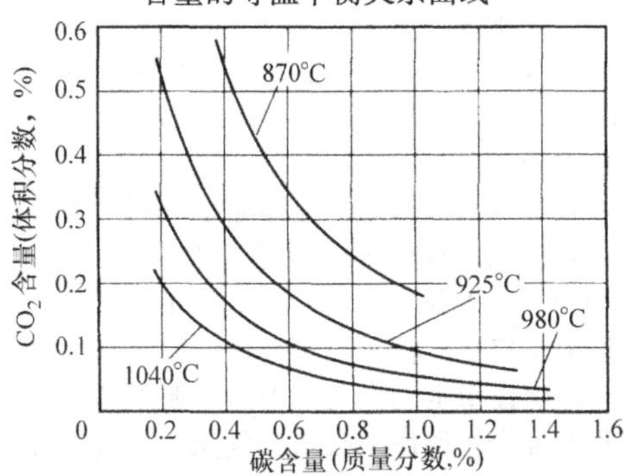

图 2-65 吸热式气氛中碳含量和二氧化碳浓度之间的计算平衡关系（假定一氧化碳含量为 20%）

2. 碳势与水汽浓度（露点）

下面的方程式很容易地显示了通过控制水汽分压（露点）来控制碳势的原理。在平衡状态下，H_2O 的分压与 CO_2 的分压相关。众所周知，式（2-51）可以用来说明这一关系。

式（2-51）的平衡常数 K_2 由下式给出：

$$K_2 = \frac{P_{H_2O}P_{CO}}{P_{H_2}P_{CO_2}} \tag{2-58}$$

这样 P_{CO_2}可以表达为

$$P_{CO_2} = \frac{P_{H_2O}}{K_2 P_{H_2}}P_{CO} \tag{2-59}$$

将该式代入式（2-57）得

$$a_c = K_1 K_2 \frac{P_{CO}}{P_{H_2O}}P_{H_2} \tag{2-60}$$

由于 K_1 和 K_2 仅与温度有关，而 P_{CO}和 P_{H_2}在渗碳气氛中基本不变，因此控制水汽的分压（露点）即可控制碳势。图 2-66 所示为在含 20% CO 和 40% H_2 的吸热式气氛中，计算出来的露点与碳浓度间的平衡关系。尽管不同的研究人员之间获得的试验数值以及计算的数值有些差异，但这些结论总体来说是相互吻合的，因此控制露点可作为一种可靠的碳势控制方法。

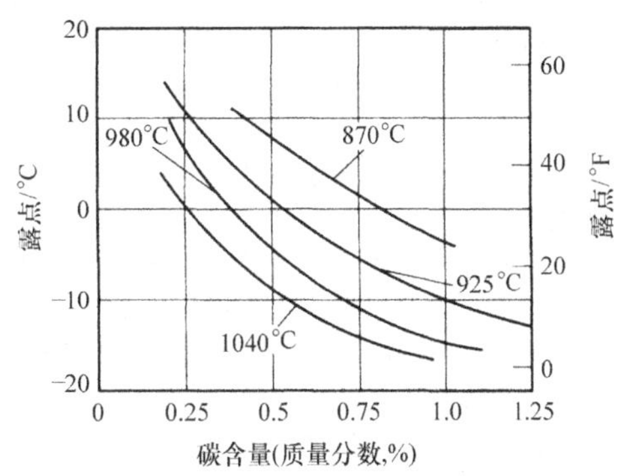

图 2-66 在一氧化碳和氢含量分别为 20% 和 40% 的吸热式气氛中计算露点与碳含量的平衡关系

3. 碳势与氧分压

根据简单的热力学考虑，理论上来讲可通过控制氧分压（P_{O_2}）控制碳势。在平衡状态下，P_{O_2}与 P_{CO_2}相对应。式（2-53）很好地说明了这一原理。式（2-53）的平衡常数 K_3 由下式给出：

$$K_3 = \frac{P_{CO_2}}{P_{CO}P_{O_2}^{1/2}} \tag{2-61}$$

因此，P_{CO_2}可以表达为

$$P_{CO_2} = K_3 P_{CO} P_{O_2}^{1/2} \tag{2-62}$$

将式（2-62）代入式（2-57）得

$$a_c = \frac{K_1 P_{CO}}{K_3 P_{O_2}^{1/2}} \tag{2-63}$$

由于 K_1 和 K_3 仅与温度有关，而 P_{CO}在渗碳气氛中基本为常量，因此可通过控制氧分压来控制碳势。

2.3.3 炉内气氛控制

要想控制炉内的气氛，重要的是控制气氛的成分，也就是各气体组分的比例，如一氧化碳、氢气等。通常另一重要因素是控制气氛的稳定性、气氛在炉内的流动性及排放。

1. 化学成分

炉内气氛控制系统的复杂程度是由控制要求的高低决定的。尽管许多热处理标准要求特定的热处理应用使用连续气氛控制，但对非重要的一些应用，并不需要动态控制系统。可用便携式仪器对气氛进行随机分析，然后对供应气体做出调整。对很多中性气氛以及淬火应用，一般用氧探头及相应的控制系统将气氛控制在所需设定点。当要求更高时或通入炉内的气体成分波动大时，可以增加红外分析仪作为气氛的第二参考。

2. 连续式炉的稳定性

对连续式炉（网带炉、辊底炉等）的气氛控制，气氛的稳定性是非常重要的因素。工厂内的气流扰动及炉门的开启都会导致炉内气氛的变化。大多数情况下，炉子的门帘可以保护炉内气氛。但有时门帘不是很有效，尤其是工件较大且频繁进出炉。这种情况下，采用惰性气帘或火帘可减少或防止空气进入炉内。有时需要一个系统来应对气氛的变化。

3. 用烟雾发生器对气氛炉进行检漏

热处理行业已成功采用烟雾发生器对气氛炉进行检漏。该方法现场需要人数最少。要检测的炉子周围必须通风良好，以保证检测后打开炉门能将烟雾排出室外。下面描述了如何使用烟雾发生器检漏，具体如何使用视各厂的设施管理、环保及人员而定。同时也建议与炉子生产厂家联系以获得有关烟雾发生器检漏的步骤。这些步骤可以包括：

1）停炉后，在冷态下进行烟雾检漏。

2）氧探头（若有）应拆下，放置在安全的地方，防止污染氧探头。

3）所有的开口，如排放口、翻板等，必须用陶瓷纤维毡将孔塞上，或将陶瓷纤维毡放到翻板下的孔上，然后在翻板上放置一块耐火砖压住翻板。这样的措施并没有密封，只是防止烟雾先从这里跑出来。

4）打开前门、中门，关上后门。

5）测试至少需要三人在场：一人用手电观察炉子底部各连接点；一人站在梯子上观察炉子顶部；另一人检查炉子四周。

6）烟雾发生器置于空的料筐内，启动，然后将料筐推至加热室区域，然后立即关上炉子外门。

7）启动炉子循环风机并手动向炉内添加 $2.8m^3/h$ （$100ft^3/h$）的氮气。加氮气的目的是使炉压为 8 ~ 13mm（0.3 ~ 0.5in）H_2O，即炉子的通常工作压力。

8）立即检查炉门密封、辐射管接口、辐射管中心、风扇连接、法兰等处有无烟雾漏出。用陶瓷纤维毡密封的各开口处不算。

9）测试完成（4 ~ 5min）后，停循环风机，关闭氮气。

10）慢慢打开前门，让烟雾出来并排出室外。

11）修补发现的漏点。

12）若有必要，再重复上述测试步骤。

2.3.4 气氛气源的控制

由于热处理件的处理是在炉内进行的，因此倾向于重视炉内的气氛而忽略了气体发生器。在很多情况下，气体发生器的气氛的自动控制也能解决热处理的气氛问题，使炉内气氛控制更容易，有时甚至能减少在现场对炉子的监测以及抽查。

有两种基本的气氛供应系统：制备气氛（吸热式和放热式）和氮基气氛。制备气氛和氮基气氛的基本差别是生产气体的方法不同。制备气氛一般是通过甲烷或丙烷与空气在罐内的催化反应制取，其最终产物应经过组分调节；而氮基气氛是通过按期望的比例混合一种或多种气体或液体来制取。

对氮 - 甲醇气氛，甲醇在炉内裂解产生类似于吸热式的气氛，与吸热式气氛唯一的不同是，由于要生成气氛因此消耗了更多的能量，多数情况下，作为炉子控制器的基础，保证炉气组分的稳定性是目标。在许多热处理气氛中，气氛气源一般为吸热式气体或氮 - 甲醇，基础气氛期望的理论组成为 40% H_2、40% N_2 及 20% CO，在此基础上，碳势才是可控的工艺参数。

甲醇在炉内裂解产生约 2 个体积的 H_2 和 1 个体积的 CO，3.8L（1gal）甲醇大约可产生 $2.3m^3$（$80ft^3$）的 CO 和 $4.5m^3$（$159ft^3$）的 H_2，但是甲醇裂解度随温度变化而变化，这就导致即使甲醇和氮气量不变，而 CO 含量仍会随温度的变化而变化（图 2-67）。例如典型的渗碳工艺，渗碳后降温扩散淬火，这里 CO 含量的变化会导致碳势控制关系的变化，从而很难精确控制碳势。

1. 氮基气氛

氮基气氛供应系统由液体储罐（每种液体一个罐）、流量控制面板组成。储罐置于厂外，控制面板位于炉旁。图 2-68 所示为一个典型的供气系统的布局图。流量控制面板一般包括压力调节和流量控制装置，以保证稳定地供气。炉内所要求的气氛组分在面板处混合。类似于吸热式气氛、放热式气氛及裂解氨等都很容易制备。

由于氮基气氛在炉外不发生反应或燃烧，以及液体具有很高的纯度，因此不需要配备分析仪器。

氮 - 甲醇气氛广泛用于渗碳、淬火、退火、钎焊等。氮 - 丙烯和氮 - 氢气气氛通常用于退火、钎焊和烧结。纯氢气气氛越来越广泛用于罩式退火炉。

2. 制备气氛

制备的吸热式气氛一般在热处理中用于淬火、去应力、复碳和渗碳。最能反映发生器运行状态的是 CO_2、O_2 和露点。任何与这三个变量相关的偏离都能反映出发生器的问题，如泄漏、催化剂积炭、温度控制问题、空气混合比问题等。二氧化碳含量与露点的对应关系如图 2-69 所示。制成的吸热式气体必须迅速冷却下来，为此推荐采用多路气冷系统。不建议采用水冷系统，因为水泄漏会严重污染制备的气体。

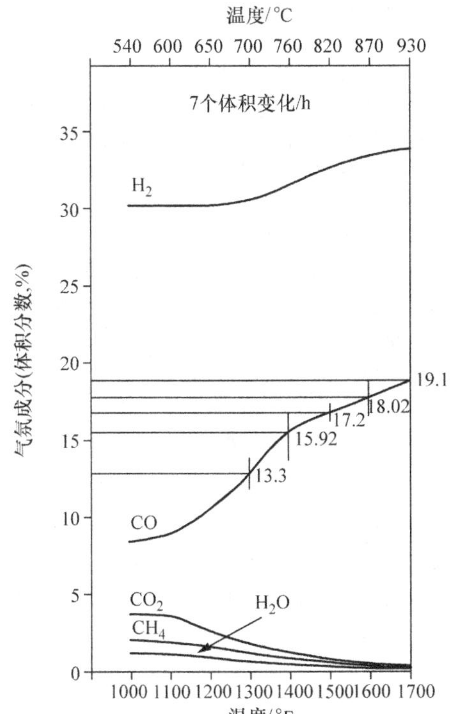

图2-67 在通入恒定体积的氮气和甲醇条件下，炉内温度对甲醇裂解度的影响

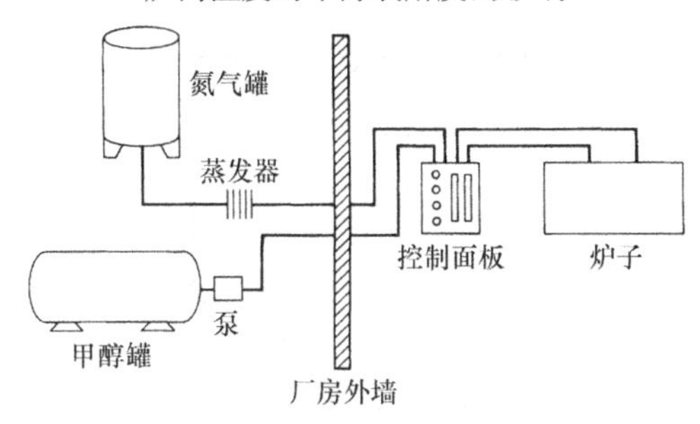

图2-68 典型氮基气氛供应系统

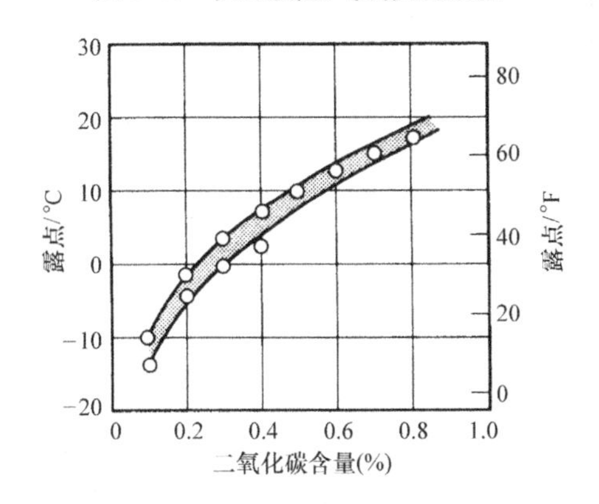

图2-69 吸热式气氛中露点与二氧化碳含量的对应关系

注：取自四台在不同工作温度的发生器，温度范围为1005～1095℃（1840～2000℉）。

吸热式气氛的露点范围为 -7～16℃（20～60℉），CO_2 含量为0.2%～0.7%。为便于控制，理想的设定点应该在该范围的中间。一般在工艺所要求的范围内，吸热式气氛的露点或 CO_2 含量接近上限，这样可减少发生器的维护。

下面列出了典型的发生器的故障及问题，通过合适的分析和控制可以诊断、纠正或避免问题发生。

1）催化剂上积炭。

2）换热器或混合器堵塞。

3）温度失控，热电偶故障。

4）燃烧产物泄漏进入反应管。

5）压力变化。

6）湿度变化。

7）淬火油雾或发动机的废气被空气带进发生器内。

8）天然气化学成分的变化。

9）调节器失灵。

10）流量计有污物。

根据吸热式气氛的成分可以确定催化剂是否失效或积炭。当天然气和空气在高温混合时，理论上会分解成40%的 H_2、40%的 N_2 和20%的CO，通过检测产物中的空气以及未分解的甲烷，观察甲烷量就可以发现，或者是由于温度太低，或者催化剂失效而造成甲醇不能完全裂解。

若确定催化剂上已有积炭，则应进行烧碳以恢复催化剂的活性。应该按照设备厂家的指导进行烧碳操作。烧碳就是停止甲烷供应，打开发生器排放口，在较低的温度下（815～845℃，或1500～1550℉）向炉内通入空气流经催化剂。根据积炭的多少，可能需要减少空气的加入量以避免罐内温升过高。空气中的氧与过量的碳结合形成 CO_2，若采用 CO_2 分析仪控制，可以用其监视 CO_2 量的升降变化。这样可以有效地监测整个烧碳过程。通常操作者都会让烧碳多进行一段时间。若没有采用 CO_2 分析仪，则可通过观察废气燃烧的火焰至黄色或者蓝色火焰消失。烧碳一般不超过1h。若发生器采用 CO_2、O_2 或露点分析仪自动控制，则烧碳的必要性大大减少，因为没有人工调节所造成的天然气/空气比例的失调。

在需要惰性气氛的情况下，可制备放热式气氛。它广泛用于金属加工业，如铜材的光亮退火，电动机叠钢片的脱碳退火，铝材的处理，钢铁及有色金属卷材、线材、带材的退火。放热式气氛在玻璃生产、食品加工、橡胶固化等行业中也用于惰性保护。很多化工及存储设施都采用放热式惰性气氛。

2.3.5 通入气体的控制

1. 流量计

在热处理中使用工业气体一般都安装流量计以显示通入的气体量。有时采用电子控制及数字反馈。流量计的设计都是针对特定的气体类型，采用不同的原理测量流量。机械的或变截面流量计采用浮子系统来显示通过的气体流量。通过测量经过孔板限流后的压差变化的压差流量计也是一种常用的流量测量手段。这两种流量测量方法都需要知道气体的温度和压力。质量流量传感器采用热学原理测量气体流量。测得的流量反馈到控制装置，可以用来调节气体通过孔径进而调节流量。

2. 流量控制装置

实际应用中都是通过改变通入气体的流量来控制炉内气氛的。控制系统根据监测气氛的传感器提供一个输出信号。控制输出可以是通/断、时间比例或阀门输出比例。通过控制器的快速响应，以继电器或其他多种输出方式输出控制信号对通入炉膛的工艺气体进行调节。

如果是手动流量计，通常以电磁阀开或关来开启或关闭气体流量。多种情况下，打开电磁阀后气体的流量取决于流量计的设定值，而控制器是根据监测气氛的传感器的反馈信号进行调节的。通/断控制可以设置为时间比例，以达到精确控制。也可以配置电子流量计或可调节阀，提供特定的流量。许多电子流量计和质量流量控制器都可以按照特定的设定值自动控制节流阀。

3. 控制阀和电动调节

图 2-70 和图 2-71 概述了分析仪在放热式和吸热式气氛发生器上的应用，给出了实现气氛自动控制分析仪的取样位置及控制阀的安装位置。自动气氛分析控制系统的有效性取决于控制阀及电动机的正确安装。控制阀的尺寸规格及驱动电动机速度是系统的关键。在图 2-70 和图 2-71 中，当分析值低于设定点，则电动机将阀向打开的方向驱动；反之，向关闭的方向驱动。在给定时间内的变化量是最大允许输入量及比例阀从全部打开到关闭的速度的函数。比例阀的速度（从全部打开到关闭）对炉子控制一般为 1min，对发生器控制为 4min。

向吸热式发生器内增加空气（图 2-71），可增加 CO_2、O_2 和露点；向放热式发生器增加空气（图 2-70），可减少 CO 或可燃烧气体组分。将气体发生器转为以露点自动控制模式，将空气添加作为控制变量的最容易方式是将系统设置为手动方式。最好是将发生器安排为非生产状态，具体应以实际热处理工艺而定。

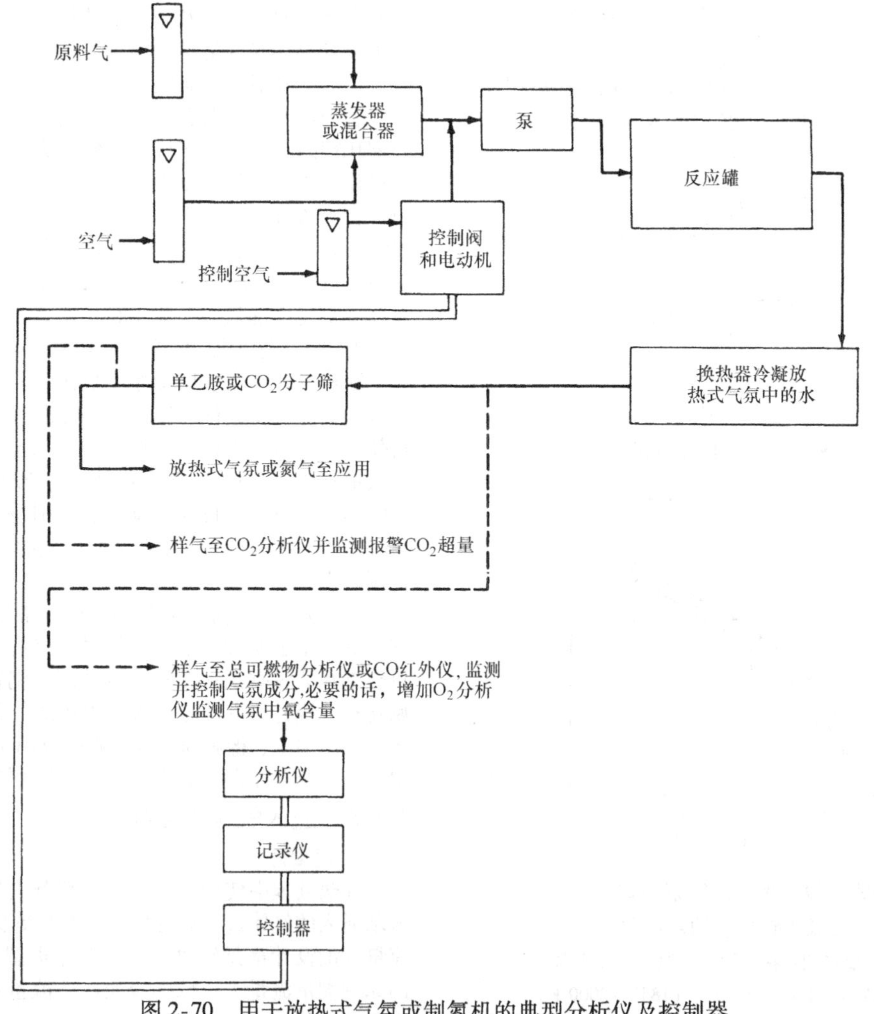

图 2-70 用于放热式气氛或制氮机的典型分析仪及控制器

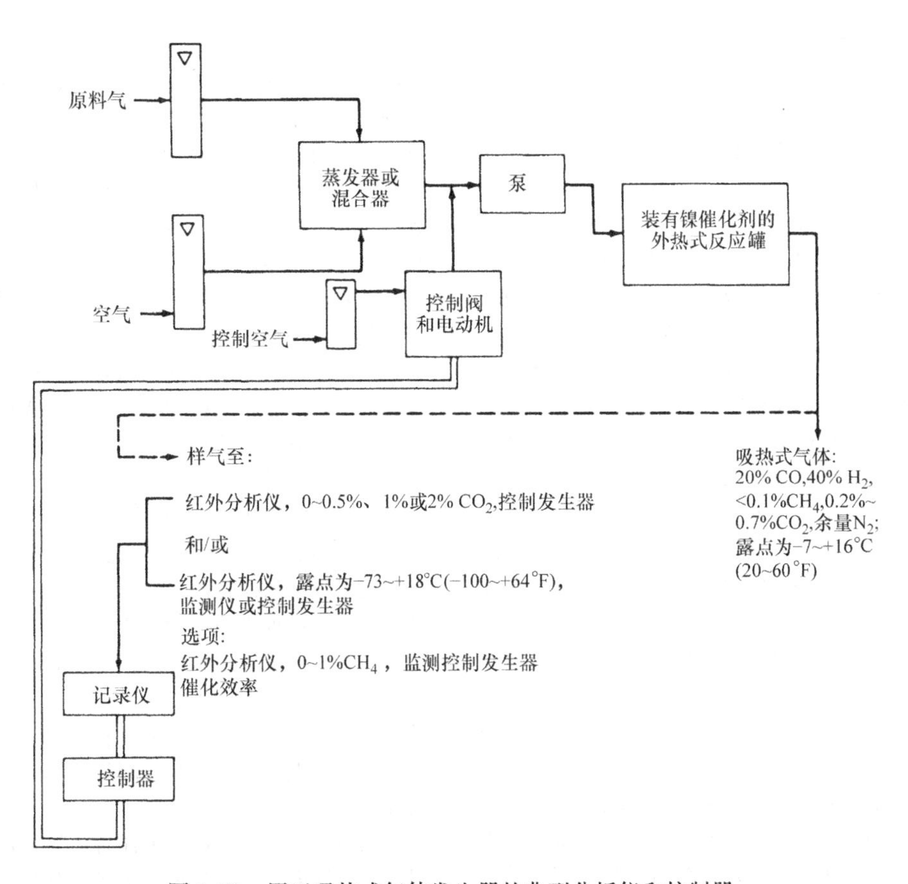

图 2-71 用于吸热式气体发生器的典型分析仪和控制器

如果期望的设定点为 2℃（35℉），那么首先将停止空气添加，慢慢调节混气比（空气/甲烷比例），使露点达到 -7℃（20℉），发生器稳定后慢慢调节添加空气量到最大，生成露点为 16℃（60℉），一旦发生器稳定就将露点控制切到自动，设定点为 2℃（35℉）。这样发生器将在很宽的气氛变化范围进行自动控制。

2.3.6 气体成分的实验室分析

验证气体成分涉及一些方法，主要是实验室技术，而不是为设备运行控制而进行的实时分析。

1. 气体色谱分析法

气体色谱分析法对气氛中的各种气体能够相对快速地测得其浓度。将少量的混合气样放入分析仪，分析仪内稳定的载气（如氦气）带着混合气流过吸附塔，经过吸附塔的过程中，各个气体组分被吸附或分离。测量离开吸附塔的气体的热导率或离子特性即可测得每一组分的浓度。由于有多种吸附塔，因此各种气体组分都可分析出来。气体色谱分析法如图 2-72 所示。

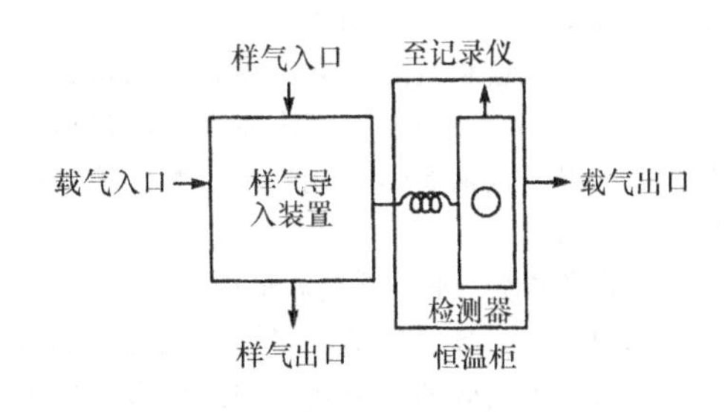

图 2-72 气体色谱分析法

（1）优点　用目前的色谱分析法分析含有一氧化碳、二氧化碳、甲烷、氢气、水汽和氮气的炉气，5min 之内即可分析出除了水汽以外各组分的浓度。若也分析水汽，则还需要 5 ~7min。

色谱分析法的最小测量范围：氢气 12%，水汽 3%，其他所列气体 1%。重复性为全量程的 ±1%，但水汽除外，为 ±2%。实验室分析仪采用较灵敏的探测器，测量的浓度可达 10^{-4}%。但是，其稳定性差，而自动工艺控制装置是需要稳定性的。

尽管可以分析几个组分，但自动控制一般仅控制一个组分。由于其他分析的不连续性，是间歇的，因此每个分析周期输入控制器的信号只能调节一次。周期的长度限定了分析仪只能单点控制。

（2）缺点　气体色谱分析法有两大缺点：其一

是气体分析间歇的，不连续；其二是记录图难以解读。关于第二点，每一组分的浓度以柱状图的形式记录，首先要确定每一组分的记录次序，其次由于各组分的量程范围不同，量程的百分比要转换成浓度的百分比。

2. 奥氏气体分析仪

奥氏气体分析仪长期以来被用作炉气分析的主要工具。然而，由于红外分析仪具有更快的速度和更高的灵敏性，因此正逐渐地取而代之。

（1）操作　该方法是让炉气气样通过一系列的溶液，每种溶液能吸收其中一种组分。氢气、甲烷、乙烷，有时一氧化碳通过控制其氧化反应形成水和二氧化碳来确定其浓度。奥氏气体分析仪对各组分采用固定的试验次序，而且必须按该次序进行。

（2）优点　奥氏气体分析仪投资少，操作简单，便携性好，并且能够精确地分析热处理气氛中通常的各种组分。

其中没有复杂的电路需要维护，不需要标准程序。操作者必须保证溶液新鲜、所有的连接气密。其精度实际上取决于所用的量程。高浓度的比低浓度的更精确些。由于其能够确定所有各组分的浓度，可用来判定空气泄漏、水泄漏或发生器催化剂失效。

（3）缺点　奥氏气体分析仪的主要缺点是较新的方法所需的分析时间长以及分析炉气中二氧化碳浓度存在较大误差；结果的重复性取决于操作者的技术熟练程度；不适于炉气的自动控制。

确定二氧化碳和氧的含量一般需要5min，全组分分析需要30min或更长。相比而言，用色谱分析仪分析所有组分仅需5min，用红外、氧、氢和露点分析仪仅需约30s。

为获得高碳势，必须维持较低的二氧化碳含量，一般为0.1%～0.5%。因此，测量二氧化碳的微小误差都会对一氧化碳和二氧化碳的比值造成较大的误差。而一氧化碳和二氧化碳的比值正是用来确定碳势的。所以，对需要精确地控制碳势的热处理工艺，都期望能够较精确地分析二氧化碳的含量。

2.3.7 分析气体的采样

气体分析的第一步要获取炉气的表征样品。对于生产炉气的控制，气样应取自尽可能接近处理工件的炉室处。这样可减少获取的气样是无效气体的可能性，如炉壁处。采样点应尽可能远离气氛入口及加热管。若炉子由循环风扇使气氛穿过工件，取自穿过工件的气氛气样最能代表有效工作状态。为了合适的碳势控制，应该分析控制渗碳和脱碳的组分。

（1）气氛流速　经验数据显示，当测量二氧化碳或水汽的时候，通过采样管的流速应至少1.2m/s（240ft/min）。这样才能减少流经采样管的时间，避免由于气体组分通过采样管过度温区（采样管穿过炉壁段）产生相互反应。温度过低会发生水－煤气反应，造成二氧化碳浓度增加，而水汽浓度降低。如果气氛的碳势较高，则一氧化碳会转变成二氧化碳和炭黑。这样会进一步增加二氧化碳的浓度，并且会通过水－煤气反应影响水汽的含量。

若采样管内产生炭黑，则送到分析仪的气样的二氧化碳含量会比炉内实际含量高。根据气样的分析，控制器会增加富化气通入量，这样会使炉子失控，采样管内的炭黑更加严重。通过观察富化气的加入量可以监测到这种状况。若指示的二氧化碳浓度显著高于正常值，表明炉气失控。若手动检测露点显示非正常的低值，则怀疑采样管内有炭黑形成。

另一种防止气体反应的方法是采样管采用水冷。水冷可以防止采样管内发生水－煤气反应。当水温低于气氛的露点且采用的是露点仪，则该方法不适用。只有采样系统是干燥的，才能获得精确的露点测量。若采用气体分析仪，采样管路上应有水收集装置，以防止冷凝水进入分析仪。即使有水收集装置，也应保持管路干燥，并且保证水不要进入分析仪。

用高纯度的石英管做采样管内衬能消除采样管材料对在管内发生化学反应的催化作用，可避免管内生产炭黑。

如果流速低于1.2m/s（240ft/min），且采样管没有采用水冷，分析结果对流速是敏感的。通过改变流速从正常值的50%～150%来检查流速的敏感度，记录分析结果的任何变化。

（2）采样管材料与设计　采样管应采用不与气样发生反应的耐热合金制造。铁－铬合金比高镍合金要好，因为镍对一氧化碳分解成二氧化碳和炭黑的反应有催化作用。若已知分析仪所要求的采气速度，则达到所期望的采气速度所需要的采气管内径可以计算出来。不建议选用直径小于6.4mm（1/4in）的采样管，因为产生的炭黑容易使其堵塞。为便于清理，一般用直径为25mm（1in）的采样管穿过炉壁。若采样管水平安装，采样管的壁厚要加厚或者在其外面套一个支撑管以提高机械强度。

为每个要控制的炉子或炉区或载气发生器配置一台独立的采样泵是保证合适流速的有效方法之一。采样泵将样气从炉子或发生器推送至分析仪。这样最大限度地减少了采样气污染是由于管路泄漏造成的，因为从采样泵以后的管路都是正压。若一个采样泵失灵，仅影响这一个采样点，对多点控制的整个系统没有影响。

图2-73给出了测量每台炉子或连续式炉每个区的气氛成分的另一种方法。这套中央取样系统用一个泵对应一个采样口和一个分析仪，而第二个独立泵用于所有其他的采样口，并保持气体流动。

样气连续地流过所有的采样管路，这样大大减少了冲洗所要分析的管路的时间，增加了整体的分析精度，从而可以用氮气冲洗分析仪以随时测量样气。

该系统有一个样气汇流排，每个采样管路有两个截止阀（图2-73），两个截止阀可以用一个三通阀代替。

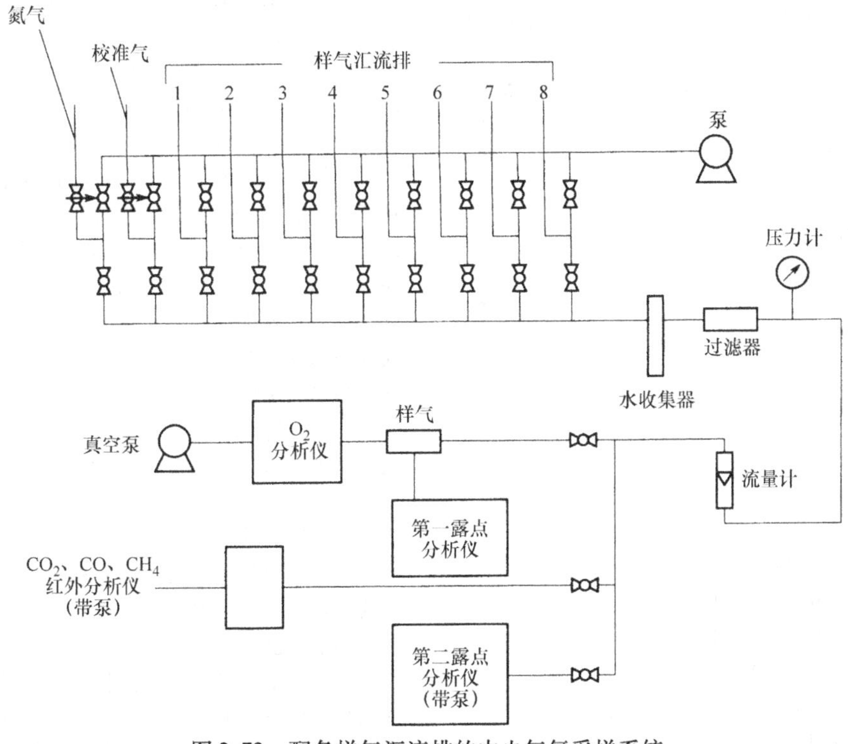

图2-73 配备样气汇流排的中央气氛采样系统

采样管应配有“T”形清理堵头。尽管分析仪都配有过滤器，但是还是在炉子的采样管路上装一个单独的过滤器，以滤掉炭黑及尘渣。为此，比较理想的过滤器是如同用于压缩空气管路上的，有一个可更换的多孔的金属滤芯和一个透明的塑料碗。另一种普遍使用的是玻璃丝滤芯。滤芯可以定期检查，脏了可以更换。过滤器上的任何冷凝物通过打开过滤器上的旋塞冲掉，若冲洗后仍能看到冷凝物，则应更换滤芯。

采样管路可以用铜、铝或不锈钢，但若气氛中有氨气，则不能用铜。也可用耐热塑料管，而且塑料管不吸收潮气。对这样的系统，若采样管路经过的区域温度低于气氛的露点，则需要采用相应的管路加热措施。

（3）操作步骤及注意事项　对没有换气室的间歇式炉或刚调试完的连续式炉，取样前要对炉室及多孔的耐火材料充分地换气吹扫，否则，开始阶段气氛露点很高，造成在取样管路冷凝。对间歇式炉，当炉门或密封损坏，通过限位开关及延时继电器自动实现炉膛的换气吹扫；对连续式炉，应关上取样泵或关闭取样管路上的手动阀。

对推盘式连续炉，炉门的周期性开启会引起炉气成分的较大变化。若用手动仪器，应在每个推料周期的同一时间点取样（最好就在推料前）来比较结果。若用连续监测炉气的自动分析仪，可以观察气氛循环效果、重新密封门、改变换气的流量，这样可以减少气体成分的变化。

2.3.8 控制气体的采样

（1）控制系统与分析仪的关系　一般来说，采用自动系统控制气氛混合比和碳势比采用手动控制更可靠。手动操作依据操作者的技能结果差异很大。无论是否是自动控制工艺过程，现场人员是不可替代的。不应认为自动工艺控制即是控制故障。设备的失灵经常是由操作人员及时发现的，并切换到手动状态，以避免造成炉内工件报废。

分析仪控制发生器的输出及炉气的成分。由于采样时间的滞后及有些分析仪反应时间慢，应采用时间比例控制，而不是通-断双位控制。控制渗碳气氛倾向采用固定的载气流量，并改变富化气流量；而对发生器，是设定蒸发器（或混合器）以产生高的燃气/空气比，然后控制旁路的空气流量。

要控制气氛的碳势，必须测量气氛的一个组分，依据薄片或试棒车削碳含量化学分析确定设定点。平衡数据可用来确定大致的设定点，但是炉气并不总是平衡状态。通过设置在最终平衡限，使所需要的富化气最少。在接近工艺后期，控制器将继续监测，以通入较低的流量。

对温度由程序控制的间歇式炉，气氛设定点也必须由程序控制。薄片分析或露点测量可用来核准设定点。在每个温度段结束时取出的薄片将作为校准设定点的指导。

（2）采用二氧化碳控制　炉子或发生器首次置于自动控制时，最好连续地监测二氧化碳含量，并修正由设备状态引起的任何变化。为建立并维持渗碳气氛中二氧化碳浓度的自动控制，下面列出了相互关联的因素：

1）采样方法。

2）炉子类型。

3）设备状态，包括密封性和维持温度均匀性的能力。

4）工件的尺寸和类型。

5）载气的成分及均匀性。

6）富化气的成分及均匀性。

7）采样及控制周期。

8）控制类型：通/断，还是比例。

9）控制器灵敏度。

10）比例控制器的比例范围。

11）电动机控制阀的正常和最长反应时间。

12）控制阀全部打开时的流量。

13）控制参数变化后，气氛稳定的正常时间。

（3）多组分控制　当气氛成分不均匀或经常偏离正常工作状态时，多组分控制有利于改善稳定性及自动控制系统的响应性。在这种状态下，炉气的单一组分测量不能达到工艺控制所要求的水平。这时仅分析控制一个炉气组分会导致大量的不合格产品。同时分析控制气氛中的两个组分一般足以克服这些问题。

双组分控制通常采用一氧化碳和二氧化碳的红外比例，同时独立分析二氧化碳和露点，以及红外分析（CO、CO_2、CH_4）和氧探头。在红外比例控制中，采用双元分析仪，一个传感器对一氧化碳敏感，而另一个对二氧化碳敏感。同时分析二氧化碳和露点的系统由两个独立的分析仪连到同一采样管路。一般二氧化碳分析仪为主控，当气氛中的水汽含量偏离预设限时，露点控制器触发报警。也有一些其他的系统，用不同的方法评估气氛，如氧探头加红外气体分析仪。

2.3.9　气体分析仪

热处理中用红外仪监测含有 CO、CO_2 和 CH_4 的炉气。红外仪可以安装到设备上或为便携式的。这些系统可用来评估样气。用单气体分析仪或多组分分析仪核准或控制气氛在特定的设定点，以提高工艺的重复性。红外分析仪普遍用于监测吸热式发生器气体、中性气氛及渗碳气氛。

1. 红外分析仪

红外分析仪的基本原理是混合物中的任何化合物所吸收的红外能量与其在混合物中的浓度成比例。每一种化合物吸收的波长不同。单元素气体如氢气和氧气不吸收红外辐射，因此不能用该法分析。一氧化碳和二氧化碳是最普遍的测量气体。红外分析仪可用到控制系统上，而不仅仅是测量炉内的一氧化碳和二氧化碳。

红外分析系统可以设计成两个独立的或双联的红外辐射单元。一个作为参比单元，起参照作用，并输出一个已知信号作为参照；另一个作为测量单元，输出的信号不同于参比单元，而是取决于样气组分。若两个单元内的气体是相同的，则它们是平衡的。若测量单元中的样气对特定波长光的吸收能力增加了，也就是更多的红外辐射被吸收了，则两个单元光束就不平衡了。接收器内的薄膜元件改变了电容，从而产生一个与两个光束差成比例的电信号。用于炉子和发生器的控制都是同一原理。红外分析仪可以用于简单的或复杂的气态和液态混合物的分析，可用于检测能够吸收红外能量的任何组分。红外分析仪一般用于测量一氧化碳、二氧化碳和甲烷。由于许多热处理系统都是基于二氧化碳分析，因此红外二氧化碳控制非常普遍。红外分析仪也用于渗氮过程中氨气监测及在其他应用中监测一氧化碳。

渗碳过程中，载气和富化气的组分大致都是由相同组分组成的，因此可以用二氧化碳红外分析仪自动控制渗碳工艺。渗碳过程的气氛控制用得最广泛的是氧探头。也有同时装备有氧探头和红外分析仪的。红外分析仪可以连接到一个单点或多点实际起控制功能的带记录功能的控制器或带扫描功能的程序控制器。

在多点控制系统中，一个分析仪与一系列的采样阀和控制电路相连，一组采样阀和电路对应一个分析控制点。每次分析后，将控制信号发送到相应的控制阀，自动开关机构将断开这组采样阀和电路并连接下一个控制点的采样阀和电路。一般建议一个分析仪最多用于 8 台炉子、炉区或载气发生器。

当控制器触发分析功能时，分析仪的响应非常迅速，即使如此，控制信号的传送需要时间，分析仪内的样气单元吹扫也需要时间，以保证新的采样成分不因前一次采样的残存而变化。连续测量的时间间隔一般约为1min，其中，30s用于吹扫和分析，30s用于控制。

（1）正过滤分析仪　这种分析仪（图2-74）用加热的螺旋镍-铬丝作为红外辐射源。由反射镜将辐射分成两束，然后同时通过电动机驱动的断波器，产生的辐射脉冲导致检测器两边的气体交替地加热和冷却。在检测器的中间装有一个由可移动金属膜片和固定金属片组成的电容式传声器，这样可得到两边的压差。

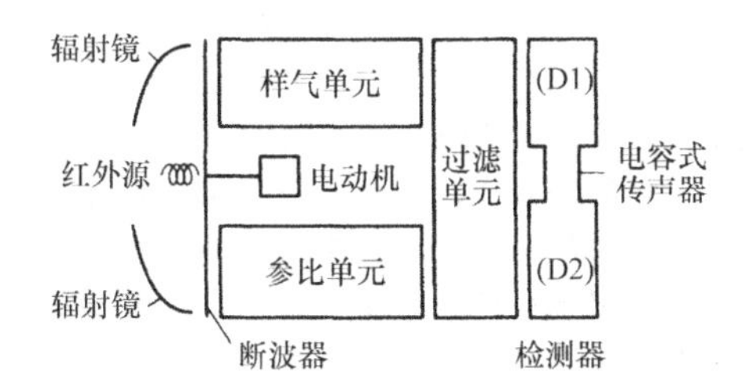

图2-74　测量气氛中一氧化碳、二氧化碳和甲烷含量的正过滤红外分析仪的组成

要分析的气体连续地通过样气单元，而参比单元填充不吸收红外辐射的气体，如氮气或氩气。共用的过滤单元填充背景气体混合气，混合气含有所有的吸收红外辐射的气体，而不仅仅是要测量的气体。市场上最新的仪器不需要填充背景气体混合气的参比单元。

为了使分析仪对测量二氧化碳敏感，检测器的两边（D1和D2）都填充有二氧化碳。如果两束光的辐射是相同的，检测器的两边将同时收到等量的能量脉冲，将产生相同的热效应并相互抵消，可移动的膜片则不会移动。如果样气单元有二氧化碳进入，进入检测器D1（图2-74）的能量将减少，D1的气体比D2的受热少，从而产生压差并导致可移动膜片的移动。样气单元中二氧化碳的浓度越高，到达D1的能量就越低，产生的信号输出就越大。

正过滤分析仪具有高度灵敏度和精度。一般而言，其精度为全量程的1%。其直流输出为0～20mA、4～20mA或0～100mA。正过滤分析仪故障维修后可直接使用。

（2）负过滤分析仪　这种分析仪（图2-75）用电热镍-铬丝作为红外辐射源。红外能量通过样气单元和过滤单元后，由敏化锥将其分成两束，最后到检测器D1和D2，D1和D2为热电池，反向串联，可以测得两束光的能量差。

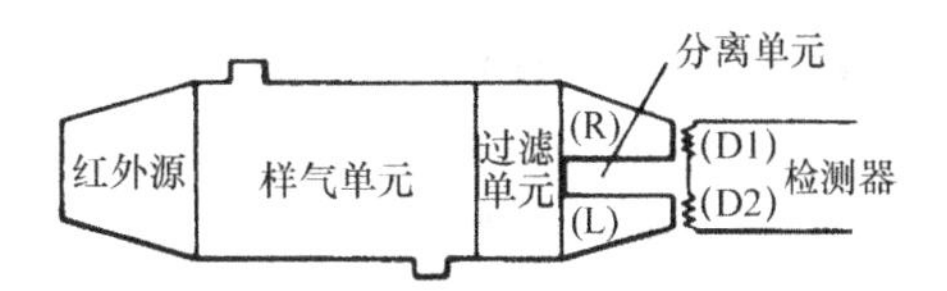

图2-75　测量气氛中一氧化碳、二氧化碳和甲烷含量的负过滤红外分析仪的组成

向右边的敏化锥（图2-75中“R”）填充二氧化碳，而向左边的敏化锥（图2-75中“L”）填充不吸收的气体如氮气，向过滤单元填充干扰气体就可实现二氧化碳测量分析仪的敏化。干扰气体可以是样气中的具有与二氧化碳相同的吸收谱线的任何气体。市场上最新的分析仪已经去掉过滤单元了。

若流经样气单元的样气不含二氧化碳，D2上的辐射将没有任何减弱。但是通过右边敏化锥到D1上的辐射因为右敏化锥中的纯二氧化碳吸收减小到零。结果两个检测器产生一个与辐射不平衡成比例的信号。

如果含二氧化碳的样气通过样气单元，到D2上的辐射会因在样气单元中的能量吸收而减少；而到D1上的辐射没有变化，因为在右边敏化锥中的纯二氧化碳去掉了所有的二氧化碳辐射频率特性。这样两个检测器上的信号变化与样气中的二氧化碳浓度成比例。

如果样气中含有其他吸收红外辐射的气体，当其通过样气单元后，两个检测器将得到相同的辐射。分析仪上的输出信号将与样气中二氧化碳成比例，如果干扰气与样气相同，过滤单元中的气体保证其效应不会被检测到，输出仍是与二氧化碳含量成比例。

负过滤分析仪具有较高的灵敏度和稳定性，没有移动部件。其输出是非线性的，因此其量程的低端（大多数渗碳控制区域）要扩展，而量程高端要压缩。当CO_2的设定点为0.05%时，量程低端的精度为±0.002%。负过滤分析仪在维修后，要经过24h的适应后才可使用。

（3）固态检测器分析仪　这种分析仪与正过滤分析仪在操作上类似，只是正过滤分析仪用断波器产生交替的能量通过样气单元和参比单元。在固态检测器分析仪中没有过滤单元和电容式传声器，取而代之的是在固态检测器的顶部放置了一个窄带通干涉过滤器，如图2-76所示。来自样气单元和参比单元经端部反射器到过滤/检测装置。设定干涉过滤器的带通使仪器特定为测量CO、CO_2或甲烷。由于检测器非常小，可以将它们并排放置。一台仪器可用来分析多个组分。固态检测器分析仪有较高的灵敏度和精度。一般其精度为全量程的1%。它可以提供滞留输出。它比正过滤和负过滤分析仪需要更多的日常维护。

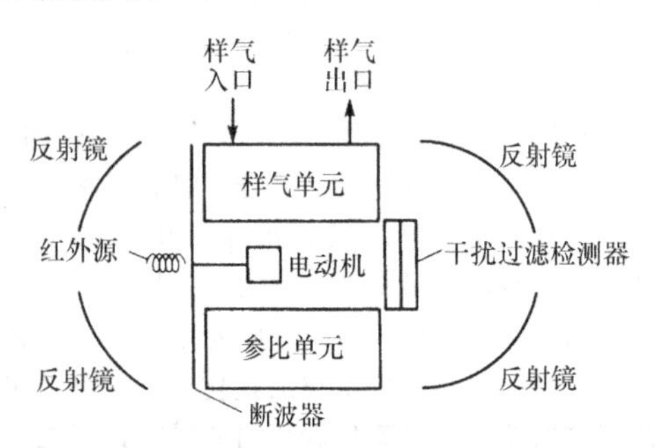

图2-76 测量气氛中一氧化碳、二氧化碳和甲烷含量的固态检测器红外分析仪的组成

（4）红外分析仪的优点　在吸热式气氛发生器及渗碳炉上采用红外分析仪控制系统可使气氛分析的偏差减小，能够获得更均匀的渗层，也能防止发生器及炉内形成炭黑。

检查分析仪的每日记录，可以发现气氛的状态。例如，在天然气管路上作业时会引起天然气热容量的变化，分析仪会显示出这一变化，控制器会自动地限制这一变化产生的影响。

某厂记录显示连续式渗碳炉每次开炉门出料时，炉气的二氧化碳含量和露点都会快速升高。这样的问题可以通过改善内炉门的密封及添加外炉门火帘得到解决。

装炉量少、周期长的工艺较装炉量大、周期短的工艺所需的天然气量不同，这也可以用红外分析仪来补偿。当炉子或发生器启动后，系统会连续地检测气氛状态，只要设备达到合适的操作状态便立即投入运行，而没必要频繁地用手工检测露点。

（5）红外分析仪的局限性　红外分析仪相对较贵、复杂，其维修和保养也需要有经验的电子专家。有故障时检测不到，即使几个部件出故障，系统可能继续工作，但给出的读数是错的。但是由于现代技术的采用，包括微处理机技术，使其具有自诊断功能并告知和指定分析仪的故障点。必须检查自动控制阀，以保证其在最大开启位置和关闭位置没有卡住，能够正常运行。对应微小变量的变化，如气体能量的变化，必须对仪器进行相应的调节。因此，为保证系统的精度，经培训的人员必须对仪器用制造商指定的已知成分的气体进行校准。

最后，当露点非常高时，湿气会在采样管路内形成冷凝并带到样气单元，若样气单元不能承受湿气会损坏样气单元，或必须拆卸清理，否则不能正常工作。加装湿气收集器或在样气单元前加一个电子系统可以避免因湿气造成的损坏。有些系统添加炉温和氧探头读数，当样气中存在湿气时停止采样。

2. 露点分析仪

用露点测量装置是控制炉气碳势的另一种方法。它可用来确定任何气氛的湿气含量。露点分析仪可以测量炉气内的水汽分压。露点的定义是，在给定的压力下，混合气中水汽开始凝结的温度。当空气和原料气按固定的比例混合后，加热混合物使其产生化学反应并达到平衡，露点将反映组成反应气的各组分间的化学平衡。用露点控制碳势快捷、经济、简单。行业上广泛接受露点法控制吸热式气氛。在正常操作条件下，手工测量仪既便宜、简单、耐用，又能获得满意的结果。露点分析仪也有全自动的。

（1）露杯仪　如图2-77所示，露杯仪是测量露点的最简单仪器。从炉子或发生器采集的样气经过一个抛光杯的外表面，抛光杯是由铜制成的，表面镀铬，该杯装在一个玻璃容器内，使得在达到露点时可以看到湿气在杯的表面形成冷凝。杯内装有丙酮或甲醇，通过向杯内不断地加入碎的干冰直到达到露点，即丙酮中的温度计显示的杯子表面的冷凝温度。

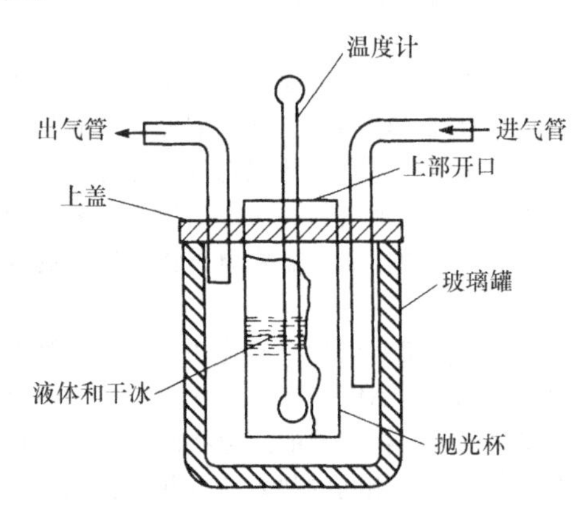

图2-77 露杯仪的组成

露杯在水的冰点以上测量露点最精确。当露点低于0℃时，可能会产生过冷，露点读数偏低。

使用露杯仪要求操作者具有较高的技能和连贯性，但是不建议将其用于闭环控制。如果气氛内有炭黑，或露杯及采样管路有泄漏，气氛流动太快，或降温太快，或测量区域采光太差，则都会导致露点读数错误。

（2）雾室仪　如图2-78所示，雾室仪是另一种手动测量露点的仪器。雾室仪在各行业普遍使用，因其便于携带，在极宽的露点范围内都能给出稳定、精确的读数，而且不需要外部冷却或机械制冷。雾室仪的工作原理是在满足压降、环境温度和气样的湿气含量的特定需求时，绝热冷却快速膨胀的气体会产生雾。用一个小手动泵将要测量的样气抽入仪器，并在压力下保持在观察室或雾室内，压差计将显示出样气的压力和环境压力的关系。伸入观察室内的温度计将显示温度，样气在观察室稳定几秒使其温度均匀后，打开快开阀，释放压力，产生绝热冷却。这样会引起可见的冷凝或雾悬浮在雾室仪内。当快开阀打开时，透镜系统照亮了雾室，所以很容易观察到雾。重复操作，直到雾消失。参照雾消失时的温度计上的读数和压差计上的读数，即可确定露点。

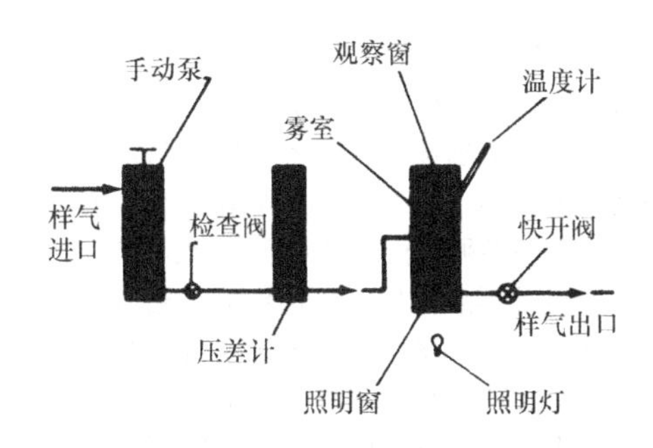

图 2-78　测量露点的雾室仪的组成

（3）冷镜仪　使用冷镜仪是最早的自动控制露点的方法之一，如图 2-79 所示。这种方法是用制冷和加热使湿气从冷镜仪上冷凝或蒸发，而同时监测镜子的温度。用光电池检测镜子从光源反射光的强度，反射光的强度取决于镜子上的湿气量。当光电池记录到反射的信号所表征的露点与所期望的露点有偏差时，会发出相应的信号激活炉子或发生器上的相应设备，以恢复露点到所期望的水平。

这种方法对控制相对洁净的气氛是令人满意的，如氮气或氢气为主的气氛，但是不建议用于吸热式气氛，因为由炭黑及灰尘造成的维修问题尚未解决。当样气中有碳氢化合物或其他汽化物时，冷镜仪会有误差。

（4）冷金属仪　确定露点的冷金属法是用两个制冷的铂电极冷凝气样中的湿气形成电路。电路形成后便记录下电极的温度，即为露点。测量露点的冷金属仪的组成如图 2-80 所示。仪器中有加热装置蒸发样气室和电极内的湿气，以备仪器继续进行测量。灰尘及炭黑问题与冷镜仪相同。

（5）氯化锂仪　氯化锂仪是另一种广泛用于连续自动控制的露点仪，它是以氯化锂盐与湿气接触时的吸湿特性为基础的。干燥的氯化锂在室温下即吸收水形成过饱和的溶液。将溶液加热到水汽蒸发与盐的吸收相平衡时，该温度即直接与露点相关。

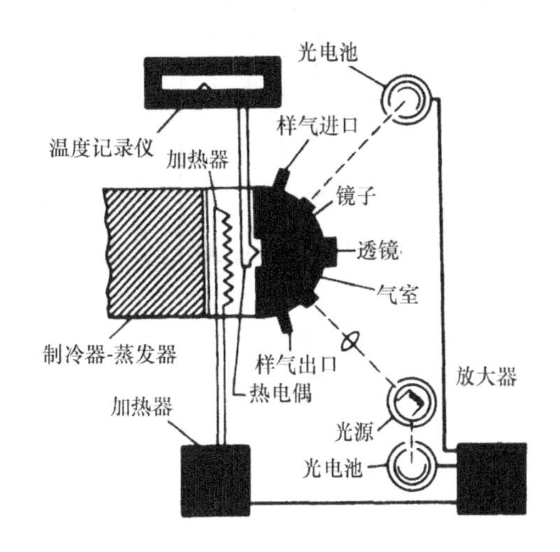

图 2-79　测量露点的冷镜仪的组成

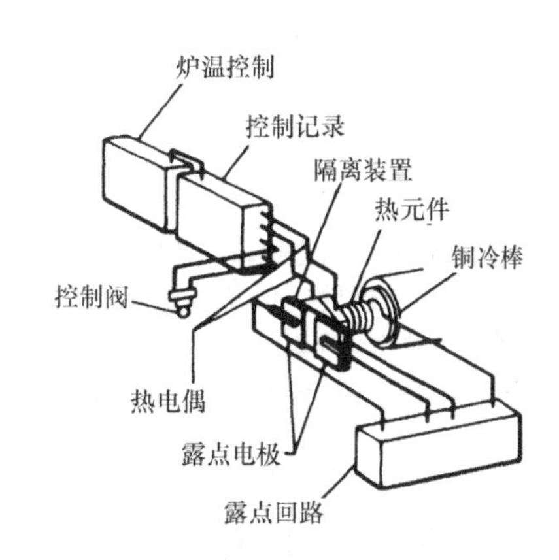

图 2-80　测量露点的冷金属仪的组成

该仪器有一个薄金属管，管上缠绕浸满氯化锂的玻璃带，玻璃带上绕有两根银导线，外面有个带孔的金属防护罩。当氯化锂暴露于湿气中时，部分融化，成了导体，电流通过银导线直到达到平衡，在金属管内的传感器上读取温度。该仪器的局限性在于其对氨气污染的敏感性，因此对碳氮共渗气氛无法使用。

（6）氧化铝露点分析仪　该仪器是用氧化铝作为传感器产生与样气中的水汽含量成比例的信号。分析仪中的传感器由铝基片构成，铝基片经阳极氧化处理产生很薄的、多空的氧化铝层，其上再镀一层非常薄的金。铝和金形成了氧化铝电容的两个电极（图 2-81）。水经镀金层扩散并在孔壁达到平衡，在氧化物上吸收的水分子数量决定了孔壁的电导率。孔壁的电抗即与水汽的反应直接相关，也就得到了露点。

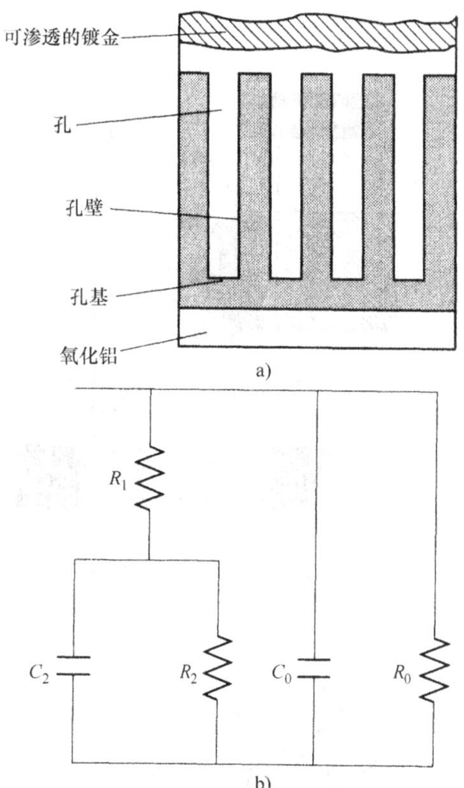

图 2-81 氧化铝露点传感器

a）分层结构 b）等效电路

C_0—氧化铝层的电容 C_2—孔基电容

R_0—氧化铝电阻 R_1—孔边电阻 R_2—孔基电阻

氧化铝露点分析仪用于热处理气氛的连续监测和控制。由于氧化铝传感器的最高工作温度为70℃（160℉），因此从炉内取的样气必须经过冷却后方可进行露点测量。现行先进的液体油过滤器是去除亚微米金属颗粒的最有效方法，这些金属颗粒会沉积到氧化铝层上造成露点读数的不精确。

用在氧化铝露点分析仪上的标准采样系统如图2-82所示。炉气通过一个不锈钢针阀进入采样系统，然后通过两个过滤器，一个油过滤器内含有液体聚乙烯，用来过滤固体颗粒；另一个烧结的不锈钢过滤器用来过滤直径大于7μm（280μin）的颗粒。之后进入装有湿气感应探头的样气单元，继而由真空泵经第二个针阀将其抽出采样系统。

氧化铝露点分析仪的局限性在于不能依赖该仪器提供稳定的精确读数，因为受环境和样气温度的影响而产生飘移。此外，一旦暴露于空气或湿的气体，传感探头必须进行干燥或重新标定。

（7）硅片露点分析仪 该仪器采用电容型含硅的传感器，附带一套加热系统，使传感器温度恒定控制在正常的环境温度或样气的温度以上。由于传感器是在45℃标定的，因此该分析仪的精度在45℃以下是不受气体温度变化影响的。

该仪器的优点如下：

1）露点测量范围宽：-80~80℃。

2）在-40~45℃，无温度诱发误差。

3）实际上与流量无关。

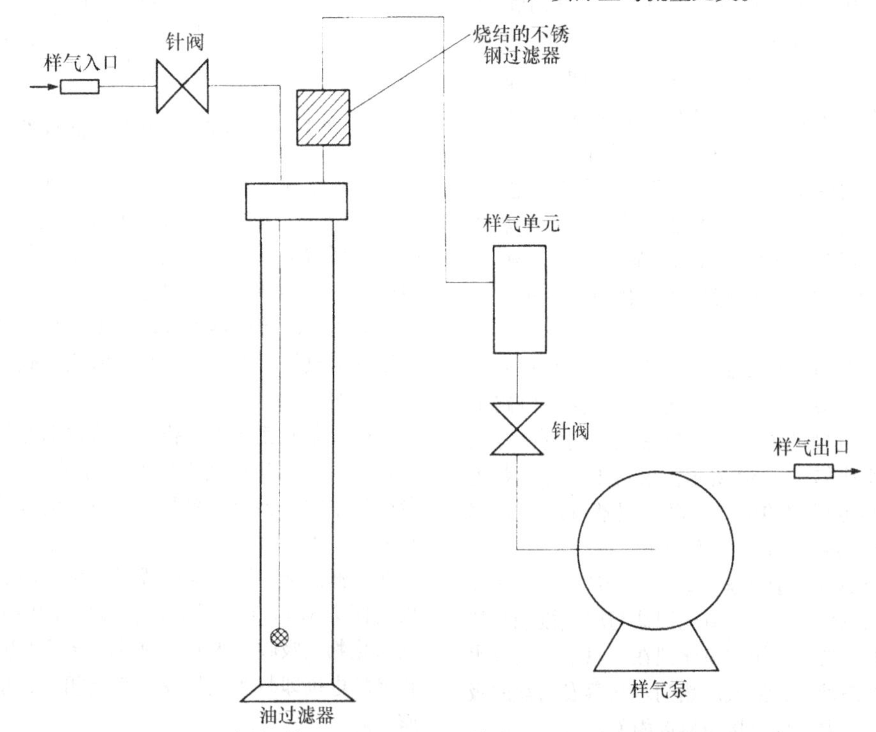

图 2-82 样气单元用氧化铝露点传感器的标准炉气采集系统

4）稳定性好。

5）可快速去除湿气和碳氢化合物的污染。

6）响应速度极高。

该仪器的局限性：不允许样气含有油、氨气或腐蚀性组分。

（8）露点分析仪的典型局限性　尽管露点分析仪能够以合理精度反应露点的变化，但这些变化并不与碳势的变化准确地对应。对给定气氛的碳势，几摄氏度的露点偏差相当于 0.1% ~0.2% 的碳势，如果期望的碳含量在共析点附近，就相当于 25% 的偏差。

关于初始投资，露点分析仪和控制器是碳势自动控制低成本方案之一，但其问题是维修成本。该系统实际上几乎不允许在采样系统中有任何灰尘，因此必须进行频繁地清洗或更换。一般用制冷系统降低气体的温度以测得露点，因此制冷系统也是一个薄弱环节。

在任何露点分析系统中，采样管路及过滤器内的湿气冷凝都会导致高的错误读数，只有清洗采样管路让湿气蒸发或更换过滤器才能使系统恢复正常。任何时候只要采样管路的温度低于分析气体的露点就可能形成冷凝。因此，对自动设备必须采用有效的过滤装置去除采样系统中的任何污染物。

在大多数用于检测一个以上设备的自动系统中，在两次测量间要长时间冲洗，尤其是各设备的露点差别较大时。例如，两个炉子的露点相差20℃，两次测量之间只有进行长时间冲洗才能保证获得精确的结果。某些自动系统，可能不能够连续地记录 -18 ~10℃的露点，因为传感器头上的过量湿气使其不能正常工作。

硅片露点分析仪响应速度快，且去除过量湿气效果也非常好，但是对含碳氢化合物、一氧化碳和二氧化碳的气氛，还没有足够的数据评估其性能。

露点系统的其他不足是缺乏准确的标定方法，事实上对含氢气氛必须进行标定。而二氧化碳控制系统就有相应的标定方法。

3. 氧探头

氧探头在渗碳炉控制中得到了广泛的应用。在吸热式和放热式的渗碳气氛中，其中的一个可逆反应方程式如式（2-53）。

这样一个气氛的碳势与氧分压的平方根成反比，如式（2-63）所示。因而，通过监测氧的浓度即可确定碳势，而不必考虑氢气、水汽或二氧化碳的浓度。直接影响这个关系式的唯一组分是一氧化碳。只要一氧化碳含量保持不变，控制氧含量即可控制碳的活度。这种碳势控制方法的优点是其对气氛中的一氧化碳和/或氢的含量不敏感。比较式（2-63）很容易证明这一点，a_c 与 P_{CO} 成比例；而在式（2-57）和式（2-60）中，a_c分别与P_{CO}^2和$P_{CO}P_{H_2}$成比例。

实际应用中采用氧探头控制碳势的精度预计约为 ±0.05%，还取决于热处理炉的温度控制及温度变化。快速反应的氧探头能够向控制系统提供输入信号，通过电磁阀或比例阀调节丙烷、天然气或液体富化剂。氧探头直接置于炉内气氛中，通过在控制仪表上设定炉内所期望的碳势值来控制碳势。氧探头为控制单元提供一个与碳势相对应的电信号，控制仪表将其与设定点相比较，若为负偏差，将控制电磁阀向炉内添加富化气或液体；若为正偏差，将向炉内添加空气或氧化剂。采用这种系统，如果工艺、温度、炉况保持稳定，通常碳浓度的重复性可以达到 ±0.02%。

氧探头通常由两个铂电极组成，之间由固态电解质分开。固态电解质为一根一端封闭的氧化锆气密管（图 2-83）。氧探头的理论基础为热陶瓷电化学电池。氧探头对氧、氢、一氧化碳及二氧化碳的响

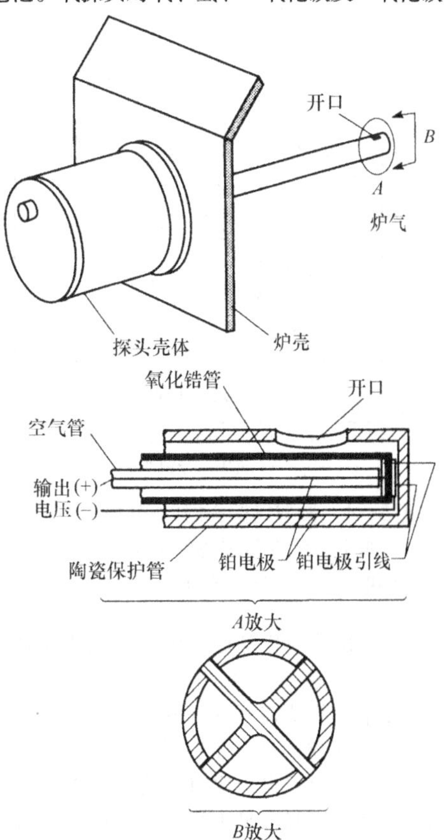

图 2-83　用于测量渗碳气氛的氧探头典型结构（B 放大图显示了头部的结构）

应即可确定气氛的氧化能力。氧探头的输出就是直接测量了在炉子工艺温度下气氛的氧势。因此，如果氧探头的温度接近炉温时，在气氛中的碳、氢含量为已知的条件下，氧探头的响应将直接预示钢铁零件在气氛中发生的氧化或还原反应。在这种条件下，氧探头将给出一个可靠的氧化/还原指示值。

氧探头外面有一个陶瓷或耐热钢保护管。氧探头插入炉内，炉气从探头端部的开口进入保护管内与外电极相接触，在氧化锆管内的另一个电极与空气接触，空气作为恒定氧气浓度的参比气。在炉气及空气中氧的分压差使两个电极间产生一电势（电压），或emf。传感器的输出电压（emf）确定了炉气中的氧分压。因此，通过控制炉温和输出电压即可控制碳势，因为在一定温度下，碳浓度与传感器的emf存在对应关系，如图2-84所示。传感器的输出电压直接反馈到电子控制电路，依据所期望的响应平滑程度，控制电路可以设计成通/断模式、比例模式或比例+复位模式。在传感器的工作温度范围内，大多数采用氧探头的控制系统的碳势精度在±0.05%内。氧探头的输出与碳势的对应关系如图2-84所示。

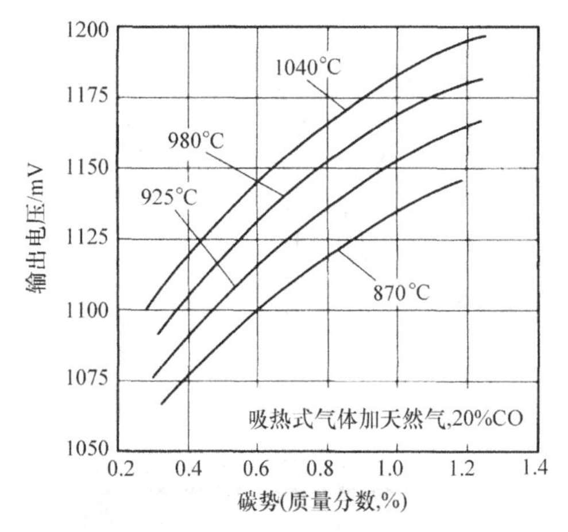

图2-84 典型氧探头的电极间电压在四个温度下与碳势的关系曲线（吸热式气氛，天然气富化，20%CO含量）

氧探头一般用氧化钙稳定化的氧化锆或氧化钇稳定化的材料制成，可用于温度高达1600℃（2900℉）。若氧探头需承受高的温度，无孔的保护管作为固态电解质，其内外表面接触不同氧分压的气氛时，氧离子可以自由穿过，例如内表面接触的参比气——空气，其含量为恒定的，在海平面其体积分数为20.9%，外表面与炉气接触。这样就产生一个输出电压，通过与保护管相连的电极可以测得，该值可以对气氛的氧化/还原特性给出精确的量化，或对一些吸热式气氛，给出已知温度下的渗碳/脱碳趋势。前面所述的电极与管的内外氧化锆物理接触，一般用铂制成，因为铂具有极高的高温化学稳定性。

升高温度后，氧探头的两边存在氧分压差，连接两边的电路就会有电流，电流从高压端流向低压端。如果一端的氧分压已知，则另一端的氧分压可以由下式确定：

$$E = K \times T\lg\{\frac{[O_2]_{已知}}{[O_2]_{未知}}\}$$

式中，T为热力学温度；$[O_2]$为氧的分压；K为常数；E为产生的电势。这样简单的测量很容易做到。

连续式渗碳炉和淬火炉一般采用氧探头和比例控制相结合的模式。根据经验，对连续式炉通常要用比例控制，以应对工件移动、炉门开启等对炉气的影响。由于氧探头的响应快，因此可以很快就对气氛进行补偿。在比例控制系统中，输出电压送到一个双模控制器，控制器控制电动机阀或气动阀通到炉子的富化气量。这种碳势控制模式更适用于短的热处理周期，如20min或更短时间，因为这种情况一般只需要2~3min的补偿。

有时仅用氧探头监测炉气，而控制是采用手动调节富化气管路上的流量计来实现的。当需要控制系统的成本时，经常使用这种方式。氧探头更换成本及简单的通/断控制成本要与人员失误、工艺精度及重现性进行综合衡量。

吸热式发生器也可用氧探头控制。这种情况下，由于很难将氧探头置于发生器炉罐内，通常在发生器输出管路上测量样气。使用独立加热的氧探头装置也很普遍，这样氧探头的温度处于氧离子能产生信号的温度以上。氧探头产生的信号送至控制仪表，仪表控制空气旁路上的电磁阀。这样即可自动调节空气/原料气的比例，以保证所需要的吸热式气氛。

（1）优点　氧探头的响应几乎是同时的，并且与碳势的变化相对应。在高温980~1040℃（1800~1900℉）也不丧失灵敏度。不需要校准、清洁及与采样系统相关的维护，氧探头通过炉壁上的开口直接插入炉内。二氧化碳、水汽的浓度突然变化或大的变化，不会像分析仪那样对控制系统产生显著的影响。

（2）缺点　氧探头的主要不足是陶瓷元件需要定期更换。氧探头的寿命取决于工作温度、工件的洁净度、气氛的设定、热处理周期及日常维护。一般来说，其寿命为1~1.5年。拆分氧化锆管上的外电极会造成大多数氧探头失灵（外电极是指暴露于气氛的电极）。机械或热冲击会使脆性的陶瓷元件断裂，从而导致氧探头失灵。但是在大多数情况下，增加了可靠性和减少了维护和管理所带来的价值远大于定期更换氧探头元件产生的成本。

铂外电极和镍合金管的催化效应会大大地降低氧探头的精度。这种催化效应会影响式（2-54）和式（2-55）表达的碳氢化合物的富化反应，从而导致在氧探头铂电极周围的碳势较其他地方高。由此产生以下两个问题：

1）由于成品中的碳浓度低于期望值，误差随碳氢富化物百分比的增加而增加。

2）铂电极将随着其表面炭黑的形成而退化。

为减少催化效应造成的这些问题，建议采取如下措施：

1）在传感器处增加炉气流量。

2）把传感器置于接近循环风扇处或炉气流速较大的地方。没有气氛循环风扇的炉子不建议采用炉内氧探头。

3）用X形端头或开式保护管优化气氛流动。

炭黑严重时会影响气氛的流动，因而引起较大的碳势读数误差。炭黑一般沉积在氧探头的开口和炉壁间。

增加空气吹扫系统能够消除炭黑问题。通入少量的、控制的空气，约0.06m^3/h（2ft^3/h）温和地吹扫沉积的炭黑，同时又不会使管冷却。进行吹扫时，碳势控制要断开，在空气吹扫过程中，不会发生气氛的补偿。吹扫的空气应取自低压气源，以防止向氧探头注入过量的空气。详细情况请咨询氧探头制造商。

4. 氧探头的控制参数

氧探头普遍用于吸热式气氛发生器及保护气氛炉。两种情况都需要做些假设以便确定控制变量的计算。与氧探头一起的控制仪表都能提供校正仪，以保证工艺变量的精确控制。当混合空气与原料气（如甲烷或丙烷）时，发生器所产生的气体为40% H_2、40% N_2 和20% CO。用氧探头测量氧量的百分比并将其与假定的氢量的百分比进行比较，可以计算出吸热式气氛样气的露点。支持露点计算的控制器可提供一个校正系数，校正系数用来计算吸热式气氛中氢气的百分比。该系数也可通过与一个已知露点的系统进行比较调整。通常在发生器控制中，氢系数是不变的。

对采用氧探头控制炉气的，碳势是从一氧化碳的关系式导出的。多数气氛控制都采用产生恒定一氧化碳百分比的气氛。当然由于气氛来源不同（氮-甲醇或吸热式气氛），也会有所差异。由于一氧化碳代表了气氛中的主要碳组分，碳控仪中有个设定，改变该系数可以调整碳势的计算。通常称其为CO系数或气氛系数。这也是一个很普遍的方法，通过调整该设定值使控制仪的碳势与薄片分析或红外气体分析的结果相吻合。

5. 热丝分析仪

热丝分析仪的原理是基于钢的渗碳（合金钢除外）是完全可逆的。除氮气外，惰性气体中难以达到平衡的气氛也不适宜该原理。在给定的气氛和温度下，钢件的薄厚处最后都达到基本一样的平衡。钢的电阻率与其碳浓度（浓度范围从0.05%至饱和）呈线性关系。因此，一定长度的细钢丝的电阻与其平均碳浓度成正比，在平衡条件下，也与其周围气氛的碳势成正比。这就是渗碳生产中碳势的作用。

（1）基本设计结构　热丝分析仪的传感器为一根细钢丝或合金钢丝，直径约为0.08mm（0.003in），长度约为32mm（1.25in），呈U形。这种金属丝及其支持结构称为传感头，传感头安装在一个长的夹持器上，夹持器可在室温下连接。传感头成本很低，可随时更换。

传感器装在一个3/4in保护管内，其冷端连接气和电；热端有一个小小的采样孔。将传感器通过炉壁或盖板插入炉内，传感器在工作温度下保持足够时间，通过传感器抽出工作区的样气。

测量电路是一个惠斯通电桥，配有补偿器用于炉温及传感器校正，也可以选配记录仪，也可以包括控制电路、比例控制电磁阀或比例电动机阀。

同时配有泵及相应的流量计和阀，以保证样气正向流出。当样气不是保护性气氛时，该系统还提供了传感器的保护，包括待机期间。

整套设备装在一个405mm×510mm（16in×20in）的便携箱内。或装在一个485mm×660mm×1650mm（19in×26in×65in）的独立柜内。后者还配备以一个小型传感器加热炉，可将带保护管的传感器放在炉内，从远处采集的样气可以加热到指定温度然后进行测量。

（2）优点　热丝分析仪可以实现在炉内实时测量，不受采样系统的影响。测得的即是碳势值而不是气体的成分。读数直接为碳的百分比，精度一般为0.05%。设备相对简单、易于维护，替换件价廉易得。该方法广泛地用于测量混合气氛的碳势。测量可以在炉内直接进行，也可在小炉子中进行，传感器置于小炉子中保持恒定温度，测量前将样气加热。

（3）缺点　热丝分析仪有如下局限性：

1）当气氛碳势极高以致炭黑沉积的情况下，热丝传感器不起作用。

2）若传感器暴露于425℃以上的氧化性气氛，

则会造成校准点漂移或损坏。因此，传感器需要良好的吹扫气保护，如氮气或吸热式气氛。

3）若气氛中含有硫或其他污染物，将会使传感器细丝丧失敏感性。

4）在碳氮共渗气氛中，传感器反映了碳和氮的共同作用，因此其读数为碳和氮之和。

5）对短周期（30min）的自动控制，当温度低于815℃（1500℉）时，反应速度太慢，但还是快于工件的反应速度，因此测量是可行的。

6）在高氮含量的渗碳气氛中（N_2 的体积分数≥70%），由于气氛平衡差，传感器的细丝会比较大质量的工件获取更高的碳浓度，因此读数可能会太高。

（4）经济性　热丝分析仪是最简单的单点碳势仪，考虑其初始成本及维护成本也是最廉价的。其最贵的、偶尔需要更换的部件即是合金保护管。

该仪器需要由经过培训的操作者维护，每周要校准2次或3次。

（5）应用　热丝法适用于任何钢件表面与气氛间由碳传输的气氛的测量与控制。气氛的组成不需要按传统的模式，如添加氮气或高峰调节。温度适用范围为790～1040℃（1450～1900℉）；碳浓度范围为0.10%至饱和。

（6）操作　传感器置于炉子的开口上并保持通入一定的保护气氛。一般有相应的互锁以便在加热过程中执行采样及炉子控制。上、下限开关使得浓度超限的样气通过旁路而不影响炉子控制。当采用氮气吹扫时，传感器在更换之前不必要从炉子上拆下。传感器可以通过脱碳至最低读数来校准或通过标准气氛渗碳来校准。理想状态下，传感器的平均寿命在一个月以上。

热丝分析仪已经用于控制吸热式气氛发生器、周期式渗碳炉、连续式渗碳炉（推盘式和网带式）、保护气氛渗碳淬火炉、罩式渗碳炉、网带式淬火炉、回转式渗碳炉及工具硬化炉。所用的气氛有滴注式气氛、吸热式气氛、天然气或丙烷富化的吸热式气氛、碳氢燃料气和携氧介质的混合气氛及氮基气氛，以用于渗碳。

6. 其他分析仪

在渗氮应用中，普遍用测量氢含量来测量气氛。一般从炉气中取样测量氢含量。氢分析仪通过热导率测量氢含量。在许多热处理气氛中，氢是非常重要的，但只有渗氮时进行手动或自动控制氢含量。因为渗氮采用氨气，氨气分解成 N_2 和 H_2，根据氢含量可以计算出分解的氨量或确定氮势。可以用氢分析仪取代手动玻璃瓶氨分解率测量装置。分析仪的数字输出可实现气氛的自动控制。

2.3.10　分析仪推荐

各种放热式气氛的典型分析及推荐的分析仪如下所述。各种气氛控制系统运行成本比较见表2-19。总可燃物分析仪通常用于监测和/或控制放热式气氛。采用对一定范围一氧化碳敏感的红外分析仪可以精确地监控高可燃物（大于20%的总可燃物）和低可燃物（低于1%的总可燃物）的放热式气氛。

表2-19　各种气氛控制系统运行成本比较

分析仪	需要技术等级	测试类型	试验频度	投资成本/美元	年投资成本①/美元	年维修成本②/美元	平均测试时间及成本③	总成本/美元	[(成本/测试)或(成本/h⑤)]/美元
气体色谱分析仪	5	手动	2次/周	15000～30000	1607	1500	2h，40美元	6107	81.42④
奥氏气体分析仪	4	手动	2次/周	2000～4000	214	1000	2h，40美元	4214	56.19④
手动露点仪	1	手动	12次/天	2000～4000	214	1000	0.08h，1.60美元	4824	2.10④
露点控制，单点	2	自动	连续	8000～12000	714	1500	—	2214	0.49⑤
红外控制，单点	2	自动	连续	10000～15000	893	1500	—	2393	0.53⑤
氧探头控制，单点	1	自动	连续	8000～11000	643	1200	—	1843	0.41⑤

① 折旧期为14年。

② 供应品、校准气体、化学品、单元维护等的估计成本。

③ 基于平均测试时间和劳动力成本为20美元/h。

④、⑤基于总成本除以4500h、188d或每年37.5周的年度运行。

(1) 高可燃物放热式气氛　其典型的组成为10% ~ 25%可燃物（约等量的 CO 和 H_2）、5% CO_2、3% H_2O，其余为 N_2。监控这种气氛推荐用如下分析仪：

1) 红外分析仪，校准范围为 0 ~ 10% 或 20% 的 CO。

2) 总可燃物分析仪（催化型），校准范围为 0 ~ 15%、20% 或 25% 可燃物。

(2) 低可燃物放热式气氛　其组成为 1% ~ 10% 可燃物（约等量的 CO 和 H_2）、12% CO_2、3% H_2O，其余为 N_2。监控这种气氛推荐用如下分析仪：

1) 总可燃物分析仪（催化型），校准范围为 0 ~ 1%、2%、5% 或 10% 可燃物。

2) 红外分析仪，校准范围为 0 ~ 1%、2%、5% 或 10% CO。

3) 氧分析仪，校准范围为 0 ~ 1.0% 或 2% 氧，监控气氛以保证最低氧含量。

(3) 氮基气氛（低可燃物放热式气氛）　其典型的组成为 0.2% 可燃物、0.1% O_2、12% CO_2、3% H_2O，其余为 N_2。监控这种气氛推荐的分析仪类似于低可燃物放热式气氛，但校准范围更低以获得更高精度。若期望最好的精度，建议采用红外分析仪，校准范围为 0 ~ 0.1% 或 0 ~ 0.5% CO。

(4) 除去 CO_2 和水的放热式气氛　该放热式气氛可通过乙醇胺或分子筛去除 CO_2（< 0.1%）和 H_2O 来制备。气氛可以是 N_2 或 N_2 加可燃物。除采用前述的分析仪外，校准范围为 0 ~ 0.1% CO_2 的红外分析仪可以很好地监控 CO_2 过滤效率及快速显示 CO_2 量及其变化。

参 考 文 献

1. D.R. Gaskell, *Introduction to the Thermodynamics of Materials*, 4th ed., Taylor & Francis, 2003
2. N. Birks, G.H. Meier, and F.S. Pettit, *Introduction to the High-Temperature Oxidation of Metals*, 2nd ed., Cambridge University Press, New York, 2006, p 23, 83–86, 151–157

2.4　热处理的温度控制

Peter Sherwin，Invensys Eurotherm

热处理的温度控制对保证产品质量和获得满意的金属性能有着至关重要的作用。典型的热处理操作，即工件装入炉内，根据设定的时间 - 温度制度进行加热，然后冷却或者淬火，最后从炉子或者淬火池中取出来。根据生产节奏和温度的变化，热处理炉必须进行开启、空转和运行。为了能有效地控制这些变化，控制系统必须不断调整供热量，即使工作条件发生改变也能保证工作温度。当然，这也包括调整供热量以补偿炉子的热损失。

温度控制系统包含温度传感器、控制器、控制能量流动的终端控制元件、测量仪表和设定点编程器。在过去几年中，物料运送、能源供应和工艺条件的过程监督等独立功能已经通过以下方式处理：用可编程序逻辑控制器（PLC）检测物料运送，用单环路控制器和设定点编程器控制模拟变量（能量、温度、压力、流量、真空度、碳含量等），而过程监督或数据采集将由图形记录仪或者数据记录仪完成。这些单独的功能需要在逻辑控制器、回路控制器和数据采集设备之间进行通信。最后，当需要在上位机上实现调度、零部件采购和统计过程控制这些功能时，又需要更高一层的接口来将整套仪表结合在一起。

PLC 和模拟技术的最新发展已经使得物料运送和过程控制的分工能够组合成可编程自动化控制器平台。这些新的解决方案具有开放式通信使得现场设备集成更加容易，同时保障车间与业务系统之间的连接。离散回路控制器也已经从技术的发展中受益，现在包括诸如设定值编程、现场数据采集、实时趋势显示、数字输入和输出限量控制的能力等选项（见图 2-85）。

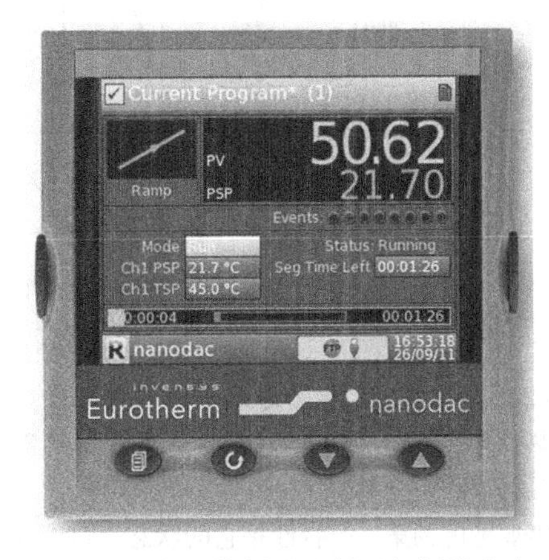

图 2-85　数字控制器示例（包括设定点编程、实时显示、若干数字量输入和输出控制）

2.4.1　影响温度控制的因素

温度控制的基本目标是在整个炉子装载区域内保持温度精确并均匀分布。工作温度精确度一般应控制在约 ±2.5℃（±5℉）范围内。虽然这个较窄的范围在温度低于 675℃（1250℉）是能够实现的，但在更高的温度下控制范围可在 ±8℃（±15℉）以内。允许的温度偏差取决于产品的材质，大多数非铁和高合金钢产品的温度允许偏差为±3℃或±6℃(±5℉或±10℉)。另外，低碳钢和一些铁基金属的温度允许偏差可为±(8~14)℃[±(15~25)℉]。

温度控制也需要对传导、对流和辐射的热传递机理有一些了解。在热处理炉内，当热流必须通过耐火材料、马弗炉或者料盘这些热障碍物时，其数量越多，热阻就越大，传热越滞后，其结果会导致供热量变化与产品温度变化之间有较长时间的延迟。在耐火材料、马弗炉和料盘被加热后，热惯性是一个必须考虑的因素。

一个过程的热惯性是指在供热被改变后，在温度开始往相反方向上变化前，在之前所在的方向上继续发生温度变化的能力，这一过程扭转所花的时间决定其热惯性的程度。大型、重型马弗炉具有很高的蓄热能力。加热趋势在热输入时段迅速建立，即使供热已经关闭，潜热将使产品温度继续升高。反过来也是如此，即产品温度在供热已经开启的情况下继续降低。总之，炉子具有滞后性，且温度波动是宽泛和缓慢的。

(1) 强制空气循环　改善温度均匀性的一个重要方法是使用炉内气氛的强制循环(图2-86)。确保温度允许偏差所需的空气流量$Q_{空气}$可以通过以下公式进行计算：

$$Q_{空气}\ (\mathrm{ft^3/min}) = \frac{HA}{625.7U} \times T_A$$

式中，H是每平方英尺炉壁每小时的热损失(Btu)；A是炉壁的面积($\mathrm{ft^2}$)；T_A是热力学温度(℉)；U为炉内温度所允许的最大变化(℉)。此计算公式是假设被加热的空气有足够的热焓来满足加热载荷，同时热损失都包括在其中。

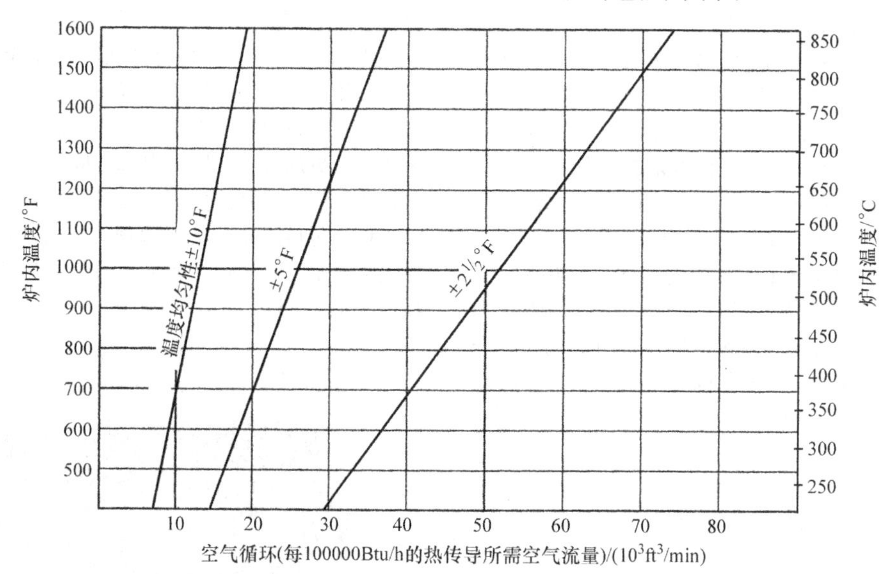

图2-86　空气循环和炉内温度对温度均匀性的影响

(2) 产品因素　除了传热阻力及产品和工艺设备的热惯性，在选择一个温度控制系统时还需要考虑产品的以下五个特性。

需要考虑的第一个特性是它的状态。这个对决定可接受的温度允许偏差等级很重要。例如，像钢或陶瓷这样的固体产品温度允许偏差为±3℃、±6℃、±8℃(±5℉、±10℉、±15℉)，甚至更高。

第二个特性与产品的材质有关，既是钢铁材料还是非铁材料。大多数非铁材料及高合金钢产品温度允许偏差为±3℃或±6℃(±5℉或±10℉)。另外，低碳钢和其他钢铁材料的温度允许偏差可能为±(8~14)℃[±(15~25)℉]。

第三个特性——假设炉子是完全为了这个产品而设计的，包含产品的质量、形状和装载特性。这就决定了控制系统必须承担均衡透热的责任。大型钢卷的质量和形状不仅影响炉子的设计，也影响控制系统的选择，需要确保上、下、左、右均匀加热。

产品的第四个特性是它的临界转变温度。当产品的温度达到它的临界温度时，控制系统必须更加精确和灵敏。

产品的第五个特性是产品加热后的质量。在热处理中，炉内气氛的作用随温度变化而变化。氧化和渗碳在高温下产生得更快。

2.4.2　温度控制仪表

热处理操作一般包括三个独立的功能：物料的运送、能量的供应和工艺状况的监督。控制系统必须不断调整供热量，以便在变化的生产条件下保持一定的工作温度。控制系统还必须通过供热量补偿炉子的热损失以维持保温温度。如果热损失可以保持不变，那么预设的供热就能一直保持温度平衡。然而在实践中，这不可能发生。炉子所有形式的热损失都会随着炉温的升高而增加。

（1）基本控制回路　基本控制回路（图 2-87）包括温度传感器、控制器和终端控制元件。由温度传感器对加热工艺温度进行检测，然后产生一个信号与工艺温度相对应。将实际温度与由控制器设定的理想温度进行比较，通过比较，控制器产生一个输出信号以调整终端控制元件来调节热处理过程的热流量。

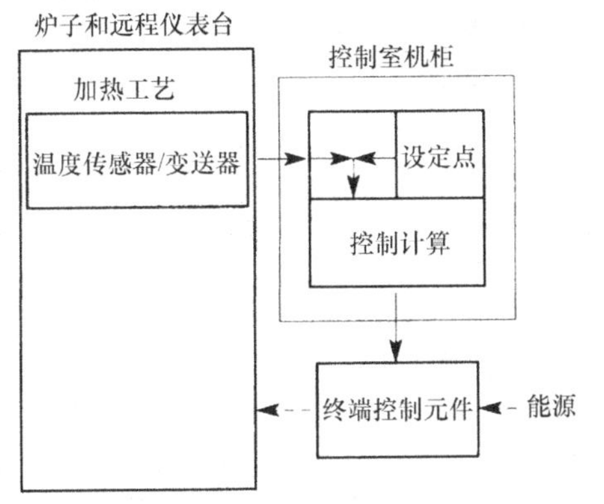

图 2-87　基本控制回路

基本控制回路可以安装一个温度变送器来放大温度传感器的信号。如果控制仪器远离该温度传感器的位置时，这种放大是有效的。放大信号也有助于避免两个或者多个共用传感器的检测仪器之间的相互影响。例如，该温度信号可能被传送到一个远程控制中心，在那里它与多个控制器相连，如记录仪、数据采集系统或数字计算机。

（2）辅助装置　基本控制回路所使用的辅助装置包括具有设定点编程的测量仪表（图 2-88）。测量仪表显示器的温度传感器就是控制器所用的温度传感器。该设定点编程自动改变控制器的设定点，以便根据既定计划提供一个升温周期或升温程序。这就是现在常见的将设定点编程元素和控制组合在一个控制装置上。

由于数字化支持硬件的成本降低和压缩包催生了具有辅助功能（如工艺文件和工件流程）的集成的温度控制。这些过程管理系统（图 2-88）可以将温度测量、闭环控制、可变设定点控制、逻辑（部件运动）控制、数据采集、数据管理、结果显示、报告撰写等功能集成在一起，而集成到一起所需花费并不比一个多点记录仪和一些单环控制器贵。

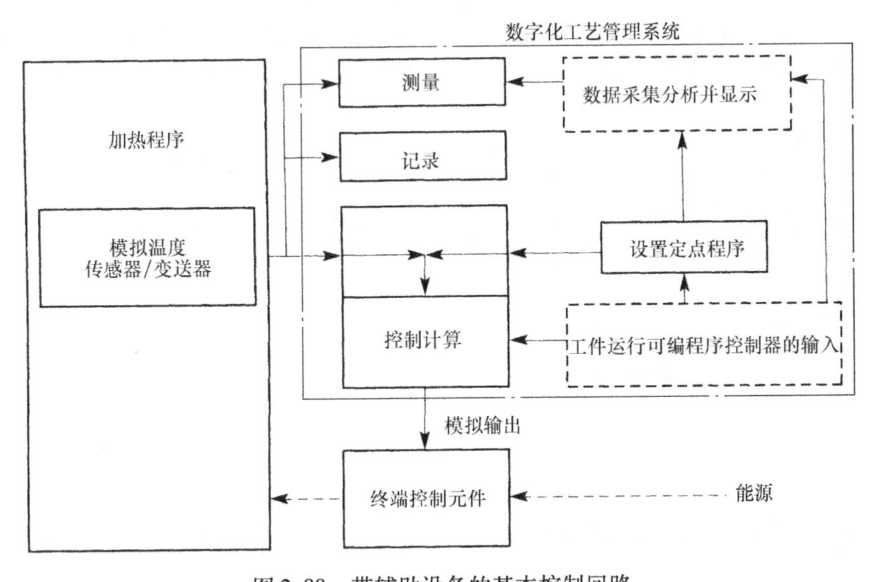

图 2-88　带辅助设备的基本控制回路

注：集成数字化工艺管理系统功能在虚拟模块中显示。

（3）温度传感器　温度传感器分为接触式或非接触式，以及带电式或不带电式的。例如，水银温度计是一种接触式、不带电类型。因为高温的要求和仪表电气化的趋势，大多数热处理应用需要电气传感器。当选择一个接触式传感器时，应考虑某些变量，如成本、温度范围、使用寿命、精度、尺寸和响应速度。非接触式传感器的选择除类似的考虑外，还与辐射因素有关，如目标物尺寸、表面辐射率、焦距以及瞄准通道上的干扰。

热电偶和电阻温度检测器（又称为电阻温度计）是冶金工业中使用的最重要的接触式带电温度传感器。在这个行业中所使用的传感器超过 90% 的是热电偶。热电偶结实耐用，价格便宜，准确，响应快，覆盖的温度范围广。电阻温度计比热电偶更准确，更稳定。然而，电阻温度计只适用于较低的温度。

2.4.3 温标

有意义的温度测量需要使用合适的单位标准，理想的温标称为热力学标准。然而，这种标准下温度测量即使是在实验室环境下也是非常困难的，所以需要一个更切合实际情况的温标。在1927年，这个温标被命名为国际温标（ITS 27），并在第七届全球度量衡大会上获得通过。这个温标有助于统一现有国家级温标（德国、英国、美国和其他国家）。温标在1948年进行了修订，并于1960年再次修改，“实用”一词加入温标的名称中，才有了现在所用的国际实用温标这个名称。

温标于1968年再次修改，称为国际实用温标1968版（IPTS－68），并于1975年再次修订。采用IPTS 68（1975年修订）所测得的温度非常接近热力学温度，误差在最新测量精度的范围之内。最近，世界标准化组织一致同意了新的温标，即国际温标1990版（ITS－90）。

ITS－90于1990年1月1日起生效，它克服了IPTS－68温标在准确度和再现性方面的不足，并吸收了温度测定法的优点。最值得注意的是，新温标范围往下扩展到了0.65K，铂热电偶不再作为插入式仪表用于ITS－90，而是用电阻温度检测器（RTD）温度计（主要是铂电阻温度计）代替。金点（1064.43℃或1947.97℉）以上将使用辐射温度计。

总之，ITS－90温标比IPTS－68及其后续的1975年修订版本在热力值上获得了更多的认同。从标准IPTS－68到标准ITS－90，0～1000℃（32～1830℉）的温度变化梯度在±0.4℃（±0.7℉）的范围内。因此，必须对热电偶和电阻温度计现行表格进行纠正，以反映这些变化。科学与技术研究院（NIST）还为ITS－90制订了新的热电偶电动势（emf）的参数表。

2.4.4 热电偶

在热处理炉中用于测量温度的多种传感器中，最常见的是热电偶。热电偶由两根不同的金属线在一端连在一起，形成测量端或热端，而另一端与测量仪表电路系统相连，称为参考端或冷端。电信号输出的毫伏值与测量端（热端）和参考端（冷端）之间的温度差成正比。

热电偶丝组合体，有或没有绝缘体，均被称为热电偶元件。一支完整的热电偶组件包括元件和一个保护管或套管，以保护元件免受污染并提供力学强度（图2-89）。此外，该组件提供安装件和头部装配的终端连接点。延长与热电偶元件的热电特性相匹配的导线，用来将终端节点与仪器相连。

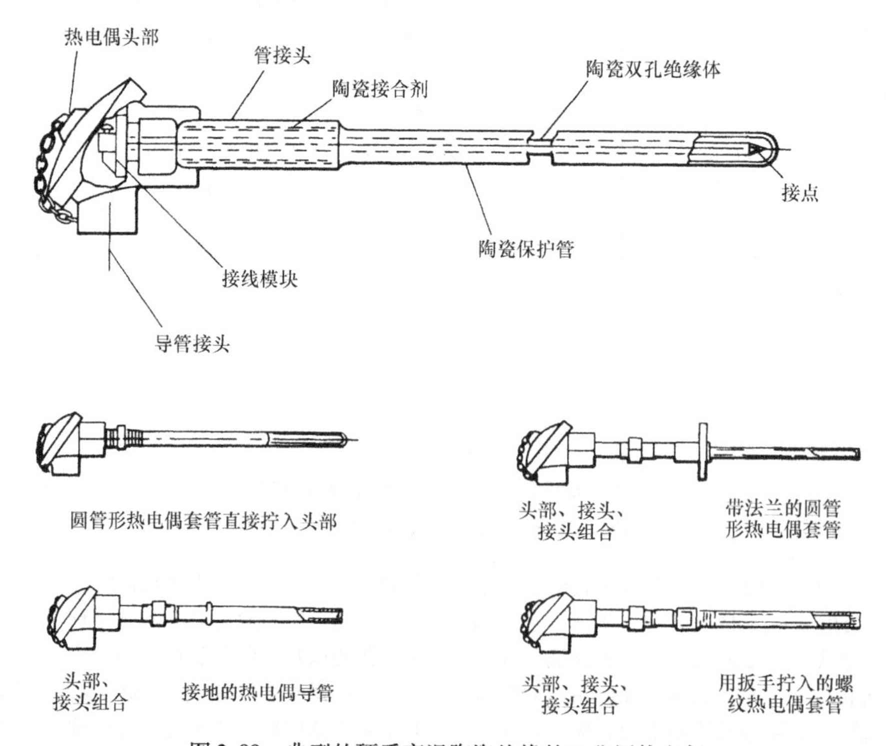

图2-89 典型的硬质高温陶瓷绝缘的工业用热电偶

图 2-90a 所示为带有导线和参考端的简单热电偶。图 2-90b 所示草图给出了保护管内完整的热电偶配件细节。热电偶的使用寿命和精确度取决于它的工作温度，在工作温度下的使用时间，环境气氛，以及高、低温变化的循环次数。

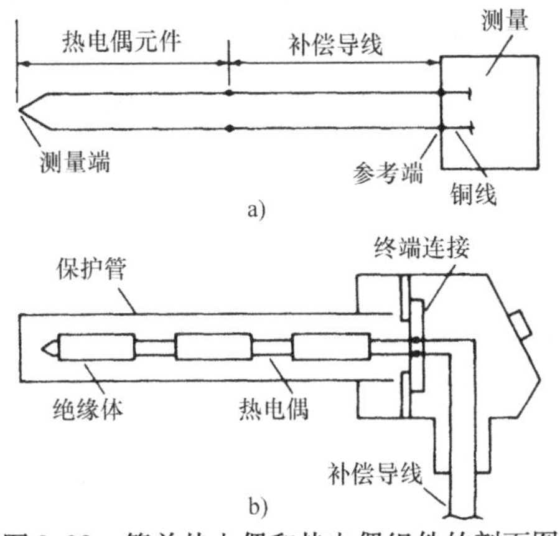

图 2-90　简单热电偶和热电偶组件的剖面图
a）简单热电偶　b）剖面图

1. 热电偶的类型

不同材料的组合可以用于制作热电偶接点。市场上所销售的热电偶是根据材料特性（普通金属和贵金属）进行分类的，规范化分类则由美国国家标准化学会（ANSI）、美国材料试验学会（ASTM）和美国仪器仪表学会来进行。表 2-20 列出了八种常见类型的热电偶接点。其基本性质、可适用的工作环境和最高工作温度在表 2-21 中列出。表 2-22 则是将这八种类型的热电偶的优势和劣势进行了比较。温度往往对热电偶有不利影响，温度上限与热电偶丝直径成函数关系（表2-23），因为热电偶的横截面更大，预期热电偶的寿命更长。

表 2-20　热电偶接点的常见类型

ANSI 类型	一般接点材料
普通金属类型	
E	镍铬① – 康铜
J	铁① – 康铜
K	镍①，铬① – 镍，铝，镍铬① – 镍铝
N	镍①，铬①，硅① – 镍，硅，镁
T	铜① – 康铜
贵金属类型	
B	铂①，30% 铑① – 铂，6% 铑
R	铂①，13% 铑① – 铂
S	铂①，10% 铑① – 铂

① 表示正极引线材料。

表 2-21　标准热电偶的性能

类型	正（P）、负（N）极引线名称	热电偶丝的基本成分	熔点		电阻率/nΩ · m	推荐的使用环境	最高工作温度	
			℃	℉			℃	℉
J	JP	Fe	1450	2640	100	氧化或还原气氛	760	1400
	JN	44Ni – 55Cu	1210	2210	500			
K	KP	90Ni – 9Cr	1350	2460	700	氧化气氛	1260	2300
	KN	94Ni – Al，Mn，Fe，Si，Co	1400	2550	320			
N	NP	84Ni – 14Cr – 1.4Si	1410	2570	930	氧化气氛	1260	2300
	NN	95Ni – 4.4Si – 0.15Mg	1400	2550	370			
T	TP	无氧高导电性 Cu	1083	1981	17	氧化或还原气氛	370	700
	TN	44Ni – 55Cu	1210	2210	500			
E	EP	90Ni – 9Cr	1350	2460	700	氧化气氛	870	1600
	EN	44Ni – 55Cu	1210	2210	500			
R	RP	87Pt – 13Rh	1860	3380	196	氧化气氛或惰性气体中	1480	2700
	RN	Pt	1769	3216	104			
S	SP	90Pt – 10Rh	1850	3360	189	氧化气氛或惰性气体中	1480	2700
	SN	Pt	1769	3216	104			
B	BP	70Pt – 30Rh	1927	3501	190	氧化气氛，真空或者惰性气体中	1700	3100
	BN	94Pt – 6Rh	1826	3319	175			

表 2-22 各类热电偶的优势和限制

类型	优势	限制
J（铁－康铜）	比较便宜，适合为温度为 870℃（1600℉）的中性或还原气氛下连续使用	由于铁的氧化，在氧化气氛中的最高温度上限为 750℃（1400℉）；当温度高于 460℃（900℉）时应使用保护管，在污染介质中应一直使用保护管
K（镍，铬－镍，铝）	适用于氧化气氛，在更高的温度范围内比铂、铑－铂的力学性能和热稳定性更好，比铁－康铜的使用寿命更长	特别容易受到还原气氛的影响，使用时需要有效保护
N（镍，铬，硅－镍，硅，镁）	在氧化气氛中，相较于 K 型，有较好的稳定性和较长的使用寿命，且在还原气氛中有一定的优越性	—
T（铜－康铜）	在低于 315℃（600℉）的还原或氧化气氛中可有效抵抗气体的腐蚀，它的稳定性使得它在 0℃以下的温度也可以使用，与发布的标准数据高度一致	在 315℃（600℉）发生铜氧化
E（镍，铬－康铜）	具有很高的热电功率，两种元素都有很好的耐蚀性，允许在氧化气氛中使用，在 0℃以下的温度中也不会腐蚀	在还原气氛中，其稳定性不符合要求
S（铂，10%铑－铂）	可在氧化气氛中使用，相对于 K 型，使用范围更广，比非接触式温度计更为实用，与发布的标准数据高度一致	在氧化气氛以外的气氛中容易被污染
R（铂，13%铑－铂）		
B（铂，30%铑－铂，铑）	比 S 型或 R 型有更好的稳定性；相比 S 型或 R 型，其参考机械强度可用于更高的温度；如果接点温度不超过 65℃（140℉）则不需要进行参考端补偿	仅用于标准分度；高温极限要求使用氧化铝绝缘体和保护管；除氧化气氛以外容易被污染

表 2-23 氧化气氛中的热电偶温度限制

热电偶			美国线规（AWG）											
			8		14		16		20		24		30	
类型	材料	条件	℃	℉	℃	℉	℃	℉	℃	℉	℃	℉	℃	℉
J	铁－康铜	裸线	650	1200	480	900	480	900	425	800	345	650	315	600
		保护线	760	1400	595	1100	595	1100	480	900	370	700	370	700
K	镍，铬－镍，铝	裸线	1095	2000	925	1700	925	1700	870	1600	760	1400	700	1300
		保护线	1260	2300	1095	2000	1095	2000	980	1800	870	1600	815	1500
N	镍，铬，硅－镍，硅，镁	裸线	1095	2000	925	1700	—	—	870	1600	760	1400	700	1300
		保护线	1260	2300	1095	2000	—	—	980	1800	870	1600	815	1500
T	铜－康铜	裸线	315	600	315	600	260	500	205	400	205	400	200	400
		保护线	370	700	370	700	315	600	260	500	205	400	200	400
E	镍，铬－康铜	裸线	760	1400	595	1100	595	1100	480	900	370	700	370	700
		保护线	870	1600	650	1200	650	1200	540	1000	425	800	425	800
S 和 R	铂，铑－铂	保护线	—	—	—	—	—	—	1540	2800	1480	2700	1315	2400
B	铂，30%铑－铂，6%铑	保护线	—	—	—	—	—	—	—	—	1705	3100	—	—

一种特定的热电偶的选择主要是根据所要求的温度范围和成本。所做的选择还受其他冶金特性的影响。例如，在还原气氛中 J 型优于 K 型，而在氧化气氛中 K 型优于 J 型。K 型对硫污染非常敏感，如含二氧化硫的燃烧废气。K 型应在大的保护管或具有通风设计的情况下使用。如果环境气氛为低含氧量，形成的绿蚀将导致输出信号偏低。绿蚀是在低氧气浓度下铬的优先氧化而引起的。N 型热电偶克服了 K 型热电偶的一些局限性，且反复的研究结果表明裸线性能优越。

2. 绝缘和保护

为了正常工作，热电偶导线除了测量接点以外的所有点必须彼此电绝缘，同时必须免受操作环境的影响。通常情况下，在热处理中，带保护管热电偶或铠装热电偶在相对恶劣的条件下所能承受的时间明显比裸线热电偶要长一些。两种主要的热电偶设计类别是压制陶瓷和保护管或带整体绝缘元件的套管。

（1）热电偶丝绝缘　有很多材料，如聚氯乙烯、热塑性弹性体、氟乙烯、合成聚酰亚胺纤维、聚酰亚胺膜、玻璃纤维、高温玻璃纤维、玻璃化二氧化硅纤维和陶瓷纤维可用于室温至 1370℃（2500℉）的热电偶绝缘。这些热电偶绝缘材料的最高使用温度列于表 2-24。表 2-24 中材料实质上是按照随工作温度升高其绝缘强度的顺序排列的。除规定了绝缘体最高工作温度下的绝缘强度外，耐化学品、耐湿性、耐火性、耐磨性也做了比较。重要的是，这些类型的绝缘体只有在考虑了所处温度、加热速率、升温循环次数、机械传输、湿度、导线布置和化学腐蚀后才能进行选择。

表 2-24　热电偶丝绝缘体的最高工作温度及其优势和限制

代号	材料	最高工作温度		优势及限制
		℃	℉	
P	聚氯乙烯	105	221	耐化学品和耐潮湿
R①	热塑性弹性体	125	257	适用于 -55℃（-65℉），具有阻燃性
N	尼龙	150	300	耐化学品，易燃
TZ	Tefzel②	150	300	耐化学品，阻燃
TEX	Teflon②	200	400	耐化学品，阻燃
PFA，TF	Teflon②	260	500	耐化学品，阻燃
B①	聚酰亚胺纤维	260	500	石棉替代品，阻燃，有较好的耐磨性
K	Kapton②	260	500	耐化学品，易磨损
G	玻璃纤维	500	932	阻燃，耐油
Q	高温玻璃纤维	700	1300	阻燃，耐油
HG	Refrasil③，玻璃化二氧化硅纤维	1000	1832	极好的高温介电性，耐磨性差
Cefir①0	Nextel 312③，陶瓷纤维	1200	2200	极好的高温介电性，较好的耐磨性和防水性
—	Nextel 440④，陶瓷纤维	1370	2500	极好的高温介电性，较好的耐磨性和防水性

① Thermo Electric Company，Inc. 的商标。
② E. I. Du Pont de Nemours & Company，Inc. 的商标。
③ Thompson Company 的商标。
④ 3M Company 的商标。

（2）陶瓷绝缘　当温度超过大约 300℃（570℉）时，高温陶瓷绝缘体在大多数裸线热电偶元件上使用。这种绝缘体有单孔、双孔或多孔及各种各样的形状、直径和长度。

热电偶供应商应针对每种具体应用的绝缘体型号或种类提供咨询。普通金属热电偶所使用的高温陶瓷绝缘体是莫来石、氧化铝和滑石。滑石是接头绝缘体中最为常用的一种材料。

用在低于 1000℃（1830℉）的铂 - 铑热电偶（R 型、S 型和 B 型）可用石英、莫来石、硅线石或陶瓷来绝缘。莫来石和硅线石已经用于氧化气氛且温度为 1000 ~ 1400℃（1830 ~ 2550℉）的工业应用中，但在这种工况下优先选择 99% 的 Al_2O_3 材料，因为这两种材料均含有不同比例的二氧化硅，应注意防止通过含碳的杂质（如热电偶上残留润滑剂）产生还原气氛。对于所有实验室、微还原气氛的工业应用（温度高于1000℃，或1830℉）、关键应用以及B型热电偶在温度接近1750℃（3180℉）的所有应用时，推荐使用纯的、致密的、烧结氧化铝（Al_2O_3 含量至少为99.5%）绝缘体。这种绝缘体应采用全长一体化结构，以提供最大限度的保护，防止污染。

铱－铑和钨－铼热电偶的绝缘体选择取决于应用的温度以及环境。温度接近1800℃（3270℉）时可用高铝质的高温绝缘体。如果温度在1800℃（3270℉）至约2300℃（4170℉）时，则需要考虑使用氧化铍（熔点为2565℃，或4650℉）。当然，如果使用氧化铍，则必须采取一些安全预防措施。

当使用高温烧成的、致密的氧化铍绝缘体时，若使用温度约2150℃（3900℉）或更高，应当在设计温度测量系统时考虑尺寸的变化。在此温度下，氧化铍会经历相变。将易碎的氧化铍使用在压制热电偶中并不是一个很严重的问题。

氧化钍的熔点比氧化铍高，已经用在高达约2500℃（4500℉）的温度下。但是，这种陶瓷材料的低电阻率限制了它在非常高的温度下的应用。氧化铪已在一些试验基础中获得一些成功。

不仅高温烧成陶瓷绝缘体用于常规型热电偶，压制封装的陶瓷绝缘热电偶也被普遍使用。氧化镁通常用作绝缘材料。这种类型热电偶结构的更详细讨论，将在后面的金属铠装热电偶部分说明。

低温绝缘。对于低温应用（低于0℃，低至约4K），涂刷清漆涂层的方式被用于热元件之间的绝缘。该涂层通常具备良好的抗电阻性能，应用方便以及在非常低的温度下具备抗弯曲的能力。聚醋酸甲基乙烯酯、聚氨酯、聚四氟乙烯、Pyre－ML－聚酰亚胺（E. I. Du Pont de Nemours and Company, Inc.）和GE 7031（通用电气公司）已被用于这一目的。特别是，聚酰亚胺涂层不仅具有良好的电阻性，而且在非常低的温度下具有优良的弯曲能力。

压制陶瓷热电偶使用陶瓷粉末绝缘热电偶导线。这些导线被压紧在金属护套内，从而在环境中获得保护。这种压制陶瓷热电偶的外径小，可提供快速响应，并可以很容易地弯曲以符合安装要求。它可以在高压和高温下使用。

矿物绝缘金属护套热电偶在热处理应用中广泛使用。最常见的绝缘材料是氧化镁。高纯度的氧化镁（最低99.4%）在铂传感器上被用来防止耐火杂质对铂的使用寿命的影响并通常被认为是能为长期漂移提供更好的保护。然而，添加二氧化硅可提高绝缘电阻，因此96%的氧化镁加上二氧化硅通常用于工作在870℃（1600℉）及以下的传感器中。

为了避免测量元件的内部腐蚀，将保护套中耐火材料的水分含量减少到最小是很重要的。

绝缘层必须严实，避免线与线或护套与线接触。氧化镁有两种类型的制造工艺：粉末填充和压碎绝缘体。粉末填充成本相对较低，但可能会产生很多孔隙，这在连续温度循环或振动的环境中可能是不利的。

氧化镁传感器还用在负载热电偶的应用中，这种情况通常需要将保护套弯曲到所需的位置。弯曲的次数和程度应该最小化，以保证热电偶有较长的使用寿命；弯曲会降低绝缘电阻（如果绝缘能力过低会导致一个二次测量点），也会引起导线的冷端失效。

不锈钢（304、310）因为其化学稳定性经常被用作保护套材料，铬镍铁合金600因为其耐高温性能经常被使用。材料成分可能会引起漂移；不锈钢保护套中锰含量较高已经确定会对漂移特性产生不利影响。

典型保护套的直径范围为1～19mm（0.04～0.75in），但大的直径会导致较慢的响应速度。钼和陶瓷材料制成的其他护套可用于更高的温度范围。

这些压制陶瓷热电偶有制造成接地或不接地的。这两种类型的压制陶瓷热电偶如图2-91所示。金属保护套在尖端的适当位置有一个同金属焊接的插头。在接地类型中，热电偶的尾端允许触及此插头，以便更为快速的响应。而不接地类型则在测量和/或控制电路电子器件需要减少杂散电气干扰时使用。

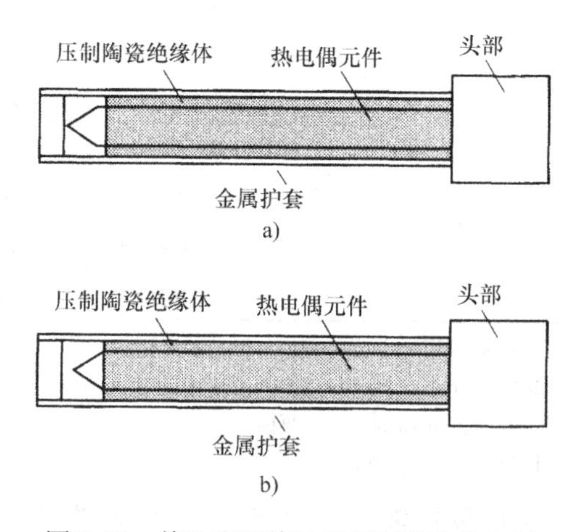

图2-91 接地和不接地的压制陶瓷热电偶
a）接地 b）不接地

接地的探针具有物理连接到探针保护套管内壁的热电偶丝，其结果是从所述探针的外层能良好地将热传递到热电偶热端。未接地探针热电偶热端与探头套是分离开的，由于保护套绝缘，其响应时间比接地探针慢，但却提供了一个电隔离。仅限于应用在干燥、无腐蚀性和无加压的环境中，暴露的热端可以提供最快的响应时间。

护套直径越小，响应速度越快，但这样有可能降低使用过程中能够承受的最高温度。最近的研究结果表明，对压制陶瓷热电偶，在裸露的热电偶丝中观察到，N 型对 K 型的优势并没有那么大。

（3）保护管及套 带绝缘体和压制陶瓷元件的热电偶元件被用在保护管和套中（图 2-91）。带绝缘体的热电偶元件比压制陶瓷元件更便宜，并且可以由用户来制作。保护管和套用于提供机械支撑并在工作环境下保护热电偶。保护管由金属或陶瓷材料制成，且在空气或其他气态气氛中使用（表 2-25）。这些气体压力接近大气压，例如在热处理炉中使用。

钢制保护管可在高达约 500℃（930℉）的温度下使用。18－8 不锈钢可在高达 800℃（1470℉）的温度下使用，而更高合金含量的不锈钢可用在温度

表 2-25 保护管和热电偶套管材料

材料[①]		建议的最高温度		描　述
		℃	℉	
金属和金属陶瓷材料	碳素钢	540	1000	除了腐蚀性气氛都符合要求
	铜镍低合金高强度钢（Ni－Cu 合金钢）	700	1300	在氧化和还原环境中都具有耐蚀性；非常适合用于冷凝水回水管线、海水和盐水溶液管线、冷凝器水管线、通风和废气管道或有腐蚀性的水管线
	铸铁	700	1300	一般在化工行业比铜镍低合金高强度钢更有用；耐浓硫酸和碱溶液；在还原气氛中可用于 870℃（1600℉）
	304 不锈钢（18Cr－8Ni）	870	1600	抗氧化和耐腐蚀；一般用于湿法应用，如蒸汽线路、炼油厂和化学溶液；抗硝酸性能好，抗卤酸性能差，抗硫酸性能适中
	316 不锈钢（18Cr－8Ni－2Mo）	870	1600	耐蚀性优于 304 不锈钢；在磷酸和乙酸中耐点蚀
	446 不锈钢（28Cr，Fe）	1095	2000	在高温下有优异的耐蚀性；在通用合金管中广泛使用；耐硫腐蚀性好
	镍	1095	2000	在高温下抵抗许多化学物质的侵蚀；主要用于热碱和熔盐浴；不要用于有硫存在的地方
	铬镍铁合金 600（80Ni－15Cr）	1150	2100	一般高温使用；机械强度大于 446 不锈钢；不应在硫气氛中使用
	R 蒙乃尔合金（67Ni－30Cu）	480	900	用于高强度和耐蚀性的地方，如海水、稀硫酸和强腐蚀性溶液
	F－11（$1\frac{1}{2}$Cr－$\frac{1}{2}$Mo）	595	1100	通常用于电厂、水和蒸汽管道；只用于温度计套管
	F－22（$2\frac{1}{4}$Cr－1Mo）	595	1100	同 F－11，但具有更好的抗氧化性
	L－T1（77Cr－23Al_3O_4）	1370	2500	高温应用；介于金属和陶瓷管之间，具有良好的抗热振性和抗冲击性
陶瓷材料	L&N Fyrestan	1540	2800	一种高耐火陶瓷，通常用于一级保护和二级保护。L&N Fyrestan 管在许多应用中可以代替镍或铬合金管，虽然没有金属合金坚硬，但是是完全气密的。软化点温度为 1650℃（3000℉），这些管可以在 1540℃（2800℉）的温度下垂直安装。当水平安装时，建议最高温度为 1510℃、1455℃、1370℃ 和 1260℃（2750℉、2650℉、2500℉ 和 2300℉），无支撑时的长度分别为 75mm、150mm、300mm 和 450mm（3in、6in、12in 和 18in）。这种管对 1650℃（3000℉）的空气和 1400℃（2550℉）的干氢均具有抗渗透性。这种低的热膨胀率，提供了良好的抗热振性

（续）

材料①		建议的最高温度		描 述
		℃	℉	
陶瓷材料	高纯氧化铝	1870	3400	一种氧化铝含量大于99%的高纯度耐火材料，通常用于一级或二级保护。在温度高达1870℃（3400℉）时，氧化铝管具有优良的抗变形性能和优越的抗还原气氛和化学反应的能力（如果这种管水平安装，在1650℃或3000℉以上时必须设置支撑）。其优良的抗氧化和还原气氛的能力，以及卓越的高温稳定性，使得这种材料成为贵金属热电偶保护管的理想选择，尤其是B型。这些管子对碱性蒸气和氯化铝蒸气具有高度耐蚀性，在酸、碱、熔融金属、玻璃渣、熔融盐和炉渣环境中是稳定的。这种管对工业炉条件下的大多数气体也是抗渗透的
	碳化硅耐火材料	1650	3000	对火焰和气体切割作用及二氧化硫的腐蚀效果具有很强的抵抗力，碳化硅耐火材料的管子在温度高达1650℃（3000℉）时可用于一级和二级保护。陶瓷结合的碳化硅具有高热导率，高抗热振性，高强度，在压差小于50～75mmH_2O（2～3inH_2O）时具有低渗透性

① 在一般情况下，材料按其抗氧化性、高温机械强度、有效温度极限依次提高的顺序排列。

高达约1000℃（1830℉）的情况。80Ni－20Cr合金和一些镍－铬－铁合金，可以在约1100℃（2000℉）的温度下使用。护套是金属的，由金属棒材钻孔（一体化结构）或焊管制成。多数情况下，钻制护套可以用于保护在压力高于345kPa（50psi）的液态或者气态环境下的热电偶。通常，它们在淬火槽、液压系统或蒸汽管线中使用。

铂－铑热电偶（R型、S型和B型）的保护管是由工作温度高达1000℃（1830℉）的石英和工作温度高达1650℃（3000℉）的莫来石制成的。这两种材料的抗热冲击性好。然而，为了确保寿命长和电动势稳定，在温度高于1200℃（2200℉）时，优先选择熔融氧化铝管或绝缘体。熔融氧化铝管比莫来石管更加昂贵，且抗热冲击性低。双层陶瓷管，即含有熔融的氧化铝主管和莫来石次管，已经使用在某些应用中。

如果热电偶元件偶丝之间的绝缘体或补偿导线因为高温、污染或机械损坏发生故障，其结果就是输出一个低电势信号。这个信号会显示出一个错误的低温。这种错误导致生产过程中超温操作，在有效能量损失的同时，工件也可能被损坏或毁坏。

2.4.5 热电偶检查规程

（1）热电偶的精度和校准　各类热电偶的误差范围见表2-26。作为保持整体精确度的基础步骤（请参阅2.4.10节），现场测试仪表和参考热电偶也被用作原始基准来检查在生产周期中使用的热电偶/控制系统的准确性。这种检查可以定期进行（如AMS 2750标准规定的时间间隔），或者可以使用固定热电偶（不同的热电偶类型）对热电偶/控制系统精度进行持续检查。这些检查的结果和控制器校准精度特性的预期变化以及热电偶漂移应该被用来确定控制热电偶的更换周期。这些信息在很大程度上决定了校准的频率不能超过6个月的间隔和热电偶的更换不能超过12个月。特定的标准也可以规定所需的频率。

表2-26　各类热电偶的误差范围

ANSI类型	热电偶类型	温度范围		误差极限①	
		℃	℉	标准	特殊
J	铁和康铜	-190～-75	-310～-100	—	±2%
		-175～315	-100～600	±2℃（±4℉）	±1℃（±2℉）
		315～425	600～800	±2℃（±4℉）	±0.33%
		425～760	800～1400	±0.75%	±0.33%

（续）

ANSI 类型	热电偶类型	温度范围		误差极限①	
		℃	℉	标准	特殊
K	镍，铬和镍，铝	0 ~ 275	32 ~ 530	±2℃（±4℉）	±1℃（±2℉）
		275 – 1260	30 ~ 2300	±0.75%	±0.38%
N	镍，铬，硅 – 镍，硅，镁	0 ~ 275	32 ~ 530	±2℃（±4℉）	±1℃（±2℉）
		275 ~ 1260	30 ~ 2300	±0.75%	±0.38%
T	铜和康铜	–185 ~ –60	–300 ~ –75	—	±1%
		–100 ~ –60	–150 ~ –75	±2%	±1%
		–60 ~ 95	–75 ~ 200	±1℃（±1.5℉）	±0.5℃（±0.75℉）
		95 ~ 370	200 ~ 700	±0.75%	±0.38%
E	镍，铬和康铜	0 ~ 315	32 ~ 600	±2℃（±3℉）	±1℃（±2℉）
		315 ~ 870	600 ~ 1600	±0.5%	±0.38%
S	铂，10% 铑和铂	–15 ~ 540	0 ~ 1000	±1.5℃（±2.5℉）	±1℃（±1.5℉）
		540 ~ 1480	1000 ~ 2700	±0.25%	±0.15%
R	铂，13% 铑和铂	–15 ~ 540	0 ~ 1000	±1.5℃（±2.5℉）	—
		540 ~ 1480	1000 ~ 2700	±0.25%	—
R	铂，30% 铑和铂，6% 铑	870 ~ 1705	1600 ~ 3100	±0.5%	—

① 当表示为百分比时，误差极限是温度读数的百分比，而不是范围的百分比。

热电偶的校准需要一个标准的温度计，当热电偶和标准温度计处于相同的温度时，作为测量热电偶电动势的一种工具。这种特定热电偶组合的温度/电动势的关系是一种明确的物理属性，因此不依赖于检测设备或方法的细节来确定这种关系。因此，用来校准热电偶的方法有几种，选择哪一种取决于热电偶的温度范围、精度要求、导线的尺寸、可用的设备和个人的喜好。热电偶的初始校准可以采用以下方法中的任何一种来完成：

1）冰点校准法。

2）对比铂直接测量热元件电动势。

3）热元件比较法。

4）通过比较法校准热电偶。

在冰点校准法中，热电偶电动势的输出作为一个整体，在熔融纯金属的冷却循环过程中被测量。在第二个和第三个方法中，热元件正、负极的电动势都是对比铂或另一种校准过的标准电动势来分别测量的。

热电偶的校准是通过测定一系列已知温度下的电动势以及与标准化插值表配套给出的整个使用温度范围内的电动势值来实现的。按照冶金成分分类，不同的热电偶类型有着不同的输出信号校准值。热电偶的电动势值表可以在互联网上和相关专著中获得。

（2）预防措施　依赖于热电偶的热处理操作需要许多的预防应对措施。例如，由于污染，热电偶误差通常具有低输出信号的特征。污染来自于在组装过程中徒手接触的电线、脏污的绝缘体、保护管内的油脂和污垢或者在此过程中使用的气体。因此，在安装热电偶时清洁是很重要的。在正常使用中，污染了的绝缘体不应再次使用。甚至是加工保护管螺纹时使用的切削液中也含有硫，这可能会导致污染。这些管在使用前应彻底脱脂。在高温应用中，炉内气氛渗入保护管和护套材料中。因此，定期更换被污染的热电偶元件是必需的。更换的频率在很大程度上取决于工作温度、环境和抗机械应力性能。

（3）热电偶的位置　热电偶测量端的位置必须允许暴露在正确的操作温度中。通常情况下，热电偶的尖端（测量端）放置在炉内的工件附近，这样，它和工件一样暴露在相同的加热环境中。

当热电偶组件插入炉内的深度不够时，常见的误差便产生了。在这种情况下，热量通过热电偶组件传导到远离测量端的地方，朝向较冷的炉壁。因此，热电偶显示的温度低于实际工件温度。确定正确位置的一种方法是在热电偶保护管上设置一个可调节法兰。在炉子运行过程中，为了获得最高温度和最小插入深度，可以通过调整法兰来确定正确的插入深度。然而，热电偶绝对不能靠近燃烧器或加热元件，因为辐射热可能会导致错误的读数。

热电偶对过程温度变化的响应速度应该和炉内工件一样快或更快。如果工件很小，并且热电偶又被包含在一个重型的保护管中，热电偶的温度将滞后于实际工作温度。因此，当工件最初达到控制温度时，会出现过热的现象。

炉温均匀性很重要，因此在安装永久控制热电偶前应检查炉温均匀性。如果使用空气循环系统，管道内的平均温度可以通过安装在管道宽度上并联连接的三个或更多的热电偶来测量。在管道中心的单个热电偶一般会显示一个更高的温度，因为这个位置通常是最热的。

然而，为了使平均值有效，几个热电偶的电阻必须是相等的。平均热电偶信号的一种好的解决方案是单独测量每个信号后再进行数字化平均。此外，这种方法可以检测到一个真实的温度分布。最后，如果一个热电偶信号明显偏离了其他的，则这个元件可能出了故障。有了微处理器记录仪和数据管理系统，使这些类型的计算变得容易。

（4）热电偶的应用　典型的热电偶结构包括安装在保护管中带绝缘体的热电偶丝元件。热电偶头部提供了热电偶元件和用于仪表连接的导线之间的接线端子。

一个典型的应用是一座台车式退火炉在空气气氛中温度高达1100℃（2000℉）下的应用。选用一根直径为8线规的K型或N型陶瓷管热电偶，是因为它在高达1260℃（2300℉）的氧化气氛中是可用的，而且比贵金属R型、S型和B型更便宜。选择直径为16线规的K型或N型的合成纤维绝缘导线，是因为它可以匹配K型元件达到200℃（400℉），适用于热处理领域，而且足够结实可以拽拉通过导管。炉子的所有测量均应采用K型或者N型，以保持均匀一致，即炉温记录和控制，以及高限安全控制和工作温度控制。

为了最长寿命和足够的长度，炉温热电偶元件应该采用8线规，以便当头部离炉墙足够远时，其尖端或者测量端可以恰好插入炉腔，以防止其温升达200℃（400℉）以上。陶瓷保护管将满足工艺温度的要求，其足够结实，即使水平安装也不下垂。可调节法兰允许调整炉内插入深度以达到最佳。例如，当炉子处于工作温度时，可以慢慢取出热电偶，直到它的温度显示器开始下降，这表明它太接近冷炉壁。然后，可将调节法兰固定在保护管的适当位置上。热电偶的位置取决于炉子设计，但是在任何情况下，热电偶必须插入温度具有代表性的位置。

（5）良好的热电偶操作规程　安装热电偶系统时必须小心，以确保不引入可能影响到操作的误差，以下是应该遵守的一些预防措施：

1）避免热电偶和补偿导线的冷作加工。过度的变形会对热电偶的精度产生不利影响。应该避免严重弯曲、挠曲或锤击热电偶丝。如果发生冷作现象，应考虑进行热处理消除其影响，可被接受的未经退火的冷作程度取决于最终用途和所需精度。

2）当在热电偶电路内部连接端子线时以及当将电路连接到记录仪时，应该进行外部连接的监控。该方案是为了在这些接口附近和测量装置处保持一个均匀的环境温度。

3）提供足够的保护。一般情况下，热电偶必须配备护套或保护管进行合适的保护，以防止物理损伤或污染物的侵入。

保护管是一种用来封装温度传感器的管子，以保护其不受环境的有害影响。虽然它可以作为一个连接头的附件，但设计为一个压紧附件不是其主要目的。热电偶护套是一种适于接受温度传感元件的耐压部件，并设有外螺纹或采用其他方式连接到压力容器上。这些保护管和护套种类繁多，用各种金属、合金和耐火材料制成，可有效满足目前市场上的特殊要求。使用金属护套和矿物绝缘热电偶也可以获得足够的保护。在后一种情况下，护套是热电偶组件的一个不可分割的部分。在缺陷方面，应说明的是保护管干扰了理想的温度测量和控制。它降低了测量的灵敏度（响应速度），并增加了安装的空间和成本。以下是操作热电偶的一些指导方针：

1）为特定的最终用途选择最大的实用线号。最大实用线号的采用，应该与最终的使用需求保持一致，如快速响应、灵活性和可用空间。在高温下，厚型热电偶比轻型热电偶的长期稳定性更好，但是也存在响应较慢的问题。响应速度或者热电偶检测温度变化的速率，在很多应用可能中至关重要，尤其是在这些变化迅速发生的地方。然而，许多传热因素会影响热电偶的响应速度，而热电偶的质量只是其中因素之一。

2）热电偶应该正确安放，以发挥最大的效益。热电偶应放置在测量温度代表被研究设备或介质的地方。例如，滞流的区域（不具代表性温度处）或暴露于直接火焰冲击处（除非需要）可能会导致错误的读数。如果热电偶浸入流体中（液体或气体），浸入的深度应足以使测量端的热传递减少到最小。在许多应用中，保护管外径的十倍被认为是足以防止严重温度误差（读数偏低）的最小浸入深度。还要考虑来自环境对裸露热电偶连接端辐射传热的可能性。在这种情况下，应使用辐射防护罩。

3）在高温测量时，应该尽可能垂直安装热电偶，以防止保护管下垂。然而，应该注意适当地支撑管内的热电偶。这对用在温度高于600℃（1100℉）的贵金属热电偶尤其如此。在这种情况下，热电偶组件可以支撑在热电偶的珠状探头上和管底绝缘体上（当使用金属管时支撑在高纯度氧化铝粉末上）。

4）确保保护管或护套远离容器外表面或热源，使连接头处在接近环境的温度下（特别是使用备用补偿导线的 K 型，还有 R 或 S 型）。

5）当制造热电偶时，在导线固定到接线盒之前要清洁导线的自由端，并确保它们在接线板上接在了正确的极性上。

（6）热电偶的维护与监测　定期维护有利于提高热电偶测量系统的寿命和可靠性。根据维护过程中获得的信息，在衰退超出可接受范围之前或者失效之前，定期更换热电偶探头。例如，美国金属处理研究所的规范 MT12000《热处理工艺性能的质量保证规范》中涉及的温度测量部分便是一个计划维护的例子。

计划维护的其他注意事项包括：

1）热电偶应该按根据经验确定的时间间隔进行定期检查。例如，对普通金属热电偶每月检查一次对某些应用可能是适用的，但不适用于其他的应用。例外情况可能差异很大。

2）如果一个热电偶必须拆下检查，再插入时要小心，以免改变插入深度。最重要的是，不要减少插入深度。

3）优先在原位检查热电偶。然而，与其检查热电偶，不如在达到预期的平均寿命后更换热电偶。这将确保一个几乎完美的操作，避免了定期检查热电偶的问题。

4）如果 K 型热电偶用在低于 540℃（1000℉）的精确温度测量，那么它就不应该暴露在温度高于 760℃（1400℉）的情况。

5）不得使用烧穿的保护管，否则热电偶可能会受损或毁掉。特别是旧的、以前使用过的保护管和绝缘体不应再用于新的贵金属热电偶，因为可能被污染（尤其是 R 型和 S 型热电偶）。

6）如果开关用于热电偶电路，则触点必须保持清洁。

7）当来自单一热电偶的记录仪或指示电位器并联操作时，应该仔细分析电路，以确定仪器之间的相互影响。

2.4.6　电阻温度传感器

电阻温度传感器是接触式传感器。其电阻与温度成正比。典型的传感器材料是铂、铜和镍。它们比热电偶更稳定、准确，并且可以互换，但即使是铂传感器，其温度上限也只有约 750℃（1380℉），从而降低了它们在金属工业中的应用。

电阻温度传感器与热电偶相比，通常尺寸更大，响应速度更慢。然而，新的薄膜沉积的电阻传感器最大限度地减少了传统的线绕传感器这个优点。

电阻温度传感器通常用于淬火系统、低温退火炉和回火炉，电阻的测量采用两引线、三引线或四引线的结构。在两引线配置中，被测电阻包括引线，这种影响必须小到足以被忽略或者必须校正它。事实上，校正是复杂的，因为引线（通常是铜线）的电阻取决于引线的温度，还有引线将经历一个温度梯度。三引线测量法补偿了引线电阻，而没有补偿两引线之间电阻的任何差额。这是用于大多数过程控制应用的配置。四引线结构消除了所有引线的影响，通常是保留给那些要求高精度的应用。四引线测量法与标准铂电阻温度计一起使用，以便达到国际温标。

2.4.7　非接触式温度传感器

温度是对传热能力的一种量度。热可以通过传导、对流（实际上是流体的传导）和辐射传输。非接触式温度传感器取决于来自一个测试对象表面的电磁辐射。当热物体内的电子变为较低的能量状态时，电磁辐射就从该物体散发出去。辐射的强度和波长取决于表面原子或分子的温度。对于黑体，辐射波长和光谱发射功率的变化是温度的函数，如图 2-92a 所示，通常在金属热处理中遇到的普朗克黑体光谱辐射随温度的分布如图 2-92b 所示。

黑体是最高效的电磁辐射散热体和吸收体，其发射率为 1.0。所有其他物体的发射率都小于 1.0。在给定温度下，发射率的变化改变了辐射的功率，从而影响辐射温度的测量。

从测量热辐射得到温度的仪器称为辐射温度计。非接触式温度传感器的种类包括红外成像传感器、辐射计和高温计。辐射计和高温计是分别用于测量辐射或点温或线温的装置，成像系统不需要空间分辨率。因为辐射计的响应时间通常很慢，所以对于监测不变化或缓慢变化的温度最有用。高温计作为非接触式温度计，用于从 0～3000℃（32～5400℉）的温度。在表面或者正在观看场景的可见光图像上，新的仪器可以添加一条温度线迹。辐射计和高温计通常是坚固耐用的、低成本的设备，可用于工业环境对过程进行长期监测。

辐射温度计的巨大优势是没有接触被测物体而获得目标物精确的温度测量（被测物体在这里作为一个目标物被提及，是因为辐射温度计必须瞄准被测物体）。因此，辐射温度计优于接触式温度计（热电偶、电阻温度计等），其目标物是难以接触的，因为目标物是移动的、易碎的、渺小的、热容量低的、热的、腐蚀的，或者处于一个腐蚀性或保护性环境。因此，辐射温度计是接触式温度计的一个有用替代品。首要的挑战是要能够从一个信号推断出温度，该信号不仅取决于目标物的温度也取决于目标物发射率、背景发射率外加目标物反射率、中间吸收率，　　或者发射率和一部分目标物。

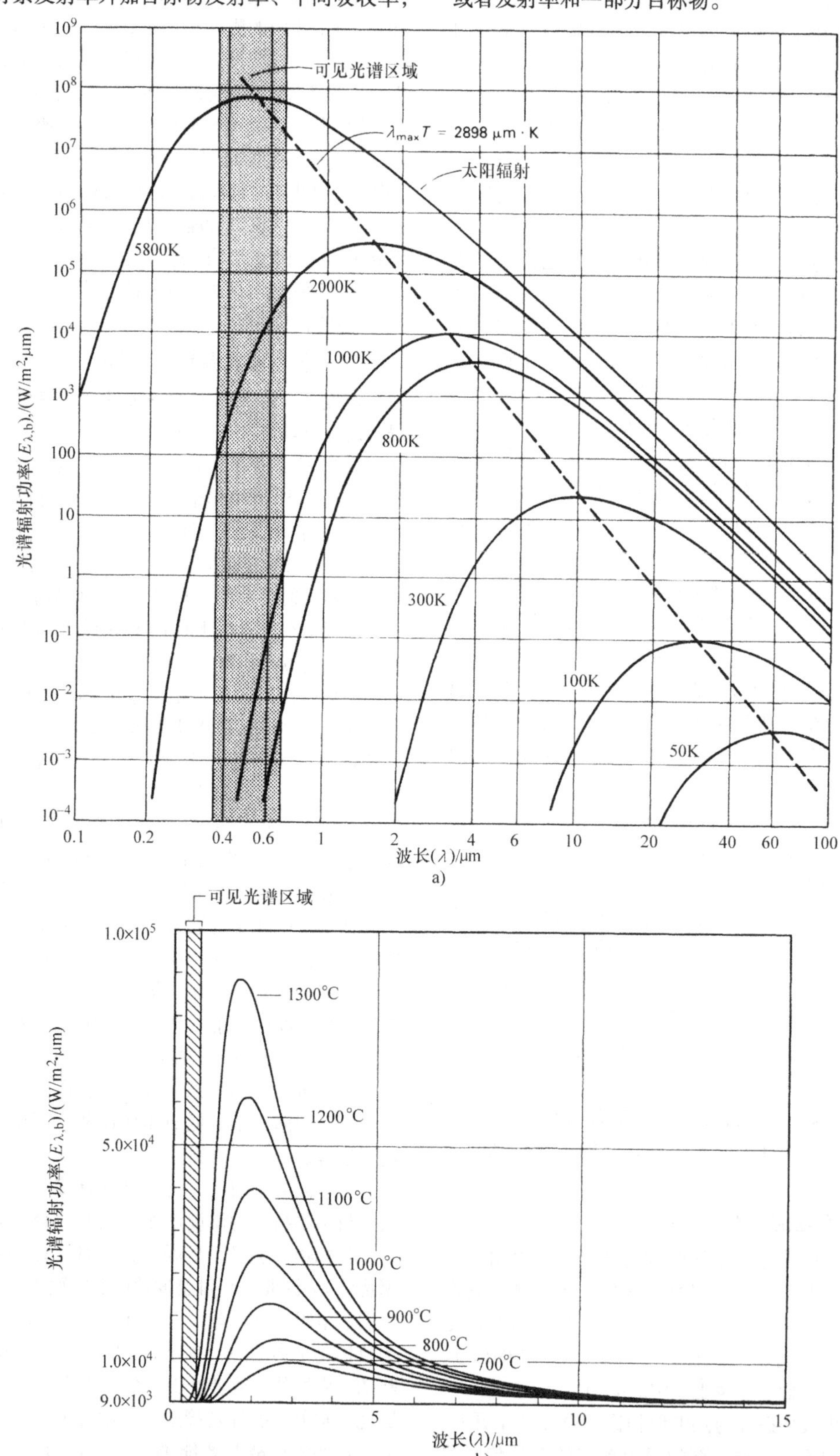

图 2-92　光谱黑体辐射功率（图中所示的是金属热处理中常见温度的主波长）

a）热辐射光谱中的波长（0.1～100μm）　b）近红外辐射光谱中的波长（0.75～3.0μm）

1. 光学高温计

当一个被加热目标物的温度接近700℃（1300℉）时，它开始发出热辐射，在光谱的可见光部分（图2-92a、b）是深红色的。温度的进一步提高导致了颜色的变化，从红色、橙色到白色，同时伴随着亮度的增加。由于这些颜色和强度的变化，肉眼可以凭经验做出一个相对准确的温度预测。

然而，对测量的目标物温度与已知温度的目标物温度有一个直观的比较，将会更好一些。这恰好是隐丝光学高温计的原理（图2-93）。热点目标物是通过一个小型地面望远镜观测到的，望远镜包含一个具有亮度的灯丝，其亮度可以通过改变电流的大小来调整。一直调整电流直到灯丝的亮度与目标物亮度一致，此时灯丝似乎消失在目标物的光亮背景中（图2-94）。灯丝的温度以及这些目标物的温度是从先前确立的校准曲线得知的。光学高温计通常用于校准辐射传感器。

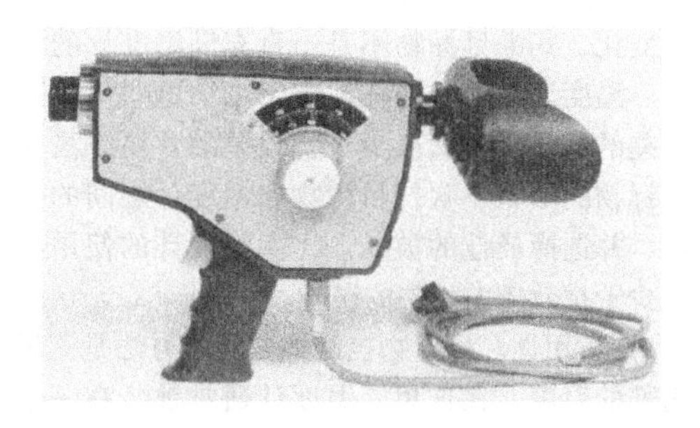

图2-93　典型的光学高温计

2. 在线辐射温度计

不依赖于肉眼的辐射温度计由以下几个部分组成：一个敏感的热辐射传感器，一个收集热辐射并将其聚集到传感器的光学系统，一个支撑和保护光学器件和传感器的外壳（图2-95），从传感器测量信号，计算并显示温度的电子元件。尽管辐射温度计可以通过对传感器的选择来控制，但它常常还受到光学滤波器的限制（包括视窗和镜头）。

传感器通常要么是一个量子（光子）传感器，产生的电子数量和撞击在传感器上的光子数成正比，要么是一个热传感器，产生一个信号与传感器一部分相对于另一部分的温升成正比。前者是硅光电二极管的一个例子，而热电堆和热释电传感器是常用的热传感器。硅热电堆是最新的研究进展，提供了先前无法获得的灵敏度、稳定性、速度和宽光谱响应的组合体（图2-96）。

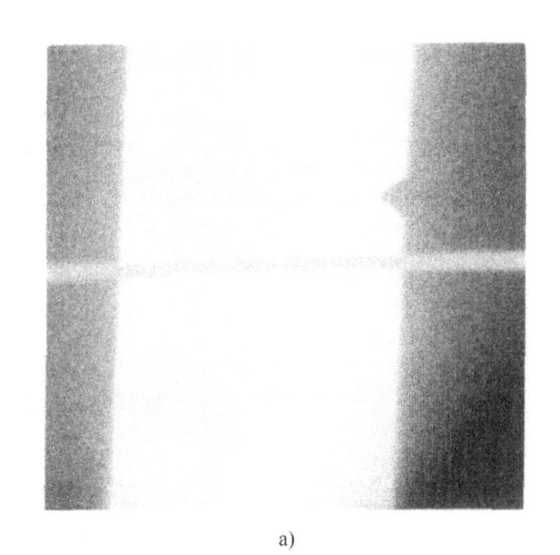

a)

b)

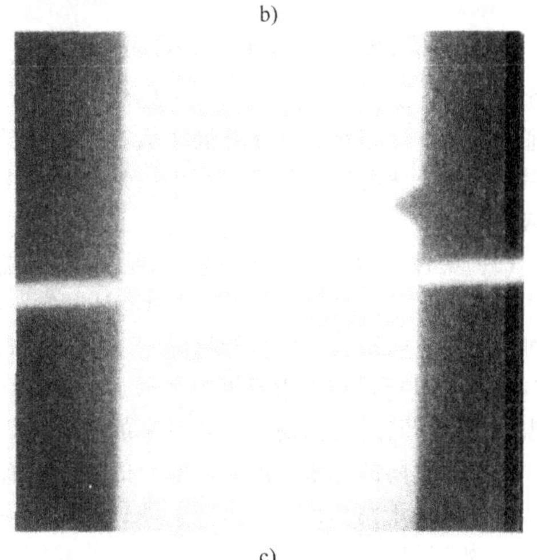

c)

图2-94　与不同温度的辐射亮度相对应的不同电流的高温计灯丝（细水平线）
a）太低（冷）　b）太高（热）
c）平衡（灯丝“消失”）

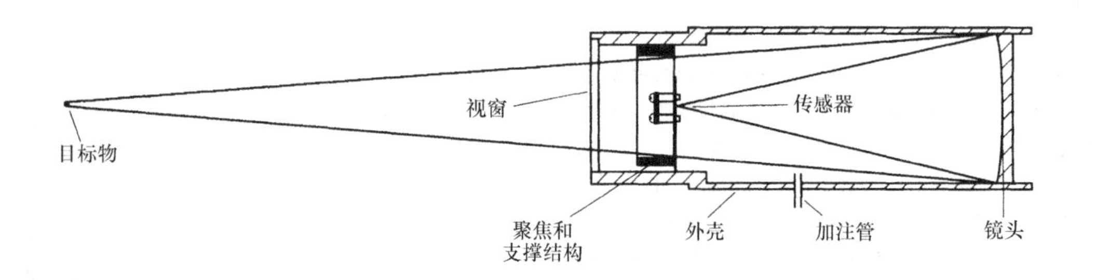

图 2-95 带硅热电堆的辐射温度计

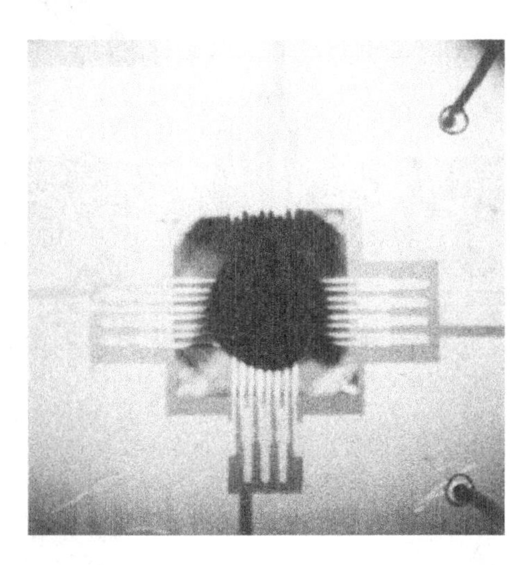

图 2-96 带电气连接的硅热电堆。中心的圆形辐射吸收器直径为460μm（18mil）

薄膜热电堆包括若干层：一个辐射吸收器、一层金属、又一层不同的金属和一个电绝缘支架。信号通过串联连接多种金属接点被放大。用多晶硅取代其中一种金属可以使信号进一步增强几乎一个数量级。

（1）黑体发射率误差与校准 为了从传感器信号中推断出目标物温度，必须校准温度计。乍一看，校准似乎是对已知温度的目标物温度（由接触式温度计测定）进行简单观察并测量信号。然而，在相同温度下，不同的目标物由于发射率的变化可以发射数量显著不同的能量。因此，单一的测量－探头信号通常取决于两个独立的参数，即目标物的温度和目标物的发射率。以下针对选择温度计和流程进行讨论，以最大限度地减少由于目标物发射率不确定或不同而造成的不确定性。这些不确定性称为发射率误差。为了消除辐射温度计在校准过程中的发射率误差，于是使用所谓的黑体目标物。黑体目标物是完美的辐射吸收器和发射器，它的辐射发射近似于一个大型的、均匀的带一小孔的加热腔的辐射发射（或近乎完美地捕捉入射辐射）。

（2）使干扰最小化 干扰被定义为在任何条件下，可能导致到达传感器的热辐射量的变化，但这些与目标物温度的变化无关。未计入的干扰会导致测量误差。潜在的干扰包括目标物发射率的变化、温度计和目标物之间在瞄准通道上的辐射发射、从热环境到温度计目标物的反射辐射，还有目标物尺寸的变化，其中目标物不是一直充满温度计的可视范围。温度计的选择往往取决于减少这些干扰造成的误差的需要。成功减少干扰误差的首要方法是控制目标物的形状、吹扫目标物和温度计之间的瞄准通道，并选择最佳的波长。比率温度计的使用还可能减少干扰效应中相关的误差。

1）适用性。目标物控制最常用的方法是测量炉窑内部的温度。在这里，温度计通常被装在一个单端封闭的管内，管的末端被放置到炉窑内。虽然可以认为这种结构与大的等温腔上一个很小很小的孔相距甚远，但是如果管材料的发射率很高，封闭式管的有效发射率就可以非常接近于1.0，从而在没有任何发射率修正的情况下得到一个精确的温度测量。

但是请注意，在一个单端封闭式管的内端放置一个辐射温度计和在该放置一个热电偶接点在功能上是相同的。也就是说，虽然使用了一个辐射温度计，但是测量的是该管的端部温度。在本质上，这种方法是一种接触式测量。不过，这种做法往往只在高温金属应用中采用，例如，对热电偶来说温度太高的地方，或者瞄准管处在腐蚀或振动环境中，避免了频繁的故障和热电偶的损失。

在目标物被吸收或辐射气体、火焰或气体产生的粒子所遮蔽的地方，吹扫可能很重要。吹扫通常采用所谓的吹扫瞄准管来完成，在这里，温度计通过一个开放式管瞄准目标物，该管伸长到足够接近目标物的地方，其介入的干扰可以忽略不计。通常情况下，管不断地用无吸收性气体吹扫（通常是氮气或干燥空气），以保持瞄准通道不受干扰物的干扰。吹扫也有助于保持温度计的镜头或窗口的清洁。通过吸收介质的距离也可以通过使用光纤达到最小化。然而请注意，即使瞄准通道可以保持清洁，发射率误差仍然可以破坏测量精度。

2）波长选择。因为目标物温度可以从任意部分（总面积、单波段、波段比值、能量最大、拐点等）的能量分配来确定，实现精确温度测量的一种方法是选择光谱区域，介入此区域的干扰效应最小以及目标物发射率已知。一个说明问题（商业上重要的）的实例就是保护气氛退火炉中进行玻璃温度的测量。通过选择波长可以使火焰（发射）和燃烧产物（吸收）的干扰达到最小化，在此波长下燃烧产物的主要成分（水蒸气、二氧化碳和一氧化碳）既不吸收也不发射辐射。此外，由于玻璃在不同波长具有不同程度的半透明度，因此具体玻璃内部表面或深入玻璃内部的测量是可能的。

玻璃辐射测温法是很准确的，因为玻璃发射量一般是可再生的，大多数金属目标物显示出低发射率，其可以随着表面粗糙度的变化或随着氧化程度而显著改变。通过选择一个具有强烈依赖于目标物温度信号的温度计，可以使发射率变化的影响最小化，比如，辐射温度计对短波长敏感的情况（参见“（4）发射率值”部分中的示例），从图 2-92a、b 所示的黑体光谱分布中可以看出选择短波长灵敏度温度计的好处。请注意，虽然在所有波长中能量随温度的增加而增加，但是在较短波长上，它的上升速度要快得多。随着温度的升高，曲线变得向左倾斜（较短的波长）。这就意味着随着温度的升高，短波长敏感的温度计信号将比较长波长敏感的温度计的信号以更快的速度增长。短波长敏感的温度计对温度变化更为敏感。这对观察者来说是显而易见的。在 1000℃（1830℉）时，通过一个小孔看到的炉室颜色是一种令人愉悦的红色。在 1600℃（2910℉）时是一种明亮的、令人讨厌的白色。估计在 5500℃（9930℉），太阳表面的温度具有可见光谱强度的最大值。相比之下，在大多数炉温下最大光谱辐射功率不会下降到可见光谱中。限制了温度计较短波长的灵敏度，同时也限制了可被检测到的有效能量。相对高目标物温度，短波长温度计是有局限的。高温灵敏度还要求传感器具有宽动态范围。如果温度计在一个很宽的温度范围内测量到的温度是理想的，那么可能有必要选择一个仅对长波长敏感的温度计。

（3）比辐射温度计　由两个不同波长测量的信号对比也可以推测出温度。这种测量仪器称为双色温度计、双波长温度计或比辐射温度计。比辐射温度计在以下三个领域可能是有用的：

1）部分目标物，目标物太小不足以充满温度计的视野范围。

2）遮断的目标物，目标物被灰尘、烟雾等部分遮蔽。

3）发射率不同但在温度计敏感的两个光谱区内发射率又相同的目标物。

在所有这些情况下，在两个波长区域影响信号相当的变量（目标物大小、是否遮蔽、发射率）不会影响信号比或温度的推断。然而，应用比辐射测温法应该考虑下列事项：

1）从两个信号的比率确定温度，两者都是随着温度的增加而上升。因此，该比率对温度变化的敏感度不如任一单一信号。虽然可以通过使波长相距更远来提高信号比的温度灵敏度，但是这减弱了发射量在每个波长同等表现的可能性。

2）对任何信号波长的温度计来说，信号减少将导致表观温度降低。虽然较短波长的比辐射温度计信号的减少会引起较低的表观温度，但是从较长波长信号的相对减少可以推断出一个更高的表观温度。因此，提高吸收率（或降低发射率）会引起比辐射温度计产生负或正的误差。

3）相比于单一波长温度计，比辐射温度计的构造通常更复杂、更易碎和更昂贵。关于比辐射温度计更详细的分析，见本书参考文献 9。

（4）发射率值　发射率是一个多变量函数，如表面粗糙度和波长。在既定情况下，发射率值可以由试验确定，即通过测量目标物的信号，单独测量目标物的温度，并计算校准曲线要求的校正值使温度计与单独测量方法获得的温度一致。单独测量法通常采用接触器（热电偶），但可能需要知道该目标物是否处在一个固定温度点，如熔点。

在采用单独测量法无法确定目标物发射率的地方，可以采用公开发行的数据。总之，应该谨慎行事，因为目标物的表观发射率不仅取决于目标物材料的发射率，也取决于目标物的形状、表面粗糙度和氧化程度。另外，发射率通常与目标物的温度和测温计的波长有关。考虑到所有这些影响因素，表 2-27 列出了波长为 0.65μm（隐丝光学高温计采用的波长）时材料的发射率。更多详细数据参见本节参考文献 11。除了发射率值，本节参考文献 11 还介绍了不同制备工艺和温度影响发射率值的有关情况，同时也示出了不同波长时的发射率值。

表 2-27 波长为 0.65μm 时材料的发射率

材料		状态	发射率
金属	铍	固体	0.61
		液体	0.61
	碳	未氧化的	0.85
		石墨	0.76
		石墨	0.95
		粉末	—
	铯	—	0.37
	铬	固体	0.34~0.45
		液体	0.39
	钴	固体	0.36
		液体	0.37
	铌	固体	0.37~0.49
		液体	0.4
	铜	固体	0.10~0.11
		液体	0.13~0.17
	铒	固体	0.55
		液体	0.38
	金	固体	0.04~0.16
		液体	0.07~0.22
	铟	—	0.3
	铁	固体	0.35~0.37
		液体	0.37
	镁	液体	0.27
	锰	固体	0.59
		液体	0.59
	钼	固体	0.37~0.43
		液体	0.4
	镍	固体	0.36
		液体	0.37
	钯	固体	0.33
		液体	0.37
	铂	固体	0.30~0.33
		液体	0.38
	铑	固体	0.24~0.29
		液体	0.3
	银	固体	0.04~0.07
		液体	0.07
	钢	固体	0.37
		液体	0.35
	钨铬钴合金	—	0.33
	钽	—	0.5
	碲	—	0.51
	钍	固体	0.36
		液体	0.4
	钛	固体	0.63
		液体	0.65
	钨	固体	0.39~0.46
	铀	固体	0.54
		液体	0.34
	钒	固体	0.35
		液体	0.32
	钇	固体	0.35
		液体	0.35
	锆	固体	0.32
		液体	0.3
氧化物	镍铝合金	固体	0.87
	铝	—	0.3
	铍	固体	0.31~0.35
	铈	—	0.58~0.80
	铬	固体	0.60~0.70
	钴	固体	0.77
		液体	0.63
	铌	—	0.71
		—	0.7
	铬镍合金	固体	0.87
	铜(亚铜)	固体	0.48~0.80
	碳素钢	固体	0.8
	铁	—	0.63~0.98
		液体	0.53
		铸件	—
		氧化	0.7
	镁	—	0.7
	锰	液体	0.47
	镍	固体	0.85~0.96
		液体	0.68
	钍	固体	0.50~0.57
		液体	0.69
	锡	—	0.32~0.60
	钛	固体	0.52
		液体	0.51
	铀	固体	0.3
	钒	—	0.70
	钇	—	0.6
	锆	—	0.4
	80Ni-20Cr	氧化	0.9
	60Ni-24Fe-16Cr	氧化	0.83
	55Fe-37.5Cr-7.5Al	氧化	0.78
	70Fe-23Cr-5Al-2Co	氧化	0.75
	55Cu-45Ni(康铜)	氧化	0.84
	碳素钢	氧化	0.8
	不锈钢	氧化	0.85

绝大多数金属相对低的发射率值能够通过改变表面粗糙度和氧化程度而发生显著变化。通过改变在给定温度下的辐射能力，这些影响发射率的可变因素也会影响温度测量。可以通过在更短波长下测量温度的办法来减少发射率值的这些不确定性因素导致的偏差。下面的例子阐述了 4 种不同光谱灵敏度的温度计的发射率（或吸收率）的不确定性因素的潜在影响。

采用4个带有不同光谱灵敏度的辐射测温计的温度测量。图 2-97 所示为四种温度计的校正曲线——信号与温度的关系。其中，第一种为对集中在0.65μm 的窄光谱波段敏感的温度计，第二种为对集中在 0.9μm 的窄光谱波段敏感的温度计，第三种为对 0.65μm 和 0.9μm 的光谱波段敏感的比率温度计，第四种为对所有波长上辐射都敏感的全辐射温度计。曲线经校正处理，等同于 1500℃（2730℉）。图中还示出了在 1500℃（2730℉）时信号降低 20% 的情况。

首先，从四条曲线的整体形状可以看出，0.65μm 的曲线上升最迅速，这也可以从黑体曲线推断出来（图 2-97），从图中可以看出短波长的能量随着温度增长而增长得最快；0.9μm 的曲线上升的速度比 0.65μm 的曲线慢也是由于相同的原因；全辐射曲线显示出比短波长曲线更弱的温度依赖性，这是由于贡献给这个曲线的大部分能量来自比 0.65μm 或 0.9μm 更长的波长，这种情况下，温度依赖性较弱；比率曲线显示了弱的温度依赖性，无非是因为它是其他两种曲线（0.65μm 和 0.9μm）的综合结果，它们有非常相似的温度依赖性。在本例中，比率曲线和全辐射曲线明显的相似性只是巧合，这是由于波长和温度的特定选择造成的。

现在应该考虑一个温度为 1500℃（2730℉）目标物信号（或者比率温度计的信号比）减少 20% 产生的影响。非常简单，校正曲线较陡的温度计得到的结果受到的影响更小。

0.65μm 和 0.9μm 温度计显示的偏差分别为 31℃和 43℃（56℉和 77℉），由于信号变化完全相同，温度敏感性较小的全辐射温度计和比率温度计显示的偏差分别 96℃和 107℃（173℉和 193℉）。这样的信号变化可能是由于目标物发射量（比率温度计在较短波长时）减少的 20% 未得到补偿，而吸收量（同样是比率温度计在较短波长时）增加了 20% 或者两者综合作用引起的。一般说来，正确选择比率温度计的性能比此处所示的结果要好，因为许多干扰因素在两个波长区域有近乎相同的影响。

简言之，采用较短波长时因发射率或吸收率的不

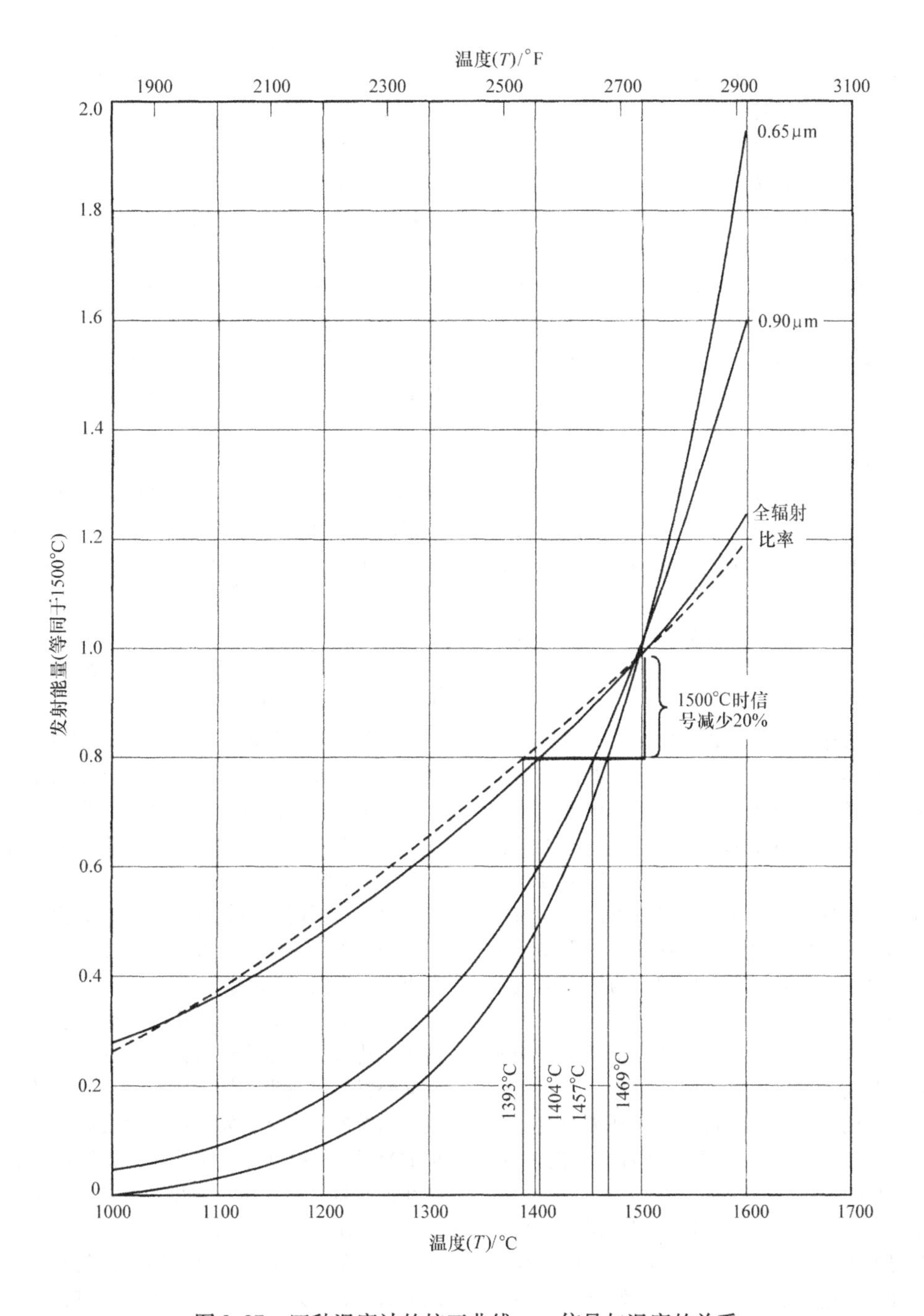

图 2-97　四种温度计的校正曲线——信号与温度的关系

确定性引起的偏差较小。选择短波长可最大限度地减小发射率偏差，这对于露天条件下的裸金属更加有用，因为大多数金属的发射率随着波长的增加而减小。有关此规则的例外情况是，当选择较短波长时产生的信号太小以至于无法准确地测量，还有一种情况是目标物周围的环境较热。在后者中，由目标物从较热环境中反射到温度计的能量中有较丰富的短波长能量，可能会引起短波长温度计产生更大的正偏差。这种情况，如均热炉，通常不能由单一温度计来解决。

2.4.8　测量和控制仪表

各种测量和控制回路配置必须正常运转以使系统达到最佳运行状态。虽然这种协作的必要性是显而易见的，但系统中的一个或多个元件往往被忽视。

如温度传感器，可能只占仪器成本的1%，如果校正有误或者没有正确安装，整个系统的性能就会下降。如果输入误差很大，即使是最精密的温度测量和控制系统也会产生误差很大的输出。

（1）测量仪器和精确度　测量精确度在很大程度上取决于温度传感器的精确度以及连接电路。测量仪表产品说明书中定义了其在参考条件下的精确度，参考条件包括动力、环境条件（温度和湿度）、电噪声抑制及最大电源阻抗。变送器，在一些传感器中用于放大和调节温度信号，对它们的精确度有类似的条件要求。

对于热电偶测量类型，温度测量仪器在其线路中引入了参考端补偿，对于非接触式辐射传感器，则引入了发射量补偿。根据热电偶丝和仪表测量电路铜丝之间连接点的温度，参考端补偿对测量自动调节。辐射型温度测量要求一个发射率补偿器。该补偿器通过比较采用光学高温计或校正热电偶对同一目标物的测量结果进行校准调节。调节发射量补偿器使辐射高温计的测量结果与参考校准仪表的测量结果一致。

在测量领域存在一个问题，总想使传感器对于被测量的参数尽可能地敏感，而对其他参数的变化要尽可能地不敏感。因此，要更多地使用多传感器来补偿由单个传感器带来的系统性偏差。比如，在加热炉中，从一个目标物中得到的热辐射信号可能是该物体发射出的辐射热加上炉壁发射出的辐射热以及该物体反射热的综合结果。在此类测量中，再采用一个辐射温度计来测量炉壁的参与情况可能会得到较好的结果。

（2）单回路控制　温度控制器应提供足够的能量来满足工艺要求，以应对不同的工作条件。变量包括工艺负荷的变化、燃料特性以及环境温度。因此，当工艺要求苛刻，特别是操作条件变化极大时，控制器要求更加严格。

在操作中，控制器设定值代表期望温度，与工艺或实际温度进行比较。控制器的稳定性以及其对期望温度和实际温度之间差异的敏感性是十分关键的。根据比较结果，控制器调节过程能量流。

控制的两种基本类型是双位型或者是开 - 关型和比例型或调节型。这两种基本类型存在很多变量中。

（3）开 - 关型控制器　开 - 关型控制器很便宜，操作简单并且容易维护。然而，开 - 关型控制器的能量利用率低且增加加热装置和砖砌物的维修成本，尤其是当控制传热滞后的高温工艺时耗时长。随着控制器打开和关闭热输入，工艺温度在控制器设定值的上、下循环波动。在启动期间，一直保持加热直到温度达到控制器的设定值后再关闭。因此，工艺、设备和工件的热惯性会引起超调超过设定值范围，这样就浪费了能量。

当温度在一个特有的开 - 关周期稳定以后，由于传热的影响仍然会浪费一些能量。假设温度循环波动在控制器设定值上、下是均匀分布的，平均实际温度将等于设定温度值。然而，高于设定值引起的传热损失或能量浪费超过了温度低于设定值带来的节约。因此，即使平均实际温度与设定值相等，也会产生净损耗。这些损耗随操作温度的升高而增加。

温度循环波动的幅度，即与设定值偏离的幅度，直接与传热特性和特殊工艺的测量滞后相关。因此，如果温度测量快速响应热输入变化，与设定值的偏离就会小。相反，如果响应慢，就会产生大的温度偏差。

工艺需求对双位（开 - 关）型控制的影响如图2-98所示。图2-98a中的曲线显示温度在设定值上、下均匀地循环波动。换句话说，加热器的开和关的次数是相等的。图2-98b是对更高工艺需求的回应，比如需要更多的热量来保持一个给定的温度。在这种情况下，开的时间更长一些。在图2-98c所示的曲线中，温度低于平均值循环波动。平均值高于设定值。图2-98d中的曲线显示较低工艺需求时相反的效果，重新使平均值非常靠近设定值。在接近半负荷条件下，供热量、被控参数和设定值之间的关系也显示在图2-98e中。

在封闭气氛炉和箱体中，加热工艺温度的周期性变化造成过程压力的周期性变化。这种情况会引起向外冒热风或吸入周围空气，导致额外的能量损耗。如果控制器显示周期性行为在高于或低于设定值的情况下持续进行，为了避免损害接触器和阀门，可在控制器上加入滞后作用。通常，这种类型的系统用于不需要精密控制的地方。一个典型的热处理例子是高限控制器。这种类型的控制器有一个自锁继电器，必须人工复位，当达到高温临界值时，用来安全地关闭程序。

总的来说，开 - 关型控制器的优点是成本低而且安装简单，然而，它只能用于相对不重要的工艺。

（4）比例型或调节型控制器　当工艺温度很重要，或能量消耗很大时，应考虑比例型控制器。相比开 - 关型控制器，比例型或调节型控制器更昂贵且更复杂。然而，由于其能效高，因此运行成本较低。因为控制器通过调节热输入与工艺需求的热量相匹配，所以工艺温度始终持续保持在控制器的设

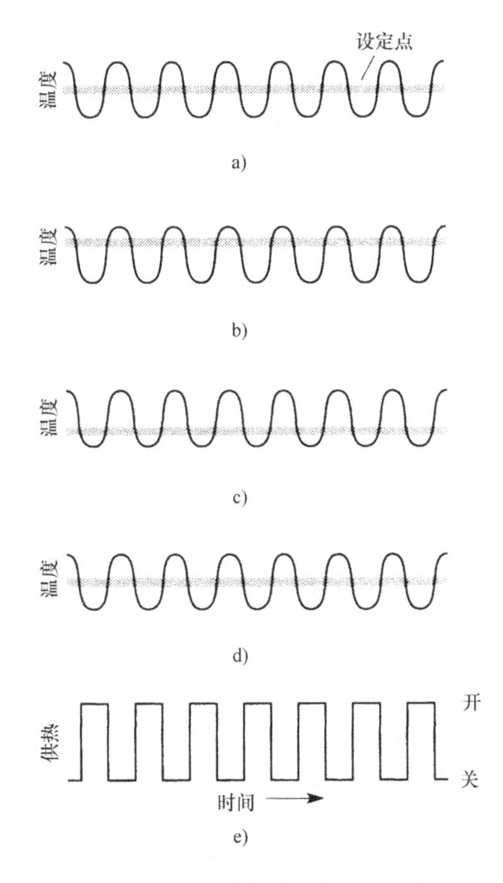

图 2-98　工艺需求对双位（开－关）型控制的影响

定温度。任何工艺需要的温度变化都会通过改变相应的热输入来进行匹配，以抵消温度变化而保持在所需的温度。比例型控制器通过设计能够消除设定值超调情况或使其最小化。超调是工艺从最初的环境温度升高到操作温度时，炉子和工件的热惯性引起的。通常，工艺加热趋势如果不加以控制，会引起超温。

对于不同的工艺，工艺控制响应特性变化极大，甚至同样的工艺在不同的操作条件时也会变化。例如，一个炉子可能在 120℃（250℉）处于空闲状态，在 1095℃（2000℉）时进行工作。比例型控制器通过对偏差信号值（设定温度与实际温度对比）的响应，来进行计算以调节控制。该项计算包括比例、积分和微分（PID）项；因此此类控制器也被称为 PID 或者三模态控制器。比例项是比例补偿或比例增益，其单位是比例补偿或比例增益的百分数。积分项是复位，其单位为每分钟重复的次数。微分项是速率，其单位为 min。这些可调节项（比例区间、复位值和速率）与控制器匹配对工艺动态做出响应。比例区间与偏差信号大小相关。复位与偏差信号大小和它存在的时间长度相关。速率与变化的偏差信号速度相关。因此，当适当调节以响应这些偏差信号特性时，控制器就会持续调节工艺过程的能量输入来保持期望的控制器设定温度值。一个调节好的比例型控制器通过密切保持在期望的温度，能够极大地减少能量损耗。

比例型控制器根据输出分类，包括电流调节型（CAT）、位置调节型（PAT）和时值调节型（DAT）。CAT 可以与一个电子调节器一起使用，如可控硅整流器（SCR）来控制电加热工艺。它也可以和电动气动变换器一起工作来调节气动阀。PAT 可以与一个电动传动装置一起工作来调节杠杆式操作阀。DAT 可以与电流接触器、电动阀或电磁阀一起使用。

典型的应用包括使用 CAT 控制器来调节 SCR，SCR 反过来调节炉子加热元件的电功率。PAT 控制器通常与电动驱动装置一起工作来操作燃气炉的阀门。DAT 控制器与电动接触器一起工作来调节加热元件的功率。电接触器没有 SCR 昂贵，足够适用于慢速反应的高温炉。DAT 控制器也可用来操作辐射管加热炉气动阀，使整根辐射管加热均匀。

工艺温度即使在 PID 的控制下也会在启动期间超过控制设定值。这是由于系统的热惯性造成的。如果温度传感器是重型构造，其较慢的响应速度会使情况变得复杂。控制器还有一种被称为渐近动作、超温抑制或削减的特性，在经过妥善调试后，可以将其影响减至最小。这一功能也可以由一个称为复位限制的方法来完成。

（5）数据采集　通常情况下，利用条带记录仪打印出来的轨迹，对当前数据与历史数据进行比较，观察一个现行操作（间歇式或连续式）的趋势，加热过程的日常控制已经得到改善。除了利用这一控制手段外，客户和质量控制经理越来越重视利用统计数据，甚至用来证明某一工艺或某一工件经过了正确的时间温度处理过程。为了帮助管理这些日益增加的数据和相关信息，已经开发了功能强大的微处理器记录仪。这些仪器（图2-99）不仅能提供有关时间温度的多点带状记录显示，还可计算结果（如几个热电偶读数的平均值），以数据记录的形式打印出来，标记所发生的离散性事件，以及提供一系列的警报功能。

（6）工艺管理系统　“温度控制仪表”已在前面章节介绍，计算机技术已经开发了辅助设备和集成了所有功能的小型工艺管理软件系统对热处理系统进行管理。工艺管理系统为所有的功能提供了一

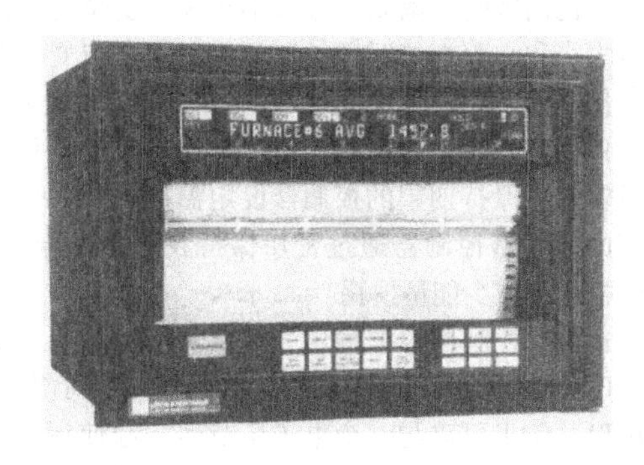

图2-99 微处理器记录仪的控制、分析和报警功能

个通用数据库，并且整合模拟回路控制、离散逻辑控制、数据采集、数据管理、数据统计和报告功能。通过软线路进行通信和联系，也就是通过配置和编程取代了具体的硬线连接。

更大的好处就是当中央管理站（包括计算机、键盘、液晶显示屏、控制器、数据采集）中所有的系统信息可用时，其他的功能可以在靠近作业现场的处理装置中进行配置，这样可以最大限度地减少安装（或未来安装升级）布线成本，并且可靠性得到最大限度地提高；即使是在与中央处理站的通信发生故障的情况下，现场处理装置也可以根据之前预置好的程序继续工作。

（7）分布式控制系统（DCS） 当工艺控制需求达到一定规模时（一般超过2000个输出/输入点），就需要DCS功能来完成。DCS拥有超过微机过程管理系统的主要功能是规模（系统能够处理模拟数据的类型及其数值，以及离散式输入和输出）、速度、冗余度（可靠性）、配置难易程度、图形可用性，或复杂计算或控制算法方面。通常情况下，如果只有少量控制回路，在回路（模拟量）和逻辑（离散式）控制之间没有什么动作需要执行，且记录器又能满足数据采集需要时，就应该考虑采用一套硬线连接系统。当控制回路数量从10个增加到100个，需要对回路和逻辑功能进行集成控制或需要进行计算，且需要下载许多不同的工艺配方时，就可能需要至少选用微机工艺管理系统。DCS适用于更多的工艺、许多工艺集成或者是需要特别高可靠性的地方。现行DCS的一项特殊功能就是当各个部件之间采用双倍冗余光纤通信网络时，它拥有足够的冗余。这些光纤网允许DCS在大型工厂的数英里范围内进行布置。

2.4.9 能量流调节器

控制回路的终端元件通过调节能量流来响应控制器输出，可能包括一个或多个部件，如阀门、阻尼器、功率调节器、加热元件、转换器或执行机构。一些满足需要的特性包括快速响应速度、线性响应、高敏感性、足够的电力和可靠性。终端元件应该在其整个范围内是线性响应。也就是说，终端控制元件应该使温度产生相应的变化。阀门、功率调节器、加热器的规格应该与工艺要求相匹配，从而使控制性能最优化。终端元件可以提供反馈设备用于控制系统，如滑线、限位开关。如果发生断电情况，终端元件还可以设计成在某一限位或在最后的状态锁定。

与电子控制器一起使用的一些终端元件包括：

1）用来调节蒸汽或热水流量的电动阀门组件。

2）用来调节燃料燃烧的电动阀门燃烧器组件。

3）用来调节燃料的气动阀和用来从控制器转换输出信号的电动气动阀。

4）与接触器、磁饱和铁芯电抗器、SCR和三端双向可控硅一起使用的电阻型加热元件。

在任何节能控制系统中，终端元件的设计都是非常重要的，因为它调节能量流。比如，通常选择蝶阀代替比例阀，因为蝶阀成本更低。然而，因其流量特性是非线性的，这就使得对整个量程内的控制更加困难。在蝶阀中，在阀关闭位置附近流量变化大，而在阀打开位置附近则变化小。

1. 电加热器控制

采用燃气加热或电加热的相对优势通常取决于能源供应成本的经济性。在美国，与电相比，燃气相对便宜，因此燃气成为大多数炉子的标配。但是在以下情况下要考虑使用电加热系统：

1）在整个工艺温度范围内需要更精确的温度均匀性及其控制。

2）燃烧产物可能引起意外的产品表面污染。

3）存在环境问题（如NO_x排放等）。

在电加热元件工作期间，通过最大限度地降低温度极限，可以延长加热元件的寿命，由于加热元件的膨胀和收缩次数减少。通过尽可能减小电源控制器随时间的波动，可以使输出更顺畅、加热元件寿命最大化。

历史上，采用便宜的机械式接触器将开关电源导入电加热元件是主流方式。由于是活动式部件，接触器有一个负载系数，因此它在超过预定数量的循环次数后将发生损坏。典型的开关时间可能低至30s，如果负载比此时基反应更快，则温度将在开关循环周期内发生波动。有关廉价接触器的另一个问题是，在电压不为零时它可以执行关闭动作，同时形成电弧，导致在线路电压上产生噪声。

固态继电器（SSR）能够在 1s 内响应动作，最大限度地减少温度波动以延长加热元件寿命。SSR 是采用半导体技术的开关控制设备，加热元件可适应全电压或无电压状态。SSR 通常用于低电流的应用中。当需要周转时间快、考虑初始投资成本和必须考虑可靠性时，采用 SSR 是划算的。在其开关速度能够比加热元件的响应周期时间（最大限度地降低加热元件的温度波动）更快时，尤其有效。一种典型控制手段就是通过控制器的脉冲直流电压输出来完成。

SCR 电源控制器能够以 1s 时基的几分之一动作，以进一步消除温度波动的问题。开发 SCR 技术就是用来解决接触器的一些主要问题的。根据半导体技术原理（根据期望的动作导通或绝缘），SCR 相比接触式开关有以下优点：

1）缺少活动机械部件，减少了维护和运行费用。

2）因为在零电压切换，零交叉装置产生的电子噪声更少。

3）快速循环周期，实现更精细的控制和延长加热元件寿命，增加温度稳定性以及减少加热元件热振性。

4）加热元件因加热和冷却作用而引起的尺寸变化（膨胀和收缩）较小。

SCR 电源控制器有以下三种不同的控制方法：

1）与开关和 SSR 相似的开关控制型。

2）相（位）角控制，按每个电源周期的百分比成比例地打开。

3）零交叉控制，通过改变交流电源周期，成比例地打开和关闭。

相（位）角控制技术的优点是可对加热器功率提供无级控制。这是一种非常精确的控制手段，对负荷变化提供最快的响应，并最大化地提高加热器寿命。也有选择用来降压限流的以及使用带这种控制形式的软启动。

不幸的是，相（位）角控制技术切入相位周期并产生电子噪声，影响功率因数（如果漂移低于一定水平，一些公用事业公司可能会牺牲功率因数）。零交叉控制技术的特点是可最大限度地减少电子噪声，不损害功率因数。这是由于这种控制要等待一个完整的功率周期，它比相（位）角控制稍慢一些，但仍具有每秒若干分之一的分辨力。

现代化的 SCR 功率控制器能够综合采用几种控制技术，因此如果需要软启动或限位控制时，可在加热升温段利用相（位）角控制的优势，然后在主工艺段切换到零交叉控制。零交叉控制装置由于能够安排点火顺序，可自我实现功率管理，避免了负荷堆积，从而降低峰值负荷需求。

通过温度控制器的线性输入来完成常规控制；输入值通常为 4 ~ 20mA，0 ~ 5VDC 或 0 ~ 10VDC。当温度允许偏差要求精确、加热元件响应快速和可靠性非常重要时，可以使用 SCR。SCR 控制器较高的初始投资可与较低的运行成本相抵消。

2. 气体加热控制

目前，气体加热是美国最普遍的炉子加热方式。有许多不同的方法来控制炉子气体输入量。

（1）传统气动执行机构　许多热处理炉采取燃气直接燃烧方式，无论是通过燃烧室或辐射管。有两种典型的技术用来进行燃料分配，阀门以大火/小火的方式切换，或者电动阀定位器旋转一个流量调节阀来分配所需的燃料量。就流量调节阀而言，其特点是在阀门和电动执行机构之间有一个机械联动装置。

当发生故障时，电动机执行机构用一个双向作用的电动机来保持在最后位置。控制系统从执行机构传感器获取位置信号。通常采用可变电阻器或滑线来提供此信息。这是一种低成本的方法，但超过使用时间后受机械磨损的制约。新型的执行机构部件可与非接触电位传感器一起配合使用，从而不受机械磨损的制约。这些设备通常需要一个高的模拟测量能力以及控制器中的特殊算法来定位电动机。

关于执行机构系统的其他问题是，其围绕最高工作温度和有限的调节比（可为 10:1）进行设计。在低温运行时，这可能会导致温度均匀性和超调控制问题。如前所述，蝶阀通常被用来代替比例阀使用，因为成本较低，然而其伴随的非线性动作会影响系统的控制能力，尤其是在较低的温度时。

燃烧器是按满负荷时取得最大效能来进行设计的，这样可获得最佳的燃烧效果。然而不幸的是，当实际系统在中间区域时，会导致不完全燃烧，这样就不能充分利用能源和因不符合规范排放引发潜在问题。

慢动作调节装置还降低了对热输入变化的快速响应能力，这可通过对改变燃气混合比的机械空/燃比率调节器的输出的慢速响应来调节。根据炉子类型和所用气氛环境，可采用脉冲燃烧系统来控制工艺过程中的能量输入。

（2）脉冲燃烧　与传统燃烧系统相似，脉冲燃烧系统从炉子控制器获取所需要信号。然而，与火焰强度慢速调节不同，脉冲系统火焰可在大和小（近于关闭）两种状态间快速切换。

燃烧器在其范围内自始至终以最佳燃烧效率运行。内置的速度控制器能够对供热需求的变化做出动态反应，即使在供热需求调低的状态，电磁阀动作也能使燃料得到最佳利用。这种调节比的改善，在较低温度下，可获得比传统气动系统更好的温度均匀性。

脉冲系统还能够改善透热和热循环，有助于热传递和缩短升温时间。而这取决于燃烧器的燃烧方式，这明显限制了直接加热炉的应用。

通常控制系统设计和燃烧器系统的总体设计都比传统的气动系统更加复杂，从而导致这种方案更加昂贵。然而，由于可节省能源，特别是能耗大的炉子可加快投资回报。

2.4.10 SAE-AMS 2750 标准

1990 年，SAE-AMS 2750《高温测量法》由美国国防部采用，该标准包含温度传感器、仪表、热处理设备、系统精确度测试和温度均匀性测试内容。本规范的制定提供了覆盖热处理温度控制主要方面的单一性文件。

AMS 2750 已被其他工业领域大量采用，且作为高温测量标准用于许多跨国公司。汽车热处理标准 CQI-9，其高温测量要求最初参照的就是 AMS 2750D，现在已在 AMS 2750D 所述技术要求的基础上制定了汽车热处理高温测量标准。航空航天热处理认证的最新发展已经明确了对不同航空航天原始设备制造商要求之间的差异。SAE-AMS 2750 的最新版本 E 版，已于 2012 年 7 月发布。

（1）温度传感器　该标准涵盖普通传感器 J、E、K、N、R、B、S、T，有裸露消耗型、涂丝或矿物绝缘的非消耗型、金属护套型（MIMS）。使用可兼容的补偿导线或是使用无线信号传送器作为替代。热电偶的精度要求取决于传感器的主要用途，是普通金属还是贵金属以及用于什么等级的炉子。

对于热处理，传感器的主要用途包括：

1）负荷传感器：±4℉（±2.2℃）或±0.75%。

2）控制、记录和监控传感器：1 级和 2 级为±2℉（±1.1℃）或±0.4%；3 级到 6 级为±4℉（±2.2℃）或±0.75%。

3）系统精度测试传感器：普通金属热电偶为±2℉（±1.1℃）或±0.4%；R、S 型热电偶为±1.5℉（±0.8℃）或±0.25%；B 类热电偶为±0.50%。

4）温度均匀性检测传感器：±4℉（±2.2℃）或±0.75%。

（2）炉子分级　炉子分级最终取决于温度均匀性要求。炉子共分六个等级：

1 级：±5℉（±3℃）

2 级：±10℉（±6℃）

3 级：±15℉（±8℃）

4 级：±20℉（±10℃）

5 级：±25℉（±14℃）

6 级：±50℉（±28℃）

（3）仪表　对热处理有利害关系的两种仪表包括：

1）用于温度均匀性（TUS）检测和系统精确度测试（SAT）的现场测试仪表。这些可用于控制、监控或记录仪表的校准以及作为控制用。精确度为±1℉（±0.6℃）或读数的±0.1%。校准周期是每三个月一次。

2）控制、监控和记录仪表作为数字化仪表，其精确度要求为±2℉（±1.1℃）或读数的±0.2%。校准周期取决于炉子的等级：1 级是每月一次，2 级到 4 级是每季度一次，5 级和 6 级是每半年一次。

SAT、TUS 的测试间隔和控制、监控和记录仪表的校准间隔要综合考虑炉子等级和仪表类型：

1）E 型仪表每个区需要一个控制传感器。

2）D 型仪表每个区应增加一台记录仪进行记录。

3）C 型仪表需要一个附加的高-低温热电偶（视 TUS 报告情况）。

4）B 型仪表不需要额外的高-低温热电偶，但需要在每个区安装一个负载传感器。

5）A 型仪表需要高-低温热电偶和负载热电偶，以及对控制传感器进行记录。

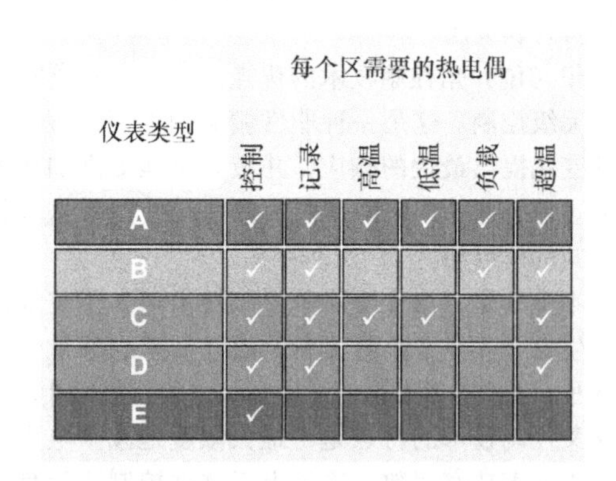

每个区需要的热电偶

仪表类型	控制	记录	高温	低温	负载	超温
A	✓	✓	✓	✓	✓	✓
B	✓	✓			✓	✓
C	✓	✓	✓	✓		✓
D	✓	✓				✓
E	✓					

（4）SAT　SAT 是把仪器/导线/传感器读数与校准测试仪表/导线/传感器的读数进行现场比较，以确定测量的温度偏差是否在适用要求范围内。这样就可以确定炉子每个区域的控制和记录系统在运行过程中的精确度。SAT 间隔范围从一周到半年，

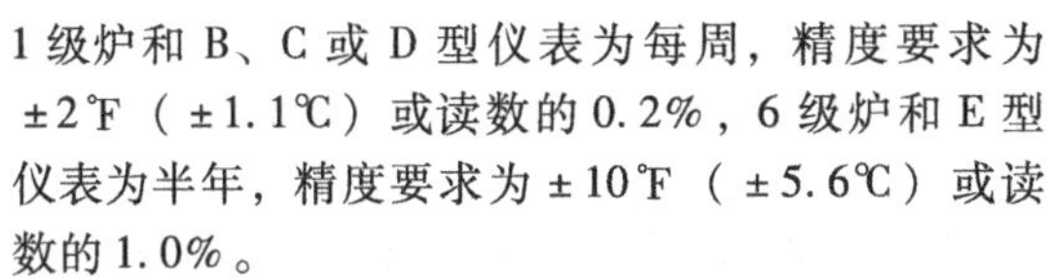

1 级炉和 B、C 或 D 型仪表为每周，精度要求为 ±2℉（±1.1℃）或读数的 0.2%，6 级炉和 E 型仪表为半年，精度要求为 ±10℉（±5.6℃）或读数的 1.0%。

（5）TUS　执行 TUS 测试是测量温度均匀性，以确立一个认可的工作区域和合格的温度范围。周期性 TUS 测试的时间间隔取决于炉子等级和仪表类型，间隔从一月到一年不等：1 级炉（A 到 D 型仪表）为每月，6 级炉和 E 型仪表为每年。用于绘制温度均匀性图形的传感器数量取决于炉子等级和有效作业空间：不超过 $3ft^3$（$0.085m^3$）的有效作业空间的 1 级到 6 级炉子，需要 5 支热电偶；有效作业空间为 $3000\sim4000ft^3$（$85\sim113m^3$）的 1 级和 2 级炉子需要 40 个传感器，3 级到 6 级炉子需要 25 个传感器。

（6）保持整体精度的通常措施　保持好的整体精度的最好办法是消除控制系统中的潜在误差。可归结为以下三个主要方面。热电偶的精度检查也很重要。

1）根据以下所述内容选择最为适宜的热电偶型号：

① 根据炉子工作温度范围选择热电偶的尺寸和型号。

② 优先选用具有特定偏差范围的热电偶，而不是标准热电偶，以获得良好的整体系统精度（某些标准中有要求）。

③ 采用合适的铠装热电偶，避免炉内气氛污染。高温情况需要大的护套，但会延缓响应时间。热电偶是静态还是频繁动作、耐火材料是否污染这些因素都可能成为问题（采用高纯绝缘体）。

④ 选择接地或不接地，取决于热电偶响应速度和所在区域电气绝缘要求。过快或过慢都会对系统精度产生影响。

⑤ 通常根据热电偶类型确定所用的连接器和补偿导线。

2）选择较高精度仪表以减少更深层次误差。通常情况下，在热处理操作中期望是输入精度为 0.1% 或更好的仪表。这些仪表通常配置优质输入接头材料和内置绝缘体以避免噪声问题。

3）采用控制系统读数到图形记录仪的数字再传输。精度检查一般考虑热电偶、控制仪表和图形记录仪。为进一步减小误差，采用控制系统读数到图形记录仪的数字再传递。这样可以准确复制控制系统读数，不会引入其他形式再传递所见到的更进一步的误差。

参考文献

1. A. J. Beck, *Heat Treat.*, May 1973, p 29–32
2. G. Totten, N. Gopinath, and D. Pye, *Heat Treating Equipment, Steel Heat Treatment: Equipment and Processes Design*, CRC Press, 2007
3. The International Practical Temperature Scale of 1968, Amended Edition of 1975, *Metrologia*, Vol 12, 1976
4. B.W. Mangum, Special Report on the International Temperature Scale of 1990: Report on the 17th Session of the Consultative Committee on Thermometry, *J. Res. Natl. Inst. Stand. Technol.*, Vol 95 (No. 1), 1990
5. Temperature-Electromotive Force Reference Functions and Tables for the Letter-Designated Thermocouple Types Based on the ITS-90, *Natl. Inst. Stand. Technol. Monogr. 175*, 1993
6. N.A. Burley, R.L. Powell, G.W. Burns, and M.G. Scroger, The Nicrosil versus Nisil Thermocouple: Properties and Thermoelectric Reference Data, *Natl. Bur. Stand. Monogr. 161*, U.S. Government Printing Office, 1978
7. G.W. Burnes, The Nicrosil versus Nisil Thermocouple: Recent Developments and Present Status, *Temperature: Its Measurement and Control in Science and Industry*, J.F. Schooley, Ed., American Institute of Physics, 1982, p 1121–1127
8. R.E. Bentley, Thermocouple Materials and Their Properties, Chap. 2, "Theory and Practice of Thermoelectric Thermometry," CSIRO technical report, 1988
9. A.S. Tenney, Radiation Ratio Thermometry, Chap. 6, *Theory and Practice of Radiation Thermometry*, D.P. DeWitt and G.D. Nutter, Ed., John Wiley & Sons, 1988
10. "Direction Manual for 8627 Series Optical Pyrometers," 177720, rev. ed., Leeds & Northrup Company
11. Y.S. Touloukian and D.P. DeWitt, Thermal Radiative Properties—Metallic Elements and Alloys, *Thermal Properties of Matter*, Vol 7, IFI/Plenum, 1970
12. G.R. Peacock and A.P. Matocci, A Practical Method for Direct Steel Temperature Measurement in Reheat Furnaces, *Iron Steel Eng.*, Nov 1984, p 47–53

2.5　热处理设备的控制

Jason Walls, Frank Pietracupa, and Eric Boltz, United Process Controls

Janusz Szymborski, Nitrex Metal Inc.

热处理设备需要多样化的控制系统，以满足现场一体化、最佳热处理效果以及安全的需求。现代先进的热处理控制系统中，都装备了与 PLC 和个人计算机相连的专用过程控制器，从而执行复杂的控制和过程算法，包括网络能力和统计过程控制（SPC）。其中，网络化和统计过程控制（SPC）已经成了标准配置。

现代热处理设备控制系统同时也包括可视化的用户操作界面，方便进行热处理工艺操作、报警管理、设备信息处理等，如图 2-100 所示。这个操作界面通常是安装在设备旁边的专用编程器面板或触摸屏，或者在热处理车间的计算机上，或者是这些的组合。这样的界面操作简便，使用者能够方便快捷地掌握温度、气氛状态、报警信息、工艺阶段、操作信息，以及其他设备供应商认为重要的信息等。设备维护和保养信息也显示在控制系统中，包括设备维修周期、校准周期、设备的输入输出状态、PID 参数、校准参数等，方便维修人员进行设备维护。设备运行数据也存储在历史记录文件、报警文件中。

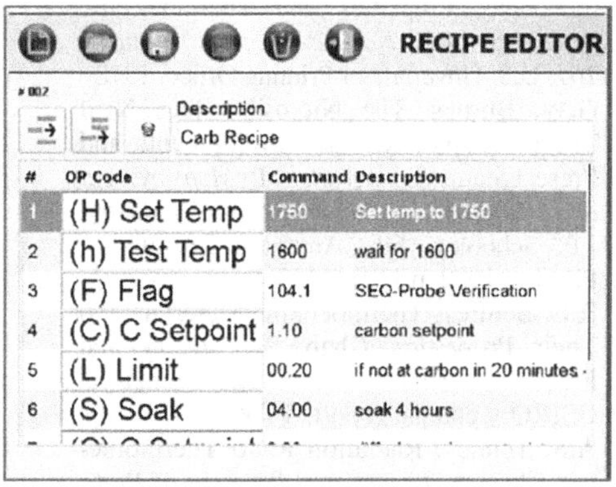

图 2-100　工艺运行界面

电器柜布线必须满足 NEC 标准和当地组织和团体的标准。高可靠性的断路器必须配置在使用者可见并方便操作的位置，接地必须要进行精心的设计，避免操作者成为地线的一部分。接线方式需要考虑到恶劣的使用环境的影响，电动机和控制电缆布置于专用的电缆沟槽内，每条电缆沟槽内部布置的电缆数量要精确核算，以避免引起额外的温升；所有电子元器件的设计和选型要考虑热处理设备特殊的使用环境，炉体也必须科学地接地。

特殊的热处理设备，例如激光、电子光束加热炉，等离子渗碳炉，渗氮炉等，具有自身特殊的安全和控制要求，将在随后其他章节中论述。本节专注于讨论气氛炉，并部分地涉及真空炉。更多的真空炉内容将在“2.6 真空热处理过程”中论述。

2.5.1　机械传动

热处理设备运行过程中需要可靠的传动控制，控制移动和定位等机械动作，例如炉门、淬火平台升降、推料机械手、装卸炉料等。一般情况下，使用指示灯显示动作状态，而更先进的炉子配置 PLC 和触摸屏，并将动作执行的结果反馈给控制系统。机械传动中位置和动作等的失误和故障，应发出相应的报警，执行预制的应急措施，如果必要，设备需要提供报警记录以用于后期的分析。

（1）机械限位开关　机械限位开关能够监控慢速的机械运动，多用于控制门和升降机的位置、网带的运动、凸轮的转动、机械的移动等，缺点是不能够太频繁使用、机械元件有服役年限限制，因此逐渐地被接近开关代替，但是在安全互锁、机械限位等应用中还不能够被替代。作为安全装置的限位开关，必须进行周期性的维护和检查，由于不经常动作，一个未被检查到的安全限位开关的失误将会导致严重的设备安全问题。为了确保安全，限位开关通常配置在电流回路并连接常开节点，通电后触发，线圈带电运行，同时线圈上必须配置电磁干扰屏蔽装置。

（2）接近开关　接近开关可在没有物理接触的状态下发现物体的运动，应用广泛。其检测原理多样（包括电感型、电容型、超声波型、电磁型、光电型等），形状多样，尺寸各异，检测距离和工作电压分类庞杂，能够监测所有的机械位置。各类接近开关都有自身的优势和弱点。例如电容型开关，常用于观察玻璃管中液体的液位，在热处理设备中用于监测淬火油的液面；如电磁型接近开关，安装在液压缸或气缸的外部，能够监测液压缸或气缸内金属柱塞的位置。部分接近开关需要特殊的信号转换后才能够被 PLC 识别。

（3）光电接近开关（激光、红外等）　光电接近开关测距大，广泛应用于多用炉连续生产线，以及生产线外部的装卸料装置、装料台、料车等。测距工作原理是发射一束光线到探测部位并检测反射回来的光束，除了部分接近开关需要额外的发射器，大部分能够同时发射和检测，为了可靠的运行必需保障玻璃管/片的清洁。光电接近开关的探测距离从几厘米到几十米，同时具有非接触性的特点，使其可以满足热处理设备的各种需求，应用广泛，特别是在高温、有毒的热处理场所。

（4）定位/位置测量装置　定位/位置测量装置在现代热处理中的典型应用是设备及工件的位移、定位和装/卸料场所。一般来说，它们检测并传输电动机运行信号，传输到电动机控制系统中，决定电动机下一步的动作：定位、起动、减速、加速等。通常，这类装置带有通信功能，减少了布线，提高了可靠性。常见案例如下：

1）旋转译码器和编码器：它们通常用于旋转类测量，得到速度、方向和旋转轴的位置信号。旋转译码器测量缠绕在铁芯上的线圈的磁通量，就像变压器一样，以测量旋转运动。光学编码器依赖光电元件，光源发射一束光通过裂隙到光电检测器，一个带有透光和不透光部件的轮子在光源和检测器之间旋转，根据编码类型，可以从编码器上获得绝对值或者增量信号。

2）激光测距装置：激光测距装置发射一束可调光束，采用专用的反射器返回信号，光束的强度及返回信号的时间决定了测量距离。典型的激光测距系统包括激光光源、光束收集器、电子分析电路、数据通信装置，测量距离可达到几百米，精度为1μm（40μin）。常用于自动料车，用来计算料车和炉子、料台之间的相对位置，并驱动料车到所需要的位置。激光测距装置适合于测量线性距离。

3）超声波测距装置：该装置发出一个较短的超声波并分析回波。由于使用特定的频率，因此抗干扰性强。最常见的应用为测量大型油箱的油面，或者大型油箱体内的工件，反射面要求平滑，热的工件和吸收超声波的材料不能够测量。

4）使用编码器技术的绝对定位装置：这种方法具有极高的重复性，可精准地测量所有的线性、弧线位置，测量范围可达10000m。采用宽频的激光技术，其精度接近激光测距。

2.5.2 监测循环风机和淬火搅拌器/泵

监测循环风机和淬火搅拌器，不仅需要从技术角度考虑，而且要符合美国消防协会（NFPA）安全标准NFPA86－2011的要求。为确保循环风机运行，风机运行期间需有足够的冷却空气在风机周围，淬火油加热必须和搅拌电动机互锁。传动带和传动机构故障会给热处理质量带来严重影响，但是直接测量气体循环流动和淬火液循环速率是不现实的，需要采取其他的监测方法。现行市场上有很多专业的探测器和监控手段，选择时，需要遵循相关标准，传动带的断裂、链条的故障、齿轮的损坏、轴柄的故障，都需要充分地考虑。

（1）控制系统的监控　炉子常规监控系统不能完全确保电动机的正常运行，但能够提供相应的反馈信号，例如短路或者过载信号，使电动机在常规的保护状态下运行。

（2）低速运行监控装置　典型的应用解决了传动带或者链条的低速运行问题。这种装置也可应用于循环风机和淬火泵。速度信号的采集通过转换编码器或者译码器，电动机每旋转一圈，探测器传输一个脉冲信号给控制继电器，这个脉冲数据依次控制继电器的时间延迟，如果电动机速度降低，脉冲之间的时间就会增加，当时间大于内部设定值时，继电器将会改变输出状态，发出报警信息。最佳做法是探测器直接安装于循环风机和搅拌器的轴上，这样报警就可以囊括传输机构的影响。

（3）电动机负载监视装置　该装置能够自行充电，内置的自检装置能够设定电动机的负载能力，功率因数继电器能够平衡三相电流和精确地评估异步电动机的负载状态。通常带有上下限调整装置，能够发现各种情况引起的超负荷，包括机械故障、关闭阀门、管道破裂等超载故障，以及传动带脱落、传输故障、泵空转等轻载故障。在不需要其他任何外部探测器的情况下，电动机负载监视装置能够方便地应用于新的或者改造的系统中三相异步电动机的监控。

（4）电流监控　电动机功率与电动机的额定电流有直接的关联，电动机电流也经常用于电动机过载监控，电流信号的应用必须采用正确的连接方式。电流传感器价格较低，并且可以在不断开电动机电源线的情况下安装。

（5）相位监控装置　电动机保护类继电器都具有相位监控功能，该装置用于三相或单相电动机，当出现缺相、过电压、低电压、三相失衡、相位改变、电网质量太差时保护电动机。该装置虽然对电动机的保护功能更胜监控功能，但如果配合电流监控，仍然可以作为电动机监控装置使用。

2.5.3 流量测量和控制

流量测量和控制对于热处理设备的安全和热处理过程精确控制都至关重要。通过流量计，以及热电偶、氧探头、气体分析仪等各种仪器，控制系统为了工艺过程的最优化发出调整流量计指令。最简单的例子就是，精确的空燃比对热处理过程极具价值，而精确控制燃气量是气氛控制的关键。在紧急情况下，例如炉子失温，流量控制器就必须切断相应的气体供应以避免更大事故的发生。

（1）校准问题　作为控制过程的精密仪器，流量计需要定期地校准。液体介质或者气体介质中的杂质会导致流量计通径的变化，从而导致流量计精度下降。

选择流量的主要条件——重力、温度、管道压力、工作流量范围等，对校准流量计出厂参数至关重要，否则流量计供应商将无法提供合格的产品。

多数流量计都可以在使用现场进行校准，技术人员可以调整并判定流量计是否在精度范围以内运行，就算如此，工厂校准也是必须进行的，校准周期为1~5年。

安装流量计必须采用管道连接，以便于拆装，不能为了节约最初的成本而采用简易的安装，这样会在以后的校准中增加拆卸工作量，从而提高了长期的运行成本。

校准刻度的转换：实际上，无论流量计通过什么介质，所有的流量计在生产过程中都采用空气进行校准，主要原因是出于经济实惠和安全的考虑。采用比例系数 SF 和刻度流量 SR，就可以得到实际流量 AF，计算公式为

$$SF \times SR = AF$$

SF 的定义如下：

$$SF = \left(\frac{SG_1}{SG_2} + \frac{T_1}{T_2} + \frac{P_2}{P_1}\right)^{\frac{1}{2}}$$

式中，SG_1 为校准地的重力加速度；SG_2 为使用地的重力加速度；T_1 为校准地的热力学温度；T_2 为使用环境的热力学温度；P_1 为校准地的绝对压力；P_2 为使用环境的绝对压力。

（2）流量计的类型　测量液体和气体的流量有很多方法，每种方法都各有利弊。本小节将不讨论和评估测量流量的所有不同方法，而专注于热处理行业中通常使用的方法。

1）文丘里流量计是最古老的流量测量方法。文丘里流量计的原理是集中气体到一束并测量前后的压力来得到流量。现在文丘里流量计通常用于测量管道气体的流量，特点是对被测液体和气体产生的压力损失小。

文丘里流量计的缺点是造价很高，为保障低压力损失，其设计和制造必须非常精细，并采用较大的外形尺寸才能确保读数的精确度，在测定流量的过程中需要借助特制的表格工具来修正读数，并借助计算机和计算器来计算流量。

2）孔板流量计是典型的低价位文丘里流量计，不同于逐渐压缩介质并测量压缩束的压力来计算流量，孔板流量计是突然压缩介质流量并测量两侧的压力来计算并测量流量。

不像文丘里流量计，这种测量方法相对经济实惠，但有很大的压降，这个巨大的压降限制了测量的范围。同样地，孔板流量计需要特殊的工具来转换压力信号以得到流量读数，这无疑增加了流量计的复杂程度和成本。

孔板流量计在热处理设备中应用广泛，因为没有明确的流量指示，和它配对使用的有外部的流量指示器或者通过特殊的机械装置来实现流量的可视化。随着使用时间的累积，孔板也会变脏，因此必须定期校准。

3）叶轮流量计。顾名思义，它使用叶轮来测量流量，尽管这种流量计还在广泛使用，但是它测量的流量精度非常低，叶轮没有完全置于测量介质中，导致流量精度的损失，叶轮的轴承和支座之间的摩擦也会导致测量结果的偏移。

4）旋转齿轮式流量计属于高精度流量计，经常用于校准其他种类的流量计。

旋转齿轮式流量计内部配置一个或者多个齿轮，如果齿轮不转动，即使是渗透性很强的介质也不能通过。当齿轮旋转，齿轮和齿轮之间，或齿轮和流量计本体之间的、特定容量的介质，能够随着齿轮的旋转被输送过去。

由于旋转齿轮式流量计具有很高的精度，能够测量各种介质，如果设计得当，即使是带有大量杂质的介质也能够测量。其缺点是给测量管路带来很大的压力损失，且体积庞大、昂贵。

5）温损流量计根据介质流过热电偶的热损来测量介质的流量。这种流量计通常用于测量气体介质的流量，可分为恒温、恒加热的测量模式。

温损流量计的基本原理是加热一支热电偶，然后在距离不远的地方测量温度的变化来测量流量。在恒温模式流量计的设计中，第一支热电偶被加热到特定的温度，而第二支则测量温度，气体介质在不同流量下会造成第二支热电偶测量到不同温度，从而得到流量信号。气体介质的种类必须是已知的，校准气体也必须采用同样的气体。

恒加热模式流量计中，介质中的加热器功率保持恒定，通过两支热电偶之间的温差来计算介质流量。

6）转子流量计是一款改变介质流通径面的流量计。典型的转子流量计都有一个浮子和锥形本体，随着浮子在锥形本体中的移动，浮子和锥形本体之间的空隙就会改变，从而通过的介质流量就发生了变化。

为了增强流量计的可靠性，转子流量计需要增加浮子的反作用力来消除流量的波动，很多转子流量计仅仅依靠浮子的重力来提供反作用力。有的流量计采用弹簧结构，因为提供的弹簧力独立于浮子，这种结构的优势是明显的，例如允许流量计安装在任何角度（而依靠重力的流量计只能竖直安装），缺点是弹簧的使用也有限制，例如弹簧压紧和完全放开的力量不同，并且随着时间累积和温度的不同，弹力也会变化。

转子流量计在热处理领域深受欢迎，便于使用，适应性强（其他类型的流量计对介质中的杂物容忍度很低），在紧急停电的情况下也可以提供一个大致的流量指示，这点对某些特殊设备（停电时需要安全气体吹扫）显得格外重要，停电时，在系统中安

装常开电磁阀配合流量计，气体依然能够通流并给出介质的流量。

由于自动化是热处理的发展趋势，因此将浮子位置数字化是必然的趋势。一般的流量计都通过浮子杆指示流量，浮子杆伸入流量计本体下部的玻璃管中，在玻璃管中充满透明的介质油，能够对浮子杆的移动形成阻尼效应，同时玻璃管被坚固的、带有刻度的外壳保护。观察浮子杆在阻尼油中的位置，即使流量介质是不透明的，也可以知道流量计浮子的位置。

就像人的眼睛，最初的数字流量计通过确认浮子杆的位置测量流量，在浮子的一侧布置一排二极管灯，另外一侧接收灯光，而浮子杆的位置决定了接收侧感光的位置。截至 2013 年，这种流量计仍在大量使用，通过定期的更换阻尼油，可确保玻璃管的透光性，流量信号的数字化得以轻松实现。

近年来，随着新的探测器的发现，二极管灯测位被替代，除了仍然需要保持阻尼油的清洁以外，磁导原理的探测器用于浮子杆位置的测量，只需在浮子杆上配置磁性材料的指示器即可。

7）智能转子流量计。随着转子流量计在热处理行业的广泛应用，它的缺点——线性度差的缺陷越来越突出。转子流量计在量程的 20% ~80% 的中心位置的线性度最佳，其他的不能够保障精确指示。

智能转子流量计包含一个计算机芯片，该芯片用于消除线性度差的影响。在芯片中内置浮子杆位置和流量的对照曲线，能够达到极高的流量精度，这使转子流量计在全量程范围内都能提供高精度的数字信号。

通过这个内置的芯片，智能转子流量计能够实现更多的功能，例如介质总流量的统计、报警、数字通信、通过以太网实现远程控制等。

（3）吹扫系统　在热处理控制系统中，最重要的流量控制必须包含吹扫系统。气氛热处理中，大量的使用易燃的气体，特别是渗碳、保护气氛硬化、碳氮共渗等工艺，工艺温度远远高于介质气体的爆炸极限温度。即使在某些工艺中，炉子的运行温度低于爆炸极限温度，但错误的操作也会导致危险状况的发生。事实上，即使是包含大量的安全设计以及在最先进的控制系统中，爆炸的事故仍然不能完全地避免。

为了避免这些事故，吹扫系统必须在设计之初就包含在设备中。为了提高安全系数，所有的吹扫系统都要求快速、完全地清除炉内的气氛，因此吹扫系统的运行必须不受外部条件干扰，并能够可靠地运行。

例如，吹扫气（通常为氮气）和炉子之间的电磁阀必须采用断电常通型的，也就是说，停电时，吹扫系统能自动投入运行确保安全。而电磁阀的电源，可以连接到温度监视器（或者控制器），与安全温度连锁，达到安全温度后，电磁阀才吸合。这种情况下，一旦发生停电或者温度过低，炉子立即进入吹扫模式。

最后需要关心的是吹扫系统规定的总流量问题。在紧急状态下，通入炉体四倍炉体体积的安全氮气，才会认为炉子是安全的。智能流量计能够达到这个要求，它能够设定一定时间内的总流量。需要注意的是，停电状态下，智能流量计也不能够完成这个工作，只能手动完成排气吹扫。

（4）电磁阀开/关控制　电磁阀是带有磁铁的弹簧机构，磁铁可以压缩弹簧；为了压缩弹簧，电磁阀都带有电磁线圈，一旦线圈带电，产生磁场吸合磁铁，电磁阀的通断状态就发生了变化（或者是三通电磁阀通流状态的切换）。一般的常开电磁阀是指通电后电磁阀关闭，而常闭电磁阀是指通电后电磁阀打开。

在控制系统中大量使用常闭电磁阀，而吹扫系统则使用常开电磁阀。

（5）开/关气氛控制　吹扫系统是一个简单的控制系统，但热处理控制过程则比较复杂。例如，在保护气氛炉中，为了保持某种特定气氛（部分炉子要求气氛是变化的），控制两种以上的气体进入炉内，以达到良好的表面平衡效果。

使用一个简单的案例，设想需要水龙头流出水后水温在某一特定值，而水龙头只有热水或冷水，它们都采用开/关的调整模式，因此热水不能够打开 50% 或者任何的比例，最终水龙头流出的水温将不能够满足水池对水温的要求。

幸好，在热处理领域，更像是控制水池中的水，水池有一个排水口，能够自动地将水位维持在半池的状态，这时，使用开/关控制，就可能在水的累积过程中达到特定温度下的恒定。紧接着，当冷的碟子放入水池，依据碟子的大小、尺寸、材质和形状，水温将发生变化，通过测量水温，调整进水，最终也能够达到恒定温度。

热处理过程和这个例子非常像，控制碳势的过程和控制水池水温道理相同，而工件就像碟子从水中吸收热量，控制好碳势，就能使工件达到良好的表面效果。

（6）比例气氛控制　提高气氛控制的质量，改善工件的热处理过程，需要做精确的气氛控制，像水温控制的例子，按照一定的比例将热水和冷水混合后通入水池，将更容易达到水温的平衡，这样的控制就是比例控制。

要实现比例控制，需要一个PLC或者智能仪表，根据需要输出模拟量信号，同时执行机构也根据接收的模拟量信号来控制阀的开度。通常使用的模拟量信号是4～20mA的电流信号，比例阀能够依据此信号适当地驱动执行机构，控制气体流量。

常见的碳势控制使用持续流量的基础气氛，按比例调整空气或者富化剂，富化剂增加碳势，空气降低碳势，调整量越小，超调就越小。特例是在连续炉的炉门位置，会只控制富化剂，因为随时开闭的炉门就相当于以开/关的方式在提供空气。也有部分的控制系统采用比例控制富化剂，以开/关方式控制空气。

1）滑线电阻——位式控制。控制比例阀，系统需要知道阀的开度，滑线电阻会反馈信息。当比例阀的阀体位置变化时，反馈信号到滑线电阻，从而改变滑线位置，该位置指示比例阀的开度。

滑线电阻应用广泛，缺点是有动态滑线装置，从而造成寿命较短。

2）步进/伺服电动机——阀位控制。步进电动机在近几年开始应用，自身不带反馈信号，使用简便，根据电动机移动的步数推断阀位，属于开环控制。

伺服电动机具有闭环系统，能够反馈位置和速度等信息。

（7）PID控制　在PID控制系统中，大多采用比例阀控制，可极大地发挥比例阀控制的优势，气氛的超调和波动大大地减少。

1）比例因素。PID中，比例因素按照设定值和测量值的偏差控制输出阀位，高的比例因素意味着对偏离反应剧烈，从而导致系统超调增加。

2）积分因素。积分因素根据设定值和测量值的偏差以及特定时间内的积分控制输出阀位，积分因素在开始时（距离设定点很远时）反应缓慢，到了（距离设定点很近时）积分时间，控制作用加强。

3）微分因素。微分因素最主要的功能是减少超调，通过计算偏差的变化率控制输出阀位。如果偏差变化率很大并接近设定值，则减少控制输出，反之则增加控制输出，这样就极大地减少了超调和波动。

2.5.4 控制器

热处理工业中使用的控制器包括可编程逻辑控制器（PLC）和专业控制器，这两种控制器种类繁多，有各自的应用范围和特殊功能。因此理解客户的需求，正确地选择控制器是一项复杂的任务。

怎么选择最适当的控制器？以下的建议可提供参考：

1）制造商的产品范围。

2）制造商的服务。

3）制造商的口碑和专业程度。

4）遵从行业标准。

5）与现有的以及将来的控制系统的通信能力。

6）升级系统的能力。

7）性价比。

8）备件供应能力。

专业的炉子控制系统工程师/集成商能够做出适当的选择，适用性强的系统是最佳选择。

1. PLC

PLC是可靠的工业现场计算机，即使在热处理工厂恶劣的环境中——灰尘、污染物、高温、潮湿，也有良好的表现。既有简单功能的PLC，也有配置中央处理单元和I/O模块组的大型PLC。PLC也可通过数字通信连接操作盘或者触摸屏进行操作。PLC品牌众多，类型庞杂。选型时需要考虑备件问题，最佳方案是一个工厂最好选择一个品牌的产品以减少备品备件。

PLC属关键设备，需要专业人士设计、编程，炉子所有的动作和功能必须在设计之初就综合考虑。例如，以工件在各个工作室之间的移动作为控制目标，这个任务可以被分解为多个子任务，例如开/关炉门、打开炉盖、推动料框、启动升降机等，将这些子任务列表并按步骤编程，就能够编制出一个完美的PLC程序。

（1）特殊任务模块的优点　PLC在出厂后是一个“白板”，可配置特殊任务模块，这些模块也是单片机，内置了特定的程序，能够完成一个简单的功能（诸如温度控制器），也能够进行复杂的工艺控制，包括报警、气氛计算、多回路温度控制等。

（2）PLC系统中的传感器　PLC系统能够连接各类传感器，从开关类的限位开关，到复杂的真空计、热电偶，分为数字量和模拟量。

1）数字或离散传感器只有开/关两个状态，例如炉门的限位开关、压力检测开关、温度信号开关等，通过隔离开关分隔不同的工作电压后，所有数字量都可接入PLC。

2）模拟或连续传感器提供一个与连续变量成比例的模拟信号，这些信号可以直连或者通过转换器连接到PLC，当传输距离比较远或者现场噪声比较大时，使用信号转换器。

通常在热处理设备中，信号转换器使用不多，选择适当的模块，电压、电流、电阻信号都可直接进入PLC。

2. 专业控制器

专业控制器通常针对某种特定功能，例如温控仪，接收热电偶信号输入，发出数字或者模拟的控制输出。专业控制器都内含特殊的算法和报警，执行特殊的计算和控制任务。通常专业控制器都是独特的信号处理系统。

专业控制器内置特殊算法和热处理行业专业的要求，典型应用中，PLC 配合一个或者多个专业控制器，能够充分发挥每台控制器的专业效能，使整个系统易于操作。在某些小型的控制系统的应用中，只包含一台专业控制器。

在热处理行业中有几种典型的专业控制器，分别对应不同场合。

（1）单回路控制器　只能控制单个回路，例如控制单区的温控或碳势，这种控制器操作简单，很多没有配置 PLC 的炉子至少也要配置一台这样的控制器。单回路控制器种类很多，例如碳控仪，可以从现场接收气氛信号并内含气氛计算器，用来计算碳势。一般来说，这类控制器带有一个设定点，操作者需要手动修改设定值以完成工艺，但也有部分的控制器带有程序/工艺运行功能。这类仪表能够产生一个简单的报警信号，例如超过或者低于设定点的报警等。

（2）多回路控制器　它和单回路控制器类似，但是能够控制多个回路，在多用炉上使用较多，同时控制气氛碳势和气氛所在区域的温度。

（3）专业的过程控制器　如图 2-100 所示，它能够控制热处理工艺，并控制多个回路，具有报警及信息处理等功能，订货时，需要选择输入/输出模块、数据通信模块等，能够实现控制与设备的完美结合，订货和应用中需要更多的专业知识及专业人士的协助。

（4）现代的过程控制器　它拥有良好的客户界面和体验，可完成持续的过程控制，能够控制多个回路，带有工艺控制功能、报警和信息处理能力，内置记录仪，能够控制非线性的工艺过程，并能够进行工艺模拟等。

个别的仪表能够实现以特定的热处理结果为目标的智能控制，即实时地调整过程参数，以满足工件的特定要求。一般配置多种通信接口，实现与 PLC、计算机的数据互通。

2.5.5　燃气炉的控制回路

带程控的控制器能够方便、精确地提供燃气炉的过程控制和监视。在燃料燃烧的过程中使用控制器，燃料的安全监控和控制互锁，以及超温信号和关断阀互锁也必须考虑。

（1）助燃空气鼓风机的控制　回路必须和燃烧故障互锁，以便在故障时切断空气，助燃空气流量必须有两套以上相互独立的监视装置。电动机要配置快速熔断器和过载继电器，起动器应带有缺相报警。电动机运行并不能确保空气的供应，必须提供额外的信号，同时采用供气终端限位器、叶轮式限位器等可以可靠地得到空气正常的信号。最好的方法是在管路上采用压力开关。布置一个翻板阀或者旋转开关，尽管是机械的，不是很可靠，但是对空气流入燃烧器的判断也很有帮助。

（2）燃气压力控制　考虑到安全，燃气必须以最佳的量、在最佳时机到达燃烧器，燃气压力必须稳定，在主管道上安装高、低压力开关，监视压力过高和不足，可视的压力表能够使操作者观察压力范围是否在合适的范围以内，并可以判断燃气可靠地进入燃烧器。

（3）燃气稳压器　点火旁路和主回路必须分别安装稳压器，共用会造成压力损失和控制失误。稳压器必须安装在远离燃烧器的安全场所，否则容易出现故障，选择减压膜要考虑余量，回流/放散等保护装置要正确选择和安装。

（4）切断阀　切断阀选用常闭阀，与燃烧控制连锁，点火旁路的切断阀安装于稳压器和手动阀的后侧，为了维修方便，通常切断电磁阀都会配置旁路及球阀，点火旁路切断阀在炉子吹扫的时候闭合。

（5）燃气旋塞监视系统　该系统通常用于手动点火炉，多个燃烧器的炉子在燃烧器上配有点火旁路。

该系统由带有出入口通道的检测阀组检查空气或者燃气的压力，通常检测空气，当空气阀关闭时，燃烧器中的空气通过阀体，当部分燃烧器或者主天然气阀关闭，气流由于压力变化而关闭，切断控制回路。手动起动燃烧器时，天然气主阀开通，从而允许逐个起动燃烧器。

该系统现在很少应用，最初用于其他系统难以安装的设备上使用，而现在先进的燃烧器都带有自动点火和火焰检测系统。

2.5.6　燃烧器控制

（1）吹扫燃料加热炉　炉子起动前必须充分吹扫燃烧器，将炉门开启到适当的位置，直到触发限位开关，起动助燃空气泵或者排气风机，排气总量需要达到燃烧器及管路体积的 4 倍以上才能够确保安全。

（2）混气控制　混气可以选择空气或者燃气模式。空气模式依据燃气供给量，吸入适量的空气到混合器。

燃气模式采用压缩空气和燃气混合，燃气的加入使空气的压力降低并被空气流混合，这是最常见的混气方式。

（3）点火及火焰检测　燃烧器都带有高压火花塞，高压放电后产生火星点火。控制系统打开混气阀，起动火花塞15s，点燃燃气，如果由于燃气不足或者信号产生失败，系统自动开启吹扫程序。

火花塞的升压器电压高达5000～6000V，地线和炉体连接，炉体则要可靠地接地。点火系统不能确保火焰的产生，也不可替代火焰检测系统，安全系统对点火器的要求仅仅是产生可靠的火源。

根据燃烧器的不同，需要对旁路和主回路的燃烧火焰分别进行监视，人为的操作更容易引发严重的故障，正确的操作步骤可以避免大部分问题。

火焰检测装置务必安装于密封控制箱，以防止被异物（例如纸屑）堵塞，这点非常关键，操作者和设备的安全，产品的质量都与此息息相关。严禁私自篡改检测装置，所有员工都必须学习火焰检测装置的安全知识。

1）热电偶监测火焰，检测热电偶置于火焰中用于检测燃烧状况，通常这种方法用于检测小型燃烧器和旁路（功率不超过44kW或15万Btu/h）。在部分设备中，火焰熄灭后，燃烧器及耐火材料仍然会释放热量，导致检测热电偶降温缓慢，这时使用热电偶检测火焰就是不科学的。只有在淬火炉、小型燃烧器或者敞开式燃烧的燃烧器上使用该方法。

2）火焰电极监测火焰，采用耐热的阳极合金材料布置于火焰中，高温火焰电离周围的气氛，从而和地线之间形成一个电压，这个持续的电压能够成功地反映火焰的状态。

火焰电极监测火焰使用广泛，需要注意的是，电极上的炭黑会降低它的灵敏度。

3）紫外线火焰探测器，作为检测火焰的第三选择，与火焰检测口的玻璃清洁度有关联，对于燃烧器故障后仍然能够检测到温度的炉子不适用，对于炉膛清洁、火焰干净的设备效果极佳。配置稳定、干净的冷空气吹扫检测面，将极大地增加检测器的可靠性和寿命。

（4）燃料－空气控制　常用的燃料有天然气、丙烷－空气混合气、丙烷气、丁烷、燃料油，此处以天然气为例讨论，但是结果也适用于其他燃料。

天然气的主阀有自动模式和手动模式。手动模式经常出现在间歇式炉子，或者必须经常操作炉门等动作的炉子，开阀也就意味着炉子允许运行。自动模式必须与相关的动作和安全检测装置联锁。

超过422MJ/h的设备，需要使用第二个阻断阀，NFPA 86规定燃气炉需要卸荷阀，以满足现场的安全要求。

空燃比控制为约10:1。空燃比的控制设备较多，鼓风通过蝶阀进入炉膛，风量与温度有关，通过一个蝶阀从空气管路连接一个零压比例信号到燃气管路，根据这个信号按照设定比例进行燃气流量控制，火焰的大小不影响控制比例。通过比例器或者隔膜板实现空燃比的恒定，分别采用脉冲调整器和机械调整器，便于调整，能够适用空气压力的变化等特性，使脉冲调整的方法更实用。

主燃烧器起动时，控制最佳的空燃比，并手动或自动将火焰调低，起动成功后，关闭炉门，再调整火焰到正常状态。

2.5.7　温度控制

温度控制器分为控制器和监视器两部分。控制器控制温度，由于热处理设备长周期、操作少，限制其温度范围非常关键。必须采用监视器监视炉子的运行温度，超过设定值必须产生报警或者切断主控电源。

一般情况下，使用热电偶和热电阻测量温度。关于热电偶的详细信息，参阅2.4节。选择热电偶，主要依据是炉子的运行温度、气氛种类，气氛炉必须选择特定的护套型号，虽然价格昂贵，也必须隔离气氛和热电偶的偶丝。热电阻信号范围大，精度高，价格昂贵，用量小，但是热电偶在大多数情况下也可以满足使用要求。主热电偶通常深入炉膛，提供主控和保护信号。高精度的热电偶用来校准/判断普通的热电偶和热电阻，调整输出功率，产生报警信号。

通过大功率或者小功率的切换调整可以实现温度控制在相对范围内的稳定。比例控制器是最佳的选择，通过电桥调整输出电流控制功率大小，最终实现温度的恒定。

智能化的控制能够减少能量消耗，减少升温时间，即使在工艺中占有很短的时间，一年内也能够节省大量的能量。总结设备在不同装载量情况下的加热和降温规律，通过仪表采用相应的加热和降温工艺曲线，得到完善的工艺，这对节能很有帮助。

2.5.8　真空控制系统

真空热处理的关键是冷却，工件的冷却要求由材料制造商、NANDCAP标准或最终用户提出。影响冷却的因素有冷却气体压力、气体流量、气嘴规格、负载的形状等。真空炉的性能在制造过程中由设计人员设计，控制系统在设计的基础上，可以调整冷却压力、气体流量，改变出气速度，从而决定工件的质量。

达到真空炉的工艺要求需要特殊的过程控制，这些可以通过 PLC 和过程控制器来完成，同时过程控制也要综合所有的相关动作，PLC 控制真空泵、阀等逻辑动作，控制器控制温度、真空度等过程参数。

过程控制器带有工艺控制功能，包含对负载热电偶的评估，控制冷却速度和压力，并且统计和记录数据。温度控制也是过程控制器的基本要求。

真空炉工艺非常复杂，至少包括预热、保温和冷却。好的过程控制器能够使现场工程师根据要求编辑/修正工艺程序，工艺程序逐步控制炉子的动作，并在出现故障时记录和报警。

数据储存的规律和方法应遵循 NANDCAP 标准，真空炉控制系统必须满足或者超过该标准。图表式界面和精确的记录仪可以使操作者方便掌握设备的运行状态，温度信号、真空度、设定值、测量值等都直观地显示，方便操作者观察。控制系统和 SCADA 系统连接，减少人为的失误。

（1）气体压力控制　金属材料都具有自身的蒸发率，蒸发曲线与材料的温度、冷却气体的分子质量有关，真空热处理如果不考虑材料的蒸发，会导致某些金属元素在工件表面消失，造成材质的变化，蒸发的材料也会堆积于炉子的内表面。例如，在真空炉内表面发现的颜色微绿的物质就是蒸发出来的氧化铬。

氩气、氢气和氮气是最常见的冷却气体，选择哪种气体由金属材料的性质决定。例如，氮气和不锈钢工件反应，会发生不必要的渗氮。氩气稳定性高，能够减少金属表面的蒸发，是大多数金属的首选。

需要注意的是，某些真空计对炉内气氛敏感，会发出错误的信号，从而导致控制失败。

（2）真空计　真空计的种类繁多，不同类型的真空计测量原理不同，因此有不同的特点，信号也不是线性的，在仪表和真空计之间需要有信号转换器。

1）皮拉尼真空计。皮拉尼真空计为非线性，且带有转换器，其原理是特定电阻丝在不同真空度下产生不同的电信号。不同的真空炉会对电信号产生影响，因此需要根据电阻丝的材质和真空度的不同进行校准。这个特性使其也可以用于设备泄漏的测量。相对于热电偶真空计，皮拉尼真空计反应迅速，精度高，测量范围为 $1 \sim 10^{-4}$Torr（1Torr = 133.322Pa）。

2）热电偶真空计。其原理和皮拉尼真空计相同，不同点在于直接测量电阻的温度。其测量范围为 $5 \sim 10^{-4}$Torr。

3）冷阴极传感器。有两种冷阴极传感器：潘宁传感器和磁极传感器。其测量原理是磁极放电电离气体分子，形成持续的与真空度成比例的电流信号。其测量范围为 $10^{-3} \sim 10^{-7}$Torr，如果使用磁极传感器，测量范围会更低。

4）热阴极真空计。热阴极真空计由热阴极即灯丝发射电子，电离真空中的气体分子，产生离子，在收集极有三个电极收集离子形成电流，通过测量电流的大小计算真空度。其测量范围为 $10^{-4} \sim 10^{-12}$Torr。

5）智能真空计。部分厂家提供的真空计带有通信功能，能够和其他设备进行数据交换，能够驱动多个真空计，根据设定值发出控制命令。

（3）真空温度控制系统　带有 PID 控制的温控仪能够满足真空炉的温度控制，由于真空炉的特性，PID 的调整需要专业人士进行，以避免超调、温度波动、达不到设定点等问题的产生。如果控制温度发生了改变，热处理的效果也会发生很大的变化，因此在不同的温度点，需要配置不同的 PID 参数，温控仪也必须具备温度超过控制带后的应急反应措施。

真空炉的温度控制需要注意两个问题：第一，需要在不同的温度点选择相应的 PID 参数组；第二，PID 参数组的调整需要开放。面对真空炉的特性，即使是专业的技术人员也会碰到意想不到的问题，需要根据输出和温度的关系，调整 PID 参数。

1）功率调整器，每个加热区都配置专属的功率调整器，由于各个加热区会相互干扰，调整各个加热器需要专业的技术人员。

2）主控热电偶必须精心控制，NADCAP 标准、AMS 标准都要求定期更换主控热电偶，更换的周期与热电偶的种类、使用温度、气氛种类有关。一般地，真空炉都配置有很多主控热电偶，以满足不同工艺对热电偶的特殊要求。

2.5.9　图表和操作界面

操作界面显示炉子温度、气氛状态、报警信息、记录数据、工艺信息、维护和保养信息等，操作触摸屏能够快速地切换浏览界面，如图 2-101 所示。

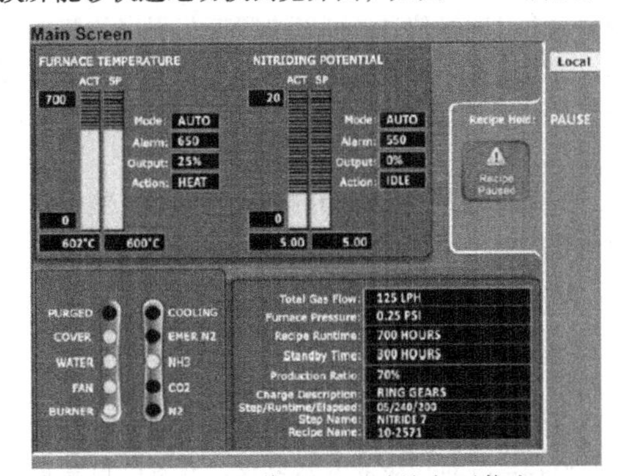

图 2-101　操作界面显示的主要信息

显示的数据处于动态且不断更新，是现代炉子控制系统的新标准，图表显示的内容易于理解，例如以棒图的方式显示温度设定值、测量值、控制输出等信息。

图表中，颜色的应用意义重大，能够提醒操作者出现了异常，例如，使用绿色或者灰色表示正常状态，黄色为警告，红色为报警。操作者根据不同的颜色得到相应的信息，快速地解决设备和工艺存在的问题，避免设备、人员、工件出现故障。如果操作者是色盲，可以设计不同的图表和曲线来表示不同的设备状态。

2.5.10 监控和数据采集（SCADA）系统

SCADA 系统监控一群热处理设备，完成现场数据采集、储存、管理、设备监控等。专业软件制造商提供热处理车间的专业模块，组成 SCADA 系统，如图 2-102 所示，提高了热处理车间的管理能力，可获得更好的专业控制和经济收益。

SCADA 系统有专属的数据库，和多台设备进行数据交换，数据安全地存储在数据库中，在系统需要的位置增加客户端，可以方便地监视和控制系统运行状态，全局的设备界面可以显示所有的设备，观察车间总体运行情况，不需要人为地在现场逐个检查。

在对工件和设备定义了唯一的、特有的编号后，专业的 SCADA 系统能查阅工件号、加工批次，实现用户管理和操作人员管理。工件号可以追踪工件进

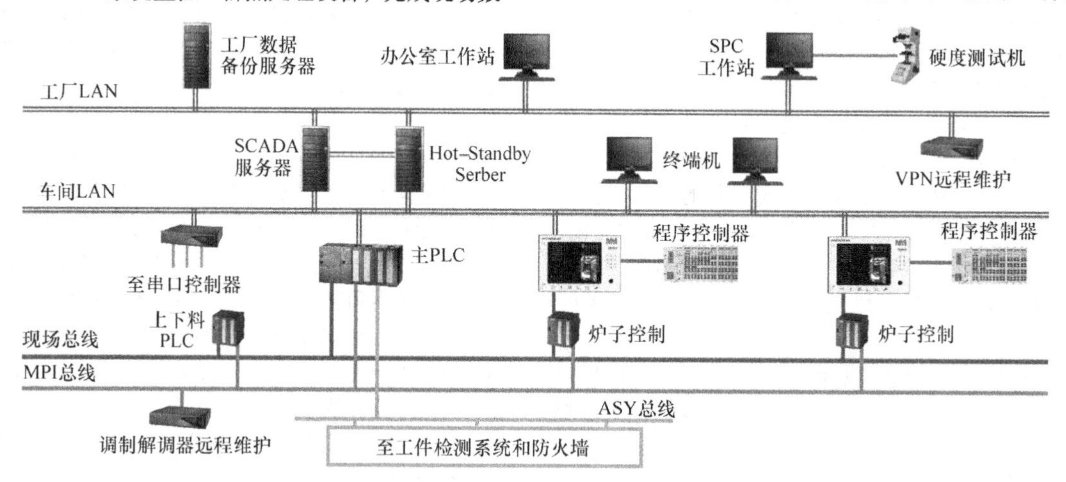

图 2-102 监控和数据采集系统网络构图

LAN—局域网 SPC—统计过程控制 VPN—虚拟的专业网络 PLC—可编程逻辑控制器
MPI—多点的数据通信接口 ASY—异步通信接口

入了哪些设备，以及经过了怎样的热处理工艺。这些数据可以用于热处理过程的优化、故障分析、设备状态分析等。SCADA 系统可根据需要整合统计数据并进行必要的分析，例如，工艺执行程序的记录数据包含时间段信息，可以按照工艺程序的模式打印；过程变量（例如温度信息）可以做成图表；报警信息做成列表，显示报警产生、确认和结束的时间。

SCADA 系统连接适当的过程控制器，能够消除以前系统中存在的、难以解决的老问题，例如：

1）不能方便地分析数据。

2）没有墨水或者记录纸时，记录系统不运行。

3）数据存储是临时的。

系统数据被有效地存储和记录，同时可随意调整是监控系统对记录的基本要求。设备监控和数据采集的过程必须遵循适当的标准，包括国际标准化组织、NADCAP、当地或者客户标准等。

热处理 SCADA 系统应该符合或者超过这些标准对数据储存和加密的要求。

2.5.11 过程的优化和生产效率的提高

SCADA 系统通过监视所有的热处理设备，计算出单台炉子的利用率，包括装载的重量、运行时间、维护造成的停机时间、装载过程造成的停机时间等，这些数据用来优化车间的控制过程。SCADA 系统和炉子的控制器通信，得到并显示数据，很多以前难以得到的结论跃然纸上。为此，炉子的控制系统需要提供详细数据，而工件重量等信息通过额外的传感器或是手动输入，用于计算每台设备的生产效率。

当代的设备控制平台能够相互通信，并连接 SCADA 系统，与智能仪表、智能探测器通过特定的协议通信。选择适当的控制网络需要考虑电缆型号，包括造价和性能；需要考察数据容量、安全性、使

用的协议等。每个控制器供应商有自己独特的通信协议，但是作为设计者如果只选用一种自己偏爱的协议，会错过更多科学的选择，许多仪器支持多种通信协议，可以综合布置。例如，选用在线模拟信号连通仪表、探测器等；选用以太网，连通 PLC、SACDA、控制器等。这些需要专业的知识，新建或者改造设备时，需要控制专家的支持。

1. 报警分析

过程优化中，报警分析系统必不可少，报警分析比较复杂，但是能够给过程优化带来更大的收益。报警被激活后会提示操作者设备处于非正常状态，例如超温、电动机故障、气氛失衡等。

设计 PLC 程序和配置过程控制器对报警信号的反应，系统会产生多种多样的报警状态和丰富的操作提示。

（1）干扰报警　干扰报警可发现重要的问题，但也经常被操作者忽视。报警不是可以被忽略的过程，也不是制造商无聊的配置，需要进行相应的处理以保持炉子的正常运行。“无论如何我需要装炉”或“必须起动设备”，会形成忽略报警的氛围，造成设备的长期损害。

探测器故障、限位信号被触发、温度偏移过大、动作的延迟触发等，由于背离工艺或者仪表参数触发声光报警，有经验的操作者知道，哪些报警需要及时处理，哪些报警关注即可，但是新手并不知道，这会让人员和设备处于危险的状态。

（2）报警频度　分析频繁产生的报警能够找到产生报警的原因。通过分析报警数据、报警记录，能够找到频繁报警是操作失误造成的还是系统故障。一个周期性报警的案例中，控制器频繁地重启，通过各个部门的数据分析，最终找到了原因——保安部门的工作人员在仪表周围频繁地使用步话机引起报警。

（3）帕雷托图表　帕雷托图表有特殊的棒图分析能力，通过对所有报警数据——产生的时间、频次、数量、持续时间的综合分析，找出它们之间的关联，对设备的定期维护、优化生产有重大意义。

（4）报警持续时间　报警持续时间指示了操作者的反应时间，或者工件在故障状态的时间，以及可能引起的潜在问题。短时间的温度脉冲能够触发超温报警，实质是热电偶故障，通过对大量的报警持续时间进行分析，能够判断更换热电偶的过程，从而评判是操作者或者维修者的过失。

（5）工艺过程报警　分析工艺运行过程中的报警，可以分辨出哪些报警是由热处理工艺引起的。例如，在炉子从室温升到 815℃（1500℉）的工艺段中，设置了 20min 达不到温度就报警，这个报警对于检测加热器故障、加热器的断路器故障非常实用，但是如果炉子重载，达不到这个加热速度就频繁地触发这个报警，操作者会慢慢地忽略这个报警，设置这个报警就失去了应有的意义。通过工艺过程报警的分析，可以找到并修正这个错误。

（6）常规报警　通过 SCADA 系统也可以方便地处理常规报警，例如，冷却水报警出现在某一设备中，这时控制系统提示冷却系统故障——冷却泵需要维修，在更换冷却泵之前，冷却能力不足，部分需要冷却的设备需要停止工作。

2. 自动化

自动化生产线能够解放人力，现代的控制系统可以在炉子上使用各种探测器，确保炉子按照工艺要求自动运行。

例如，带有淬火槽的多用炉，工件需要从渗碳室转移到淬火室，以前这样的动作是由人工完成的，如果操作者没有注意到前段工艺已经执行完或者忙于其他的工作，工件将在渗碳室滞留，影响工件的热处理质量，严重的会造成废品。在自动系统中，如图 2-103 所示，配置先进传感器的炉子，能够自动转移工件。

热处理领域的自动控制系统产品繁多，水平各异，既可添加于新设备，也可用于老旧设备的改造，大致分为以下几种：

（1）工艺自动运行　炉子能够按照设定的工艺，自动地控制气氛、温度、时间段等，通常配置有智能仪表、电子记录仪、报警指示等。操作者无须关注于修改温度、气氛仪表，只要工件到达相应的位置，启动工艺即可。工艺自动运行常见于单室炉、老旧设备或者预算不足的新设备。这种设备能够自动地运行工艺，但是操作者必须在各个工作室之间频繁地转换工件。

（2）工件自动移动　允许工件按照生产的要求，在炉室之间移动。操作者需要装炉并启动工艺，工件的转移在热处理工艺中配置，并自动执行预置的热处理工艺。设备必须配置 PLC 和智能仪表，智能仪表控制气氛、温度、时间，PLC 控制工件的移动，常见于多室箱式多用炉。

（3）自动化生产线　自动化生产线完成生产线的自动控制，系统包括清洗槽、回火炉、渗碳炉、渗氮炉、装料台、自动装料车等，部分应用中，能够自动地识别和装配工件。系统配置包括 PLC 数台和由 SCADA 系统控制的智能仪表。自动化生产线管理多台多类热处理炉，操作者基本解放（事实上，操作者有时候会给系统带来额外的危险），实现了热处理车间的自动化。

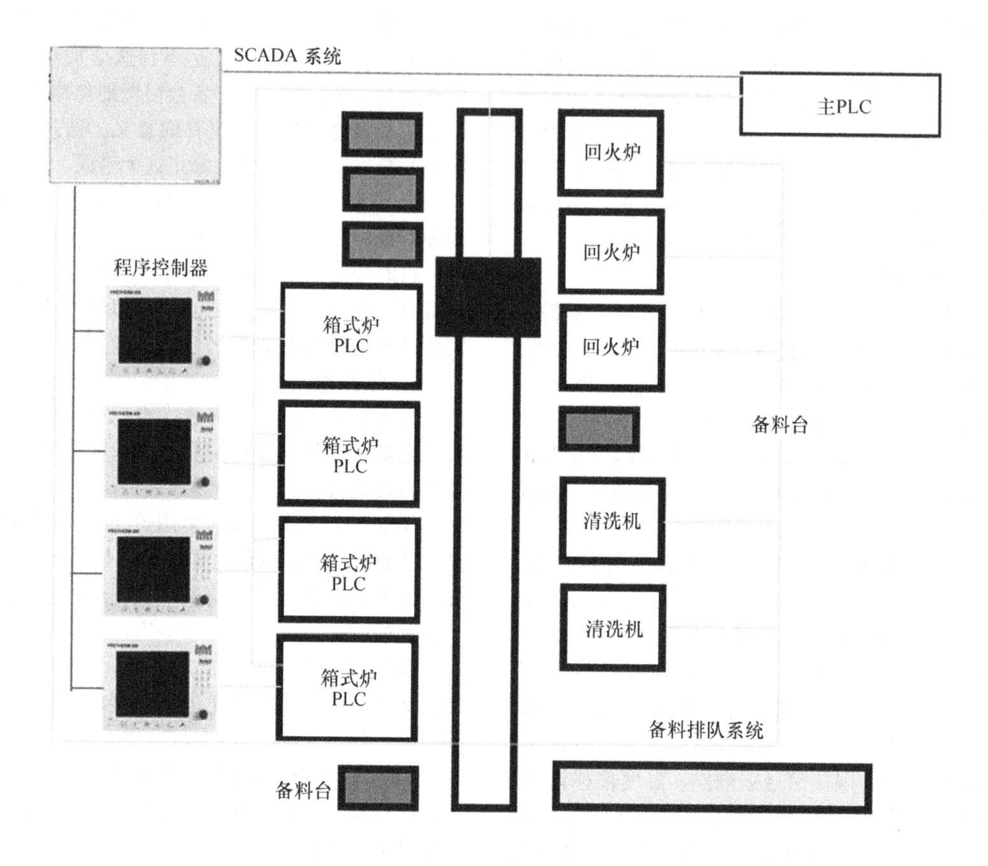

图 2-103 实现了自动控制的箱式多用炉生产线

注：本生产线包括渗碳炉、内置的淬火油槽、PLC 和智能过程控制器。

参 考 文 献

1. *Waukee Variable Area Flo-Meter Handbook*, Vol 1, Waukee Engineering Company

2.6 真空热处理过程

随着太空时代对材料的更高要求和处理更复杂零件的需要，真空热处理已成为许多热处理从业者的首选。真空热处理是指在已被抽到低于正常大气压力的圆柱形钢制炉壳内进行金属和合金材料的热处理。在大多数应用中，气体分子被从炉室中抽出至由工艺要求所决定的真空度。真正的真空是指没有物质或分子——该种状态甚至在最深的外太空区域都不可能存在。在热处理行业所用的“真空”一词，准确来说是在描述一种半真空，指在容器内的压力小于大气压力（760Torr，或 1atm）。真空炉的使用有助于使炉室内氧气和水气的浓度减少到一个较低的水平，从而在很多情况下，不再需要采用惰性气体或还原气体来保证热处理成功。

2.6.1 真空炉

真空炉最早是为了航空航天领域的电子管材料和难熔金属的热处理而发展起来的。时至今日，它依旧广泛应用于金属的钎焊、烧结、热处理和扩散焊等工艺。热处理应用可包括淬火、退火、渗氮、渗碳、离子渗碳和离子渗氮、回火和去应力等。应用于真空热处理的设备因尺寸、形状、结构和装料方法等的不同而分为很多类型。装炉量的范围从数千克到 70t 不等，热处理炉的工作区尺寸也从 $1ft^3$（$0.03m^3$）至成百上千立方英尺。大多数真空炉是间歇式单室炉型，但是也有包括预抽真空、预热、高温工艺处理、气体或液体淬火功能在内的多室炉型。

真空炉的分压气氛可以执行一系列不同的操作。真空热处理炉可以：

1）因其低氧环境，故可防止工件表面反应，如氧化或脱碳等。

2）可去除工件表面因前段工序而造成的润滑油

沉积和残留的污染物。

3）可改变表面的冶金学性能，例如渗碳、渗氮、碳氮共渗等。

4）可用真空脱气的手段从金属中除去溶解的杂质，例如从钛中除氢。

5）可用真空侵蚀技术去除金属表面扩散的氧。

6）可通过真空钎焊或扩散焊的方式连接金属。

1. 真空炉内的压力水平

当绝大多数人提到真空的时候，他们所想到的一般是理论上的完全真空。正如本节一开始就提到的那样，完全真空不包含任何物质，无论是气体、液体或固体，因此也不可能存在于真空炉内。在热处理行业，“真空”一词一般是指炉内绝对压强低于标准大气压。

标准大气压是指在纬度 45°的海平面上，当温度为 0℃（32℉）时，760mm 高的汞柱产生的压强。1atm = 101325Pa = 760Torr = 760mmHg = 760000μmHg = 29.921inHg = 14.696lb/in^2。

对于绝大多数的真空炉来说，压力水平是以绝对压力来表示的而不是表压。通常，度量单位使用 Torr、mmHg 或 μmHg。汞的真空或压力值是由标准大气压与被测量的真空或压力水平之差而造成的汞柱高度的差异确定的。

当真空炉被增压至超过 1atm，如淬火，这种压力被描述为术语“巴（bar）”。尽管 1bar = 10^5Pa < 1atm，但基于热处理目的，1bar 被认为等同于 14.50lb/in^2 = 29.53inHg = 760Torr = 760mmHg = 760000μmHg。

表 2-28 比较了 1atm 下的真空与压力。应该注意热处理用途的通常真空压力范围。

表 2-28　选定真空炉操作所需的压力范围与 1atm 之间的比较

压力级别	真空炉应用	真空级别	等效压力								
			Pa	Torr	mm Hg①	μm Hg	inHg	psia②	psig	atm	bar
正压	高压气体淬火	—	—	—	—	—	177.17	87.02	72.32	5.92	6
			—	—	—	—	147.65	72.52	57.82	4.93	5
			—	—	—	—	118.12	58.02	43.32	3.95	4
			—	—	—	—	88.59	43.51	28.81	2.96	3
			—	—	—	—	59.06	29.01	14.31	1.97	2
零压	气体压力淬火	—	1.01×10^5	760	760	7.6×10^5	29.92	14.696	0	1	1.01
负压			1.00×10^5	750	750	7.5×10^5	29.53	14.5	—	0.99	1
	真空处理 普通回填	初步	1.3×10^4	100	100	10^5	—	—	—	—	—
			1.3×10^3	10	10	10^4	—	—	—	—	—
			130	1	1	10^3	—	—	—	—	—
	真空处理 通常范围	轻	13	0.1	0.1	100	—	—	—	—	—
			1.3	0.01	0.01	10	—	—	—	—	—
			0.13	0.01	0.01	10	—	—	—	—	—
			0.13	10^{-3}	10^{-3}	1	—	—	—	—	—
	真空处理 最大功率	重	0.013	10^{-4}	10^{-4}	0.1	—	—	—	—	—
			1.3×10^{-3}	10^{-5}	10^{-5}	0.01	—	—	—	—	—
			1.3×10^{-4}	10^{-6}	10^{-6}	10^{-3}	—	—	—	—	—
			1.3×10^{-5}	10^{-7}	10^{-7}	10^{-4}	—	—	—	—	—
			1.3×10^{-6}	10^{-8}	10^{-8}	10^{-5}	—	—	—	—	—

① 1mmHg = 133.322387415Pa ≈ 1Torr。

② psia = psig + 14.7psi。

2. 真空炉与气氛炉处理的工艺比较

在绝大多数的热处理过程中，当材料被加热时会与普通的空气反应，空气中含有 21%（体积分数）的氧气、77% 的氮气、1% 体的水蒸气和 1% 的其他气体。如果这种反应不符合工艺的要求，则该工艺会在某种特定气氛或者特定的混合气氛之中进行，而不是在普通的空气中进行。

这种特定气氛或者特定的混合气氛因为气体成分的不确定性，会与热处理的工件发生多种反应（可能也会有符合工艺处理要求的），但可以通过调整使它不发生反应。在不同的温度条件下，炉内工作气氛会有不同的反应。但在大多数气氛炉中，并没有办法迅速地改变气体成分构成以达到最佳反应的要求，或者无法精准调节气体浓度以达到热处理工艺的特殊要求。而真空炉可以根据不同的工艺要求，用低真空泵或扩散泵做到快速地引入所需的气体以实现成功的工艺。

真空炉使用一套选定的真空泵，在热处理工艺开始之前以及整个过程中排除大部分的空气。在一个全密闭的真空炉中，在真空度维持在大约 0.13Pa（10^{-3}Torr）时，空气残留量小于 0.001%。残留气体中主要成分是前道工序处理中残留在被处理工件上的水蒸气与有机溶剂以及少许的真空脂和真空油。在真空度维持在 0.13Pa（10^{-3}Torr）时，氧气含量将会小于 10^{-4}%。即使炉内所有的残余气体都转换为水蒸气，此时水蒸气的浓度也就大约为 1.5×10^{-4}%；相当于大约 -80℃（-110℉）的露点的气体。在 0.013Pa（10^{-4}Torr）的真空度时，相当于最多大约 -90℃（-130℉）的露点的气体。

如此低的露点可媲美高纯度的惰性气体环境，如商用液态惰性气体（如氮气、氩气或氢气等）。使用合适的真空泵系统，氧气和水蒸气的浓度可以降到一个极低的水平，甚至只有惰性气体环境的 1/10 水平。

在真空热处理炉抽真空后，气氛炉热处理所遇到的气体反应问题几乎全部都被取消了。而且与真空方式相比较，采用任何其他的方法清除工件包含的多余气体、表面污染物和加工润滑剂，将会是极其困难和昂贵的。气体在加热过程中不断从金属表面逸出并被真空泵抽出。真空系统的这种优势在处理形状比较复杂或有深孔的工件时，具有非常巨大的意义。如果使用普通气氛炉，将需要花费非常久的时间用于清洗工件，而且尚不能完全保证清洁后不留任何残垢。

3. 真空炉的设计

所有的真空炉，无论其最终用途为何，都需要拥有：

1）合适的真空室及开口。

2）可供工件装载和加热的热区与炉膛。

3）绝热屏或热反射屏，可以使热损失减少到最小。

4）可实现预设的工艺温度和冷却速率的功率可控的加热元件。

5）一套真空泵系统。

6）通常还需要一套气体冷却或淬火系统。

7）可监测和显示关键处理数据的仪器。

对热处理工艺不同的要求可以通过改变真空室的长度，或者通过在内部增加门、循环风扇、气体循环系统或水冷系统等方式实现。

量产的炉子可以是单室炉、多室炉，或者是半连续炉，并且可以是气淬或者油淬系统。无论如何，真空炉最基本的分类与加热和保温方式有关。有两种明显不同的分类：热壁式（无水冷却外壁）真空炉和冷壁式（有水冷却外壁）真空炉。

1）热壁式真空炉是最先被设计出来的类型。这种类型的真空炉随着热处理行业对更高的工作温度、更低的压力、更快速的升降温以及更高生产率的要求变得非常容易损坏，因此该型的真空炉目前已经过时，但用于离子渗氮和低压化学气相沉积的炉型除外。

2）冷壁式真空炉可分为立式底装料炉或罩式炉、立式顶装料炉或井式炉、卧式装料炉或箱式炉。

① 立式底装料炉（图 2-104）。这类炉子固定在地面之上，装料时，炉子底部下降到地面的高度，便于装载。当炉底门到达最低位置时，工件放置在料架或料筐里并由起重机或叉车送到位于炉底门上的炉床上。该炉型用来处理大型、重型工件，并采用内循环或外循环方式的惰性气体高速冷却系统。

② 立式顶装料炉（图 2-105）。这类炉子不如底装料炉用途那么广泛。因为它们经常用于处理类似于细长轴类的比较长且细的工件。工件被吊在连接到炉子的可移动顶部的架子上，或被放置在炉子的底部。这需要足够的顶部空间和垂直提升机。该类真空炉的冷却方式与底装料炉一致。

③ 卧式装料炉（图 2-106）。这类炉子通常由一个真空的或无泄漏的圆柱壳体，与凸端圆盖板（或炉门）组成。值得注意的是，也许会有一些特制的矩形真空炉，以适应特殊的产品要求。在一些设计中，炉子前后两端都配有带铰链的炉门，这样装料比较方便。炉子也可以一端是固定的盖板或是在前端装有第二级带铰链的辅助门的构造。圆柱形腔室和端盖板通常都是双层水冷壁结构。

气密外壳可以根据预期的用途分别由不锈钢或碳素钢制成。可移开的端板与圆柱端面的接触位置放置 O 形密封圈。在真空情况下，外部大气压力可以保证端面的密封。通常情况下，辅助的夹子或螺栓可以在炉子开始惰性气体淬火、炉内呈现正压或接近常压时提供额外的密封压力，以避免炉门泄漏。

图 2-106a 所示为带气体/风扇淬火的单室真空炉；图 2-106b 所示为双室真空炉，一个腔室用于加热，第二个腔室用于气体/风扇淬火，工件从淬火室加载/卸载；图 2-106c 所示真空炉与图 2-106b 相同，但加热室中包含气体/风扇淬火，且工件可从任何一个腔室加载/卸载；图 2-106d 所示为双室真空炉，一个腔室用于加热，第二个腔室用于油淬火，有一个机械装置用于将工件移动到加热室或从加热室移动工件，工件从油淬火室加载/卸载；图 2-106e 所示真空炉与图 2-106d 相同，但淬火室用于气体/风扇淬火和油淬火；图 2-106f 所示真空炉与图 2-106e

相同，但在加热室中进行气体/风扇淬火，并且可以从任何一个加热室加载/卸载工件；图2-106g所示真空炉与图2-106f相同，但在两个腔室中进行气体/风扇淬火，并且可以从任何腔室加载/卸载工件；图2-106h所示为三室真空炉，中间的腔室用来加热，一个端腔用于气体/风扇淬火，并且有一个机构用于在加热腔之间来回移动工件，另一个端腔用于油淬火，还有一个机构用于在加热腔之间来回移动工件，可从任何端腔加载/卸载工件；图2-106i所示真空炉与图2-106h相同，但两个端腔用于气体/风扇淬火。

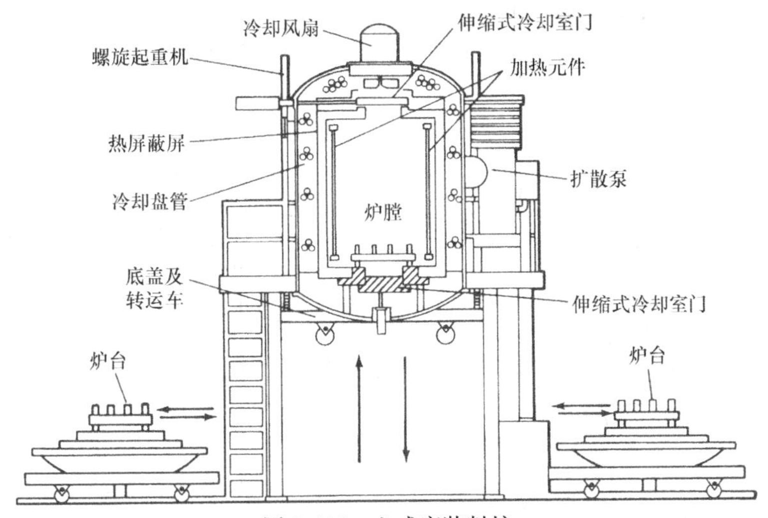

图2-104 立式底装料炉

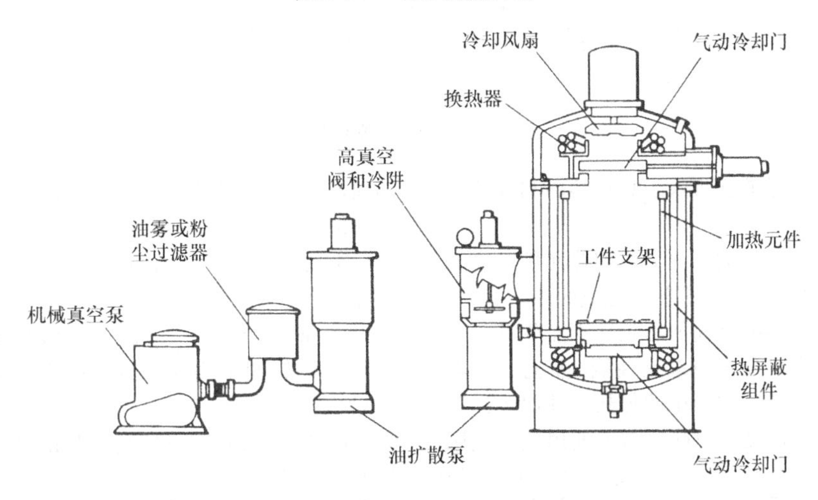

图2-105 立式顶装料炉

多数卧式装料炉都在炉子前部配备一个专门用于升降和工件转移的料车。该料车一直在轨道上滑动且与加热室处于对准的状态。液压升降叉车举起料筐，然后料车向前将前端移动至炉内，再将料筐下降至炉床或工作基座上。这一机制可以避免可能发生的工件移动时因不受控制的摇动而造成炉子内部的损坏。

卧式装料炉可以根据不同的热处理工艺要求而有数个腔室。这种类型的炉子，会配备各种用于转移工件的系统（如输送带式、步进式、辊底式以及推杆式等），以适应内部转移工件的需要。例如，炉床可以被支撑在有活动隔热板保护的轮子上，并在安装在热区之外的轨道上滚动。这种纵向运动可以由在冷态区域密封的推杆、液压缸体或者内部链传动的输送带提供。齿条和小齿轮驱动和气缸经常被用来执行垂直升降进出液体淬火槽的动作，同样用于打开和关闭内部热防护罩和垂直门。

4. 真空炉内加热元件

通常情况下，在真空炉中，热是由电阻式加热元件产生的。虽然有一些炉子仍然在使用旧标准的

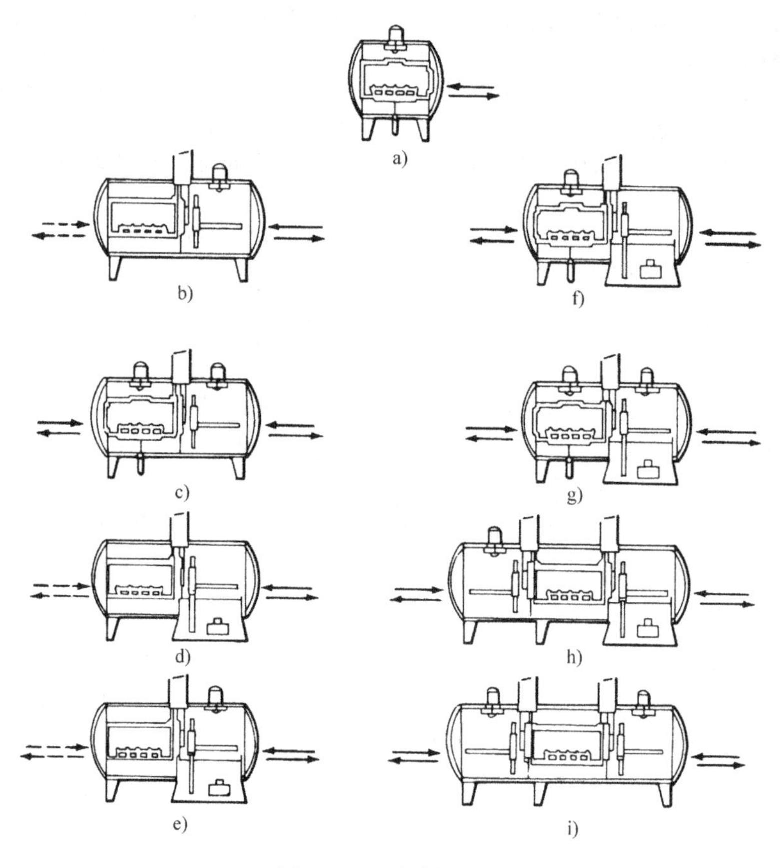

图 2-106 卧式装料炉

感应加热线圈，但是通常仅限于真空熔炼和其他特殊用途。

在缺乏空气或气体的情况下，加热元件产生的热传导至工作负载的传输是靠辐射完成的。

在真空中运行的电阻式加热元件不需要具备在氧化气氛环境中所需要的抗氧化性能。而且，电阻加热元件可比在传统的炉子中的加热元件加热到更高的温度，更高的温度就意味着需要使用低蒸气压的加热元件以确保其长寿命。可以满足这些要求的材料包括：

① 带状、片状、杆状的难熔金属，如钨、钼、钽等。

② 条状、棒状、管状或曲面状的固态纯石墨。

③ 铬镍材料加热元件使用温度低于 980℃（1800℉）。

这些加热元件材料与铁的性能比较见表 2-29。

表 2-29 用于真空炉的加热元件的性能

材料	熔点		上临界运行温度		不同温度下的蒸气压			
					1600℃（2910℉）		1800℃（3270℉）	
	℃	℉	℃	℉	Pa	Torr	Pa	Torr
钼	2617	4743	1705	3100	1.3×10^{-6}	10^{-8}	1.3×10^{-4}	10^{-6}
钽	2996	5425	2500	4530	1.3×10^{-9}	10^{-11}	1.3×10^{-7}	10^{-9}
钨	3410	6170	2800	5070	1.3×10^{-11}	10^{-13}	1.3×10^{-9}	10^{-11}
石墨	3700	6700	2500	4530	1.3×10^{-11}	10^{-13}	1.3×10^{-8}	10^{-10}
铁	1535	2800	—	—	13	10^{-1}	130	1

（1）电源　基本上所有的真空炉都使用三相、50Hz 或 60Hz 电源。通常使用三种类型的电源——可控可变电阻变压器、可控硅整流器以及普通的“调压变压器”。

因为高电压会引发真空室内残余气体的电离，引发加热元件的短路，所以真空炉室应该使用低电压［一般小于 70V，在 100μmHg（10^{-1}Torr）压力下最大不超过 100V］。

（2）绝热　水冷壁式真空炉的绝热部分是由真空实现的。因为炉内空间基本上是真空的，所以几乎没有热对流和热传导。必须要解决的问题是，怎样能使能量辐射在密闭的炉内热区的各个方向都能保持一致。这可以通过几种不同的屏蔽设计解决，包括金属反射屏、石墨毡或碳纤维材料，甚至是陶瓷纤维等。

1）金属反射屏，由多个同心层的很薄的耐热金属板构成。这些金属板在热处理炉的炉壳内反射能量。在层与层之间维持着大约 3mm（1/8in）的间距。细丝卷弹簧有时被用作相邻表面之间的间隔物。因为钼有很优秀的耐热性，而反射屏内部会达到一个相当高的温度，所以通常用钼制造。最外面的两层可以由不锈钢制成，剩下的外层由镍钢或者普通碳素钢组成，这主要取决于炉子的最高工作温度。

随着屏蔽层层数的增加，在屏蔽效率增加的同时，每增加一层，绝缘效果会有所降低。因此，除非是用于超高温的应用，一般来说屏蔽层会限于五层或者六层。即使是以 0.5 的反射率测量，也可以以这种方式实现约 85% 的屏蔽效率。不同层数的真空炉热屏蔽效率与金属板反射率的关系如图 2-107 所示。

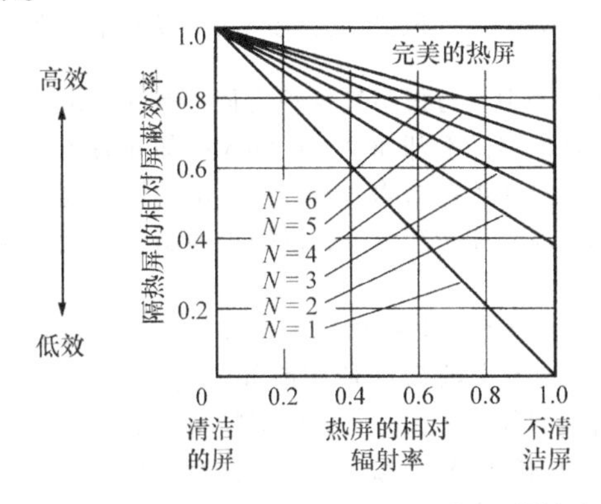

图 2-107　不同层数（N）的真空炉热屏蔽效率与金属板反射率的关系

配有金属反射屏的热处理炉通常可实现较快的抽气速率、较高的极限真空水平与更清洁的工件。但这些优势只有在炉子仅仅用于单一产品或在非常精心的维护情况下才能实现。氧化或黑色残留沉积在原本光亮、干净的金属表面上从而使效率降低。事实上，如果炉子用于多种用途或者没有精心维护，金属反射屏的设计优势很容易会变成缺点。金属反射屏通常需要在高温下进行周期性的烘炉处理，保持干净的热屏状态以维持设计的最高效率。

2）绝热屏设计，类似于常规低温炉的内壁并且因其效率高而广为人知。一层或多层石墨毡屏或耐高温纤维棉或陶瓷纤维被填充在钼制或石墨箔内部与不锈钢支撑壁外之间。当纤维内部的气氛成为真空时，其隔热层的热导率将仅仅只是其在空气中的很小一部分。

绝热结构炉子的抽气速率要比常规多层反射屏真空炉慢，而且极限真空水平也不高。由于有更多的内部放气负担，残余气体也不如金属反射屏那样容易清除。当然，对于大多数的真空工艺要求，绝热结构的炉子是足以胜任的。比起常规多层反射屏真空炉，它们在采购成本、维护成本、更好的加热效率和较低的功耗比等方面都有较大优势。

3）碳－碳纤维隔热板，一般用在块状或模制圆筒中，形成耐热衬里。这样就可以减少钼的使用，且应用在气体淬火时可以抵御高速气流的冲蚀。纤维的密度约为 0.19g/cm³（0.0069lb/in³）。

5. 真空炉淬火系统

（1）气冷　早期的真空炉是热壁式系统，它严重限制了冷却速率。最终的发展是炉罐可以从加热室转移到专门的冷却装置上，但这终究相当不便且难以控制。随着水冷壁式真空炉和高压循环气体系统的发展，冷却问题得到了很大的改善，气冷速度已经可以接近达到液体淬火的速度。

当在真空环境中进行严格意义上的冷却时，由于缺乏对流热交换，因此冷却速率非常缓慢。要实现从工件到水冷壁之间的热传导，就要回填惰性气体到炉室。在内部冷却系统的设计上，由不锈钢或其他耐热合金制成的风扇安装在绝热工作区上方，以促进回填气体的对流循环。绝热材料制成的端口或挡板通常会在工件的上方和下方变动，以改善冷却气体对热的工件的降温效果。采用循环水冷却的翅片式铜盘管，可在绝热介质与炉壳之间安装，以促进传热，从而防止完全依赖于炉壳作为传热面。

内部风扇的循环可以提供一个合理的快速气冷速度，但在整个工艺期间，它不太能够提供一致的冷却速度。随着外部换热器和鼓风机以及带喷嘴的内部歧管（图 2-108）这种新设计的问世，现在已经可以做到更均匀的冷却和更小变形的效果。冷却速率的均匀性并不完全是由所使用的系统决定的，它还跟热处理所装载工件的尺寸、形状、数量以及炉内装料的分布情况有关。当给炉子装料时，必须谨慎操作，在热区内对加热和冷却的零件进行有效配置，以优化加热区内的气体流动模式。

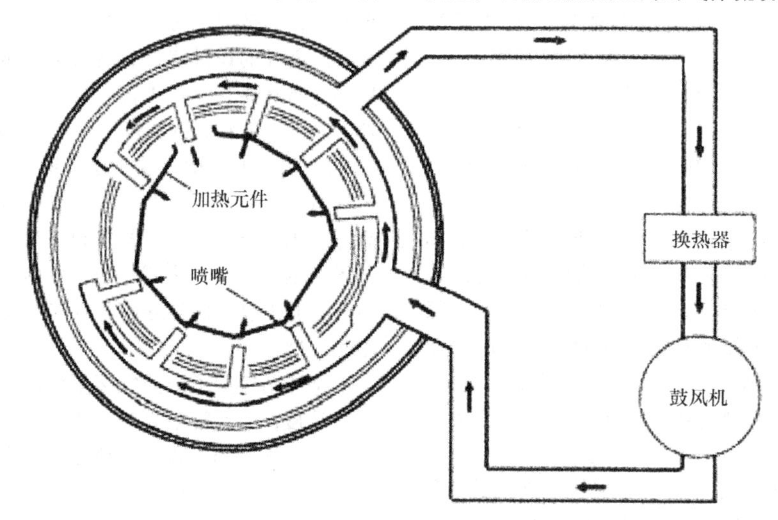

图 2-108 真空气淬炉的气体循环系统

为提高散热速率，必须增加质量流量系数。质量流量是指单位时间里流体通过封闭管道或敞开槽有效截面的流体质量。为了提高这个系数，有必要或者是增加通过装载工件的气体循环速度，或者是增加系统内的气体压力，这样，单位体积中会有更多的气体分子。在基本配置中，因为这种炉子在炉门上并没有正压密封的设备，所以惰性气体淬火时所用内部压力范围为 15 ~ 90kPa（100 ~ 650Torr）。在拥有可以进行快速气体淬火的炉子结构的情况下，正压可以达到上述压力的 20 倍。

因为风扇电动机、换热器、炉门密封方法以及其他相关设备技术的提高，在传统炉子上用气体风扇冷却工件时压力可以达到 170kPa（1275Torr），以及在压力高达数个标准大气压的炉内使用强制风扇冷却循环系统已经越来越普遍。由于冷却速度与绝对压力成正比，故增加正压压力加快了冷却速度。这种发展大大提高了真空设备用于近油淬等级的工具钢，并减少了整体工艺时间（图 2-109）。

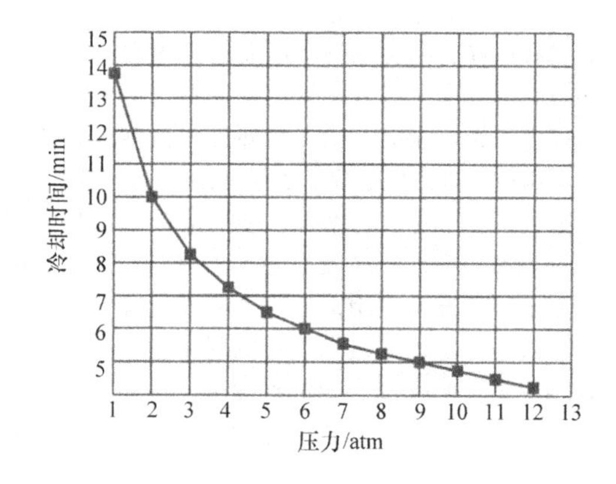

图 2-109 冷却速度与回填气氛压力的相对关系

（2）液体冷却 有一些真空炉建有内部油淬室或水淬室。这种设计一般是用来处理要求达到接近 1093℃/min（2000℉/min）的超快速淬火速率的合金和工具钢。淬火通常在一个与加热室分离的炉室中进行，在惰性气体回填至接近大气压力的状态下完成。

其中一种设计是卧式装料炉，它有一个后部加热室和一个前部冷却室，在这两室之间有一个真空密封门。当加热工序完成后，工件就会被传送至前部冷却室。在密封门关闭后，工件就会由升降机降到淬火槽中。与很多气氛炉类似，冷却液由桨叶剧烈搅拌以提高冷却速度，而淬火冷却介质吸收的热量则通过换热器去除。安放淬火槽的炉室也可以安装循环风扇和冷却盘管，以提供强制循环气体或冷却液。

必须采取预防措施以确保在加热室中装载工件的托盘和夹具在每次使用前都经过去污脱脂处理。托盘和加载工件上的有机残留物将会引起脱气并致使泵的抽气时间增加，同时也会使炉膛内部（也会导致工件）表面留下污染。

（3）用于真空炉回填的典型气体 这些气体有氩气、氮气、氦气和氢气，可以从压缩气体或液体中制得。当每天都需要使用大量的气体时，安装液体气源可能会更经济。使用高纯度的气体会更好一些，典型分析见表 2-30。

表 2-30 典型回填气体分析

气体	纯度（体积分数，%）	杂质体积分数（10^{-4}%）							露点		0℃（32℉）时的热导率		相对冷却速率①
		O_2	N_2	CO_2	CO	H_2	碳氢化合物	含碳气体	℃	℉	W/(m·K)	Btu·in/(h·ft²·℉)	
氩气	99.9995	2	2	1	—	—	1	—	-79	-110	5.77	32.3	0.74
氮气	99.999	3	—	—	—	—	—	1	-79	-110	8.65	48.4	1.0
氦气	99.998	1	10	—	—	1	1	—	-62	-80	49.00	274	1.03
氢气	99.9	10	1500	1	2	—	25	—	-59	-75	60.60	339	1.4

① 相对于氮气 1.0 的冷却速率。

购买液态气体时，它一般都会被储存在一个装有压力减压阀的大储罐里，如果储罐内的压力超过设定值时应能够放气减压。当环境达到足以汽化的温度时，液态气体通过蒸发器离开储罐变成气体。通常来说，这种蒸发器由一系列的翅片盘管组成，以增加热传导。由于储罐拥有优良的绝热性，因此排气造成的气体损失通常很小。通常还需要一个给定容量的气体储罐用于储存额定压力下的汽化气，这可以避免低温储液系统的压力激增以及保证在真空炉气体回填时，气体的量是足够的且能持续进行。

6. 真空炉中的工件支撑

在绝大多数的真空炉中，工件一般装载在料筐或料架上以便装/卸料。通常来说，为了承受特定的装料配置，会有特殊的固定装置的设计。这样的装置在加工过程中加热和冷却速度相当快，因此其材料和设计必须能够耐受周期式的热应力。有时会使用钼或石墨来制造这种支撑工装。如果炉子用于中高温，如处理工具钢和模具钢时，经常会使用奥氏体不锈钢或 330SS 钢的料盘或料筐。这种工件支撑盘或支撑架一般放在石墨或金属炉床上。炉床通常由 3 根或 4 根水平放置的钼板条或石墨棒组成，并安装在炉壳底部的耐热支撑柱上。

防止两个工件之间、炉底支撑件和料框之间发生共晶反应是很重要的。当两种固体材料结合并加热时，会发生共晶反应形成一种新的、比单一材料熔点更低的合金。当加热到一定温度（材料共晶反应的温度或高于）时，这种反应会导致工件之间、夹具和料架之间发生无法预料的融化。表 2-31 列出了可以兼容的金属和金属氧化物的最高使用温度。图 2-107 也表示了这些材料的典型氧化反应温度。这些温度通过避免工件或炉内零部件氧化的真空或惰性气氛控制。一些特定的避免共晶反应的方法将在后文介绍。

表 2-31 在 13～1.3MPa（10^{-3}～10^{-4}mmHg）的真空度，所选纯金属和金属氧化物相兼容的最高使用温度

固定支撑装置的材料	工件材料及最高使用温度													
	W		Mo		Al_2O_3		BeO		MgO		SiO_2		ThO_2	
	℃	℉	℃	℉	℃	℉	℃	℉	℃	℉	℃	℉	℃	℉
W	2540	4600	1925	3500	1815	3300	1760	3200	1370	2500	1370	2500	2205	4000
Mo	1925	3500	1925	3500	1815	3300	1760	3200	1370	2500	1370	2500	1900	3450
Al_2O_3	1815	3300	1815	3300	1815	3300	—	—	—	—	—	—	—	—
BeO	1760	3200	1760	3200	—	—	1760	3200	1370	2500	—	—	1760	3200
MgO	1370	2500	1370	2500	—	—	1370	2500	1370	2500	—	—	1370	2500
SiO_2	1370	2500	1370	2500	—	—	—	—	—	—	1370	2500	—	—
ThO_2	2205	4000	1900	3450	—	—	1760	3200	1370	2500	—	—	1980	3600
ZrO_2	1595	2900	1900	3450	—	—	1760	3200	1370	2500	—	—	2205	4000
Ta	—	—	1925	3500	1815	3300	1595	2900	1370	2500	—	—	1900	3450
Ti	—	—	1260	2300	—	—	—	—	—	—	—	—	—	—
Ni	1260	2300	1260	2300	—	—	—	—	—	—	—	—	—	—
Fe	1260	2300	1205	2200	—	—	—	—	—	—	—	—	—	—
C	1480	2700	1480	2700	—	—	1760	3200	1370	2500	1370	2500	1980	3600

（续）

固定支撑装置的材料	工件材料及最高使用温度											
	ZrO_2		Ta		Ti		Ni		Fe		C	
	℃	℉	℃	℉	℃	℉	℃	℉	℃	℉	℃	℉
W	1595	2900	—	—	—	—	1260	2300	1205	2200	1480	2700
Mo	1900	3450	1925	3500	1260	2300	1260	2300	1205	2200	1480	2700
Al_2O_3	—	—	1815	3300	—	—	—	—	—	—	—	—
BeO	1760	3200	1595	2900	—	—	—	—	—	—	1760	3200
MgO	1370	2500	1370	2500	—	—	—	—	—	—	1370	2500
SiO_2	—	—	—	—	—	—	—	—	—	—	1370	2500
ThO_2	2205	4000	1900	3450	—	—	—	—	—	—	1980	3600
ZrO_2	2040	3700	1595	2900	—	—	—	—	—	—	1595	2900
Ta	1595	2900	2345	4250	1260	2300	1260	2300	1205	2200	1925	3500
Ti	—	—	1260	2300	1260	2300	925	1700	1040	1900	1260	2300
Ni	—	—	1260	2300	925	1700	1260	2300	1205	2200	1260	2300
Fe	—	—	1205	2200	1040	1900	1205	2200	1205	2200	1095	2000
C	1595	2900	1925	3500	1260	2300	1260	2300	1205	2200	2205	4000

注：虽然各种材料在一个给定的温度下可能是兼容的，但是在这个真空度范围内，某种特定的材料可能是不稳定的。

在大约1125℃（2060℉）时，石墨就会和不锈钢、镍康合金形成共晶融化。为了避免炉底和料架的反应或料架直接接触炉底，可以在炉底和工件之间放置一个能抵抗高温的陶瓷薄片。一些石墨炉床在顶部有一个纵向的槽可以放置氧化铝陶瓷棒或钼条，以隔绝石墨炉床和金属工件。

钼与镍在1315℃（2400℉）时起反应形成共晶融化。用一块蜂窝状氧化铝陶瓷板就能在此温度下将镍合金从钼质炉底隔离。

镍和钛在大约955℃（1750℉）时起反应形成共晶融化。如果温度太高，这些金属必须被隔离。

必须注意避免这些副作用。当执行高温烘炉时，所有工作料筐、料篮、料架在加热前都要从热区隔离，否则将导致由共晶融化引起这些部件的大量损坏。这将产生大量的维护和更换成本以及炉子停工时间，随着炉子维修也将导致利益损失。

7. 真空炉的泵系统

一套合适的真空泵系统能实现给定的压力，且有足够的能力不仅在极限压力下也包括在整个抽气期间对处理工艺气体的掌控。真空泵系统的选择主要取决于压力和气体量，或者说抽气速率是根据特定的工艺和真空炉室的尺寸决定的。真空泵通常分为机械泵或扩散泵。

（1）机械泵　机械泵以流体流动的原理工作，主要是带合适密封的、在低压环境下允许工作的容积泵。活塞泵或旋转泵可以在各种不同的抽气速率运行。利用油封旋转机械泵，真空系统水平可下降到10～50μmHg。根据应用的不同，它们可被称作低真空泵或前级泵。它们可以在正常大气压下直接排到空气中。密闭系统里的一部分空气能扩散到泵的一个腔里面并留在那里。这些气体由叶片或泵里面的活塞运动压缩，然后由一个止逆阀从端口排出去。重复这个过程，每个周期都能排出一部分在密闭系统里的气体。

机械泵的抽气速率依赖于被置换的空气中的水蒸气的含量。因为使用常规等级泵油时水有很高的蒸气压力，所以可得到的极限压力减小。常温情况下，水蒸气从系统压力降低到20Torr。为了保证水蒸气的冷凝降到最小，油必须保持足够热以防止降低油的黏度。有时在泵的排气阀附近添加干燥空气以帮助减小水蒸气的压力且防止泵油的冷凝。在用低真空泵抽真空时，99%的气体从炉室中排出。

（2）蒸气扩散泵　为了使气体压力降到25μmHg之下，需要使用更有效的真空泵。常用的蒸气扩散泵能将真空度降到10^{-4}Torr或更低。在高压情况下，气体通过邻近分子的频繁碰撞扩散，能很快充满整个空间。在低压情况下，这种现象几乎消失，剩下的气体采用流体流动、容积式机械泵很难抽出。因此，在低压情况下，有必要让分子随机扩散至泵的前端并给予优先的移动方向。蒸气扩散泵以高速液体（通常是油）蒸气引导泵送作用。大型分子撞击气体分子并推动它们向下到泵的出口，就是前级管道。扩散泵的进口压力保持在50μmHg（5×10^{-2}Torr）以下，这样蒸气流就可以在几乎空

旷的空间里运行，除了偶尔扩散的气体分子。

返流是指扩散泵入口法兰上方沿真空室方向的泵油分子的运动。随着进口压力超过 100μm Hg (10^{-1}Torr)，返流率快速增加，主要依赖于扩散泵的尺寸和型号。返流也可能是由超过前级压力极限值引起的，对大多数扩散泵来说大约为 1Torr。返流可以通过在扩散泵喉部和真空室之间插入导流板减少。大多数返流来自于泵的顶端喷嘴，可通过喷嘴上的水冷罩减少返流，这已经成了商用扩散泵的标准功能。油蒸气在此罩上冷凝并滴回泵里面。

如果特殊应用需要，在扩散泵的上方放置一个冷阱可进一步减少油返流。冷阱包括导流板和水冷壁或制冷壁，这可以提供不传热的通道。可以使用制冷剂，比如液氮。油分子在冷却板的表面凝结并保持聚集，这种聚集也会吸引真空室里可凝结的蒸气，特别是水蒸气。冷阱作可冷凝蒸气泵的能力随制冷剂温度的降低而增加。

(3) 机械泵和蒸气扩散泵同时工作　图2-110所示的真空系统包括一个机械低真空泵，通过关闭高真空阀、打开低真空阀和关闭前级管道阀直接连接到真空室。这个步骤从系统其他部分隔离了扩散泵，然后扩散泵的内部可以通过机械维持泵抽掉空气。

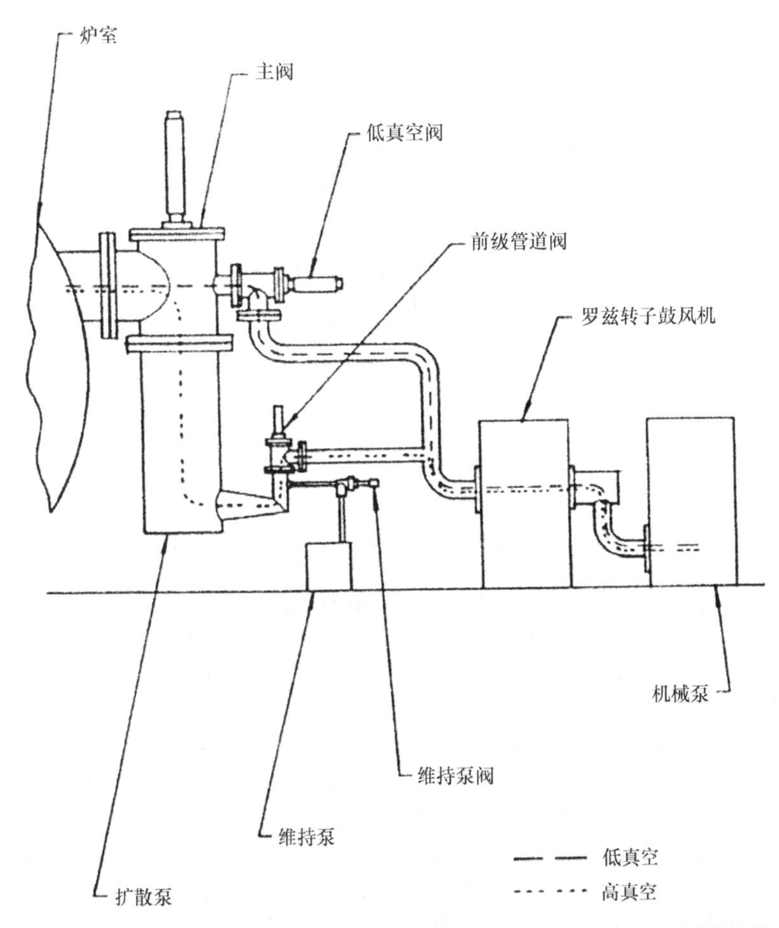

图 2-110　典型真空炉的泵系统，包括机械泵和扩散泵以及阀门和管道连接

图 2-111 所示为三重喷嘴的蒸气扩散泵。蒸气来自一个密闭的在底部加热的容器里，热量被迫上升到容器里。蒸气以向下的角度快速通过狭窄的、圆周开口的喷嘴。气体分子从真空泵室中逸出，随着喷嘴喷射的蒸气气流向下方偏离，会碰到向下的重分子气流。其结果是压缩气体分子强迫它们向下运动到某点，从而被机械前级泵排出。泵内蒸气冷凝在泵的内部冷却壁上，作为液体再回到容器里。通过使用一种液体扩散泵油，气体分子可以获得最大的速度，与容器里的空气比较，这种泵油为重分子。通过排布在中心线上的几个喷嘴，一个一个往上排列提高了效率。对于有些扩散泵，需要特殊的、特别稳定的、非常低的蒸气压力的液体。

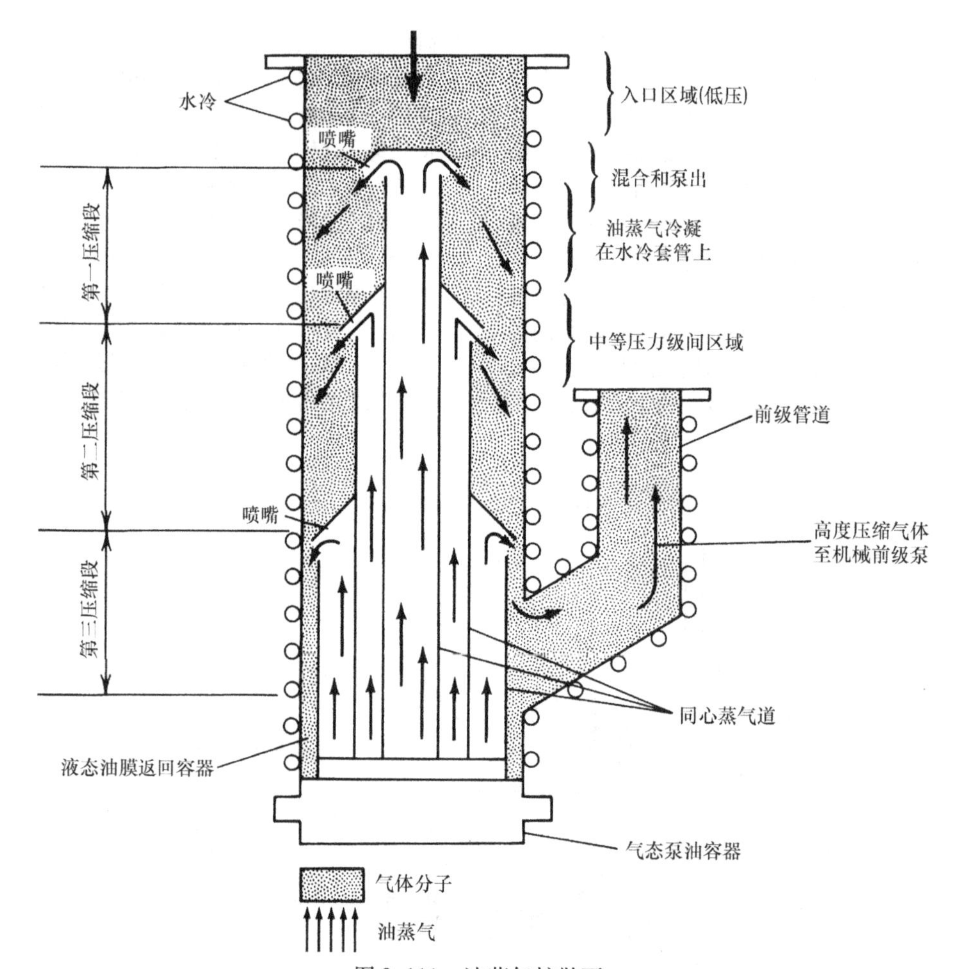

图2-111 油蒸气扩散泵

8. 真空炉的温度控制系统

一旦达到了所需要的真空度，即可使用温度控制仪表（手动或自动）起动加热循环。

在现代真空炉里，热区温度测量通常由加热元件附近的热电偶完成。通常最少使用两个热电偶，一个用于炉子控制，一个用于超温保护。实际上，热区尺寸的增加会出现多个热电偶和多区控温的现象，每个热区有一个控温热电偶。特殊情况下，如半连续式炉子里的无接触应用，使用一个光学高温计。然而，高温计的精度可能会因中间介质如气体、烟尘或金属观察镜受损。

热区控制热电偶信号通常传输到一个过程温度控制器上，经常同时连接到温度记录仪、数据记录仪器或计算机里。超温热电偶信号也可作为热区温度的备份记录被相应地跟踪。

9. 真空炉的压力控制系统

用于测量和记录真空室压力的仪器分为两类：一类是测量流体静态压力的仪器；另一类是测量热导率、电导率或其他一些与压力相关的气体物理性能的仪器。

（1）流体静态压力测量仪器　两种最普遍的流体静态压力测量仪器是布尔登压力计和麦克劳德真空计。

1）布尔登压力计（图2-112），能精确地、连续不断地显示大约从大气压（760Torr）到20Torr的压力。

2）麦克劳德真空计（图2-113），可连续不断地测量压力，从大气压到大约10^{-4}Torr。它也能用于定期测量这些压力。麦克劳德真空计对气体采样，压缩成很小的标定体积，然后记录初始体积和最终体积的比值。这个比值是气体采样时显示的压力值。麦克劳德真空计可以在接近实验室的条件下手动检测其他真空计的精度。

（2）测量热导率和电导率的装置　热导率和电导率受到使用气体的种类和压力影响。热导率测量仪广泛用于大部分真空冶金工艺，因为相对来说其价格便宜，而且能连续检测$760\sim1\times10^{-3}$Torr的真空度。

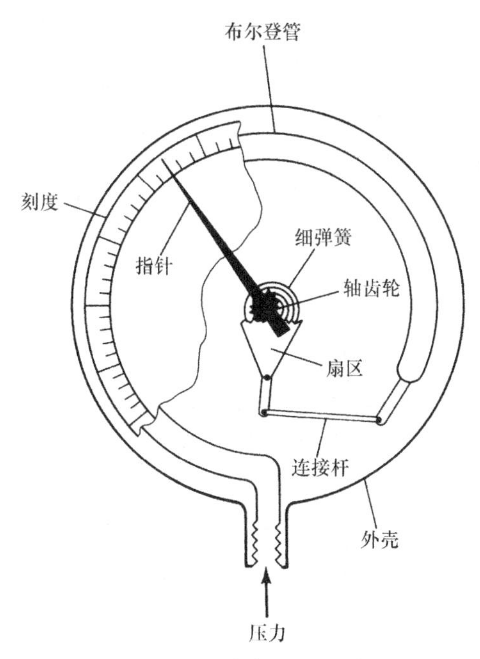

图 2-112　布尔登压力计

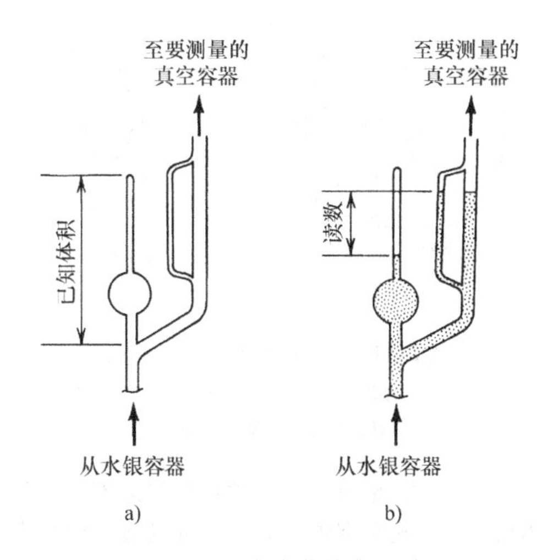

图 2-113　麦克劳德真空计

1）热电偶或辐射计，是真空炉里广泛使用的装置。它们基于的原理是炉室里的气体量减少，从而传输到周围环境里的热量也减少，这样不断加热的导线温度上升。导线温度是由加热导线中心的一个细金属丝热电偶测量的。细金属丝最大的温度为115℃（240℉），这时压力达到 $760 \sim 1 \times 10^{-3}$Torr。图 2-114 所示为典型的热电偶。

这种装置的优点：电路和管线都比较便宜；真空采样连续；因为相对较低的导线温度，可以暴露在空气中好几年也不会损坏或出现烧坏的风险；其信号可用于激活继电器或其他远程控制。

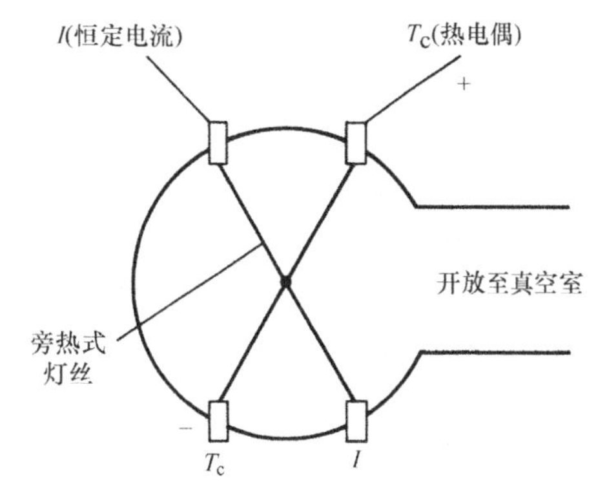

图 2-114　热电偶

这种装置的缺点：要求对每种气体有校正曲线，而不是仅仅对空气或氮气；刻度明显是非线性的，低压情况下刻度上的读数明显扩大，较高压力范围内的读数非常密集（图 2-115）。

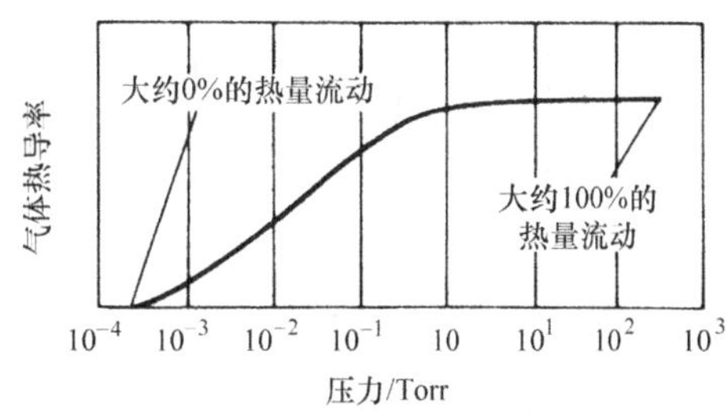

图 2-115　压力和气体热导率之间的关系

现代数字热电偶或辐射计都是线性化的，使用方便，使用范围为 $20 \sim 1 \times 10^{-3}$Torr。

2）皮拉尼真空计（图 2-116），使用与热电偶相同的导热原理。运行基于带压力的气体热导率的变化和有温度的金属丝的电阻变化。金属丝以恒定电流进行电加热，温度随压力改变，因而在桥式网络中产生电压。补偿单元会在室温下校正这种变化。因此，真空压力是根据与电阻变化的关系测量的。这种装置有时候比热电偶更昂贵和复杂，但是它也有一些根本性的优点和缺点。

3）热灯丝电离计，能用于 $10^{-3} \sim 10^{-9}$Torr。图 2-117 所示为热灯丝电离计的三个元件。图 2-117 所示为电子和离子相对于灯丝阴极的运动。图 2-117b 所示为其简化电路。图 2-117c 所示为其典型结构。钨或氧化钍涂层灯丝阴极发射约 5mA 的电流。电子向圆柱形网络被加速到大约 150V。传感元件类似于真空晶体管。一个加热的细丝发射电子到松散处和带电的网格。这个电子撞击真空炉里气体的剩余分子，这些碰撞可能移出气体分子中的电子，这导致了一个带正电的气体离子附着在一个收集器上。收集器到地面的正离子电流是一种气体压力或真空度的测量。这种压力计通常为实验室真空炉使用。

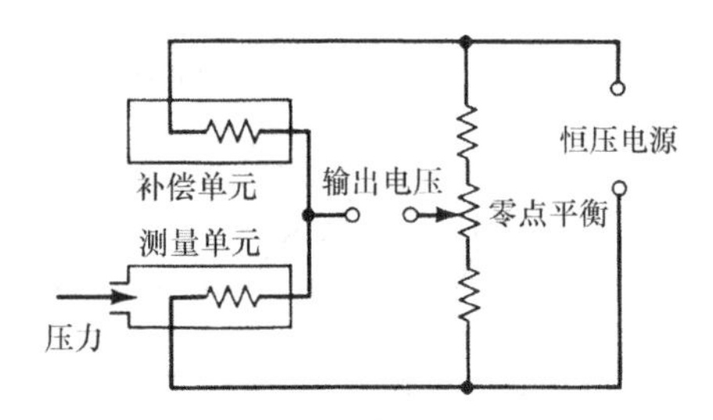

图 2-116 皮拉尼真空计

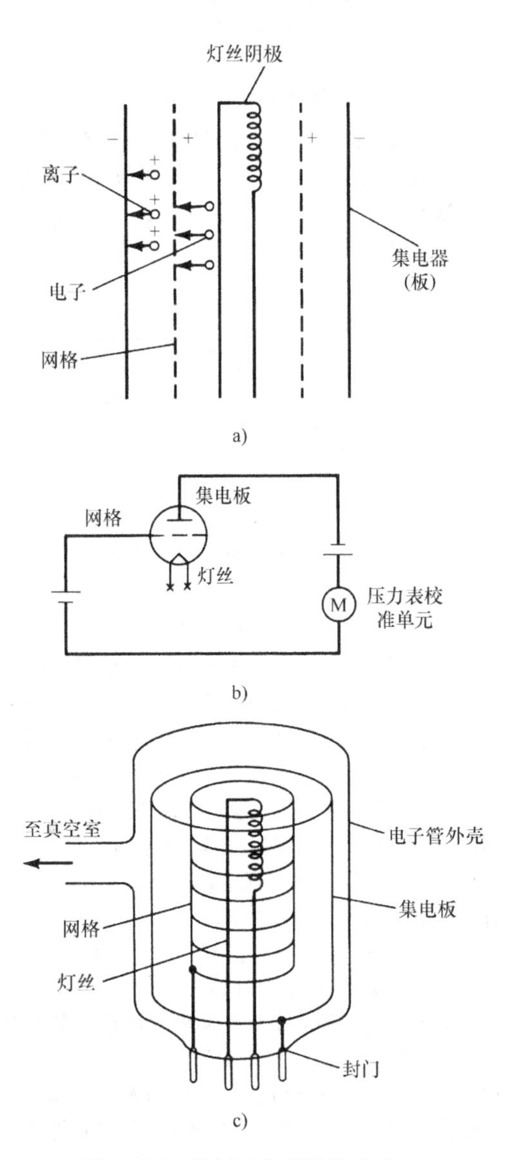

图 2-117 热灯丝电离计的组成

4）冷阴极电离计，测量一个高压放电产生的离子电流（图 2-118）。传感元件中的阴极释放电子通过磁场以螺旋形向正极靠近。螺旋形的运动延长了正极和负极电子运动的距离，增加了气体分子的碰撞概率和阳离子的形成。离子的形成随压力不同，离子电流间接地反映了压力。这些坚固的压力计尤其适用于高真空的生产应用。它们不能像热灯丝电离计一样被很容易地脱气，可是它们更容易被污染而且精度低。它们的线性输出低于 0.13Pa（10^{-3} Torr），测量的真空度为 1.3～1.3×10^{-4}Pa（10^{-2}～10^{-6}Torr）。

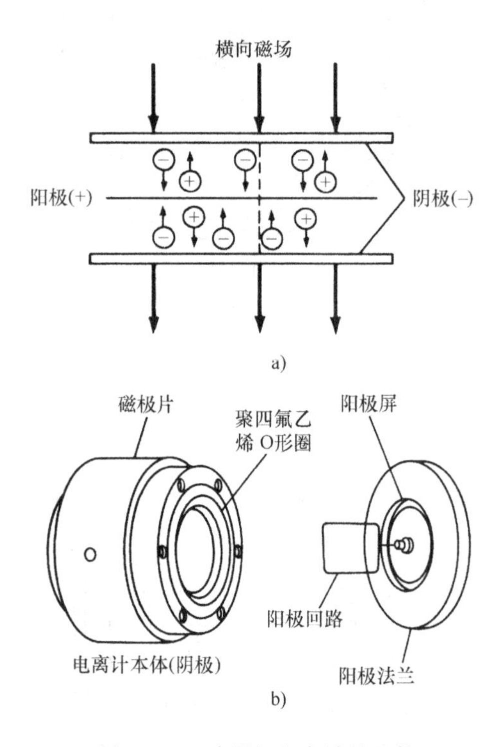

图 2-118 冷阴极电离计的组件

a）电子在磁场中的运动 b）阴极本体和阳极法兰的典型结构显示

（3）真空泄漏率 真空炉尽可能地不泄漏是至关重要的。检测真空炉室的质量可以通过泄漏率测试来实现。

真空炉通过连续不断地抽气以实现极限真空度，然后还需持续地抽气，通常再抽 2～3h。之后，真空泵阀关闭，操作者在一段时间里（通常为 15min）监测真空室里的压力上升。泄漏率通常以 μmHg/h 来计，以一定的标准适用于炉子系统。大多数生产情况下，最大可接受的泄漏率是 20μmHg/h。若泄漏率可以接受，则炉子可以被加热到需要的温度。

（4）真空炉里的蒸气压 真空炉里的温度和压力使得材料的蒸气压成为一个重要的考虑因素。蒸气压（当一种物质与其蒸气压力平衡时所施加的气体压力）快速提高了温度，因为分子振动的振幅随温度增加。固体材料表面的一些分子比其他分子有更高的能量，可以像自由分子或蒸气一样转移。如果一种固体物质被包在一个没有任何其他物质的空间里，分子将继续从固体表面转移，直到它们转移的速率和冷凝的速率或气态分子返流达到精确地平衡。产生的压力平衡是在一定温度情况下的物质蒸气压。金属的蒸气压仅仅依赖于温度和压力，但结果是依赖于时间。

通常使用真空度 - 温度的组合来加速气体的脱附并抑制大部分合金成分的蒸气挥发。挥发强度很高的合金比如黄铜，可以使用合适的惰性气体在接近大气压的情况下在真空炉里处理。

与温度相关的碳和其他纯金属的蒸气压显示在图 2-119 和表 2-32 里。纯金属的蒸气压是不变的、确认的值。合金的蒸气压随环境而不同。合金的蒸气压力部分程度上由道尔顿气体分压定律支配，在理想情况下，合金的总蒸气压等同于化学成分的分蒸气压之和。可是，合金里面的元素的分压低于正常蒸气压，并与其浓度成正比。

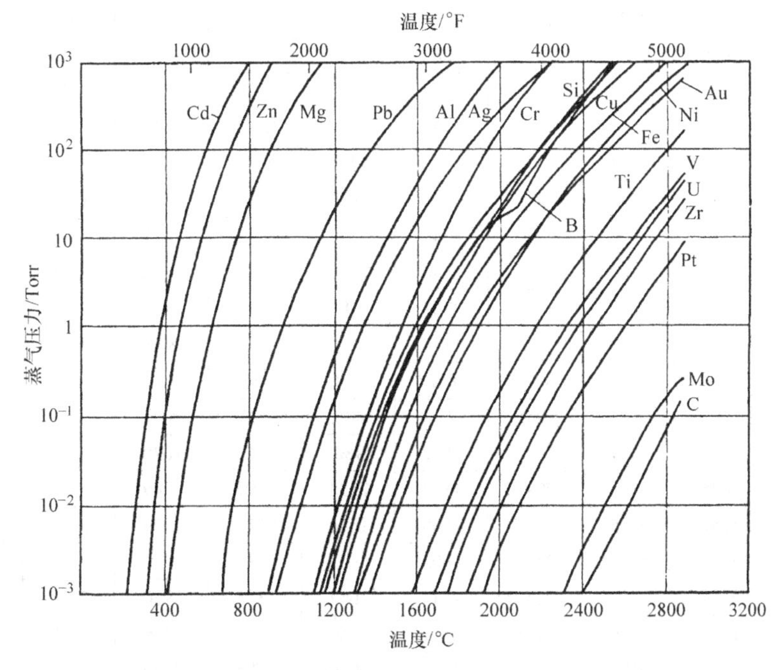

图 2-119　碳和各种纯金属的蒸气压与温度之间的关系

表 2-32　各元素的蒸气压

元　素	不同温度下的蒸气压									
	0.013Pa 10^{-4}mm Hg 0.1μmHg		0.13Pa 10^{-3}mm Hg 1.0μmHg		1.3Pa 10^{-2}mm Hg 10μmHg		13Pa 10^{-1}mm Hg 100μmHg		1.0×10^5Pa 760mm Hg 760000μmHg	
	℃	℉	℃	℉	℃	℉	℃	℉	℃	℉
铝	808	1486	889	1632	996	1825	1123	2053	2056	3733
锑	525	977	595	1103	677	1251	779	1434	1440	2624
砷	—	—	220	428	—	—	310	590	610	1130
钡	544	1011	625	1157	716	1321	829	1524	1403	2557
铍	1029	1884	1130	2066	1246	2275	1395	2543	—	—
铋	536	997	609	1128	699	1290	720	1328	1420	2588
硼	1140	2084	1239	2262	1355	2471	1489	2712	—	—
镉	180	356	220	428	264	507	321	610	765	1409
钙	463	865	528	982	605	1121	700	1292	1487	2709
碳	2290	4150	2471	4480	2681	4858	2926	5299	4827	8721

（续）

元素	不同温度下的蒸气压									
	0.013Pa 10^{-4}mm Hg 0.1μmHg		0.13Pa 10^{-3}mm Hg 1.0μmHg		1.3Pa 10^{-2}mm Hg 10μmHg		13Pa 10^{-1}mm Hg 100μmHg		1.0×10^5Pa 760mm Hg 760000μmHg	
	℃	℉	℃	℉	℃	℉	℃	℉	℃	℉
铈	1091	1996	1190	2174	1305	2381	1439	2622	—	—
铯	74	165	110	230	153	307	307	405	690	1274
铬	992	1818	1090	1994	1205	2201	1342	2448	2482	4500
钴	1362	2482	1494	2721	1650	3000	1833	3331	—	—
铜	1035	1895	1141	2086	1273	2323	1432	2610	2762	5003
镓	859	1578	965	1769	1093	1999	1248	2278	—	—
锗	996	1825	1112	2034	1251	2284	1420	2590	—	—
金	1190	2174	1316	2401	1465	2669	1646	2995	2996	5425
铟	746	1375	840	1544	952	1746	1090	1990	—	—
铱	2154	3909	2340	4244	2556	4633	2811	5092	—	—
铁	1195	2183	1310	2390	1447	2637	1602	2916	2735	4955
镧	1125	2057	1242	2268	1381	2518	1549	2820	—	—
铅	548	1018	620	1148	718	1324	820	1508	1744	3171
锂	377	711	439	822	514	957	607	1125	1372	2502
镁	331	628	380	716	443	829	515	959	1107	2025
锰	791	1456	878	1512	980	1760	1020	1868	2151	3904
钼	2085	3803	2295	4163	2533	4591	3009	5448	5569	10056
镍	1257	2295	1371	2500	1510	2750	1679	3054	2732	4950
铌	2355	4271	2539	4602	—	—	—	—	—	—
锇	2264	4107	2451	4444	2667	4833	2920	5288	—	—
钯	1271	2320	1405	2561	1566	2851	1759	3198	—	—
铂	1744	3171	1904	3459	2090	3794	2293	4159	4407	7965
钾	123	253	161	322	207	405	265	509	643	1189
铑	1815	3299	1971	3580	2150	3900	2357	4274	—	—
铷	88	190	123	253	165	329	217	423	679	1254
钌	2058	3736	2230	4046	2431	4408	2666	4831	—	—
钽	2599	4710	2820	5108	—	—	—	—	—	—
铊	461	862	500	932	606	1123	660	1220	1457	2655
钍	1831	3328	2000	3630	2196	3985	2431	4408	—	—
锡	922	1692	1010	1850	1189	2172	1270	2318	2270	4118
钛	1250	2280	1384	2523	1546	2815	1742	3168	—	—
钨	2767	5013	3016	5461	3309	5988	—	—	5927	10701
铀	1585	2885	1730	3146	1898	3448	2098	3808	—	—
钒	1586	2887	1725	3137	1888	3430	2079	3774	—	—
钇	1362	2484	1494	2721	1650	3000	1833	3331	—	—
锌	248	478	290	554	343	649	405	761	907	1665
锆	1600	3020	1816	3301	2001	3634	2212	4014	—	—

注：金属的蒸气压在一个给定的温度下是确定的，随着温度下降，蒸气压下降。例如，铁必须在大气中加热到2735℃（4955℉），其蒸气压才大于大气压（760mmHg）；铁在1311℃（2390℉）时的蒸气压是130mPa（10^{-3}mmHg）。

2.6.2　真空热处理的特殊应用

一般来说，真空热处理应用分为四类：只能在真空环境里进行的工艺；从冶金学的角度来看，在真空环境下执行效果更好的工艺；从经济的观点来看，在真空环境下执行效果更好的工艺；从表面处理的观点来看，在真空环境下执行效果更好的工艺。典型的真空热处理和连接处理工艺见表 2-33。

1. 真空渗氮

在真空炉里渗氮可由两种不同方法实现——气体渗氮和离子渗氮。气体渗氮是最新开发的方法，而且已经被确认是对很多应用来说是比较好的方法。两者都有其特定的应用。

(1) 离子渗氮　离子渗氮也叫等离子渗氮，引导氮原子至金属表面随后扩散进材料里面。实际中，注入的是混合气体（包括 25% 的 N_2 和 75% 的 H_2）。在低真空情况下，高压电能用于形成等离子，通过氮离子加速撞击在工件上。离子轰击加热工件，清洁表面，提供活跃的氮原子。图 2-120 所示为典型的离子渗氮系统。

表 2-33　典型的热处理和连接工艺

材料		工艺	操作温度/℃（℉）	压力范围/Torr①
铝合金		钎焊	595～650（1100～1205）	10^{-5}～10^{-6}
铍		退火	730～900（1350～1650）	10^{-4}
		烧结	1040～1065（1900～1950）	<10^{-4}
铸铁		退火	870～925（1600～1700）	10^{-3}
铜合金		钎焊	1095～1120（2000～2050）	10^{-2}～10^{-3}
铁		烧结	1120～1150（2050～2100）	10^{-1}～10^{-2}
有色合金		钎焊（金）	1040～1065（1900～1950）	10^{-3}～10^{-4}
		钎焊（银）	615～980（1140～1800）	10^{-3}～10^{-4}
不锈钢	铁素体	退火	630～870（1160～1600）	10^{-2}～10^{-3}
	马氏体	退火	830～900（1515～1650）	10^{-2}～10^{-3}
		钎焊（铜）	1090～1230（2000～2250）	2～10^{-1}
		钎焊（镍）	1090～1260（2000～2300）	10^{-4}～10^{-5}
		钎焊（银）	675～980（1250～1800）	10^{-1}～10^{-2}
		淬火	775～1175（1425～2150）	<10^{-3}
		烧结	1205～1315（2200～2400）	<10^{-2}
	高温合金	退火	1260～1315（2300～2400）	10^{-3}
		钎焊	1260～1315（2300～2400）	10^{-3}
		淬火	1260～1315（2300～2400）	10^{-3}
碳素钢		退火	760～815（1400～1500）	10^{-3}
高速钢	钴	淬火	1275～1315（2325～2400）	2～10^{-1}
	钼	淬火	1175～1230（2150～2250）	2～10^{-1}
	钨	淬火	1230～1290（2250～2350）	2～10^{-1}
	高温合金	时效	620～845（1150～1550）	10^{-4}～10^{-5}
		钎焊	1040～1250（1900～2275）	<10^{-4}
		固溶处理	1050～1250（1925～2275）	10^{-4}～10^{-5}
工具钢	A、D、H	淬火	1275～1315（2325～2400）	2～10^{-2}
	钼合金	退火	1050～1290（1920～2350）	10^{-4}～10^{-5}
		脱气	1050～1290（1920～2350）	10^{-4}～10^{-5}
	钛合金	退火	900～1010（1650～1850）	<10^{-3}
		脱气	790～955（1450～1750）	<10^{-3}
	钨	去应力	595～1010（1100～1850）	<10^{-3}

① 在一个循环中需要分压以防止发生去合金化。分压气体通常是氮气，如果担心温度高于 980℃（1800℉）时的特殊合金渗氮，可以使用氩气。氢分压（湿或干）也被使用，压力为 2～5Torr 的应用，如用于低碳钢的磁性退火，以产生脱碳，从而增强磁性。

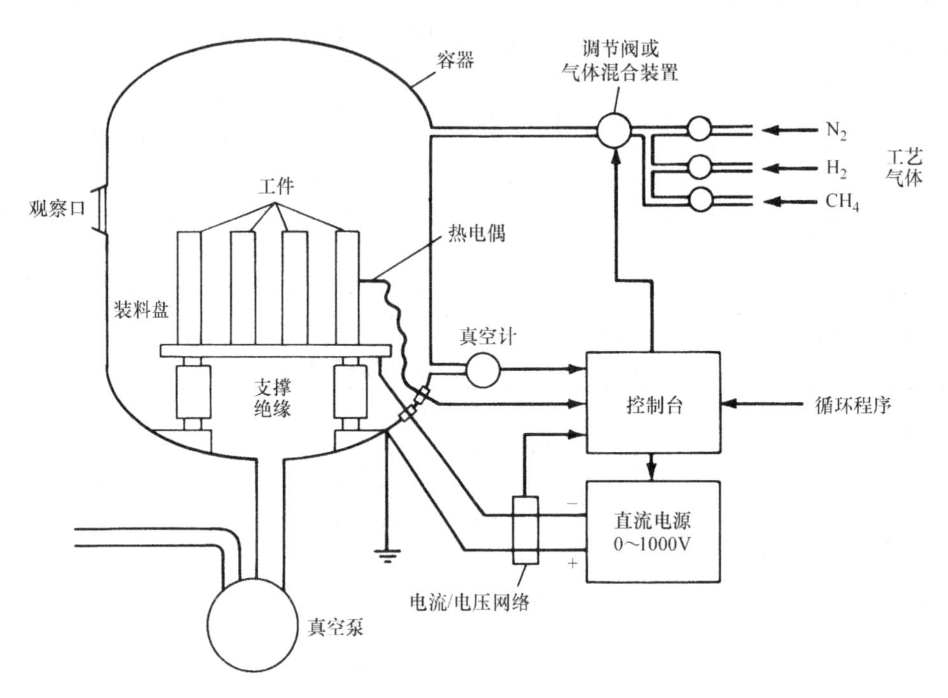

图 2-120 典型的离子渗氮系统

离子渗氮采用普通的氮气，压力为 130 ~ 1330Pa (1 ~ 10Torr)。炉体和放置工件的支撑件之间的直流电压大约为 450V。这使工件带负电荷，在电路循环中变成阴极。由于高电压，带电的氮离子移动到带阴极的工件表面上获得电子，然后扩散到工件表面。离子化工艺效率非常高。需要的氮原子很少，渗氮时使得表面溅射得非常干净。不锈钢上总会出现的氧化物通过溅射清除掉，然后氮原子很容易进入表面。气体或盐浴渗氮时，氧化物需要化学清除或机械加工。另外，由于该工艺是带电的，化合物和白亮层能很容易得到控制甚至清除掉。

然而，离子渗氮也有一些严重的问题。处理的材料在放进真空炉之前必须绝对干净。工件上的有害或残留的粒子会引起电弧导致工件的损坏。炉子里面的工件摆放也很关键，任何孔或腔都必须进行适当地遮盖以免过热。

（2）真空气体渗氮 随着可控气氛渗氮概念的流行和普及，针对渗氮工艺的新型真空炉设计问世。现在的真空气体渗氮和以前的渗氮系统相比较，可以减少最多 50% 的加热时间。

现代真空气体渗氮炉（图 2-121）是前置式、单室炉，通过渗氮气体可硬化各种材料。材料渗氮后，通过外部带有一定压力的冷却系统快速冷却。

在典型的真空气体渗氮工艺中，工件放在炉子里面。炉体抽真空到大约 10^{-2} Torr，然后回填氮气到 800Torr。当炉子加热到渗氮温度（454 ~ 548℃，或 850 ~ 1000℉），部分氮气被抽出，通入氨气并保证 800Torr 的压力。在整个工艺过程中，以固定比率的氮气和氨气的分压力连续被控制，以达到最终要求的结果。渗氮过程中，气体通过上面的风扇在热区循环。

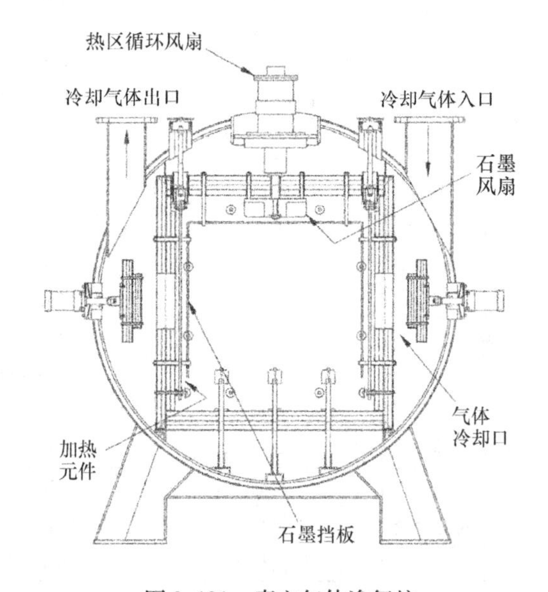

图 2-121 真空气体渗氮炉

真空气体渗氮炉能提供精确的可编程氮势控制

系统，以获得可重复的渗氮结果，主要是硬化层和白亮层控制（白亮层是渗氮工艺的附带结果，通常最终产品要求产品的白亮层必须最小）。

2. 真空渗碳

渗碳是碳原子在 850～950℃（1560～1740℉）的情况下渗到低碳钢的表面，在此温度下，铁的奥氏体相是稳定的晶体结构，与碳有很高的亲和力。当高碳层淬火完成时，获得扩散硬化层。奥氏体碳化物层转变成高碳马氏体硬化层，具有很好的耐磨损和耐疲劳性能。

真空渗碳在20世纪90年代初已经发展成为最先进的热处理工艺，很快应用在航空和汽车领域。真空渗碳是一种改进的气体渗碳工艺，在一个专门设计的真空炉（图2-122）内使用渗碳气体完成。渗碳是在压力低于大气压下进行的，通常在7～300Torr之间。这种方法的优点是保持金属表面的清洁，使碳相对容易地转移到表面。此过程在无氧环境下，真空可防止晶间氧化（IGO）的形成。

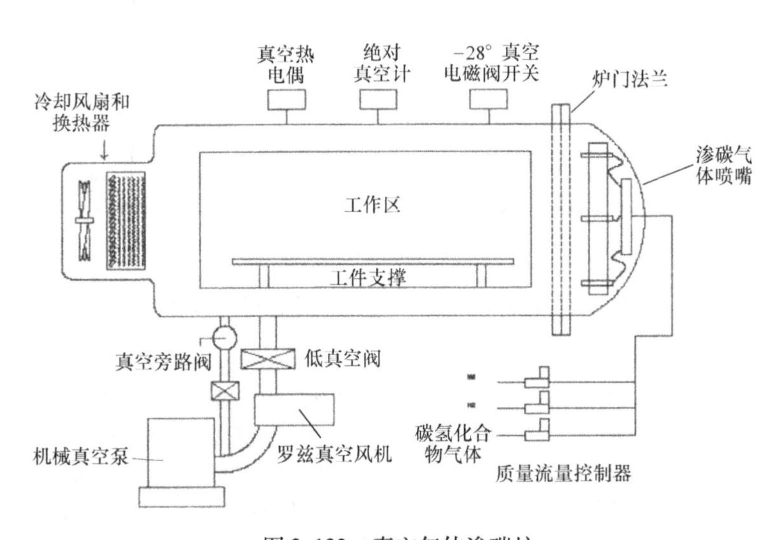

图2-122 真空气体渗碳炉

渗碳气体解决方案相对简单，通常使用单一的烃气体作为渗碳源。在早期的真空渗碳中，甲烷、丙烷和丁烷作为碳源。这些气体的碳势非常低，要求部分压力达到300Torr。但是在这样的高压力下，生产中产生过度的炭黑是不能接受的。为了减少或完全消除炭黑问题，在炉中和零件上，今天人们首选使用更多的反应性不饱和烃气体，例如乙炔（C_2H_2）、乙烯（C_2H_4）或是它们的混合物。不饱和烃气有较高的碳势，可在更低的局部压力下完成渗碳。在初始的热循环时利用氢气作为预净化气体来清洁金属表面，使它们与渗碳气体发生更多的反应。

（1）真空渗碳过程　钢的真空渗碳包括五个阶段：加热和吸入、增压、扩散、重新加热（通常省略）、淬火。

加热和吸入阶段在渗碳温度下进行，通常为850～950℃（1560～1740℉），确保钢材温度均匀。必须防止表面氧化，减少表面氧化物生成。在由石墨加热元件和石墨隔热层组成的加热室中，通常0.1Torr的真空是理想的。

增压阶段增加奥氏体的碳含量（在任何温度下使用的钢中碳溶解度的极限）。此阶段利用纯烃气（例如乙炔、乙烯、丙烷）或烃类混合物填充真空室加压来实现。如果要求氮合金化可以添加氨气。惰性气体（例如氮气）也可以被添加进气体或气体混合物。碳的转移通过钢表面烃气的分解来实现，通过奥氏体和氢气的释放直接吸收碳，每个乙炔分子提供两个碳原子，它们能够扩散进入零件的表面，反应方程式如下：

$$C_2H_2 \rightarrow 2C(\text{奥氏体}) + H_2$$

扩散过程提供了一个更平缓的从外到内的过渡。如果一个工件从增压过程产生硬化，在渗碳表面将会造成不理想的显微组织，产生非常坚硬的界面，特别是在增压阶段碳势没有被控制。扩散阶段可以从渗碳表面逐步向内扩散碳，表面的碳含量很低。这个过程通常在同一渗碳温度，真空度为67～130Pa（0.5～1Torr）或局部氮分压（<10Torr）的环境下完成。

只有当需要进一步细化晶粒时，才进行重新加热。当渗碳温度高于982℃（1800℉）或需要进一步机加工，通常重新加热。钢材从扩散温度到室温通常在一个氮气分压下首先是气淬。重新加热通常包括在790～845℃（1450～1550℉）范围内的奥氏体化，然后油淬。图2-123所示为典型的伴随重新加热的真空渗碳循环图表，表示温度和压力相对时间的变化情况。

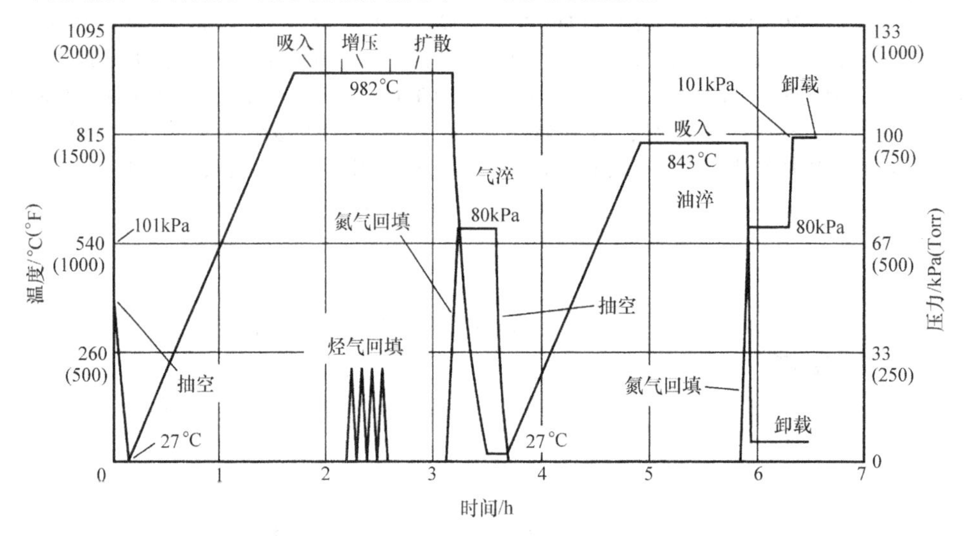

图2-123 典型的伴随重新加热的真空渗碳过程中温度与压力相对时间的变化

淬火步骤通过油淬或高压气淬完成，油淬通常在氮分压下完成。当真空渗碳温度高于传统渗碳温度时，需要一个更低的中间冷却过程。最后的油淬过程必须稳定在低温状态下。

尽管一些热处理企业继续使用油淬，但是最新最清洁的方法是高压气淬，压力大于或等于10bar，此方法已达到令人满意的渗碳要求。氮气在10bar的压力下快速被填充进入炉室从而冷却零件。与油淬比较，这种方法的优点是达到快速冷却效果和明显减少零件畸变。

（2）真空渗碳设备　为了实际应用，真空渗碳炉通常对控制和管道系统进行改进，选择是否具备油淬和/或气淬的能力。炉子的工作区由石墨或陶瓷加工而成。石墨结构允许更高的操作温度，用于多功能炉。几个加热炉生产商已经设计出具备气淬能力的单室和多室渗碳炉。

（3）真空渗碳前景　真空渗碳是一个复杂和强大的渗碳过程。当正确操控系统完好的加热炉时，它具备极好的稳定性和良好的可重复性，明显优于传统的大气渗碳。极好的稳定性和可重复性已经被高品质传动装置和轴承行业所广泛认可——在表面上允许留更少的研磨量，热处理的表面要求最终精磨到尺寸或接近公差。因为真空炉非常灵活，过程变量可以控制精度，所以真空渗碳非常适合处理新的高级别的中高合金渗碳钢。加上气淬领域的高速发展，有机会生产出高性能、低变形量的轴承。

真空渗碳在生产计划、工艺控制和设计方面具有优势。它可减少循环次数，特别是在更高的渗碳温度使用。预热和渗碳后热处理也可在真空下完成，产生非常清洁的零件，不需要像传统大气渗碳一样对零件进行后续清洁处理。与传统的大气渗碳相比，真空渗碳炉排出更少的热量和废气，因此炉子可位于其他机床附近。其他的高温工艺，例如钎焊有时根据炉子结构也可在炉中完成，有时还可以合并，从而减少生产周期，消除加热、冷却两倍时间的处理工作。

3. 工具钢的热处理

在工具钢热处理中最重要的一个因素是保持工件表面的质量。真空炉清除了空气，空气是表面氧化的主要来源。在真空炉中利用复杂的真空系统提供200～0.01μmHg（0.2～10^{-5}Torr）的真空压力。真空炉被广泛应用于工具钢零件的硬化处理。相比盐浴热处理，环境污染更少。

（1）热壁式炉　两个因素限制了早期热壁设计在工具钢硬化方面的使用。第一，当加热时，真空炉胆因强度不够失效而坍塌。第二，炉胆满足不了工具钢淬冷技术的要求。

（2）冷壁式炉　真空炉现在加入一个加热元件在双壁真空室内部。水或冷却剂在两壁间循环，有效冷却真空室，因此能够进行高温作业。在冷壁式炉中，电加热元件位于加热区域内。加热元件可以由难熔金属（如钼）或石墨制成。加热元件由金属壳或隔热层包裹，以提供隔热效果，避免直接的辐射。难熔金属或合金炉胆位于炉子中心或固定的工作区。

1）单室真空炉由一个加热和冷却工件的炉室组成（图 2-124）。冷却和淬火通过填充或强压惰性气体通过工件来完成。为了快速淬火而获得工具钢期望的显微组织，必须增加淬火气体（通常为氮气）的压力。由被称作"调压室"的大型气体储存罐提供所需填充的气体。

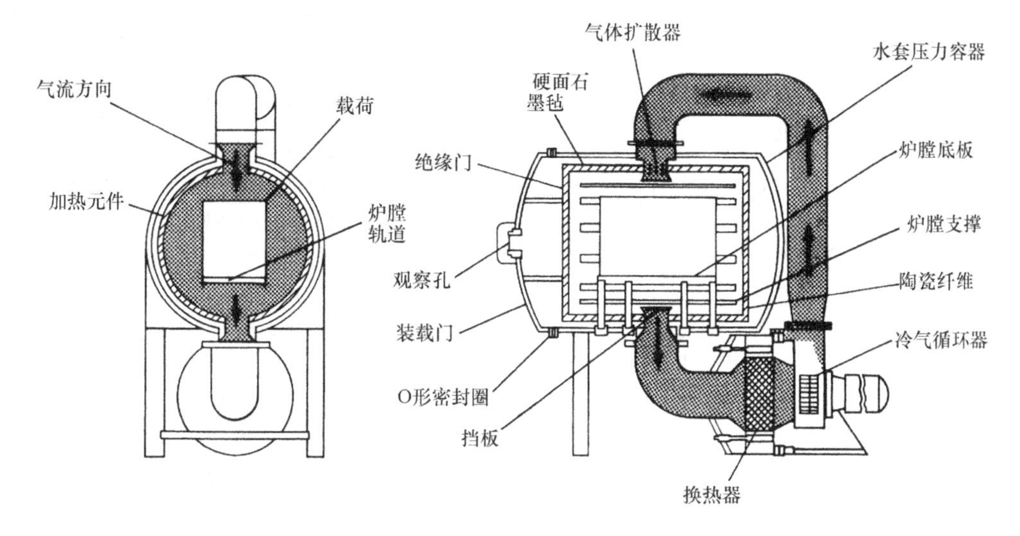

图 2-124　单室周期式气淬真空炉

2）多室真空炉用来提高生产率或淬火率（图 2-125）。它允许连续淬火。典型的炉子有三个炉室，一个净化（装载）室、一个多区加热室和一个淬火室。一个装载托盘自动移动进入净化室，在这里开始降压。当真空度接近加热室的真空度后，托盘或料筐移动通过一个隔热门进行加热。传送通过多重预热区和最后的高热量区完成加热。同时，另一个托盘已经进入净化室。在高热量区按照预定时间间隔运行后，料筐被传送到最后的淬火室进行淬火。最终，料筐从淬火室通过一个门被运送到卸载托盘。

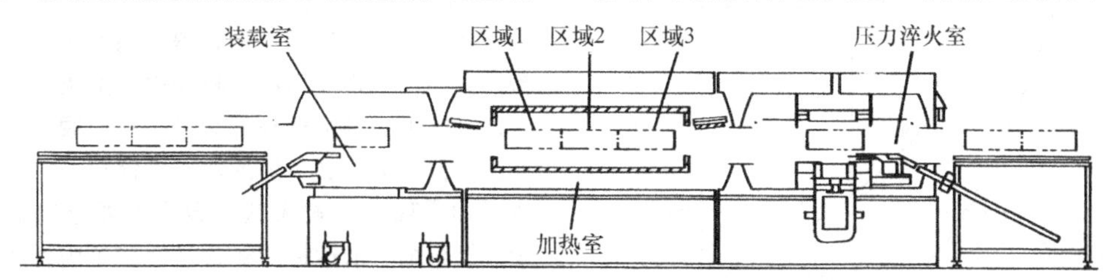

图 2-125　典型的连续式多室真空炉

(3) 炉内动力学　任何钢的淬火和冷却过程都受到如下条件限制：

1）气体参数控制工件表面的热传导率（表面热阻）。

2）工件参数控制工件中心到表面的热传导率（工件热阻效应）。

一般来说，大直径工件（直径大于 250mm，或 10in）的冷却速度主要依据气体参数。在冷却最初阶段气体温度对工件影响很小，但是随着温度增加，冷却速度会变得越来越敏感。气体温度增加冷却速度降低。高气体温度仅仅发生在工件冷却的最初阶段，影响非常小。图 2-126 所示为直径 25mm（1in）金属热导率对冷却速度的影响。

工件的大小、形状和材料性质决定了工件中心到表面的热传导率。工件大小和形状可能有很大差异。图 2-127 所示为工件直径对于冷却的影响。

4. 不锈钢的热处理

不锈钢产品的热处理改变了物理状态、力学性能、残余应力，最大限度地还原了耐蚀性，改善了由于生产和加热引起的这些不利影响，从而使不锈钢的热处理可以得到满意的耐蚀性和力学性能组合。

许多不锈钢有沉淀硬化。典型的例子有 A-286，也称为 K-660、286 和 660 型，这是一种奥氏体型铁-镍-铬合金钢，时效后在高达 704℃

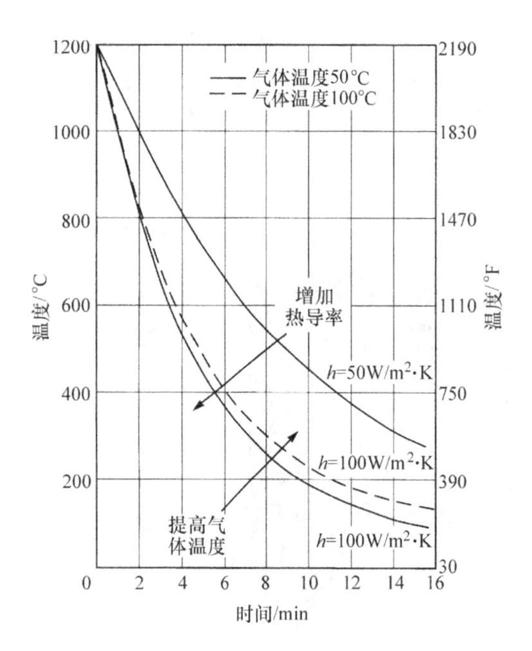

图 2-126　温度 - 时间关系曲线，表现了气体温度和热导率对于直径 25mm 钢棒冷却速度的影响

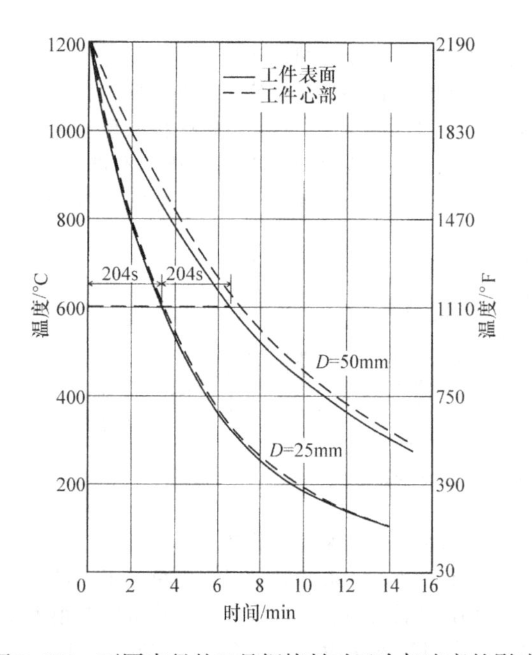

图 2-127　不同直径的工具钢棒料对于冷却速度的影响

（1300℉）时仍有良好的强度，常用于燃气轮机轮毂和叶片以及喷气机发动机组件。与其他不锈钢不同，A-286 有很高的钛含量，约 2%，大约 15% Cr，25% Ni，1.3% Mo，0.3% V，0.2% Al，0.05% C，0.004% B。其通常退火温度范围为 899 ~ 1010℃（1650 ~ 1850℉），退火时间为每 1in 横截面 1h，随后快速冷却。

退火温度取决于待处理零件的具体材料和所要求的性能。例如，如果要求最佳蠕变和蠕变断裂性能，则采用较高的退火温度，最终在 720℃（1325℉）时效 16h，使得室温屈服强度大约提高至 3 倍，从 240MPa 到 760MPa。时效处理使显微组织中分布了细小沉淀颗粒。如果最终表面没有后续机加工，燃油和燃气炉子无法满足不锈钢的热处理。因为在这样的设备中，很难控制燃烧污染物和消除火焰冲击对待处理零件的影响。通常使用电炉和燃气辐射管炉进行沉淀硬化不锈钢的热处理。

5. Inconel 718 合金的热处理

Inconel 718 合金通常在固溶处理和时效处理状态下使用。基于应用和力学性能要求确定精确的温度、时间和冷却速度。许多航空航天应用要求高抗拉强度、高抗疲劳强度和良好的抗应力性能，都使用固溶处理和两步时效处理：

1）固溶处理温度 925 ~ 1010℃（1700 ~ 1850℉），时间 1 ~ 2h（空冷或更快）。

2）时效处理温度 720℃（1325℉），时间 8h，之后炉冷至 620℃（1150℉）。在 620℃（1150℉）下保温时效 18h 后空冷。

6. 钛和钛合金的热处理

钛可以在传统炉和真空炉中进行热处理。温度控制要求十分严格，大多数钛合金温度要求精确在 ±10℃（±18℉）。某些特殊的钛合金温度要求更严格，要求为 ±5℃（±10℉）。

现在真空炉处理更加普遍。当要求更少的氢含量，进一步禁止氢污染，减少空气退火的表面污染时，真空炉是必须选择的炉型。真空脱气温度十分宽泛，首先由于真空炉的性能可保持一个高真空环境（10^{-5}Torr）。航天钛合金零件要求更低的氢含量。钛合金中未达标的氢含量增加了脆性风险和零件故障率，这在航天工业领域是绝对不能接受的。

真空退火炉有冷壁式和热壁式两种类型，采用燃气或电加热。钛合金热处理普遍使用冷壁式电加热真空炉。炉子最高使用温度取决于加热元件和辐射保护壁。这些炉子一般设计最高温度为 1538℃（2800℉），这一温度适用于所有钛合金。

如果不希望畸变成为问题的话，工件应垂直悬挂在底装料炉中（例如空心圆柱形零件；长锻件浸入淬火；薄板件、挤压件或其他长而薄的产品）。另外，在加热和冷却过程中，通常在板材的底端压上重物，以改善板形的平坦度。

当使用镍合金作为工装处理钛和钛合金时，一定要做好预防措施。这是因为钛镍合金的共晶点是 943℃（1730℉），将会导致钛工件和工装熔化。

致谢

本节内容依据 1995 年美国金属学会举办的由 F. G. Lambating 和 Robert J Unger 主讲的培训课程“热处理实践——真空热处理工艺”改编和更新。

参 考 文 献

1. D.H. Herring, *Vacuum Heat Treatment*, BNP Media II, 2012
2. “Critical Melting Points for Metals and Alloys,” Solar Atmospheres Inc., www.solaratm.com/downloads, 2009
3. S. Dushman, *Scientific Foundations of Vacuum Technique*, John Wiley and Sons, New York, NY, 1949
4. R.J. Fabian, *Vacuum Technology: Practical Heat Treating and Brazing*, ASM International, 1993
5. Heat Treating, Vol 4, *ASM Handbook*, ASM International, 1991
6. Heat Treating: Equipment & Processes, *Proceedings of the 1994 Conference* (Schaumberg, IL), ASM International, 1994
7. Heat Treating Glossary, Solar Atmospheres Inc., www.solaratm.com/vacuum-furnace-services/glossary
8. D. Hoffman, B. Singh, and J.H. Thomas, *Handbook of Vacuum Science and Technology*, Academic Press, San Diego, CA, 1998
9. “NFPA Standard 86: Standard for Ovens and Furnaces, 2011 Edition,”National Fire Protection Association, 2011
10. N.G. Wilson and L.C. Lewis, *Handbook of Vacuum Leak Detection*, AVS Monograph Series, 1979

2.7　感应热处理系统

Richard E. Haimbaugh, Consultant

感应加热有许多不同的应用，例如熔炼、锻造坯料的加热以及热处理。钢的表面淬火是感应加热最主要的应用之一。感应加热能够快速加热零件的特定部位，例如齿轮的齿或轴的轴承位置。零件不仅可以局部淬火，而且整个零件也不需要像在炉中加热那样全部加热。感应热处理的优点包括：

(1) 力学性能优异　硬的表层和软的心部提供一个良好的强韧性组合，这是常规加热炉不能实现的。此外，由于钢的淬火硬度仅取决于碳含量，因此大多数应用场合可以使用碳素钢代替合金钢。采用感应淬火的拖拉机车轴比传统淬火车轴的弯曲疲劳性能显著增加；驱动轴和半轴也采用感应加热淬火以得到高的扭转强度，并且许多零件（例如齿轮）也选择感应淬火来提高齿轮轮齿的耐磨性。

(2) 节省制造成本　因为不需要加热整个工件，所以消耗的总能量成本可以降低。对于采用炉子淬火的零件所需的其他工艺成本也可降低，因为它产生的变形较小，从而使研磨和精加工达到最终精确形状的加工量也很小。矫直有时也可以省掉。

(3) 加工兼容性好　感应热处理系统可以自动化，满足高生产率的要求，并可以并入制造体系单元，减少了占地面积，改善了工作场所的操作环境。

感应热处理系统（图 2-128）的基本功能组成包括冷却系统、感应电源、加热单元、工件夹持工装、控制装置、加工线圈和淬火系统。根据电源和工艺要求，这些单元可以单独提供也可以集成。本节重点介绍电源、感应线圈和热处理应用。首先讨论电源类型，然后讨论系统单元及其对感应热处理系统设计和应用的影响和要求。本节还涉及感应器的一般理论、类型和应用。

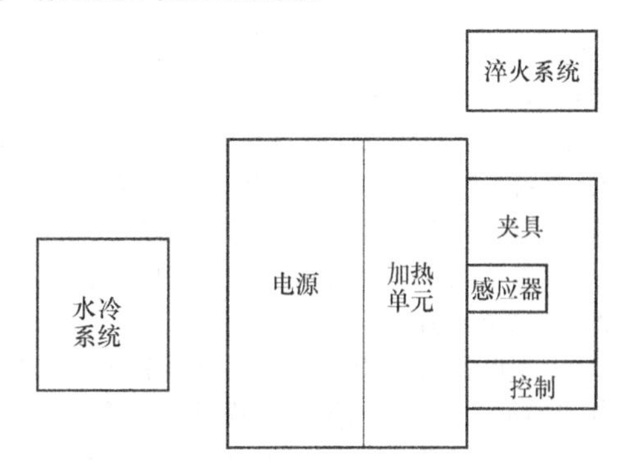

图 2-128　感应热处理系统的组成

2.7.1　发展历程

感应热处理的迅猛发展始于 20 世纪 30 年代，当时成功开发了中频发电机组被并用于曲轴连杆轴颈和轴承的感应淬火。例如，1938 年，卡特彼勒安装了一套电源用于轨道链轨节的感应淬火，并在 1943 年生产了 16 台这种机组。在 1941 年，Vaugn、Farlow 和 Meyer 也在美国金属学会的会议上发表了一篇论文《感应淬火的冶金控制》，说明了碳素钢（不含其他合金元素）可以通过感应加热获得很高的表面硬度。随后，卡特彼勒购买了一台 500kW、9.6kHz 的中频发电机组，用于直径 642mm（25.3in）和齿面宽度为 125mm（5in）的末极驱动齿轮的表面感应淬火。在 20 世纪 40 年代，Marten 和 Wiley 的论文描述了温度、成分和预先组织对普通碳素钢的感应淬火特性的影响，继续进行关于感应淬火的热处理原理的研究。当时提出的基本热处理理论今天仍常被提及。

感应热处理的应用和开发在第二次世界大战之后持续增长，并且开发出了输出变压器，在使用少匝数工作线圈时帮助电源和负载匹配。从20世纪40年代到50年代，继续开发和应用了大型中频发电机和射频（RF）振荡器感应电源。在20世纪60年代，发明了将工频转换为中频的感应加热固态电源。由于其更高的效率和更广泛的通用性，随着固态电源的可靠性提高，固态电源在20世纪70年代开始取代了中频发电动机组。随着固态器件的电流承载能力和电压阻断特性的持续改善，固态电源的开发和发展已经进入更高频率范围。今天（2013年），尽管仍然有RF振荡管电源的一些市场，但大多数销售的感应加热设备电源是固态的。甚至通过用固态二极管代替整流管，使得RF振荡器效率提高。如果依据过去预测未来，则所有晶体管将继续改进，且在某一时间所有RF频段的电源都将是晶体管电源。

2.7.2 感应加热电源

在感应热处理实践中，最常规的电源是将三相、50/60Hz工频转换成高于1kHz的单相高频用来进行感应表面淬火。虽然也有使用低于1kHz频率的设备和感应系统，但它们主要用于导电材料透热的专用设备中，数量较少。在本文中，术语感应加热装置和电源基本上表示相同的东西，即一套用于高频感应加热的电源和感应器。

固态系统目前在20~200kHz的频率范围内产生RF加热能量。真空管系统可以获得高达约2MHz的频率用于感应加热。高于2MHz的频率用于介电加热代替感应加热。

如果没有提到最挠头的工作——多匝调谐，那么关于电源的讨论就不完整（请参阅本节中的“2.7.5负载匹配”）。但是，如果执行正确的步骤，调谐并不难。固态电源的调谐比在固态之前使用的中频发电机组更容易，因为固态电源的保护和控制电路更完善。

1. 电源的类型

众所周知，感应加热电源的类型很多，从用于热装的工频加热电源，到许多不同类型的感应加热电源。如今（2013年）出售的用于热处理的大多数感应电源，要么是固态类型的，要么是振荡管（真空管）类型的。已经开发出许多类型和型号的感应电源，以满足于感应热处理的不同频率和输出功率的要求。本文不讨论热处理老式电源，如中频发电机组和火花放电电源。有关这些电源的更多信息，请参见相关参考文献。

无论采用任何电子技术，感应电源都具有一个共同的功能——将由电力公司提供的50/60Hz三相电流转变为用于感应加热的较高频率的单相电流。图2-129给出了现代高频电源实现从工频到高频的频率转换的原理框图。感应电源本质上是一台变频器。这些电源也通常分为转换型、逆变型或振荡型，这取决于所采用的电路和电子器件，以及转换技术的许多可能组合。由于电路和控制的复杂性，很难区分不同制造商销售的电源的操作特性的差异，因为制造商的要求在技术上难以统一。除了线路电压和电流规范（其不能保证特定应用的额定输出功率）之外，当前没有用于评估固态电源输出功率的标准。射频振荡管电源支持通过线圈上的水负载进行标定。

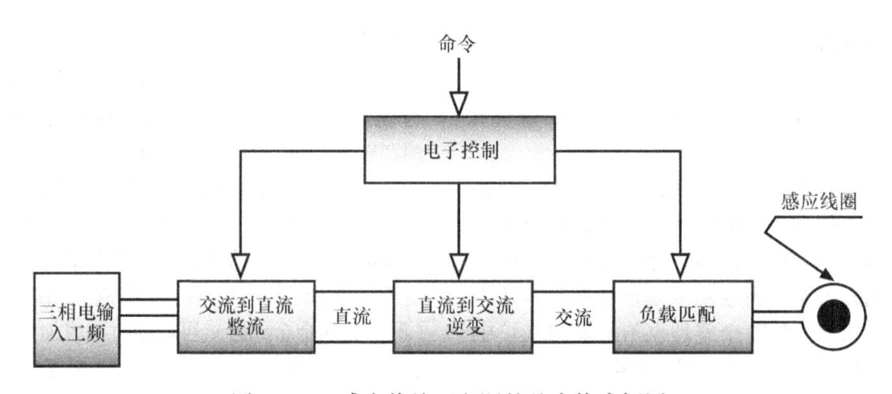

图2-129 感应热处理电源的基本构成框图

（1）固态电源　固态电源连接工频交流（AC）电压以产生单相、直流（DC）电压，然后通过使用晶闸管（可控硅整流器或SCR）或诸如隔离栅双极晶体管（IGBT）或场效应晶体管（MOSFET）来产生直流脉冲，从而产生正弦波形成高频交流。一些电流源只做这一步，射频（振荡器或真空管）电源

供应商使用变压器在整流之前将输入电压改变为高电压。振荡器管用于产生同样转变为高频交流的直流脉冲。较高输出电压是 RF 管电源明显的可区分特征。

由于待加热工件的尺寸与所用频率产生的加热深度相关，因此由电源提供的频率对于预期的感应热处理工艺就很关键。频率越高，硬化深度越浅，线圈效率越敏感。后面图中所示的大多数线圈在高于 1kHz 的频率下使用，尽管在较低频率也有几个应用，如在大工件的透热（大块加热）中。当特定应用需要低于 1kHz 的较低频率时，其相应的频率和功率要求的理论与较高频率的理论相类似。低于 3kHz，一个明显的特征是线圈的机械振动更多，因此线圈设计中的刚度非常重要。

图 2-130 给出了当前使用的晶闸管（SCR）、晶体管（IGBT 和 MOSFET）和真空管振荡器的使用范围。在低频率范围，直到 10kHz，由于器件成本与载流能力较好，性价比高，因此普遍采用 SCR 作为开关器件。在中频范围，使用 IGBT，而在较高频率使用 MOSFET。随着晶体管的载流能力增加并且成本降低，将来晶体管有望在整个频率范围上得到更广泛的使用。固态电源和 RF 振荡器管电源在效率上有很大的差异，见表 2-34。频率越低，固态电源在能量转换方面效率越高。RF 振荡管中发射极所有时间需要加热，因而消耗能量，并且振荡管中的开关损耗高。

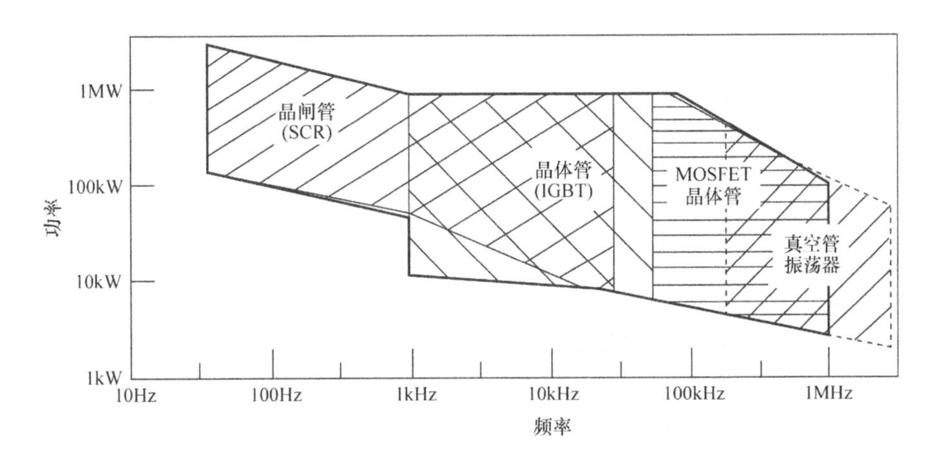

图 2-130 当前用于感应热处理的电源类型

表 2-34 各种感应热处理电源的效率比较

感应电源	频率	转换效率（%）	感应器效率（%）	系统效率（%）
工频	50 ~ 60Hz	93 ~ 97	50 ~ 90	45 ~ 85
倍频	50 ~ 180Hz	85 ~ 90	50 ~ 90	40 ~ 80
	150 ~ 540Hz	93 ~ 95	60 ~ 92	55 ~ 85
中频发电机	1kHz	85 ~ 90	67 ~ 93	55 ~ 80
	3kHz	83 ~ 88	70 ~ 95	55 ~ 80
	10kHz	75 ~ 83	70 ~ 96	55 ~ 80
	500kHz	92 ~ 96	60 ~ 92	55 ~ 85
固态电源	1kHz	91 ~ 95	70 ~ 93	60 ~ 85
	3kHz	90 ~ 93	70 ~ 95	60 ~ 85
	10kHz	87 ~ 90	76 ~ 96	60 ~ 85
射频电源	200 ~ 500kHz	55 ~ 65	92 ~ 96	50 ~ 60

在固态电源中使用的两种主要类型的逆变器是电压反馈型和电流反馈型。这些还可以按照直流源进一步细分，如图 2-131 所示。这些不同类型的逆变器由不同的感应加热设备制造商出售。相关文献对涉及的每个电源电路给出了理论解释。下表也显示了桥式逆变器的电气特点。

电压反馈型	电流反馈型
直流滤波电容	直流电感
方波电压	正弦波电压
正弦波电流	方波电流
串联输出回路	并联输出回路
负载电流 = 输出电流	负载电压 = 输出电压
电压 × Q	电流 × Q
适合于低 Q 负载	适合于高 Q 负载

电流反馈型逆变器在所谓高 Q 负载的场合能更好地工作，其实质是允许更宽松耦合或调谐的负载。然而，如本文后面讨论的，在选择电源时主要考查的是电源在用户所需要的阻抗匹配的频带上以额定功率的电压产生全功率的输出能力。

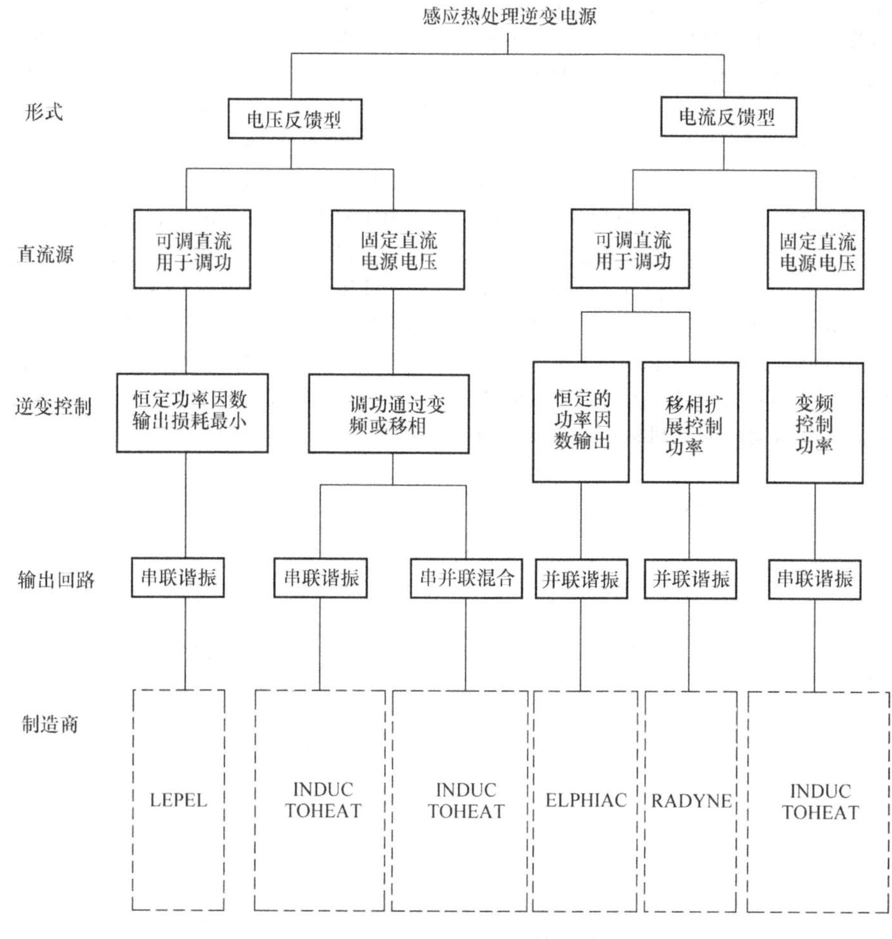

图 2-131 直流源（DC）不同的逆变电源

（2）固态电源的优点 固态电源尤其适用于当工件大到必须考虑变频器选择的性价比时，大功率固态逆变单元比振荡管单元更便宜且尺寸更小，同时在从工频到终端输出高频的转换中具有更高的效率。固态电源不需要预热，并且可靠性更高。最后，固态电源在根本上具有更好的功率可调节性，具有在整个加热周期上全功率输出的能力。在较高频率，例如高于 50kHz，使用较小功率的 MOSFET 模块。较高的频率会导致更多的开关损耗，从而导致额定输出功率的降低。当采用低频的工作线圈进行匹配时，高频固态电源会有问题。对于较高的频率，例如高于 300kHz，真空管振荡器仍然被广泛使用。

（3）振荡管电源 振荡管电源在 200kHz ~ 2MHz 频率范围内工作，并且每千瓦功率的制造成本往往更高。老式电源使用电子整流管来进行整流，而目前整流模块采用固态二极管（现代电源中唯一的电子管是振荡管）。如果不对功率输出进行调节，当具有磁性的钢件被加热到居里温度以上时，RF（射频）振荡器的输出功率减小，因此想保持全功率输出很困难。然而，振荡管电源已经存在多年，并且在阻抗匹配和调谐方面比固态电源具有更多的通用性。振荡管电源易于调谐，当组件发生故障时，易于排除故障。射频振荡管电源已经广泛使用了超过 50 年，具有良好的使用历史。虽然振荡管有 1000h 的保修承诺，但振荡管寿命要达到或高于 25000h 很不容易。

运行成本一方面取决于变频电源的采购价格，还包括转换给工件的能量的效率，以及其他必须考虑的因素。一旦经过计算确定了所需的频率和功率，还要关注其他的因素，如推荐的配电需求，冷却水需求，加热单元和线圈中的系统损耗，高频电源的控制和调节以及能够全功率调节的窗口等。

2. 配电需求

要检查电源的输入容量千伏安（kV · A）和线网的电压波动范围是否满足要求，以确保不需要外部变压器。当地的配电设施要保证提供给定范围的供电电压。有时，工作日的供电电压变化可能导致输出功率波动而出现问题。此外，诸如二极管和 SCR 等固态器件产生回到电网的谐波，也可能影响其他固态电源的控制器件和设备，除非在电源中放置足够的滤波器或扼流电感器。

3. 冷却水需求

需要冷却水是因为所有的电能基本上以热的形式传递到冷却水中，除了在淬火之后少量辐射和余热之外。即使在工件中产生的热量全被淬火液吸收，淬火液又通过换热器得到冷却。如果在 100kW 感应加热系统中输入工件中的热量为 50kW，则另外 50% 或 50kW 代表系统中由冷却水吸收的损耗。因此，在全功率状态，100kW 的系统将 100kW 传递到冷却水中。水质在感应热处理系统中极为重要。对感应加热系统的维护问题的回顾显示，水质差是造成维护问题的主要原因。水质问题有如下六个方面：

（1）pH 值　冷却回路主要由黄铜和纯铜管接头及管道组成。pH 值在 6 ~ 8 之间似乎是获得良好结果的最佳范围。pH 值低于 6 会产生黄铜腐蚀，pH 值高于 8 会导致结垢。

（2）固体悬浮物　如果任其积聚，悬浮固体将会堵塞变压器和电容器中狭窄的水通道。当泵关机时，悬浮的固体倾向于沉积在冷却管道的较低处，导致最终的堵塞。

（3）溶解气体　这一般不是问题，除非有敞开式的搅动。溶解的二氧化碳可通过降低 pH 值而导致高腐蚀速率。溶解氧将增加电解腐蚀速率，并且当使用没有去除溶解气体设施的气动系统时可能出现问题。

（4）微生物污染　虽然含有铜的系统通常不具有微生物污染的问题，但是藻类或微生物也可能“感染”冷却系统。污染可能导致腐蚀、堵塞和减少热传递。建议请专业人员来帮助处理可疑的微生物问题。

（5）溶解固体　这是采用水冷却电气设备中最重要的因素。总溶解固体直接影响冷却水的电导率。当电导率太高时，在具有直流电压电势的冷却通道中将发生电解。不同的原始设备制造商（OEM）根据其电源的特殊性采取不同方法来处理固体溶解的问题，包括使用牺牲目标和计算冷却软管长度。可以允许的最大固体溶解度是常数，例如 $250\times10^{-4}\%$。然而，因为可以通过水的电导率来标识溶解固体物的含量，所以导电率的最大推荐值是恒定的，例如 400μS/cm。本文后面在讨论闭式水循环系统时，考虑了电导率范围。

（6）电腐蚀　这是匹配不良和造成水污染的另一个原因。必须注意系统的连接，不要舍弃电镀接头而使不同的金属彼此接触。例如，如果换热器是铜管，但进水连接由钢管制成，则应更换为电镀管接头。

感应加热系统的不同元件有不同的冷却要求。因此，电源冷却、加热单元、感应线圈和淬火系统中的电气部件所需的冷却水具有不同的流量要求。这在大功率系统中特别重要，在需要大量冷却水的情况下，可以使用较低的标准来冷却诸如淬火单元，使得冷却水成本可以最小化。电源制造商明确规定所需冷却水的质量、流量和最高温度。尽管一些晶体管电源有放宽标准的趋势，但长远来看，对连续运行的设备还是建议使用高质量的水。

各种类型的开环和封闭冷却系统中，接入侧的可用冷却水源包括井水、河水、水库或湖泊水。在没有自然冷却水源的情况下，可以使用制冷机组。当使用自然水源来冷却电源和加热单元时，无论水源是什么，供应侧水的温度应当高于露点，以防止过度冷凝。对于开环式水循环系统，根据需要补充进水，以保持再循环温度非常好。多余的水通过溢流流到排水管用于其他制造过程。大多数可合法使用的天然水源没有足够的纯度来冷却电源、加热单元和工作线圈。如果设备不在保修期，你会发现工程师经常尝试通过降低水的纯度要求来降低电源运行成本，这是错误的。长期以来，电源和加热单元的水的纯度和电导率被证明对其可靠的长期运行是至关重要的。制造厂商关于水质、流量和最低入口温度要求规范是应该满足的最低标准；否则使用这些水冷却电源和加热单元的长期可靠性得不到保证。

不同的感应系统配置的电源、加热单元和线圈可以有不同的入口水压、水流量和最大进水要求。根据这些要求，系统设计可以从可用的管网水中提供必要的冷却。大多数现有水源不符合水的纯度标准；因此，采用管网水来冷却封闭水冷系统中再循环的高纯度冷却水，以及需要冷却的任何其他独立系统，例如淬火系统。

图 2-132 给出了推荐用于冷却感应设备的最常见类型的冷却系统。该系统的冷却水为闭环回路，冷却水流过所有的感应系统并返回到开放的水箱之中。该系统是非增压的，水箱向大气开放。通过使回流管进入水面以下的罐中，从而使溶解的气体最小。该系统所有的管道和管件应为有色金属。系统的封闭一侧采用高纯度的冷却水在适当的温度下循环，通过感应系统，并通过换热器对再循环水进行冷却。系统的开放一侧使用从天然水源或其他水源（例如冷却塔或制冷机）获得的管网水。

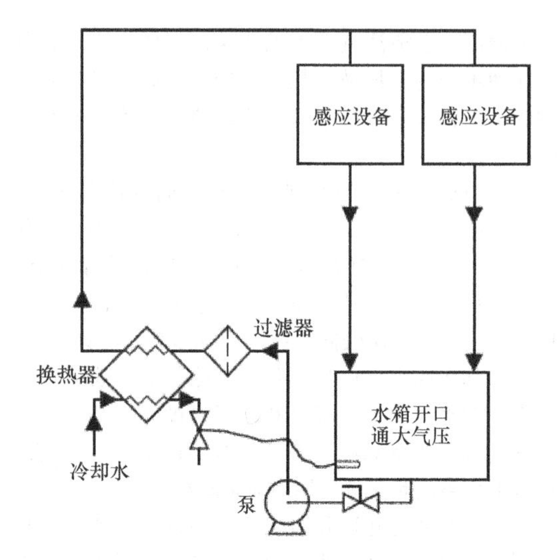

图 2-132　闭环循环冷却系统

图 2-133 给出了一套公共冷却系统，它采用蒸发式水塔为管网水提供冷却，由于蒸发损失，需要按需添加补充水。当在闷热潮湿的夏季开放侧水的最高温度不超过露点时，这些系统很有效（高于露点，水不会蒸发）。当发生这种情况时，必须使用其他冷却源，例如添加补充水或使用制冷机组，进行补充冷却。管网水系统可能需要添加灭菌剂以防止微生物污染，并且可能需要过滤器以清除诸如树叶和风吹的固体碎屑。在冬季，可能需要防冻剂以防止水塔侧冻结。

在需要高纯度水的地方，封闭的内循环水系统通常使用蒸馏水或去离子水。当使用蒸馏水时，应定期更换水，例如每六个月更换一次。初始去离子水具有约 20μS/cm 的电导率，并且当第一次充满时，会溶解冷却系统中的一些金属组分，电导率将非常迅速地增加至 180 ~ 200μS/cm。随后，电导率将缓慢增加至 400μS/cm 的水平，此时水就应该更换。当去离子水与闭环系统一起使用时，建议将水保持在规定的导电范围，例如 50 ~ 100μS/cm。由于水在封闭系统中，可能需要杀菌剂，建议使用过滤器。此外，如果封闭系统由于工厂环境温度低而需要防冻液时，则不得使用商业防冻剂（如用于汽车），因为它们会在一定电压下电离和击穿，而只应使用纯乙二醇或丙二醇。

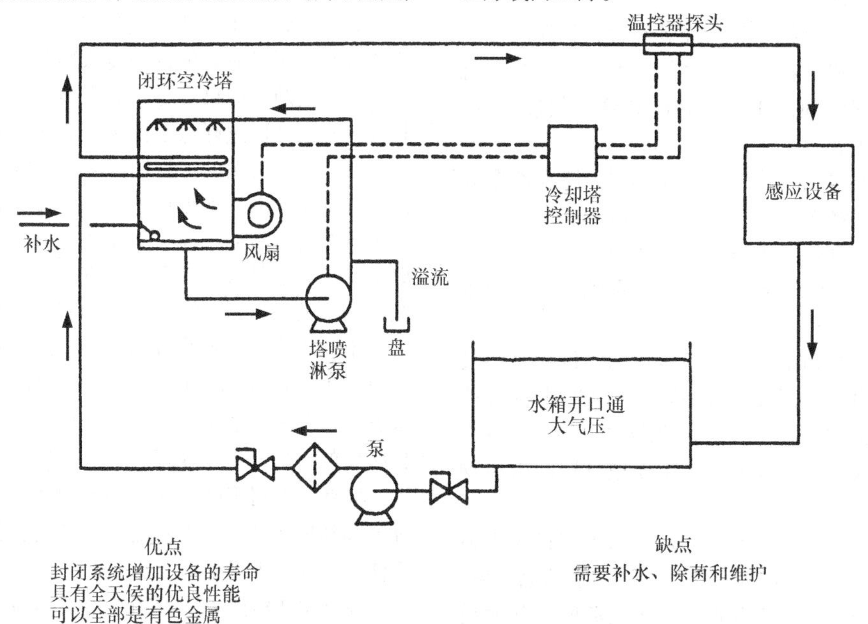

图 2-133　冷却塔闭环循环冷却系统

4. 感应电源的调节

在加热周期为每个工件供给等量功率的能力是非常重要的。感应电源必须调节的原因有两个。首先在运行期间（不是异常情况），电网电压如果发生变化，电源需有恒定输出，制造商通常在可以产生恒定输出的输入电压范围内对其电源进行调节。然而，如果电源以全功率运行，则供电电压在大电压波动时可能调节不过来，例如在当天从 480V 下降到 430V。

射频振荡管电源设计有首尾 SCR 功率调节器用于调节，但它们也可能无法处理供电电压的大波动。RF 振荡管电源可以具有其他调节方法以处理小的输入电压波动，例如电压调节。射频电源不像固态电源那样通过频率的闭环反馈调节来调节输出。在没有调节的情况下，当工件的温度超过居里温度时，振荡管的输出电流大小的栅安培数指示值将减小。固态电源通过闭环控制调节到恒定输出，以保持恒定功率、恒定电压或恒定电流。改变半导体的频率以引起频移，从而保持恒定输出。每种固态电源的调节方法都有其适用的场合。当控制器设置为保持恒定功率时，在加热期间没有功率下降。

其次，当在加热期间阻抗发生大变化时，例如当扫描加热工件的不同直径时，采用电压和电流调节，功率输出趋于更好。电源的调节很重要，这样每个加热周期在工件中产生的总功率无论在低供电电压条件期间或当线路电压波动时都是相同的。当购买感应电源时，买方应确定电源输出功率的调节性能能够满足买方工厂存在的供电电压波动，输出功率一致，不仅在全天，而且在全年。

（1）控制　控制可以分为三种不同的内容：测量、逻辑控制和操作控制。感应电源的测量不仅提供用于初始调谐的信息，而且提供了电源操作期间的性能监视。本文中“2.7.5 负载匹配”一节中讨论了仪表的使用。不同类型的感应电源具有不同的测量要求，并且在不同的制造商之间存在不同的仪表输出。要考虑的因素是所提供的仪表类型和测量的位置（可以从“加热开通，加热关闭”位置看到测量）。

逻辑控制是电源的内部控制。这些包括电源内部的自动控制，例如各种限制电路、过载保护、短路保护、状态指示和功率调节。限制电路用于保护电源免受诸如过高频率、过电压或过电流状态的影响。过载电路保护电源免受不利或有害的情况，例如短路、开路和电弧。内部控制电路还提供功率调节，例如工件在两个加热周期内在固态电源上的恒功率输出。这种类型的控制器还包括与远程控制与反馈结合以用于自动功率控制的一些特殊电路。控制反馈电路的示例是由红外高温计或线性速度反馈控制器提供用于调节电源的输出功率信号回到感应电源的反馈电路。

第三种类型的控制是操作控制，例如输出功率调节、控制电源的开和关。如果输出 100% 的功率并且工件加热太快，则功率的调节控制是降低功率。要做到这一点，不同类型的感应电源的调节方式不同，或者是通过降低半导体的导通角度或者在整流之前使用首 - 尾固态控制器降低输入电压。应当注意，用户可能会买到一些感应电源不具有无级功率调节的功能，例如 RF 管电源装置。

（2）加电功率斜率　第一台感应电源使用机械继电器型接触器，在通电后几乎瞬时接通。今天（2013 年），所有固态电源或采用 SCR 在第一阶段的感应电源从加热周期的开始，功率从零增加到满功率过程是以一定的斜率进行的。较慢的斜率为保护控制和跳闸电路提供更多的时间。然而，具有短时加热周期（例如小于 1s）的应用需要快速或瞬时功率接通。目的是使电源在整个加热周期中以全功率运行，而不是在加热周期的大部分时间小于全功率输出。轮廓仿形淬火设备（其中加热周期小于 0.25s）的制造商不仅采用能提供非常快速的功率斜率的控制设计，而且它们甚至可以在电源接通后第一个线相角过零点就全接通的控制。需要快速加电功率斜率的一个例子是采用 RF 电源在 1s 内进行五个加热循环的易拉罐拉片自动密封设备。

（3）调节和控制　大多数感应热处理实施基于在给定时间内施加预设的功率。重复性是通过精确计时和通过每个加热周期中在工件中产生的等量功率从而产生完全相同的奥氏体化过程来实现的。电子定时用来对加热周期提供精确的控制，通常采用可编程序控制器来实现。目的是让每个工件在相同的加热时间下输入相同的总功率，该过程通过调节输出功率和精确计时来控制。然而，按 6σ 质量控制的要求，需要更先进的质量保证监视器。最常见的监视器是能量监视器。

（4）能量监视器和工艺变量的监视　最普通的能量监视器以（kW · s）为单位测量和显示感应线圈中传递的总能量。电压和电流反馈信号从某个点（线圈是最精确的位置）反馈到显示器，显示在加热周期中使用的千瓦秒。一旦某个工件的加热周期中的加热层形成，则监视器可以把千瓦秒的上、下限范围输入控制系统中，如果千瓦秒的数值超出范围，则说明系统存在故障。这样就必须调试工件重新试验，以建立适当的极限设置。在采用定时器受到极大限制的情况下，使用能量监视器是另一种应用的方式，可以通过千瓦秒实际上控制加热周期的长度。能量监视器的最精确使用是不仅能在监视器上显示千瓦秒，而且能在显示器上把整个加热周期的实际千瓦秒以曲线记录下来。使用这种类型的显示器，可以针对每个工艺来设置高限和低限。图 2-134 给出了感应加热以低功率和高功率加热循环的千瓦秒监视器读数的示例。图 2-135 给出了一个感应加热有功率上下限限制的监测器读数。在该周期的大约一半时间，出现了问题，并且功率低于带宽设置的下限，表明存在潜在的工艺问题。虽然监视器是质量控制系统的有用补充，但它们不能表明所有的可能产生不合格零件的条件。带有磁力线聚集器的感应线圈有时将由于磁力线聚集器的失效或脱落而生产超出公差的工件。这时千瓦秒数与正常相同，但是被感应到工件的能量将较少，且线圈损耗较高。为了得到更好的过程控制，周期性抽查工件或采用先进的非破坏性测试技术是必要的。

建议被监测的感应电源输出模式与感应电源控制调节模式有所不同。例如，如果感应电源以恒定功率调节，则应该监测在加热周期内的线圈电压或千瓦秒。更先进的质量控制监测器记录了加热周期所有变量的预期输出，因此可以为各个过程参数设置高限/低限。所有变量可以在整个加热周期以固定的时间间隔采集数据，并与先前输入的数据和极限值进行比较，当过程读数值始终保持在极限之内，则说明过程是可控的。

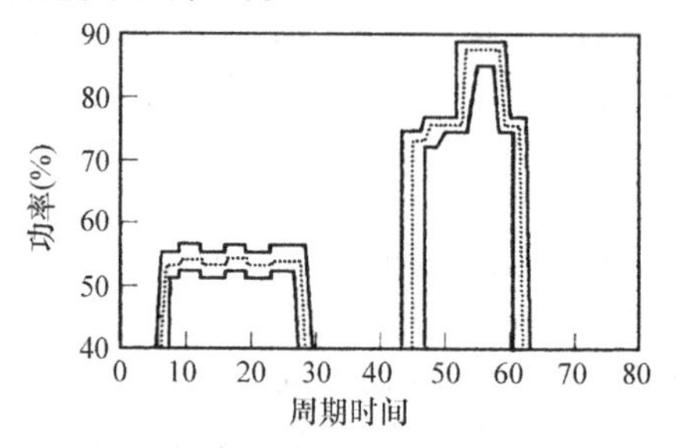

图 2-134　千瓦秒监视器

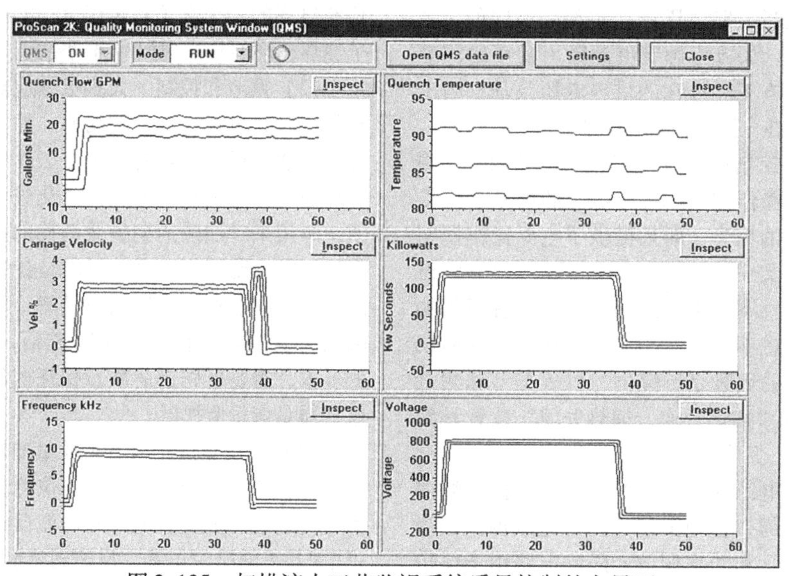

图 2-135　扫描淬火工艺监视系统质量控制的主界面

可以以类似的方式监测其他过程变量，如图 2-136所示，其中测量和显示的变量包括千瓦秒和线圈电压。这些更复杂的监视器经常用于特定工件的特殊感应工艺系统，因为需要测试和标定表征过程监视的所有变量。图 2-136 示出了可以以类似方式监视的其他变量的监测。经常测量和监测的变量之一是整个加热周期中的工件温度。

（5）通过使用高温计进行温度控制　虽然有经验的操作员可以在奥氏体化期间通过工件的颜色和程度来让工件温度大致正确，但温度测量可以帮助提供精确的温度读数。红外高温计和光纤最广泛用于感应式温度测量。红外高温计精度为读数的 0.5% ~1%。它们可用作便携式传感器或作为永久、连续温度监控系统的一部分。高温计测头或光纤拾取器的测温视场需要清洁。在加热周期具有快速温度变化的情况下，优选数显型，因为模拟型仪表指示测量值有延迟。红外高温计有以下三种类型：

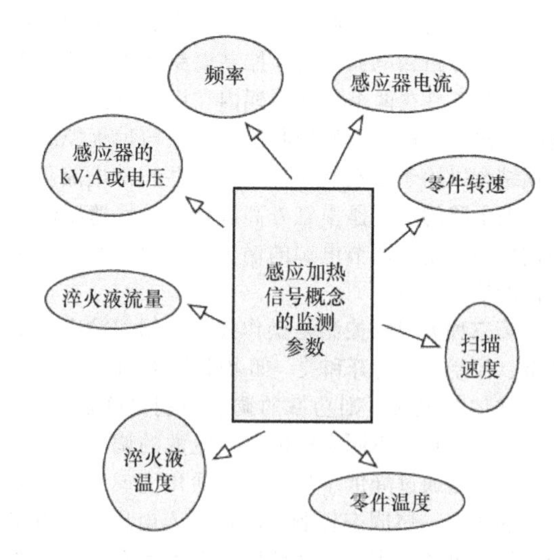

图 2-136　信号概念的监测参数

1）单色或单频带高温计，采用固定波长的红外辐射来测量。这些是最常用的，因为它们适用于许多场合。它们的精度受到工件上存在的氧化皮和来自工件的

任何烟雾以及工件发射率的任何变化的影响。

2）宽频带高温计，测量目标发射的总红外辐射。与单色高温计类似，这些高温计的精度也受到氧化皮和烟雾的不利影响。

3）双带或比色高温计，测量在两个固定且间隔很近的波长下发出的辐射。两次测量的比率用于确定目标的温度。其他两种高温计的不利影响在很大程度上被这种高温计消除。由于其精度高，这是最广泛使用的高温计。在各种感应加热系统中的温度测量时，它很容易采用各种光学系统来聚焦，包括光纤。

图 2-137 示出了在曲轴的感应淬火系统中使用红外高温计的示意图。这样的系统可以是闭环的，采用高温计控制加热周期；也可以是开环的，其中高温计用作超温断电控制。大多数高温计用于超温控制。

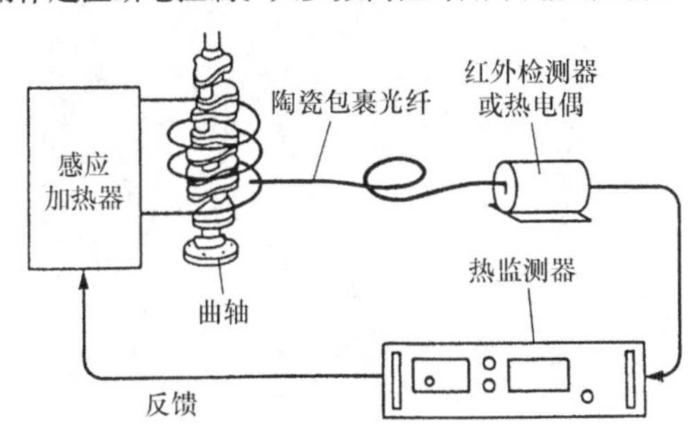

图 2-137　最简单的温度控制系统

诊断系统有助于显示感应加热系统的工作状态。表 2-35 显示了诊断控制的典型功能。根据安排，感应系统的几乎每个淬火工件的状态都可以根据需要显示在进程框中进行诊断。图 2-138 显示了诊断控制设计的流程图。更先进的控制系统允许所有过程参数极限值输入在实时的屏幕上。操作员可以输入、验证和监测功率水平、加热时间、加热周期间的电源输出、循环周期的工件温度、加工周期的扫描速度和所需的其他状态，例如淬火液的压力、流量和工件的旋转速度等。

表 2-35　诊断设备的典型功能

机床诊断	工艺诊断	工艺标识
接近开关故障	功率水平	淬火液压力
限位开关故障	加热时间	淬火液流量
液面计	扫描速度	功率水平
液体温度	回转速度	电压水平
感应器打火	工件温度	电流水平
电源状态	导入工件的能量	回转速度
泵运行状态	淬火液流量	工件温度
线圈水冷压力	淬火液压力	
线圈水冷流量	淬火液温度	
零件位置测量	淬火液浓度	
零件有料指示		

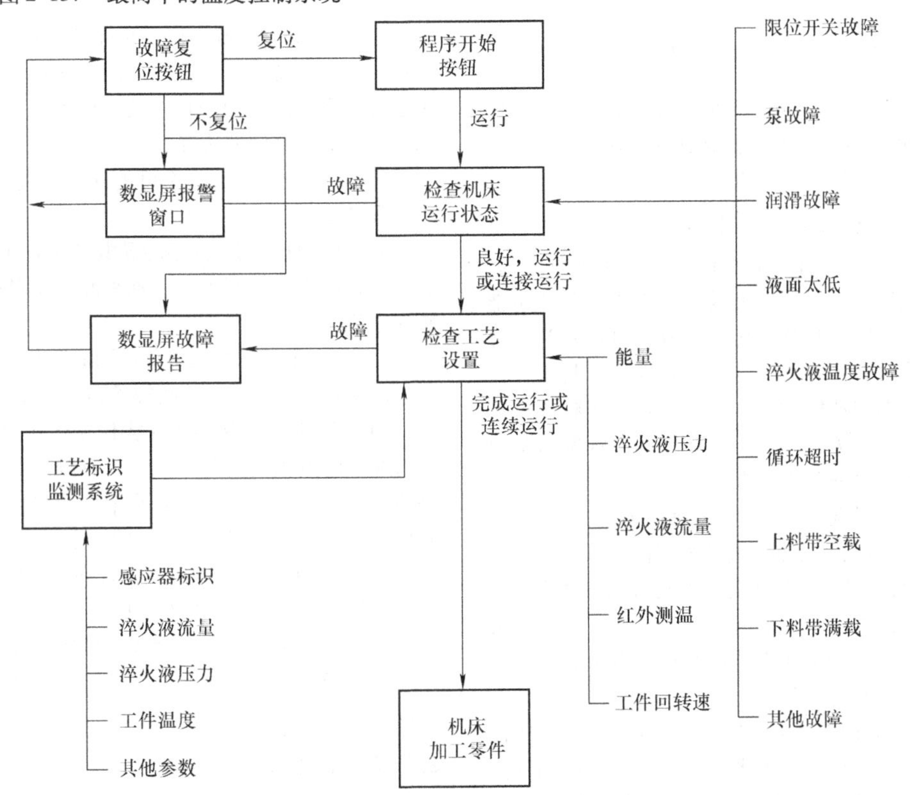

图 2-138　诊断控制设计的流程图

(6) 满功率输出窗口 图2-139给示出了调谐以产生满功率输出的频率的效果。一旦达到谐振频率，功率输出迅速下降（这被称为“过峰”）。产生额定功率的频率范围的宽度表示感应电源可以调谐以产生额定功率的“窗口”。一个给定电源针对给定工件负载和输出阻抗满功率输出的能力取决于系统设计和应用。然而，不同类型的电源对宽带调谐和满功率输出给不同的负载和线圈阻抗的能力变化很大。一些电源需要具有100%的超额功率以保证提供宽带调谐装置，而其他电源则声称自动调谐到产生满功率的谐振频率。有时可以通过安装额外的调谐电容器、宽匝比的输出变压器以及在加热单元中使用自耦变压器来提高给定电源对宽带调谐的能力。若有担心，建议采购备用电源。对额定功率200kW的电源以50%的功率输出100kW比在满负荷条件下满功率运行100kW的电源更容易调谐。

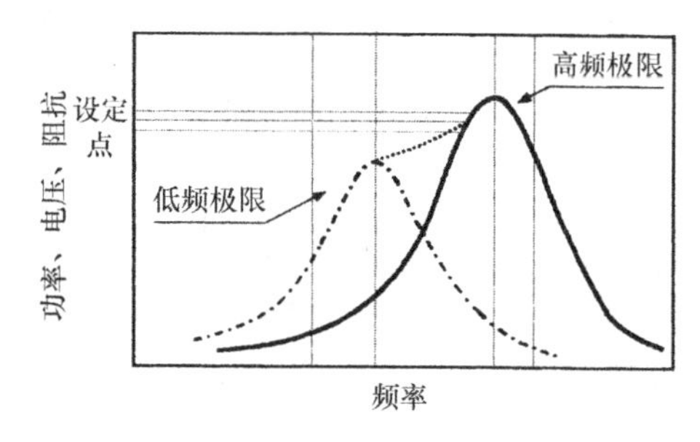

图2-139 感应电源在谐振点的输出

在新设备购置中应该检查的其他条件包括整体设备可靠性、可维护性、自我维护所需的任何培训，以及制造商能提供的服务和备件等。

2.7.3 夹具和工件输送装置

简单的夹具，例如工作台，位于加热单元前，也可不互相连接。另外，夹具和工作输送装置可能非常精密。可提供升降和旋转机构（图2-140）、分度台和扫描机构的描述。这些装置提供了将工件定位在感应线圈中所需的任何东西以及用于将工件移入和移出线圈的方法。这类设备有许多标准型的设计，并且可采用许多独特的机构。

以下列出了设计夹具时应考虑的因素：

1）在设计夹具之前应先选择线圈类型。

2）工件必须安全地固定在夹具或定位套中而不会在热处理过程中和任何其他部分干涉。例如，夹持工件的底座可能需要由非磁性材料制成，或者甚至需要在淬火期间和之后冷却。

3）工件必须准确定位到工艺的每个步骤所需的精确位置上。机械化系统将需要接近探头以确保工件移动到线圈中并在被加热之前工件被精确地定位。

图2-140 升降和旋转机构

4）工件必须正确定位，并且很好地夹持以减少变形。例如，夹持在顶尖之间的小直径工件可能由于过大的顶尖压力而变形。长工件可能需要在线圈的每一侧上的有机械约束。

5）低于10kHz的频率可能导致一些工件振动。工艺设计必须防止其发生。

6）在夹具结构中使用的导电材料应远离加热区域，并且应避免在驱动轮、轴承和运动部件中产生感应电流。

7）在喷淋淬火区域的轴承和运动部件必须密封，以防止淬火液进入这些轴承和运动部件。

8）程序启动和紧急停止操作盒必须位于操作人员可触及的范围内。此外，在具有频繁更改调试的感应淬火系统中，电源仪表希望处于操作位置的视野中。这有助于在调试过程中的安全。

9）夹具的工作高度应该在有利于工件最有效进入和移出感应淬火工序的水平面。

10）必须满足职业安全和健康管理相关规定要求的操作安全问题，以防止对感应加热操作人员造成伤害。

2.7.4 加热单元

加热单元包含所选感应电源需要的变压器和电

容器，以帮助匹配电源电压或线圈阻抗（参见“2.7.5负载匹配”部分）。加热单元带有与感应线圈并联或串联的调谐电容器的振荡电路。这些组件既可以安装在与电源组件相同的电源柜中，也可以在单独的容器中。高频变压器往往效率低下，电源功率输出的10%～40%将变成系统损耗。当加热单元与电源分开安装时，正确的系统设计要求设备制造商根据需要选择和安装承载高频电流的电缆。加热单元的移动安装，即使多1m，也会产生系统损耗，从而降低线圈可用的输出功率。同样，线圈的优化设计对于将功率感应导入工件很重要。正确的线圈设计减少了线圈中的功率损耗，能够在工件中产生更多的功。

（1）变压器　变压器允许改变电源的输出电压。大多数变压器是水冷却的。对于高达10～25kHz频率的变压器，其磁心由分层的硅钢片构成，片层厚度范围为0.15～0.18mm（0.006～0.007in）。对于200kHz的频率，可以使用铁氧体磁心。在200kHz以上，不使用铁磁心，因为在这些较高频率的铁氧体中可能发生显著损耗。

输出变压器仅在电源的输出电压与为线圈通电所需的电压不同时使用。在工频（60Hz或50Hz）下，使用空气和水冷变压器。在180Hz或150Hz及以上，水冷变压器是标配。可以通过在给定电压下线电流或源电流最大，或通过获得无功功率（无功电压或VAR）或功率因数表（如果有其一的话）上的接近于1的指示，来实现负载电路的调谐或谐振。目的是施加所期望的功率，如千瓦计所示，可以由最小电压和最小电流得到。

典型的中高频变压器使用铜片缠绕作为二次绕组，大多是单匝；有些可以是两匝或者三匝。抽头将从一次绕组中获取，并连接到连接的端子。绕组是水冷的，并且铁心中可以有一些水冷片散热。大匝比用于单匝或很少匝数线圈的感应器进行工作时，在标准设计中可获得高达32:1的比率。具有硅钢片层叠的铁心可用在高达25kHz的变压器上，每个叠片的厚度随着频率的增加而减小。

1）自耦变压器（图2-141a）具有单个绕组，并且可以提供各种输出电压，且正比于匝数和一次电压。这种类型的变压器用于一次和二次匝比不大于2.5:1的场合。根据频率和额定功率，它可以是水冷或空气冷却的。

2）隔离绕组的变压器。典型的双绕组变压器可以做成宽范围的比率，远远超过任何自耦变压器的比率限制。抽头型（图2-141b）比固定比率型要贵一点，但它能提供更多的负载匹配灵活性，因此在

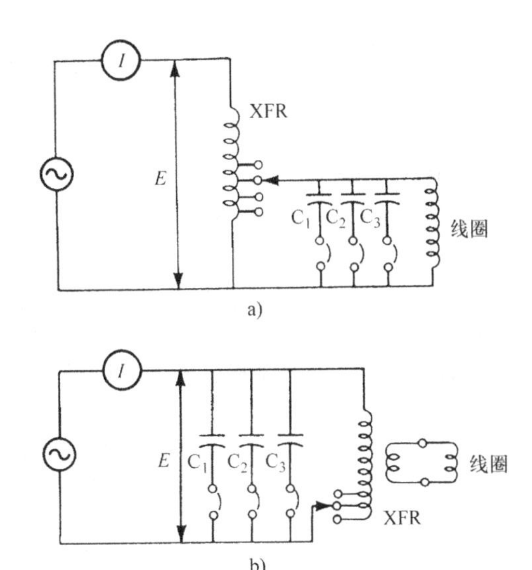

图2-141　低中频加热单元采用补偿电容和变压器来调谐的电路

a）用于高阻抗感应线圈的自耦变压器

b）用于低阻抗的隔离变压器

商用感应加热设备中更普遍。抽头可以在一次绕组或二次绕组上，或者两者，但是与变频器一起使用的抽头几乎都在一次绕组上。

（2）电容器　任何感应加热负载，由于其本质上映射回电源大的感抗，大部分应该用容抗来补偿。电容器补偿功率因数然后提供相反的无功电流以平衡或使电路谐振，使得负载看起来几乎完全是电阻性的。以这种方式，能量传递被最大化，因为电源不必提供无功电流。

由于它们在调谐中的使用，电容器通常以感应加热应用的无功功率（kVAR）来表示。kVAR能力是其施加电压的逆平方函数，因此通常在负载匹配变压器的一次侧（其中电压为最大）进行功率因数补偿（特别是在中频和高频）。因为在这种情况下变压器必须承载全无功电流，并且由于其损耗和载流能力必须高于二次补偿，因此冷却成为重要的考虑因素。如果线圈电压接近标准电容器的额定工作电压，则可考虑在变压器的二次侧或线圈侧匹配电容器。这种情况最常发生在使用自耦变压器的地方。电容补偿必须具有足够的kVAR额定值才能匹配最大输出。

当感应器更换或引入新的负载时，可能需要改变调谐电路的电容量。当金属被加热，其电阻率增加，并且这将对负载特性具有一定的影响。然而，正是由于在高于居里温度（磁变换）时低的磁导率和损耗，需要对系统进行一些调整，以保持对负载

输出合理的功率水平。这表明需要额外的电容器切换，这是在单频（电动发电机、工频或三倍频）设备的静态深加热应用中常用的一种方法（参见“2.7.5 负载匹配”）。

2.7.5 负载匹配

负载阻抗与电源的输出阻抗匹配或谐振以便获得从电源到工件的全功率输出很有必要。调谐有时大家认为很难，但如果执行正确的顺序就不难做。在调谐之前，还应该启用一个记录本，用于在调谐期间记录仪表结果，以便根据仪表读数中的任何变化来决定下一步骤要调整的内容。

一般说来，负载与电源的匹配包括阻抗、电流和电压的匹配。阻抗是电阻的矢量和。线圈电压通常用于表征匹配。图2-142显示了电压匹配的示意图，它从将6V灯泡与120V家用电路匹配开始，类比到感应电源输出800V的匹配。如果一个感应线圈只有30V的使用需求而电源具有800V的输出，则可以使用变压器将线圈与电源匹配。用于负载匹配的电气部件，包括变压器和电容器，位于加热单元中。加热单元可以内置在电源中也可单独配置。

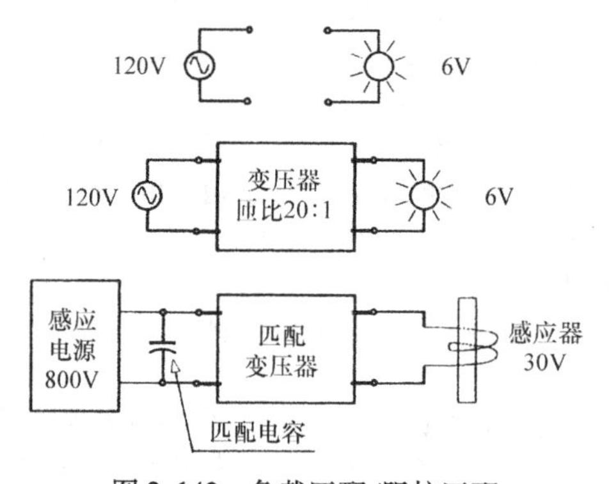

图2-142 负载匹配/阻抗匹配

调谐或负载匹配，需要涉及与感应线圈并联或串联的谐振电路（图2-143）。工作线圈可以与谐振回路以串联模式（图2-143a）连接或连接到RF匹配变压器的一次侧（图2-143b）。串联连接方式很简单，一般被称为直接槽路负载（DTL）技术，通常是工作线圈和多抽头的振荡回路线圈串联连接在系统中，工作线圈成为振荡回路电感的组成部分。另一种方式是，在采用变压器耦合的输出电路中，一次绕组是振荡回路的一部分，并且工作线圈与变压器一次侧和振荡回路隔离。工作线圈可以是中心或末端接地，以使电压最小化，并因此避免线圈与地之间发生打弧。

并联电路是最常用的，因为它可以在传输线缆中以最小的损耗实现远程安装振荡回路（加热单

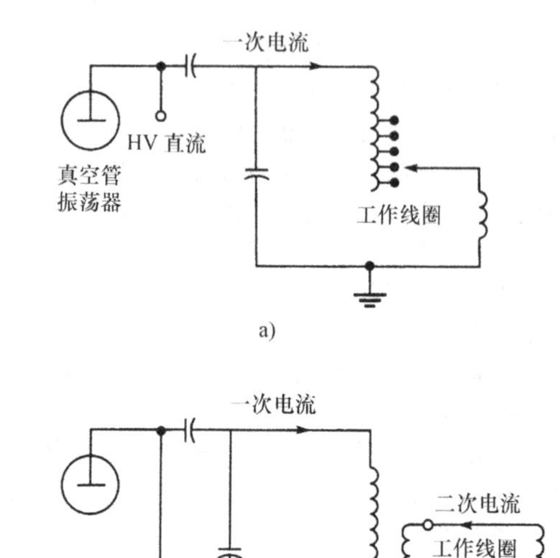

图2-143 常规高频感应电源的输出槽路
a）直接槽路负载 b）变压器耦合

元）。所使用的传输电压等于电源电压，除非在电源输出端应用变压器。由于传输线缆的电感成为串联振荡电路中的槽路电感的一部分，因此从效率来看，电源到工作线圈的距离应受到限制。

对于低频或中频电源，可以在电源外远距离处安装振荡电路（电容和电感）。在这种情况下，远端的回路和工作线圈（无论采用DTL技术或耦合变压器电路）通过大功率电缆连接到电源。采用振荡电路本体移动而不仅是线圈移动，这样在同样阻抗水平下电源电流低得多。振荡所需的反馈通常采用互感线圈从振荡电路采集。

对于射频电源（频率高于150kHz），射频输出变压器可以在电源柜外临近的地方使用，但是如果离感应电源一段距离外使用相当低阻抗的加热线圈，则会发生显著的功率损耗。为了最小化电压降，射频应设计为低阻抗。这对于从变压器到线圈的线缆来说尤其如此。此外，在远端加热站或DTL系统的情况下，必须保护人员免受来自这些线路的高电压损害。射频干扰也可以从未屏蔽的高压引线发生。应使用接地铝或屏蔽的同轴电缆进行能量传输。根据美国联邦通信委员会（FCC）的规定，所有射频发生器（10kHz及以上）必须经过型式验证，以便具有低于允许的辐射水平。

当购买一台新设备或进行新的应用设计时，重要的是知道特定电源的能力以匹配所使用的感应线圈。由于电源的显著差异，必须检查具体电源的规格。由不同制造商提供的不同电源的能力存在差异，很难在各种负载上输出满功率。虽然在为一个特定

工件设计的专用电源和工艺的情况下这可能不是重要的，但是在不同类型的工件需要感应淬火并且需要多功能性的情况下，这可能是重要的。满功率输出的能力由电源和加热单元的类型、感应线圈的传输线缆以及感应线圈和负载决定。从加热单元的端子到感应线圈的功率传输中会发生功率损耗，所以在设备布局中还必须考虑线圈引线长度、引线设计和传输线缆设计。

1. 固态逆变器的调谐

如前所述，固态电源的调谐比早先使用的中频发电机组更容易，因为固态电源有更快的保护和控制电路。固态逆变电源和火花隙变频电源都有随着加热周期期间的负载变化的频率跟踪能力，特别是当钢和铁在通过居里温度的磁性变化时。因为固态 SCR 控制电源的频率由振荡电路确定，所以这些系统可自动调谐。然而，首先必须对系统调谐，使谐振电路在电源的频带范围内工作。一旦振荡电路被调谐到电源的频带范围，则电源自动调整频率随振荡电路的变化而变化。

调谐到最佳既需要采用变压器抽头来调整电压，也要加减电容器抽头来调谐，以达到该电压匹配的频率范围合适。目前对振荡电路的调谐常用试错法，尽管将来可以希望使用控制电路或特殊仪器中的逻辑电路来帮助调谐。

调谐的目的是匹配电压和电流以在期望的频率下实现最大输出功率。对于固态电源有在谐振频率范围内工作的能力使调谐更容易。仪表用于在进行调谐时监视输出。指示仪器最好显示功率、电压、电流和频率。这些都不允许在极限条件下操作，因为当极限条件发生时，电源的输出将不能都作用到线圈。假设功率因数是常数，在没有电流计的固态电源上要牢记输出功率等于电压乘以电流，因而可以估计输出电流，这样可以帮助调谐。调谐包含以下步骤：

1）如果可能，请使用类似的零件进行调谐。以低电容量开始，并且功率控制设置在低水平。开始加热并观察仪表。如果仪表指示没有达到极限，则缓慢增加功率，直到观察到仪表读数高于极限值（即是否电压过高而电流过低）。关闭电源并记录读数。如果功率足以使工件发热，在再加热之前先冷却。在这些测试中必须注意不要使工件过热。

2）如果电压过高，则减小变压器的匝比。例如，匝比从 16:1 到 12:1。如果电流高，则增加变压器匝比。如果频率高，则增加电容。对于宽频率范围的电源，在通过电容的加减来进行频率改变之前，先通过变压器的匝比匹配来改变电压和电流。

3）更改匝比后，再次关闭电源并重复从低功率开始的步骤，逐渐增加功率，直到达到满功率或极限值。再次记录读数。

重复这些过程，直到电压和电流读数都合适，并且频率在期望的范围内。

理论调谐可以使用分析仪器来进行，如使用特定变压器下的负载频率分析仪，以便在不加热工件的情况下确定感应加热器的谐振频率，从而指导工作线圈的匹配。在这种情况下，也可通过经验法则计算或估算来进行变压器的匹配。在获得谐振频率之后，再从电路上增加或减去电容以将工作站的调谐频率与电源的额定频率相匹配。

射频：振荡管高频电源可以使用槽路线圈中的抽头变化或调整电网具有控制电流输出的装置。电源要求电网电流保持在满功率的规定范围之间。这些电源趋向于具有比固态电源更宽的阻抗匹配带。如果在调试期间需要调整，通常很容易做到。无级功率调节通常采用 SCR 功率控制器来实现，它通过改变输入线电压来得到输出功率的变化。然而，具体到特定电路的电源，操作者要么使用电网电流的变化，要么通过改变振荡线圈电路上的抽头来调节输出功率。

2. 固定频率电源系统的调谐

与自调谐的固态逆变电源相反，固定频率电源（例如中频发电机或倍频器电源）不是自调谐的。因此，当具有磁性的材料被加热到高于居里温度时，由于线圈/工件阻抗的急剧变化，功率将显著地减小。为了保持对负载的持续高功率输出，当负载变为非磁性时就需要重调系统。固定频率电源的调谐在本节相关参考文献中有更详细地描述。然而，作为一般参考，这里给出了固定频率电源功率电源的负载调谐的简要描述。

例如，图 2-141 是使用自耦变压器的高阻抗系统和使用隔离变压器的低阻抗振荡电路的电路示意图。两个系统都采用带抽头变压器以使线圈阻抗与电源阻抗相匹配，以及根据需要能加减电容的一些装置，以将系统调谐到在电源的工作频率或其附近进行谐振。当电容器被逐个连接到电路中，一般不总是可能将电路调谐到接近电动发电机的输出频率，因此在这种情况下将不能实现满功率输出。

在实际调谐操作过程中，例如对于电动发电机电源系统，电压缓慢增加使得仪表开始指示。如果功率因数滞后，则必须将电容并联添加到谐振电路（假设使用并联谐振电路）。如果功率因数超前，电容可能必须去除。然而，对于发电机和一些固态逆变电源的设置，可以调谐振荡电路以提供略微超前的功率因数。这有助于补偿内部感抗，并能在电源的输出端建立额定电压。以稍微超前的功率因数操作也可防止在额定电压和功率下工作时超过额定电流。

当功率因数校正到合理接近1时，可以增加功率，直到电压或电流显示最大允许值。然后可以读取所有仪表指示。如果输出电压在电流达到之前达到最大值，则必须通过降低变压器的一次与二次匝比来增加线圈电压。必须根据以下公式调整匝比，或者必须从工作线圈上拆除匝数：

需要匝数 = 目前匝数 × 在额定电压下获得的电流/额定电流

如果额定电流先于额定电压达到，则一次与二次的匝比太低，需要调整。或者感应线圈的匝数需要增加，按如下调整：

需要匝数 = 目前匝数 × 额定电压/在额定电流下获得的电压

线圈一旦更换，线路需要重新调试。

所有固定频率系统应与线圈中的工件一起调试，因为如果工件不在工位上，阻抗会显著不同。因此，应当使用短时的低功率测试来进行调谐，使得在调试时在工件中产生最小的热量，并且进行比较的状态因此几乎保持一致。在步进式加热操作期间调节固定频率系统时，应当使工件以其正常速度移动通过线圈来进行读数和调整。

2.7.6 淬火系统

淬火系统可以从简单使用自来水，工件淬火后废水直接从排水管放掉，到具有储液箱、换热器、泵、过滤器和温度调节控制的更复杂的淬火系统。

在过去，浸入式油淬火和水溶性聚合物乳化液被广泛使用。今天（2013年），虽然个别场合仍然用油淬火，但淬火油大多数情况下已经被聚合物淬火液取代。聚合物不可燃，因此不会着火。此外，聚合物在淬火后容易清除。聚合物淬火液通常含有防腐剂和防锈剂，因此需要监测。已经证明低浓度的聚合物水溶液能促使蒸气膜破裂，因而聚合物淬火液在许多应用中比自来水淬火更理想。

在采用淬火液淬火时，正确的淬火系统设计要求在选择淬火液时需要考虑许多因素：

1）必须根据所需的性能选择淬火液。这包括淬火冷却速度、期望的工作温度范围和添加剂。一些防腐添加剂含有氯，它可以与碱性二醇组合形成氯乙基。如果亚硝胺被禁止，最终用户还可以指定基于硝酸盐或非硝酸盐的聚合物淬灭剂，以避免形成亚硝胺。因为淬火液的气味可能是令人讨厌的，所以在淬火期间产生较大汽化的情况下需要淬火槽排气。

2）淬火系统必须根据淬火液的体积和所需的热交换来确定尺寸。需要具有一定流量和入口温度恒定的外循环水源来冷却换热器中的淬火液。系统尺寸的确定依据外循环水和淬火液的流量，外循环冷却水和淬火液的温差，以及换热器的尺寸和换热能力。冷却塔、冷水机、城市或井水系统均可用于外循环水（冷水机使用起来成本很高）。由于成本的原因，在大多数场合，当需要大量外循环冷却水时使用冷却塔。使用冷却塔有一定的限制就是在高的外部温度和高的湿度下不能满足要求。与淬火系统一样，冷水机或冷却塔的封闭系统也需要添加防腐剂，并且它们可能需要过滤以除去碎屑。

3）淬火系统必须能够提供淬火所需的淬火液用量。除此之外，线圈、淬火环以及淬火出口的设计必须合适。系统设计必须能够将淬火液保持在规定的控制范围内，该范围通常不应超过7℃（13℉）。典型的控制范围为35～38℃（63～68℉）。如果控制范围高于室温，则可能需要加热器使储液槽达到温度。建议使用超温报警或保护以防止运行超温。

4）储液槽和管道不得与淬火液发生反应。聚合物在油漆过的槽上非常硬。此外，为了防止电腐蚀，管道不应由不同材料制成。建议储液槽容量为每分钟淬火流量的3～4倍。

5）淬火系统管道、软管和电磁阀必须设计成能使全部体积的淬火液根据要求输送到淬火位置。必须注意的是，当淬火电磁阀启动时存在延迟，则淬火液不会从淬火环立即排出。理想情况下，当淬火电磁阀打开时，淬火液就能全流动起来，而不需在淬火液喷出之前先充满淬火环本身。

6）必须在淬火液循环系统中考虑适当的过滤。淬火液必须避免异物和结垢。Y形过滤器由于成本低而被广泛使用。它是网式过滤器，仅用于过滤较大的颗粒。滤筒和袋式过滤装置能达到5～100μm的过滤粒度。入口和出口侧的压差开关用来检测堵塞情况。如果过滤器置于旁路中（类似于汽车中的油过滤器），则旁路的流体连续地通过滤盒。在这种情况下，流量开关可用于指示流量。有各种各样的控制和系统可以帮助这些系统“万无一失”。当淬火流量作为工艺变量之一被监测时，通常要求监测泵出口的压力或输送管处的压力或者监测进入淬火环的淬火流量。

对于手动更换过滤器介质有问题的用户，连续自动卷绕媒介式过滤器很有效。这有时被称为拖曳式过滤器，因为过滤纸被拖曳通过穿孔的板。当压差太高时，过滤器自动引导过滤纸到料斗中。这类过滤器适用于大批量和高产能的应用场合，因为它们的容积大和自动引导可确保良好的过滤。正压用于既需要过滤，又能使淬火液流量不被中断以清洁过滤器的应用上。

2.7.7　感应线圈

线圈也称为感应器或感应工作线圈，本质上相当于将感应电源高频输出到工件中的变压器一次侧，而实际上是淬火变压器的二次侧。感应线圈有许多类型，并且根据具体应用和被加热的材料，被加热的工件和区域的尺寸，期望的淬火结果，以及生产方法和淬火要求，使用不同的线圈设计。

线圈形状和结构也各种各样。线圈的基本类型可以分为单匝线圈、两匝线圈和多匝线圈（图 2-144）。单匝线圈和两匝线圈更广泛地用于表面淬火的场合。多匝线圈在加热方面更有效，并且可以使用各种形状（参见本文中的“线圈结构”部分中的示例）。结构和匝数取决于电源的负载匹配特性、所需的热处理模式和工艺要求。

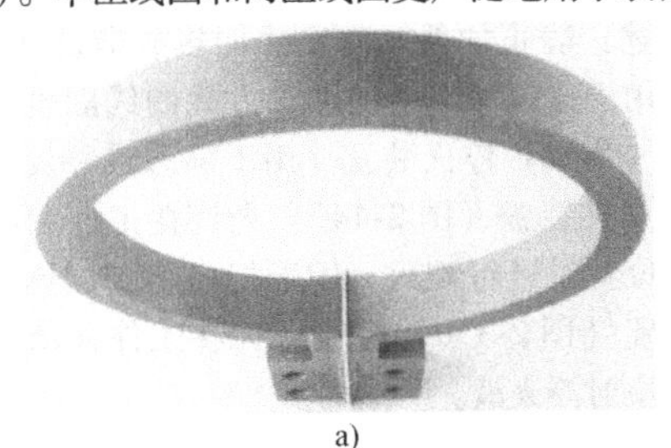

a)

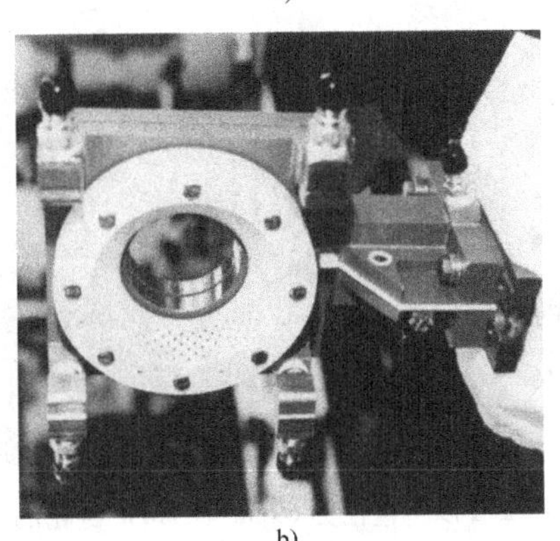

b)

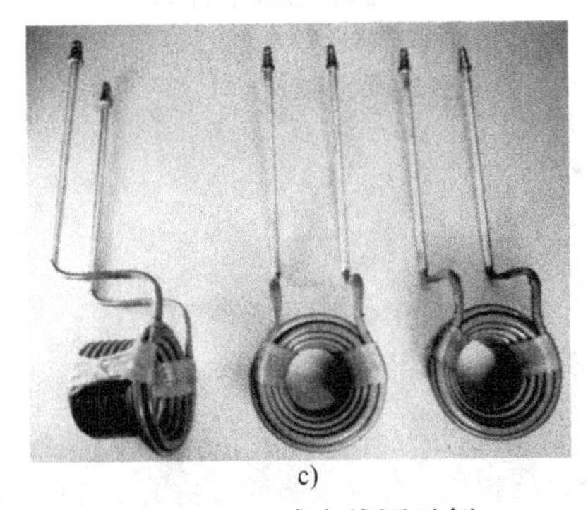

c)

图 2-144　感应线圈示例

a）焊管退火设计的单匝线圈，刚性结构，常用于中低频率。同样的结构可以用来加热圆形零件、齿轮及适当宽度的链轮。淬火是在线圈外部进行的
b）用来进行轴零件深层扫描淬火的双匝串联感应线圈
c）多匝线圈

（1）通过磁力线方向对线圈进行分类　除了通过线圈结构类型进行分类之外，线圈分类的另一个更具理论基础的是基于线圈在工件中产生的涡流方向（纵向或横向）。

1）纵向磁力线（电流反向）线圈：到目前为止使用最广泛的线圈类型，最常用的线圈类型是螺旋形。

2）横向磁力线（或接近）线圈：用于加热其横截面厚度小于透入深度四倍的工件。

纵向磁力线线圈不应与沿工件运动方向纵向同向的通道式线圈混淆。工件被包围或半包围，在相对侧上布有线匝，使得感应电流环绕工件流动，如图 2-145 所示。当线圈和工件之间的间隙对于所采用的频率和负载条件相匹配时，加热将是相当有效

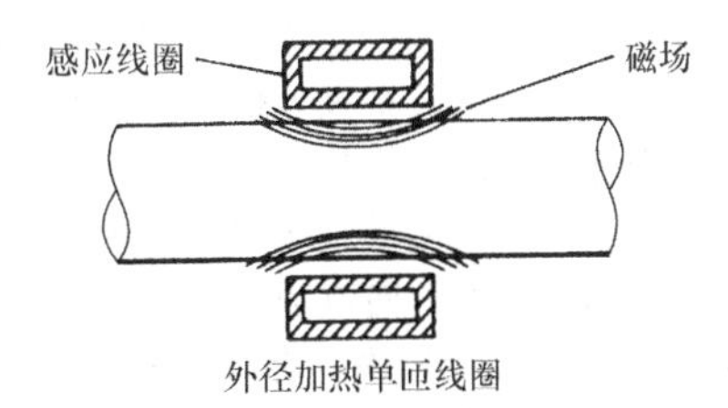

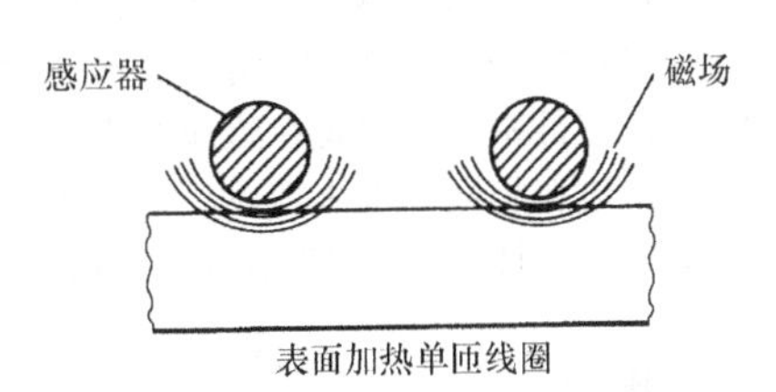

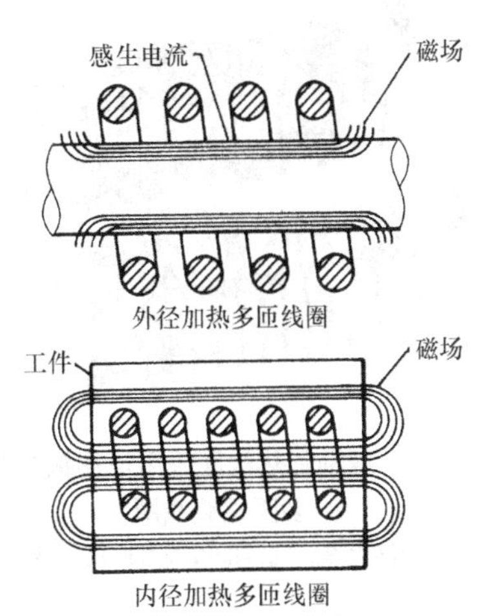

图 2-145　磁场和感生电流的生成

的，因为磁力线趋于集中。图 2-146 示出了具有电流方向相反的两个导体之间的磁场的连接。

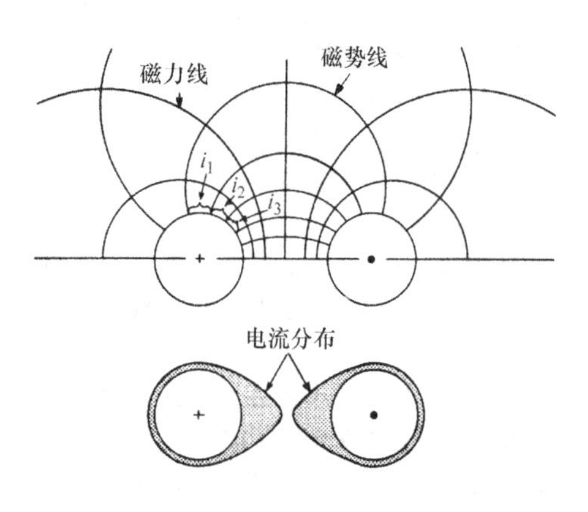

图 2-146　两个并行的导体通相反方向的电流时磁力线的分布

螺旋线圈具有许多不同的形式、形状和适应性，环形或包络形线圈是最简单的形式（图 2-147）。螺旋线圈要求工件厚度至少是透入深度的四倍，以便有效加热。线圈可以被布置为螺旋绕制线圈，使得长的工件全部被线圈环绕从而在工件表面形成环形涡流，或者被布置成通道式线圈，线匝和工件表面平行，使得电流沿着纵向流动。螺旋线圈也有许多子分类。横向磁力线线圈，有时也称为接近线圈，使用并不广泛，但适用加热工件的横截面厚度小于透入深度四倍的场合。图 2-148 给出了横向磁力线线圈的示例。工件基本上放置在感应线圈的线匝之间，其中的电流在相同方向上流动。这样做，没有电流抵消效应，并且薄片可以被有效地加热。

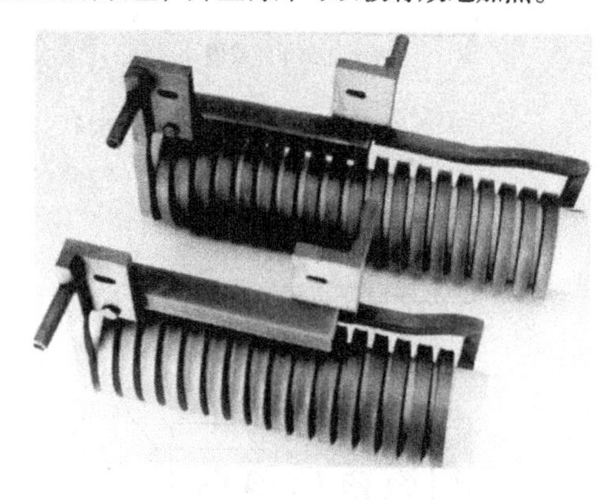

图 2-147　锻前加热线圈采用矩形铜管绕制成多匝螺旋线圈

注：外带淬火圈，同样的线圈可以用于透热淬火。

（2）根据加热方式对线圈进行分类　感应线圈也可以通过感应加热方式的三种基本类型之一来分类或描述：静止加热、一发法加热或渐进（扫描）加热。用于这三种类型的加热方式的线圈也可设计为内置（集成）淬火装置。用于静态或一发法加热的内置淬火装置（图 2-149）允许在工件和线圈位于一定位置时进行淬火。用于扫描感应加热的内置淬火装置（图 2-150）被设计为在工件移动通过线圈之后喷射淬火液。

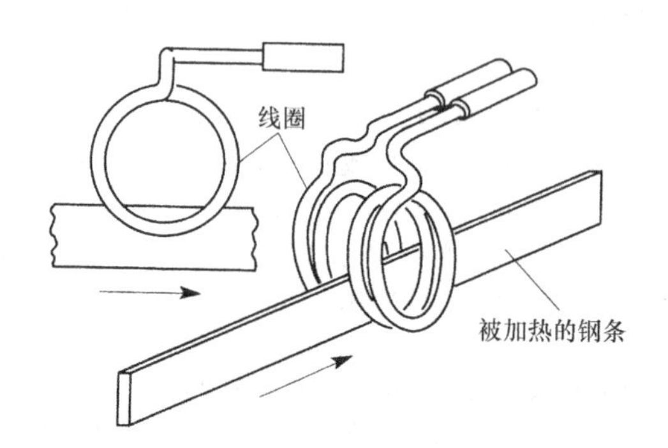

图 2-148　横向磁力线线圈的示例

图 2-149　直径为 69cm（27in）链轮的一发法感应加热淬火

图 2-150　圆柱体以 3.8cm/s（1.5in/s）的速度水平扫描淬火（300kW，10kHz）

1）静止加热线圈。静止加热是指整个加热过程工件都在一个位置。线圈形状取决于工件或工件被加热部位的几何形状。圆形零件，如细牙齿轮，使用环形线圈（图 2-151）。其他工件，如工具端部或特定磨损区域，使用多匝线圈，如图 2-152 所示，要根据待加热区域的类型来进行个性化设计。

2）一发法加热线圈。一发法加热及静止加热通常用于描述相同类型的加热方式。高密度和一发法加热的线圈被设计成位于工件上的水平位置，使得电流在工件上纵向流动（图 2-153）。圆形工件可以高速旋转，在工件的圆周直径上形成淬火层。

一发法常用于大批量工件和生产率决定设备成本的场合（图 2-149）。对于一发法淬火，线圈设计为要么工件移动出线圈进行淬火，要么加热后原位淬火（图 2-149）。

一发法加热线圈一般需要定制，通常有磁力线聚集器帮助提高线圈的效率（请参阅本文中“2.7.8 线圈的设计和选择”）。用于一发法加热淬火的工件尺寸受到电源容量的限制。

3）用于扫描或渐进加热的线圈。扫描需要在工件淬火位置加热开始时有延时，然后使工件开始移动通过线圈，顺序加热和淬火。静态和扫描加热在线圈设计上的主要区别在于，当将淬火器集成到线圈中时，在线圈中内置有用于淬火液的腔道和用于线圈冷却水的独立腔道。根据应用场合，即可以使用环绕线圈也可采用纵向线圈。最常见的扫描方式是垂直扫描。图 2-154 示出了集成有内置淬火器的扫描线圈的两个示例。

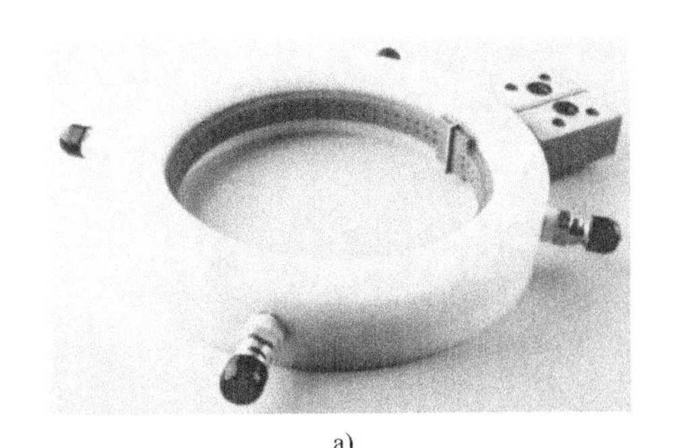

a)

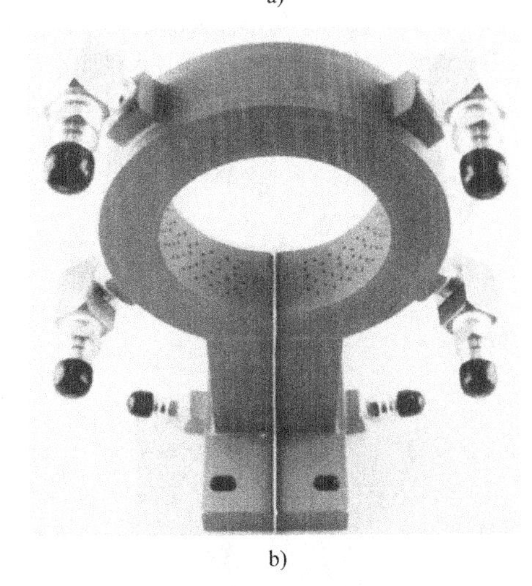

b)

图 2-151　用于静止加热的单匝感应器集成有淬火器
a）刚性结构的单匝感应器　b）用于轴上齿轮齿淬火的机加工感应器

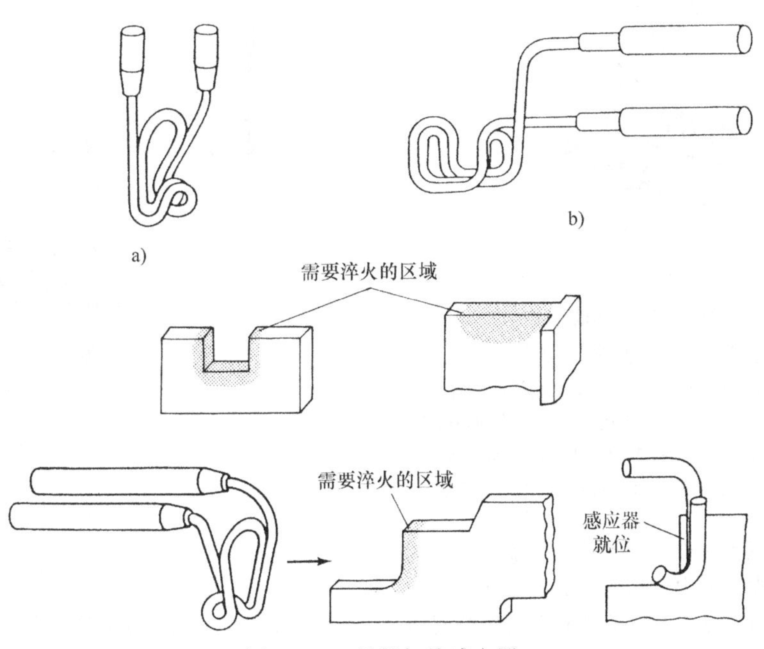

图 2-152　局部加热感应器

图 2-153 进行一发法、仿形淬火的单匝方管感应器
注：该感应器设计用于薄壁管的淬火和回火。

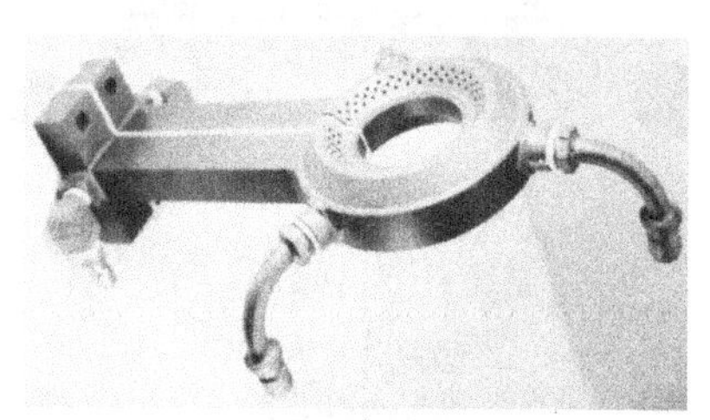

a)

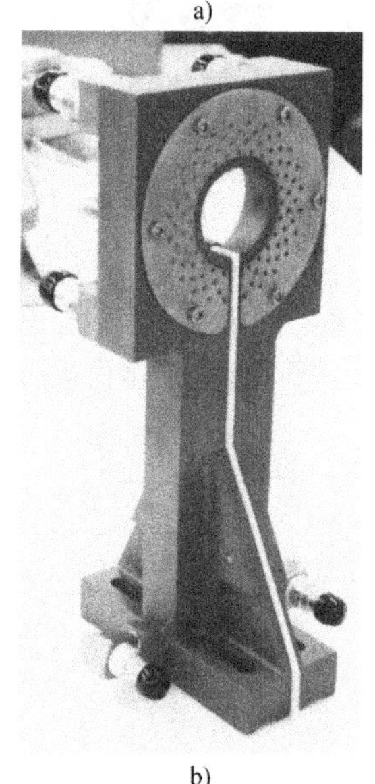

b)

图 2-154 单匝机加工感应器集成淬火器用于扫描（渐进）淬火
a）线圈设计用于车轴的淬火，在淬火孔处加工有锥面以提供所需的淬火角度，以便在扫描后更均匀地喷射淬火液 b）线圈设计用于花键轴的淬火，底部有淬火孔，在淬火出口处用外连接板的方法使得清洗淬火喷孔更容易

（3）功率传输汇流板 用于从变压器的输出端子到线圈的连接端的电力传输的汇流板必须刚性地制造并且冷却充分。宽的汇流板及其间很小的间距将减小功率损耗。图 2-155 提供了两个汇流板的示例。

a)

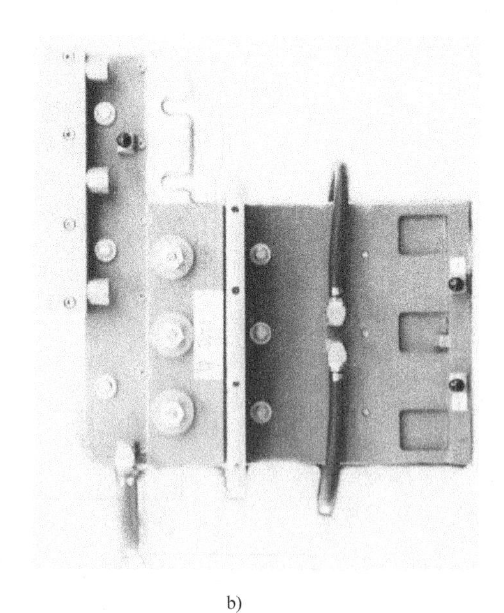

b)

图 2-155 汇流排加长

一个是加长型，使得线圈连接点升高。这将用于诸如气缸管壁的内孔淬火的应用中，其中线圈需要高

连接端，使得其在扫描时可以向下延伸到管中。可调 Y 轴汇流板允许在 Y 轴上调整线圈高度。

（4）快换连接　所有线圈必须连接到高频电源的输出端，通常是通过变压器或铜汇流板连接。历史上，这种连接方式需要使用配做连接，使得每个线圈以相同的方式定位（例如在 Jackson 型变压器中存在的螺栓孔），并且使用内部冷却水互连。目前已经开发了快换连接线圈接口，允许线圈以相对简单和快速的方法连接。图 2-156a 示出了用于 RF 的几个快换连接的示例，图 2-156b 示出了用于中频或低频的快换连接。

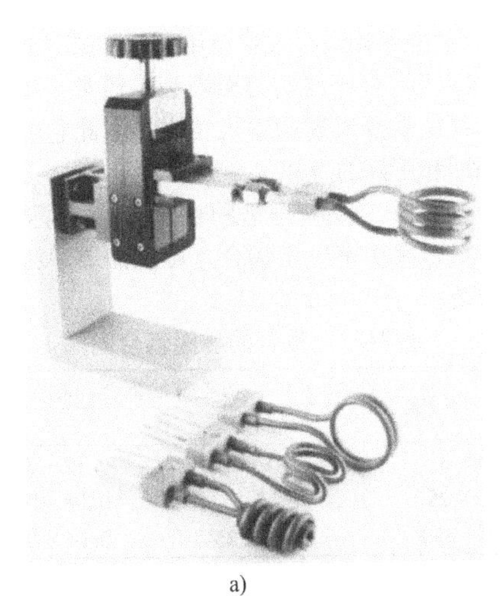

a)

b)

图 2-156　感应器快换接头

a）用于射频感应器的快换接头

b）用于低频和中频感应器的双汇流板快换接头

2.7.8　线圈的设计和选择

影响线圈（感应器）设计和选择的因素包括工件的尺寸和形状、要加热的工件数量、所需的硬化层分布、要使用的生产工艺（例如一发法或扫描）、频率和功率输入，以及工件如何淬火和线圈寿命。线圈设计也是针对特定的应用，因此线圈的类型应在设计工装之前选择。

螺旋线圈是用于加热工件外部最有效的线圈。多匝线圈还用于在锻造之前加热工件和用于加热非常大的工件。匝数取决于电源的负载匹配特性、所需的热处理硬化层深度和工艺要求。具有高生产率要求的工件倾向于使用很大的线圈，其需要更大的功率输出来产生所需的功率密度。而多个串联的、小的多匝线圈用于焊接和钎焊加热，它可以让多个工件同时被加热。

单匝线圈和双匝线圈倾向于用在较低频率（1 ~ 10kHz）。这些较低的频率用于较深的硬化层和用于较大直径的加热场合。在 3 ~ 25kHz 频率范围内热处理的线圈趋于低匝线圈（图 2-157）。用于连续加热钢棒、大的工件和长管的线圈可以使用与锻造工业中使用的类似的多匝线圈。

图 2-157　管制少匝螺旋线圈带刚性保持和磁力线聚集器用于轮轴的回火

用于 1 ~ 10kHz 的较低频率的线圈需具有一定刚性和装配技术以避免机械振动，特别是在 1kHz 附近。相临的多匝线圈在通电时将排斥，除非它们被固定。低频率时通常用机加工线圈，而高频率时更常用铜管来制造线圈（图 2-158）。有关线圈设计和结构原理的更多信息，请参见相关参考文献。

1. 感应器的效率

表 2-36 列举了不使用磁力线聚集器的不同类型感应器的效率。在一些情况下，根据所使用的工艺方法，可以使用不同类型的感应器。同一工件既可以在大功率设备上一发法淬火，也可以在较小功率的设备上扫描淬火。大多感应器基于线圈设计原理和经验试制，而有些感应器需要开发程序以便对工件进行模拟。现在已有计算机模拟和感应器建模的程序。

线圈设计的效率和用法考虑因素包括：

1）线圈应尽可能靠近工件耦合。表 2-37 显示

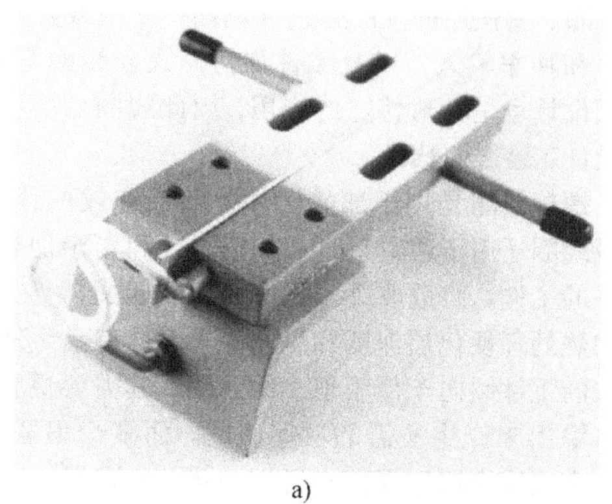

a)

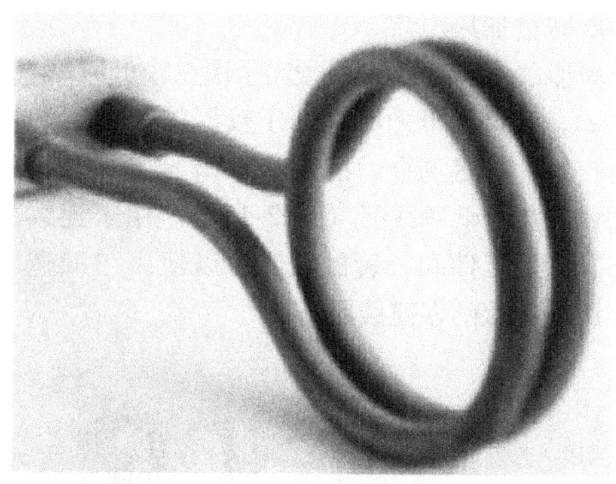

b)

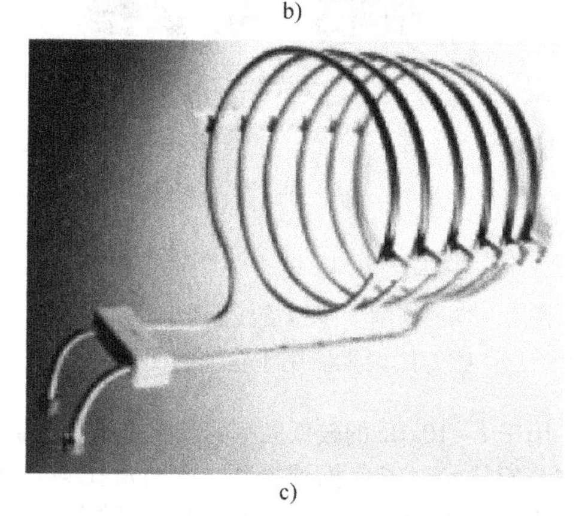

c)

图 2-158 射频（RF）线圈

a）带螺柱刚性支撑和表面陶瓷喷涂保护涂层的单匝感应器，虽然设计用于感应钎焊，但同一线圈可用于多种不同类型的应用，例如工件端面的奥氏体化 b）管子扫描加热常用的双匝射频铜管线圈 c）（高压）直连的多匝射频线圈，用于流化床上方的预热

了一般设计推荐的线圈耦合距离。线圈耦合间隙也可能取决于其他因素，例如工件如何被上料或定位在线圈中，以及待加热区域的形状。

2）线圈中的导体必须设计为效率最佳。

3）线圈必须设计成刚性的，并且在施加功率时不移动。

表 2-36 不同类型感应器的效率

感应器类型	在不同频率下的效率			
	10Hz		450kHz	
	磁性钢	其他金属	磁性钢	其他金属
螺旋环绕工件	0.75	0.50	0.80	0.60
曲奇饼式	0.35	0.25	0.50	0.30
发夹式	0.45	0.30	0.60	0.40
单匝环绕工件	0.60	0.40	0.70	0.50
通道式	0.65	0.45	0.70	0.50
内孔	0.40	0.20	0.50	0.25

4）线圈必须设计成在使用期间不会过热，并且在使用期间不会产生应力而断裂。通常，较低频率的线圈往往需要较高的输入功率，因此它们需要更高的刚度和更好的冷却。

5）所有线圈都有显著的功率损耗，需要良好的冷却。对于大功率应用场合，可能需要单独的高压冷却系统。

表 2-37 推荐的线圈耦合间隙

频率/kHz	与工件的耦合间隙	
	mm	in
1~3	3~6	0.12~0.24
10~25	2~3.8	0.08~0.15
50~450	1.5~2.25	0.06~0.09

线圈必须设计成使得磁力线产生涡流，该涡流将集中的热量加热到工件中的特定区域。磁力线最聚集的地方是线圈中间，在那里可以提供最大的加热速率。线圈可以制成不同的轮廓和形状，或者被制成多匝。射频线圈需要比低频线圈和工件更小的耦合间隙和更紧密地环绕工件。磁力线聚集器用于提高某些线圈的效率或将磁力线聚集于工件的某个位置。

（1）磁力线聚集器 磁力线聚集器常用于提高某些线圈的效率。在其他情况下，磁力线聚集器用来形成工件中所需的硬化层分布。图 2-159a 示出了导体中的电流分布。当工件放置在导体下时，电流如图 2-159b 所示重新分布。由于邻近效应，导体电流的绝大部分在靠近工件表面的导体表面流动。剩余的电流集中在导体的侧面，在工件中接近导体的区域中感应出电流。在该导体周围放置一个磁力线聚集器之后，如图 2-159c 所示，几乎所有的导体电流都集中在面向工件的表面上。在直接靠近导体的工件中感生更大的电流。对一些应用，例如内孔加热，显示出效率的显著提高。正确应用磁力线聚集器的好处如下：

1）降低让工件加热到期望值所需的功率。

2）提高工艺效率和减少能源使用量。

3）提高热处理系统的生产率。

4）通过控制工件中的热量分布，从而使加热层分布得到改善。

5）保护工件或工装免受杂散磁场的非预期加热。

6）改善线圈负载与电源的匹配。

使用磁力线聚集器通常提供上述列举的几种好处。表 2-38 显示了内孔线圈采用或不采用磁力线聚集器时的效率。当电源被设置为相同的线圈电压，裸线圈的线圈效率为 68%，而采用磁力线聚集器的线圈效率为 87%。图 2-160 示出了采用内径为 28mm（1.13in）、高为 6.25mm（0.25in）的线圈加热一个直径为 25.4mm（1in）的圆钢棒，采用一个 380kHz 和 8.3kW · h 电源的能量水平记录。在同样的能量大小下，带磁力线聚集器的线圈比不带磁力线聚集的线圈取得的硬化层深。每个影响的技术和经济意义取决于特定应用的具体情况。采用计算机模拟和全尺寸试验，感应技术中心对磁力线聚集器进行了详细研究。结果表明，合理应用磁力线聚集器在加热过程中会有益处。

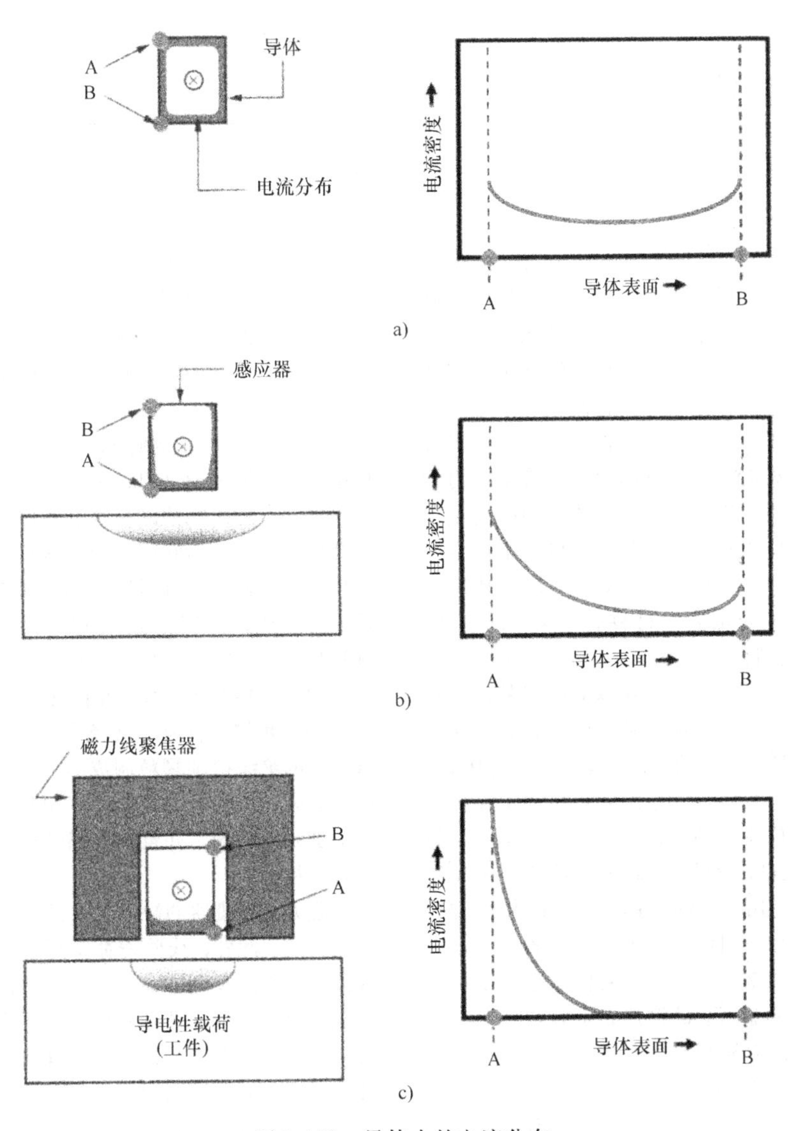

图 2-159 导体中的电流分布

表 2-38 磁力线聚集器对内孔线圈效率的影响

线圈	线圈电压/V	工件功率/kW	线圈损耗/kW	线圈效率（%）	功率因数	视在功率/kV·A
增强线圈	88.6	68.0	10.4	87	0.22	354
裸线圈	30.6	8.4	4.0	68	0.10	122
裸线圈①	87.0	68.0	32.4	68	0.10	992

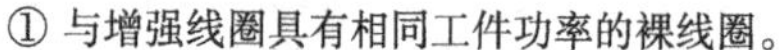
① 与增强线圈具有相同工件功率的裸线圈。

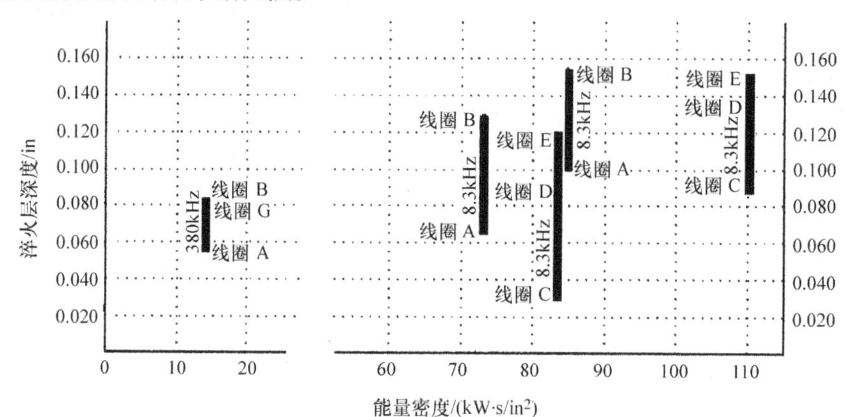

图 2-160 内径线圈采用磁力线聚集器增加淬火层深度

在许多情况下，用于线圈的磁力线聚集器的磁性材料有非常严格的要求。该材料必须能在非常宽的频率范围内工作，并且必须具有高磁导率和饱和磁通密度。当磁性材料饱和时，它们失去了聚集磁力线的能力。由于热处理工艺的性质，磁性材料必须经受热水、淬火剂或添加剂的侵蚀。稳定的力学性能、耐受由磁滞损耗和从工件传热引起的高温很重要。为了成功应用磁力线聚集器，可加工性也是非常重要的特性，因为它允许聚集器轮廓做成线圈的形状。用于聚集器的磁性材料有三类：硅钢片、铁氧体和磁介电材料。

（2）硅钢片 硅钢片由晶粒取向的镍基钢和冷轧或热轧硅合金钢制造。片层采用矿物和有机涂层进行绝缘。用于感应线圈的硅钢片厚度范围为 0.1～0.6mm（0.004～0.024in），较薄的片层用于较高频率。硅钢片主要应用于频率低于 10kHz 的场合，但有时在低的磁通密度和强冷却下它们也可在高达 30kHz 的频率下使用。硅钢片具有最高的相对磁导率和饱和磁通密度，因此在低于 10kHz 的频率下它们是最有效的。硅钢片的一个主要优点是可以承受比其他材料更高的温度。硅钢片必须紧密堆叠在一起。当它们堆叠后有棱角时，例如一发法线圈的末端，它们可能有过热问题。

（3）铁氧体 铁氧体在弱磁场中具有高磁导率和低损耗的特点。正确选择和应用铁氧体可以在宽频率范围内工作。作为用于磁力线聚集器的良好材料，其应用受到限制的缺点包括：低饱和电流密度和低的居里温度，对热和机械冲击高的敏感性，以及除了通过金刚石工具的研磨和切割之外不能被加工。

（4）磁介电（电解和羰基铁基）材料 诸如 Ferrotron 和 Fluxtrol（Fluxtrol 公司），磁介电材料由软磁颗粒、用作颗粒的黏合剂和电绝缘体的介电材料烧结而制成。不同等级的材料目前可满足大多数应用。这些材料通过压制不同的磁粉和黏合剂，然后进行加热来生产。压实材料可用标准工具加工，并且具有优良的热、化学、磁性和力学性能。在一些类型的材料中加工取向性具有重要地位。

（5）可模制材料 已经开发了由分布在聚合物基质中的绝缘微细颗粒制成的可模制材料。这些材料以柔软、可变形的膏状形式出售。在线圈上成形之前加入催化剂，并且在低温炉中焙烧与线圈形成复合材料。

磁力线聚集器的缺点是使感应线圈的制造成本大幅增加。此外，线圈寿命降低。没有聚集器的裸线圈具有长的预期寿命，并且通常由于工件撞击线圈或打火而失效。具有聚集器的线圈具有较短的寿命，其中有些在失效之前生产的零件还不到 10000 件。当有聚集器的线圈失效时，可能在一段时间内失效非常缓慢，而后也可能是灾难性的。使用装有磁力线聚集器的线圈的专用生产线通常手头备有许多备件，可以在必要时更换和维修线圈。许多感应工艺使用磁力线聚集器是因为它们对于产生所需的硬化层是必需的，或者提高的效率改善足以抵消线圈制造成本的增加。在许多实际应用中裸线圈的工作效果也相当好。

2. 感应器的特性

感应器的特性是通过调整感应器线圈设计，使得感应涡流在工件中产生均匀加热层分布的技术。感应线圈的匝数、线匝和工件之间的间隙、功率密度和频率共同决定了加热效果和最终的奥氏体化加热层分布。图2-161示出了在圆形工件的外径（OD）和内径（ID）上的不同位置处放置线圈的效果。线圈的位置和线圈的包络影响加热边缘处的加热效果。

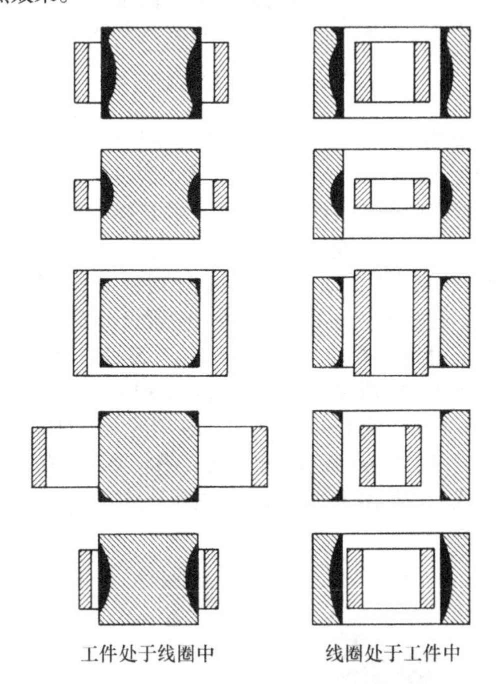

图2-161　工件和线圈相对比例的影响

线圈被设计成包络形，然后被定位成使得边缘处的加热层与在中心产生相同的加热层深度。频率越低，由于加热边缘效应，所需的包络越多。对于标准的耦合线圈在10kHz下使用需要大约3mm（0.12in）的间隙，而对于450kHz仅需要1.5mm（0.06in）的间隙。线匝和工件之间的耦合越近，磁力线越强。强磁场产生更强的涡流，因此，加热速度更快。机加工线圈在同一线圈中可以加工成不同的内径尺寸，这会影响输入工件中的能量，类似于通过缠绕具有不同内径的线圈的多匝线圈可以实现的效果。表2-38显示了不同类型感应线圈的效率。注意，当加热相同的宽度使用两匝线圈而不是单匝线圈时，效率会增加。

（1）线圈引线和死点　线圈中的磁场不是完全对称的，因为线圈引线附近的区域会使磁场变形，结果使磁场偏离中心，这种效应对于射频线圈和单匝线圈更明显。工件的快速旋转有助于产生均匀的加热。在短的加热周期中高达十转的高速旋转是必要的，而对于4s或更长的时间周期，推荐每秒至少两转的最小旋转速度。

（2）线圈特性与频率　图2-162a示出了在高频条件下，圆棒的端部处与线圈三个相对位置相关的区域中产生的电流，图2-162b示出了低频条件下相同状态的效应。高频具有更高的边缘效应，这导致在棒的末端处产生更高的电流集中效应。从这个角度来看，这可能影响线圈选择，因为在扫描操作中较宽的线圈或多匝线圈的使用，由于这种边缘效应趋势，更高的频率更受限制。

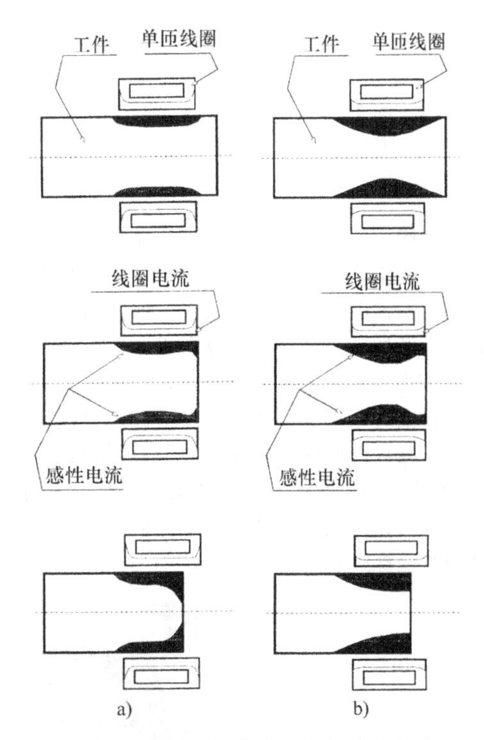

图2-162　不同频率的电磁场端部效应
a）高频　b）低频

2.7.9　感应器的构造

根据应用不同，感应器可以设计成多种不同的形式。机加工感应器可以设计成不同的形状和轮廓（图2-163），并且感应器可以绕制成各种结构，就像本小节中所描述的那样。用于表面淬火的感应器类型也在本书中“钢的表面感应淬火”中有描述。

（1）通道式或发夹式感应器　这些感应器实际上是螺旋线圈的变形和拉长。大多数通道式感应器

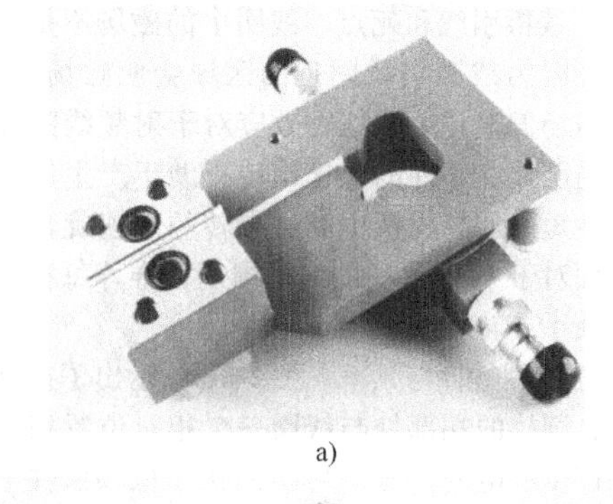

a)

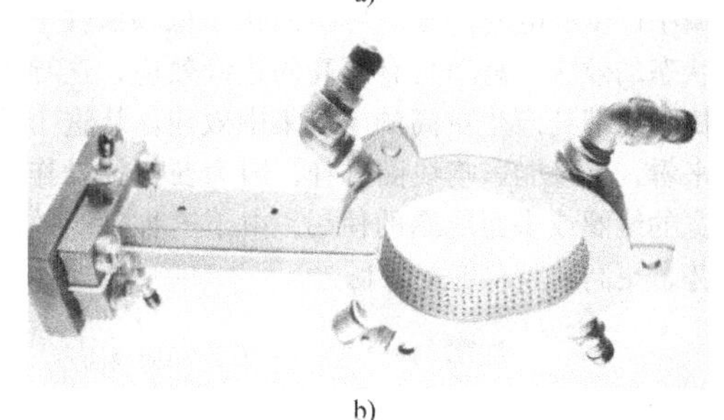

b)

图 2-163 机加工仿形感应器

a）用于齿条扫描淬火的单匝仿形感应器

b）用于凸轮静止加热的单匝仿形感应器

是单匝线圈。工件可以垂直和平行于线圈，并且通过适当的固定，可以一次加热多个工件。当端部是杯形时，这种类型的感应器可用于加热通过托盘或传送带移动的工件。当工件纵向进入时，圆形零件旋转并采用一发法加热。

工件的边缘淬火，例如刀片，可以通过设计相应的感应器进行加热。这些感应器的示例如下：

1）图 2-164 所示为带有磁力线聚集器的弯曲通道式感应器，可以使圆周上的零件通过。该感应器用于螺栓上螺纹的连续加热。

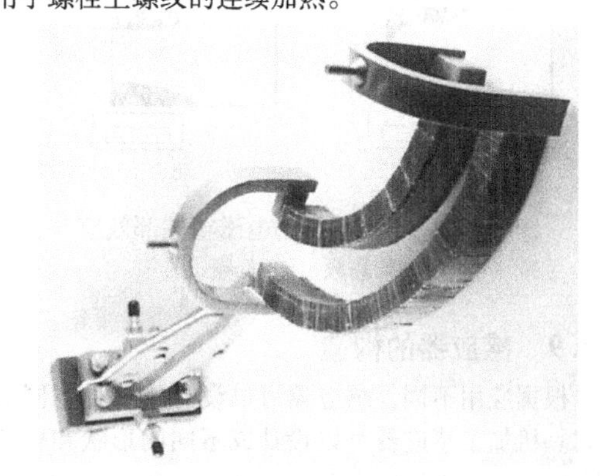

图 2-164 带有磁力线聚集器的弯曲通道式感应器

2）图 2-165 所示为多匝通道式感应器，与高电压输出端直接连接，用于轴零件的回火。

（2）内孔感应器 单匝或多匝的内孔感应器可

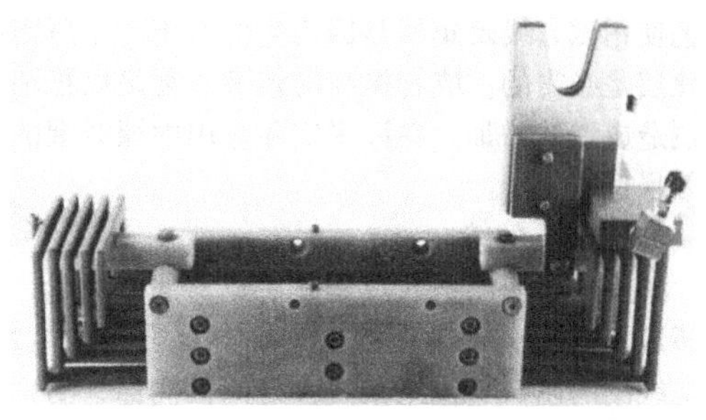

图 2-165 多匝通道式感应器

用于加热工件的芯孔。内孔感应器往往效率较低，特别是在小直径的场合，感应器中的电流路径必须通过线圈中心的引线上升。内孔感应器的工作效率很低，但是磁力线聚集器有助于提高运行效率。在总直径小于 12.5mm（0.5in）以下时缠绕线圈很难；然而，适合较小的孔的线圈特殊地被设计成发夹式。实际上对于所有应用，12.5mm（0.5in）是可以用 450kHz 加热的最小孔径，而 25mm（1in）是可以用 10kHz 加热的最小孔径。这些感应器的示例如下：

1）图 2-166 所示为单匝内孔感应器，带有淬火盒总成，设计用于气缸衬套的内孔扫描淬火。

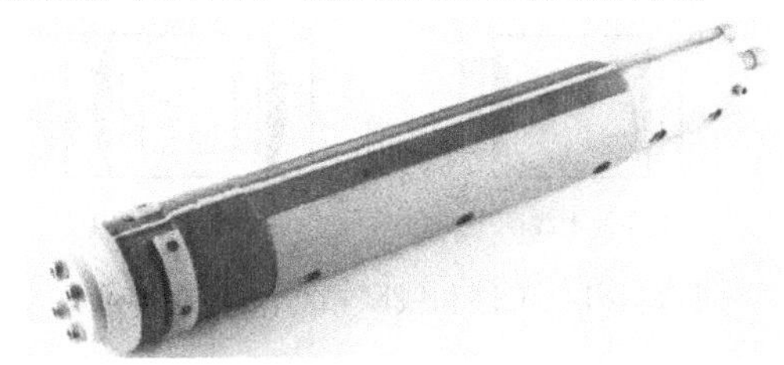

图 2-166 单匝内孔感应器

2）图 2-167 所示为带有磁力线聚集器的多匝内孔感应器，用于在工件预先进行渗碳之后对螺纹孔进行退火。

图 2-167 带有磁力线聚集器的多匝内孔感应器

3）图 2-168 所示为方管多匝感应器，多匝矩形管线圈缠绕在刚性支撑上，设计用于花键的内孔淬火。

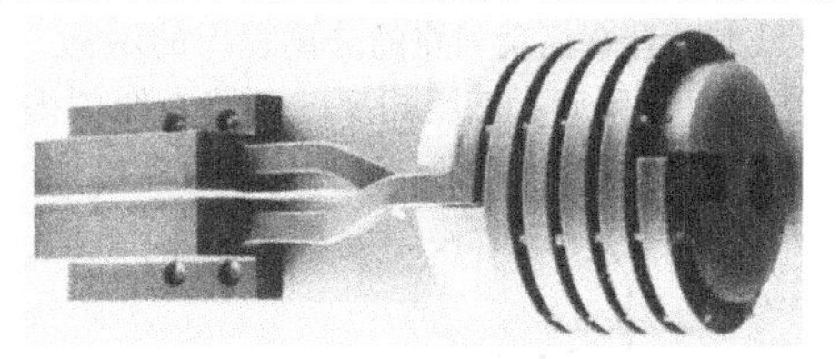

图 2-168　方管多匝感应器

4）图 2-169 所示为单匝机加工感应器，带有集成淬火器，快换连接，并有用于短路调整的滑块（长号），用于轴承的内孔淬火。长号部分可调节线圈阻抗以帮助调节输出功率。

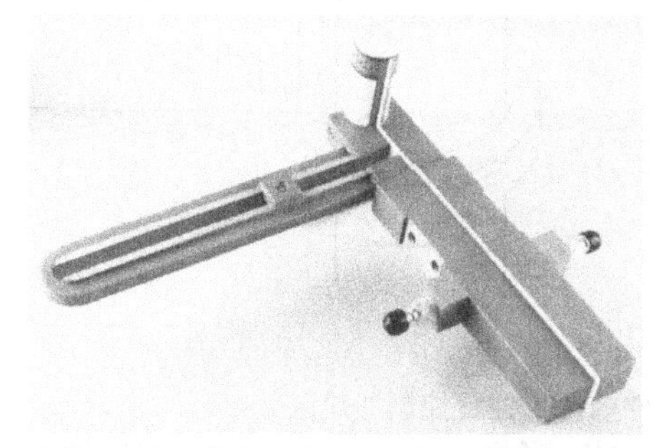

图 2-169　带有调节拐的单匝内孔感应器

（3）曲奇饼式感应器　曲奇饼式感应器采用类似于炉子上的加热元件的圆形方式缠绕，并用于在平面上产生圆形或长方形的硬化层。如果需要完整的圆形硬化层，则在线圈的中心将有死点，除非使用磁力线聚集器，或者工件被偏心旋转或振荡。图 2-170 示出了设计用于加热薄板边缘的两匝曲奇饼式感应器。曲奇饼式感应器也可以采用缠绕式，使得同心匝产生完整的螺旋硬化层，其中心引线向上延伸出线圈。

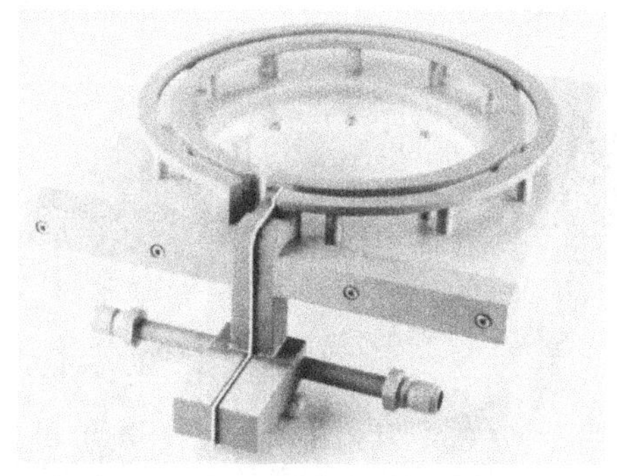

图 2-170　双匝曲奇饼式感应器

（4）蝶形感应器　图 2-171 显示了用于将管件钎焊到管子上的蝶形感应器的示例。它采用缠绕式，使得产生加热的外部纵向线圈的电流在相同方向上。该感应器是横向磁场的一个例子，用于加热薄盘状截面的零件。因为感应电流流动方向相同，所以没有用曲奇饼式感应器时发生的那种死点。

图 2-171　蝶形感应器

（5）分流回路感应器　图 2-172 显示了两个分流回路感应器。感应器被设计成具有三个引线。外部的两根引线是平行的，每根引线通过一半的电流，中心的引线是串联的，通过全部回流的电流。分流回路感应器用于硬化诸如轴或螺栓的端部的工件，而通道式感应器不能加热端面。图 2-172a 示出了具有返回偏移的分离 - 折返型，它为淬火工件的凹槽而设计为有一个大的窗口。图 2-172b 示出了具有在中心的返回和在匝之间的磁力线聚集器的分流返回，淬火环在外面，该感应器设计用于硬化凸轮轴上的凸台。

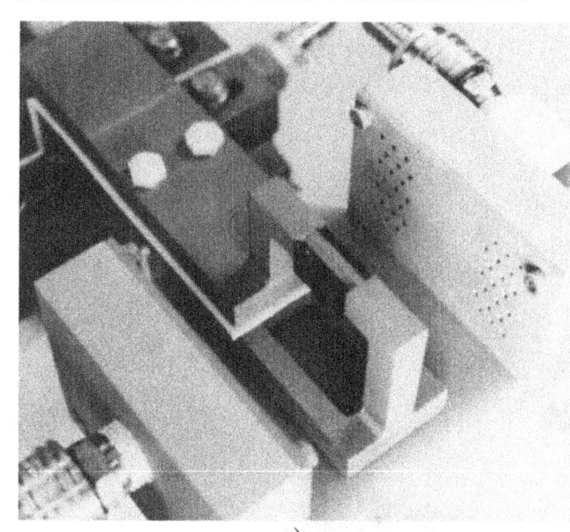

a)

b)

图 2-172　分流回路感应器

（6）反转感应器　图 2-173a 示出了使用相同感应器来加热同一工件的两个不同区域的两种感应器

设计。在图 2-173b 中，该设计示出了线圈缠绕方法，使得电流在两组匝线中沿相同方向行进。而图 2-173c 的设计示出了上、下匝，其中下匝电流沿与相反的方向行进。两组匝线之间的磁通密度随着间距的减小而增加，在两组匝线之间产生较少的热量。通过静止加热法，该效果可用于当两个区域之间的直径有变化时还能保持工件的肩部免于过热。图 2-174示出了具有相反回路的分离返回的示例。单匝环路在线圈的顶部，三匝相反的环路在线圈内部向下位置。感应器淬火液通过磁力线聚集器淬火。

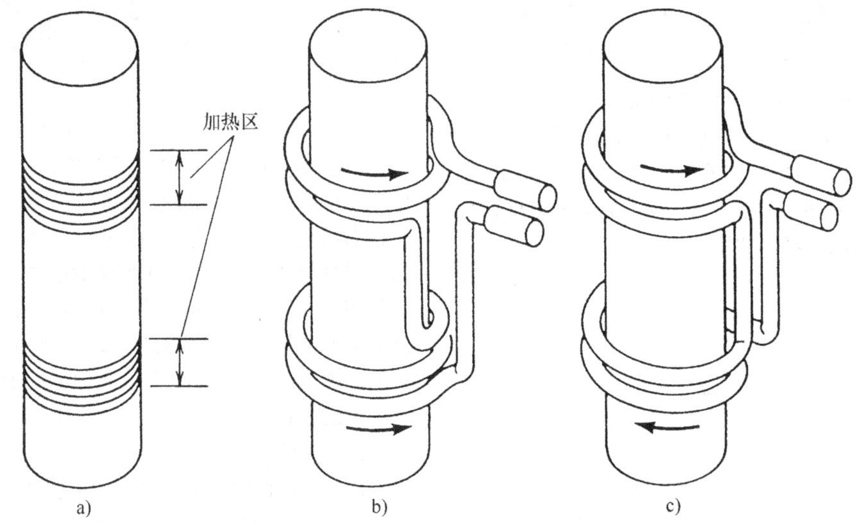

图 2-173　通过以相反的方向绕制线圈在工件的两个位置控制加热区分布

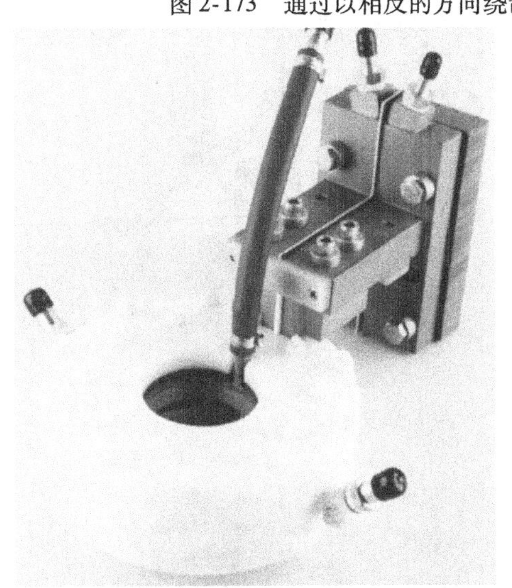

图 2-174　带相反引出端的双匝线圈

（7）特殊感应器　任何上述感应器的线圈结构几乎都可以被缠绕成特殊形状以加热工件的特定部分。图 2-175 示出了用于纵向一发法淬火的一发法感应器的设计。图 2-176 示出了通过扫描方式进行单齿齿轮淬火的感应器的示例。感应器的轮廓和轮齿节圆处相仿，并且它的硬化层沿齿的一侧到根部并且回到相邻齿的侧面。图 2-177 示出了在双频加热应用中使用的多匝螺线型感应器。注意螺线管中的偏移，使得匝线与螺栓安装平行，以确保刚度。

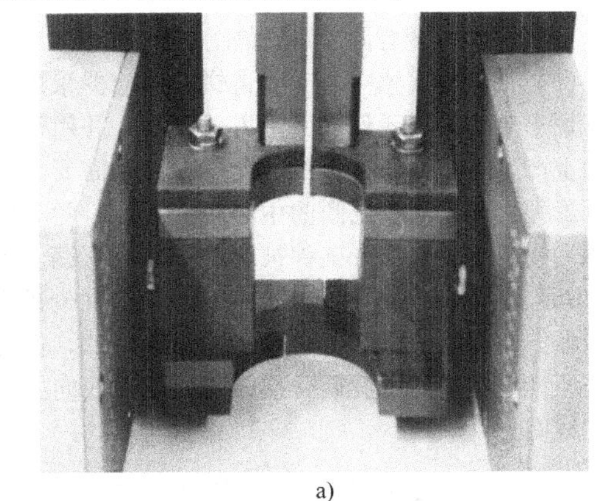

a)

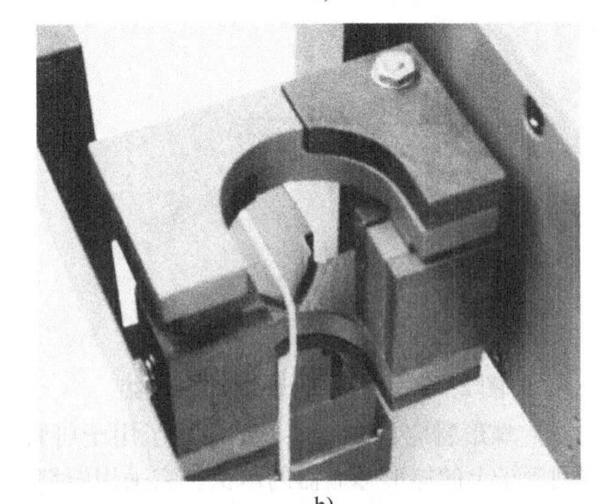

b)

图 2-175　纵向加热感应器（采用一发法加热并带淬火器）

图 2-176 齿轮单齿淬火感应器

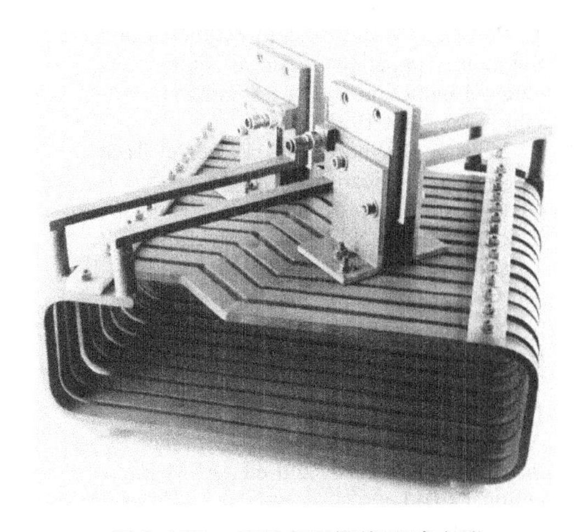

图 2-177 双频多匝螺线型感应器

（8）回火感应器 当工件是磁性时，则在居里温度以下进行感应回火。加热速率较慢，并且可能的加热应在待回火区域的相对侧进行。感应器可以更松散地耦合，并且为了获得更深的加热层，采用比用于奥氏体化时更低的频率。图 2-178 示出了用于轮轴和轮毂的回火感应器。由于内部加热太困难，因此轮轴从表层一侧进行回火。但是，如果可能，轮毂可以从待回火区域的相对侧加热。

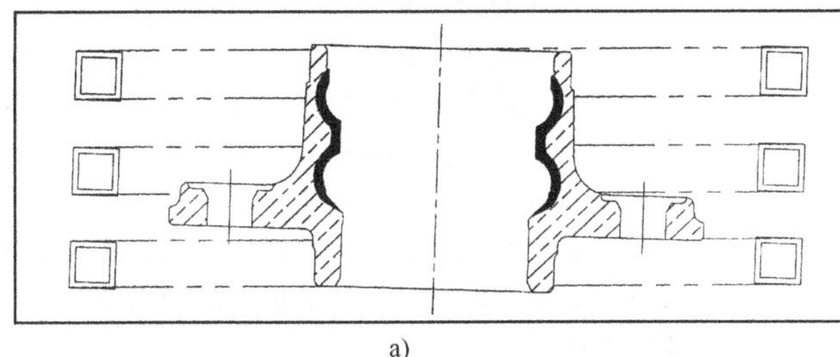

a)

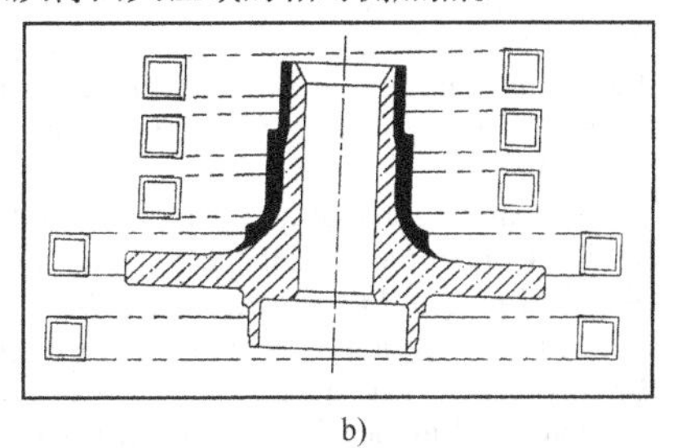

b)

图 2-178 用于轮轴和轮毂的回火感应器

a）预先在内孔淬火 b）预先在外圆淬火

致谢

文中关于感应器（线圈）的许多照片，都是从“PracticalInduction Heat Treating, ASM Int., 2001”一书中选出的。

本文改编自以下内容：

Chapters 3 and 4 by R. Haimbaugh in *Practical Induction Heat Treating*, ASM International, 2001

P. A. Hassell and N. V. Ross, Induction Heat Treating of Steel, *Heat Treating*, Vol 4, *ASM Handbook*, ASM International, 1991, p164 – 202

参考文献

1. V. Rudnev, D. Loveless, R. Cook, and M. Black, *Handbook of Induction Heating*, Marcel Dekker, New York, 2003
2. *Induction Heating and Heat Treatment*, Vol 4C, *ASM Handbook*, ASM International, 2014
3. G.C. Reigel, Casehardening Large Gears with High Frequency, *Met. Prog.*, July 1943, p 82
4. Metallurgical Control of Induction Hardening, *ASM Trans.*, Vol 30, 1942, p 516
5. D.L Marten and F.E. Wiley, *ASM Trans.*, 1945, p 351–404
6. C.A. Tudbury, *Basics of Induction Heating*, John F. Rider, Inc., New Rochelle, NY, 1960
7. S.L. Semiatin and D.E. Stutz, *Induction Heat Treating of Steel*, American Society for Metals, 1986
8. D.L. Loveless et al., Power Supplies for Induction Heating, *Ind. Heat.*, June 1995
9. V. Rudnev et al., *Steel Heat Treatment Handbook*, Marcel Dekker, Inc., 1997

10. T. Boussie, "Water System Problems and Solutions," paper presented at Sixth International Induction Heating Seminar (Nashville, TN), Sept 1995
11. R. Meyers, Diagnostics, A Powerful Tool for Induction Heating, *Adv. Mater. Process.*, July 1992, p 41
12. P.A. Hassell and N.V. Ross, Induction Heat Treating of Steel, *Heat Treating*, Vol 4, *ASM Handbook*, ASM International, 1991, p 164–202
13. *Heat Treating*, Vol 4, *Metals Handbook*, 9th ed., American Society for Metals, 1981
14. A.C. Reardon, Ed., Chap. 8, *Metallurgy for the Non-Metallurgist*, 2nd ed., ASM International, 2011
15. R. Haimbaugh, Appendix 3: Induction Coil Design and Fabrication, *Practical Induction Heat Treating*, ASM International, 2001, p 283–298
16. S.L. Semiatin and S. Zinn, *Induction Heat Treating*, ASM International, 1988
17. V. Rudnev et al., Magnetic Flux Concentrators, *Met. Heat Treat.*, March/April 1995
18. R.S. Rufini et al., Advanced Design of Induction Heat Treating Coils, *Ind. Heat.*, Nov 1998
19. T. Learman, Formable and Thermal Hardenable Concentrator Enhances Induction Heating Process, *Ind. Heat.*, June 1995
20. G. Gariglio, "Monitoring and Controlling the Induction Heat Treat Process," paper presented at Furnace North America Show (Dearborn, MI), Sept 1996
21. K. Weiss, Induction Tempering of Steel, *Adv. Mater. Process.*, Aug 1999

2.8 盐浴热处理和设备

W. James Laird, Jr., Park Thermal International Corporation

盐浴在光亮淬火、回火、液体渗碳、液体渗氮、等温淬火、马氏体分级淬火（马氏体等温淬火和回火）、再加热和其他热处理作业有广泛的工业应用。盐浴热处理具有炉子加热效率高、更快的加热速率以及更均匀的温度控制等一系列工艺优越性。对于铸铁、钢和工具钢的淬火，盐浴也符合低畸变要求。

盐主要受限于其氧化本质。盐在其熔点以上使用，如果有可燃物或不相容物混入溶液中就会发生剧烈反应。盐也属危险材料，要求严格遵循安全和环保的规定和规程。从安全和环保角度应限制盐的使用，但经过设备、生产和回收技术的不断改进可缓解安全和环保上的担心。这些方面的进展如下：

1）计算机控制的机器人操作系统。

2）比较节能的奥氏体化和盐浴淬火炉，采用较好的绝热材料以及在奥氏体化盐浴中采取更优异的电极设计。

3）淬火浴中设有搅动和加热系统，并伴以安全加水以保证均匀流动和温度控制。

4）比较纯净可靠的淬火盐做成使用方便并且安全的球状物供应给客户。

5）采用快速淬火速度测定的加水监控系统。

6）研发与钢的淬透性相关的定量盐淬冷速和淬冷参数数据系统。

7）能有效重复利用和简化废盐排放的淬火盐回收和处理系统的开发。靠清水和废水的表面蒸发可成功实现盐的回收再利用。

2.8.1 优越性

盐浴在热处理过程中具有有利于表面保护和畸变控制的固有特征。当一个冷金属件浸入盐浴时，会立即形成冻结的"盐茧"，把进入的工件包裹，此冻盐层起到暂时隔热的作用，以防止发生热冲击和工件的突发加热。此层会在1min或更短的时间内熔化，之后工件会被快速加热到盐浴温度。加热速度仅受限于金属的热导率和炉子有足够的能量保持盐浴温度的能力。盐浴中的加热速率比辐射炉或气体对流的炉子快得多，因为在熔盐中只有传导加热方式。大多数工件盐炉所用的加热时间通常只有气氛炉的1/6～1/4。

例如，一根直径100mm（4in）的钢棒从950℃（1740℉）加热到1000℃（1830℉）在盐浴中仅需8min，而在马弗炉中则需60min。图2-179所示为50mm（2in）直径1040钢圆棒4种加热方式的加热速率比较。盐浴的快速供热能力正是零件在盐浴中处理获得均一而且优质的原因。

盐浴的表面保护作用可防止形成氧化皮损害。此外，因盐浴不含氧气、二氧化碳和水蒸气（大多数气氛炉、非真空炉都含有），浸入的工件不会发生氧化。因为在加热过程中工件不接触气氛，使用盐浴可避免接触氧气和二氧化碳，防止工件脱碳和氧化。避免氧化或脱碳从而可简化工艺（当然防止盐浴发生二次化学反应也是重要的，因为可能会对被处理工件产生有害作用）。当从盐浴中取出工件时，表面会附有一层盐膜，后者在工件从一个盐浴转到另一个盐浴或投入淬火槽期间起到保护作用，但随后必须将其除掉。

盐浴的另一个明显特征是具有浮力，这对浸入的工件很重要。虽然所有金属的密度都比盐大，而

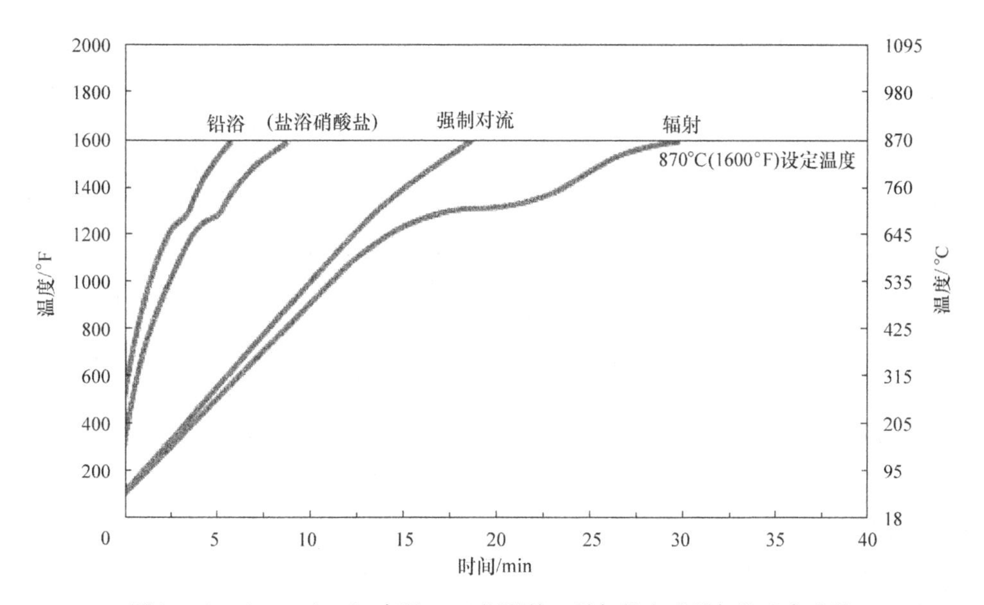

图 2-179　50mm（2in）直径 1040 钢圆棒 4 种加热方式的加热速率比较

且金属会迅速沉入其中，但盐浴在某种程度上会对其周边的工件起到支撑作用。实际上，浸入盐浴的工件所受的向下的力要比浸入盐浴前小很多，故而加热时的畸变可能会小些。

在局部或选择性区域加热时，盐浴也有特殊优点。因为加热速度快，且只有部分金属浸入，在加热和浸入部分中间有明显界限。

盐浴能提供一种把不均匀加热的不良影响最小化的方法。引起工件尺寸和形状畸变的原因是缺乏支撑和淬火不足。如上所述，介质的密度支撑浸入盐浴中的工件，由于浮力的存在，盐浴中工件的下垂或弯曲降低到最小程度。

盐浴中的加热也是很均匀的。视炉子结构而言，整个盐浴的温度均匀性是 ±3℃（±5℉）。附在工件表面的固态盐层也能保护工件免遭初始的快速加热，避免受到热冲击，就如熔融盐形成的茧使工件逐步和均匀受热，从而减少畸变和防止开裂。

2.8.2　盐

（1）按用途选择盐　适合热处理的各种盐的信息可以从许多来源获得，如多家从事盐生产的公司。美国军工技术规范 MIL－10699 也对盐有详细介绍。在根据预定用途选择盐时，必须考虑以下因素：

1）盐必须具有符合作业温度要求的合适工作范围。

2）盐必须具有合适的熔点，以避免大装炉量时需要的加热时间过长。

3）盐必须和同一热处理生产线上的其他用盐和油相容。

4）盐的使用应考虑多功能性、热处理后工件易于清洗，并应考虑盐的吸湿性。

把这些因素加以平衡，就可以选出最适合特定用途的盐。当然，如果一种盐必须实现几种功能，它也必须牺牲和放弃某些优越性，以获得符合要求的适应性。

按照作业要求来说，最常用的盐有硝酸盐、碳酸盐、硼酸盐、氰盐、氯盐、氟盐以及苛性盐。盐浴可按作业温度或用途分类，按盐的工作温度可大致分为低温盐浴、中温盐浴和高温盐浴。

1）低温（150～620℃或 300～1150℉）双硝混合盐浴，用于回火和冷却（表 2-39）。此盐浴必须不被氰盐、有机物或水污染。

2）中温（650～1000℃或 1200～1830℉）中性盐浴，是氯化钾、氯化钠、氯化钡或氯化钙的双盐或三盐混合物（见表 2-39 中的 2 个典型案例）。此类盐的一个优点是使用新配制盐浴时，钢表面是清洁的，无表面增碳或脱碳。

3）高温（1000～1300℃或 1830～2370℉）盐浴，通常是含氯化钡、硼砂、氟化钠和硅酸盐的混合盐。这些盐浴会使钢脱碳，因为用后会产生氧化物。

根据盐的本身性质，盐浴就是一种简单的传热介质（如硝酸盐回火、氯化盐奥氏体化）或是一种高温化学热处理系统（氰化处理）。硝酸盐和亚硝酸盐的混合盐通常用于回火和淬火。碱金属、氯化盐和碳酸盐的混合盐通常用于铁和非铁金属的退火。含混合氯化盐的中性盐浴用于钢件的淬火。

表 2-39 低温和中温盐浴典型示例

	盐浴成分	温度	
		℃	℉
低温盐浴	硝酸钾和亚硝酸钠的等份二元混合盐	150 ~ 500	300 ~ 930
	硝酸钾和硝酸钠二元混合盐	260 ~ 620	500 ~ 1150
中温盐浴	NaCl(45%)/KCl(55%)	675 ~ 900	1245 ~ 1650
	NaCl(20%)/$BaCl_2$(80%)①	675 ~ 1060	1245 ~ 1940

① 如果用 100% $BaCl_2$，其使用范围很窄，仅用于 1025 ~ 1325℃（1875 ~ 2415℉）。

（2）熔融硝酸盐　含熔融碱金属硝酸盐或其与亚硝酸盐混合盐的盐浴经常用在 160 ~ 550℃（320 ~ 1020℉）的设定温度范围，例如碳素钢和合金钢的奥氏体等温淬火、马氏体分级淬火或正常回火以及系列铝合金的热处理。熔融硝酸盐的工作温度切不可超过 550℃（1020℉），因为稍超过此温度，硝酸盐会分解释放氧，且伴随极其剧烈的爆炸反应。

（3）熔融氰盐浴　熔融氰盐浴用于渗碳和表面淬火。决定淬硬层深度和成分的两个因素：盐浴组成和 800 ~ 950℃（1470 ~ 1740℉）的工作温度范围。关于浅层或深层工艺条件的举例见表 2-40。

（4）熔融氯盐浴　熔融氯盐浴用于各种回火过程或作为清除附着的氰盐或硝酸盐以及使工件保持高温的中性冲洗盐浴。其典型作业温度是 700 ~ 1100℃（1290 ~ 2010℉）。为使工件实现均匀、快速加热，免受气氛氧化和封装的作用，不论在处理过程中或处理后，盐浴都具有超过其他工艺的独特特点。

表 2-40 浅层和深层液体渗碳举例

组分	盐浴成分（%）	
	浅层，低温（845 ~ 900℃或 1550 ~ 1650℉）	深层，低温（900 ~ 955℃ 1650 ~ 1750℉）
氰化钠	10 ~ 23	6 ~ 16
氯化钡	—	30 ~ 55①
其他碱土金属盐②	0 ~ 10	0 ~ 10
氯化钾	0 ~ 25	0 ~ 20
氯化钠	20 ~ 40	0 ~ 20
碳酸钠	30 最高	30 最高
除了碱土金属组分以外的催渗剂③	0 ~ 5	0 ~ 2
氰化钠	1.0 最高	0.5 最高
熔盐密度	900℃，1760kg/m^3（1650℉，110lb/ft^3）	925℃，2000kg/m^3（1700℉，125lb/ft^3）

① 采用不含氯化钡的深层专利盐浴。

② 曾用过氯化钙和氯化锶。氯化钙效果较好，但其吸湿性使其应用受限。

③ 这些催渗剂有二氧化锰、氧化硼、氟化钠和焦磷酸钠。

2.8.3 盐浴热处理

用于加热、淬火、分级淬火（奥氏体等温淬火和马氏体分级淬火）、表面淬火和回火的多种热处理盐浴见表 2-41。本小节对这些方法仅做简单介绍，本书其他部分有更详细的论述。

表 2-41 特殊热处理工艺或用途使用的盐浴

工艺或用途	盐浴类型				
	氰盐	氯盐 - 硝酸盐	氯盐	硝酸盐 - 亚硝酸盐	硝酸盐
氰化	×	—	—	—	—
液体渗碳	×	—	—	—	—
液体渗氮	×	—	—	—	—
奥氏体等温淬火	—	—	—	×	—
马氏体分级淬火	—	—	—	×	—
回火	—	—	—	×	×
工具钢热处理	×	×	×	×	×
不锈钢热处理	—	—	×	—	×
铝和铝合金热处理	—	—	—	—	×
铜和铜合金热处理	—	×	×	—	×

1. 盐浴淬火

盐浴的宽广作业温度范围和其他特性使其成为低畸变淬火的理想介质。优异的热稳定性和对污染的宽容性使其几乎成为不需维护的淬火系统。此外，盐浴可在数年内保持满意的性能，只不过要添加新盐，换去废盐。盐主要受限于其氧化本性，若有可燃物和不可燃物落入会发生剧烈反应。

淬火盐主要有两个类别：硝酸基盐和氯基盐。硝酸基盐在用于钢铁件的淬火熔盐中占最大份额，氯基盐用于工具钢淬火。选择淬火盐主要受制于奥氏体化温度、奥氏体化介质和淬火温度。硝酸基淬火盐的工作温度范围是 150 ~ 595℃（300 ~ 1100℉），而氯基盐的工作范围是 425 ~ 705℃（800 ~ 1300℉）。不推荐用氢氧化物和碳酸盐施行淬火和奥氏体化，因为这些材料对表面化学反应有负面影响。

盐浴淬火最独特的优点是典型硝酸基盐有宽的工作温度范围，如 150 ~ 595℃（300 ~ 1100℉）。这是任何其他淬火介质都不可比拟的。其淬火机理也有很大区别。大多数液态淬火剂都是通过蒸气膜、沸腾和对流三个阶段来吸取热量的。盐浴淬火则没有蒸气膜阶段，从而可以避免气相的阻碍。绝大多数热的吸取靠对流。例如硝酸基盐浴的典型冷却曲线和冷却速度曲线如图 2-180 所示。此冷却曲线能清晰表示不出现蒸气膜期和冷却速度随温度的均匀变化。这和油、聚合物和盐水淬火剂形成鲜明反差，结果是畸变显著减少，所达到的硬度也很均匀和稳定。

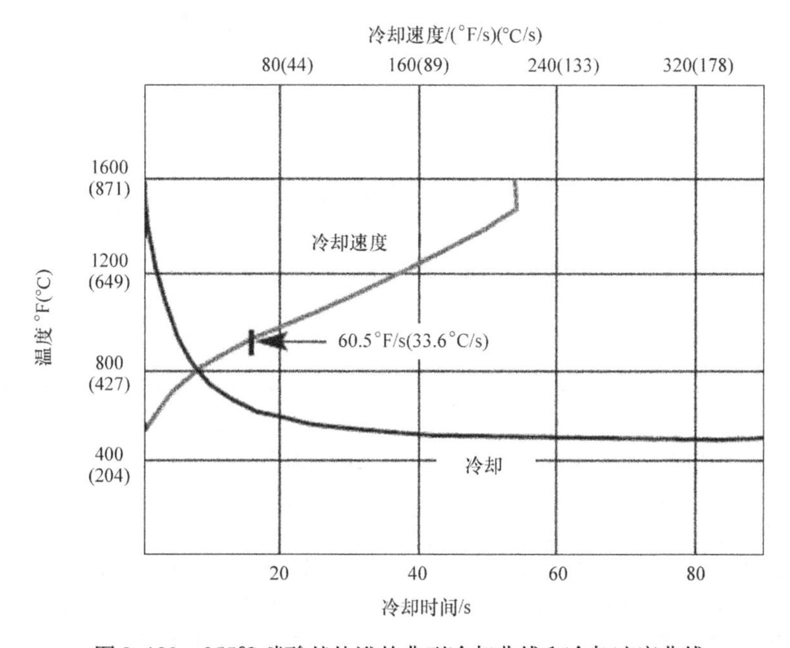

图 2-180　255℃硝酸基盐浴的典型冷却曲线和冷却速度曲线

注：无搅动，不加水，从 650℃（1200℉）冷却到 260℃（500℉）的平均冷却速度为 33.6℃/s（60.5℉/s）。

盐浴虽可用于 150 ~ 600℃（300 ~ 1100℉）温度范围的淬火，可是无机硝酸盐和亚硝酸盐混合盐掺入 10% 以下的水可把淬火温度降到 80℃（175℉），从而在 90% 盐和 10% 水的混合液中在 80℃ 就能使低淬透性钢获得介于油和水之间的淬火效果。盐浴淬火的主要可变参数是温度、搅拌、含水量以及预冷时间。

由于宽泛的工作温度范围、高热导率和蓄热能力以及淬火时的蒸气膜期最短，盐浴是最合适的分级淬火冷却介质。分级淬火使金属从奥氏体化温度快冷到马氏体开始转变温度 *Ms* 以上的温度，保持一定时间，然后在空气中冷却。这样有助于减少因不平稳或欠均匀淬冷、热应力和相变应力引起的畸变。

钢在分级淬火温度保持时间的长短以及冷却速度会依钢种和零件厚度而改变。有 3 种类型的分级淬火工艺：奥氏体等温淬火、马氏体分级淬火和等温淬火。对大多数碳素钢和合金钢，分级淬火温度通常为 175 ~ 370℃（350 ~ 700℉）。此时，氯基盐是最好选择。高合金钢和工具钢用氯基盐的分级淬火温度范围为 480 ~ 705℃（900 ~ 1300℉）。

奥氏体钢在搅动盐浴中的马氏体分级淬火是在 *Ms* 附近保温，工件温度在马氏体转变温度范围内且未冷却前，在马氏体转变温度附近保持，以使整个工件实现等温。这和在普通水或油中淬火相比，可使畸变、开裂和残余应力降到最低水平。在此温度达到平衡，但尚未发生相变时，从盐浴中取出工件，空冷至室温。

奥氏体等温淬火类似于马氏体分级淬火，除工件要在马氏体转变温度以上和珠光体转变温度以下保持足够长的时间，以使奥氏体等温的球墨铸铁获得贝氏体或奥氏体 - 铁素体组织。这样生产出的零件具有较高的塑性、韧性和强度，并伴有极小畸变，其硬度通常比马氏体分级淬火件低。

马氏体分级淬火和奥氏体等温淬火都可用油，但最好用熔盐，因熔盐具有良好的热传导性。表2-42所列为淬火盐和马氏体等温淬火油主要成分和性能的比较。熔点最低的淬火盐是硝酸钾和亚硝酸钠混合盐。高熔点盐含硝酸钠，硝酸钠是三种原材料中最便宜的。熔盐最低熔点约为135℃（275℉），是足以在177℃（350℉）以上温度范围使用的液态介质。添加水的淬火盐可使其应用降到马氏体分级淬火温度范围。

表2-42 淬火盐和马氏体等温淬火油的比较

特性		盐	油
成分		KNO_3，$NaNO_3$，$NaNO_2$	碳氢化合物
工作温度范围/℃		150～400	130～220
相对密度（200℃）		1.92	0.82
黏度/Pa·s	200℃	7.5×10^{-3}	2.9×10^{-3}
	315℃	2.9×10^{-3}	—
热稳定性		<540℃	<230℃

由于盐直到约540℃（1000℉）可保持其固有的热稳定性，因此可使其用于由马氏体等温淬火直到奥氏体等温淬火温度范围。马氏体等温淬火油是马氏体等温淬火范围最低部，直到其约220℃（430℉）热稳定限用的液态介质。使用此淬火油时要特别注意其在高温范围的氧化和热裂解。淬火盐的液态密度是马氏体等温淬火油的两倍以上，两者在其工作温度范围内的黏度都不高。

2. 表面淬火

盐浴可以多种方式用于钢的表面淬火。一种是气氛炉渗碳后的盐浴淬火，也可用于钢的表面渗碳和渗氮。另外，包含渗碳、奥氏体等温淬火和盐浴氮碳共渗的内容在本书随后会有论述。

以前，氰盐渗碳是一种常见的重要工艺，但随后从硝酸盐淬火的安全角度和氰盐的无害化处理考虑，大大减少了其应用。钢渗碳后在盐浴中进行马氏体等温淬火或奥氏体等温淬火可获得表面高硬度和心部高塑性，但现在大多数此类工艺都在气氛-盐浴设备中进行。

（1）渗碳-奥氏体等温淬火　表面渗碳随后奥氏体等温淬火最早在20世纪60年代就投入工业应用，此工艺曾被称作贝氏体渗碳、奥氏体渗碳等，现常被称为渗碳-奥氏体等温淬火（Carbo-Austempering，也是美国Applied Process公司的注册商标）。渗碳-奥氏体等温淬火工艺是先使钢表面渗碳，随后在*Ms*点以上的温度淬火。此工艺用于低碳钢时，表层形成贝氏体，心部为低碳马氏体。同样的工艺用于中碳钢，会使整个工件形成贝氏体。在这两种情况下，表面都会产生压应力。即使表面高硬度、高碳，贝氏体表层也能保持塑性。

渗碳-奥氏体等温淬火在性能方面有许多优越性，其中包括：

1）在高负荷、低循环使用条件下，显著提高疲劳强度。

2）抗拉强度高。

3）伸长率高。

4）显著改善冲击性能。

5）耐磨性高。

6）少畸变。

7）不开裂。

渗碳-奥氏体等温淬火工件，因相变远迟于心部材料，其表层产生高的压应力。渗碳-奥氏体等温淬火件的表层硬度依材料和工艺的综合差别，范围为40～60HRC。此工艺在工件从奥氏体化向等温淬火转移过程中表面需要保护。盐浴向盐浴和多用气氛炉向盐浴的转移方式都适用于渗碳-奥氏体等温淬火。从奥氏体化进入淬火浴的不保护转移是不可行的，因为表层会局部脱碳，严重影响贝氏体反应的动力学，而且在极端情况下，还会在表层形成马氏体薄层。

（2）盐浴（液体）氮碳共渗　自工业应用的近70年来，该工艺有技术上和工业上的多种名称。最早用的名称是液体渗氮和盐浴渗氮。现在（2013年）虽然还在使用这些术语，但通用术语“铁素体氮碳共渗”被认为是技术上的正统分类，此名称也包含气体法和等离子法。在商业上，其商用名有Tufftride、MeloniTe、Sursulf和Arcor（Durferrit Asea Private Ltd.），再次体现了液体铁素体氮碳共渗在世界上的多种多样。

盐浴（液体）氮碳共渗最初使用碱金属氰盐、氰酸盐和碳酸盐混合物，最后于20世纪70年代开发出无氰配方（Melonite，Sursulf），今天（2013年）从环保角度在世界各国已普遍采用。氰盐和非氰（氰酸盐）典型盐可向黑色金属表面提供氮和碳，以获得理想结果。

盐浴氮碳共渗依靠氮和少许碳向铁基材料表层扩散，其典型温度在540～580℃（1000～1080℉）之间（靠改变盐浴化学成分，也可在此温度范围外作业，以适应预硬化材料和/或提高生产率。需调整时间或产生附加组织）。随后氮和铁在材料中结合形成Fe_xN新物质，被称为白亮层。此化合物层厚为0.008～0.025mm（0.0003～0.0010in），依时间、温度和材料而有变化；依材料化学成分，其硬度为600～1000HV或更高。此白亮层的摩擦系数相当小，该性质和高硬度促成氮碳共渗层的高耐磨性和优异的摩擦学特性。

盐浴氮碳共渗或任意氮碳共渗方法的第二效应是形成更深的扩散层。这是紧贴化合物层下且氮含量较低的区域。扩散层中的含氮量不足以形成实际氮化物，除了时效，由于氮溶入基体材料的原子构造，表层形成压应力，有利于提高零件强度。此区域深度按基体材料化学成分可能在0.05～1.0mm（0.002～0.040in）之间。

氮碳共渗盐浴的主要特点是在化合物层中形成ε相，其中铁和氮的比率符合Fe_3N，后者对提高耐磨性和耐蚀性极为有利。

最经常用的还有盐浴氮碳共渗结合氧化工序的复合处理，工件在盐浴氮碳共渗之后立即投入第二盐浴。此时，把氧供给化合物层上面或里面，发生氧化反应，形成磁性Fe_3O_4，从而进一步提高大多数铁基材料的耐蚀性。

2.8.4 盐浴设备

钢的盐浴热处理是在有陶瓷炉衬的炉子中进行的。盐浴炉由盛熔盐的槽构成，靠电流通过盐的直接电阻法，或用矿物燃料或以电阻法间接加热，盐槽置于类似炉子的外套中。

盐浴是极高效的热处理方法。电热直接进入被加热零件，在加盖式盐浴中电热利用率可达93%～97%，而在气氛炉中只有60%的热能用于加热，其余40%作为炉子废热排放。

各种炉子结构和辅助设备都要满足特定热处理工艺，如奥氏体等温淬火和马氏体分级淬火要求。如淬火盐浴设备有两种通用类型。第一种是使用气氛的奥氏体化（渗碳或中性淬火）随后盐浴淬火。第二种是采用奥氏体化盐浴，然后迅速转移到淬火盐浴。

使用中性氯盐的奥氏体化盐浴有多种结构。大多数近代盐浴炉用内热式电极加热，热效率很高。经常使用的还有类似结构的预热盐浴。淬火盐浴可用燃气辐射管加热，也可用电阻加热器。可考虑使用适当的搅拌器、温度控制器，在一些情况下还需要添加水。在大型自动化设备中，预热盐浴、奥氏体化盐浴以及淬火盐浴都是分别独立作业的，但都由计算机控制顺序，并与先进的快速转移机构一致，也需配备适当的空气冷却、回火和清洗设备。

气氛炉用的盐浴淬火设备也是多种多样的，既有间歇式的，也有连续式的。各种气氛炉大都用普通淬火油或水基淬火剂，也可用盐浴淬火。用连续式炉时要在结构上做一些改变，以保证把气氛和盐浴隔离。一些老旧气氛炉和盐浴淬火炉的这种隔离一旦被破坏，就会发生剧烈反应。这种可能发生的故障源自气氛中的炭黑，后者会使硝酸盐迅速氧化。所有现代设备结构都可以避免发生此类问题。间歇式炉和半连续式气氛炉多采用盐浴淬火，这些设备适合于不同类型和尺寸的大型零件。

渗碳钢有时在盐浴中进行马氏体分级淬火或奥氏体等温淬火，以获得表面高硬度和心部较高的塑性，现代大多数此类工艺都在气氛-盐浴系统设备中进行。采用氰盐浴渗碳曾经是一种很重要的工艺，但从淬火硝酸盐浴的安全和清理氰盐的难题极大地限制了其应用。

采用自动化升降机使奥氏体等温淬火、马氏体分级淬火、回火或渗碳连成一条生产线成为可能。一个或数个前后移动的升降机可自动驱使工件、夹具、料盘通过各个预定工作位置。升降机的运动是靠多功能固态程控器控制的，需要安装数百个继电器、计算器、开关和长导线，一旦被程序化，控制器就会完成预设指令和所有功能。时间周期、序列、打孔和空白指令很易被输入或更换，以满足冶金技术要求。例如，零件能进入渗碳、空冷、清洗、喷淋工序，并返回到原来的空炉位置。随后用按钮指令返回标准工艺程序。适合用自动或半自动设备的零件可用钢丝捆绑、支架或装入料筐方式，不会出现漂浮或排泄问题。

650℃（1200℉）以上作业的盐浴炉会冒出烟雾。含50% NaCl-50% KCl混合盐的开式炉在870℃（1600℉）于海平面高度作业时冒烟的速率是0.2kg/($m^2 \cdot h$)[0.04lb/($ft^2 \cdot h$)]。氯化钠和氯化钾都是可食用盐，当然大量食用也会受到伤害，最好的办法是在原产地采购。

图2-181所示为两种盐浴炉的通风方式。在380mm（15in）处设捕获罩（图2-181a），要求以200m^3/min（7120ft^3/min）的速率处理空气和烟雾，而在3050mm（120in）处的伞罩要求处理超过900m^3/min（32000ft^3/min）的烟雾和空气。当从盐浴中升起料筐和工件时，烟雾会大大增加，大约与暴露在空气中的料筐和工件的表面积成比例（还要加上盐浴表面的烟雾）。要记住，从盐浴发出的烟雾是热的，且具有比标准状态（温度和压力）下的烟雾更多的能量。另外，要对风机类型和数量进行计算。

注：在图2-181中，捕捉罩要求的排风速率是200m^3/min（7120ft^3/min），而伞罩要求的排风速率则为905m^3/min（32000ft^3/min）。

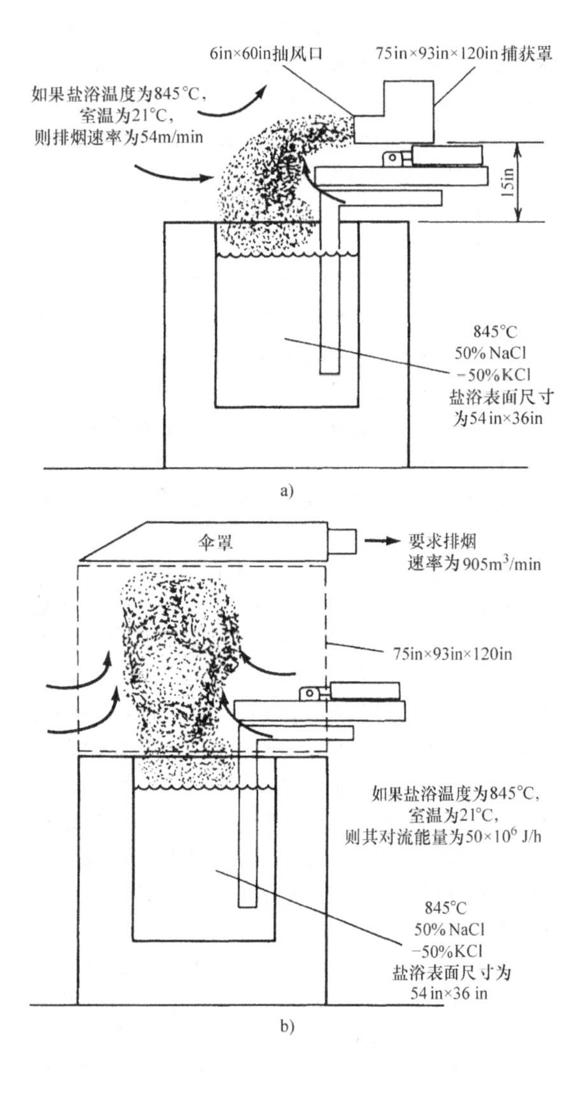

图 2-181　用捕捉罩和伞罩的盐浴炉排风

2.8.5　外热式盐浴炉

外热式盐浴炉可以靠燃气或燃油加热，也可用电阻元件加热。图 2-182 所示为用于液体渗碳的外热式盐浴炉。盐浴槽用整体压制的低碳钢或 Fe-Cr-Ni 合金制成，最近多用 35Ni-15Cr 成分的合金，更便宜的是用上述任意材料的焊接盐浴槽。

通常用法兰支撑盐浴槽，因其大小受法兰材料强度限制，圆形燃气炉和燃油炉直径一般为 250～900mm（10～35in），深度为 200～750mm（8～30in），壁厚约为 10mm（0.4in）。为了特殊用途可建造大型盐罐，并已成功运行。直径大于 350mm（14in）和深度为 450mm（18in）的盐罐在电加热炉中很少采用。从物理学角度，大型盐罐虽然可以在底部用耐火材料的脚墩支撑，但会形成过大的温度梯度。

（1）燃气或燃油加热盐浴炉（图 2-182a）　该种炉价格通常比电极炉或电阻炉便宜，且安装和操作简便。如前所述，燃气和燃油盐浴炉的盐罐也比电阻盐浴炉大。燃烧炉的盐罐可用任何钢材和合金制成圆形或矩形。炉子有两个或多个自冷式燃烧器，其火焰在盐罐外壁和炉衬内壁间按法线方向喷射，热气体通过接近顶部气氛燃烧器的烟道或最靠近底部压力型气氛燃烧器。为此，烟道和 1～2m（3.3～6.6ft）高的烟囱连接。烟囱的高度和位置要根据维持燃烧室负压来决定。燃烧室砌有耐火砖和补充绝热炉衬，炉室各壁面都包有钢板外壳，一旦盐罐损坏可保证安全。

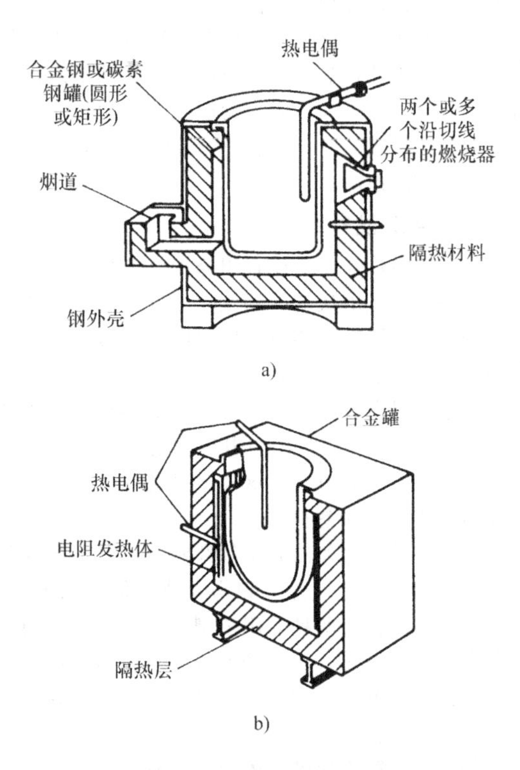

图 2-182　用于液体渗碳的外热式盐浴炉
a）燃气或燃油加热　b）电阻加热

（2）电阻加热炉（图 2-182b）　电阻加热炉用于中性加热盐浴，比燃气或燃油炉应用少。围绕盐罐有一系列电阻发热体，因此，盐罐的损坏可能导致电加热元件的整体断裂。在 900℃（1650℉）以下的工作温度使用可减少盐罐的损坏情况。

（3）炉罐的服役寿命　在结构良好的炉子中，根据最高工作温度，圆形炉罐的大致寿命列于下表：

温度		服役寿命/月
℃	℉	
840	1550	9~12
870	1600	6~9
900	1650	3~6
920	1690	1~3

为防止炉温超过 1095℃（2000℉），在燃烧室放置一支辅助控温热电偶，这台炉子的高温合金炉罐的服役寿命可达 2 年，而在过去只有 6 个月。在每周 120h（24h/天，5 天/周）的工作期间炉罐温度一直维持在 900℃（1650℉）。

（4）盐浴温度　使用热电偶和适合的高温计测量盐浴温度。在 790~920℃（1455~1690℉）范围工作时，外热式燃烧炉采用开-关或高-低式控制系统时，炉温会在设定温度上下波动 10℃（18℉），这在许多应用中是能被接受的。如果需精确控制，可采用比例调节系统，使温度波动小于 ±5℃（±9℉）。

（5）结构和作业因素　在盐浴炉结构中，要有足够的燃烧空间，以使火焰不冲击盐罐。如果不能避免火焰冲击，必须每周至少稍微转动一次盐罐。转动盐罐和采用外套可减少由火焰冲击引起的局部损坏，从而延长其寿命。燃烧室气氛也对盐槽使用寿命有重大影响。从“大火”到“小火”的控制范围系统优于“开-关”式系统，因为后者在周期的“关”段允许空气进入燃烧室，从而可提高盐罐外表面的封闭程度。

电阻加热炉应配备第二个高温控制仪，其热电偶置于加热室中，如此可防止电热元件过热，特别是当控制主盐浴的热电偶被未融化的盐隔绝时会发生盐罐的熔毁。如果加热元件和耐火砖被大量盐侵入，必须把所有盐从燃烧室倒出。为此，可用一种高温耐火纤维绳索填充到炉子上部支撑圈的法兰座上。

外热式盐槽要按加热方式在“小火”（低的热输入）条件下起动。一旦盐浴上部的盐出现熔化，便可逐步提高到“大火”，直至盐全部熔化，盐罐侧壁或底部在起动盐浴时，可能产生足以使盐从槽中激烈溢出的压力。为安全起见，盐槽在损坏时，应及时加盖或放置一块浮搁的钢板。

废气产生的废热可以导入邻近的腔室用来预热工件。废气是能被作业人员用肉眼看到的，在排气口出现蓝白色或白色烟雾表示盐已进入燃烧室，要求立即采取措施。

（6）优缺点　由于外热式盐浴炉容易重新起动，适合于断续工作。此类炉子的另一优点是单台炉子可简单更换炉罐和改变盐成分，以适应其用途。

外热式盐浴炉拥有多个限制其应用的特性，诸如温度控制的严密性和均匀性差。由于炉子靠对流传热，会形成盐浴的温度梯度，还有热电偶的温度滞后和炉子需要时间恢复，导致按设定温度的超调或失调达 15℃（25℉）。为进一步满足排烟系统要求，外热式盐浴炉重新起动时，其底部和侧壁会过热，引起盐浴热膨胀压力，并发生喷发。总之，外热式盐浴炉很少用于连续式大规模生产。除了受到盐槽尺寸和作业温度限制之外，高的维护费用也是一个问题。

2.8.6 插入式电极炉

和外热式盐浴炉相比，带插入式电极（沿各侧面）的陶瓷内衬盐浴炉具有更广泛的应用范围和功能。其中，最重要的技术进步是：

1）换电极时无需备用炉子。

2）插入电极可使炉子输入更大的电功率，从而提高产量。

3）盐浴凝固时用插入式电极容易起动，用一个简单的焊炬就可以熔化电极间液态通径，从而在穿过电极间可通电流，最后使盐浴达到操作温度。

插入式电极炉的能源利用率不及埋入式电极炉。插入盐浴的电极会因增加的表面积产生附加热损失。如图 2-183 所示，埋入式电极盐浴炉的表面积（A）比插入式电极炉表面积（$A+B$）小。当然，在盐浴和电极上设置浇注良好的陶瓷和纤维隔热盖可减少 60% 的表面辐射损失。

插入式电极炉用超高温耐火黏土砖堆砌，用大约 150mm（5in）厚的可浇注和隔热的砖堆砌，然后沿 5 个壁面围砌耐火黏土砖。图 2-183 所示为具有交错瓦片和可拆卸电极的插入式电极炉示意图。可拆卸电极从炉子上部插入，并在电极前方放一块防热板，以防其暴露于空气和空气-盐浴界面。这种保护可延长电极寿命。图 2-184 为几种结构的电极和耐火炉衬的服务寿命比较。

所有上部（或所有壁面）的电极通常都设置分层的水冷支架。此种炉在 840℃（1550℉）时所有上部工作电极的预期寿命大约为 6 个月到 2 年，而埋入式电极则为 4~8 年。

依靠通过插入电极的交流电加热盐。依靠电流通过盐浴的电阻使盐浴在内部产生热量。此热量依赖电极的向下搅拌作用迅速扩散。电极上附设的接头和变压器连接，后者把电厂的线电压降到 4~30V 的通过电极的二次电压。利用包含热电偶、高温计、继电器和磁接触器在内的系统可实现温度的测量和自动控制。

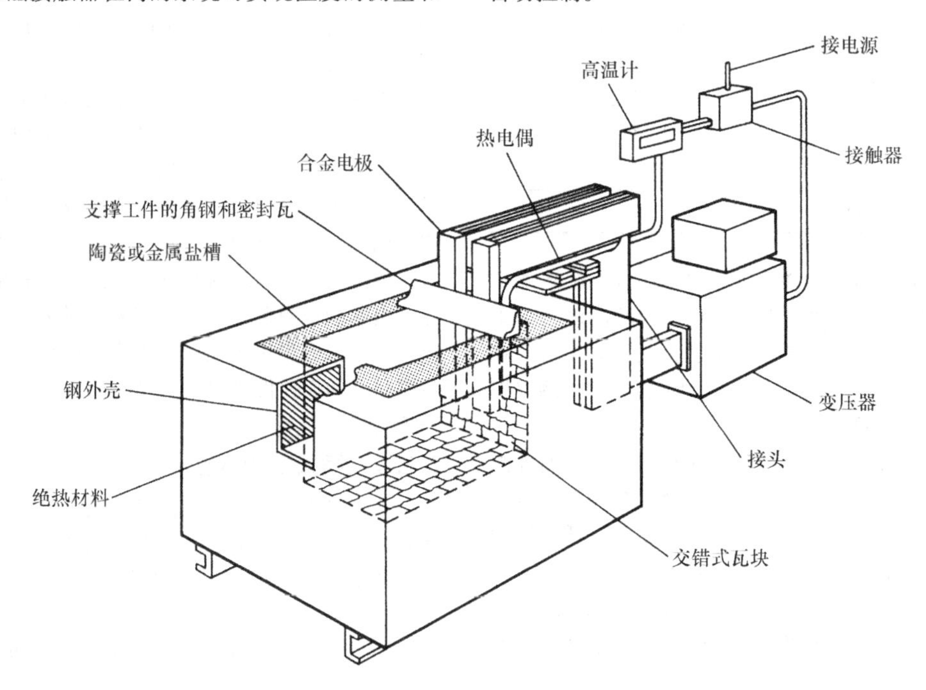

图2-183　内热式盐浴炉及其插入电极和陶瓷内衬

一台插入式电极炉需要的能耗是以下因素的函数：

1）能充分容纳炉料和电极的炉子尺寸。

2）能使炉料加热到预定温度的热能 Q_w（Q_w 是炉料质量、比热容和浴温的函数）。

3）能量损失和安全因素。

一旦决定所需能源，接着就可以确定电极数量、尺寸和跨距。

用微型计算机计算出电极单位长度发热量，以保证电极从上到下的电流均匀性，还要考虑到电极间电流行程的复杂性、电磁力和受盐黏度影响的环流。

电极跨距一般为25～100mm（1～4in），电极高度应小于盐浴深度，其差值根据电极跨距确定。电极宽度通常为50～75mm（2～3in），极少超过125mm（5in）。变压器输出电压通常为4～30V，其最高与最低电压比大约为4.5。

（1）钢锅炉　一些在盐浴完成的热处理工艺，其用盐不能放在陶瓷内衬中。为此，炉子制造商采用焊接钢锅和插入式电极。这种炉子适用于特定用途，如氰盐浴渗碳淬火、回火和马氏体分级淬火。

钢锅经常具有反向倾斜壁，会形成底部加热效应，并导致良好的循环和温度的均匀性。这可以用图2-185和图2-186所示的倾斜式电极来实现。如果在电极间的盐中通过电流，盐就被加热，使其密度降低和盐浴表面升高，用减少电极和钢锅间距离的方式可获得盐升高速度的有效控制。在电极最低极限处，进入钢锅的电流从一个电极沿最短路径通向另一电极。这种安排能保证电流沿整个电极长度贯穿盐浴。由于电极下部最接近钢锅，大部分加热发生在盐浴底部，这就是加热任何液体所期望的方法。

金属盐锅可用一般钢，也可根据用途用热浸铝钢板制造，其厚度为12～38mm（0.5～1.5in）。通常用于顶部焊有三角形加强筋的薄板制成。若对盐浴深度有加大要求，在截面中段也可附加筋条。

钢锅装在230mm（9in）厚保温层的炉子中，外层按各人所好，既可以是包在刚性钢结构中的砖，也可以用包钢的架子，不论哪种结构，框架都能独自撑立在焊接槽钢或下部钢基础板的槽梁上，而盐锅固定在耐火绝热基座上。

（2）电极布置　插入式电极是由低碳钢或合金钢“热”腿焊在碳素钢“冷”腿上。正如前面提到的，其形状接近于钢锅壁的斜度。位于盐槽上面的那部分电极接在电源上，称为冷腿。冷腿被焊接在热腿上，也就是浸入盐浴里的那部分电极上，这部分电极具有足够的焊接截面，以保证必需的导电能力。如果需要，可在镀锡终端接头处钻孔和拧入接管以便于水冷。如果不需要，电线还需要水冷。使用适当的夹紧装置，以便于更换电极。

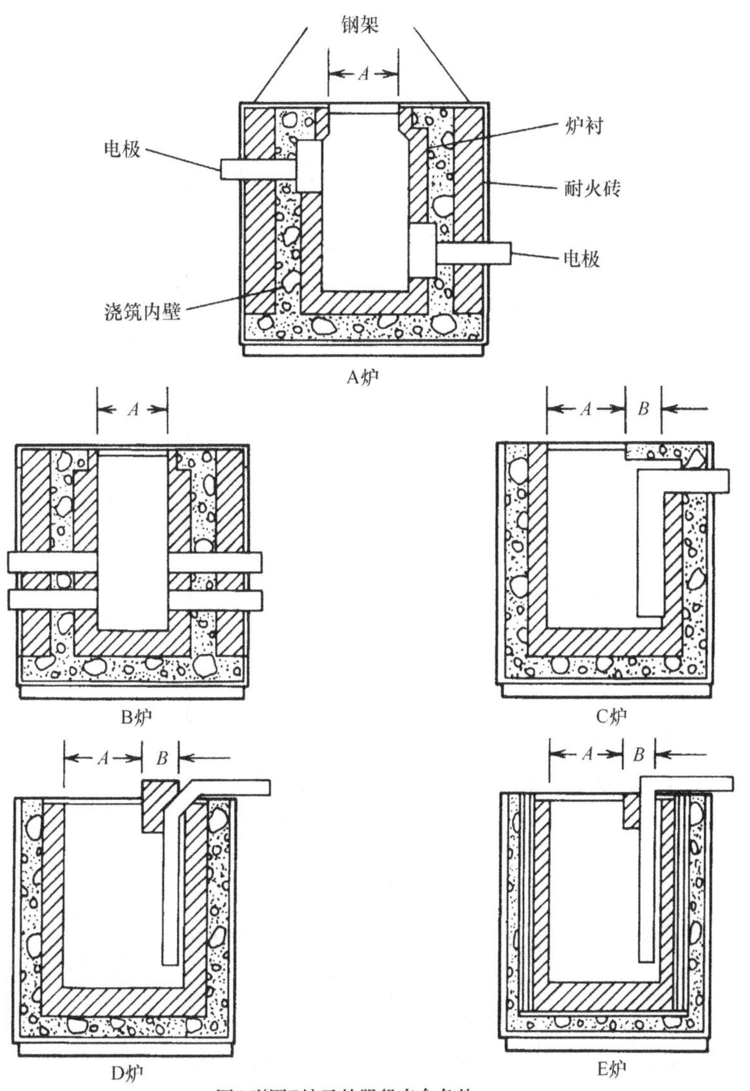

图A到图E炉子的服役寿命条件

工作温度		服役寿命/年	
℃	℉	电极	耐火炉衬
A炉(埋入式电极)			
535～735	1000～1350	15～25	15～25
735～955	1350～1750	6～12	6～12
955～1175	1750～2150	5～7	5～7
1010～1285	1850～2350	2～4	2～4
B炉(埋入式电极)			
535～735	1000～1350	10～20	10～20
735～955	1350～1750	4～8	4～8
955～1175	1750～2150	3～4	3～4
1010～1285	1850～2350	1～3	1～3
C炉(插入式电极)			
535～735	1000～1350	2～4①	4～5
735～955	1350～1750	1～2①	2～3
955～1175	1750～2150	½～1①	1～2
1010～1285	1850～2350	¼～½①	1½
D炉(插入式电极)			
535～735	1000～1350	2～4①	4～5
735～955	1350～1750	1～2①	2～3
955～1175	1750～2150	½～1①	1～2
1010～1285	1850～2350	¼～½①	1½
E炉(插入式电极)			
535～735	1000～1350	2～4①	4～5
735～955	1350～1750	1～2①	2～3
955～1175	1750～2150	½～1①	1～2
1010～1285	1850～2350	¼～½①	1½

①仅为热腿。

图 2-184　电极和耐火炉衬的服役寿命

注：服役寿命是按照已完成氯化盐的适当调整，以及设备的常规维护和装料来评估的。

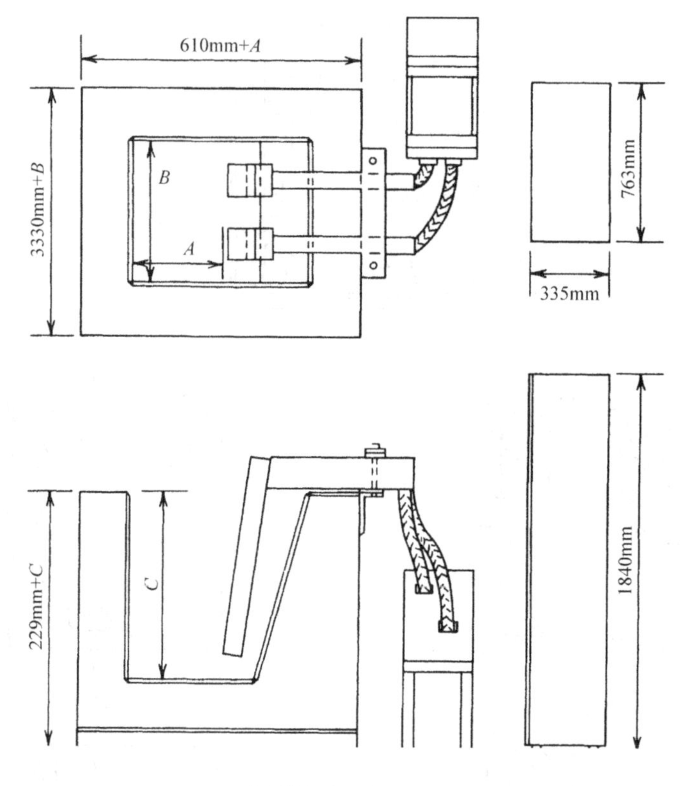

典型的标准尺寸

温度范围		工作区尺寸						输入功率/kW	加热能力	
		长(A)		宽(B)		高(C)				
℃	℉	mm	in	mm	in	mm	in		kg/h	lb/h
540～150	1000～300	457	18	457	18	610	24	25	45	100
540～150	1000～300	457	18	686	27	610	24	25	68	150
540～150	1000～300	610	24	914	36	762	30	50	159	350

图2-185　用于钢铁回火和等温退火的插入式电极金属罐盐浴炉（见表中的标准尺寸）

电极布置变化方式如下：

1）用金属或陶瓷罐的单相作业：按照盐浴尺寸可采用几种电极布置方式。如果只有2个电极，在正常情况下可将其安装在倾斜壁一侧至少相隔125mm（5in）。使用3个电极时，通常把中间电极和其他2个电极相距同样尺寸，用同一接触器以相同电流路径通过每个外电极。3个以上电极应安排成多个组合。

2）金属盐锅的三相作业：用和上述类似的装置方式对3个电极进行安装，把此3个电极接到二次侧为Y形接法，一次侧为△接法的3个单相变压器上。电流从电极流向作为中性点的金属罐。按炉型和载荷要求，三相接法有多种变化。所有附件，如起动器、除油泥工具和二次接头对任何插入式电极炉的钢锅和陶瓷罐式炉都是一样的。

（3）优缺点　插入式电极炉不要求用Fe－Cr－Ni合金盐锅。这些炉子要求的占地和维护面积小，而且都可使用中性盐浴。钢锅和合金钢电极的平均寿命在2.8.5节中有表述。损坏的电极可在炉子作业过程中更换。

依靠电极的定位，插入式电极炉很易控制到±3℃（±5℉）。在盐浴中形成的热很易避免过热。

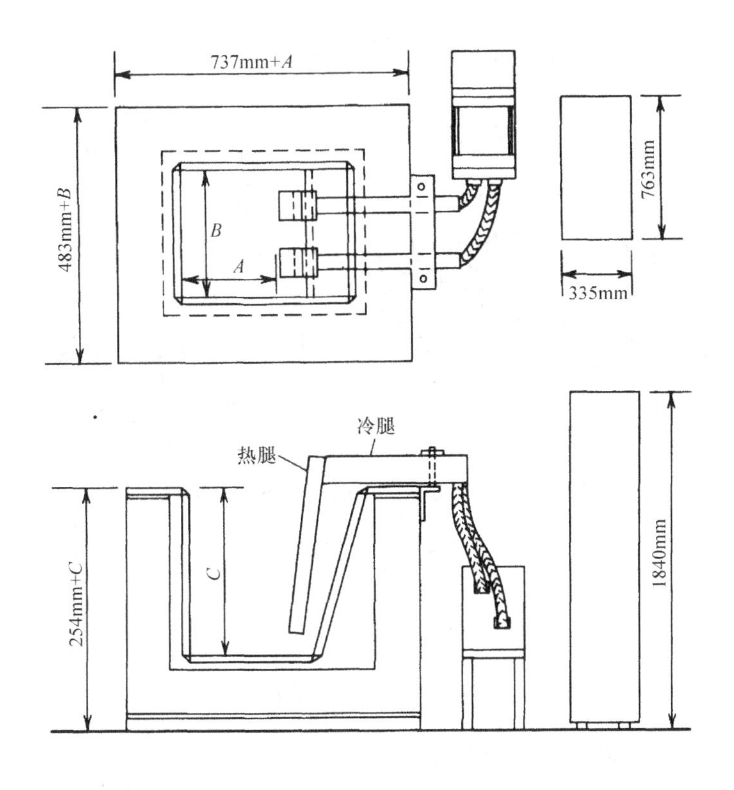

典型的标准尺寸

温度范围		工作区尺寸						输入功率/kW	加热能力	
		长(A)		宽(B)		高(C)				
℃	℉	mm	in	mm	in	mm	in		kg/h	lb/h
955～650	1750～1200	305	12	305	12	455	18	25	34	75
955～650	1750～1200	305	12	455	18	610	24	40	68	150
955～650	1750～1200	455	18	610	24	610	24	75	159	350

图 2-186 用于液体渗碳、碳氮共渗和碳酸盐盐浴的插入式电极金属罐盐浴炉（见表中的标准尺寸）

这些炉子适合于 815～1300℃（1500～2370℉）的大批量机械化生产。

插入式电极对陶瓷或陶瓷衬罐盐浴深度不受限制。对金属罐的限制深度大约为 0.4m（2ft），盐包可按要求变更长度和宽度，可采用多组成对电极以满足所需的加热能力。

不推荐把插入式电极炉用于断续作业。重新加热炉中的盐按炉子尺寸需要 1 整天或更长时间。盐罐是不可互换的，拆下盐罐时通常免不了更换周围的保温层。

2.8.7 埋入式电极炉

埋入式电极炉（图 2-187、图 2-184 中的 A 炉和 B 炉）的电极置于工作区下部，以实现底部加热。一些埋入式电极炉是为了特殊生产要求而设计的，且具有专利特色和技术经济上的优越性。埋入式电极炉的一般特性包括：

1）最小盐浴区内有最大的工作空间：电极不占盐浴表面，只和盐接触。因此，盐浴尺寸较小，电极寿命可提高数倍以上。因为电极为单向损耗，可避免在空气和盐浴交界处的过度侵蚀。

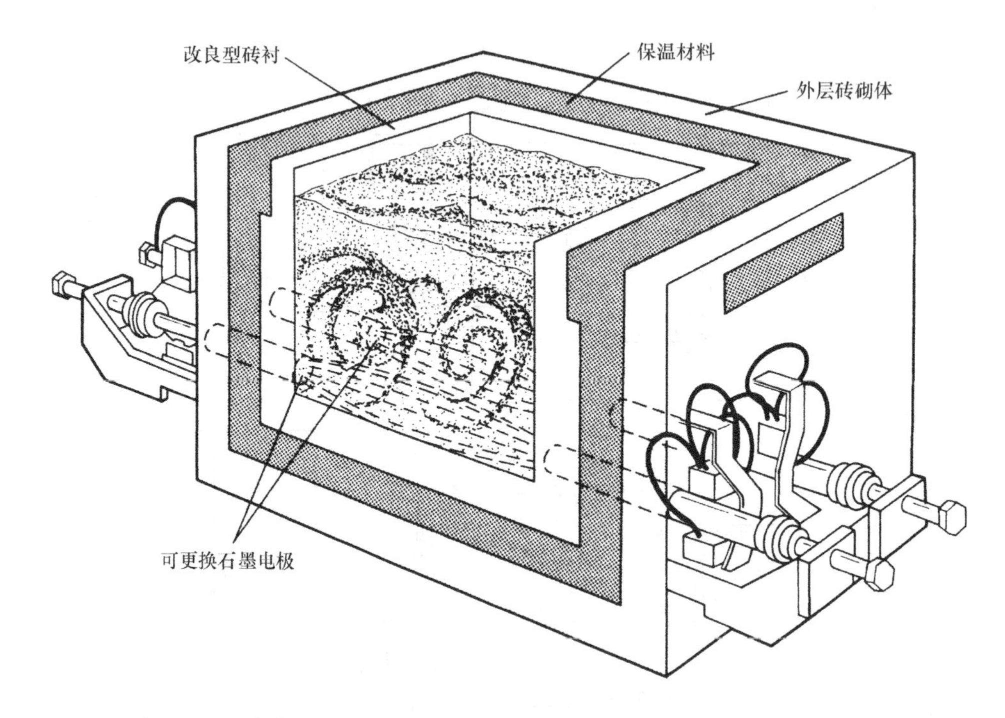

图2-187 内热型埋入式电极盐浴炉（拥有改良型砖衬可用于盐浴渗碳）

2）循环对流：通过自然对流和形成的熔体运动可使盐浴温度较均匀。

3）三层陶瓷壁结构：穿过炉壁的温度梯度使一些盐进入炉壁并固化。在其穿过浇注的耐火材料前于心部形成炉壁结构。设计时，要考虑到有初始盐的5%～8%要填充陶瓷盐包。为了比较，在一些设计中为填充被钢板支撑的双层陶瓷砖砌炉有140%～150%的初始盐负荷。盐会穿透任何炉子的陶瓷壁使其发生畸变。减少渗入陶瓷墙的盐量有助于保持炉子体积和延长炉子寿命。

4）电极的布置：电极封闭在清洁的无任何凸起障碍的矩形外罩中，对作业人员在清理过程中不会有任何潜在危险。作业人员很易清除炉子产生的任何残渣。

（1）桁架结构　典型的埋入式电极炉是用砖和陶瓷材料按尺寸制作的，重新安装在刚性的如图2-184所示的焊接钢桁架中。此桁架由支撑槽钢或焊在下部的厚钢板梁桁架基座构成。围绕基础钢板外部和顶部焊有长而厚的角铁。此件上开有槽，可把大型角铁支柱和基板角铁垂直边焊接在一起。如果需要，可在角铁件上下端之间焊上附加的垂直加强筋，还可用预应力水平筋，当炉子达到工作温度后，保证耐火材料不会移动。

（2）砖结构　埋入式电极炉通常用3种类型的耐火材料。图2-184中A炉就是其中的一个典型结构。

埋入式电极炉炉衬用230mm（9in）高的高温砖铺砌，此类砖含42% Al_2O_3 和52% SiO_2，采用标准尺寸60mm×115mm×230mm（2.5in×4.5in×9in），其形状各有不同，有直面砖、背平砖、剖半砖。砖块用优质空气自硬灰浆铺砌，可抵抗研磨、冲刷和氯化盐、氟化盐和硝盐-亚硝酸盐的化学侵蚀。灰浆具有足够高的耐磨性和耐蚀性，可经济实惠地用于某些氰盐浴。对于纯正氰盐或碳酸盐可采用焊接钢包和改良型砖炉衬（图2-187）。

盐浴炉外墙用与炉衬砖相同尺寸的二等质量耐火砖铺砌，这种砖的重要质量要求是材料强度和尺寸形状的一致性。

内层的可浇注墙用最高标号的耐火水泥和石块构成。在内衬和外墙间浇注成240mm（9.5in）厚的整体结构，这种尺寸足以提供使盐在炉墙内冻结的温度梯度，有了这一设计，渗入炉墙内的盐量小于总盐量的8%。炉子工作时的外壁最高温度达60℃（140℉）。

（3）电极结构　埋入式电极盐浴炉的电极按炉子的几何形状和要求功率在尺寸和形状上是多种多样的。所有电极都安装在接近盐浴底部，并嵌入炉壁，只有一面和盐接触。此种布置可使浴区避开障碍物，以便于清理和消除电极接触工件的可能性。

合金电极用在碳素钢基础上焊接1610mm²

($2.50in^2$)合金材料或直接在碳素钢槽上焊有125mm×125mm(5in×5in)的合金材料制成。成对的电极间距通常为65mm或190mm(2.5in或7.5in)。此间距是固定不可调的。因此，二次输出电压的测定对炉子在寿命期限内的顺利作业是十分重要的。

埋入式电极炉的典型电极和陶瓷构件如图2-184所示，合金电极可换成石墨电极，后者在完全耗尽时便可自动更新，而无须将其拆卸（图2-187），也无须断电。

(4) 起动和停炉　埋入式电极炉的起动靠从另一个炉舀入熔盐或采用燃气火炬或用电起动线圈使熔池中的盐熔化，这将使电极润湿，并熔化电极通道中的盐，在电极间的熔盐中建立起电流通道后就可不断补充盐直到其工作水准，因为有大约5%的少量盐渗入砌体而凝固。

如果要停炉，在凝固前应把熔盐自炉中舀出。当然，如果允许把盐保留在炉中，在盐浴尚处于熔化态时，把电阻加热的起动线圈埋于炉底，留在凝固盐中的线圈要将其和变压器连接，以便于炉子重新起动。

比较新颖的设计是贴近盐浴表面有一对电极结构，炉子冷却时，一对露出表面的电极就可以简化起动。

(5) 优缺点　与插入式电极炉一样，埋入式电极炉要求占地面积最小、最少的维护以及适宜于机械化。

由于埋入式电极炉用水冷却电极和变压器，容许有50%的过载，而不用担心变压器过热。插入式电极炉靠空气冷却，不容许在约10%的过载条件下工作。

因为使用陶瓷盐罐，埋入电极炉很少发生意想不到的损坏。在按计划每年停炉时可进行检修。和其他电气设备一样，埋入式电极炉也有一个缺点，即电费高，但可在一定程度上避免在用电高峰期作业，从而降低电费。

由于高碳酸钠或高氰酸钠水溶性盐对陶瓷罐的腐蚀作用，埋入式电极炉只能用于低氰、低碳酸盐盐浴。高氰或高碳酸盐浴要求用改良型砖，改良型砖砌炉和埋入式合金电极在无氰和氰盐浴的作业已有多年的应用。为提高炉子寿命，推荐用图2-187所示的炉子。此种炉子用改良型砖砌成，使用碱性渗碳盐浴。合金电极可用连续式石墨电极取代，当电极消耗需要更新时无须拆卸或断电。

2.8.8 等温淬火炉

等温淬火炉是一种带搅动、冷却和不用氯化盐的罐式炉，即使有10%的氯化盐也会使盐浴淬火冷速降低50%。等温淬火炉系统可设计成通过盐的分离和垂直的匀层流搅动可消除从奥氏体化盐浴带入淬火浴的氯化盐。最常见的降低盐浴浓度的三种途径分别为化学沉淀法、温度沉淀法和重力分离法。

(1) 化学沉淀法　用化学试剂尽量降低氯化盐的溶解度，使其在淬火盐浴中沉淀。当此种盐沉淀到淬火槽底部时，便可作为残渣将其清除。此方法几乎没有成功，因为形成的沉淀物为细小织构物呈漂浮状，从而倾向于保留在悬浮物中，而不沉淀析出。

(2) 温度沉淀法　带入盐的清除也可采用连续把盐泵入一个小型备用容器的方法，其温度维持到比主容器低的水平，当盐通过备用容器处理时，可连续不断地沉淀出氯化物。

虽然此方法已获实际应用，但却存在根本性错误。依靠在盐罐和沉淀容器空间的鼓风来使盐冷却。穿过此空间的鼓风使主容器和沉淀室保持一定温度，移动的空气把罐壁冷却到低于盐的沉淀温度，如此盐便凝固在侧壁上。盐可不断加入直到盐浴不能继续使用。因此，根据盐的浓度水准，盐浴只能工作数周后便停炉，以清除掉剩余的盐和铲除凝结的盐块。

(3) 重力分离法　此清除残留盐的设备也采用双室结构。在罐壁砌满厚重层和在内部设置空气－水槽换热器可避免结块问题。因为罐壁和盐都是同一温度，就不会形成结块。氯化盐沉降到沉积室底部的浅盘中以便于清除，如果其成为漂浮的细织构状，就能上浮到罐顶，很容易被撇除。

双室重力分离设备的主要优点如下：

1) 易于拆卸且可适当节流的变速螺旋桨式搅拌器可在淬火区形成垂直层流，如此就能保证最大的淬火速度和最小的畸变。

2) 带溢流堰分离氯化盐的沉积量可保持低的氯化盐水平，从而具有高的淬火速率。

3) 易拆卸的内部换热器可保持淬火介物温度和沉积氯化盐。

4) 易取出的沉积盘可保证清除氯化盐的最高效率。

5) 厚重的保温罐和沉积室可避免罐壁上的盐结块。

(4) 炉子的加热　通常，不论是用燃气或用电都可以进行等温淬火炉的加热。决定用燃气加热时，推荐使用浸入式加热管，因为这些管子一般用低碳钢制造，服役寿命长。

另外，如果发生盐罐泄漏，保温层和外壳能把盐兜住。如果外热式盐罐炉发生泄漏，硝酸盐－亚硝酸盐就会滴到热的耐火砖上并引起火灾。按照盐浴尺寸，可采用一个或数个浸入式加热管，通常这些加热管具有密封在燃烧器内的喷射混合器。后者可参阅 Factory Mutual 或 Factory Isurance Association 的说明书。

电加热可按最高工作温度采用下列方法之一：

1）装在靠近底部侧墙外的铠装电阻带加热器，最高工作温度为 425℃（800℉），这些加热器从保温的插入式门内很易取出。使用紧靠加热器的传感器可防止超调，该传感器直接在线电压下工作。

2）插入式铠装电阻加热器的最高工作温度为 425℃（800℉）。该加热器无需靠变压器作业，但由于泥渣淤积或操作人员失误和滥用易发生过早烧损。

3）插入式电极发热体与渗碳、回火用电极罐式炉用同样方式作业。

（5）炉子结构　炉罐用耐热优质钢板制成，内外双层焊接，并有适当支撑以保持其形状。钢板在正常奥氏体等温淬火和马氏体分级淬火温度下对标准碱金属－亚硝酸盐浴的化学侵蚀有足够的抵抗性。炉罐用 100～150mm（4～6in）厚的矿物保温层隔热，以防止被氯化物饱和的硝酸盐在侧壁或底部凝结。连续焊接的外钢壳包有保温层，钢壳上有加强筋，以保证在设定工作温度范围内原来的形状和尺寸不会改变。

2.8.9 应用

钢的马氏体分级淬火和奥氏体等温淬火盐浴的主要工业应用在本手册 4A 卷第 3 章中有更详细的论述。其他重要工业应用还包括球墨铸铁的奥氏体等温淬火、工具钢的淬火和高合金钢的等温退火。

（1）球墨铸铁的奥氏体等温淬火（ADI）　以球墨铸铁为对象的 ADI 工艺可做以下表述：

1）把工件加热到上临界点使其完全奥氏体化，此临界点温度是待处理铸铁化学成分的函数。

2）把工件在此温度保温到足以使奥氏体达到碳饱和的时间。此段所需时间是石墨球数量、截面尺寸、化学成分和奥氏体化温度的函数。

3）工件的冷却/淬火足以快到能避开形成珠光体或铁素体的适当温度，但要达到 *Ms* 点以上。过高的淬火温度会导致低强度、高塑性级别的 ADI，过低的淬火温度会形成高强度、低塑性级别的 ADI。

4）把工件在设定温度保持一定时间，使其形成主要包括针状铁素体和碳稳定奥氏体（也称作奥氏铁素体）。所需时间是奥氏体等温温度、铸铁化学成分和组织细化程度的函数。

此工艺方案之一是将某级别的 ADI 在奥氏体等温前加热到亚临界温度，所形成的组织是先共析铁素体和奥氏体。ADI 的另外方案还有：

1）碳化物型 ADI：在热处理前将碳化物以可控制级别溶入金属基体。

2）二段法 ADI：工件在一个温度下（*Ms* 以上）淬冷，然后在另一个温度下发生相转变。

3）有选择性的和局部 ADI：为表面硬化奥氏体等温淬火工艺，分别以火焰加热和感应加热为基础的工艺。

和钢的奥氏体等温淬火一样，工件在奥氏体化、转移和奥氏体等温淬火过程中要防止工件脱碳，以防止局部脱碳和由此导致的相变动力学中断。此外，ADI 零件通常为大截面，要求淬火设备具有良好的循环和搅拌。有些 ADI 加工设备使用加水的淬火介质，以提高其淬冷烈度。

各种级别的 ADI 在多种国际标准中有明确的定义。诸如 ISO 17804、ASTM A 897/A 897M、SAE 12477 和中国标准 GB/T 24733。

（2）高速工具钢的淬火　用盐浴进行高速工具钢淬火具有可控制畸变的好处。可控制、适应性较好外加工艺简便是其主要原因。此外，盐浴淬火能保证较好的质量均匀性和快速加热，被加热工件能避免出现氧化皮。

使用熔盐有较快的热传递，其奥氏体化温度可比马弗炉低 15℃（25℉），从而减小表面熔化的发生概率，避免不期望的晶粒长大。为获取最好的结果，高速钢淬火应分为四个步骤。其中一种规程可设定如下：

1）步骤 1：预热。为防止开裂和畸变，推荐在奥氏体化前施行预热。形状简单小件对热冲击的危害作用不如复杂形状零件敏感，故无须预热。

其他形状复杂零件应进行一次或多次预热步骤。一般在三元共晶氯化盐混合盐浴中进行预热。其熔点约为 541℃（1004℉），而工作温度范围为 600～1010℃（1100～1850℉）。为钢的预热或淬火配置的盐不会脱碳，只产生极少量残渣。通常，补充盐时靠机械装置足以控制盐的化学成分。空载期过后，自然要调整盐浴，除去残渣，并使盐保持中性。此类盐浴的加热速率很快，可使大多数工具在 10min 或更短的时间充分加热。延长加热时间对钢无害，也有助于达到热平衡，但仍无须延长奥氏体化周期。

2）步骤 2：奥氏体化。工具钢淬火最重要的工序是奥氏体化。高速工具钢的奥氏体化是在接近其熔点温度进行的。长时间加热或过高的温度会引起颗粒变大、畸变，降低强度和韧性。钢的加热不足会导致低硬度，降低耐磨性。淬火前必须达到热平衡，以避免危害工件。按每1min加热6mm（0.24in）的钢截面厚度是一种比较好的经验计算法。

奥氏体化盐浴一般含有无水氯化钡，其开始熔化温度约为960℃（1760℉），工作温度为980～1315℃（1800～2400℉）。1090℃（2000℉）以上温度的氯化钡对ϕ50mm（ϕ2in）、300～600mm（12～24in）长的碳棒保持中性，碳棒的化学反应会减少金属氧化物，后者随后会在碳棒上形成滴状沉积。碳棒浸入次数通常在5h的热处理作业中，将1h分割成15～20min的间隔。一次过长时间浸入会使金属伴有液流并逃离碳棒。用户必须注意不要让此现象发生，否则会污染盐浴。

对于在1040～1315℃（1900～2400℉）作业的中性盐浴，非常推荐使用氯代甲烷（甲基氯）。当盐浴温度在1040℃（1900℉）以下时，通入甲基氯。后者应在盐浴表面下通过，以避免其化学分解和逸出气体。分离后的甲基氯可提供氯化物离子，后者和有害的金属氧化物结合形成中性的金属氯化物。也可从多家盐供应商处获得自净化中性盐。建议用户在决定使用自净化中性盐前要充分了解其缺陷和对设备的有害作用。

3）步骤3：淬火。建议大多数冷镦工具在加水盐浴中淬火，而高速钢淬火盐浴则推荐用三元共晶氯化盐。空冷硬化钢推荐在540℃（1000℉）的三元共晶氯化盐中淬火。当钢的温度降到产生回火色的一点时及时取出工件，目的是随后空冷时不会迅速氧化，这也是上述用作预热介质的典型盐浴。

由于大多数高速钢在540～700℃（1000～1290℉）淬火，三元共晶氯化盐在此温度下有足够流动性而实现有效淬火，不会因含有高浓度吸水成分而严重腐蚀工件。低熔点盐含氯化钙，会在工件上残留直至冷到室温，并严重腐蚀工件表面。

主要根据钢的化学成分精确测定其淬火温度。在某些情况下，采用低淬火温度会使盐在工件表面凝固。这种情况是由于淬火盐被从高温盐浴带出的氯化钡污染，使淬火盐浴的凝固点逐渐升高。采取适当的盐浴操控技术就可以避免发生此问题。

4）步骤4：回火。此步骤是为了改善淬火工具钢组织，以获得预期的强度、硬度和韧性。可能需要一次以上的回火循环来改变奥氏体等温淬火后的残留奥氏体、未回火马氏体和碳化物的不均匀混合组织。采取数个短周期回火比一次长周期回火的残留奥氏体和未回火马氏体的转变效果好。要获得优化组织，有些钢可能要求三次或四次回火。每次回火要在回火温度保持1h。回火可在硝酸盐－亚硝酸盐混合物中进行，其熔点为140～600℃（290～1100℉）。小件和小批量件可在中性氯化盐浴中回火，除非其回火温度在600℃（1100℉）以上，否则不推荐用氯化盐回火。

（3）回火　盐浴比油和熔铅用作回火介质更具系列优点。不同等级的盐都可用于回火，但最常用的是硝酸盐－亚硝酸盐和单纯的亚硝酸盐。盐浴可用于局部回火，为此只需把工件要求回火部分浸入熔盐。

（4）不锈钢的热处理　马氏体不锈钢通常可在不被其他金属热处理所污染的盐浴中退火、淬火或回火。根据盐浴温度要求选取最适合这些用途的中性盐或硝酸盐。

参考文献

1. E.H. Burgdorf, Use and Disposal of Quenching Media—Recent Developments with Respect to Environmental Regulations, *Quenching and Carburizing*, Third Int. IFHT Seminar, Sept 1991 (Melbourne, Australia), p 66–77
2. K.-E. Thelning, Chap. 5, Heat Treatment—General, *Steel and Its Heat Treatment*, 2nd ed., Butterworths, London, 1984, p 207–318
3. *Ind. Heat.*, Vol 73 (No. 9), Sept 2006, p 101–103
4. A.K. Sinha, Chap. 11, Hardening and Hardenability, *Ferrous Physical Metallurgy*, Butterworths, Boston, MA, 1989, p 441–522
5. “Guide to Pollution Prevention, Metal Casting and Heat Treating Industry,” EPA625/92/009, Environmental Protection Agency, Sept 1992
6. G.P. Dubal, The Basics of Molten Salt Quenchants, *Heat Treat. Prog.*, Aug 2003, p 81
7. R.W. Foreman, New Developments in Salt Bath Quenching, *Ind. Heat.*, Vol 60 (No. 3), March 1993, p 41–47
8. C. Skidmore, Salt Bath Quenching—A Review, *Heat Treat. Met.*, Vol 2, 1986, p 34–38
9. R.W. Foreman, Salt Bath Quenching, *Proceedings of the First International Conference on Quenching and Control of Distortion*, Sept 22–25, 1992 (Chicago, IL), p 87
10. I.V. Etchells, A New Approach to Salt Bath Nitrocarburizing, *Heat Treat. Met.*, Vol 8 (No. 4), 1981, p 85–88
11. *Industrial Ventilation*, 20th ed., American Conference of Governmental Industrial Hygienists, 1988
12. V. Paschkis and J. Persson, *Industrial Electric Furnaces and Appliances*, Interscience, 1960

2.9 流化床热处理设备

Weimin Gao, Lingxue Kong, and Peter Hodgson,
Institute for Frontier Materials, Deakin University

流化床技术对金属制造业而言并不陌生，它们于20世纪60~70年代第一次被研发应用于金属热处理。随着人们对流化床原理认识的提高，几项重要的技术发明就此诞生：

1）使用较小的流动粒子显著减少流化气体的用量，进而降低运行成本。

2）研究开发了一些流化床加热方法，提高了从供热源到流化床的热传递效率。

3）内燃烧加热设计取代了早期从容器底部点燃燃气－空气预混气的气体燃烧加热设计，这就消除了在入口处发生爆炸的危险，降低了分布板耐高温的技术要求。

4）外部加热技术使得流化床炉在温度控制、流化气体选择和热处理气氛方面更具柔性化。

5）早期流化床的温度局限性宽泛了，扩大到高温范围，现有技术适用于大多数普通热处理和化学热处理。

6）化学气相沉积促进了流化床沉积和扩散工艺的研发。

7）流化气体循环和热回收技术提高了能量消耗和流化气体使用效率。

现在（2013年），流态床炉广泛地应用于铁基和非铁基金属及其合金的热处理。

2.9.1 流化床热处理原理

流化床是由气体吹起一层细小的颗粒形成的，热处理最常见的是氧化铝通过底部分布板进入炉内工作室，流速使得流化层中气体压力降正好等于单位格珊上的材料重量，粒子之间相互分开并发生相对运动，粒子层就像液体或流体，连续不断的供气使床处于连续的运动状态。

1. 气体流化床

气体流化床具有明确的上限或表面时，被称作为浓相流化床。但是，一旦流体速度足够大，固体粒子的速度突破了最小极限，流化床流动起来，上层表面消失。这种状态通过气动传送固体粒子构成了一个分散的、稀释的或稀相流化床。流化床的基本相或几个流动阶段如图2-188所示，通常使用聚集式或气泡型流化床进行热处理。

为了确定和评价流化质量，在可视化不太可能的情况下，压力降（Δp）与速度关系图作为粗略的表示是非常有用的。图2-189所示就是一个非常不错的流化床，它分为明显的两个区。在第一区，固化床流速相对比较低，压力降与气体速度大约成正比，通常达到最大值（Δp_{max}），稍微比流化床的静压值高一点，随着气体速度的提高，固化床突然“解锁”，变成流体类。这时的气体速度对应于流化的开始阶段，称为最小流化速度（U_{mf}）。

一旦气体速度超过最小流化速度，流化床开始膨胀，气泡产生，形成非均匀床或多相床。这就是第二区，尽管气流速度加快了，但是压力降维持不变，致密的气固两相处于良好的充气状态，容易变形而不需要太大的阻力。过量的气体或者说部分气体，以气泡形式通过床层，就像液体沸腾。在流体力学里，浓相就像液体，气泡向上流动把粒子带到表面层，使得整个粒子材料充分混合。

最小流化速度是流化床最重要的流体力学参数，通常通过理论分析或试验测定随气体速度而变化的压力降来确定（图2-189）。这里确定的是在特定温度和压力下的表面流化速度。最小流化速度随着粒子直径和密度的增加而增加，而且与气体的密度和黏度有关。图2-190给出了这些参数之间的相互关系。对120目、密度为3890kg/m^3（240lb/ft^3）的氧化铝来说，室温下空气的最小流化速度大约为0.02m/s（0.07ft/s）。

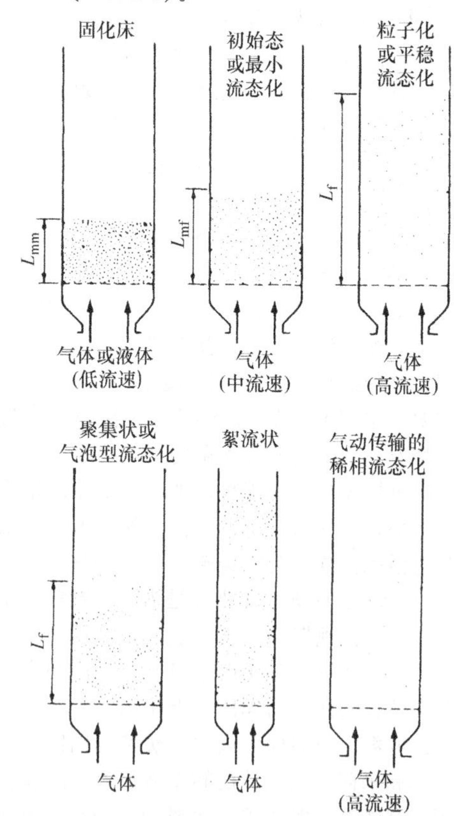

图2-188 流化床中各种不同的接触类型

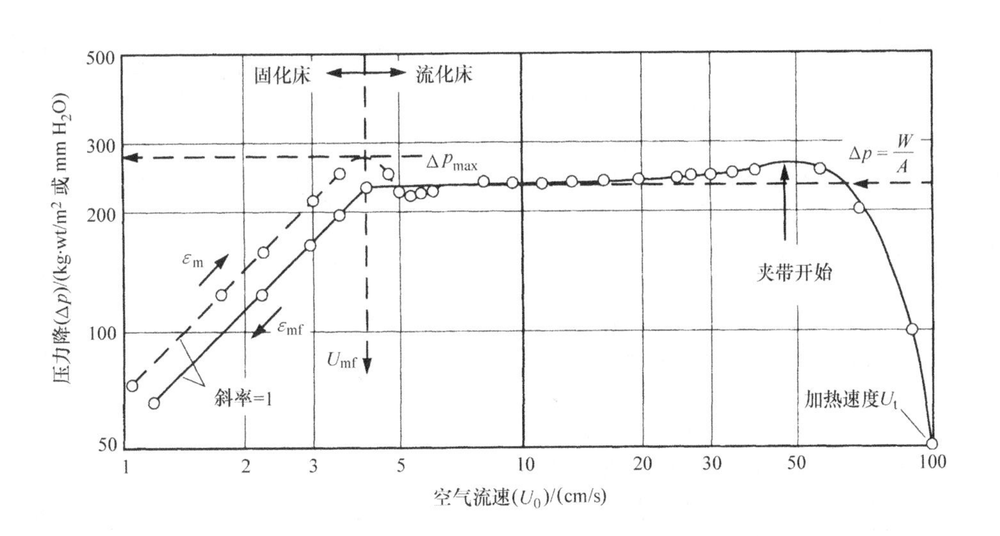

图2-189 均匀粒子流化床的压力降与空气流速的关系

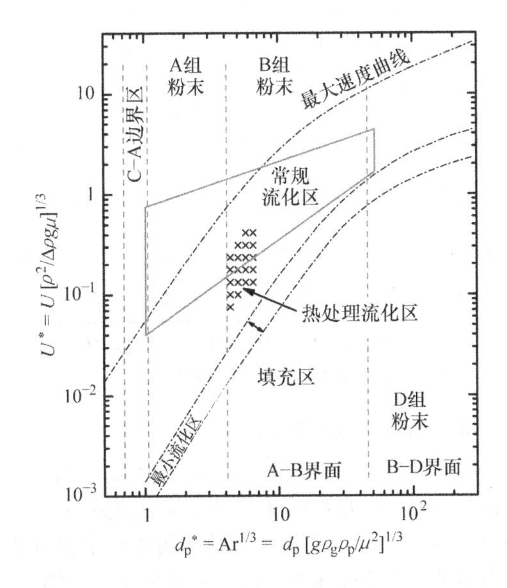

图2-190 向上气流通过固体颗粒的无量纲流型图

d_p—颗粒直径 U—流化速度

μ—流化介质的动力学黏度 ρ_p—流化颗粒的密度

ρ_g—流化介质的密度，$\Delta\rho=\rho_p-\rho_g$

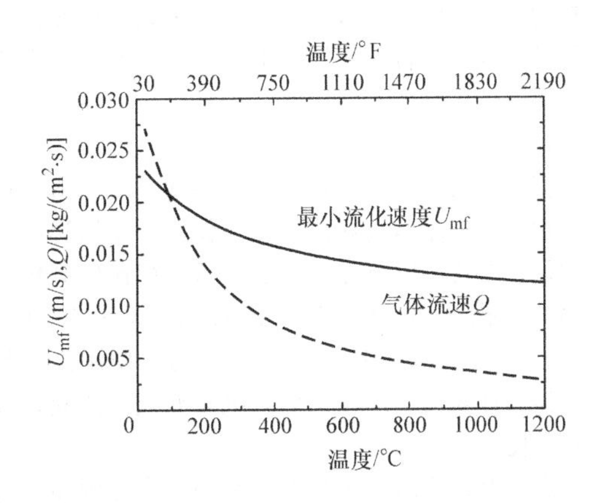

图2-191 温度对直径为0.116mm（0.00456in）的Al_2O_3颗粒最小流化速度的影响

对细小粒子（$d_p<0.5$mm或0.02in）的流化床来说，当流化床温度升高时，最小流化速度下降。图2-191给出了一个气体流态化所需的气体流速实例。温度对最小流化速度的作用归因于气体密度的降低、气体黏度的增加以及浓相空隙率的变化。

2. 热处理用流化床分区

流化床占据的整个空间可以划分为3个区，即分布板区、工作区和自由区。

（1）分布板区 该区也叫作分布板附近区，气体气泡在此形核和长大。有些情况下，炉子加热燃料燃烧或气氛化学反应也在此发生，分布板区的高度主要取决于分布板，它有数十毫米厚，板上布满小孔和空隙用于分散气体。由于分布板附近温度和气氛都不均匀，通常这个区不放置热处理工件。

（2）中心区和颗粒循环区 载荷区位于分布板上面，它能延伸到初始固定区的上边界。在中心区，气泡产生、长大、合并和分裂。流化床内没有载荷时，上升中的气泡激烈地搅拌着细小的颗粒材料，并把一部分带到了流化床表面。气泡也总是从炉体边墙进入床的中心层，这一效应在高炉中尤其需要注意，伴随着炉内颗粒从四周向下，又从中间向上，不间断循环，流化床内的大量细小颗粒充分混合，中心工作区的待处理工件改变了气泡和颗粒的行为。

（3）上区 当气泡到达床表面，就会破裂并把颗粒推到床上空间，有一些小颗粒会被流动气体带走，而大部分颗粒回落到流化床。结果，就在流化床稀相区的上方形成了流化床的第三区，该区的颗粒浓度比中心主工作区低很多。

3. 传热

流化床的传热包括从气体到颗粒、从颗粒到颗粒、从炉内工作区的流化床到表面，再到浸没的工件，有传导、对流和辐射。流化床和工件或工作室表面之间的传热可描述为一系列间歇性事件，气体-颗粒浓相或者气泡不断靠近工件表面并交换能量。对流化床加热来说，固体颗粒在工件表面通过传导方式释放热量。当它们输送到热床的中心区，它们又从其他颗粒和气体中吸收热量。

气泡引发的颗粒循环是流化床热处理炉高效率传热的主要原因。气泡和固体表面之间的传热方式是传导。流化颗粒与炉壁和工件表面之间在高温下发生辐射传热。

4. 加热速度

流化床的一个重要特性是传热效率高。流化床炉中颗粒的湍流运动和快速循环保证了床层温度分布均匀，以及可以与传统盐浴或铅浴相比的高传热效率。流化床的传热系数通常为 120～1200W/(m^2·℃)[21～210Btu/(ft^2·h·℉)，使用高热导率气体（如氢气、氦气）作为流化介质，能获得高传热速度。

图 2-192 给出了在盐浴、铅浴、流化床和传统炉中加热一根 ϕ16mm（ϕ0.6in）钢棒的加热速度之间的比较。图 2-193 给出了流化床加热速度和炉温回升速度。表 2-43 给出了 D3 工具钢用盐炉和流化床炉进行淬火和等温淬火的比较结果。两台设备用于最终加热和保温总时间的差异就是预热状态的差别。

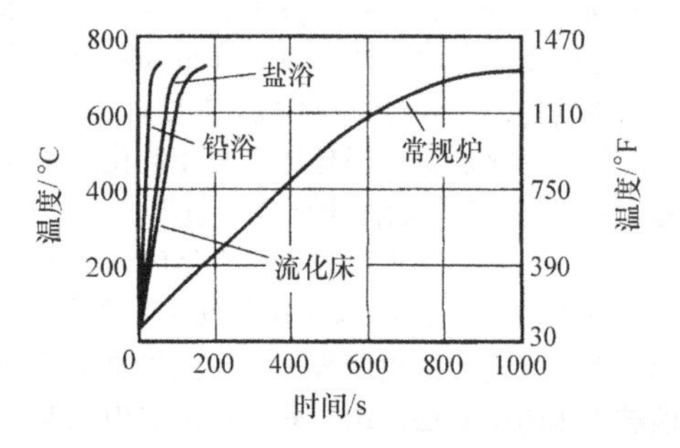

图 2-192 在铅浴、盐浴、流化床和常规炉中加热 ϕ16mm（ϕ0.6in）钢棒时的相对加热速度

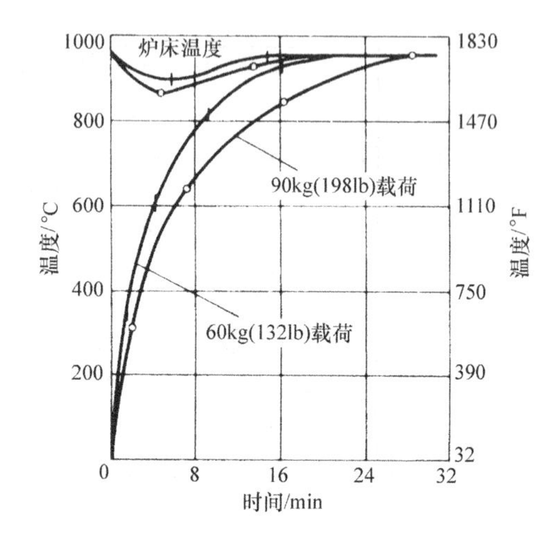

图 2-193 一个直径为 25mm（1in）的钢棒在 0.3m^3（10ft^3）的流化床炉温的回升速度

表 2-43 D3 工具钢盐浴和流化床等温淬火结果比较

加热或冷却介质	试件直径		预热温度		960℃（1760℉）时最终加热和保温时间/min	硬度 HRC	
	mm	in	℃	℉		表面	心部
盐浴	80	3.2	500	930	44	65.5	65
流化床①	80	3.2	490	915	51	65	65
盐浴	40	1.6	540	1000	36	64.5	64
流化床	40	1.6	500	930	41	64.5	64

① 直径为 8mm（0.3in）的同一材料的小零件经过同样时间的热处理，其硬度为 66HRC。

2.9.2 流化床炉的设计

最常见的热处理用流化床是浓相床，尽管设备是以分散相床带颗粒循环装置为基础建造的，用于像曲轴和板材这样又长又薄的金属零件的热处理。在典型的浓相流化床中，待处理零件浸没在细小固体颗粒悬浮的流化床里，而无需气流泡沫夹带颗粒。

流化床的质量取决于固体和流体的性能、床几何形状、气流速度、气体分布类型和内部容器，如隔离屏、马弗罐和换热器。

（1）流化材料 固体颗粒介质被气体流态化的能力取决于它们在 Geldart 图表中的位置，与它们的平均尺寸和密度密切相关。推荐的 4 个粉末组（A、B、C、D）以它们的性能类型来区分。传热速度最大的是 B 类介质，如直径为 100～800mm 的沙子，作为流化床材料的最佳密度为 1280～1600kg/m^3（80～100lb/ft^3）。在这些介质中，氧化铝由于其高强度、低磨损、尺寸稳定、粉尘安全，以及最好的传热能力、热稳定性和均一性，成为首选。高密度材料可能产生较低的传热系数，还要求更高的流化能量。低密度材料往往会产生夹带问题。固体颗粒的热性能，例如热导率和比热容，对传热的影响不大。

通常流化颗粒呈现化学惰性，具有高熔点，不与金属发生反应。选择可以作为化学热处理气源的惰性颗粒是一个例外。根据理想的涂层要求和与流动气体发生反应，流化介质可以是惰性颗粒与反应粉末的混合物，惰性颗粒上覆盖一层待扩散到零件表面上的元素，或者仅为化学反应粉末。例如，使用1% ~40%质量分数的钒铁颗粒与氧化铝混合进行铁基合金表面硬化或碳化钒涂层。

（2）颗粒直径　在所有影响流化床传热系数的参数中，颗粒直径是最重要的参数。利用经济型气体就可以使小颗粒流化，并提供较高的传热系数。但是，当颗粒直径小于100mm时，流化床的均匀性下降，夹带现象发生。颗粒直径通常使用范围为100 ~125mm。

（3）气体的流化速度　流化床传热的基本原理如图2-194所示，重要的是使用优化流体速度，即提供针对特别的颗粒密度和直径。总之，流体流动速率应为最小流化速度的2 ~3倍。如果流速过高，会导致夹带严重，流化气体消耗增加，传热差；流速过低，导致传热差，均匀性差。气体的使用量由颗粒尺寸、工作温度和流化速率优化值决定。

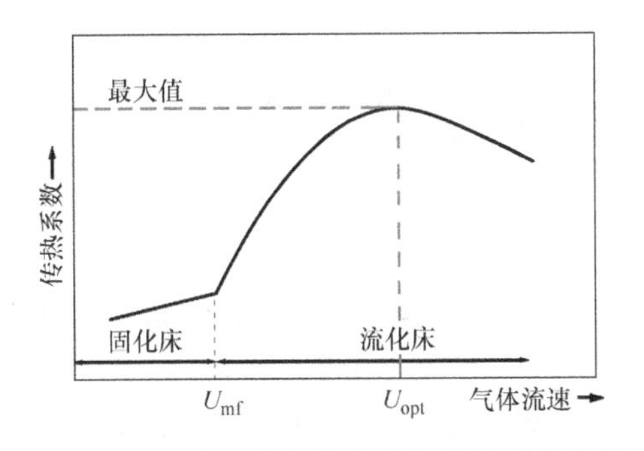

图2-194　流化床炉内气体流速与传热系数的关系

（4）流化气体分布　气体分布板又称布风板，控制流化质量和整个流化床截面上的温度均匀性，特别是靠近布风板流化床的状态，如图2-195所示。布风板的设计目的是在整个板上低压降时，产生均匀的气体通过大截面，在高温下不出故障，长寿命，在断电时，支撑床体材料不因重力作用进入分布板下面的风室。使用广泛的布风板包括带孔金属板、喷嘴、气泡帽和陶瓷过滤器。

（5）炉膛　炉膛的设计属外热式加热炉内颗粒。它通常使用高熔点金属合金制造，因而限制了流化床的运行温度，即工作温度。有些加热方法，如内

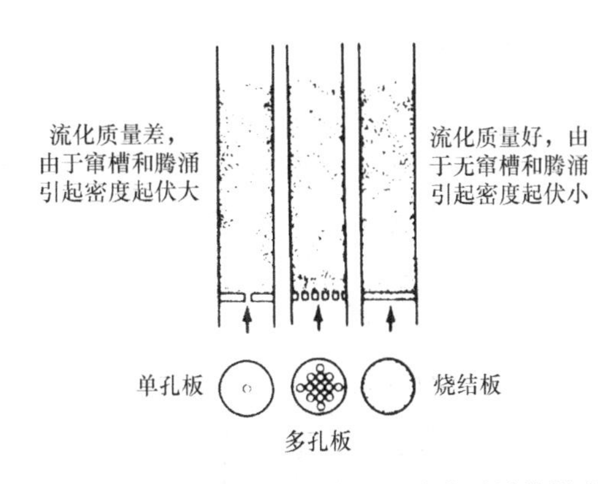

图2-195　气体分布板的类型对流化质量的影响

热式气体燃烧，经常使用耐火材料容器。

（6）消除非流化　流化床炉的主要优点是加热或冷却速度快而且均匀性好，对形状简单的小件尤其明显。在流化床内加热静止的大平面件，或者装有几个零件的箱体，其零件周边的流化状态是不同的，零件的上表面、孔洞、空隙甚至在流化床上出现了颗粒滞流区，形成了热屏障，这将明显降低传热的均匀性。使用多种不同的方法也难以克服这一明显的缺点，这些问题需要在大多数流化床炉设计时一起考虑，具体方法如下：

1）使待处理零件动起来。

2）利用流向偏转布风板使得滞流严重区域的颗粒循环。

3）通过局部增加喷射流化气体或精心设计料筐轮廓来增加零件周围流化区的搅拌。

4）提高流化速度。

5）气流脉冲化。

6）更好地排列零件并使每个零件定位。

2.9.3　流化气体和热处理气氛

精心选择流化气体能使流化床工作区内获得宽泛的气氛。常规热处理工艺常用的气氛均可用于流化床。气氛类型的选择取决于热处理工艺、待处理合金的成分、所要求的传热速度、流化床加热方式和气体成本。通过精心设计，利用像氮气类的低成本载气，甚至低温表面处理也能做到经济有效。总之，可以在流化床中获得各种不同类型的气氛。

（1）氧化脱碳气氛　空气气氛通常用于大多数回火工序，有时也用于高温淬火，但氧化性气氛会引起钢件表面脱碳。当使用碳氢气体 - 空气混合物作为流化介质和热源时，气氛的碳势与空燃比有关系，如图2-196所示。富化气（低碳势气氛）或空气富化（氧化性）都会引起待处理材料的脱碳或氧化反应。但是，这些都是与时间相关的化学反应，因为待处理件的加热速度快，为了获得合适的组织

结构和均匀的硬度，要求浸没时间短，除了变色和轻微氧化以外的表面作用对尺寸小于25mm（1in）的零件可以不考虑。对于大尺寸零件，用户必须意识到表面发生了哪些化学反应，特别是当工艺温度升高时。图2-197给出了流化床热处理后钢的相对脱碳层。

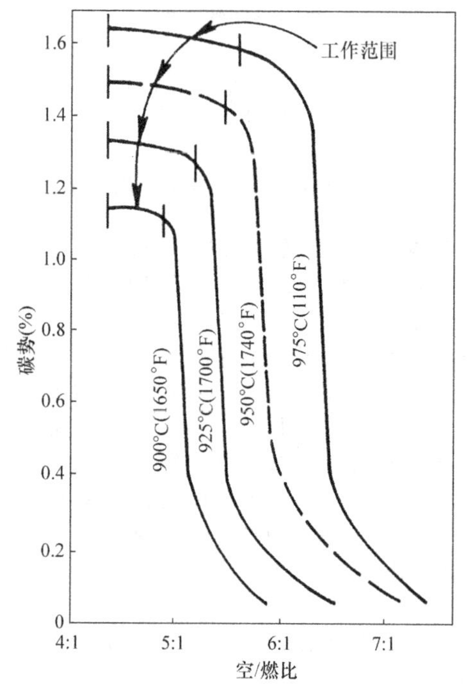

图2-196 丙烷直燃流化床中碳势和空燃比之间的关系

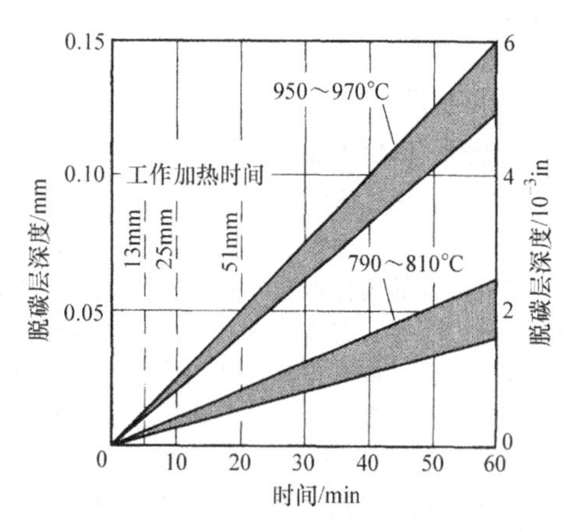

图2-197 钢在流化床内加热产生的脱碳层（试验用钢为O1和D3工具钢和碳含量为0.75%的碳素钢）

（2）中性或惰性气体 这种气氛常用于工具钢在流化床中进行中性淬火。这一操作使工具钢无氧加热，但是在把工件转移到淬火槽过程中必须小心以防氧化脱碳。

（3）氮碳共渗和渗氮 使用由氨、天然气（或甲烷）、氮气和空气，或其他类似组合的气氛，流化床能实现与常规盐浴或其他气氛等同的低温渗氮和氮碳共渗工艺。流化床能有效地处理许多钢种，包括所有的不锈钢，但要求气体流速控制良好，保证适当的气体分解率。在流化床实施工具钢氧氮化处理，可与更多的常规气体热处理相媲美。常规气氛热处理工艺的原理和控制同样可以用于流化床。流化床中钢件表面新生氮向内扩散的速度与在气体渗氮的氨中一样。

（4）渗碳和碳氮共渗 更多的常规渗碳和碳氮共渗气氛可用在流化床中，而且可以获得与常规气氛同样的结果。气氛既是碳的供源，又是热源（如丙烷或天然气和空气/或氮气）。丙烷和空气的混合物产生结果如图2-198所示，并给出了SAE 8620钢轴承圈流化床渗碳和常规气氛渗碳的比较，同样是1mm（0.004in）厚的有效渗层采用流化床渗碳只需要1.5h。

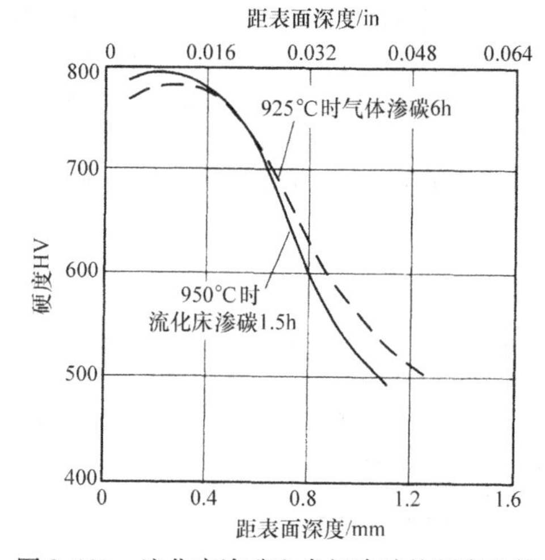

图2-198 流化床渗碳和常规渗碳的硬度比较

注：试验用钢为SAE 8620，重新淬火温度为820℃（1510℉）。

流化床渗碳和碳氮共渗的主要优点（特别是在渗碳过程中）是提高了碳从气相向钢表面扩散的速度。在钢表面碳的转移系数是传统渗碳炉内的2～5倍。随着渗碳温度的提高，流化床的碳传输速度和等离子渗碳相当。

在常规丙烷富化气气氛炉中，通过CO催化分解（见下列反应方程式）发生渗碳：

$$CO + H_2 \rightarrow C_{Fe} + H_2O \qquad (2\text{-}64)$$

丙烷富化气氛依据下列方程式，促进反应：

$$C_3H_8 + 3CO_2 \rightarrow 6CO + 4H_2 \qquad (2\text{-}65a)$$

和

$$C_3H_8 + 3H_2O \rightarrow 3CO + 7H_2 \quad (2\text{-}65b)$$

在流化床渗碳中，通过丙烷的热分解使碳沉淀析出，在伴随气体高流速的同时，消耗大量的丙烷，促进渗碳：

$$C_3H_8 \rightarrow C\downarrow + 2CH_4 \quad (2\text{-}66)$$

沉淀析出碳的数量与碳氢燃料气含有的碳原子数目成正比，即丙烷比甲烷能产生更多的碳。另外，丙烷的纯度很重要，特别是其中的不饱和碳氢含量，后者的存在可提高碳生成能力。

沉积碳瞬间参与反应，与燃烧的氧化产物发生反应：

$$C_3H_8 + 5O_2 \rightarrow 3CO_2 + 4H_2O \quad (2\text{-}67)$$

生成一氧化碳和氢：

$$C + H_2O \rightarrow CO + H_2 \quad (2\text{-}68a)$$

和

$$C + CO_2 \rightarrow 2CO \quad (2\text{-}68b)$$

在流化床渗碳过程中，随着强大的气流速度，大量丙酮通过热分解消耗从而实现渗碳，碳沉积反应式如下：

$$C_3H_8 \rightarrow C\downarrow + 2CH_4$$

沉积碳的数量与碳氢燃料气体中的碳原子数量成正比，也就是说，丙酮比甲烷能生成更多的碳。另外，丙酮的纯度很重要，特别是对不饱和碳氢化合物含量，这能提升碳的形成能力。沉积碳瞬间与燃烧的氧化性产物发生反应。

通过氢气和一氧化碳的催化分解进一步渗碳，这与常规渗碳相一致，碳沉淀析出过程生成的甲烷热分解进一步促进渗碳：

$$CH_4 \rightarrow C_{Fe} + 2H_2 \quad (2\text{-}69)$$

气氛碳势随着空燃比发生变化，如图2-196所示。对每一类碳氢气体（甲烷、丙烷、天然气或汽化甲醇）来说，空燃比、温度和碳势都有一定的相互关系。通过常规气体分析控制化学反应和碳势是可行的，流化床炉上装备有气氛采集孔和探头进行测量。

（5）化学气相沉积气氛　涂层材料可以直接注入流化床（在注入之前与流化气体混合或分别注入），或者比较通用和有效的方法是通过反应气体和处理介质之间化学反应在流化床里直接生成。通过选择处理介质和反应气体，可以获得金属和陶瓷涂层。处理介质的组成可以是氧化铝粉末，或是类似的金属或合金粉末，作为待覆盖涂层元素的供源。另外，除了流化质量以外，还要加入惰性氧化物，以避免金属粉末发生烧结现象，卤化物（如HCl和HBr）通常用作活化剂，连续不断或周期性地通过流化气体导入流化床。

2.9.4　流化床炉的加热系统

流化床内释放多少热量以适应金属热处理是要考虑的主要问题。因为从流化床到工件的传热通常比从热源到流化介质的传热更为有效，遇到的最大困难是把适度的热量传递给流化介质。

另外，实际流化床系统中的主要热损失消耗在流化气体的热量。在一些实例中，恢复循环系统的装置过多地影响了热效率，几乎在每个实际应用中均较常见。

有几种不同方法能够获得流化床的热输入，现将最容易接受的几种介绍如下：

（1）外热式电加热　耐热罐里的流化床是通过外热电元件加热的，如图2-199所示。当前，外热式流化床的最高使用极限温度为1200℃（2190℉），这是因为缺乏耐侵蚀气氛的耐热炉体材料，采用废热回收提高热效率，流化气体可以控制在任何理想的范围内，从室温加热到工作温度815～870℃（1500～1600℉）通常需要3～4h。

（2）外热式燃烧加热　耐热炉罐内的流化床也可以通过外部气体燃烧加热，如图2-200所示。和电加热一样，炉罐由耐热材料制成，安装在炉子的燃烧室内，周边是耐热材料、隔热材料和炉墙。燃料-空气混合物通过燃烧器导入，可以采用多种不同类型的燃烧器，其中包括回热式燃烧器。燃烧器可以非常精确地把燃烧室控制在低温下回火。控制燃烧室内的燃烧产物流速就能改善对炉罐的对流换热，恢复因排气损失的热量，预热燃烧器里的空气，从而减少燃料消耗。

（3）内热式电加热　流化床气体和颗粒可以通过适当铠装后的加热元件实现电加热。除了加热元件铠装以外，这种加热方法与浸没式盐浴加热非常相似，淹没式电加热方法为加热元件和气体、介质颗粒之间提供了很好的传热条件。但是，如果不够小心，电热元件和工件就会发生接触，从而限制了其应用范围。

（4）直接电阻加热　这种方法使用导电材料作为流化介质，利用电极产生焦耳热直接给流化床供电，这种热量的产生来源于介质颗粒-电极接触电阻、颗粒内部接触电阻和通过每个颗粒的电阻。常用的电热材料包括石墨、焦炭和碳化硅。床层内电流分布可以通过电极轮廓来控制。例如，在接地良好的电屏和炉罐之间的流化床内安装电极，形成零电位工作区，如图2-201所示。当使用空气作为流化气体时，碳材料和空气之间的化学反应也给流化床提供热量。这种流化床设备从室温加热到900℃（1650℉）通常需要1～2h。

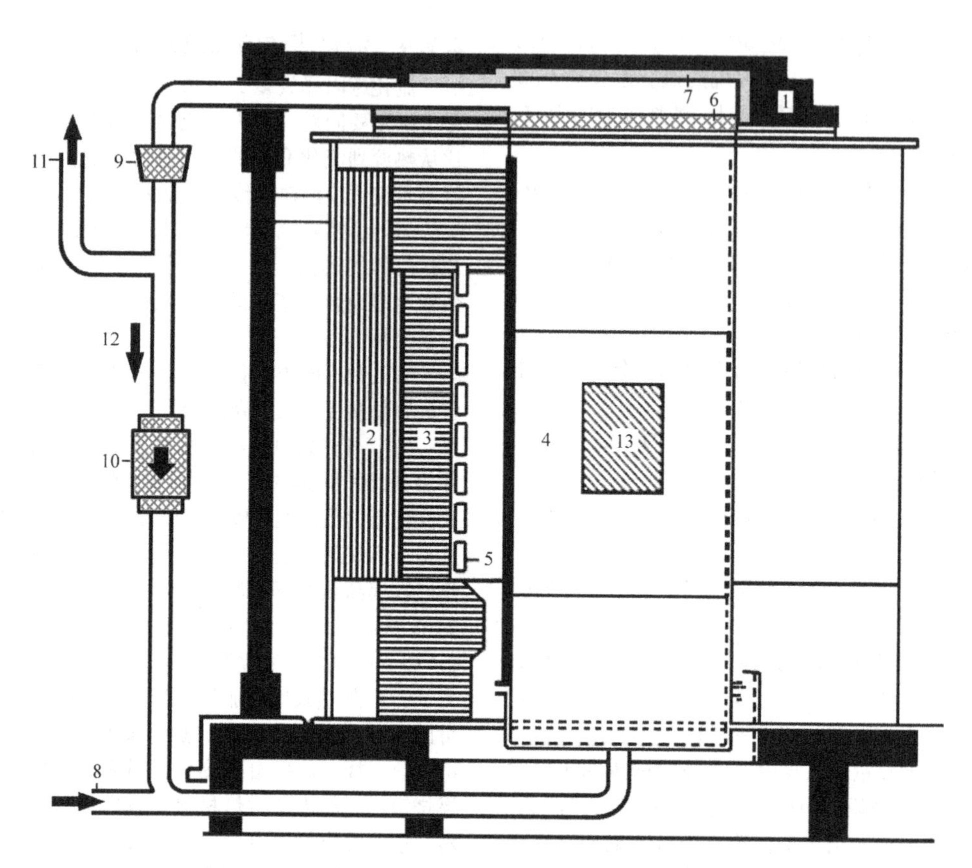

图 2-199 带气体回收系统的外热式电阻加热流化床炉

1—转动炉盖 2—绝缘材料 3、7—耐火材料 4—流化床 5—电阻加热元件 6、9—过滤网 8—气体入口 10—泵 11—气体出口 12—循环气体 13—待处理工件

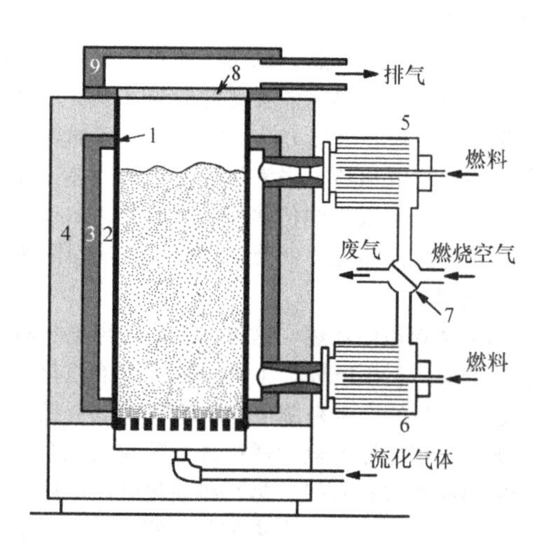

图 2-200 带蓄热式燃烧器的外热式燃气流化床炉

1—炉体 2—换热室 3—耐火材料 4—绝缘层 5—1 号燃烧器 6—2 号燃烧器 7—换向阀 8—过滤板 9—炉盖

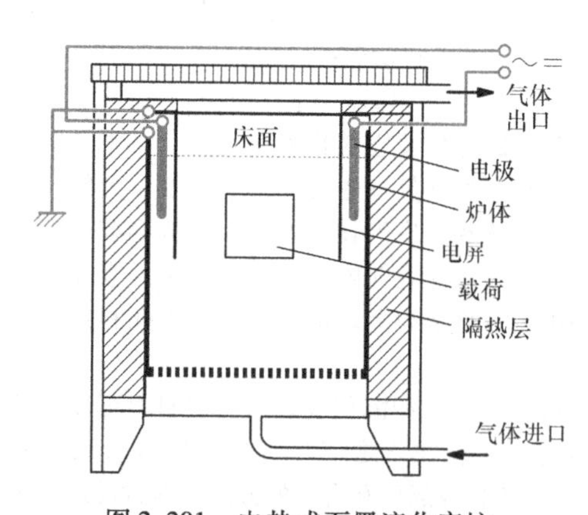

图 2-201 电热式石墨流化床炉

（5）埋入式燃烧加热 埋入式燃烧加热是把燃烧产物直接传递来实现工件加热。这种方法具有很高的传热速度，目前广泛应用于液体加热，包括游泳池加热和浓酸。这种流化床的加热方法要求燃烧器给悬浮颗粒提供强力搅拌，从而获得所期望的超强传热性能和流化床温度均匀性。用于这方面研发的设备组成主要包括一个燃烧器、两个同心管和一

个颗粒分离器。适当的混合气通过燃烧器导入中心管道，并点燃，火焰在管道里形成，燃烧产物通过下面的端口溢出，火焰在通过两个管道之间的环形管路之前把热量传给悬浮颗粒。随着颗粒上升，大量颗粒被夹带上来，反射板把颗粒从气流中分离出来，使其依靠重力作用回落到床层。不含颗粒物的气体回收用于自流化，从而减少燃料消耗。图 2-202 所示是一台用于金属低温化学热处理的埋入式燃气加热可控气氛流化床炉。

（6）内燃烧加热　当空气、燃气混合物用于流化并被点燃时，流化床内发生燃烧。这种设备的优点是在流化床内部产生热量，从而使热能用量增加，这种一体化的典型炉子设计如图 2-203 所示。在燃气流化床中，支持气体流化介质是近化学计量比的气体和空气混合物。对于可燃烧混合物来说，在 650℃（1200℉）和 860℃（1580℉）之间有一个临界温度，一旦超过这个温度，气体混合物就会在流化床内部燃烧，为使燃烧在布风板上方稳定燃烧，使工作区温度均匀，要求流化床在高温下工作，例如，天然气和空气混合物温度在 860℃（1580℉）以上。当初始流化床的温度低于临界温度时，在床层上方点燃气体混合物，很快传热给流动颗粒，颗粒反过来加热从床层下面进来的燃气。经过一段时间之后，一旦气体达到了自燃温度，燃气就会在床层里面自发燃烧，并在距离扩散板 25 ~ 30mm（1 ~ 1.2in）的范围内完成。如果容器隔热良好，床温会升高到理论燃烧温度，从冷态加热到 850℃（1560℉）的时间通常需要 1 ~ 1.5h。

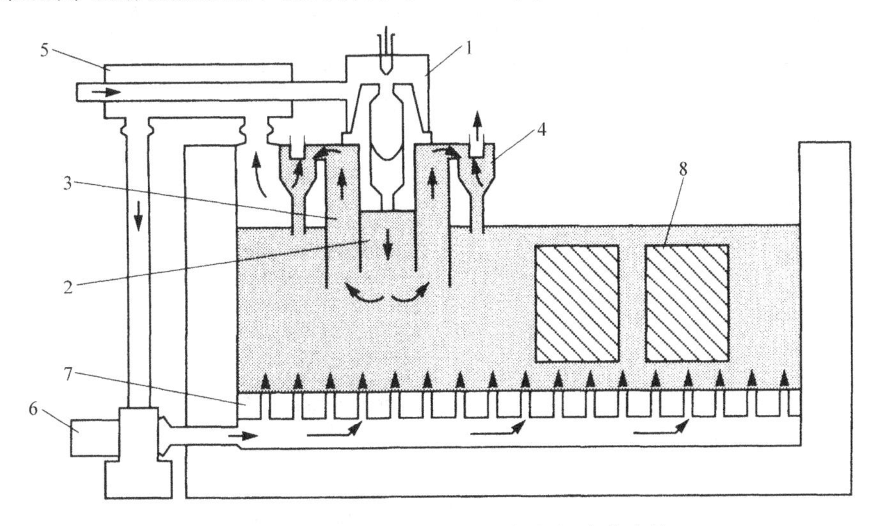

图 2-202　埋入式燃气加热可控气氛流化床炉
1—燃烧器　2—燃气管　3—气体和颗粒物质上升输送管道　4—颗粒物分离器　5—换热器
6—流化用气体循环压缩机　7—布风板　8—待处理工件

精心设计是在热处理工艺理想温度下获得最佳流化状态的基础。为了获得良好的温度控制和优化的流化条件，最理想的是加热速度和流化速度两者是互不干扰的参数，使用这一技术比使用外热式加热困难得多。解决这一问题的实用方法包括使用其

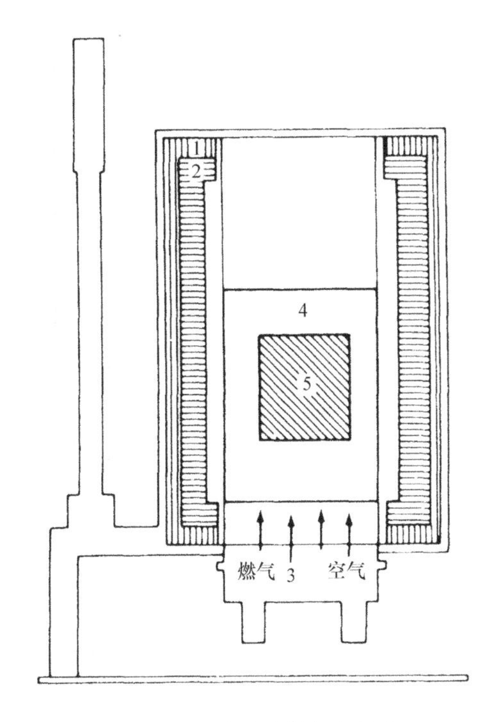

图 2-203　内热式燃气流化床
1—隔热层　2—耐火材料　3—空气和燃气分布装置
4—流化床　5—待处理工件

他的加热方法，如外热式电阻加热和利用二次空气的两段法燃烧技术。非常高的温度位于布风板附近。当流化不畅时，以至于热量不能从布风板上面散去，火焰的高温使布风板受损，在这样的高温下，布风板出现膨胀和收缩热应力，以至于最好的固定技术也会引起失效。实际上，在分布板上方可使用粗晶耐火颗粒，或者更换分布板，或者让点火区和燃烧区移开分布板。

2.9.5 流化床炉的应用

流化床炉作为一种行之有效的技术替代盐炉、铅浴炉、气氛炉和真空炉，用于许多材料的等温热处理和化学热处理。图 2-204 给出了流化床炉能像常规炉一样完成的应用。流化床炉在热处理方面的日益普及，在很大程度上归因于流化床技术的自然属性。

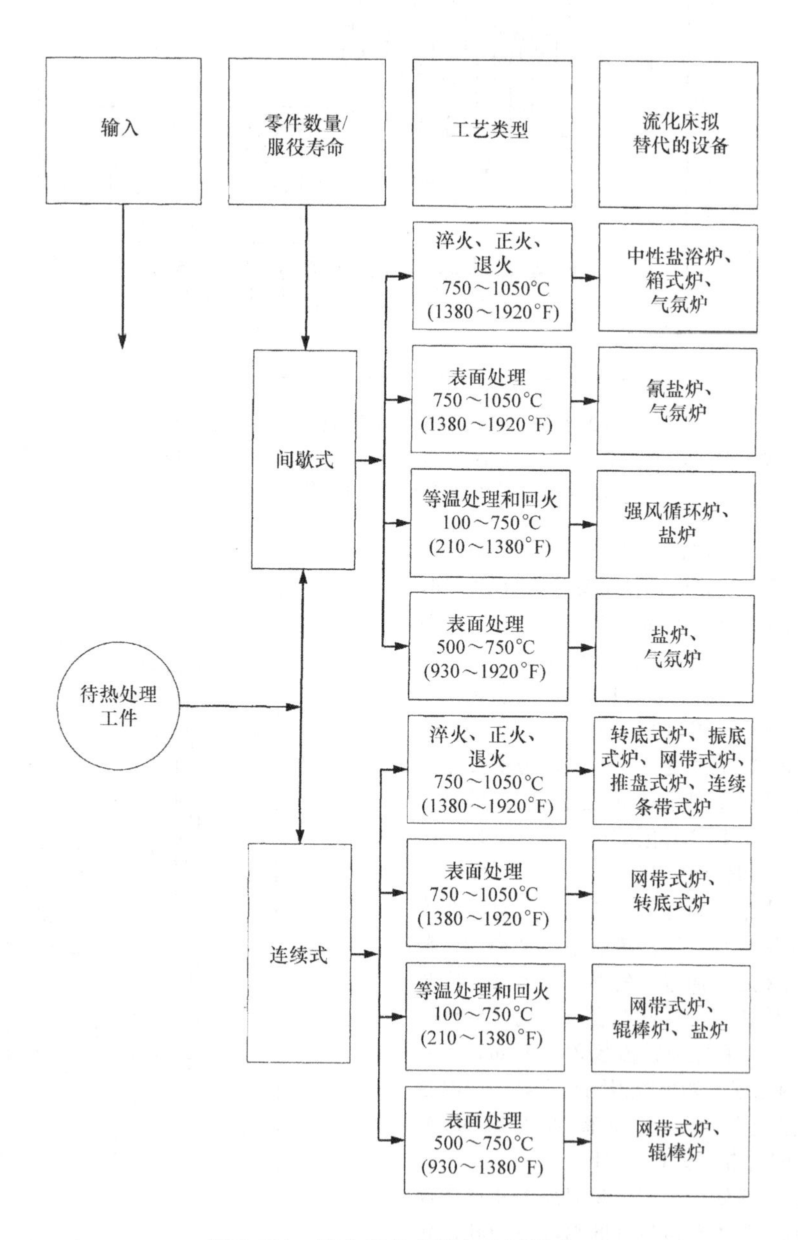

图 2-204 流化床的应用与选用模式

1. 流化床热处理的优点

流化床热处理的主要优点包括：

1）加热速度接近于液化盐炉和铅浴炉，如图 2-192所示，它还可以根据流动颗粒的大小、流化气体速率和床层温度，把工作温度调整至更广的范围。

2）对同样的表面热处理深度，在同样的加热和气氛条件下，流化床热处理后工件的横截面性能更均匀。

3）加热区气氛可以立即得到调整，以满足热处理要求，这是因为气氛的纯度与气源相同。这就能在几分钟内改变载荷成为可能，很容易从一种工艺切换到另一种工艺（例如，从渗氮换成铁素体氮碳共渗，或从渗碳变成碳氮共渗）。

4）炉子升温时间比盐炉短，因为不需要熔化盐的潜热，这就意味着流化床在夜间可以停炉而不损失第二天的生产时间。

5）流化介质不磨损不腐蚀，而且不湿润工件。

6）运行过程中不污染环境，流化材料是非活化状态，无毒，工艺气体可以完全燃烧而不排放有害物质，也不排放固体废物。

7）在不处理工件时，不需要消耗昂贵的气体。

8）每单位体积载荷的投资成本大约是常规设备的一半，设备服役期间运行成本低，这是因为流化床热效率高，燃料消耗少。

2. 工具钢零件的淬火和回火

流化床炉在金属热处理，也包括用于所有类型的线材处理（索氏体化、奥氏体化、退火、回火、淬冷等）的连续炉，和所有的普通热处理用的间歇式炉，例如，用流化床替代盐炉和铅浴炉进行钢丝热处理，连续安装了三台流化床炉，一台用于加热，一台用于快速冷却，第三台用于索氏体化保温。使用流化气体，如氩气和氮气，可以在短时间内完成所有铁基和非铁合金的常规中性淬火，流化气体保护零件表面免于氧化脱碳，其加热速度可与盐炉相媲美，工作区间的温度均匀性不大于5℃（9℉）。

3. 渗碳、渗氮和碳氮共渗

流化床已经全面证实自身是普通表面化学热处理的实用工具，可用于渗碳、碳氮共渗、渗氮和氮碳共渗。内热式燃气炉或埋入式燃烧炉可成功地提供热源和流化介质/渗碳介质。使用外热式流化床时，渗碳工艺控制更加柔性化，原因在于加热和流化功能分开。通过控制和调整渗碳介质，流化床在渗碳强渗和扩散阶段的气氛性能良好，这是因为渗碳强渗和扩散阶段气氛变化很快。在强渗过程中，通过流化床的碳氢富化气远远超过了所期望的碳势，这就在零件表面上建立了高碳势。在扩散阶段，无论是氮气还是具有低碳势的气体的存在，吸附的碳向材料心部扩散。通过改变渗碳周期，能够获得优化的碳分布，最终显著提高了表面硬化零件的性能。

钢件表层的高碳势，以及弥散分布的碳化物最后保留在零件淬硬层微观组织中，这将提高硬度和耐磨性。获得弥散分布的碳化物，这在其他气氛中渗碳是不可能实现的，它能显著提高如混凝土和制砖机械应用领域所需要的高应力齿轮和模具的性能。

流化床渗碳的优点是缩短了工艺周期，这是因为温度恢复迅速和允许使用更高的温度，这又为快速渗碳提供了条件。流化床渗氮速度不比常规炉子快，流化床渗氮与常规渗氮的主要区别是在必要时能够快速恢复温度和快速切换气氛的化学成分，从而缩短了工艺周期。

流化床渗碳的主要缺点是气氛需求量大。以渗碳为例，流化床渗碳的用气量大约是常规气氛的 3 倍，利用强渗/扩散技术，提高渗碳温度而不大幅度增加保温时间是一个可行的办法。对渗氮和氮碳共渗而言，流化需要的反应气体的消耗量是密封箱式炉的 10 倍，因为流化床不能提高到比常规气氛炉还要高的扩散速度，但是从工艺角度，降低运行成本的唯一可能是增加流化床的深度，这样就增加了载荷空间，或者降低了气体流量。循环使用气氛用气是减少流化气体高消耗量的有效途径。

4. 硬质表面涂层

流化床反应器（FBR）在化学气相沉积（CVD）过程和热激活扩散处理过程中能有效发挥自身作用，CVD – FBR 成功地用于涂层，例如硼、铬、硅、锆、矾、钛元素在铜、钢和合金等金属基体上涂层，这表明流化床涂覆的材料与 CVD 或盐炉方法效果相当。因为待涂覆的零件与处理剂密切接触，即使涂层供源和反应器之间化学反应产生的非常不稳定的短时存在的物质也能对覆盖层发挥作用，因而可以在低于常规 CVD 温度下进行沉积。

在经过化学热处理，如氮碳共渗后的表面或基底上覆盖金属元素，使基底和沉积的活性元素之间发生扩散，反而又导致了硬质碳化物、氮化物和碳氮化合物层的沉积。适合流化床硬质涂层工艺的应用范围与常规热反应扩散工艺相同。

5. 淬冷

流化床还可以用于金属零件的冷却和淬冷。其冷却速度的范围比较宽，介于气体和油冷之间，与盐炉和铅浴炉相当，具体取决于工作温度和选择的气体类型。流化床冷却可以和加热一起运行。有多种结构，一种设计是连在井式炉上，上面作为加热室，下面的流化床用作冷却，工件先装到滑塌床（静态床）以上的热区，流化介质颗粒和正常冷却颗粒一样。滑塌在固化床表面上的颗粒作为隔热器。加热周期完成之后，开启下面的炉膛，通入冷却气体流化，工件也就下降到底部进行淬冷。另外一个模式是用于加热和冷却的流化床结构上连在一起，钢件直接从加热区进入淬冷区，这种最适合于线材的普通热处理。还有一种结构是通过一个罩子把间歇式流化床加热区和冷却槽连在一起，这个罩子在密封淬火时通入氮气类的保护气氛。

2.9.6 流化床炉的操作

在生产中，通用料筐用于批量处理，吊架只用于大型工具、模具或轴类。料筐、网架、吊架夹具和料架应该尽可能不影响介质颗粒的流化。炉膛内颗粒循环受到影响，严重时还能滞留介质颗粒。高温下也要求适当支撑，料筐四边应该做成网格，网架也应该使其平面面积最小化，优先选择圆棒材质。

1. 装炉

流化床炉里的工件应该一个一个地直立，相互之间不接触，而不是堆积在料筐里。在处理时，正常做法是把工模具这类大型工件架在一根垂直轴上，把容易变形的细长杆捆绑在料筐边上，把要求垂直装夹的工件装在里面或适当空间，工件之间的距离应该足够远以保证介质颗粒的排放，从而保证足够的气体通过所有的表面。无论在何处，工件都应该夹在其垂直轴上，两个平面不能相互接触，以确保流化气体通过在处理工件的表面。像自攻螺钉、轴承等这类零件和常规气氛炉或盐炉一样可以装在料筐里。

堆积在工件上表面和空腔或孔中的流化材料，影响了加热和冷却的均匀性，在化学热处理中影响了气体向零件表面传输。在一些特殊情况下，如果要求一个区域必须坚硬而且有韧性，而其他部位又要求软化或更具延展性，这时就可以把流化床滑塌转化为成优势。在这种情况下，先均匀加热后，把工件从加热流化床里取出，局部置于冷却流化床里，获得淬硬面，上面的水平表面上覆盖了一层颗粒，形成了隔热层，延缓了流化床产生的剧烈冷却。

2. 清理

流化用的固体颗粒氧化铝耐磨而且耐腐蚀，不会湿润浸没其中的工件。在生产中当工件从流化床炉中离开时，有一些沉积在工件表面上的颗粒物被带走。工件上的颗粒物可以用空气管进行搅拌、反弹或吹走，经过干燥、筛分之后再回到流化床中重复使用。当工件在放进流化床时有氧化皮或经预氧化，如果工件是清洁的，这些固体颗粒物粘在氧化皮上的力度还要强，这样用水喷雾方法即可去除。替代的清理技术包括压缩空气或高压水喷，磨料喷砂是在高速压缩空气下喷射玻璃珠类的轻颗粒冲击和清理表面，另外还可以用真空抽吸。清洁剂也可以加到雾化介质里。喷砂可采用周期式时断时开式代替连续式。还可以把这些技术综合到一套机械操作系统，所有这些技术都能为下道工序提供所需要的光洁度。对一个工厂来说，有大批量工件需要处理，可移动的用踏板或手柄阀门控制的手持式压缩空气或高压水枪是最适用的装置。

3. 安全问题

正如所有的气体加热方式一样，把这些普遍可接受的安全装置组合起来制造成流化床主体，柔性化概念确保任何连接失效也不会影响流化床的性能。带油或带湿气的工件不会引起爆炸，除了一些表面处理以外，通常不需要进行预清洗，这是因为一般污染物会发生汽化，并随废气一起清除了，这点和常规炉子一样。传热介质（氧化铝）是无害物质，没有废弃限制。

参 考 文 献

1. D. Kunii and O. Levenspiel, Bubbling Fluidized Beds, *Fluidization Engineering*, 2nd ed., Butterworth-Heinemann, 1991, p 137–164
2. W.-C. Yang, Fluidization-Solids Handling and Processing, *Industrial Applications*, Noyes Publications, Westwood, NJ, 1998
3. R.W. Reynoldson, Controlled Atmosphere Fluidized Beds for the Heat Treatment of Metals, *Heat Treatment of Metals*, University of Aston in Birmingham, 1976
4. J.R. Grace et al., Fluidized Beds, *Multiphase Flow Handbook*, Taylor & Francis Group, LLC, 2006
5. E.M. Fainshmidt, Theory and Practice of Fluidized Bed Heat Treatment of Parts Fabricated from Metals and Alloys, *Met. Sci. Heat Treat.*, Vol 47 (No. 3–4), 2005, p 83–96
6. J.S.M. Botterill, *Fluid-Bed Heat Transfer*, Academic Press, London, New York, 1975
7. D. Geldart, Types of Gas Fluidized, *Powder Technol.*, Vol 7, 1973, p 285–292
8. R.W. Reynoldson, *Heat Treatment in Fluidized Bed Furnaces*, ASM International, Materials Park, OH, 1993
9. K. Boiko, Fluid Bed Ferritic Nitrocarburizing, *Heat Treat.*, Vol 18 (No. 4), 1986, p 65–66
10. R.W. Reynoldson, Use of Fluidized Bed Reactors for Chemical Vapour Deposition, Thermochemical and Thermoreactive Diffusion Treatments on Ferrous and Non-Ferrous Alloys, *Heat Treat. Met.*, Vol 28 (No. 1), 2001, p 15–20

2.10 热处理炉零件、料盘和夹具材料

2.10.1 概述

高温炉通常采用金属外壳，并以绝热的陶瓷耐火材料作为炉衬。热处理炉的配件包括料盘、料筐、料罐、风机、传感器、传送带、料架、风箱和减振器。通常，炉配件和炉室与被处理的工件所面临的条件相同，所以炉子零件的性能不仅取决于操作温度，也受所处的环境（或气氛）条件的影响。热处理过程所用的介质或环境，随着工序的不同而不同。典型的环境有空气、燃气、渗碳气氛、渗氮气氛及熔盐。热处理的环境经常会被杂质污染，进而加速耐火材料或金属部件的腐蚀和老化。采用保护性气氛（如吸热式气氛、氮气、氩气、氢气及真空气氛）来预防金属零件在热处理过程中形成厚重的氧化层。

因为炉子零件的性能取决于工作时的环境（或气氛），本节首先概述了热处理炉用材料的高温腐蚀，然后概述了炉子零件、料盘、夹具用材料。讨论中要提到的材料的化学成分见表 2-44。在热处理炉用零件及设备领域，耐高温腐蚀及抗氧化涂层的应用已非常普遍。这些涂层通常为陶瓷或热致密材料采用物理气相沉积、等离子束、化学气相沉积和高速富氧溅射方法制备而成。

表 2-44 高温合金的名义化学成分

合金	UNS编号	化学成分（质量分数,%）									
		C	Fe	Ni	Co	Cr	Mo	W	Si	Mn	其他
304	S30400	0.08①	余量	8	—	18	—	—	1.0①	2.0①	—
309	S30900	0.20①	余量	12	—	23	—	—	1.0①	2.0①	—
253MA	S30815	0.08	余量	11	—	21	—	—	1.7	0.8①	0.17N,0.05Ce
310	S31000	0.25①	余量	20	—	25	—	—	1.5①	2.0①	—
316	S31600	0.08①	余量	10	—	17	2.5	—	1.0①	2.0①	—
446	S44600	0.20①	余量	—	—	25	—	—	1.0①	1.5①	0.25N
E-Brite 26-1	S44627	0.002	余量	0.15	—	26	1.0	—	0.2	0.1	—
800H	N08810	0.08	余量	33	—	21	—	—	1.0①	1.5①	0.38Al,0.38Ti
RA330	N06330	0.05	余量	35	—	19	—	—	1.3	1.5	—
Multimet	R30155	0.10	余量	20	20	21	3	2.5	1.0①	1.5①	1.0Nb+Ta,0.5Cu,0.15N
556	—	0.10	余量	20	18	22	3	2.5	0.4	1.0	0.2Al,0.8Ta,0.02La,0.2N,0.02Zr
825	N08825	0.05①	29	余量	—	22	3	—	0.5①	1.0①	2Cu,1Ti
600	N06600	0.08①	8	余量	—	16	—	—	0.5①	1.0①	0.35Al①,0.3Ti①,0.5Cu①
214	N07214	0.04	2.5	余量	—	16	—	—	—	—	4.5Al,Y
601	N06617	0.10①	14.1	余量	—	23	—	—	0.5①	1.0①	1.35Al,1Cu①
617	N06617	0.07	1.5	余量	12.5	22	9	—	0.5	0.5	1.2Al,0.3Ti,0.2Cu
S	N06635	0.02	3①	余量	2.0①	15.5	14.5	1.0①	0.4	0.5	0.2Al,.02La,0.009B
X	N06002	0.10	18.5	余量	1.5	22	9	0.6	1.0①	1.0①	—
625	N06625	0.10①	5①	余量	—	21.5	9	—	0.5①	0.5①	0.4Al①,0.4Ti①,3.5Nb+Ta
230	N06230	0.10	3①	余量	3①	22	2	14	0.4	0.5	0.3Al,0.005B,0.03La
RA333	N06333	0.05	18①	余量	3	25	3	3	1.25	1.5	—
N	—	0.06	5①	余量	—	7	16.5	0.5①	1.0①	0.8①	0.35Cu①
188	—	0.10	3①	22	余量	22	—	14	0.35	1.25①	0.04La
25	—	0.10	3①	10	余量	20	—	15	1.0①	1.5	—
6B	—	1.2	3①	3①	余量	30	1.5①	4.5	2.0①	2.0①	—

① 最大值。

2.10.2 高温腐蚀

就高温腐蚀而言，炉内零件发生的腐蚀过程包括氧化、碳化、脱碳、硫化、熔盐腐蚀及熔融金属腐蚀。本小节将探讨重要工程合金的每一个腐蚀过程及腐蚀行为。在每种情况下，零件的腐蚀敏感性都会因热循环而增加，热循环过程不仅加速了金属表面保护层的损失，而且引起了结构变形。如前所述，杂质的存在也能加速腐蚀过程。这些杂质（如

硫、钒、钠）通常来源于燃料燃烧、用于特定过程的焊剂、提取的复合物、润滑剂及残留在待热处理工件上的其他物质。钠盐能够引发酸性或碱性融化，从而导致热腐蚀。在燃油炉中，钒和钠形成共晶金属化合物，从而引发腐蚀问题。残余燃料油中含有 $1000\times10^{-4}\%$ 钒和 $10\times10^{-4}\%$ 钠。在大约700℃（1300℉）时，含钒99%和钠1%的共晶金属化合物，形成一种黏稠的液体，这种液体会慢慢地造成设备的局部腐蚀。

（1）炉用零件的氧化　由于成本的原因，空气是最常见的热处理气氛，因此氧化是热处理工业发生高温腐蚀的主要表现形式。氧化过程涉及的空气或可燃性气氛中可能会含有少量杂质，如硫、氯、碱金属或者盐等，也可能没有杂质。

当温度在540℃（1000℉）以下时，碳素钢和合金钢制成的配件，在服役期间具有足够的抗氧化能力。在540～870℃（1000～1600℉）之间的温度范围，耐热不锈钢，如304型、316型、309型和446型，均表现出良好的抗氧化性能。当温度升高到870℃（1600℉）时，很多不锈钢开始快速氧化。在高温下，制造炉子配件的材料需要更优异的耐热性能以防止氧化，如镍基高性能合金，其他耐火材料及带保护性涂层的非铁基金属合金。

很多工业合金的氧化测试是在980℃（1800℉）下进行的。在一项调查中，在空气中进行循环氧化测试，每一次循环氧化测试包括以下步骤：将试样在980℃（1800℉）下加热15min，然后空冷5min，结果发现各种合金的性能按以下顺序减弱：Inconel合金600、Incoloy合金800，310型不锈钢、309型不锈钢、347型不锈钢和304型不锈钢。还做过类似的循环测试：在1150℃、1205℃和1260℃（2100℉、2200℉和2300℉）下加热50h，然后空冷到室温；结果表明Incoloy合金601具有最好的性能，其次是Inconel合金600和Incoloy合金800。另一项在空气中的氧化循环测试研究表明，铁基不锈钢，如E－Brite 26－1和446型不锈钢比310型和Incoloy合金800H具有更优良的性能。

包含多种商业合金在内的氧化数据库已经建立，包括不锈钢、Fe－Ni－Cr合金、Ni－Cr－Fe合金及高性能合金。研发的由天然气燃烧产生的炉气里的合金性能等级排名也已制定，与参考文献［7］中的结论相近。由参考文献［7］可知，在980℃（1800℉）下，304型不锈钢及316型不锈钢受到严重的高温氧化侵蚀，446型不锈钢受到中度侵蚀，Incoloy合金800和镍钴基合金等则受到较轻微的侵蚀。在1095℃（2000℉），446型不锈钢受到严重氧化，铁－镍－铬合金，如Incoloy合金800H和RA330，也受到严重的氧化。但许多镍基合金，氧化情况并不严重。在1150℃（2100℉），除少数镍基合金外，大多数合金的氧化情况非常严重。在1205℃（2200℉）下，除Haynes合金214外，所有合金都受到严重的侵蚀。

能够形成氧化铝保护层的214合金是最好的抗氧化腐蚀的合金，在各种测试温度下发生的氧化现象几乎是可以忽略不计的。与其他合金不同的是，当加热到一定温度时，该合金在表面形成 Al_2O_3，其他合金在表面则形成 Cr_2O_3。

（2）在渗碳气氛下炉子零件的腐蚀　渗碳产生的材料问题在渗碳炉零配件中是很常见的。渗碳炉中的气氛通常具有比炉子配件用合金明显要高的碳活度，因此，碳从渗碳气氛中转移到合金中，这就导致了合金渗碳，并且渗碳后的合金会变脆。采用保护性气氛来防止氧化，也就是使在炉气氛中的 CO/CO_2 比例保持在较高的值，从而产生较低的氧气分压：

$$CO+1/2O_2\rightarrow CO_2$$

但是，另外一个与之竞争的反应则要求 CO_2 要有较高的活度，以防止发生碳沉积：

$$2CO\rightarrow C+CO_2$$

这两个反应之间的强弱对比依赖于温度的高低，决定了热处理炉中配件的氧化、渗碳及脱碳的敏感性。

一般认为，镍基合金比不锈钢具有更强的抗渗碳性能。在1095℃（2000℉）下，在含有2%甲烷（CH_4）和98%氢气的混合气氛中进行了25h的试验，结果表明Inconel合金600、Incoloy合金800、310型不锈钢和309型不锈钢分别增重为 $2.78mg/cm^2$、$5.33mg/cm^2$、$18.35mg/cm^2$ 和 $18.91mg/cm^2$。目前，已经对包括不锈钢、Fe－Cr－Ni合金、Ni－Cr－Fe合金和镍－钴基合金等在内的22种商业合金进行了大量的试验研究。试验采用含有体积分数为5%氢气、5%甲烷、5%一氧化碳及85%氩气的混合气氛，分别在870℃（1600℉）和925℃（1700℉）下进行215h，在980℃（1800℉）下进行渗碳55h。结果表明，在进行试验的众多合金中，Haynes合金具有最强的抗渗碳化性能。

对渗碳、碳氮共渗以及中性淬火用的热处理炉进行了现场测试。与试验中的RA330和Incoloy合金800相比，RA333和Inconel合金601均表现出较好的抗渗碳性能。很明显可以看出，含有强碳化物形成元素的合金（如不锈钢），或者渗碳性较高的合金均表现出较差的抗渗碳性能。但是，合金如果含有弱碳化物形成元素（如镍和铝），则表现出较好的抗渗碳性能。

金属尘化是渗碳炉的另外一种常见的腐蚀形式。金属粉尘往往产生于含碳气体滞流的区域，合金常被快速消耗。腐蚀产物（或者废物）通常包括炭黑、金属、金属碳化物和金属氧化物。腐蚀通常从与炉子耐火材料相接触的金属表面开始，受到金属粉尘腐蚀的炉的配件包括风机轴、热电偶套管、探头和锚链。

金属尘化常发生在只含铬的钢、奥氏体不锈钢、镍基和钴基合金中，这些合金都会形成氧化铬，也就是说，当被加热到指定温度时，这些合金会生成 Cr_2O_3 膜。目前，还没有报道称金属尘化会产生在能形成更稳定的氧化物膜的合金上，如 Al_2O_3 膜，因为氧化铝比氧化铬的热力学稳定性更强。Al_2O_3 膜比 Cr_2O_3 膜具有更强的抗渗碳性能。因为金属尘化是一个渗碳的过程，所以能够形成氧化铝的合金，如 Haynes 合金 214，也可以防止金属尘化。从渗碳应用角度来看，RA333 比 RA330 更适合制作风机轴。

（3）燃料、焊剂和燃油诱发硫化　炉内气氛通常从燃料、特定工艺过程的焊剂以及待热处理工件上残余的切削液等来源中获取硫。炉内气氛中的硫，通过硫化腐蚀，大大降低了炉内各配件的服役寿命。众所周知，镍基合金因为会在 650℃（1200℉）左右形成融化的富镍硫化物，而极易受到硫化作用的影响，从而产生非常严重的后果。钴基合金抗硫化性能最好，其次是铁基合金，镍基合金则最差。铁基合金中，Fe－Ni－Co－Cr 合金 556 比 Fe－Ni－Cr 系合金（如 Incoloy 合金 800H、310 型不锈钢），具有更好的抗硫化性能。

2.10.3　耐热合金

耐热合金用于制作料盘、夹具及其他工业热处理炉的零件，适用温度为 540～1200℃（1000～2200℉）。典型的产品可以分为两大类。第一大类为穿过炉膛的零部件，因此要承受热冲击或者机械冲击，该类零件包括料盘、夹具、输送链和输送带、淬火夹具。第二大类为炉内零件，所受的热冲击和机械冲击较小，包括支撑梁、炉底板、燃烧管、辐射管、燃烧器、热电偶套管、辊子和滑轨、输送辊、步进梁、旋转式炉罐、井式炉罐、马弗罐、换热器、风扇、驱动鼓和惰轮鼓。

耐热合金通常需要锻造或者铸造成形，有些情况需要两种方式结合成形。虽然合金的化学成分相似，但是经过两种成形方式处理的性能和成本各不相同。因为有许多工厂和制造商在产品的设计和应用方面具有丰富的经验，所以购买高合金零件时向其咨询意见很重要。

耐热合金的五种基本类型：铁－铬合金、铁－铬－镍合金、铁－镍－铬合金、镍基合金、钴基合金。

绝大多数热处理炉只使用第二和第三种类型，因为铁－铬合金没有足够的高温强度。有些铁－铬合金（铬含量超过 13%），对 475℃（885℉）脆性敏感。由于温度的升高（如大于 980℃，或者 1800℉），镍基合金因其具有较高的蠕变断裂强度和抗氧化性，得到越来越多的应用。钴基合金，因成本太高，只在极特殊情况下应用。因此，本小节的讨论仅限于铁－铬－镍合金、铁－镍－铬合金和镍基合金的性能和应用。

在选择和设计高温条件下应用的材料时，室温力学性能指标的参考价值是有限的，但是可以用来检查合金的质量。这些性能可以参见 ASTM A297。铸造和锻造合金的高温性能分别参见表 2-45 和表 2-46。表格中包含了合金的名义化学成分，以及在 650℃、760℃、870℃ 和 980℃（1200℉、1400℉、1600℉和 1800℉）下经过 10000h 产生 1% 蠕变的蠕变应力值、经过 10000h 和 100000h 断裂的应力值。无须承受热冲击和机械冲击的且受热均匀的零件所需应力为经过 10000h 产生 1% 蠕变的蠕变应力值的 50%，但是需谨慎使用，且需与供应商确认。

表 2-45　铸造耐热合金的化学成分和高温力学性能

合金种类	级别	UNS 编号	化学成分（质量分数，%）			温度		经过 10000h 产生 1% 蠕变的蠕变应力值		经过 10000h 后的断裂强度		经过 100000h 后的断裂强度	
			C	Cr	Ni	℃	℉	MPa	ksi	MPa	ksi	MPa	ksi
铁－铬－镍合金	HF	J92603	0.20～0.40	19～23	9～12	650	1200	124	18.0	114	16.5	76	11.0
						760	1400	47	6.8	42	6.1	28	4.0
						870	1600	27	3.9	19	2.7	12	1.7
						980	1800	—	—	—	—	—	—
	HH	J93503	0.20～0.50	24～28	11～14	650	1200	124	18.0	97	14.0	62	9.0
						760	1400	43	6.3	33	4.8	19	2.8
						870	1600	27	3.9	15	2.2	8	1.2
						980	1800	14	2.1	6	0.9	3	0.4

（续）

合金种类	级别	UNS编号	化学成分（质量分数,%）			温度		经过10000h产生1%蠕变的蠕变应力值		经过10000h后的断裂强度		经过100000h后的断裂强度	
			C	Cr	Ni	℃	℉	MPa	ksi	MPa	ksi	MPa	ksi
铁-铬-镍合金	HK	J94224	0.20~0.60	24~28	11~14	650	1200	—	—	—	—	—	—
						760	1400	70	10.2	61	8.8	43	6.2
						870	1600	41	6.0	26	3.8	17	2.5
						980	1800	17	2.5	12	1.7	7	1.0
铁-镍-铬合金	HN	J94213	0.20~0.50	19~23	23~27	650	1200	—	—	—	—	—	—
						760	1400	—	—	—	—	—	—
						870	1600	43	6.3	33	4.8	22	3.2
						980	1800	16	2.4	14	2.1	9	1.3
	HT	J94605	0.35~0.75	15~19	33~37	650	1200	—	—	—	—	—	—
						760	1400	55	8.0	58	8.4	39	5.6
						870	1600	31	4.5	26	3.7	16	2.4
						980	1800	14	2.0	12	1.7	8	1.1
	HU	—	0.35~0.75	17~21	37~41	650	1200	—	—	—	—	—	—
						760	1400	59	8.5	—	—	—	—
						870	1600	34	5.0	23	3.3	—	—
						980	1800	15	2.2	12	1.8	—	—
	HX	—	0.35~0.75	15~19	64~68	650	1200	—	—	—	—	—	—
						760	1400	44	6.4	—	—	—	—
						870	1600	22	3.2	—	—	—	—
						980	1800	11	1.6	—	—	—	—

注：某些应力值是通过外推得到的。

表2-46 锻造耐热合金的化学成分和高温力学性能

合金种类	级别	UNS编号	化学成分（质量分数,%）				温度		经过10000h产生1%蠕变的蠕变应力值		经过10000h后的断裂强度	
			C	Cr	Ni	其他	℃	℉	MPa	ksi	MPa	ksi
铁-铬-镍合金	309S	S30908	0.08max	22~24	12~15	—	650	1200	48	7.0	—	—
							760	1400	14	2.0	—	—
							870	1600	3	0.5	10	1.45
							980	1800	—	—	3	0.5
	310S	S31008	0.08max	24~26	19~22	—	650	1200	63	9.2	—	—
							760	1400	17	2.5	—	—
							870	1600	9	1.3	13.5	1.95
							980	1800	—	—	4	0.6

（续）

合金种类	级别	UNS编号	化学成分（质量分数,%）				温度		经过10000h产生1%蠕变的蠕变应力值		经过10000h后的断裂强度	
			C	Cr	Ni	其他	℃	℉	MPa	ksi	MPa	ksi
铁-镍-铬合金	RA330	N08330	0.08max	17～20	34～37	—	760	1400	25	3.6	30	4.4
							870	1600	13	1.9	12	1.8
							980	1800	3.5	0.52	4.5	0.65
	RA330HC	—	0.4max	17～22	34～37	—	760	1400	47	6.8	54	7.8
							870	1600	18	2.6	18	2.6
							980	1800	5	0.7	5	0.7
	RA333	N06333	0.08max	24～27	44～47	3Mo，3Co，3W	760	1400	43	6.2	65	9.4
							870	1600	21	3.1	21	3.1
							980	1800	6	0.9	7	1.05
	Incoloy 800	N08800	0.1max	19～23	30～35	0.15～0.60Al，0.15～0.60Ti	760	1400	19	2.8	23	3.3
							870	1600	4	0.61	12	1.7
							980	1800	1	0.23	6	0.8
	Incoloy 802	N08802	0.2～0.5	19～23	30～35	—	760	1400	83	12.0	79	11.5
							870	1600	30	4.4	33	4.8
							980	1800	8	1.1	11.5	1.65
镍基合金	Inconel 600	N06600	0.15max	14–17	72min	—	760	1400	28	4.1	41	6.0
							870	1600	14	2.0	16	2.3
							980	1800	4	0.56	8	1.15
	Inconel 601	N06601	0.10max	21–25	58–63	1.0～1.7Al	760	1400	28	4.0	42	6.1
							870	1600	14	2.0	19	2.7
							980	1800	5.5	0.79	8	1.2

一般来说，这些材料包含主要的合金元素铁、镍、铬，也包含碳、硅、锰等影响铸造和轧制性能及高温性能的元素。镍元素主要影响了高温强度和韧性，铬元素通过在合金表面形成氧化铬的保护膜来增加抗氧化性。其强度随碳含量升高而升高。

从20世纪70年代中后期开始，开发了很多种类的耐热锻造合金，并且在热处理工业领域得到了应用。如Haynes合金230（UNS N06230）、556（UNS R30556），以及Inconel合金617（UNS N06617），最初应用于燃气轮机，具有较高的蠕变断裂强度，以及良好的抗氧化性、可加工性和热稳定性。这些合金通常称为固溶强化合金，使用钼和/或钨强化机制，也有通过碳化物强化机制。另一种高蠕变强度的合金，Incoloy MA 956，最初用于燃气轮机的燃烧室，通过生成氧化物弥散强化。这种合金利用金属粉末的高能铣削通过机械合金化过程制成。这些锻造耐热合金的化学成分和主要性能见表2-47。

表2-47 1975—1990年研发的新型耐热锻造合金

合金	UNS编号	化学成分（质量分数,%）								主要性能
		Fe	Ni	Co	Cr	Mo	W	C	其他	
253MA①	S30815	余量	11	—	21	—	—	0.08	1.7Si，0.17N，0.04Ce	抗氧化性
RA85H②	S30615	余量	14.5	—	18.5	—	—	0.2	3.6Si，1.0Al	抗渗碳性
Fecralloy A③	—	余量	—	—	15.8	—	—	0.03	4.8Al，0.3Y	抗氧化性

（续）

合金	UNS编号	化学成分（质量分数,%）								主要性能
		Fe	Ni	Co	Cr	Mo	W	C	其他	
HR-120④	—	余量	37	—	25	—	—	0.05	0.7Nb，0.2N	蠕变断裂强度
556④	R30556	余量	20	18	22	3	2.5	0.1	0.6Ta，0.2N，0.02La	蠕变断裂强度
HR-160④	—	2	余量	29	28	—	—	0.05	2.75Si	抗硫化性
214④	—	3	余量	—	16	—	—	0.05	4.5Al，Y（现在）	抗氧化性
230④	N06230	—	余量	—	22	2	14	0.1	0.005B，0.02La	蠕变强度/抗氧化性
Inconel 617⑤	N06617	1.5	余量	12.5	22	9	—	0.07	1.2Al	蠕变强度/抗氧化性
Incoloy MA 956⑤	—	余量	—	—	20	—	—	—	0.5Y_2O_3，4.5Al，0.5Ti	蠕变强度/抗氧化性

① 253MA 是 Avesta Jernverks Aktiebolag 公司的注册商标。
② RA85H 是 Rolled Alloys，Inc. 公司的注册商标。
③ Fecralloy A 是 UK Atomic Energy 公司的注册商标。
④ HR-120、HR-160、556、214 和 230 是 Haynes International，Inc. 公司的注册商标。
⑤ Inconel 和 Incoloy 是 Inco family of companies 公司的注册商标。

炉体铸件常用的合金基本上都是奥氏体结构。Fe-Cr-Ni 合金（HF、HH、HI、HK 和 HL）可能含有一些铁素体，这取决于余量元素的成分。如果暴露在 540～900℃（1000～1650℉）一段时间，这些组织将变成易脆的 σ 相，这种现象可以通过采用合适组分的镍、铬、碳及微量元素来避免。铬和硅促进铁素体的形成，但是镍、碳和锰则有利于形成奥氏体。Fe-Cr-Ni 系合金应用局限于温度稳定，且不在形成 σ 相的温度范围内。升温条件下，从铁素体到 σ 相的转变过程，伴随着较软的铁磁性材料向硬、脆材料的转变过程。所有的 Fe-Ni-Cr 系合金耐热合金是全部奥氏体化，且对余量元素不如 Fe-Cr-Ni 系合金敏感。另外，Fe-Ni-Cr 系合金奥氏体基体中含有粗大的原生含铬碳化物，在工作温度下，呈现出精细的沉淀碳化物。Fe-Ni-Cr 系合金比 Fe-Cr-Ni 系合金强度大很多，且在已知载荷设计时考虑强度的增加时，每个部件的成本可能更低。

料盘和夹具，特别是要经过淬火处理的，其服役寿命最好采用循环次数而不是小时数来测定。经过一定循环次数后，定时更换所有料盘可避免炉体损坏造成的停机，减小经济损失。链条和传送带，需要从室温到工作温度的循环操作，不如固定零件的使用寿命长，渗碳炉内的零件不如连续退火炉内的零件使用寿命长。

最后，合金零件的成本占据了热处理操作过程总成本中相当大的一部分，因此，对于整个过程中合金件的选择、设计及操作都应谨慎合理，以使成本保持最低。

2.10.4 铸造材料和锻造材料的对比

对炉体零部件及夹具用的铸件或者加工零件材料的选择，主要取决于具体工艺中热处理设备的操作条件，其次取决于操作过程中承受的应力。在操作和经济权衡时，必须检查温度、载荷条件、工作容量、加热速率和冷却速率等因素。其他影响因素，包括对炉体及夹具的设计、炉内气氛的种类、服役寿命的长短、模型有效性的选择。

一些影响合金零件服役寿命的因素，是合金材料的选择、设计、维护过程、炉温控制、气氛、大气污染、工作载荷、事故、移位次数、热循环和过载等，以上不是按重要性排序的。根据操作条件的不同，高合金零件的寿命可从几个月到几年不等。在特定应用条件的耐热合金的选择上，为获得最长使用寿命，所有的性能都应该根据操作需要进行考虑。

如果铸造或锻造合金制品都可以在实际中应用，两者都应该考虑。相似的合金组成的铸件或者锻件，可能会表现出不同的力学性能、不同的初始成本以及其固有的优缺点。铸件更适合制造形状复杂的零件，加工成形更适合制造形状相似的零件，但是整体的铸造和加工制造零件的成本，需要谨慎比较来确定。初始成本，包括模具成本、维护成本和预估寿命，是这种比较中包含的因素之一。重量较小的料盘和夹具，所需的加热燃料更少。相同化学组成的部件，其铸件形式比锻件形式强度更高。铸件比锻件产品更不易变形，但在温度有波动的条件下，更易断裂。关于铸件和锻件的选择，应基于实际优势，考虑到所有因素。

（1）通用注意事项 铸造和锻造合金得到了高温炉负载零件的设计者和使用者的认可。加热元件也可以铸造或者锻造，如图2-205所示。

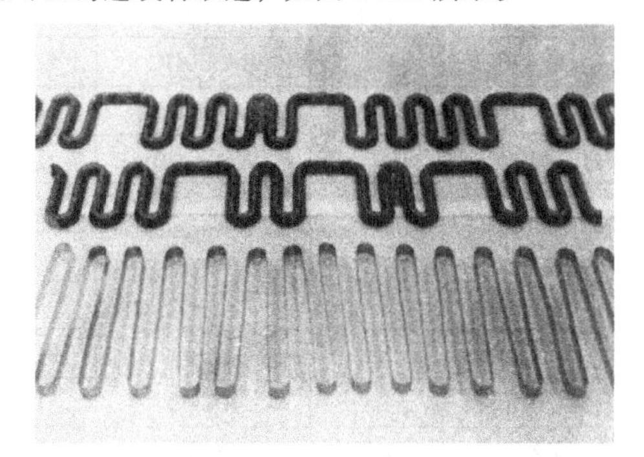

图2-205 铸造栅格状加热元件（上）和带状加热元件（下）

通常，如果铸件的碳含量和硅含量与锻造材料相比可以忽略，则每种类型的制造零件都有其一定的优势。总之，锻造等级规范中碳含量低于0.25%，很多碳含量名义上接近0.05%。相比而言，铸造合金的碳含量范围为0.25%～0.50%。这种差异对耐热强度有影响。高碳合金在热加工中遇到困难，可以解释其在锻造过程中的不足。铸件和加工制造部件并不总是竞争关系，单位质量产品都有其自身优势。铸造合金的优势包括：

1）初始成本较低。铸件基本上是铸造形成的，单位质量的成本通常比加工制造部件成本更低。

2）强度较高。具有相似的合金组成，在加热条件下，铸件比锻件强度更高。

3）形状比较复杂。有些设计可以铸造形成，但却不能通过锻造成形，而且即便可以锻造成形，成本也会增加。

4）化学成分。一些合金组成只能铸造，没有足够的韧性满足锻造加工。

锻造合金的优势包括：

1）截面尺寸。锻造成形对截面尺寸没有限制。

2）热疲劳抗力。锻造合金组织细小，延展性好，提高了抗热疲劳性能。

3）镦实性。锻造合金通常没有内部或外部缺陷，因其表面比较光滑，可避免局部过热。

4）可利用性。锻造合金通常有多种形式可供选择。

形状、复杂性及零件数量（最终影响成本）通常是选择铸件或锻件的决定因素。截面厚度和配置允许的情况下，铸造成本通常更低。加工制造零件的总成本通常较高，因其包含成形、连接及组装的费用。但是，如果只需要制造一种或者两种零件，模具的成本就把铸造排除了。

在能源消耗型热处理行业，使用锻造加工可以通过减少热处理时间周期来减少燃料消耗。从目前能源的价格水平来看，由于热效率的提高，锻造加工更经济。

锻造加工更适用于制造薄截面、重量轻或更大热导率的零件。而对于需要具有一定强度，或者承受或传递重载的厚壁，加工成本则过高。锻造材料更适用于渗碳或者碳氮共渗料筐。

在评估铸件和加工制造的时候，有一个因素必须考虑在内，这就是良好的焊接技术的重要性，尤其用于表面硬化气氛下的零件。由于在多道焊接过程中产生的焊接失效事故，铸件已经取代了加工制造的产品。

尽管铸造合金表现出了更高的高温强度，但很有可能在选择材料的时候过分强调了这一性能。强度不是唯一的必要条件，甚至通常不是主要因素。由于热疲劳产生的脆性断裂导致的故障比应力断裂和蠕变的还要多。但是，当在热循环要求严峻的情况下，高温强度是很重要的。

（2）具体应用 热处理炉内各种类型的零件和夹具用的合金，都是基于气氛和温度进行推荐的，总结见表2-48～表2-50。表中推荐了多种合金，每种都被证明足够有效，尽管每种合金暴露在不同的条件下而服役寿命长短不一。

表2-48 淬火、退火、正火、钎焊及去应力退火热处理炉用推荐材料

温度	炉罐、马弗炉、辐射管		网带	链节		链轮、辊子、导轨、料盘	
	锻造	铸造	锻造	锻造	铸造	锻造	铸造
595～675℃ (1100～1250 ℉)	430	HF	430	430	HF	430	HF
	304	—	304	304	—	304	—
675～760℃ (1250～1400 ℉)	304	HF	309	309	HF	304	HF
	347	HH	—	—	HH	316	HH

（续）

温度	炉罐、马弗炉、辐射管		网带	链节		链轮、辊子、导轨、料盘	
	锻造	铸造	锻造	锻造	铸造	锻造	铸造
675～760℃（1250～1400℉）	309	—	—	—	—	309	—
760～925℃（1400～1700℉）	309	HH	309	314	HH	314	HH
	310	HK	310	RA330HC	HL	RA330HC	HK
	253MA	HT	253MA	800H/800HT	HT	800H/800HT	HL
	RA330	HL	RA330	HR－120	—	HR－120	HT
	800H/800HT	HW	—	—	—	—	—
	HR－120	—	—	—	—	—	—
	600	—	—	—	—	—	—
925～1010℃（1700～1850℉）	RA330	HK	314	314	HL	310	HL
	800H/800HT	HL	RA330	RA330HC	HT	RA330	HT
	HR－120	HW	600	802	HX	601	HX
	600	HX	601	601	—	617	—
	601	—	214	617	—	X	—
	617	—	—	X	—	556	—
	X	—	—	556	—	230	—
	214	—	—	230	—	—	—
	556	—	—	—	—	—	—
	230	—	—	—	—	—	—
1010～1095℃（1850～2000℉）	601	HK	80－20	80－20	HL	601	HL
	617	HL	600	617	HT	617	HX
	X	HW	601	X	HX	X	—
		HX	214	556	—	214	—
	556	NA22J	—	230	—	556	—
	230	—	—	—	—	230	—
1095～1205℃（2000～2200℉）	601	HL	601	601	HX	601	HL
	617	HU	214	617	—	617	HX
	230	HX	—	230	—	230	—

表 2-49 渗碳炉和碳氮共渗炉零件及夹具推荐材料

零件	815～1010℃（1500～1850℉）		零件	815～1010℃（1500～1850℉）	
	锻造	铸造		锻造	铸造
炉罐、马弗炉、辐射管、风扇、结构零件	RA330	HK	炉罐、马弗炉、辐射管、风扇、结构零件	617	
	800H/800HT	HT		X	
	HR－120	HU		214	
	600	HX		556	
	601			230	

（续）

零件	815～1010℃（1500～1850℉）	
	锻造	铸造
风机轴	RA333	—
墩帽、导轨	RA330 800H/800HT HR－120 600 601	HT
料盘、料筐、夹具	RA85H RA330 800H/800HT	HT HT（Nb） HU
料盘、料筐、夹具	HR－120 600 601 1617	HU（Nb）
HL	X	HX
HX	556 214 230	

表 2-50 盐浴炉零件和工夹具推荐材料

工艺和温度范围	电极	料罐	热电偶保护管
205～400℃(400～750℉)盐浴淬火	低碳钢	低碳钢	低碳钢，446
400～675℃(750～1250℉)回火	低碳钢，446，35－18①	渗铝低碳钢，309	渗铝低碳钢，446
675～870℃(1250～1600℉)中性淬火	446，35－18①	35－18①，HT，HU，陶瓷，600，556	446，35－18①
870～940℃(1600～1720℉)渗碳	446，35－18①	低碳钢②，35－18①，HT	446，35－18①
1010～1315℃(1850～2400℉)工具钢淬火	低碳钢③446	陶瓷	446，35－18①，陶瓷

注：对于某一具体的零件和工作温度，推荐了不止一种材料，每种材料都可以在实际服役条件下取得令人满意的结果。表中列出的多种材料是按合金含量（陶瓷零件除外）增加的顺序排列的。

① 一般是 35Ni－15Cr 系列合金，或者在 30%～40% 范围内调整 Ni 含量，在 15%～23% 范围内调整 Cr 含量，包括 RA330、35－19、Incoloy 及其他专有合金。

② 仅限于插入式电极的热处理炉。

③ 低碳钢仅限于埋入式电极的热处理炉。

2.10.5 典型应用

（1）料盘和栅格　很多待热处理工件形状不规则，因此必须通过连续式热处理炉传递或者从间歇式炉中的料盘（图 2-206）和栅格上装载或者卸载。这些料盘和网格必须和产品一样承受相同的炉内条件：进行反复的加热和冷却，以及承受重复的压缩及拉伸载荷。尽管有采用无碳或者低合金钢制造的料盘实例，但应用最广泛的还是耐热合金。在这些实例中，是从特定情况的经济角度进行选择的，并综合考虑材料成本和预期寿命。

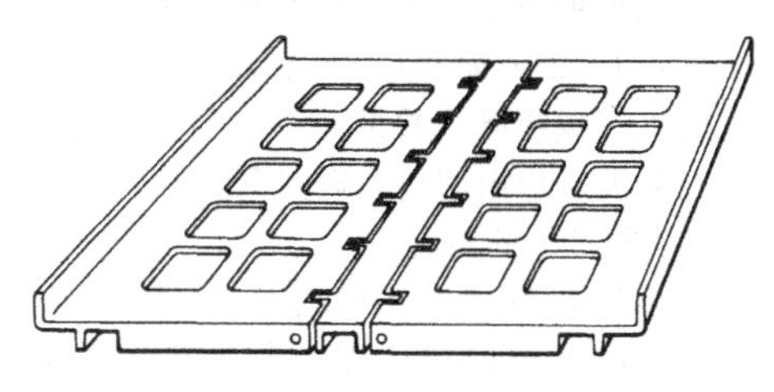

图 2-206　辊道炉用铰接料盘

15 种常用耐热合金中的 2/3，都在热处理工业领域有应用。其中，一半被推荐用于料盘和栅格。这些特定合金的选择，要根据不同温度下的强度、延展性和耐氧化腐蚀性能。

在炉温为 650～870℃（1200～1600℉）时，料盘和栅格采用的奥氏体不锈钢中 Ni 含量为 10%，但是，随着服役温度的升高，如升高至 1040～1150℃（1900～2100℉）时，需要的 Ni 含量应增加至 20%。如果料盘或工夹具需要承受快速加热和冷却的热冲击，则可能需要选择更高 Ni 含量的合金。根据料盘的使用环境，必须要考虑增加 Cr 含量，以提高抗氧化性和抗高温腐蚀性能。如果料盘是在高硫环境下使用，则须选择含有相当高的 Cr 含量和中等 Ni 含量的合金。有些合金含有相对大量的 Si，以防止在渗碳过程中产生碳化（图 2-207）。

市售耐热合金中有足够的选择来满足各种具体的应用条件。合金生产商和供应商、铸造和加工制造的产品，都是宝贵的信息资源，涉及服役寿命、

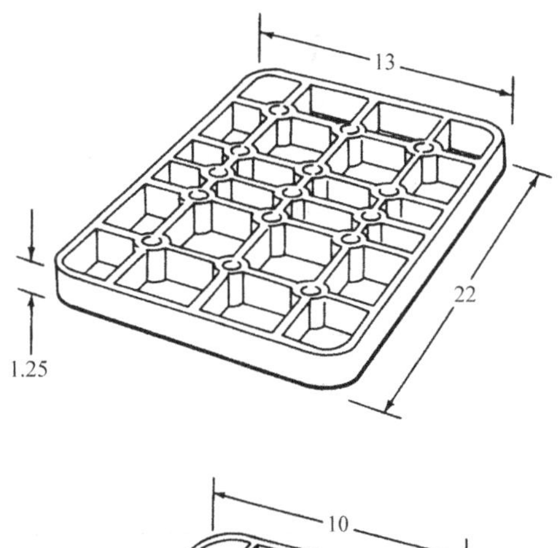

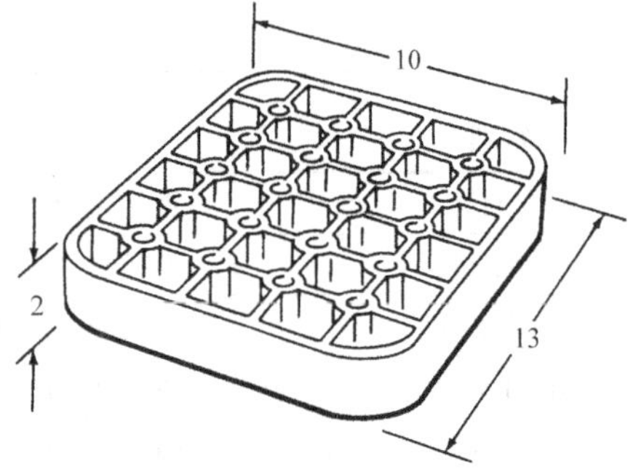

图 2-207 典型的 HT 合金渗碳炉料盘

注：图中尺寸的单位为 in。

设计考虑因素和制造。一般情况下，料盘和栅格应有足够的截面尺寸，在具体的载荷条件下提供合理的使用寿命。过重的料盘能够提高服役寿命，但每个循环加热料盘而增加的能源消耗抵消了其增加寿命而节省的成本。有时，可把料盘里的材料结合起来，在保持最小重量的情况下提供足够的强度。例如，在用于极长推杆式炉的铰接料盘里，承受推杆压力的料盘的 Ni 含量，比承受垂直载荷的支撑结构的要高，这些支撑结构需要承受每一个料盘的压缩载荷。这种双合金料盘，代表了重量、成本和服役寿命的综合考虑。此外，服役寿命受料盘冷却过程的影响极大，而且一般情况下，均一的截面尺寸可以减少冷却和加热过程中的热收缩或膨胀的应力。

在选择料盘和栅格用的合金时，所有的服役条件都应该被考虑在内。不同于炉子的结构部件，料盘面对着每个循环中的交替加热和冷却。冷速可以像淬火一样快，也可以像炉冷一样慢。在所有的服役条件都已知而且考虑在内的情况下，适当地选择合金能够确保足够的服役寿命。

(2) 料筐和夹具　很多情况下，待热处理零件的尺寸不能直接装载在炉膛、料盘或者栅格上，而是需要某种容器，比如料筐。料筐的设计多种多样，因为每一种料筐要与特定的炉型进行配合使用和装载。

铸造和锻造合金都可以用来制造料筐和夹具。加工制造的零件，常用于轻型到中型载荷、奇特复杂的设计和形状，以及较轻的金属部件。通常，这些零件包括条形架料筐（图 2-208）或者瓦楞箱盒子或护罩。涉及重载或者简单的形状和设计应用时，通常选择铸造合金，特别是大型井式炉料筐（图 2-209）。

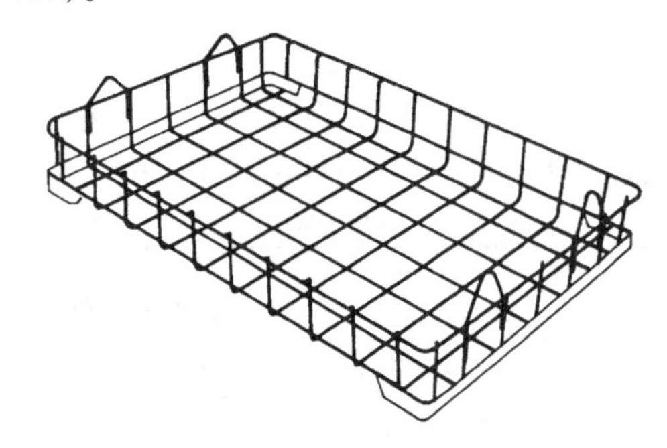

图 2-208　条形架料筐

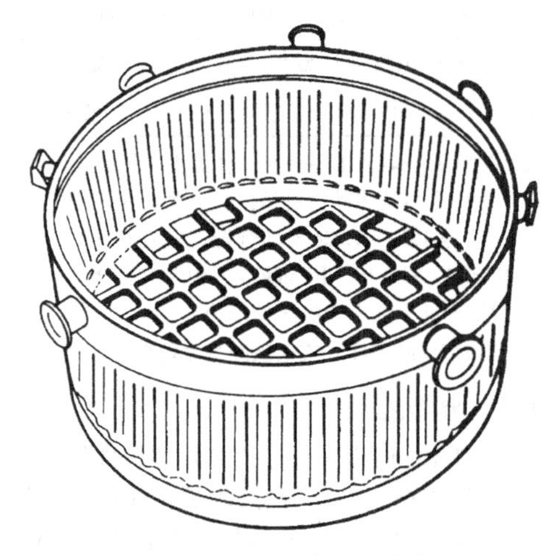

图 2-209　大型井式炉料筐

在具体的应用中，零件可能需要特别定位。这就需要夹具来实现，这些夹具适用于料盘或栅格，或者在某些情况下，直接放进料筐或者容器内。这些零件可以是简单的形状，如圆形、方形、长方形或者是带凹槽的条形，也可以是极其复杂的形状。图 2-210 ~ 图 2-212 所示为这些夹具实例。图 2-210 所示为用于放置渗碳齿轮的料盘或夹具。图 2-211 所示为割草机刀片用的热处理夹具。图 2-212 所示为用于轴类热处理的夹具。

在大多数情况下，工作温度为 790 ~ 1010℃ (1450 ~ 1850℉)，这种产品的材料通常含有名义组成 35Ni - 15Cr，可提供充分稳定的奥氏体组织，几乎没有任何的易脆相。此外，在吸热式、放热式、

图 2-210 放置渗碳齿轮的料盘或夹具

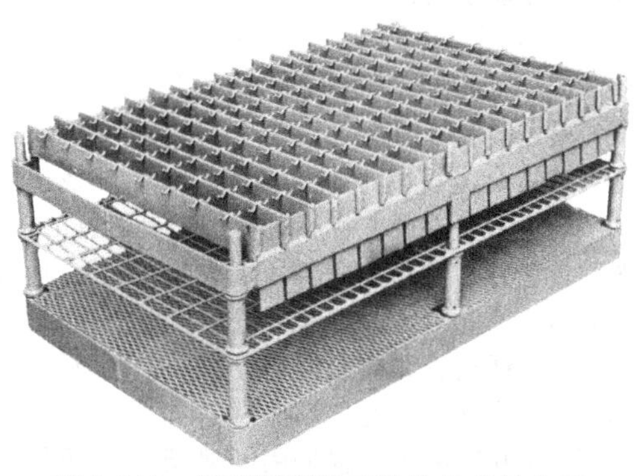

图 2-211 用于割草机刀片热处理的夹具

图 2-212 用于轴类热处理的夹具

惰性气氛，甚至是合理控制的天然气、空气或氨，特别是用于气体渗碳或者气体渗氮的过程中，还能够具有合理的成本和寿命比。对于淬火，含 35Ni－15Cr 的合金具有可接受的使用寿命，但是在剧烈淬火的应用里，根据产品的成本和寿命比，可以考虑高 Ni 合金或者 HX。如果在较高温度下，过度氧化或者渗碳，应该考虑增加合金的 Ni－Cr 含量。对于碳氮共渗和渗氮，为保证最佳成本和寿命比，应增加合金的 Ni 含量。

在真空炉里，根据工作温度的不同，各种耐热合金都有应用。这种情况下，主要的控制因素是合金的蠕变断裂强度。畸变和扭曲的组合通常是主要的失效形式，应当注意这些合金内任何元素的蒸发。在特定参数的应用时，不能使用传统合金，可以使用钼制品，提供没有空气和氧气的环境，因为在较高的温度下，氧化的灾难性后果非常显著。

对于料筐和夹具，在较低温度 260～595℃（500～1100℉）下，需要重组，采用的材料是 304 型、309 型和 310 型不锈钢。如果是在 595～815℃（1100～1500℉），应注意可能形成 σ 相，主要是在 309 型和 310 型不锈钢中。此外，304 型不锈钢暴露在此温度范围内时，形成了一些易脆碳化物。因此，当温度在 595～815℃（1100～1500℉）之间时，Fe－Ni－Cr 合金，如 35Ni－15Cr 和 35Ni－20Cr 是普遍适用的。

值得注意的是，在料筐和夹具的使用过程中，定期校直和重焊可以极大地提高产品寿命，以及成本和寿命比。

（3）滑轨、炉膛零部件和辊子　某些炉子零件在选择某种特定的设计或者合金时，要考虑附加的使用条件。这组零件包括连续式炉中输送系统的零件，由于产品和料盘接触而磨损。此外，这种接触或者磨损发生在温度升高的过程中，使合金强度降低。合理地选择一种高温服役环境下的具体合金和陶瓷，要考虑很多因素。其中一个重要因素是，对于滑动或滚动接触的零件，避免选择同一成分的组成，以避免磨损和卡住。例如，选择制造滑轨（图2-213）的合金，有必要考虑滑轨是否被冷却，如果是，是用什么方法，是否指定了足够的膨胀空间，界面处的接触面积大小，以及滑轨如何支撑及间隔。因此，可以推断，滑轨的设计和合金的选择是炉子设计的主要部分，同样的原则也适用于辊子和炉膛零部件。

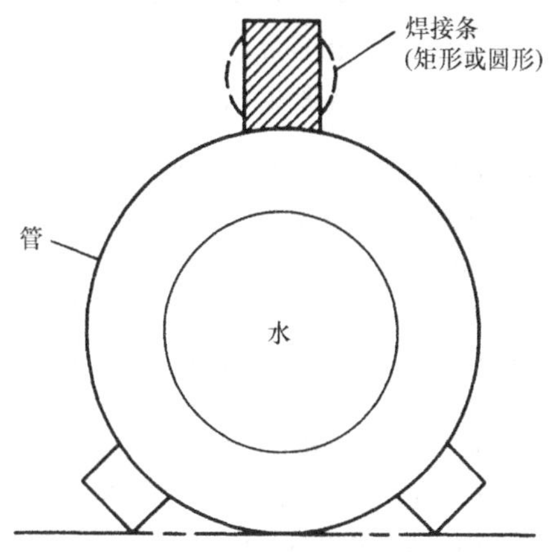

图 2-213 带焊接条的水冷滑动管

在热处理炉应用中，影响辊子的最大单一因素可能是辊子的支撑或轴承。在辊底炉中，辊子通过炉壁伸出，辊子轴承可以在相对降低的环境温度下运行（图2-214）。但是，在一些辊盘炉内，单个辊子在炉中加热区域内运行，辊轴必须在没有润滑的精密轴承的条件下在滚动支座上旋转。炉膛零部件通常不转动或者是不动的零件，大多数情况下，是由耐火墩或者耐火壁架支撑。炉膛零件几乎总是承受压缩载荷，尽管有时承受侧向推力或者弯曲。当选择这些应用的合金时，需要考虑到预期载荷要求的高温力学性能。

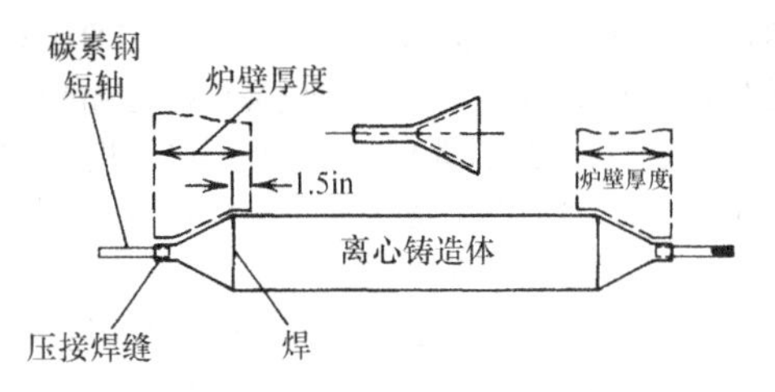

图2-214　薄壁炉用辊

（4）传送带　传送带广泛用于钎焊炉、烧结炉及碳氮共渗炉。编织网带或者网带通常用于轻型装载，但是铸造链带用于重载设计要求。图2-215所示为100mm（4in）节距的组装链带以及驱动鼓。

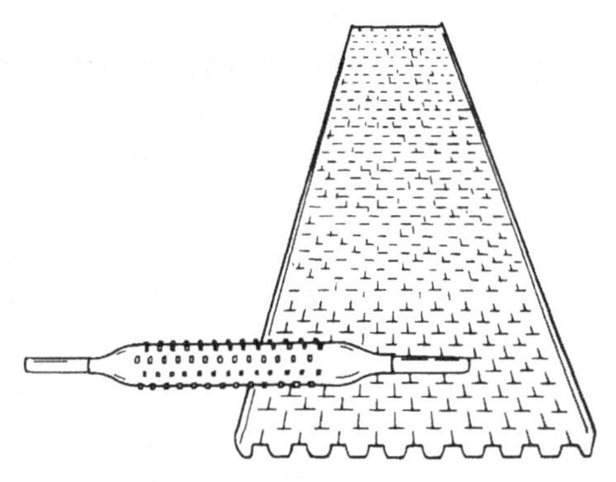

图2-215　100mm（4in）节距的组装链带以及驱动鼓

当网带用于260～790℃（500～1450℉）时，可以选用中碳钢（1040级和1055级），最高使用温度不超过540℃（1000℉）。对于更高温度的情况，应选择含有1%～5%Cr的材料，或者是430型不锈钢。通常不选用304型、309型和316型不锈钢，由于在这个温度范围内会有碳化物析出倾向，或者形成σ相。如果需要选用不锈钢，可以选用347型，其含有稳定的铌，且几乎没有碳化物析出沉淀。

在温度范围为790～1205℃（1450～2200℉）使用下的网带合金是35Ni-15Cr（RA330）、80Ni-20Cr、314型不锈钢、合金600、合金610和合金214。后面的三种镍基合金可以在更高温度范围（980～1205℃，或者1800～2200℉）下使用。根据设备的温度、气氛、可能的工艺污染物及成本和寿命比，选择合适的合金。除了材料的选择，网带应用的其他关键因素是网带支撑、驱动系统、合适的张力及侧行程控制。

在重载应用中，通常使用铸造链网带。这些应用的温度范围为790～1095℃（1450～2000℉），而不是在260～790℃（500～1045℉）的低温范围内。因此，除35Ni-15Cr（HT）外，类似于高温网带合金的材料是最受欢迎的合金。它可应用于大多数传统的热处理设备，如淬火、气体渗碳及气体碳氮共渗中。铸造环节通常采用较高碳含量的锻造35Ni-15Cr合金进行组装。在铸造链网带的应用中，要考虑支撑、驱动系统、张力及侧行程等因素。

（5）辐射管　辐射管可采用陶瓷（见本章2.10.6“碳化硅辐射管”一节）、铸造合金、锻造合金或者是铸锻组合的合金等制成。在大多数应用中，铸造和锻造合金可以根据成本和寿命比互换使用。因为减轻重量可直接节省燃料（加工制造管的重量为等效铸造管的1/4），所以可选择加工制造。而且，加工制造管的光滑表面有助于避免集中或者加速腐蚀的焦点。锻造管完整光滑的界面，允许最佳设计应力，并且有助于防止积灰。

图2-216所示为渗碳炉用的典型U形辐射管。有些炉子用直的辐射管。辐射管用的锻造合金包括309型不锈钢、310型不锈钢、RA330合金、800H合金、601合金、230合金及214合金。大多数辐射管内径有天然气燃烧。辐射管的内径需要承受氧化，辐射管外径暴露在炉内气氛中，因此，炉内气氛影响合金的选择。例如，渗氮气氛需选择镍基合金。但是，含硫量高的气氛，不推荐使用镍基合金。

除温度和气氛外，还要考虑辐射管的设计，以适应合理的扩张和收缩，水平装置的安装，和燃烧器的定位，以防止火焰冲击。这些考虑因素以及允许的散热率，同材料的选择一样，影响着辐射管的服役寿命。

（6）料罐　在选择熔铅及熔盐的料罐材料时，炉子的设计是最重要的考虑因素。外部加热罐在加热区和工作区之间起缓冲或屏障的作用。这种类型的服役条件是苛刻的，因为内外温度的巨大差别，特别是当熔炉被加热到工作温度，料罐的外部承受最大的热量输入，内部的铅或者盐仍是固体。

当熔炉是被埋入式电极加热时，料罐完全与空气隔绝，料罐内部被熔池保护。这种类型的装置，

a)

b)

图 2-216　U 形辐射管
a）耐热合金管　b）碳化硅管

比外部加热罐的持续时间长得多。由于环境的原因，盐浴操作，如氰化盐的使用，已经大大减少。最受欢迎的是中性盐和铅。盐罐选用的合金与盐的组成直接相关。

铸造和锻造加工合金均可用于料罐。但是，由于铸造罐的使用在一定程度上受到限制，加工制造料罐的应用更为广泛。碳素钢料罐，可以在 260 ~ 540℃（500 ~ 1000℉）范围内使用。对于在 540 ~ 815℃（500 ~ 1000℉）范围内，可使用 309 型不锈钢、35Ni - 15Cr 合金及高镍合金。

（7）电极　电极用耐热合金的选择主要取决于所用炉的类型。中性盐浴炉的电极最常用的合金是 446 型不锈钢。插入式电极沿着与其接触的盐浴界面线迅速退化，这称为空气 - 盐浴界面腐蚀线（air - line attack）。埋入式电极，通过炉侧进入炉内，不会暴露在空气中，使用时间更长。这种类型的电极仅在陶瓷罐中使用。

在起动过程中，电极沿着与盐接触的直线迅速退化。在操作过程中，保持电极刚好在盐的凝固点以上短暂停留，可以获得更长的服役寿命。这种做法不仅能延长电极的寿命，而且能减少起动冷浴的单调工作。在大约 700℃（1300℉）下，保持一个绝缘良好、未使用的炉子需要很少的功率。

（8）蒸馏罐和马弗罐　它们用于热处理炉，把被加热的材料与燃烧产物隔离开来，一些实例中，用于容纳气氛，否则会从多孔容器中跑出。大多数情况下，马弗罐可以用金属材料或者非金属材料制成。典型的 D 型马弗罐内部炉膛如图 2-217 所示。

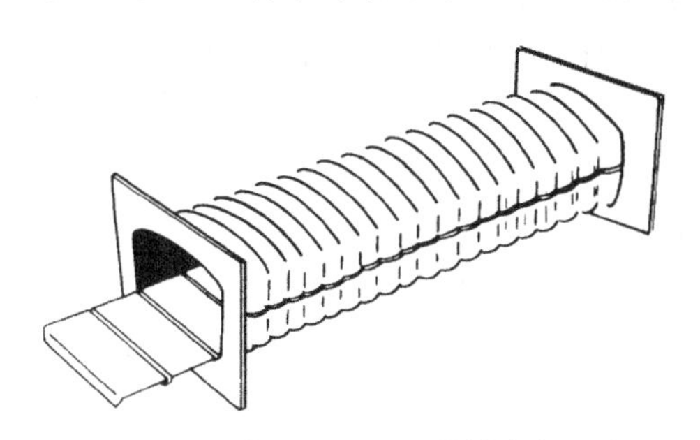

图 2-217　典型的 D 型马弗罐内部炉膛

马弗罐是高温合金应用中单独的一类。这是一种重要而且不同的约束应用，因为用于将马弗罐内部温度提高到合适的工作温度所需的热量来自外部。所选择的材料和设计，必须要能够承受炉内的温度和腐蚀条件的严峻考验，而且不能严重阻碍热传递。设计必须能够允许膨胀和收缩，密封性好，并提供最大面积的散热表面，因为大多数马弗罐不包含内部再循环特征。正因如此，很多铸造或者加工制造的马弗罐被设计成波纹状。这种波纹状结构增大了散热面积，同时有助于承受马弗罐不断循环到工作温度产生的膨胀和收缩。热量被传递到马弗罐的内壁散热面。为了产生热传递，马弗罐壁两侧必须有温差。温差与马弗罐壁厚成正比。采用厚壁结构，必须提高炉外温度，以使炉内达到特定温度。马弗罐的材料选择应能保证合金含量（代表强度）、成本以及壁厚之间的平衡。

（9）成本　任何特定炉子的零件和夹具的成本都会随着合金含量的增加而增加，尽管与合金的基本成本不一定是相同的比例。有些合金，不管型号是否相同，成本几乎相同。

为了更有意义，炉子零件和夹具的成本估算需要基于其运行时间的长短。在很多情况下可以证明，更贵重的金属成本更低。例如，对比表明，用于油淬渗碳料盘的合金中，HU 比 HT 更便宜，而用于油淬渗碳夹具的合金中，HW 比 HT 更便宜。另外，比如钎焊带，按每小时成本计算，初始成本较低的合金也可能更便宜。

从实际应用的角度来看，即使是每服役小时的成本数据也可能是不完整的。对于一些零件来讲，应考虑其他的因素，特别是更换的人工成本、停工期间生产效率的损失，以及发生故障时损坏其他零件的可能性。

2.10.6 碳化硅辐射管

硅/碳化硅复合材料和反应烧结的碳化硅辐射管，在世界范围内工业炉领域内得到了广泛的应用。氧化物陶瓷材料，如莫来石和氧化铝，已不再用作辐射管材料。这些材料的热导率较低，且容易受到热冲击。正是因为这些原因，这些材料在工业炉中的应用越来越少。

硅/碳化硅复合材料和反应烧结的碳化硅，尽管非常相似，却又有不同的材料特性，本小节将对此进行简要总结。每种材料的一般属性见表2-51。硅/碳化硅复合材料管，通过移动热区（感应线圈）在真空下逐步熔化/渗透粉末预制块制成。反应烧结的碳化硅管通过挤压或者粉浆浇注，然后在真空炉里渗硅制成。复合材料和反应烧结材料的孔隙率均为零。

表2-51 反应烧结的碳化硅和硅/碳化硅复合材料的性能对比

性能	硅/碳化硅复合材料	反应烧结的碳化硅材料
化学组成（质量分数）	50% Si 和 50% SiC	11% Si 和 89% SiC
室温下强度/MPa（ksi）	59（8.5）	239（34.6）
1010℃（1850℉）下强度/MPa（ksi）	65（9.5）	277（40.2）
发射率	0.92	0.92
热胀系数/[mm/(mm·℃)][in/(in·℉)]	4.1×10^{-6}（2.3×10^{-6}）	4.9×10^{-6}（2.7×10^{-6}）
密度/[g/cm^3(lb/in^3)]	2.8（0.10）	3.09（0.11）
孔隙率（%）	0	0
弹性模量/GPa(10^6psi)	155（22.5）	360（52.2）
最高使用温度/℃（℉）	1345（2450）	1380（2515）
熔点/℃（℉）	1410（2570）	1410（2570）
室温下的热导率/[W/(m·K)][Btu·in/(ft^2·h·℉)]	129（894）	160（1109）
1200℃(2200℉)下的热导率/[W/(m·K)][Btu·in/(ft^2·h·℉)]	28.4（197）	23.9（166）

使用复合材料管或者反应烧结管的基本优势是双重的。两者都可以避免金属材料遇到的蠕变变形问题，如图2-218所示。大多数情况下，合金管的服役寿命为1~5年不等（具体取决于合金的选择和服役条件）。许多碳化硅管已经连续服役15年。在正常工作条件下，碳化硅管应该能永久连续使用。

图2-218 辐射管高温（1350℃，或2460℉）蠕变断裂试验的对比

注：左为360h后的硅/碳化硅复合材料，右为1h后的Ni-Cr-Fe合金。试验在High-Tech Ceramics，Alfred，NY上完成。

但是，由于碳化管具有相对低的断裂韧性，不适用于可能受到机械冲击的使用情况。

其次，因为碳化硅管具有高发射率和高比热容，两者能够显著提高传热效率。所有这些先进材料的制造商表明，可以维持的最高服役温度达1340℃（2450℉）。这又相应地导致了其热通量为镍铬合金管的两倍。辐射传热是管子温度的四次方。图2-219表明热传递速率可能是因为高温性能而得到的。生产率和生产量的提高是选用这些新材料的主要因素。

碳化硅也具有优良的抗热冲击性和高导热性。加强内部结构如螺旋内翅片管（图2-220），可进一步提高传热效率。传热特性以及具有的加强表面几何结构的能力，使其成为先进换热器的理想材料。许多先进的燃烧器系统采用集成换热器，采用高温废气，在管内使用一根管子对进入的低温助燃空气进行预热。这种设计提高了效率，但是内管或者火焰管的温度过高（将导致传统合金管的过早失效）。

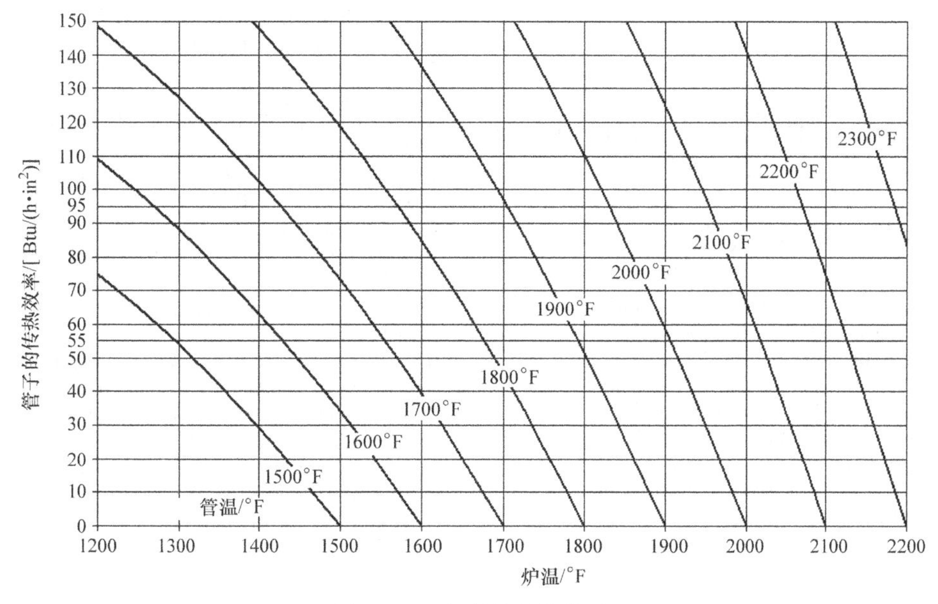

图 2-219　辐射管的热传递

自从 20 世纪 80 年代以来，碳化硅管取得了日益增加的市场份额。其中部分原因是先进的燃烧器系统如单端蓄热式燃烧器（图 2-221）和废气再循环装置的燃烧器。工业界也越来越多地改用碳化硅管作为火焰管和热辐射管。燃气炉和电加热炉都采用了碳化硅管。在电加热炉中应用时，必须注意将加热元件从管中分离出来，因为这些加热元件是导电的。与金属合金管相同的预防措施也是必要的。

硅/碳化硅复合材料管适合于大多数热处理应用，并已成功地应用于下列热处理工艺：退火、渗碳、硬质合金固溶处理、中性淬火、碳氮共渗、铁素体氮碳共渗。

气氛包括：吸热式（浓型和淡型）、富碳气体、富氨气体、氮气、混合吸热式和氨气（50/50）。

首先开发的是开口管，随后制造商生产了封闭的法兰管，主要用于先进的燃烧器系统。最近，旨在减少排放、提高工作效率的更为先进的燃烧器系统采用了碳化硅的内部组件。近期另一个开发应用则是由硅/碳化硅复合材料制成的直管和由反应烧结的碳化硅制成的弯管联合制成的 U 形管（图 2-216b）。所有这些结构都已用于垂直和水平方向应用。特别是在水平方向应用中，碳化硅优异的抗蠕变性避免了合金管蠕变引起的下垂现象。无论是复合材料还是反应烧结材料都不适合在熔融铝或锌中浸泡。浸没式燃烧器系统要求使用氮化物键合碳化硅材料，这是一种完全不同的材料。氮化物键合碳化硅材料的导热性不是很好，因此很少作为气氛炉中的辐射管使用。然而，它却是能够在熔融铝和锌中使用的少数几种材料之一。

图 2-220　用于改善热传递的内翅片管

图 2-221　碳化硅换热器/燃烧器喷嘴

致谢

本节的编辑对提供碳化硅复合材料管的 Mike Kasprzyk of INEX Inc. 公司表示感谢！

参考文献

1. C. Soares, Ed., *Process Engineering Equipment Handbook*, McGraw-Hill, 2002, p M-34
2. B. Mishra, Corrosion of Metal Processing Equipment, *Corrosion: Environments and Industries*, Vol 13C, *ASM Handbook*, ASM International, 2006, p 1067–1075
3. N.P. Lieberman and E.T. Lieberman, Ed., *Working Guide to Process Equipment*, McGraw-Hill, 2003, p 430
4. E.N. Skinner, J.F. Mason, and J.J. Moran, *Corrosion*, Vol 16, p 593
5. Inconel alloy 601 brochure, INCO Alloys International, Inc.
6. F.K. Kies and C.D. Schwartz, *J. Test. Eval.*, Vol 2 (No. 2), March 1974, p 118
7. M.F. Rothman, Cabot Corporation, private communication, 1985
8. D.E. Fluck, R.B. Herchenroeder, G.Y. Lai, and M.F. Rothman, *Met. Prog.*, Sept 1985, p 35
9. INCO Alloys International, Inc., unpublished research
10. G.Y. Lai, in *High Temperature Corrosion in Energy Systems*, M.F. Rothman, Ed., Symposium Proceedings, The Metallurgical Society, 1985, p 227, 551
11. G.R. Rundell, Paper 377, presented at Corrosion ‘86 (Houston, TX), National Association of Corrosion Engineers, March 1986

第3章 淬火冷却介质与冷却技术

3.1 铁基合金热处理用淬火冷却介质

Scott MacKenzie, Houghton International

3.1.1 淬火冷却机制

如果所有工件的形状是相同且对称的（没有异形表面），并具有相同的尺寸和重量，则容易获得需要的硬度。但实际上，这样的情形几乎是不存在的。工件的形状尺寸、淬火冷却介质的冷却能力、使用温度和搅拌程度等是选择合适淬火冷却过程时需要重点考虑的变量。

淬火冷却机制涉及因素较多，这里仅讨论快速冷却。这些因素包括：

1）影响表面传热的工件内部因素。

2）影响传热的表面及其他外部因素。

3）常规温度和压力情况下（标准条件），静态淬火冷却介质的传热能力。

4）搅拌、温度和压力变化引起的非标准条件下，介质传热能力的改变。

这些因素可以列举在图3-1中。这是炉中加热后齿轮侧在静止的可汽化液体中淬火的传热情况。

图3-1显示出表面不规则形状对从心部到冷却区域的传热的影响。齿根部温度高，表面集聚了大量汽泡。如果齿轮是表面感应淬火或者火焰淬火，在不规则形状的表面会形成薄而均匀的加热层，表面传热会快而均匀，因为热量也会向没有加热的心部传递。凹槽、孔（通孔或者不通孔）以及相对较小的表面积体积比都显著影响工件和介质之间的热交换。

工件淬入、沸腾带来的扰动和对流都会使静态的冷却介质不可避免地有某种程度的运动。这种微小的运动会将累积在工件表面的热量传递到周围的大量介质中，使靠近表面附近的介质温度升高，甚至沸腾，从而影响相应的冷却效果。可汽化介质在所有操作温度下都会汽化，但超过沸腾温度，会急剧汽化以致在工件表面形成一层蒸汽膜，只要辐射的热量足够，这层蒸汽膜会一直存在（图3-1）。在某一温度以上，表面被蒸汽膜完全覆盖，该温度称为介质的特性温度。

温度降低后，形成的汽泡尺寸会随着液体、蒸汽和固体间张力而变化。可能在别处形成尺寸小、数量多而易脱附表面的汽泡，也可能在某处形成尺寸大、数量少但黏附在固体表面的汽泡（图3-1）。对于任何可汽化液体而言，机械式集聚的汽泡会降低该区域的传热。显然，人们期望淬火冷却介质蒸发性低一些。除工件表面形状外，影响淬火冷却介质传热能力的因素还有：

1）工件淬入油、盐水或水基溶液时其表面沉积的固体颗粒。

2）聚合物或其他溶液在液气界面可能形成的黏稠层。

3）液体介质本身的变化（如油的降解）而引起的表面颗粒沉积或变化，同时，也影响介质黏度变化。

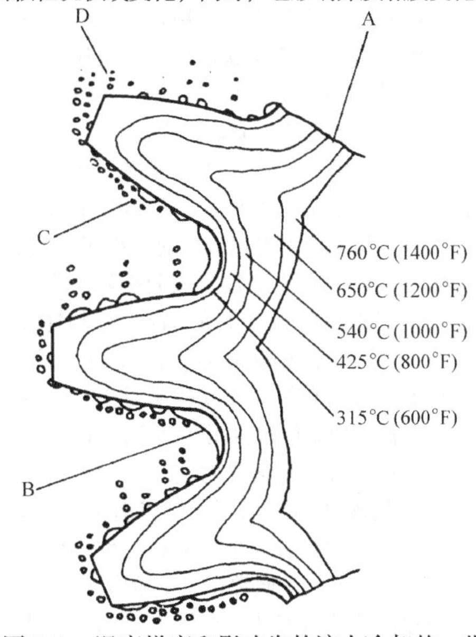

图3-1　温度梯度和影响齿轮淬火冷却的一些主要因素

A—从齿轮高温心部到表面的热流　B—由于热量积聚和搅拌微弱，蒸汽膜仍得以维持　C—汽泡逐渐凝结　D—汽泡逸出和冷凝

4）液体介质中的低沸点组分的永久挥发消失。

为精确描述颇为复杂的淬火冷却机制，最有效的方法是在控制条件下测定淬火冷却介质的冷却曲线。淬火冷却曲线模拟实际的应用过程，因此，前面提到的可能影响淬火冷却介质冷却能力的因素也会反映在冷却曲线上。冷却曲线可以用与工件相同材料制成的探头，加热后在介质样品中进行淬火冷却来获得。但为避免氧化皮和省去加热时的气氛保护，有时用不锈钢来制作探头。在探头上配装一支或者数支热电偶并配以高速记录仪以记录其温度变化，就可得到温度-时间的变化曲线来反映淬火冷却介质的传热特性。

虽然传热测定常采用奥氏体不锈钢探头，但在钢铁材料中还要考虑从奥氏体到铁素体的相变潜热。ASTM 6200 描述的用奥氏体态高镍铬合金探头，消除了氧化问题和相变潜热，因而得到了广泛使用，但也有用银或其他材料制成的探头。必须了解探头的具体材料，因为不同的探头测得的冷却曲线不能进行比较。

当热工件淬入液体介质时，会出现三个冷却阶段：蒸汽（或蒸汽膜）阶段、沸腾（或核沸腾）阶段、对流阶段。

热工件淬入后首先在其表面形成一层蒸汽膜，传热很慢，主要是通过蒸汽膜的辐射传热，也会有一些通过蒸汽膜的传导传热。这层蒸汽膜很稳定，主要要靠搅拌和速冷剂降低其稳定性以去除之。该阶段常与淬火过程的表面软点相关。高压喷射或者强烈搅拌有助于消除蒸汽膜，否则，蒸汽膜阶段的过分延长会带来不期望的微观组织。

淬火冷却中的第二个阶段是沸腾，与工件表面接触的蒸汽膜碎裂成上升汽泡，是最快的淬火冷却阶段。汽泡会从表面带走热量，而且由于介质运动，冷的介质替换热的介质直接与表面接触。很多淬火冷却介质使用添加剂增加介质的最大冷却速度。沸腾阶段在工件表面温度降到液体沸点以下就会停止。对于易变形工件，在保证淬硬的基础上，可使用高沸点油或熔盐，但它们很少用在感应淬火上。

淬火冷却的最后阶段是对流。该阶段发生在工件温度降低到液体沸点以下，凭借对流进行传热。传热效率取决于比热容、热导率和工件表面与介质之间的温差。对流阶段通常在三个阶段中传热最慢，但变形通常在此阶段发生。图 3-2 显示了淬火冷却的三个阶段。

获得需要的性能和小变形通常是矛盾的。高性能的获得常以得到高残余应力或者较大变形为代价，而获得小变形或者低残余应力会影响高性能的获得。

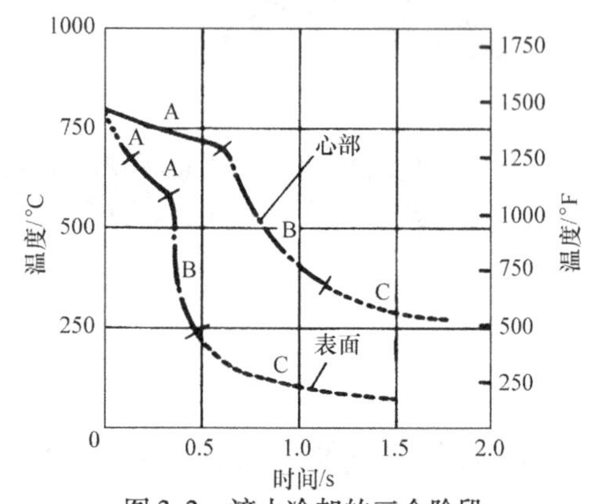

图 3-2 淬火冷却的三个阶段

A—蒸汽膜阶段 B—沸腾阶段 C—对流阶段

因此，优化的淬火过程常是在满足最低性能要求的条件下，获得最低的变形。

3.1.2 水和无机盐溶液

1. 水

水是冷却速度最大的液体淬火介质。水的其他优点如便宜、方便获取和排放、无污染和健康危害，而且对非保护气氛炉中加热的工件，容易去除表面氧化皮。

因此，如果可能，应尽可能使用水淬，也就是说只要快速冷却不至于导致大的工件变形和裂纹时，就可用水淬。水也广泛地用在有色金属、奥氏体不锈钢和其他金属高温固溶处理后的淬火冷却。对表面软点要求不高的淬火硬化钢的快速淬火冷却中也常用水。

水的汽化热高、比热容高，因此冷却能力（传热系数）大。水的热导率比绝大多数金属小很多，其沸点（100℃或 212℉）也比大多数钢的马氏体转变温度低很多。正因为如此，水在较低温度的冷却速度快，这可能导致淬火工件开裂和大的变形。

水在淬火生产中的优点：

1）不会燃烧。

2）低成本。

3）无健康危害。

4）通过过滤容易去除锈片。

5）无环保危害。

水作为淬火冷却介质的缺点在于低温冷速快，导致大的畸变和开裂，因此水通常仅限于冷却形状对称且简单、低淬透性钢（碳素钢或低合金钢）制作的零件。水淬火的另一缺点是蒸汽膜阶段较长，蒸汽膜阶段的长短取决淬火工件的表面形状和水温，长蒸汽膜阶段导致硬度不均和不利的应力分布，产生软点、畸变甚至开裂等缺陷。水淬零件须尽快进行防锈处理，否则会生锈。

水的沸腾温度（冷却速度和传热最快）处于大多数钢的马氏体转变温度范围。低温传热快和持久延续的蒸汽膜，导致冷却速度差别大，孔穴、凹槽和工件彼此靠近处表面的蒸汽膜延续更加持久。另外，冷却速度快也会加大热应力和增加变形。

（1）温度 水温升高会有两件事发生。首先，蒸汽膜阶段变得稳定持久；其次，核沸腾阶段的最大冷却速度降低，而且最大冷却速度出现的温度也随温度升高而降低。温度升高，冷却速度和相应热应力减少，但组织应力增加。图3-3显示出不同介质温度下的冷却曲线。

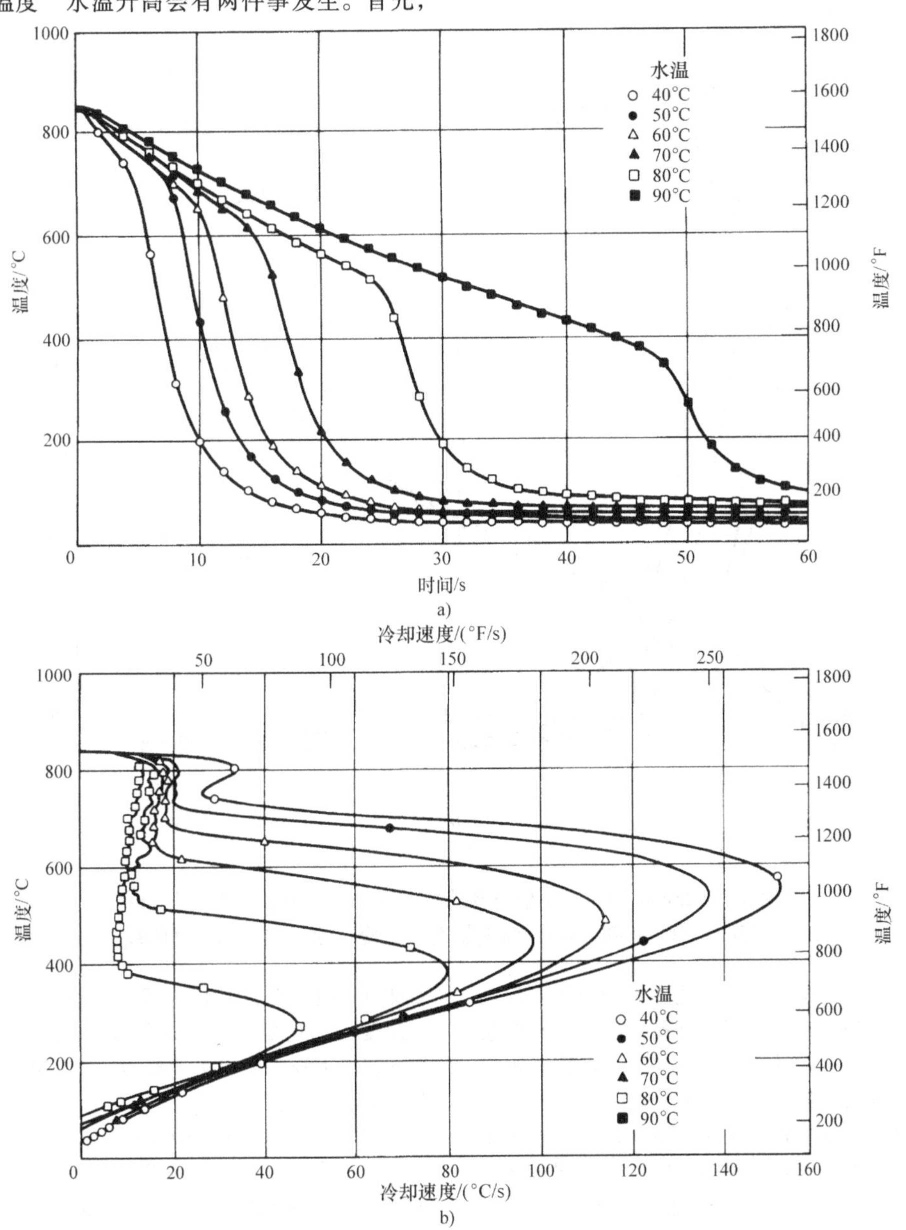

图3-3 用ASTM D6200探头显示的温度对传热的影响

a）冷却曲线 b）冷却速度曲线

注：水淬，搅拌速度为0.25m/s。

水淬绝大多数情况下是在室温水中进行的（15～25℃或55～75℉）。如果不能有效搅拌，传热不均匀性就大；同样地，非对称零件的冷却传热也不均匀。传热的巨大差异会导致变形和开裂。

（2）搅拌 搅拌对在水中淬火尤为重要，因为它改善了工件周围传热的均匀性，降低了蒸汽膜的稳定性。随着搅拌增加，硬度不均性下降，变形减少（图3-4）。

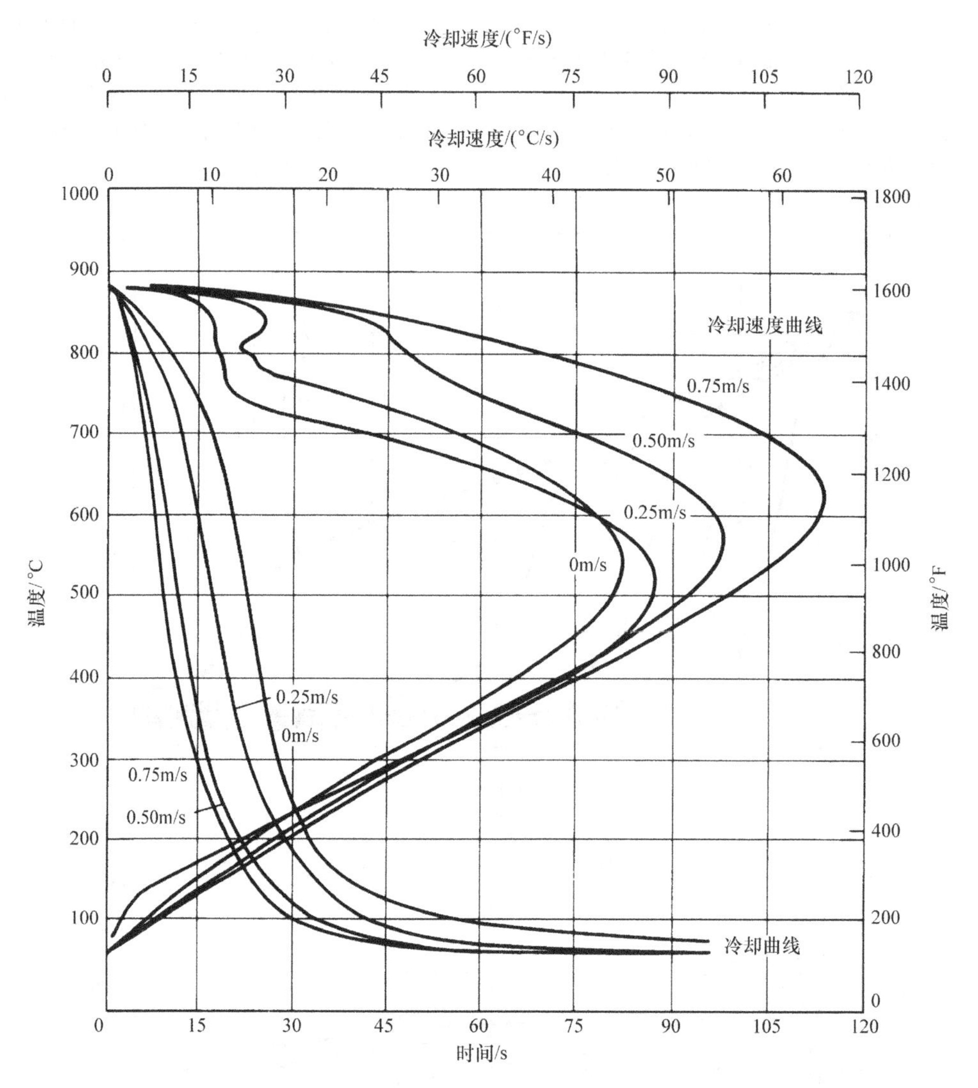

图3-4 25mm（1in）不锈钢探头淬入55℃（130℉）水中在0～0.75m/s（0～150ft/min）流速情况下的冷却曲线和冷却速度曲线

温度升高对对流阶段冷却速度影响不大。提高水温的目的是为了减少变形和开裂，而变形和开裂倾向通常和对流阶段的冷却速度相关，数据显示提高水温并非有效举措，也说明为什么需要选择别的淬火冷却介质，如油和水基聚合物，而且，相比于热水，这些介质在淬火过程中能更好地湿润金属表面，这对防止局部裂纹和变形也非常重要。

相比于其他介质，水淬温度和搅拌对蒸汽膜阶段的影响更大，会导致工件表面不均匀传热，这也是不宜在复杂形状或有不通孔的工件上采用水淬的原因。在蒸汽膜持续区域，淬火后硬度低；而在这些区域，裂纹也可能发生，因为该处温度高，导致最大冷速向低温移动，增加了组织转变应力。

为获得稳定的水淬质量，温度、搅拌和污染需要加以控制。水温在15～25℃（55～75℉）时，冷却速度均匀稳定。如图3-3所示，随着水温增加，冷却速度下降，水温接近沸点，冷速更低，蒸汽膜阶段变得更长。

（3）污染　如果水中含有外来物质，如乳化液、溶解的盐类或气体，淬火冷却特性会有很大改变。地下水或自来水都可能含有不同的可溶性气体、盐类以及固体物，因此不同地方的水可能有不同的淬火冷却特性。如前所述，水冷却最重要的因素是蒸汽膜的稳定性，鉴于此，水中污染物可以分为促进蒸汽膜稳定性的和降低蒸汽膜稳定性的。

第一组是那些在水中溶解性较差的污染物，如固体物炭黑、含皂液体、脂肪和油等，它们会在水中形成悬浮液或者乳化液，易产生表面反应，从而促进了蒸汽膜的稳定性，延长了蒸汽膜阶段，降低了沸腾阶段开始的温度。油、皂和脂肪是最具危害性的。因此，该组污染物加大了传热的不均匀性。传热不均匀又增加了软点和变形。溶于水的气体具有相似影响，增加了蒸汽膜的稳定性，这也是为什么不建议用压缩空气搅拌水的重要原因之一。

盐、酸和碱类物质易溶于水，在淬火冷却中可降低蒸汽膜稳定性。如果污染物浓度足够高，蒸汽膜阶段可能都不会形成。因此，可以利用此来增加冷却速度。

2. 水和无机盐溶液

水中即使溶解少量的盐、碱和酸后，冷却特性也会大幅改变。可以利用此来克服水冷却的诸多不足之处，通常称其为盐水。

盐水指的是溶于各种不同浓度盐类的溶液，如氯化钠、氯化钙等。盐水溶液的冷却速度在同样搅拌情况下高于水，见表3-1。换言之，获得同样的冷却速度，盐水可以使用较小的搅拌。冷却速度快减少了形成软点的可能性，但一般会增加畸变和开裂的危险。用于油淬和水淬的导流装置和搅拌器，并不常用于盐水淬火，但淬透性极低的钢在盐水中淬火时，或可用之。

表3-1　直径12.7mm（0.5in）的探头淬入不同浓度①水溶液中的冷却速度

（单位：℃/s）

质量分数（%）	水	NaCl	$CaCl_2$	Na_2CO_3	NaOH	KCl
0	100～120	—	—	—	195	—
2.5	—	—	—	—	—	—
5.0	—	170	170	—	202	153
10	—	195	193	170	202	—
15.0	—	—	—	—	207	—
20.0	—	—	170	—	—	100

① 对于淬火冷却介质，用百分数表示的浓度是指质量分数，以下同。

盐水溶液常只用在因油或淬水的淬冷烈度不足，工件无法达到需要硬度的淬火冷却。盐水溶液也有不足，如有一定的腐蚀性。对较长时间使用的槽箱、泵体、传输带及和盐水接触的设备，要么喷涂防锈层，要么使用耐蚀金属如铜基合金或不锈钢。另外，需要防护罩抽风排除能腐蚀附近设备的腐蚀性雾气。由于要用特殊的泵、淬火设施和缓蚀剂等，盐水的使用成本比水高。

最广泛使用的盐是氯化钠，可单独使用，也可和其他盐类混合使用。盐水浓度增加，蒸汽膜稳定性下降，最大冷速增加，最大冷速出现的温度也会增加。如果浓度增加到10%～15%，可能不出现蒸汽膜阶段。

其他盐类的作用和氯化钠相似。5%（质量分数）的氢氧化钠溶液，就能达到极高的冷速，但氯化钠要相对便宜且腐蚀性较小。

盐水浓度可用不同方式来表示（表3-2）。24%的盐水几乎抑制了蒸汽膜阶段，但生产中不可能使用这么高的浓度，盐质量分数通常在10%左右，此时淬硬效果较好。如图3-5所示，采用10%的NaCl溶液在淬火中可获得最大的表面硬度。

表3-2　盐水密度和浓度间的关系

氯化钠（NaCl）				
质量分数（%）	密度		盐浓度	
	相对密度	波美度/°Bé	g/L	lb/gal
4	1.0268	3.8	41.1	0.343
6	1.0413	5.8	62.4	0.521
8	1.0559	7.7	84.5	0.705
10	1.0707	9.6	107.1	0.894
12	1.0857	11.5	130.3	1.087
氢氧化钠（NaOH）				
质量分数（%）	密度		盐浓度	
	相对密度	波美度/°Bé	g/L	lb/gal
1	1.0095	1.4	10.1	0.0842
2	1.0207	2.9	20.4	0.1704
3	1.0318	4.5	31	0.2583
4	1.0428	6.0	41.7	0.3481
5	1.0538	7.4	52.7	0.4397

需要注意的是，图3-5中虽然使用的是端淬数据，但它不是来自标准端淬试验，而是在静止水中，且只有端面接触水以模拟表面淬火的情形。

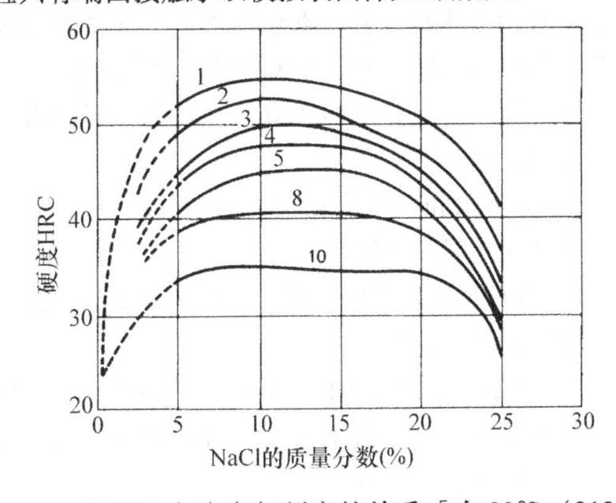

图3-5　不同盐水浓度与硬度的关系［在99℃（210℉）盐水溶液中的静止端淬］

注：曲线上数字乘以1.6mm（1/16in）代表试样上的端淬距离。

Kobasco 根据冷却曲线计算盐水溶液的传热的系数，分析盐水溶液的冷却特性。其结果如图 3-6 所示，显示 NaCl 和 NaOH 的最佳质量分数在 10% 左右，因此，只有对盐水的浓度进行监控，才能得到稳定的淬火质量。

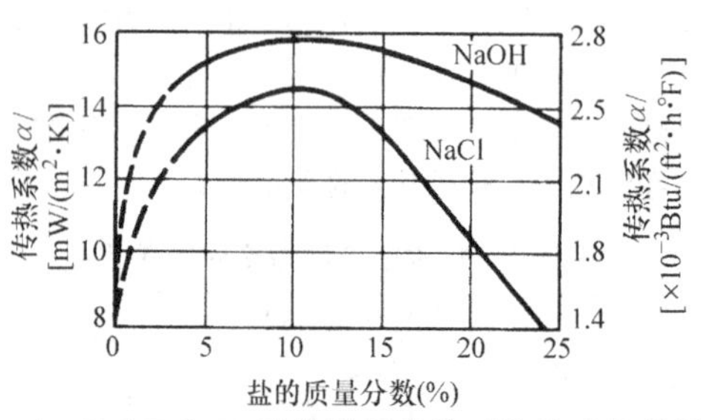

图 3-6 NaOH 和 NaCl 的质量分数对传热系数的影响

操作温度的少许变化对盐水溶液冷却能力的影响并不显著，虽然盐水溶液可以在接近沸腾温度使用，但在 20℃ （70℉） 左右冷却能力最大。如图 3-7所示，与水相比，盐水受温度影响相对较小。80℃ （180℉） 时盐水的冷却能力较水大。

和水比较，盐水溶液的主要优点如下：

1）盐水溶液的冷却能力受温度影响小。

2）盐水溶液容易获得相对均匀的冷却效果，只要钢材选择得当，软点、变形和裂纹的情形较少发生。

3）盐水溶液受搅拌影响相对较小。

4）由于盐水溶液蒸汽膜阶段消失或者缩短，工件即使在装载紧密的情况下也能获得较为均匀的冷却。

5）工件的硬度和硬度均匀性均有提高。

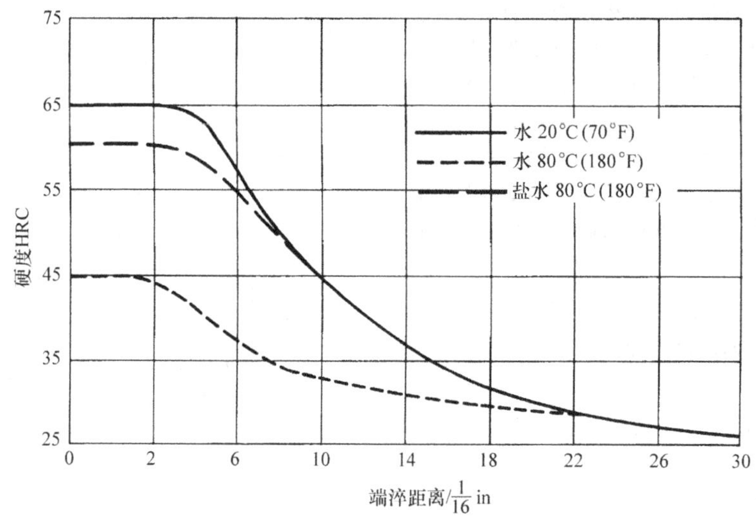

图 3-7 钢在水和盐水中淬火冷却时硬度随端淬距离的分布

这些优点可以用工件表面细晶盐粒沉积来解释。细晶盐粒析出，排开了表面的水相和阻止了水合作用，形成初始沸腾，蒸汽膜变得不稳定和持续时间缩短，该机制也减少了集聚在不通孔中的汽泡。

虽然盐水溶液和水相比有一些优点，但仍有明显的不足之处：

1）淬火槽和相关设施需要防锈保护，常选用不锈钢制作或是喷涂防锈剂。

2）建议槽上安装防护罩，以保护人员和附近设备免受盐水蒸气侵害。

3）使用盐水溶液的材料和人工费用较高。要配制规定的浓度和进行浓度监控，材料费用增加，维护费用也因腐蚀而增加。

4）废液处理量增加，环保成本高。

3.1.3 聚合物淬火冷却介质

热处理技术在 20 世纪经历了巨大变化。水首先被选用作为淬火冷却介质，然后是各种盐的水溶液，在某种意义上克服了普通水的局限和不足。

随着合金钢使用范围的扩大，水或者盐水溶液因为造成大的变形和开裂风险已经不太适用，淬火油因之得到了广泛应用，并为此开发了能改进普通矿物油热稳定性和冷却速度的先进添加剂。但是即使是最快的快速淬火油，其冷速也慢于水基溶液。这样在水和油之间就有一个明显冷速空档，自然需要一种淬火冷却介质能够填充这个空档，特别是在合金元素资源变得珍稀和倾向使用低淬透性钢时，更是如此。

随着研究的深入，聚合物淬火冷却介质的应用领域更加广泛。过去 50 多年以来，开发了很多与油一样缓慢冷速的新型聚合物。聚合物淬火冷却介质已经在过去很多主要用油来淬火的情况中得到成功应用，如高淬透性钢锻件的淬火，高碳钢棒和线材的索氏体化处理，感应淬火，高合金铁轨的淬火，铝质锻材、板带材和铸件的淬火，以及多用炉和网带连续炉中的淬火等。虽然聚合物淬火冷却介质已经得到了广泛应用，但对聚合物应用控制的认识仍然显得不够。

对所有的聚合物淬火冷却介质，冷却速度的主要影响因素是浓度、搅拌和温度。

聚合物浓度增加，冷却速度降低。但浓度增加有上限，即浓度再继续增加时，对冷速降低的影响不再显著，该限度与聚合物相对分子质量的大小和类型有关。

和淬火油相比，聚合物淬火冷却介质对搅拌更加敏感。增加搅拌，聚合物层厚度减少，冷速增加，而降低搅拌则因为聚合物层不均匀导致不均匀冷却，也减缓了聚合物向工件表面的运动速度。和所有淬火操作一样，适度均匀的搅拌对保证淬火质量非常重要。为减少温差的影响，使用聚合物溶液淬火，工件装夹方式更为关键。搅拌有助于减小冷却过程中的温度差别。

温度对聚合物溶液冷却速度有影响。温度升高，冷速下降。温度升高，聚合物的氧化也增加，热稳定性降低，缩短了聚合物寿命。聚合物降解的数量取决于在用聚合物的数量和使用温度。聚合物不同，温度使用上限也不同（有的聚合物会在高温下析出，如聚亚烷基二醇（PAG）类聚合物和聚乙基噁唑啉（PEOX）类聚合物，而其他类型的聚合物没有这种现象）。聚合物淬火冷却介质的使用温度一般为20～45℃（70～115℉）。

如前所述，通过有效控制应用参数，聚合物淬火冷却介质可获得从快到盐水和慢到矿物油（无添加剂）的冷却速度，见表3-3。

表3-3 各种淬火冷却介质的典型淬冷烈度①

淬火冷却介质	格罗斯曼 H 值范围（取决于搅拌）
油	0.25～0.8
聚合物	0.2～1.2
水	0.9～2.0
盐水	2.0～5.0

① 表征淬火介质从热工件中吸取热量的能力的指标，以 H 值来表示。

不同结构聚合物的冷却机制有所不同，聚合物相对分子质量影响其溶解速度和聚合物层强度，而聚合物浓度影响溶液黏度、聚合物层厚度和带出量。

聚合物淬火冷却介质的稳定性受机械、热和化学降解的影响。

用泵或者叶轮搅拌器搅拌聚合物时，机械能注入聚合物淬火冷却介质，使聚合物受到剪切。如果能量足够，碳原子间共价键可能断开，随着碳原子链的断离，聚合物平均相对分子质量下降。机械降解降低溶液黏度。传热与介质黏度直接相关，随着黏度降低，冷却速度相应地加快。

剪切降解程度取决于聚合物和搅拌类型。特定系统的切应力很难测量。ASTM D3519《水基介质泡沫标准试验方法（搅拌试验）》虽然是测定金属加工介质在特定温度下的泡沫倾向，也可用来衡量机械降解。该试验经过一定时间的搅拌来比较黏度变化。根据测得的黏度随时间变化曲线，该试验可用来评估聚合物随时间的降解情况。虽然不能对实际应用条件下的聚合物进行评估，但它提供了一个标准方法评估聚合物淬火冷却介质的相对稳定性。介质溶液黏度的变化表明聚合物稳定性和淬火冷却速度有变化。不同聚合物的黏度变化不同，表明降解速度有差异。降解速度也与液槽操作条件（如温度或pH值）有关。

不管选择什么样的聚合物淬火冷却介质，都会有热降解。但目前有关聚合物热稳定性的公开信息很少，它与具体槽液的服役条件密切相关。对PAG和PEOX聚合物可能还与热分离循环有关。淬火件数量和槽液温度增加也有影响。也许衡量聚合物淬火冷却介质热降解的合适方式还是日常的冷却曲线测试。

所选的聚合物应该在化学上是稳定的。因为聚合物介质是通过在工件表面形成一层膜来改变传热速度的，因此，膜的稳定性很关键。如果聚合物的化学稳定性差，聚合物膜的稳定性会随时间延长而下降，引起冷却性能不稳定。聚合物还应具有水解稳定性，不随时间、pH值和温度而变化。

很多因素都影响聚合物在工件上的带出量，如工件形状、液槽中的冷却时间、聚合物类型、聚合物淬火冷却介质的浓度、搅拌和槽液温度等。不可能对某种应用情况下聚合物的带出量进行精确估计，只能相对比较。从黏度比较看，聚合物的带出量一般较40℃（105℉）下的淬火油要少（图3-8）。

使用聚合物介质有三个主要原因：消除火灾隐患、改善环保和降低成本。水基淬火冷却介质有效减少了火灾隐患。环保方面包括排放和对可挥发性有机物的管理。采用减少水含量而浓缩让聚合物分离出来的方法能大幅降低聚合物淬火冷却介质的排放成本。聚合物淬火冷却介质的单位成本高于油，但聚合物稀释使用，可显著降低配液成本。例如，一个189000L（50000gal）的开式槽注入中等冷却速度的淬火油，成本可能超过300000美元。如果采用具有相同冷却速度的质量分数为15%的聚合物溶液，可节约150000美元左右。聚合物淬火冷却介质能够消除火灾隐患（火灾保险费用低），加上环保和成本

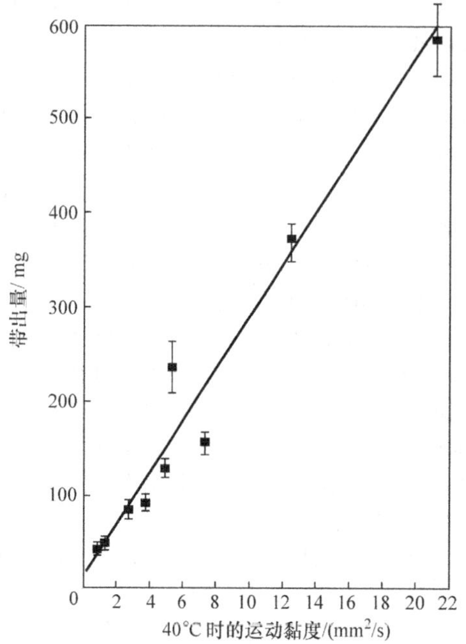

图 3-8 静态试验中聚合物的黏度对带出量的影响

优势，其应用份额在过去 40 年越来越大。

1. 聚乙烯醇

最早使用聚乙烯醇（PVA）作为水基淬火液的报道出现在 1952 年的美国专利 2600290 中。一般认为这是现代聚合物使用的先驱。PVA 最早在 20 世纪 50 年代应用，其开发动因是 HAVESTER 国际公司和杜邦想合作开发一款在油水冷速之间且可调冷速的淬火冷却介质。PVA 在德国发明，1939 年以商业规模引入美国，主要用在黏合剂上。PVA 的水解产品也用作特殊用途的润滑剂，或作为玻璃纤维涂层使用。PVA 的化学结构式如图 3-9 所示。

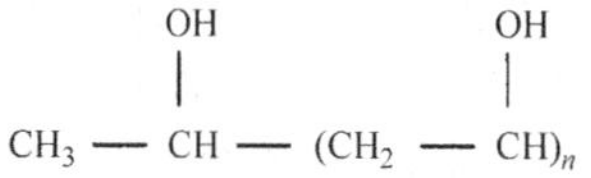

$$CH_3—\underset{|}{\overset{OH}{CH}}—(CH_2—\underset{|}{\overset{OH}{CH}})_n$$

图 3-9 聚乙烯醇的化学结构式

浓度上的稍微变化就会引起冷速的大幅改变，因此必须严格控制浓度。然而，PVA 的浓度控制困难，淬火后工件表面带出一层难以去除的膜，结果就降低了溶液浓度。

PVA 不稳定，聚合物产生交联导致冷速随时间不断下降。由于 PVA 不稳定、控制困难以及冷速持续变化，PVA 的应用很有限。

2. 聚亚烷基二醇

聚亚烷基二醇（PAG）是当今（2013 年）热处理市场上使用量最大的聚合物，PAG 最早在 1940 年作为家庭商用产品。如图 3-10 所示，PAG 是由两个单体——环氧乙烷和环氧丙烷（也可能有更高级的环氧化合物包括芳基氧化物参与）的随机共聚物。虽然很多其他烷基氧化物也可形成聚合物，但其衍生物用作淬火冷却介质的意义不大。

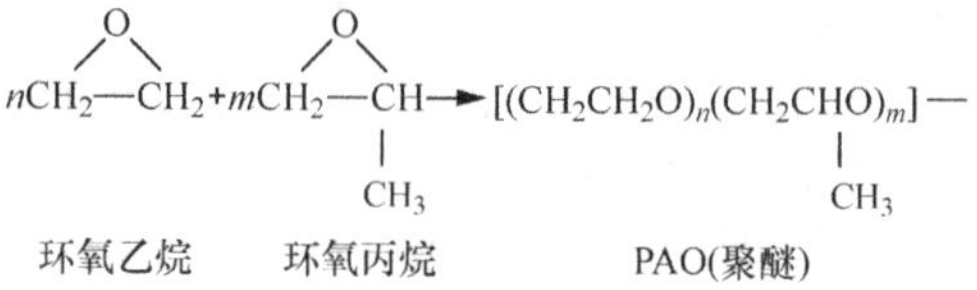

$$nCH_2\overset{O}{—}CH_2+mCH_2\overset{O}{—}\underset{CH_3}{CH}\rightarrow[(CH_2CH_2O)_n(CH_2\underset{CH_3}{CHO})_m]—$$

环氧乙烷 环氧丙烷 PAO(聚醚)

图 3-10 聚亚烷基二醇的合成

通过改变相对分子质量和两种单体的比例，可以生产具有不同用途的聚合物。一些较大相对分子质量的聚合物可用作水基淬火剂（美国专利 3230893）。选择合适的聚合物分子结构和相对分子质量，能够使 PAG 在室温下完全溶于水中。但所选聚合物具有独特的逆溶性能，即高温时不溶于水，形成独特的冷却机制。热工件周围形成的一层聚合物富集膜，决定着工件周围水基溶液的冷却特性。当工件温度降低到溶液本身温度（图 3-2 中的对流阶段）时，聚合物又回溶回去，形成具有均匀浓度的聚合物溶液。

逆溶冷却特性限于特定的聚合物，主要是 PAG 和 PEOX。在这些聚合物淬火冷却介质中，当温度升高到使系统热能超过了聚合物和水分子间的氢键结合能时，系统就会分离成两相，富集水相和富集聚合物相。这不是绝对彻底的分离，因为彼此之间都含有一些别的物质。发生分离的温度称为浊点。在 PAG 中，两种聚合物单体的比例决定着浊点高低，环氧丙烷比例增加，浊点降低。实践中也可利用浊点净化槽液中的聚合物。做法是将槽液加热到浊点以上，让聚合物和水分开，然后将水抽出，底部聚合物可以重新溶于水中，用于配成所需浓度的聚合物溶液。然而，无机缓蚀剂通常会留在水相，因此，重新配成的聚合物溶液需要补加缓蚀剂；另外，增加温度会增加聚合物氧化倾向，缩短聚合物的服役寿命。PAG 溶液的热分离如图 3-11 所示。

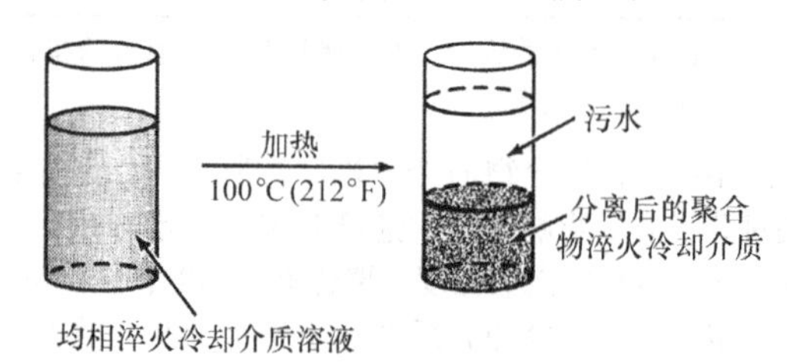

图 3-11 PAG 溶液的热分离

在前述水的冷却特性时，提到其不足之处在于蒸汽膜阶段（图 3-2 中的 A 阶段）长，长蒸汽膜阶段增加了汽泡的集聚，会产生不均匀的硬度和不利的应力分布，导致变形和开裂。但PAG介质会均匀地润湿金属表面，避免了冷却不均性和软点。实际上，通过选择合适的PAG淬火冷却介质，能够改善润湿，其冷速也快于水，接近盐水。因此，用聚合物代替盐水淬火是可能的，可消除盐和碱溶液的腐蚀和健康危害。

美国专利3475232提到添加水溶的醇类，如乙二醇或者具有2~7个碳原子的乙二醇醚会改善PAG淬火冷却介质的润湿特性，但会增加多组分体系控制的困难。

用水淬火的另一个缺点是生锈，尤其是使用未经处理的水。PAG溶液常含防锈剂，以防止系统部件生锈。这里的防锈只能对淬火工件提供短期保护，如果需要长期防锈，回火后应进行另外的防锈处理。

图3-12中的冷却曲线显示出PAG淬火冷却介质的浓度对冷却能力的影响。所列浓度值并不具代表性，因为不同PAG介质的冷却曲线的形状和冷速是有差异的。浓度高，冷速慢，表明聚集在热工件表面的聚合物层厚。PAG淬火冷却介质的另一优点是和聚乙烯醇（PVA）及其他薄膜聚合物层的聚合物比较，冷速对浓度相对不那么敏感。

如同水一样，温度升高后，冷却能力显著降低（图3-3），PAG介质的冷却能力也随温度升高而降低。图3-13显示随着槽液温度升高后冷速的总体变化趋势，更细节的变化需要考虑具体不同的PAG淬火冷却介质的影响。

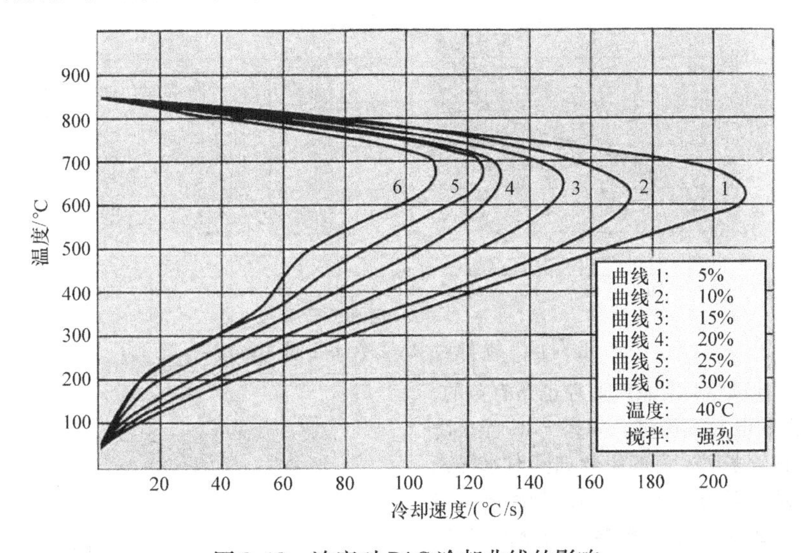

图3-12　浓度对PAG冷却曲线的影响

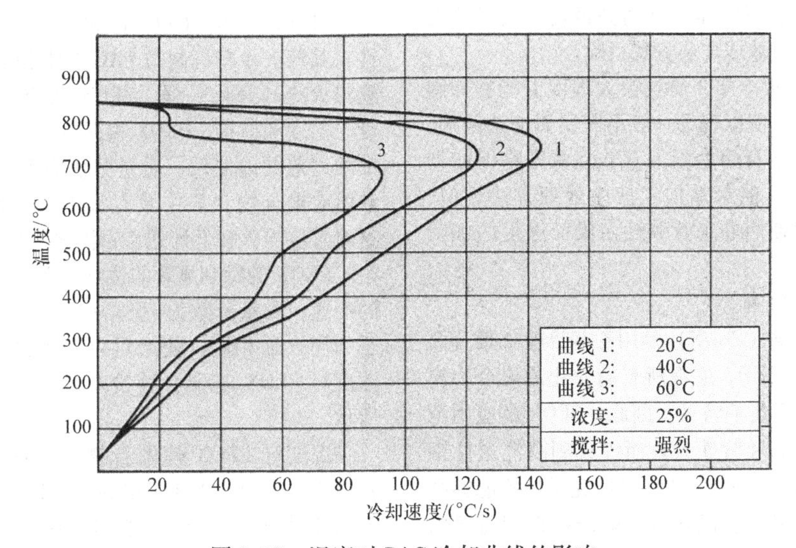

图3-13　温度对PAG冷却曲线的影响

PAG淬火冷却介质（包括其他聚合物介质）需要适当搅拌。一定程度的搅拌是非常必要的，保证在热工件表面的聚合物层的适当补充，以便促使从热工件到周围冷介质间的均匀传热。强烈搅拌可获得快速冷却（如对低淬透性钢），防止不需要的组织转变发生。图3-14清楚地显示随着搅拌增加，冷却速度增加。PAG溶液的折射率（在用于淬火的范围内）和浓度成正比。因此，聚合物淬火冷却介质溶液的折射率可以作为介质浓度的测量指标。工业上的光学折射仪是任意标尺，需要标定后使用。可以方便地使用折射仪对聚合物介质的浓度进行日常浓度控制，但聚合物溶液中其他外来水溶性组分也会反映在折射仪的读数中。因此，折射仪读数出现异常时，需要进行其他分析试验以确定准确的浓度数值。对PAG淬火冷却介质的运动黏度（与浓度正向相关）进行测量被证明是很有用的。

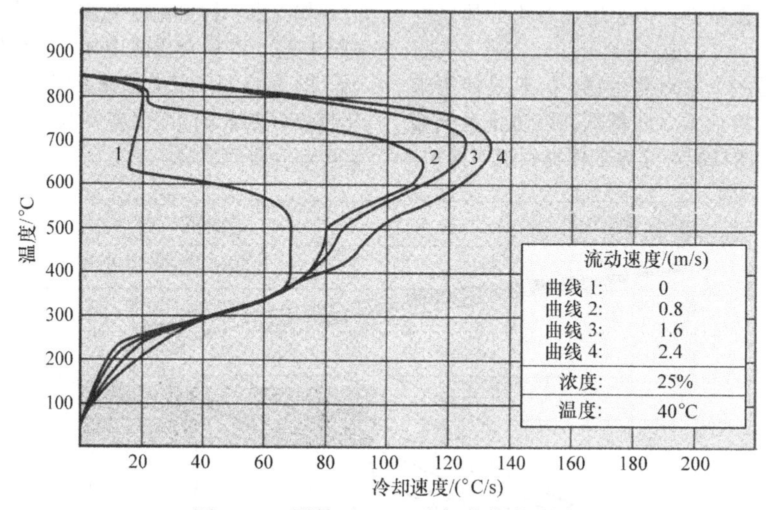

图3-14 搅拌对PAG冷却曲线的影响

如果需要，其他试验，对系统监控也是有益的，如pH值、防锈性和电导率测试。如果PAG淬火冷却介质中的污染物较多时，有的组分如同对水淬或油淬一样，可能是有害的，可以采用热分离方法进行净化。加热全部或部分聚合物溶液到分离温度，就会分离得到聚合物凝聚层。很多水溶性杂质可随上部的水相去除，而固体污染物如锈皮、炭黑等则需要通过沉淀、过滤或离心方式去除。

因为PAG淬火冷却介质在很大程度上能够抑制细菌或真菌滋生，所以现场一般不需要添加杀菌剂。通常并非聚合物本身而是因为营养性污染物促使细菌滋生，如同和其他水基加工液中处理方法相似，使用杀菌剂可以使因外来营养性污染而滋生的细菌得到控制。

3. 聚乙基噁唑啉

聚乙基噁唑啉（PEOX）是用乙基噁唑啉聚合而成的，如图3-15所示，它在所有商业化的聚合物淬火冷却介质中最具类油特性。因此，PEOX的应用范围非常广泛，从钢和铸铁的表面淬火到高淬透性钢和铸钢件的整体浸入淬火。PEOX的化学结构能够高效地改变冷却特性，在低浓度时就能够得到需要的性能。这意味着和其他聚合物介质比较，其带出量少，使用经济性好。其残留是干性硬膜，不会黏连。

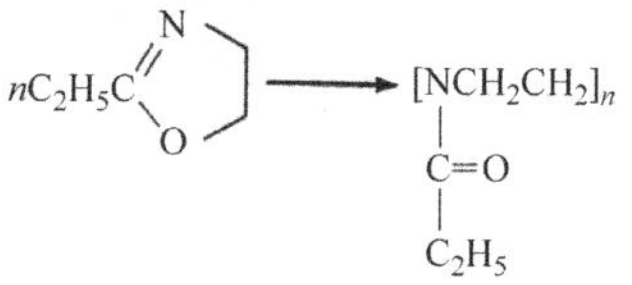

$n C_2H_5C$(N, O 环) $\longrightarrow$ $[NCH_2CH_2]_n$，侧基 $C{=}O$—C_2H_5

图3-15 聚乙基噁唑啉的合成

PEOX在60～65℃（140～150℉）显示出逆溶性，其淬火冷却机制与PAG非常相似。和其他聚合物淬火冷却介质一样，PEOX的冷却速度取决于浓度、温度和搅拌。PEOX根据应用不同，可以在很宽的浓度范围内使用，质量分数为5%～25%。PEOX在所有聚合物介质中具有最不稳定的蒸汽膜阶段，这对感应淬火和低淬透性钢淬火冷却非常有利。

PEOX的特别显著的优点是在对流阶段具有很慢的冷速，质量分数为15%～25%时，其冷却速度几乎和淬火油相同，使之可以用于高合金钢的淬火。浓度对PEOX基聚合物冷却曲线的影响如图3-16所示。

温度对PEOX基聚合物冷却曲线的影响如图3-17所示。因为PEOX的逆溶温度是63℃，所以需要保证对槽液的有效冷却。PEOX的逆溶温度相对较低，因此，工件的出液温度应该有所控制，保证其在浊点以下，以防过多带出。

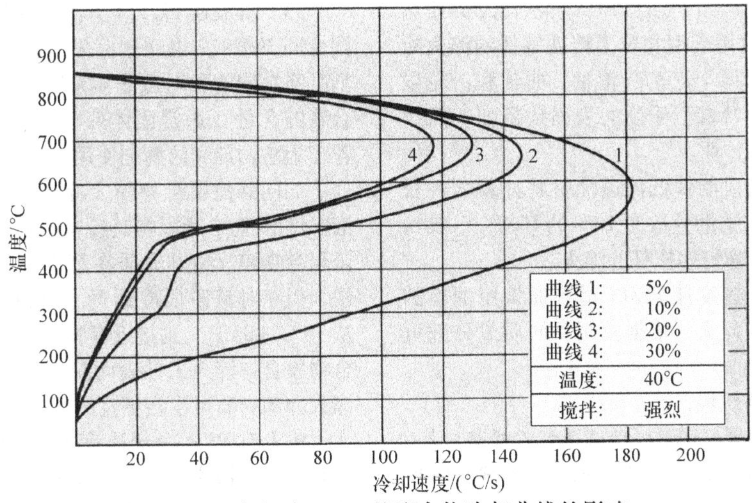

图 3-16　浓度对 PEOX 基聚合物冷却曲线的影响

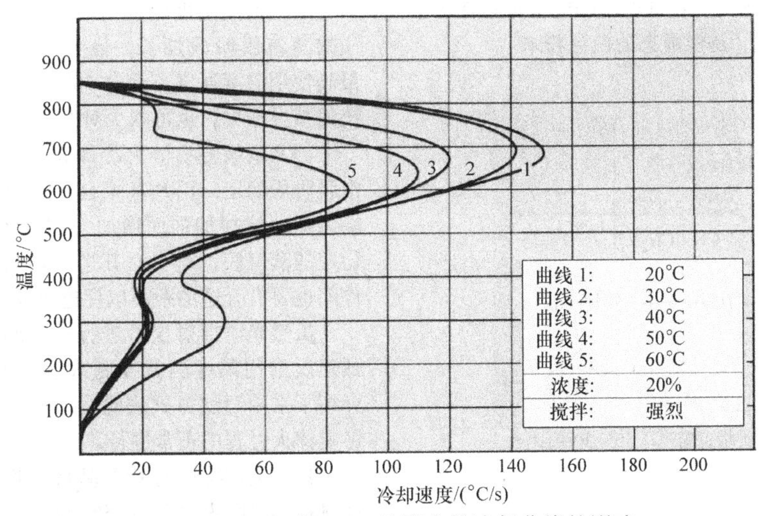

图 3-17　温度对 PEOX 基聚合物冷却曲线的影响

同所有聚合物淬火冷却介质一样，冷却能力随搅拌加强而增加。但对 PEOX 基聚合物淬火冷却介质蒸汽膜非常不稳定，如图 3-18 所示，在较强的搅拌下可能完全消失，这对低淬透性钢淬火很有利。

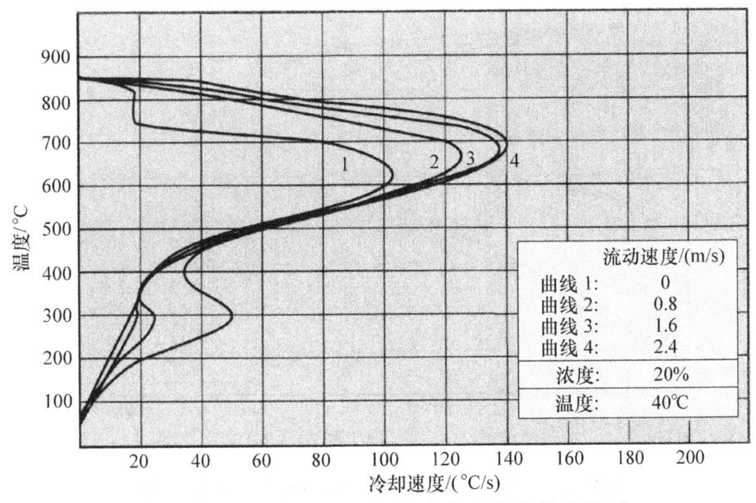

图 3-18　搅拌对 PEOX 基聚合物冷却曲线的影响

质量分数为5% ~10%的PEOX淬火冷却介质可以代替PAG和油，用于钢和球墨铸铁零件的淬火冷却。典型应用包括用于汽车凸轮轴、曲轴和齿轮以及油田钻管的淬火冷却。干硬的表面残留便于后续流转操作或者喷丸作业。

短的蒸汽膜阶段能使低淬透性材料如紧固件获得的性能最大化。质量分数为10%的PEOX已成功用于在连续式炉中螺钉和螺杆的淬火。

低的对流冷却速度使PEOX适合通常用油冷的高淬透性钢零件的淬火，依据应用不同质量分数可以为15% ~25%。

4. 聚乙烯吡咯烷酮

聚乙烯吡咯烷酮（PVP）是从N－乙烯基－2－吡咯酮聚合而成的，如图3-19所示。聚乙烯吡咯烷酮是水溶性聚合物，具有特殊的物理和胶体特性以及生理惰性。聚乙烯吡咯烷酮在美国市场上有4个相对分子质量级别，是散粒态的白色粉末。

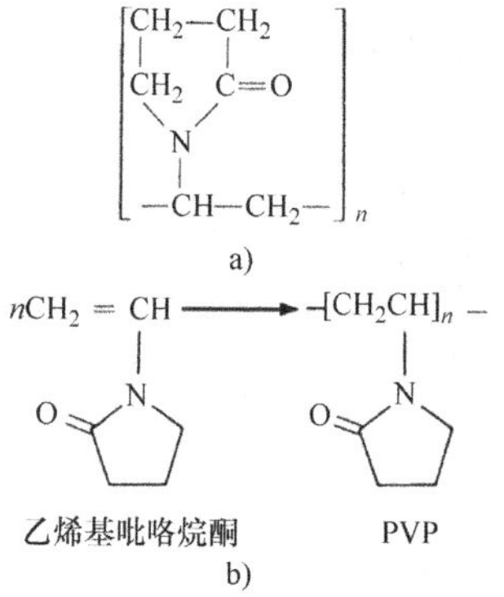

$$\left[\begin{array}{c} CH_2—CH_2 \\ CH_2 \quad C{=}O \\ N \\ —CH—CH_2— \end{array}\right]_n$$

a)

$nCH_2=CH \longrightarrow -[CH_2CH]_n-$

乙烯基吡咯烷酮　　PVP

b)

图3-19　聚乙烯吡咯烷酮（PVP）的合成

PVP溶液在1975年首次用作淬火冷却介质，美国专利3902929也在这时发布。该专利说明了聚乙烯吡咯烷酮的相对分子质量范围，形成水溶液时聚合物的含量（通常固体聚合物含量约为10%），推荐作为防锈剂和防腐剂使用。

如同其他聚合物淬火冷却介质一样，浓度、槽液温度和搅拌都影响其冷却特性。比较而言，PVP基聚合物淬火冷却介质在蒸汽膜和核沸腾阶段冷速快，但在对流阶段冷速慢。因为PVP没有逆溶性，从30℃（85℉）到接近沸腾温度只有很少数量的聚合物膜会在淬火工件表面凝聚，所以PVP基聚合物淬火冷却介质可以在更宽的温度范围内使用。

浓度对PVP冷却速度的影响如图3-20所示。PVP基聚合物淬火冷却介质常用浓度是15% ~20%，冷却特性接近于淬火油。

随着槽液温度增加，PVP基聚合物淬火冷却介质的蒸汽膜阶段加长，最大冷速下降（图3-21）。最高使用温度通常不超过60℃（140℉），以减少系统的蒸发损失，也可减少对PVP的热氧化。

PVP基聚合物淬火冷却介质在没有搅拌时，蒸汽膜阶段稳定。PVP基聚合物淬火冷却介质的冷却能力随着搅拌加强而增加（图3-22）。为防止形成稳定的蒸汽膜，需要对其进行均匀地搅拌，而且工件间也要有合适的距离以促进温度和搅拌的均匀性。

虽然光学折射仪可进行初步的浓度控制，但强烈建议采用黏度测量控制浓度。美国专利4251292介绍了采用超滤方式去除溶液中的污染，该过程不影响淬火过程的正常进行。

具有类油特性的PVP基聚合物可应用于高淬透性材料。浓度为15% ~25%的PVP基聚合物广泛地应用于钢铁工业中的棒材、轧材和锻件的淬火。

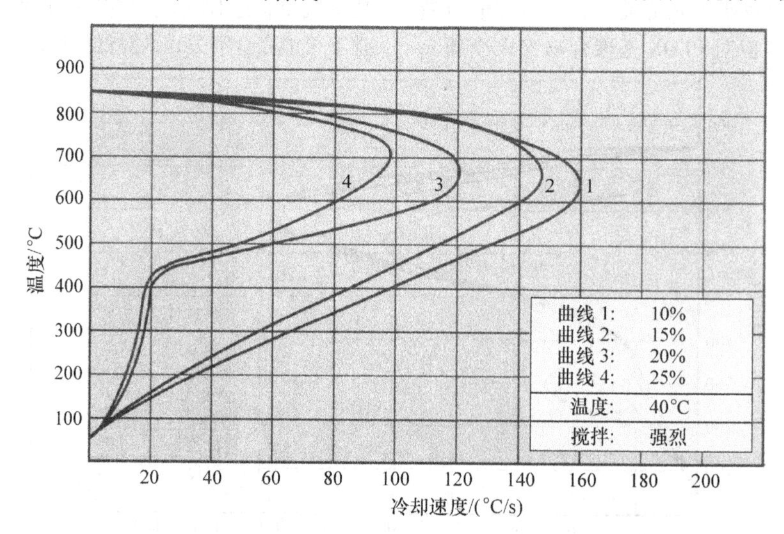

图3-20　浓度对聚乙烯吡咯烷酮冷却特性的影响

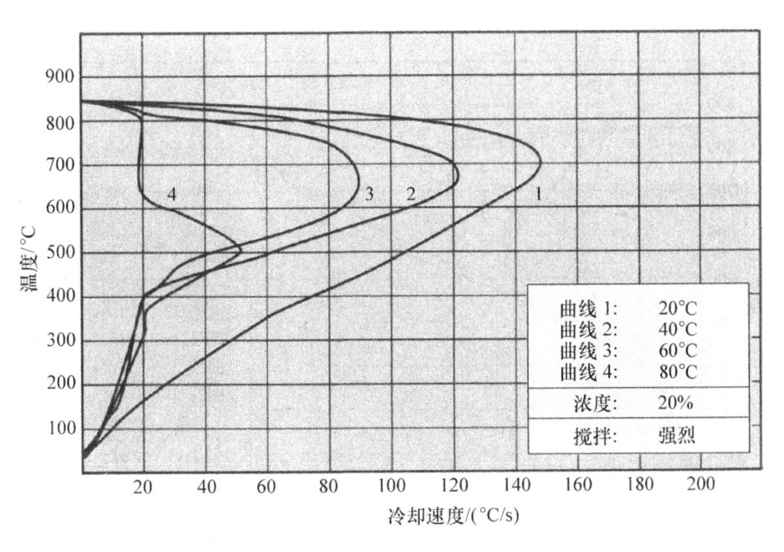

图3-21 槽液温度对聚乙烯吡咯烷酮冷却特性的影响

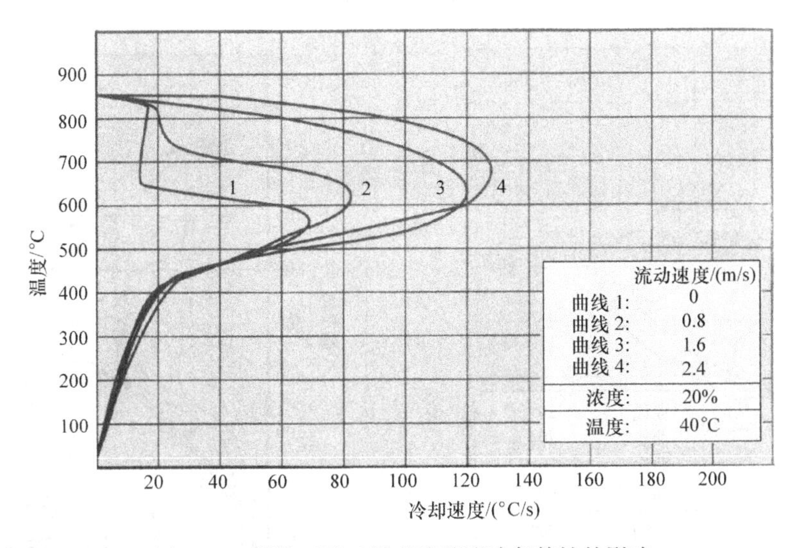

图3-22 搅拌对聚乙烯吡咯烷酮冷却特性的影响

5. 聚丙烯酸钠

聚丙烯酸钠（ACR）是由丙烯酸钠单体聚合而成的，化学结构式如图3-23所示。碱性金属Na的盐的引入使之能够溶于水。

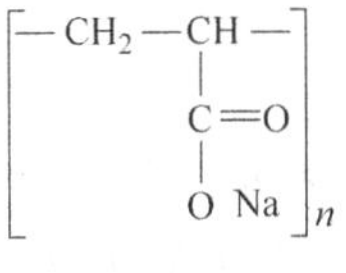

$$\left[-CH_2-\underset{\underset{\underset{O\ Na}{|}}{C=O}}{\underset{|}{CH}}-\right]_n$$

图3-23 聚丙烯酸钠的化学结构式

聚丙烯酸钠聚合物不同于PVA、PAG或PVP，后者是非离子的，即非电离的或者电中性的，而聚丙烯酸钠却是阴离子型的，其溶液中显负电。聚合物介质的带电性在工件表面显示出强极性。聚合物的强极性不仅保证了水溶解性，而且令其传热机制不同于其他聚合物。不像别的聚合物，聚丙烯酸钠既不会受热分离也不会在热工件表面形成聚合物层。其缓慢的冷速来自相对大分子质量的聚合物以及相应溶液的高黏度。改变聚合物相对分子质量，能得到从快如水到慢如油的全范围冷速。

聚丙烯酸钠的冷却能力与三个基本参数有关，即聚合物浓度（图3-24）、槽液温度（图3-25）和液槽搅拌（图3-26）。聚丙烯酸钠溶液的冷却曲线可以是直线式的，原因在于延长的蒸汽膜和沸腾阶段较低的传热速度。这种特殊的冷却特性适合由高淬透性钢制作的易开裂工件的淬火。其他聚合物介质通常不能满足这样的应用要求，除非使用很高的浓度。

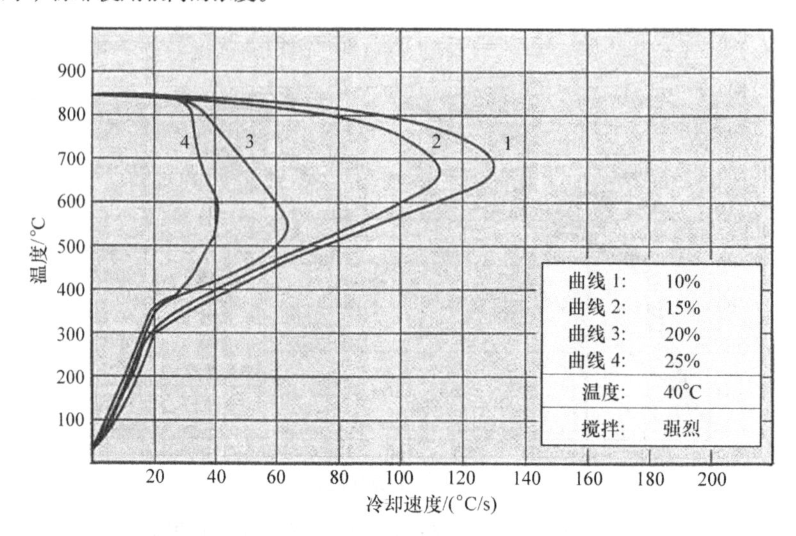

图 3-24　浓度对聚丙烯酸钠介质冷却曲线的影响

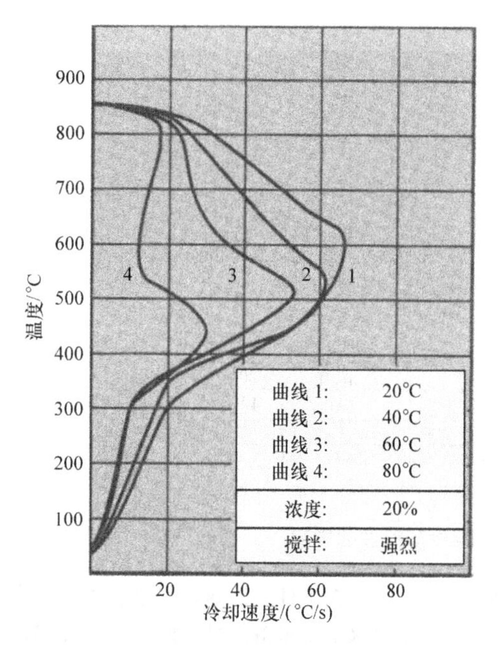

图 3-25　槽液温度对聚丙烯酸钠介质冷却曲线的影响

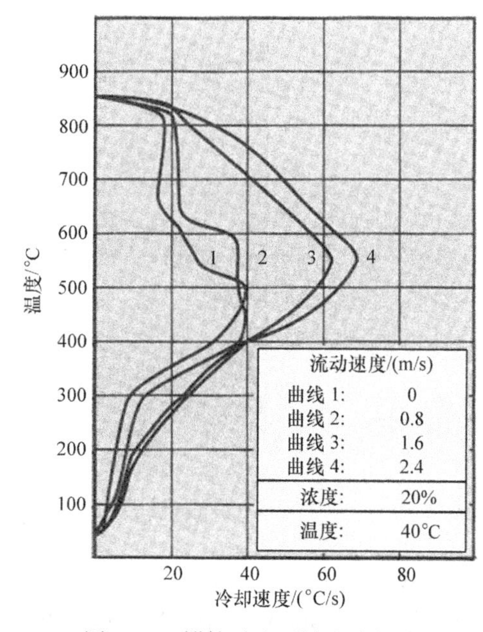

图 3-26　搅拌对聚丙烯酸钠介质冷却曲线的影响

如同别的聚合物淬火冷却介质一样，搅拌对获得均匀的冷却是非常重要的。通常推荐在淬火操作中使用强烈的搅拌以破除稳定性高的蒸汽膜。

聚丙烯酸钠溶液浓度的控制借助于运动黏度。随着使用时间延长，其溶液容易机械降解。有效的淬火冷却速度取决于黏度、折射仪读数和有效冷却速度的测定。由于浓度控制困难，只有有限的应用场合使用聚丙烯酸钠聚合物淬火冷却介质，如白口铸铁磨球淬火、线材的索氏体化处理和高淬透性锻件淬火。

3.1.4　淬火油

根据使用温度不同，淬火油可以分为冷油和马氏体分级淬火油。冷油在100℃（212℉）以下使用，而马氏体分级淬火油常用在100℃（212℉）以上。现代淬火油基本上都是矿物油基的，主要是石蜡基的矿物油，不含以前用作添加剂或者淬火油的脂肪油。原因之一是矿物油的寿命更长，另一个原因是原来某些应用较好的脂肪油已经无法有效供应。例如，鲸油曾经成功用在小工件淬火上，淬火后工件表面非常光亮，但如今禁止使用，也禁止进口到美国。但基于动物油脂的商品添加剂和猪油仍在使用。

工程上用的淬火油需考虑冷却特性、必要的热稳定性和抗氧化性以及价格和市场因素。冷却性能通常取决于传热特性和热稳定性，要求包括可接受的闪点（高于使用温度50℃或90℉）、低油泥形成倾向、长使用寿命和必要的冷速。高质量淬火油应具备以下特性：

1）大的冷速，以获得最大硬度和硬化层深度。

2）油泥形成倾向小。

3）热稳定性和抗氧化性好（通过添加剂改进）。

目前倾向于使用矿物油。

1. 基础油

淬火油基础油的组分其实相当复杂。基础油中含有不同比例的石蜡基和环烷基成分，也有各种开链或闭环的衍生物，如硫、氧和氮等杂环化合物。基础油的具体成分通常取决于原油来源。不同来源地的原油，如美国东部、美国西部、中东、北海、委内瑞拉等，成分不同。从供应商角度，需要采用相应不同种类和不同比例的抗氧化剂和速冷剂来保证用不同来源地的基础油所做产品的性能相同，而对热处理用户而言，使用不同基础油的产品性能或有少许差别。

如前所述，基础油的成分影响淬火油的性能。由于不同来源基础油的影响，淬火油在抗氧化性、热稳定性和冷却性能等方面会有较大差异。如果考虑抗氧化剂和速冷剂等因素，其热稳定性和冷却性能差别可能更大。

基础油的挥发性与闪点高低成反比。平均相对分子质量增加，挥发性降低。一般地，黏度增加，挥发性降低，闪点提高。黏度与平均相对分子质量有关。油的淬冷烈度与润湿性相关，润湿性可用淬火油和工件之间的接触角衡量。黏度增加，接触角减少，冷却能力下降。加入各种添加剂能改变淬火油的润湿特性，从而影响冷却能力。

基础油一般分为两类，环烷基基础油和石蜡基基础油。环烷基基础油含有较多环烷烃和较少开链烃或正构烷烃（碳氢化合物，也称为石蜡烃）。同黏度的环烷烃倾点低，低温流动性好。环烷基的降解产物更容易溶于油，故有更大的斑点倾向。同黏度的环烷基基础油更容易氧化，热稳定性低。同黏度的环烷基基础油比石蜡基基础油的闪点低。石蜡基基础油主要含有长链的碳氢化合物，石蜡基基础油广泛用于润滑剂的基础油，也是淬火油基础油的理想成分。和同黏度环烷基基础油比较，石蜡基基础油闪点更高，冷却速度更快，抗氧化性和热稳定性更好。这表明其斑点倾向小，使用寿命长。

有多种基础油可以用作淬火油的基础油，包括二次加氢处理的矿物油、精制石蜡基矿物油、精制的环烷基矿物油、高度精炼矿物油、再生矿物油等。

二次加氢处理的矿物油是加氢去除碳碳双键。这些双键可以出现在芳香烃或者石蜡烃的杂质中。双键去除后，基础油具有更好的热稳定性和抗氧化性。同黏度下，加氢处理的油具有更高的闪点，冷速也有所加快。这些油外观透明或者稍显琥珀色。但颜色和斑点倾向并不相关，颜色通常与所用添加剂有关。二次加氢处理的矿物油的不足之处在于市场供应不足和成本较高。

精炼石蜡基基础油是最广泛使用的淬火油基础油。除上述提到的优点外，它还有广泛的黏度范围（70～2500SUS）。石蜡基矿物油的疏水性好，故排水性能好，容易清洗，便于回收。但由于全球需求增加而炼厂因维修等原因关闭使其变得日益昂贵。

市场供应的环烷基基础油也有广泛的黏度范围，其主要优点是成本低，但无法抵消热稳定性低、闪点低和易降解的缺点。环烷基基础油亲水性高，倾向形成稳定乳化液，这意味着环烷基基础油在清洗机中油水难分离，较难回收。环烷基基础油也有吸收水分的倾向，含有水后则较难分离。随着全球需求增长，环烷基基础油价格低的优势不断减小。

再精炼基础油是将回收油通过热分解器和蒸馏塔，从蒸馏塔中得到特定黏度且沸点范围很窄的基础油。这些油具有和最初精炼石蜡油同样的优点，而且因为减少了轻、重馏分而具有额外的优点。这些油的性能更加稳定，且比一般精炼石蜡基基础油便宜，但它只能针对一些具体黏度范围且供应有限，但这个过程是环保的，减少了精炼油的供应。这些油一般有确定的黏度（100SUS），需求增加致使成本优势不断减少，再精炼油供应商在原油价格上涨时也倾向于提高供应价格。

再生油是指从多个来源获得的油，如切削液、机油和润滑脂，它们经过过滤、混合成规定黏度的油。再生油可能需要额外的添加剂来提高使用寿命，主要优点是便宜。由于来源不明，如可能含有重金属或者其他污染物，增加了废液处理的困难。通常，黏度是主要要求指标，不同黏度的机油、润滑脂等也可用来达到要求的黏度。这些油通常使用寿命很短，因为之前可能已经氧化，存在自由基。使用这些油总成本可能增加，如增加了清洗困难和斑点倾向。由于再生油含有重油组分，带出量较多，寿命较短。其淬火可重复性不足也是一大问题。

2. 添加剂

添加剂主要有两个功能，增加冷却速度和提高热稳定性及抗氧化稳定性。添加剂能极大地改善淬火油的性能。改善程度的大小主要取决于具体添加剂的种类和数量。添加剂通常是专利或专有技术。根据稳定性程度不同，添加剂在使用过程中会消耗。有一些添加剂会被选择性地带出消耗，不要将不同供应商的添加剂混合在一起使用，以防可能的沉淀析出，增加斑点倾向和不可预测的反应等。

速冷剂增加了油的润湿性，从而提高了冷速。最常用的是磺酸盐。磺酸钡曾经广泛使用但目前基本不用，因为钡会造成废液处理困难。磺酸钾盐和磺酸钠盐还在广泛使用。这些磺酸盐可提供优异的速冷性能，同时也是热氧化稳定剂。烃类添加剂用在高端淬火油中，它们具有优异的服役寿命且通常在使用中不需要额外补充，主要缺点是成本高。

添加剂的另一功能是改善了基础油的热稳定性和抗氧化稳定性，减少了油泥和油在热氧化过程中有机酸的形成。

3. 油的化学和失效过程

高质量淬火油和马氏体分级淬火油选用热稳定性高的精炼基础油（通常是石蜡基），并加入添加剂以改善性能和延长寿命。这些添加剂经过特别优选且和基础油兼容，特别是经过试验仔细选择的抗氧化剂，能防止油品老化。

矿物油有两种失效机制，氧化和热降解。矿物油在较高温度下与空气或氧气接触的氧化速度较高。氧化产生有机酸、油泥或不溶物。聚合反应使黏度增加。

当矿物油暴露在高温下，会出现热降解。热裂解产生新组分，有些是轻质组分容易挥发，容易挥发的组分降低了油的闪点，而重质组分增加了油的黏度。油老化时，蒸汽膜阶段的稳定性降低，最大冷却速度增加，最大冷速出现的温度也升高，如图3-27所示。

矿物油在失效或氧化过程中会产生原油中没有的

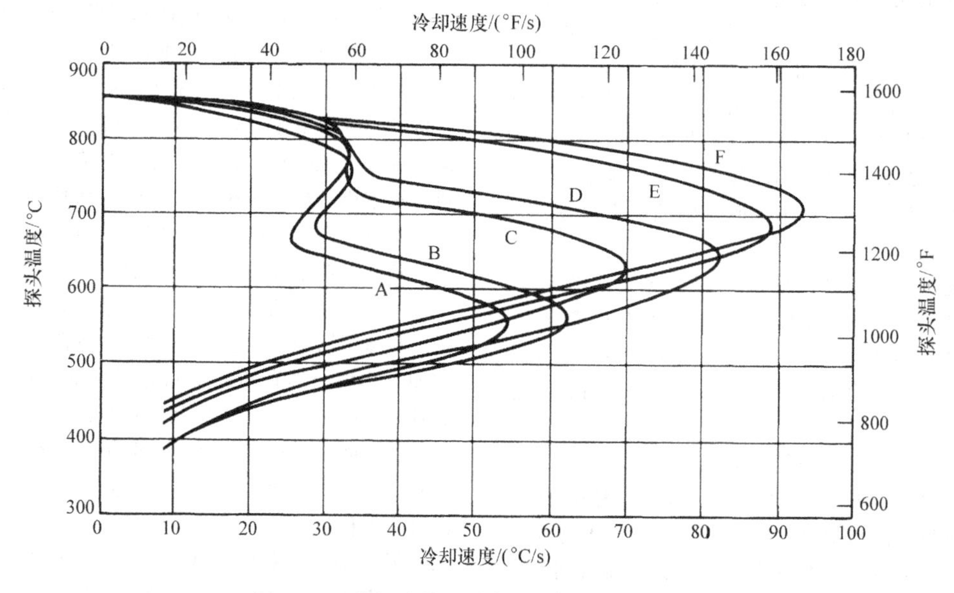

图3-27 分级淬火油冷却速度随时间的变化

A—新油 B—使用3个月 C—使用7个月 D—使用25个月

注：图中曲线E、F原书没有给出使用时间。

新组分，这些新组分（如自由基）反应性很强，能经历一系列化学反应。这些反应既可发生在自由基之间，也可与原油中组分反应或者与维持油品物化性能的添加剂反应（图3-28）。

在用油可能经历三个方面的变化：化学变化（氧化）、物理化学变化（分散性和冷却速度）和物理变化（黏度和闪点）。除氧气外，温度、金属和污染物也都影响自由基的形成（开始氧化）。高质量淬火油和分级淬火油通常在配方设计中考虑了抑制这些不利因素对淬火油失效的影响，然而污染影响有可能超出控制范围。例如，同样的抗氧化剂对所有油并不都同等有效。油的组分是相近的但并不相同，这些差异可能足以引发一系列反应，对油品寿命产生不利影响。液压油、杂油或者其他物质污染淬火油后可能发生的情形与此类似。有些污染物可能还会减少淬火油中抗氧化剂的作用效能，进一步降低淬火油的综合性能。

金属特别是铜、铅对化学反应起催化作用，铁的催化作用相对较小。加热操作中总是要使用钢铁部件，但应设法避免使用含铜和含铅的部件。可以在实验室用改进的 ASTM D943 加速氧化试验评估基础油本身、温度和污染的影响。

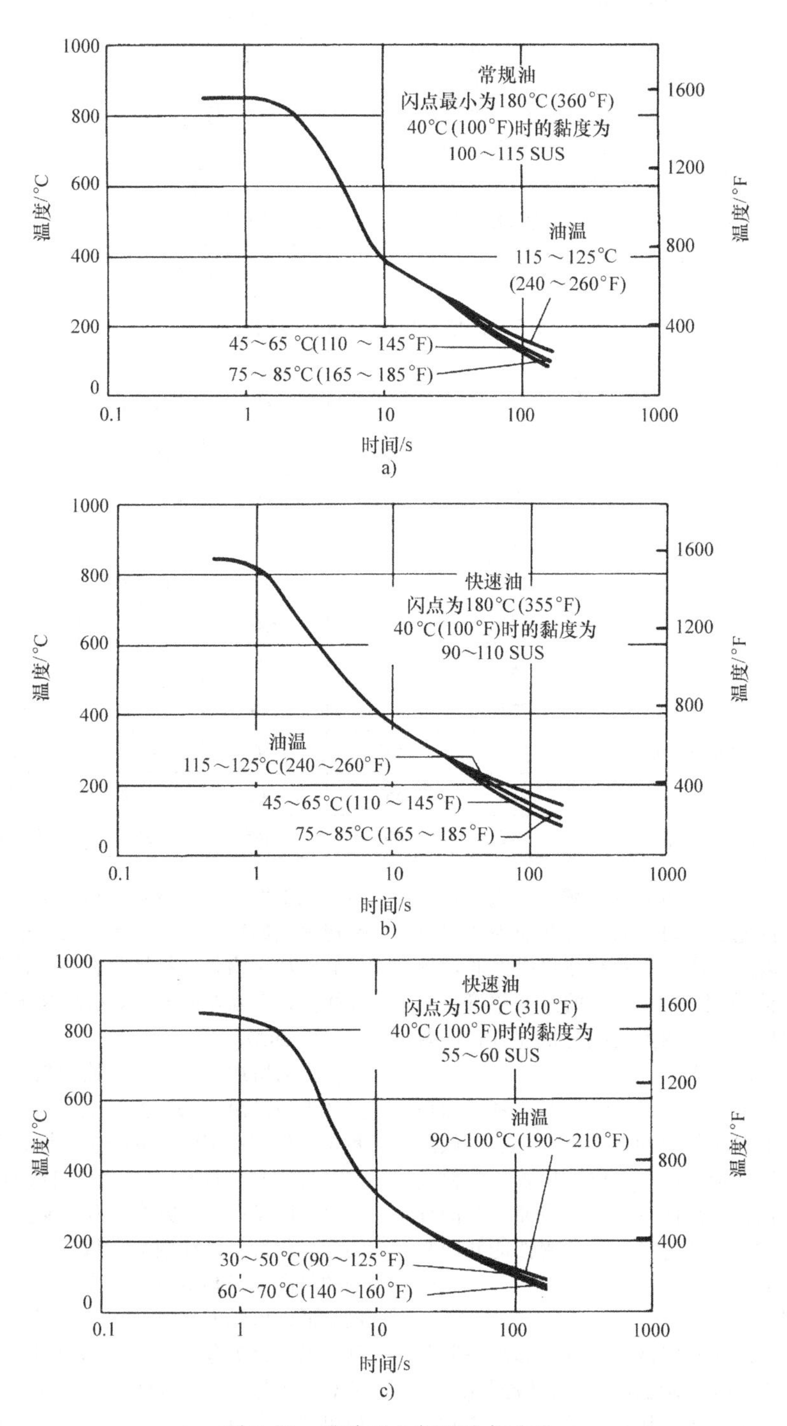

图 3-28　油冷时心部的冷却曲线

控制和测量淬火油的常用试验方法见表3-4。供应商使用这些测试方法控制新油质量，它们也可用于在用油的评估。因为使用的基础油和添加剂不同，不同供应商提供的油的性能和冷却速度会有所差异。

过滤能有效延长淬火油的使用寿命。过滤能去除炭黑、有机酸和杂质等，油泥也可以通过过滤或离心方式去除。从机械装置的复杂性考虑，希望能使用离心式过滤。淬火油的典型过滤装置是袋式或桶式，过滤精度为10～25μm。串联式过滤系统中不同过滤精度彼此配合使用，便于维护。过滤助剂显著影响过滤效果，活性氧化铝或膨润土能减少有机酸含量。过滤时，应咨询油品供应商，因为有些旨在预防油品失效的添加剂也可能被过滤掉。

表3-4 测量淬火油的试验方法

性能指标	ASTM 试验方法
黏度	D445
闪点	D92
水分	D95、D6304
沉淀数	D91
油泥	D3520
冷速（GM 淬冷速度）	D3520
冷速（冷却曲线）	D6200

表3-5 市场常见淬火油的典型性能

类型	闪点		黏度/SUS	GM 淬冷速度/s	最大冷速	
	℃	℉			℃/s	℉/s
常规油，无添加剂	171	340	100	18～22	50	90
中速油	177	350	100	10～12	78	140
含速冷剂的快速油	177	350	90	7～9	100	180
不含速冷剂的马氏体分级淬火油	227	440	325	19～23	61	110
	243	470	750	20～23	56	100
	288	550	2500	31～34	50	90
含速冷剂的马氏体分级淬火油	227	440	350	15～18	83	150
	243	470	750	18～20	78	140
	288	550	2500	18～20	72	130
采用的 ASTM 试验方法	D92	D92	D445	D3520	D6600	D6600

炭黑很特别，需要很高的过滤精度，通常要小于1μm。因气氛问题造成斑点时，过滤油中的炭黑显得尤为必要。因此，这是一种补救手段而非常规措施。大多数过滤采用10～25μm的过滤精度。对于更高的过滤精度，需要频繁更换过滤器件，需要综合考虑经济上是否划算。

表3-5显示了用ASTM通用试验方法测试的市场上几种淬火油的典型物理和化学性能。这些试验方法是供应商测试新油用的，但也可用来评估使用了一段时间的在用油的性能。不同供应商生产的淬火油因基础油和添加剂的差别，在常规性能和冷却性能方面会有差别。

4. 冷却特性

理想的淬火冷却介质应该在蒸气膜和沸腾阶段具有高的冷却速度，但在对流阶段（液体冷却阶段）冷却缓慢。冷水特别是无机盐水溶液在开始冷却阶段冷速快，但在淬火冷却的最后阶段冷速也快，故只能用在形状简单或低淬透性钢的淬火冷却中，而对其他工件会有畸变过大或开裂比例高的问题。所有淬火油的冷速比水或水的无机盐溶液要缓慢得多，但其冷却更均匀，特别是在淬火冷却的最后阶段冷却缓慢，大幅降低了畸变和开裂倾向。

5. 油温

如前所述，常规淬火油和快速淬火油的冷却速度几乎与油温无关。实际上，淬火油通常使用温度是40～95℃（100～200℉），大多数情况下为50～70℃（120～160℉）。更高或更低的温度虽然对工件淬火硬度没有什么影响，但很少使用。使用温度高，油品老化快，且油烟多。从安全性能上考虑，淬火油的最高温度应该至少在闪点以下50℃（120℉）。油温低，可能增大对流冷速而导致变形大，或因黏度高增大火灾危害。油品高温时黏度低，低温时黏度高。当热工件淬入低黏度油中，虽然油的闪点低，但出现火灾风险反倒不大，因为工件热量会通过对流得以迅速散开，因此，和金属接触的油层在上升至油气界面时不会超过闪点。但淬火油黏度高（如冷油），不能将热量很快地散开，贴近热工件表面的很薄一层油温度很高，当其上升到达油气界面时，其温度可能超过它的闪点，有火灾危险。如果油温超过了自燃点，则会立即燃烧。

6. 冷淬火油

冷矿物淬火油通常在 100℃（212℉）以下使用。常规淬火油是矿物基油，有时会含抗氧化剂，但通常不含速冷剂来改变冷速。常规淬火油的典型黏度在 40℃（100℉）时为 100～110SUS，但也可达到在 40℃（100℉）时为 200SUS。如图 3-28a 所示，其蒸汽膜阶段相对较长，冷速很慢。在沸腾阶段冷速有所增加，但随后在对流阶段，冷速又变得很缓慢。因此，常规淬火油的冷却速度远低于水，不适合用于低淬透性钢的淬火。

快速淬火油的黏度在 40℃（100℉）时通常为 50～110SUS，但大多数在 40℃（100℉）时为 85～105SUS。快速淬火油通常含专门的添加剂以增加冷却速度，同时，也可能含抗氧化剂、润湿剂和其他添加剂。

如图 3-28b 所示的快速淬火油，高温冷速快，有时与水接近，随之是快速冷却的沸腾阶段。在对流阶段，通常快速淬火油和常规淬火油的冷速比较接近，但有些淬火油含有特殊添加剂，能够增加对流冷速，从而能显著提高淬透能力，如图 3-28c 所示。

图 3-29 所示为不含添加剂的 100SUS 常规淬火油和八种不同复合快速淬火油的冷却曲线对比，八种复合快速油的冷却曲线落在阴影区域内，显示出含速冷剂的快速淬火油和常规淬火油的冷却曲线明显不同，这些曲线是用直径 13mm（0.5in）、长度 64mm（2.5in）的不锈钢探头在其几何中心焊有热电偶，并在不搅拌的情况下测量得到的。

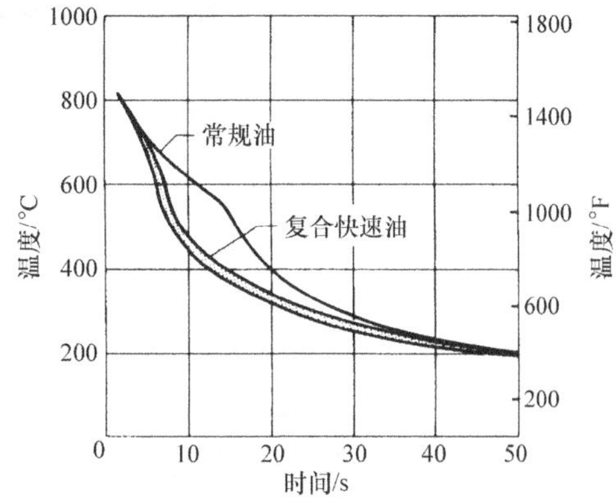

图 3-29　油中心的冷却曲线（油温为 50℃或 125℉）

图 3-30 显示出温度变化对淬火油的冷却速度几乎没有什么影响。差别只是在最后冷却阶段，即当工件温度接近淬火油温度时，热量是通过对流传递的，冷速随淬火油温度升高而降低。对流冷速差别在关键零件淬火时会有所体现。冷速低，减少工件表面和心部的温度梯度，应力小。如果工件温度在马氏体转变温度范围，即低于 260℃（500℉），冷速低更为有利，因为它大幅减少了变形和开裂倾向。

7. 马氏体分级淬火油

马氏体分级淬火油或热油是选用热稳定性和抗氧化稳定性高的溶剂精炼的石蜡基矿物油作为基础油，使用温度为 95～230℃（200～450℉），可实现钢的马氏体分级淬火。马氏体分级淬火油含抗氧化剂以提高抗老化稳定性，有些马氏体分级淬火油还含有非常有效的速冷剂，即使其在高温时也有较快冷速。

马氏体分级淬火油用在较高温度，可实现部分或全部的马氏体分级淬火。市场上的马氏体分级淬火油的使用温度见表 3-6。

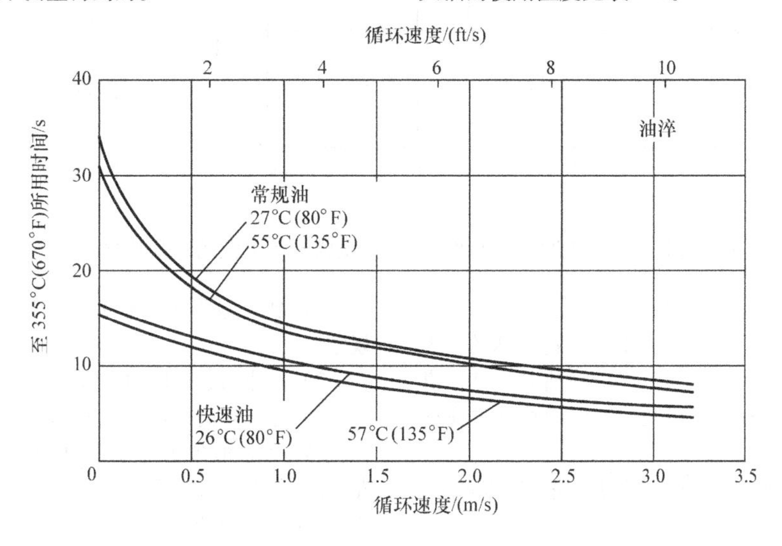

图 3-30　常规淬火油和快速淬火油冷却能力的比较

表 3-6 马氏体分级淬油在不同气氛下的常用最高使用温度

黏度（37.8℃/100℉）/SUS	最低闪点		空气中的最高使用温度		保护气氛下的最高使用温度	
	℃	℉	℃	℉	℃	℉
250～550	220	430	95～150	200～300	95～175	200～350
700～1500	250	480	120～175	250～350	120～205	250～400
2000～2800	290	550	150～205	300～400	150～230	300～450

加热淬火一体炉中因为有保护气氛（惰性、中性或还原性气氛），在较大程度上防止了氧化发生。马氏体分级淬火油可以使用在较高温度，但油的最高使用温度不应超过闪点以下 50℃（120℉）。

8. 真空淬火油

在真空条件下淬火使用常规淬火油会有一些问题。在真空条件下，淬火油的蒸发组分会蒸发并和钢反应，产生增碳或者早期熔化等问题。

为防止这些问题发生，开发出了专门的真空淬火油，其蒸气压低、黏度低（更好的润湿性），并有适当的冷速。如果做到如下几点，一般淬火油也可以用于真空淬火。

1）在大气压下和闪点以下加热油品，以去除油中的易挥发组分和水分。

2）调试时，炉内应有效地抽气和适当地搅拌。

3）最好能在淬火槽中保持低压，以得到最佳的淬火效果。图 3-31 比较了典型的真空淬火油和中等冷速常规淬火油的冷却特性。

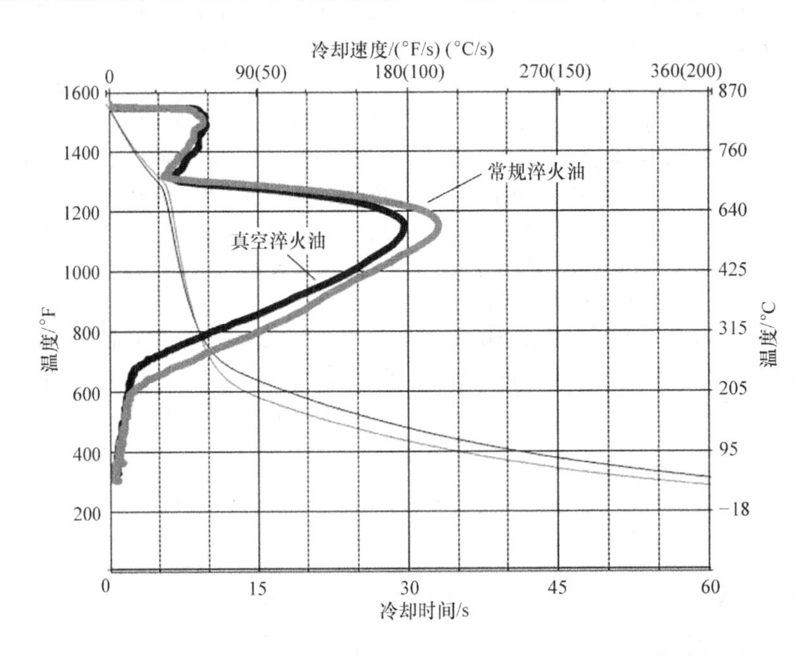

图 3-31 典型的真空淬火油和中等速度常规淬火油的冷却特性对比

9. 环境友好型淬火冷却介质

用于铁基金属的淬火油主要是矿物油基的，因为矿物油具有良好的传热能力。矿物油需要进口供应，价格波动大和有污染风险，这促使油品供应商考虑可能的替换物。

人们对植物油产生越来越多的兴趣有很多理由，主要有：

1）越来越严格的有关防止地下水污染的环保规定。

2）减小对进口原油的依赖。

3）越来越高的环保意识。

菜籽油油酸含量高，在常见植物油（大豆油、葵花籽油、花生油和棕榈油）中，具有最好的抗氧化性。表 3-7 列出了热处理使用植物油基淬火油的优缺点。

表 3-7 植物油基淬火油的优缺点

优点	缺点
容易生物降解	水解稳定性差
毒性低，环保危害小	氧化稳定性差
润滑性能优越	斑点倾向大
再生资源	黏度范围窄
润湿皮肤而不会脱脂	不同气味
供应稳定而充足	成本高
闪点和沸点高	

油菜主要生长在加拿大西部。油菜开黄花，然后结籽，籽荚类似于豆荚但只有豆荚的 1/5 大，然后用小圆籽榨成油，出油量达 40%，固体部分被过滤出来，作为一种高蛋白质的禽畜饲料。

菜籽油比通常用作淬火油的矿物油的生物降解率高得多。生物降解率常用欧洲联合委员会（CEC）L－33－T－82 和改进后的斯特姆（Sturm）试验方法测试。CEC 试验最初用来测试二冲程发动机油的生物降解率，该试验方法用红外光谱方法测量接种某种微生物 21 天后，油中碳氢化合物的减少数量。表 3-8 比较了矿物油和植物油的生物降解率。

表 3-8 按 CEC L－33－T－82 测试的生物降解率

淬火油类型	降解率（%）
矿物油	10～40
植物油	80～100

改进的斯特姆试验测量的是极限生物降解率。它是测量在 28 天所生成的 CO_2 以估计样品中有多少碳转换为 CO_2，以及水和无机物。该试验表明植物油的生物降解率比矿物油优良。

菜籽油基淬火油具有良好的环保性能，还应满足淬火冷却要求。如图 3-32 所示，菜籽油基淬火油的冷却性能与矿物油相似，或者在某种情形下优于矿物油基淬火油。

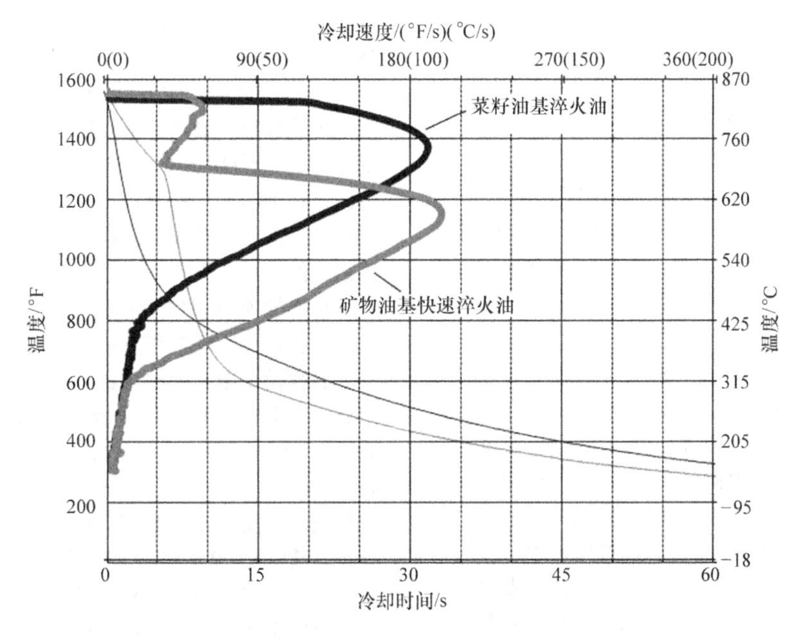

图 3-32 矿物油基快速淬火油和菜籽油基淬火油的冷却速度比较

和矿物油比较，菜籽油基淬火油的冷却曲线显示出如下优点：

1）几乎无蒸汽膜阶段。

2）在 705～595℃（1300～1100℉）的温度范围内冷速快，这有助于获得需要的性能。

3）在 480～120℃（900～250℉）的温度范围内具有希望的低冷速，有助于减少变形。

菜籽油的沸点比大多数矿物油高出约 166℃（300℉），332℃的闪点也比大多数矿物油的 177～232℃（350～450℉）高，对淬火油而言是有益的物性指标。闪点高，安全性能更好；沸点高，说明从核沸腾到对流阶段的转变温度高，有利于减少温度梯度和残余应力。短或无蒸汽膜阶段有助于工件表面均匀地传热。

10. 使用淬火油的安全防火措施

淬火油的不足之处主要在于它的可燃性。如果着火，热处理车间的大量淬火油对人员和设备可能造成灾难性的后果。火灾不是是否会发生，而是何时会发生的问题，因此，要有适当的培训和了解热处理车间的着火火源，以降低火灾发生的概率和损失。

通常不是油而是油蒸气引发着火。热处理车间着火的主要原因如下：

1）相对于淬火载荷而言，油量不足导致过热。

2）搅拌不合适，引起油局部过热。

3）起重机故障或者油槽液面较低，工件没有完全浸入淬火油中。

4）油中水分较多，如超过了0.1%。

5）工件入油速度太慢或没有快速浸没油中。

6）工件出油太快，引发火苗。

一般来说，淬火油质量和淬火载荷质量之比大致在10:1。换句话说，10kg淬火油对应1kg载荷，或者1lb工件需要1gal淬火油，这样能使油温升高降到最低，防止超过闪点。

搅拌促使工件周围传热均匀，减少变形，而且能使热量在整个淬火槽内均匀分布，防止淬火油局部过热。淬火过程中，最高油温不应超过闪点以下50℃（90℉）。

悬垂工件无法下落或者不能完全浸没在油中，总会引起着火。升降机或者传输带应有电气失效时的后备方案，例如停电时用气动或者机械方式将工件迅速浸入油面以下。

工件下行时的浸油速度应不低于25mm/min（1in/min），工件需浸入油面以下200~300mm（8~12in）。管材淬火时尤其如此，因为淬火过程中管内的油蒸气会因为膨胀出现"烟筒"效应，产生喷泉似的油着火现象。

淬火油中含水是淬火过程中面临的主要危险之一。油中的水含量应该定期检查并消除其污染源。强烈推荐使用气-油换热器。水-油换热器虽然换热效率高，但因为水泄漏风险大，不推荐使用。

淬火油着火的灭火介质和方法如下：

1）二氧化碳灭火加上内部的抽风装置。

2）附加储油槽，使油在着火时能快速排空。

3）开式淬火槽上部安装合适的二氧化碳灭火器。

4）对操作人员进行灭火培训和使用灭火器材的培训。

5）迅速报告火灾情况，减轻火灾危害。

3.1.5 熔盐

高温马氏体分级淬火或奥氏体分级淬火需要在150~550℃（300~1020℉）进行。油淬通常最高到250℃（480℉）。以前用液体金属，如铅和铋，但铅、铋蒸气有毒，已经不再使用。现在主要用熔盐进行奥氏体和马氏体分级淬火。盐的熔点取决于其组成（表3-9）。

表3-9 常用盐和用于马氏体和奥氏体分级淬火混合用盐的熔点

组成	熔点	
	℃	℉
硝酸钠	308	586
硝酸钾	333	631
亚硝酸钠	282	540
50硝酸钠/50硝酸钾	228	442
55硝酸钾/45硝酸钠	226	439
90硝酸钠/10亚硝酸钠	288	550
95硝酸钠/5亚硝酸钠	297	567

盐的密度随温度和组分而改变。500℃（930℉）时液体硝酸钠和硝酸钾的密度是1750kg/m^3（110lb/ft^3）。400℃（750℉）时液体硝酸钠和硝酸钾的密度是1794kg/m^3（113lb/ft^3）。盐凝固时，体积收缩，密度增大。固态盐的密度是2114kg/m^3（132lb/ft^3），350℃（660℉）时硝酸钠的比热容是0.430cal/(g·℃)，硝酸钾的比热容与之相似。

传热机制主要是对流传热，工件表面传热均匀，变形微小，硬度均匀。冷却速度与表面温度梯度成正比，在淬火开始阶段（800~700℃或1470~1290℉）冷却相对较快，这使得熔盐只能用于中小截面工件的马氏体和奥氏体分级淬火。

盐槽的淬冷烈度通常较小，可通过温度、搅拌和水分含量进行调整和控制。

温度设定需要考虑马氏体开始转变温度和熔盐组分。大多数钢马氏体分级淬火温度范围为150~350℃（300~660℉），奥氏体分级温度范围为325~400℃（615~750℉）。用于马氏体分级淬火和奥氏体分级淬火用盐是硝酸钾、硝酸钠和亚硝酸盐的混合物。通常是50硝酸钾/50硝酸钠的混合物。该混合物的熔点是150℃（300℉）。但熔盐槽在使用过程中会发生氧化，形成氧化钠（Na_2O）沉淀，沉积在熔盐槽底部，增加熔盐的碱性和熔点。

当加热硝酸钾（KNO_3）或硝酸钠（$NaNO_3$）时盐会熔化，继续加热，达到分解温度，硝酸盐就会分解。开始时分解速度较慢，随着温度升高，分解速度明显加快。低于460℃（860℉），分解较慢且难以察觉，除非是经历了很长时间。硝酸钠比硝酸钾的分解速度快，铁和铝的存在会催化加快分解。

硝酸盐分解的第一个阶段包含吸热反应中氧的释放，反应方程式如下：

$$2KNO_3 \leftrightarrow 2KNO_2 + 2O$$

$$2NaNO_3 \leftrightarrow NaNO_2 + 2O$$

此反应中释放出的氧原子非常活泼，能和熔盐槽反应。在某个特定温度以上反应达到平衡，不会有更多的亚硝酸盐产生和氧气释放。

除了以上反应，还会发生亚硝酸盐的分解反应：

$$2NaNO_2 \leftrightarrow Na_2O + 3O + N_2$$

硝酸盐分解出的一些亚硝酸盐会继续分解，产生氧化钠，析出氧气和氮气。

这些反应是吸热反应。一般来说，氧化钠含量应该控制在0.5%以内。

有时在熔盐槽上会看到一股白烟，它是硝酸钠升华与水合作用中的水的释放形成的。白烟升起常伴随熔盐槽中的泡沫。这些白烟多以亚硝酸钠粉末形式凝聚在盐槽表面，随着热分解达到平衡，槽液稳定，白烟就会消失。白烟持续出现或许说明槽液某处存在局部过热。

如前所述，硝酸盐分解成亚硝酸盐时，会释放出氧。氧会与盐槽反应，形成铁锈，导致传热减弱，可能产生局部过热。铁锈也会集聚在盐槽底部。

氯的存在会促进最初硝酸盐的分解，如果氯含量超过0.1%，分解加速。

盐槽中的冷却速度几乎是恒定的（图3-33），故变形较小，冷却均匀。

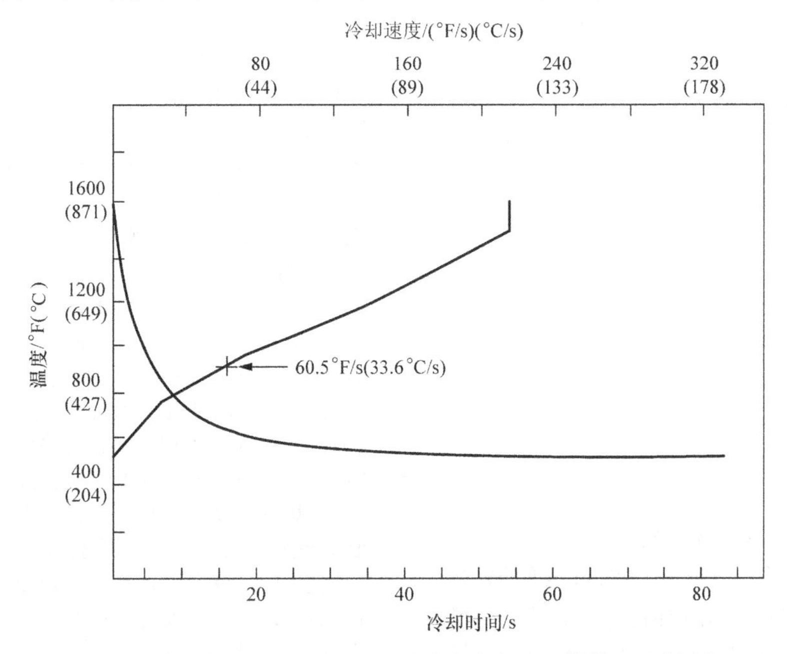

图3-33　熔盐在255℃（495℉）时冷速稳定（无搅拌，无水添加）

1. 温度

一般来说，温度低，槽液冷速快，符合牛顿液体，即冷速正比于表面温度梯度。熔盐冷速相对稳定，因此很少用这种方法来调整冷速，而且槽容积较大，改变槽液温度成本较高。因此，在大多数情况下，槽液温度保持恒定，如图3-34所示。

2. 搅拌

搅拌比温度对传热的影响大。增加搅拌会增加传热效率和冷却的均匀性，如图3-35a所示。可以用泵或者螺旋桨搅拌器搅拌。和大多数淬火冷却介质的搅拌相同，搅拌从底部向上比较好。加水时必须进行搅拌。

3. 加水

添加少量水会显著增加熔盐的冷却能力（图3-35b）。在150～300℃（300～570℉）的温度范围内，水含量通常保持在0.5%～2%。和静止干燥的

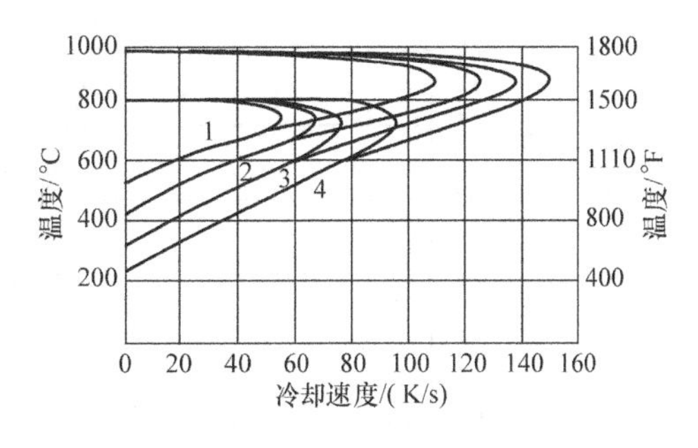

图3-34　用直径20mm（0.8in）的银球在不同温度条件下测量的冷却速度

槽液相比，搅拌和加水结合起来能显著增加冷却能力。为了安全，水只能加到有搅拌的槽液中，而不能加到没有搅拌的槽液中。

温度升高，水在硝酸盐中的溶解度降低。图

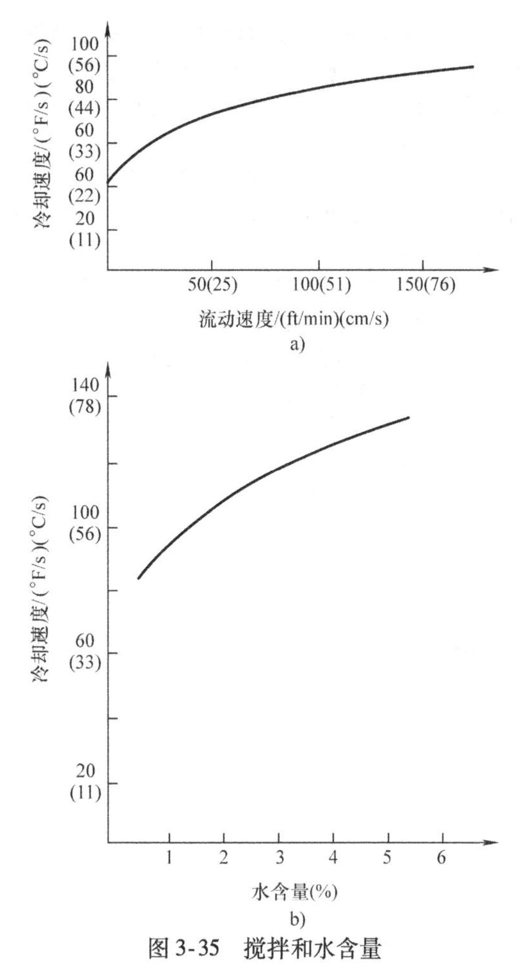

图3-35　搅拌和水含量对低熔点（175℃或350℉）盐冷却速度的影响

3-36显示水的溶解度随温度的变化。水含量对槽液冷却能力的影响如图3-37所示。随着水的蒸发，槽液的冷却能力下降，这时可以通过加水来恢复冷速。

可以加入冲洗或循环用水，也可以加入低压蒸汽。加水的另一个好处是降低了盐浴的熔点。1%的水含量降低熔点约11℃。这样可增加熔液的流动性，也可提高传热速度。

图3-38显示了在205℃（400℉）的熔盐中进行马氏体分级淬火的流速和淬火圆棒的冷速之间的关系。图3-38中也列出了水和油的类似冷却曲线，也提供了较宽的冷却速度范围，以便进行比较。图3-38表征了淬火圆棒的冷却时间和标准端淬淬透性之间的关系。圆棒采用中碳钢9400，在放热式气氛中加热。

小直径圆棒（全部圆棒表面）在205℃（400℉）快速流动的槽液中的冷速快于静止或中等程度搅拌的50℃（120℉）的油。但随着圆棒尺寸增加，次表面区域在熔盐中的冷速比静止油中要慢得多。因此，熔盐淬火的工件要么尺寸小，要么采用高淬透性钢，以便能够得到全淬透的马氏体组织。

4. 维护

盐浴一般不需要特别维护，因为熔盐的热稳定性好，对污染容忍性高。其消耗量取决于工件几何形状和淬火量，通常在50～100g/m^{2}范围内。

随着淬火的进行，污染物（如氧化皮、废弃零件及碳酸盐等）累积增多，这些污染物可通过除污去除。如果一时没有好的方法去除污染物，可尽可能降低熔液温度，停止搅拌，污染物会在此温度下沉积于槽底，然后将其铲除或用高温泵去除。

使用中槽液的水含量应该定期检查，有经验的操作者可以根据淬火过程中水的蒸发状况来估计槽液中的水含量。

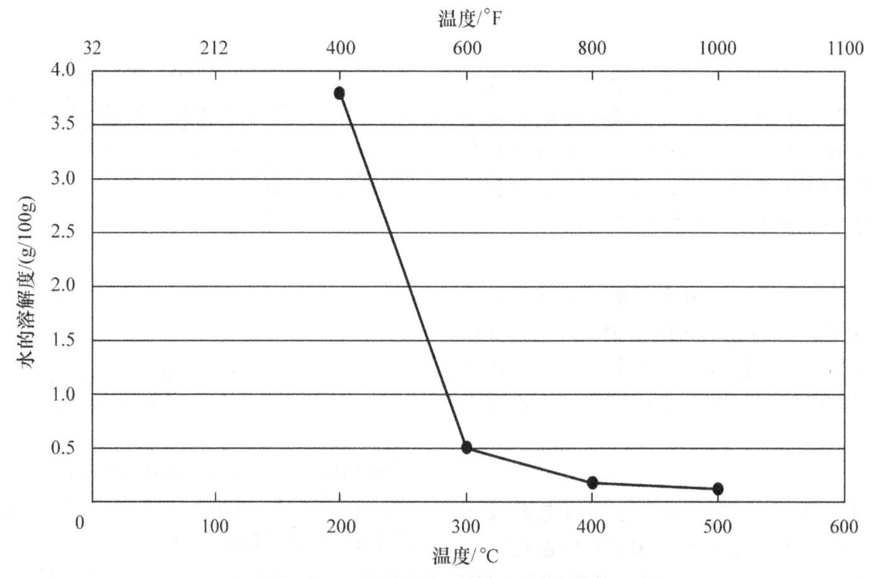

图3-36　水的溶解度随温度的变化

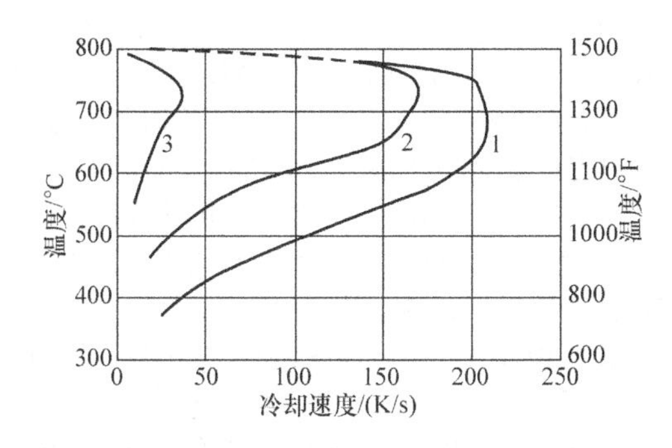

图 3-37 水含量对直径 20mm（0.8in）的银球测得的硝酸熔盐冷却能力的影响

1—300℃（570℉），0.18%的水 2—400℃（750℉），0.09%的水 3—400℃（750℉），不含水

也可以通过称重方式确定水含量，即提取样品称重，然后将样品加热到 400℃（750℉），再次称样品。另外，更精确的方法是通过测定盐的凝固温度，并将其与已知数据进行比较。也可以测量电导率，然后与标准样进行比较。

3.1.6 淬火油的性能控制

本小节介绍淬火冷却介质的性能测量、安全措施和氧化问题。

1. 冷却性能测量

下面介绍磁性球试验、热丝试验和冷却曲线分析。

（1）磁性球试验 基于镍球的 GM 淬冷仪表试验方法（ASTM D3520）差不多在美国用了 60 年。该试验方法在美国得到广泛接受，但在全球的接受度却没有那么高。该方法根据冷却时间对淬火油进行分类，典型值是快速油为 8 ~ 10s、中速油为 11 ~ 14s，慢速油为 15 ~ 22s。这个方法的优点在于只用一个简单参数对淬火油的冷却能力进行分类。

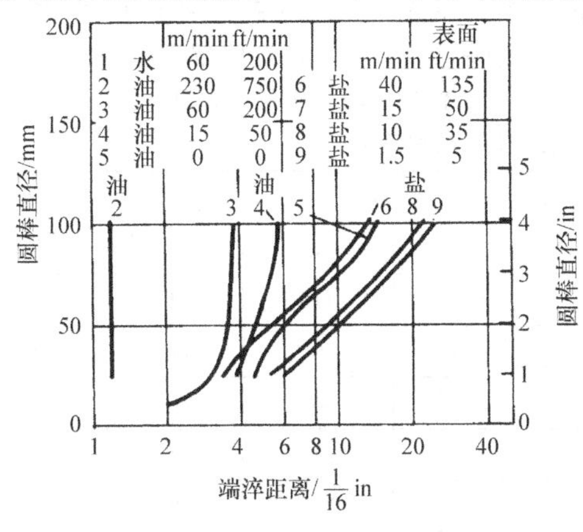

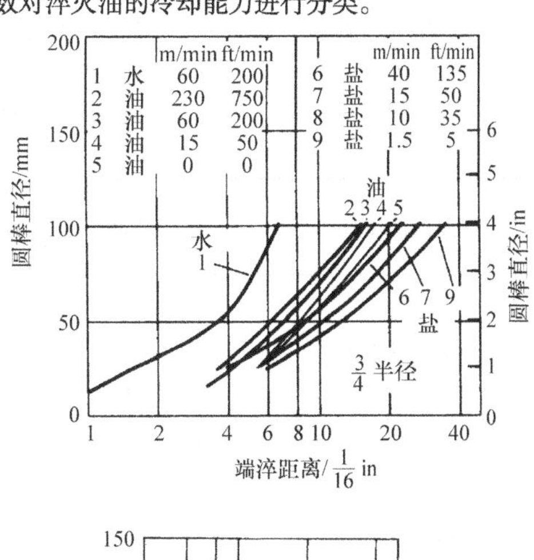

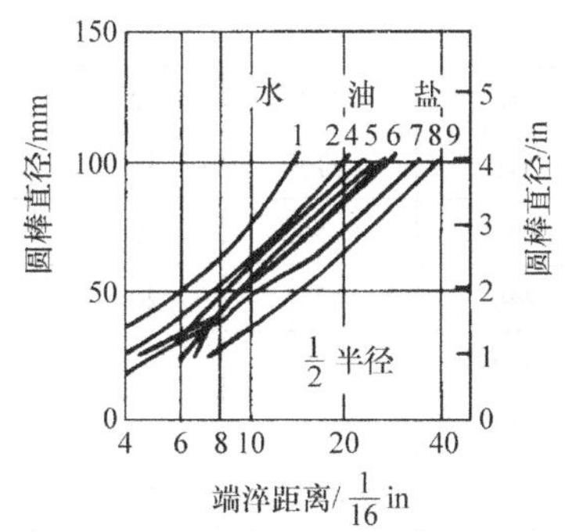

		m/min	ft/min			m/min	ft/min
1	水	60	200	6	油	0	0
2	油	230	750	7	盐	40	125
3	油	215	700	8	盐	10	35
4	油	60	200	9	盐	1.5	5
5	油	15	50				

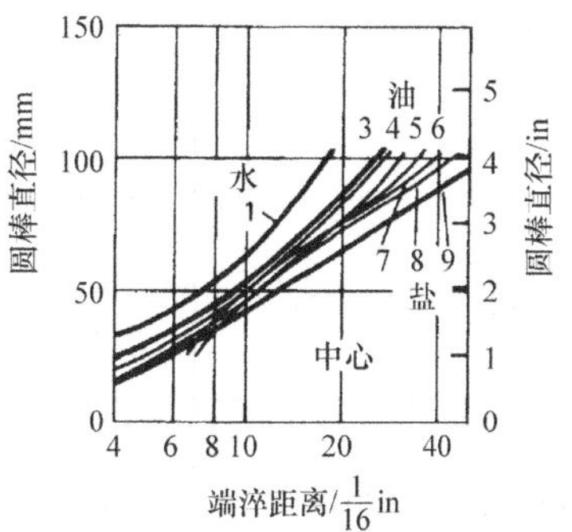

		m/min	ft/min			m/min	ft/min
1	水	60	200	6	油	0	0
2	油	230	750	7	盐	40	125
3	油	215	700	8	盐	10	35
4	油	60	200	9	盐	1.5	5
5	油	15	50				

图 3-38 合金钢 9445 端淬试样和圆棒直径的等效冷却时间在热盐、油和水中淬火冷却之间的关系

注：水温度为 25℃（75℉）；矿物油温度为 50℃（120℉），黏度为 79SUS（40℃或 100℉）；熔盐温度为 205℃（400℉）。

该试验方法利用金属在加热到居里温度以上失去磁性，冷却到居里温度以下又重新获得磁性的特性进行试验。利用此方法可以比较油、熔盐、水和其他淬火冷却介质的传热能力。该试验方法需要把直径22mm（7/8in）、重约50g的含铬镍球在空气中或保护气氛中加热到855℃（1625℉）。不含铬的镍球也可以使用，但试验结果稍快。试验报告中应注明使用何种球，含铬镍球不应用在已经使用了很长时间的淬火油的检测中，因为油中的高戊烷不溶物可能会损坏含铬镍球。加热均热后，将球淬入放在磁场中的200mL淬火冷却介质样品中。镍球冷却到居里温度，会重新获得磁性并被磁场吸引。从855℃（1625℉）冷却到居里温度（355℃或670℉）的时间即可用来衡量介质的冷却能力。居里温度低于绝大多数钢的连续冷却曲线的鼻尖温度。因此，该试验方法可以用于大多数钢淬火冷却能力的评估。淬火冷却介质冷却速度越大，镍球重获磁性所需时间就越短。

也可以用不同居里温度的其他合金来测量不同温度间的冷却速度。曾用改进的磁性试验方法评估搅拌和加热对淬火油冷却能力的影响。将电子冷却仪直接装在淬火系统中，以便直接获得实际淬火过程中的温度和搅拌参数的影响。将直径22mm（7/8in）、长75mm（3in）的AISI 1046钢棒在吸热式气氛中在815℃（1500℉）进行奥氏体化后淬入不同油中，比较硬度和镍球试验结果，有较好的相关性。

表3-10显示了从885～355℃（1620～670℉）直径为22mm（7/8in）镍球（48～52g）的冷却时间。这些试验应用于市场上的常规淬火油、快速淬火油和分级淬火油（含速冷剂或者不含速冷剂）。虽然可在不同温度下进行试验，但常规淬火油和快速淬火油常在21～27℃（70～81℉）的温度下测量。试验报告中应该标明试验温度，用在较高温度下的分级淬火油常在120℃（250℉）的温度下测量。试验球是纯镍球或者含铬镍球，后者是在还原性气氛下加热到885℃（1625℉），具体内容在ASTM D3520中有详细规定。但这些改变较为麻烦，一般还是倾向于使用比较简单的纯镍球。

表3-10 市场上的淬火油的磁性球试验结果

淬火油类型	样品	40℃（100℉）时的黏度/SUS	闪点		镍球的冷却时间/s	铬镍球的冷却时间/s
			℃	℉		
常规淬火油	1	102	191	375	22.5	27.2
	2	105	193	380	17.8	27.9
	3	107	171	340	16.0	24.8
快速淬火油	4	50	143	290	7.0	—
	5	94	168	335	9.0	15.0
	6	107	191	375	10.8	17.0
	7	110	118	370	12.7	19.6
	8	120	191	375	13.3	17.8
分级淬火油，不含速冷剂	9	329	235	455	19.2	27.6
	10	719	246	475	26.9	29.0
	11	2550	302	575	31.0	32.0
分级淬火油，含速冷剂	12	337	232	450	15.3	—
	13	713	246	475	16.4	17.9
	14	2450	299	570	19.7	17.0

表3-10显示了两个不同磁性镍球试验方法的试验结果。试验结果都能明显显示如前所述的常规淬火油和快速淬火油之间冷却能力的差别。表3-5显示，含有速冷剂的分级淬火油在120℃（250℉）的冷却速度和较低冷速的快速淬火油的冷速是相近的。例如，在175℃（350℉）时，分级淬火油的冷速和黏度为100SUS的常规淬火油的冷速接近。过去的分级淬火油不含速冷剂，因而冷速慢。但现代的分级淬火油含速冷剂，具有较快的冷速，可用于较大零件或者较低淬透性钢零件的分级淬火冷却。

磁性球试验只适合矿物油基淬火油或者相似介质，对水基介质的冷速测定不适合。

最近研究显示，磁性球试验结果和相关冶金试验结果不符，而是和最大冷速之间存在某种关系。

但镍球试验没有高温和低温冷速的详细信息，它只是测量冷却到特定温度的冷却时间，而该温度通常高于大多数合金马氏体开始转变温度，因此，它不能提供详细信息来确保给定工件一定能够淬硬。有鉴于此，许多审核机构，如美国国家航空和国防合同商的评估程序（NADCAP）或连续质量改进计划（CQI－9）等，不采用此方法。

（2）热丝试验　该方法是在少量淬火冷却介质（100～200mL）中用电流加热镍铬或康铜导线（具有标准的直径和电阻）。淬火冷却介质温度常设定在工作温度，导线两端连接铜合金或黄铜电极。调节可变电阻器增加通过电流来加热热丝。淬火冷却介质的冷却能力用可获得的最大电流值来表示。淬火冷却介质传热能力强，允许通过的电流大，可获得的最大电流值大。

热丝试验的优点是可以评估介质流动对传热的影响，有两种试验方法，即恒温法和恒流法。

与恒流传感器相比，恒温传感器对流速的快速变化不敏感，因此一般使用恒温法。按照能量守恒原则，介质传热随温度或电流的变化而变化。

（3）冷却曲线分析　确定淬火冷却介质冷却能力的最常用方法是冷却曲线分析法，它能够反映整个冷却过程。试验方法是在探头上焊有一个或多个热电偶，然后用温度测量仪器记录冷却过程。探头可用不锈钢、银、镍或者碳素钢制作。探头形状可以是球状、板状、管状或采用实际的工件形状，但最常用的还是圆柱状。对慢速油，希望探头质量小；但对快速油，探头质量要大或记录仪反应速度要快。不少研究人员使用银探头，因为它既无相变影响又能防止锈蚀。银的传热快，使得探头温差不至于影响其对介质冷速的高度敏感性。

探头表面测得的特性温度（维持蒸汽膜的最低温度）和沸腾温度不受探头的温度、热导率或大小的影响，但如果在探头表面下方的位置测量，就有差别。总而言之，冷却曲线测试是很好的研究和质量控制工具，提供了足够精度进行对比。标准化的试验方法也便于比较不同仪器间的试验结果。

冷却曲线测试的关键之处在于在最快传热温度范围内数据采集速度要足够快，以获得足够的数据来精确确定冷却速度。热导率高和探头体积小，要求更快的数据采集速度。有时需要将热电偶置于探头表面以记录反映表面温度变化，而心部热电偶对这些变化则不敏感。

表面冷速快，置于表面的热电偶需要更快的数据记录速度。例如，如果表面热电偶用在直径为10mm（0.4in）的银探头的表面，记录仪要在使用温度范围内精确地记录在0.1s内540℃（970℉）的温度变化。

一般认为，表面温度测量对计算表面传热系数或者淬火过程中的表面热流有重要意义。然而，淬火前探头在加热过程中的氧化很难得到重现性好的表面冷却曲线。淬火过程中的表面温度可以通过有限元或有限差分法用现成的软件程序来进行计算。

如果要比较不同来源的冷却曲线，需要确保这些曲线的测试条件相同，包括标准的试验探头、合金、探头尺寸、热电偶类型和位置、最初的探头温度、淬火冷却介质温度、淬火冷却介质容器尺寸和形状、淬火冷却介质数量、数据采集速率等。ASTM D6200规定了冷却曲线的测试方法。

2. 安全措施

（1）水含量　根据水含量高低将淬火油中水分为两类，即低于饱和溶解度的水和大于饱和溶解度的水。大于饱和溶解度的水，会形成自由水。

水的影响取决于含量高低。油中水含量高低还与添加剂的性质有关。一般情况下，绝大多数淬火油中水的饱和溶解度是0.1%。

严格控制油中水分的原因在于水的沸点低，只有100℃（212℉）。当水变成蒸汽后，体积膨胀1600倍。例如，3.8L（1gal）水可以变为6.1m^3（214ft^3）蒸汽，或6060L（1600gal）蒸汽。蒸汽还会随温度升高进一步膨胀，如200℃（400℉）的蒸汽体积远大于100℃（212℉）的蒸汽体积。因此，若3800L（1000gal）淬火油槽里含3.8L（1gal）水（0.1%），热工件淬入后，自由态水可转变为蒸汽，造成严重的火灾和爆炸。

水可能来自炉子或淬火槽外部，也可能来自内部。外部包括从清洗机来的回收油、屋顶泄漏、不适当的维护保养带来的污染等。内部来源通常是水冷换热器、水冷炉门、风扇、轴承，以及灭火器和难燃液压液（泄漏时）。

油中水含量小于饱和溶解度时，水在油中以极小液滴与油混合。水也可以形成轻微的乳化态。水含量虽然小于饱和溶解度，但它对处理工件的微观结构和变形可能有明显影响。

含少量水的淬火油的冷却性能具有如下明显特点：

1）蒸汽膜稳定性增大。

2）蒸汽膜阶段延长。

3）该沸腾阶段冷速增加。

4）降低了从沸腾阶段到对流阶段的转换温度。

5）极端情况下，核沸腾阶段到对流阶段的转变被完全抑制。

这些变化可以从图 3-39 所示的冷油曲线观察到：蒸汽膜阶段变得非常稳定，而最大冷却速度得以增加，而且随着水含量的增加，最大冷速出现的温度下降，在极端水含量情况下，对流阶段会消失。

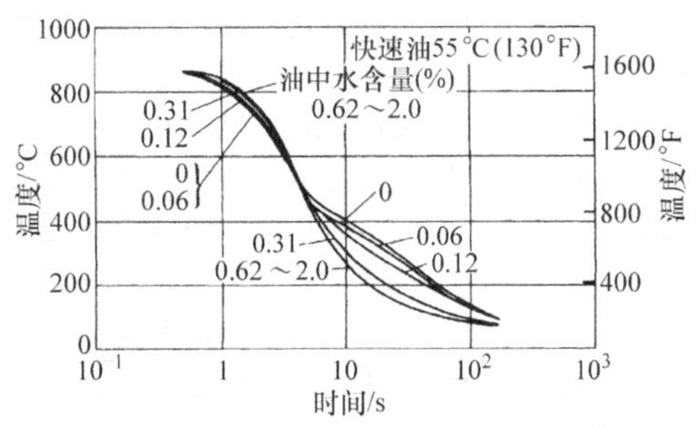

图 3-39 水含量的影响

当水含量高时，热处理的工件可能会出现如下问题：

1）稳定蒸汽膜引发的软点。

2）冷却不当引起的异常微观组织。

3）该沸腾阶段到对流阶段的转变受到抑制，变形加大，甚至开裂。

一些调查发现水含量为 0.025% ~0.04% 时，就可能造成低淬透性钢的不当转变，局部产生贝氏体组织。

水含量超过溶解度极限（接近 0.1%），可能引发新的问题，即灾难性的火灾和爆炸。水含量除前述问题（软点、不当显微组织等）外，还有更危险的火灾和爆炸，即油中少量水分变成大量蒸汽，或者蒸汽引发泡沫和加热区接触。

简单想象一台一体式淬火炉，装有 3800L（1000gal）油，气缸泄漏了 3.8L（1gal）水（0.1%）沉积在淬火槽底部。淬火油温度为 75℃（170℉），455kg（100lb）的工件从 870℃（1600℉）淬入后，油温升高了约 10℃（50℉），导致 3.8L（1gal）水完全转变为蒸汽。

3.8L（1gal）水产生了约 6.1m³（215ft³）蒸汽，立即将油位推高到加热炉膛的高度。油被点燃燃烧并进而膨胀，炉门因为压力打开，混有泡沫的油和蒸汽急剧扩大到整个热处理车间。因为热处理车间的热点燃源较多，这些油蒸气可能会被点燃，整个车间出现着火，造成巨大财产损失和可能的人员伤亡。

不幸的是，油中含水着火这类简单问题在过去几年中反复地出现，造成了巨大损失。水的来源虽不同，但产生的后果都很严重。热处理工厂会因为火灾被迫关闭，或者因为车间和设备修理停业较长时间，造成损失巨大。

水的来源通常是由于维修和现场装置管理不当，或者对水在油中可能产生严重后果的认识不够引起的。水有多个渠道进入淬火油，一些最明显的水源包括：

1）顶部泄漏。

2）水冷换热器。

3）气缸泄漏。

4）水冷轴承和风扇。

5）水冷门。

6）操作不当。

淬火油槽上面铺盖防水油布并不能有效地防止水进入油槽，使用双层的水冷换热器也有可能因为锈蚀而出现水的漏入，即使油压比水高，水也有可能漏入油中。将淬火油装入含有少量水的闲置桶中以及在淬火油槽中错加含水产品，也是常见的水污染实例。

有这么一个例子，维修时，淬火油槽被清空后准备清洗。淬火油被装入闲置桶中，这些桶原先可能放在室外。淬火油装入前，没有人去检查这些空桶，操作者不清楚其中一个桶因桶盖未盖而存有 7.5L（2gal）雨水。当淬火槽清理完毕，淬火油从这些桶中倒回淬火油槽中，刚开始第一炉工件淬火时，就有隆隆声响，造成了很大损失，幸好操作者在听到隆隆声响时就跑开了，没有造成人员伤亡。

另外一个例子是屋顶泄漏导致大型网带式连续炉油槽中有水污染。塑料防水布盖在油槽上方，但油布上面有一些小洞，随着时间延长，油中积累的水越来越多，引发经常性着火。直到热处理车间检测了油中水含量后，才了解到着火的原因。

最重要的防护方法是去除所有可能的污染水源。强烈推荐使用气冷换热器，对操作者和维护人员进行全面深入的培训。需要对气动装置、屋顶泄漏和其他设施进行日常检查。应授权和要求操作者对自己操作的设备进行仔细检查。

可以采用爆响方式定性监测油中水含量。试管中注入约 1/3 油样，然后加热，如果油烟形成前能够听到爆响声，说明油中有水。该试验是定性的，带有一定的主观性，它不能说明油中有多少水，而且油中含水多时才明显。

有两种主要方法测控淬火油槽中的含水量。一是定期（通常为每月或每季度）用不同试验方法测量油中含水量；二是在线监测。这两种方法各有利弊，可互相补充。

CARL FISHER（卡尔·费希尔）试验方法（ASTM D6304）被广泛用来定量检测油中含水量。该试验方法基于碘和二氧化硫的本生反应，非常精确，对于在用油，可测量 0.0025% 的水含量，新油因抗氧化剂的影响，其精度有所降低。该方法实际

上是基于简单的滴定测量。

定期测试也应该包括黏度、闪点和沉淀数。所有高质量油品供应商都应能免费提供这些服务，通常每季度一次。

在线监测是更有效检测水含量的方法。当检测的水含量超过了饱和溶解度，就会给出警示，并通常与炉子的操作互锁，防止在高水含量下进行淬火操作。

该方法和电火花塞原理相似。两极间施有电压，有水存在时，极间导电，发出警报声响并和淬火操作互锁，阻止其继续进行。需要将传感器放置在淬火槽底，并排除油泥阻滞传感器的正常工作。如果传感器在淬火槽底安装不适当，只是简单放置在淬火槽底，则传感器不起作用。

水含量超过饱和溶解度时，传感器会启动报警。然而别的污染会影响传感器正常工作，有可能在传感器还未感测出水含量时，淬火就出现起火或者爆炸。因此，传感器最好能够在达到饱和溶解度以前，即在槽底成为自由态水以前就能感测到水含量及其增加趋势。

第二种方法就是电厂所采用的技术，即用传感器探测大型变压器油中的水分。该方法测量薄聚合物层的电容变化，当聚合物层吸收有水分子时，电容就会发生变化。该方法测量达到饱和溶解度前的水分，所以它可以在水分远未达到饱和溶解度前感测到水含量，防止出现起火爆炸。传感器可以事先设定不同报警点，例如，0.025% 的水含量，淬火工件不会受到影响。该方法能有效测量从 0.0005% 到饱和溶解度的水含量。可以由不同的报警设定来反映水在油中的升高情况，包括水的升高速度是否超过了可接受的程度。

如果别的指标良好，油在去除水后可继续应用。有水沉积在淬火槽底时，可以底排。底排后，缓慢加热油到 115℃（240℉），然后搅拌油槽一直到表面泡沫逐渐消失，以去除仍然残留在油中的水（图 3-40）。

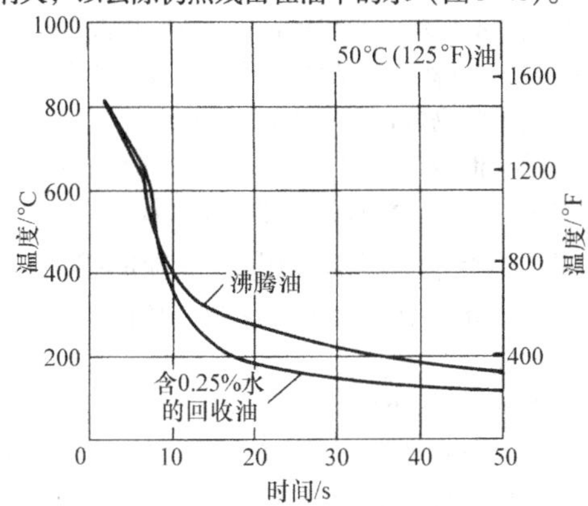

图 3-40　油中水蒸发后的影响

（2）闪点　闪点是淬火油蒸发并形成可点燃混合蒸气的最低温度。它需要外部火源，不要和自燃混淆，后者不需要外部火源。

闪点是淬火冷却介质的特性温度，也能提示可能的污染和氧化。它可以用来确定淬火冷却介质使用的最高温度。有两个基本方法测量淬火冷却介质闪点，即克利夫兰（Cleveland）开口闪点试验和平斯克－马丁（Pensky－Martens）闭口闪点试验。

最广泛使用的是 Cleveland 开口闪点试验方法（ASTM D92）。试验时，在铜杯中注入油品（通常 70mL），快速将油品加热到期望闪点的大约 56℃ 内，然后以 5～6℃/min 的速度缓慢加热。试验火焰每 20s 或者每 2℃ 通过油杯上方。闪点就是出现较大火焰并扩展到整个试验杯中的温度。

其次是 Pensky－Martens 闭口闪点试验。在该试验中，在黄铜油杯中注油到规定高度，然后用盖封闭。样品按规定速度加热和搅拌，并按固定时间间隔施以火源，一直到可探测到燃烧火焰，该温度即为闭口闪点。一般而言，Pensky－Martens 闭口闪点比 Cleveland 开口闪点低 15℃ 左右，闭口闪点测试比开口闪点测试对污染更敏感。

两个方法都可以用来确定淬火油是否发生了污染。如果在 Cleveland 开口闪点试验中发现闪点降低，可再用 Pensky－Martens 闭口闪点试验检测淬火油中是否有低蒸气压的有机物污染，如溶剂等。

3. 氧化

高质量淬火油和分级淬火油采用具有高热稳定性的精制基础油（通常为石蜡基油），并配以添加剂进一步提高性能和延长使用寿命。这些添加剂都是经过特别试验和精选的，并与基础油兼容，特别是经过精心挑选的抗氧化剂，可抑制氧化过程的发生。

石油产品有氧化和热降解两种失效形式。石油在高温下与空气或氧气接触，氧化速度快。氧化产生有机酸并形成不溶性物质，即油泥。聚合反应使黏度增加。应该注意，马氏体分级淬火油比冷油的氧化倾向要大得多，因为马氏体分级淬火油在较高温度使用，而温度升高显著增加氧化速度。

石油在高温下发生热降解。热裂解产生新物质，有些是轻质的，相对较易挥发，有些是重质的，挥发度低。高挥发度的物质降低了闪点，而重质物质增加了黏度。

在油品劣化或者氧化过程中，会产生油中原来并不存在的物质，如反应性很强的自由基，这些自由基会经历一系列反应。它们与其他自由基反应，也与基础油反应，还可能与旨在提高油品物化性能的添加剂反应。

很多油精炼后含有数百种组分，这些组分的特性和组成决定了其是否可以作为淬火油或者分级淬火油使用。即使少量有害元素或组分都可能引发具有严重后果的链式反应。

油品使用中的变化可用化学变化（氧化）、物理-化学变化（分散和冷却性能）以及物理变化（黏度和闪点）来描述。除氧气外，温度、金属、光（紫外线或者太阳光）以及污染都影响引发氧化的自由基的形成。

高质量淬火油和分级淬火油常在配方上采取措施抑制这些引起油品氧化因素的影响。但淬火油通常很难完全抵消外部污染的影响。

例如，同样的抗氧化剂并不是对所有油类都有效。虽然油的组分相似，但在化学上并不完全相同，这些差别可能足以引发一系列有害反应，影响油品的使用寿命。杂油污染，如液压油和其他油进入淬火油或分级淬火油就可能引发此类反应。而且，杂油中的一些组分可能降低淬火油中抗氧化剂的有效性，进一步降低其综合性能。

其中一些化学反应被金属（如铜、铅及催化作用相对较少的铁）催化。加热系统通常都会用钢铁件，但应避免使用铜和铅。

另一个关注点是光。阳光或紫外线也是一种催化剂，它们传递能量，产生类似金属的催化效果。大多数情况下，光不是问题，因为绝大多数淬火槽都在室内，且装有盖子或者和炉子作为一体（一体式淬火炉）。

不同基础油、温度和污染对氧化的影响可以用改进的 ASTM D943 加速氧化试验在实验室评估。氧化和热降解会引起试验油品黏度增加。油在试验过程中因有有机酸形成，酸值或中和值增加，油越老化，酸值增加越多。沉淀数是衡量还未形成油泥的大相对分子质量组分，也能量度油的氧化程度。淬火油的沉淀数多，可能造成淬火零件产生斑点。

（1）黏度　油的黏度对冷速有重要影响。油的黏度越低，从工件上吸收传递热量的效率越高。低黏度油通过虹吸作用将从热工件表面吸收了热量的油迅速传递出去，避免和热工件表面接触的油层达到或超过油品闪点。

因为和热工件表面接触的油品黏度高，运动慢，传热慢，所以这部分油因温度高开始上浮。可能在升高到油、空气界面时其温度仍然高于闪点，马上就会着火。因此，通常希望油的闪点高、黏度低。提高高黏度油的温度，黏度降低，有助于降低着火危险。

（2）总酸值　不同来源的淬火油性能有差异。它们可能偏酸性或偏碱性，添加剂含量、精炼过程等方面都可能有差异，使用过程中劣化速度也不同。这些差异可用 ASTM D974 方法测定油品中和值来衡量。

中和值检测能够衡量油品质量的稳定性，以及在用油在使用条件下油品的老化程度。油品氧化加剧，中和值增加。在用油中酸值高意味着油泥和黏度增加倾向大，表面张力增加，影响淬火工件表面的润湿性。

油品使用性能不能只凭酸值判定，应该结合其他性能对疑问油品进行评估。

（3）油泥　油泥是淬火油氧化和聚合反应的产物。油泥是除水以外最能造成淬火问题的。淬火油油泥越多，表明油品老化程度越高。新油应该没有油泥。有些淬火油不稳定，油泥形成倾向大。油品中的添加剂有助于防止或推迟油泥形成。

油泥会阻塞冷却器，降低整个淬火系统的效率。如果油品老化程度不高，油泥可以过滤去除。淬火油老化也很容易从黏度和酸值增加中得到反映。光亮淬火油，油泥含量不大于0.2%。但若别的指标符合要求，含0.2%油泥的淬火油仍可使用。

在冷却速度受到影响前，淬火油和换热器中就已经有油泥和胶质。油泥需要停机清理，否则油品温度会升高，导致不充分和不均匀的淬火冷却。

淬火油中油泥形成通常还与油品降解相关，即产生低沸点组分，降低油品闪点。

高稳定性和低油泥形成倾向的淬火油显著地降低了淬火系统清理、维修、过滤和冷却的费用。建议在满足性能和变形条件下，淬火油应尽可能地在低温运作，以减缓热氧化。

（4）沉淀数　淬火油沉淀数表示淬火油在操作条件下可能形成油泥的组分含量。和油泥一样，它也能衡量油品老化程度。试验可以按照 ASTM D91 测量油中环烷不溶物。该指标是油氧化后形成的可溶于油的产物，是形成油泥的前兆。ASTM D91 中沉淀数是指 10mL 淬火油和 90mL 的环烷物混合然后以 600～700r/min 离心形成的毫升沉淀数。这个数值类似于丙烷不溶物数试验（ASTM D893）。

使用其他溶剂如己烷或丙烷，会吸收很细的粒子如炭黑等，但无法在离心过程中沉淀出来。

3.1.7　聚合物淬火冷却介质性能的控制

本小节介绍聚合物淬火冷却介质的冷却性能、污染和回收。

1. 冷却性能的测定

（1）冷却曲线分析　与淬火油相比，聚合物淬火冷却介质的冷却曲线受搅拌影响更大。为此，制定了两个标准用来精确测量聚合物淬火冷却介质的冷却曲线，即 ASTM D6482（Tensi 方法）和 ASTM D6549（Drayton 方法）。每个方法提供了不同的搅拌方法，两个方法的试验结果不能比较。

很多审核认证机构（NADCAP、CQI－9等）要求按月或按季度提供聚合物淬火冷却介质的冷却曲线。

（2）浓度控制　大多数聚合物在槽内用折射仪控制浓度。PAG 聚合物溶液（在通常的淬火使用范围内）的折射仪读数与浓度呈线性关系。其他聚合物介质例如 PVA 和 PVP，只是在新液时才具有恒定读数。

使用工业用折射仪需校正刻度读数。折射仪可用于聚合物介质的日常浓度监控，但读数中还包括其他溶于水的组分，如盐类等。当折射仪显示不正常数值时，要采用别的方法来对照进行浓度校正。

运动黏度和聚合物浓度相关，是一个非常有效的交叉校正方法。与折射仪测量类似，介质供应商通常会提供黏度和浓度的对应数据，但黏度和浓度的关系不是线性的，因此一级线性回归分析结果不宜外推使用。

（3）生物污染和控制　聚合物溶液会滋生生物，但这通常并非聚合物本身而是来自外部污染。感应淬火过程中，外部污染常来自热处理前没有清洗干净的金属加工介质残留。

厌氧菌和真菌可在淬火液中滋生。这些细菌和真菌并没有很大的健康危害，但有气味。所谓的“周一早晨的气味”，就是淬火槽中在经过一个周末静止后因为细菌滋生在周一启动时所散发的臭味。

厌氧菌和真菌在缺氧环境中滋生繁殖。静止液体促成局部缺氧。淬火冷却介质应该保持循环，防止出现缺氧环境。可以给系统中鼓气，但通常更有效的方法是停产时仍维持系统循环。

不一定要用杀菌剂控制微生物滋生，清洁和保持系统中有氧存在是关键。溶液应该保持搅拌和尽量减少污染，污染物如锈蚀和其他固体物质是典型的细菌滋生养料。

系统具有合适的循环和过滤有助于减少细菌和真菌滋生。砂滤是最有效的过滤方法（类似于游泳池的过滤），可以去除 6～8μm 的杂质。袋式和箱式过滤器可能因流速低会累积污染物而成为细菌和真菌的滋生场所。

如果细菌和真菌滋生较为严重时，可添加适当杀菌剂。聚合物介质溶液的供应商会协助选择合适的杀菌剂及添加量，建议适当加大添加量。经常使用杀菌剂会引起细菌的抗药性，可加大用量或改换不同品种的杀菌剂。

杀菌剂能够杀灭生物物质，因此添加杀菌剂时要穿戴好个人保护用品。可向杀菌剂供应商咨询杀菌剂添加量以及相应的穿戴防护。

热处理系统中常有各种污染，液压油、固体物质如炭黑和锈蚀等是常见的。炭黑、锈片沉积影响折射仪读数从而影响浓度控制。这些污染物改变了介质的冷却特性。热处理工艺和具体应用现场不同，污染也不同。一般而言，过滤和撇除油类等污物有助于减少污染。对 PAG 或者 PEOX 介质，可通过热分离并补加腐蚀抑制剂来清洁聚合物系统，但 PVP 和 ACR 没有热分离性能，不能依靠此法净化，在系统受到严重污染时，只能是过滤或排放后重新配液。

2. 淬火油的循环利用

考虑到新油成本及排放处理成本，很多公司设法回收清洗后的废油，不仅减少运作成本，也减少了排放成本。该方法对淬火油是有效的，但需注意以下事项以确保质量。

（1）收集　淬火油常在淬火后从清洗机上回收。撇油器要工作有效，防止带出过多水分和降低油回收效率。淬火前和淬火后收集的清洗油不要混合，因为前者会污染后者，轻者使淬火后工件产生斑迹，重者可能导致严重的着火事故。

（2）分类　如前所述，不要将淬火前清洗的回用油和淬火后清洗的回用油混合。同样地，不同种类的淬火油也不宜混合，特别是冷油和热油不要混合。每种油应该分类放置，防止交叉污染。例如，典型的分级淬火油黏度为 300SUS，闪点为 225℃（440℉），而通常中等冷速的冷油黏度为 100SUS，闪点为 180℃（355℉）。不同闪点的油不应混合，否则混合油会具有各混合组分的平均性能，可能导致裂纹、变形或由于低闪点而着火。

这些油应该分类放置在大小适当的收集槽中。收集槽容量应有大致三个月的收集量，以减少相关试验和处理负担，并保证有较高的回收质量和效率。

（3）过滤　炭黑颗粒会加速有机酸形成，铁锈、耐火材料等也会加速有机酸形成，这些颗粒还会堵塞换热器，损坏循环泵或搅拌器。油中若有大量颗粒物也会影响冷却特性，促使核沸腾阶段过早到来。过滤可以去除这些颗粒杂质。

过滤尺寸因应用不同而异，粗过滤用 50～75μm 的过滤器，随之根据颗粒大小和尺寸用 10～15μm 的过滤器。还可以采用 2～5μm 的过滤器，但这涉及过滤器更换费用和过滤介质消耗费用与期望延伸油品寿命之间在经济成本上的平衡。

使用过滤介质如富勒土、活性氧化铝或者高岭土能有效减少油中的有机酸。但有些过滤介质如富勒土也会滤除抗氧化剂。根据测试结果或要求补加抗氧化剂或速冷剂以补偿富勒土的滤除损失。

（4）脱水　脱水就是去除淬火油中的水分。大部分水分在收集过程中通过槽底排除。但油中可能还含有不到0.1%的水分，需要通过加热方法排出，这是一个缓慢且耗能的过程，通常做法是将油加热到100℃（212℉）以上，保温数小时以去除水分。

利用空气脱除油中水分颇为有效。将油加热到80℃（175℉），然后让干燥空气（或者氮气）弥散通过，气体会立即被加热并吸收油中水分。油品加热温度和通入的空气量决定了油中水分的去除速度。$0.14m^3/min$（$5ft^3/min$）的空气流量通入70℃（160℉）油中每小时可去除水分3.8L（1gal）。该方法只对排除饱和点以下水分（大致为0.1%）有效，水含量达到饱和后，其有效性大幅降低。

还有一个方法是利用水和油的蒸气压不同。水的蒸气压比油大得多，因此抽真空能有效去除油中水分。该方法可以使油中水含量减少到0.002%，但耗时较长。

不管采取什么方法，油中除水都是必要的，以防有机酸形成，防止产生软点、裂纹和变形增加。

（5）试验和分析 最后，在完成收集回收处理过程后，测试油品以保证和新油具有相同的性能和水含量。若有异常，应根据试验结果立即采用修复措施。

参考文献

1. J.L. Lamont, *Iron Age*, Oct 1943, p 64–70
2. *Heat Treating*, Vol 4, *Metals Handbook*, 9th ed., American Society for Metals, 1981
3. G. Totten, C. Bates, and N. Clinton, *Handbook of Quenchants and Quenching Technology*, ASM International, 1993
4. *Heat Treating*, Vol 4, *ASM Handbook*, ASM International, 1991
5. B. Liscic, H. Tensi, L.C.F. Canale, and G. Totten, Ed., *Quenching Theory and Technology*, CRC Press, Boca Raton, FL, 2010
6. "Houghton on Quenching," Houghton International, Valley Forge, PA
7. P. Cary, *Quenching and Control of Distortion*, ASM International, Metals Park, OH, 1988
8. D.S. MacKenzie, "Advances in Quenching—A Discussion of Present and Future Technologies," ASM Heat Treating Conference (Indianapolis, IN), ASM International, 2003
9. G. Dubal, "Recent Advances in Quenching Applications of Salt Baths," 18th ASM Heat Treating Conference, Oct 12–15, 1998 (Rosemont, IL), ASM International
10. "Standard Method for Quenching Time of Heat-Treating Fluids (Magnetic Quenchometer Method)," D 3520-88, American Society for Standards and Materials, Conshohocken, PA
11. C.E. Bates and G.E. Totten, Quantifying Quench-Oil Cooling Characteristics, *Adv. Mater. Process.*, March 1991, p 25–28
12. D.A. Guisbert and D.L. Moore, Correlation of Magnetic Quenchometer to Cooling Curve Analysis Techniques, *Proceedings of the 16th ASM Heat Treating Society Conference and Exposition*, March 19–21, 1996 (Cincinnati, OH), ASM International
13. G.E. Totten, G.M. Webster, and D.S. MacKenzie, Quenching Fundamentals—Effect of Agitation, *Proc. 10th IFHT Congress*, P. Danckwerts, Ed. (London, U.K.), The Institute for Metals, 1996
14. Sales and technical product literature, Gulf Research and Development
15. D.S. MacKenzie, "Effect of Contamination on the Cooling Curve Behavior of Quench Oils," IFHTSE 2001, Sept 11–13, 2001 (Dubrovnik, Croatia)
16. M.E. Dakins, C.E. Bates, and G.E. Totten, *Metallurgia*, Vol 56, 1989, p 57–59 (Note: The algorithm for the calculation of H-factor is incorrect in this paper and should be $H = (A \times C) \exp (B \times D)$.)

选择参考文献

- C.E. Bates, *J. Heat Treat.*, Vol 6, 1988, p 27–45
- G.R. Beck, *C.R. Acad. Sci. Paris*, Vol 265, 1967, p 793–796
- H. Boyer, Quenching and Control of Distortion, ASM International, 1988
- M. Cohen, The Strengthening of Steel, *Trans. TMS-AIME*, Vol 224, Aug 1962, p 638–656
- M.A. Delano and J. Van Den Sype, Fluid Bed Quenching of Steels: Applications Are Widening, *Heat Treat.*, Dec 1988, p 1–4
- M.A. Doheim and R.M. Himmo, Effect of Fluidised Bed Parameters on Quenching of Steel Sections, *Mater. Sci. Technol.*, Vol 4, April 1988, p 371–376
- H.J. French, *Trans. A.S.S.T.*, May 1930, p 646–727
- G.M. Hampshire, *Heat Treat. Met.*, Vol 1, 1984, p 15–20
- M. Hetényi, Handbook of Experimental Stress Analysis, John Wiley, 1950
- R.W. Hines and E.R. Mueller, *Met. Prog.*, Vol 122, 1982, p 33–39
- J.H. Hollomon and L.D. Jaffe, *Ferrous Metallur-*

gical Design, John Wiley & Sons, 1947, p 176
- L.M. Jarvis, R.R. Blackwood, and G.E. Totten, *Ind. Heat.*, Nov 1989, p 23–24
- N.I. Kobasco, *Metalloved. Obrab. Met.*, Vol 3, 1968, p 2–6
- T. Kunitake and S. Sugisawa, Quench Cracking Susceptibility of Steel, *Sumitomo Search*, 1971, p 16–25
- J.J. Lakin, *Heat Treat. Met.*, Vol 3, 1982, p 73–76
- B. Li and T.J. Filetin, *Heat Treat.*, Vol 5, 1988, p 115–124
- B. Liscic and T.J. Filetin, *Heat Treat.*, Vol 5, 1988, p 115–124
- F. Palmer et al., *Tool Steel Simplified*, 4th ed., Chilton, 1978
- M. Schwalm and H.M. Tensi, Heat Mass Transfer Metallic Systems, *Proc. Int. Cent. Heat Mass Transf.*, Vol 45, 1981, p 563–572
- Source Book on Heat Treating: Vol 1, Materials and Processes, American Society for Metals, 1975
- M. Tagaya and I. Tamura, *Mem. Inst. Sci. Ind. Res.*, Osaka University, Vol 9, 1952, p 85–107
- H.M. Tensi and E. Steffen, *Steel Res.*, Vol 56, 1985, p 489–495
- H.M. Tensi and P. Stitzelberger-Jakob, *Härt.-Tech. Mitt.*, Vol 44, 1989, p 99–105
- K.E. Thelning, *Steel and Its Heat Treatment*, Butterworths, London, 1975, p 584
- K.E. Thelning, *Scand. J. Metall.*, Vol 12, 1983, p 189–194
- D.M. Trujillo and R.A. Wallis, *Ind. Heat.*, July 1989, p 22–24
- J. Wünning and D. Liedtke, *Härt.-Tech. Mitt.*, Vol 38, 1983, p 149–155

3.2 淬火系统的搅拌和设计

D. Scott MacKenzie，Houghton International

人们在加热炉的温度、气氛均匀性、恰当的温控和碳势精确控制方面已经做了很多工作，而淬火槽的合理设计与整个系统的良好运行密切相关，对确保力学性能（硬度、强度和韧性等）和畸变控制有重大影响。

3.2.1 淬火槽设计

淬火槽设计因所淬工件不同而异。需要了解淬火冷却介质的种类（包括介质的物理性能）、所淬工件的力学性能和变形要求，进而需要了解淬火冷却系统所用的液槽和相关设备类型。

淬火系统通常是整个热处理生产线的一部分，很多种零件淬火都是自动完成的。通常，一个淬火槽不会只适应一种零件，淬火槽设计的一个重要任务就是在不影响单位成本的前提下，尽量使其具有更好的适应性。

淬火槽设计主要依据以下一些数据，如每小时淬火量，工件的尺寸、形状、质量、截面厚度、钢种及希望得到的性能等。只依靠每小时淬火量的设计可能会造成不如所愿的淬火结果。

下面是进行淬火槽设计的一些参考建议：

1）需要综合考虑工件淬火冷却时间和每小时需要处理的工件量，以便确定淬火槽的尺寸。随之，根据淬火冷却介质量和每小时淬火量确定冷却装置尺寸以及是否需要储存槽。

2）淬火工件周围应留有适当空间以便保证淬火冷却介质的有效流动和获得最大的传热效率。

3）防止在未淬硬前，使热塑性工件在传送带或淬火槽中受到大的机械冲击。

4）淬火槽应该便于清理和维护。

5）控制气氛防止工件在加热过程中产生氧化皮，在空气中加热工件的淬火槽应该有氧化皮去除装置。

6）应该有适当的排气通风装置，减少对操作者的呼吸危害。

7）如果使用淬火油，应该有防火装置。

8）避免使用板式清理器，因为其垫片处容易泄漏和维护困难。

9）盐水或碱水淬火槽应使用特殊材料制作，否则维护成本高。

10）用 25Cr－12Ni 或者 35Cr－15Ni 合金制作的工装夹具用于油淬，效果良好，但不宜用于水、碱水溶液或盐水溶液。

11）如果可能，淬火槽设计应该有较大的适应性，并对冷却时间、介质循环量及均匀性有所控制。

12）过强的搅拌可能会使较轻零件脱离传输带。

13）避免对淬火槽进行过强的搅拌，以防在液体表面产生较多泡沫。液体中集聚的空气减弱了热传递速度，油中泡沫还可能酿成火灾。

3.2.2 淬火槽类型

淬火槽可以根据应用分为几个不同类型：开式淬火槽和连续式淬火槽。和加热炉一起的一体式淬火槽可以看作是开式淬火槽的一个特例。

（1）开式淬火槽　图 3-41 所示是水淬火槽，配有水温控制，水可以连续补充并溢流到排水管。温度调节控制器根据预设温度调控阀门开关控制温度。该系统常用于盐浴加热的铝件淬火。

（2）连续淬火槽　图 3-42 所示的淬火槽可用于工件从加热炉中落入淬火槽中的连续淬火。工件从加热炉传输带中沿槽道落到淬火槽中，第二个传输

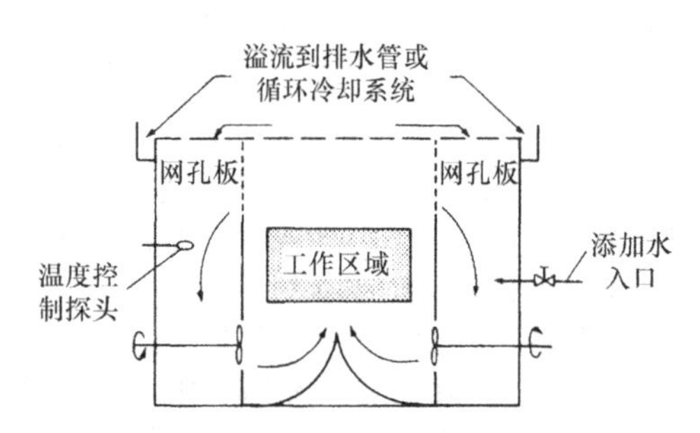

图3-41 溢流式温度控制水淬火槽

注：这是一个典型的现场水温控制系统，通过溢流直接排放或者溢流到循环（闭环）系统进行冷却以达到温度控制。

带将淬火工件带出淬火槽。工件滑落槽道下部用搅拌器搅拌。如果淬火工件质量大，淬火冷却介质的温度需要控制。这种淬火系统通常用于形状对称和简单形状的工件，因为工件从加热传输带上的自由滑落可能导致变形和不均匀冷却。加热工件的自由落体式淬火只适合具有大比表面积的小工件。

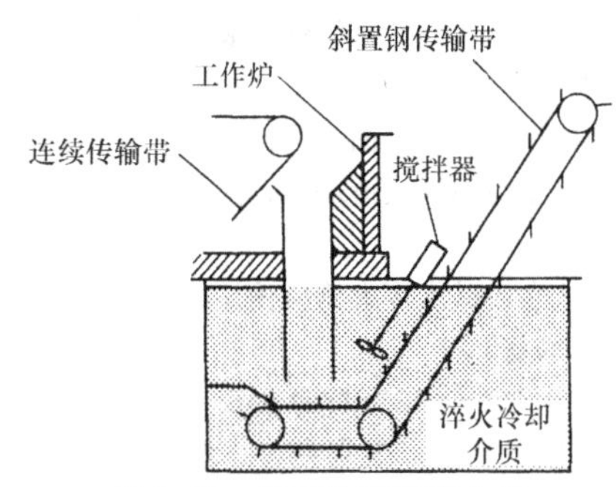

图3-42 典型的连续淬火槽

注：该淬火槽用于连续网带炉中加热零件的连续淬火，工件从网带炉中落入淬火槽，然后由第二个传输带将淬火工件转走。淬火冷却介质可以是水或油。

对于大批量连续渗碳零件的淬火还有另外的要求。前后桥齿轮、轴齿轮或差速器齿轮常需要特殊夹具进行淬火，齿圈用压床淬火。为节约成本，淬火连同相关装卸装置和加热配置在一起。机加工好的齿轮装在适合淬火的料盘上在连续推杆式炉中进行气体渗碳，然后连同夹具一起淬火。

该系统的主要组成包括：

1）淬火冷却介质的储槽和有效的泵送装置，以维持高的换热效率。

2）冷却和加热装置，以维持介质的温度。

3）过滤装置，防止炭黑和其他杂质影响换热和淬火系统的正常运行。

4）淬火冷却介质的搅拌装置。

5）合金料盘和相应的装卸装置，以承载传送工件。

6）淬火冷却介质。

7）淬火压床。

连续淬火中，淬火滑道非常重要。在液面上方连续喷淋以防止淬火冷却介质蒸汽进入炉子。若使用聚合物淬火冷却介质，需用氮气喷帘以防水蒸气进入炉中。

淬火滑道设计中要注意避免薄截面工件碰到槽底或滑道弯管处而产生变形。使用帘幕装置或者弯曲滑道可使之有所缓冲。

大批量的连续炉淬火需考虑工件在淬火滑道中的停留时间。工件到达传输带时，应冷到马氏体转变温度以下。如果工件温度仍然很高，后面的热工件可能落在前面的工件上，降低底部工件冷速，可能导致非马氏体相变。增加冷却时间的方式：增加淬火滑道长度（通常不大现实），增加滑道处的搅拌，以及加设一系列导向装置。但导向装置的装设也要防止工件在淬火滑道上堆积和堵塞滑道。

Illger研究了在连续炉中整体淬火的沉入时间、横截面尺寸和淬火冷却介质黏度间的关系，以确定连续淬火中的淬硬能力。有趣的是，Illger所用设备是一个固体滑道且没有什么搅拌。

Illgner在研究中观察到沉入时间对油和水几乎是一样的，虽然水中的沉入时间稍长一些，这可以用黏度差异来解释。典型的冷淬火油在60～82℃（140～180℉）的黏度较低（2～3cSt），和室温水的黏度接近，结果如图3-43所示。

图3-43说明了不同直径的工件在不同淬火冷却

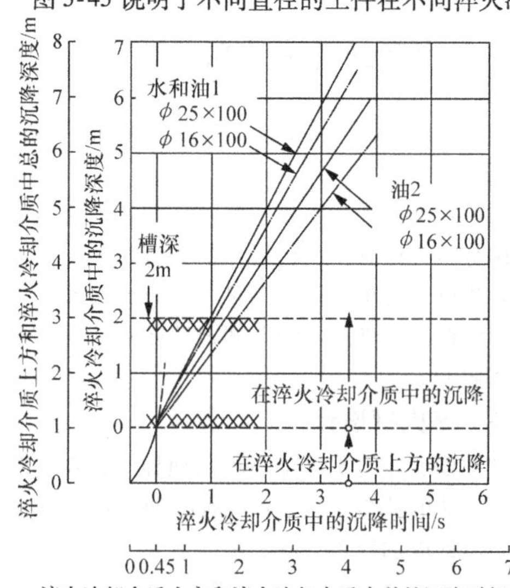

图3-43 小圆柱体工件在油和水中冷却沉降深度与沉降时间的关系

注：工件尺寸以mm表示。

介质上方和淬火冷却介质中的沉降时间和沉降深度之间的关系，从中可以看到直径小的工件在黏度较高的油 2 中的沉降距离最短。注意，虽然工件的实际下落是从上到下的，但该图中的距离是从下向上的。

Illger 还了解到工件进入介质方式、位置对沉入速度影响很大。据此推论，工件形状以及入液方式会影响沉入时间。例如，对称零件如轴承球体沉降很快，但盘状零件会翻动旋转寻求平衡，最后边部朝下，此时会较快落下。

小零件（ϕ16mm × 100mm 或 ϕ0.63in × 4in）不会在沉入过程中冷却到马氏体转变温度，而大零件在触底前也不大会冷到马氏体转变温度以下（图3-44）。

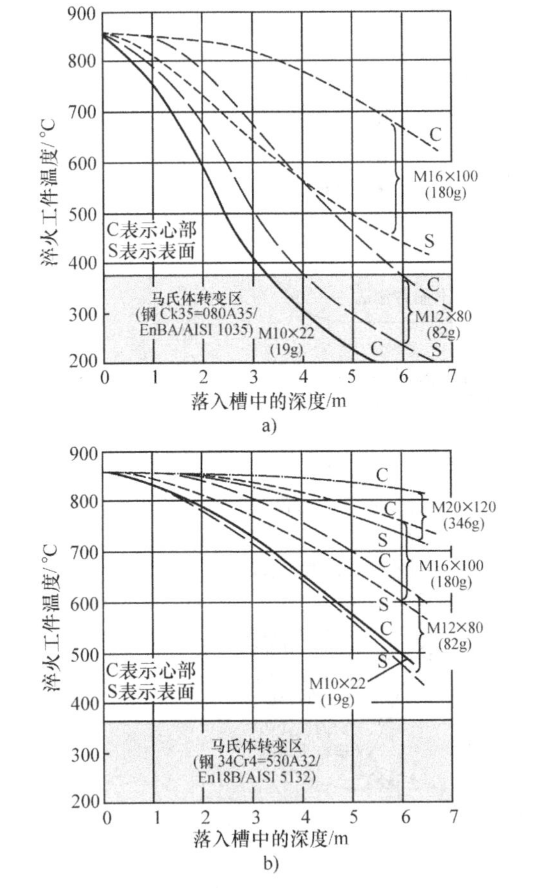

图 3-44 各种截面尺寸的零件（单位为 mm）在淬火滑道中的沉降深度和测量温度之间的关系
a）水 b）油

图 3-44 进一步说明了沉降深度和工件表面/心部温度的关系，并与马氏体转变温度比较，以确定冷却是否适当。由图可见，工件尺寸越小，其冷却速度越快，工件温度越低，而水中的冷却速度要大于油。

因为淬火滑道中的冷却有限，需要大幅提高搅拌以完成淬火冷却。工件降落到滑道下方传输带上时可能还是热的状态，后续工件可能堆积，特别是在大淬火量时，导致工件性能不足。另外一个方法是根据硬度确定生产率或淬火量，如果工件硬度较高，若生产量大，则需要降低生产量防止出现堆积。由于减少产量通常不太可行，就需要加强搅拌或增加液中停留时间。但如果工件硬度较低，则需改为更快冷速的淬火油或者降低聚合物淬火冷却介质浓度。增加传送带的传输速度也有助于减少工件在淬火槽底的堆积。

Illgner 的研究表明，优化淬火滑道设计对获得要求的硬度和小变形的高质量淬火非常关键。

如同前面在钢铁材料热处理用淬火冷却介质中所讨论过的，工件在油、水或者聚合物淬火冷却介质中冷却时，首先在表面形成一层绝热膜（油和水是蒸汽，聚合物介质是聚合物膜）。在聚合物淬火冷却介质中淬火，搅拌能促使在表面形成一层均匀的聚合物膜，而在油和水的淬火中，搅拌有助于降低蒸汽膜的稳定性，促使核沸腾阶段的及早到来。如果没有有效搅拌，膜层厚度和稳定性差异大，会产生较大的热梯度。

淬火滑道的体积有限且工件淬火下滑速度快，有必要尽量加大淬火滑道中的传热速度，故需要选择合适的淬火冷却介质（聚合物淬火冷却介质的浓度）和搅拌。淬火滑道中温度过高，可能导致聚合物分离（PAG）或稳定的蒸汽膜阶段（水或油）。过高温度也可能增加滑道中的蒸汽压，污染炉中气氛。为减少滑道中的温升过高和确保有效的传热效率，需要合适的搅拌。

Totten 等人对淬火滑道设计提出了建议。这些建议是针对 PAG 溶液的，但对油和水淬火冷却介质也同样适用。这些建议是：

1）淬火滑道的介质搅拌和生产率要合适。

2）淬火滑道上方应有冷却套，可用淬火冷却介质本身进行冷却。须监控冷却套中的温度，防止聚合物分离。对油而言，要有冷却措施以防淬火油过度氧化。如在淬火槽建造和用材中提到的，冷却套不建议使用铜和铜合金，因为它会加速油品老化。

3）滑道中应有喷淋装置以防污染炉内气氛。如果没有喷淋装置，使用水基淬火冷却介质就会有水蒸气进入炉内气氛中，导致炉内气氛漂移和工件脱碳。

4）淬火滑道要有开口以便冷的淬火冷却介质进入滑道，可用网格形开口，防止小工件掉落。

5）保持淬火滑道下的传输带要畅通，以便淬火冷却介质能在工件周围充分冷却。

使用搅拌器搅拌的淬火滑道如图 3-45 所示。采用泵或浸入喷淋系统的淬火滑道如图 3-46 所示。

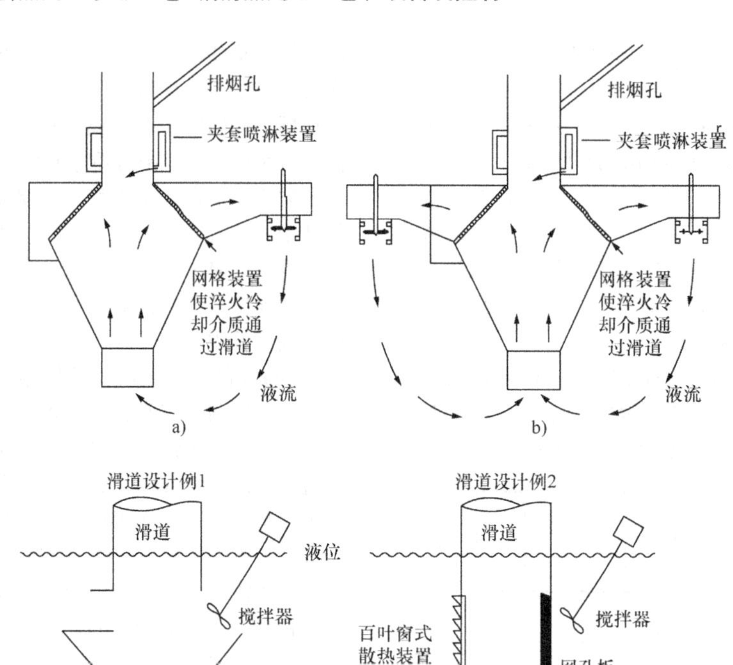

图 3-45　采用搅拌器搅拌的淬火滑道
a）单螺旋桨　b）双螺旋桨　c）螺旋桨的另一种设计形式

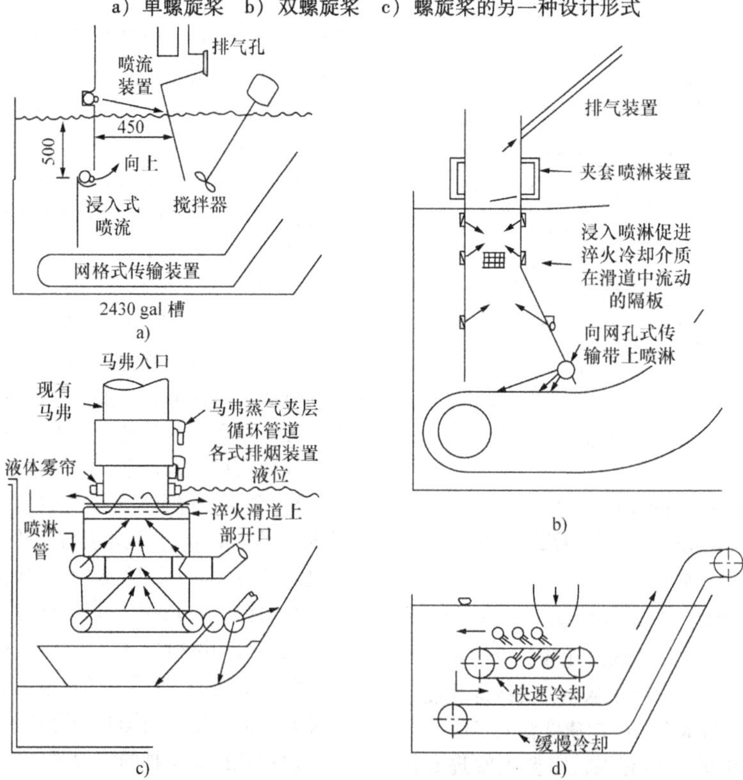

图 3-46　采用泵或浸入喷淋系统的淬火滑道
a）单一向上喷淋　b）多向喷淋　c）多向浸入式喷淋　d）浸入系统的连续喷淋

(3) 整体淬火 图3-47所示为可用于高产量间歇式淬火槽，包括气氛保护、介质搅拌、温度控制和其他装置。内室压力要比外边空气的压力大，以防与搅拌器电动机相对的链传动处的空气进入。链传动有可能将空气带入油中促进氧化发生。

3.2.3 淬火槽尺寸

淬火槽尺寸与淬火冷却介质种类、工件尺寸、工件质量和每小时工件处理量有关。一般而言，淬火槽应该含有足够的淬火冷却介质，以防工件和夹具（料筐、料盘和相关的夹具）淬火中的过大温升。对绝大多数淬火油，最大温升不超过38℃（70℉）较好，而水基淬火油根据不同性能要求通常不超过22℃（40℉）。聚合物淬火冷却介质带出量会随着温度升高而增加，同时热氧化也会增加。大多数聚合物淬火冷却介质的最大淬火温升为11～17℃（20～30℉），最高温度通常不超过60℃（140℉）。

淬火槽中淬火冷却介质需要量可以按照如下基本方程计算：

$$M_{金属}c_{p金属}\Delta T_{金属}=M_{介质}c_{p介质}\Delta T_{介质}$$

式中，$M_{金属}$为金属的质量；$c_{p金属}$为金属的比热容；$\Delta T_{金属}$为金属淬火过程中的温降；$M_{介质}$为介质的质量；$c_{p介质}$为介质的比热容；$\Delta T_{介质}$为介质温升。

典型比热容数值：钢，0.17cal/(g·℃)；铝，0.23cal/(g·℃)；淬火油（矿物油基），0.5cal/(g·℃)；聚合物淬火冷却介质，0.95cal/(g·℃)（为方便计算，可以取水的比热容）。

作为钢淬火的一般原则，对单批淬火，10L油可用于1kg淬火工件（1gal油对应于1lb工件），15L聚合物淬火冷却介质对应于1kg淬火工件，其温升是安全的。但连续淬火需要冷却，以防淬火冷却介质过热。图3-48是淬火油体积与淬火工件质量在不同温升下的对应关系。图3-49是水体积和淬火工件质量在不同温升下的对应关系。

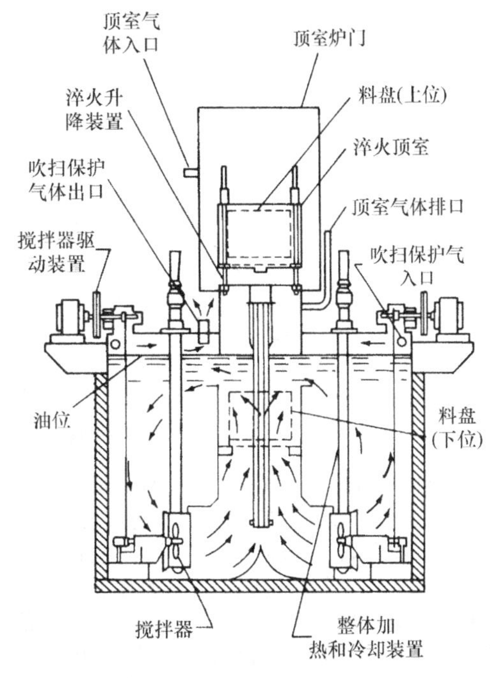

图3-47 大型渗碳或淬火使用的典型淬火槽

注：油中叶片促进油流均匀。系统包括加热和冷却装置并在油槽表面用惰性气体防护。辐射管用于加热和冷却。

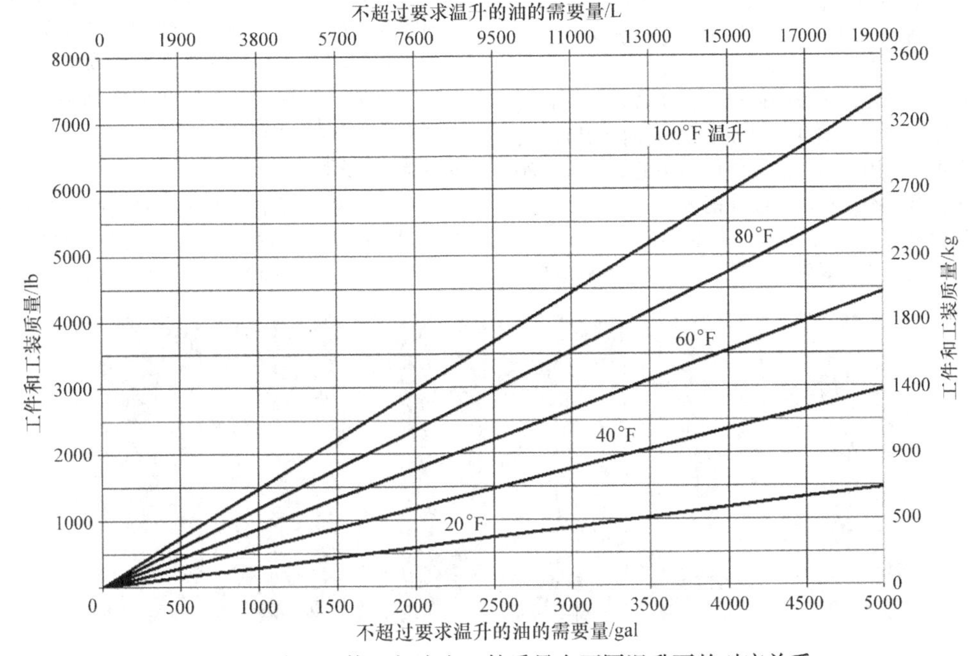

图3-48 淬火油体积与淬火工件质量在不同温升下的对应关系

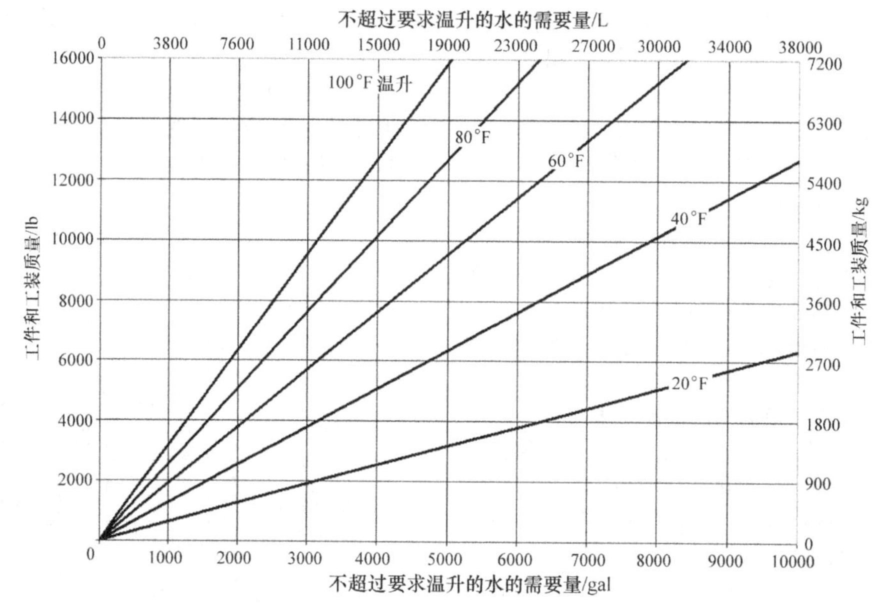

图 3-49 水（或聚合物溶液）体积和淬火工件质量在不同温升下的对应关系

淬火油的温升、闪点和淬火工件的质量决定了淬火油的工作温度。按照美国国家防火协会（NFPA）的安全要求，淬火油最高使用温度在闪点以下55℃（100℉）。例如，某淬火油的闪点是 176℃（350℉），期望温升 39℃（70℉），则推荐最高使用温度为 82℃（180℉）。换言之，按（176 - 55 - 38）℃ = 82℃计算得到。该最高使用温度在大多数操作条件下是安全的。

3.2.4 淬火槽制造和材料

淬火槽的理想材料是低碳钢或不锈钢，泵和搅拌器推荐用铸铁，叶轮用铸铁、钢或不锈钢。推荐使用不锈钢，因其耐磨性和耐蚀性强。

铜和锌是矿物油氧化的催化剂，应该避免在管道或者换热器中使用。对热油或分级淬火油尤其如此，以延长介质的使用寿命。推荐使用绝缘的 Schedule 80 法兰铸铁管道，不推荐使用镀锌钢板。

对聚合物淬火冷却介质，不推荐使用锌、铅和镁等有色金属，因为碱性聚合物介质溶液会腐蚀这些金属。不论是淬火油槽还是聚合物淬火冷却介质槽都不推荐使用镀锌钢板。聚合物淬火冷却介质槽用低碳钢板或者不锈钢板制作。如果防锈性能要求高，淬火槽可以喷涂环氧树脂漆，需要采取特别措施保证黏附牢固。建议喷丸直至本体金属完全裸露，外来污染物如油脂等要用溶剂洗除干净。喷漆前还应清除存在的锈蚀。如在喷漆前淬火槽要暴露在空气中一段时间，应用 10% 的磷酸处理并晾干。磷酸可以用喷枪、刷子或其他相似设备喷刷。不要用水冲洗槽的表面，以防冲掉这层保护膜，降低防锈功能。在喷漆前立即用甲乙酮或其他相似产品除去可能落在金属表面的油污。这些都非常耗费时间，但要确保环氧树脂漆的长寿命和防止表面裸露，先进行适当的表面处理是必需的。

3.2.5 搅拌

淬火冷却过程中，工件不同表面的传热速度可能不同，即使形状简单的工件，都有可能出现很大的传热差异（图 3-50）。变形与热梯度密切相关，

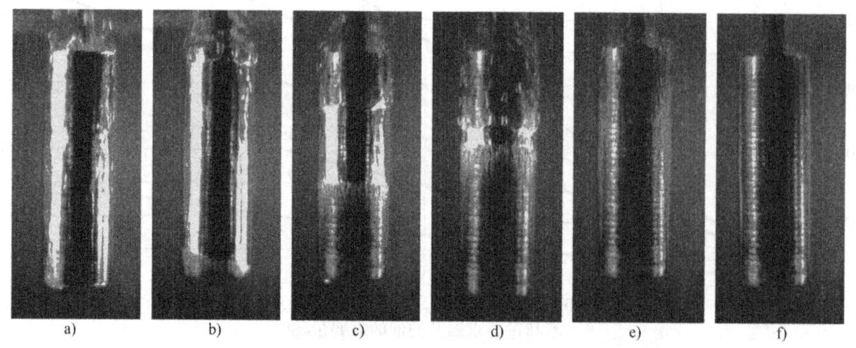

图 3-50 简单圆柱体淬入静止油中的不同的传热阶段

热梯度可能发生在不同表面间或者表面与心部间。减少热梯度可有效地降低变形。钢的热扩散能力有限，故通常不大可能消除或极大地减少表面和心部的温度梯度。然而通过合适的搅拌有效减少不同表面间的温度梯度却是可能的。

搅拌对于淬火均匀性和控制畸变非常关键。它减少了不同表面区域的温度梯度，使沿整个表面的传热均匀；有助于消除工件表面蒸汽膜以形成较快的淬火冷却速度，也减少了诸如键槽不通孔处的蒸汽累积。装夹和搅拌结合有助于减少变形。

图 3-51 显示齿轮不均匀形状影响从内部到淬火区域的传热。在齿根部位，气泡长时间集聚导致该区域较长期的高温分布。如果齿轮进行感应加热或者火焰加热（沿表面一薄层区域被加热），则温度传输到淬火区域会较均匀一些，淬火冷却速度也更快，因为热量也向冷的工件内部传输。表面凹槽、不通孔或者通孔以及表面体积比都对工件表面和淬火冷却介质之间的传热有较大影响。

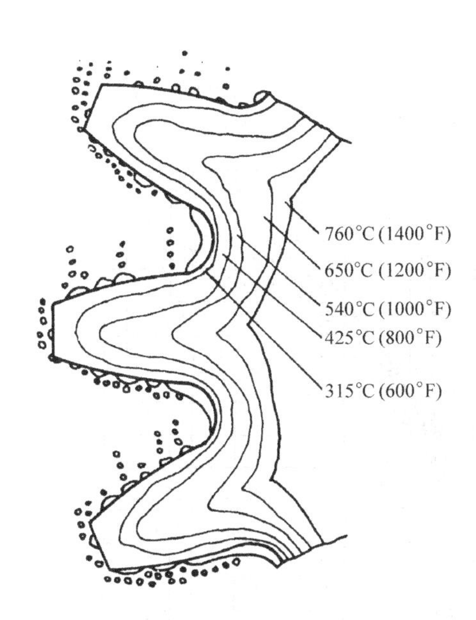

图 3-51　影响齿轮淬火的温度梯度和其他主要因素

可以通过不同方式搅拌淬火冷却介质。常规淬火槽中，淬火冷却介质的搅拌方式有如下几种：

1）泵。

2）工件在槽内运动。

3）手动或者机械式地运动工件。

4）机械搅拌器。

搅拌方式的选择取决于淬火槽类型、淬火冷却介质类型和体积、工件形状和要求的淬冷烈度等。

常采用泵搅拌，因为它以可控方式调控淬火冷却介质的流动方向。淬火冷却介质可通过在槽内不同部位流动进行循环。如果淬火冷却介质是油，常使用冷却系统，则泵用来循环油到冷却系统，同时提供相应搅拌。泵循环介质的出口最好像喷泉一样向上喷出，以快速冷却工件内孔。

在小系统或者低产量情况下，用手动移动工件或装有工件的小框或托盘来实现搅拌，工件也可通过机械装置实现相对运动。例如，轴类零件常在淬火冷却介质中旋转达到搅拌目的。最好使用泵和螺旋桨搅拌器，因为它们更好控制，可减少对操作者的依赖。

搅拌器节省空间，不需要管道，容易取出维修。但搅拌器需要安装在槽中的正确位置以达到有效搅拌。

选用何种搅拌方式取决于淬火工件的形状尺寸和需要搅拌的淬火介质体积。通常基于经济因素及具体的淬火槽确定使用何种搅拌方式。

处于搅拌状态的淬火槽中，搅拌状态和搅拌程度随槽内不同位置而有差异。虽然精确测量介质流速比较困难，但影响搅拌速度的主要因素还是清楚的，包括淬火槽形状、工件淬火位置、介质流动方向、搅拌器种类、介质流速和搅拌功率等。在喷淋冷却中，需要考虑的特殊因素还有如喷头相对于工件的位置和配置、压力、流速、喷头尺寸及单位时间的流量等。

淬火冷却介质的流速主要取决于搅拌方式。在重力浸入冷却中具有不超过 0.9m/s（3ft/s）的低流速；而上下、圆周或者 510mm（20in）左右行程的八字形手动运动，可实现中等流速 1.1～1.8m/s；喷淋淬火流速为 4.6～30m/s（15～100ft/s），在某些特殊应用场合中可以达到 150m/s（500ft/s）。绝大多数的实际淬火中，观察到的淬火冷却介质流速为 0.25～1.5m/s（49～295ft/min）。这么宽的流速范围就是在相似工厂、相似淬火槽间也很难进行淬火结果的相互比较。

从管道到淬火槽，以及机械搅拌器周围，所测量的速度变化很大。Weinman 等人报道使用特殊设计的仪器来测量流速可以大致比较流速的影响。图 3-52 显示了 9445 合金钢在吸热式气氛中无氧化加热，然后淬火到 50℃（120℉）的矿物油中，淬火油流动速度对冷却时间的影响。

图 3-53 是同一信息来源，显示了圆棒直径和等效端淬淬透性试验样品之间的关系，两者分别是无氧化皮和在空气中加热的有氧化皮状态。

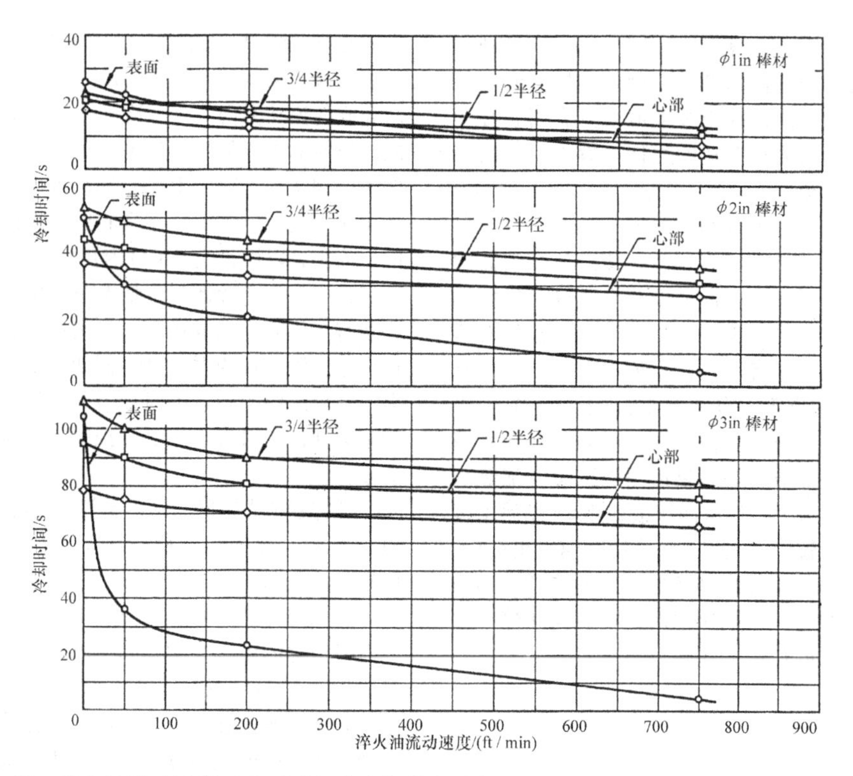

图 3-52 淬火油流动速度对表面无氧化皮钢棒的冷却时间的影响（温度范围标准见表 3-11）

注：按表 3-11 中的温度范围标准，淬火油黏度是 79SUS（38℃或 100℉）。

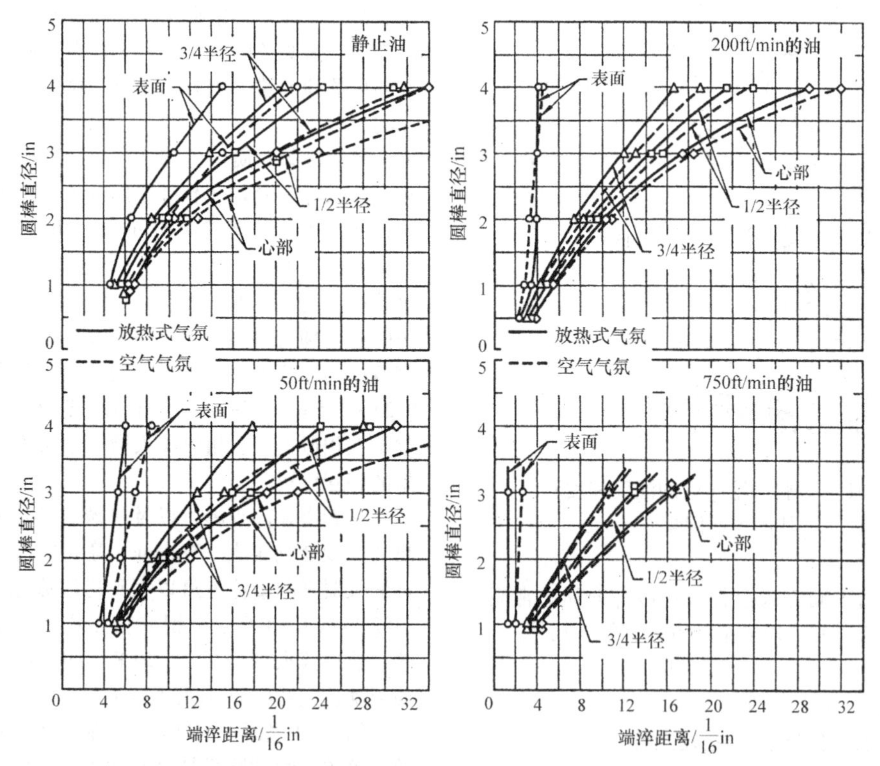

图 3-53 油中相同冷却时间下的端淬距离和圆棒直径间的关系

注：按表 3-11 中的温度范围标准，淬火油黏度是 79SUS（38℃或 100℉）。

表 3-11 中是人为地确定 3/4 半径、1/2 半径和心部处的较小温度范围标准，与图 3-54 所反映的相关关系有所不同。然而，增加流动速度对表面冷却速度的影响非常明显。ϕ76mm（ϕ3in）的圆棒表面冷速在油流速达到 2.5m/s（500ft/min）以上时几乎和 ϕ25mm（ϕ1in）的圆棒表面冷速相同。另外，从静止油到差不多手动可以达到的 1m/s 流速之间，搅拌的影响最大。

表 3-11　温度范围标准

淬火棒中的位置	温度	
	℃	℉
表面	730～315	1350～600
1/4 半径	730～370	1350～700
1/2 半径	730～425	1350～800
心部	730～480	1350～900

图 3-54 显示了在 205℃（400℉）分级淬火熔盐槽中，熔盐流速和表面无氧化皮棒材不同位置处冷速之间的关系。包含在同一图中的是水冷和油冷的数据，可比较三种不同介质之间的冷却速度。关系曲线上的数据是淬火圆棒和等效端淬样品的相同冷却时间，不同位置的温度范围见表 3-11 中的数据。试棒是中碳钢 9400，在吸热式气氛中加热。

注意到小直径圆棒（和所有尺寸圆棒的表面）在快速流动的 205℃（400℉）熔盐中比静止和中等程度搅拌的 50℃（120℉）油冷却得快，然而随着圆棒尺寸增加，次表面区域在熔盐中的冷速比静止油中慢。这表明如果要在熔盐淬火中得到全马氏体组织，应对工件的尺寸上限或者淬透性有要求。

1. 搅拌方式

淬火冷却介质搅拌有不同的方式。常规淬火槽常用泵搅拌，自动或手动方式使介质和工件之间相对运动，或者使用螺旋桨搅拌器。在很多应用中，两种或者更多方式结合使用以获得所需要的搅拌。其中，泵搅拌和螺旋桨搅拌器搅拌是主要方式。

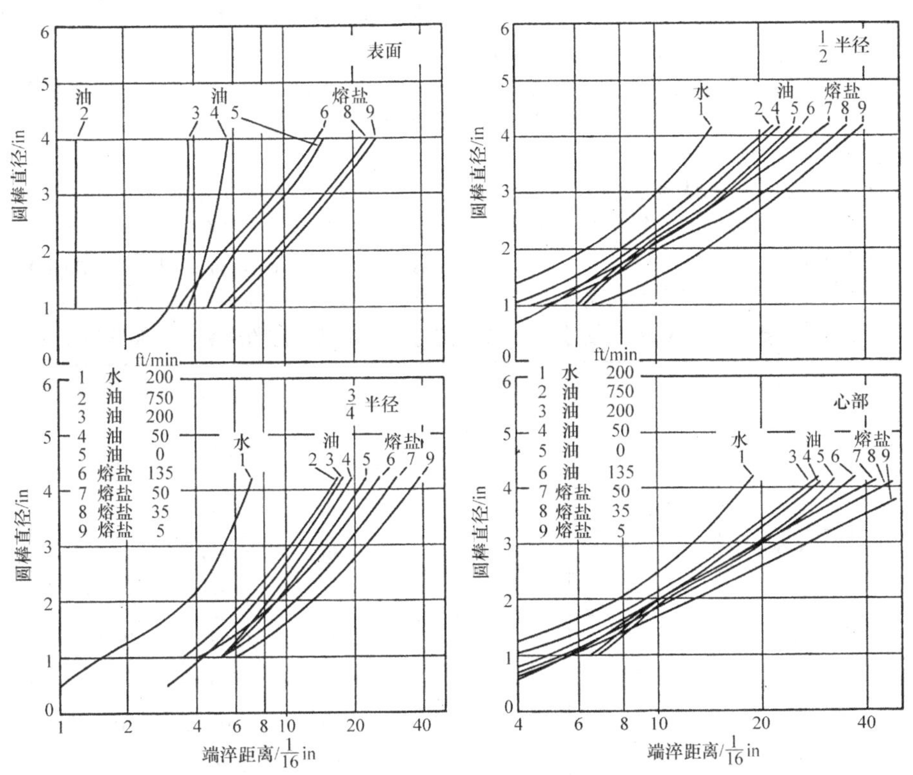

图 3-54　相同冷却时间下，熔盐、油和水中等效端淬距离和圆棒直径间的关系

注：按表 3-11 中的温度范围。水 25℃（75℉）；油黏度 79SUS（38℃或 100℉）；熔盐 205℃（400℉）。

（1）泵　采用泵循环是出于以下一个或者两者全部的原因。

1）需要保持介质以一定流速流经换热器，通常是连续流动，维持平衡的换热。

2）淬火槽中必要的搅拌，通常需要安装另一套泵系统以实现此目的。

如果可能尽量使用离心泵，因为离心泵磨损小且一次性投入成本低。但如果有储油槽，需要将油从储油槽提升到淬火槽。由于离心泵不是自起泵，必要时可以安装一台正排量泵起动离心泵。连续运转泵通常体积不大，且大都是正排量泵，可用来连续循环或者必要时起动离心泵搅拌。

阀门安装应考虑便利排空及泵维修。泵的两侧通常都装有阀门，需要维修时，不必排空整个管道和液槽。

离心泵扬程有限，不应远离油槽安装。同时管道布设要考虑相应阻力，并注意泵尺寸应适当。

影响离心泵流速的主要因素如下：

1）摩擦，取决于连接管道的长度、直径和连接件。

2）静压头，是排液高度和吸口高度之差。

3）流体和水的黏度差别。

选择合适离心泵的步骤如下：

1）确定需要的流速。

2）确定静压头。

3）确定摩擦压头。

4）确定总压头。

5）选择合适的泵。

确定淬火槽内合适的介质流动速度是较为困难的，需要根据淬火需要来确定流速。但这需要详细的淬火过程研究，可以做近似估计。一般来说，对大多数应用，经过工件的平均流速为0.25～1.5m/s（49～295ft/min）较为合适，疏松装载需要的流速为0.5～0.75m/s（100～150ft/min），密集装载需要的流速为1.0～1.5m/s（200～295ft/min）。

考虑到具体状态及是否有对称面，流经工件的速度乘以淬火槽的水平截面面积或者竖直截面面积（图3-55），就是平均流量。对整体淬火炉或者密封炉，通常采用淬火槽的水平截面，根据平均流量计算泵或螺旋桨搅拌器的流速，少许的淬火槽形状变化是容许的，只要流经工件的平均流速得以保持。

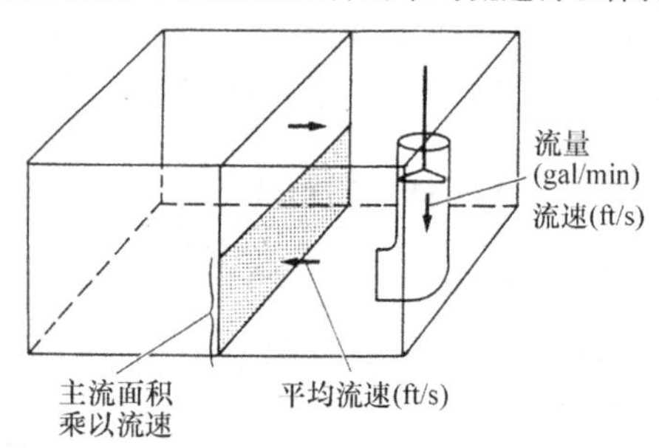

图3-55 淬火槽中用来计算总流量的平均线性流动

在秒流量确定后，需要根据泵流量估算泵的需求数量。确定泵数量要考虑经济因素、可用泵的种类以及空间尺寸等。

泵流量确定后，再确定淬火槽的静压头。它是吸入液槽液面高度和排液口或者排液槽液面高度之差。

摩擦压头取决于流速、管径和管子长度，也取决于管子类型，可根据管子摩擦表如［《卡梅伦液压数据手册（Camercon Hydraullic Data Handbook）》］计算。表3-12是水摩擦损失的典型数值。

表3-12 基于米制4.5m/s或英制15ft/s流速下的不同管径的流量和摩擦压头损失

基于4.5m/s流速下不同管径的流量和摩擦压头损失				基于15ft/s流速下不同管径的流量和摩擦压头损失			
名义直径/mm	内径/mm	流量/(10^3/h)	摩擦压头损失/m	名义直径/in	内径/in	流量/(gal/min)	摩擦压头损失/ft
15	3.32	12	1.97	0.25	0.311	3.55	4.68
20	5.990	21.2	1.36	0.50	0.527	10.2	2.35
25	9.20	33.2	1.03	0.75	0.745	20.4	1.51
32	15.10	54.4	0.75	1.00	0.995	36.3	1.04
40	23.60	85	0.57	1.50	1.600	94	0.575
50	36.90	133	0.43	2.00	2.067	157	0.42
65	62.40	225	0.31	2.50	2.469	224	0.335
80	94.50	340	0.24	3.0	3.068	346	0.256
100	148	531	0.183	4.0	4.026	595	0.184
125	231	830	0.139	6.0	6.065	1351	0.111
150	332	1196	0.112	8.0	8.125	2424	0.078
200	590	2125	0.079	10.0	10.25	3858	0.059
250	922	3321	0.060	12.0	12.25	5510	0.048
300	1328	4782	0.048	14.0	13.50	6692	0.042

连接件包括弯管、变径处等也都有相应的摩擦压头损失，螺栓、法兰等对摩擦压头也有影响。介质黏度也可能改变摩擦压头。查询相关手册以计算管系摩擦压头。静压头和摩擦压头构成总压头。然后根据总压头和需要的流速选择循环泵。泵上标识的流速和压头是泵的最佳工作范围，其他的流速和压头也能使用，但因磨损加剧、振动等增加维修成本。泵应该用在总压头的±15%范围使用。图3-56是工业泵的典型工作曲线。

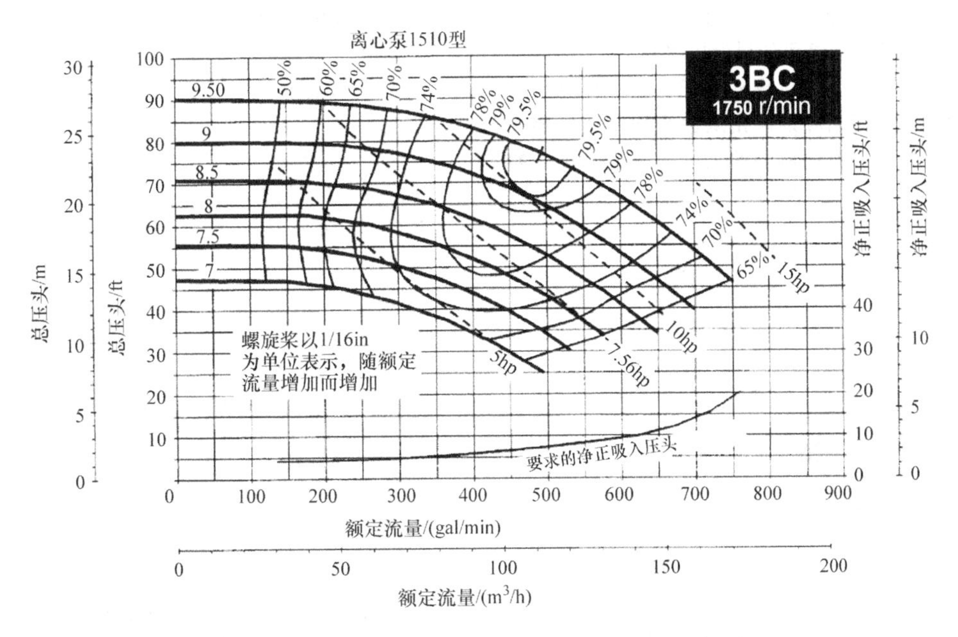

图3-56 工业泵的典型工作曲线（1hp=745.700W）

（2）螺旋桨搅拌器 大多数发表的有关螺旋桨或叶轮搅拌器的文献涉及的是化工过程的混合改进，也有少数文献讨论了螺旋桨搅拌器在淬火过程中的应用。在类似应用（如淬火）中，要实现均匀搅拌需要了解相关基本变量，如淬火槽几何形状、尺寸和淬火冷却介质，然后选择合适的搅拌系统。

一些螺旋桨搅拌器的应用见表3-13。表3-13所列的在热处理过程中的应用分类有重要意义，需要了解螺旋桨搅拌器的输出能力、流速及与淬火槽的其他部分相互作用。螺旋桨搅拌器的主要功能是提供工件表面的介质流动和带走工件上的热量。

表3-13 混合过程

物理过程	应用分类	化学过程
悬浮	液-固	溶解
分散	液-气	吸附
乳化	非混合体	萃取
搅拌	混合体	反应
泵流	流体运动	热交换

搅拌系统涉及以下三个方面（表3-14）：

表3-14 螺旋桨设计的相关参数

工艺设计	螺旋桨流体力学
	工艺需要的流体状态
	比例放大，和液压类似
螺旋桨的动力特征	功率（kW，hp）
	转速（r/min）
	直径
机械设计	螺旋桨类型
	驱动轴
	传动装置

1）工艺设计。主要是系统流动方式及需要的流速。对热处理过程，这包括淬火冷却介质（黏度效应）、所需的物理性能、变形和工件装载。

2）螺旋桨搅拌器的动力特征，即介质性能、螺旋桨直径、速度和形状以及与此相关的功率消耗。需要注意的是功率消耗与过程性能无关。先确定淬火冷却介质、螺旋桨搅拌器的类型和形状，然后确定功率、速度和螺旋桨搅拌器直径。功率与螺旋桨搅拌器直径和速度相关。

3）螺旋桨搅拌器的机械设计。需要考虑的设计因素包括电动机、轴、螺旋桨、密封和驱动能源（电能或液压）。通常有几个可选方案，而不是只有一个设计能够满足系统要求。

螺旋桨有两种基本类型，轴向液流型和径向液流型。轴向液流型是驱动流体沿轴向流动，而径向液流型则是驱动液流与轴向垂直流动。热处理中主要应用轴向液流型，这里的讨论也仅限于此类。

轴向液流螺旋桨就像螺栓一样，在叶片界面有持续的推力。这说明叶片倾角从边缘到轮毂心部逐步增加。热处理中所用典型的船用螺旋桨搅拌器如图3-57所示。

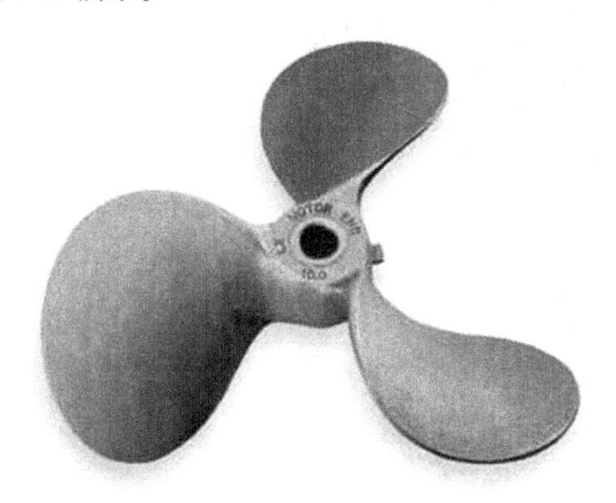

图3-57　典型的船用螺旋桨搅拌器

节径比，简称节距，是指螺旋桨搅拌器在每个循环中液流被推进的距离。一个45°的螺旋桨搅拌器（节距比等于1.0），每个循环推动液体前进的距离等于其直径，在海船上得到了广泛应用。现代螺旋桨的节距比一般为0.5～1.5，船用螺旋桨推进器在同样直径和速度条件下比其他螺旋桨搅拌器需要更低的功率。因此，在给定功率下，螺旋桨推进器速度可以更高。活动式搅拌装置常使用螺旋桨推进器类型的搅拌器。现代的螺旋桨搅拌器（图3-58）可以在大功率低速下运行。机翼型螺旋桨搅拌器的主要优点如下：

1）扬程高。

2）陡峭的扬程-流速曲线。

3）失速故障低。

4）运行效率高。

图3-58　高效的机翼型螺旋桨搅拌器
（轻型A310流体螺旋桨）

早期有关螺旋桨搅拌器在淬火上的应用主要基于海船用搅拌器的经典工作，但是参照螺旋桨推进器，对螺旋桨搅拌器已经做了很多流速和能量效率方面的改进工作。

低速运行的机翼型搅拌器可以比船用螺旋桨提高40%的流动效率。表3-15是螺旋桨搅拌器需要的推荐功率。

表3-15　螺旋桨搅拌器对功率的需求

槽体积		船用螺旋桨搅拌器（480r/min）				现代机翼型螺旋桨搅拌器（280r/min）			
			油		水或盐水		油		水或盐水
L	gal	kW/L	hp/gal	kW/L	hp/gal	kW/L	hp/gal	kW/L	hp/gal
2000～3200	500～800	0.001	0.005	0.0008	0.004	0.006	0.003	0.004	0.002
3200～8000	800～2000	0.0012	0.006	0.0008	0.004	0.0006	0.003	0.0004	0.002
8000～12000	2000～3000	0.0012	0.006	0.001	0.005	0.0006	0.003	0.0004	0.002
>12000	>3000	0.0014	0.007	0.001	0.005	0.0008	0.004	0.0006	0.003

表3-16为螺旋桨搅拌器的功率和尺寸。该表中的功率数据并不能保证搅拌效果。搅拌器的安装位置和液体流动状况对高质量淬火至关重要。介质流动和淬火工件间的相互作用以及整个介质流动需要的功率都是高质量淬火要考虑的。

（3）引流管式搅拌系统　引流管式搅拌器比开式螺旋桨搅拌器能获得更均匀的液流，已被越来越多的淬火系统所采用。引流管式搅拌器单位功率驱动液流量的效率最高，但引流管式搅拌器的功率比表3-15中推荐的数值要高一些，这是因为要克服进出口的功率损失及流体沿引流管的摩擦力。例如，机翼型螺旋桨搅拌器采用引流管式的功率推荐值：油为 0.0012kW/L（0.006hp/gal），水或盐为 0.00089kW/L（0.0045hp/gal）。

表 3-16　螺旋桨搅拌器的尺寸

电动机功率①②		螺旋桨尺寸③④	
kW	hp	cm	in
0.19	0.25	33.0	13
0.25	0.33	35.6	14
0.37	0.50	38.1	15
0.56	0.75	40.6	16
0.75	1.0	43.2	17
1.50	2.0	50.8	20
2.34	3.0	55.9	22
3.73	5.0	55.9	24
5.59	7.5	61.0	26
7.46	10.0	71.1	28
11.19	15.0	76.2	30
14.92	20.0	81.3	32
18.65	25.0	83.8	33

① 具体计算基于转速 280r/min，介质相对密度等于 1（水），机翼型螺旋桨搅拌器的功率因数是 0.33，而海船型螺旋桨搅拌器的功率因数大致相等。

② 轴功率大致等于电动机功率的 80%。

③ 功率需求针对开式螺旋桨搅拌器 280r/min 的转速。

④ 如果是用在引流管中，螺旋桨尺寸可以减少 3%。

Totten 和 Lally 针对引流管式搅拌器提出了一系列的推荐建议：

1）引流管式搅拌器可利用淬火槽底导流。为改进液流，角落部分应该有较大的半径以防止角落部分的湍流。

2）30°的入口倾角导向可有效减少入口压头损失和促进入口液流流速均匀。

3）引流管中的液体覆盖面至少应该是引流管直径的一半，以免影响螺旋桨搅拌器的入口流体速度曲线。

4）应有整流部分以最大幅度地减少螺旋桨搅拌器出口涡流的影响。

5）螺旋桨搅拌器的插入安装位置应大于或者至少是管直径的一半。

6）应该有一个支撑轴承或限位环安装在引流管上防止其变形。支撑轴承比限位环成本低，但需要定期维护。限位环不需要定期维护，但成本较高。

7）叶片外径和引流管间要有适当空隙，空隙大小取决于转速、流体速度和旋转轴刚度。空隙太大，造成短路回路，降低了搅拌输出的净液流量。

（4）螺旋桨搅拌器选择　选择合适的螺旋桨搅拌器对高质量淬火非常重要。淬火槽中通过工件的液流速度同样可参照泵循环方式来决定。在所需流速确定后，即可选择螺旋桨搅拌器。螺旋桨搅拌器有很多种，尽管样式相近，但不是每种螺旋桨搅拌器都有相同的效率。需要比较不同螺旋桨搅拌器的成本和效率。

螺旋桨搅拌器的功率（P）正比于出液量（Q，单位为 m^3/s）和速度水头（H）。

$$P \propto QH$$

混合器用于传递运动和剪切。淬火则是流速控制，要求低剪切，这随搅拌器的不同而异，如图 3-59所示。

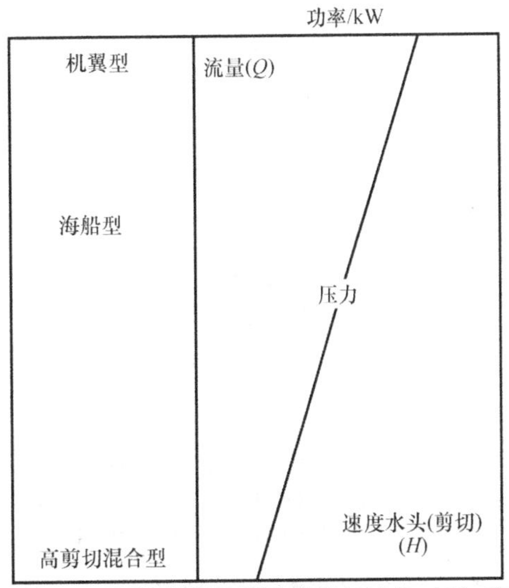

图 3-59　螺旋桨搅拌器的类型与流量（Q）和速度水头（H）间的关系

螺旋桨搅拌器和常规泵循环相似。泵和螺旋桨搅拌器的流量都取决于阻力水头。典型的水头－流速曲线如图 3-60a 所示。该曲线描述扬程随流速的变化。不稳定区域发生在低流速高扬程条件下。通常推荐螺旋桨搅拌器工作在流速不稳定区域的右侧，以防止螺旋桨搅拌器的失速故障。

系统阻力与系统水头和引流管内流速有关。系统阻力定义为

$$K_v = 2gh/V_D^2$$

式中，g 为重力加速度；h 为系统水头；V_D 为引流管内流速；K_v 是系统阻力，与系统形状有关。图3-60b 所示为系列系统阻力曲线。

水头－流速和系统阻力曲线在图 3-60c 中叠加在一起，系统阻力曲线和水头－流速曲线交叉，借以选择合适的螺旋桨搅拌器。对于引流管，K_v 值通常由制造者提供或者由经验确定。对于非引流管的

应用，则需由经验确定。对于系统形状对系统阻力的影响，如果可能，应咨询螺旋桨搅拌器制造厂家。

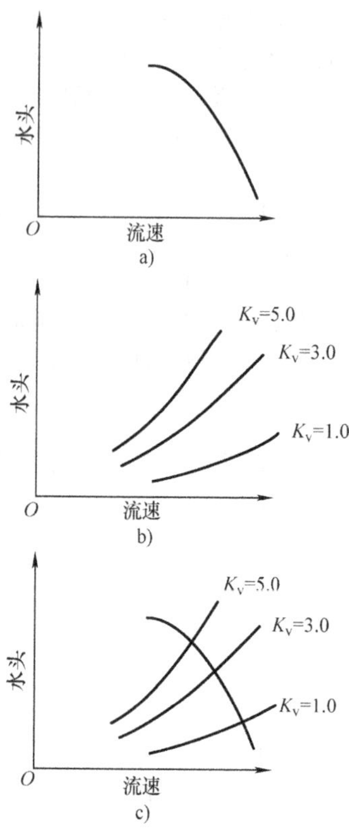

图 3-60 引流管的性能曲线

a）典型的水头－流速曲线 b）系列系统阻力曲线 c）水头－流速曲线与系统阻力曲线的叠加

图 3-61 所示为机翼型螺旋桨搅拌器和海船型螺旋桨轴向推进器的阻力曲线。曲线斜率表示螺旋桨搅拌器抵抗扬程改变的能力。换言之，机翼型螺旋桨搅拌器在输出降低上显著地小于海船型螺旋桨搅拌器。对大阻力系统，机翼型螺旋桨搅拌器的扬程会高出 16%。

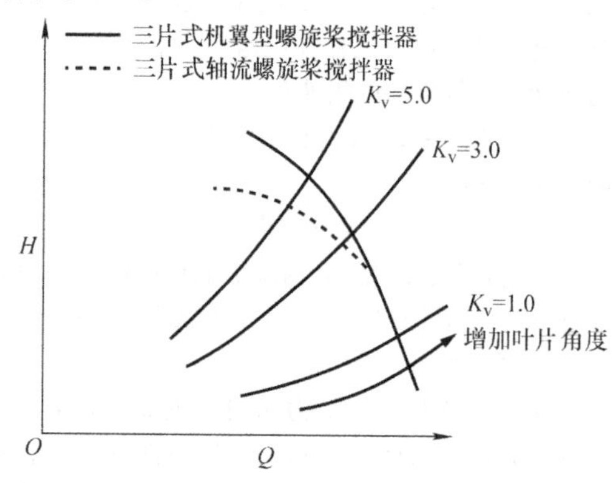

图 3-61 海船型螺旋桨搅拌器和机翼型螺旋桨搅拌器的扬程－流量曲线比较

不同配置的螺旋桨搅拌器的单位功率流动性能不同。比较螺旋桨搅拌器配制有助于优化选用，螺旋桨搅拌器的液流能力可用液流效率来衡量。表 3-17显示了用于比较液流效率的无量纲方程。

表 3-17 用于衡量螺旋桨搅拌器的搅拌器性能的基本方程

描述	方程
螺旋桨搅拌器的流量系数（N_Q）	$N_Q=\dfrac{Q}{ND^3}$
螺旋桨搅拌器的功率系数（N_P）	$N_P=\dfrac{P}{N^3D^5\rho}$
螺旋桨搅拌器的雷诺数（N_{Re}）	$N_{Re}=\dfrac{\rho ND^2}{\mu}$

注：Q 是螺旋桨搅拌器的主流量或泵的额定流量（m^3/s）；N 是螺旋桨搅拌器的旋转速度（1/s）；D 是螺旋桨搅拌器直径（m）；P 是螺旋桨搅拌器功率（W）；ρ 是介质密度（kg/m^3）；μ 是介质黏度（Pa·s）。

虽然很多参数可以用来衡量螺旋桨搅拌器的性能，如特定流速时的功率，但对大多数淬火应用，希望在流速恒定或者直径恒定下比较。表 3-18 是性能比较方程式。使用表 3-18 中的方程式，可以比较不同螺旋桨搅拌器的相对性能。例如，表 3-19 显示了对于一个给定槽液形状和液流常数，机翼型螺旋桨搅拌器比海船型螺旋桨搅拌器的功耗少 51%，扭矩不到一半，降低了运作成本，这和实际结果是一致的。

表 3-18 螺旋桨搅拌器的性能比较

参数	比值
速度	N_{Q1}/N_{Q2}
直径	1.0
流量	1.0
功率	$\dfrac{N_{P1}N_{Q2}^3}{N_{P2}N_{Q1}^3}$
流量/功率	$\dfrac{N_{P2}N_{Q1}^3}{N_{P1}N_{Q2}^3}$
扭矩	$\dfrac{N_{P1}N_{Q2}^2}{N_{P2}N_{Q1}^3}$

表 3-19 典型的机翼型螺旋桨搅拌器和海船型螺旋桨搅拌器的性能比较

参数	机翼型螺旋桨搅拌器	海船型螺旋桨搅拌器
功率系数	0.30	1.27
流量系数	0.56	0.79
速度	1.00	0.71
直径	1.00	1.00
流量	1.00	1.00
功率	1.00	1.51
流量/功率	1.00	0.66
扭矩	1.00	2.13

（5）搅拌位置　淬火槽中搅拌器的位置对工件的性能均匀性和减少变形很关键。淬火工件的形状和数量，以及淬火槽形状的复杂多样等都表明不可能有确定而简单的答案，但美国钢铁公司在其工作中仍有一些基本的推荐建议。

小圆柱液槽常用来手工淬火小工件，其功率小于2.2kW，采用一个顶置式搅拌器。如果液槽要求2.2~4.5kW，则采用两个搅拌器，在液槽中相对布置。如果圆柱槽较大，需要大于7.5kW，则采用多个搅拌器沿周长从顶部或边部依据可能的空间位置来布置。

对于矩形槽，如宽长之比到1:2，建议使用两个或更多搅拌器，依据可能的空间位置相对布置。在更大的液槽（如超过15000L或4000gal）中，使用多少个搅拌器取决于搅拌器本身的尺寸，搅拌器常沿对边布置，与槽边间距不大于螺旋桨搅拌器直径的三倍。最好是使用尺寸小、数量多的搅拌器，以使液流均匀地流经整个截面。图3-62所示是开式液槽用于垂直悬挂的长锥形炮筒淬火搅拌器的布置。图3-47所示是整体式淬火炉槽间歇式渗碳淬火搅拌器的布置。图3-63所示是开式淬火槽中铸件淬火搅拌器的布置。图3-64所示是大型淬火槽中管材水平淬火搅拌器的布置。图3-65所示是连续式炉用螺旋桨搅拌器在淬火滑道中搅拌。

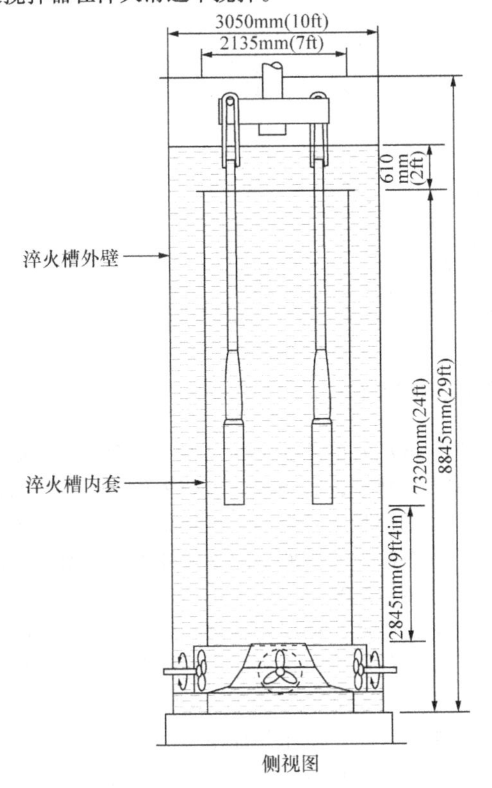

图3-62　大型炮筒淬火搅拌器的布置

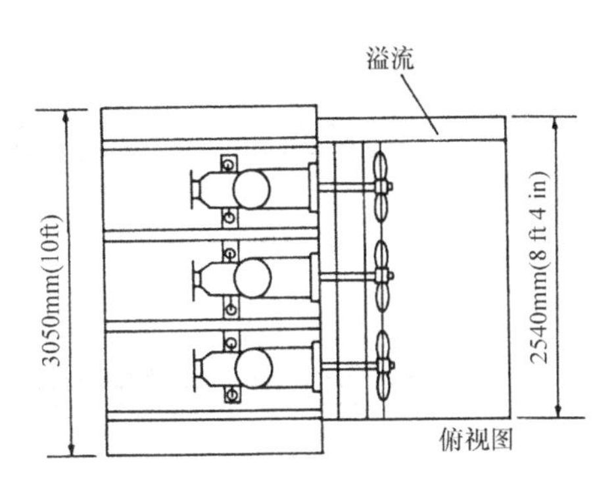

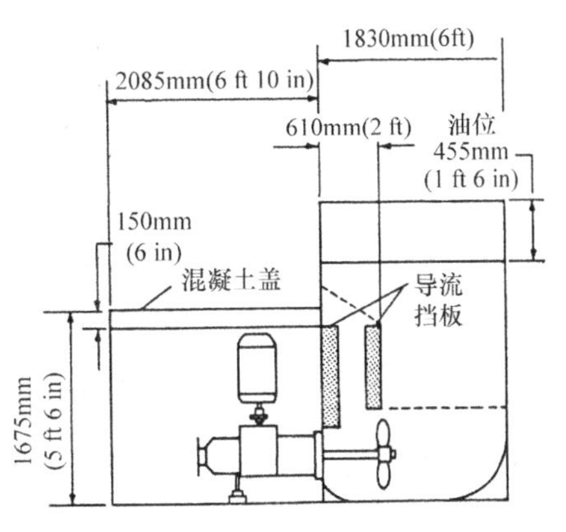

图3-63　10000L（2600gal）淬火槽中边进式搅拌器的布置

2. 计算流体动力学的应用

热处理和淬火过程复杂，零件形状变化万千，炉子多种多样，淬火过程中诸多因素都增加了满足零件变形要求的难度（图3-66）。

热处理是一个平衡过程。淬火工件既要获得需要的性能，又要控制变形，而由于热处理过程的复杂性，很难清楚地了解介质流速和工件变形、性能之间的关系，多是经验知识，而这些经验往往是通过犯错而获得的。现在操作者日益老龄化，而允许犯错的机会越来越小。重点是第一次就做对。不幸的是，并没有什么行之有效的规则来指导参考。

计算流体动力学（CFD）是了解介质在淬火槽中流动的有效方法。它用一组偏微分方程（PDE）模型来描述介质的连续流动。这些偏微分方程离散成一组代数方程，然后用先进的数学技术求解。

CFD的主要优点是能够模拟难以测量的物理过程，包括如物理现象（气象星球的演变）、物理灾害（污染和爆炸）或者是大规模模拟飞机轮船的空气动力学行为。该方法能使设计者在构建部件前就能模拟其性能，避免了以前工业界所用的昂贵的制造和试验模式，具有技术精度高、获得结果速度快、成本低的优点。

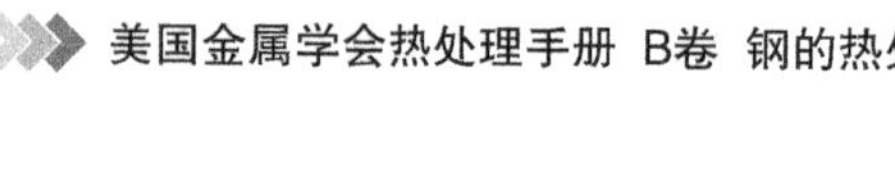

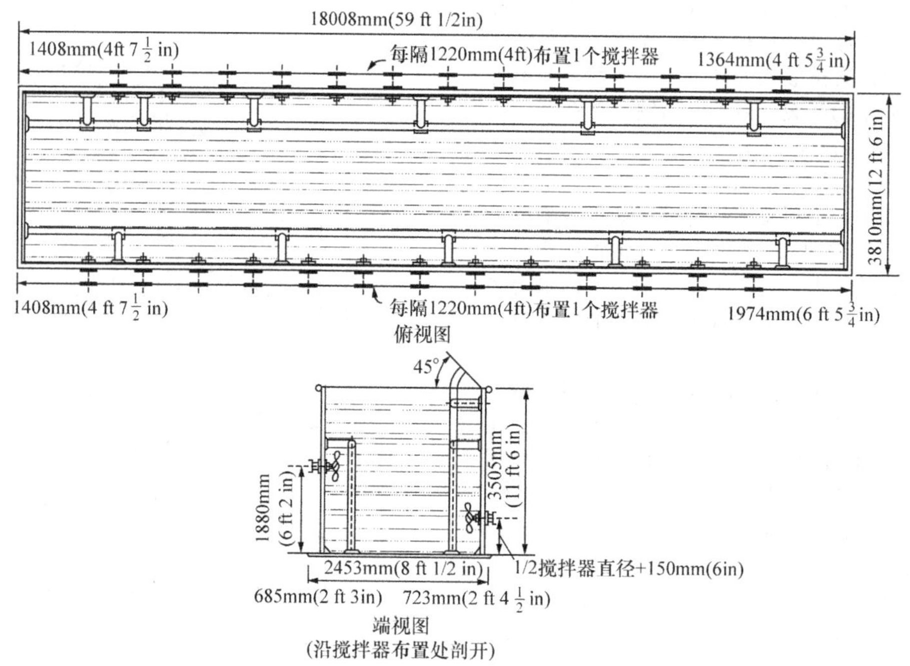

图 3-64　用于长管淬火的大型淬火槽中多个搅拌器的布置

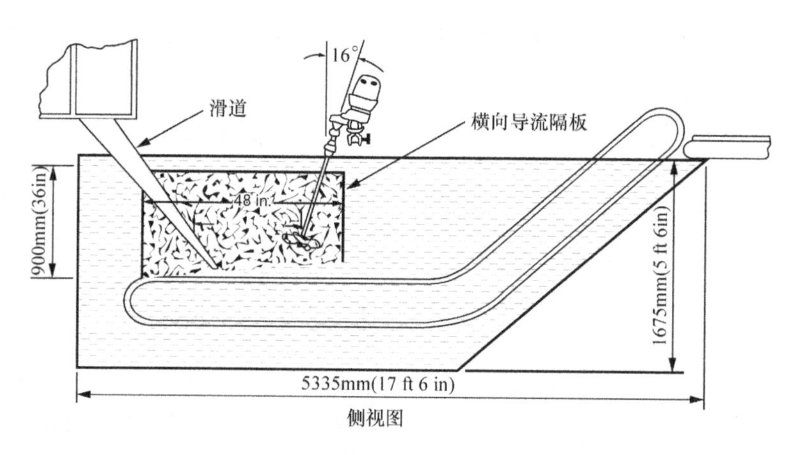

图 3-65　连续式炉中使用附加的搅拌装置

用 CFD 解决问题时有以下几个基本步骤：

1）定义基本假定。

2）定义要计算模拟的问题。

3）确定解决问题的方案。

4）分析结果。

这些步骤很多都由软件完成，不需要操作者干预。但是，重要的是要了解如何来改进基本决策以及如何设置问题。

在确定基本假设前，需要了解液流是可压缩的还是不可压缩的，这涉及解和求解程序。对绝大多数浸入淬火，淬火冷却介质是不可压缩的。同时，需要估计液流的雷诺数（Re）。雷诺数确定了液流的层流或湍流状态，影响解的可获得性。湍流难以模拟，只能求得基于时间的平均结果。层流相对容易模拟。大多数较大槽液中的淬火较少出现所谓的湍流状态（$Re>2100$）。

接着需要定义相应的物理问题，建立物理问题系统约束条件和确定边界条件。通常可以借用计算机辅助设计（CAD）的模块。但 CAD 文件需要归零以免影响随后的 CFD 求解程序。

对绝大多数 CFD 问题而言，最大瓶颈在于如何导入和将 CAD 模型转换成合适的 CFD 模型。这需要

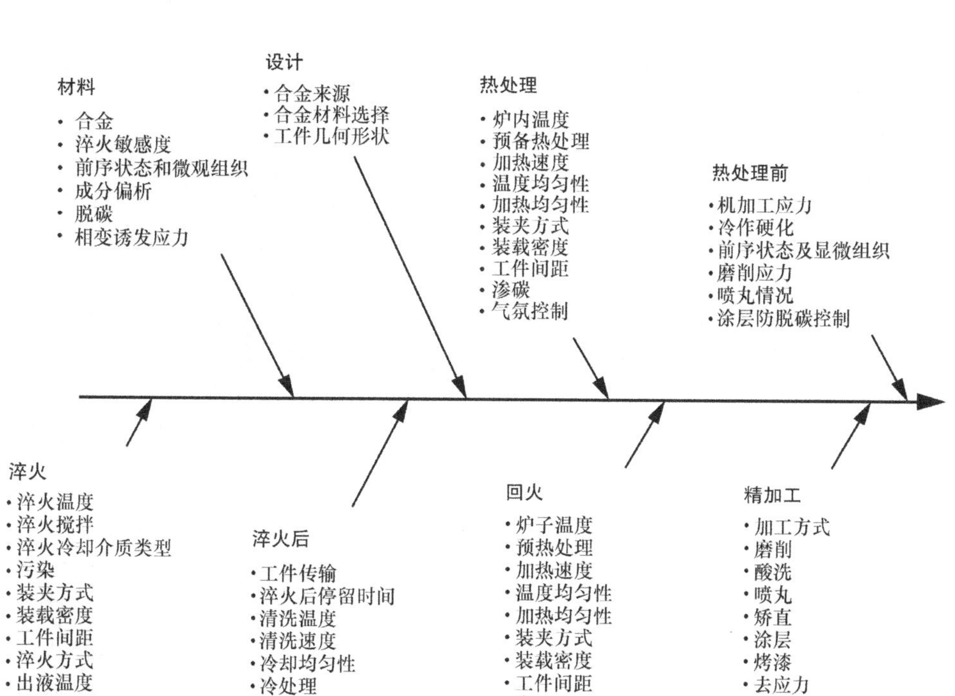

图 3-66 可能造成热处理畸变和残余应力的原因

消除一些组元，又不影响液体流动，去除一些小的和重复的影响因素。最后，要建立起液槽形状位置与模型的对应关系。

实际液槽的形状很复杂，只有在组元足够小时，才可用简单结构模拟。然而，如果求解网格尺寸过细，计算时间和难度也都随之增加了。

选用何种求解方法在于问题本身以及如何得到希望的结果。例如，如果只是希望了解液槽中介质在一组零件周围的流动情况，静态分析就合适。但是，如果想了解处理工件的应力状况，则需要采用与时间相关的动态分析。差别在于求解的复杂程度。考虑因素越多（时间、温度等），求解越复杂和困难。

结果分析是要对感兴趣的数据进行检查分析，检查求解的收敛性。最后，也要分析网格精度对求解结果的影响。

CFD 软件，如 FLUENT，有三个组成部分：预处理器、CFD 求解器和后处理器。

在 CFD 软件的预处理部分，软件输入启用相关模型、模型网格，以及由用户输入的边界条件。该模型也调用相关 CAD 模型，进行模型平滑化调整，以便更好地进行网格划分。

预处理后，CFD 求解器开始计算并输出计算结果，在每一个交叉点求解纳维 - 斯托克斯（Navier - Stocks）方程以确定该处的介质流动特性。

这些方程描述了运动流体的速度、压力、温度和黏度之间的关系，由英国的 G. G. Stocks 和法国的 M. Navier 在 19 世纪初期分别独立提出。这些关系式由一组偏微分方程描述，理论上可以通过微积分的方式求解，但实际上由于过于复杂，无法求得解析解。

CFD 的计算量巨大。过去这些计算只能在特殊的超级计算机或者网络化的计算机（networked reduced instruction set computing，RISC）工作站上进行。然而，随着计算机技术的进步和算法改进，即便是相当复杂的 CFD 模型，现在也可在日常的办公室计算机或便携式计算机上运行。

后处理是 CFD 分析的最后一步，主要涉及数据和图像的组织、解读。有不少程序可更好地帮助理解和表示其分析结果。

有很多案例都可以证明 CFD 的强大功能。不管是开式淬火槽还是闭式淬火槽都可应用 CFD。

案例 1 检查小槽中使用 PAG 进行小铝锻件的淬火情况，观察到性能发生了大幅变化。淬火槽是边长为 1m（3.3ft）的立方体槽，采用节距比为 1 的海船型四叶片式螺旋桨搅拌器，布置在槽角。搅拌器稍稍倾斜，没有导流板。观察到性能发生了大幅变化，需要调查性能变化的原因。经讨论，认为浓度变化与搅拌有关。使用 CFD 考察介质在槽内的流动速度。图 3-67 所示是淬火槽和网格的划分方法。

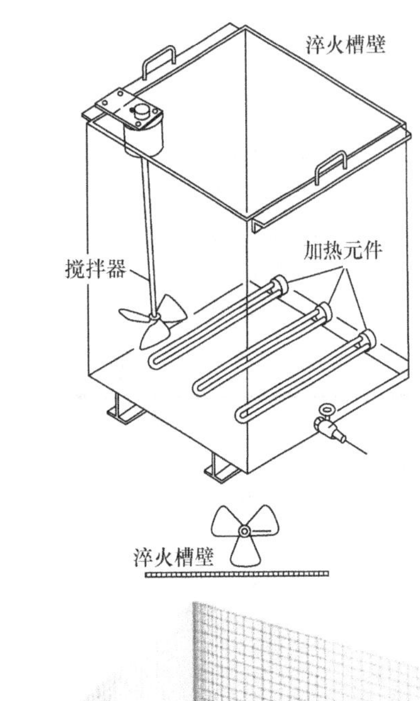

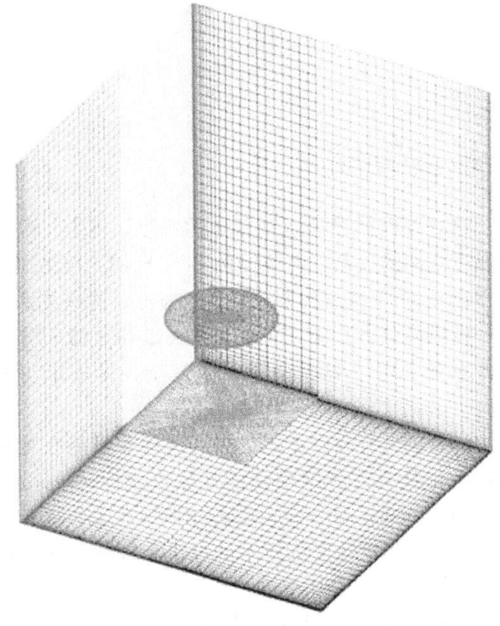

图 3-67 用于确定铝件 AMS 2770 淬火用合适 PAG 浓度的淬火槽

淬火槽格分成约 180000 个格点，搅拌器模拟为圆盘。采用 RISC 处理器计算，淬火槽流场计算结果如图 3-68 所示。

CFD 流场分析结果显示，淬火槽搅拌很低，几乎处于静止状态。搅拌器位于槽的一边，如果工件手动淬火在搅拌器对边附近时，搅拌较强，淬火后工件性能高；如果在中心部位附近淬火，搅拌很低，淬火后工件性能低。淬火槽流场分析表明淬火后性能差异来源于不均匀搅拌。

该项分析是在 1991 年进行的，也许是首例利用 CFD 进行淬火槽流场分析的，显示出 CFD 的强大

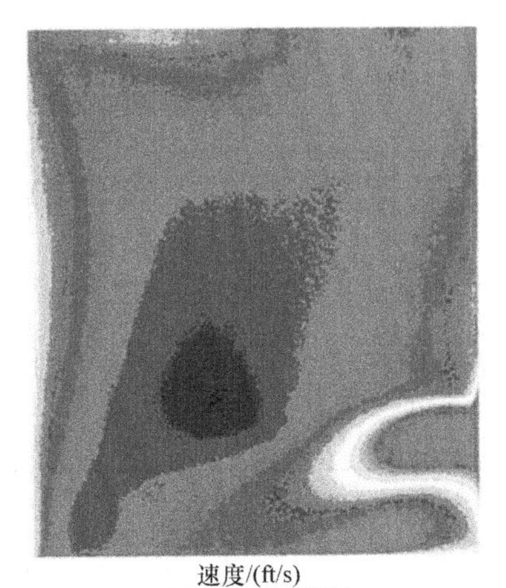

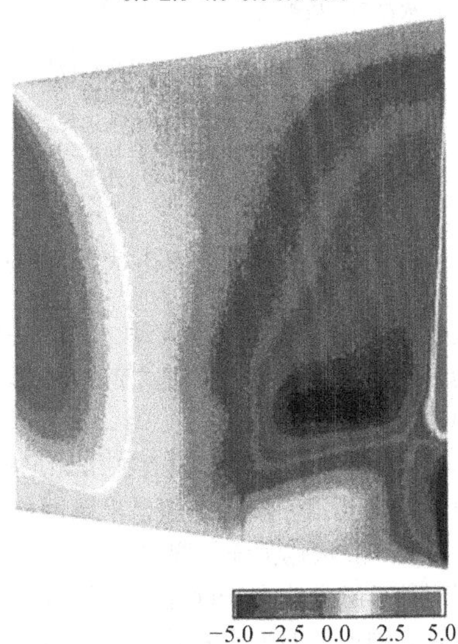

图 3-68 案例 1 的 CFD 流场分析结果

功能。

案例 2 某锻造厂在大合金锻件厚板淬火时发现硬度不均匀且有弯曲，对淬火槽进行了模拟分析，提出了改进建议以期获得均匀的淬火结果。

淬火槽较大，接近 12m（39ft）长、4m（13ft）宽和 4m（13ft）深，如图 3-69 所示。10 个搅拌器安装在槽的一边，有两块可调节的导流板。搅拌器装在引流管中，位于厚板下面，用导流板导流。

对最初的设计进行 CFD 分析，以确定硬度不均匀和变形的原因。观察到厚板表面液流不均匀。液流在出口大幅减速，并受导流板上部的分阻，出现湍流，流动有效性降低。短路状态的层流发生在喷嘴处，降低了导流板出口速度和流动的有效性。介质在厚板上下表面处于“停滞”状态，而在厚板和导流板进口处形成“短路”流动，液体流动受阻，出现湍

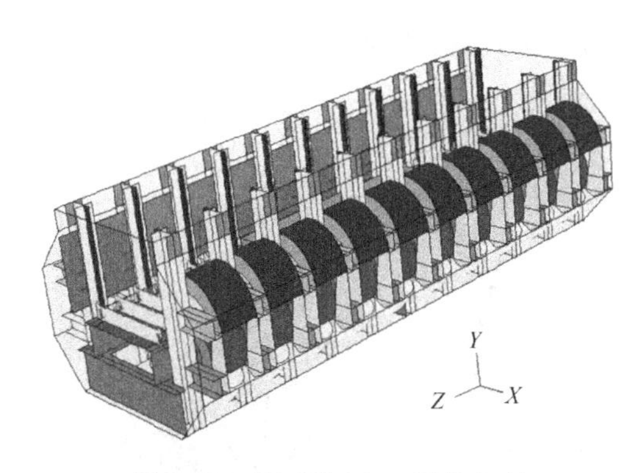

图3-69 用于约25cm厚的大型合金板坯淬火的淬火槽

流，进一步降低了流动的有效性和均匀性。表面最小流速只有0.003m/s（0.010ft/s），最大流速为0.883m/s（2.9ft/s），工件表面流速的巨大差异导致大的残余应力和变形（弯曲和扭曲），CFD分析结果如图3-70所示。

基于CFD分析，建议将厚板淬火位置升高15cm（6in），另外在板面下增加一个导流板，以减少短路损失并驱动液流沿下表面流动，另外增加导流板在厚板左侧，以增加液流沿后面的流动，并增加介质流动速度。进而建议将上导流板连成一个连续板面，减少层流“短路”损失。还建议在上导流板和下导流板之间再增加一个导流板，减少液流的停滞或分流状态。

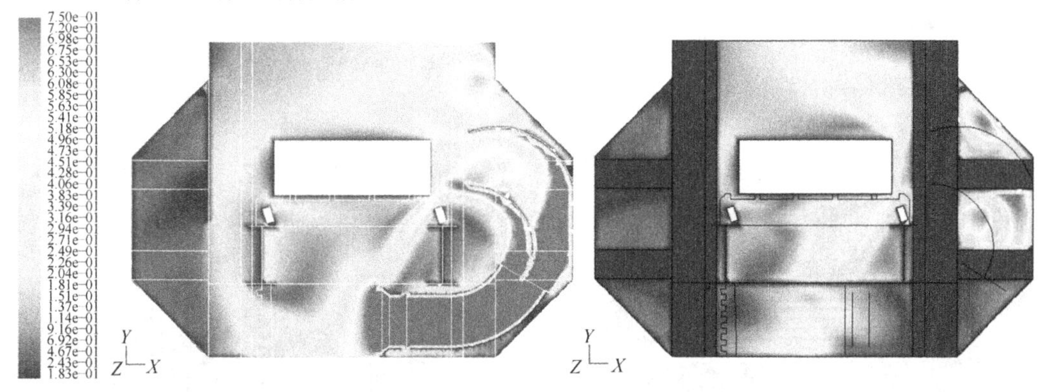

图3-70 中剖面上的板坯表面的不均匀液流

案例3 某大锻件公司在大管件法兰淬火时，硬度不均，法兰上部经常硬度偏低，也发现沿法兰周长方向硬度不均。材质为AISI 4130，在室温水中淬火。工件水淬需要强烈搅拌去除淬火过程中稳定的蒸汽膜。故要求首先检查淬火槽，了解硬度不均匀的原因，并对搅拌系统提出改进建议。

淬火槽是一个大钢槽，约120000L（32000gal）。由三个大型螺旋桨搅拌器在引流管中搅拌从一端底部进入淬火槽。制造商估计，出口速度为3m/s（10ft/s）。工件在8个支撑筋条上均匀地分成两排放置，一次淬入10个零件。在液槽底部有两个叶片状导流装置促使介质向上流动通过淬火工件。该淬火槽与淬火工件如图3-71所示。

分析显示淬火槽几乎没有溢流。第一块导流板导向液流向上，但几乎没有液流到达第二块导流板。较宽的法兰盘筋条阻挡住了液流，在工件下面形成死区，不同区域传热差别大，导致较大残余应力和性能不均匀。不同区域流速差别很大，流经工件不同区域的流速也稍有不同，导致硬度和变形不均匀。液流速度低不足以克服蒸汽膜。0.5～0.75m/s（1.6～2.5ft/s）的流速才有可能除去表面的蒸汽膜，如图3-72所示。

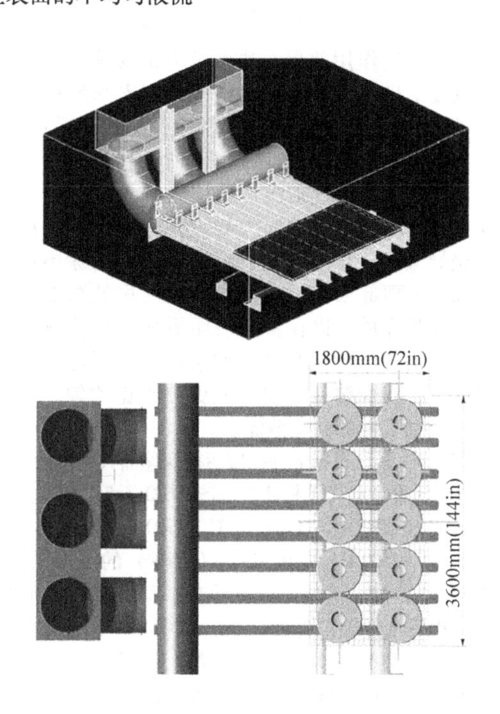

图3-71 带有搅拌装置、引流管和支撑结构的淬火槽与淬火工件

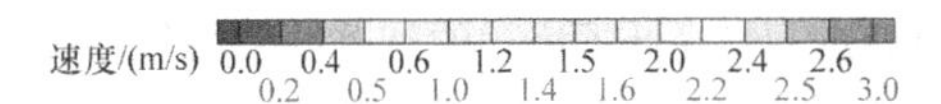

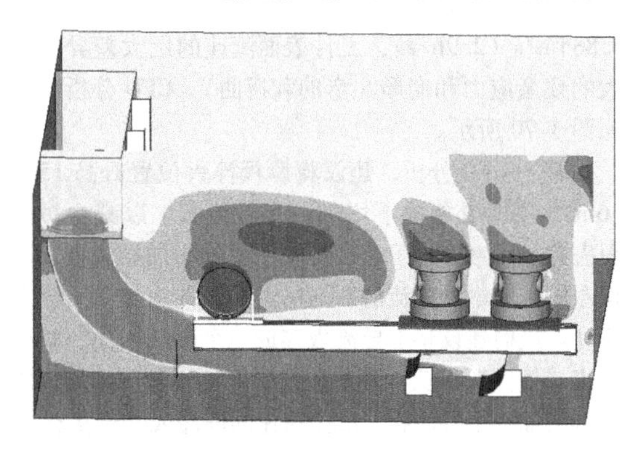

图 3-72 淬火槽中的流速分布

因为尾流作用效果，法兰盘上部流速低，冷速低，硬度不足。同样由于尾流作用，支撑筋板减少了工件边部液流。前排工件周围液流速度比后排低，产生不均液流与变形，如图 3-73 所示。

建议的几项改进措施：增加后排工件周围液流的搅拌，在底部更早地向上导流；移除不起作用的第二块导流板；在法兰盘上部增加搅拌消除尾流效应，以增加顶部液流；进一步建议使用低浓度聚合物淬火冷却介质，以在整个表面更均匀地传热冷却和获得更均匀的硬度并减少残余应力；还建议减少支撑筋条，减少湍流和使液流更加平稳均匀，它也增加了经过工件的向上液流。

案例4 某汽车零部件供应商在变速器大型锥齿轮淬火时遇到困难。锥齿轮材质为 AISI 8620，渗碳层深度约为 0.7mm（0.03in）。工件在 925℃（1700℉）渗碳 6h，然后在 815℃（1500℉）时在 125℃（255℉）的快速分级淬火油中淬火，然后清洗，并随后在 175℃（350℉）回火，淬火后工件轴部弯曲 2.5mm（0.1in），导致传动系统载荷高，噪声大，返修量大。采用 CFD 分析协助了解淬火过程，减少变形，降低成本。

原来的装料方法是头朝下堆垛在工装上。建议改进装夹方法以改善工件周围的液流，减少变形和提高效率，如图 3-74 所示。用户想要了解为什么改进的装料方式能够在现有系统下减少变形和得到均

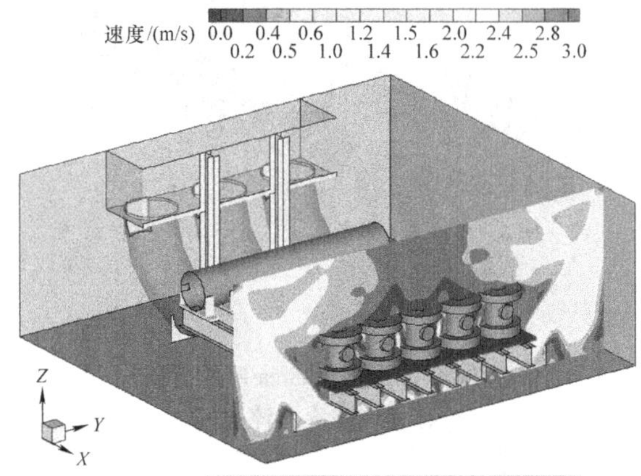

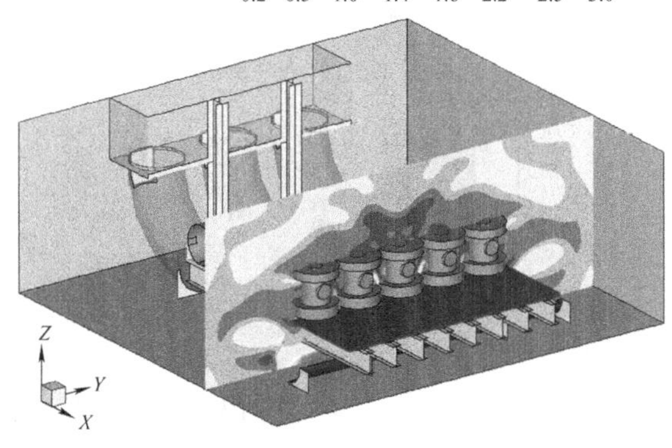

图 3-73 沿工件垂直剖面图显示出工件周围的液流不均匀

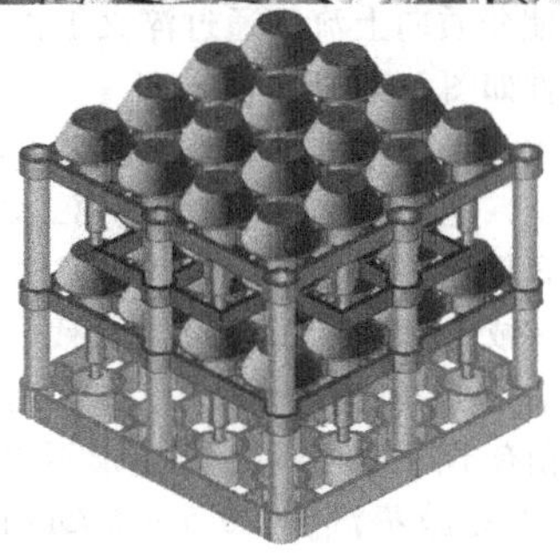

图 3-74 装夹方法改进前后的对比

匀的淬火效果。

忽略齿部，简化工件为圆锥实体模拟，这极大地简化了工件表面网格划分和求解过程，变形主要发生在轴部，因此主要目标是锥齿轮轴部。尽管对沸腾和蒸汽膜阶段模拟是有益的，但这里主要考虑与介质流动有关的传热，这已经在解决变形的精确分析中得到证明。

采用在工装夹具上开对角斜槽以便得到均匀对称的液流，如图 3-75 所示。在夹具外缘流速较高，因为此处液流阻力小。夹具下层处流速快，中层和顶层处流速逐渐变慢。锥齿轮各部流速相对均匀（图 3-76），锥齿轮顶部流速大，略显不均。

用每个齿轮上的分格中心速度代表该格流速，结果见表 3-20。整体而言，液流绕齿部和轴部比较均匀。观察到平均流速从底部到顶部逐渐增加。中部齿轮轴部的液流速度比上下层的快，这可以解释是因为齿轮头部的阻碍作用。由于介质流动在靠近外缘部阻力小，下层外缘的齿轮轴部显示较大的流速变化。整个流速差别并不很大（约 0.25m/s 或 0.8ft/s），因此它不会造成大的轴部变形。

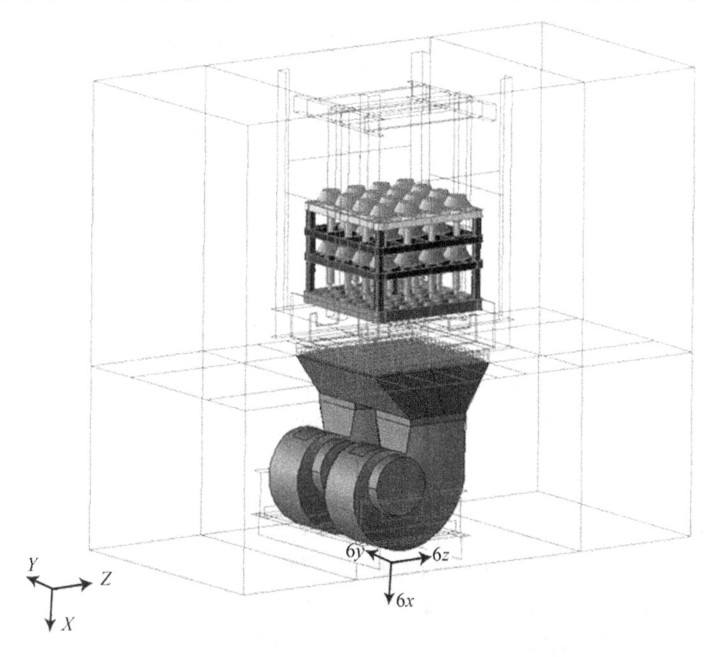

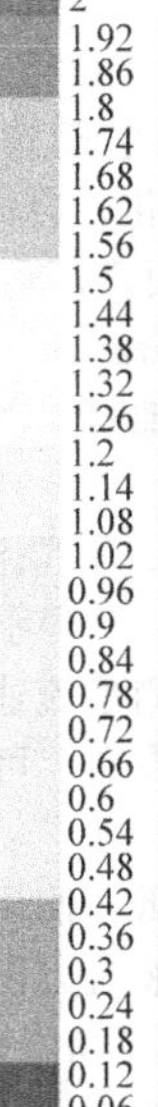

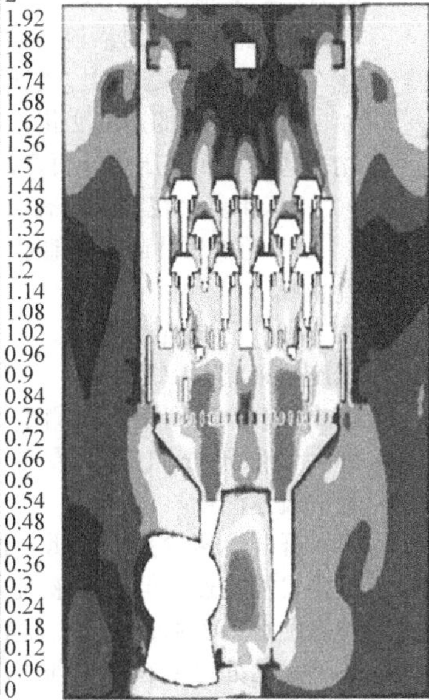

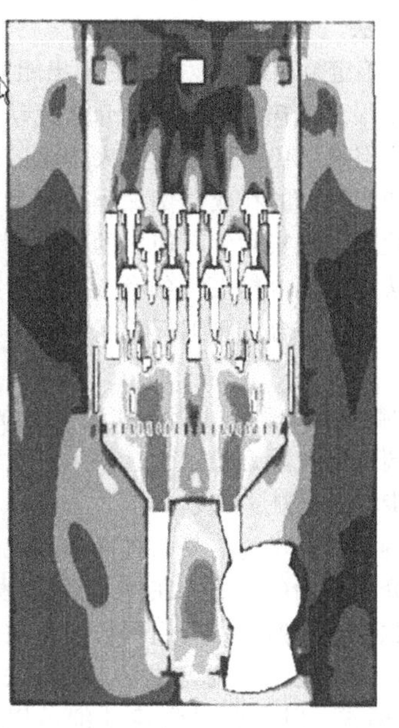

图 3-75 CFD 的计算模型以及在平锥齿轮周围的流速

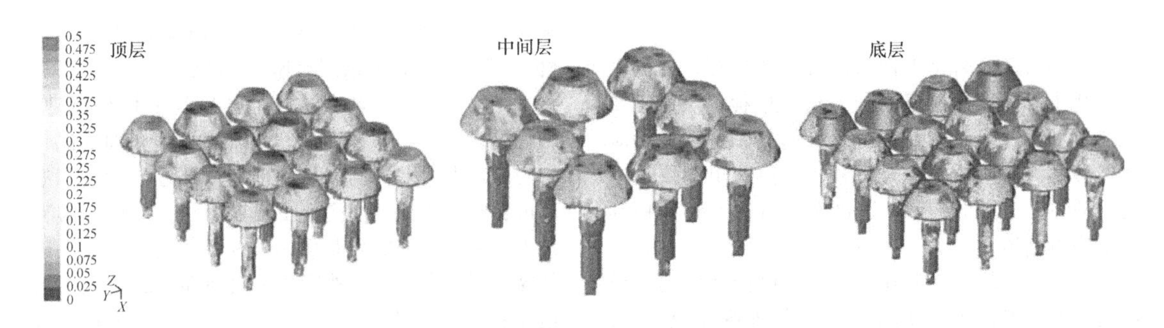

图 3-76 装载齿轮周围的液流状况

表 3-20 夹具上齿轮周围液流的平均流速 （单位：m/s）

位置	总体		头部		杆部	
	平均值	偏离值	平均值	偏离值	平均值	偏离值
上	0.329	0.078	0.269	0.031	0.400	0.028
中	0.470	0.039	0.299	0.016	0.921	0.096
下	0.526	0.045	0.586	0.032	0.519	0.047

结果显示显著地减少了齿轮轴部的流速变化。用几组该类夹具对 2400 个工件进行了 60 炉的淬火试验，测量杆部变形，最大的为 0.02mm (0.0008in)，是几个数量级的改善，节约超过 1400 万美元。

如上所述，CFD 应用于淬火槽设计，在淬火槽实际建造前就能了解工件、搅拌、导流板和淬火槽之间的关系，也能了解不同布置的导流板和搅拌器所带来的变化。确保了淬火槽达到希望的性能，节约了很多时间和精力，并能保证高质量的淬火结果。

3. 流速测量方法

需要通过试验确定泵和螺旋搅拌器的输出能力。CFD 应用中取代了很多流速测量以了解介质流动和工件之间的关系，但通常仍需要测量淬火槽中的介质流速。既可在初步设计的在成比例缩小的模型中测量，也可在试验工厂或实际生产使用的淬火槽中测量。有各种方法评估淬火槽设计的有效性，有些适合实验室使用，有些适合试验工厂或者实际生产的槽中使用。

在淬火槽中测量介质流场可能是比较困难的。流场是三维的、湍流以及缺乏稳定性，而工件对流场的影响也进一步增加了测量难度。

（1）条纹高速摄影技术　这是一种简单和定性的测量淬火槽中介质流动的方法。在淬火槽试验模型中加入分散剂颗粒进行照相。所用颗粒通常在紫外线下具有荧光功能，能显示流场特点。该方法会捕捉到主要流动模式，但不会得到流动细节以及湍流。

该方法只适合实验室中的小槽。测量图像中的条纹线长度可做定量分析。条纹线长度会变短，可能因为回流引起，但它测量不到回流。然而，它是很重要的一个可视化工具。

（2）皮托（Pitot）静压管　将皮托静压管浸入流场，测量管静态和流场压差。其测量很简单，成本低，主要不足是当与主流线方向匹配不好时，误差较大。如不匹配度大于 20°，测量精度相差 ±10%。随着不匹配度增加，精度显著下降。对于开式槽，其应用受限，但对引流管中的流速测量非常有用。其他不足之处如下：

1）探头位置对液流有影响。

2）测量的是压力，它随速度的平方变化。例如，对于 10:1 的速度变化，会产生 100:1 的压力变化，这对大多数压力计而言，超出了量程范围。

3）不宜用在湍流状态。

4）在有锈片或者其他固体物质存在的情况下，不宜应用。

（3）开式流速探头　开式流速探头用管子中的螺旋桨来测量（图 3-77）。管子可以随流动方向转动或移动，得到正比于测量流速的信号。螺旋桨尺寸大致在 50mm（2in）左右，可以用于实际淬火槽液的流速测量。

开式流速探头成本低，使用简单，可在较宽范围内检测流速。但它对液流方向很敏感，与液流方向匹配在 30°误差时，测试精度大致为 ±10%。其主要不足之处是要在测量前了解液流方向，这也可以通过旋转探头到最大流速方向。虽然测试本身是比较容易的，但在测定大型淬火槽时还是有困难的，因

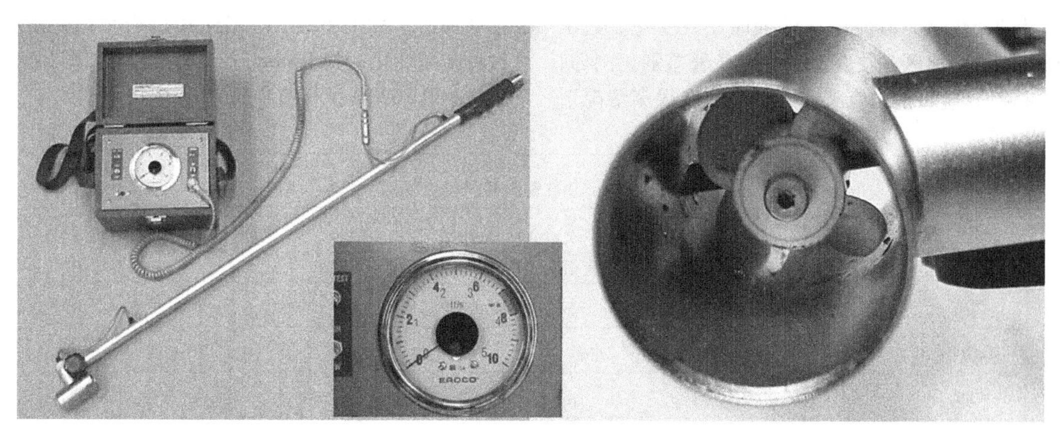

图3-77 开式流速测量探头

为要将仪器放置在槽中，在预定位置或节点测量，要注意测量角度、深度和速度。流速较高时，测量杆阻力可能会使探头旋转，导致结果错误。

这些测量是平均结果，不太适合有较大湍流的情形。实际上，湍流存在会导致测试误差。介质本身要清洁，不含可能淤塞螺旋桨的杂质。

(4) 热丝式和热膜式流速仪 3.1节中描述的热丝式流速仪（或传感器）和热膜式流速仪依靠测量介质对通电导线的冷却性能来测量介质流速（图3-78）。传感器可由恒流或者恒温控制。热丝式流速仪主要用于湍流状态测量，能够反映湍流的快速变化。传感器是非线性的，需要用给定流速进行标定。热膜式流速仪常用于液体，因为它容易被碎片损坏。两种探头都易被污染和损坏，因此通常只限于实验室应用。

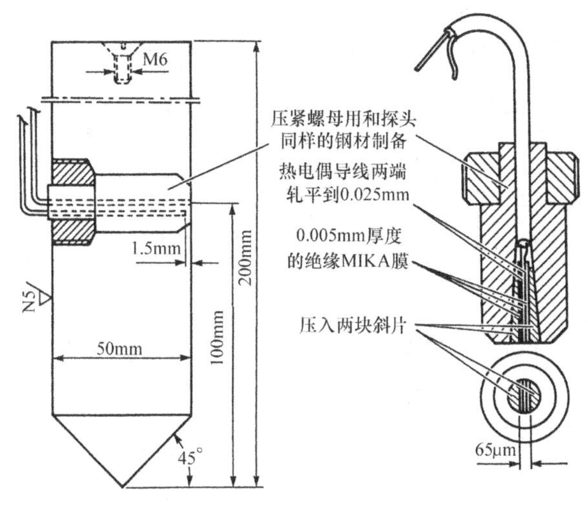

图3-78 热丝式和热膜式流速仪探头

(5) 激光多普勒测速计（LDV） 激光多普勒测速计是另一款适合实验室测量的仪器，可以用于搅拌试验。LDV利用由于运动颗粒散射光的多普勒频率迁移来测量运动颗粒的速度。测量颗粒直径通常为10～20μm。

测量仪器由激光收发光学装置和电子记录装置组成。利用分光镜，让两束相干光通过介质。干涉图样（250μm直径）在颗粒通过时吸收和反射光。反射光被收集和处理。

LDV的测量精度非常高，误差为±1%。它可以用来测定平均速度、周期速度和速度波动。测量时一束光通过容器，不会影响介质流动，这与开式流速探头和皮托管相比是一个优点。

其主要不足之处在于价格高，只适合实验室应用。其次，要求容器透明，能让光通过并达到吸收传感器。最后，介质需要清洁透明。

(6) 测试锥棒 测试锥棒成本低廉，用来确定和检测淬火槽的均匀性。测试锥棒还可以用来测量硬化层深度、碳浓度和气氛均匀性、显微组织结构和其他冶金变量参数。

齿轮制造者推荐该方法显示硬化层和心部性能。该方法与ANSI/AGMA 2004－B89《齿轮材料和热处理手册》相似。应该指出，用于心部硬度估计的试验锥棒尺寸（美国齿轮制造商协会）和系统监控所用的尺寸有所不同。

试验中，确定尺寸和合金成分的试棒随同淬火工件一起放置在炉膛角落上部或者底部。若考察均匀性，试棒应放置在载荷的8个角部位置，并有至少一个放置在载荷的几何中心附近。试棒要垂直放置，但不要顶靠在夹具或工件上。试棒可以单独试验，不与工件随放，但这就体现不出工件和淬火冷却介质间的相互影响。试棒可用来显示淬火槽的均匀性或比较不同淬火槽的结果。

试棒的尺寸和合金成分确定应考虑淬透性。试棒尺寸应该选择到心部硬度处于Jominy端淬试验曲线最陡的变化区，以便能更敏感地反映变化。处于曲线陡峭的变化区，硬度上就会有显著差别。例如，选用4340合金可能没有意义，因为它在很多情况下都能淬透。AISI 8620H和AISI 1045合金则能显示出这种陡峭变化，其Jominy试验端淬数据如图3-79所示，AISI 8620H试棒直径比AISI 1045大。

钢种 1045	热处理 热轧钢,1600°F奥氏体化												
化学成分分析(质量分数，%)	C	Mn	P	S	Si	Cr	Ni	Mo	Cu	Al	V	W	B
	0.42	0.79	0.019	0.023	0.022	0.011	0.18	0.04	0.04	—	—	—	—

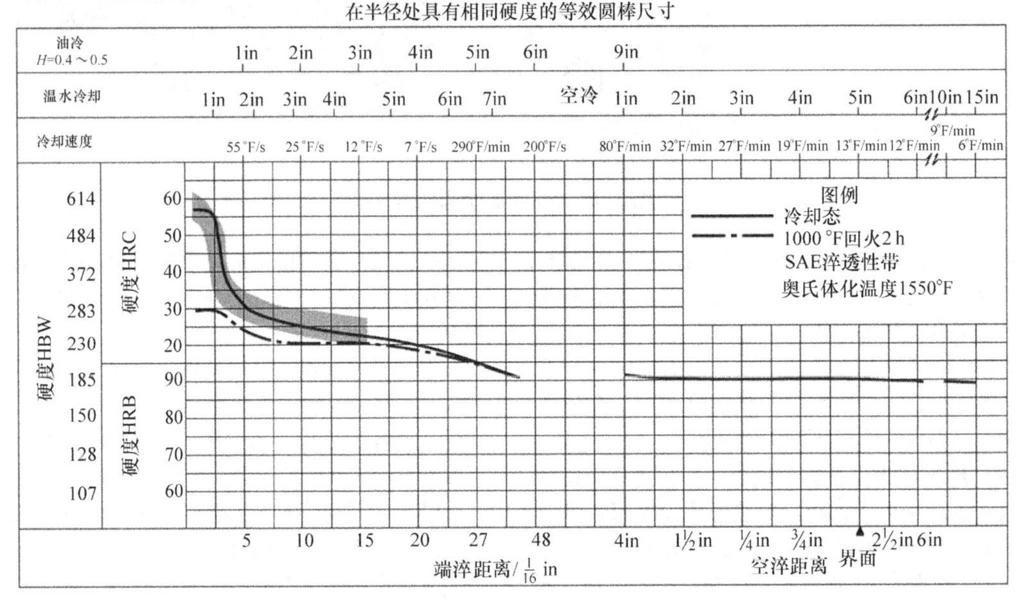

钢种 8620H	热处理 热轧钢,1700°F奥氏体化												
化学成分分析(质量分数，%)	C	Mn	P	S	Si	Cr	Ni	Mo	Cu	Al	V	W	B
	0.20	0.85	0.010	0.014	0.30	0.50	0.51	0.19	0.09	0.031	—	—	—

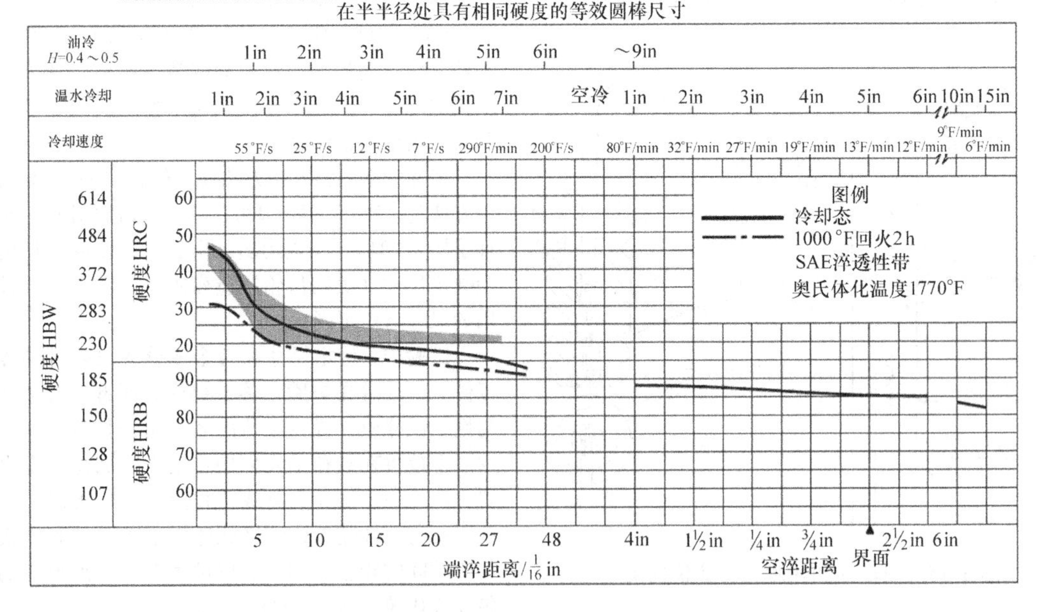

图3-79 AISI 1045和AISI 8620H合金的Jominy端淬试验曲线

在一次试验中用同一批号 AISI 1045 和 AISI 8620 做成直径分别为 10mm、15mm、20mm 和 25mm（0.4in、0.6in、0.8in 和 1in）的试棒，每个试棒长径比为 4∶1。试棒穿孔通线悬挂放置，淬火后试棒沿长度一半处纵向切开，沿截面测量硬度。20mm（0.8in）的 AISI 8620 和 15mm（0.6in）的 1045 试棒显示心部硬度敏感度高。

虽然心部硬度和分布范围是有意义的，也能显示出相应的淬火均匀性，但它没有充分考虑相关的影响因素。该问题可通过系统淬硬性或者 Grossman *H* 值（图 3-80）来解决。

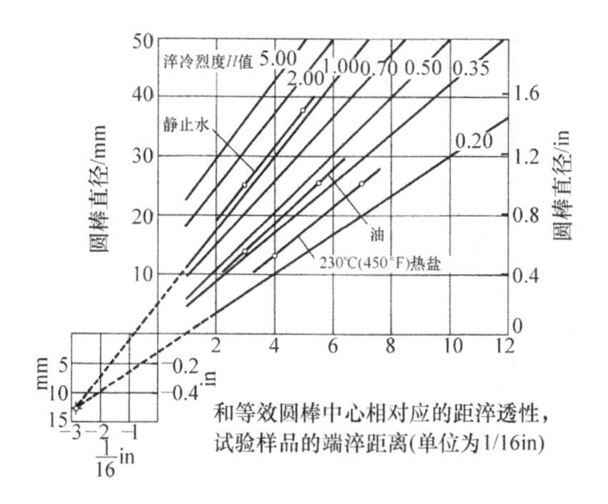

图 3-80　棒直径、淬透性和淬冷烈度的关系

因为试棒直径是固定的，Grossman 曲线的数据可以根据 *H* 值和等价的 Jominy 硬度位置来确定（图 3-81）。当试棒硬度确定后，实际的 Jominy 淬透性数据可以用来确定等价的 Jominy 硬度位置，Jominy 硬度位置和试棒直径的相交点可以定义 *H* 值。

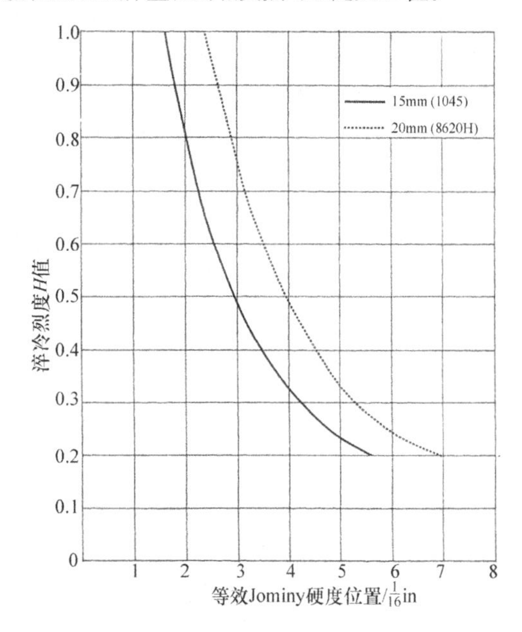

图 3-81　等效 Jominy 硬度位置

这个方法可以用来评价从一个生产厂移至另一个生产厂的风险，见表 3-21。也可用其规定淬火均匀性的具体要求和淬火槽的性能要求。

该方法实用有效，热处理工作者也易于理解。它既可用来监控系统性能和淬火均匀性，也可用来评估不同设备和淬火冷却介质的性能。监控用统计过程控制方法就可完成。

表 3-21　不同工厂使用的淬火冷却介质的淬冷烈度 *H* 值

炉子	淬火油	条件	AISI 8620H 的 *H* 值	AISI 1045 的 *H* 值
间歇式炉 A2	148℃（300℉）分级油 A	空炉	0.2	<0.2
		满炉	0.2	0.2
间歇式炉 A3	121℃（250℉）分级淬火油 B	空炉	0.2	<0.2
		满炉	<0.2	<0.2
间歇式炉 A5	82℃（180℉）快速油	空炉	0.4	0.8
		满炉	0.49	0.53
连续式炉 C3	93℃（200℉）快速油	空炉	0.48	0.9
		满炉	0.48	0.54
基于原始设备结果的目标	—	空炉和满炉	0.41～0.49	0.60～0.65

3.2.6　配套设备

本小节讨论温度控制装置、工件装卸设备和过滤系统。

1. 温度控制装置

合适的温度控制对于淬火质量的稳定性和淬火安全性有重要意义，有助于减少变形和延长介质寿命。

（1）加热 水或者盐水储槽加热可以低成本地采用蒸汽、热水管或者辐射管加热，最佳温度范围是13～25℃（55～75℉）。对于淬火油储槽或淬火槽，希望的温度是50～70℃（120～160℉）（会因淬火油不同而有所差异）。如用蒸汽或者热水加热油，有水污染风险，会恶化油冷却性能并可能产生泡沫，甚至产生爆炸危险。

采用辐射管或者浸入式加热器，最大比表面积加热功率不应大于1.5W/cm^2。大于该数值易引起淬火冷却介质局部过热，致使抗氧化剂快速耗尽，氧化产物在加热器表面形成一厚层胶质，引起加热元件过热并过早失效。介质在加热器周围流动性要好，加热元件应和搅拌器最好互锁。搅拌器不开启，加热元件就不能开启。

使用燃烧式辐射管，燃烧要在液面下较深距离，燃烧产物需有效排出。

浸入式电加热器在淬火油槽或者储油槽中也有应用。采用浸入式电加热器还是采用辐射管，取决于对经济性和方便性上的考虑。

（2）冷却 随着淬火进行，热量从工件传递到淬火冷却介质，介质温度升高。稳定的淬火生产部分地取决于淬火冷却介质的温度控制。需要用冷却器（有时用加热器）实现温度控制。图3-82所示为典型的油冷却系统。

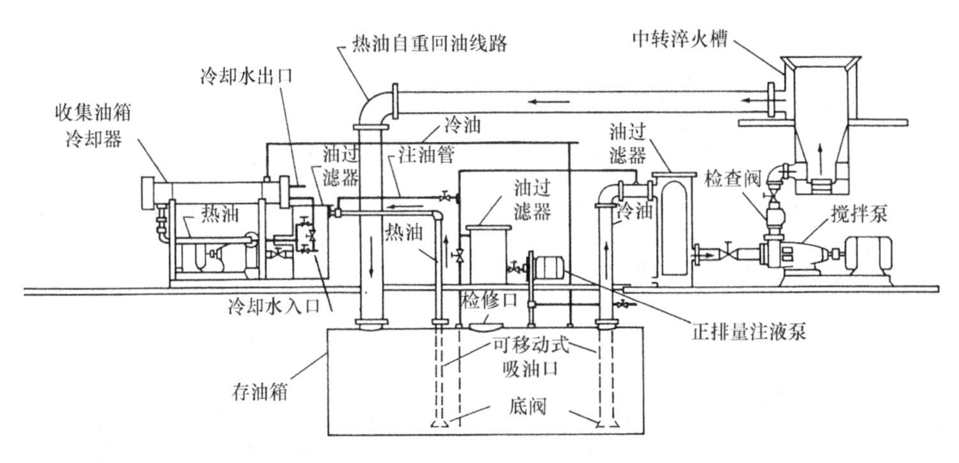

图3-82 地下油库储油槽的冷却系统

冷却淬火冷却介质的换热器种类很多，各有优点。冷却效果取决于冷却介质通过换热器的速度。冷却介质速度增加，换热效率增加。因此，冷却效率取决于相应的循环泵功率。

冷却设备的维护也与设计有关。如果冷却装置能够维持稳定的淬火冷却介质温度，则冷却装置失效可能性较小。为便于维护，冷却设备要便于清洗。

管壳式换热器由一系列铜管或钢管组成，密封在钢壳中。淬火冷却介质在管内或者壳内循环，其他部分是冷却介质。水是常用的冷却介质。如果冷却负荷大，可采用蒸发循环式水冷却装置以节约用水量。

一般而言，如果总淬火载荷小于910kg/h（2000lb/h），可使用一次水冷式。但是，是否使用一次水冷式取决于水消耗成本与蒸发循环式水冷装置的投入和运行成本。蒸发循环式水冷装置的冷却水温比井水或自来水的温度高。

管壳式换热器不需要很多维护，如果设计合理，必要时可拆卸清洗。

淬火油中水污染的危险是灾难性的，如着火或者爆炸。如果用水冷却淬火油，淬火油系统应该具备多种手段监测油中可能的水污染。在线监测较为有效，一旦检测出水含量超过其饱和度就能预警，并可与炉子的控制系统相联，阻止淬火的继续进行。

该方法采用火花塞式装置，其间加有电压。水存在时，火花塞之间的间隙导电，产生电流，给出警报。电流互锁功效启动，中止淬火操作。但探头传感器要位于淬火槽底部，并且没有沉渣污泥存在，以防影响传感器正常工作。

如果油中水含量超过饱和度，该传感器就会工作，给予报警。但污染物存在可能影响传感器正常工作。有可能在传感器能够感测到水分报警前，就发生着火或爆炸。如果传感器能在水含量低于饱和度前反映出水含量增加，并能在槽底形成自由水之前报警，无疑是非常有益的。

第二个方法是采用电力工业的常用技术，即用传感器探测大量变压器油中水的存在。传感器监测的是薄膜聚合物层在吸水后引起的电容变化。它只监测达到饱和度前的水含量，能够在可能产生着火或爆炸以前就发现问题。可以预设水分报警，如0.025%，淬火工件不受影响。该方法能有效地测量油中5×10^{-4}%到饱和度之间的水分含量。设定不同的水含量报警，可以监测到油中水含量的增加，并在水含量增加速度过快时报警。

在美国，绝大多数热处理工厂采用空冷换热器，以减轻淬火油中水污染的风险。换热器通常装在工厂外面或房顶，冷却油到大约高于室温11℃（20℉）。循环泵要有足够升力以保证淬火冷却介质在换热器中的充分流动。换热器前常安装过滤装置，以防杂质颗粒堵塞换热器。换热器尺寸按照一个热处理循环中移除的最大热量来设计。

不管是水冷还是空冷，建议在换热器循环中装备流速计，一旦介质在换热器中流动状态不好，应停止淬火操作，并清理换热器，正常后才能继续淬火操作。另外一个变通方法是在换热器循环中装备压力开关，用来监测换热器堵塞的状况。

维护成本高低取决于涉及的机械装置数量。泵是必需的，以维持淬火冷却介质的循环，在某些情况下，还使用冷却塔以及实现空气循环的电动机和风扇。

确定合适的冷却系统，要了解需移除的最大热量，可根据如下数据确定：

1）给定时间需要淬火的钢件质量。

2）钢件和托盘或工装的比热容。

3）工件进入淬火冷却介质的温度。

4）工件离开淬火冷却介质的温度。

5）淬火冷却介质入槽的温度。

6）淬火冷却介质离槽的温度。

7）淬火冷却介质的种类（水、矿物油或聚合物介质）。

8）淬火冷却介质的性能参数，如比热容、相对密度、黏度、闪点、沸点、有害溶液蒸发温度。

根据以上数据和相关成本信息，就可计算选择合适的冷却装置。

2. 工件装卸设备

要注意防止工件在加热过程中的变形和下垂。在淬火加热温度，钢件强度只有不到冷态的10%。长时间处于奥氏体化温度下，工件及工装可能发生蠕变。一般而言，长轴类零件应该垂直悬挂，而环状零件则依据变形要求及形状特点或者平放或者竖直悬挂。如果平面度是主要要求，则环状零件应该竖直悬挂，如果圆度是主要要求，则应该平放。

可以使用压力淬火减少变形，淬火中用精度很高的工装机械性地限制变形。航空或汽车变速器所用的轴承和齿圈是典型的压力限形淬火零件。

3. 过滤系统

淬火冷却介质在淬火过程中受到各种污染，如炭黑、铁锈、污垢或者油老化后的产物。污染物影响介质的冷却性能，还可能使工件表面清洁度变差（图3-83）。图3-83中，工件表面看起来和油品老化后产生的表面相似，但分析发现表面清洁度差与大量炭黑存在有关。

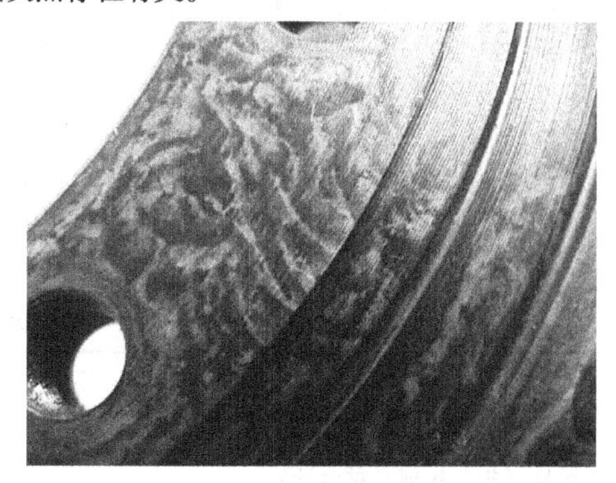

图3-83 来自气氛中过多炭黑的污染使汽车齿轮表面清洁度变差

有必要通过过滤机械式地去除锈片和炭黑。有两种过滤方式：一种是在淬火槽旁用小型过滤装置连续过滤，另一种是间歇式地通过外部服务商来工厂提供服务。

应用不同，过滤精度也随之不同。典型地，开始使用50μm的精度过滤，然后使用10～20μm的精度过滤。根据杂质颗粒特点和数量，可用1～2μm的精度过滤。通常是经济上权衡后的选择，即所用精度取决于过滤消耗与期望的油寿命延长之间的平衡。

使用其他过滤助剂，如硅藻土、活性氧化铝和高岭土，能有效去除油中的有机酸，但是某些过滤助剂（如硅藻土）也可能过滤掉油中添加的抗氧化剂。因此，过滤后要测试，必要时补加抗氧化剂或速冷剂以补偿硅藻土过滤的损失。

对连续式过滤，建议过滤精度为10～20μm，如果经济上允许，可以采用更高的过滤精度（可到1μm），这种过滤要求不会滤除矿物油中的添加剂。

对于间歇式过滤，1μm或更高过滤精度过滤后的油，如果添加剂没有被过滤掉，就像新油一样。间歇式地过滤后需要进行相应测试，确保其性能（冷却曲线）没有变化。

对于聚合物淬火冷却介质，推荐使用类似泳池用的砂滤装置，过滤成本低，可以得到6～8μm的过滤精度。一旦过滤达到饱和，可以进行反冲洗。过滤用砂，成本低廉，供应畅通，方便更换。砂滤的另一个优点是介质高速流动通过，防止了菌类堆积和滋生。

3.2.7 辅助设备及其维护

本小节讨论工装夹具、淬火系统的维护和安全预防措施。

1. 工装夹具

应用工装能减少淬火变形。有各种工装，从托盘、料架到复杂的分层料筐及特殊的固定支撑装置。轴类零件如果在加热和淬火过程中能垂直悬挂或者垂直支撑摆放，可减少变形。圆形工件如环状零件等，在加热时可以平放，但平放时淬火变形可能不均匀，因为支撑面会影响介质流动。较好的选择是用筋条支撑，使介质围绕工件充分流动。

薄壁圆形零件变形可以通过在回火过程中压塞销轴同心校正。销轴是带有松紧扣的可调式装置。限形工装通常都很昂贵。火箭或导弹长筒或者其他大型薄壁零件在加热和淬火冷却中常需限形淬火。对这些零件，除需要可装卸的内工装外，还需要两个或更多个外部的约束区域。内工装可用铸件或锻件制作，允许介质在工件内表面充分流动。可装卸工装适应于不同直径和长度工件的需要。整个装置悬挂在炉子中并垂直进入淬火槽。

2. 淬火装置的维护

淬火槽的设计、尺寸和操作方法等差异很大，不可能有统一的维护方法。表 3-22 列出了对于大型淬火油、水和盐水淬火系统的维护建议。

表 3-22 淬火系统推荐的最基本维护项目

项目	频率	水	盐水	聚合物	油
检查系统液位	每日	▲	▲	▲	▲
检查浓度（折射仪或者黏度计）			▲	▲	
检查系统温度		▲	▲	▲	▲
检查过滤设备（压力）		▲	▲	▲	▲
检查泵、搅拌和介质流动		▲	▲	▲	▲
用锥棒检查冷却速度	每周	▲	▲	▲	▲
检查换热器、换热片、管、泵等		▲	▲	▲	▲
检查换热器压力和过滤		▲	▲	▲	▲
提取淬火冷却介质样品进行分析	每季		▲	▲	▲
闪点					▲
冷却曲线			▲	▲	▲
油泥				▲	▲
总酸值					▲
水含量					▲
污染		▲		▲	▲
黏度				▲	▲
浓度			▲	▲	
沉淀数					▲

3. 安全预防措施

淬火油使用的安全关注点是火灾。对淬火油着火原因及灭火方法要彻底了解。

最常见着火原因之一（操作者应该了解的）就是工件没有完全进入淬火油而引起的着火。防止这类着火的措施如下：

1）仔细设计运送工件进入淬火冷却介质的升降或传输装置。

2）定期检查传输链、链轮和其他容易失效的部件。

3）准备一个备用电源以防淬火过程中断电。

4）减少或防止淬火油溢出槽而着火的危害。

如果油槽位于炉子或其他火源附近，以下事项尤其要引起注意。

1）槽内要有排油装置防止溢流，外部要有排油装置防止着火油扩展。

2）系统配装油中水分探测仪（市场上有几种水分探测仪供应）。

3）有水时，避免油温接近 120℃（250℉），否则会产生泡沫超过排油能力而溢出。

第三个着火原因是淬火工件将油加热到闪点以上。油槽温度低于闪点少于 30℃（50℉）就会有危险。为减少油温升高，可采用以下方法：

1）槽内用蛇形管冷却。

2）使用外部的换热器。

3）采用较大体积的淬火槽。

4）使用更高闪点的淬火油。

淬火油着火后的灭火计划应包括：

1）快速灭火但不污染淬火油，如利用盖板、二氧化碳灭火器。

2）备用方法，如使用泡沫、干粉灭火器或者排空淬火槽。

3）对操作者进行防火灭火训练。

4）槽盖能有效地扑灭小型淬火槽着火，它应该靠近热源或者处于安全距离之内。

（1）二氧化碳灭火器　有两种二氧化碳灭火器：一种是高压型的即气体在室温下存储，另一种是低压型的即气体冷冻到 -20℃（0℉）。二氧化碳灭火器的灭火原理在于它可减少油表面氧气供应以致着火不能持续。有些情形下，二氧化碳从固态升华到气态，也有冷却功用。

二氧化碳灭火器的优点是它不会污染淬火油，不需要后续清理；不足之处是它有效时间较短，另外，大批量存储成本也较高。

不管是间歇密封式淬火槽还是开式淬火油槽都可使用二氧化碳灭火器。

有关二氧化碳灭火器的应用要求可以参见 NFPA 12《二氧化碳灭火系统标准》。

（2）泡沫灭火器　泡沫灭火器依靠很细小的抗燃泡沫灭火，泡沫覆盖在油表面的火上，形成一层毡似的保护层。有两种类型的泡沫：一种是化学泡沫，另一是机械泡沫（空气泡沫），它们同样有效。

泡沫灭火器的优点是可提供长时间的保护。当淬火工件只是部分地入油，或者已经将周围金属烧热，就需要灭火保护时间足够长，直到这些火源因素得以消除。其不足之处在于机械泡沫成本较高，另外可能会污染淬火油。

（3）干粉灭火器　这种类型的灭火器依靠高压氮气从头部喷出碳酸氢钠。其作用机理、优缺点和机械泡沫灭火器相似。

一般来说，在使用干粉或泡沫灭火器灭火后，需要对油进行测试，确保淬火油没有严重氧化。如果油品没有严重氧化（总酸值小于 1mgKOH/g 和水含量低于 0.1%），滤除干粉等物质后，油可以继续使用。

参考文献

1. J. Hasson, Quench System Design Factors, *Adv. Mater. Process.*, Sept 1995, p 42S
2. *Heat Treating*, Vol 4, *ASM Handbook*, 1991 ed., ASM International, 1991
3. K. Illgner, Quenching of Small Mass Products, *Hart.-Tech. Mitt.*, Vol 42 (No. 2), 1987, p 113–120 (in German)
4. G.E. Totten, G.M. Webster, R.R. Blackwood, L.M. Jarvis, and T. Narumi, Chute Quench Recommendations for Continuous Furnace Applications with Aqueous Polymer Quenchants, *Heat Treat. Met.*, Vol 2, 1996, p 36–39
5. S.W. Han, S.H. Kang, G.E. Totten, and G.E. Webster, Principles and Applications of Immersion Time Quenching Systems in Batch and Continuous Furnaces, *Heat Treating: Equipment and Processes*, ASM International, 1994, p 337–345
6. "Houghton on Quenching," Houghton International, Valley Forge International, Inc., 1992
7. *Heat Treating*, Vol 4, *Metals Handbook*, 9th ed., American Society for Metals, 1981
8. E.W. Weinman, R.F. Thomson, and A.L. Boegehold, *Trans. ASM*, Vol 44, 1952, p 803
9. *Heat Treating, Cleaning and Finishing*, Vol 2, *Metals Handbook*, 8th ed., American Society for Metals, 1964
10. G.E. Totten, C.E. Bates, and N.A. Clinton, *Handbook of Quenchants and Quenching Technology*, ASM International, Materials Park, OH, 1993
11. C.C. Heald, Ed., *Cameron Hydraulic Data*, 19th ed., FlowServe Corporation
12. "Series 1510 Pump Curves," Bell and Gossett Curve Booklet B-260-G, Bell and Gossett, Morton Grove, IL, 1968
13. B. Liščić and T. Filetin, *J. Heat Treat.*, Vol 5, 1988, p 115–124
14. G.E. Totten and K.S. Lally, Proper Agitation Dictates Quench Success—Part I, *Heat Treat.*, Sept 1992, p 12–17
15. A.W. Hixson, Nature and Measure of Agitation, *Ind. Eng. Chem.*, Vol 36 (No. 6), 1944, p 488–496
16. G.E. Totten and K.S. Lally, Proper Agitation Dictates Quench Success—Part II, *Heat Treat.*, Oct 1992, p 28–31
17. D. Rondeau, "The Effects of Part Orientation and Fluid Flow on Heat Transfer around a Cylinder," M.S. thesis, Worcester Polytechnic Institute, May 6, 2004
18. D.H. Herring, How to Load Parts in Furnace Baskets, *Heat Treat. Prog.*, Nov/Dec 2003, p 17–21
19. Lightnin Product Catalog, 4.1 05 E 0604, SPX Corporation
20. "Improved Quenching of Steel by Propeller Agitation," United States Steel Corporation, Pittsburgh, PA, 1957
21. W.J. Titus, "Understanding and Optimizing Flow Uniformity in Propeller and Impeller Agitated Quench Tanks," ASM

Heat Treating Conference, Nov 2–4, 1999 (Cincinnati, OH)
22. H. Lomax, T.H. Pulliam, and D.W. Zingg, "Fundamentals of Computational Fluid Dynamics," NASA Ames Research Center, Aug 26, 1999
23. D.S. MacKenzie, "Application of Computational Fluid Dynamics to Understand Quenching Problems," International Federation for Heat Treatment and Surface Engineering (IFHTSE) Congress, July 26–29, 2010 (Rio de Janeiro, Brazil)
24. D.S. MacKenzie, Z. Li, and B.L. Ferguson, "Effect of Quenchant Flow on the Distortion of Carburized Automotive Pinion Gears," International Federation for Heat Treatment and Surface Engineering (IFHTSE), Fifth International Conference on Quenching and Control of Distortion, European Conference on Heat Treatment 2007, April 25–27, 2007 (Berlin, Germany)
25. K.K. Sankaran, E.J. Tuegel, K.L. Kremer, and D.S. Schwartz, in *First Int. Non-Ferrous and Technology Conf.*, T. Bains and D.S. MacKenzie, Ed., 1997 (St. Louis, MO), ASM International, Materials Park, OH, 1997, p 325
26. D.S. MacKenzie, G.E. Totten, and N. Gopinath, in *Proc. Tenth Congress of the IFHT,* T. Bell and E.J. Mittemeijer, Ed., IOM Communications Ltd., London, England, 1999, p 655–669
27. "Gear Materials and Heat Treatment Manual," ANSI/AGMA 2004-B89, American Gear Manufacturers Association, Alexandria, VA
28. "Practical Data for Metallurgists," Timken Company, Canton, OH
29. D.A. Guisbert, "Control of Quenching Systems in the Heat Treatment of Gear Products," ASM Quenching Seminar, Sept 2007 (Milwaukee, WI)
30. D.S. MacKenzie and A.L. Banka, "Evaluation of Flow Fields and Orientation Effects around Simple Geometries during Quenching," International Conference on Distortion Engineering, April 7–9, 2011 (Bremen, Germany)
31. D.S. MacKenzie, L. Gunsalus, and I. Lazerev, Effects of Contamination on Quench-Oil Cooling Rate, *Ind. Heat.*, Vol 69 (No. 1), 2002, p 35–41
32. "Carbon Dioxide Fire Suppression—Heat Treating Facilities, Part 1: Enclosed Quench Tanks," Chemtron Industrial Processes Bulletin 0500
33. "Carbon Dioxide Fire Suppression—Heat Treating Facilities, Part 2: Open Quench Tanks," Chemtron Industrial Processes Bulletin 0505
34. "Standard on Carbon Dioxide Extinguishing Systems," NFPA 12, National Fire Protection Association, 2000

3.3 钢淬火冷却介质的冷却因子

R. L. S. Otero, Universidade de Sa. o Paulo, Brazil
W. R. Otero, Tecumseh do Brasil Ltda. , Brazil
L. C. F. Canale, Universidade de Sa. o Paulo, Brazil
G. E. Totten, Portland State University

3.3.1 概述

钢的热处理包括先将工件加热到较高温度以获得奥氏体，随后通过淬火冷却得到想要的显微组织及性能，所获得的显微组织依赖于冷却速度。为了得到想要的硬度、强度、韧性及其他重要性能，热处理是必要的。碳素钢、低合金钢或高合金钢构成的大多数成品工件，使用前都须经过热处理。

成功的淬火硬化取决于钢的淬透性、成分、几何形状、淬火系统及所采用的淬火工艺。不断提高淬火应用实践，甚至可以使用低淬透性、低成本的钢来达到想要的淬火特性。这些实践的开发选择往往是随意的，并通过反复试验和失败而获得经验，从而取得成功。

传统上，淬冷烈度最常用的数学表达之一是 Grossmann H 值。Grossmann 和他的同事们，在 Rusell 最先发表的成果之后，证明了圆棒的淬火硬度与计算的冷却时间之间的关系。在这项工作中，不用圆棒半径而用直径，因此，可这样来定义 H 值：

$$H = h/2\lambda \tag{3-1}$$

式中，H 的单位为 m^{-1}；h 是热金属表面与淬火冷却介质界面间的传热系数，单位为 $W/(m^2 \cdot K)$；λ 是钢的热导率，单位为 $W/(m \cdot K)$。在这个公式中，一般假设热导率随温度的变化非常小，被看作是不随温度变化的一个常数。由于 Grossmann 选用棒料的直径而不是半径，因此分母有数字 2。

这个公式反映的是淬火冷却介质将钢件表面热量带走的能力。假定静止的 18℃（64℉）水的 H 值为 1.0。然而，搞清楚对于液态淬火冷却介质如水、矿物油型及聚合物型水溶液来讲，假定这个等式中的 H 值是线性冷却或遵循牛顿冷却定律是非常重要的。可是，传热系数在整个淬火过程的三个阶段中都是变化的：蒸汽膜阶段，传热系数在 100 ~ 250W/($m^2 \cdot K$) 之间；核沸腾阶段，在 10 ~ 20kW/($m^2 \cdot K$) 之间；对流阶段，大约为 700W/($m^2 \cdot K$)。这一结论更早由 Carney 和 Janulionis 报道过。显然，当传热系数在整个淬火过程中变化如此之大时，线性牛顿冷却定律对于液态淬火冷却介质来说是不适合的，因此 Grossmann H 值用来预测钢的淬后硬度有很大的局限性。

用 Grossmann H 值来对比各种淬火冷却介质对钢的淬硬能力时，还有以下几个方面的局限性：

1）Grossmann H 值仅仅适合于超过钢的相变温度704℃（1300℉）的非常窄的温度区域，尽管 H 值趋向于显示淬火冷却介质对钢的淬透能力，但不能用来计算这种能力实现过程中所需要的冷却时间。为了恰当地计算冷却时间，必须建立淬火冷却时间-温度变化曲线及钢相变曲线之间的关系。注意，虽然在704℃（1300℉）时的冷却速度是指 Jominy 等效冷却速度，但在700~500℃（1290~930℉）温度区间，习惯上还是常用冷却速度。

2）Grossmann H 值仅仅反映了淬火冷却介质对钢的相对淬硬能力，不能反映其导致开裂或增加变形的某种属性。

3）为了评估淬火中开裂或工件的整体淬透能力，必须考虑整个淬火冷却过程。H 值不能揭示淬火过程中产生的热应力和相变应力。

传统上，冷却曲线分析法被认为是评估淬火程度的最佳方法。一种关联钢的淬后硬度与冷却时间-温度曲线相互关系的方法是淬火因子分析法（QFA）。这种方法成功地应用于预测碳素钢及少数几种低合金钢的淬后硬度，包括30CrMo钢（AISI 4130)、42CrMo钢（AISI 4140)、45钢（AISI 1045）及40CrV钢（AISI 5140）。淬火因子分析法也可以用来预测 Jominy 硬度作为定位40CrNiMo钢（AISI 4130）的依据。

本节概述了使用淬火因子分析法来定量估算碳素钢和低合金钢的淬后硬度。作为可替代 Grossmann H 值的单值参数，淬火因子分析法同样也是一种潜在的评估淬火冷却介质或淬火过程的方法，或者是对无论是淬火冷却介质还是淬火系统发生变化时的有效监控方法。

3.3.2 淬火因子的试验确定

为了试验得到淬火因子，使用一种规定尺寸的304奥氏体不锈钢探棒，这种探棒是其长度至少是截面直径4倍的圆柱体，探棒的中心采用弹性装载法嵌入K型热电偶，以确保在每次淬火过程中热电偶与钢体保持良好的接触。用一个长19mm（3/4in）的不锈钢钢管在钨极惰性气体保护的条件下焊接在探棒的一端，作为探棒从淬火冷却介质中移出时保护热电偶的手柄。注意，QFA 用于钢性能预测的优点在于用奥氏体不锈钢（如304钢）作为探棒材料，探棒是可以重复使用的，冷却时间-温度曲线的数据可以用于任何有相变的合金钢。

将探棒在电加热的马弗炉中加热到期望的奥氏体化温度，通常是840℃（1545℉）。淬火槽需有足够的容积，一般是75L（20 gal），目的是在探棒浸入淬火冷却介质中时带来的介质温度变化最小。淬火槽的温度可控，一般选用内置加热元件以及水冷铜线圈来控制温度，淬火冷却介质的流速通过变速泵控制。采用模数转换卡和个人计算机将热电偶的模拟信号转换成数字信号，随后，数字化的时间-温度冷却曲线数据就被保存在计算机中。

3.3.3 淬火因子的相关关系

淬火因子是基于 Avrami 原理或叠加法则。Scheil 首先提出叠加法则用来描述相变过程的孕育期或形核期。Avrami 在此理论上得出，当形核率与生长率成正比时，叠加法规是可适用的。Avrami 研究了用不同的表达式来描述相变时的转变率，转变率取决于晶核的数量多少，以及相成长的类型。转变率方程可由发生在晶界表面、晶界和晶角的晶核转变推导出来。

Cahn 表述了多相核泡转变服从按照由等温相变数据计算而来的速率方程的 Avrami 原理，Holloman 和 Jaffe 也承认了 Avrami 原理的潜在适应性，但对于普通碳素钢和 Cr-Ni-Mo 钢来说，推断出计算值和试验值的吻合度并不是很高。Kirkaldy 运用 Avrami 原理，对比了9种不同钢的相变曲线的预测起点与试验观察到的情况的区别。尽管在试验曲线上存在不确定性，但与假设的理论计算曲线之间还是吻合得非常好。

Umemoto 等人研究了钢的截面尺寸和奥氏体晶粒大小对相转变率的影响，并且发现叠加法则在分级淬火中基本正确。Umemoto 也在共析钢的相转变上应用叠加法则，并得到方程来表示淬透性，结果相近而略低于 Grossmann 的结果。

Evancho 和 Staley 用 Avrami 原理开发了用于铝合金的析出动力学表达式。该表达式可以用来从连续冷却曲线的形状及合金冷却过程中析出动力学推断出合金的强度。淬火因子概念应用于铝合金热处理的通用技术中，Archambault 及其他人有更进一步的描述。

一般来说，碳在高温时在钢中的扩散需要很长时间，因为溶质的过饱和度很小，所以热驱动力对于扩散也是很低的。然而，在中间温度时，过冷度及热驱动力很高，实现特定转变量所需要的时间很短，对于碳素钢或低合金钢来说也就几秒的时间。珠光体形核通常沿晶界发生，因为必须有更少的晶格畸变，且扩散速度常常高于晶内的。在较低的温度下，扩散速度下降，贝氏体和马氏体开始形成。在许多钢的淬火中最常见的相变产物是马氏体。淬火必须在高温阶段提供足够快的冷却速度，以减少铁素体和珠光体的形成且保留奥氏体中的碳，直到马氏体组织转变开始。

相对于经典的 Grossmann H 值法，QFA 最显著的优点是可以得到淬火冷却介质的冷却速度与从合金的时间 - 温度 - 性能（TTP）曲线得到的合金转变率相关的单一数据，如图 3-84 所示。TTP 曲线是描述合金性能如硬度、强度在相转变曲线开始时变化的曲线。实际上，为了获得此类钢的技术规范所要求的最低限度硬度或强度特性时，必须调整淬火条件。

淬火因子（Q）与硬度和强度有相反的关系。通常，硬度和强度随淬火因子的下降而增加，其临界值是淬火因子 Q 的最大值，直接结果就是期望的硬度或强度，这个值可以依据冷却过程中最大许可的相变量而定义。表 3-23 提供了对于 40CrV 钢（AISI 5140）在 7 种不同的淬火条件淬后硬度与 Q 值之间的关系。

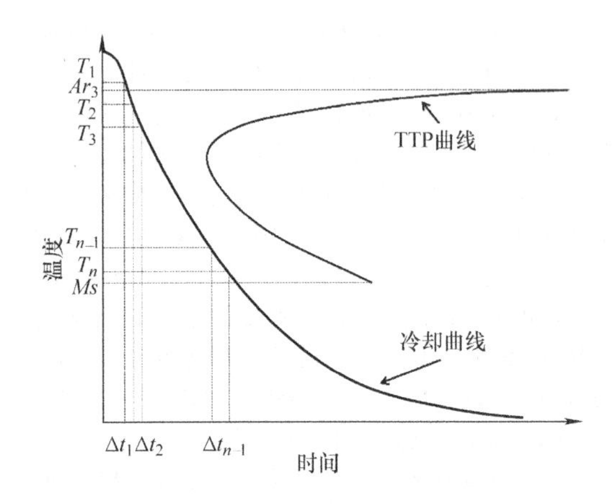

图 3-84 计算淬火因子的方法

注：这种淬火因子将淬火冷却介质的冷却时间 - 温度曲线与同类合金钢的时间 - 温度 - 特性（TTP）曲线相关联。

表 3-23 40CrV 钢（AISI 5140）在不同淬火条件下冷却速度、淬火因子及淬后硬度之间的关系

淬火冷却介质	探棒直径		淬火槽温度		搅拌速度		冷却速度				淬火因子 Q	预测硬度 HRC	实际硬度 HRC
							700℃（1290℉）		200℃（390℉）				
	mm	in	℃	℉	m/s	ft/s	℃/s	℉/s	℃/s	℉/s			
水	12.7	0.5	48	18	0.25	0.8	162	292	151	272	9.2	53.5	53.1
水	25.4	1.0	26	79	0.25	0.8	111	200	41	74	29.2	48.4	46.0
水	38.1	1.5	32	90	0.51	1.7	57	103	20	36	63.1	40.9	40.5
20% UCON 淬火液 E①	38.1	1.5	48	118	0.51	1.7	33	59	8	14	107.4	32.7	33.0
常规淬火油	38.1	1.5	65	149	0.51	1.7	32	58	7	13	139.6	27.8	29.5
快速淬火油	38.1	1.5	65	149	0.51	1.7	43	77	10	18	88.6	36.0	34.0
分级淬火油	38.1	1.5	148	298	0.51	1.7	38	68	4	7	125.3	29.9	31.0

注：奥氏体化温度为 843℃（1549℉），探棒是中心嵌入热电偶的 304 不锈钢，长度至少是直径的 4 倍。

① 陶氏化学公司产品。

淬火因子可以从时间 - 温度（冷却曲线）数据及同类合金（同类合金指需要 TTP 曲线的合金，以下同）推导出来的 C_T 函数描述的 TTP 曲线计算出来。TTP 曲线的相变时间 - 温度关系通常用 C_T 函数表示：

$$C_T = -K_1K_2\exp\left[\frac{K_3(K_4)^2}{RT(K_4-T)^2}\right]\exp\left(\frac{K_5}{RT}\right) \tag{3-2}$$

式中，C_T是形成一定数量的新相或降低一定数值硬度溶质所需的临界时间（临界时间是 TTP 曲线上温度的函数）；K_1是常数，冷却过程中未转变分数的自然对数，也就是 TTP 曲线定义的分数，通常用 ln0.995 来计算；K_2是常数，与形核数目的倒数有关；K_3是与形核所需能量有关的常数；K_4是与固溶相线温度有关的常数；K_5是与扩散激活能有关的常数；R 是摩尔气体常数，$R=8.3143\text{J}/(\text{K}\cdot\text{mol})$；$T$ 是热力学温度（K）。

常数 K_1、K_2、K_3、K_4 及 K_5 确定了 TTP 曲线的形状。K_2 ~ K_5 的值基本上都是不为人们所不知道的。实际上，这些值是通过多重回归分析从 TTP 曲线上计算得到的。45 钢（AISI 1045）、30CrMo 钢（AISI 4130）、42CrMo 钢（AISI 4140）三种钢的 K 值见表 3-24。然而，Shuey 等人和 Tiryakioglu 研究了一种方法并发现尽管 C 形的时间 - 温度相转变曲线确实适合，但它们的物理意义是有问题的。相反，他们推荐，如果可能，合适的 K 值必须尽量少用单个报告的数据。计算冷却曲线中每个时间段的增量淬火因子 q，公式如下：

$$q = \frac{\Delta t}{C_T} \tag{3-3}$$

式中，Δt 是一个时间段，用于冷却曲线的计算机数据采集。在这个例子中，时间段是一个常数，且依赖于数据采集的频率。否则，用于计算分析的时间段在每个温度增量间是变化的。一个例子是当人工数字化淬火冷却曲线时，时间段将是变化的，且必须根据分析用的时间 - 温度数据计算得到。

表 3-24　不同钢的淬火因子临界时间（C_T）函数的常数 K 值汇总

合金	C_T函数用 K 值					求和范围	
	K_1	K_2	K_3	K_4	K_5	℃	℉
AISI 1045（中等碳含量）	-0.00501	0.4650×10^{-1}	330	1140	35000	763 ~ 314	1405 ~ 597
AISI 4130（较低碳含量）	-0.005	0.04	500	1200	40000	732 ~ 377	1350 ~ 711
AISI 4130（较高碳含量）	-0.005	0.0159	250	1160	58000	732 ~ 377	1350 ~ 711
AISI 4130（中等碳含量）	-0.00501	0.148429×10^{1}	350	1140	31517	743 ~ 338	1369 ~ 640

增量淬火因子 q，代表的是合金在平均温度下的时间段的时间比值，将它除以到开始相转变温度点的时间（由 C_T 函数计算）。把整个相变期间的增量淬火因子加在一起得到累加淬火因子 Q，公式如下：

$$Q = \sum q = \sum_{T=Ms}^{T=Ar_3} \frac{\Delta t}{C_T} \tag{3-4}$$

当计算某一特定钢种的淬火因子 Q 时，只累积相加试验合金钢从 Ar_3 到 Ms 温度区域的 q 值，累积的 Q 值反映的是淬火冷却介质的散热特性，如前文所述 304 不锈钢探棒在规定尺寸、淬火冷却介质及淬火条件下的冷却时间 - 温度曲线。这个也包括截面厚度影响，将影响用于淬火因子计算的冷却曲线。相变动力学也得到反映，因为这个计算也包括了在特定温度下的时间比，在某个特定温度下的时间除以到达相变温度点的时间，也就是说 TTP 曲线适时位置。计算过程如图 3-85 所示，应用以下公式，淬火因子 Q 可以用来预测钢的淬后硬度：

$$P_p = P_{max}\exp(K_1 Q) \tag{3-5}$$

式中，P_p是预测的性能；P_{max}是合金的最大的性能；$K_1 = \ln 0.995 = -0.00501$；$Q$ 是淬火因子。

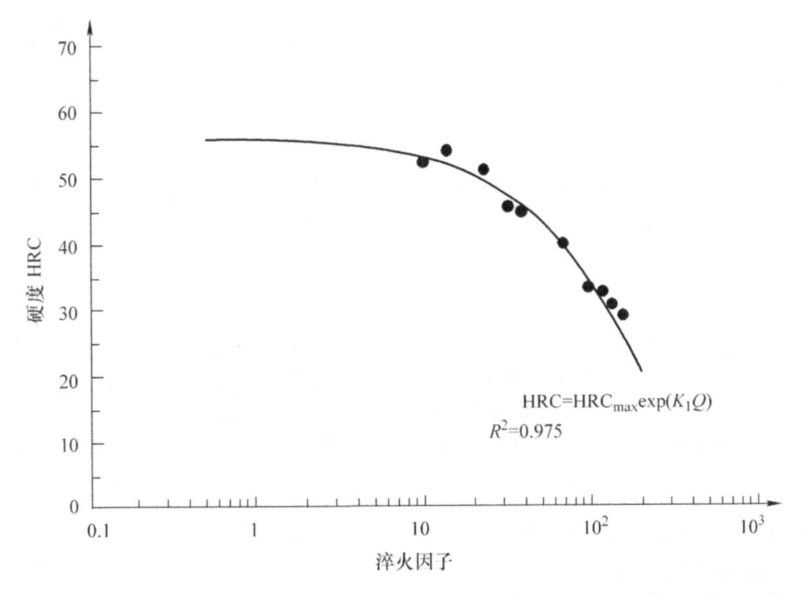

图 3-85　显示了淬火因子与 AISI 5140 圆柱钢棒中心硬度的关系

注：在这个例子中，简化后的式（3-5）适应于所示数据。

淬火因子对于不同合金计算可能完全不同，即使相近截面面积的工件在相同的淬火冷却介质中冷却，也是不同的，因为它们有各自不同的描述合金的 TTP 曲线的 C_T方程相变动力学。应用淬火因子预测结果与实际测量的 AISI 4130 硬度值见表 3-25，有非常高的一致性，通常测量误差在 2HRC 之内。对于淬透性比较低的碳素钢 AISI 1045 和低合金钢 AISI 4140，用 QFA 来预测淬后硬度也有非常高的一致性，见表 3-26。

迄今为止，也有例子用 QFA 来预测高淬透性钢的淬后硬度，对于低淬透性钢如 AISI 1045 也已经评估过，结果见表 3-27。马氏体含量（体积分数）低于50%时，预测值与测量值相符，硬度大约为32HRC。QFA 用来预测硬度不适用于硬度超过 AISI 1045 所示范围的合金，很难成功地建立计算模型，因为组织从比较软的铁素体-珠光体结构很快转变成马氏体。由于这个原因，预测35~45 HRC之间的硬度必须用低淬透性钢（如 AISI 1045）来验证。

表 3-25 AISI 4130 钢铸件上 17 个不同位置淬冷后的预测硬度与实测量硬度

位置点	在704℃（1300℉）时的冷却速度		冷却因子	预测硬度HRC	实测硬度HRC
	℃/s	℉/s			
1	114.1	205.4	7.2	51.8	52
2	67.6	121.7	12.4	50.9	51
3	40.1	72.1	18.5	49.9	50
4	29.4	52.9	25.6	48.8	50
5	21.6	38.8	33.1	47.7	49
6	17.4	31.3	41.5	46.4	47
7	13.2	23.8	50.1	45.2	45
8	11.1	19.9	58.7	44.1	42
9	9.4	17.0	67.3	43.0	42
10	7.1	12.7	86.8	40.7	39
11	5.4	9.8	103.1	38.9	38
12	4.5	8.1	119.1	37.3	36
13	3.8	6.8	134.8	35.8	35
14	3.3	5.9	150.1	34.5	34
15	2.7	4.8	175.3	32.5	33
16	2.2	3.9	197.6	31.0	31
17	1.8	3.2	215.6	29.9	30

注：AISI 4130 在研钢的化学成分（质量分数）：0.315% C，0.576% Mn，0.379% Si，1.140% Cr，0.103% Ni，0.244% Mo，0.125% Cu，0.014% V。其理想淬透直径为106mm（4.18in）。

表 3-26 比较了两种铸造 AISI 4140 合金钢的预测硬度与测量硬度

钢A硬度①② HRC		钢B硬度②③ HRC	
预测	实测	预测	实测
57.3	56	56.5	57
57.1	56	56.3	57
56.7	55	56.0	56
56.3	54	55.6	56
56.2	52	55.6	54
55.2	53	54.8	54
51.6	53	51.6	53
53.8	50	53.6	54
49.7	49	50.0	54
48.6	49	49.0	46
44.6	42	45.5	38
25.6	31	27.5	34

① AISI 4140 在研钢 A 试样的化学成分（质量分数）：0.439% C，0.860% Mn，0.259% Si，0.878% Cr，0.076% Ni，0.170% Mo，0.087% Cu，0.000% V。

② A、B 试样的理想淬火直径分别为 119mm（4.70in）和 124mm（4.87in）。

③ AISI 4140 在研钢 B 试样的化学成分（质量分数）：0.394% C，0.810% Mn，0.268% Si，0.922% Cr，0.138% Ni，0.196% Mo，0.128% Cu，0.000% V。

表 3-27 两种 AISI 1045 钢铸件的预测硬度与实测硬度对比

钢C硬度①② HRC		钢D硬度②③ HRC	
预测	实测	预测	实测
59.8	59	58.0	60
59.0	58	56.9	53
58.4	59	56.2	59
55.7	57	52.7	56
53.4	56	30.2	28
45.7	54	49.8	52
48.0	55	40.4	46
35.4	23	43.8	43
38.2	26	29.0	24
35.8	34	31.0	26
26.3	27	29.3	23
19.1	22	19.7	24
16.9	18	14.6	16
20.0	19	13.1	18
12.3	18	15.2	18

① AISI 1045 在研钢 C 试样的化学成分（质量分数）：0.480% C，0.834% Mn，0.281% Si，0.052% Cr，0.035% Ni，0.011% Mo。

② C 试样的理想淬火直径为 32mm（1.26in），D 试样的理想淬火直径为 28.4mm（1.12in）。

③ AISI 1045 在研钢 D 试样的化学成分（质量分数）：0.470% C，0.749% Mn，0.240% Si，0.054% Cr，0.031% Ni，0.016% Mo，0.015% Cu。

这种描述淬火程度完全不同于 Grossmann H 值，Grossmann H 值只与淬火冷却介质冷却特性有关，而与钢热处理的相变动力学无关。因此，淬火因子更受欢迎，取代了定量描述淬火程度的 Grossmann H 值，因为淬火因子直接与如前所述的可获得的淬火硬度有关。

3.3.4 淬火冷却介质特性应用

现在举一些利用 QFA 对淬火冷却介质特性评估的典型例子。一个例子是对比快慢冷速的油冷却 AISI 1045 钢的能力。图3-86 显示了截面尺寸大小对聚合物淬火冷却介质冷却低淬透性钢 AISI 1045 的影响。正如人们所料，随着钢件截面尺寸加大，淬后硬度大大下降。作为对比，用相对较慢的水溶性淬火冷却介质来冷却一系列不同截面尺寸的低合金钢 AISI 4140（比 AISI 1045 淬透性更好），结果如图3-87所示，尺寸低于最大尺寸 50mm（2in）时，硬度变化很小，但硬度随尺寸加大而逐步下降。

Q 因子的应用弥补了一个重要的工业缺憾，需要一个监测淬火烈度的可靠方法。特别是它对于淬火硬度有影响，用于工业、民用、国际产品或操作说明书中的不同供应商提供的淬火冷却介质或淬火系统进行对比时，淬火烈度也有变化。如式（3-4）所示，淬火因子 Q 是一个单一值，这个反映了整个冷却过程中的所有参数的值将影响淬后硬度，这些值可以在设备齐全可控的实验室或实际的工件装载淬火后测定。无论哪种方式，用可重复使用的 304 不锈钢探棒测定淬火冷却介质的时间 - 温度冷却曲线。在实验室，通过定量与 TTP 曲线相关的淬火烈度，Q 因子可以用来定性淬火冷却介质的特性。在生产环境中，任何淬火冷却介质或淬火系统发生变化，都可以用它来作为质量控制过程来定量或监控。实际上，QFA 的这些潜力已经显现，但其非常重要的应用还没有得到充分论证。

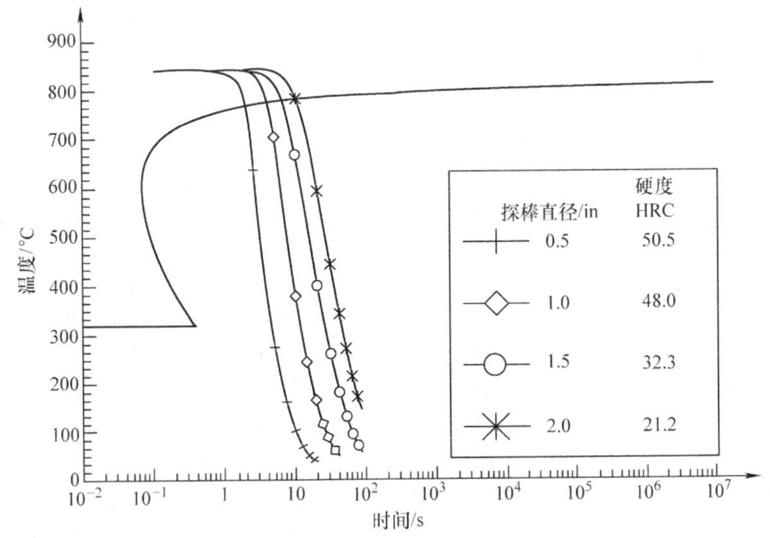

图3-86 用冷速较快的水溶性淬火冷却介质淬冷不同截面尺寸的碳素钢 AISI 1045

注：聚合物淬火冷却介质的浓度是10%，槽液温度是32℃（90℉）。

3.3.5 TTP 曲线的应用

目前为止，限制使用淬火因子的原因之一是 TTP 曲线对某些合金不适用，因为它们还没有 TTP 曲线。有两种方法可以通过试验做出 TTP 曲线：

一种是使一定数量的合金试样奥氏体化，测量的样品可以是铸造或锻造合金的拉伸试棒。通常，试棒尺寸要足够小，以确保在等温淬火中温度均匀，试棒奥氏体化处理后，在大约 5s 内转移到熔融的硝酸钾或亚硝酸钠盐浴中，温差 ±5℃（±9℉）内恒温保持一定时间，再淬火冷却到室温。可以在试棒中心插入 K 型热电偶监测冷却速度，可以通过一定样品率收集数据得到平滑的相变曲线。冷却后，测试样品同类特性可以用于做成 C 曲线。

另一种可选的制作 TTP 曲线方法是计算机模拟 Jominy 数据，这些数据可以用试验或用同类合金的 Jominy 曲线计算得到，有很多文献可以参考。通过试验得到 Jominy 试棒不同点与硬度有关的表面冷却速度。最早期的参考资料是由 Weinman 及 Pumphrey 和 Jones 提供的。Yazdi 等人最近描述了一种从 AISI 4130 钢的 Jominy 数据得到 TTP 曲线的试验方法，并

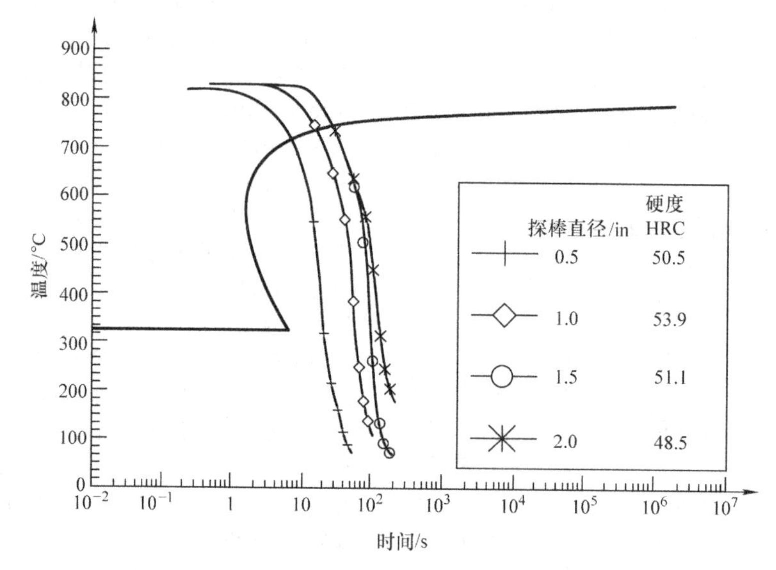

图3-87 用冷速较慢的水溶性淬火冷却介质淬冷却不同截面尺寸的低合金钢 AISI 4140

注：聚合物淬火冷却介质的浓度是20%，槽液温度是60℃（140℉）。

找到试验值与计算结果的关系。因此，获得 TTP 曲线的试验方法已确定，并且仅用于需要 TTP 曲线的合金。由于 TTP 曲线随钢的化学成分而变化，在制作时间-温度相转化曲线及连续冷却相变曲线时，有必要得到最普通成分范围的合金的典型曲线。同时必须有更充分的准备工作预测这些作为钢的一个特性依据的曲线。

3.3.6 总结

通过实例说明了淬火因子分析法的实用性。淬火因子分析法成功地用来预测淬后硬度，对于 AISI 1045、AISI 4130、AISI 4140 和 AISI 5140 钢，通常在测量误差之内。已报道一个用 AISI 5140 钢的例子显示了钢的淬后硬度预测值与测量值有非常好的吻合度。

尽管该方法相对容易进行计算，但直到目前为止工业上还没有获得更足够的接受度，主要是因为每种合金化学成分不同，TTP 曲线的 K 常数也不同。然而，这是一个可以使用 Jominy 曲线解决的问题。更进一步的研究需要扩展更多钢种的 TTP 曲线。

参考文献

1. T.F. Russell, "Some Mathematical Considerations of the Heating and Cooling of Steel," Iron and Steel Institute Special Report 14, 1936, p 149–187
2. M.A. Grossman, M. Asimov, and S.F. Urban, Hardenability, Its Relation to Quenching and Some Quantitative Data, *Hardenability of Alloy Steels*, American Society for Metals, Cleveland, OH, 1939, p 124–190
3. M.A. Grossmann and M. Asimow, Hardenability and Quenching, *Iron Age*, April 25, 1940, p 25–29; continued in May 2, 1940, issue, p 39–45
4. B. Liscic, H.M. Tensi, G.E. Totten, and G.M. Webster, Chap. 22, Non-Lubricating Process Fluids: Steel Quenching Technology, *Fuels and Lubricants Handbook: Technology, Properties, Performance and Testing*, G.E. Totten, S.R. Westbrook, and R.J. Shah, Ed., ASTM International, West Conshohocken, PA, 2003, p 587–634
5. D.J. Carney and A.D. Janulionis, An Examination of the Quenching Constant—*H*, *Trans. ASM*, Vol 43, 1951, p 480–496
6. G.E. Totten, G.M. Webster, C.E. Bates, S.W. Han, and S.H. Kang, Limitations of the Use of Grossman Quench Severity Factors, *17th Heat Treating Society Conference Proceedings, Including the First International Induction Heat Treating Symposium*, D. Milam, D. Poteet, G. Pfaffmann, W. Albert, A. Muhlbauer, and V. Rudnev, Ed., ASM International, Materials Park, OH, 1997, p 411–422
7. G.F. Vander Voort, Hardenability, *Atlas of Time-Temperature Diagrams for Irons and Steels*, ASM International, Materials Park, OH, 1991, p 73–77
8. G.E. Totten, C.E. Bates, and N.A. Clinton, Chap. 3, Cooling Curve Analysis, *Handbook of Quenchants and Quenching Technology*, ASM International, Materials Park, OH, 1993, p 69–128
9. P.M. Kavalco and L.C.F. Canale, Evolution

of Quench Factor Analysis: A Review, *J. ASTM Int.*, Vol 6 (No. 5), 2009, Paper JAI102131
10. C.E. Bates and G.E. Totten, Quench Severity Effects on the As-Quenched Hardness of Selected Alloy Steels, *Heat Treat. Met.*, No. 2, 1992, p 45–48
11. G.E. Totten, C.E. Bates, and Y.H. Sun, Simplified Property Predictions Based on Quench Factor Analysis for AISI 4140, *Conf. Proc. Third International Conference on Quenching and Control of Distortion*, G.E. Totten, B. Liscic, and H.M. Tensi, Ed., ASM International, Materials Park, OH, 1999, p 219–225
12. L.C.F. Canale, A.C. Canale, C.E. Bates, and G.E. Totten, "Quench Factor Analysis to Quantify Steel Quench Severity and Its Successful Use in Steel Hardness Prediction," Paper 2006-01-2814, SAE Technical Paper Series, Nov 2006 (Sao Paulo, Brazil)
13. C.E. Bates, Predicting Properties and Minimizing Residual Stress in Quenched Steel Parts, *J. Heat Treat.*, Vol 6 (No. 1), 1988, p 27–45
14. A.Z. Yazdi, S.A. Sajjadi, S.M. Zebarjad, and S.M.M. Nezhad, Prediction of Hardness at Different Points of Jominy Specimen Using Quench Factor Analysis Method, *J. Mater. Process. Technol.*, Vol 199, 2008, p 124–129
15. E. Scheil, Initiation Time of the Austenite Transformation, *Arch. Eisenhüttenwes.*, Vol 12, 1935, p 565–567
16. M. Avrami, Kinetics of Phase Change, Part I: General Theory, *J. Chem. Phys.*, Vol 7 (No. 12), 1939, p 1103–1112
17. A. Avrami, Kinetics of Phase Change, Part II: Transformation-Time Relations for Random Distribution of Nuclei, *J. Chem. Phys.*, Vol 8 (No. 2), 1940, p 212–214
18. J.W. Cahn, The Kinetics of Grain Boundary Nucleated Reactions, *Acta Metall.*, Vol 4 (No. 5), 1956, p 449–459
19. J.W. Cahn, Transformation Kinetics during Continuous Cooling, *Acta Metall.*, Vol 4 (No. 6), 1956 p 572–575
20. J.H. Holloman and L.D. Jaffe, *Ferrous Metallurgical Design*, John Wiley & Sons, New York, NY, 1947
21. J.S. Kirkaldy, B.A. Thomason, and E.G. Beganis, Prediction of Multicomponent Equilibrium and Transformation for-Low-Alloy Steel, *Hardenability Concepts with Applications to Steel*, American Institute of Metallurgical, Mining and Petroleum Engineers, Inc., Warrendale, PA, 1978, p 82
22. M. Umemoto, N. Komatsubara, and I. Tamura, Prediction of Hardenability Effects from Isothermal Transformation Kinetics, *J. Heat Treat.*, Vol 1 (No. 3), 1980, p 57–64
23. M. Umemoto, N. Nishioka, and I. Tamura, Prediction of Hardenability from Isothermal Transformation Diagrams, *J. Heat Treat.*, Vol 2 (No. 2), 1981, p 130–138
24. J.W. Evancho and J.T. Staley, Kinetics of Precipitation in Aluminum Alloys during Continuous Cooling, *Metall. Trans.*, Vol 5, 1974, p 43–47
25. J.W. Evancho and J.T. Staley, Heat Treating of Aluminum Alloys, *Heat Treating*, Vol 4, *Metals Handbook*, 9th ed., American Society for Metals, Metals Park, OH, 1981, p 675–718
26. J.E. Hatch, Ed., *Aluminum: Properties and Physical Metallurgy*, American Society for Metals, Metals Park, OH, 1984
27. P. Archambault, J. Bouvaist, J.C. Cherier, and G. Beck, A Contribution to the 7075 Heat Treatment, *Mater. Sci. Eng.*, Vol 43, 1980, p 1–6
28. R.T. Shuey, M. Tiryakioğlu, and K.B. Lippert, Mathematical Pitfalls in Modeling Quench Sensitivity for Aluminum Alloys, *Proc. First International Symposium on Metallurgical Modeling for Aluminum Alloys*, Oct 13–15, 2003 (Pittsburgh, PA), ASM International, Materials Park, OH, 2003, p 47–53
29. M. Tiryakioğlu and R.T. Shuey, Metallurgical Modeling for Aluminum Alloys, *Proc. Materials Solutions Conference 2003: First International Symposium on Metallurgical Modeling for Aluminum Alloys*, 2003, p 39–45
30. C.E. Bates and G.E. Totten, Method for Predicting Quench Severity Effects on the Properties of Aluminum and Steel Alloys, *Ind. Heat.*, Aug 1992, p 19–23
31. G.E. Totten, Y.H. Sun, G.M. Webster, C.E. Bates, and L.M. Jarvis, "Computerized Steel Hardness Predictions Based on Cooling Curve Analysis," SME Technical Paper CM98-203, 1998
32. E.W. Weinman, R.F. Thomson, and A.L. Boegehold, A Correlation of End-Quenched Test Bars and Rounds in Terms of Hardness and Cooling Characteristics, *Trans. ASM*, Vol 44, 1952, p 803–844
33. T.F. Russell and J.G. Williamson, Section IV B, "Surface Temperature Measurements during the Cooling of a Jominy Test Piece," Iron and Steel Institute Special Report 36, 1946, p 34–46

3.4 钢丝冷却曲线分析

Xinmin Luo, Jiangsu University
George E. Totten, Portland State University

3.4.1 钢丝的索氏体化处理

在 ASTM A941 中将钢丝制造过程中的索氏体化处理工艺定义为“将中高碳钢在拉丝之前或拉拔之间加热到高于转变温度范围，然后将其在空气、熔融铅浴或盐浴中冷却到低于 Ae_1 温度以下”。Ae_1 温度就是钢在加热过程中奥氏体开始形成的温度。索氏体化处理的必要性在于随后钢丝在拉拔或轧制冷变形中获得足够的延性。这只有当奥氏体化温度和冷却温度维持在与珠光体转变有关的温度区域内非常严格的公差范围内时才能够实现。

(1) 索氏体化处理的工艺参数　传统的高碳钢丝索氏体化处理首先是将钢丝加热到其奥氏体化温度，即 870～920℃（1600～1690℉），以保证形成完全均匀的奥氏体，这种高温处理产生均匀的和相当大晶粒尺寸的奥氏体，然后在 450～550℃（840～1020℉）的熔融铅浴中进行冷却（细钢丝的索氏体化处理温度较高）。索氏体化处理是一个相对快的过程，因为线材的截面尺寸一般很小。在冷却时，在钢的奥氏体化过程中已进入固溶体中的碳以细片状珠光体组织以及很少的先共析铁素体的形式析出，这些珠光体由铁素体薄片和铁的碳化物交替构成，也被称为索氏体，就如光学显微镜所观测到的那样。碳化物的大小和分散度取决于钢的成分和铅浴的温度，碳化物的存在有利于如拉拔和轧制工艺中的冷塑性变形。

冷却过程的目的是控制索氏体化处理期间发生转变产物的形成。例如，理想的索氏体化处理工艺应便于在尽可能低的温度下向具有最小片层厚度的珠光体转变。然而，如果索氏体化处理温度太低，珠光体转变将被代之于不希望的贝氏体转变产物。如果冷却速度太慢，珠光体转变将发生在较高的温度，这将导致组织粗大，延展性变差。

(2) 铅浴的优点　传统上是使用熔融铅浴进行钢丝的索氏体化处理的。表 3-28 总结了熔铅的物理性质。熔融铅浴的工作温度范围为 343～927℃（649～1701℉）。熔铅的高热导率促进快速而均匀的加热和冷却。一般情况下，熔铅这一优良的热学性能使它接近理想的传热介质被用来进行索氏体化处理，这也是它一直相对难以被取代的主要原因。

表 3-28　索氏体化处理用熔铅的物理性质

性能指标	数值
熔点	327.2℃（621℉）
从 15.6℃（60℉）加热到熔点的热量	41.9kJ/kg（18Btu/lb）
工作温度范围	343.3～926.7℃（650～1700℉）
熔化潜热	26.3kJ/kg（11.3Btu/lb）
平均比热（液态），168.3～221.1℃（335～430℉）	0.1424kJ/(kg·℉) [0.034Btu/(lb·℉)]
热导率/(W·m^{-1}·K^{-1})	16.2(347.1℃)/17.0(404.9℃)/17.6(456.3℃)
电导率	95μΩ·cm
沸点	1726.7℃（3140℉）
密度（固体）	11.35g/cm^3（0.41lb/in^3）
密度（液体）	10.24g/cm^3（0.37lb/in^3）

(3) 铅浴的缺点　在美国有毒物质和疾病登记机构在 1999 年颁发的有害物质排序表上，铅排名第二。铅的毒性效应早已众所周知。就全球而言，有严格的卫生、安全和日益严格的环保法规对铅进行相关的处置和回收利用。

由于伴随着工艺过程的铅蒸气和铅尘，熔融的铅浴也是有毒害的。将铅用于钢丝索氏体化处理工艺所带来的这些问题曾导致人们寻找环境可接受的和无毒的替代品，以生产合格性能的淬火态钢丝。

3.4.2　冷却曲线分析用材料和试验方法

本小节重点在于钢丝索氏体化处理中的冷却过程和相关的转变行为，以确定研发钢丝索氏体化处理中熔铅的无毒替代物的物理冶金学基础，为了采集冷却曲线而设计使用了钢丝探头。

两种材料被用来测试进行比较。一种是直径为 5.0～6.5mm（0.2～0.25in）含 0.70%C 的钢丝，另一种是加热和冷却时不发生相变的具有相同直径的 AISI 321 奥氏体不锈钢丝。

为研究冷却性能和测试钢的转变行为，设计了在几何中心内置热电偶的钢丝探头，如图 3-88 所示。

当钢丝探头从奥氏体化温度淬入熔融铅浴或其他测试介质进行比较时，记录冷却时的时间－温度曲线，冷却时间－温度数据随后用计算机处理获得冷速曲线。冷却曲线测试系统如图 3-89 所示。用尼康 Epiphot 300 光学显微镜和日本电子公司的 JSM－7001F 热场发射扫描电子显微镜进行显微组织表征。

3.4.3　试验结果与讨论

本小节讨论高碳钢丝探头在铅浴中进行索氏体化处理的冷却曲线和冷速曲线，以及高碳钢丝的转变行为。

1. 高碳钢丝探头在铅浴中索氏体化处理的冷却曲线和冷速曲线

由钢丝探头测得的索氏体化处理过程中的冷却曲线不仅对冷却过程而且对转变行为都表现出良好的灵敏度。用钢丝探头测得的铅浴索氏体化处理期间典型的冷却曲线如图 3-90 所示。若钢丝的直径减小，探头淬火的体积效应就减弱，冷速曲线将直接从冷却温度开始，如图 3-90 中的虚线所示——“理论冷速”。

索氏体化处理的目的是获得所谓的等温条件下的索氏体微观组织，冷却是在熔融铅浴温度中进行的。当钢丝从奥氏体化温度淬入铅浴时，不发生膜态沸腾和核态沸腾，因为铅浴温度和奥氏体化后钢的温度都比铅本身的沸点（1726.7℃或 3140℉）低得多。

当炽热的钢淬入熔铅时，热量的排除通过热传导和对流换热过程发生在金属与熔铅的交界面，且后者更具优势。最初，由于钢表面与熔铅间的温差最大，冷却过程进行得非常快。随着界面温差减小，对流换热减慢，直到钢表面温度与熔铅的温度一样。

冷速曲线也示于图 3-90 中，在无物态变化的淬火冷却介质中，如铅浴，预计其冷速将随着探头与铅浴间温差的减小而降低，如图中虚线所示。与理论冷速产生偏差的原因，部分是由于探头的质量效应，部分是由于钢丝表面热量排除和整个截面内的热阻不匹配。只有当探头直径最小化时，冷速才会与理论曲线相符，如图 3-90 中虚线所示。

众所周知，浴温影响铅浴的黏度，见表 3-29，由此也影响其冷却能力，如图 3-91 所示。铅浴索氏体化处理的冷却过程中在很大程度上依赖于铅浴的热物理性质，如比热容、热导率、黏度和边界层，以及金属（探头）和铅浴间的温差。

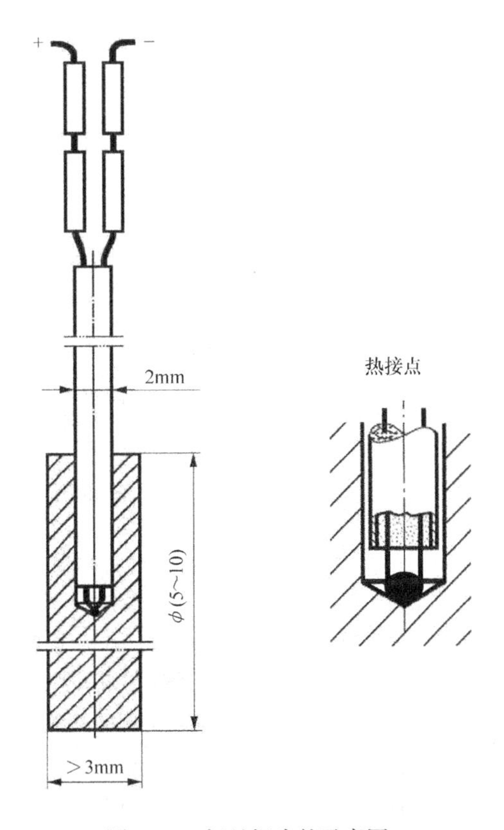

图 3-88　钢丝探头的示意图

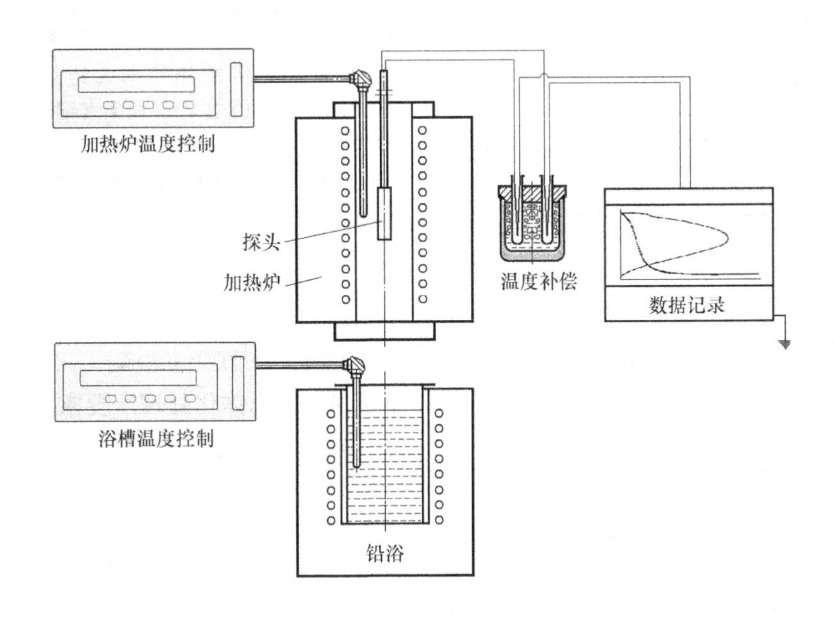

图 3-89　冷却曲线测试系统

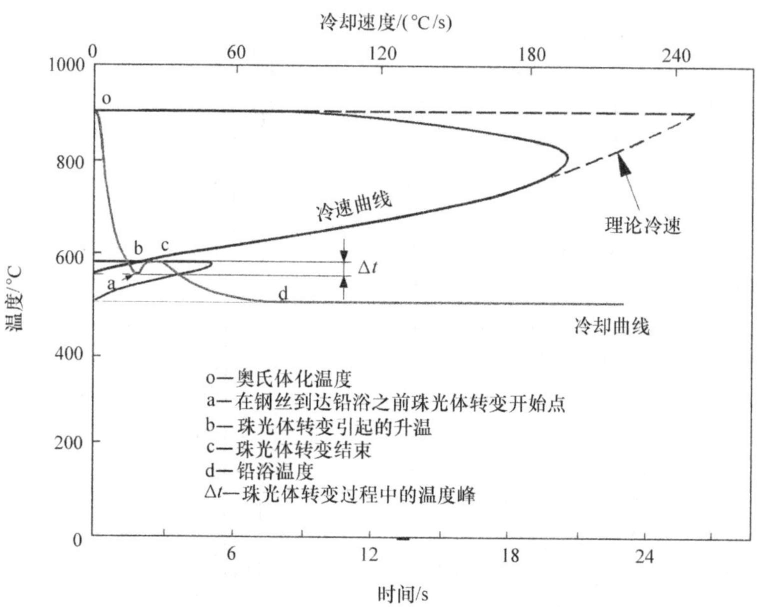

图 3-90 5.0mm（0.2in）直径高碳钢丝在 505℃（940℉）铅浴中索氏体化处理时的冷却曲线和冷速曲线

表 3-29 铅浴的黏度与温度之间的关系

温度/℃（℉）	黏度/mPa·s
400（750）	2.32
600（1110）	1.55
700（1290）	1.37
800（1470）	1.24

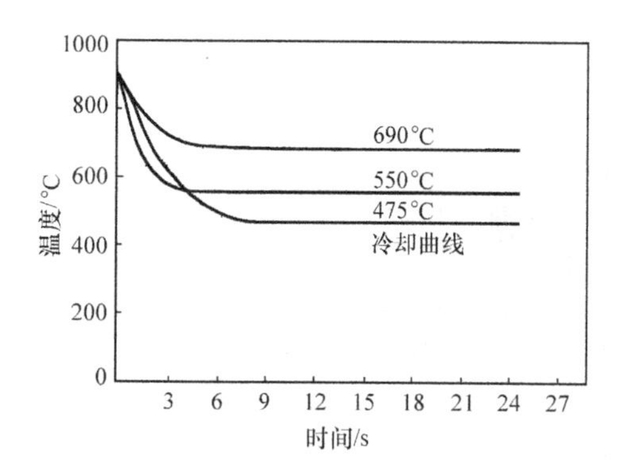

图 3-91 5.0mm（0.2im）直径不锈钢丝在不同温度的铅浴中的冷却曲线

2. 高碳钢丝在铅浴索氏体化处理时的转变行为

探头所测冷却曲线清晰地显示出钢丝在铅浴索氏体化处理中的细珠光体相变行为。随着冷却过程的进行，在探头到达铅浴温度之前，冷却速度下降到零，在冷却曲线上出现一个“驼峰”（图 3-90）。与用奥氏体不锈钢探头（图 3-91）在相同冷却条件下测得的冷却曲线相比，很显然观察到的“驼峰”来自线材的相变。这表明当珠光体转变的时候，转变过程的相变潜热抵消了探头和铅浴之间界面的热量排除。在大约 550℃（1020℉），即近似于普通碳素钢珠光体转变曲线鼻部的温度，探头与铅浴界面温差减小，黏度降低了的铅浴的对流冷却能力将会减缓。当对流换热停止时，热量的排除主要依靠导热，这取决于铅浴的热导率。在大约 550℃（1020℉），铅浴的热导率大约是 15.5W/(m·K)[9.0Btu/(ft·h·℉)]，而碳素钢却有其大约两倍的热导率[33.7W/(m·K)或 20Btu/(ft·h·F)]。当相变发生时，其潜热不能足够快地消散，因此，在冷却曲线上观察到了放热的“驼峰”（图 3-90）。这样，在冷却曲线上就可以表示出细珠光体转变开始和完成的时间和温度，以及完成转变所需要的时间。图 3-92 表示在铅浴中转变的珠光体的微观结构：极细珠光体（图 3-92a）和细层片状渗碳体（图 3-92b）。

3.4.4 索氏体化处理所要求的冷却过程

图 3-93 概要地总结了本文中讨论的几种介质的冷却行为。当钢丝在铅浴中进行索氏体化处理时，初始冷速 γ_2 是要求快速的和类似于构建时间 - 温度转变（TTT）图时的无限快的淬火冷却。TTT 图提供了在一个在恒定的温度转变的测定方法。它是通过将完全奥氏体化后的试样迅速冷却到较低的温度，并在这个温度停留，通常利用膨胀计测定转变量而构建的。构建一个完整的 TTT 图需要大量的样品。

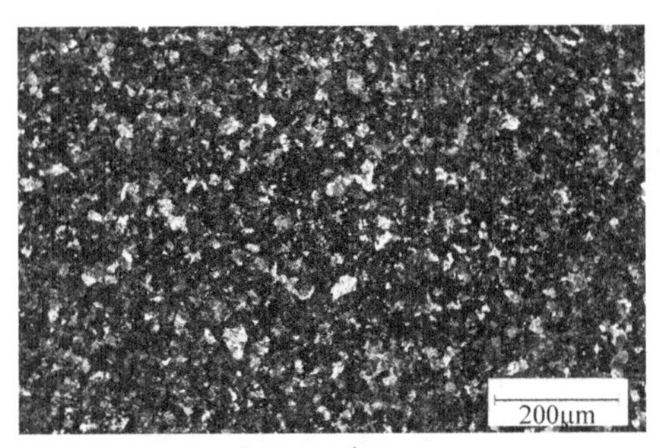

a)

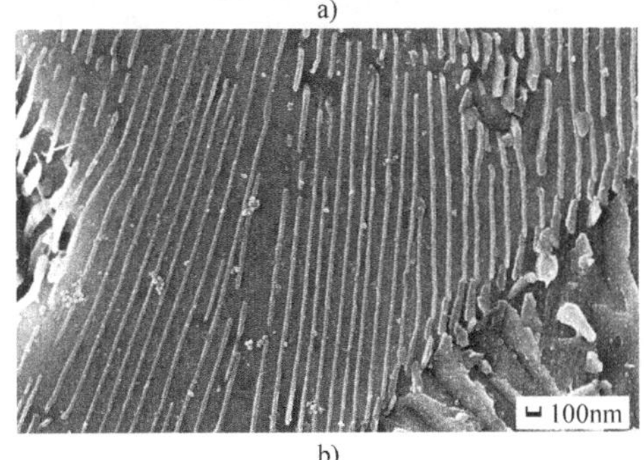

b)

图 3-92　用扫描电镜观察的 5.0mm（0.2in）直径高碳钢丝在 505℃（940℉）铅浴中索氏体化处理的微观组织

a）极细珠光体　b）细层片状渗碳体

到达所需的较低温度的快速冷却过程并在该温度等温保持，通常是通过盐水淬火而完成的，这种方法被称为无限快淬火。

在实践中，当构建一种钢的 TTT 图时，要求试样无限快速地冷却到所需要的温度等温，其初始冷速一般是要比淬火的临界冷却速度（γ）还快。这样，冷速的变化就不致对 TTT 有重大影响。如果索氏体化处理的冷却过程是快的，就如试样冷却到珠光体转变曲线的鼻温那样，然后等温保持，形核与生长就会以中等速率发生，转变将继续如钢的 TTT 图所示那样进行。

也如图 3-93 所示，碳钢丝在有物态变化的淬火冷却介质中浸淬时的冷却曲线存在两种典型情况。在用自来水时，冷却曲线表现出常规水溶液淬火冷却介质常规的三阶段特征：蒸气膜（膜态沸腾）、核沸腾和对流冷却。在蒸气膜冷却阶段，因为冷速 γ_1 高于初始冷速 γ_2，对于常规铅浴索氏体化处理，在如此高的冷却速度下是不可能产生珠光体转变的。此过程的结果是产生马氏体而整体硬化。在 0.25% 羧甲基纤维素（CMC）水溶液中，珠光体转变始于初始冷速 γ_3，因为冷却过程和相变潜热的平衡，以均匀的冷却速度进行。然而，与传统铅浴索氏体化处理相比，转变温度相对较高。

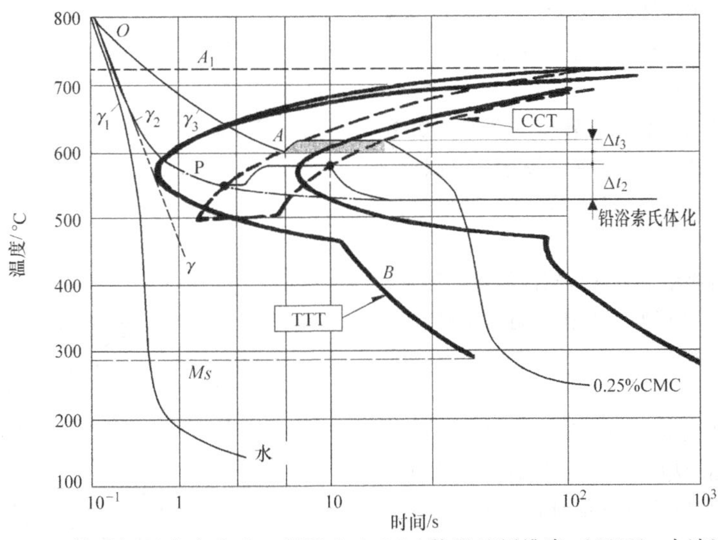

图 3-93　含碳量为 0.70% 的碳钢丝在自来水、铅浴和 0.25% 羧甲基纤维素（CMC）水溶液中的冷却曲线比较

CCT—奥氏体连续冷却转变　TTT—奥氏体等温冷却转变

根据 Nobuyoshi 和 Tamura 的工作，如果冷却在淬火中途中断，例如 O 点，然后冷却过程整体继续以 $v_1 \sim v_4$ 的不同冷速进行，连续冷却相变曲线（CCT）的形状和位置将发生转移，如图 3-94 所示。用探头测定的高碳钢丝在水溶性聚合物溶液中的转变行为遵循准 CCT 曲线，如图 3-95a、b 中的虚线所示，其与构建常规的 CCT 曲线那样，由一系列显示固定冷速的冷却曲线构建而成。应该指出，以这种形式转变的细珠光体的片层结构在转变开始部分将在某种程度上比在转变末期形成的更细些，这不同于传统的连续冷却转变（CCT）。冷却曲线上的“驼峰”现象应受到钢的相变潜热引起的体积效应的影响，潜热是钢在液体介质中淬火的一个自我调节的热过程。

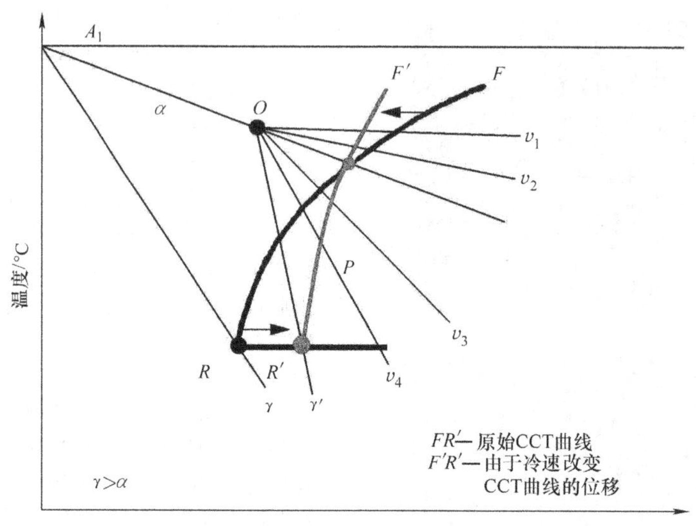

图 3-94 冷速改变对碳钢连续冷却转变曲线（CCT）的影响

3.4.5 珠光体转变开始的温度和时间

要比较钢丝在铅浴和替代介质中索氏体化处理获得的结果，应该理解的关键问题是珠光体型转变开始的温度和时间。在铅浴索氏体化处理中，细片状珠光体转变开始的温度和时间能依据 TTT 图来控制。尽管在转变温度和铅浴温度之间存在 Δt_2（图 3-93），但通过改变铅浴温度，转变仍可能被“调整”到所要求的温度开始。

根据 Thelning 的工作，只要转变一开始，如果那时温度再升高，晶体的生长将会被激活。因此，铅浴索氏体化处理中发生的放热“驼峰”现象应会促进转变的进行。

当在水溶性聚合物溶液中进行索氏体化处理时，可以充分完成珠光体型转变，但转变温度稍高，产生粗片状的珠光体，甚至可能还会产生一些先共析铁素体。

基于有物态变化的液体介质的冷却特性，只有通过改变浓度，初始冷却速度才能得到提高；然而，如前所述，随后的冷却反应将很难被控制。此外，当使用稀薄的水溶液时，冷却过程中的钢丝振动有可能对膜的稳定性产生不利影响。因此，仅仅通过改变水溶性聚合物溶液的浓度很难得到满意的结果，还需要其他可能的过程设计改变。

3.4.6 结论

用探头能获得钢丝索氏体化处理的冷却曲线和冷速曲线，由此揭示了在索氏体化处理中发生的物理冶金过程。

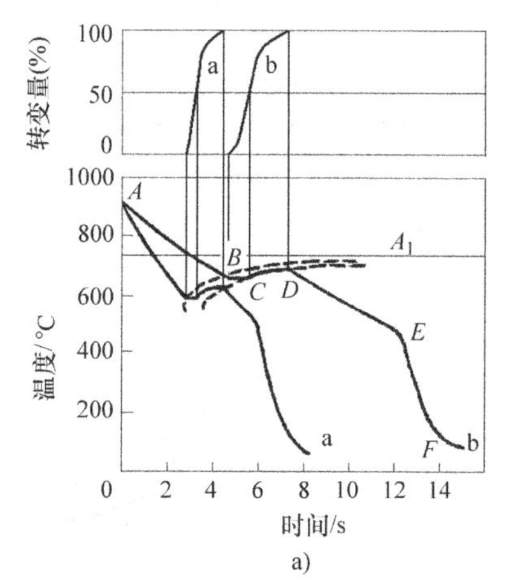

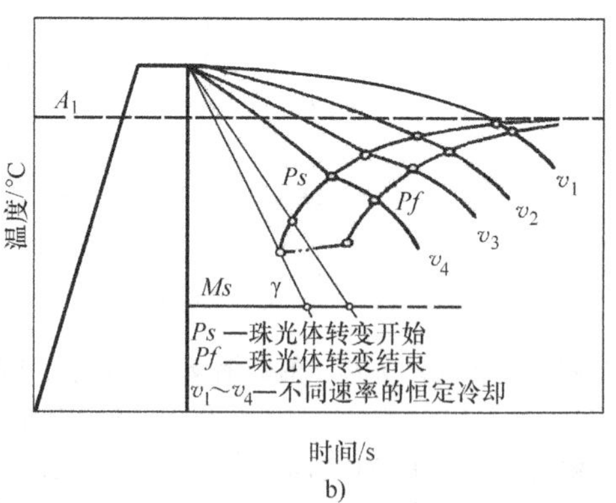

图 3-95 高碳钢丝在水溶性聚合物溶液中的转变行为
a）由两种不同浓度的羧甲基纤维素水溶液中的冷却曲线构建的含碳量为 0.70% 的碳素钢准连续冷却转变曲线（CCT） b）与确定珠光体转变发生的 CCT 示意图的比较

铅浴索氏体化处理并不是一个等温过程，珠光体转变是在钢丝达到铅浴温度之前在更高温度的一个范围内完成的。根据冷却曲线能确定珠光体转变的温度和时刻及转变持续的时间。

高碳钢丝在铅浴中索氏体化处理的关键是，在高温范围内（TTT 图鼻部温度以上）应得到足够高的传热系数来促进初始的快速冷却，这样，过冷奥氏体就可在适当的温度开始珠光体转变。

然后，在珠光体转变范围内需要一个适度的传热系数，这将避免钢丝被相变热重新加热，以获得均匀的层片状微结构。最后，在珠光体转变温度下方，应保持尽可能缓慢的传热系数以维持恒温条件。

参考文献

1. "Standard Terminology Relating to Steel, Stainless Steel, Related Alloys, and Ferroalloys," A 941-10a, ASTM International
2. T. Cahill and B.A.J. James, The Effect of Patenting Variables on the Structures and Properties of Patented Rod, *Wire Wire Prod.*, No. 2, 1968, p 64–79
3. V.Y. Zubov, Patenting of Steel Wire, *Met. Sci. Heat Treat.*, Vol 14 (No. 9), 1972, p 793–800
4. T. Berntsson, E. Sapcanin, M. Jarl, and S. Segerberg, Alternatives to Lead Bath for Patenting of High Carbon Steel Wire, *Wire J. Int.*, Vol 37 (No. 5), 2004, p 82–86
5. ASM Committee on Austempering, Austempering of Steel; The Use of Lead Baths in Heat Treating, *Heat Treating, Cleaning and Finishing*, Vol 2, *Metals Handbook*, 8th ed., T. Lyman, Ed., American Society for Metals, 1964, p 65–66
6. J. Bilek, J. Atkinson, and W. Wakeham, Measurements of the Thermal Conductivity of Molten Lead Using a New Transient Hot-Wire Sensor, *Int. J. Thermophys.*, Vol 28 (No. 2), 2007, p 496–505
7. S.G. Teodorescu, R.A. Overfelt, and S.I. Bakhtiyarov, An Inductive Technique for Electrical Conductivity Measurements on Molten Metals, *Int. J. Thermophys.*, Vol 22 (No. 5), 2001, p 1521–1535
8. D.A. Gidlow, Lead Toxicity, *Occup. Med.*, Vol 54, 2004, p 76–81
9. L. Patrick, Lead Toxicity, a Review of the Literature, Part 1: Exposure, Evaluation, and Treatment, *Altern. Med. Rev.*, Vol 11 (No. 1), 2006, p 2–22
10. D. Jianhua, Relevant Policy and Standard and Substitute Technology of Steel Wire Patenting, *Met. Prod.*, Vol 36 (No. 5), 2010, p 49–51
11. J. Seppala, S. Koskela, M. Melanen, et al., The Finnish Metals Industry and the Environment Resources, *Conserv. Recycling*, No. 35, 2002, p 61–76
12. X. Luo and G.E. Totten, Analysis and Prevention of Quenching Failures and Proper Selection of Quenching Media: An Overview, Paper ID JAI103397, *J. ASTM Int.*, Vol 8 (No. 4), 2011
13. L. Bo and X. Furen, Progress of Energy Conservation and Environment Protection Technologies in Heat Treatment, *Heat Treat. Met.*, Vol 34 (No. 1), 2009, p 1–6
14. F. Weinian, Sorbitizing Isothermal Treatment of Steel Wire without Lead, *Met. Prod.*, Vol 33 (No. 4), 2007, p 1–4
15. C. Xiuling and Z. Zhenhua, Structure Property Contrast of Steel Wire for Cord after Patenting and Water Quench Treatment, *Met. Prod.*, Vol 36 (No. 4), 2010, p 39–42
16. X. Luo and S. Zhu, Merits of Small Probes in Research on Cooling Behaviour of Steel upon Quenching, *Proc. 21st ASM Heat Treating Society Conference*, ASM International, 2001, p 225–229
17. S. Deda, Transformation of 70 (T7A) Steel Wire when Heated, *Steel Wire Prod.*, Vol 27 (No. 4), 2001, p 46–50
18. L. Xinmin, L. Huinan, and L. Muqian, Study on the Cooling Behaviour for Steel Wire during Patenting with Wire Probe and the Cooling Curves Measured, *Heat Treat. Met.*, No. 12, 1989, p 9–14, 16
19. Kaye and Laby, Tables of Physical and Chemical Constants, Chap. 2, General Physics, Section 2.2, Mechanical Properties of Materials, Subsection 2.2.3, Viscosities, National Physical Laboratory, http://www.kayelaby.npl.co.uk/
20. K.E. Thelning, New Aspects on the Appraisal of the Cooling Process during Hardening of Steel, *Heat Treat.*, No. 2, 1983, p 100–107
21. Z. Min, J. Yuedong, X. Guang, et al., Continuous Cooling Transformation of Wire Rod for Bead Wire, *WISCO Technol.*, Vol 48 (No. 4), 2010, p 31–33
22. X. Luo and F. Li, Metallurgical Behaviors of High-Carbon Steel Wires in Lead Bath and CMC Aqueous Solutions by Cooling Curve Analysis, *Int. J. Mater. Prod. Technol.*, Vol 24 (No. 1–4), 2005, p 142–154
23. S. Nobuyoshi and T. Imao, CCT-Diagrams and the Cooling Processes, *Heat Treat.*, Vol 17 (No. 5), 1997, p 275–279
24. H.M. Tensi, Chap. 7, Wetting Kinematics, *Quenching Theory and Technology*, 2nd ed., B. Liščić, H.M. Tensi, L.C.F. Canale, and G.E. Totten, Ed., CRC Press, 2010, p 179–203
25. N.I. Kobasko, Self-Regulated Thermal Processes during Quenching of Steels in Liquid Media, *Int. J. Microstruct. Mater.*

Prop., Vol 1 (No. 1), 2005, p 110–125
26. X. Luo and J. Li, Effects of Cooling Rate Fluctuation on Cooling and Transformation Behavior of Steel upon Direct Quenching, J. ASTM Int., Vol 6 (No. 2), 2009, p 935–952

3.5 淬火过程的声学表征

Franc Ravnik and Janez Grum，University of Ljubljana

技术进步的同时，需要低成本及更高质量的机械零部件。因此，大多数机械零部件的制造过程都需要进行热处理，该工艺过程可以降低工件重量，大幅提升零部件的强度、硬度，提高耐磨性及服役寿命。淬火的目的是使工件以大于临界冷却速率的冷速进行冷却，在工件某深度获得所要求的力学性能。

淬火时的换热速率取决于淬火冷却介质的润湿性。润湿性可定义为一种液体在一种固体表面铺展的能力或倾向性。如果液体可以自发地在某个固体表面上均匀铺展，就表明这个液体可以浸湿这个固体。如果液体在固体表面形成小液滴，就说明这个液体在这个固体表面的润湿性差。润湿性可以采用浸湿的程度和润湿的速率来进行表征。液体在高温固体表面的沸腾是一个非常复杂的过程，很难只用一个公式来定义沸腾过程中时间和位置的函数关系。然而，传热可以用热传导公式来描述：

$$\frac{\partial}{\partial x}\left(k\frac{\partial T}{\partial x}\right)=\rho C\frac{\partial T}{\partial t} \tag{3-6}$$

式中，k 是热导率[W/(m·K)]；C 是材料的比热容[J/(kg·K)]；ρ 是材料的密度（kg/m^3）。

评价零部件热处理后的力学性能可以通过对表面硬度或对特定深度的硬度测量来实现。若要达到碳素钢和低合金钢淬火需要的临界冷却速率，可以通过把奥氏体化的零部件浸入淬火冷却介质中实现，如水、油、聚合水溶液和乳化液。整个工件的硬度分布状况取决于以下几个因素：化学成分（合金元素）、钢的种类、工件的尺寸或重量、热处理前组织状态（原始晶粒度）、淬火冷却介质类型、淬火方式以及淬火冷却过程本身。

淬火过程中，冷却存在三个阶段。它们取决于淬火过程中的工艺参数和工件特点（图3-96）。

冷却的第一个阶段包括了从一开始的工件表面和淬火冷却介质接触，到接下来的淬火冷却介质被汽化，淬火冷却介质汽化后会在工件周围形成稳定的蒸气膜。这个蒸气膜隔绝了淬火冷却介质和工件的直接接触和润湿，这样工件同淬火冷却介质换热

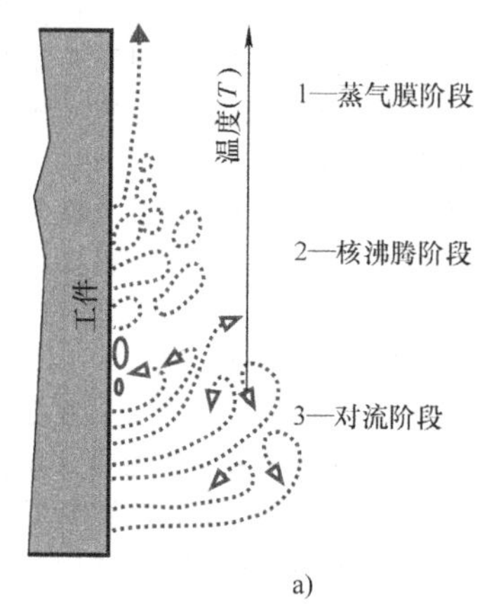

a)

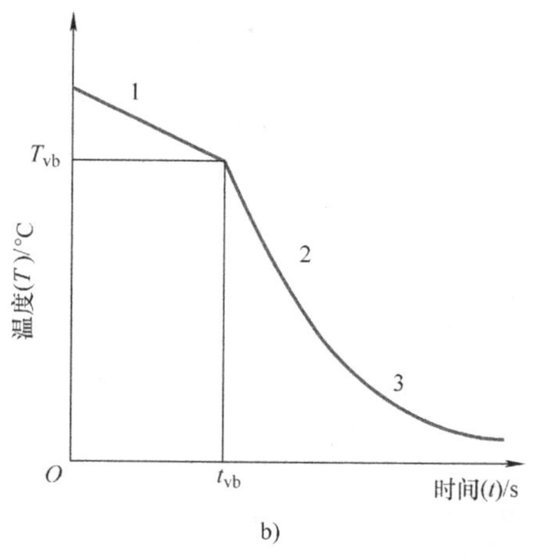

b)

图3-96 淬火冷却的三个阶段

可以变得比较缓慢，可由Nukiyama沸腾曲线对这一阶段进行表征（图3-97）。在冷却的第二个阶段中，蒸气膜逐渐消失，取而代之的是在工件部分表面产生剧烈的气泡核沸腾的状态，这时工件部分表面温度冷却到了Leidenfrost温度之下。与此同时，这部分表面被淬火冷却介质浸湿，随后大量的热量从工件传出被带走。当温度降低到没有沸腾产生的时候，主要的传热变成了对流，这是冷却的第三个阶段。这三个阶段有不同的换热方式，具有不同的冷却强度。在淬火过程中，这三个冷却阶段的分布状况决定了热量从工件到淬火冷却介质的传递。在实际工况中，这三个阶段通常出现在工件的不同表面，甚至是同一表面的不同区域上，这种冷却的不同时性会显著增加淬火过程的热应力和组织应力。最终产生残余应力，导致裂纹甚至开裂。因此，传热系数的分布是整个工件变形的一个重要参数。因此，测量工件的润湿性是控制淬火过程的关键。钢的淬火开始于较高的奥氏体化温度，而大多数有物态变化淬火冷却介质的沸点在标准大气压下为100～300℃

(210～570℉)，淬火过程总是伴随着与工件表面接触的介质的蒸发阶段。

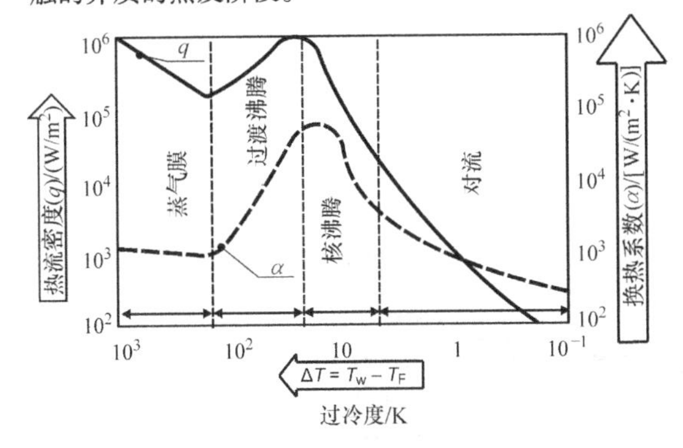

图 3-97 Nukiyama 沸腾曲线及热传递的不同阶段

工件的冷却过程和湿润界面的扩散速度取决于试样和淬火冷却介质的多个物理性质。

表面气泡从表面的脱离同自身的尺寸大小呈函数关系，这在液体中会产生声音。这种现象表现最强烈的时候是蒸气膜和核沸腾的过渡阶段。这就意味着在淬火的不同阶段，沸腾噪声是不同的。因此，检测出声音信号并且对它们进行分析可以获取关于淬火过程有用的信息。Minnaert 发现了水在不同的加热条件和压强下沸腾产生的声音，并建立了一个关于气泡动力学的数值模型。液体中的气泡对压强的改变会做出反应，从而恢复了压强和体积的平衡，这个恢复的过程会导致气泡的振荡。在浸泡过程中气泡形成频率的 Minnaert 模型，表明了气泡大小和气泡形成的频率之间的关系。在淬火冷却介质处于核沸腾状态的初期，直径较小、频率较高的气泡形成，当到达核沸腾状态的后期，直径较大、频率较低的气泡就会形成。这种状况在使用水或不同浓度的聚合物水溶液作为淬火冷却介质时就会出现。

Minnaert 定义的振荡气泡频率 ω_M 可以用下面的公式来表示：

$$\omega_M = \frac{1}{R_0}\sqrt{\frac{2\chi p_0}{\rho}} \tag{3-7}$$

式中，p_0 是在静平衡状态下的气泡周围液体的液体静压力（N/m^2）；χ 是液体的热力学多元性系数；R_0 是平衡状态下气泡的半径（m）；ρ 是液体的密度（kg/m^3）。

在淬火过程中检测声学信号时，测量样品的温度也应一并被监测。发生在工件和淬火冷却介质表面的现象应该在逻辑上与蒸气膜相互关联，同时包括附加环境音效。此外，气泡的形成和声音的产生应该与材料的性质相互关联。

因此，测量的设置应适用于预期频率的声音现象。出于这个原因，气泡形成的频率和听觉范围内显著的衰减应该加以确定。

这个声音现象在很大程度上取决于淬火工件表面温度以及淬火冷却介质的瞬时温度。因此，配备一个检测声音信号的水中听音器是很必要的。听音器需遵循淬火冷却介质中气泡形成和声音信号的 Minnaert 模型。期望的频率范围一般在可听范围之内，其主要取决于液体的类型和淬火容器的大小。

在进行声学信号检测时，可同时在淬火过程中测量工件的温度。发生在工件和淬火冷却介质接触表面的现象，应该在逻辑上与蒸气膜相互关联，包括额外工件开裂声音的影响。

3.5.1 声音发射的测量

测量仪器应该在整个温度范围的淬火过程中可以捕获声音信号，同时能实时监测圆柱状工件的温度。这样可以观察到工件表面温度对蒸气膜和核沸腾发生的影响。

用于采集声发射的测量装置应具有兼容性，以适用于不同的淬火冷却介质和更广泛的淬火领域。这个过程从几秒的时间（小于 10s）到几分钟（4～5min）不等，即使发生相应的变化，设备的时间分辨率应≤0.1s。

（1）测量仪器和试验装置 图 3-98 显示了一个捕捉声发射的试验装置。它有一个垂直可调节的支架，同时为水听器能垂直于样品表面提供了一个稳定的位置。整个装置浸入一个装有淬火冷却介质的玻璃容器内，透明的容器壁可以保证观看到整个过程。

试验装置包括以下两个独立的单元：

1）用于检测和处理发射信号声压等级（L_p）的装置。

2）用于监测淬火过程中工件表面和心部温度、淬火冷却介质温度变化的装置。

用于检测和处理声音信号的测量装置包括：

1）高灵敏度水听器，其频率范围为 0.1Hz～180kHz，接收灵敏度为 −221dB（1V/μPa），具有较宽的工作温度范围，为 40～80℃（100～180℉）。这个水听器是一个压电式转换器，使用了压电陶瓷作为传感元件。压电感应元件和它的内部支持结构采用透声的丁腈橡胶进行封装。

2）三倍频程和倍频程滤波器与一个多波段测量放大器的组合。它可以为有 50 个三倍频程的滤波带和中间频率为 2Hz～160kHz 的电声传感器测量频率响应。

3）一个二频段声卡，其功能是转换捕获的信号并进行数模转换，输出 16 位或者 24 位数据，采样速率可达 96kHz。

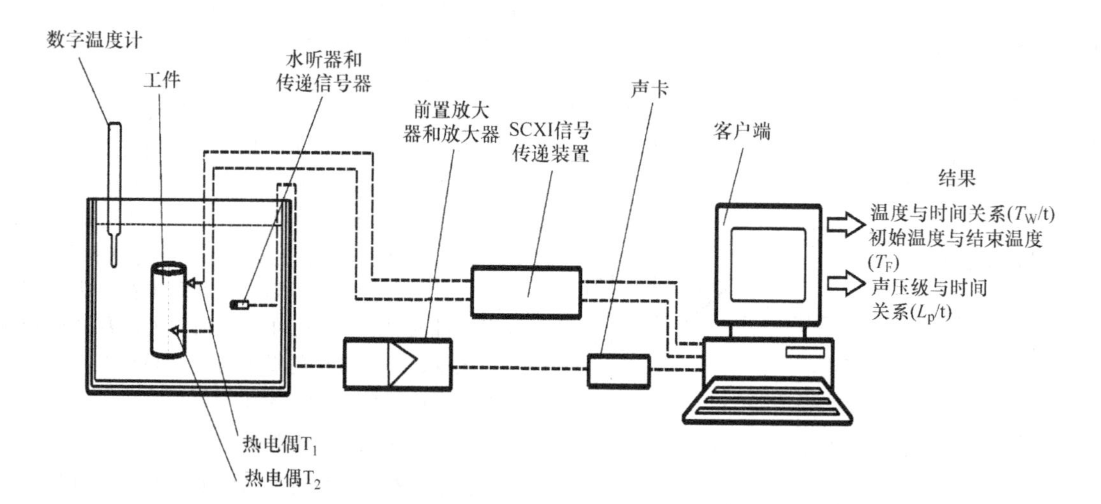

图 3-98 捕捉淬火过程中声发射的试验装置

4）程序包 SpectraLAB（Sound Technology 公司)，用来检测、记录以及处理原始状态和数字形态的声音信号，允许随后对淬火过程中试样的变化进行估算和监测。

5）装有合适操作系统的计算机。

在声音发出的同时，监测淬火前、过程中以及淬火后试样表面温度和内部温度（T_W）的变化，还有淬火冷却介质温度（T_F）的变化。试样应该装有两个热电偶，第一个应该装在表面下方 2mm (0.08in) 处，第二个装在试样中心。

测量样品表面和内部温度变化的装置包括：

1）两个热电偶，安装在试样表面和中心的位置，用来测量淬火过程中温度的变化。

2）通用串行总线进行输入输出，采用 16 位的分辨率和高达 200kHz 的采样频率来处理温度信号。

3）用来监测温度随时间变化的软件。

4）数字温度计，用来测量淬火前、过程中以及淬火后淬火冷却介质的温度。

（2）测量步骤　选用低合金钢作为试样用来进行声音发射。这些试样缓慢加热到奥氏体化的温度 860℃（1580℉），当温度稳定后，把试样快速转移到一个盛有不同淬火冷却介质的静止淬火槽中。淬火冷却介质的初始温度为室温，但是试验结束时的温度取决于不同淬火冷却介质的比热容。当然，试样的尺寸和形状对冷却速度有显著的影响，尤其是几何形状和试样的质量。为了获得最好的结果，一般使用两个样品，试样应采用圆柱形，直径分别为 45mm（1.8in）和 53.5mm（2.1in），两个样品的质量相同均为 0.92kg（2.0lb），根据质量得到试样的高度。

对于选取的钢材，采用匹配的淬火冷却介质以及一个合适的淬火方式，以保证冷却速度略高于临界冷却速率。按照钢材制造商的建议，五种不同的淬火冷却介质被用来对试样进行热处理。两个程序同时在 LabVIEW 平台上运行，SpectraLAB 程序用来处理声音信号，温度程序用来处理温度信号。捕获到的声音信号由 SpectraLAB 进行评估，温度信号直接得出。

在声学理论中，声音在液体和气体中始终是以压缩波形式径向移动的。这就意味着粒子以声速在介质中传播表现出径向振荡并且产生周期性的压缩和扩展。因此，材料的密度和声压在压缩过程中增加。径向波动导致了声压的改变。当声音在一个方向（x 轴）传播，并且假设为周期性的正弦波动，那么声压 $p(x,t)$ 可以被表示为

$$p(x,t) = P_R\cos[k(x-ct)] \tag{3-8}$$

式中，k 是波的数量。其大小为

$$k = \frac{2\pi}{\lambda} = \frac{2\pi f}{c} = \frac{\omega}{c} \tag{3-9}$$

式中，λ 是波长（μm）；f 是频率（Hz）；ω 是声波运动的角频率（rad/s）；c 是声波的传播速度（m/s）。

总声压包括从声压平衡值测到的正、负压缩扰动。平衡位置的偏差之和等于零，事实上有效声压 p_{rms} 被应用于正弦波时，其表达式为

$$p_{rms} = \sqrt{\overline{p^2}} = \sqrt{\overline{P_R^2\cos^2[k(x-ct)]}} \tag{3-10}$$

声波的移动由多个叠加的有着不同频率、振幅和相位的波动组成。声压的改变可以在声音传递的空间中任意一点被监测到。

检测声波的变化应该通过测量即时的声压改变

来实现。记录的声音信号应包括声波频率和声音强度的测定，以及综观对数刻度。具有对数比水平值的声量，选取对比它的参考值可以被描述成一个时间变量。声压级的单位用分贝（dB）来表达。因此，一个给定的声学特征的结果不仅应该给出测量值，而且还应获得它的参考值。

因此，在一个定点的声功率是瞬时压力和环境压力的差值。声压（p）用帕斯卡来表示。液体声压的参考值 p_{ref} 等于 10^{-6} Pa。声压级（L_p）可以定义为

$$L_p = 10\log\frac{p^2}{p_{ref}^2} = 20\log\frac{p}{p_{ref}} \tag{3-11}$$

光谱分析的图中表征了复杂的声压级（L_p），它是频率的时间函数。

3.5.2　结果

声压是钢件相变和冷却过程中在接触面的沸腾过程而产生的。

声压的记录图表示出了声压水平的三维变化，它体现在不同的图中都是频率和时间的函数，如时间变化的压力振幅、相位图、信号的功率谱等。

声像分别显示了声压级作为频率或时间的函数时的三维变化，如声压振幅的时间变量、相图、信号的功率谱等。记录图像中的声压级将声音信号、试样和淬火冷却介质接触面的反应之间的关系最好地表现出来了。

1）时间间隔图像显示了原始数字声音数据，图表中，纵轴表示振幅，横轴表示时间。淬火处理刚开始时振幅的最大值与淬火结束时背景噪声水平的幅值比，足够确定淬火处理的不同阶段（图 3-99）。

2）信号处理软件可以通过计算时间记录的声音信号绘制成谱图。数字化的声音信号通过快速傅里叶变换从时域（振幅与时间）转变成频域（振幅与频率）。这样谱图显示了不同时间的光谱数据，其中，频率是纵轴（图 3-100b）（信号的幅度可以用颜色来表示，比如红色表示比较强烈的，就像图 3-100b左上角和底部所显示的深色区域）。

（1）比较声谱图　图 3-101 显示了采用声谱仪获得的在不同淬火冷却介质中淬火的谱图，频率为 150Hz 和 16kHz。两个频率都有显著的增长，即在开始的过程中，高振幅的频率信号密集出现，随后振幅平稳下降，并在过程时信号平稳下降。因此，这些事件可以联系到浸湿过程本身，那就是淬火过程中的热传递。温度下降时，频率为 150Hz 的低频振幅没有频率为 16kHz 的高频振幅下降的快。两者的振幅在开始的时候都在最高值，一般可得出如下结论：

1）工件与淬火冷却介质刚接触时形成蒸气膜，伴随着密集的气膜破裂和高振幅的声音信号。

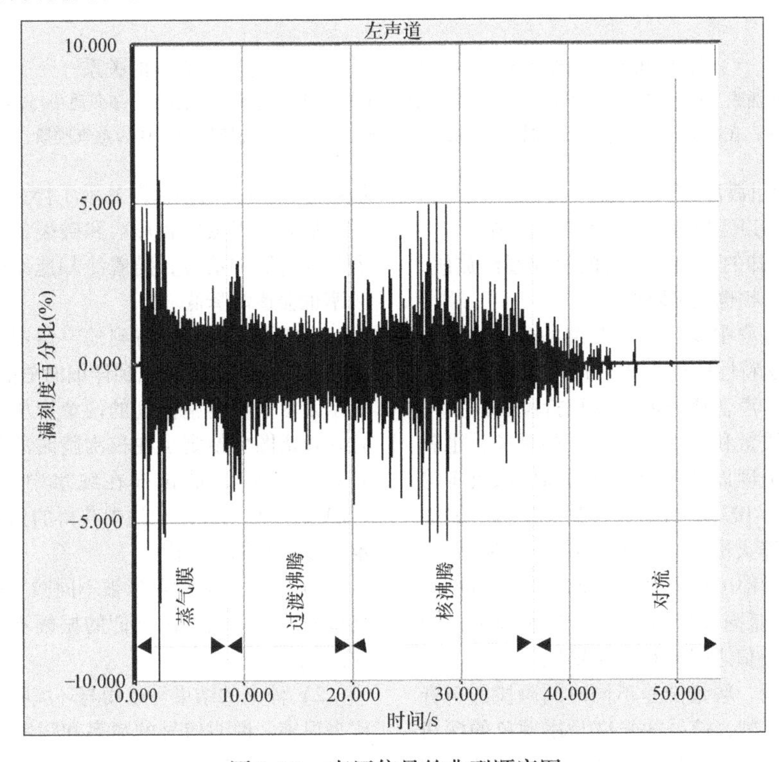

图 3-99　声压信号的典型顺序图

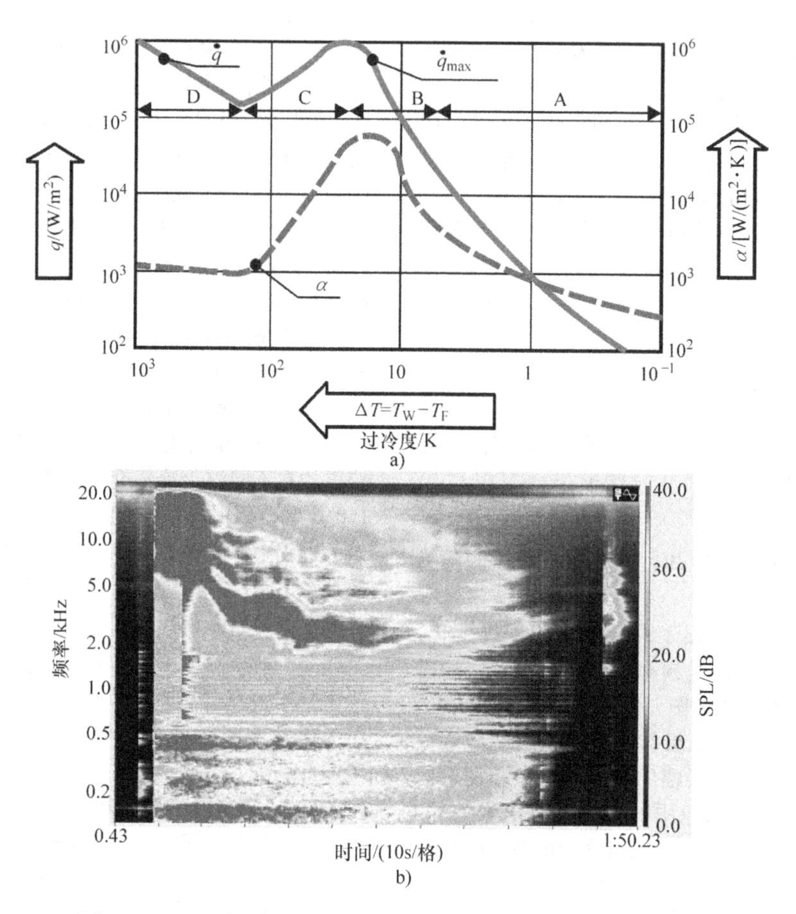

图 3-100 不同冷却阶段的声压变化和频率与时间之间的关系

a) Nukiyama 沸腾曲线 b) 直径为 53.5mm (2.1in) 的试样在 10% 聚合物水溶液淬火冷却介质中冷却过程的光谱分析

注：在图 a 中，A 为对流阶段，B 为核沸腾阶段，C 为过渡沸腾阶段，D 为蒸气膜阶段。

2）随后，当过渡沸腾和核沸腾出现时，气泡的破裂变得缓和，即声音信号有相对稳定的振幅。

3）在淬火冷却的后期，气泡的生成逐渐放缓，同时声音信号的振幅也逐渐降低。

根据对淬火过程中获得声学图谱的分析，同步原声和独特的声学特性体现了谱图的一个重要特征：声音强度的差异。声音释放的强度和持续时间的不同，取决于样品质量和淬火冷却介质的种类，也就是说热能和换热强度以及声音释放的强度取决于淬火冷却介质（图 3-102）。因为试样的不同部分表面会同时浸湿，从淬火冷却的开始到结束，Nukiyama 沸腾曲线所有阶段都可以看到。图 3-100 中 Nukiyama 曲线表明了热流同试样温度（T_W）和淬火冷却介质温度（T_F）差值之间具有函数关系。

（2）声谱分析 频谱图是不同时间阶段的声音信号，频率作为 y 轴，信号的强度是用颜色的深浅来表示的。当淬火冷却介质是水的时候，在开始的 10s，淬火过程的频谱图显示了淬火过程刚开始时出现了低频。当蒸气膜形成和破裂的时候，会产生强烈的声音脉冲信号，随着冷却速率的下降，信号的频率也会逐渐降低。

分析淬火过程中得到的声谱图，淬火冷却介质的差异化特性也可以找到详细的图谱信息。图 3-103 显示了由水听器检测到的两个声压级信号记录，并且在频谱图中给定了在核沸腾时的频率。虽然直径 45mm（1.8in）的试样在纯水中获得的信号（图 3-103a、b）与在淬火油中获得的信号相当不同，但也可以得到如下结论：

1）淬火的开始可以被不同频率的信号描述，从环境噪声中可以看出它们的振幅不同（图 3-103 中的点 1）。

2）淬火的结束可以用与环境噪声信号强度的对比来识别，说明信号的频率和强度在逐渐减小（图 3-103 中的点 2）。

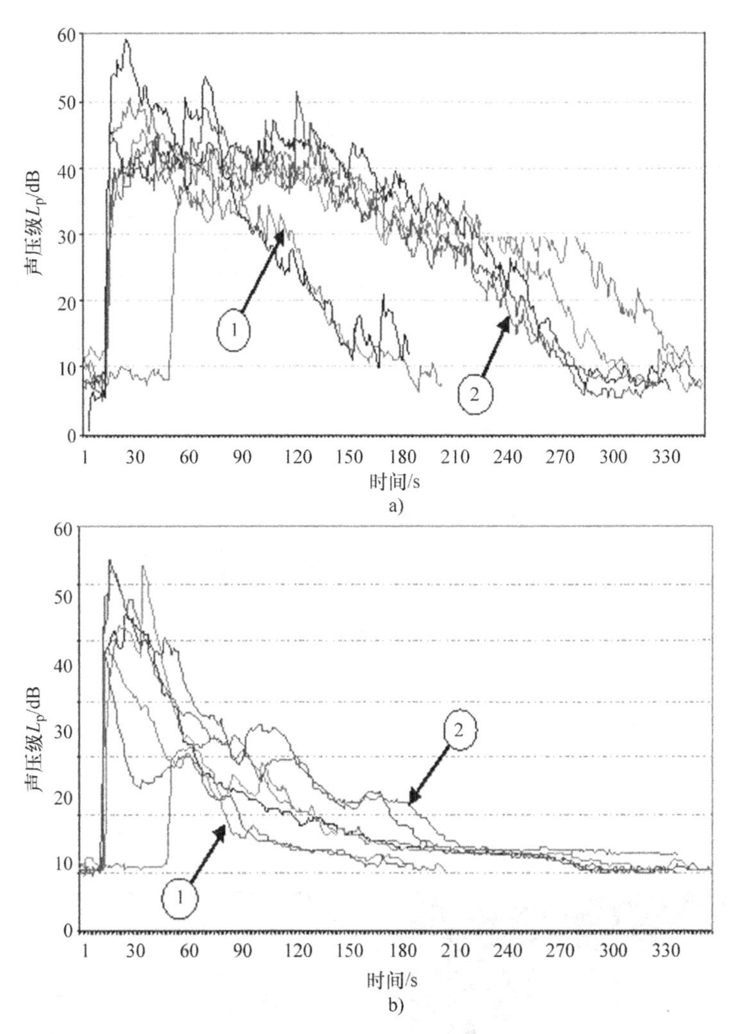

图 3-101　不同淬火冷却介质中声压与时间的关系

a) 150Hz　b) 16000kHz

注：其中 1 点为纯水，2 点为 5% 溶液，其他曲线分别为 10% 溶液和 15% 溶液。

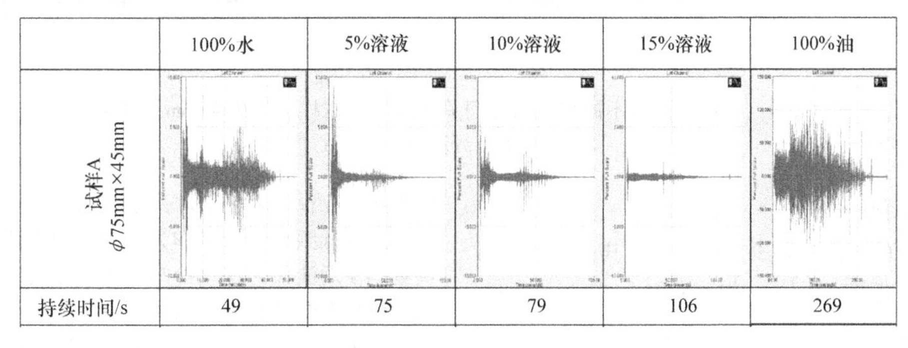

	100%水	5%溶液	10%溶液	15%溶液	100%油
试样A ϕ75mm×45mm					
持续时间/s	49	75	79	106	269

图 3-102　不同淬火冷却介质中的声压持续时间

3）整个过程持续的时间存在明显差异，通过淬火处理开始到淬火结束同时确定冷却的平均冷却速率，（图 3-103a、c 中的区域 3）。整个过程持续时间在水中进行约为 49s，在油中进行约为 270s。

4）从与水听器和频谱检测的电压信号可以确定以下两个特征区：

① 低频区，即以水为淬火冷却介质时最大为1kHz，以油为介质时最大为2kHz的频率，这个过程中只有振幅改变了（图3-103bd中的区域4）。

② 高频区，即以水为淬火冷却介质时最大为18kHz，以油为介质时最大为20kHz的频率，这个过程中信号频率也改变了（图3-103bd中的区域5）。

5）由于表面氧化和表面氧化膜开裂（图3-103中的区域6）被识别出了，较高频率的电压信号也同时被识别出来（以水为淬火冷却介质时最大为6kHz，以及以油为介质时最大为14kHz的频率）。在水冷却的声音信号中，也存在短时间的高强度信号峰（最大为12kHz），达到了超速冷却的水平（图3-103a、b中的区域7）。

6）低频率区的高强度信号峰是由气泡从试样上4mm（0.16in）直径的孔隙冒出形成的，这种现象在油中尤为突出（图3-103c、d中的区域8）。

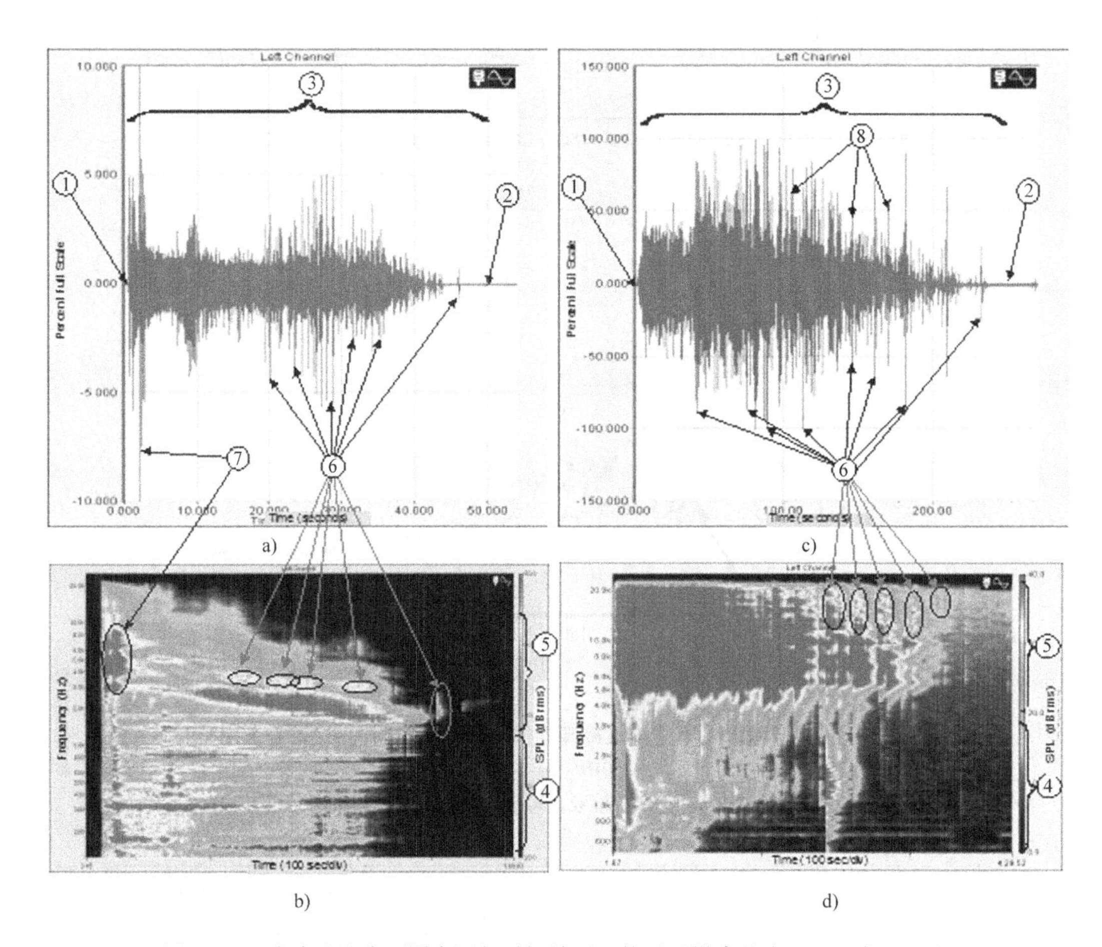

图3-103　在水和油中不同声压与时间关系函数（试样直径为45mm或1.8in）
a)、b) 纯水　c)、d) 淬火油

3.5.3　总结

在不同的淬火冷却介质中，通过声发射测量，将水听器捕获的声压信号转换为振幅，这与淬火过程中沸腾过程的强度和信号的持续时间呈线性关系。

在声压记录中，信号形状的改变是由于蒸气膜阶段以及核沸腾阶段在试样表面形成造成的。声压信号通过水听器转换为电压信号的振幅，并在谱图中形成随时间变化的幅度。分析的结果证明声发射的声压级在很大程度上取决于淬火冷却介质，也就是高强度低频率使用水作为淬火冷却介质，低强度高频率使用油作为淬火冷却介质。淬火过程中监测到的信号振幅和频率有很大的区别，信号的产生是由试样表面蒸气膜的形成和衰减，以及试样表面核沸腾出现引起的。在淬火过程中出现的声发射主要是在频谱的听觉部分，在试样表面发生的现象可以被监测，因此检测声发射是非常有效的手段。工件表面的这种现象在热处理的热量传递过程中有着重要的作用，这就意味着淬火硬度偏差以及圆柱试样的残余应力都受这一过程的影响。调查显示，即使淬火现象发生得非常迅速，该试验系统的检测声发射和试样的温度信息为声压信号提供了有用的信息。对结果的分析中，提供了一个有趣的新方法来评估淬火冷却过程，更重要的是为监测、控制以及优化淬火过程提供了一个有效途径。

参考文献

1. K.N. Prabhu and P. Fernandes, Heat Transfer during Quenching and Assessment of Quench Severity—A Review, *J. ASTM Int.*, Vol 6 (No. 1), 2009
2. H.J. Vergara-Hernández and B. Hernández-Morales, A Novel Probe Design to Study Boiling Phenomena during Forced Convective Quenching, *Exp. Therm. Fluid Sci.*, Vol 33, 2009, p 797–807
3. B. Liščić, H.M. Tensi, L.C.F. Canale, and G.E. Totten, *Quenching Theory and Technology*, 2nd ed., CRC Press, Taylor & Francis Group, Boca Raton, FL, 2010
4. D. Stoebener, "Wet-State Ultrasonic Measurements of Cylindrical Workpiece during Immersion Cooling," IDE 2005 (Bremen)
5. H.M. Tensi, Wetting Kinematics, *Theory and Technology of Quenching: A Handbook*, B. Liščić, H.M. Tensi, and W. Luty, Ed., Springer-Verlag, Berlin, 1992
6. H.M. Tensi and G.E. Totten, "Development of the Understanding of the Influence of Wetting Behaviour on Quenching and the Merits in These Developments of Prof. Imao Tamura," Proceedings of the Second International Conference on Quenching and the Control of Distortion, Nov 4–7, 1996
7. J. Grum and F. Ravnik, Investigation of Sound Phenomena during Quenching Process, *Int. J. Mater. Prod. Technol.*, Vol 27 (No. 3–4), 2006, p 266–288
8. T.G. Leighton, *The Acoustic Bubble*, Academic Press, 2001
9. M. Čudina, "Technical Acoustics—Measuring, Evaluation and Decreasing Noise and Vibration" (in Slovene: "Tehnična Akustika—Merjenje, Vrednotenje in Zmanjševanja Hrupa in Vibracij"), Faculty of Mechanical Engineering, University of Ljubljana, 2001
10. J. Grum, S. Božič, and R. Lavrič, Influence of Mass of Steel and a Quenching Agent on Mechanical Properties of Steel, *Heat Treating: Proceedings of the 18th Conference, Including the Liu Dai Memorial Symposium*, R.A. Wallis and H.V. Walton, Ed., ASM International, 1998, p 645–654
11. J. Grum and S. Božič, Influence of Various Quenching Oils and Polymeric Water Solutions on Mechanical Properties of Steel, *ASM Heat Treating Society: The Third International Conference on Quenching and Control of Distortion*, G.E. Totten, B. Liščić, and H.M. Tensi, Ed., 1999 (Prague, Czech Republic), p 530–541
12. E. Macherauch and O. Vohringer, Residual Stresses after Quenching, *Theory and Technology of Quenching: A Handbook*, B. Liščić, H.M. Tensi, and W. Luty, Ed., Springer-Verlag, Berlin, Heidelberg, 1992, p 117–181

3.6　熔融金属淬火

钢件淬火时常用油、水和聚合物水溶液作为淬火冷却介质。这些淬火冷却介质具有物态变化，在淬火时会在工件表面先形成一层蒸气膜然后破裂。这种润湿特性导致工件表面冷却的不均匀性，会进一步导致整个工件冷却不均匀、热应力和相变的不同时性。这些因素会导致淬火变形或者开裂。

另外，某些不发生物态变化的冷却介质，如空气、气体、熔盐和熔融金属却没有这种现象，因为它们在工件的表面不会形成蒸气膜。因此，为了提高淬火的均匀性，可以考虑使用上述淬火冷却介质。然而，气体和熔盐的冷却能力与有物态变化的淬火冷却介质相比相对较低。因此，气体或熔盐一般限于高合金钢或低合金钢的渗碳淬火。

用于淬火的金属包括铅、铋和钠（表 3-30）。然而，熔融金属作为淬火冷却介质的使用在最近几年已大大减少，主要是由于盐的使用，盐作为淬火冷却介质价格便宜而且具有较好的可操作性。

表 3-30　铅、铋和钠的性质

特性	金属		
	铅	铋	钠
密度	11.342g/cm³①	9.808g/cm³②	0.968g/cm³①
熔点	327℃ (620.6℉)	271.4℃ (520.52℉)	97.8℃ (208.04℉)
沸点	1751℃ (3183.8℉)	1564℃ (2847.2℉)	881.4℃ (1618.52℉)

① 在 20℃（68℉）时的密度。

② 在 25℃（77℉）时的密度。

3.6.1　熔融铅

在熔融金属淬火剂中最常见的是铅。铅的熔点为 327℃（620.6℉），通常使用温度为 343 ~ 927℃

(650～1700℉)。低于343℃，铅太“糊”。熔融铅专门用于钢丝淬火和等温淬火。由于铅的毒性和后续处理的问题，在钢的热处理中很少使用。然而，因为铅具有高的热导率和无蒸气膜以及沸腾阶段，所以它可以在高温区实现较快的冷却速率，这是其他淬火冷却介质不易实现的。

盐浴和铅浴相比较，后者的优点是，铅浴既不包含也不吸收水分，因此从这个原因分析，钢的不变形和防氧化将是可能实现的，新的铅加入补充浴槽时也没有任何因突然形成的蒸气而导致爆炸的危险。铅浴的另外一个优点是，它随着加热对钢件不会发生化学侵蚀，也不会产生氧化，性能稳定。

另外，铅浴也存在某些缺点。首先，钢的密度比铅小，因此需要借助一些工具将淬火钢件浸入铅液。其次，金属浴液面存在的即时氧化也是一个不利因素。然而应当指出的是，氧化形成的氧化物不溶于铅，因此它不会影响金属浴的整体质量，仅仅存在于铅浴的液面上。但是，铅是一种有毒的金属，吸入或摄入微量都会对身体健康带来严重的危害。

（1）钢带铅浴淬火　铅浴淬火的一个典型例子是钢带淬火。研究人员将钢带连续地送入温度为440℃（825℉）的铅浴中进行等温淬火，试验中所用钢的化学成分：碳含量0.185%，锰含量1.350%，其他合金元素含量较少。冷轧钢带截面为0.8mm×19mm（0.03in×0.75in），其状态为冷加工硬化状态。热处理后样品的抗拉强度达到770MPa（112ksi），与原材料相比，断裂伸长率明显改善，弯曲疲劳强度显著提高。显微组织显示含有约60%的上贝氏体和40%的下贝氏体。

（2）钢丝铅浴淬火　高碳钢线材采用铅浴淬火是常见的热处理方式。这是由于熔融铅浴具有许多优点，如良好的传热特性，可以得到一个适当的强度和韧性所需要的结构和组织。然而，熔融铅浴也存在两个主要的缺点：一是成本高，主要是由于高纯度铅价格昂贵，带出时耗损失多，设备和维护成本较高；二是产生的铅烟雾和铅尘具有毒性，这是非常难以处理和回收的。

铅污染问题是众所周知的，并受到健康和安全监管机构的严格审查和控制。随着环境意识的增强，这样的健康和安全法规肯定会在全球范围内越来越严格。这个问题应该由冶金和环保部门共同协商，使用熔融铅是否能够满足未来环境的需求。针对这些缺点和局限性进行综合分析，以无毒的介质或替代铅的技术变得越来越重要。

3.6.2 熔融铋

铋与铅的一些性质基本类似，并经常与铅由同一矿石生产。低碳钢板和钢带在熔融铅－铋浴中淬火比使用油淬有优势，并得到了广泛的应用。使用铅－铋浴淬火，组织可以通过等温使其转变为贝氏体和珠光体。

（1）分级淬火　钢带使用熔融铅－铋淬火，可以实现在高达600K/s的冷却梯度下连续硬化和回火。因为分级淬火技术比传统的油淬技术具有更大的优势，这种方法现在已被世界各国广泛采用。

（2）铋替代铅　Ru和Wang研究了在钢材处理过程中使用铋浴作为淬火冷却介质代替铅浴的可行性。他们发现在铋浴和铅浴中淬火，都可以得到良好的组织和硬度，试样的力学性能相同。理论和试验结果表明，在铋浴淬火过程中，铋和钢之间没有明显的腐蚀或反应。

铋的熔点为271.4℃（520.52℉），低于铅的熔点327℃（620.6℉）；它的密度为9.8g/cm^3，与铅的密度11.34g/cm^{3}相比相对较低；铋的沸点是1564℃（2847.2℉），沸点较高，与铅的沸点1751℃（3183.8℉）接近。铋浴淬火使用的最低温度要低于铅浴温度约50℃（90℉），能源消耗相对有所下降。还必须注意，在高温状态下铋将会产生氧化物，此时的温度要低于氧化物的熔点，所以会在其表面形成灰黑色氧化物Bi_2O_3。这可以被认为是其在应用过程中的唯一缺点。

3.6.3 熔融钠

有关文献中列举了一些钢件在较高冷却能力的熔融钠中热处理的典型案例。表3-31给出了液体钠的主要特性。液态钠的温度范围为97.8～881.4℃（208.04～1618.52℉）。这正好是钢铁零件热处理所使用的温度范围。根据热处理要求，可以选择适当的熔融钠温度，淬火过程中可以调整到合适的冷却特性，例如常规淬火、分级淬火、等温淬火、退火。熔融钠可以用于淬火后的回火，也可用于后续热处理前加热。熔融钠的热导率高、黏度低，其传热系数高。另外，钠与水会发生化学反应，如果钠接触水，它就萃取并结合水中的氧气，释放出氢。释放的氢与空气中的氧发生重组会产生爆炸。因此，虽然钠本身不具备爆炸性，但它必须在惰性气体气氛中使用。

表3-31　液态钠的特性（500K时）

特性	值
液态温度范围	97.8～881.4℃(208.04～1618.52℉)
热导率	80.6W/(m·K)
密度	898kg/m^3
比热容	1.36kJ/(kg·K)
黏度	0.413mPa·s

Narazaki和Ninomiya使用银探棒检测了几种液态淬火冷却介质的冷却曲线（图3-104）。熔融钠在

淬火过程中没有蒸气膜阶段，因此入液时，无论浴温多少，银探棒将会立即进入快速冷却阶段。相比之下，在低温区的冷却速度在很大程度上取决于钠浴温度，主要是因为随着探棒温度和液体钠之间的温差变小，冷却速度也逐渐降低。

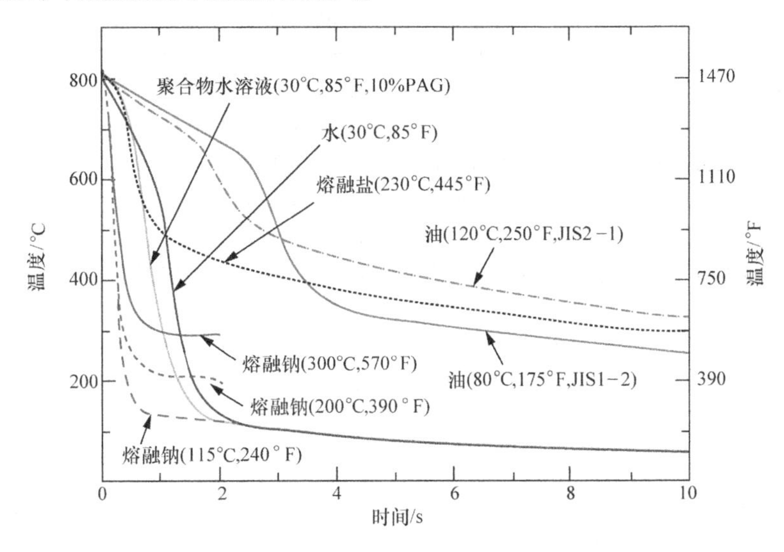

图3-104 银探棒测试的冷却曲线（探棒尺寸为 ϕ10mm×30mm 或 ϕ0.4in×1.2in，无搅拌）

参考文献

1. M. Narazaki and S. Ninomiya, Molten Sodium Quenching of Steel Parts, *Proceedings from the 1st International Surface Engineering Congress and the 13th IFHTSE Congress*, Oct 7–10, 2002 (Columbus, OH), ASM International, 2003
2. N.N. Greenwood and A. Earnshaw, *Chemistry of the Elements*, Pergamon Press, 1984
3. H.E. Boyer and P.R. Cary, *Quenching and Control of Distortion*, ASM International, 1988, p 72–73
4. M. Narazaki, G.E. Totten, and G.M. Webster, Hardening by Reheating and Quenching, *Handbook of Residual Stress and Deformation of Steel*, 2002, p 248–295
5. T.F. Potecasu, O.D. Potecasu, R.J. Cordeiro Silva, and F.M. Braz Fernandes, Continuous Flux Isothermal Quenching of Steel Strips by Immersion in Molten Lead Maintained at 440 °C, *Metalurgia Int.*, Vol XVI (No. 4), 2011
6. X. Luo and G.E. Totten, Wire Patenting, *Steel Heat Treating Fundamentals and Processes*, Vol 4A, *ASM Handbook*, ASM International, 2013
7. H. Lochner, Molten-Metal and Hydrogen Quenching Technologies for Steel Sheet and Strip: State of the Art in 1992, *Rev. Fr. Métall.*, Feb 1993, p 65–73
8. J. Ru and Z. Wang, A Feasibility Study of the Use of Bismuth Bath to Replace Lead Bath as the Quenching Media for Steel Heat-Treating, *J. ASTM Int.*, Vol 5 (No. 9), 2008
9. J.D. Keller, Continuous Annealing in Molten Sodium, *Iron Steel Eng.*, Nov 1959, p 125–132

3.7 纳米流体用作工业热处理淬火冷却介质

K. Narayan Prabhu and G. Ramesh,
National Institute of Technology Karnataka

淬火硬化是钢铁工业中常用的一种热处理工艺。工业上用淬火硬化来提高零件的服役寿命。材料被加热到固溶温度，保温一段时间，然后在冷却介质中冷却。在热处理淬火过程会同时出现不同的物理变化，比如传热、相变和应力/应变的改变。热传递是所有变化的驱动力，因为它引起其他物性的变化。沸腾过程物态变化的热传递是淬火过程中的主要传热方式。当红热金属被浸入淬火槽，热传递分为不同的冷却阶段，具体分为蒸气膜阶段、沸腾阶段和对流阶段（图3-105）。淬火时的高温足以在工件表面产生一层稳定的蒸气膜。在蒸气膜阶段，热传递非常慢，因为蒸气膜作为一个绝热层，传热仅能通过气膜的热辐射进行。当工件表面温度慢慢降低，蒸气膜开始破裂并允许液体与工件表面直接接触时，便进入沸腾阶段。沸腾阶段会出现剧烈的气泡沸腾，热量迅速从工件表面散失，最大冷却速度出现在该阶段。沸腾阶段会一直持续到工件的表面温度降到液体沸点以下。淬火是一种亚稳定工艺，局部沸腾现象的产生是时间与位置的共同作用，而且沿着工件的表面。这种行为导致了润湿点的出现，它是蒸气膜和气泡的临界点。淬火的最后阶段是对流阶段，它出现在工件的表面温度降低到淬火冷却介质沸点以下。在对流阶段，沸腾停止，主要靠工件表面与液体之间的对流进行传热，散热速率很慢。在淬火硬化过程中，影响热传递/冶金转变的主要因素如图3-106所示。在所有的因素中，只有少数因素可在热处理车间改变。从经济和环保的角度看，最佳的淬火冷却介质和淬火条件是一个重要的考虑因素。

水、盐水、油、聚合物等常被用作淬火冷却介质。水和盐水仅适用于简单形状和低淬透性钢材的淬火，因为淬火过程中钢材会产生较大的变形、翘曲和淬火裂纹。另外，由于油具有较高的黏度和较低的热容量，在油中冷却不太剧烈。不同的淬火油都表现出一个较长的蒸气膜阶段，一个拥有较快冷速且比较短暂的沸腾阶段，以及一个冷速最慢且最长的对流阶段。聚合物淬火冷却介质具有低的冷却速度，而且不能和常用的添加剂、抗氧剂配合使用。聚合物淬火冷却介质需要连续监控来获得最佳的性能，它不适用于要求高液温淬火的钢材。因此，有必要开发一种新型的淬火冷却介质，使其可以获得所需的性能分布、可接受的显微组织和合适的残余应力分布，以避免开裂和减小变形。

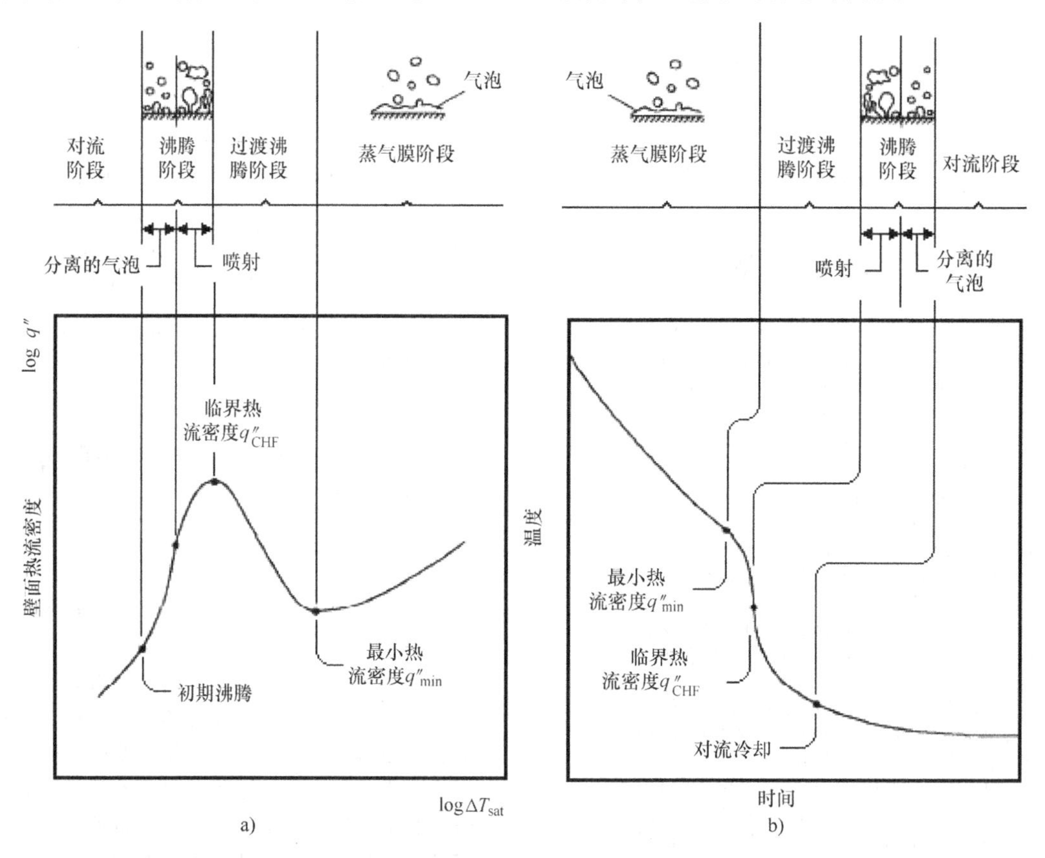

图3-105 在液浴中淬火的红热工件表面的典型沸腾曲线和温度-时间曲线

a）典型的沸腾曲线 b）温度-时间曲线

现代纳米技术提供了新的机会，用以处理和生产平均晶粒尺寸小于50nm的材料。这些纳米粒子的独特性质是具有与尺寸相关的物理性能、大表面积、大密度和表面结构。纳米粒子悬浮在流体中称为纳米流体。常用的纳米粒子材料有氧化物陶瓷（Al_2O_3、CuO）、金属碳化物（SiC）、氮化物（AlN、SiN）、金属（铝、铜）、非金属（石墨、碳纳米管）、涂层（$Al + Al_2O_3$、Cu + C）、相变材料和功能化纳米粒子。基液包括水、乙烯或三乙二醇、油、聚合物溶液、生物流体和其他常见液体。生产纳米流体的技术主要有两种方法：单步法和两步法。后一种方法被广泛用于纳米流体的合成，其中纳米粒子先被制取，然后分散到基液中。好的纳米流体可以提供高的热导率，更好的稳定性，不堵塞的微冷却通道，不易侵蚀，并可降低泵的功率。纳米粒子添加到基液中会导致基液的热物理性能发生异常变化。除此之外，纳米粒子的加入会影响工件表面的沸腾行为，因为它们的填入使得表面不连续，可能会影响临界热流密度。纳米流体可以被看作是下一代的传热流体，因为它们可以提供比纯液体更高的传热能力。与传统流体相比，纳米流体有着与传热特性相关的不同性质。纳米流体提供与润湿动力学和散热特性完全不同的特性，而这些特性可用于工业热处理淬火。本节回顾了纳米流体重要的热物理性质以及润湿和沸腾传热特性。热处理过程中使用纳米流体作为有效的淬火冷却介质用于淬火工艺的重要性已经日益凸显。

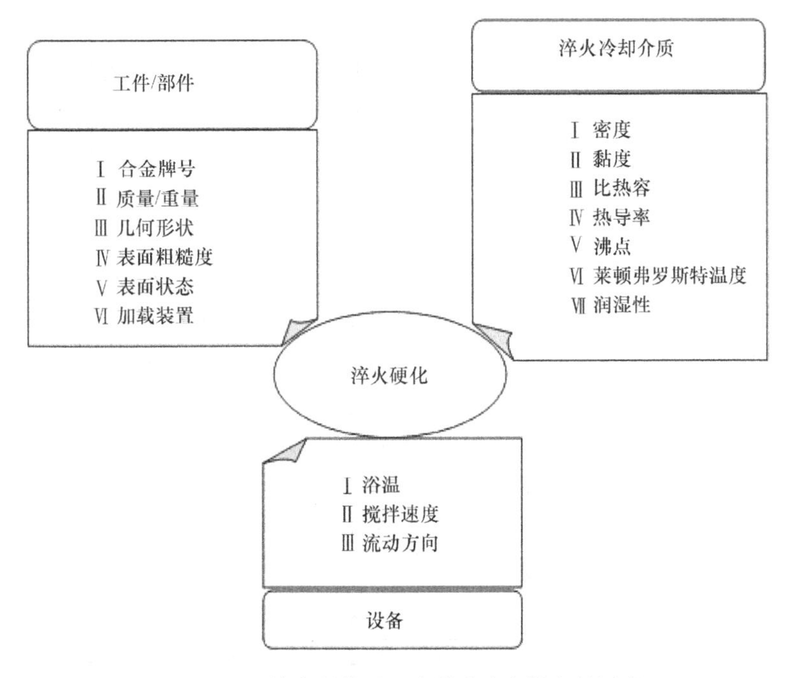

图 3-106　淬火硬化过程中影响冶金转变的因素

3.7.1　纳米流体的热物理性能

（1）热导率　对纳米流体的试验表明，小体积分数的纳米粒子添加到基液中可对流体的热导率产生明显的影响。Choi 在 1995 年提出纳米流体这一名词，提出在基液中加入低浓度的纳米粒子可以提高基液的热导率，具有比基液还高的热导率。瞬态热丝法、稳态平板法和温度振荡法是测定纳米流体热导率的不同技术。Eastman 等人通过在水中加入 5% 的悬浮纳米氧化铜粒子，提高了 60% 的热导率。Wang 等人在乙二醇中分别添加 5% 和 8% 的 Al_2O_3 纳米粉末，使得其热导率分别提高了 26% 和 40%。Choi 测量了分散到聚 α－烯烃中的多壁碳纳米管，其热导率提高了 150%，Marquis 使得碳纳米流体热导率提高了 243%。不同的纳米粒子加入水中，使其热导率提高的比例结果见表 3-32。到目前为止，还没有普遍的机制来解释纳米流体的行为，纳米流体热导率增加的可能机制如下：

表 3-32　水中添加纳米粒子可提高其热导率

粒子材料	粒子尺寸/nm	浓度（体积分数,%）	热导率提高比例，K_{eff}/K_f	备注	参考文献
Cu	100	2.50～7.50	1.24～1.78	月桂酸盐表面活性剂	18
	100～200	0.05	1.116	球形和方形	19
	暂无	0.05	1.036	—	

（续）

粒子材料	粒子尺寸/nm	浓度（体积分数,%）	热导率提高比例，K_{eff}/K_f	备注	参考文献
Cu	130～200	0.05	1.085	球形和方形	19
	75～100	0.1	1.238	球形和方形	
	50～100	0.1	1.238	球形和方形	
	100～300	0.1	1.110	球形、方形和针状	
	130～300	0.2	1.097	球形	
	200×500	0.2	1.132	针状	
	250	0.2	1.036	球形、方形和针状	
Ag	60～70	0.001	1.30	30℃（85℉）	20
			1.04	40℃（105℉）	
	8～15	0.10～0.39	1.03～1.11	—	21
Au	10～20	0.00013	1.03	30℃（85℉）（柠檬酸还原）	20
			1.05	40℃（105℉）（柠檬酸还原）	
		0.00026	1.05	30℃（85℉）（柠檬酸还原）	
			1.08	60℃（140℉）（柠檬酸还原）	
Fe	10	0.2～0.55	1.14～1.18	—	22
	30	1.0～2.0	1.48～1.98	—	23
Al_2Cu	65	1.0～2.0	1.4～1.78	—	
	104		1.35～1.60	—	
	30		1.5～2.1	—	
Ag_2Al	80	1.0～2.0	1.4～1.9	—	
	120		1.3～1.75	—	
	36	5	1.6	—	13
	23.6	1.00～3.41	1.03～1.12	—	24
	23	4.50～9.70	1.18～1.36	—	17
	28.6	1.00～4.00	1.07～1.14	21℃（70℉）	25
			1.22～1.26	36℃（97℉）	
			1.29～1.36	51℃（124℉）	
CuO	—	1.00	1.05	—	26
	25	0.03～0.30	1.04～1.12	pH=3	27
			1.02～1.07	pH=6	
	29	2.00～6.00	1.35～1.36	28.9℃（84℉）	28
			1.35～1.50	31.3℃（88.3℉）	
			1.38～1.51	33.4℃（92.1℉）	
	29	0～16	1.00～1.24	—	29
	13	1.30～4.30	1.109～1.324	31.85℃（89.33℉）	
			1.100～1.296	46.85℃（116.33℉）	30

（续）

粒子材料	粒子尺寸/nm	浓度（体积分数,%）	热导率提高比例，K_{eff}/K_f	备注	参考文献
CuO	13	1.30～1.40	1.092～1.262	66.85℃（152.33℉）	30
Al_2O_3	38.4	1.00～4.30	1.03～1.10	—	24
	28	3.00～5.00	1.12～1.16	—	17
	60.4	1.800～5.00	1.07～1.21	—	31
	60.4	5.00	1.23	—	32
	38.4	1.00～4.00	1.02～1.09	21℃（70℉）	25
			1.07～1.16	36℃（97℉）	
			1.10～1.24	51℃（124℉）	
	27～56	1.6	1.10	十二烷基苯磺酸钠	33
	11	1.00	1.09	21℃（70℉）	34
			1.15	71℃（160℉）	
	47	1.00	1.03	21℃（70℉）	
			1.10	71℃（160℉）	
	150	1.00	1.004	21℃（70℉）	
			1.09	71℃（160℉）	
	47	4.00	1.08	21℃（70℉）	
			1.29	71℃（160℉）	
	36	2.0～10.0	1.08～1.11	27.5℃（81.5℉）	
			1.15～1.22	32.5℃（90.5℉）	28
			1.18～1.29	34.7℃（94.5℉）	
	36～47	0～18	1.00～1.31	—	29
SiO_2	12	1.10～2.30	1.010～1.011	31.85℃（89.33℉）	
			1.099～1.010	46.85℃（116.33℉）	30
	12	1.10～2.40	1.005～1.007	66.85℃（152.33℉）	
	—	1.00	1.03	—	26
	15～20	1.00～4.00	1.02～1.05	—	21
TiO_2	27	3.25～4.30	1.080～1.105	31.85℃（89.33℉）	30
			1.084～1.108	46.85℃（116.33℉）	
			1.075～1.099	86.85℃（188.33℉）	
	15	0.50～5.00	1.05～1.30	球（十六烷基三甲基溴化铵，CTAB）	35
	10×40	0.50～5.00	1.08～1.33	杆（十六烷基三甲基溴化铵，CTAB）	
SiC	26	4.2	1.158	球	36
	600	4.00	1.229	圆柱	
	15×30000	0.40～1.00	1.03～1.07	—	37
	100×>50000	0.60	1.38	十二烷基硫酸钠（SDS）	38
	ϕ20～ϕ60	0.04～0.84	1.04～1.24	十二烷基苯钠 20℃（68℉）	39

（续）

粒子材料	粒子尺寸/nm	浓度（体积分数,%）	热导率提高比例，K_{eff}/K_f	备注	参考文献
SiC	ϕ20～ϕ60	0.04～0.84	1.05～1.31	十二烷基苯钠 45℃（113℉）	39
	130×>10000	0.60	1.34	十六烷基三甲基溴化铵（CTAB）	40
	—	0.60	1.00～1.10	阿拉伯树脂 20℃（68℉）	
	—	0～1%（质量分数）	1.00～1.30	阿拉伯树脂 25℃（77℉）	41
			1.00～1.80	阿拉伯树脂 30℃（86℉）	
多壁碳纳米管（MWCNT）	—	1.00	1.07	—	26
		0.6	1.39	SDS 0.1%（质量分数）	42
			1.23	SDS 0.5%（质量分数）	
			1.30	SDS 2%（质量分数）	
			1.28	SDS 3%（质量分数）	
			1.19	CTAB 0.1%（质量分数）	
			1.34	CTAB 1%（质量分数）	
			1.34	CTAB 3%（质量分数）	
			1.28	CTAB 6%（质量分数）	
			1.11	Triton 0.17%（质量分数）	
			1.12	Triton 0.35%（质量分数）	
			1.13	Triton 0.5%（质量分数）	
			1.11	Triton 1%（质量分数）	
			1.28	纳米球 0.7%（质量分数）	
		0.75	1.03	CTAB 1%（质量分数）	
			1.02	CTAB 3%（质量分数）	
		1	1.08	CTAB 3.5%（质量分数）	

1）纳米粒子的布朗运动。分子与纳米级的纳米粒子布朗运动是研究纳米流体悬浮液热特性的关键机制。悬浮在流体中的纳米粒子做随机运动，导致粒子和大量流体发生连续碰撞，从而直接由纳米粒子传递能量。布朗运动的作用在高温时更有效。由布朗运动引起的基液附近的纳米粒子的微对流/混合是提高纳米流体获得较高热导率的一个重要原因。然而，布朗运动对纳米流体热导率的贡献很小，不是纳米流体拥有非凡热导率的主要原因。

2）纳米粒子的液体分层。液体分子在固体粒子表面的有序分层，形成了一个固体纳米层。纳米层作为固体纳米粒子和基液之间的热桥梁，扮演着提高纳米流体热导率的重要角色。有效热导率随着纳米层厚度的增加而增加。特别是在小的粒径范围内，粒径对纳米层厚度的影响变得更加明显，这意味着控制纳米结构是生产高热导率纳米流体的一种有效方法。虽然界面层的存在可能会在热传递过程中发挥作用，但这不可能是导致热导率提高的全部原因。利用分子动力学模拟，Xue 等人认为固－液界面的液体原子分层对热传输特性没有显著的影响。

3）纳米粒子的热传输特性。当纳米粒子的尺寸变得非常小时，声子的平均自由程便与纳米粒子的尺寸相当。在这种情况下，纳米粒子的扩散热传输是不正确的，弹道方式传输更现实。Keblinski 等人研究结果表明，在固体粒子内部是以弹道方式进行散热的，包括从固－液界面的多重散射，其在纳米粒子快速进行热传输和提高纳米流体热导率的过程中起着关键作用；他们还认为，由于布朗运动，使得粒子更靠近，进而提高粒子间的相干声子热流动。他们认为，纳米流体中声子的平均自由程和转变速度通过密度泛函理论表明，由于纳米粒子低体积分数的限制，声子输运的速度不会受到影响。

4）纳米粒子集群。由于流体中纳米粒子进行布朗运动，范德华力对重力的结果使得纳米粒子集群进入拥有较低热阻路径的渗透模式。随着填充率的增加，集群的有效体积随之增加，从而提高了热导率。集群同时对传热增强带来负面影响，尤其是低的体积分数，小颗粒从液体中沉降出来，从而产生了大量的拥有高电阻的无颗粒液体。采用非平衡态分子动力学模拟，Eapen等人认为，通过渗透非晶状流体结构的集群接口，分散良好的纳米流体的热导率可以提高3倍以上。对流体中纳米粒子群的研究结果表明，不论其热导率值是增加或减小，纳米流体的热导率却不变。Ozerinc等人认为应该存在一个最佳的集群水平来获得最大的热导率。

试验测量结果表明，纳米流体的热导率偏离常规模型，如Maxwell模型、Hamilton - Crosser模型、Jeffery模型、Davis模型、Bruggeman模型、Lu模型和Lin模型。影响纳米流体热导率的重要因素是粒子的体积分数、粒子材质、粒子尺寸、粒子形状、基液材料、温度、添加剂和酸度。由于这些复杂的变量和不同的机制，纳米流体有效热导率的精确模型是很难制定的。Yu和Choi已经修改了固-液悬浮物热导率的麦斯威尔方程，包括有序纳米分层的影响。Wang等人提出了一种非金属纳米粒子稀悬浮液的分形模型，涉及有效介质理论，该模型描述了纳米粒子集群与其尺寸的分布。Xue基于麦斯威尔理论和平均极化理论，提出了一个新的模型，该模型考虑了纳米流体中固体粒子与基液之间的界面效应。Jang和Choi设计了一个模型，考虑了纳米流体中纳米粒子布朗运动的作用，该模型还包括浓度、温度和尺寸相关的热导率。考虑到粒子动力学（布朗运动），Koo和Kleinstreuer创建了一个模型，包括粒子的体积分数、粒子尺寸、粒子材料以及温度与基液性能的关系。Kumar等人开发了一个综合的理论模型，解释了纳米流体的热导率随着粒子尺寸、粒子体积分数和温度的变化而提高的原因。Xue和Xu创建了一个模型，是由固体和液体的热导率、相对体积分数、粒子尺寸及界面特性组成的。Patel等人参考Kumar等人的模型，提出微对流的概念，准确预测了大范围粒子尺寸（10～100nm）、粒子浓度（1%～8%）、粒子材料（金属颗粒以及金属氧化物）、不同基液（水、乙二醇）和温度（20～50℃，或70～120℉）的热导率。通过考虑固体粒子/流体界面的界面层的作用，Leong等人提出了一种模型，考虑了粒子尺寸、界面层厚度、体积分数以及热导率的影响。对于碳纳米管（CNT）纳米流体，Patel等人提出了一个简单的模型，揭示了碳纳米管纳米流体的热导率与体积分数的线性变化。Feng等人创建了一种基液和纳米粒子热导率、体积分数、粒子的分形维数、纳米粒子的尺寸、温度以及一个随机数的函数模型。Monte Carlo技术结合分形理论应用于预测纳米流体的热导率。Shukla和Dhir基于流体中纳米粒子的布朗运动理论开发了一个模型，包括粒子尺寸和温度。Moghadassi等人提出了一种基于无量纲组的新模型，包括固体和液体的热导率、体积分数、粒子尺寸和界面层的性能，该模型创建了有效热导率与粒子体积分数之间的非线性关系。Wang等人提出了一种新的统计集群的模型，可以确定集群的宏观特征以及纳米流体的热导率。Sitprasert等人修改了Leong模型，可以预测非流动流体和流动流体的热导率与温度和体积分数的关系。Murugesan和Sivan提出了纳米流体热导率的下限和上限，上限是通过耦合传热机制测算的，如粒子形状、布朗运动和纳米层，而下限是基于麦斯威尔方程预算的。Teng等人提出了一个经验公式，可以将纳米粒子尺寸、温度和低质量分数的Al_2O_3-水纳米流体的关系具体化。考虑到纳米粒子作为液体粒子，Meibodi等人提出了一种用于估算纳米流体热导率上限和下限的模型。

（2）黏度　黏度是流体的内在特性，可以影响流体的流动和热传递。添加纳米粒子的基液为牛顿或非牛顿性质，这取决于粒子的体积百分比、温度和用于分散和稳定纳米粒子悬浮液的方法。通过增加粒子的浓度可以提高纳米流体的有效黏度，通过升高温度可以降低纳米流体的有效黏度。含有小颗粒稀释悬浮液的流体的有效黏度可以由爱因斯坦方程给出。Mooney扩展了爱因斯坦方程，使之适用于一定浓度范围的悬浮液。后来，Brinkman修正了爱因斯坦方程，使之成为一个更广义的形式。然而，试验测得的纳米流体的黏度偏离经典模型，因为这些模型涉及的黏度只考虑到体积浓度的影响，而没有考虑到温度依赖性和粒子的集聚因素。Pak和Cho测量了含有10%浓度$\gamma-Al_2O_3$和TiO_2粒子的分散液的黏度，大约为200SUS，是水的3倍。Wang等人得出，在水中加入3%的Al_2O_3，水的黏度可以提高20%～30%。Das等人测量了1%～4%浓度的水基Al_2O_3纳米流体的黏度，他们发现，黏度随着粒子浓度的增加而增加，但该流体仍属于牛顿液体。Ding等人研究CNT纳米流体的试验结果表明，在低的剪切速率下，流体会剪切稀化，当剪切速率超过$200s^{-1}$时又会有轻微的剪切稠化。Kulkarni等人研究了分散到离子水中的氧化铜（CuO）纳米粒子的流变性能，氧化铜的平均粒径为29nm，其体积分数为

5% ~15%，温度变化范围为 278 ~ 323K，试验结果表明，纳米流体表现出了与时间有关联的假塑性和剪切稀化行为。纳米流体悬浮液黏度与剪切速率成指数下降关系。同样，Namburu 等人发现 SiO_2 流体在 -10℃（-14℉）以下表现为非牛顿行为，高于 -10℃（-14℉）则表现为牛顿行为。Chen 等人将纳米流体的流变行为分为四类：稀纳米流体、半稀纳米流体、半集中纳米流体和浓缩纳米流体。Xinfang 等人使用毛细管黏度计测量了铜 - 水纳米流体的黏度，结果显示温度和十二烷基苯磺酸钠（SDBS）的浓度是影响纳米铜悬浮液黏度的主要因素，而铜的质量分数对黏度的影响不明显。近期，Masoumi 等人基于布朗运动提出了一个新的理论模型，该模型作为与温度、平均粒径、颗粒体积分数、颗粒密度和基液物理性质有关的函数，可以计算出有限黏度。

（3）比热容　相对于热导率和黏度，对纳米流体比热容的研究相对较少。纳米流体的比热容与基液和纳米粒子的比热容、纳米粒子的体积浓度以及流体的温度有关。文献表明，纳米流体的比热容随着体积浓度的增加而减小，随着温度的增加而增加。

依据 Pak 和 Cho，纳米流体的比热容可以用下列方程计算：

$$C_{pnf} = \varphi C_{ps} + (1-\varphi) C_{pbf} \tag{3-12}$$

在假设纳米流体和基液处于局部热平衡的条件下，Xuan 和 Roetzel 建立了一个纳米流体的比热容方程：

$$(\rho C_p)_{nf} = (1-\varphi)(\rho C_p)_f + \varphi(\rho C_p)_s \tag{3-13}$$

Nelson 和 Banerjee 使用差示扫描量热仪测量了质量浓度为 0.6% 和 0.3%，悬浮于聚 α - 烯烃中的膨胀石墨纳米纤维的比热容。他们发现纳米流体的比热容随着温度的升高而增加，含有 0.6% 浓度石墨纳米纤维的纳米流体，其比热容相对于聚 α - 烯烃提高了 50%。Zhou 等人认为，纳米流体的比热容随着基液和纳米粒子的尺寸及体积浓度的变化而变化。Vajjha 和 Das 测量了三种分别含有 Al_2O_3、SiO_2 和 ZnO 纳米粒子流体的比热容，他们建立了一个通用的比热容方程：

$$\frac{C_{pnf}}{C_{pbf}} = \frac{A\left(\frac{T}{To}\right) + B\left(\frac{C_{ps}}{C_{pbf}}\right)}{(C+\varphi)} \tag{3-14}$$

（4）密度　可以依据混合理论估算纳米流体的密度 ρ_{nf}：

$$\rho_{nf} = \varphi\rho_p + (1-\varphi)\rho_w \tag{3-15}$$

式中，φ 是纳米粒子的体积分数；ρ_p 是纳米粒子的密度；ρ_w 是基液的密度。Sundar 等人测量了不同温度下纳米流体的密度，其密度随着温度的升高而降低。同样，Harkirat 采用相对密度瓶测量了不同温度（30 ~ 90℃，或 90 ~ 190℉）、不同浓度（1% ~4%）的分散于水中的 Al_2O_3 纳米颗粒的密度，他发现纳米流体的密度高于基液的密度，而且在 1% ~4% 范围内，密度随着纳米粒子体积分数的增加而增加，当温度升高到约 80℃（180℉）时，纳米流体的密度降低，高于这一温度值时，1% ~4% 浓度的纳米流体的密度仍保持不变，但仍高于水的密度。

（5）表面张力　表面张力被定义为作用于单位长度的液体表面并与之垂直的力。表面张力对沸腾过程有显著的影响，因为气泡的移动和界面平衡要依靠表面张力。没有加入表面活性剂制备的纳米流体，其表面张力的差异最小，而制备纳米流体过程中加入的表面活性剂对表面张力的影响明显。表面活性剂的作用类似于纳米粒子与基液之间的界面层，可以改变纳米流体的表面张力。表面张力随着纳米粒子浓度和温度的增加而降低。

从上述研究中可以明显得出，纳米粒子加入基液中可以改变基液的热物理特性。通过控制冷却速度，一个给定的钢件可以获得一个宽范围的显微组织和力学性能（图 3-107）。要达到完全淬硬组织（马氏体组织），工件必须快速冷却到时间 - 温度曲线（TTT）鼻尖区以下，该冷却速度称为临界冷却速度。对于所有材料，临界冷却速度并不是常数，随着钢中合金元素的加入，TTT 曲线的鼻尖区会发生移动（图 3-108）。因此，热处理学者需要不同类型的淬火冷却介质来提供不同的临界冷却速度。表 3-32 给出了，在相同的基液中，加入不同浓度、不同材质的纳米粒子，其热导率的变化情况。Jagannath 和 Prabhu 观察到，在铜探头淬火冷却过程中，加入水中的 Al_2O_3 纳米粒子的浓度由 0.1% 变化到 4% 时，其冷却速度峰值由 76℃/s（137℉/s）变化到 50.8℃/s（91.4℉/s）。Gestwa 和 Przylecka 分析标准冷却曲线后得出，在 10% 的聚合物水溶液中加入 1% 的 Al_2O_3 纳米粒子，可以使其冷却速度由 98℃/s（176℉/s）提高到 111℃/s（200℉/s）。Babu 和 Kumar 也研究了在不锈钢探头淬火过程中，加入不同浓度的 CNT 纳米粒子，可以获得不同的冷却速度。而且，纳米粒子的加入不仅会改变冷却速度，还会导致 6 个冷却曲线特性值的改变。因此，通过控制纳米粒子的体积浓度、粒子的材质、粒子的尺寸、形状以及基液，改变了添加纳米粒子的基液的热物理特性，可以使液体获得不同的冷却特性。冷却程度可调的合成淬火冷却介质将对热处理工业有很大的益处。

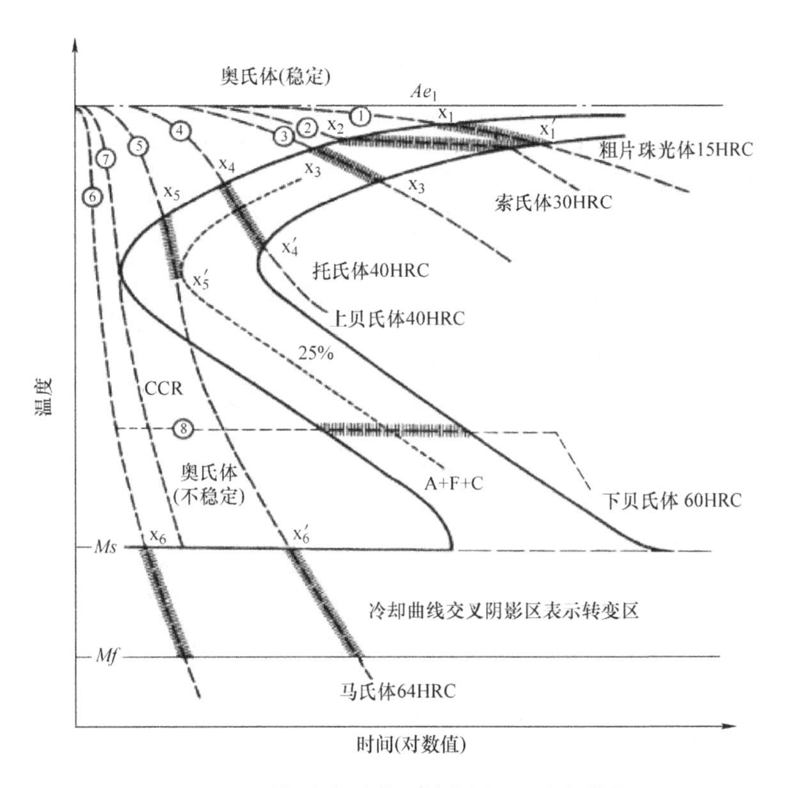

图 3-107　叠加在假设等温转变图上的冷却曲线

CCR—临界冷却速度

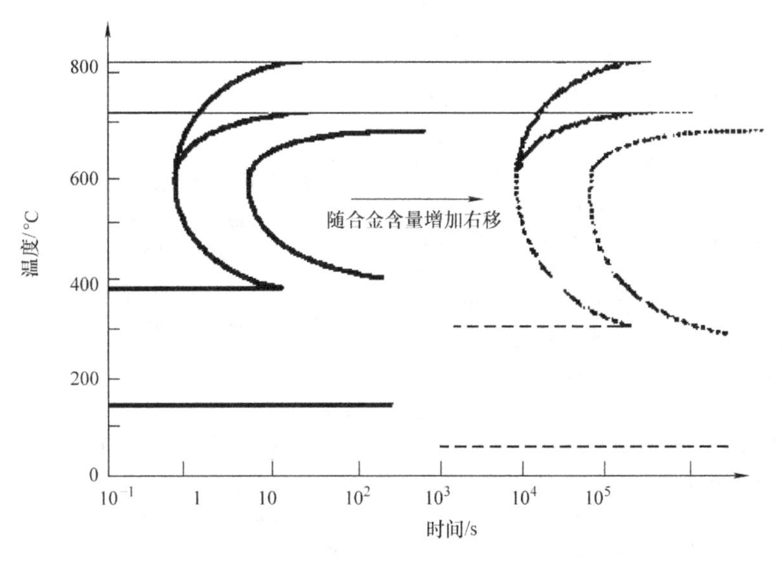

图 3-108　合金元素对时间 - 温度转变图的影响

3.7.2　纳米流体的润湿特性

纳米粒子的存在会影响基液的扩散和润湿性，主要是因为加入的粒子与粒子、粒子与固体、粒子与液体之间会产生相互作用。提高纳米流体润湿性的两个重要现象是三相接触区附近的纳米粒子类固体排序和沸腾时的纳米粒子沉积。Boda 等人对楔形胞体的硬质球体进行了模拟研究，结果表明在楔形墙壁上会形成新的硬球层。Wasan 和 Nikolov 采用反射光数字视频显微镜直接观察到液膜区的粒子结构现象。分层排列的粒子提高了液膜的超压，结构分离压力与膜厚度存在一个振动衰减曲线关系。由于这样的结构力使得纳米分散体可以在一个密闭空间表现出改进的扩展/润湿能力。研究纳米流体的液池沸腾表明，在加热器的表面存在纳米多孔层的沉积。这种多孔层形成的原因可能是最初包裹在加热器表面的纳米粒子，在后续的薄层蒸发过程中产生了沉积。纳米粒子的沉积明显提高了表面的润湿性。

在淬火过程中，淬火冷却介质局部沸腾现象导致湿润锋的出现，会显著提高沸腾阶段的冷却速度，降低蒸气膜阶段液体方向上的冷速。在很长的一段时间内发生的润湿过程称为非牛顿润湿，而在短时间内发生的润湿过程或类似爆炸般的润湿过程称为牛顿润湿。牛顿润湿通常有利于均匀传热，并最大限度地减少变形和残余应力的发展。在非牛顿流体润湿的极端情况下，由于较大的温差，显微组织和残余应力与预期存在相当大的变化，导致变形和软点的出现。Tensi 表示，试样在蒸馏水中淬火时，其硬度测量值与计算值具有一致的曲线，且试样顶部的总润湿时间超过 60s；而试样在聚合物溶液中淬火时，测得的硬度分布是一条连续直线，其总润湿时间为 1.5s（图 3-109）。因此，润湿过程的类型严重影响淬火冷却介质的冷却特性和淬火工件的硬度分布。Vafaei 等人测量纳米流体液滴的接触角，表明接触角取决于纳米粒子的浓度，且对于同一质量浓度，小尺寸的纳米颗粒导致接触角发生较大的变化。Sefiane 等人观察到，当浓度的增加达到 1% 时，接触线速度会增加到最大值，然后随着浓度的增加而降低。他们解释说，润湿性的增加归功于纳米流体内部的压力梯度，这是由于纳米粒子在三相接触线附近的流体楔中形成了固体排序，高浓度的纳米粒子团聚降低了润湿性增加的程度。Kim 等人研究了表面润湿性，测量了在干净表面和纳米颗粒污染的表面上的纯净水和纳米流体的液滴静态接触角。他们发现污染表面的接触角显著减小，并认为提高润湿性的是表面的多孔层，而不是流体中的纳米颗粒。在另一项研究中，Mehta 和 Khandekar 测量了液滴静态接触角，表明铜基板上的锂皂石纳米流体的润湿性的确比氧化铝纳米流体和纯净水要好得多。这些研究表明，常规淬火冷却介质中纳米颗粒的使用会增强润湿性。增强纳米流体的润湿性可以促进牛顿润湿和提高零件淬火热处理的扩散过程。

3.7.3 纳米流体的沸腾传热特性

纳米流体热物理特性的改变，尤其是热导率的提高，其不同的传热机理有望对传热特性有显著的影响。通过加热或冷却流体中的悬浮纳米颗粒，Xuan 和 Li 列出了提高流体传热性能的以下原因：

1）悬浮的纳米颗粒增加了流体的表面积和热

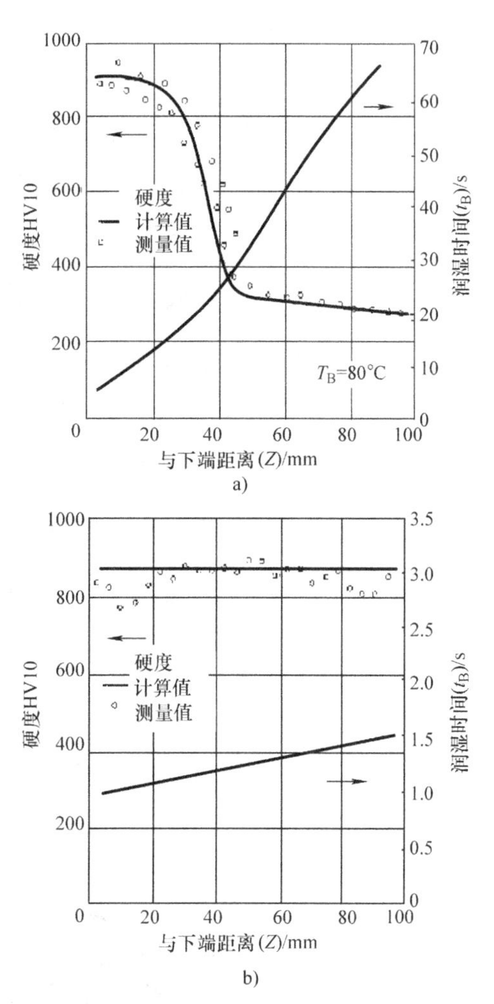

图 3-109 依据润湿时间 t_B 计算出的表面硬度分布与从材料下端开始、相较于测量的硬度分布的特定校准曲线

试样：25mm × ϕ100mm（1in × ϕ4in），材料为 100Cr6

a）蒸馏水中 b）聚合物溶液中

容量。

2）悬浮的纳米颗粒增加了流体的有效（或表观）热导率。

3）颗粒、流体和流道间的相互作用和碰撞更加强烈。

4）强化了流体的混合波动和湍流。

5）纳米粒子的分散使流体的横向温度梯度变得平缓。

对纳米流体的两相（沸腾）传热试验表明，其拥有不同的特性。Das 等人研究了不同颗粒浓度、加热工件直径和表面粗糙度的 Al_2O_3 纳米流体的沸腾过程，结果表明纳米粒子对沸腾过程具有明显的影响，会恶化流体的沸腾特性。

高的表面粗糙度会使得沸腾特性剧烈恶化，已经观察到曲线右移且不与粒子的浓度成正比，而是强烈地依赖于管的直径，尽管表面粗糙度值相似。Zhou观察到纳米流体的沸腾换热减少。同样，Bang和Chang也观察到氧化铝纳米粒子的加入降低了沸腾阶段的热传递。随着粒子浓度的增加，传热系数降低。另外，对于液池中的水平平面和垂直平面，其临界热流密度（CHF）性能分别提高到32%和13%。You等人观察到纳米粒子添加到水中对沸腾换热的影响不显著。然而，测量了饱和纳米流体60℃（140℉）的沸腾曲线表明，相较于纯水，其临界热流密度急剧增加（约200%）。同样，Vassallo等人研究了水－二氧化硅纳米流体，试验表明沸腾传热能力没有明显改善，但临界热流密度增加了约三倍。Vassallo等人观察到加热工件表面有硅膜的形成。Wen和Ding观察到氧化铝纳米流体的沸腾换热能力显著增强，随着粒子浓度的增加而增加，粒子浓度为1.25%时可以提高约40%。Kim等人表示，通过增加纳米粒子的浓度，相比于纯水，可以使裸露加热器上的纳米流体的临界热流密度提高200%。沸腾临界热流密度试验过程中，加热工件表面的扫描电镜图像表明，纳米流体的临界热流密度的强化与表面的显微组织密切相关，提高了纳米粒子的沉积形貌。Kim等人报道称，沸腾过程中多孔纳米颗粒层的形成是一种增加临界热流密度的可能机制。Liu等人研究了沸腾的水－CuO纳米流体的传热，试验表明随着粒子质量浓度的增大，纳米流体的沸腾传热系数和临界热流密度均增加。然而，当浓度（最佳质量浓度）超过1%，临界热流密度基本接近一个恒定值，传热逐渐恶化。他们还发现，在光滑表面上的纳米流体的沸腾传热与常压下光滑表面上的几乎一样，而在沟槽表面上，其沸腾传热系数显著增加。Kathiravan等人表示，在相同的临界热流密度下，含有0.25%、0.5%、1.0%体积浓度碳纳米管的水－碳纳米管纳米流体的沸腾传热系数分别是水的传热系数的1.76倍、1.203倍和1.20倍。他们还观察到试验段上没有污染。另一项研究由Park等人完成，研究表明，含有碳纳米管粒子水溶液的沸腾传热系数低于纯水整个沸腾阶段的传热系数，但相比于纯水，其临界热流密度提高了200%。他们发现表面有碳纳米管薄膜沉积，并降低了接触角。因此，很显然，在纳米流体的沸腾阶段，临界热流密度会增加，而纳米流体的沸腾传热系数可能下降或保持不变。

在淬火硬化过程中，钢件与淬火冷却介质间的表面传热状态是控制显微组织转变、应力产生和变形的重要因素。Kobasko的研究表明，在马氏体转变范围内非常快速和均匀的冷却，实际上减少了零件的变形和开裂的概率，同时提高了表面硬度和钢件的耐久性。纳米流体的沸腾临界热流密度的提高，可能适合于冷却高热流密度的应用领域。根据Kim等人的研究，由于纳米粒子的沉积促使蒸气膜过早失稳，采用纳米流体可以显著加速淬火过程。采用不同浓度的纳米流体进行304不锈钢棒的淬火，会产生不同峰值的传热系数（HTC）和Grossmann淬火烈度因子。Jagannath和Prabhu测量了铜淬火过程中水的传热系数界面峰值在1280W/(m^2·K)，Al_2O_3纳米颗粒的浓度从0.01%增加到4%时，传热系数峰值从1400W/(m^2·K)下降到965W/(m^2·K)。同样，Babu和Kumar观察到，在CNT纳米流体中淬火，热流密度峰值随着碳纳米管CNT粒子浓度的增加而增加，当CNT的质量浓度超过0.50%时，热流密度峰值开始减少。这些结果表明，对于相同的基液，有一个最佳的纳米颗粒浓度去提高/降低纳米流体的传热特性。纳米流体沸腾传热的增强和恶化以两种方式用于淬火热处理：要么提升或降低传热率，取决于进行热处理零件的截面厚度和所需的显微组织。因此，纳米流体有一种发展需求，对于具有低淬火敏感性的厚大截面需要高的淬火烈度，而对于高淬火敏感性的薄截面应采用较低的淬火烈度。

3.7.4 纳米粒子的加入对工件显微组织和力学性能的影响

纳米流体在核能、火箭、运输和变压器工业上的应用已经非常广泛。在这些应用行业中，不会发生冶金和力学性能的改变，然而在淬火热处理中，工件会发生显微组织的改变。当钢件从奥氏体相开始淬火时，随着冷却速度的不同，奥氏体可以转变成铁素体、珠光体、贝氏体或马氏体。固态相变过程会伴随着体积变化和塑性变形。由于相变过程中工件的冷却不均匀和金属工件的热量释放，使得在淬火过程中，会产生较大的热应力和残余应力。AISI 1070钢试样在水中和Al_2O_3纳米流体中淬火的马氏体组织如图3-110所示，在0.01%的纳米流体中淬火可以获得更细小的马氏体组织，并拥有较高的硬度。Chakraborty观察了采用水和水－TiO_2纳米流体喷射淬火的钢件上表面的显微组织，纳米流体的冷速比水快，得到了铁素体－贝氏体组织，而在水中淬火只有铁素体组织，如图3-111所示。Gestwa和Przylecka最近对Al_2O_3纳米流体的试验表明，C10和16MnCr5渗碳钢试样在纳米流体中淬火，相比于没有纳米粒子的淬火冷却介质，可以获得较高的冲击强度。他们还观察到，试样在加有1% Al_2O_3 纳米颗粒的10%聚合物水溶液中淬火和渗碳时，会产生非常小的形变量。很明显，采用纳米流体作为淬火冷却介质，工件可以获得想要的显微组织和所需的力学性能。

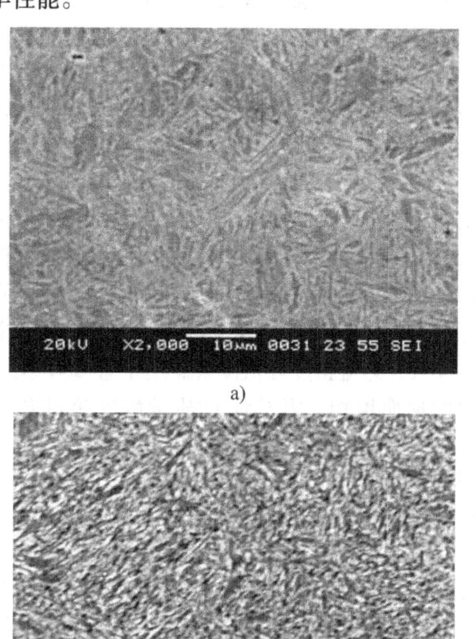

图3-110 AISI 1070钢试样在水中淬火和在0.01%的纳米流体中淬火的显微组织
a）水中 b）纳米流体中

3.7.5 纳米粒子的加入对润湿动力学和运动学的影响

Totten和Tensi采用电导率数据表征了浸淬过程中淬火冷却介质的润湿性。根据这些数据，在蒸气膜阶段，红热的金属大部分被蒸气膜包围，金属和反电极之间的电导率很低。当工件周围的气泡破裂时，核沸腾阶段开始，临界润湿点出现，电导率增加。

作者采用美国国家仪器PXI/PCI－4351数据采集系统检测了淬火过程中淬火探头与铂参比电极之间的接触电阻。采用动态接触角分析仪（型号：FTA200 First Ten Angstroms）研究了纳米流体的扩散行为。使用外科注射器（容量2.5mL，针头直径0.9mm或0.04in）和精密流量控制阀将制备好的纳米流体和水的液滴分布在奥氏体镍基高温合金基板

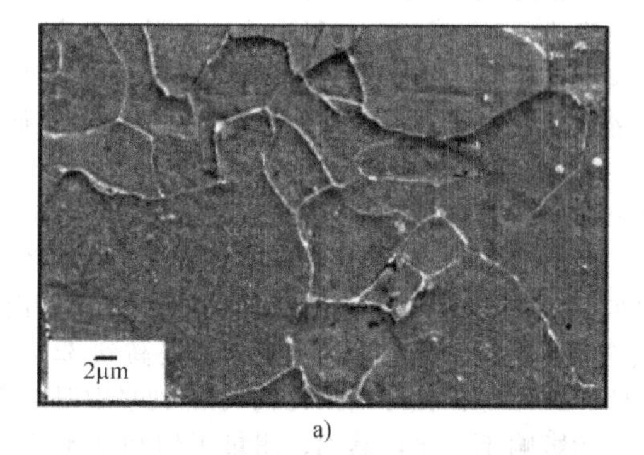

a)

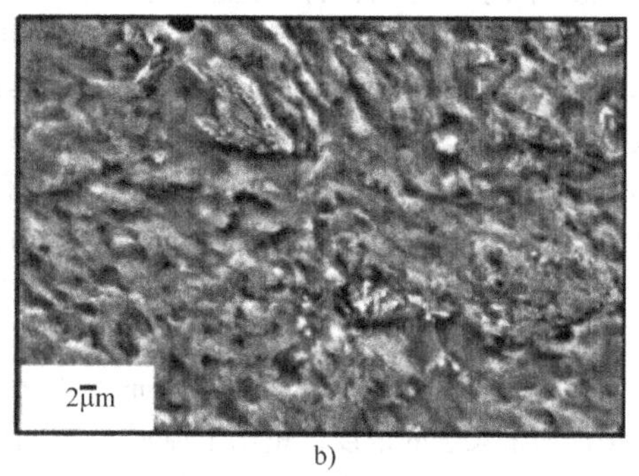

b)

图3-111 采用水和纳米流体冷却的钢件上表面的扫描电镜显微图片
a）水中 b）纳米流体中

上，并记录0.5s时间间隔内的扩散现象。基板的表面状态类似于试验所用的奥氏体镍基高温合金探棒。

图3-112显示了室温下水和纳米流体采用外科注射器置于奥氏体镍基高温合金基板上的液滴分布的接触角的松弛。液体的接触角从其初始值缓慢降低。结果表明，铝纳米粒子的加入及其浓度的增加不会显著影响接触角平均变化率（曲线斜率），然而，铝纳米粒子的加入会降低水的接触角。图3-112显示的是，分布在奥氏体镍基高温合金基板上的铝纳米流体和水液滴室温下扩散500s后的接触角测量值。纳米粒子浓度的增加会降低水的接触角，这表明纳米流体的润湿性增加。存在于三相区附近的纳米粒子会增加膜的超压，致使水的接触角降低。

图3-113是红热的奥氏体镍－铬高温合金探头在含有不同纳米粒子浓度的纳米流体中浸淬时，淬火探头与铂参比电极之间的接触电阻。水和0.05%体积浓度范围以内的纳米流体的接触电阻曲线比较相似，表明水蒸气膜的持续时间随着纳米粒子浓度的增加而降低。0.05%、0.1%和0.5%体积浓度的纳米流体没有最初的平峰，表明稳定的蒸气膜已经完全没有了。0.005%和0.01%体积浓度纳米流体的

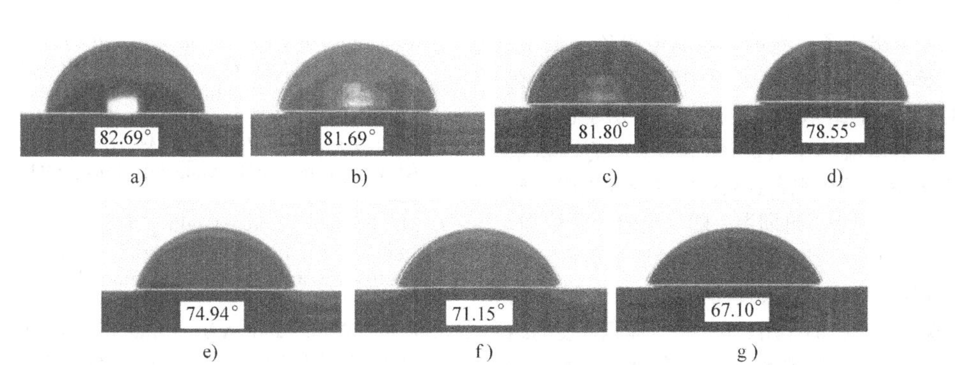

图3-112 不同流体中的接触角

a）水 b）0.001%体积浓度的纳米流体 c）0.005%体积浓度的纳米流体
d）0.01%体积浓度的纳米流体 e）0.05%体积浓度的纳米流体 f）0.1%体积浓度的纳米流体
g）0.5%体积浓度的纳米流体

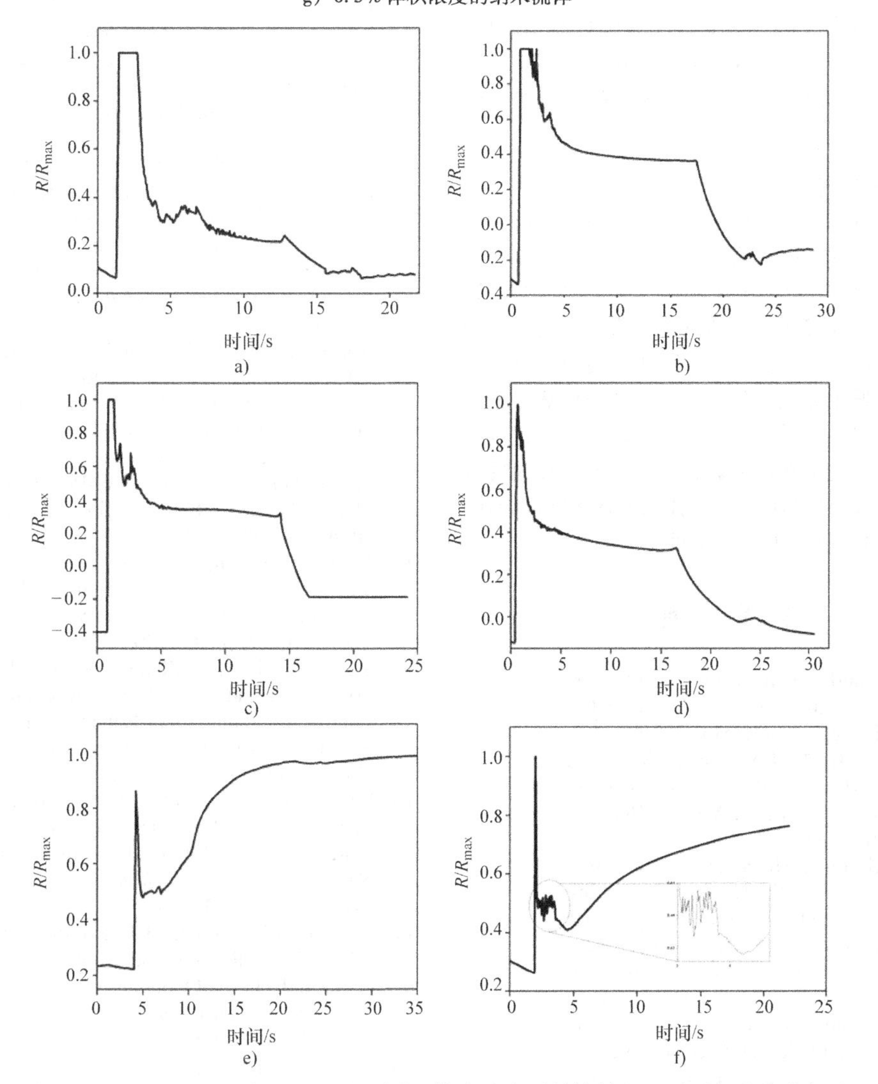

图3-113 Inconel 600合金探头在不同流体中淬火时其接触电阻随时间的变化行为

a）0.001%体积浓度的纳米流体 b）0.005%体积浓度的纳米流体
c）0.01%体积浓度的纳米流体 d）0.05%体积浓度的纳米流体 e）0.1%体积浓度的纳米流体
f）0.5%体积浓度的纳米流体

再润湿过程中出现了一些峰，表明电阻值降低了，这些瞬时峰可以在再润湿过程中获得。而且，在0.05%体积浓度的纳米流体中淬火，显示了快速的润湿性。在纳米流体中（0.1%和0.5%的体积浓度），可以从瞬时峰中观察到从初始的最大电阻开始急剧降低，表明出现了再润湿。随后电阻开始增加，最后达到一个常数。纳米粒子浓度的增加会导致纳米粒子多孔层的形成，淬火过程中沉积在探头表面，起到隔离探头和电极的作用。在0.5%体积浓度的纳米流体中淬火后，可以观察到探头表面有纳米粒子沉积。对冷却曲线的分析表明，纳米粒子加入到一个特定浓度时，会增加水的冷却强度，进一步增加纳米粒子的浓度，反而降低了水的冷却程度。淬火过程中，纳米粒子多孔层的形成会降低冷却强度。纳米粒子层是多孔的，纳米层的有效热导率（考虑到孔隙度和滞留的气体）低于纳米粒子的本质热导率。

3.7.6 总结

在淬火过程中，热传递、润湿动力学和运动学是很重要的现象，可以控制工件的最终冶金和力学性能。淬火冷却介质的正确选择，对避免淬火裂纹、减小变形和提高淬火硬化的再现性有很大益处。传统的淬火冷却介质中加入纳米粒子，会使得基液的热物理特性发生较大变化，增加了沸腾传热过程的临界热流密度，提高了冶金和力学性能。通过利用纳米流体的这些潜在优势，制备一系列冷却速度可调的淬火冷却介质是可行的，如纳米淬火冷却介质，将对淬火热处理产生极大的益处。

参考文献

1. C.H. Gur and J. Pan, *Handbook of Thermal Process Modeling of Steels*, CRC Press Publication, New York, 2008
2. B. Liscic, H.M. Tensi, and W. Luty, *Theory and Technology of Quenching, A Handbook*, Springer-Verlag Publication, Berlin, 1992
3. D.D. Hall and I. Mudawar, Experimental and Numerical Study of Quenching Complex-Shaped Metallic Alloys with Multiple, Overlapping Sprays, *Int. J. Heat Mass Transf.*, Vol 38, 1995, p 1201–1216
4. H.J.V. Hernandez and B.H. Morales, A Novel Probe Design to Study Wetting Front Kinematics during Forced Convective Quenching, *Exp. Therm. Fluid Sci.*, Vol 33, 2009, p 797–807
5. B. Liscic, State of the Art in Quenching, *Quenching and Carburizing, Proceedings of the Third International Seminar of the International Federation for Heat Treatment and Surface Engineering*, P. Hodgson, Ed., The Institute of Materials, Melbourne, 1993
6. *Heat Treating*, Vol 4, *ASM Handbook*, ASM International, Materials Park, OH, 1991
7. M. Edens, "Understanding Quenchants and Their Effects," Industrial Heating, http://www.industrialheating.com, March 21, 2006
8. X.-Q. Wang and A.S. Mujumdar, Heat Transfer Characteristics of Nanofluids: A Review, *Int. J. Therm. Sci.*, Vol 46, 2007, p 1–19
9. S.U.S. Choi, "Two Are Better than One in Nanofluids," http://microtherm.snu.ac.kr/workshop/workshop/Colloquium_2002/Colloquium_2002_12.pdf, 2001
10. M, Kostic, "Nanofluids: Advanced Flow and Heat Transfer Fluids," www.kostic.niu.edu/DRnanofluids/nanofluids-Kostic.ppt, 2006
11. S.R. Das, S.U.S. Choi, and H.E. Patel, Heat Transfer in Nanofluids—A Review, *Heat Transf. Eng.*, Vol 27, 2006, p 3–19
12. S.U.S. Choi, Enhancing Thermal Conductivity of Fluids with Nanoparticles, *Developments and Applications of Non-Newtonian Flows*, FED Vol 231/MD Vol 66, ASME, Washington, 1995, p 99–105
13. J.A. Eastman, S.U.S. Choi, S. Li, L.J. Thompson, and S. Lee, Enhanced Thermal Conductivity through the Development of Nanofluids, *Materials Research Society Symposium—Proceedings*, Vol 457 (Boston, MA), Materials Research Society, Pittsburgh, PA, 1997, p 3–11
14. X. Wang, X. Xu, and S.U.S. Choi, Thermal Conductivity of Nanoparticle-Fluid Mixture, *J. Thermophys. Heat Transf.*, Vol 13, 1999, p 474–480
15. S.U.S. Choi, Z.G. Zhang, W. Yu, F.E. Lockwood, and E.A. Grulke, Anomalous Thermal Conductivity Enhancement in Nanotube Suspensions, *Appl. Phys. Lett.*, Vol 79, 2001, p 2252–2254
16. F.D.S. Marquis and L.P.F. Chibante, Improving the Heat Transfer of Nanofluids and Nanolubricants with Carbon Nanotubes, *J. Miner. Met. Mater. Soc.*, Vol 57, 2005, p 32–43
17. W. Yu, D.M. France, J.L. Routbort, and S.U.S. Choi, Review and Comparison of Nanofluid Thermal Conductivity and Heat Transfer Enhancements, *Heat Transf. Eng.*, Vol 29, 2008, p 432–460
18. Y. Xuan and Q. Li, Heat Transfer Enhancement of Nanofluids, *Int. J. Heat Fluid Flow*, Vol 21, 2000, p 58–64
19. M.-S. Liu, M.C.-C. Lin, C.Y. Tsai, and C.C. Wang, Enhancement of Thermal

Conductivity with Cu for Nanofluids Using Chemical Reduction Method, *Int. J. Heat Mass Transf.*, Vol 49, 2006, p 3028–3033

20. H.E. Patel, S.K. Das, T. Sundararajan, A.S. Nair, B. George, and T. Pradeep, Thermal Conductivity of Naked and Monolayer Protected Metal Nanoparticle Based Nanofluids: Manifestation of Anomalous Enhancement and Chemical Effects, *Appl. Phys. Lett.*, Vol 83, 2003, p 2931–2933
21. H.U. Kang, S.H. Kim, and J.M. Oh, Estimation of Thermal Conductivity of Nanofluid Using Experimental Effective Particle Volume, *Exp. Heat Transf.*, Vol 19, 2006, p 181–191
22. T.K. Hong and H.S. Yang, Nanoparticle-Dispersion-Dependent Thermal Conductivity in Nanofluids, *J. Korean Phys. Soc.*, Vol 47, 2005, p S321–S324
23. M. Chopkar, S. Sudarshan, and P.K. Das, Manna I: Effect of Particle Size on Thermal Conductivity of Nanofluid, *Metall. Mater. Trans. A*, Vol 39, 2008, p 1535–1542
24. S. Lee, S.U.S. Choi, S. Li, and J.A. Eastman, Measuring Thermal Conductivity of Fluids Containing Oxide Nanoparticles, *Trans. ASME J. Heat Transf.*, Vol 121, 1999, p 280–289
25. S.K. Das, N. Putra, P. Thiesen, and W. Roetzel, Temperature Dependence of Thermal Conductivity Enhancement for Nanofluids, *Trans. ASME J. Heat Transf.*, Vol 125, 2003, p 567–574
26. Y. Hwang, H.S. Park, J.K. Lee, and W.H. Jung, Thermal Conductivity and Lubrication Characteristics of Nanofluids, *Curr. Appl. Phys.*, Vol 6, 2006, p e67–e71
27. D. Lee, J.W. Kim, and B.G. Kim, A New Parameter to Control Heat Transport in Nanofluids: Surface Charge State of the Particle in Suspension, *J. Phys. Chem. B*, Vol 110, 2006, p 4323–4328
28. C.H. Li and G.P. Peterson, Experimental Investigation of Temperature and Volume Fraction Variations on the Effective Thermal Conductivity of Nanoparticle Suspensions (Nanofluids), *J. Appl. Phys.*, Vol 99, 2006, p 1–8
29. H.A. Mintsa, G. Roy, C.T. Nguyen, and D. Doucet, New Temperature Dependent Thermal Conductivity Data for Water Based Nanofluids, *Int. J. Therm. Sci.*, Vol 48, 2009, p 363–371
30. H. Masuda, A. Ebata, K. Teramae, and N. Hishinuma, Alternation of Thermal Conductivity and Viscosity of Liquid by Dispersing Ultra-Fine Particles (Dispersion of γ-Al_2O_3, SiO_2 and TiO_2 Ultra-Fine Particles), *Netsu Bussei*, Vol 4, 1993, p 227–233
31. H. Xie, J. Wang, T. Xi, Y. Liu, F. Ai, and Q. Wu, Thermal Conductivity Enhancement of Suspensions Containing Nanosized Alumina Particles, *J. Appl. Phys.*, Vol 91, 2002, p 4568–4572
32. H. Xie, J. Wang, T. Xi, Y. Liu, and F. Ai, Dependence of the Thermal Conductivity of Nanoparticle-Fluid Mixture on the Base Fluid, *J. Mater. Sci. Lett.*, Vol 21, 2002, p 1469–1471
33. D. Wen and Y. Ding, Experimental Investigation into Convective Heat Transfer of Nanofluids at the Entrance Region under Laminar Flow Conditions, *Int. J. Heat Mass Transf.*, Vol 47, 2004, p 5181–5188
34. C.H. Chon, K.D. Kihm, S.P. Lee, and S.U.S. Choi, Empirical Correlation Finding the Role of Temperature and Particle Size for Nanofluids (Al_2O_3) Thermal Conductivity Enhancement, *Appl. Phys. Lett.*, Vol 87, 2005, p 1–3
35. S.M.S. Murshed, K.C. Leong, and C. Yang, Enhanced Thermal Conductivity of TiO_2-Water Based Nanofluids, *Int. J. Therm. Sci.*, Vol 44, 2005, p 367–373
36. H. Xie, J. Wang, T. Xi, and Y. Liu, Thermal Conductivity of Suspensions Containing Conductivity of Suspensions Containing Nanosized SiC Particles, *Int. J. Thermophys.*, Vol 23, 2002, p 571–580
37. H. Xie, H. Lee, W. Youn, and M. Choi, Nanofluids Containing Multiwalled Carbon Nanotubes and Their Enhanced Thermal Conductivities, *J. Appl. Phys.*, Vol 94, 2003, p 4967–4971
38. M.J. Assael, C.F. Chen, I. Metaxa, and W.A. Wakeham, Thermal Conductivity of Suspensions of Carbon Nanotubes in Water, *Int. J. Thermophys.*, Vol 25, 2004, p 971–985
39. D. Wen and Y. Ding, Effective Thermal Conductivity of Aqueous Suspensions of Carbon Nanotubes (Carbon Nanotube Nanofluids), *J. Thermophys. Heat Transf.*, Vol 18, 2004, p 481–485
40. M.J. Assael, I.N. Metaxa, J. Arvanitidis, D. Christofilos, and C. Lioutas, Thermal Conductivity Enhancement in Aqueous Suspensions of Carbon Multi-Walled and Double-Walled Nanotubes in the Presence of Two Different Dispersants, *Int. J. Thermophys.*, Vol 26, 2005, p 647–664
41. Y. Ding, H. Alias, D. Wen, and R.A. Williams, Heat Transfer of Aqueous Suspensions of Carbon Nanotubes (CNT Nanofluids), *Int. J. Heat Mass Transf.*, Vol 49, 2006, p 240–250
42. M.J. Assael, I.N. Metaxa, K. Kakosimos, and D. Constantinou, Thermal Conductivity of Nanofluids—Experimental and Theoretical, *Int. J. Thermophys.*, Vol 27, 2006, p 999–1017
43. P. Keblinski, S.R. Phillpot, S.U.S. Choi, and J.A. Eastman, Mechanisms of Heat Flow in Suspensions of Nano-Sized Particles (Nanofluids), *Int. J. Heat Mass Transf.*, Vol 45, 2002, p 855–863
44. S. Ozerinc, S. Kakac, and A.G. Yazıcıoglu, Enhanced Thermal Conductivity of Nanofluids: A State-of-the-Art Review, *Microfluid. Nanofluid.*, Vol 8, 2010, p 145–170

45. S.P. Jang and S.U.S. Choi, Role of Brownian Motion in the Enhanced Thermal Conductivity of Nanofluids, *Appl. Phys. Lett.*, Vol 84, 2004, p 4316–4318
46. J. Koo and C. Kleinstreuer, A New Thermal Conductivity Model for Nanofluids, *J. Nanopart. Res.*, Vol 6, 2004, p 577–588
47. C.H. Li and G.P. Peterson, Mixing Effect on the Enhancement of the Effective Thermal Conductivity of Nanoparticle Suspensions (Nanofluids), *Int. J. Heat Mass Transf.*, Vol 50, 2007, p 4668–4677
48. A. Gupta, X. Wu, and R. Kumar, Possible Mechanisms for Thermal Conductivity Enhancement in Nanofluids, *Fourth International Conference on Nanochannels, Microchannels and Minichannels* (Limerick, Ireland), 2006
49. M. Vladkov and J.L. Barrat, Modeling Transient Absorption and Thermal Conductivity in a Simple Nanofluid, *Nano. Lett.*, Vol 6, 2006, p 1224–1228
50. W. Evans, J. Fish, and P. Keblinski, Role of Brownian Motion Hydrodynamics on Nanofluid Thermal Conductivity, *Appl. Phys. Lett.*, Vol 88, 2006, 093116
51. W. Yu and S.U.S. Choi, The Role of Interfacial Layers in the Enhanced Thermal Conductivity of Nanofluids: A Renovated Maxwell Model, *J. Nanopart. Res.*, Vol 5, 2003, p 167–171
52. W. Yu and S.U.S. Choi, The Role of Interfacial Layers in the Enhanced Thermal Conductivity of Nanofluids: A Renovated Hamilton-Crosser Model, *J. Nanopart. Res.*, Vol 6, 2004, p 355–361
53. R.K. Shukla and V.K. Dhir, Numerical Study of the Effective Thermal Conductivity of Nanofluids, *Proceedings of the ASME Summer Heat Transfer*, July 17–22, 2005 (San Francisco, CA)
54. K.C. Leong, C. Yang, and S.M.S. Murshed, A Model for the Thermal Conductivity of Nanofluids—The Effect of Interfacial Layer, *J. Nanopart. Res.*, Vol 8, 2006, p 245–254
55. H. Xie, M. Fujii, and X. Zhang, Effect of Interfacial Nanolayer on the Effective Thermal Conductivity of Nanoparticle-Fluid Mixture, *Int. J. Heat Mass Transf.*, Vol 48, 2005, p 2926–2932
56. P. Tillman and J.M. Hill, Determination of Nanolayer Thickness for a Nanofluid, *Int. Commun. Heat Mass Transf.*, Vol 34, 2007, p 399–407
57. C. Sitprasert, P. Dechaumphai, and V. Juntasaro, A Thermal Conductivity Model for Nanofluids Including Effect of the Temperature-Dependent Interfacial Layer, *J. Nanopart. Res.*, Vol 11, 2009, p 1465–1476
58. L. Xue, P. Keblinski, S.R. Phillpot, S.U.S. Choi, and J.A. Eastman, Effect of Liquid Layering at the Liquid-Solid Interface on Thermal Transport, *Int. J. Heat Mass Transf.*, Vol 47, 2004, p 4277–4284
59. C. Nie, W.H. Marlow, and Y.A. Hassan, Discussion of Proposed Mechanisms of Thermal Conductivity Enhancement in Nanofluids, *Int. J. Heat Mass Transf.*, Vol 51, 2008, p 1342–1348
60. J. Eapen, J. Li, and S. Yip, Beyond the Maxwell Limit: Thermal Conduction in Nanofluids with Percolating Fluid Structures, *Phys. Rev. E*, Vol 76, 2007, 062501
61. W. Evans, R. Prasher, J. Fish, P. Meakin, and P. Phelan, Effect of Aggregation and Interfacial Thermal Resistance on Thermal Conductivity of Nanocomposites and Colloidal Nanofluids, *Int. J. Heat Mass Transf.*, Vol 51, 2008, p 1431–1438
62. C. Wu, T.J. Cho, J. Xu, D. Lee, B. Yang, and M.R. Zachariah, Effect of Nanoparticle Clustering on the Effective Thermal Conductivity of Concentrated Silica Colloids, *Phys. Rev. E*, Vol 81, 2010, 011406
63. K.V. Wong and M.J. Castillo, Heat Transfer Mechanisms and Clustering in Nanofluids, *Adv. Mech. Eng.*, Vol 2010, 2010, p 1–9
64. B.X. Wang, L.P. Zhou, and X.P. Peng, A Fractal Model for Predicting the Effective Thermal Conductivity of Liquid with Suspension of Nanoparticles, *Int. J. Heat Mass Transf.*, Vol 46, 2003, p 2665–2672
65. Q.Z. Xue, Model for Effective Thermal Conductivity of Nanofluids, *Phys. Lett. A*, Vol 307, 2003, p 313–317
66. D.H. Kumar, H.E. Patel, V.R.R. Kumar, T. Sundararajan, T. Pradeep, and S.K. Das, Model for Heat Conduction in Nanofluids, *Phys. Rev. Lett.*, Vol 93, 2004, p 1–4
67. Q. Xue and W.M. Xu, A Model of Thermal Conductivity of Nanofluids with Interfacial Shells, *Mater. Chem. Phys.*, Vol 90, 2005, p 298–301
68. H.E. Patel, T. Sundararajan, T. Pradeep, A. Dasgupta, N. Dasgupta, and S.K. Das, A Micro-Convection Model for Thermal Conductivity of Nanofluids, *Pramana J. Phys.*, Vol 65, 2005, p 863–869
69. H.E. Patel, K.B. Anoop, T. Sundararajan, and S.K. Das, Model for Thermal Conductivity of CNT-Nanofluids, *Bull. Mater. Sci.*, Vol 31, 2008, p 387–390
70. Y. Feng, B. Yu, K. Fen, P. Xu, and M. Zou, Thermal Conductivity of Nanofluids and Size Distribution of Nanoparticles by Monte Carlo Simulations, *J. Nanopart. Res.*, Vol 10, 2008, p 1319–1328
71. R.K. Shukla and V.K. Dhir, Effect of Brownian Motion on Thermal Conductivity of Nanofluids, *J. Heat Transf.*, Vol 130, 2008, p 1–13
72. A.R. Moghadassi, S.M. Hosseini, D. Henneke, and A. Elkamel, A Model of Nanofluids Effective Thermal Conductivity Based on Dimensionless Groups, *J. Therm. Anal. Calorim.*, Vol 96, 2009, p 81–84
73. B.X. Wang, W.Y. Sheng, and X.F. Peng, A Novel Statistical Clustering Model for

Predicting Thermal Conductivity of Nanofluid, *Int. J. Thermophys.*, Vol 30, 2009, p 1992–1998
74. C. Murugesan and S. Sivan, Limits for Thermal Conductivity of Nanofluids, *Therm. Sci.*, Vol 14, 2010, p 65–71
75. T.P. Teng, Y.H. Hunga, T.C. Teng, H.E. Moa, and H.G. Hsua, The Effect of Alumina/Water Nanofluid Particle Size on Thermal Conductivity, *Appl. Therm. Eng.*, Vol 30, 2010, p 2213–2218
76. M.E. Meibodi, M.V. Sefti, A.M. Rashidi, A. Amrollahi, M. Tabasi, and H.S. Kalal, Simple Model for Thermal Conductivity of Nanofluids Using Resistance Model Approach, *Int. Commun. Heat Mass Transf.*, Vol 37, 2010, p 555–559
77. P.K. Namburu, D.P. Kulkarni, A. Dandekar, and D.K. Das, Experimental Investigation of Viscosity and Specific Heat of Silicon Dioxide Nanofluids, *Micro. Nano. Lett.*, Vol 2, 2007, p 67–71
78. S.K. Das, N. Putra, and W. Roetzel, Pool Boiling Characteristics of Nano-Fluids, *Int. J. Heat Mass Transf.*, Vol 46, 2003, p 851–862
79. D.P. Kulkarni, D.K. Das, and G.A. Chukwu, Temperature Dependent Rheological Property of Copper Oxide Nanoparticles Suspension (Nanofluid), *J. Nanosci. Nanotechnol.*, Vol 6, 2006, p 1150–1154
80. A. Turgut, I. Tavman, M. Chirtoc, H.P. Schuchmann, C. Sauter, and S. Tavman, Thermal Conductivity and Viscosity Measurements of Water-Based TiO_2 Nanofluids, *Int. J. Thermophys.*, Vol 30, 2009, p 1213–1226
81. B.C. Pak and Y.I. Cho, Hydrodynamic and Heat Transfer Study of Dispersed Fluids with Submicron Metallic Oxide Particles, *Exp. Heat Transf.*, Vol 11, 1998, p 151–170
82. I. Tavman, A. Turgut, M. Chirtoc, H.P. Schuchmann, and S. Tavman, Experimental Investigation of Viscosity and Thermal Conductivity of Suspensions Containing Nanosized Ceramic Particles, *Arch. Mater. Sci. Eng.*, Vol 34, 2008, p 99–104
83. M. Mooney, The Viscosity of a Concentrated Suspension of Spherical Particles, *J. Colloid. Sci.*, Vol 6, 1951, p 162–170
84. H.C. Brinkman, The Viscosity of Concentrated Suspensions and Solutions, *J. Chem. Phys.*, Vol 20, 1952, p 571
85. H. Chen, Y. Ding, and C. Tan, Rheological Behaviour of Nanofluids, *New J. Phys.*, Vol 9, 2007, p 1–24
86. L. Xinfang, Z. Dongsheng, and W. Xianju, Experimental Investigation on Viscosity of Cu-H_2O Nanofluids, *J. Wuhan Univ. Technol. Mater. Sci. Ed.*, Vol 24, 2009, p 48–52
87. N. Masoumi, N. Sohrabi, and A. Behzadmehr, A New Model for Calculating the Effective Viscosity of Nanofluids, *J. Phys. D Appl. Phys.*, Vol 42, 2009, p 1–6
88. I.C. Nelson and D. Banerjee, Flow Loop Experiments Using Polyalphaolefin Nanofluids, *J. Thermophys. Heat Transf.*, Vol 23, 2009, p 752–761
89. L.P. Zhou, B.X. Wang, X.F. Peng, X.Z. Du, and Y.P. Yang, On the Specific Heat Capacity of CuO Nanofluid, *Adv. Mech. Eng.*, Vol 2010, 2010, p 1–4
90. R.S. Vajjha and D.K. Das, Specific Heat Measurement of Three Nanofluids and Development of New Correlations, *J. Heat Transf.*, Vol 131, 2009, p 1–7
91. Y. Xuan and W. Roetzel, Conceptions for Heat Transfer Correlation of Nanofluids, *Int. J. Heat Mass Transf.*, Vol 43, 2000, p 3701–3707
92. L.S. Sundar, S. Ramanathan, K.V. Sharma, and P.S. Babu, Temperature Dependent Flow Characteristics of Al_2O_3 Nanofluid, *Int. J. Nanotechnol. Appl.*, Vol 1, 2007, p 35–44
93. Harkirat, "Preparation and Characterization of Nanofluids and Some Investigation in Biological Applications," Master of Technology in Chemical Engineering, Thesis report, Thapar University, Patiala, 2010
94. S.K. Das, G.P. Narayan, and A.K. Baby, Survey on Nucleate Pool Boiling of Nanofluids: The Effect of Particle Size Relative to Roughness, *J. Nanopart. Res.*, Vol 10, 2008, p 1099–1108
95. S.J. Kim, I.C. Bang, J. Buongiorno, and L.W. Hu, Surface Wettability Change during Pool Boiling of Nanofluids and Its Effect on Critical Heat Flux, *Int. J. Heat Mass Transf.*, Vol 50, 2007, p 4105–4116
96. M.N. Pantzali, A.G. Kanaris, K.D. Antoniadis, A.A. Mouza, and S.V. Paras, Effect of Nanofluids on the Performance of a Miniature Plate Heat Exchanger with Modulated Surface, *Int. J. Heat Fluid Flow*, Vol 30, 2009, p 691–699
97. R. Kathiravan, R. Kumar, and A. Gupta, Characterization and Pool Boiling Heat Transfer Studies of Nanofluids, *J. Heat Transf.*, Vol 131, 2009, p 1–8
98. S.M. Murshed, S.H. Tan, and N.T. Nguyen, Temperature Dependence of Interfacial Properties and Viscosity of Nanofluids for Droplet-Based Microfluidics, *J. Phys. D Appl. Phys.*, Vol 41, 2008, p 1–5
99. Y.H. Jeong, W.J. Chang, and S.H. Chang, Wettability of Heated Surfaces under Pool Boiling Using Surfactant Solutions and Nano-Fluids, *Int. J. Heat Mass Transf.*, Vol 51, 2008, p 3025–3031

100. H. Peng, G. Ding, H. Hu, and W. Jiang, Influence of Carbon Nanotubes on Nucleate Pool Boiling Heat Transfer Characteristics of Refrigerant-Oil Mixture, *Int. J. Therm. Sci.*, Vol 49, 2010, p 2428–2438
101. S.H. Avner, *Introduction to Physical Metallurgy*, Tata McGraw-Hill, New Delhi, 1997, p 271
102. W. Bolton and M. Philip, *Technology of Engineering Materials*, Buttterworth-Heinemann Publication, Oxford, 2002, p 216
103. V. Jagannath and K.N. Prabhu, Severity of Quenching and Kinetics of Wetting of Nanofluids, *J. ASTM Int.*, Vol 6, 2009, p 1–9
104. W. Gestwa and M. Przylecka, The Modification of Sodium Polyacrylate Water Solution Cooling Properties by Al_2O_3, *Adv. Mater. Sci. Eng.*, Vol 2010, 2010, p 1–5
105. K. Babu and T.S. Prasanna Kumar, Effect of CNT Concentration and Agitation on Surface Heat Flux during Quenching in CNT Nanofluids, *Int. J. Heat Mass Transf.*, Vol 54, 2011, p 106–117
106. K. Sefiane, J. Skilling, and J. MacGillivray, Contact Line Motion and Dynamic Wetting of Nanofluid Solutions, *Adv. Colloid. Interface Sci.*, Vol 138, 2008, p 101–120
107. D. Boda, G.K.Y. Chan, D.J. Henderson, D.T. Wasan, and A.D. Nikolov, Structure and Pressure of a Hard Sphere Fluid in a Wedge-Shaped Cell or Meniscus, *Langmuir*, Vol 15, 1999, p 4311–4313
108. D.T. Wasan and A.D. Nikolov, Spreading of Nanofluids on Solids, *Nature*, Vol 423, 2003, p 156–159
109. D. Wen, Mechanisms of Thermal Nanofluids on Enhanced Critical Heat Flux (CHF), *Int. J. Heat Mass Transf.*, Vol 51, 2008, p 4958–4965
110. S. Vafaei, T.B. Tasciuc, M.Z. Podowski, A. Purkayastha, G. Ramanath, and P.M. Ajayan, Effect of Nanoparticles on Sessile Droplet Contact Angle, *Nanotechnology*, Vol 17, 2006, p 2523–2527
111. S.J. Kim, I.C. Bang, J. Buongiorno, and L.W. Hu, Effects of Nanoparticle Deposition on Surface Wettability Influencing Boiling Heat Transfer in Nanofluids, *Appl. Phys. Lett.*, Vol 89, 2006, p 1–3
112. B. Mehta and S. Khandekar, "Two-Phase Closed Thermosyphon with Nanofluids," 14th International Heat Pipe Conference, April 22–27, 2007 (Florianopolis, Brazil), 2007
113. S.K. Das, N. Putra, and W. Roetzel, Pool Boiling of Nano-Fluids on Horizontal Narrow Tubes, *Int. J. Multiphase Flow*, Vol 29, 2003, p 1237–1247
114. D.W. Zhou, Heat Transfer Enhancement of Copper Nanofluid with Acoustic Cavitation, *Int. J. Heat Mass Transf.*, Vol 47, 2004, p 3109–3117
115. I.C. Bang and S.H. Chang, Boiling Heat Transfer Performance and Phenomena of Al_2O_3-Water Nanofluids from a Plain Surface in a Pool, *Int. J. Heat Mass Transf.*, Vol 48, 2005, p 2407–2419
116. S.M. You, J.H. Kim, and K.H. Kim, Effect of Nanoparticles on Critical Heat Flux of Water in Pool Boiling Heat Transfer, *Appl. Phys. Lett.*, Vol 83, 2003, p 3374–3376
117. P. Vassallo, R. Kumar, and S.D. Amico, Pool Boiling Heat Transfer Experiments in Silica-Water Nano-Fluids, *Int. J. Heat Mass Transf.*, Vol 47, 2004, p 407–411
118. D. Wen and Y. Ding, Experimental Investigation into the Pool Boiling Heat Transfer of Aqueous Based γ-Alumina Nanofluids, *J. Nanopart Res.*, Vol 7, 2005, p 265–274
119. H. Kim, J. Kim, and M. Kim, Experimental Study on CHF Characteristics of Water-TiO_2 Nano-Fluids, *Nucl. Eng. Technol.*, Vol 38, 2006, p 61–68
120. Z. Liu, J. Xiong, and R. Bao, Boiling Heat Transfer Characteristics of Nanofluids in a Flat Heat Pipe Evaporator with Micro-Grooved Heating Surface, *Int. J. Multiphase Flow*, Vol 33, 2007, p 1284–1295
121. R. Kathiravan, R. Kumar, A. Gupta, R. Chandra, and P.K Jain, Pool Boiling Characteristics of Carbon Nanotube Based Nanofluids over a Horizontal Tube, *J. Therm. Sci. Eng. Appl.*, Vol 1, 2009, p 1–7
122. K.J. Park, D. Jung, and S.E. Shim, Nucleate Boiling Heat Transfer in Aqueous Solutions with Carbon Nanotubes up to Critical Heat Fluxes, *Int. J. Multiphase Flow*, Vol 35, 2009, p 525–532
123. A.M. Freborg, B.L. Ferguson, M.A. Aronov, N.I. Kobasko, and J.A. Powell, Intensive Quenching Theory and Application for Imparting High Residual Surface Compressive Stresses in Pressure Vessel Components, *J. Press. Vessel Technol.*, Vol 125, 2003, p 188–194
124. V. Trisaksri and S. Wongwises, Critical Review of Heat Transfer Characteristics of Nanofluids, *Renew. Sustain. Energy Rev.*, Vol 11, 2007, p 512–523
125. H. Kim, J. Buongiorno, L.W. Hu, and T. McKrell, Nanoparticle Deposition Effects on the Minimum Heat Flux Point and Quench Front Speed during Quenching in Water-Based Alumina Nanofluids, *Int. J. Heat Mass Transf.*, Vol 53, 2010, p 1542–1553
126. K.N. Prabhu and I. Ali, Comparison of Grossmann and Lumped Heat Capacitance Methods for Estimation of Heat Transfer Characteristics of Quench Media

for Heat Treatment of Steels, *Int. J. Heat Treat. Surf. Eng.*, Vol 5, 2011, p 1–6

127. K.N. Prabhu and P. Fernades, Nanoquenchants for Industrial Heat Treatment, *J. Mater. Eng. Perform.*, Vol 17, 2008, p 101–103
128. V. Jagannath, "Heat Transfer and Wetting Behaviour of Ecofriendly Quenchants for Industrial Heat Treatment—A Study," Master of Technology in Materials Engineering, Thesis report, NITK Surathkal, India, 2008
129. S. Chakrabority, A. Chakrabority, S. Das, T. Mukaherjee, D. Bhattacharjee, and R.K. Ray, Application of Water Based-TiO_2 Nano-Fluid for Cooling of Hot Steel Plate, *ISIJ Int.*, Vol 50, 2010, p 124–127
130. G.E. Totten and H.M. Tensi, Using Conductance Data to Characterize Quenchants, *Heat Treat Prog.*, Vol 2, 2002, p 39–42
131. G. Ramesh and K.N. Prabhu, Wetting Kinematics and Spreading Behaviour of Water-Based Aluminium Nanofluids during Immersion Quenching, *IJHTSE*

第4章

畸变和残余应力

4.1　热处理应力和畸变的基本原理

Thomas Lübben, Stiftung Institut für Werkstofftechnik
(Foundation Institute of Materials Science)

在金属结构件制造过程中发生的尺寸和形状的变化，会导致产品返工甚至报废所以导致高附加成本。根据德国机械设备制造业联合会（VDMA）在1995年展开的一项调查，德国每年需要花费8.5亿欧元仅用于消除传动零件的畸变。评估全球消除构件畸变的成本是一件很困难的事。然而，通过与来自世界各地的同事进行了许多相关的讨论，作者的感觉是所有国家都面临着相似的成本支出。为了减少这些成本，畸变控制成为现代经济生产中最大的挑战之一，而且由于当前小型化或轻型结构的趋势，畸变控制的重要性变得越来越大。

长时间以来，热处理导致的尺寸和形状改变一直是科学和工业研究的主题。从完全依靠经验研究开始，不再单单是依赖建模和模拟，对引起畸变的原因及机理的认识已经有了很大的提升。

本文旨在为读者综述畸变产生的复杂性。为了达到这个目的，介绍了一些与尺寸和形状变化的测量和评估相关的要点。然后介绍了在热处理过程中工件应力及畸变产生的机理。接着，采用在现实生活中应用越来越广泛的假设试验建立了一个不可避免的尺寸和形状改变的分类系统。最后，分析了零件热处理过程中的实际情形。结果证明了零件畸变是一种系统特性，这个系统是指零件的整个制造链。

4.1.1　尺寸和形状变化的测量与评估

在讨论变形产生的机理之前，为了让所有的读者用同样的方式理解本部分的内容，有必要定义三个术语：畸变、尺寸变化和形状变化。

1. 定义和测量原理

如果有人告诉你一个零件有0.5mm的畸变，其中的具体含义是不清楚的。畸变是不可能被测量的，而尺寸和形状的变化是可测量的。因此，本文中使用的“畸变”这一术语一般是指尺寸或（和）形状的变化。其他两个术语的定义：尺寸变化是指一个零件的在无形状变化的情况下的尺寸变化；形状变化是指一个零件的角度及曲率的变化。

（1）例子：一个圆环的圆度图　上面的这些定义是什么意思呢？图4-1所示是一个圆环内孔的圆度图。圆是一个环形件最重要的标准几何元素。为了定义尺寸变化，忽略真实构件不完美的形状。相反，通过一些计算方法来确定尺寸参数直径的平均值，比如使实际圆度图和最佳拟合圆之差的平方和取得最小值。得到的直径是没有形状改变的圆环的尺寸，如图4-1中粗实线所示。这个结果称为高斯圆。随零件的功能而定，外接圆可以使用所有测量点都在圆内的方法来估算，该圆要尽可能小；或者使用所有的测量点都在圆外的方法，使得该圆尽可能大（内切圆）。

假设热处理前后该高斯圆的计算结果分别为D_b和D_a，通过下面的公式很容易就能计算出直径的变化值（ΔD）：

$$\Delta D = D_a - D_b \tag{4-1}$$

接着，要计算形状变化，即由于局部曲率改变而与完美圆的偏差。对于工业实践中的环形件，圆度偏差（roundness deviation，OR）是最重要的形状参数。它定义为图4-1所示圆度图的最大和最小半径之差，即

$$OR = r_{max} - r_{min} \tag{4-2}$$

最后，必须去除介于这些不同半径同心圆（图4-1中的双点画线）间的所有区域。圆度偏差变化值为

$$\Delta OR = OR_a - OR_b \tag{4-3}$$

（2）概括　对于更复杂的几何体，这套处理流程可以概括如下：

第一步，定义零件需要考虑的标准几何元素。以环为例，这个元素仅仅为一个圆。其他的元素可能为点、线、平面、圆柱、圆锥、球或圆环。零件的几何形状可以通过和标准几何元素之间的角度或距离之差等几何特征来描述。就像对环的描述那样，通过面向功能的匹配算法来确定基本元素的描述参数。

第二步，根据几何尺寸可以计算不同元素之间的距离及角度之差。距离是零件的尺寸。角度变化则是在给定的定义中描述形状变化的第二个可能的方法。从热处理前后或其他工艺的测量结果开始，代入式（4-1）和式（4-3），就可以计算出尺寸和形状的变化值。

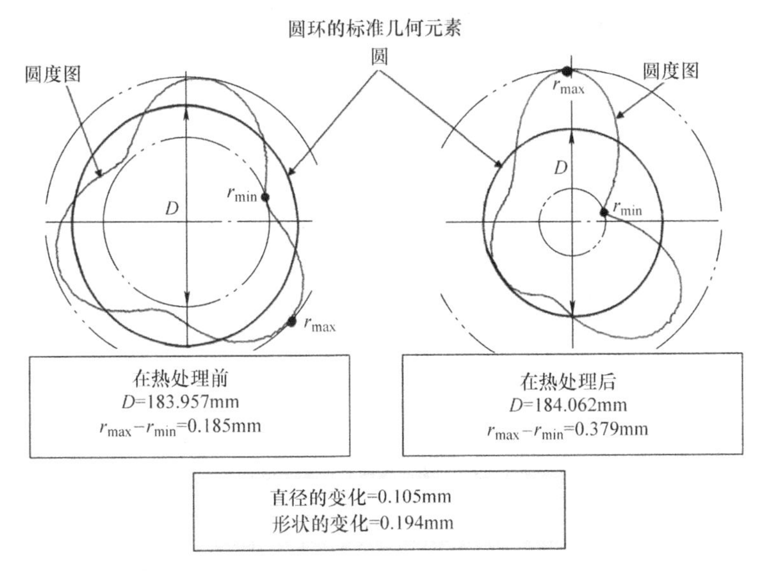

图 4-1　热处理前后圆环内表面的圆度图

D—直径　*r*—半径

2. 扩展的尺寸及形状变化的测定与评估

在工业实践中，构件尺寸和形状变化的测定按下述方式进行。根据必要的精度要求，使用不同类型的测量设备。在最简单的情况下，测量设备可能是一个游标卡尺或千分表。如果需要更高的精度，则必须使用圆度测量仪器、传动测量设备，或者一个三维坐标测量系统。在最后一种情况下，可能需要很多测量值以确定尺寸和形状参数。例如，圆度图可能包含几百次测量，但最后的结果只有两个值：直径和圆度。这意味着有更多的测量数据一般不会被使用。然而，如果使用了这些测量数据，则可以获得关于特定形状变化原因的线索。本节中例 1 描述了一种完全适合这种情况的技术，如果许多测量是沿着圆形路径完成的，则可以使用该技术。测量结果可以是圆度图或平面度，取决于沿着圆形路径的测量位置。

另一个例子是轴的畸变行为。一般来说，轴的畸变将导致弯曲（“香蕉形”）；在工业实践中，人们只关注弯曲的幅度。然而对弯曲方向的评估将有助于更好的分析弯曲产生的原因。本节中例 2 描述了确定包含经典模量和方向的弯曲向量的方法。本节中例 3 提供了一个关于如何分解各种因素对形状变化的影响的想法。

（1）例 1：评价圆度图的强大工具——傅里叶分析　在图 4-1 中，可以很容易看出不能使用圆度偏差值来描述产生的畸变。在热处理之前，环形件有一个由加工过程导致的、具有明确方向和相应幅度的三角形变。零件经过热处理后，不能简单地描述其圆度。有三个半径值最大的方向，但是每个方向上的大小是不同的。而且，这些半径极大值的角度相比热处理之前有了一定改变。所有这些关于形状变化的信息由一个典型的工业用参数来表征：ΔOR＝0. 194mm（0. 0076in）。

Gunnarson 最先使用傅里叶分析方法来分析冠状齿轮孔的变形问题，随后 Volkmuth 等使用该方法来分析轴承环的变形，对其圆度图（图 4-2）进行了更深入的评估。这些作者评估了不同阶数，如椭圆度（H2）、三角变形度（H3）等，但他们没有使用方向的信息，而这些信息可以从傅里叶分析中获得。

1）数学描述。傅里叶分析背后的理论是众所周知的、很简单的。图 4-3a 显示了外形复杂的圆度图，该图由三个简单的不同阶数（2、3 和 6）、振幅和初始相位（图 4-3b）的余弦函数叠加而合成。相位是特别重要的，因为通过这些值可以获得关于首选方向的信息。

然而，如果情况相反，必须做些什么：已知圆度图，而组成阶数的振幅和相位未知？如果在 N 个角度为 φ_j 的等间距位置上测量得到圆度图 $r(\varphi)$，则

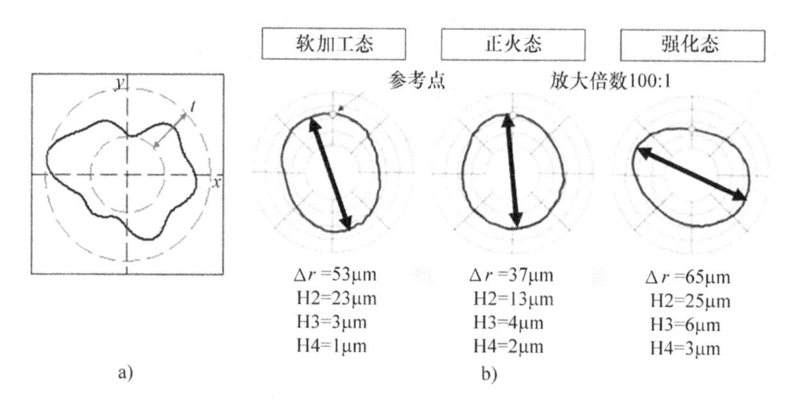

图 4-2 圆度偏差和傅里叶变换的模数

a）圆度偏差（DIN ISO 1101） b）傅里叶变换的模数

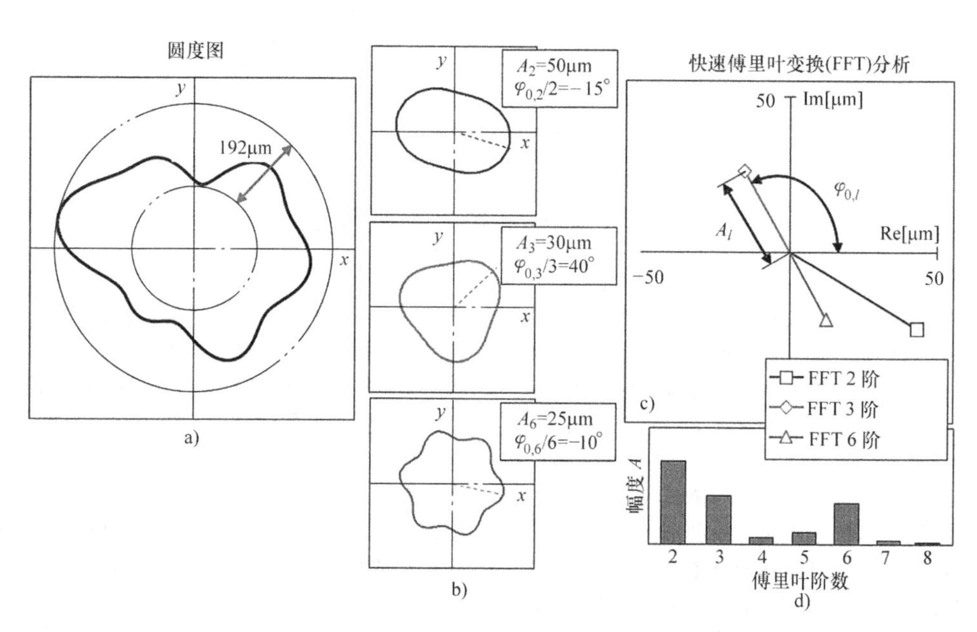

图 4-3 圆度图、复平面中的傅里叶谱及模数谱

a）合成圆度图 b）第 2 阶、第 3 阶和第 6 阶的圆度图 c）复平面中的傅里叶谱 d）模数谱

$$\varphi_j = \frac{2\pi j}{N}, \quad j=0,1,\cdots,N-1 \tag{4-4}$$

那么，该三角多项式为

$$T_N(\varphi) = \sum_{l=0}^{N-1} c_l \exp(\mathrm{i} \cdot l\varphi) \tag{4-5}$$

式中 $$c_l = \frac{1}{N}\sum_{j=0}^{N-1} r(\varphi_j)\exp\left(-\mathrm{i} \cdot 2\pi \frac{lj}{N}\right)$$

$$l = 0,1,\cdots,N-1 \tag{4-6}$$

在角度 φ_j 处取半径 $r(\varphi_j)$ 的值：

$$r(\varphi_j) = T_N(\varphi_j), \quad j=0,1,\cdots,N-1 \tag{4-7}$$

当 $l=0$ 时，通过式（4-5）可以得到环的平均半径。当 l 取其他值时，系数 c_l 通常为复数（$\mathrm{i}=\sqrt{-1}$）：

$$c_l = a_l + \mathrm{i}b_l, \quad l=1,2,\cdots,N-1 \tag{4-8}$$

此外，系数 c_l 也可以采用模 A_l 和相位角 $\varphi_{0,l}$ 来表示：

$$c_l = A_l(\cos\varphi_{0,l} + \mathrm{i} \cdot \sin\varphi_{0,1})$$

$$A_1 = \sqrt{a_l^2 + b_l^2}, \quad l=1,2,\cdots,N-1$$

$$\tan\varphi_{0,l} = \frac{b_l}{a_l} \tag{4-9}$$

图 4-3c 所示是构成合成圆度图的复数。该图可以在复平面上用少数几个点描述包含几百个测量结果的完整的圆度图，在本例中是三个点。单独使用模数（图 4-3d）不能重建原来的图形。为了正确解释在复平面上的相位 $\varphi_{0,l}$，必须考虑这些值要除以它们的阶数 l。由此产生的角度给出了相应圆度图的

取向。对于图 4-3 中的第 3 阶，在复平面的角度为 120°。第 3 阶圆度图的取向是 40°。

微软 Office Excel 2007 提供了一个数据分析功能，通过安装一个插件，该功能可以被激活。通过使用该“数据分析”功能中的快速傅里叶变换（FFT）可以计算系数 c_l。在这种情况下，测量位置的总量 N 必须是 2^n 这样的数字。如果不满足此条件，那么用户自己必须通过编程来重新设置式（4-6）。

现在可以通过一个直截了当的方式来计算环的尺寸和形状变化。如果通过相应的圆度图可以计算一个工艺前后的傅里叶系数 c_l，那么半径和形状的变化可以表征为

$$\Delta c_l = c_l^a - c_l^b,\quad l=0,1,2,\cdots,N-1 \tag{4-10}$$

半径的改变为 Δc_0，形状的改变为 Δc_1、Δc_2 等。复数的加法和减法运算和向量的运算方法相同，即对应的实部和虚部分别相加减。

2）实际应用：轴承座圈的椭圆度。图 4-4 证明了该方法在处理大量数据时的优势。在这些图中只考虑第 2 阶参数——椭圆度。图 4-4a 所示为 237 个环件经过软加工后的椭圆度。这些环件在加工过程中被一个自定心卡盘夹紧。在复平面中，可以看到三个第 2 阶系数的聚集区域。该现象可以通过夹紧过程来解释。每个环有一个方向标记。该标记在夹紧过程中位于某个夹爪的中间，但选择三个夹爪中的哪一个是随机决定的。这一结果表明，夹爪几何偏差的数量级为 10μm。

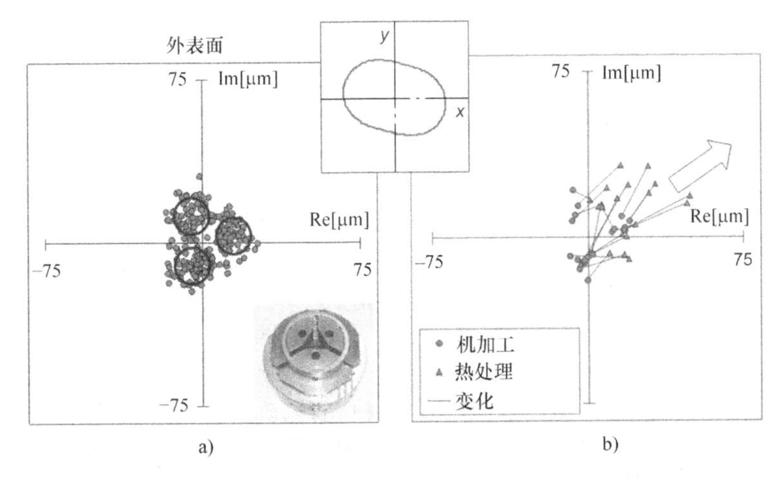

图 4-4　机加工后外表面的椭圆度和热处理后的椭圆度变化

a）机加工后外表面的椭圆度（237 个圆环）　b）热处理后的椭圆度变化（20 个圆环）

图 4-4b 显示了 20 个环件经过附加的热处理后的结果。椭圆度的变化将通过一个环件在机加工后和淬火后的两个系数的关系来获得。很明显可以看出，这些变化具有一个择优取向（角度大约为 45°）。那么，接下来的任务是确定在圆度图的 $x-y$ 平面上、在 22.5°方向上产生这种结果的原因。

（2）例 2：轴的弯曲　轴的热处理工艺经常会导致轴发生弯曲。为了确定其直径的变化和弯曲方向，测量沿轴向不同位置处的圆度（图 4-5a）。通过快速傅里叶变换，可以直接求解得到相应的直径，在必要时也能获得更高阶的系数。采用圆度图的中心点来确定弯曲方向。而这些圆度图的一阶傅里叶系数给出了这些中心点的位置。在下一步中，将这些中心点投射在 $x-y$ 平面上（图 4-5b）。可以通过连接这些点得到的直线来计算弯曲矢量的方向。通过轴的端面位移来计算其模数。通常在这些位置处难以得到测量结果，必须采用外推法进行计算。这里可以使用一条抛物线，通过回归分析来确定抛物线参数。在抛物线方程中代入一半的长度来求得弯曲矢量的模数。用热处理前后这些矢量之差计算弯曲的变化（图 4-5b）：

$$\Delta \vec{C} = \vec{C}_a - \vec{C}_b \tag{4-11}$$

同样，剩下的任务是确定这种变化产生的原因，特别是弯曲方向变化的原因。

（3）例 3：圆盘或齿轮的碟形倾斜　对于较薄的圆盘或齿轮来说，一个重要的形状变化类型是几何形状的倾斜，这使其外形看起来像一个碟子。图 4-6a 所示是典型的带孔（SAE5120 钢；外直径 120mm，内直径 45mm，厚度 15mm；或外直径 5in，内直径 2in，厚度 0.6in）渗碳淬火圆盘的顶面及底面上的平面度测量结果。除了整个盘的倾斜外，在孔附近和外侧面发生了额外的变化。这些形状变化是不可避免的，这将在后面进行进一步讨论。如果要量化这种倾斜的程度，需要将这种影响与不可避

免的尺寸变化和形状变化区别开来。在当前的例子中，假设这种不可避免的变形关于圆盘的中间平面对称。那么，可以将 z 坐标的最大和最小变化值取平均值。通过平均化处理来消除这种不可避免的变形，得到的是一条几乎完美的直线（图 4-6a）。它的斜率可以用来描述圆盘的倾斜或碟形倾斜（-0.86μm/mm）。在修正初始测量结果后，得到了单纯的不可避免的尺寸和形状变化。得到的结果如图 4-6b 所示。

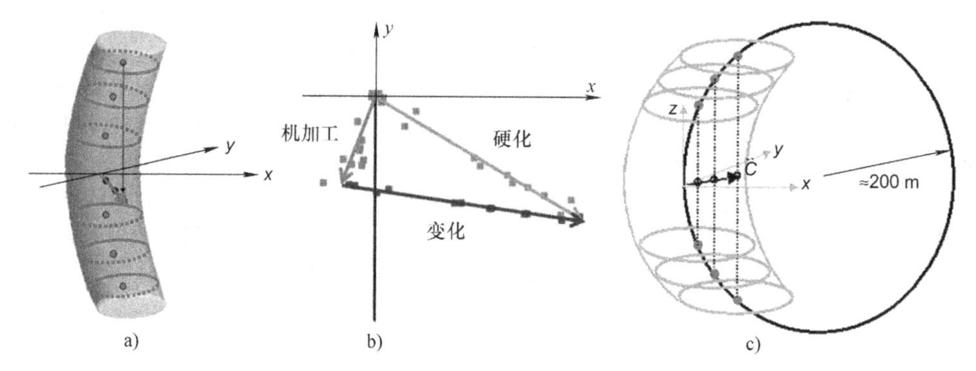

图 4-5 轴的弯曲

a）确定弯曲矢量 b）弯曲矢量的改变 c）直径 20mm（0.8in）、长度 200mm（8in）的轴的典型弯曲的圆的直径

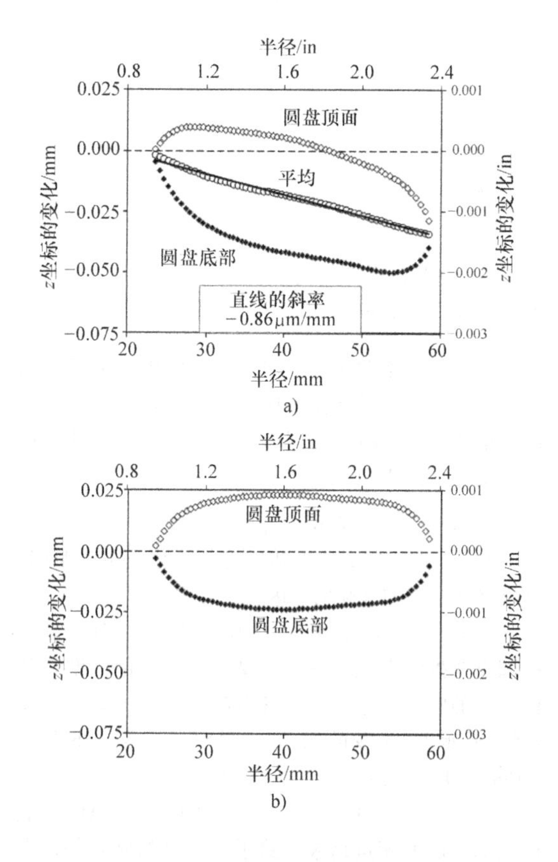

图 4-6 圆盘的碟形倾斜

a）圆盘在轴向的总畸变

b）在分离和矫正碟形倾斜后的总畸变

4.1.2 热处理过程中应力和畸变产生的机理

如图 4-7 所示，尺寸和形状变化的原因主要有两个：一个是体积改变，另一个是变形。

1. 体积改变

体积改变主要由密度或质量的变化引起。第二种情况（改变材料的质量来改变体积）发生在每种热化学热处理过程中（如渗碳或渗氮），这是由于其他原子进入近表面区域。当然，表面氧化或脱碳等有害的变化也对体积变化产生影响。这些在表层发生的有利的或有害的变化也会导致密度的变化。

相变和析出过程也影响密度。这些过程由（局部）化学成分和与过程相关的温度 - 时间曲线（连续冷却转变曲线和时间 - 温度转变曲线；参阅《美国金属学会热处理手册 A 卷 钢的热处理基础和工艺流程》中的 1.1 节“钢的热处理概论”来决定。应力对相变行为的影响也表现为对这些工艺流程的力学影响。

由图 4-8 可以看出，密度的倒数，即比体积，与碳含量存在一定的联系。该图是由 Lement 采用 X 射线衍射法（XRD）测量材料晶格参数得到的，在其原始版本里包含了更多附加的曲线。为了读者更好地理解这一现象，图 4-8 只选择了奥氏体、铁素体 + 渗碳体、马氏体的曲线。对于给定的碳含量，在单位质量下形成奥氏体所需要的体积最小；也就是说，奥氏体密度最高。铁素体 + 渗碳体的混合相以及马氏体需要更多的体积。随着碳含量的增加，以上提到的各相的比体积均近乎线性增长。铁素体 + 渗碳体和马氏体的直线之间的差距随碳含量增加而增加。如果一个零件的初始微观组织为铁素体 + 渗碳体，在经过马氏体淬火后，体积增加的大小很大程度上取决于钢的碳含量。可以采用图 4-8 或参考文献［7］中的公式来估算体积变化。

产生这种现象是因为铁的不同晶格的原子排列。奥氏体是面心立方结构，其比体积比体心立方结构要小。

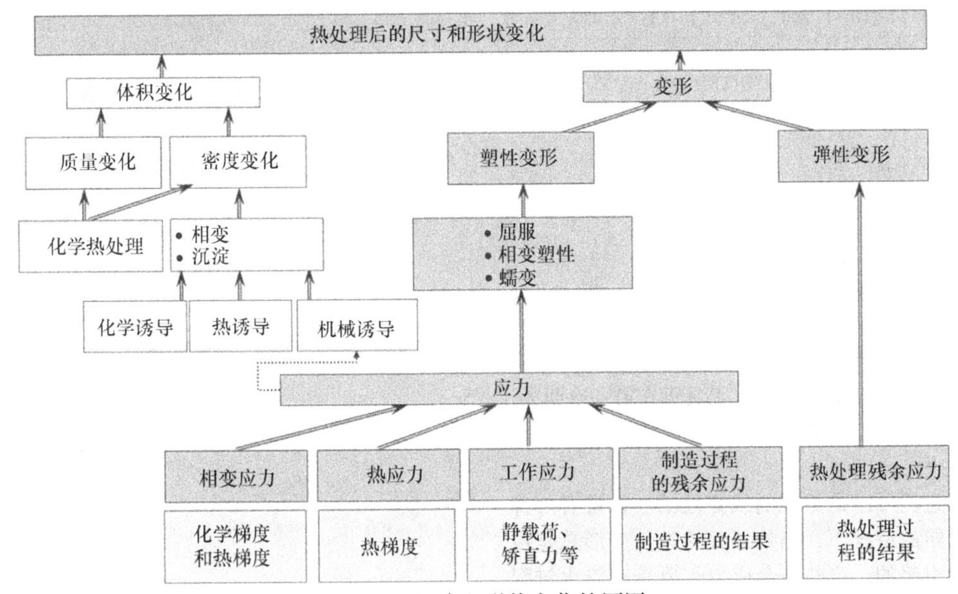

图 4-7　尺寸和形状变化的原因

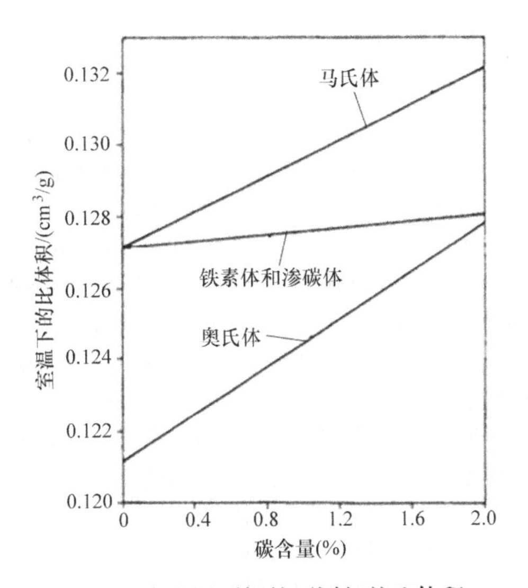

图 4-8　在室温下钢的不同相的比体积与碳含量

（1）相变引起的体积变化　采用上述分析，不能理解零件在加热或淬火过程中具体发生了些什么。相反，使用膨胀仪有助于理解发生了些什么。图 4-9 所示是 SAE5120 钢试件在完整的淬火过程中的长度的变化情况。该试样的原始组织为铁素体和珠光体，转变为奥氏体后，由于比体积减小而使试件体积减小。发生的马氏体相变会使试件延长。但在整个循环结束后，发现试样长度增加非常小，这是因为该种钢的碳含量非常小（仅为 0.2% 左右）。此外，由图 4-9 可以看出奥氏体的热胀系数比铁素体 + 珠光体、马氏体的热胀系数要大。

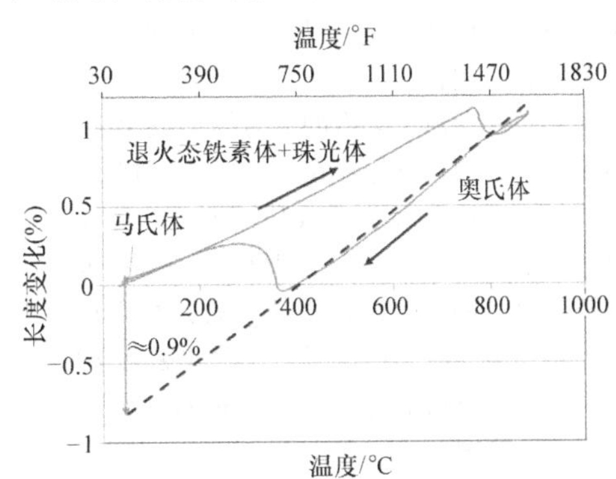

图 4-9　20MnCr5（SAE 5120）钢淬火过程中的长度变化

零件在热处理过程中的尺寸变化值远大于热处理后的尺寸变化值，认识到这一点很重要。奥氏体化或渗碳过程中构件的长度变化的典型单位为百分比，而热处理后的长度变化的单位为千分比。

（2）析出物引起的体积改变　析出物引起的零件尺寸变化较小，但是使用膨胀仪能可靠地检测出这些长度的变化。图 4-10 所示是 AISI D2 工具钢在第一次回火加热过程中析出碳化物的例子。基于碳化物析出的影响，在温度大约为 260℃（500℉）

时，长度变化 - 温度曲线发生了相对线性热膨胀曲线的偏离。此外，在大约120℃（250℉）形成了立方马氏体，在冷却结束时得到新形成的马氏体。

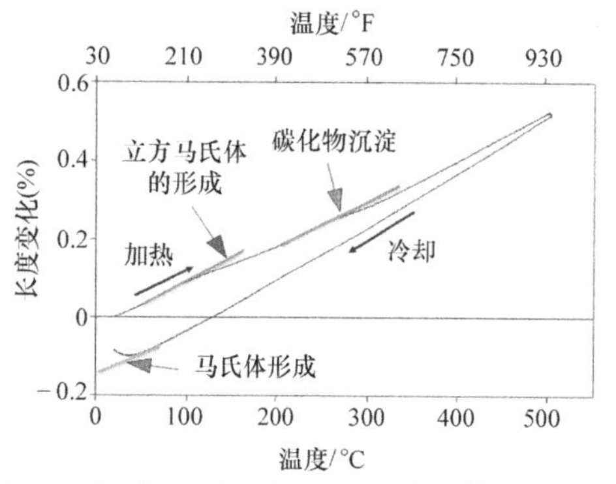

图4-10 经过1050℃（1920℉）奥氏体化并油淬的X155CrVMo12-1（AISI D2）工具钢在第一次回火时的长度变化

2. 变形

变形过程可以是塑性的或弹性的。在没有外部载荷和力矩的情况下，热处理后的弹性变形总是由残余应力引起的。这些残余应力主要是在淬火过程中产生的，而且存在于整个热处理后的零件之中。零件残余应力状态的每次改变会导致零件尺寸和形状的变化。局部的机加工会导致残余应力的重新分布。这不仅导致弹性变形重新分布，而且会引起零件尺寸和形状的改变。在零件使用过程中，热载荷或机械载荷也可以改变应力分布，因此也可能造成尺寸和形状的变化。

引起塑性变形所必需的应力的形成原因有很多。在热处理过程中，首先存在着热应力和相变的叠加。它们源自温度梯度和化学成分梯度，部分化学成分梯度可能是凝固过程所产生偏析的残余。此外，重力或矫直力（如淬火过程中的夹具）可以产生与上述应力相互作用的工作负载，并因此影响塑性变形。最后，有必要考虑制造过程产生的残余应力，特别是在加热阶段中。

如果在应力作用下零件产生了塑性变形，那么零件尺寸和形状的改变只与应力有关。在热处理过程中，塑性变形的机理有三种：屈服、相变塑性和蠕变。这三种不同效应的应力来源是不相关的。

（1）屈服引起的塑性变形 如果通过多轴应力状态计算得到的等效应力大于屈服应力，材料发生屈服。通过塑性变形来释放过高的应力。屈服极限与温度密切相关（图4-11a）。当温度较低时，可以承受较高的弹性应力。随着温度增加，抵抗塑性变形的能力持续减小。在常见的热处理温度下，屈服强度非常小（在几十兆帕范围内）。此外，在这样的温度下应变硬化变小。因此，当等效应力稍微超过屈服强度时，就能引起巨大的塑性变形：在700℃（1290℉）时，65MPa（9.4ksi）的应力产生了0.2%的塑性应变（图4-11b）。

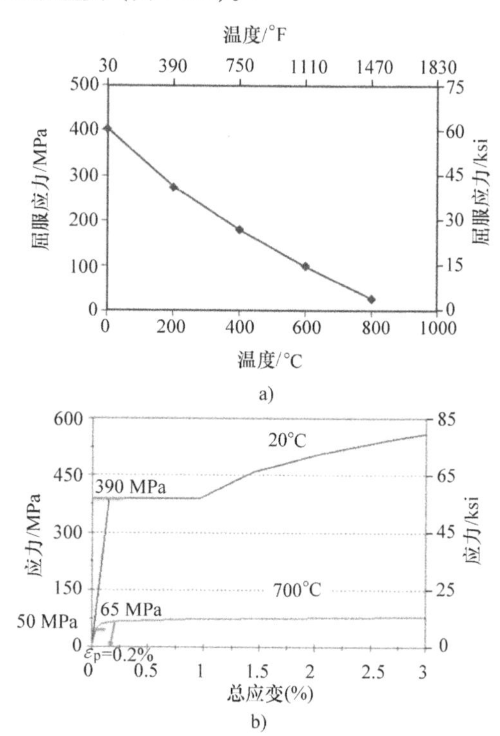

图4-11 SAE 52100钢的屈服强度和应力 - 应变曲线

a）球化处理和退火后的屈服极限与温度的函数关系

b）相应的应力 - 应变曲线（应变速率$40\times10^{4}s^{-1}$）

（2）相变塑性引起的塑性变形 与屈服引起的变形不一样，相变塑性不需要超过某一个最小应力值就可以产生塑性变形。只有当应力和相变同时存在时，相变塑性的应变增量产生，相变塑性的应变增量与偏应力成正比——在一维情况下，与作用的应力成正比。如果满足这一条件，将产生相变塑性。这种机制适用于下列所有类型的相变：

1）由铁素体生成奥氏体。

2）由奥氏体生成马氏体。

3）由奥氏体生成贝氏体。

4）由奥氏体生成珠光体。

相变塑性的变形量与偏应力之间的比例常数取决于相变类型。

图4-12所示是SAE 4140H合金钢试样在不同载荷下进行马氏体淬火时的长度变化。在相变开始前给试样施加一个应力，会显著改变无应力曲线。在给定的条件下，上述的比例常数的值为$4.2\times10^{-5}N/mm^{2}$。这意味着，在50MPa的应力作用下，相变结束时会产生0.2%的塑性应变。

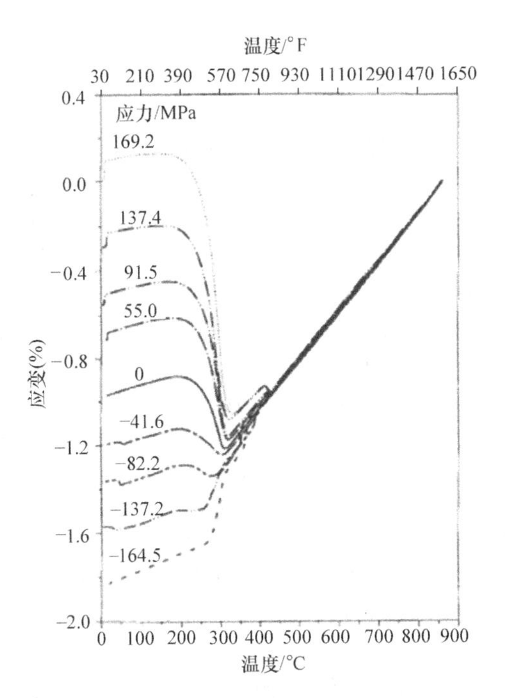

图 4-12　42CrMo4（SAE 4140H）钢在不同载荷下进行马氏体淬火时应力对长度变化的影响

对于一个含有带状组织的零件，相变塑性出现在介观尺度上，并且产生一个各向异性并且与位置有关的相变应变。当加热含有带状铁素体-珠光体微观组织的零件时，会产生尺寸和形状上的变化，尤其是在宏观尺寸上。关于相关的具体内容可参考本书中 4.4 节“畸变工程”和参考文献［11］。

（3）蠕变引起的塑性变形　第三种与畸变相关的机制也不需要最小的应力值。蠕变发生在高温下——该温度一般为热力学温度下熔点的 33%～50%，而且是与时间相关的效应（图 4-13）。甚至在 5MPa（0.7 ksi）的中等应力作用下，在典型渗碳温度 940℃（1725℉）下保温 1h 后，能产生 0.2% 的塑性变形。

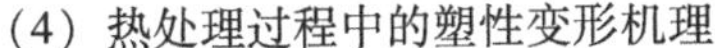
（4）热处理过程中的塑性变形机理

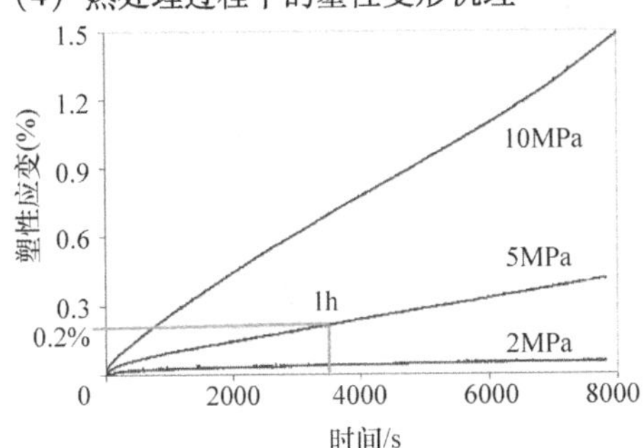

图 4-13　20MnCr5（SAE 5120）钢在 940℃（1725℉）下由蠕变引起的塑性变形

1）当存在应力时，每次加热和冷却过程中，相变塑性是造成畸变的重要因素。

2）在淬火过程中材料的屈服相当重要。如果前面的冷成形、机加工等加工过程在构件内部产生了巨大的残余应力，那么在加热过程中可能会引起材料的屈服。

3）由于在容易发生蠕变的温度区间停留的时间非常短，因此在淬火过程中基本不发生蠕变。然而，这种机制可以在加热、奥氏体化、渗碳等处理时发挥重要作用，因此，在确定是尺寸和形状变化的原因时需要考虑这个因素。

4.1.3　热处理的尺寸和形状变化及其应力变化

为了推演不可避免的尺寸和形状变化的分类及相关的应力，在本小节提出了一个假想试验。该试验不是真实的，但它有助于理解不可避免的畸变的产生。

1. 相变引起的尺寸变化

在假想试验里，假设零件可以在理想条件下制造，这些条件是：

1）零件中化学成分和初始微观组织均是均匀的。

2）没有织构。

3）不存在残余应力的零件坯料可以用机加工方式制造。

此外，还必须假定热处理在如下的理想条件下进行：

1）零件各部分均匀加热。

2）非常小的加热速度。

3）理想的装料过程。

4）尽可能小的冷却速度。

5）理想的热传导条件。

即使在这些理想条件下，如果热处理过程中微观组织发生变化，零件的尺寸也仍然会发生改变。比体积和微观组织状态之间存在一定的关系。因此，即使没有任何塑性变形，零件的尺寸也可能不可避免地发生变化（图 4-8）。例如，由图 4-8 可知，如果一个马氏体淬火后的碳含量为 0.4% 的钢制零件以非常低的冷速进行正火处理，最后其体积也将不可避免地减小，这是由于正火后会得到铁素体/珠光体组织。

这个例子可能不切合实际，但是它却清楚地表明产生不可避免的尺寸变化的机制是相变。Wyss 对不可避免的尺寸和形状改变进行了分类，其中上述这种情况属于趋势Ⅰ（图 4-14）。在图 4-14 中，双点画线表示的是初始轮廓，实线表示的是服从假想试验条件、经过热处理后可能的尺寸变化。趋势Ⅰ中只有尺寸变化，而没有任何形状的改变。尺寸变化取决于以下参数：

1）化学成分（尤其是碳）。

2）初始微观组织。

3）奥氏体化条件。

4）相变类型。

5）相变的程度（部分或完全）

根据假想试验的假定，将不会产生应力或残余应力。

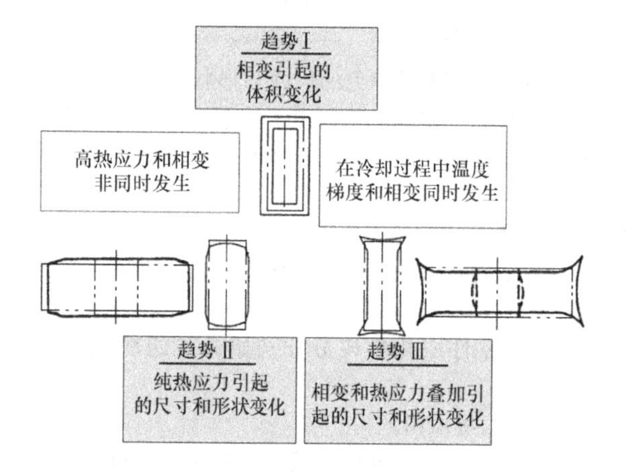

图4-14 不可避免的尺寸变化和形状变化的三种基本趋势

2. 热应力引起的尺寸和形状变化

在假想试验的第二步，去掉最小冷却速度假设以接近淬火过程中的实际情况，这样零件内部产生温度差异。现在，可以对无相变过程进行分析。

（1）应力变化和残余应力状态 由于材料的比体积与温度密切相关，零件中的温度差异将产生热应力。如图4-15中的冷却原理所示，开始时材料近表面层的冷却速度比心部冷速快。因此，表面区域试图收缩。高温的心部将阻止表层材料的收缩。结果，在近表层产生拉应力，而在心部产生压应力（曲线 a）。当表面和心部的温差达到最大（图中的 W 点）时，在近表层产生的拉应力达到最大值。随着时间的推移，心部的收缩速率大于近表层，表层和心部之间的温度差异和应力将持续降低。在冷却过程结束时，所有的应力都会消失。

在整个淬火过程中，如果等效应力值没有达到与温度相关的屈服极限，钢件就只发生弹性变形。然而，如果等效应力大于钢的屈服强度，就会通过塑性变形（图4-15中的阴影区域）来释放过高的应力，由此产生的应力如曲线 b 所示。在经过表层和心部最大的温差后，心部更大的收缩会导致表面应力因弹性变形降低（曲线 c），直到材料内部的应力反向。然后材料表面受到压应力作用而心部受到拉应力作用。当材料内部的温度达到完全平衡，材料的残余应力状态如图4-15中右下角所示。这种心部为拉应力而表层为压应力的应力状态是典型的没有相变的淬火材料的残余应力状态。

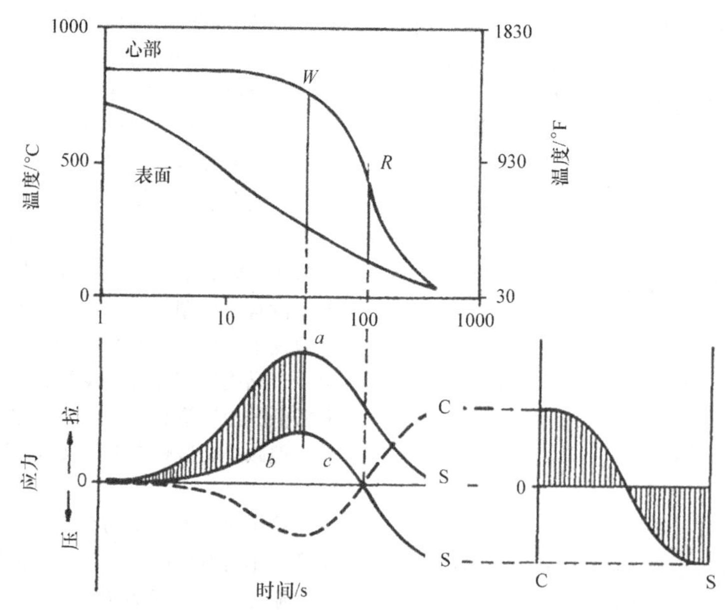

图4-15 热应力的产生

注：C表示心部，S表示表面。

（2）尺寸和形状的变化　以上分析表明在本实例中的尺寸发生变化最终是由于局部应力超过了材料的屈服强度以及所导致的塑性变形。可以通过Ameen准则来描述尺寸和形状的相应变化。根据该准则，如果淬火过程只中存在热应力，所有的材料将发生尺寸和形状变化，并倾向于接近球形。图4-16所示是初始为方坯的100CrMn6钢试件［其化学成分（质量分数）为0.90%～1.05%C，0.40%～0.70%Si，0.95%～1.25%Mn，0.35%～1.60%Cr］经过几百次的加热和淬火后的形状，这证明了Ameen准则的有效性。

图4-16　初始形状为方坯的试件经过几百次盐浴淬火后的形状

按照Wyss建立的分类方法，这种情况属于图4-14中的趋势Ⅱ，即大的尺寸减小，其他尺寸增加。在这种情况下，工艺及材料参数的影响可以描述如下。由单纯热应力导致的尺寸变化随着下列因素的变化而增加：

1）零件尺寸的增加。

2）淬火温度的增加。

3）淬火速率的增加。

4）热导率的降低。

5）热胀系数的降低。

6）屈服强度的降低。

在加热过程中也存在相似的规律。

（3）Biot数对尺寸变化的影响　在使用水和油的淬火试验中发现了Ameen准则。但是对于更小的冷却强度，其结果又会是怎样的呢？Frerichs对这个问题进行了探究，为了研究尺寸及换热系数对尺寸变化的影响，他开展了大量的试验和数值研究。他特别研究了零件经过气体淬火后的尺寸变化。第一个重要发现是采用一个无量纲数能描述长圆柱体的尺寸变化，该无量纲数是法国物理学家和数学家Jean－Baptiste Biot命名的。在这里所说的“长”是指圆柱体的长度必须为直径的3倍以上。

通过计算换热系数和热导率的比值即可得到Biot数（Bi）。其中包括的三个参数分别为热处理过程的换热系数α、材料的热导率λ和零件的特征长度L。

Frerichs最初选择圆柱的直径作为特征长度。他采用如下定义：

$$Bi=\frac{\alpha}{\lambda}D \tag{4-12}$$

第二个重要发现是无相变的长圆柱体在淬火过程中发生的尺寸变化大小取决于Biot数的大小，而不取决于以上三个定义的参数数值。图4-17显示了用三个参数不同的组合得到的大量模拟结果。可以看出，这些曲线有小的“分散”，但是所有曲线都非常相似，并且描述的内容与只取决于Biot数的理论曲线相似。这条曲线由以下三个部分组成：

1）$Bi \leqslant 0.4$：尺寸不发生变化，不会超过材料的屈服极限，淬火后没有残余应力。

2）$0.4 < Bi \leqslant 3.2$：长度增加，直径减小，具有典型的残余应力分布。

3）$Bi > 3.2$：长度减小，直径增大，表明Ameen准则有效，具有典型的残余应力分布。

因此，Frerichs的第三个发现是只有当淬火过程中的Biot数大于3.2时，Ameen准则才是正确的。这意味着，油淬和水淬过程将更好地遵循Ameen准则。

（4）塑性应变对尺寸和形状变化的影响　直到现在仍没给出这种尺寸变化趋势发生改变的现象的原因。为了回答这个问题，Frerichs详细评估了热处理模拟计算。图4-18所示是不同Biot数下的轴向塑性应变和轴向残余应力的分布。当Biot数约为1.3时，将达到图4-17中所示的最大长度变化，正的轴向塑性应变在整个轴向塑性应变分布中占主导地位。当Biot数变大时，截面上负的轴向塑性应变逐渐增加，当Biot数大于3.2时，可以看到尺寸长度减小。

由图4-18可显示另一个重要的结论：当Biot数较小时，圆柱体试样的轮廓将按趋势Ⅲ发生变化。因此，Wyss的分类还需要完善（图4-14），必须考虑不同Biot数引起的尺寸变化差异。

（5）Biot数对残余应力的影响　将残余应力看

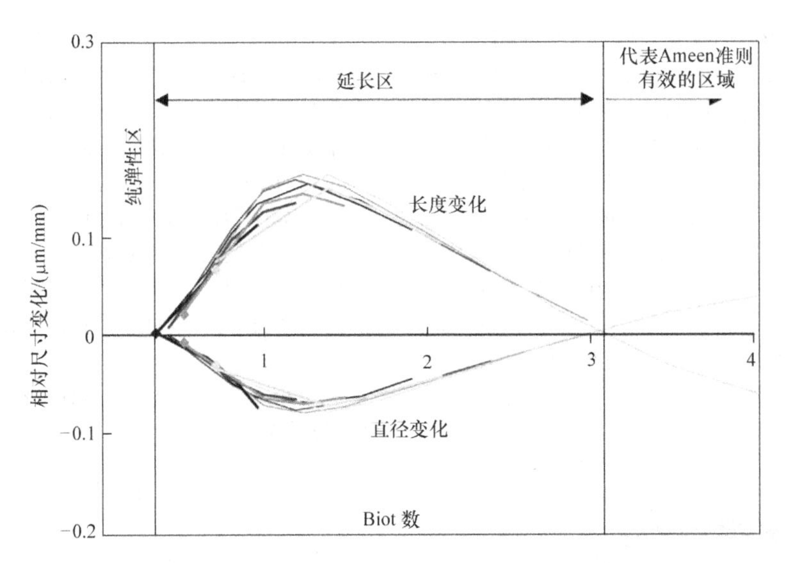

图 4-17　X8CrNiS18 - 9（AISI 303）奥氏体钢长圆柱体的尺寸变化与 Biot 数之间的函数关系

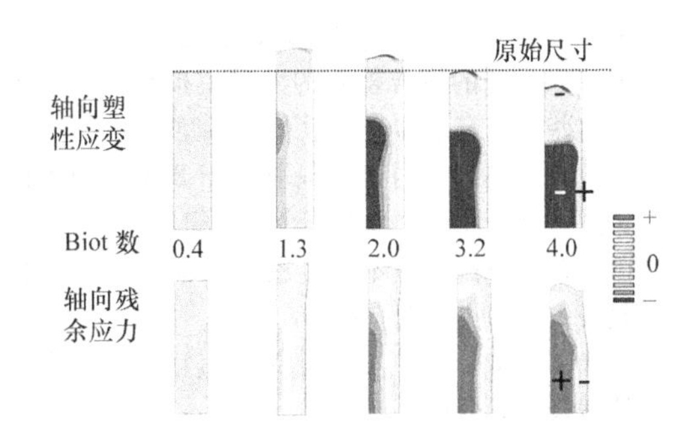

图 4-18　不同 Biot 数下轮廓的变化及相应的轴向塑性应变和轴向残余应力分布（只显示了圆柱截面的 1/4）

作 Biot 数的函数，那么在轴向应力分量具有相同的变化趋势，即横截面上轴向拉应力部分随着 Biot 数的增加而增加（图 4-18）。然而，在所有情况下，无相变淬火的典型应力分布为：心部为拉应力，表层为压应力。然而，必须提到的是图 4-15 中使用的简单双壳模型在表面附近是无效的。这里必须考虑应力张量特性的复杂性。

（6）构件几何形状对尺寸变化的影响　为了比较不同几何形状构件的尺寸变化，必须使用更一般的特征长度。Frerichs 在 Kobasko 的研究基础上使用试件的体积（V）和表面积（S）的比值作为特征长度。其给出的 Biot 数的值为

$$Bi = \frac{\alpha}{\lambda}\frac{V}{S} \tag{4-13}$$

直径为 D 的长圆柱体的体积和表面积之比可以通过下式很容易计算得到：

$$\frac{V}{S} \approx \frac{1}{4}D \tag{4-14}$$

结果，由该定义得到的 Biot 数更小，采用两种不同特征长度的 Biot 数值之间的关系如下式所示：

$$Bi\left(\frac{V}{S}\right) \approx \frac{1}{4}Bi(D) \tag{4-15}$$

图 4-19 比较了长圆柱体、圆盘和圆环的模拟结果。对于所有被研究的几何形状，塑性变形初次产生、极端的尺寸变化以及符号发生变化所对应的 Biot 数几乎相同。此外，还可以得出的结论是：简单几何形状的最大尺寸（圆柱体高度、圆环半径均值、圆盘半径）有相似的变化规律，其最小尺寸（圆柱体半径、圆环壁厚、圆盘高度）也有相似的变化规律。对于介于这两种极端尺寸之间的第 3 种尺寸，基于图 4-19 中的数据不能得到一般的结论。

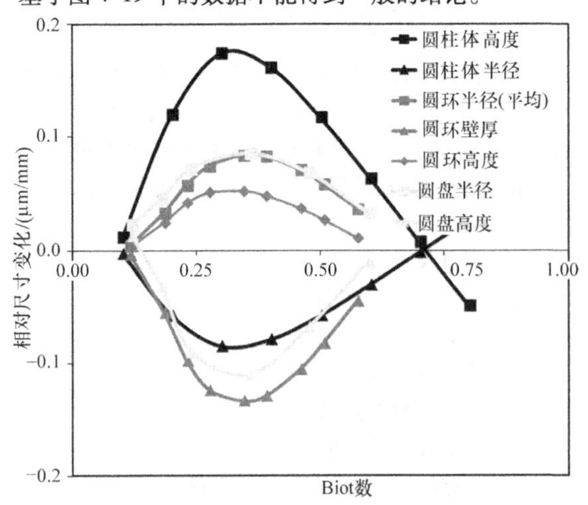

图 4-19　没有经历相变的简单零件的尺寸变化

（7）材料和工艺参数对尺寸变化的影响　需要注意的是，图 4-17 ~ 图 4-19 给出的定量结果只对

AISI 303 不锈钢有效。然而，对于其他没有相变的材料，也可以得到类似的定性关系。Frerichs 认为除了 Biot 数，只需要用其他五个无量纲数来描述热应力引起的圆柱体尺寸变化。其相对长度变化和相对直径变化的函数分别为

$$\frac{\Delta L}{L}=f\left(\frac{\alpha}{\lambda}\frac{V}{S};\alpha_{\mathrm{th}}(T_0-T_q);\nu;\frac{E}{\sigma_0};\frac{E}{K};n\right)$$

$$\frac{\Delta D}{D}=g\left(\frac{\alpha}{\lambda}\frac{V}{S};\alpha_{\mathrm{th}}(T_0-T_q);\nu;\frac{E}{\sigma_0};\frac{E}{K};n\right) \tag{4-16}$$

式中，α_{th}为热胀系数；T_0 和 T_q 分别为零件起始温度和淬火冷却介质温度；ν 和 E 分别为泊松比和弹性模量；σ_0 为屈服强度；K 和 n 为修正的Ramberg－Osgood 模型参数。

通过所谓的量纲分析可确定这些无量纲量。使用这些无量纲量有两大优点：

1）如果已知所有描述几何形状、材料、工艺的相关参数，那么就可以推导出决定该系统畸变行为的无量纲数。一般来说，无量纲数的个数要小于影响参数的总数。

2）如果两个几何形状相似构件的无量纲数的数值均相等，那么这两者的畸变行为是一样的。

甚至当定义两个构型的所有参数完全不同时，第二个陈述也是成立的。在流体动力学中，无量纲数的这种性质是结果可转移性的基础，例如，通过一个风洞试验小模型所得到的结果可以用于真实的汽车或飞机。

但是，量纲分析不能得到式（4-16）中的函数 g 和 f。Landek 等人提出了第一个方法。他们采用了 28 种典型的奥氏体钢（表 4-1）的平均材料特性及相应的标准差。采用这些数据，完成了长圆柱体的许多有限元模拟计算。通过一个非线性回归模型来拟合得到所产生的长度变化。图 4-20 对比了拟合计算和数值模拟的长度变化结果。尽管相关性不是很大，但是在式（4-16）的参数已知的情况下，该回归模型为估算长度变化提供了一种可能。

（8）在热处理过程中的尺寸变化　到目前为止，介绍了当零件最终冷却至室温的热处理过程的畸变行为。无论如何，在工艺过程中无量纲数的概念也有效。在这种情况下，必须使用如下的傅里叶数 Fo 来代替时间：

$$Fo=\frac{\lambda}{\rho c_{\mathrm{p}}}\frac{t}{L^2} \tag{4-17}$$

式中，λ 为热导率；ρ 为密度；c_{p} 为比热容；t 为时间；L 为特征长度。Simsir 提出，如果两个几何形状相似的构件的所有无量纲数（包括傅里叶数）的数值均相等，那么除冷却曲线之外，淬火过程的其他与时间相关的结果相同（如相组成、应力张量和应变张量的分量）。

表 4-1　分析用奥氏体钢的典型牌号

钢种	钢种
27Cr－9Ni（as－cast）	AISI 301
19Cr－10Ni－2.5Mo	AISI 302
19Cr－9Ni－0.2C	AISI 304
19Cr－10Ni	AISI 305
19Cr－11Ni－2.5Mo	AISI 308
19Cr－9Ni	AISI 309
19Cr－11Ni3.5Mo	AISI 310
24Cr－13Ni	AISI 314
25Cr－20Ni	AISI 315
X8CrNiS18.9	AISI 316
AISI 201	AISI 317
AISI 202	AISI 321
AISI 205	AISI 329
AISI 216	AISI 330

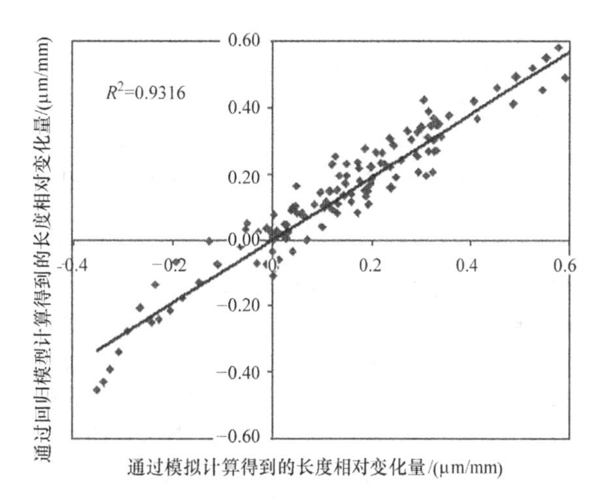

图 4-20　奥氏体钢棒经过无相变冷却后长度变化的数值模拟计算结果与回归模型预测结果的对比

3. 热应力和相变叠加引起的尺寸和形状变化

最后，要注意的是硬化工艺需要在淬火过程中发生相变，同时获得特定的微观组织，这就需要满足对局部冷却速率的要求。因此，零件一般都存在温度梯度、相关热应力和相变，与局部区域的冷却曲线密切相关。与趋势 I 的畸变情形相反，存在相变梯度并会导致相变应力。热应力与相变应力两者

的叠加会在零件内部产生与时间相关的复杂应力分布。在淬火过程中，由于相变塑性及材料屈服形成的残余应力场造成最终的尺寸和形状变化。

（1）应力变化及残余应力状态　图4-21显示了关于热应力和相变应力之间不同的相互作用的三个例子。图4-21的上部是连续冷却转变曲线的示意图及表面和心部的冷却曲线。图4-21的下部是对应的应力变化。为了更好地理解这一过程，展示了单纯热应力和总应力的变化。图中阴影部分表示塑性变形。

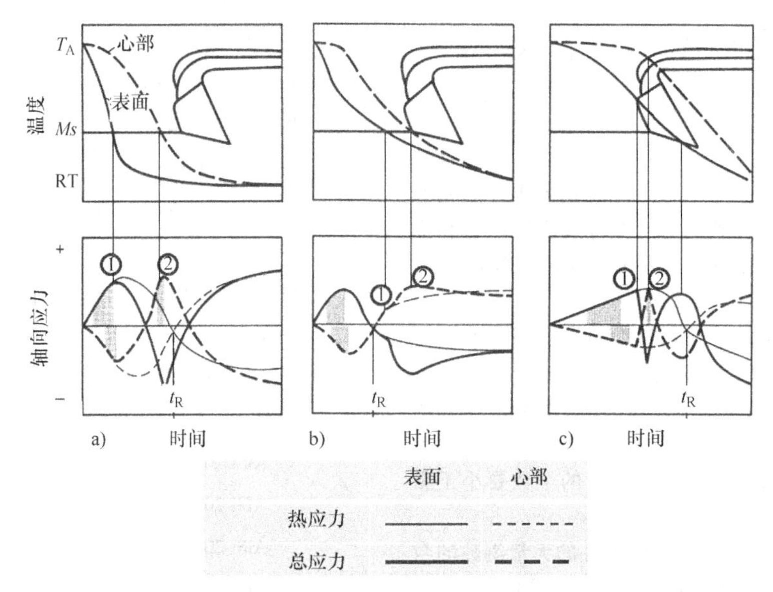

图4-21　热应力和相变应力叠加的示意实例

1）应力符号改变前发生的马氏体转变。图4-21a分析了完全马氏体的转变过程。在近表层开始发生马氏体相变之前，构件内部只有热应力（图中细线），这和图4-15相同。当马氏体开始在表层形成时（对应图中的位置①），由于马氏体的比体积相对较大（图4-8），会造成局部区域的体积增加，因此会产生相变压应力，使总应力（图中粗线）减少。同时，心部的应力（图中虚线）开始增加，由于材料屈服引起的塑性变形将停止。直到心部的相变开始（对应图中的位置②）为止，心部的总应力会不断增加。这里发生的应力变化和前面描述的近表层的应力变化一样。在淬火处理最后，构件内部形成表面为拉应力、心部为压应力的残余应力状态，这与无相变的淬火过程恰恰相反。

2）应力符号改变后发生的马氏体相变。图4-21b所示也是一个完全马氏体的硬化过程。但是在相变开始前，热应力已经改变了它们的符号（时间t_R）。在这种情况下，表层产生的相变应力放大了热应力叠加。表层总应力负值变得更大。心部的拉应力也随之不断增加。当心部开始发生相变时，整个应力状态仅略有降低。在淬火过程最后，残余应力分布结果与纯热应力情况下（图4-15）类似。

3）表层相变在心部相变之前开始，在心部相变之后结束。如图4-21c所示，表层区域相变开始时形成贝氏体，在最后形成马氏体。在这些相变过程开始与结束之间，心部组织转变成铁素体和珠光体。这一过程包含三次应力代数符号转变。在淬火结束后，残余应力分布又与热应力形成的残余应力分布相似。

这些例子表明，产生的应力及最后的残余应力分布在很大程度上取决于冷却与相变行为之间的关系，在一般情况下，需要通过热处理模拟来预测最后的残余应力状态。

（2）尺寸和形状变化　如前所示，应力变化取决于相变和冷却行为之间的相互作用。一个简单的圆柱或圆环产生的尺寸和形状变化可能在趋势Ⅰ（只有尺寸变化）、趋势Ⅱ（球形，尺寸和形状变化）、趋势Ⅲ（钢丝卷筒，尺寸和形状变化，见图4-14）。如果较高热应力和相变发生在不同的时间，结果将介于纯尺寸改变和球形之间。相变引起的尺寸变化和热应力引起的尺寸和形状变化相互叠加。另外，如果热应力和相变发生在同一时间，其变形结果为趋势Ⅲ中的钢丝卷筒。

在图4-22所示的四个例子中，热应力与相变应力不同的相互作用导致构件产生不同尺寸和形状的变化。

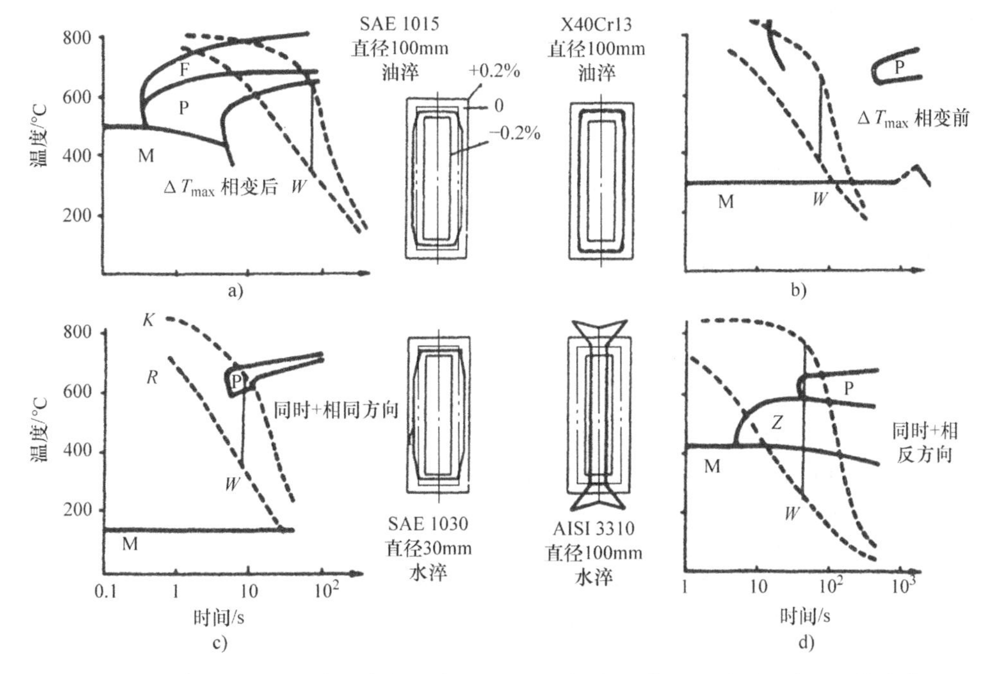

图4-22 淬火后由于热应力与相变应力之间不同的相互作用导致的尺寸和形状变化

1）相变完成后的最大温差。在图4-22a中，直径为100mm（4in）的SAE 1015钢圆柱体试件在油中淬火。表面和心部的最大温差（W点）发生在相变结束后。因此，所产生的畸变接近趋势Ⅱ。

2）相变开始前的最大温差。如果钢的牌号变成X40Cr13（0.4%～0.5% C，<1% Si，<1% Mn，12%～14% Cr）（图4-22b），那么相变开始前就达到了W点，构件的变形与图4-22a中构件的变形相似。

3）最大温差及同时发生的心部相变。在图4-22c中，一个直径为30mm（1.2in）的SAE 1030钢圆柱体试件在水中淬火。在这种情况下，当试件心部正发生相变而表层未发生马氏体相变之前，表面和心部的温差将达到最大。按照Wyss的分类法，可以推断出构件会产生钢丝卷筒的变形效果。但是，试验结果表明构件产生的是球形畸变。出现这种现象的原因可以在应力变化中找到。在出现最大温差时，心部为压应力（图4-15）。如果试件心部此时发生相变，那么比体积的增加会导致一个附加的压应力。因此，试件的应力状态为一个放大的热应力状态，该应力状态将导致试件产生已知的尺寸和形状的变化。

4）最大温差及同时发生的整个横截面的相变。在图4-22d中，将直径为100mm（4in）的AISI 3310合金钢圆柱体试件在水中淬火处理。在这种情况下，在表面发生马氏体相变的同时达到W点，而此时试样心部未开始形成珠光体。因此，会产生钢丝卷筒形畸变。

（3）Biot数和其他无量纲数对尺寸变化的影响 在前文中，采用了简单的两壳体模型来定性解释所产生的畸变。利用该模型能较好地分析图4-22a～c中的淬火过程。但是，对于图4-22d中的情形，利用该模型就不能推断出最后的变形结果。此外，无相变淬火过程的热处理模拟结果已经表明，只有当Biot数很大（图4-18）时Wyss的分类才是正确的。因此，通过以上的简单分析能解释许多但不是所有的结果。原因仅是由于畸变和应力产生过程的复杂性。

1）马氏体淬火。即使是锥形截面圆环的纯马氏体硬化这一简单过程，在淬火过程中产生的畸变与30个参数有关，而且有必要采用26个无量纲数进行描述。例如，除了已知的Biot数和傅里叶数，马氏体开始点（Ms）数的表达式为

$$\frac{Ms - T_\infty}{T_0 - T_\infty}$$

该无量纲数为马氏体转变起始温度和冷却介质温度之差除以最大的温差（淬火温度和冷却介质温度之差），对构件尺寸变化有巨大的影响。另外一个重要的无量纲数就是所谓的Koistinen－Marburger数，其表达式为

$$\frac{T_0 - T_\infty}{M_0}$$

式中，M_0 为描述马氏体形成动力学的材料参数。尺寸变化也对该参数的变化敏感。

热应变数为

$$\frac{(1+\nu)\alpha(T_0-T_\infty)}{1-2\nu}$$

该无量纲数决定本构方程的热弹性部分中的一种膨胀，采用泊松比 ν 和热胀系数 α 来定义。尺寸变化关于这个无量纲数的敏感度与之前提到的无量纲数相似。

第二种膨胀，相变应变数为

$$\frac{(1+\nu)(\rho_a-\rho_m)}{3(1-2\nu)\rho_m}$$

该无量纲数比较了奥氏体和马氏体之间的密度差。它对试件尺寸变化的影响没有其他无量纲数那么大，但是却不容忽视。

参考文献［21］中给出了控制淬透工艺的其他无量纲数的定义。这些无量纲数描述了材料的弹塑性变形行为，定义了马氏体和奥氏体特性之间的比值。

2）扩散控制相变的淬火及表面淬火。如果必须考虑扩散控制相变以及表面淬火，参数的数量急剧增加。此外，不应忘记，之前所做的假想试验里有很多假设，而这些假设在实际的热处理过程中是不成立的。在这种情况下，只有通过热处理模拟才能解释各种机理之间的相互关系（具体请参考本章第 4.5 节）。

（4）Biot 数对整体淬火处理后试件残余应力的影响　图 4-21a、b 的例子显示了完全的马氏体淬火，残余应力的符号取决于冷却速率和 Biot 数。为了提高零件的疲劳极限，有必要在表面产生残余压应力。因此，Rath 研究了 Biot 数对 SAE 52100 轴承钢圆柱体整体淬火应力变化的影响。图 4-23a 所示是不同 Biot 数［根据式（4-13）的定义］下试样表面的轴向应力随时间的变化。所有曲线定性的相似。表面和心部的最大差值发生在表面相变开始时刻与心部相变开始时刻之间，当表面相变开始时表面的拉应力几乎达到最大值，在心部相变开始时应力最小。

图 4-23b 所示是试样在径向上的残余应力分布。当 Biot 数较小时，发现从心部到表面的应力不断增加，其中心部为压应力，表面为拉应力。当 Biot 数较大时，应力最大值出现在近表面处。当 Biot 数进一步增大时，应力最大值出现的地方向圆柱体更深的地方移动，并在表面产生压应力。因此，必定存在一个临界 Biot 数使得表面应力值为 0（在这个例子中，临界值在 2 ~ 8 之间）。

图 4-24 所示是不同表面和体积组合下表面残余应力与 Biot 数之间的函数关系。首先，可以看出 Biot 数这一概念在这里也有用。该曲线几乎与特征长度和换热系数无关。只有 Biot 数的值是重要的。其次，图 4-24 表明存在一个临界 Biot 数（此处大约为 2.75）。在给定的条件下为了在圆柱体表面形成残余压应力，Biot 数必须大于 2.75。

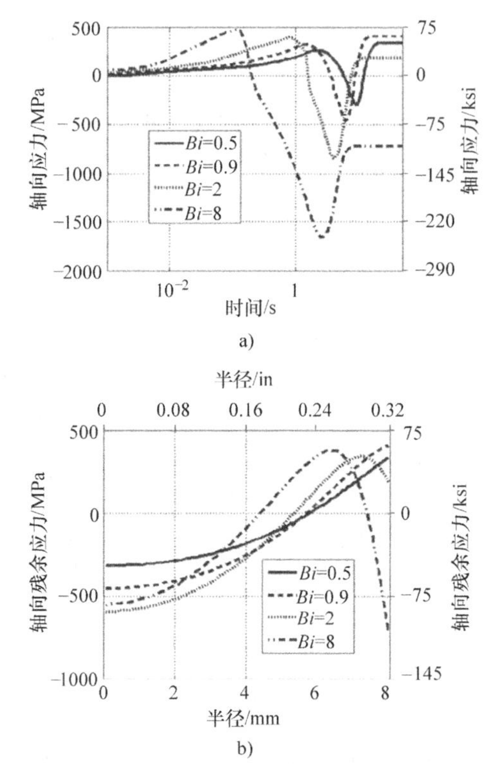

图 4-23　Biot 数（Bi）对圆柱体表面轴向应力变化的影响与圆柱体中间平面轴向残余应力沿径向的分布

a）Biot 数（Bi）对圆柱体表面轴向应力变化的影响

b）圆柱体中间平面轴向残余应力沿径向的分布

到目前为止，在本小节内容中提到所有试样的最后微观组织由马氏体和 12% 的残留奥氏体组成。然而，当奥氏体化条件以及马氏体转变起始温度和马氏体生成速率发生改变时，会产生什么结果呢？为了回答这个问题，使用 Koistinen – Marburger 定律计算马氏体的形成，Rath 描述了这两个参数的系统变化（具体请参考本章第 4.5 节）。图 4-24b 显示，当 Ms 值较大以及临界 Biot 数（Bi_{crit}）相对较小时，与 Koistinen – Marburger 参数（k）几乎无关。随着马氏体转变起始温度的降低，Bi_{crit}增加，k 值的影响会非常明显。

其他材料属性也影响应力变化。根据 Rath 的研究，热胀系数对临界 Biot 数的影响最大。此外，两相的弹性性能以及马氏体的热胀系数也有显著的影响。

导致较大 Biot 数的淬火工艺称为强烈淬火。Kobasko 和 Aronov 对这一相关领域开展了很多研究，相

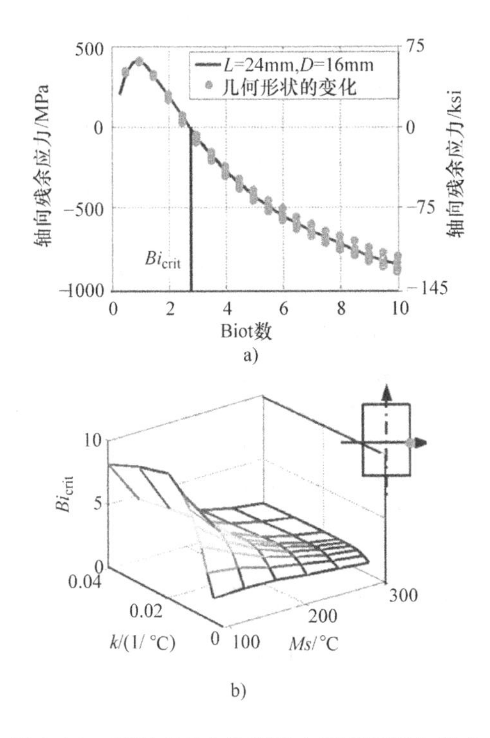

图 4-24 不同表面和体积组合下表面残余应力与 Biot 数之间的函数关系

a）100Cr6（SAE 52100）钢圆柱体表面残余应力模拟值与 Biot 数之间的函数 b）表面为压应力时的临界 Biot 数（Bi_{crit}）与马氏体转变起始温度 Ms 和 Koistinen－Marburger 参数 k 有关

关内容见本书第 3 章。

4.1.4 可以避免的尺寸和形状变化

事实上，在前一小节假想试验中提到的理想条件不可能达到。如果必须考虑真实条件，那么重点是什么?

1. 畸变势

图 4-25 所示是一些真实条件下的例子。通常，冠状齿轮经过热处理会发生巨大的畸变（图4-25a）。因此，这样的零件通常采用压力淬火。产生这种结果的主要原因是什么呢? 很容易可以看出边齿区与齿轮下部相比，表面积较大而体积较小。因此，边齿区冷却更快，使得齿轮的上、下部位之间的热应力增大。即使所有其他影响参数与理论试验中的假设一样完美，也可能导致整个齿轮的倾斜。这种形状变化是由于冠状齿轮质量分布不对称，见其几何形状。

在图 4-25b 中，经过淬火处理的球不再是球形，而是变成了椭球体。沿着椭球体的长轴方向切开，发现其微观组织分布不均匀，并且也不对称。造成这种不对称结果的原因是化学成分的不对称分布，即所谓的偏析。这两种分布在热处理过程中会产生复杂的相互作用。微观组织的差异会导致奥氏体化时局部区域体积变化的差异，产生相变应力。此外，化学成分的变化引起不对称并且与位置相关的相变行为，从而引起复杂的应力应变分布。

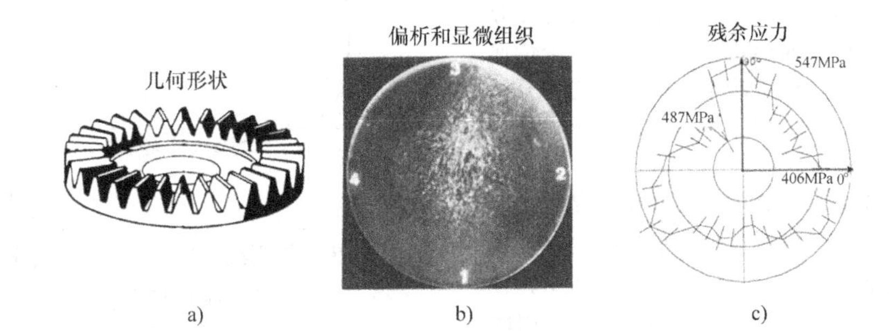

图 4-25 真实条件及相应的畸变势

a）冠状齿轮 b）球 c）轴承圈

热处理后，图 4-25c 中的圆环在圆度图的傅里叶谱中显示为一个大的三阶幅值。采用 XRD 测量机加工后试件的残余应力分布，结果显示经过热处理后试件的残余应力分布呈三角形，并与热处理后的圆度图相似。这是由于在机加工过程中夹持和车削的相互作用。在加热过程中，这些应力通过塑性变形而减小，并引起最后的尺寸和形状变化，在参考文献［27］中提供了更多细节。

通过这些例子，可以得出结论：在热处理过程中，不仅可见的质量分布非对称或不均匀会引起构件变形，而且其他不可见属性的非对称通过复杂的相互作用也能引起畸变。如果零件抑制了这种非对称，那么它包含一个畸变势，畸变势在热处理过程中被释放，并导致可测量的尺寸和形状发生变化。这种潜能称为零件的畸变势，是不能被测量的。而可测量的量为畸变势的载体。

2. 畸变势的载体

畸变势的载体是指下列各参数的分布：

1）质量（几何形状）。

2）所有相关合金元素。

3）包括晶粒尺寸在内的微观组织。

4）应力和残余应力。

5）加工历史。

6）温度。

从工艺链模拟的角度来看，除了几何形状外，这些载体是制造链中一个工艺结束时的状态变量的分布，必须作为下一步工艺模拟的初始条件。然而，为了理解畸变是如何产生的，必须分析在工艺过程中状态变量之间的相互作用。而这一过程可以通过工艺链模拟来实现。

下面讨论畸变势的载体。

（1）质量分布　几何形状/质量的分布对构件变形影响较大。一方面，非均匀的质量分布会导致构件变形，甚至在理想状态下，如本文中的“畸变势”部分对冠状齿轮的讨论。出于这个原因，在零件设计阶段往往会引入较大的畸变势。根据参考文献[31]，该部分的畸变能已经占到了表面硬化齿轮总畸变能的60%。

另一方面，状态变量分布只定义在相应的体积内，工艺参数，如工作应力、热量和质量通量（如碳通量），它们只在零件的表面起作用。此外，应力应变的分布取决于几何形状，因此几何形状对构件变形有较大影响。特别地，曲面法线方向的应力分量必须是零。给定的几何形状有些类似于一个传递函数。该函数定义了几何形状对载体偏离均匀分布的响应。参考文献［27，32］给出了一个矩形横截面的轴承座圈的传递函数。

（2）所有相关合金元素的分布和包括晶粒尺寸的微观组织的分布　合金元素的分布与微观组织和晶粒尺寸的分布密切相关。根据局部冷却曲线，含有大量合金元素的区域能形成更多的马氏体。因此在很多情况下，可以使用带状组织作为合金元素变化的指标。然而，当构件各点的冷却速率大于最大临界冷却速率时，不会产生带状组织。这就是通常对载体合金元素和微观组织单独进行分析的原因。

这些分布差异导致在热处理过程中产生复杂的相互作用。原始微观组织的差异导致在奥氏体化过程中体积变化的局部差异，并因此产生相变应力。此外，化学成分差异会引起与位置相关的相变行为，产生复杂的应力应变分布。如果这些分布和零件的质量分布有相同的对称性，那么只影响尺寸的变化。如果出现非对称，还会产生额外的形状变化。

本章4.4节“畸变工程”对该主题进行了详细分析。

（3）应力和残余应力分布　4.1.3节中讨论了对称应力分布在热处理过程中的作用。如果以下情况之一发生，那么塑性变形也会不对称。

① 其他载体不对称，这会对应力分布的对称度产生影响。

② 成形或机加工后构件残余应力的非对称分布。

③ 作用于构件的重力不对称。

因此，会发生额外的形状变化。

1）重力和摩擦。图4-26所示是SAE 52100钢薄壁环［外径145mm（6in），内径133mm（5in），高26mm（1in）］的圆度图。这些图的方向平行于在热处理过程中使用的线状夹持工具。这种结果来自于圆环和装载工具之间的摩擦，这种摩擦在圆环加热过程中产生小的应力。蠕变和在奥氏体形成过程中的相变塑性引起塑性变形。通过考虑圆环与支撑之间接触的热处理模拟确定了这些机理。

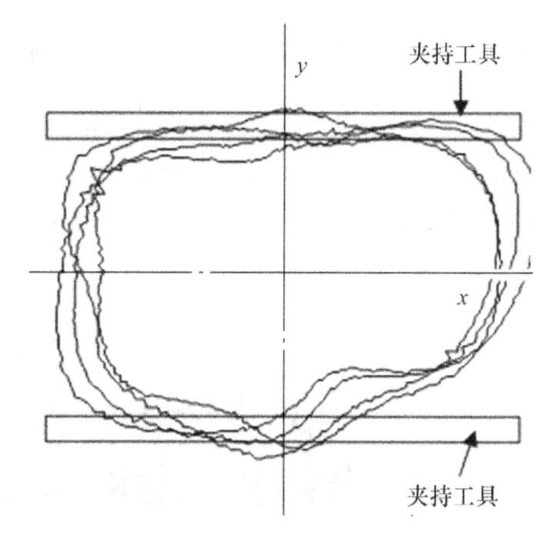

图4-26　使用线状夹持工具的薄壁轴承环经过热处理后的特征圆度图

2）残余应力。另一个重要因素是热处理之前的加工工艺引起的残余应力分布。图4-27所示为冷轧环的残余应力测量结果。在成形工艺之后，整个横截面的残余应力值在－100～－200MPa（－15～－30ksi）之间。经过温度在300～700℃（590～1290℉）之间的退火处理之后，测量了圆环的圆度和残余应力。由图4-27a可知，退火温度越高，半径和椭圆度变化越明显。图4-27b揭示了产生该现象的原因：整个横截面的平均残余应力减小。因此，产生弹性应变，从而引起半径的改变。椭圆度的增加是由于冷成形后残余应力分布的不均匀在加热过程中变小。参考文献［34］给出的测量结果原则上显示了这种影响，参考文献［27］表明需要更多的测量结果或模拟结果以清楚地揭示这种机制。此外，环在冷成形过程中的加工硬化程度增加。因此，在下文中讨论的受力过程也会发挥重要作用。然而，只能通过将成形和热处理耦合的模拟来把这两种效应分离开来。

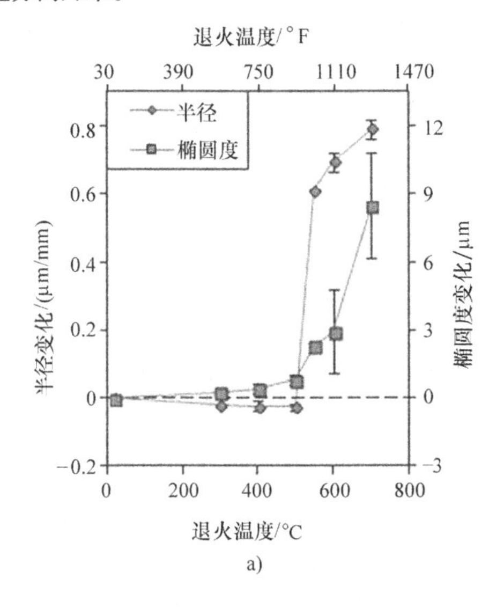

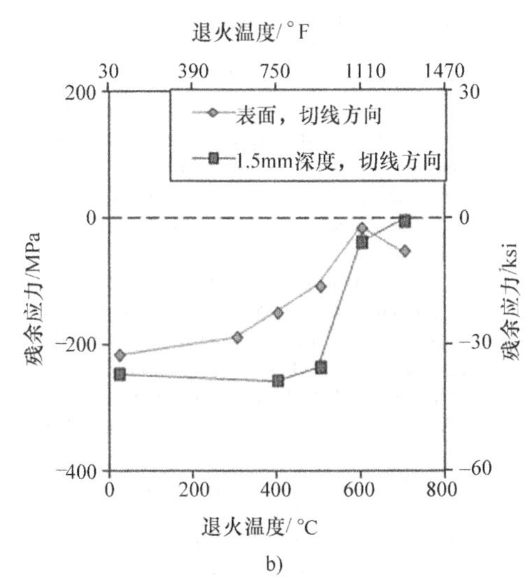

图 4-27　冷轧环在加热过程中的半径及椭圆度变化和相应的残余应力

a）半径及椭圆度变化　b）相应的残余应力

（4）受力过程的分布　受力过程的作用包括塑性变形对塑性成形之后出现的效应的影响。一种效应是应变硬化行为（包辛格效应）。本节讨论了随动或各向同性或混合行为，可以在参考文献［35］中找到更多的细节。

在成形过程中，变形程度非常大。在这种情况下，必须考虑再结晶的影响。最后，受力过程对相变行为有影响。

（5）温度分布　在讨论不可避免的尺寸和形状变化时，已经突出了温度的重要作用。必须考虑不是由于质量分布引起的，而是由于热传导条件及工艺引起的可避免的畸变、不均匀性及温度分布的不对称。由于非完美条件所造成的温度分布的缺陷，必须与来自几何形状本身的效应相加，并导致大部分额外的形状变化。

3. 畸变——系统属性

图 4-28 简要显示了典型的轴承座圈制造工艺链及其载体的一些可能变化。在设计阶段提前定义了几何形状和适当的畸变势。在铸造过程中，形成了熔体的化学成分差异及由此导致的偏析，在零件中引入了畸变势的另外一部分。成形过程中的几何形状变化也会改变偏析的分布。此外，发生了受力过程的第一次改变。在软加工过程中，会使构件产生残余应力，并且相应的塑性变形也会改变受力过程。此外，这两种畸变势载体之间将会产生相互作用。加热过程也会产生类似的效应。淬火阶段通过相变释放了偏析和微观组织的畸变势，并且这两种载体之间具有很强的相互作用。

这些例子包含的信息说明，从零件设计到铸造、轧制或成形、软加工、热处理加热和淬火的零件整个加工过程均发生畸变势载体的变化。因此，畸变不是只由热处理引起的问题。畸变是系统属性，制造过程中的畸变控制必须遵循一种面向系统的方法。相应的系统包含整个制造链。特别地，根据针对轴承座圈开展的研究，有超过 200 个可能相关的参数。这大致解释了在目前（2014 年）的工业界中只能零星地找到零件畸变的面向系统的看法的原因，即强调各独立制造阶段的相互作用。

4.1.5　加热、奥氏体化和渗碳的作用

一般来说，关于热处理对畸变的影响方面的研究主要关注淬火过程。但是，需要注意的是，加热、奥氏体化和渗碳在很大程度上也可能引起零件畸变。在这些过程中，很多情况下引起的热应力较小。因此，屈服引起的塑性变形一般不占主导作用，而相变塑性和蠕变的影响却不可忽略。此外，尤其是在加热过程中，必须考虑由于偏析所导致的各向异性效应。

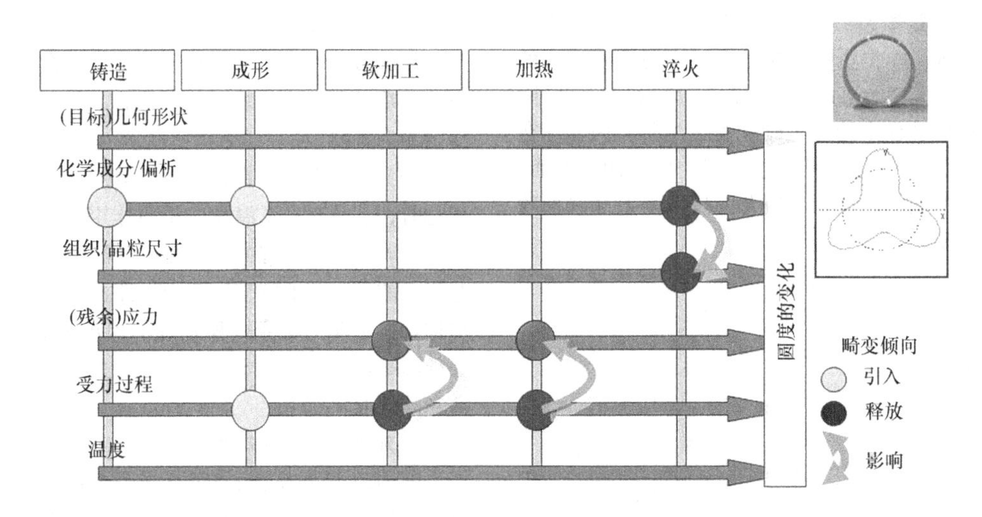

图4-28 工艺链上畸变势载体的可能变化及相互作用

致谢

自1990年以来，德国热处理协会（AWT）的一个专家小组一直致力于变形专著的撰写工作（参考文献［5］，德文版）。在2012年，该书的第四版开始发行，其中共有来自企业和大学的32位作者参与了编写工作。感谢该专家小组成员同意翻译该专著的部分章节，并在美国金属手册（ASM）上出版。

2001—2011年，“畸变工程——制造过程中的畸变控制”协同研究中心（CRC）得到了德意志研究联合会（DFG）（德国研究基金会）的资助。在此期间，形成了许多关于畸变产生机理的知识，本书使用了这些知识。在此，感谢德意志研究联合会的经费支持，以及协同研究中心的所有成员的慷慨合作和许多富有成效的讨论。

参考文献

1. S. Gunnarson, Einfluss der Stranggussform auf den Verzug eines einsatzgehärteten Tellerrades aus Stahl, *Härt.-Tech. Mitt.*, Vol 46 (No. 4), 1991, p 216–220
2. J. Volkmuth, S. Lane, M. Jung, and U. Sjöblom, Einfluss ungleichmäßiger Eigenspannungen in Wälzlagerringen vor dem Härten auf Formabweichungen nach dem Härten, *HTM Z. Werkstofftech. Wärmebeh. Fertigung*, Vol 60 (No. 6), 2005, p 317–322
3. I.N. Bronstein and K.A. Semendjajew, *Taschenbuch der Mathematik*, Vol 20, Verlag Harri Deutsch, Thun und Frankfurt/Main, 1981
4. T. Lübben and H.-W. Zoch, Einführung in die Grundlagen des Distortion Engineering, *HTM J. Heat Treat. Mater.*, Vol 67 (No. 5), 2012, p 275–290
5. K. Heeß and 31 coauthors, *Maß- und Formänderungen infolge Wärmebehandlung von Stählen*, 4th ed., Expert Verlag, Renningen, 2012 (in German)
6. U. Ahrens, G. Besserdich, and H.J. Maier, Effect of Stress on the Bainitic and Martensitic Phase Transformation Behavior of a Low Alloy Tool Steel, *Advances in Mechanical Behavior, Plasticity and Damage*, Vol 2, D. Miannay, P. Costa, D. Francois, and A. Pineau, Ed., Euromat 2000, Elsevier, Oxford, 2000, p 817–822
7. B.S. Lement, *Distortion in Tool Steels*, American Society for Metals, Metals Park, OH, 1959
8. G. Besserdich, “Untersuchungen zur Eigenspannungs- und Verzugsausbildung beim Abschrecken von Zylindern aus den Stählen 42CrMo4 und Ck45 unter Berücksichtigung der Umwandlungsplastizität,” Dissertation, Universität Karlsruhe (TH), 1993
9. M. Dalgic and G. Löwisch, Transformation Plasticity at Different Phase Transformation of Bearing Steel, *Mater.wiss. Werkst. tech.*, Vol 37 (No. 1), 2006, p 122–127
10. G. Besserdich, H. Müller, and E. Macherauch, Experimentelle Erfassung der Umwandlungsplastizität und ihre Auswirkungen auf Eigenspannungen und Verzüge, *Härt.-Tech. Mitt.*, Vol 50 (No. 6), 1995, p 389–396
11. M. Hunkel, Anisotropic Transformation Strain and Transformation Plasticity: Two Corresponding Effects, *Mater.wiss. Werkst. tech.*, Vol 40 (No. 5–6), 2009, p 466–472
12. U. Wyss, Die wichtigsten Gesetzmäßigkeiten des Verzuges bei der Wärme-

behandlung des Stahles, *Wärmebehandlung der Bau- und Werk- zeugstähle*, H. Benninghoff, Ed., BAZ Buchverlag Basel, 1978
13. A. Rose, Eigenspannungen als Ergebnis von Wärmebehandlung und Umwandlungsverhalten, *Härt.-Tech. Mitt.*, Vol 21 (No. 1), 1966, p 1–6
14. E. Ameen, Dimension Changes of Tool Steels during Quenching and Tempering, *Trans. ASM*, Vol 28, 1940, p 472–512
15. R. Chatterjee-Fischer, Beispiele für durch Wärmebehandlung bedingte Eigenspannungen und ihre Auswirkungen, *Härt.-Tech. Mitt.*, Vol 28, 1973, p 276–288
16. F. Frerichs, D. Landek, T. Lübben, F. Hoffmann, and H.-W. Zoch, Prediction of Distortion of Cylinders without Phase Transformations, *First Int. Conf. on Distortion Engineering (IDE)*, (Bremen, Germany), 2005, p 415–423
17. F. Frerichs, T. Lübben, F. Hoffmann, H.-W. Zoch, and M. Wolff, Unavoidable Distortion due to Thermal Stresses, *Fifth Int. and European Conference on Quenching and Control of Distortion*, (Berlin, Germany), 2007, p 145–156
18. N.I. Kobasko, V.S. Morganyuk, and V.V. Dobrivecher, Control of Residual Stress Formation and Steel Deformation during Rapid Heating and Cooling, *Handbook of Residual Stress and Deformation of Steel*, G. Totten, M. Howes, and T. Inoue, Ed., ASM International, Materials Park, OH, 2002, p 312–330
19. C. Hutter and K. Jöhnk, *Continuum Methods of Physical Modelling—Continuum Mechanics, Dimensional Analysis, Turbulence*, Springer, Berlin, Heidelberg, 2004
20. D. Landek, D. Lisjak, F. Frerichs, T. Lübben, F. Hoffmann, and H.-W. Zoch, Prediction of Unavoidable Distortions in Transformation-Free Cooling by a Newly Developed Dimensionless Model, *Second Int. Conf. on Distortion Engineering (IDE)*, (Bremen, Germany), 2008, p 237–246
21. C. Şimşir, T. Lübben, F. Hoffmann, and H.-W. Zoch, Dimensional Analysis of the Thermomechanical Problem Arising during Through-Hardening of Cylindrical Steel Components, *Comput. Mater. Sci.*, Vol 49, 2010, p 462–472
22. R. Schröder, B. Scholtes, and E. Macherauch, Rechnerische und röntgenographische Analyse der Eigenspannungsbildung in abgeschreckten Stahlzylindern, *Härt.-Tech. Mitt.*, Vol 39, 1984, p 280–291
23. T. Lübben and H.W. Zoch, Introduction to the Basics of Distortion Engineering, *HTM J. Heat Treat. Mater.*, Vol 5, 2012, p 275–290
24. J. Rath, T. Lübben, F. Hoffmann, and H.-W. Zoch, Generation of Compressive Residual Stresses by High-Speed Water Quenching, *Int. Heat Treat. Surf. Eng.*, Vol 4 (No. 4), 2010, p 156–159, www.maneyonline.com/iht
25. J. Rath, "Maximierung der randnahen Druckeigenspannung von Stählen mit Hilfe einer Hochgeschwindigkeits—Abschreckanlage," Dissertation, Universität Bremen, 2013
26. F. Hoffmann, O. Kessler, T. Lübben, and P. Mayr, Distortion Engineering—Distortion Control during the Production Process, *Heat Treat. Met.*, Vol 2, 2004, p 27–30, www.maneyonline.com/iht
27. T. Lübben, F. Hoffmann, and H.-W. Zoch, Distortion Engineering: Basics and Application to Practical Examples of Bearing Races, in *Comprehensive Materials Processing*, G. Krauss, *Thermal Engineering of Steel and Other Alloy Systems*, Elsevier, 2013
28. V. Schulze, R. Pabst, and H. Meier, Research Training Group 1483, Process Chains in Manufacturing: Interaction, Modelling and Evaluation of Process Zones, *Proc. Third Int. Conf. on Distortion Engineering (IDE)*, (Bremen, Germany), 2011, p 421–428
29. U. Prahl, G.J. Schmitz, S. Benke, S. Konovalov, S. Freyberger, T. Henke, and M. Bambach, Integrative Computational Materials Engineering towards Distortion Prediction, *Proc. Third Int. Conf. on Distortion Engineering (IDE)*, (Bremen, Germany), 2011, p 429–436
30. C. Şimşir, M. Hunkel, J. Lütjens, and R. Rentsch, Process-Chain Simulation for Prediction of the Distortion of Case-Hardened Gear Blanks, *Mater.wiss. Werkst.tech.*, Vol 43 (No. 1–2), 2012, p 163–170
31. C.M. Bergström, L.-E. Larsson, and T. Lewin, Reduzierung des Verzuges beim Einsatzhärten, *Härt.-Tech. Mitt.*, Vol 43, 1988, p 36–40
32. F. Frerichs, T. Lübben, F. Hoffmann, and H.-W. Zoch, Ring Geometry as an Important Part of Distortion Potential, *Mater. wiss. Werkst.tech.*, Vol 43 (No. 1–2), 2012, p 16–22
33. H. Surm and J. Rath, Mechanismen der Verzugsentstehung bei Wälzlagerringen aus 100Cr6, *HTM J. Heat Treat. Mater.*, Vol 67 (No. 5), 2012, p 291–303
34. J. Epp, H. Surm, T. Hirsch, and F. Hoffmann, Residual Stress Relaxation during Heating of Bearing Rings Produced in Two Different Manufacturing Chains, *J. Mater. Process. Technol.*, Vol 211, 2011, p 637–643
35. C. Şimşir, M. Dalgic, T. Lübben, A. Irretier, M. Wolff, and H.-W. Zoch, The Bauschinger Effect in the Supercooled Austenite of SAE 52100 Steel, *Acta Mater.*, Vol 58, 2010, p 4478–4491
36. H.-W. Zoch and T. Lübben, Verzugsarme

Wärmebehandlung niedrig legierter Werkzeugstähle, *HTM J. Heat Treat. Mater.*, Vol 65 (No. 4), 2010, p 209–218
37. J. Volkmuth, Eigenspannungen und Verzug, *Härt.-Tech. Mitt.*, Vol 51 (No. 3), 1996, p 145–154
38. M. Hunkel, Modelling of Phase Transformations and Transformation Plasticity of a Continuous Casted Steel 20MnCr5 Incorporating Segregations, *Mater.wiss. Werkst.tech.*, Vol 43 (No. 1–2), 2012, p 150–157

选择参考文献

- H. Berns, Verzug von Stählen infolge von Wärmebehandlung, *Z. Werkstofftech.*, Vol 8, 1977, p 149–157
- F. Frerichs, D. Landek, T. Lübben, F. Hoffmann, and H.-W. Zoch, Prediction of Distortion of Cylinders without Phase Transformations, *Mater.wiss. Werkst.tech.*, Vol 37 (No. 1), 2006, p 63–68
- J. Pan, Factors Affecting Final Part Shaping, *Handbook of Residual Stress and Deformation of Steel*, G. Totten, M. Howes, and T. Inoue, Ed., ASM International, Materials Park, OH, 2002, p 159–182
- G.E. Totten, C.E. Bates, and N.A. Clinton, *Handbook of Quenchants and Quenching Technology*, ASM International, Materials Park, OH, 1993

4.2 淬火与回火过程的残余应力和畸变

M. Schwenk, J. Hoffmeister, and V. Schulze,
Karlsruhe Institute of Technology

对于钢来说，热处理起着重要作用，因为没有其他工艺步骤能够控制钢的组织以使其满足广泛变化的服役条件。然而，对于占主导地位的铁质材料产品而言，其微观组织通过凝固、控制成形和冷却获得。如果其最终的微观组织需要满足特定应用，或者有经济原因需要热处理以减少总体生产成本从而增加附加值，那么额外的热处理将会变得有意义。

在本节中，热处理被表述为关于钢制零件的淬火和之后的回火，通过高的硬度（强度）来优化摩擦学性能（耐磨性），和/或通过在近表面的残余压应力来优化承载能力（疲劳强度）。此外，焦点放在回火钢和轴承钢上，也就是用于热处理的材料不像渗碳淬火和渗氮所用材料那样需要额外的合金元素。

正如由 Wyss 在参考文献［1］中定义的并且在本章 4.1 节中所讨论的那样，获得零件所需性能不可避免地与其大小和形状的变化有所联系。回火钢和轴承钢的高硬度只能通过马氏体相变得到，而马氏体相变会导致体积增加，因此导致尺寸改变。不均匀的塑性变形导致了残余应力或重新分布了残余应力，因为在多数情况下零件不会在无残余应力的状态下进入最终热处理，这也自动地导致了形状变化。从工艺的角度看，热表面硬化技术，如激光或感应淬火，能使所需要的主要表面附近的相关性质同时满足要求；然而，导致室温下最终残余应力状态的内应力变化是非常复杂的。

因此，本节采用逐步推演的方法讨论零件内应力的变化，同时努力使其和变形相联系，从而说明不均匀的塑性变形在这两种情况中起到关键作用。在讨论一些试验结果之前，通过检验理论背景来分析整体和表面淬火，讨论已有理论基础的结果。在开始整体和表面淬火工艺之前，讨论一些基本方面从而澄清下述观点，对工业环境下所遇到的真实工况的一个彻底的认识也许只能通过使用复杂的数值模拟。近年来，没有其他工具能像数值模拟方法那样，在理解导致残余应力和畸变的基本机制方面有这么高的经济性，同时，采用复杂的模型能很好地理解工艺过程。

4.2.1 基本原理

本小节讨论回火钢和轴承钢的热处理，以及相变引起的体积变化。

1. 回火钢和轴承钢的热处理

回火钢和轴承钢的热处理包括整体淬火、表面淬火和回火。

（1）整体淬火　整体淬火可以作为淬火－回火处理的第一步，或用于获得高硬度以提高耐磨性。整体淬火工艺本身包括加热、保温、淬火三个子过程。对于亚共析钢，奥氏体化温度一般为该钢 Ac_3 温度以上 30～50K；而过共析钢通常加热到 Ac_1 温度以上 50K 进行淬火，以避免在淬火后存在过多的残留奥氏体。奥氏体化温度为 840℃（1545℉），轴承钢 AISI 52100（德国牌号 100Cr6）在淬火后含有 3%～4% 的渗碳体和大约 6% 的残留奥氏体。

钢的淬透性不可避免地和合金元素有关。合金元素越能阻碍碳元素扩散，淬透性越高，因为可以有更长的时间在工件更深的内部达到马氏体转变开始温度（*Ms* 点），那里的冷速更低。马氏体转变与低于 T_0 温度的过冷度有关，在 T_0 温度上奥氏体和马氏体的吉布斯自由能相等。低于 T_0 温度的过冷度提供了马氏体晶粒形核和长大所必需的激活焓。

整体淬火的另外一个重要因素是表面与体积的比率。正如之前提到的，在所给的圆柱体试样心部能否生成马氏体依赖于该处的冷却速度和化学成分，冷却速度和化学成分决定了达到所需过冷度的可用时间。如果冷却速率高于临界冷却速率，马氏体形成。如果圆柱体直径增大，平均冷却速率由于表面与体积比率的减少而减少，因此淬透性减小。这在后续的畸变讨论方面是尤为重要的，因为在淬火过程中心部的微观组织成分影响畸变行为。此外，较低的平均冷却速度导致更显著的表面自回火，因为表面已经生成了马氏体。

奥氏体化或奥氏体化温度上的保温对于在大块材料中获得合金元素的均匀分布是十分重要的。在奥氏体化温度上，保温时间决定了淬火前材料的最终晶粒度。奥氏体晶粒度对临界冷速的影响及其对 *Ms* 的影响将在之后讨论。较大的奥氏体晶粒减少了可用于珠光体或贝氏体形核的晶界，从而提高了材料的淬透性。关于整体淬火的更详细说明，请参阅本手册 A 卷中的“1.1 钢的热处理概论”一节。

(2) 表面淬火　对于许多工业应用，构件表面处在无表面作用载荷（如弯曲、扭转）和有表面作用载荷（如赫兹接触应力）状态下都导致应力产生，由回火钢和轴承钢制成的构件通过表面淬火可提高疲劳强度，同时增加耐磨性。就表面淬火而言，在后文中包括了所有的热加工工艺，例如激光加热、电子束加热、火焰加热和感应加热，按照参考文献[4]，由于局部加热，淬火表面的最终残余应力状态自然地是压应力。出于这个原因，热表面淬火过程总会带来最小的变形，因为只有一部分的材料被奥氏体化并随后转变为马氏体。

为实现这样的表面加热，需要高功率密度以产生足够的热量，同时防止热量过度地传导到材料心部。热传导是由材料的物理性质决定的，其物理性质不能改变，对于一个特定的材料，热传导也由热源和时间决定。工艺参数本身确定了材料局部位置的时间 - 温度变化，因此决定了其奥氏体化。由于典型工艺时间为几百毫秒到几秒，所谓的高于 Ac_3 温度的过热是必需的，一般高于常规淬火加热温度 50 ~ 100K。为了实现均匀的奥氏体化，过热是必要的，这里以美国牌号 AISI 4140 钢（德国牌号 42CrMo4）为例，如图 4-29 所示。越快的升温速率要求更高的奥氏体化温度，以补偿碳扩散时间的减少，这就是在常规加热速率所使用的加热速率控制机制。然而，一些作者还讨论了在相对较低的加热速率下块状相变发生的可能性。

对于 AISI 4140 钢，已经研究了高的加热速率和冷却速率对相变动力学的影响。加热速率和冷却速率以及最大奥氏体化温度的变化显示，在冷却过程中也会发生奥氏体化。由于碳元素会和合金元素铬

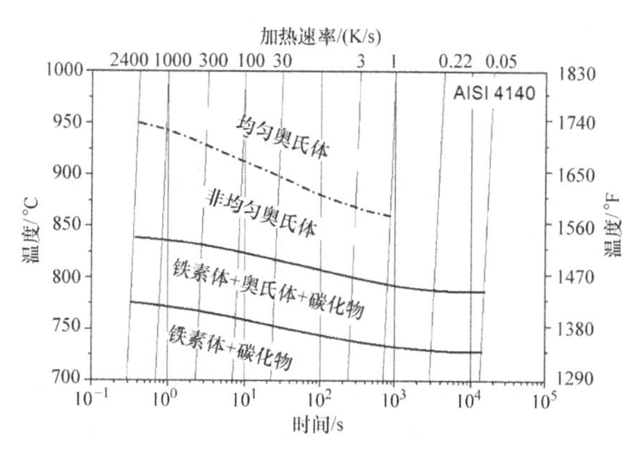

图 4-29　AISI 4140 钢（德国牌号 42CrMo4）的奥氏体连续加热转变曲线

和锰形成难溶的碳化物，因此减少了整体中可用的碳的浓度。图 4-30 表明，即使对于高加热速率均匀奥氏体化也是有可能的，以达到钢的“平衡” *Ms* 温度作为均匀奥氏体化的标志。在参考文献［9］中也进行了类似的研究，尽管加热速率很低，即使奥氏体化温度为 1250℃（2280℉），碳化物也没有完全溶解。然而，发生了晶粒长大，但没有明显地影响最终的显微硬度。与热表面淬火相关的问题是，不均匀的奥氏体和可能存在的由于高温导致的晶粒长大对相变行为的影响。多种初始组织种类使情况更加复杂化。针对调质后的 AISI 4140 钢，参考文献［7，8］给出了考虑非均匀奥氏体化的数值模拟，参考文献［10］考虑了晶粒尺寸对 *Ms* 点的影响。

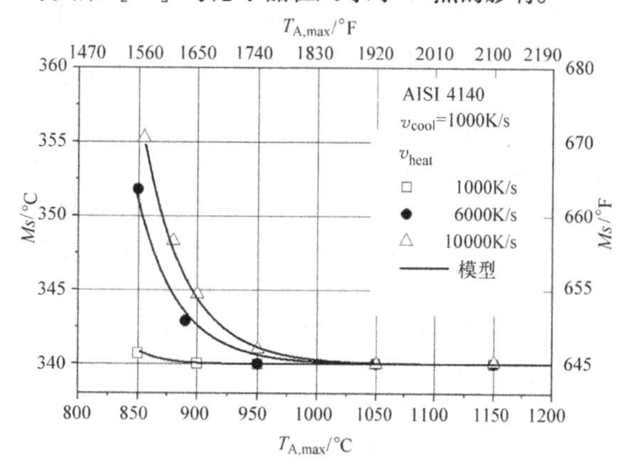

图 4-30　加热速率和冷却速率以及最大奥氏体化温度对 AISI 4140 钢（德国牌号 42CrMo4）的马氏体转变开始温度 *Ms* 的影响

(3) 回火　应用于高载荷工况下的回火钢和轴承钢的最终热处理，比如应用于汽车行业，包括淬火和后续的回火。完全淬火状态马氏体的回火处理使钢的强度和塑性达到最佳组合。回火实现两个主

要目的：一是减少淬火态马氏体的脆性（增加塑性），二是确保在服役寿命内的尺寸稳定性。第一点在疲劳寿命方面特别重要的，因为脆性材料对缺口的敏感性远高于韧性材料。此外，脆性材料的疲劳寿命主要由裂纹萌生期决定，而对于延性材料，裂纹扩展时期甚至可能占到总疲劳寿命的90%。

除了塑性增加和与之相对的硬度减小，回火也保证尺寸稳定性，因为ξ/η过渡碳化物（80～180℃或175～355℉）或渗碳体（250～350℃或480～660℉）的析出导致减少体积，而残留奥氏体向铁素体和渗碳体的分解（200～300℃或390～570℉）引起体积的增加。在从0～80℃（32～175℉）的温度范围，碳原子发生重新分配，向位错等晶格缺陷处偏析并在基体中形成团簇。这个温度范围通常被称为时效，而回火阶段根据其温度范围被标记为1～3。质量分数高达0.2%的碳偏析可能已经在淬火过程中发生，如果*Ms*点足够高的话，这也被称为自回火。在这种情况下，只向位错处的偏析被假定为会导致小的、可测量的体积减小。

由于回火导致体积变化这一事实，Jung等人提出，在处理要求严格控制尺寸的钢零件时，必须考虑回火应变。对于普通碳素钢，为了开发一个能够描述等温和等时回火的动力学模型，Cheng等人彻底研究了回火对膨胀的影响。基于所有相的晶格参数和热胀系数，进行了Johnson－Mehl－Avrami（JMA）分析，表明偏析的激活能与在铁素体基体中碳扩散的激活能十分符合。研究认为，在第一回火阶段，沿着位错的铁元素扩散可能是影响ξ/η过渡碳化物沉淀的、由速率决定的因素。残留奥氏体的分解由奥氏体中的碳扩散控制，过渡碳化物到渗碳体的转变表明在铁素体中的铁扩散是主导因素。在参考文献［15］中，作者能够分离AISI 1070钢（德国牌号C70）中残留奥氏体分解和渗碳体析出，可以分别进行重叠过程的动力学研究。实际应用的主要问题仍然是，精确测定所发生相变的动力学参数，以便正确地计入由相变产生的膨胀。针对AISI 1045钢（德国牌号C45），Jung等做了以上这些工作。

一般来说，通过膨胀分析来测量体积变化。在大多数情况下，只测量轴向的长度变化，并假设材料在宏观上表现为各向同性，因此给出了体积变化为

$$\frac{\Delta l}{l_o}=\frac{l-l_o}{l_o}=\frac{1}{3}\frac{V-V_o}{V_o}=\frac{1}{3}\frac{\Delta V}{V_o} \tag{4-18}$$

式中，l和V分别是某个特定温度下的试样长度和体积；l_o和V_o分别是试样在开始测量时的初始长度和体积，例如室温。

在一些早期的研究工作中，对于不同相变和这些相变所产生的应变，Aubry使用获得的普通碳素钢的数据导出了一个与碳含量相关的表达式，所用的数据在参考文献［13］中给出：

$$\varepsilon^{tr}_{\alpha'\to\alpha+\varepsilon}=\frac{0.004-0.057w_C+0.003(w_C)^2}{25.321-0.542w_C-0.008(w_C)^2}[-] \tag{4-19}$$

（淬火马氏体α′到ε过渡碳化物的相变）

$$\varepsilon^{tr}_{\alpha+\varepsilon\to\alpha+\theta}=\frac{-0.093w_C}{25.322-0.369w_C} \tag{4-20}$$

（ε过渡碳化物到渗碳体的相变）

$$\varepsilon^{tr}_{\gamma\to\alpha'}=\frac{1}{3}\frac{0.388-0.041w_C}{11.401+0.329w_C}[-] \tag{4-21}$$

（残留奥氏体到铁素体和渗碳体的相变）

虽然关于回火过程的机理或阶段的基本方面已经被充分了解，在数值模拟中考虑回火来预测最后残余应力状态和畸变的参考文献仍然稀少。

试验研究表明，短时间回火（5～20s）可得到相当的力学性能，与此同时，因为短时回火需要较高的回火温度，表面淬火试样压应力的下降程度超过了常规回火2h的压应力下降程度。

2. 相变引起的体积变化

回火钢和轴承钢的整体或者表面淬火伴随着在奥氏体化和淬火过程中发生的相变，造成了因晶体结构改变而发生的体积变化。正如之前所提到的，这样的体积变化可以通过膨胀量测量得到。然而，采用这一技术，不仅可以测得相变应变，还能测得热胀系数，如图4-31所示。

在应力和畸变演变数值模拟中考虑热膨胀/收缩和相变应变需要采用参考温度（T_{ref}），这是由于体积变化不是绝对的而是相对的。在图4-31中，室温（RT）被选为参考温度。通过把各相的热膨胀/收缩量外推到参考温度，确定由于奥氏体化所造成的相变应变（$\varepsilon^{tr}_{F/C\to A}$）和马氏体相变所造成的相变应变（$\varepsilon^{tr}_{A\to M}$）。其斜率为对应相的线胀系数$\alpha^{th}$，或者由铁素体和碳化物组成的初始态组织的线胀系数。

在之前的讨论中，假定材料是各向同性的，给出了式（4-18）。然而在最近，一些研究者注意到由于带状组织中偏析造成的各向异性应变问题。正如在参考文献［23］中所讨论的，针对这类各向异性的考虑或描述需要并且值得更进一步的研究。

近年来，一些研究不仅致力于将相变应变和线胀系数提取出来，还通过使用原子晶格数据预测各相组分的演化过程。参考文献中所讨论的处理方法不在这里展示；重点在于推导出由相变引起的体积变化的数据，从而可以使用更一般的分析方法。在参考文献［25，26，29］中，关于最重要的相的所

有可获取数据都被提及，甚至还扩展到 C 以外其他合金元素的晶格参数变化。表 4-2 给出了室温下数据的概述，其中 a、b、c 分别表示对应轴方向的晶格参数。

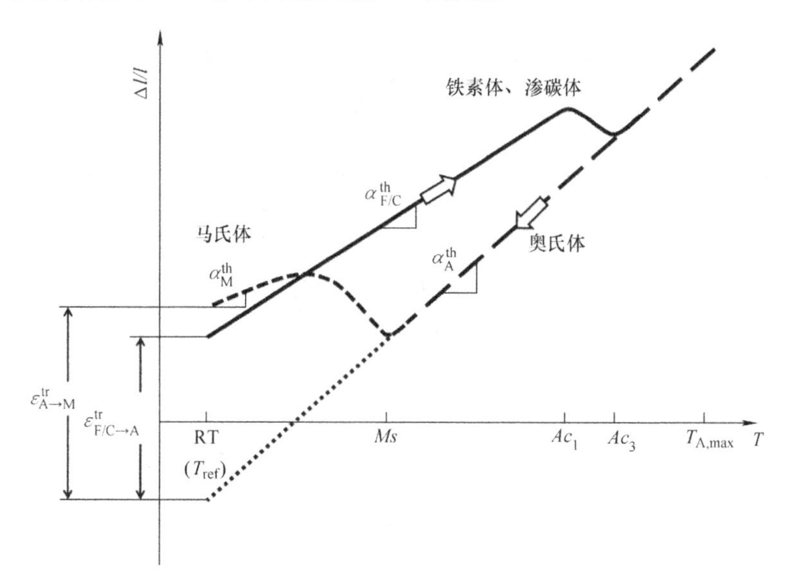

图 4-31 膨胀曲线示意图

表 4-2 确定晶格常数的公式

相	晶格参数及尺寸/nm	参考文献
α－Fe（铁素体）	$a_\alpha = \left(0.28664 + \sum_i k_{i,\alpha}A_i\right) \times [1 + \alpha_F^{th}(T-298)]$	28，30
θ（渗碳体）	$a_{Fe_3C} = 0.45234[1 + \alpha_{Fe_3C}^{th}(T-293)]$ $b_{Fe_3C} = 0.50883[1 + \alpha_{Fe_3C}^{th}(T-293)]$ $c_{Fe_3C} = 0.67426[1 + \alpha_{Fe_3C}^{th}(T-293)]$	27，31
γ－Fe（奥氏体）	$a_\gamma = (0.3573 + 7.5\times10^{-4}A_{C,A} + \sum_i k_{i,\gamma}A_i) \times [1 + \alpha_A^{th}(T-298)]$	32，33
α′－Fe（马氏体）	$a_M = (0.28664 - 0.00028A_{C,M})[1 + \alpha_M^{th}(T-298)]$ $c_M = (0.28664 + 0.00256A_{C,M})[1 + \alpha_M^{th}(T-298)]$	32

合金元素的影响是通过系数 k_i 给定的，而 A_i 描述所有元素的原子百分比。温度（T）的单位是℃。奥氏体和马氏体的碳含量分别用 $A_{C,A}$ 和 $A_{C,M}$ 表示。此外，奥氏体（A）和马氏体（M）的热胀系数取决于碳含量，而渗碳体在不同温度下的热胀系数如下：

相	热胀系数/K^{-1}	参考文献
θ（渗碳体）	$\alpha_{Fe_3C}^{th} = 5.311\times10^{-6} - 1.942\times10^{-9}T + 9.655\times10^{-12}T^2$	27
γ－Fe（奥氏体）	$\alpha_A^{th} = (24.9 - 0.5A_{C,A})\times10^{-6}$	34
α′－Fe（马氏体）	$\alpha_M^{th} = (14.9 - 1.9\times a_{C,A})\times10^{-6}$	25

铁素体的热胀系数在参考文献［34］中给出，为 $1.75\times10^{-6}K^{-1}$。因为后续讨论中所用的例子是淬火和回火后的 AISI 4140 钢（德国牌号 42CrMo4），其组织由铁素体基体和分散的细小碳化物构成［T_{temp}＝570℃（1060℉）/3h］，使用由热膨胀研究得到的混合相的热胀系数。该钢种的线胀系数 $\alpha_F^{th} = 1.54\times10^{-5}K^{-1}$。

用给出的数据，可以根据给定晶胞的铁原子计算每个相的体积。铁素体和马氏体晶胞包含 2 个铁原子，奥氏体晶胞包含 4 原子，渗碳体晶胞共包含 12 个铁原子数。再结合在表 4-3 中所给出的不同合金元素影响晶格参数的系数，可以计算在参考温度下的体积和对应的体积变化。

AISI 4140 钢的化学成分在表 4-4 中列出。对于确定晶格参数所用到的元素，同时给出了元素的质量分数和摩尔分数。因为 AISI 4140 钢具有淬火和回火处理后的初始态组织，通过杠杆原理可确定渗碳体和铁素体的比例，计算对应的体积以及奥氏体和马氏体的体积（图 4-32）。

表 4-3 合金元素对铁素体和奥氏体的晶格参数的影响系数

合金化系数	Mn	Si	Ni	Cr	Mo	参考文献
$k_{i,\alpha}$	6.0×10^{-5}	-3.0×10^{-5}	7.0×10^{-5}	5.0×10^{-5}	3.1×10^{-4}	30，36
$k_{i,\gamma}$	1.0×10^{-4}	0.0	-2.0×10^{-5}	6.0×10^{-5}	5.3×10^{-4}	33

表 4-4 AISI 4140 钢（德国牌号 42CrMo4）的化学成分

合金成分	C	Mn	Si	Ni	Cr	Mo	Fe
质量分数（%）	0.425	0.702	0.309	0.098	1.014	0.198	余量
摩尔分数（%）	1.9400	0.7006	0.6032	0.0915	1.0692	0.1131	97.254

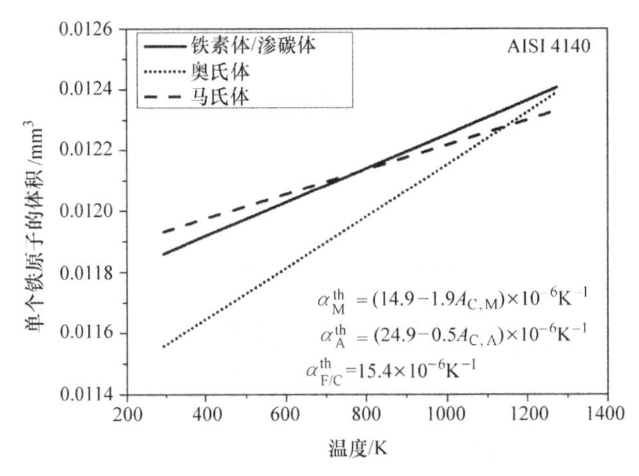

图 4-32 由表 4-4 给定化学成分的 AISI 4140 钢的铁素体/渗碳体、奥氏体和马氏体的单个铁原子的体积随温度变化的示意图

使用从母相到产物相的相对体积变化，可以计算在参考温度（298K）下的相变应变：

$$\varepsilon_{\text{parent}\to\text{product}}^{\text{tr}}=\frac{1}{3}\frac{\Delta V}{V}=\frac{1}{3}\frac{V_{\text{product}}-V_{\text{parent}}}{V_{\text{parent}}}$$

$$\varepsilon_{\text{F/C}\to\text{A}}^{\text{tr}}=-0.854\%$$

$$\varepsilon_{\text{A}\to\text{M}}^{\text{tr}}=1.084\% \qquad (4\text{-}22)$$

因为晶格常数与温度相关，原子体积受温度影响，相变应变也受温度影响。对于相变过程中发生的体积变化的深入讨论源自于数值建模中残余应力和畸变的预测受到相变应变的影响。

3. 相变塑性

当讨论作为淬火畸变一部分的残余应力和形状变化的时候，不均匀的塑性变形是造成这个最终结果的原因。与经典塑性相比，这意味着所有导致非弹性应变的应变成分都与此相关，例如来自蠕变、各向异性和相变诱导塑性的应变。化学成分不均匀这一方面的问题不在这里讨论，例如带状组织和蠕变，注意力集中在相变塑性上。如果在相变发生时存在外加应力（热应力/机械应力），即使其应力值没有达到弱相的屈服强度，仍会有非弹性应变产生。这种情况在这里所讨论的钢的淬火过程中是一定会出现的，因为必须进行淬火来获得马氏体，除非自淬火的冷却速度已经足够，温度梯度和因此产生的热应力是不可避免的。图 4-33 所示为应力和冷却速度对膨胀曲线的影响。如果冷却速度高到足以让完全马氏体相变发生，增高的拉应力会导致 *Ms* 点向更高的温度移动（机械驱动力），而且会导致额外的应变，被称为相变塑性。

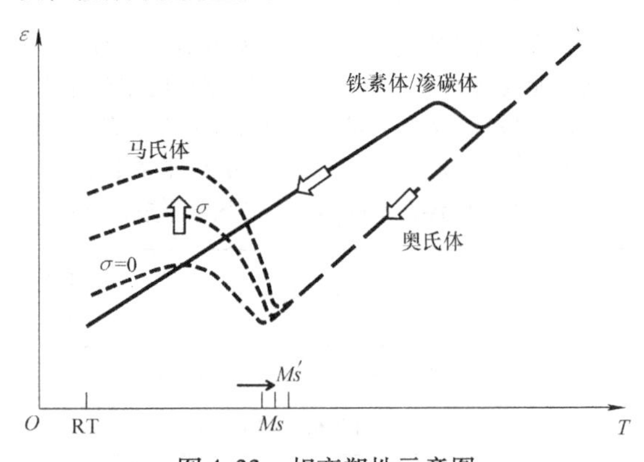

图 4-33 相变塑性示意图

对这个领域研究的主要贡献来自 Greenwood、

Johnson 以及 Magee。在针对不同材料及其相应的相变的分析中，Greenwood 和 Johnson 得到结论，正在发生相变区域附近的弱相产生局部塑性变形是由体积变化造成的。

在他们原本的工作中，为了推导出他们所用方法的近似解析方法，高阶项被忽略，近似解析方法适用于应力小于较弱相屈服强度的一半的情况，得到如下关系：

$$\alpha \approx \frac{5}{6}\delta \tag{4-23}$$

式中，$\alpha = \varepsilon^{tp}/(\Delta V/V)$；$\delta = \sigma_{vM}/\sigma_Y$。其中，$\varepsilon^{tp}$ 为相变塑性引起的应变（TRIP 应变）；$\Delta V/V$ 为给定相变温度下的体积变化；σ_{vM} 为等效应力（von Mises）；σ_Y 表示较弱相的屈服强度。在 Zwigl 等人的工作中，考虑了高阶项，得到精确的解析结果，如图 4-34 所示。

$$\delta = \frac{1}{4} + \frac{1}{6\alpha} + \frac{1}{2\sqrt{2\alpha}}\left(\frac{8\alpha}{4} - \frac{1}{6} - \frac{1}{9\alpha}\right) \times \ln\left[\frac{(8\alpha + 8\sqrt{2\alpha} + 2)^2}{9\alpha^2 - 6\alpha + 4}\right] \tag{4-24}$$

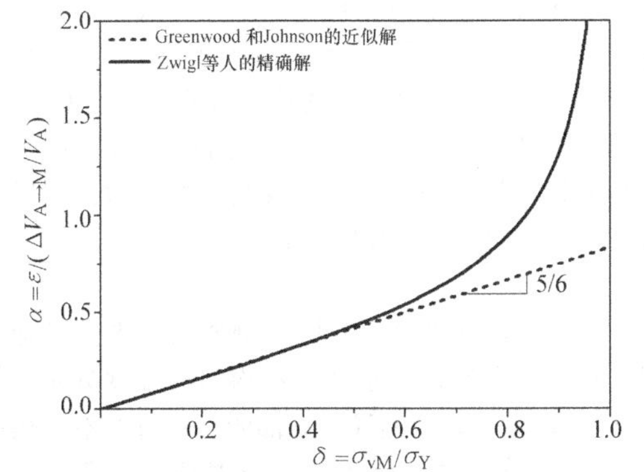

图 4-34 Greenwood – Johnson 方法的近似解和精确解

当应力接近弱相屈服强度时相变塑性应变的非线性增长，得到 Leblond 等人的理论性工作和试验数据的支持。一些关于用 Leblond 建议的模型来说明相变塑性应变的非线性增长的讨论可以在参考文献［46，47］中找到。

有几项工作集中于确定相变塑性常数（K），因为数值模拟中考虑额外非弹性应变是可行的，通过采用下列公式把 Greenwood 和 Johnson 模型扩展到三轴应力状态：

$$\dot{\varepsilon}_{ij}^{tp} = \frac{3}{2}K\sigma_{ij}\phi'(f)\cdot\dot{f} \tag{4-25}$$

式中，$\dot{\varepsilon}_{ij}^{tp}$ 是相变塑性应变率；σ_{ij} 为应力偏张量，而且 $\dot{\varepsilon}_{ij}^{tp}$ 描述相变进程。采用式（4-23）和相应的 α 和 δ，相变塑性常数 K 可以被表示为

$$K = \frac{5}{6}\frac{\Delta V}{V}\frac{1}{\sigma_Y} \tag{4-26}$$

就马氏体相变来讲，体积变化（$\Delta V/V$）和奥氏体屈服强度（σ_Y）增加与碳含量增加不同步；在采用 Greenwood – Johnson 模型时，K 值随碳含量增加而减小。图 4-35 显示了马氏体相变的 K 值与碳含量和 Ni – Cr – Mo 钢加载方向的依赖关系，采用了参考文献［53，54］中描述的特殊热膨胀测量。当碳含量较低时，K 值随碳含量增加而减小，说明 Greenwood – Johnson 效应占主导地位，因为屈服应力的增加快于体积变化的增加。当碳含量高时，K 值随碳含量增加而增加，并且展现出明确的、与应力加载方向的依赖关系。这一现象主要因为马氏体板条数目增加，以及与应力相关的马氏体方向分布。根据 Magee 的观点，由于不规则的马氏体板条方向分布，局部的各向异性变形导致宏观的各向异性变形。

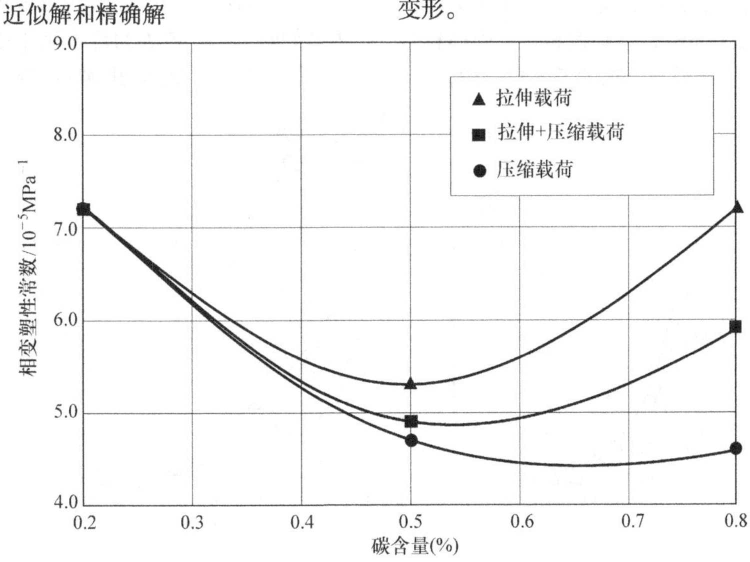

图 4-35 20NiCrMo4 – 3 – 5，50NiCrMo4 – 3 – 5，80NiCrMo4 – 3 – 5 的相变塑性常数（K）与碳含量的关系

结合上面给出的细节和本小节中“2. 相变引起的体积变化”部分，可以基于 Greenwood – Johnson 假设并结合相变塑性应变和应力的非线性行为得到一个适当的相变诱导塑性（TRIP）模型，而不需要试验确定 K 值。当弱相奥氏体的力学性能已知时，参数可以通过计算得到，因为等效应力（σ_{vM}）可以作为一个输入变量从有限元计算得到。使用式(4-24)，α 可以通过适当的积分方法或者分段线性插值确定。结合 K 值的定义［与式（4-26）相比］，可以推导出以下表达式，因为 α 可以表示成 $f(T)\dfrac{\sigma_{vM}}{\sigma_Y}$：

$$K(T)=\alpha\frac{\Delta V_{A\rightarrow M}}{V_A}\frac{1}{\sigma_{vM}}=\alpha\frac{V_M(T)-V_A(T)}{V_A(T)}\frac{1}{\sigma_{vM}} \tag{4-27}$$

式中，$\dfrac{\Delta V_{A\rightarrow M}}{V_A}$是在低于 Ms 点的给定温度下的体积差异，可以通过前文中给出的方法计算得到。这里给出的建模策略是把扩展到三轴应力状态的一般化 Greenwood – Johnson 模型和原有方法的精确解相结合，使所有应力水平下的 K 值都可以被确定。当然，这种方式只适用于相变诱导塑性（TRIP）响应受 Greenwood – Johnson 机制控制的材料。

正如在参考文献［1］中所讨论的，相变塑性也发生在受扩散控制的相变过程中。在淬火过程中，这就是奥氏体化。在参考文献［39，40，51，55，56］中，讨论了相变塑性应变的试验测定和数值建模。尽管 Greenwood 和 Johnson 在之前的工作中确定了一种碳含量为 0.39% 的普通碳素钢的相变塑性应变，但是只有在近期的建模方法中才考虑了它。试验结果表明，与马氏体相变的 K 值相比，同样材料的奥氏体化过程的 K 值更大。在参考文献［39，65］中，作者得到结论，奥氏体化过程中的相变塑性应变对最终残余应力状态的影响几乎可以忽略。

4. 残留奥氏体

从任意奥氏体化温度快冷到室温的时候，碳含量大于 0.5% 的普通碳素钢不全部生成马氏体（以参考文献［57］为例）。一定数量的残留奥氏体保存下来，增加了碳的溶解量。例如，在普通碳素钢中，C150 中有大约 40% 体积分数的残留奥氏体。在低合金钢中，合金元素不同程度地影响残留奥氏体含量。例如，钼、镍、铬和锰，在给定工艺中，含量增加可增加残留奥氏体的量。因此，在使用相同淬火处理工艺时，与 AISI 4120 钢（德国牌号 20MoCr4）相比，18CrNi8 钢含有更多的残留奥氏体。

4.2.2 理想线弹性材料在淬火过程中的应力变化

为了开始解释整体淬火所遇到的应力变化，认为整个圆柱体试样有均匀的奥氏体化温度（T_A）。为简单起见，材料行为被假定为是理想线弹性的，这就意味着没有发生塑性变形。在淬火过程中，可能出现两种应力：热（冷）应力和相变应力。在检查它们的叠加效果之前，两种应力都会被单独讨论。因为淬火和加热总会导致圆柱体内存在温度梯度，所以先讨论热应力。重点被放在相变应力上，以指出相变应力对应力变化的影响。

1. 热应力

通过外部淬火冷却介质（例如油或水）冷却圆柱形试样，会导致一系列的不均匀的温度分布，如图 4-36 所示。热收缩导致局部的、暂时的不同热应变，从而产生热应力。所有这些热应力都是弹性相容的，因为圆柱的材料行为是理想线弹性的。在淬火开始时，圆柱体表面冷速高于心部，因此收缩更多。表面和心部状态的区别或多或少地取决于淬火冷

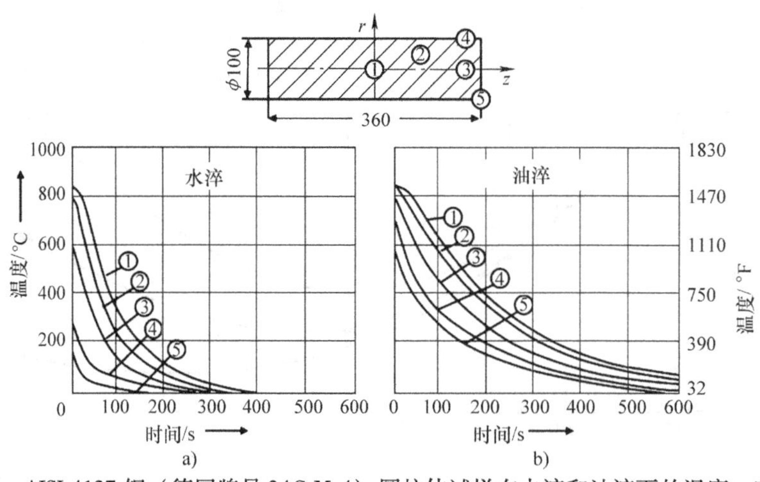

图 4-36 AISI 4137 钢（德国牌号 34CrMo4）圆柱体试样在水淬和油淬下的温度 – 时间曲线

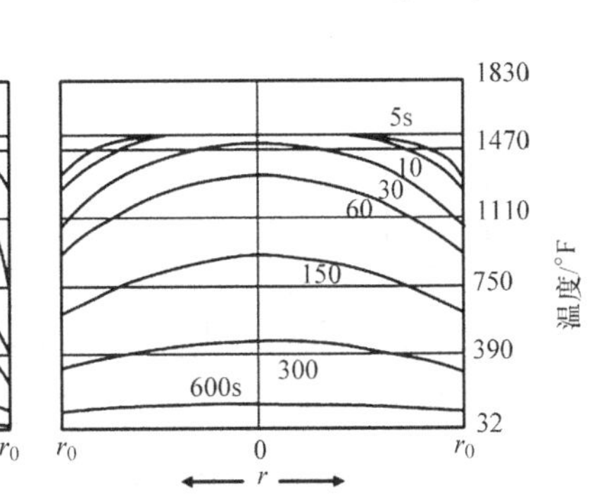

图 4-36 AISI 4137 钢（德国牌号 34CrMo4）圆柱体试样在水淬和油淬下的温度 - 时间曲线（续）

却介质和材料的热导率，和油淬相比，水淬会导致更高的热（冷）应力。因而，圆柱体表层受到纵向和切向的拉应力作用，但是径向产生压应力。相反，这些应力被圆柱体心部平衡，导致纵向和切向的压应力和径向的拉应力。

如图 4-37 所示，圆柱体试样中间截面处的表面和心部的温度，以及它们的温差和相应纵向应力分量 σ_1^{th}，由冷却时间的对数坐标给出。记表面和心部最大温差（ΔT_{max}）出现的时刻为 t_{max}，在这个时刻圆柱体表面和心部的 $T-\lg t$ 曲线斜率相等。显然，试样表面的最大热应力出现在 t_{max}时刻之前，而试样心部的最大热应力在之后出现，这是由于局部温度梯度的缘故。

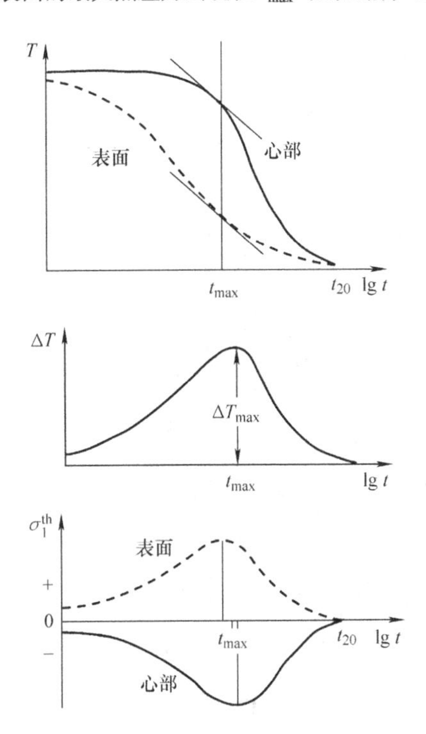

图 4-37 理想线弹性圆柱体无相变冷却过程的温度和纵向应力的变化

除了淬火冷却介质，圆柱体的直径也显著影响热应力，上述结论可以从图 4-38 所示的三个不同直径圆柱体的温度分布对照中得到。随着直径增加，最大温差出现时间推后。图 4-39 给出了图 4-38 中三个不同直径线弹性钢制圆柱体的纵向应力，对于从 800℃（1470℉）到 20℃（70℉）的水淬，纵向应力随直径增大而增大。

图 4-39 所示的现象可以解释为，当淬火条件保持不变时，随着圆柱体直径增加最大温差增加。圆柱体表面的最大纵向应力总是出现在 t_{max}时刻之前，而圆柱体心部的最大纵向应力会在之后出现。产生这现象是由于，对于一个给定的圆柱，在 $t \neq t_{max}$的任意时刻，同样大小温度梯度的产生不可避免地与沿圆柱体直径的不同温度分布相耦合。

当 $t<t_{max}$时，靠近圆柱体表面的温度梯度很高，并造成高的拉应力。相反，当 $t>t_{max}$时，近表面的温度梯度相当小，因此大的压应力在圆柱体中心出现。一旦整个圆柱的温度在 $t=t_{20}$时都达到指定温度 20℃（70℉），由于理想线弹性材料行为的假设，将没有残余应力留下。

2. 相变应力

检验相变应力首先需要考虑一种热胀系数为零的假想材料，从而避免任何热应力的产生。此外，还要假定体积增加是由于一旦通过 *Ms* 点就产生完全的马氏体相变，而不是当温度从 *Ms* 点降到马氏体相变结束温度（*Mf*）的过程中逐步产生的。这一假想材料圆柱体所对应的表面和中心的温度 - 时间曲线在图 4-40a 中给出。在图 4-40b 中给出了圆柱体表面和心部的纵向应力 σ_1^{tr} 的演变。一旦圆柱体表面温度在 $t=t_1$ 时刻达到 *Ms*，由于相变导致的体积变化，压应力出现。与热应力分析同理，必须通过心部出现拉应力来补偿压应力。

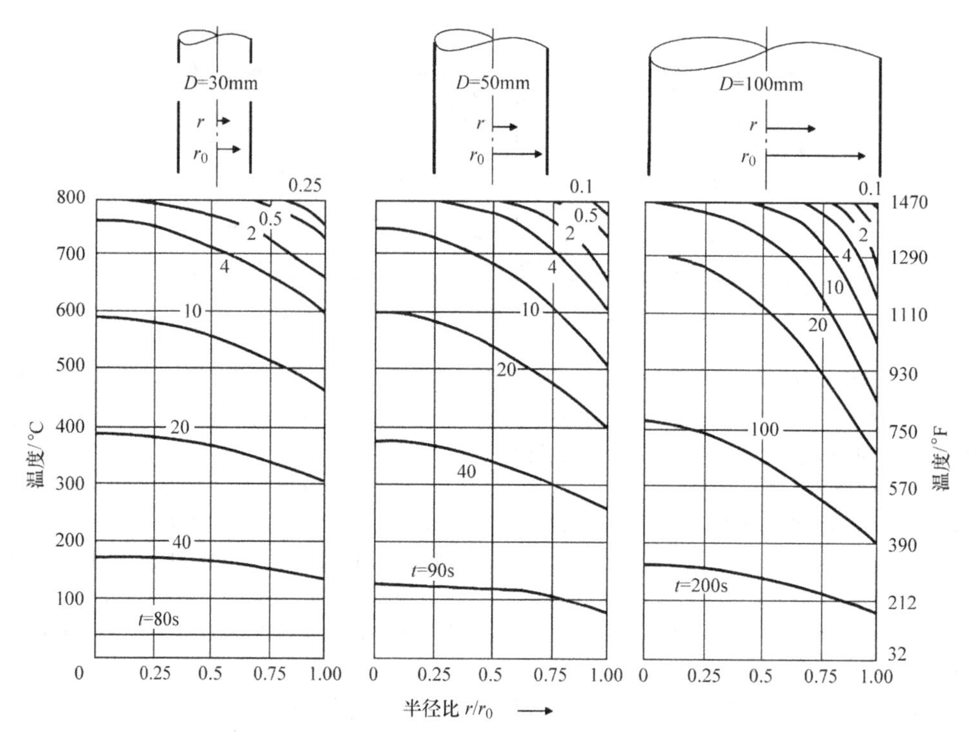

图4-38 AISI 5132 钢（德国牌号 34Cr4）直径为 30mm、50mm、100mm（1.2in、2.0in、4.0in）的圆柱体试样淬火开始后不同时间的温度分布和半径比的关系

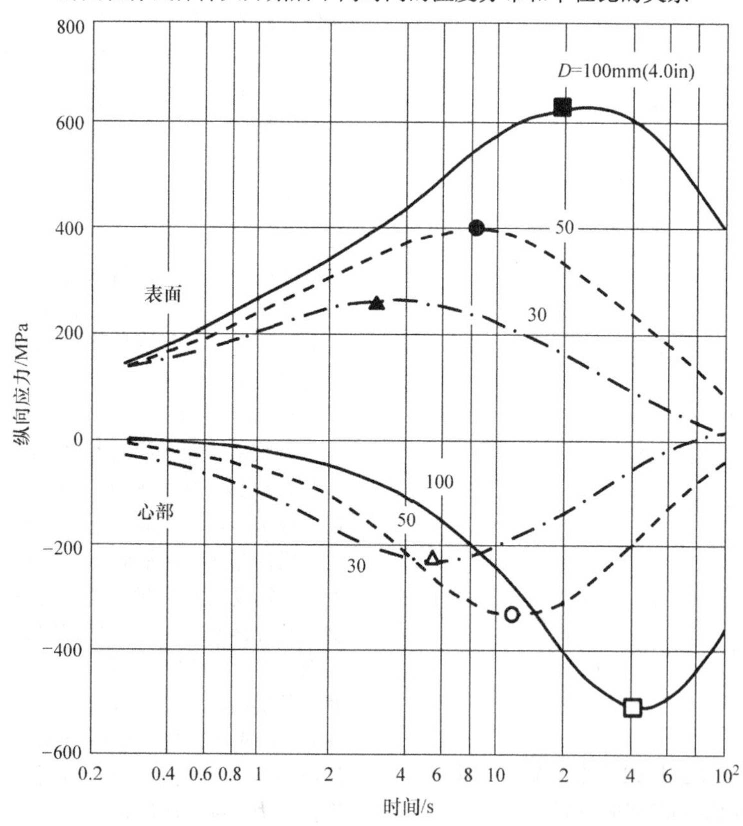

图4-39 不同尺寸的经 800℃（1470℉）加热后水淬的理想线弹性圆柱体试样表面和心部纵向应力的变化

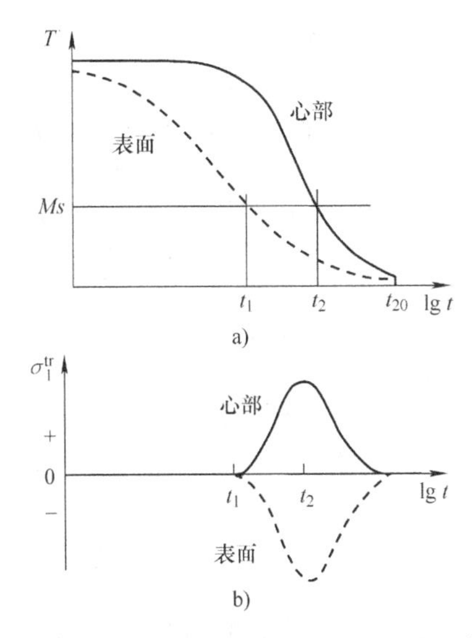

图 4-40 快速冷却过程中温度和纵向应力的变化
a）仅发生马氏体相变的理想线弹性圆柱体试样的表面和心部的温度变化
b）表面和心部的纵向应力 σ_1^{tr} 的变化

随着表面的进一步冷却，表面和心部的应力值都增加，直到 $t=t_2$ 时刻为止。在这一时刻，心部也转变为马氏体，由于体积增加的缘故，心部的拉应力减少。心部的体积增加使表面受拉伸，从而减小了表面的压应力。当整个圆柱体的温度在 $t=t_{20}$ 时刻都降低到设定温度之后，圆柱体被整体淬火，因此形成了无残余应力状态。

除了纵向应力之外，切向应力和径向应力在相变过程中也在发生变化。对于表面区域，一定形成切向压应力和径向拉应力，而心部的所有应力分量为拉应力。正如前文所述，如果圆柱体全部转化为马氏体或者各处的残留奥氏体数量相同，不会有残余应力保留到淬火结束。

从这个讨论中可以明显地看出，如果圆柱体不同区域中的马氏体数量不同，即使在理想条件下，相变残余应力也不可避免。

3. 热应力和相变应力的叠加

到目前为止，热应力和相变应力都是被分别检验的。现在讨论它们同时出现在理想线弹性材料圆柱快速淬火过程中的情况，应力演化在图 4-41 中给出。在图 4-41a 中，显示了表面和心部纵向方向上的热应力和相变应力随时间的变化。它们形式上的叠加导致图 4-41b 所示的应力演化。马氏体相变对应力演化有直接的影响，导致表面和心部应力的减小。

随着相变部位到达心部，对应的应力使表面和心部的应力改变符号。在之前对两种情况所做假设的条件下，心部的拉应力和表面的压应力在 $t=t_{20}$ 时刻都接近于零。

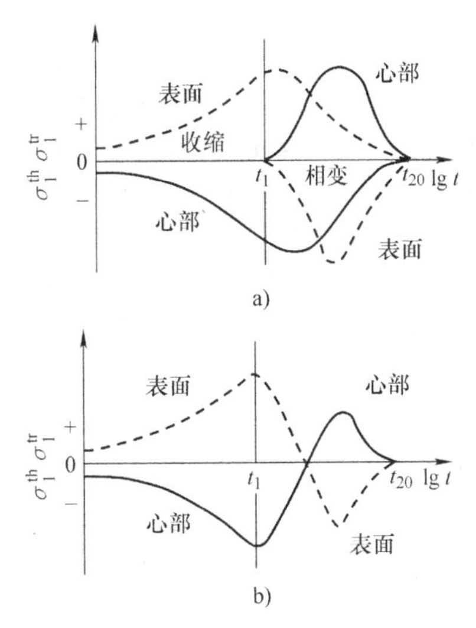

图 4-41 伴随着相变的理想线弹性材料在快速冷却过程中的热应力和相变应力共同作用

4.2.3 弹塑性材料在淬火过程中的应力变化

本小节讨论由于收缩和相变带来的塑性变形，以及热残余应力、相变残余应力、淬火残余应力的产生。

1. 冷却和相变造成的塑性变形

前面假设材料行为是理想线弹性的例子是一种抽象，用来澄清两种主要应力组成部分对淬火后最终残余应力状态的贡献。在现实中，金属材料在载荷作用下表现出弹塑性行为。从弹性变形到塑性变形的转变点为屈服强度。屈服强度本身显著依赖于温度，由于热软化，屈服强度随温度升高而降低。在任意温度下，在超过屈服强度之后，变形行为由所研究材料的加工硬化行为决定。在诸如奥氏体化温度这样的高温下，钢相对变软，因为热应力和相变应力高于屈服强度，钢在淬火过程中产生塑性变形。

圆柱体的快速冷却会在其表面引发纵向和切向的双轴应力状态，同时在心部引发三轴应力状态。在这种情况下，只有当局部等效应力等于或高于给定温度下的材料屈服强度，塑性变形才会发生。等效应力可以由不同假设推导出来。最常见的是，把 von Mises 准则应用于韧性金属材料。假设该准则有效，等效应力造成屈服必须满足以下条件：

$$\sigma_{eq}=f(\text{温度，冷却条件，几何形状，力学性能和热性能})$$
$$=\sigma_Y\ (\text{温度，显微组织})$$

温度对屈服强度的影响最为显著，因此温度也影响淬火造成的应力。最终的残余应力状态还直接受相变诱导塑性的程度和它所造成的非弹性应变或者变形的影响。然而，由于其复杂性，相变诱导塑性在接下来的讨论中不做考虑。在这些条件下，圆柱体表面和心部的温度和屈服强度随时间的变化在图4-42中给出。图4-42a中给出没有马氏体相变的情况，图4-42b中给出了有马氏体相变的情况。可以看到，由于马氏体的相关力学性能与较软的奥氏体不同，马氏体转变导致屈服强度急剧提高。

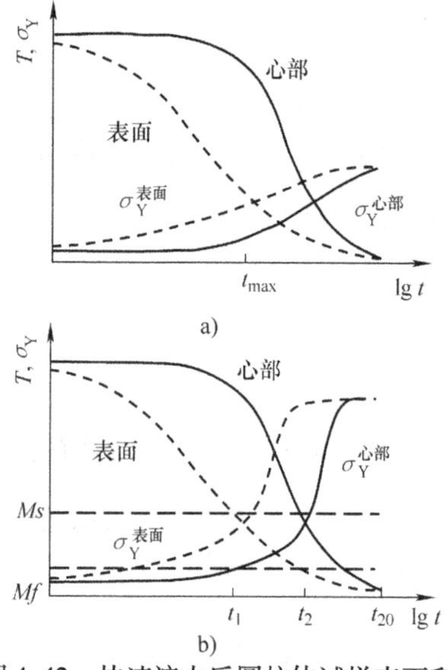

图4-42 快速淬火后圆柱体试样表面和心部的温度 $T-\lg t$ 和 $\sigma_Y-\lg t$ 曲线

a）没有马氏体相变 b）有马氏体相变

这种屈服强度的显著提高在相应位置温度达到 Ms 点后立刻发生，在表面和心部部位分别对应 t_1 时刻和 t_2 时刻。塑性变形是否发生需要随时对比局部位置的等效应力和屈服强度。出于这一原因，数值模拟在近些年来价值大增，可以提供细致的离散化和局部精确预测。局部的塑性变形可以由热应力或/和相变应力造成。因为这些塑性变形在整个圆柱体截面上的分布不均匀，当温度都降到室温之后残余应力总会保留下来。最终的残余应力被称为热残余应力还是淬火残余应力取决于是否可以实现无相变的淬火。

即使圆柱体转变成马氏体时不产生塑性变形，最终的残余应力状态也可能不能认为是单纯由热应力引起的，因为在局部生成的马氏体含量不同，引起局部体积变化的差异，进而导致产生残余应力。

2. 热相变和淬火残余应力的产生

下面的讨论中认为在钢制圆柱体中合金元素成分均匀、材料的抗压和抗拉强度相等。首先解释纯热残余应力和纯相变残余应力的产生。然后，在讨论淬火残余应力的同时，考察两种应力类型同时产生的情况。简单起见，只讨论纵向的应力分量。

（1）热残余应力　图4-43a给出了无相变圆柱体表面和心部的冷却曲线，以及相应的与温度相关的屈服强度。如前所述，压缩和拉伸屈服强度在给定温度下是相等的。在淬火开始时，表面比心部更快地冷却下来，因此在表面形成纵向拉应力，在心部形成纵向压应力。只要应力水平在弹性范围内，试样应力演化过程如图4-43b所示。考虑到设定的屈服强度 $\sigma_Y^{表面}$ 和 $\sigma_Y^{心部}$，表面和心部塑性变形是不可避免的。就纵向应力分量而言，一旦达到屈服强度时就立刻发生塑性形变。淬火使表面产生拉伸塑性变形，心部产生压缩塑性变形。如图4-43b所示，塑性变形发生在热应力曲线第一次穿过屈服应力曲线的时候。没有进一步的变形硬化，只要热应力大于对应的屈服强度，表面和心部的热应力就被限制在对应温度的屈服强度（图4-43c）。

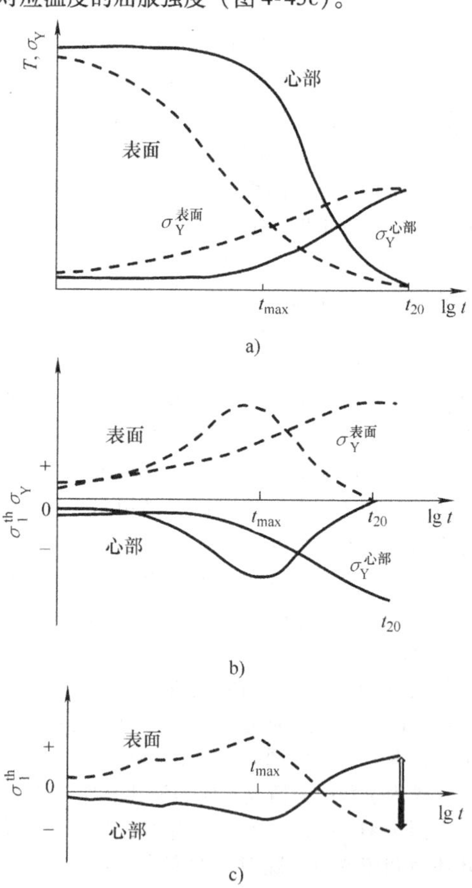

图4-43 圆柱体试样快速冷却过程中纵向热残余应力的形成

a）表面和心部的 $T-\lg t$ 和 $\sigma_Y-\lg t$ 曲线

b）表面和心部的 $\sigma_1^{th}-\lg t$ 和 $\sigma_Y-\lg t$ 曲线

c）表面和心部最终得到的 $\sigma_1^{th}-\lg t$ 曲线

一旦时间 t 超过 t_{max}，心部的冷却速度比表面冷速快。如图 4-43 所示，这一现象造成了在表面和心部的热应力降低。因为表面和心部的热应力在不同时刻达到最大，也就是说，分别在 t_{max} 之前和之后达到最大值，热应力也在不同时刻达到零。由于表面的塑性拉伸和心部的塑性压缩，不可能出现表面和心部同时存在零应力的情况。在进一步的冷却过程中，表面的塑性拉伸和心部的塑性压缩分别造成了压应力和拉应力，与表面和心部的温差所造成的剩余应力相反。因为淬火结束后试样内不会有温差，热应力消失。最终，在表面形成残余压应力，在心部形成残余拉应力。可能产生的残余应力可以从图 4-43 中得到，通过最大热应力与该处相应的屈服强度的差确定。然而这个方法只有在潜在的残余应力小于屈服应力时才是准确的，因为当其大于屈服应力时，塑性变形会进一步发生，从而造成应力释放。以下几点是总结出来的关于热残余应力的要点：

1）残余应力的大小取决于所发生的塑性变形。

2）一般来说，塑性变形发生在淬火圆柱体的表面和心部。

3）对于一个给定的屈服强度，塑性变形随着冷却过程的应力增加而增加。热应力随着热胀系数增加和表面与心部之间的温差增加而增加。

4）淬火温度越高，热导率越低，表面传热系数越高，圆柱体直径越大，导致表面和心部的温差越高。

5）材料的高温屈服强度越低，淬火过程中的塑性变形越高。因此，对于屈服强度较低的材料，其预测的残余应力会比较高。然而，在低温下的屈服强度必然能够超过塑性变形造成的应力，基本上最高的热残余应力值出现在屈服强度居中的情况下。

（2）相变残余应力　图 4-44a 给出了淬火冷却到 *Ms* 以下、完全生成马氏体的圆柱体表面和心部的冷却曲线和屈服强度随时间变化曲线。表面和心部的屈服强度随马氏体生成而急剧升高。出于简化的目的，假设热应力不存在，相变塑性的影响可以忽略。当 $t = t_1$ 时，圆柱体表面开始发生马氏体相变。表面马氏体相变引起的体积增加受到没有发生相变的心部阻碍。导致试样表面出现相变压应力，压应力被心部的拉应力补偿。从图 4-44b 中可以看出，相变应力超过屈服应力出现在 t_1 和 t_2 时刻之间，这导致塑性变形。进一步的冷却使其在拉应力作用下的心部温度在 t_2 时刻达到 *Ms* 点。在这一时刻，马氏体相变造成的体积增加立刻减小了心部的拉应力和表面的压应力。如之前所述，由于不同大小的、相反的塑性变形，应力在不同时刻达到零值。进一步的冷却过程中，残留的表面和心部的体积不匹配产生了相变应力，其符号与由于刚才提到的塑性变形所产生的应力相反。在温度均匀后（在图 4-44c 中用箭头示意），圆柱体心部存在残余压应力，表面存在残余拉应力。

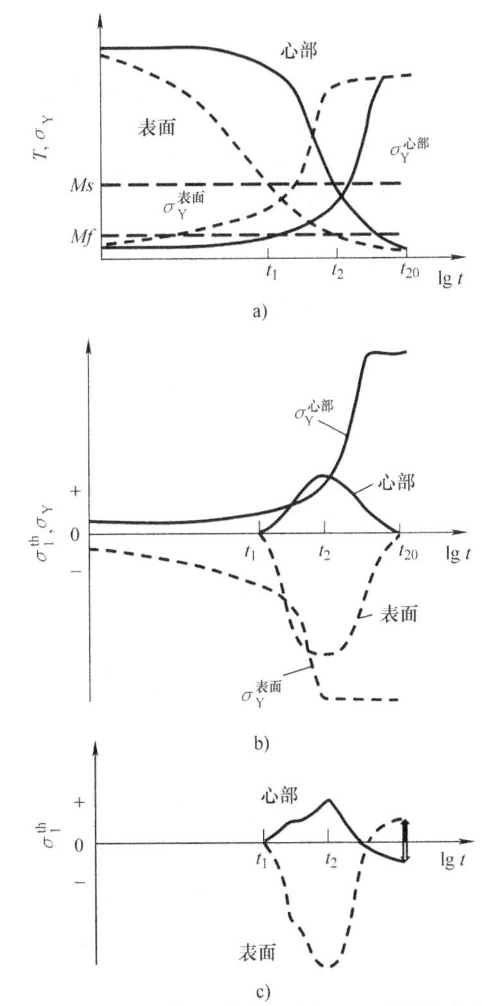

图 4-44　圆柱体试样快速冷却过程中纵向相变残余应力的形成

a）表面和心部的 $T-\lg t$ 和 $\sigma_Y-\lg t$ 曲线

b）表面和心部的 $\sigma_1^{th}-\lg t$ 和 $\sigma_Y-\lg t$ 曲线

c）表面和心部最终得到的 $\sigma_1^{th}-\lg t$ 曲线

以下几点是关于相变残余应力的总结：

1）残余应力的大小由相变进行中发生的体积变化所造成的塑性变形决定。该处的奥氏体屈服强度越低，残余应力越高。

2）淬火可能不造成残余应力，条件是相变在试样所有区域同步进行并且屈服强度足够高。相变残余应力产生条件为，体积增加量在不同位置和不同时刻是不同的，并且存在不均匀的塑性变形。

3）因为马氏体相变所导致的体积增加和屈服强度都随碳含量的增加而增加，只有体积增加的影响大于屈服强度的影响，才更容易产生塑性变形。

4）当相变诱导塑性变形发生在局部拉应力或压应力下时，该处的应变增加，从而改变最终残余应力状态。

（3）淬火残余应力 奥氏体化的圆柱体快速淬火到室温所造成的淬火残余应力状态不能简单地通过前文所描述的应力状态的叠加来描述。然而，重要的是，局部的马氏体相变引起体积膨胀并且导致应力向负方向（压缩状态）偏移，不论相变前应力状态如何。出于内应力平衡的原因，在该时刻不发生相变的区域的应力向正方向增长。因此，发生马氏体转变的区域内的拉应力不可避免地转向压应力，压应力区域内的压应力总是得到增强。随后，由于在冷却过程中的 $t_{s,0}$ 和 $t_{c,0}$ 时刻之间产生在表面和心部的热应力改变符号（图 4-45），表面相变开始时间（$t_{s,i}$）和心部相变开始时间（$t_{c,i}$）的相对位置，是影响冷却结束时淬火残余应力的关键。淬火应力改变符号之前所经过的平均时长用如下公式给出：

$$t_0=\frac{1}{2}(t_{s,0}+t_{c,0})\text{（图 4-45a）} \qquad (4\text{-}28)$$

显然，表面相变开始时间远在 t_0 之前、接近 t_0 和远在 t_0 之后的冷却过程需要分别讨论。就化学成分均匀的整体淬火钢制圆柱体而言，其 $t_{s,i}$ 总是在 $t_{c,i}$ 之前，因此可以得到下列分类结果：

$$t_0<t_{s,i}<t_{c,i}\text{（图 4-45b）} \qquad (4\text{-}29)$$

$$t_0\approx t_{s,i}<t_{c,i}\text{（图 4-45c）} \qquad (4\text{-}30)$$

$$t_{s,i}<t_{c,i}\approx t_0\text{（图 4-45d）} \qquad (4\text{-}31)$$

$$t_{s,i}<t_{c,i}<t_0\text{（图 4-45e）} \qquad (4\text{-}32)$$

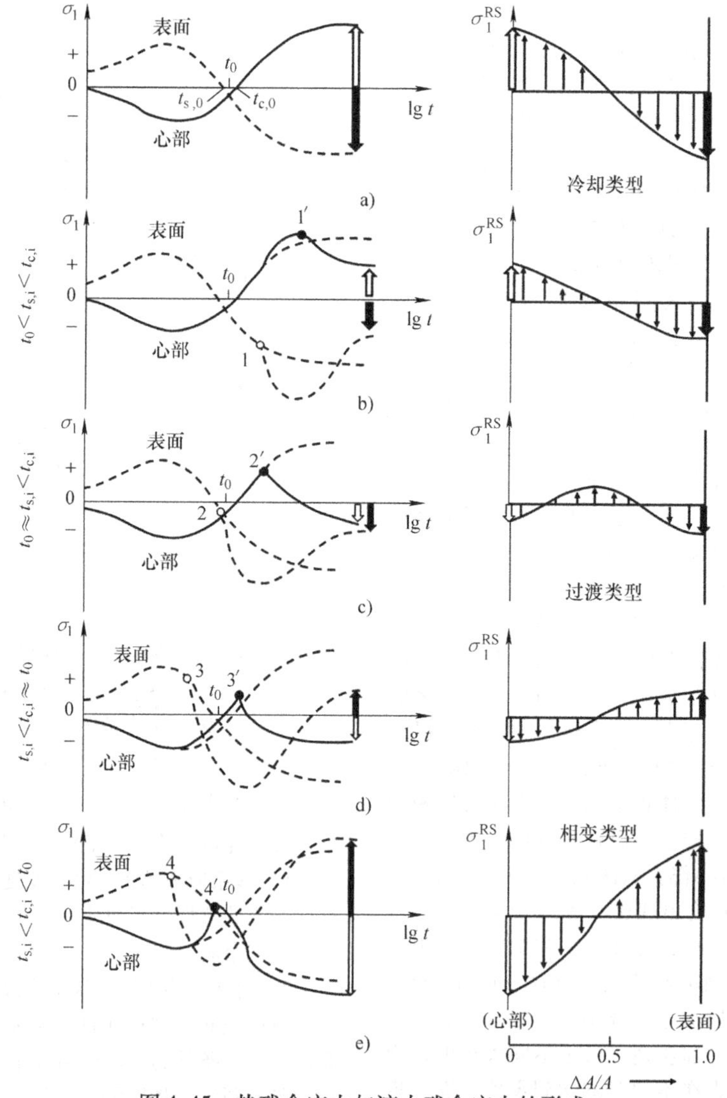

图 4-45 热残余应力与淬火残余应力的形成

a）热残余应力的形成 b）~e）各种可能的淬火残余应力的形成

在图 4-45 中示意地给出了所有四种情况，纵向应力随时间的演变在左边显示，右图为淬火结束温度完全均匀后最终残余应力沿径向的分布。图 4-45a 描述了之前讨论的不发生相变的快速冷却，结合图 4-45a 的结果可以更容易理解考虑收缩与相变叠加效果的另外四种情况。图中数字 1、2、3、4 表示表面马氏体相变开始，相应地，数字 1′、2′、3′、4′代表心部马氏体相变开始。图 4-45b 显示表面和心部的相变都在 t_0 之后发生的情况。图 4-45c 显示表面相变发生的时刻非常接近 t_0 且在 t_0 之前、心部相变在 t_0 之后发生的情况。在这种情况下，心部和表面都出现残余压应力，而在表面和心部之间有过渡区为拉应力，抵消压应力，因为在淬火结束时温度相同，所以拉应力和压应力必须平衡。如果表面发生相变的时刻不是比 t_0 早一点点而是提早很多，表面应力保持为拉应力，由于内应力平衡，因此心部为压应力，如图 4-45d 所示。图 4-45e 给出了表面和心部的相变都在 t_0 之前发生的情况。表面的马氏体相变导致之前由于温差造成的拉应力迅速下降，进而形成压应力。由于内应力平衡，心部必须用符号相反的应力来对抗表面的拉应力，直到心部本身的温度达到 *Ms* 为止。心部的马氏体相变造成体积膨胀，其拉应力向压应力偏移，同时使表面处于拉应力下，因为表面会被膨胀的心部拉开（沿纵向）。结果是表面形成残余拉应力，心部为残余压应力。由于图 4-45d、e 所示的残余应力状态与纯相变引起的残余应力状态最为相符，因此它们通常被认为是整体淬火钢制圆柱体的典型状态。但是，这一观点需要更正。

试验结果表明，对于同样大小不同材料圆柱体的整体淬火，材料的 *Ms* 不同，可以形成从正值到负值的表面残余应力分布范围。低 *Ms* 点材料制成的圆柱体得到表面残余拉应力，而高 *Ms* 点材料制成的圆柱体得到表面残余压应力。初看起来，这个结果也许和图 4-45 所示矛盾。然而，结合图 4-46，图 4-46 中显示了 *Ms* 点（由碳含量和合金成分决定）对纵向表面应力和表面残余应力的影响，这一结果就可以解释了。碳含量不仅影响 *Ms* 点，还影响屈服强度，使得高温屈服强度随着碳含量的增加而提高。这就意味着，对于 *Ms* 点低的材料由于温差造成的表面拉应力可以达到极大值，因为在表面达到 *Ms* 点之前，试样内的温度梯度最大。同时，材料也能在更高的应力水平下不发生屈服。取决于这些应力的大小，表面马氏体相变把这些应力减小到某个程度，与对应的体积增加有关。如之前在“相变塑性”中所讨论的，随着碳含量增加，屈服强度增加的速度比对应的体积增加更快。这也就解释了，对于高 *Ms* 点材料，为什么表面应力不发生第二次反向，最终表面残余应力为压应力。当然，必须记住，相变塑性的影响在这一讨论中没有被考虑。

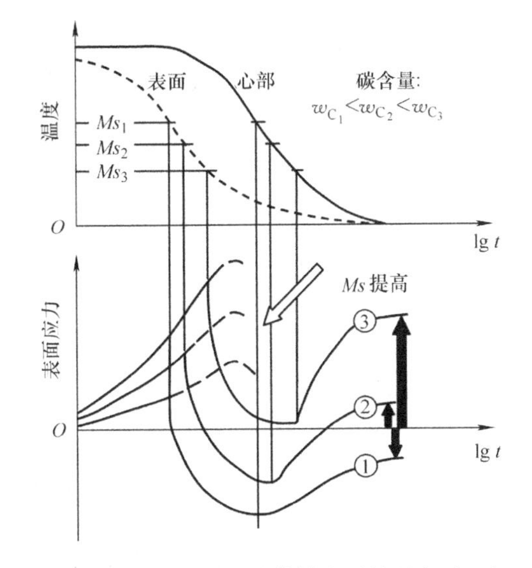

图 4-46 不同的马氏体转变开始温度（*Ms*）对表面残余应力形成的影响的示意图

显然，本小节开头部分关于相变过程影响热应力的陈述对所有伴随着体积增加的非马氏体相变也同样适用。因此，只考虑在每个相变过程中所发生的那些体积变化，情况可能与图 4-45 中所展示的类似。相变引起的体积增加导致该处应力向负值发展的原则仍然适用。在个别情况下，体积变化对最终残余应力状态的影响仍然取决于表面和心部相变发生时间和 t_0 的相对关系。因为非马氏体相变（如贝氏体相变）引起的体积变化相对较小，相变应力也相对较小。

图 4-45 所描述的情况反映了存在于钢制圆柱体淬火过程中的复杂关系的基本方面。事实上，σ_1 - lg*t*（纵向应力 - 时间）图不能通过经验得到。不过，考虑相关事实和材料参数，快速冷却中的工艺过程可以被建模，σ_1 - lg*t* 关系可以通过有限元方法计算出来。随后将讨论使用这种方法处理的例子。

前面的讨论提出，将淬火钢制圆柱体可能存在的残余应力分布的整个范围分成三个主要类型，如图 4-47所示。显然，纯热残余应力类型和纯相变残余应力类型为两种有限的情况。此外，还存在一种过渡残余应力类型，在心部和表面之间的位置分别出现最大残余拉应力和最小残余压应力。在每种情况下，纵向应力分布都取决于因热应力和（或）相变造成的体积变化所导致的塑性变形。图 4-47 中的箭头指出在现存应力状态下的局部相变如何影响残余应力分布。

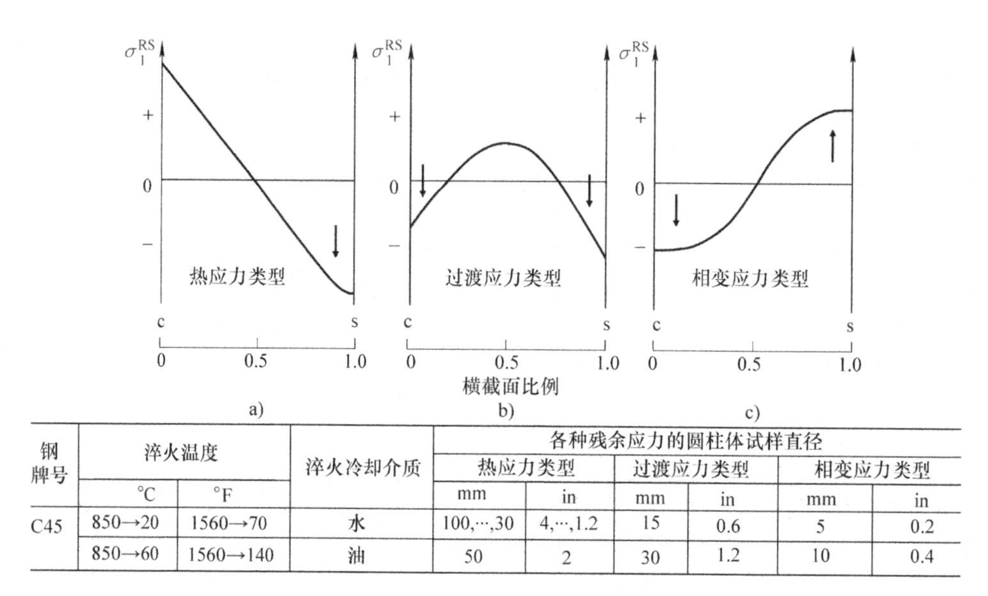

<table>
<tr><th rowspan="3">钢
牌号</th><th colspan="2">淬火温度</th><th rowspan="3">淬火冷却介质</th><th colspan="6">各种残余应力的圆柱体试样直径</th></tr>
<tr><th colspan="2"></th><th colspan="2">热应力类型</th><th colspan="2">过渡应力类型</th><th colspan="2">相变应力类型</th></tr>
<tr><th>°C</th><th>°F</th><th>mm</th><th>in</th><th>mm</th><th>in</th><th>mm</th><th>in</th></tr>
<tr><td rowspan="2">C45</td><td>850→20</td><td>1560→70</td><td>水</td><td>100,…,30</td><td>4,…,1.2</td><td>15</td><td>0.6</td><td>5</td><td>0.2</td></tr>
<tr><td>850→60</td><td>1560→140</td><td>油</td><td>50</td><td>2</td><td>30</td><td>1.2</td><td>10</td><td>0.4</td></tr>
</table>

图 4-47 淬火应力的基础类型

a）热应力类型：在表面转变为压应力 b）过渡应力类型：在心部转变为拉应力，表面转变为压应力

c）相变应力类型：在心部转变为拉应力，表面转变为压应力

之前已经提到，即使部分马氏体相变并未造成塑性变形，其体积变化仍然会影响钢制圆柱体残余应力的形成。此外，还要注意的是，同样材料不同直径的圆柱体淬火后的残余应力分布类型不同，可能随圆柱体直径增加从相变应力类型变化到热应力类型。提高冷速也会导致相同的变化趋势。

钢制圆柱体从油淬改为水淬，可以使得小直径圆柱体的残余应力分布变成热应力类型。这一现象可以借助图 4-36 理解，图中显示淬火冷却介质的改变会直接影响热应力。水作为更剧烈的冷却介质，会造成更大的温差。图 4-47 下方的表格中，对于 AISI 1045（德国牌号 C45）钢给出了一些直径和冷却条件，前述的基本残余应力分布类型都有出现。

直径为 20mm（0.8in）的 AISI 1045 钢圆柱体从 680℃（1255℉）油淬到 20℃（70℉）时，没有相变发生。冷却过程中试样表面和心部温差（ΔT）的变化过程在图 4-48a 中给出。计算得到温差的最大值（ΔT_{max} = 180℃，或 355℉）出现在淬火过程开始后 2.5s。相应的表面和心部纵向应力如图 4-48b 所示。最终残余应力状态为热应力类型，从之前的讨论中可知，这意味着热应力造成了塑性变形。模拟结果表明，表面和心部的最大应力的出现时间会有延迟。表面最大应力出现在温差达到 ΔT_{max} 之前，而心部最大应力出现在这之后。结合之前讨论的情况，表面收缩所导致的拉应力被心部的压应力平衡。一旦热应力达到屈服强度，将发生塑性变形，并且最大热应力被限制在给定温度下的屈服强度。在进一步冷却过程中，被屈服强度限制的热应力可以在应力反向后继续发展，造成表面残余压应力和与之平衡的心部残余拉应力。

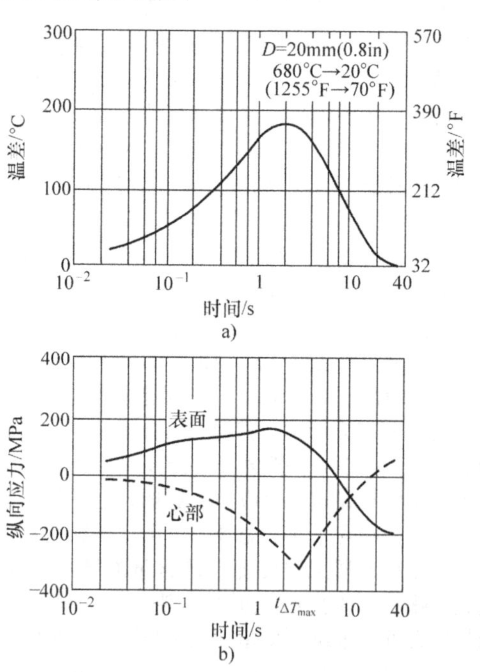

图 4-48 表面和心部的温差和纵向应力与无相变圆柱体试样冷却时间的关系

注：材料为 AISI 1045（德国牌号 C45），直径为 20mm（0.8in），加热到 680℃（1255℉）后在 20℃（70℉）的油中进行淬火。

所讨论例子中是否产生塑性变形可以通过图 4-49中的数据评估。等效应力（σ_{eq}）通过 von Mises 准则计算，表面等效应力和屈服强度（σ_Y）的对照在图 4-49a 中给出，心部等效应力和屈服强度的对照在图 4-49b 中给出。在 $\sigma_{eq}=\sigma_Y$ 时出现塑性变形，因此表面塑性变形大约在淬火开始后 0.15s 开始出现。因为计算时使用理想弹塑性材料模型，等效应力不会超过屈服强度。在 $0.15s < t < 1.55s$ 这段时间，表面可能发生塑性变形。然而，在淬火时间大于 1.55s 后，屈服强度超过等效应力，塑性变形停止。在冷却过程中，较小的心部等效应力接近屈服强度的时间比较晚，只在很短的一段时间内接近屈服强度。

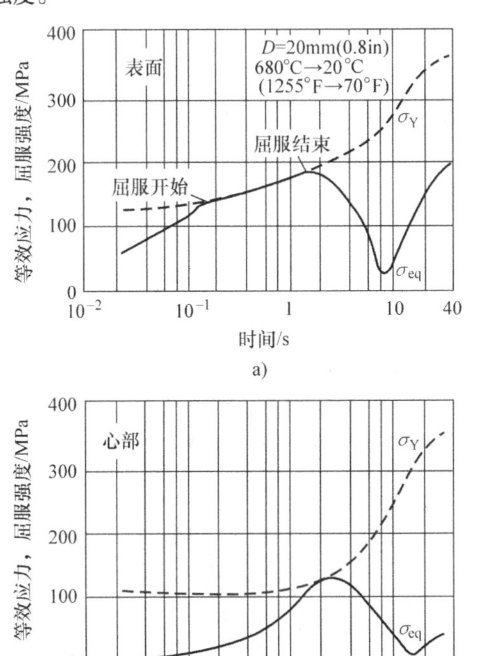

图 4-49　无相变圆柱体试样淬火的等效应力 σ_{eq} 和屈服强度 σ_Y 与冷却时间的关系

注：材料为 AISI 1045（德国牌号 C45），直径为 20mm（0.8in），加热到 680℃（1255℉）后在 20℃（70℉）的油中进行淬火。

考虑同样的圆柱体在 830℃（1525℉）奥氏体化后油淬到 20℃（70℉）的情况，淬火过程中温差和纵向应力随淬火时间的变化在图 4-50 中给出。可以看到，在圆柱体完全冷却之前，心部应力的符号改变了四次。最后，表面和近表面区域表现出残余压应力，心部应力状态为残余拉应力。最终的残余应力分布为热应力类型。淬火过程中的塑性变形如图 4-51 所示，图 4-51a 是随时间变化的表面应力和屈服强度，图 4-51b 是随时间变化的心部应力和屈服强度。数据表明，淬火开始后表面立刻产生塑性变形，而心部在大约 0.5s 后产生塑性变形。

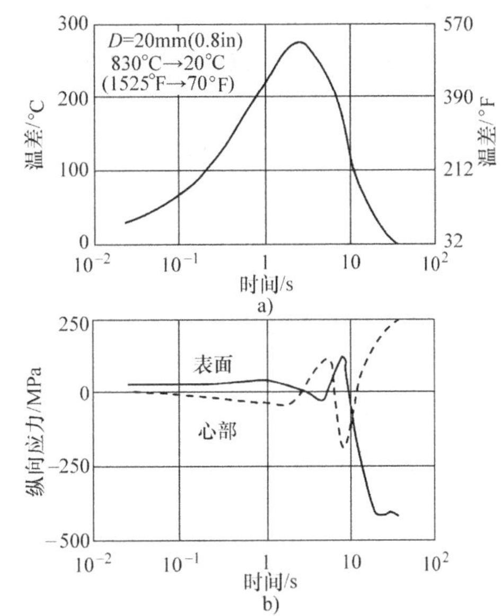

图 4-50　发生相变的圆柱体试样淬火表面和心部的温差和纵向应力与冷却时间的关系

注：材料为 AISI 1045（德国牌号 C45），直径为 20mm（0.8in），加热到 830℃（1525℉）后在 20℃（70℉）的油中进行淬火。

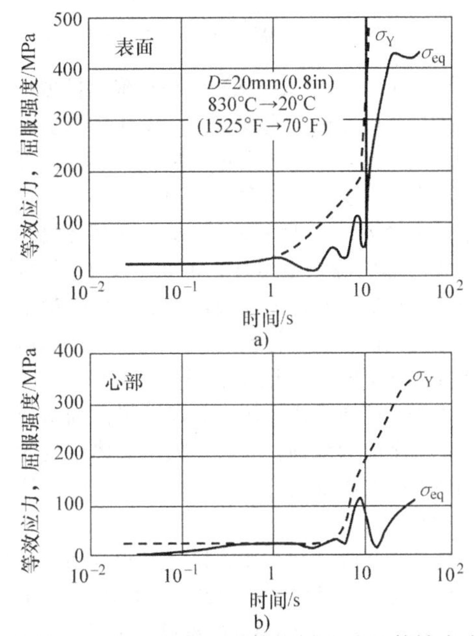

图 4-51　发生相变的圆柱体试样淬火的等效应力 σ_{eq} 和屈服强度 σ_Y 与冷却时间的关系

注：材料为 AISI 1045（德国牌号 C45），直径为 20mm（0.8in），加热到 830℃（1525℉）后在 20℃（70℉）的油中进行淬火。

4.2.4 整体淬火引起的畸变

下面所示的 AISI 4140（德国牌号 42CrMo4）钢棱柱体水淬，如图 4-52 所示，符合由 Wyss 提出的分类，也在本章 4.1 节中予以了讨论。热应力和相变共同发生导致“趋势Ⅱ”方式的尺寸和形状的变化，即以沿着表面膨胀和边缘膨胀为特点。同样的趋势可在图 4-52b 中观测到，图中显示了不同大小的试样的最终变形。为了使形状变化清楚可见，畸变被放大了 30 倍。

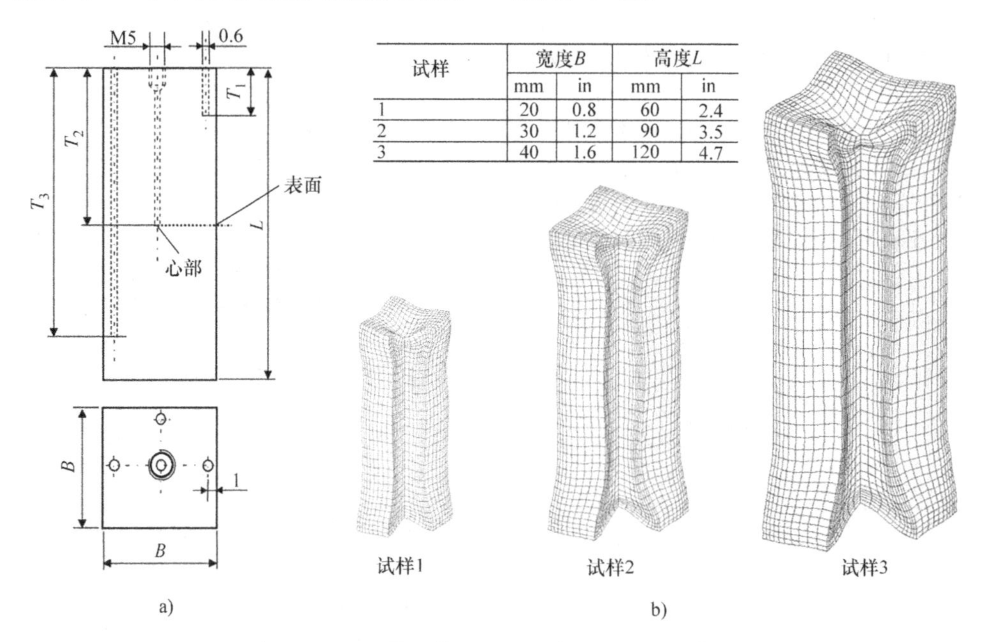

图 4-52 通过模拟模拟进行相应的畸变预测实例
a）由 AISI 4140（德国牌号 42CrMo4）钢制成的棱柱体试样零件图，加热至均匀温度 900℃（1650℉）后进行淬火 b）通过模拟模拟进行相应的畸变预测

图 4-53 显示了试样从测量和有限元模拟中得到的沿试样高度方向的宽度变化。棱柱体沿表面形成内凹，这反映为其宽度变化为负值，然而，可以观察到朝向其边缘方向的宽度增加。零件尺寸增加强化了这个趋势，尺寸增加导致试样冷却变慢，同时表面和心部的温差也增加，正如前文中所讨论的。这意味着小试样心部的马氏体相变发生时刻早于更大尺寸的试样。由于材料的淬透性，尺寸的增加会减小在心部生成的马氏体的比例。

由于心部马氏体比例随着尺寸增加而减小，表面压缩残余应力增加，因为伴随马氏体相变的体积增加所产生的心部向已完成相变的表面施加拉力的程度减小了。

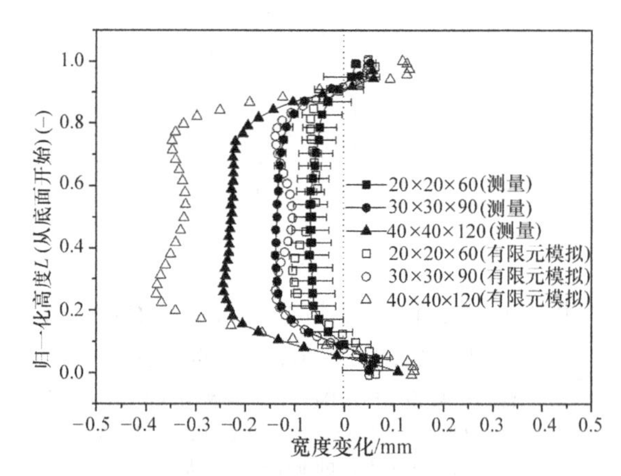

图 4-53 AISI 4140 钢试样（试样见图 4-52）沿高度方向上宽度变化的测量值和计算值

在参考文献［10］中，研究了相变动力学和畸变之间的关系。采用 AISI 5120（德国牌号 20MnCr5）钢，长度为 160mm（6.3in）的圆柱体试样，切开其一侧（图 4-54）。因为晶粒大小对 *Ms* 点有直接影响，对于马氏体相变，使用一个考虑了所用材料合金元素以及奥氏体晶粒尺寸的速率方程。参考文献［65］中指出了 *Ms* 点随晶粒尺寸减小而降低。图 4-54a显示了沿试样长度的畸变测量值与采用参考文献［10］中数值模型得到的预测值的对比。图4-54b显示了相同的测量结果和计算结果，另外增加了一组模拟结果，这组模拟结果使用经典的 Koistinen - Marburger 模型描述马氏体相变动力学。直接比较表

明，*Ms* 点对最终变形有明显的影响，正如参考文献［38，67］中所详细讨论的。在参考文献［68］中，描述了关于相变动力学影响因素的研究进展，解释了在温度达到 *Ms* 点之前由于扩散性相变所形成的残留奥氏体中的碳富集。

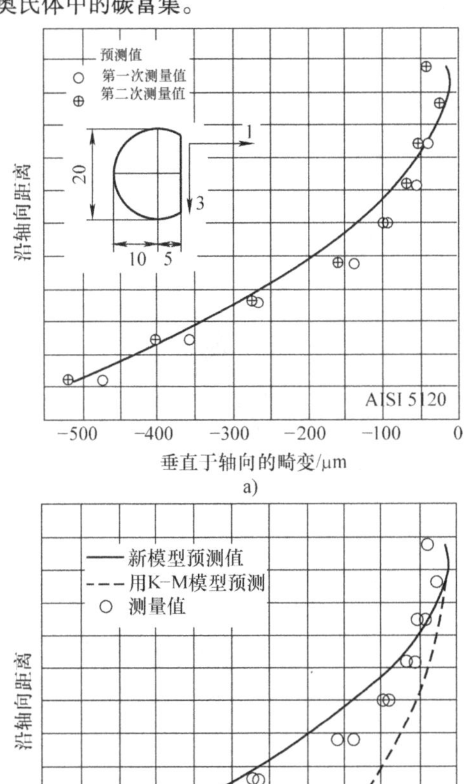

图 4-54　不对称切开的圆柱体试样畸变的测量结果和计算结果示意图

a）沿试样长度方向的畸变测量值与引用参考文献［10］中数值模型所做预测结果的比较

b）模型预测结果与试验结果相同，除了额外增加的预测结果，该计算结果采用经典的 Koistinen – Marburger 模型对马氏体形成的相变动力学进行描述

参考文献［69］展示了用 AISI 4140 钢制成的被称作 Navy C 环的工件在油中淬火的数值模拟。数值模拟和试验研究表明，缺口张开量由在环形工件最厚部分发生的、延迟的马氏体相变所决定。通过施加恒定传热系数作为边界条件来进行数值模拟，因此计算结果凸显出工件形状和质量分布的影响，因为它们对热梯度有直接的影响，进而影响热应力和相变应力。

4.2.5　表面淬火过程中的应力变化

前面的章节深入探讨了控制整体淬火圆柱体最终残余应力状态的基本机制。然而在许多应用中，工件进行表面强化，由于最大的负载应力出现在表面，因此必须在表面区域获得高强度和残余压应力。激光、火焰、感应和电子束强化等热表面强化技术的主要优势是在表面同时获得高强度（硬度）和残余压应力，使表面强化通常成为一个重要的工序。

为了解释表面强化过程中的应力演变，使用了一个相对简单的模型，假设拉/压载荷作用下的屈服强度载荷相等，并且各相的弹性模量都相等。此外，各相热胀系数不受温度变化的影响，不考虑心部温度和相变塑性的影响。最后两个假设对最终残余应力状态的总体影响在稍后讨论。

图 4-55a 给出了热表面强化过程的一个典型时间 – 温度图。相应地，在图 4-55b 中给出了轴向表面应力变化的示意图，假定圆柱体为表面强化。加热开始时，表面温度升高而内部依然是冷的，由于温度梯度（①）造成了表面的压应力。在特定温度下，热应力到达了材料在给定温度下的屈服强度。进一步假设没有发生应变强化，压应力保持与屈服强度相同直到到达 Ac_1 温度（②）。在这个温度下，奥氏体化开始，由于从体心立方变化为面心立方的晶体结构的改变导致体积缩小。因为表面收缩并进一步引起拉应力，这个体积减小抵消表面的压应力。根据材料的不同，完成奥氏体化可能形成拉应力（③）。进一步加热直到最后的奥氏体化温度（$T_{A,max}$），由于奥氏体转变之前所遇到的相同原因，将再次得到压应力。

如果升温到 $T_{A,max}$ 后停止加热（自淬火，保温一段时间）或者进行淬火，然后压应力转化为拉应力，因为表面此时会收缩但内部材料再一次阻止表面收缩（④）。正如之前讨论的，在冷却过程中表面的温度下降导致拉伸应力的累积，到达相应的屈服强度。从此开始，拉应力与屈服强度相同直到到达 *Ms* 点为止（⑤）。奥氏体到马氏体的相变伴随着体积增加，因此拉应力得到了过度补偿，致使压应力产生，直到相变全部完成（⑥）。忽视心部的影响，由于热收缩，现在表面层的压应力最后略有减少直到达到室温为止（⑦）。假定整个圆柱体处于室温而且不考虑内部的影响，最后保留的应力为残余应力 σ_{woC}^{RS}（没有考虑心部温度）。

尽管这里介绍的模型是真实情况的一个简化，但是如后续章节中讨论的，实际应力的变化并没有相差太远。但是，在考虑一个特定例子之前，应把注意力放到之前提到的两个因素上。第一个是心部的作用，即心部材料没有被转化成马氏体，此前并没有考虑到。在加热和冷却过程中，部分热量传递到了心部，因此也导致一定的材料膨胀。当表面已经完全转变为马氏体时，心部的温度更高。另外，原始组织的热胀系数比马氏体高，因为心部在冷却到室温过程中的收缩被表面阻碍，导致压应力增加。由于这个缘故，为了提高残余压应力并不导致心部过热，可以采用推迟淬火。这个方法对最终残余应力状态的影响如图 4-56 所示。参考文献［71，72］中提供的试验结果表明，当淬火被延迟时残余应力较高。

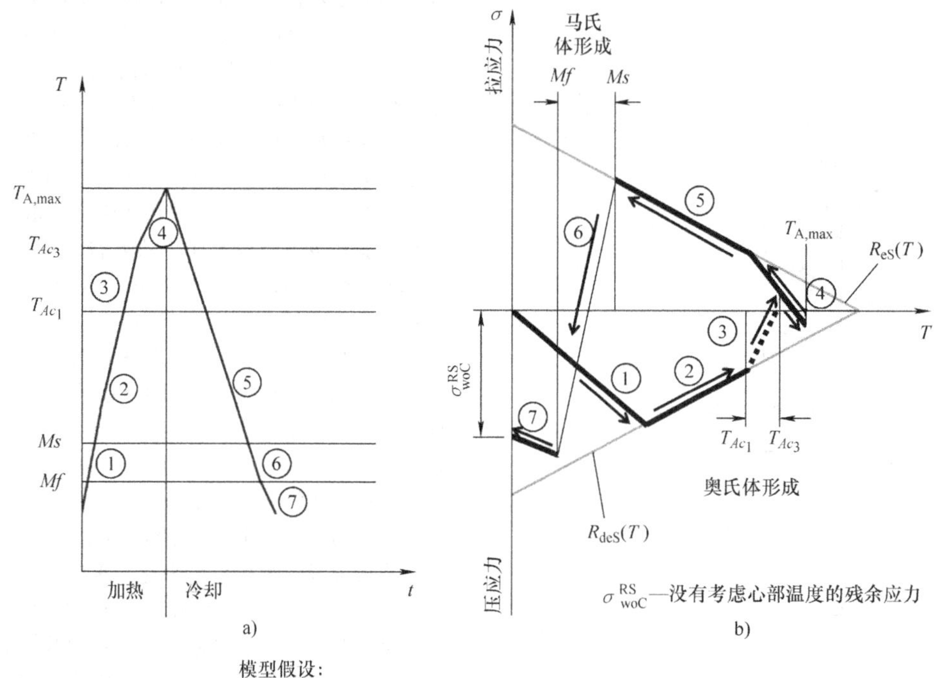

模型假设：

- $R_{deS}=-R_{eS}$ (线性)，各相的弹性模量E相等
- 不同相的热胀系数α不受温度影响

图 4-55　表面纵向应力形成的解释模型图，未考虑心部温度以及相变诱导塑性（TRIP）的影响

a）表面热处理过程中的典型时间－温度图　b）假设圆柱体试样表面强化后轴向表面残余应力形成的示意图

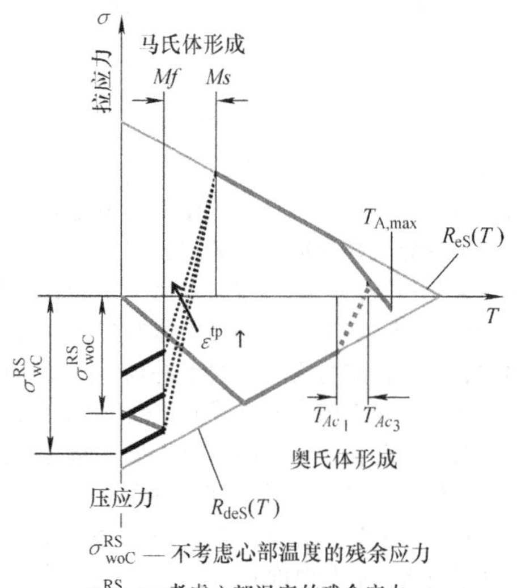

图 4-56　心部温度和相变诱导塑性（TRIP）应变对于表面强化后的圆柱体试样表面最终残余应力的影响示意图

第二个没有被考虑的因素是相变塑性。尽管相变塑性也在奥氏体化过程中发生，但是它对最终残余应力状态的影响可以忽略不计。相反地，在马氏体相变过程中由于相变塑性而引起的应变却对最终残余应力状态有显著影响。伴随着 TRIP 应变（ε^{tp}）的增加，压应力的最大值朝着拉应力转变，如图4-56所示。如之前讨论的，这对于最终残余应力状态的贡献也很重要，尤其是当考虑到在马氏体相变开始时应力达到较弱的奥氏体相的屈服强度。因此，需要在建模时候考虑到，由于应力接近弱相屈服强度所导致的 TRIP 应变的非线性增加，否则就会对最终残余应力得出过高的估计。

到目前为止，由于需要外部淬火，针对表面强化应力变化的讨论被限定在火焰和感应表面强化的情形。在激光和电子束强化的情况下，局部化的热量输入能够使表面和亚表面区域在非常短的时间内完成温度上升。这种局部加热永远伴随着通过热传递产生的快速热量提取，冷却速率可达到 10^8K/s。对于钢来说，这种自淬火能否引起马氏体相变取决于加热所能达到的最高温度。如果最大温度不足以引起奥氏体化，那么高的加热和冷却速度会引起塑性变形，并导致表面的残余拉应力，拉应力被相邻区域的压应力所补偿。但是，如果表面发生奥氏体化并且在自淬火过程中出现了马氏体相变，依赖于输入功率和加热时间的组合，表面可能出现残余压应力。参考文献［73］展示了加热过程中受压下的塑性变形对于最终残余应力状态是至关重要的。由于加热过程中塑性变形的增加，加热时间减少，同时输入功率增加，在强化表面的应力由残余压应力向残余拉应力的转变。

残余应变产生过程类似于之前所讨论的。但是，相比于需要外部淬火的表面强化工艺，最主要的不同在于心部的影响作用，换句话说，在于淬火过程中的热传导方向。因为激光强化中的热输入非常局部化，比感应强化中的热输入更局部化，导致心部（在强化表面区域之下不发生相变的材料）温度升高的热输入对残余压应力最终大小没有贡献，如之前所讨论的。基于此原因，激光强化的残余压应力总是低一些。

正如在“表面强化”部分所提到的，最大的奥氏体化温度（$T_{A,max}$）必须要高一些，以便得到均匀的奥氏体。与此同时，这将导致更高的热应力和晶粒粗化。粗大的晶粒尺寸导致 *Ms* 点增高，根据 Hall－Petch公式，奥氏体的屈服强度（σ_Y）反而会降低。较高的热应力和 *Ms* 点结合较低的屈服强度，会有利于残余压应力增大（对比图 4-46），然而较低的相变应变和增加的 TRIP 应变将会降低残余压应力。但是，应该记住，对于最终残余应力状态而言，与晶粒尺寸相关的影响是次要的，并且所描绘的相互关系仅仅说明了这个话题的复杂性。

为了阐述上述的理论思维，提供了表面感应强化及其数值模拟的一些结果。工艺模型和对边界条件的详细描述可以在参考文献［35，56，74］中找到。该材料为调质处理的 AISI 4140（德国牌号 42GrMo4）钢，化学成分在前文中已给出。这个圆柱体试样具有 2∶1 的长径比。这个示例强调了有关心部温度和奥氏体到马氏体相变的相变塑性的事项。

图 4-57 展示了双频感应强化期间表面切向应力分量的变化。奥氏体相体积分数的变化强调了相变的影响及其对应力的直接影响。观察应力分量的变化，可以得到上述的理论解释与用有限元模拟的定量演化结果吻合。在开始的时候，压应力形成，达到屈服强度后就与负的屈服强相同。奥氏体转变引起压应力变成拉应力，然后又变成压应力。由于向心部的热传导很快并且形成了明显的收缩，由延迟淬火引起的保温时间导致了拉应力的产生。一旦真正的淬火开始，拉应力将变得更大并一直上升直到到达 *Ms* 点为止。马氏体相变完全补偿了拉应力并形成压应力。尽管图 4-57 没有显示，马氏体相变产生了－462MPa（－67ksi）的压应力，而最终的残余压应力为－838MPa（－122ksi），表明了心部温度对最终残余应力状态的根本性影响。

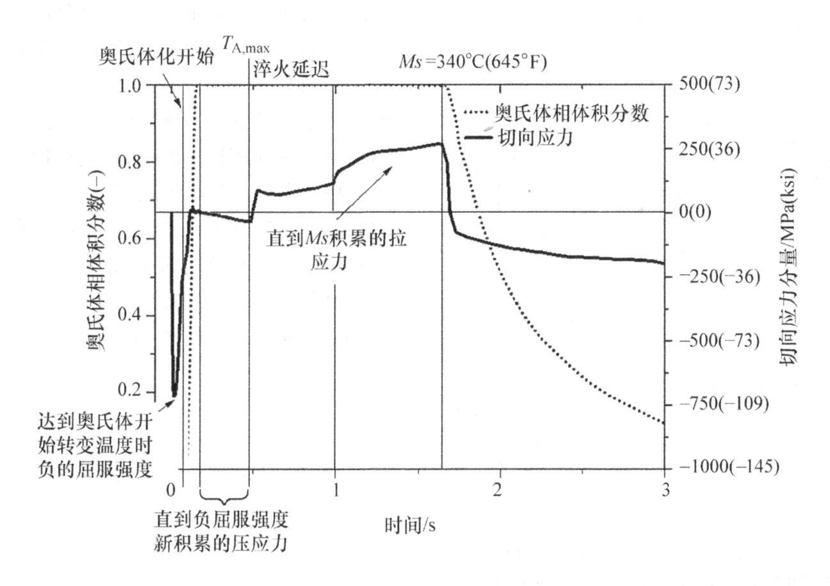

图 4-57 感应淬火（12kHz 和 325kHz，加热时间为 0.4864s）后圆柱体试样表面经计算得到的切向应力形成与奥氏体相体积分数和时间的关系

为了对相变塑性的影响形成正确的观念，图4-58a显示了通过试验得到的残余应力状态和当利用包含常相变塑性系数K的模型（标准模型）所得到的计算结果，在前文中“相变塑性”部分提出了这个模型。数值计算确定的残余应力沿深度方向的分布通过消除沿着表面的单元得到，以便和试验结果做直接比较。参考文献［53］中所使用的标准模型，基于使用常数K的Leblond模型和合适的饱和函数ϕ，导致与测量值相比明显高估了最终残余应力。另外，之前得到的模型与测量值符合得很好，高估了一点表面的残余应力，同时低估了一点过渡区的残余应力。此外，图4-58b给出了标准模型用Leblond提出的修正函数修正后的结果。两个模型都与试验结果吻合得很好，它们之间只有很小的差异。采用Leblond修正函数和标准模型的结果清楚地表明，在马氏体相变过程中的应力值接近于较弱相的屈服强度，因此需要在建模时适当考虑。

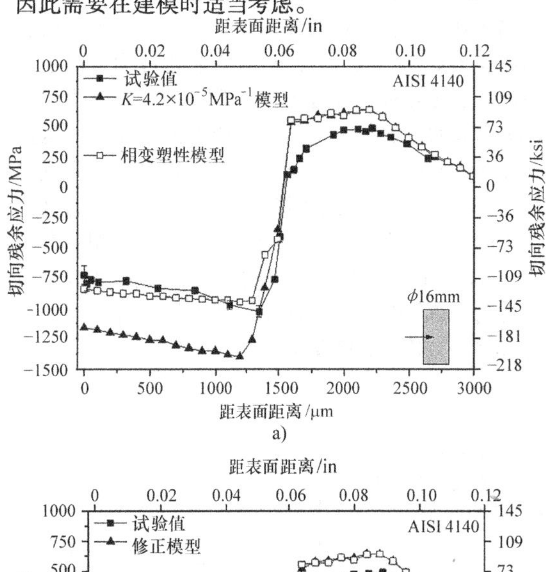

a)

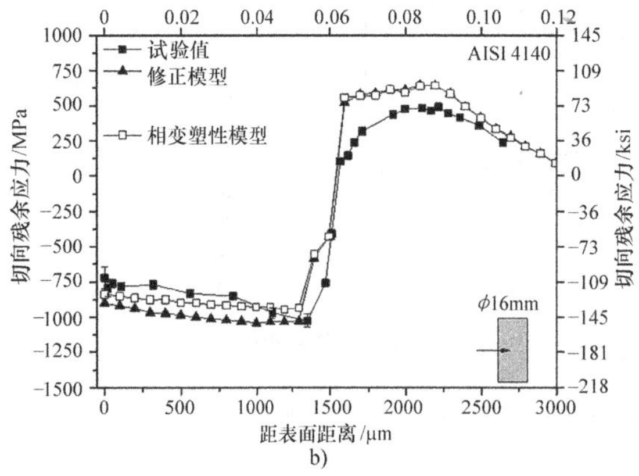

b)

图4-58 AISI 4140（德国牌号42CrMo4）钢双频率感应淬火后切向残余应力沿深度方向分布的试验测定值与数值模拟结果

a）采用包含常数K的模型（标准模型）以及在前文中“相变塑性”部分提到的模型

b）采用Leblond的修正函数进行修正的标准模型

模型在受拉区域的计算结果与测量结果不匹配的现象，可以归因为使用了等向强化模型和忽视了蠕变的影响。与采用相对较低加热速度的常规热处理方法相比较，由于热应力高，在加热过程中可能会出现大量的塑性变形，如图4-59所示的沿着横截面的累积塑性应变。就新模型来说，参考文献［42，44］里提出了奥氏体应变强化。在参考文献［76］里建立了一个合适的材料模型，考虑了应变、应变率和温度的影响。尽管如此，结果清楚地表明，考虑非线性导致了更大的相变塑性应变，也因此导致了较低的表面残余压应力。

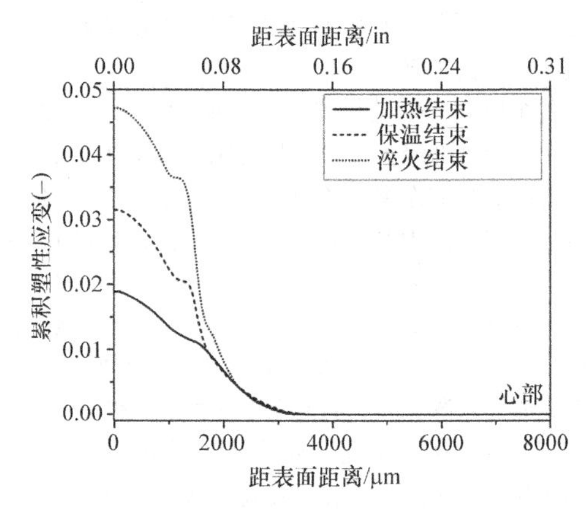

图4-59 沿横截面的累积塑性应变计算值

4.2.6 表面淬火引起的畸变

通过不均匀的塑性/非弹性应变，表面强化过程中的残余应力变化和所产生的形状改变直接相互关联。很遗憾，本书没有太多关于这方面的材料可以提供，因为从畸变方面来说，已出版的参考文献中没有经过验证的数学模型。因此，上述所讨论问题的结果被重新审视。图4-60概略地展示进行了测量的圆柱体试样。用坐标测量机测量了试样在表面硬化前后的轴向和周向的尺寸变化。因为使用了一个轴对称模型，只能与轴向测量值对比，得到了沿着试样高度方向的直径变化（ΔD）。高径比为2∶1（32mm∶16mm，或1.26in∶0.63in）。

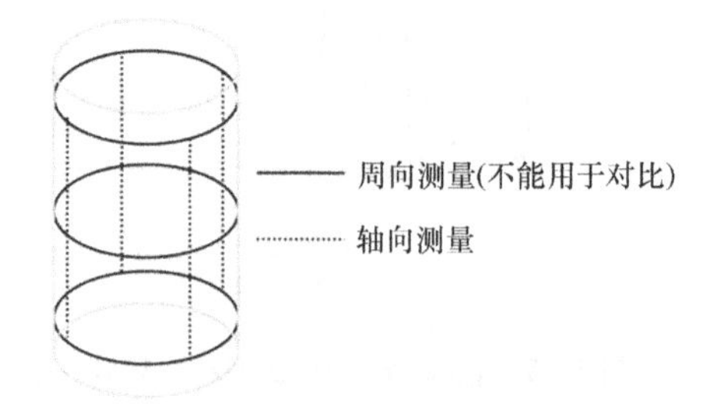

图4-60 在圆柱体试样表面感应淬火前后畸变的测量方法

图 4-61a 展示了测量得到的和数值模拟得到的尺寸变化。数值模型预测了沿着试样高度方向的直径变化值 ΔD，产生了少许的高估。直径变化直接取决于相变应变，由此验证了使用晶格参数法来描述材料膨胀效应的有效性。总体上，对于所有进行的试验来说，可以观察到相似的沿着试样高度方向的直径变化值 ΔD。尽管淬硬层深度在 1 ~ 2.5mm（0.04 ~ 0.1in）之间变化，在半高度处的直径变化只有 1 ~ 2mm。在最近的工作中，研究了 AISI 1050（德国牌号 C53）钢三脚架在表面感应淬火后的变形行为，表现出预期的直径增加。图 4-61b 显示了材料模型对计算结果的影响。沿着高度方向，在奥氏体化过程中对相变诱导塑性的忽略导致在最大直径变化位置后面出现的特征谷变得平滑。此外，把系数 K 取为常数的标准模型会导致计算结果左移。

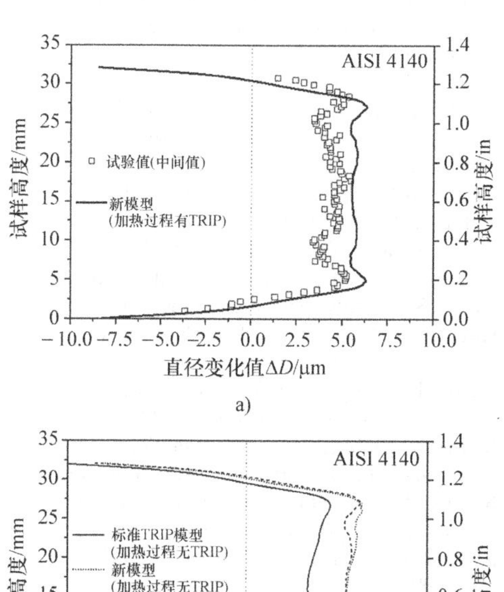

图 4-61　AISI 4140（德国牌号 42CrMo4）钢圆柱体试样沿高度方向的直径变化量（ΔD）的试验测定值和数值计算结果

a）比较测量和数值模拟的尺寸变化

b）不同材料模型的影响

由数值模型得出的结果如图 4-62 所示，由于特定的表面硬化过程，试样的高度增加。伸长量从中心线到实际发生淬火的表面逐步增加，并且由于马氏体转变的发生，其体积也增加。在图 4-62b 中显示了畸变行为的示意图。

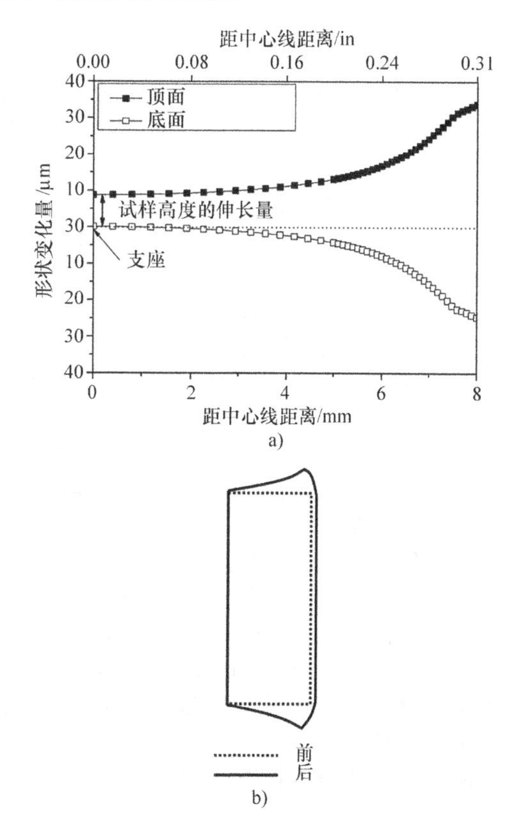

图 4-62　由数值模型得出的结果

a）表面感应淬火后圆柱体试样顶面和底面的尺寸变化的数值计算结果　b）尺寸变化的示意图

4.2.7　总结

在本小节中给出的关于调质钢残余应力和畸变的基本机理和研究结果清楚地表明，近年来对于这个进程的理解已经有了实质性的进展。残余应力和畸变均由不均匀塑性变形所支配。这意味着，任何导致塑性变形的机理都是一个潜在的残余应力和畸变来源。正如前面章节和参考文献［1］所讨论的，把畸变看作一个系统特性是很有必要的，因为对其最终结果有着直接或间接影响的因素的数目很多，并且需要考虑整个工序链。

很明显，对于畸变来说，不同工艺之间存在着根本差异。整体淬火包括整个零件的奥氏体化，因而此前工序流程产生的残余应力被释放，导致无法避免的畸变。然而，它们对淬火后最终畸变的贡献相比其他因素，例如几何形状、尺寸、淬火条件和淬硬性等来说或许偏小。因为温度梯度和相变直接依赖于工件的尺寸，最终的畸变和残余应力分布强烈取决于工件的尺寸。圆柱体试样直径增加导致心部出现不完全马氏体相变，因为淬火强度降低了。

此情况也导致心部出现较小的体积膨胀，并导致表面出现更高的压应力。

表面强化的主要优势在于局部化的热输入，总体上导致更低的畸变。然而，高加热速度必然导致在加热阶段就产生大的塑性变形。对于感应淬火和火焰淬火，心部温度对于表面硬化层形成的高残余压应力是至关重要的。更高的心部温度导致更高的压应力。然而，高残余压应力需要通过相邻过渡区中的残余拉应力来平衡，这或许会由于次表面的裂纹萌生，对整体的疲劳强度带来负面影响。此外，对过渡区初始调质处理微观组织的退火会进一步降低局部疲劳强度。由于相变动力学对畸变有显著影响，缺少涉及加热速度的材料数据是畸变预测数值模型的一个限制因素。对于表面强化来说，过热是一个由工艺决定的要求，考虑实际的奥氏体晶粒尺寸可能是非常重要的。

对于任意一种情况，数值模型在过去几年里被不断改进而且还会持续改进。正如系统方法允许在考虑更实际的案例之前，从一个理想化的情况出发来理解基本方面，数值模拟也有助于明确机理，并对更复杂的情况形成更深入的理解。由此，为了把握正在进行的热处理研究的全部潜力，把科学知识转化到工业渠道变得越来越重要了。

致谢

本文有关残余应力演变的基础部分来自 V. Schluze、O. Vöehringer 和 E. Macherauch 的论文。作者要感谢 DFG 对研究培训组 1483 “制造中的工艺链：工艺区域的相互作业、建模和评估” 的资助。

参考文献

1. U. Wyss, Die wichtigsten Gesetzmäßigkeiten des Verzuges bei der Wärmebehandlung des Stahles, *Wärmebehandlung der Bau- und Werkzeugstähle*, (The Most Important Principles of Distortion Due to Heat Treatment of Steel), H. Benninghoff, Hrsg. BAZ Buchverlag Basel, 1978
2. H.K.D.H. Bhadeshia, Steels for Bearings, *Prog. Mater. Sci.*, Vol 57 (No. 2), Feb 2012, p 268–435
3. H.W. Zoch, "Randschichtverfestigung - Verfahren und Bauteileigenschaften," *J. Heat Treat. Mater.*, Vol 50 (No. 5), 1995, p 287–294
4. "Iron and Steel—Determination of the Conventional Depth of Hardening after Surface Heating," DIN EN 10328, Beuth Verlag, Berlin, 2005
5. J. Orlich, A. Rose, and P. Wiest, *Zeit - Temperatur - Austenitisierung - Schaubilder.* (Continuous Heating Transformation Diagrams), Düsseldorf: Verl. Stahleisen, 1973
6. E. Schmidt, E. Damm, and S. Sridhar, A Study of Diffusion- and Interface-Controlled Migration of the Austenite/Ferrite Front during Austenitization of a Case-Hardenable Alloy Steel, *Metall. Mater. Trans. A*, Vol 38 (No. 4), 2007, p 698–715
7. T. Miokovic, J. Schwarzer, V. Schulze, O. Vöhringer, and D. Löhe, Description of Short Time Phase Transformations during the Heating of Steels Based on High-Rate Experimental Data, *J. Phys. IV*, Vol 120, Dec 2004, p. 591–598
8. T. Miokovic, V. Schulze, O. Vöhringer, and D. Löhe, Prediction of Phase Transformations during Laser Surface Hardening of AISI 4140 Including the Effects of Inhomogeneous Austenite Formation, *Mat. Sci. Eng. A-Struct.*, Vol 435–436, Nov 2006, p 547–555
9. K. Clarke, "The Effect of Heating Rate and Microstructure Scale on Austenite Formation, Austenite Homogenization, and As-Quenched Microstructure in Three Induction Hardenable Steels," Dissertation, Colorado School of Mines, 2008
10. S.-J. Lee and Y.-K. Lee, Finite Element Simulation of Quench Distortion in a Low-Alloy Steel Incorporating Transformation Kinetics, *Acta Mater.*, Vol 56 (No. 7), April 2008, p 1482–1490
11. J. Grosch, *Einfluß des Anlassens nach Einsatz- bzw. Randschichthärten auf nachfolgende Bearbeitungsvorgänge und Bauteilhaltbarkeit.* (Influence of Tempering After Case or Surface Hardening on Consecutive Processing Steps and Component Endurance), Frankurt a.M.: Forschungsvereinigung Antriebstechnik e.V., 1993
12. E. Macherauch and P. Mayr, Fundamental Aspects of the Fatigue Processes in Metallic Materials, *Mater.wiss. Werkst.tech. (Mater. Sci. Eng. Technol.)*, Vol 8 (No. 7), 1977, p 213–244
13. L. Cheng, C.M. Brakman, B.M. Korevaar, and E.J. Mittemeijer, The Tempering of Iron-Carbon Martensite; Dilatometric and Calorimetric Analysis, *Metall. Trans. A*, Vol 19 (No. 10), Oct 1988, p 2415–2426
14. M. Jung, S.-J. Lee, and Y.-K. Lee, Microstructural and Dilatational Changes during Tempering and Tempering Kinetics in Martensitic Medium-Carbon Steel, *Metall. Mater. Trans. A*, Vol 40 (No. 3), Jan 2009, p 551–559
15. S. Primig and H. Leitner, Separation of Overlapping Retained Austenite Decomposition and Cementite Precipitation Reactions during Tempering of Martensitic Steel by Means

of Thermal Analysis, *Thermochim. Acta*, Vol 526 (No. 1–2), Nov 2011, p 111–117
16. C. Aubry, “Modélisation et etude expérimentale des cinétiques de revenue/autorevenu d‘aciers trempés. Prévision des contraintes résiduelles de trempe dans un aciers cémenté en inculant l´autorevenue,” (Modeling and Experimental Study of Tempering/Self-Tempering Kinetics of Hardened Steels. Prediction of Residual Stresses of a Carbon Steel Due to Self-Tempering during Quenching), Doctoral thesis, INPL Nancy, 1998
17. K. Mädler, D. Bahn, and J. Grosch, “Tempering of Induction-Hardened Steels—Do We Need It?,” *Proceedings of the 5th ASM Heat Treatment and Surface Engineering Conference*, ASM International, 2000, p 387–396
18. V. García Navas, O. Gonzalo, I. Quintana, and T. Pirling, Residual Stresses and Structural Changes Generated at Different Steps of the Manufacturing of Gears: Effect of Banded Structures, *Mater. Sci. Eng. A*, Vol 528 (No. 15), June 2011, p 5146–5157
19. R.A. Jaramillo and M.T. Lusk, Dimensional Anisotropy during Phase Transformations in a Chemically Banded 5140 Steel. Part II: Modeling, *Acta Mater.*, Vol 52 (No. 4), Feb 2004, p 859–867
20. R.A. Jaramillo, M.T. Lusk, and M.C. Mataya, Dimensional Anisotropy during Phase Transformations in a Chemically Banded 5140 Steel. Part I: Experimental Investigation, *Acta Mater.*, Vol 52 (No. 4), Feb 2004, p 851–858
21. A. Schmidt, B. Suhr, M. Böhm, and M. Hunkel, Simulation of Anisotropic Dilation Behaviour of Layered and Banded Steel Samples during Phase Changes, *Phil. Mag. Lett.*, Vol 87 (No. 11), Nov 2007, p 871–881
22. C. Simsir, M. Hunkel, J. Lütjens, and R. Rentsch, Process-Chain Simulation for Prediction of the Distortion of Case-Hardened Gear Blanks, *Mater.wiss. Werkst. tech. (Mater. Sci. Eng. Technol.)*, Vol 43 (No. 1–2), Jan 2012, p 163–170
23. M. Hunkel, Anisotropic Transformation Strain and Transformation Plasticity: Two Corresponding Effects, *Mater.wiss. Werkst. tech. (Mater. Sci. Eng. Technol.)*, Vol 40 (No. 5–6), June 2009, p 466–472
24. J.-Y. Chae, J.-H. Jang, G. Zhang, K.-H. Kim, J. S. Lee, H.K.D.H. Bhadeshia, and D.-W. Suh, Dilatometric Analysis of Cementite Dissolution in Hypereutectoid Steels Containing Cr, *Scripta Mater.*, Vol 65 (No. 3), Aug 2011, p 245–248
25. S.-J. Lee, M.T. Lusk, and Y.-K. Lee, Conversional Model of Transformation Strain to Phase Fraction in Low Alloy Steels, *Acta Mater.*, Vol 55 (No. 3), Feb 2007, p 875–882
26. S.-J. Lee, K.D. Clarke, and C.J. Tyne, An On-Heating Dilation Conversional Model for Austenite Formation in Hypoeutectoid Steels, *Metall. Mater. Trans. A*, Vol 41 (No. 9), June 2010, p 2224–2235
27. M. Onink, F.D. Tichelaar, C.M. Brakman, E.J. Mittemeijer, and S. vanderZwaag, Quantitative Analysis of the Dilatation by Decomposition of Fe-C Austenites: Calculation of Volume Change upon Transformation, *Z. Metallk.*, Vol 87 (No. 1), Jan 1996, p 24–32
28. H.K.D.H. Bhadeshia, S.A. David, J.M. Vitek, and R.W. Reed, Stress Induced Transformation to Bainite in Fe-Cr-Mo-C Pressure Vessel Steel, *Mater. Sci. Technol.*, Vol 7 (No. 8), Aug 1991, p 686–698
29. S.-J. Lee and K.D. Clarke, A Conversional Model for Austenite Formation in Hypereutectoid Steels, *Metall. Mater. Trans. A*, Vol 41 (No. 12), Sept 2010, p 3027–3031
30. W.C. Leslie, Iron and Its Dilute Substitutional Solid Solutions, *Metall. Trans.*, Vol 3 (No. 1), Jan 1972, p 5–26
31. H. Stuart and N. Ridley, Thermal Expansion of Cementite and Other Phases, *J. Iron Steel I.*, Vol 204, 1966, p 711–717
32. L. Cheng, A. Bottger, T. Dekeijser, and E. Mittemeijer, Lattice-Parameters of Iron-Carbon and Iron-Nitrogen Martensites and Austenites, *Scripta Metall. Mater.*, Vol 24 (No. 3), March 1990, p 509–514
33. D. Dyson and B. Holmes, Effect of Alloying Additions on Lattice Parameter of Austenite, *J. Iron Steel I.*, Vol 208, 1970, p 469–474
34. M. Onink, C. Brakman, F. Tichelaar, E. Mittemeijer, S. Vanderzwaag, J. Root, and N. Konyer, The Lattice-Parameters of Austenite and Ferrite in Fe-C Alloys as Functions of Carbon Concentration and Temperature, *Scripta Metall. Mater.*, Vol 29 (No. 8), Oct 1993, p 1011–1016
35. M. Schwenk, “Entwicklung und Validierung eines numerischen Simulationsmodells zur Beschreibung der induktiven Ein- und Zweifrequenzrandschichthärtung am Beispiel von vergütetem 42CrMo4,” (Development and Validation of a Numerical Model to Describe Single and Dual Frequency Induction Hardening using AISI 4140 as an Example), Onlineveröffentlichung (online publication of doctoral thesis), Karlsruher Institut für Technologie, Karlsruhe, 2012
36. W.B. Pearson, *A Handbook of Lattice Spacings and Structures of Metals and Alloys*, Vol 2, 1st ed., Pergamon Press, Oxford, 1958
37. M. Schwenk, J. Hoffmeister, and V. Schulze, Experimentally Validated Residual Stresses

and Distortion Prediction for Dual Frequency Induction Hardening, *Int. J. Appl. Electromagn. Mech.*, Vol 44 (2), March 2014, p 127–135
38. C. Simsir, T. Luebben, F. Hoffmann, and H.-W. Zoch, Dimensional Analysis of the Thermomechanical Problem Arising during Through-Hardening of Cylindrical Steel Components, *Comp. Mater. Sci.*, Vol 49 (No. 3), Sept 2010, p 462–472
39. M. Hunkel, M. Dalgiç, and F. Hoffmann, Plasticity of the Low Alloy Steel SAE 5120 during Heating and Austenitizing, *Berg- Huettenmaenn. Monatsh.*, Vol 155 (No. 3), March 2010, p 125–128
40. G.W. Greenwood and R.H. Johnson, The Deformation of Metals Under Small Stresses During Phase Transformations, *Proc. R. Soc. Lond. Ser.-A*, Vol 283 (No. 1394), Jan 1965, p 403–422
41. C.L. Magee, "Transformation Kinetics, Microplasticity and Aging of Martensite in Fe-3l-Ni," Dissertation, Carnegie Mellon University, 1966
42. P. Zwigl and D.C. Dunand, A Non-linear Model for Internal Stress Superplasticity, *Acta Metall. Mater.*, Vol 45 (No. 12), Dec 1997, p 5285–5294
43. J.B. Leblond, J. Devaux, and J.C. Devaux, Mathematical Modelling of Transformation Plasticity in Steels I: Case of Ideal-Plastic Phases, *Int. J. Plasticity*, Vol 5 (No. 6), Jan 1989, p 551–572
44. J.B. Leblond, Mathematical Modelling of Transformation Plasticity in Steels II: Coupling with Strain Hardening Phenomena, *Int. J. Plasticity*, Vol 5 (No. 6), 1989, p 573–591
45. U. Ahrens, "Beanspruchungsabhängiges Umwandlungsverhalten und Umwandlungsplastizität niedrig legierter Stähle mit unterschiedlich hohen Kohlenstoffgehalten.," Dissertation, Universität Paderborn, 2003
46. L. Taleb and F. Sidoroff, A Micromechanical Modeling of the Greenwood-Johnson Mechanism in Transformation Induced Plasticity, *Int. J. Plast.*, Vol 19 (No. 10), 2003, p 1821–1842
47. M. Wolff, M. Böhm, and B. Suhr, Comparison of Different Approaches to Transformation-Induced Plasticity in Steel, *Mater.wiss. Werkst.tech. (Mater. Sci. Eng. Technol.)*, Vol 40 (No. 5–6), May 2009, p 454–459
48. M. Dalgiç and G. Löwisch, Transformation Plasticity at Different Phase Transformations of Bearing Steel, *Mater.wiss. Werkst. tech. (Mater. Sci. Eng. Technol.)*, Vol 37 (No. 1), 2006, p 122–127
49. L. Taleb, N. Cavallo, and F. Waeckel, Experimental Analysis of Transformation Plasticity, *Int. J. Plasticity*, Vol 17 (No. 1), Jan 2001, p 1–20
50. L. Taleb and S. Petit, New Investigations on Transformation Induced Plasticity and Its Interaction with Classical Plasticity, *Int. J. Plast.*, Vol 22 (No. 1), 2006, p 110–130
51. J.-C. Videau, G. Cailletaud, and A. Pineau, Experimental Study of the Transformation-Induced Plasticity in a Cr-Ni-Mo-Al-Ti Steel, *J. Phys. IV*, Vol 06 (No. C1), Jan 1996, p C1-465–C1-474
52. J.-B. Leblond, G. Mottet, J. Devaux, and J.-C. Devaux, Mathematical Models of Anisothermal Phase Transformations in Steels, and Predicted Plastic Behaviour, *Mater. Sci. Technol.*, Vol 1 (No. 10), Oct 1985, p 815–822
53. G. Besserdich, B. Scholtes, H. Mueller, and E. Macherauch, Consequences of Transformation Plasticity on the Development of Residual-Stresses and Distortion during Martensitic Hardening of SAE-4140 Steel Cylinders, *Steel Res.*, Vol 65 (No. 1), Jan 1994, p 41–46
54. C. Franz, G. Besserdich, V. Schulze, H. Müller, and D. Löhe, Influence of Transformation Plasticity on Residual Stresses and Distortions Due to the Heat Treatment of Steels with Different Carbon Contents, *J. Phys. IV (Proceedings)*, Vol 120, 2004, p 8
55. S. Bökenheide, M. Wolff, M. Dalgiç, D. Lammers, and T. Linke, Creep, Phase Transformations and Transformation-Induced Plasticity of 100Cr6 Steel during Heating, *Mater.wiss. Werkst.tech. (Mater. Sci. Eng. Technol.)*, Vol 43 (No. 1–2), Jan 2012, p 143–149
56. M. Schwenk, B. Kaufmann, J. Hoffmeister, and V. Schulze, Residual Stress Prediction for Dual Frequency Induction Hardening Considering Transformation Plasticity during Austenitization, *Quenching Control and Distortion 2012: Proceedings of the 6th International Quenching and Control of Distortion Conference Incl. the 4th International Distortion Engineering Conference*, Sept 9–13, 2012 (Chicago, IL), ASM International, 2012, p 45–56
57. H.-J. Eckstein, *Wärmebehandlung von Stahl*, (Heat Treatment of Steel), 2., durchges. Aufl. Leipzig: Dt. Verl. für Grundstoffindustrie, 1971
58. E. Macherauch and D. Löhe, Wärmebehandlung der Metalle, *Handbuch der Fertigungstechnik, Band 4/2 - Wärmebehandlung*, München: Carl Hanser Verlag, 1987, p 585–648
59. R. Schröder, "Untersuchungen zur Spannungs- und eigenspannungsausbildung beim Abschrecken von Stahlzylindern," Doctoral thesis, Technical University

Karlsruhe, Karlsruhe, 1985
60. V. Schulze, O. Vöhringer, and E. Macherauch, Residual Stresses after Quenching, *Quenching Theory and Technology*, 2nd ed., CRC Press; IFHTSE/International Federation for Heat Treatment and Surface Engineering, 2010, p 693
61. H. Hougardy and M. Wildau, Entstehung von Spannungen und Eigenspannungen beim Abschrecken von Stahl, (Development of Stresses and Residual Stresses during Quenching of Steel), *J. Heat Treat. Mater.*, Vol 38 (No. 3), 1983, p 121–128
62. E. Macherauch, Recent Investigations on the Development of Residual Stresses and their Effect in Metallic Materials, *Z. Werkstofftech.*, Vol 10, 1979, p 97–11
63. E. Macherauch and O. Vöhringer, Verformungsverhalten gehärteter Stähle, *Härterei-Technische Mitteilungen*, (Deformation Behavior of Hardened Steels), Vol 41 (No. 2), 1986, p 71–91
64. H. Müller and D. Löhe, "DFG-Abschlussbericht Mu567/13. Simulation instationärer Temperatur-, Konzentrations-, Gefüge-, Spannungs- und Deformationsverteilung bei der Härtung beliebiger 3-dimensionaler Stahlbauteile," (DFG Final Report Mu567/13. Simulation of Non-Steady Temperature, Concentration, Microstructure, Stress, and Deformation Distributions during Hardening of Arbitrary 3 Dimensional Steel Components), Institute for Applied Materials (IAM-WK), Karlsruhe Institute of Technology, 2007
65. H.-S. Yang and H.K.D.H. Bhadeshia, Austenite Grain Size and the Martensite-Start Temperature, *Scripta Mater.*, Vol 60 (No. 7), April 2009, p 493–495
66. D. Koistinen and R. Marburger, A General Equation Prescribing the Extent of the Austenite-Martensite Transformation in Pure Iron-Carbon Alloys and Plain Carbon Steels, *Acta Metall.*, Vol 7 (No. 1), 1959, p 59–60
67. A.K. Nallathambi, Y. Kaymak, E. Specht, and A. Bertram, Sensitivity of Material Properties on Distortion and Residual Stresses during Metal Quenching Processes, *J. Mater. Process. Tech.*, Vol 210 (No. 2), Jan 2010, p 204–211
68. M. Jung, M. Kang, and Y.-K. Lee, Finite-Element Simulation of Quenching Incorporating Improved Transformation Kinetics in a Plain Medium-Carbon Steel, *Acta Mater.*, Vol 60 (No. 2), Jan 2012, p 525–536
69. A.D. da Silva, T.A. Pedrosa, J.L. Gonzalez-Mendez, X. Jiang, P.R. Cetlin, and T. Altan, Distortion in Quenching an AISI 4140 C-ring—Predictions and Experiments, *Mater. Des.*, Vol 42, Dec 2012, p 55–61
70. L. Markegaard and H. Kristoffersen, Residual Stress after Surface Hardening—An Explanation of How Residual Stresses Are Created, *Proceedings of IFHTSE 2009*, 2009, IFHTSE, p 359–366
71. D. Rodman, C. Krause, F. Nürnberger, F.-W. Bach, L. Gerdes, and B. Breidenstein, Investigation of the Surface Residual Stresses in Spray Cooled Induction Hardened Gearwheels, *Int. J. Mater. Res.*, Vol 103 (No. 01), Jan 2012, p 73–79
72. D. Rodman, C. Krause, F. Nürnberger, F.-W. Bach, K. Haskamp, M. Kästner, and E. Reithmeier, Induction Hardening of Spur Gearwheels Made from 42CrMo4 Hardening and Tempering Steel by Employing Spray Cooling, *Steel Res. Int.*, Vol 82 (No. 4), April 2011, p 329–336
73. A. Solina, M.D. Sanctis, L. Paganini, A. Blarasin, and S. Quaranta, Origin and Development of Residual Stresses Induced by Laser Surface-Hardening Treatments, *J. Heat Treat.*, Vol 3 (No. 3), June 1984, p 193–204
74. M. Schwenk, M. Fisk, T. Cedell, J. Hoffmeister, V. Schulze, and L.-E. Lindgren, Process Simulation of Single and Dual Frequency Induction Surface Hardening Considering Magnetic Nonlinearity, *Mater. Perform. Ch.*, Vol 1 (No. 1), 2012, p 1–20
75. M. Schwenk, Institute for Applied Materials (IAM-WK), Karlsruhe Institute of Technology, 2013, unpublished results
76. M. Schwenk, B. Kaufmann, J. Hoffmeister, and V. Schulze, Modelling of Strain Rate and Temperature Dependent Flow Stresses of Supercooled Austenite for AISI 4140, *Mater. Sci. Forum*, Vol 762, July 2013, p 122–127
77. D. Nadolski, A. Schulz, F. Hoffmann, H.-W. Zoch, S. Hänisch, A. Jäger, A.E. Tekkaya, and M. Meidert, Effect of Heat Treatment and Material on the Distortion of Lateral Extruded Tripods, *J. Heat Treat. Mater.*, Vol 67 (No. 6), 2012, p 357–365

4.3 化学热处理的残余应力和畸变

B. Clausen, M. Steinbacher, and F. Hoffmann,
Stiftung Institut für Werkstofftechnik

4.3.1 渗碳过程中的残余应力变化

渗碳淬火过程包括三个连续的热处理步骤：加热，在渗氮或碳氮共渗阶段表面碳和氮富集的热化学过程，以及后续实现硬化的淬火过程。渗碳及其对畸变的影响通常不能与淬火过程的影响分开，也不能忽略在渗碳阶段已经产生局部应力和畸变这一现象。渗碳淬火过程在所有工艺阶段都产生瞬时应力，对淬火后最终残余应力的形成以及零件畸变有一定的影响。

这里首先给出渗碳淬火过程中残余应力形成过程的基于模型的描述。渗碳和淬火两个连续步骤的影响通过应力和畸变方法在4.3.3节中分别讨论。

4.3.2 渗碳淬火引起的零件应力变化

1. 加热过程中的应力变化

当钢制零件在加热过程中进行相变的时候，应力变化取决于加热速度、所造成的温度梯度以及钢相变产生的应力，相变产生的应力来自于从铁素体-渗碳体混合组织转变成奥氏体的过程中的局部体积变化。另外，必须考虑零件机加工过程中所引起的残余应力。

在加热至某个低于 Ac_1 的温度的过程中，在低温范围内没有相变发生（仅限于铁素体-渗碳体混合组织），至少具有足够的材料屈服强度，多数情况下出现低于屈服强度的应力，并且可发现弹性应变，不形成永久的畸变。在450~700℃（840~1290℉）温度范围内，多数低合金钢的高温屈服强度显著减小。大的温度梯度和来自于零件机加工的残余应力相加有可能超过材料的屈服强度，将发生有永久畸变产生的塑性应变。

为了防止或减小加热过程中的应力及因此产生的畸变，在材料高温强度显著下降之前的加热过程中设置保温点可以减小温度梯度，保证零件热透，减小总的应力。因此，残余应力主要是由热处理之前的冷加工造成的。

2. 加热过程中微观组织对应力变化的影响

按照Hunkel等的观点，另一个在钢中形成瞬时局部应力状态的潜在原因是初始微观组织。对于低合金渗碳钢牌号，铁素体-珠光体组织是为零件机加工选择的典型组织。经常以锻件为原料。由于连铸过程中的初次成形，原料中的偏析组织是各向异性的。随后，这样的组织在轧制或锻造过程中被弯曲或拉直，留下了典型的铁素体和珠光体纤维组织。在加热过程中，当达到 Ac_1 温度时，珠光体组织先于达到 Ac_3 温度之后才发生相变的铁素体组织转变为奥氏体。由于两个相（铁素体、奥氏体）的不同密度，在珠光体转变过程中和转变之后，产生局部各向异性的应力。

考虑相变塑性的影响，持久畸变产生在两种相变过程中：珠光体到奥氏体相变和铁素体到奥氏体相变。畸变的特征取决于各向异性或材料之内纤维的主要方向，导致不同的形状变化。

3. 在渗碳阶段中局部碳富集对应力的影响

在渗碳过程中，样品暴露在碳源介质中，目前典型的碳源介质是气体类型。在当前的工业应用中基本上采用两种碳源介质。固体渗碳、盐浴渗碳和可控气体渗碳过程中，碳源介质是一氧化碳。另一种碳源介质是碳氢化合物，如丙烷、乙炔和甲烷，在有等离子辅助或无等离子辅助的低压渗碳过程中使用。

对于所有碳源介质，从环境到试样表面的碳元素迁移导致了碳在试样表面上持续富集。在试样表面摄入的碳和后续的扩散过程形成了碳分布。随着奥氏体内局部碳含量的增加，间隙位置的弹性扩张与进入的碳元素相关。因此，碳摄入与表面的局部体积增加相关联。依赖于碳摄入速率和形成的梯度以及碳化层的局部体积变化，碳摄入可以被当作局部应力的驱动因素和渗碳试样畸变的驱动因素。

如同已经提到的，当前钢试样的渗碳通常以两种工艺方式进行：在平衡环境中渗碳（气体渗碳）和低压渗碳。考虑到碳迁移过程，这两种工艺类型显著不同。

对于气体渗碳过程，碳传输由 β 值（β_C）确定，包括气氛与工件表面之间的不同平衡反应，主要用一氧化碳作为碳源介质。碳迁移达到一定程度后，工件表面缓慢地达到与气氛平衡的碳浓度，同时形成了由扩散形成的沿深度方向的碳浓度分布和表面碳浓度。因此，局部形成的应力大小是可以忽略的。

在低压渗碳过程中，在碳迁移中不涉及平衡反应。气氛由纯碳氢化合物构成，通常采用乙炔在试样表面产生接触碳传输。与气体渗碳过程中的碳流量相比，所产生的碳质量流显著提高，因此渗碳过程中在工件表面形成了很陡的碳浓度分布。因此，渗碳工艺不受定常气体流量的平衡过程控制，而是包括一系列的渗碳和扩散增加步骤。

由于从气氛到工件表面的快速碳迁移，所形成的很陡的碳浓度分布导致了在渗碳层中产生应力，正如Simir等人所做的数值模拟研究，不能再忽略这一点。那些应力对工件畸变的有效影响还没有被分析到。

4. 渗碳钢淬火过程中的残余应力演变

钢制试样的渗碳在被处理试样的表面引入了碳浓度分布，这表明采用渗碳或渗氮显著地改变了试样中原来均匀分布的化学成分。与渗碳相关的通常是碳在工件表面富集。扩散形成了碳浓度分布曲线，碳浓度分布曲线的典型形态取决于工艺过程中的碳水平分布。按照渗碳处理工件之后所承受的载荷，碳浓度分布曲线本身被固定在某些范围内。必须考虑到的是，根据几何条件，渗碳可能在同一个零件的渗碳层中形成不同的化学成分。

在多数情况下，渗碳层中的碳浓度随距表面的距离增加连续减少。根据钢的相变动力学，碳浓度增加会显著阻碍相变的发生。因此，在这种情况下，可以观察到被显著推迟了的生成铁素体、珠光体或贝氏体的扩散主导相变。此外，随着碳浓度增加，淬火过程中的马氏体相变被推迟到更低的温度（对于普通钢，碳的质量浓度增加 0.1%，马氏体相变开始温度降低 36℃或 97℉）。

另外，与未渗碳的心部相比，在淬火过程中渗碳区域的相变伴随着显著的体积增加（见图 4-63）。

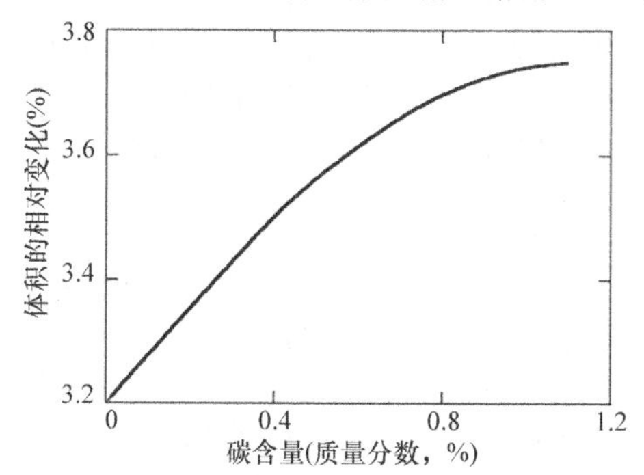

图 4-63 钢中奥氏体 - 马氏体相变过程中的相对体积变化与碳含量的关系

与碳浓度均匀分布的钢相比，在淬火过程中表面的碳成分变化最终导致了相当复杂的应力变化。

瞬时应力状态依赖于与局部的不同相分布和体积变化相叠加的局部分布温度和相变应力。心部相变和表面相变的相互抵消显著影响了渗碳试样淬火所确定的最终应力状态。

在图 4-64 中，给出了具有渗碳表面试样的时间 - 温度转变（TTT）曲线示意图，对表面和心部的相变动力学都给予了考虑。本质上，增加的碳浓度使得马氏体相变向更低的温度移动，使扩散控制相变向更晚的时间偏移。因为导热受限制的原因，试样中的温度梯度从更快速冷却的表面移动到延迟冷却的心部。然而，在表面开始马氏体相变之前，心部开始向贝氏体转变。

在淬火过程中，应力是多样的和变化的。在淬火过程开始的时候，形成了温度梯度。表面发生热收缩，导致了在表面的拉应力和在心部的压应力。在这个时刻，应力没有超过材料的依赖于温度的屈服强度，材料主要是奥氏体。

随着心部相变的开始和由于奥氏体与铁素体的体积差异所引起的体积增加（图 4-65），心部的压应力和表面的拉应力快速地增加。随着相变的发生，心部的屈服强度增加，与此同时，应力超过了表面奥氏体的屈服强度，造成了塑性变形。表面仍然在拉应力状态，心部仍然在压应力状态。

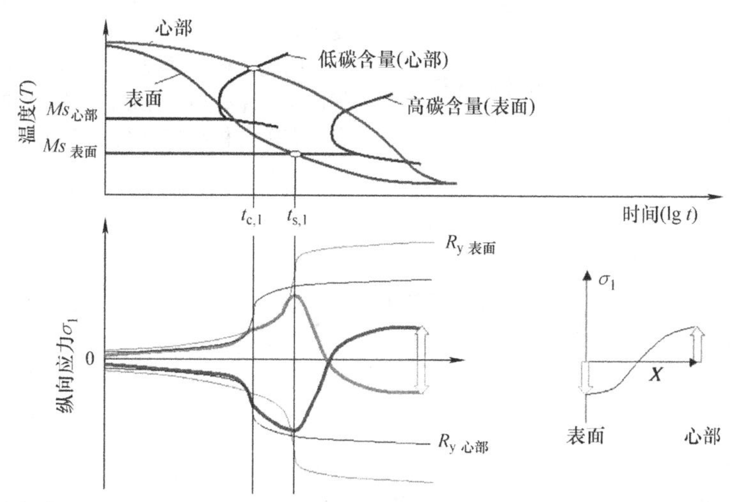

图 4-64 材料表面和心部的时间 - 温度转变（TTT）曲线的区别对冷却过程中应力产生的影响

在进一步的冷却过程中，达到了表面区域的 *Ms* 点。典型地，马氏体相变在渗碳表层的表面之下首先发生（图 4-66）。在心部相变的过程中，渗碳层产生了塑性变形并被拉长，然后转变成马氏体。由于增加了碳浓度，表面的体积变化比心部的体积变化更大，这意味着渗碳区域内的体积显著增加。心部的屈服强度足够高，没有塑性变形发生，这意味着渗碳层与心部的体积差异导致应力反转，使心部处于拉应力状态并且表面处于压应力状态。最终，在试样温度都达到室温之后，保留下的应力在心部是拉应力，在表面是压应力。

5. 淬火冷却介质的影响

作为引起畸变的最主要因素、具有随温度变化的传热特征的淬火冷却介质与试样几何形状、钢牌

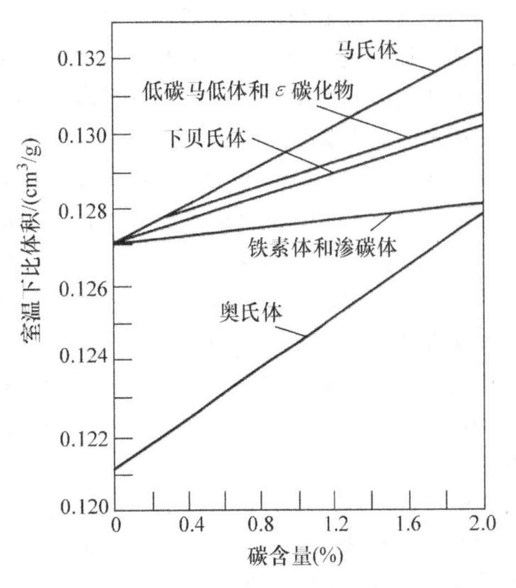

图4-65 不同组织的比体积

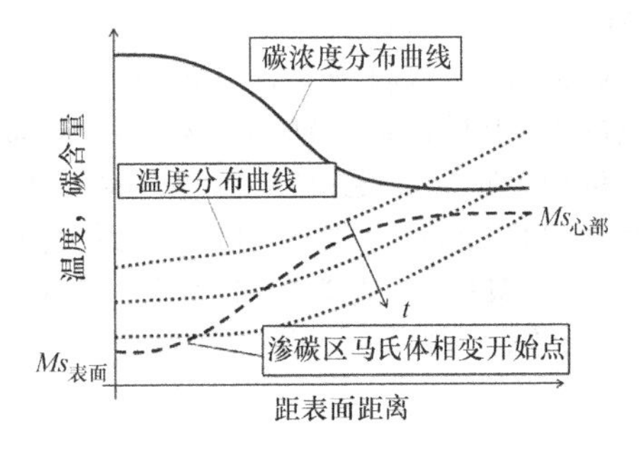

图4-66 碳浓度分布、马氏体相变开始温度和渗碳试样淬火过程中的温度变化示意图

号一起对应力和畸变有影响。对于渗碳试样，渗碳层中被阻碍的相变动力学依赖于钢牌号和局部碳浓度。在渗碳后，上述两者都确定了，这意味着在淬火过程中没有变化。

对于淬火冷却介质，独特的温度相关热传导特性导致了试样产生温度梯度。因此，热应力和相变应力由淬火冷却介质引入和定义。已知这两类应力及其分布导致特定的畸变，正如 Wyss 所阐述的，说明淬火冷却介质显著地确定了最终畸变的行为。在碳浓度分布曲线的静态影响以及淬火冷却介质特性和几何特性的基础上，特别是对于水基或油基系统，局部位置发生叠加的流动。所有这些因素导致局部淬火冷却速度的显著变化，使得对应批量淬火工艺的应力和畸变特别发散。

6. 碳浓度分布对残余应力变化的影响

在由于淬火冷却介质引起的最大热应力和最大相变应力的影响之外，工件的几何形状、钢的相变行为、局部的相变动力学也受到了各处不同的体积变化的影响（图4-67）。碳浓度分布决定了在本工艺过程中的马氏体相变开始温度 *Ms* 和马氏体相变结束温度（*Mf*），残留奥氏体含量发生变化。当碳含量大于0.6%时，具有高线胀系数的残留奥氏体的收缩补偿了由相变引起的马氏体体积增加。结果是，局部体积变化存在差异并导致了次表层的最大体积变化。

因此，在此情况下，不同的相变发生时间与局部体积变化叠加，导致极为复杂的尺寸与形状变化。离开有限元模拟或试验，甚至连最明显的畸变趋势

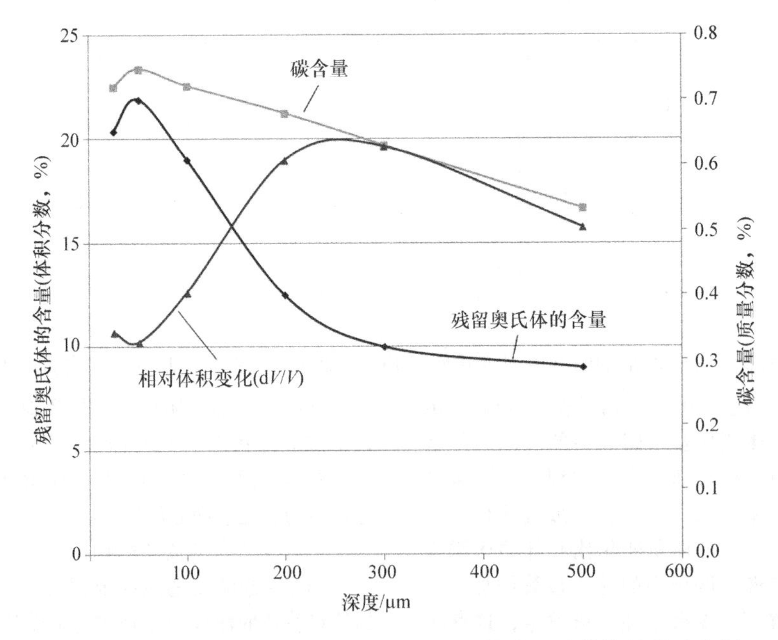

图4-67 局部体积变化以及碳和残留奥氏体含量计算结果的示意图

也不容易被发现。这再一次表明，畸变是一种系统特征，由于每个不同的参数都影响几何形状、淬火速度和相变行为，使得畸变更加复杂。

7. 随试样几何形状、渗碳淬火层深度以及表面和心部碳浓度而变化的圆柱体渗碳淬火过程中的轴向应力演变

Hoferer 研究了圆柱体试样渗碳淬火过程中的轴向应力演变，此演变可作为圆柱体直径与渗碳淬火层深度的比值、表面碳浓度和心部碳浓度的函数。此研究采用了数值模拟和试验结果。

对于渗碳淬火层厚度和圆柱体直径而言，在圆柱体直径保持不变的条件下渗碳淬火层深度增加，表面残余应力减小。在渗碳淬火层深度不变的条件下，如果圆柱体直径减小（即渗碳淬火层的相对深度增加），残余应力也减小。可以得出以下结论：对于渗碳淬火及其所导致的残余应力而言，渗碳淬火层深度和圆柱体直径对于残余应力的影响小于渗碳淬火层相对圆柱体直径的比值。

由于表面碳浓度增加，随残留奥氏体的增加，马氏体组织中的近表面残余应力下降。

就中等程度的淬火速度而言，渗碳淬火层深度相对圆柱体直径保持不变，几何形状对残余应力的影响相当低。就快速水淬而言，存在可测量到的残余应力差异。在水淬条件下而不是油淬条件下，造成这种改变的原因是，直径比较大的圆柱体具有相对低的冷却速度和更高的局部温度梯度。对于所有的几何形状，相对比较低的油淬冷却速度不会造成可以与水淬相比的温度梯度，因此不会显著地影响应力分布。

对基体碳浓度影响的研究结果表明，随圆柱体试样的碳浓度增加，渗碳淬火后心部组织的硬度增加。因此，在心部具有较高碳浓度的条件下，残余压应力减小。伴随着表面较低的残余压应力，心部拉应力也减小。出现这种行为的原因是心部材料相变及所伴随的应变的变化。

8. 渗碳淬火后表面性能退化对残余应力的影响

渗碳过程中有多种伴随现象发生，导致表面非预期的化学成分变化。因为合金元素从表面被移去或生成氧化物，多数伴随现象导致了近表面层淬透性显著下降。因此，生成铁素体或珠光体的扩散主导相变加速。

最常见的表面非预期化学成分变化是由于在气体渗碳中使用了含氧的气氛组元：根据合金元素氧化敏感性，出现合金元素内氧化，生成了锰、铬和硅的氧化物。内氧化导致在氧化层深度范围内表层淬透性的减少（大约为渗碳层深度的 1/100）。其结果之一，特别是对于中等冷速或大型工件而言，渗碳淬火层的表面发生扩散型相变，生成了屈氏体组织（硬的珠光体而非马氏体）。对于典型的中等淬火速度，近表面层可以形成屈氏体层。

在合金元素贫化的表面区域，伴随加速生成屈氏体的相变动力学，出现在较高温度下的提前相变。在心部和表面发生相变之前已经发生了屈氏体相变，使心部和表层都处于拉应力状态。在表层稍后发生相变的过程中，马氏体组织和屈氏体组织的体积差异导致表层出现拉应力。对于承受高近表面层应力作用（如弯曲或扭转）的结构件，出现了两个弱化因素：屈氏体组织的低硬度和拉应力降低了疲劳强度。一种流行的补救方法是对表面区域进行喷丸，在表面产生大小接近材料屈服强度的压应力。

4.3.3 渗碳对畸变的影响

由相变钢制成的零件在热处理过程中所引入的畸变，与局部相变和温度梯度的演变、应力来源强烈相关。与温度相关的密度改变和材料不同相的密度是产生应力的基础。

对于非相变钢，热应力只造成体积不变的尺寸和几何形状变化。在相变钢中，热应力与相变应力相叠加，其后果是产生了尺寸、几何形状和体积的变化。因为在高温下多数相的屈服强度大于相变过程中出现的应力，只有考虑相变塑性，许多观测到的尺寸和几何形状变化才可以被理解。

瞬时应力变化是淬火过程温度梯度和相变的结果，考虑瞬时应力的影响，在本文的畸变部分讨论了两个主题：初始相分布的影响和局部换热系数形成温度梯度。

Hock、Bergstroem、Gunnarson 以及 Heeβ 等讨论了在液体淬火冷却介质中进行批量淬火过程中瞬时换热系数的影响及其特征。换热系数在液体淬火冷却介质中形成的分布，受到零件批量的显著影响，造成零件畸变具有巨大的分散性。此外，Hock 等确定，替代油淬的高压气淬具备更缓和的、畸变分散性比较小的特点。Luebben 等研究结果表明，这个假设不适用于高压气体淬火过程中的特定边界条件。

畸变的影响因素众多，这就导致针对相当简单的几何形状进行了关于特定参数的许多研究。

采用不同强度淬火（水或油）的不同尺寸圆柱体试样，Wyss 发现了轮廓畸变的两种主要趋势：螺线管形和桶形的形状变化（图 4-68）。

用淬火过程产生的热应力和相变应力容易理解产生桶形畸变的驱动因素，即倾向于通过形成球形来减少表面面积。最终，存在两种畸变倾向，即使是对于圆柱体这样简单的几何形状，这种畸变倾向

不能仅用一种简单的驱动机理来讨论。控制畸变特征的是瞬时产生的最大热应力和最大相变应力（见本章 4.4 节）。在多数情况下，为了更好地理解畸变，需要许多试验和某种基于数值模拟的方法。

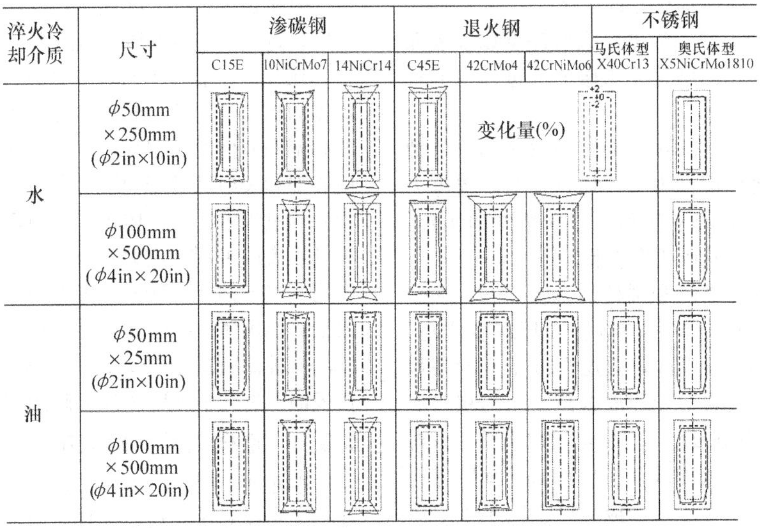

淬火冷却介质	尺寸	渗碳钢			退火钢			不锈钢	
		C15E	10NiCrMo7	14NiCr14	C45E	42CrMo4	42CrNiMo6	马氏体型 X40Cr13	奥氏体型 X5NiCrMo1810
水	ϕ50mm ×250mm (ϕ2in×10in)					变化量(%)			
水	ϕ100mm ×500mm (ϕ4in×20in)								
油	ϕ50mm ×25mm (ϕ2in×10in)								
油	ϕ100mm ×500mm (ϕ4 in×20in)								

图 4-68 尺寸、淬透性和淬火冷却介质对圆柱体畸变的影响

4.3.4 用 TTT 图研究淬火过程中的畸变变化

尺寸和形状变化的总体趋势受到淬透性或者相变行为和淬火速度的约束。对于圆柱体试样，Wyss 发现了轮廓畸变的两种趋势。这两种趋势的产生是由于最大热应力和最大相变应力连续发生，如图 4-69所示。

用中等淬火速度进行淬火的低合金低碳钢（CK15，油淬，图 4-69a），相变同时在心部和表面发生，并且在最大热应力产生之前发生。由于热处理前后的微观组织具有相同的体积质量，相对体积变化相当小，仅有很小的形状变化（桶形）。

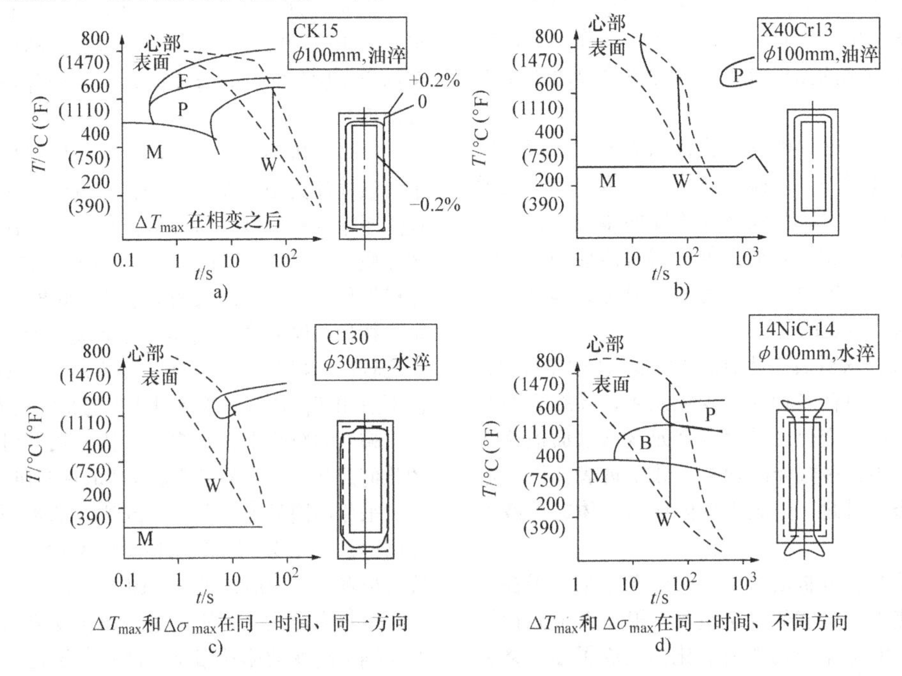

图 4-69 时间 – 温度 – 相变（TTT）曲线、淬火冷却介质和圆柱体畸变的相关性

用中等淬火速度进行淬火的高合金中碳钢（X40Cr13，油淬，图 4-69b），在最大热应力出现后发生马氏体相变，没有出现形状或尺寸变化。

用高淬火速度进行淬火的低合金高碳钢（C130，水淬，图 4-69c），由相变造成的应力与最大热应力同时产生。心部早于表面发生相变，由于温度梯度，表面处于拉应力状态。另外，心部的相变导致心部体积增加，在拉应力状态的热应力之上增加了拉应力。由于热应力和相变应力在同一时间具有相同方向，显示出桶形畸变。

用高淬火速度进行淬火的高合金低碳钢（图 4-69d）显示出螺线管形的畸变趋势。高温度梯度造成了最大热应力，在表面发生马氏体相变的同时心部保持为奥氏体（只有很小的体积变化）。因此，表面的热收缩在心部形成压应力，在表面形成拉应力。然而，通过在表面产生体积增加，表面的马氏体相变抵消了这些应力，显示出螺线管形畸变。

为了预测相变钢制成试样的畸变趋势，至少必须知道温度梯度和瞬时发生的相变。温度梯度可以用 Biot 数预测，或者用热电偶测量瞬时温度变化。用测量到的心部和表面的温度变化，根据所用钢牌号的 TTT 曲线可以预测相变。

4.3.5　由加热引起畸变的特点

在试样加热过程中，与温度梯度和瞬时相变相关的四个主要因素导致畸变：由机加工造成的残余应力，温度梯度造成的应力，由试样成分偏析所引起的相变不同步造成的各向异性应力，以及由批量造成的应变约束。不幸的是，由于与畸变之间的相互作用，大多数情况下不能定量地确定来自渗碳和淬火过程的单个因素。已有参考文献研究了加热过程中的应力释放和机加工残余应力的影响，但很少研究化学成分的不均匀性及其对微观组织、加热过程中各向异性相变塑性的影响。必须说明的是，只有采用数值模拟和试验才能把每个影响因素满意地分离出来。

4.3.6　由渗碳和淬火引起畸变的特点

考虑到渗碳淬火试样的畸变是一个系统变量而不是仅来自于渗碳，必须考虑具有全部变量的热处理过程。下面介绍不同参数对圆盘和齿轮畸变的影响。

1. 圆盘类试样的畸变特性

圆盘类试样（带孔圆盘）是得到直齿轮几何形状（圆柱齿轮）的前道工序的坯料。Clausen 等研究了圆盘基体及其畸变。在项目研究中，圆盘由 EN20MnCr5 钢制成，外圆直径为 120mm（4.7in），高度为 15mm（0.6in），中心孔直径为 45mm（1.8in），采用低压渗碳工艺和高压气淬进行渗碳淬火。

在图 4-70 中，显示了圆盘高度相对变化的平均值与圆盘渗碳深度之间的关系。可以看出，渗碳深度与高度的相对变化之间存在直接的线性关系（图 4-70a）。此外，高度相对变化的平均值存在一个局部变化（图 4-70b）。随着半径增加，高度先增加，然后减小到一个最小值，曲线形成了类似靠垫的形状。

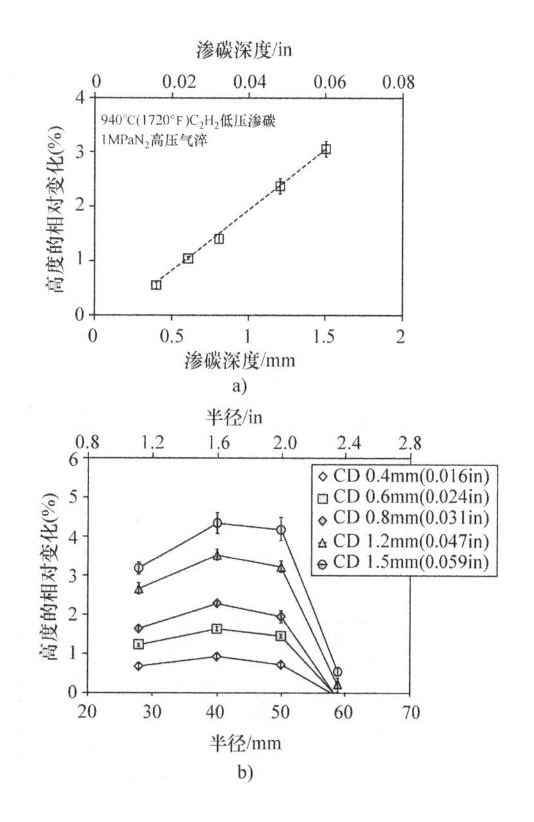

图 4-70　表面强化的圆盘的相对高度变化与渗碳深度和半径的关系示意图

注：（CS）= 0.7%；圆盘外径（OD）= 120mm（4.7in），内径（ID）= 45mm（1.8in）；CD 表示渗碳深度。

在图 4-71 中，显示了内半径和外半径的相对变化和渗碳深度的关系。同样可以观测到半径变化与渗碳深度之间的线性关系。圆环的壁厚随渗碳深度的增加而连续增加，高度也是如此。这两个相对变化归结于渗碳层中的高碳马氏体增加所导致的体积增加。平均半径随渗碳深度增加而减小的事实表明，心部相变受到奥氏体表面的阻碍。较大的尺寸产生较高的局部应力，导致在较大尺寸的逆时针方向上形成各向异性的优先体积变化，即圆盘的外半径。当心部发生相变之后，表面的相变被心部的强度所阻碍，导致在心部出现如同之前所讨论的体积变化趋势。

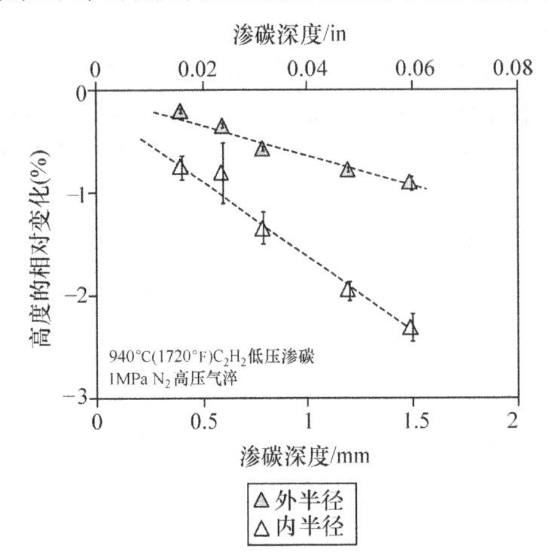

图 4-71　渗碳淬火圆盘半径的相对变化与渗碳深度的关系

注：(CS) = 0.7%；圆盘外径（OD）= 120mm（4.7in），内径（ID）= 45mm（1.8in）。

圆盘的典型形状变化是所谓的碟形畸变（参见本章 4.4 节）。用圆盘的斜面描述这种碟形畸变，进行热处理之后，如渗碳淬火，平的圆盘形成碟形。在研究过程中发现，畸变大小与圆盘锻造和机加工（车削）所造成的偏析组织的非对称性相关。偏析组织中心位置与圆盘中间轴的偏差与渗碳淬火后产生的倾斜度之间发现了良好的线性相关（图 4-72）。碟形畸变是源于化学成分不均匀的畸变势的一个典型实例。

主要关注点是由渗碳和未渗碳材料的比例所导致的渗碳圆盘的总体行为。因此，使用了不同的渗碳层深度和不同的圆盘高度（外直径 100mm，内直径 37.5mm，高度 1.5mm、5mm 和 10mm；或外直径 4.0in，内直径 1.5in，高度 0.06in、0.20in 和 0.40in）。圆盘采用渗碳淬火钢 EN20MnCr5 和 EN18CrNiMo7 - 6 制造。同样采用低压渗碳接气体淬火。为了使渗碳率具有从 2% ~ 100% 圆盘高度的较大变化，渗碳深度在 0.4 ~ 1.5mm（0.016 ~ 0.06in）之间变动。

相对于 CD（渗碳深度）与 1/2 壁厚的比值，外直径的相对变化显示在图 4-73 中。Bomas 等给出了用二阶多项式描述的结果，对于圆环 Bomas 等得到相似的结果，对于条形零件 Chatterjee - Fischer 得到了相似的结果。基本上，试验结果表明，对于渗碳淬火深度（CHD）达到圆盘一半高度的圆盘，外半径随着 CHD 增加而减小。CHD 超过一半壁厚的限制，随着 CHD 增加，外半径相对变化仍然是负值，但可以观察到增加的趋势。当 CHD 达到一半壁厚时，两侧的碳浓度分布曲线相遇，实现了整体渗碳。在这一时刻之后继续渗碳，与初始状态相比，会使外直径增加。

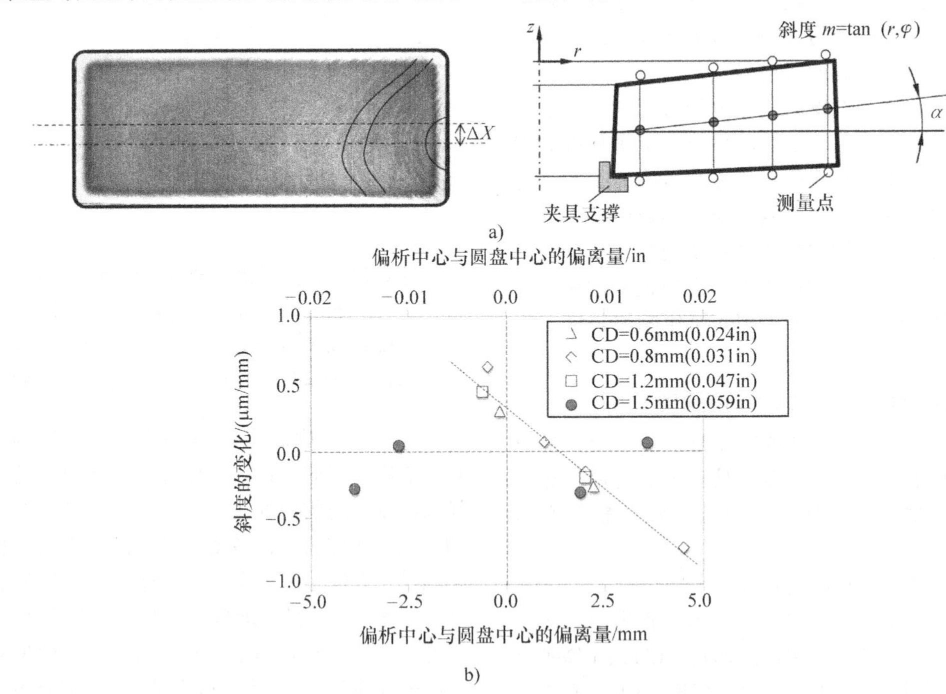

图 4-72　圆盘的碟形畸变

a）标记出了偏析位置偏移的圆盘横截面的显微照片　b）偏析位置偏移和碟形畸变斜度之间关系的示意图

解释这些结果是相当困难的。至少可以发现，如同参考文献［25］中推测的那样，增加的渗碳导致形状变化呈现抛物线趋势（最大尺寸）。

试样体积增大不可避免地与渗碳淬火相关联。很难把体积变化分解到三个维度上。塑性和局部应力各自作用，形成了相互作用的复杂系统，导致尺寸大小和形状变化最终分解到每个方向上。到目前为止，没有解析描述或者概括性的表述；开发了渗碳试样的有限元模型，但是没有应用于这里讨论的特定问题。因此，目前预测尺寸大小和形状变化的唯一途径是采用试验方法。但是，可以确定，在许多情况下渗碳不可避免地导致随 CHD 增加而增大的畸变。

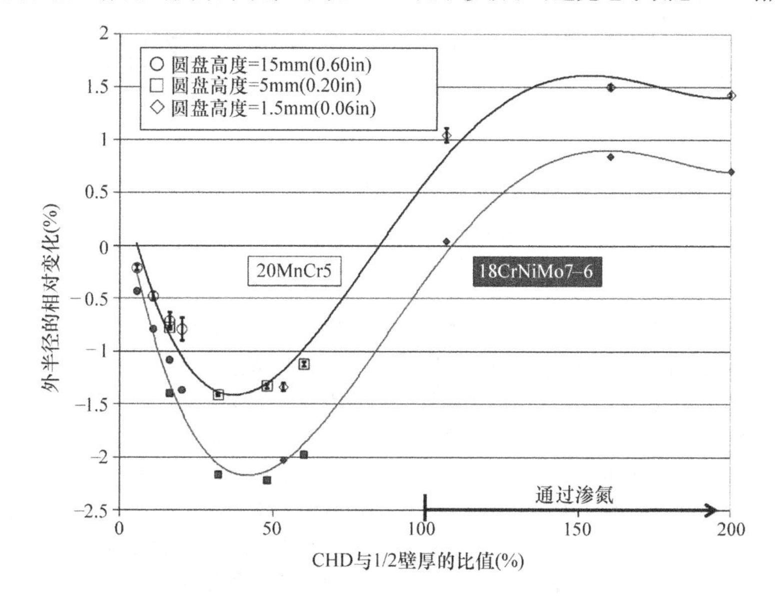

图 4-73 渗碳淬火深度（CHD）与 1/2 壁厚的比值对外半径变化的影响

注：(CS) = 0.7%；圆盘外径（OD）= 100mm（4.0in），内径（ID）= 37.5mm（1.5in），高度（H）= 1.5mm、5mm、10mm（0.06in、0.20in、0.40in）。

2. 由渗碳淬火造成的齿轮畸变

对于受到高应力作用的齿轮，渗碳淬火是目前所采用的标准热处理工艺。存在许多与导致畸变的热处理工艺相关的影响因素或畸变势。在典型范围内变动不同参数，监控参数变动对直齿轮畸变的影响。

采用的热处理工艺是，齿轮进行 940℃（1720℉）低压渗碳工艺，再进行高压气淬。直齿轮采用了上述热处理工艺，齿轮渗碳层深度在现有齿轮上的典型范围内（0.4 ~ 0.6mm，或 0.016 ~ 0.024in）。Stoebener 等讨论了为确定畸变所用的具体的几何形状测量，提出了分析齿轮畸变的新方法。

在研究中，检查了下述渗碳淬火工艺参数的影响：排列方式、加热、渗碳温度、碳浓度分布和淬火温度。随后讨论的结果表明，只有少数参数与齿轮畸变有关。

（1）基体畸变对渗碳淬火齿轮的轮齿畸变的影响　研究得到的主要结果是，不能独立于齿轮基体部分的畸变单独考虑与尺寸大小和形状相关的多数轮齿加工参数。圆盘基体在直径上的变化会改变每个轮齿的圆周位置，从而影响齿距误差。另外，考虑到由于齿根圆和齿顶圆的直径变化所引起的测量位置和轮齿位置的移动，测量出的轮廓线会轻微地改变。Kohlhoff 等进一步讨论了基体畸变和轮齿畸变之间的相互关系以及附带效应。

（2）排列方式对渗碳淬火齿轮畸变的影响　因为显著影响高压气淬过程中的气体流动方向，在多数情况下，排列方式与畸变相关。排列方式显著影响轮齿厚度。排列方式的影响效果可以归结为马氏体分布受到高压气淬过程中的气体流动方向的影响。在距离齿根圆直径 1.8mm（0.07in）处测量硬度，对比由硬度测量值计算出的平均硬度，平放的齿轮是 428HV1，悬挂的齿轮是 396HV1，对比的结果支持了本假定。

通过分析偏移数据可以发现，左右两侧出现相向的偏移。此外，相邻的齿距误差与齿厚具有相似性，但是出现在相对方向上并且出现偏移。相邻齿距误差改变符号，偏差的变化最大。两侧偏差出现这种变化的原因可以联系到基体大小的变化，在齿顶的体积增加，这也是导致轮齿连续偏移的原因，产生了观测到的结果。沿齿根圆的硬度分布支持了本假定（图 4-74）。

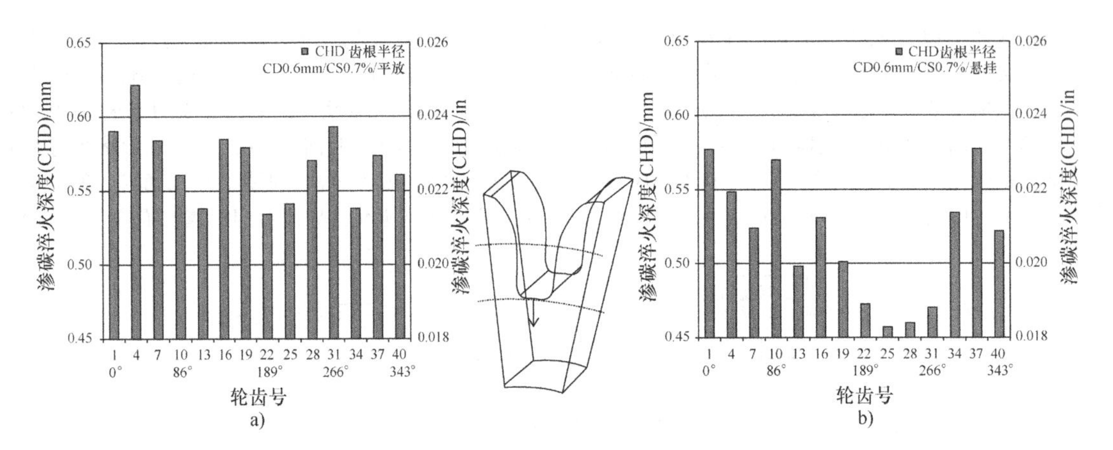

图 4-74 齿轮的硬度分布

a）平放齿轮 b）悬挂齿轮

对于悬挂的齿轮，在齿根处测量出的 CHD 在大约 225℃附近出现明显的最小值，在大约 45℃附近出现最大值（图 4-74）。增加的 CHD 数值与渗碳层中增加的马氏体含量相符。在这个位置处，气流冲击到淬火零件表面产生了最大的冷却速度。对于轮齿厚度变化，也可以发现这种相互关系（图 4-75）。

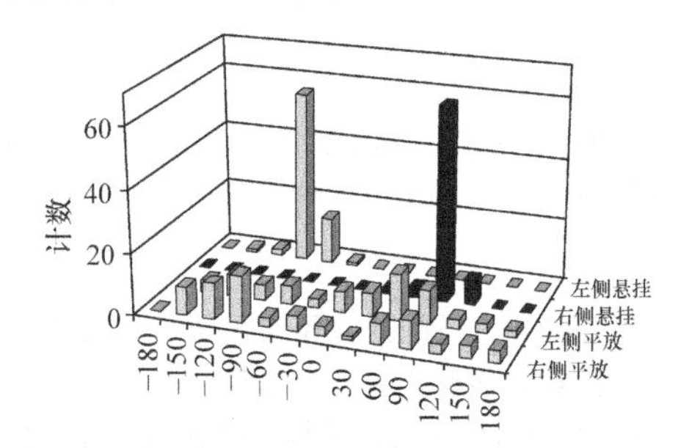

图 4-75 悬挂齿轮和平放齿轮的侧面偏移和齿宽的直方图

按照基体形状变化的分析结果，碟形畸变受排列方式的显著影响。平放齿轮表现出比悬挂齿轮高很多的碟形畸变。淬火过程中顶面与底面之间的温度梯度被认为是造成这一现象的原因。通过有限元模拟，Acht 指出在淬火过程中碟形畸变发生明显的方向变化，这是由于热应力和相变应力形成的不同应力状态造成的。可以推测，相变塑性对碟形畸变有显著影响。

这些研究的另一个结论是，对于具有畸变敏感性的基体，应该选择悬挂放置以减少碟形畸变效果。对于轮齿具有畸变敏感性的情况，推荐把齿轮平放。关于这些建议，必须强调的是这些结果是与齿轮的特定几何形状，以及特定钢材、铸造坯料和初始微观组织状态有关的。

（3）碳浓度分布对渗碳淬火齿轮畸变的影响 轮齿的形状变化受排列方式、渗碳深度和淬火温度的显著影响。对于所有影响因素，可以看到，轮齿两侧在迹线和轮廓方向出现了同样的偏差。对于多数齿轮，随着渗碳增加，轮廓角误差（$\Delta f_{H\alpha}$）出现负的变化。由于在轮齿的两侧出现畸变并且或多或少地出现了渐开线在齿中方向上的倾斜，可以得出的结论是轮齿在齿顶方向变薄。考虑到齿顶半径由于渗碳层深度增加而减小，轮廓角 $f_{H\alpha}$ 的变化被减小，导致轮齿在中心孔方向上的移动（图 4-76）。

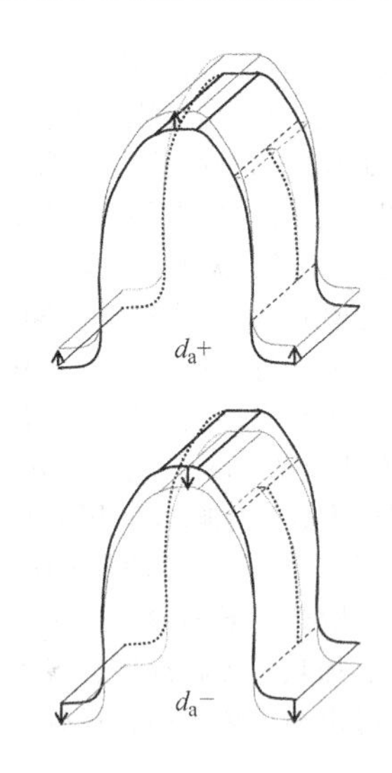

图 4-76 由于基体尺寸变化导致的齿形角误差 $\Delta f_{H\alpha}$ 偏移的示意图

查看齿顶圆的变化，由于带到表面的碳较少，齿顶圆的变化是正值，可以说轮齿中增加的马氏体含量一定在整体上显著地影响了齿顶圆。

渗碳深度和淬火温度显著影响了齿向的变化（$\Delta f_{H\beta}$）。随着渗碳深度增加，该角度向负方向倾斜，意味着螺旋角减小。螺旋角随渗碳淬火深度（CHD）变化的原因源自边缘效应及其后续影响。

渗碳本身及其结果（CHD和表面碳浓度）造成了典型的基体畸变，畸变随CHD和表面碳浓度的增加而增加。这两种结果都影响淬火过程中的相变发生（时间和温度）和相变动力学，以及局部体积变化的大小。因此，局部应力变化和分布受到影响。在淬火过程中，两者都显著地改变了大小和形状。由于渗碳和淬火造成的轮缘效应造成了许多可以测量到的轮齿畸变的变化。可以归纳为，在齿轮承载能力特征图（ISO 6336）的范围内应该选择较浅的渗碳深度。

3. 不同渗碳淬火工艺引起的齿轮畸变

不同渗碳淬火处理的齿轮的平均大小变化在图4-77中显示。本试验中采用已经用于圆盘和齿轮试验的相同的几何形状和材料（EN20MnCr5）。采用了下列不同工艺：

LPC + GasQ：低压渗碳与高压气体淬火（图4-77a）。

LPC + OilQ：低压渗碳与油淬（图4-77b）。

GasC + OilQ：气体渗碳与油淬（图4-77c）。

GasCN + OilQ：气体碳氮共渗与油淬（图4-77d）。

GasC + SaltQ：气体渗碳与盐浴淬火（图4-77e）。

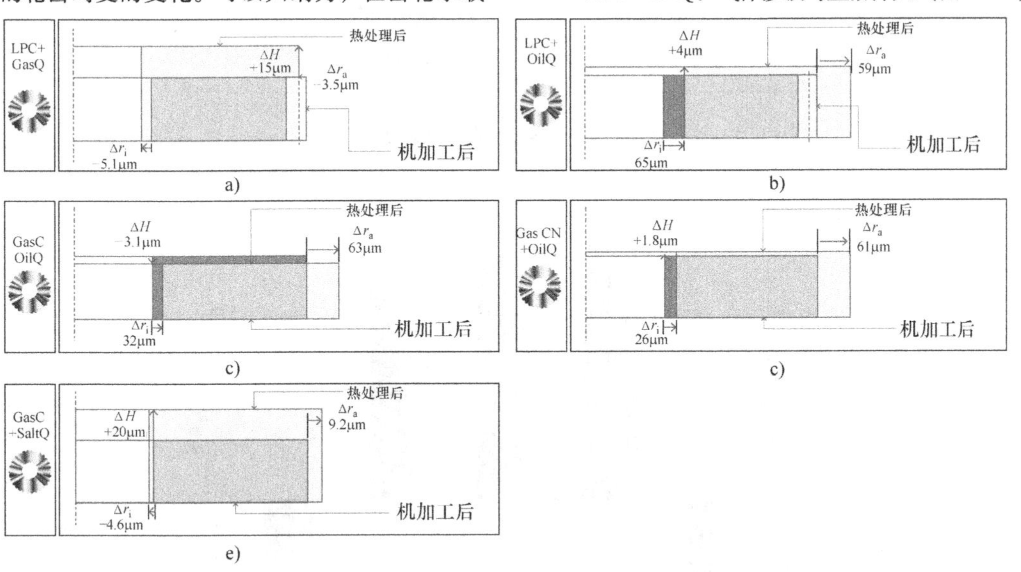

图4-77 齿轮的平均尺寸变化

很显然，对于所用渗碳和淬火工艺的组合，尺寸（平均内孔直径、平均齿顶圆直径和平均高度）产生了不同的大小变化。这些发现可得出结论，渗碳及其对畸变的影响显著地依赖于所使用的淬火冷却介质，并且不能被当作为一个独立变量。

齿轮局部高度的变化在图4-78中显示。按照渗碳方法，存在系统性的形状变化：两种低压渗碳的试样都倾向于形成靠垫形，同时气体渗碳试样倾向于形成绕线筒形。盐浴淬火的试样又倾向于形成靠垫形。

轮廓角的平均变化和齿向误差如图4-79所示。对于螺旋角的改变（齿向误差），淬火冷却介质似乎主导了畸变。对于气体渗碳和气体碳氮共渗采用同样的淬火方式，出现的畸变的差异很小（轮廓角误差也如此），采用另外的淬火方式对于轮齿畸变则产生了部分相反的结果。这些结果也表明，渗碳钢制零件的畸变严重地依赖于热处理设备而且不容易被预测。

对比这些不同的工艺，如图4-80所示，齿顶圆的变化与淬火冷却介质相关：高压气淬使半径减小，油淬和盐浴淬火使半径增加。

尺寸的变化可以根据平均体积的变化来讨论。体积变化与相对平均半径的变化、相对高度变化和相对壁厚变化相关，并且可以用下面的公式计算：

$$\frac{\Delta V}{V}=\frac{\Delta H}{H}+\frac{\Delta \overline{R}}{\overline{R}}+\frac{\Delta W}{W}$$

按照给出的数据，采用LPC + GasQ工艺的体积增加最小，采用LPC + OilQ工艺的体积增加稍大，在全部工艺方案中居中。考虑到不同工艺方案（碳氮共渗除外）所得结果之间的差异很小，这种差异可以用齿轮不同的马氏体含量来解释，马氏体含量主要与淬火速度相关。渗碳工艺与碳氮共渗工艺之间的差别与碳氮共渗零件中的残留奥氏体含量更高有关，对于体积变化只有很低的贡献。

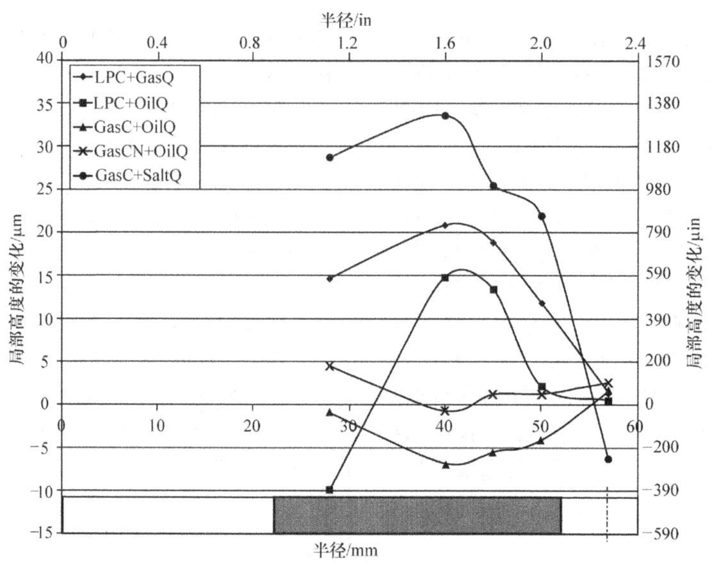

图 4-78　齿轮局部高度的变化

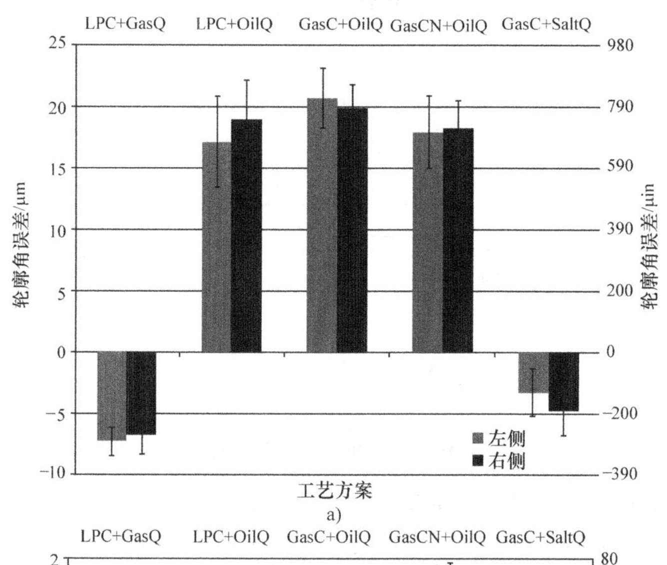

a)

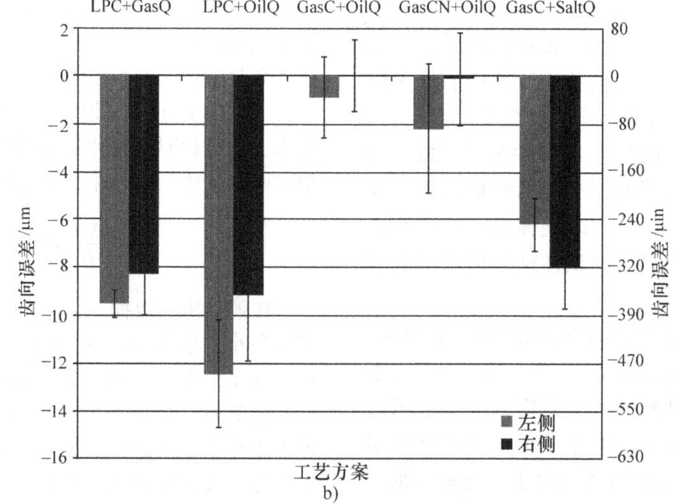

b)

图 4-79　轮廓角的平均变化和齿向误差

a）齿廓角误差 $\Delta f_{H\alpha}$　b）齿向误差 $\Delta f_{H\beta}$

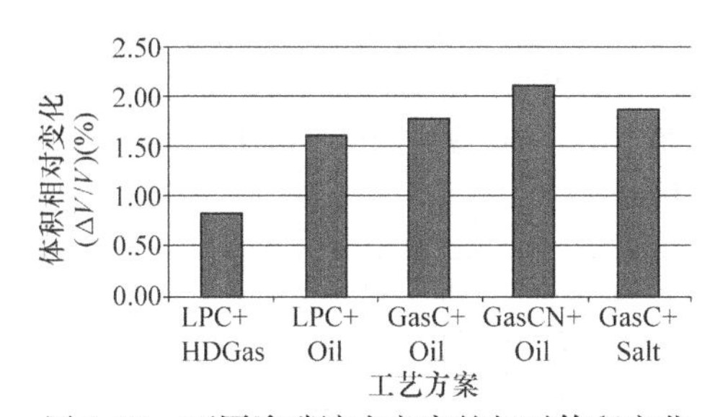

图 4-80 不同渗碳淬火方案的相对体积变化

回到尺寸变化，在油淬的方案中可以发现外半径的变化。查看图 4-81 所示的圆度图，显示了一个 LPC + OilQ 处理的齿轮的齿顶圆半径，可以发现存在明显的二阶不圆度。该齿轮的轮齿也出现了明显的轮廓角误差，显示了与齿顶圆半径变化之间的相关性。为了理解这种相关性，必须考虑到齿顶圆半径的变化不是自动地与轮齿高度的变化相关，而是与导致轮齿产生径向移动的、基体尺寸的局部变化有关。因此，与轮廓线测量中假设的位置相比，轮齿位置发生了径向变化。在轮齿的侧面测量发生径向移动的边齿，测量位置是渐开线上移动后的位置，导致了轮廓角的变化。因此，测量到的轮齿畸变通常在基体畸变的基础上产生。

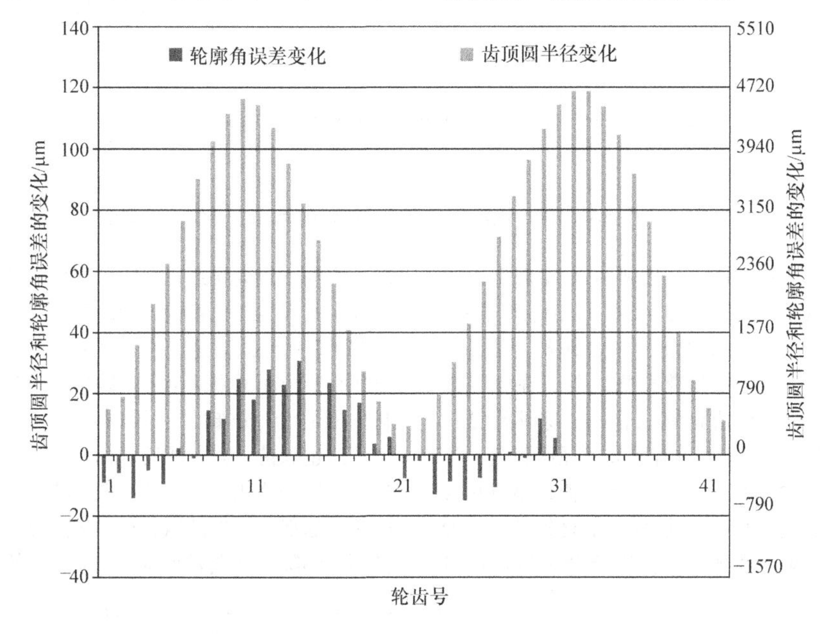

图 4-81 轮廓角误差变化与齿顶圆半径变化的关系

4.3.7 渗氮中的残余应力变化

渗碳、渗氮和碳氮共渗是提高工件耐疲劳和耐磨性能的最重要的化学热处理工艺。此外，经渗氮处理后的工件耐蚀性可以达到奥氏体材料的水平。最初的渗氮工艺采用氨气作为氮源。现在，离子辅助渗氮工艺也得到了广泛的应用。

采用渗氮，氮通过扩散进入材料导致其近表面区域发生改变：在扩散区，氮溶解在间隙中且有氮化物形成。根据渗氮条件的不同，在表面形成化合物层，其由 Fe_4N、$Fe_{2,3}N$ 和合金氮化物组成。

在渗氮过程中，由于氮的扩散和氮化物析出的形成，在材料的近表面区域形成压应力。此压应力与渗氮参数和钢的化学成分相关。

在参考文献［35］中讨论了几种与气体渗氮材料中残余应力来源相关的理论。其中一些理论指出主要的影响因素与扩散区有关：

1）扩散区中化学成分的变化。

2）扩散区中析出物的形成。

3）热影响。例如，在冷却或膨胀过程中氮化物和铁素体基体之间的不同热胀系数，或者由于晶格畸变导致的膨胀。

4）化合物层中不同相生长过程中的体积变化。

众所周知，由于铁素体基体中各种氮化物的热胀系数是不同的，从工艺温度到室温的冷却过程中会产生残余应力。此外，当残余应力形成时，产生了由于氮扩散到材料的心部所导致的晶格塑性变形。

4.3.8 不同工艺步骤中残余应力的产生

在德国不来梅基础材料研究所（IWT），通过原位测量的方法研究了渗氮产生的残余应力。在加热、渗氮保温和冷却各工艺步骤过程中观察到了不同的行为：

1）加热阶段：对于渗氮条件（材料、温度、渗氮条件），非常快地产生了典型的应力状态。

2）保温阶段：化合物层的压应力降低，扩散区的压应力略微增加。

3）冷却阶段：化合物层中的压应力显著增加，扩散区中的压应力略有降低（图4-82）。如果形成了ε氮化物，则压应力降低，并且在多孔区域可能形成拉应力。

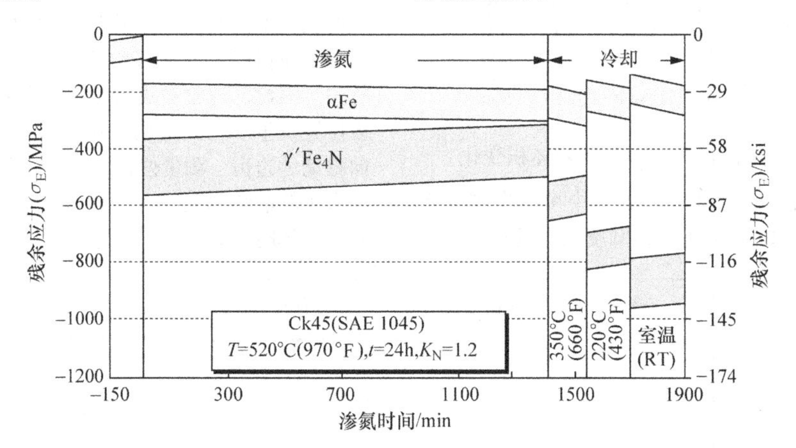

图4-82 在SAE 1045钢渗氮过程中的残余应力的原位测量数据

钢牌号和渗氮参数是渗氮后零件内残余应力的基本影响因素（图4-83和图4-84）。相比于碳钢，含铬合金钢在扩散区中的残余压应力更大。在渗氮过程开始时，除了形成铁氮化合物之外，在含铬合金钢的扩散区中也会形成铬氮化合物。这种铬氮化合物的形成导致钢在高温下具有更高的屈服强度，屈服强度则决定了可能的残余应力的上限值，铬氮化合物的形成同样会产生由晶格膨胀导致的材料进一步强化以及伴随的压应力增加。当含铬合金钢进行渗氮时，增加的氮会导致几个原子层厚的粗大、细小、片状及半相容的氮化物析出相的形成。由于这些氮化物的溶解度极小，合金元素几乎完全与氮元素结合。在氮化物析出相的周边会出现四边形畸变。由于氮化物析出相是均匀分布的，材料中会产生各向异性的总畸变，这也保持了立方体的对称性。因为这种畸变也会造成金属基体相比于纯铁在平衡状态下能够溶解更多的氮，这部分额外的氮称作“过量氮”，这部分氮在铁原子间隙中和金属基体与沉淀物间的界面处溶解。

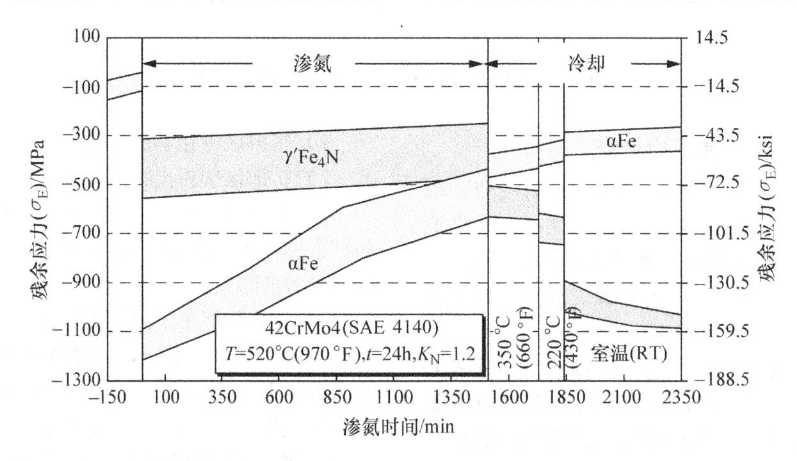

图4-83 SAE 4140钢渗氮过程中的残余应力的原位测量数据

由于在渗氮开始时氮扩散进入α-Fe晶格中，晶格发生畸变。这种晶格畸变导致残余应力的形成。扩散区和化合物层中的残余压应力来源于相对于试样未处理心部的渗氮表面的膨胀。这种畸变随着氮的扩散而增加，这取决于渗氮时的氮势。氮的扩散直到氮的溶解达到饱和以及铁氮化合物开始形成为止，在这之后则开始形成化合物层。在氮饱和的情况下，在化合物层和扩散区的界面线上不能检测到更大的晶格变形。

在下面的章节中，分别考虑扩散区和化合物层的应力状态。

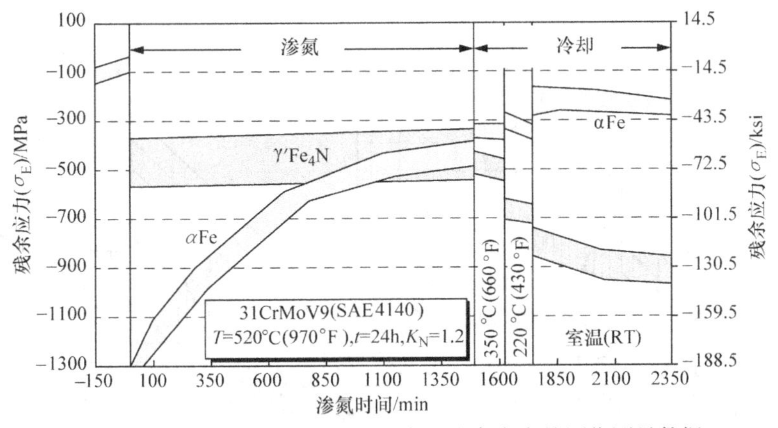

图 4-84　31CrMoV9 钢渗氮过程中的残余应力的原位测量数据

4.3.9　扩散区

渗氮过程在扩散区中产生残余压应力。时间、温度、氮化物形成元素的含量对残余应力状态表现出相似的影响。Schreiber 研究并示意了这些因素的影响：图 4-85 显示了渗氮时间对恒温和恒定化学成分下残余应力的影响。在渗氮时间较短的情况下，最大压应力出现在材料的表面。随着渗氮时间的增加，最大压应力的位置向材料心部移动且其绝对值减小。当固定时间和化学成分，增加温度时可以看到相同的现象（图 4-86）。这可以通过以下事实来进行解释：随着时间的增加，特别是随着温度的上升，氮化物及其分布逐渐粗化。氮化物的直径增大，氮化物之间的间距也逐渐增大。因此，其强化效果随时间和温度的增加逐渐降低。此外，在气体渗氮过程中，碳会向表面扩散并发生脱碳。其原因是氮提高了碳势，氮向氮扩散的方向扩散。另外，含氮气氛具有脱碳效果，如图 4-87 所示。只要化合物层不能完全覆盖表面，脱碳率就会很高。在形成闭合的化合物层之后，碳的扩散速率减慢，并且在碳通过化合物层之前，碳在化合物层 - 扩散区界面处化合物层一侧富集，这是由于碳在氮化物中的溶解度较高、扩散速度相比于其在铁中的扩散速度更慢。

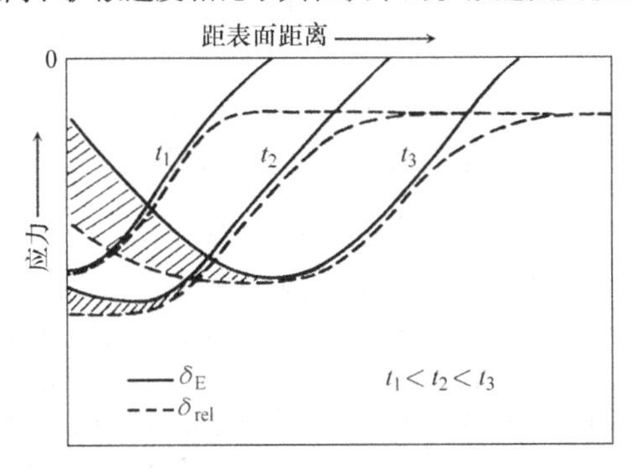

图 4-85　渗氮时间对残余应力状态的影响

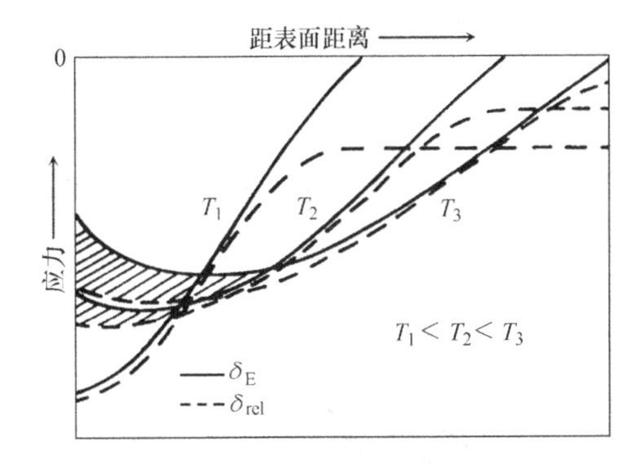

图 4-86　渗氮温度对残余应力状态的影响

此外，氮化物形成元素的存在增加了残余压应力的绝对值（图 4-88），但是使受影响的表面层的深度减小。其原因是，氮与氮化物形成元素结合而阻止其进一步向深处扩散。因此，高的合金元素含量增加了压应力，并且减小了对表层的影响。

4.3.10　化合物层

外表面上化合物层的组成可以通过改变氮势来进行调整。随着工艺气氛中氮活性的增加，根据 Lehrer 图，Fe_4N 复合层的氮含量在 5.7% ~ 6.1% 的范围内增加，达到化学计量组成。进一步增加氮势将导致 ε 氮化物 $Fe_{2,3}N$ 的形成。这些成分的变化和钢牌号的不同造成了不同的残余应力状态。通过渗氮过程中的原位测量，可以示例性地展示出渗氮参数与残余应力形成的相关性。

1. 基体材料的影响

渗氮过程中残余应力随碳含量的变化如图 4-89 所示。残余压应力随着材料中碳含量的增加而增加，这可以通过较高的高温强度值来进行解释。对 Ck10、Ck45 和 C80W2 钢试样的渗氮过程进行了原位测量。

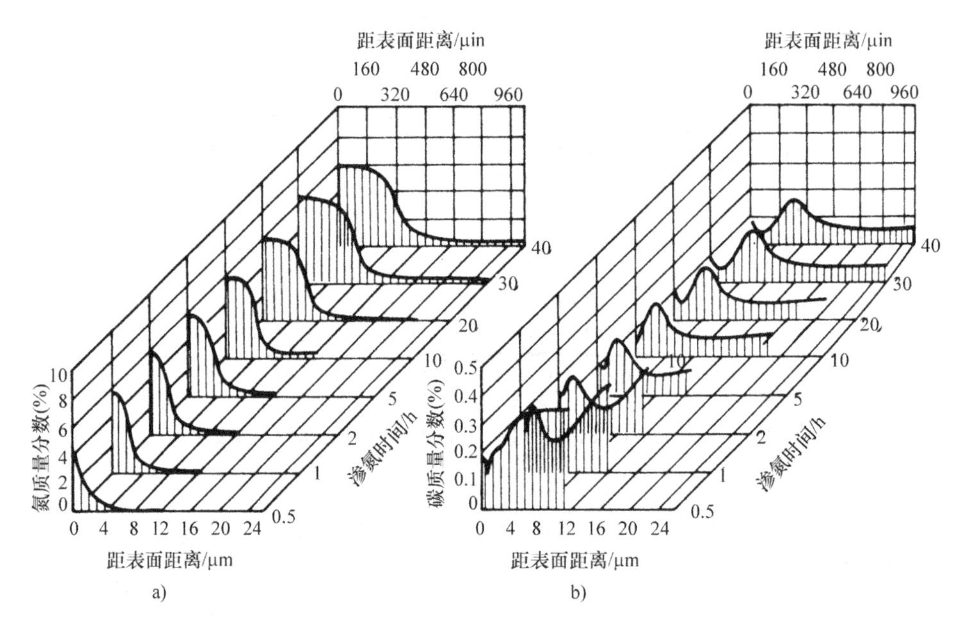

图 4-87 Ck45N（SAE 1045）钢化合物层元素浓度分布情况与距表面的距离和渗氮时间的关系

a）氮浓度分布 b）碳浓度分布

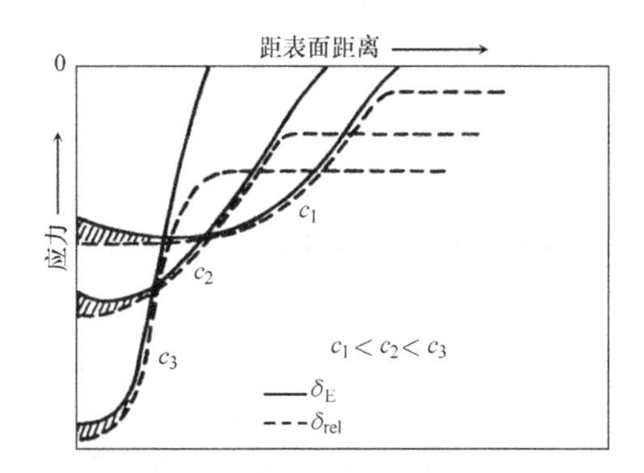

图 4-88 氮化物形成的合金元素含量对残余应力状态的影响

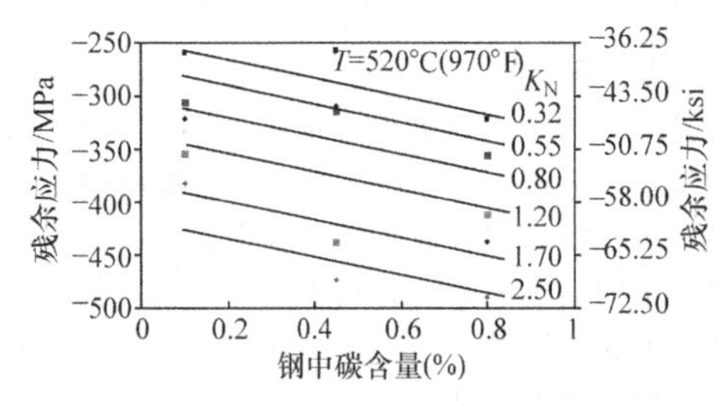

图 4-89 化合物层中的残余应力与氮势 K_N 和钢中碳含量关系的示意图

注：在渗氮温度进行原位测量，普通碳素钢。

2. 氮势的影响

在恒定渗氮温度下，氮势的提高会导致化合物层中的压应力增加。然而，在产生的残余压应力达到某个边界值以后提高氮势，对于 SAE 1045 钢，此值为 -450MPa 或 -65.25ksi，随着氮势的进一步提高，残余压应力增加的斜率减小。如图 4-90 所示，与较高的氮势（碳含量为 0.4% ~0.8%）相比，残余压应力在较低氮势下的增加更为快速。残余应力的最大值与氮化温度下材料的高温强度相关。在一定的氮势之上，当残余应力增加到基材的高温强度时，残余应力依然上升，但这部分的增加是极小的，而且这部分增加取决于由于渗氮而提高的扩散区中的材料高温强度。

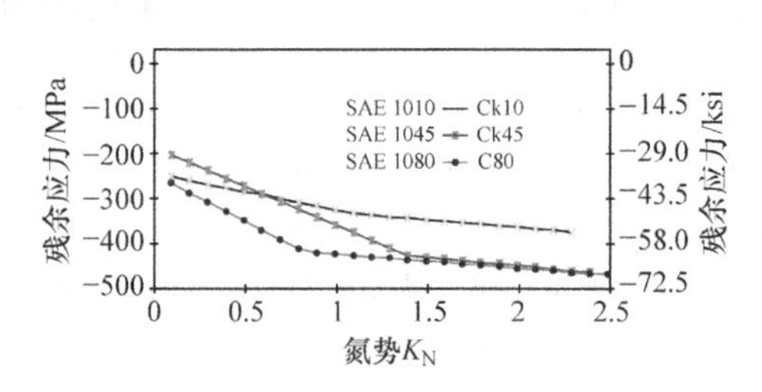

图 4-90 化合物层中的残余应力与钢号和氮势关系的示意图

3. 冷却过程中残余应力的变化

在从工艺温度开始的冷却过程中，化合物层中的残余压应力显著增加，而扩散区的残余压应力则略微减小（对比图 4-82 ~ 图 4-84）。这主要是化合物层和基体材料的热胀系数差异显著所导致的结果。和扩散区中产生额外残余压应力的预期相反，由于冷却过程中沉淀物的形成，这两种效应的叠加反而使得扩散区中的残余压应力降低。显然，沉淀诱导残余压应力被扩散区中由于热损失引起的更大的残余拉应力补偿掉了。

图 4-91 展示了冷却过程中不同保温温度下测量的 Fe_4N 的（200）干涉线上的平均残余应力值的增加。与高碳含量钢（C80W2、SAE 1080）相比，低碳含量钢（Ck10、SAE 1010）在冷却过程中化合物层中的压应力降低。

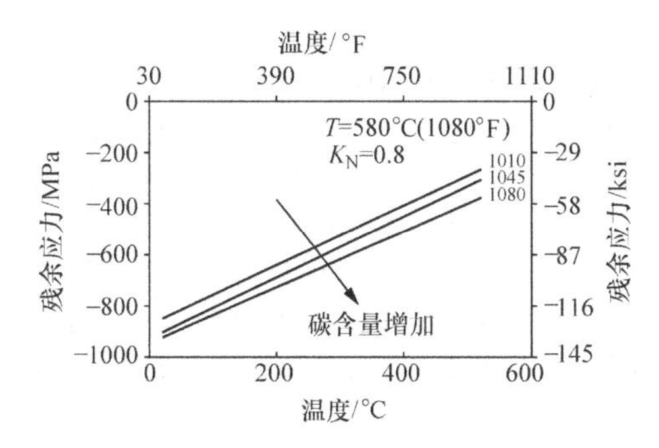

图 4-91　在从渗氮温度冷却到室温的冷却过程中 Fe_4N 中残余应力的变化

在本实例中，通过在冷却过程中在 350℃（660℉）和 220℃（430℉）保温来实现时效，时效使得保温过程中有轻微的应力松弛。这种应力松弛现象在碳含量较高的材料中更加显著。图 4-92 展示了在 350℃（660℉）时效处理中残余应力随时间和材料碳含量的变化。

4. 不同碳氮共渗/渗氮工艺影响的实例

如前文所示，渗氮参数对残余应力状态具有显著的影响。图 4-93 展示了不同渗氮/碳氮共渗工艺处理后工件内的残余应力分布。渗氮参数在表 4-5 中给出。与渗氮工艺无关，残余应力从表面到心部

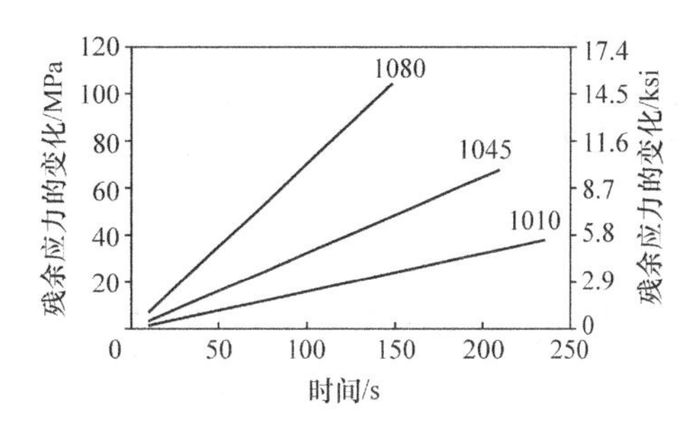

图 4-92　冷却过程中等温阶段 Fe_4N 中的应力松弛

注：在 350℃（660℉）下保温。

逐渐形成压应力。通过气体渗氮可以得到最高的压应力。在盐浴碳氮共渗淬火的情况下，表面出现拉应力。其原因在于在盐浴渗氮过程中形成了相当数量的孔，这种情况下残余应力会转变为拉应力，特别是在孔隙是开放的时候。

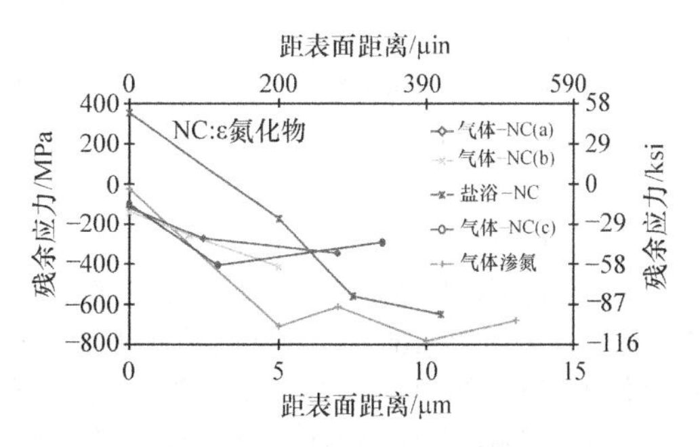

图 4-93　不同渗氮/碳氮共渗工艺处理后复合层中的残余应力

a：50% NH_3 +2% N_2 +48% N_2，580℃，60min；油淬

b：50% NH_3 +5% CO_2 +45% N_2，580℃，60min；油淬

c：50% NH_3 +10% CO_2 +40% N_2，580℃，60min；50% NH_3 +10% CO +40% N_2，580℃，90min；油淬

表 4-5　渗氮和碳氮共渗的参数

合金	工艺	步骤
16MnCr5V SAE 5115	盐浴氮碳共渗	预热，350℃（660℉） 盐浴 TF1，580℃（1080℉），90min 淬火浴 AB1，390℃（730℉），10min 水冷，清洗，脱水液
	气体氮碳共渗①	50% NH_3 +2% CO_2 +48% N_2，60min，580℃（1080℉）；油淬，80℃（175℉）
	气体氮碳共渗②	50% NH_3 + 5% CO_2 + 45% N_2，60min，580℃（1080℉）；油淬，80℃（175℉）
	两步法气体碳氮共渗	50% NH_3 +10% CO_2 +40% N_2，580℃（1080℉），90min；50% NH_3 +10% CO +40% N_2，90min，580℃（1080℉）；油淬，80℃（175℉）
	两步法气体渗氮③	K_N =2.5，30min，580℃（1080℉） K_N =0.45，7h，580℃（1080℉） 炉内缓冷

① 50% NH_3 +2% CO_2 +48% N_2，580℃，60min；油淬。

② 50% NH_3 +5% CO_3 +45% N_2，580℃，60min；油淬。

③ 50% NH_3 +10% CO_2 +40% N_2，580℃，60min；50% NH_3 +10% CO +40% N_2，580℃，90min；油淬。

尽管硬度很高，化合物层可以进行塑性变形。随着塑性变形的进行，残余应力向压应力转变（对比图4-93和图4-94）。Amslertest进行了塑性变形的研究。

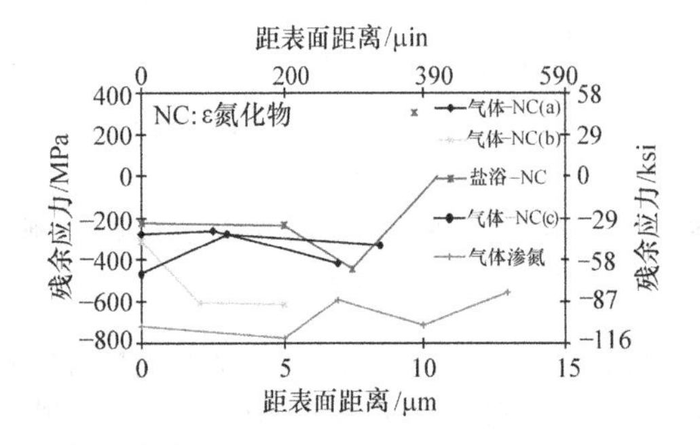

图4-94 经不同的渗氮/氮碳共渗工艺加上由于轧制产生的塑性变形后化合物层中残余应力

a：50% NH_3 +2% CO_2 +48% N_2，580℃，60min；油淬

b：50% NH_3 +5% CO_2 +45% N_2，580℃，60min；油淬

c：50% NH_3 +10% CO_2 +40% N_2，580℃，60min；50% NH_3 +10% CO +40% N_2，580℃，90min；油淬

4.3.11 小结

渗氮温度下的残余压应力随着渗氮温度的增加而增加。在更高的温度下氮和碳的扩散速率更大，且能在更短的时间内形成较厚的化合物层和扩散区。此外，较高的温度也会影响扩散区中碳和氮的最大溶解度。这些相互作用影响氮和碳在扩散区中的分布，导致冷却过程中沉淀物形成的差异，也会导致不同的残余应力状态。这可以从时效过程中的残余应力的不同松弛现象推导出来，并且取决于基体的碳含量。试样的时效与残余应力的略微降低相关，也取决于基体的碳含量。这可以归结为，在复合层和扩散区的界面上扩散控制的碳浓度梯度的降低和可能的氮浓度梯度的额外降低。

应注意，在扩散区的晶格中占据相同位置的氮和碳原子之间可能存在相互作用的事实。此外，随着碳含量的增加，基体材料显微组织中的珠光体含量增加，这对化合物层形成的机理存在影响，并且也对残余应力存在影响。

目前正在研究的内容包括工艺参数的变化造成多孔化合物层，以及形成双相化合物层的更高的 K_N 值。之前的研究已经表明，孔的形成使得残余应力向拉应力转变。

在参考文献［40］中报道了扩散区残余应力的计算结果，与试验测定的残余应力可很好地符合。相比之下，在化合物层中测量到的残余应力与基于体积失配模型的理论值之间存在显著的差异。这表明这些模型是不完整的。

冷却过程可以认为是碳钢化合物层中产生残余应力的最重要阶段。与此相反，扩散区中的残余应力主要在渗氮温度下产生，在冷却过程中只发生很小的变化。这对非合金钢很重要。在渗氮和冷却过程中，铬合金钢的扩散区和化合物层中产生残余应力。在渗氮过程中，扩散区中的残余压应力值降低。这种现象是由于材料的铬含量和沉淀物的形成而产生的。

4.3.12 渗氮过程中的畸变

需要记住的是，渗氮引起的畸变相比渗碳淬火引起的畸变小一个数量级。渗氮工艺不能引起相变，并且在比渗碳淬火工艺低得多的温度下进行。与渗氮直接相关的唯一畸变是可预测的渗氮层的增长，如果渗氮层与工件的尺寸相比足够厚，则可能导致工件心部发生畸变。这种可预测的畸变受多个参数的影响。

4.3.13 渗氮工艺的影响

渗氮过程的工艺参数会影响由于不同相的体积膨胀不同而引起的尺寸变化。如果内部应力对心部的影响可以忽略不计，尺寸变化与时间的平方根成比例的增加，且遵循抛物线增长率（图4-95）。回归线的斜率受渗氮指数的影响，因为渗氮指数分别决定了γ′和ε（+γ′）化合物层的形成。氮的吸收导致晶格变形。新相的形成导致表面的密度变化。γ′化合物层的形成与16%的比体积应变相关。逐渐过渡到ε相，体积应变逐渐增加到25%。表面上的孔洞体积进一步增加了体积应变。

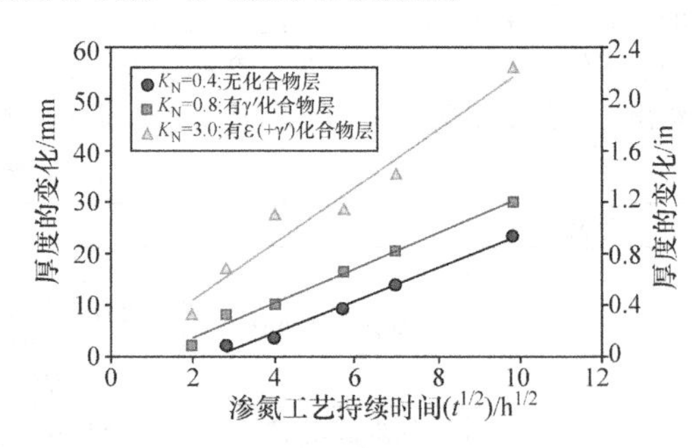

图4-95 20MnCr5钢渗氮试样（7mm×9mm×40mm，或0.28in×0.35in×1.57in）厚度的变化

注：在570℃（1060℉）、不同的渗氮参数、0.5～96h的条件下进行气体渗氮。

4.3.14 合金含量的影响

合金氮化物的形成使合金内产生比体积应变。比体积应变导致渗氮表面产生与合金相关的体积变化。随着化合物层厚度的增加，碳氮共渗钢合金含量对厚度变化的影响如图 4-96 所示。

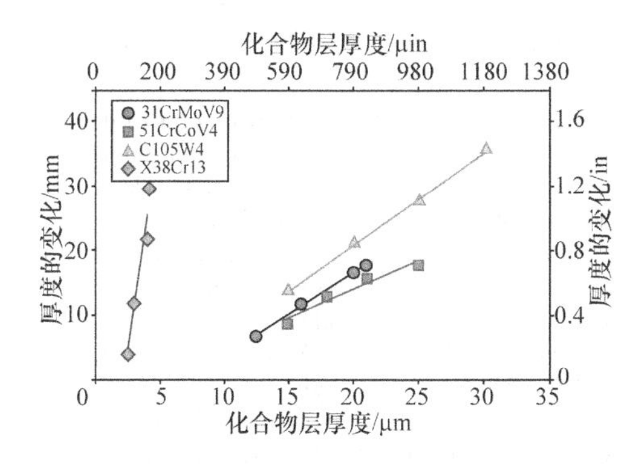

图 4-96 不同成分的样品厚度变化与化合物层厚度的关系（试样大小为 10mm×10mm×40mm 或 0.4in×0.4in×1.6in）

注：在 575℃（1070℉）、2~8h、$K_N=9$ 的条件下进行气体渗氮。

X38Cr13 钢试样中大量的氮化物形成元素铬决定了在化合物层相对薄的情况下巨大的厚度变化。C105W1 钢试样中较高的碳含量增加了化合物层中 ε 相的含量，也增加了其厚度。

4.3.15 零件几何形状的影响

零件的几何形状对零件的尺寸变化和应力有影响，因为渗氮表面上的体积增加可以导致零件的心部发生塑性变形。图 4-97 显示了几种气体渗氮（碳氮共渗）空心圆筒中的这种效果。如果圆筒的壁厚与化合物层相比较小，则测得内径和外径增大，这是由于应力导致圆周伸长。随着壁厚的增加，直径变化减小，内径的变化则变为负值。此时，由于表面层的体积增加导致的壁厚增长主导了心部的塑性应变。随着壁厚进一步增加，尺寸变化不再受几何形状影响。尺寸变化仅受表层体积增加的影响，这导致垂直于表面的方向的厚度增长是可预测的。

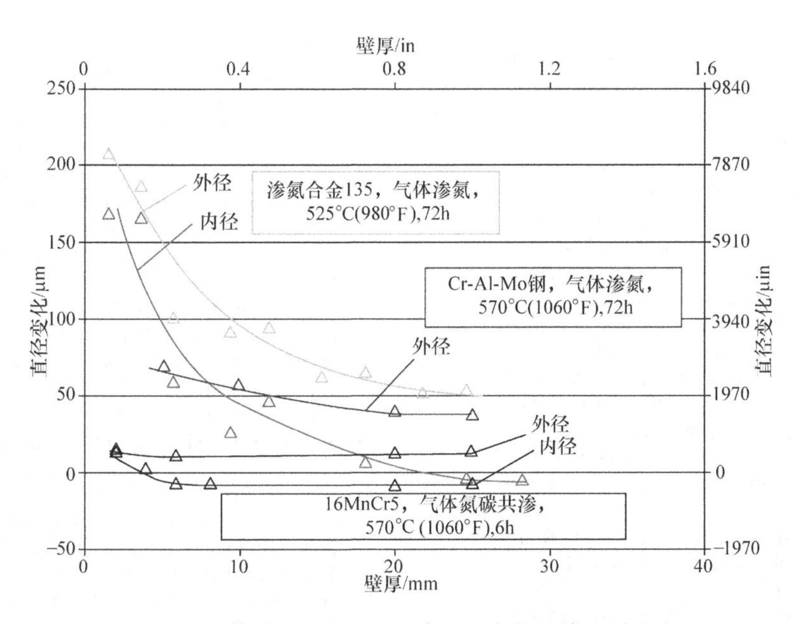

图 4-97 气体渗氮后空心圆筒直径的变化与其壁厚的关系

4.3.16 畸变预测

渗氮工件的畸变由释放的残余应力和渗氮层的体积增加组成。在渗氮处理之前可以释放残余应力，并且可以通过最终精加工去除发生的畸变。由于化合物层体积增加导致工件的增大，如前文所总结的，受到以下因素的影响：

1）渗氮过程（K_N，持续时间）。

2）合金含量。

3）化合物层厚度。

4）零件的几何形状。

因为这些参数的影响和参数的相互作用必须考虑在内，这是有限元模拟要完成的典型任务。Arimoto 等描述了如何成功地实现有限元模拟。

参 考 文 献

1. B. Scholtes, Eigenspannungen in mechanisch randschichtverformten Werkstoffzu- ständen: Ursachen, Ermittlung und Bewertung. Oberursel: DGM- Informationsgesellschaft, 1991 (in German)
2. M. Hunkel, Modelling of Phase Transformations and Transformation Plasticity

of a Continuous Casted Steel 20MnCr5 Incorporating Segregations, *Proc. 3rd International Conference on Distortion Engineering (IDE 2011)*, Sept 14–16, 2011 (Bremen, Germany), H.-W. Zoch and T. Lübben, Ed., p 399–410
3. C. Şimşir, M. Hunkel, J. Lütjens, and R. Rentsch, Process-Chain Simulation for Prediction of the Distortion of Case-Hardened Gear Blanks, *Proc. 3rd International Conference on Distortion Engineering (IDE 2011)*, Sept 14–16, 2011 (Bremen, Germany), H.-W. Zoch and T. Lübben, Ed., p 437–446
4. B. Prenosil, Eigenschaften von durch Diffusion des Kohlenstoffs und Stickstoffs im Austenit entstehende karbonitrierte Schichten. 2. Die Martensitumwandlung des Fe-C-N-Austenits, *Härt.-Tech. Mitt.*, Vol 21 (No. 2), 1966, p 124–137 (in German)
5. O. Vöhringer and E. Macherauch, Struktur und mechanische Eigenschaften von Martensit, *Härt.-Tech. Mitt.*, Vol 32 (No. 4), 1977, p 153 (in German)
6. E. Macherauch and O. Vöhringer, Residual Stresses after Quenching, *Theory and Technology of Quenching*, Springer-Verlag Berlin, Heidelberg, 1992, p 117–182
7. B.S. Lement, *Distortion in Tool Steels*, American Society for Metals, 1959
8. U. Wyss, Die wichtigsten Gesetzmäßigkeiten des Verzuges bei der Wärmebehandlung des Stahles, *Die Wärmebehandlung der Bau- und Werkzeugstähle*, BAZ-Buchverlag, Basel, 1978 (in German)
9. M.B. Hoferer, "Einfluss des Kohlenstoffprofils, des Grundwerkstoffs und des Abschreckmediums auf die Spannungs- und Eigenspannungsausbildung beim Einsatzhärten verschiedener Eisenbassiswerkstoffe," Dissertation, TH Karlsruhe, 1997 (in German)
10. R. Chatterjee-Fischer, Zur Frage der Randoxidation bei einsatzgehärteten Teilen. I. kritische Literaturauswertung, *Härt.-Tech. Mitt.*, Vol 28, 1973, p 276–284 (in German)
11. K. Heeß, und 31 Mitautoren: Maß- und Formänderungen infolge Wärmebehandlung von Stählen. 2. überarb. u. erw. Aufl., Expert Verlag, Renningen, 2012 (in German)
12. H. Berns, Verzug von Stählen infolge Wärmebehandlung. Zeitschrift für Werkstofftechnik 8, 1977, p 149–157 (in German)
13. St. Hock, M. Schulz, and D. Wiedmann, Wärmebehandlungsverzug, *Härt.-Tech. Mitt.*, Vol 53 (No. 1), 1998, p 31–39 (in German)
14. St. Hock, I. Kellermann, J. Kleff, H. Mallener, and D. Wiedmann, Bedeutung der Härtbarkeit für die Verarbeitung und Anwendung von Einsatzstählen, *Härt.-Tech. Mitt.*, Vol 54 (No. 5), 1999, p 307–315 (in German)
15. C.M. Bergström, L.-E. Larsson, and T. Lewin, Reduzierung des Verzuges beim Einsatzhärten, *Härt.-Tech. Mitt.*, Vol 43 (No. 1), 1988, p 36–40 (in German)
16. S. Gunnarson, Einfluß der Stranggußform auf den Verzug eines einsatzgehärteten Tellerrades aus Stahl, *Härt.-Tech. Mitt.*, Vol 46 (No. 4), 1991, p 216–220
17. T. Lübben, H. Surm, F. Hoffmann, and P. Mayr, Maß- und Formänderungen beim Hochdruck-Gasabschrecken, *Z. Werkst. Wärmebeh. Fertigung*, Vol 58 (No. 2), 2003 p 51–60 (in German)
18. H. Mallener, Maß- und Formänderung beim Einsatzhärten, *Härt.-Tech. Mitt.*, Vol 45 (No. 1), 1990, p 66–72 (in German)
19. H. Surm, "Identifikation der verzugsbestimmenden Einflussgrößen beim Austenitisieren am Beispiel von Ringen aus dem Wälzlagerstahl 100Cr6," Dissertation, Universität Bremen, 2011 (in German)
20. D.H. Herring and G.D. Lindel, Reducing Distortion in Heat Ttreated Gears, *Gear Solutions*, June 2004, p 27–33
21. J. Sölter, "Ursachen und Wirkmechanismen der Entstehung von Verzug infolge spanender Bearbeitung," Dissertation, Universität Bremen, 2010 (in German)
22. T. Kohlhoff, Analysis of the Forces in Different Regions during Hobbing and their Effect on Distortion, *Mater.wiss. Werkst. tech.*, Vol 40 (No. 5–6), 2009, p 390–395
23. B. Clausen, F. Frerichs, D. Klein, T. Kohlhoff, T.Lübben, C. Prinz, R. Rentsch, S. Sölter, D. Stöbener, and H. Surm, *Proc. 2nd International Conference on Distortion Engineering*, Sept 17–19, 2008 (Bremen, Germany), 2008, p 29–39
24. R. Rentsch, Material Flow Analysis for Hot-Forming of 20MnCr5 Gear Wheel Blanks, *Proc. 2nd International Conference on Distortion Engineering*, Sept 17–19, 2008 (Bremen, Germany), H.-W. Zoch and T. Lübben, Ed., 2008, p 77–84
25. H. Bomas, T. Lübben, H.-W. Zoch, and P. Mayr, Die Beeinflussung des Verzuges einsatzgehärteter Bauteile durch Abschreckvorrichtungen, *Härt.-Tech. Mitt.*, Vol 45 (No. 3), 1990, p 188–195 (in German)
26. R. Chatterjee-Fischer, "Über Maßänderungen dünnwandiger, einsatzgehärteter Bauteile in Abhängigkeit von Wärmebehandlungsbedingungen," Dissertation, TU Berlin, 1958 (in German)
27. M. Steinbacher, H. Surm, C. Clausen, T. Lübben, and F. Hoffmann, Methodical Investigation of Distortion Biasing Parameters during Case Hardening of Spur Wheels, *Mater.wiss. Werkst.tech.*, Vol 43 (No. 1–2), 2012, p 91–98
28. M. Steinbacher, H. Surm, B. Clausen, T. Lübben, and F. Hoffmann, Methodical

Investigation of Distortion Biasing Parameters during Case Hardening of Spur Wheels, *Proc. 3rd International Conference on Distortion Engineering (IDE 2011)*, Sept 14–16, 2011 (Bremen, Germany), H.-W. Zoch and T. Lübben, Ed., p 167–176
29. M. Steinbacher, H. Surm, B. Clausen, T. Lübben, and F. Hoffmann, Systematische Untersuchung verschiedener Einflussgrößen auf die Maß- und Formänderungen von einsatzgehärteten Stirnrädern - Teil 2: Verzahnungsverzug, *HTM-J. Heat Treat. Mater.*, Vol 67 (No. 4), 2012, p 242–250 (in German)
30. M. Steinbacher, H. Surm, B. Clausen, T. Lübben, and F. Hoffmann, Systematische Untersuchung verschiedener Einflussgrößen auf die Maß- und Formänderungen von einsatzgehärteten Stirnrädern, *HTM-J. Heat Treat. Mater.*, Vol 67 (No. 1), 2012, p 65–78 (in German)
31. D. Stöbener, A. von Freyberg, M. Fuhrmann, and G. Goch, *Proc. 3rd International Conference on Distortion Engineering (IDE 2011)*, Sept 14–16, 2011 (Bremen, Germany), H.-W. Zoch and T. Lübben, Ed., p 147–154
32. H. Surm, F. Frerichs, F. Hoffmann, and H.-W. Zoch, *HTM Zeitschrift für Werkstoffe Wärmebehandlung Fertigung*, Vol 63, 2008, p 95–103 (in German)
33. T. Kohlhoff, C. Prinz, R. Rentsch, and H. Surm, Influence of Manufacturing Parameters on Gear Distortion, *Mater.wiss. Werkst.tech.*, Vol 43 (No. 1–2), 2012
34. C. Acht, Untersuchung des Einflosses von Geometrie and Prozessparametern auf den Verzog einsatzgehörteter Scheiben aus 20Mn Cr5 durch Experiment and Simulation. Dissertation, University of Bremen, Germany, Band 39, Shaker-Verlag, 2007 (in German)
35. W.H. Kool, E.J. Mittemeijer, and D. Schalkoord, Characterization of Surface Layers on Nitrided Iron Steels, *Micromechanica Acta*, Issue 9, 1981
36. M.A.J. Somers and E.J. Mittemeijer, Development and Relaxation of Stress in Surface Layers; Composition and Residual Stress Profiles in g'-Fe4N1-x Layers on a-Fe Substrates, *Met. Trans.*, Vol 21A, 1990, p 189
37. F.T. Hoffmann, U. Kreft, T. Hirsch, and P. Mayr, In-situ Measurement of Residual Stresses during the Nitriding Process, *Heat Treat. Met.*, Vol 3, 1996, p 57–60
38. D. Günther, F. Hoffmann, T. Hirsch, and P. Mayr, In-Situ Measurements of Residual Stresses of Chromium-Alloyed Steels During a Nitriding Process, *Heat Treating 2000: Proceedings of the 20th Conference*, Oct 9–12, 2000 (St. Louis, MO), ASM International, 2001
39. B. Mortimer, P. Grieveson, and K.H. Jack, Precipitation of Nitrides in Ferritic Iron Alloys Containing Chromium, *Scand. J. Metall.*, Vol 1, 1972, p 203–209
40. H. Öttel and H. Schreiber, Eigenspannungsbildung in der Diffusionszone (Residual Stress Formation in the Diffusion Zone), *Tagung Nitrieren und Nitrocarburieren*, AWT, Darmstadt, Germany, 1991, p 139–157
41. K.F. Naumann and G. Langenscheid, *Arch. Eisenhüttenwes.*, Vol 36, 1965, p 677
42. U. Kreft, F. Hoffmann, T. Hirsch, and P. Mayr, *Residual Stresses*, V. Hauk et al., Ed., Oberursel, Deutsche Gesellschaft für Metallkunde, 1993, p 115
43. F. Hoffmann, I. Bujak, P. Mayr, B. Löffelbein, M. Gienau, and K.-H. Habig, Verschleißwiderstand nitrierter und nitrocarburierter Stähle, *HTM*, Vol 52 (No. 6), 1997, p 376–386
44. E.J. Mittemeijer and J. Grosch, Ed., *Nitrieren und Nitrocarburieren*, AWT, Wiesbaden, Germany, 1991
45. M.A.J. Somers and E.J. Mittemeijer, *Nitrieren und Nitrocarburieren*, E.J. Mittemeijer and J. Grosch, Ed., Wiesbaden, AWT, 1991, p 24
46. H. Oettel and B. Ehrentraut, *Härt.-Tech. Mitt.*, Vol 40, 1985, p 183
47. W. Schröter and A. Spengler, Dimensional Variations of Steels during Nitriding, *Härt.-Tech. Mitt.*, Vol 57 (No. 1), 2002, p 24–29 (in German)
48. K. Keller, Schichtaufbau glimmnitrierter Eisenwerkstoffe, *Härt.-Tech. Mitt.*, Vol 26 (No. 2), 1971, p 120–130 (in German)
49. C.H. Knerr, T.C. Rose, and J.H. Filkowski, Gas Nitriding of Steels, *Heat Treating*, Vol 4, *ASM Handbook*, ASM International, 1991, p 387–409
50. J.E. Kontorowitsch and R.J. Motzalkin, Dimensional Changes of Steel Parts during Nitriding, *Katschestwenaja stal*, Moscow, Vol 6, 1935, p 27–32
51. K. Arimoto, F. Ikuta, S. Yamanaka, and K. Funatami, Development of Simulation Tool for Prediction Distortion and Residual Stress in Nitrided Parts, *Int. J. Microstruct. Mater. Prop.*, Vol 5 (No. 4/5), 2010, p 386–398

4.4 畸变工程

B. Clausen, T. Lübben, and R. Rentsch,
Stiftung Institut für Werkstofftechnik

在本章 4.1 节中已经提到，畸变是一种系统特性，并且制造过程中的畸变控制必须遵循一种面向系统的方法。相应的系统是完整的制造链，这一点非常重要。

对于在这种条件下必须做什么来控制尺寸和形状变化的问题，Zoch 给出了一个回答。他报道了一种被称为畸变工程的方法的开发过程。该方法总是把整个工艺链考虑进去，包括三个层次的研究（图4-98）。在层次1上，在每个制造步骤中影响畸变的参数和变量必须被识别出来。通常，有许多参数可能是重要的。因此，应用了试验设计（DOE）技术，能够用有限的试样数量来研究很多参数，从而确定参数之间的交叉影响和相关性。

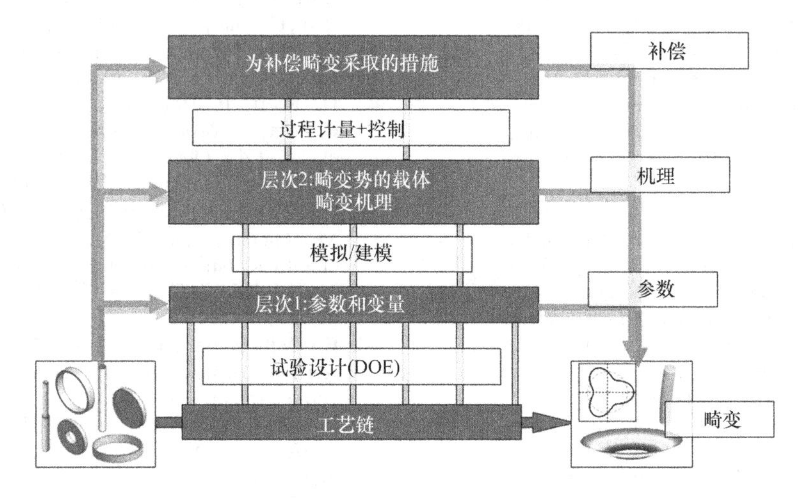

图4-98　畸变工程的研究方法

在研究所得知识的基础上，层次2集中研究通过利用畸变势的概念及其载体（参见本章4.1节）理解畸变的机理。建模与模拟不但是有帮助的，而且在许多情况下是全面理解控制畸变产生的机理的必要工具。

畸变工程的目标是采用所谓的补偿势（层次3）来补偿畸变。一方面，这种方法采用传统手段增加畸变势载体的均匀性。另一方面，在载体的一个或多个分布中有针对性地加入的不均匀性/非对称性能够用来补偿已存在的非对称性所产生的尺寸和形状变化。例如，一个非均匀的淬火过程能被用于补偿之前制造过程所造成的形状变化。原则上，单个零件的补偿是可行的。在这个层次上，工序间的检验和控制技术非常重要。

德国不来梅大学的“畸变工程”协同研究中心按照畸变工程的三个层次分析了不同的制造链，并且评估了相应分析的结果。所研究的制造链的细节和相关的结果可以在参考文献［2］（圆环，SAE 52100）、参考文献［4］（圆环，SAE 4140）、参考文献［5，6］（圆轴，SAE5120）、参考文献［7，8］（锥齿轮，17CrNi6 6）以及参考文献［9，10］（飞机面板，铝合金）中找到。SAE 5120钢圆盘的研究在后续小节中被用来详细描述畸变工程。因此，知道齿轮齿部的畸变与齿轮基体尺寸和形状变化有很强的关联这一点很重要。在很多情况下，这非常类似一个带孔的圆盘。更多的细节在后文中给出。

许多关于圆盘的结果在后续章节中给出，圆盘与具有相同尺寸的齿轮基体非常类似。此外，更为重要的是，详细地解释了畸变工程的应用。对于圆环，畸变工程的所有细节在参考文献［2］中给出。

4.4.1　畸变参数和变量的识别

超过200种参数能够影响畸变。这些参数不但直接影响畸变，而且相互作用，从而增加或减少其他参数的影响。这一认识使得仔细选择所研究制造工艺链的影响参数和检测这些参数间相互影响的测试方法非常必要。试验设计（DOE）方法可以使用，并被安排成四个子任务：

1）系统分析。

2）检测策略。

3）检测过程。

4）检测评估。

随后采用齿轮的基体来描述用于研究带中心孔渗氮淬火圆盘的畸变的这种方法。结果取自参考文献［13］。

1. 系统分析

在第一步中，每个制造步骤中每个可能的影响因素必需被识别。完成这项工作可以通过文献调研、头脑风暴或用因果图来帮助。对于渗碳淬火圆盘的实例，图4-99a显示了一个粗略的因果图，把制造链分为若干制造步骤。图中一个分支的细化如图4-99b所示。每个分支都必须做这样的细化。

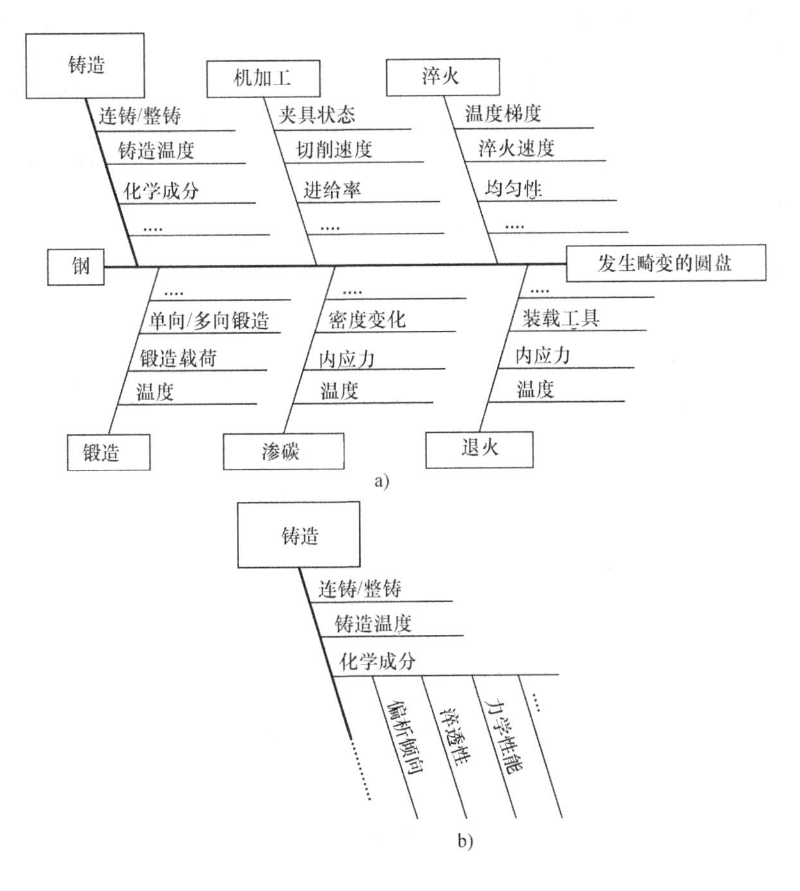

图 4-99　圆盘畸变的影响因素

a）表面强化圆盘制造过程工艺链　b）工艺链图（图 a）中一条分支的详细图示

在第二步中，必须评估识别出的参数。完成这项工作可以采用试验，检验畸变对单个参数变化的敏感度。作为选择，与科研专家和工业专家进行讨论是很有帮助的。在评估过程中，必须考虑两个方面：一方面，某个参数对畸变的潜在影响和参数的变动范围；另一方面，一个不变的产品性能，比如硬度，必须得到保证。

图 4-100 显示了所研究的制造步骤中被评估为对畸变有影响和被评估为可以在畸变相关测量中变动的那些参数。用这些限定的影响因素执行完全检验方案，一共有 23 个因素，将需要几十年时间（$2^{23}=8388608$ 个试验）。减少必需的试验数目的一个明智的方法是，在单独制造步骤的专门检验方案中识别主要影响因素。图 4-101 显示了在这样的检验方案中确定的主要影响因素。由于热处理之前制造步骤的多数影响因素被认为与热处理的影响因素无关，整个研究中的这两个主要部分被分开。保持其他每个参数不变，并正确记录能够评估和关联到发生的结果的生产流程，是非常重要的。

2. 检测策略和检测程序

对于本项研究，制造了外直径 120mm（4.7in）、高度 15mm（0.6in）、中心孔直径 45mm（1.8in）的圆盘。

（1）第 1 部分：铸造、成形和机加工　本部分内容包括恒定的检验条件；淬透性；锻造温度；预备热处理；进给率；切削策略；加热、渗碳和淬火；试验设计（DOE）的参数。

1）恒定的检验条件。所有圆盘取自两块 SAE 5120 钢铸坯，具有相同的轧制应变，但具有不同的淬透性。两块铸坯都在电弧炉中熔炼。采用 Ruhrstahl－Heraeus（RH）工艺调整铸坯的纯净度。连铸器生产出边长为 256mm（10.07in）的方形初轧坯，质量为 2t（2.2ton），方形初轧坯首先进行第 1 道热轧，经过多道轧制到 85mm^2（3.34in^2）的截面面积。然后，圆棒在圆钢轧机和在若干带感应加热温度控制的三辊减径单元上进行热轧制，轧制成直径为 73mm（2.87in）的圆棒。总的对数应变 $\varphi=2.75$。在热轧工序之后，圆棒空冷至室温。

两块铸坯生产的钢制圆棒连续编号，并且在整个圆棒长度上做标记用来识别圆棒中制成零件的角度方向。把圆棒锯成大约2kg（4.4lb）重的坯料之后，圆棒的方向标记用在每个坯料中的一个小钻孔中的金属线来代替。用100t（110ton）的载荷在一个镦粗装置中锻造坯料。坯料被预先穿孔，用大约750t的主载荷，成形为22.5mm（0.88in）高的圆盘。最后，坯料用20～30t（22～33ton）的载荷进行穿孔。锻造工序产生0.98的附加对数应变。

2）淬透性。淬透性用作描述冶金元素对畸变影响的一个综合参数。所用的两种钢材的成分分析在表4-6中给出。计算得到的两种钢材的端淬曲线在图4-102中给出，显示了两种钢材在淬透性上有显著区别。但是，必须意识到合金元素的变化也将影响材料的其他性能，比如力学行为。

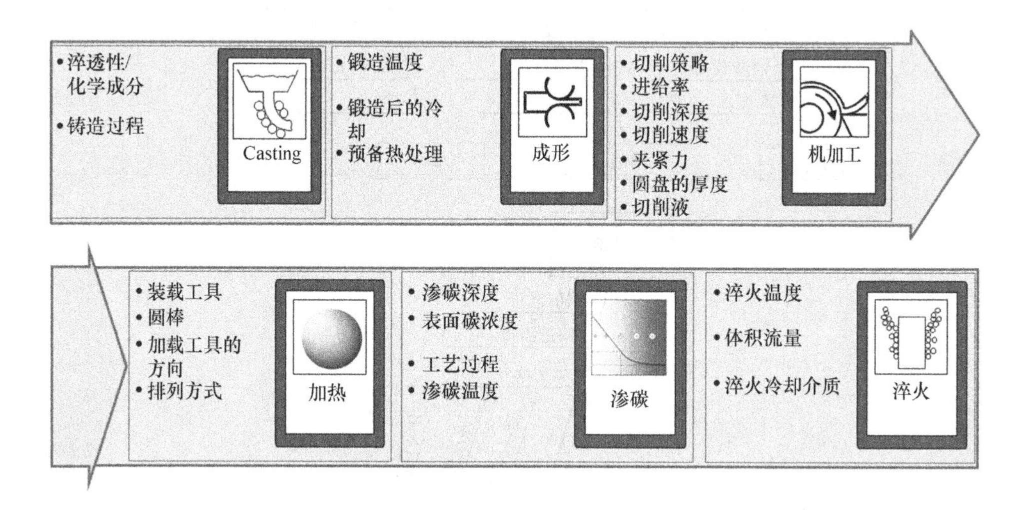

图4-100 制造步骤中的影响参数

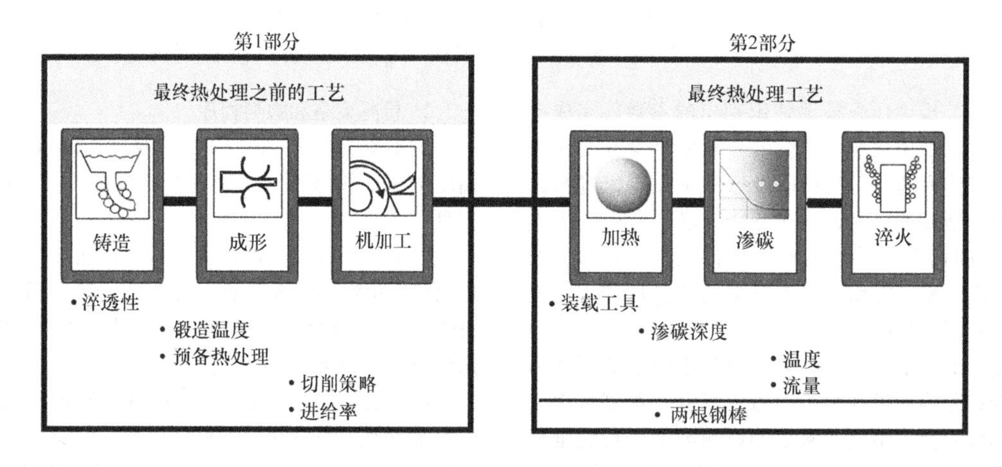

图4-101 所研究制造步骤中的主要影响因素

表4-6 所用钢铸坯的化学成分

淬透性	化学成分（质量分数,%）										
	C	Si	Mn	P	S	Cr	Mo	Ni	Cu	Al	N
低	0.20	0.23	1.35	0.011	0.020	1.02	0.03	0.10	0.12	0.04	0.015
高	0.21	0.09	1.35	0.013	0.026	1.24	0.09	0.12	0.10	0.03	0.012

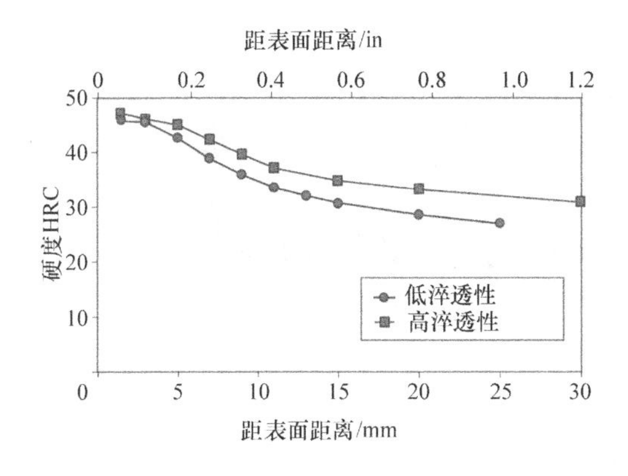

图 4-102 计算求得的所研究钢坯的端淬曲线

3）锻造温度。作为金属热成形的主要参数之一，锻造温度对流动应力和材料流动有重要影响。1250℃（2280℉）是在工业界通常采用的标准成形温度。与工业界的伙伴合作，选择了更低的 1150℃（2100℉）作为另一个成形温度。

4）预备热处理。在锻造之后，圆盘毛坯分批存放在箱子中，被空冷到室温，做喷砂处理。由于相对高的淬透性，在微观组织中可以发现马氏体相或贝氏体相。为了增加机加工性能，在切削之前对 20MnCr5 进行预备热处理，通常调整到铁素体－珠光体组织。淬火和回火是可选的预备热处理。通过影响机加工过程所产生的力和热，预备热处理的选择可以影响零件内的残余应力分布。另外，材料的比体积受到微观组织的影响（参见本章 4.1 节），因而尺寸也变化。为获得铁素体－珠光体组织，在 930℃（1705℉）保温 1h 进行退火。圆盘在 3min 内冷却到 650℃（1200℉），并在该温度保温 2h。在热处理后，圆盘在空气中冷却。淬火处理从 930℃保温 30min 的奥氏体化开始。圆盘用压力为 1MPa 的氮气淬火。回火工艺采用在 620℃（1150℉）保温 4h。

5）进给率。残余应力分布会被切削参数影响，主要是进给率。因此，改变在圆盘底面的最后一道切削的进给率来获得在两个底面上的、不同的残余应力分布（图 4-103）。选择了 0.1mm 和 0.3mm 的进给率。残余应力的结果在表 4-7 中做了总结。圆盘上表面总是用 0.3mm 的进给率切削，产生的残余切向应力 σ_{tang} = 630MPa（91.3ksi），残余径向应力 σ_{rad} = 300MPa（43.5ksi）。

表 4-7 XRD 方法测量进给率对残余应力的影响

底面进给率（f）		底面的表面残余应力			
		σ_{tang}		σ_{rad}	
mm	mils	MPa	ksi	MPa	ksi
0.1	4	390	56.5	20	2.9
0.3	12	630	91.3	300	43.5

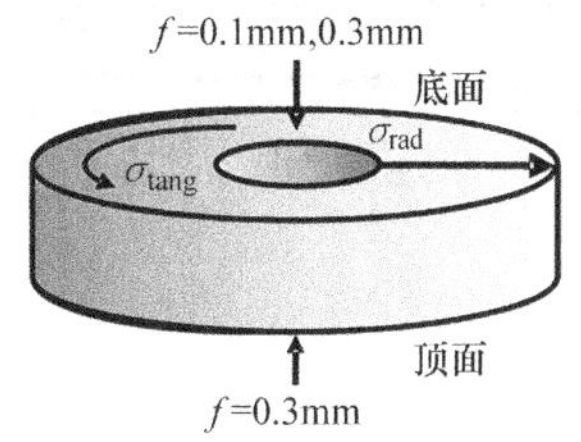

图 4-103 圆盘表面残余应力的示意图

6）切削策略。圆盘的车削在数控车削中心上进行，采用两次装夹。在第一次装夹中，圆盘用花盘夹持，施加 3MPa 的夹持压力。首先车削加工上表面，然后车削加工外表面和中心孔。在第二次装夹后车削加工底面，采用分段卡爪夹持，装夹压力为 4MPa。

初步研究结果表明，切削策略对圆盘的畸变有很大影响。分析表明，由于局部材料去除量的变化，车削后保留在圆盘中的带状组织受到切削策略的影响。根据 DOE（试验设计），选择了两种切削策略（图 4-104）。在切削策略 1 中，厚度为 1mm（0.04in）和 6mm（0.24in）的材料层分别从顶面和底面去除。在切削策略 2 中，从顶面去除厚度为 4mm（0.16in）的材料层，从底面去除厚度为 3mm（0.12in）的材料层。

7）加热、渗碳和淬火。第 1 部分研究（图 4-101）所用的渗氮淬火工艺保持不变：在双室真空炉中进行低压渗碳和气淬。每批工件包括 8 个圆盘，挂在同一层上。渗碳在 940℃（1725℉）、乙炔（C_2H_2）气氛中进行。渗碳层厚度调整到 0.8mm（0.031in），表面碳含量的平均值为 0.7%。每批次工件在 840℃（1545℉）保温 20min 后，用压力为 1MPa 的氮气进行气淬。没有考虑回火工艺。

8）DOE（试验设计）的参数。表 4-8 概述了 DOE 的评价因素和适当的水平。在这里假设，畸变是由主要影响因素或两个主要因素之间的相互作用造成的，因此选择了 2_v^{5-1} 测试计划。G1 = ABCD 作为部分因子试验的生成器。这类试验矩阵有个优势，主要影响与二阶相互作用可以分离。主要影响与四阶相互作用相叠加，二阶相互作用与三阶相互作用相叠加。一般而言，高阶相互作用很少，而且通常可以被忽略。对于总共 128 个试验，16 个变量每个被重复 8 次。

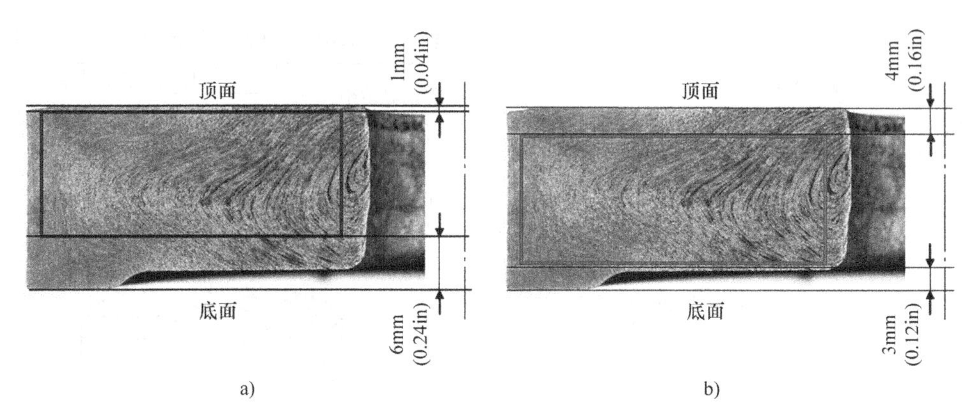

图 4-104 不同切削策略的对比
a）切削策略 1 b）切削策略 2

表 4-8 在第 1 部分研究中被评估因素（铸造、成形和机加工）的水平

因素代码	因素	水平	
		-	+
A	淬透性	高	低
B	锻造温度	1150℃（2100℉）	1250℃（2280℉）
C	预备热处理	淬回火状态	退火后形成铁素体 - 珠光体组织
D	切削策略	策略 2	策略 1
E（ABCD）	进给率	0.1mm（4mils）	0.3mm（12mils）

（2）第 2 部分：加热、渗碳和淬火 本部分讨论铸造、成形和机加工；恒定的热处理条件；装载工具；渗碳深度；淬火温度；淬火过程中的气体流量；初始坯料中材料位置的影响；DOE 的参数。

1）铸造、成形和机加工。在这部分研究中，所有毛坯圆盘都用同样的方法制造。低淬透性的铸坯被用来制造圆盘。圆盘用 1250℃（2280℉）标准温度进行锻造。在切削之前，圆盘进行退火处理得到铁素体 - 珠光体组织，并进行喷砂。圆盘采用切削策略 1（图 4-104）和 0.3mm（12mils）的进给率在加工中心上进行精加工，装夹两次。

2）恒定的热处理条件。所有圆盘用气体渗碳工艺进行渗碳，在喷气床中进行后续淬火。在多功能罩式炉中进行渗碳。圆盘水平排列。取决于淬火温度，一个圆盘或两个圆盘同时渗碳（随后做进一步描述）。每次对一个圆盘进行喷气淬火。不考虑回火工艺。

3）装载工具。热处理过程中由重力引起的蠕变是造成畸变的一个重要原因，所用的装载工具对蠕变有显著影响。不仅如此，加热均匀性、化学热处理过程中炉气流动的阻碍，以及冷却介质的流动状态与装载方式和装载工具的设计有关。通过选择两种装载工具（两条直线支撑和三点支撑），在最终热处理过程中由于自重产生了不同的应力状态（图 4-105）。用直线支撑装载工具，圆盘被放在两根宽 10mm（0.4in）、长 100mm（4in）的高温钢直杆上。用三点支撑装载工件，圆盘被水平地放置在外直径 76mm（3in）、壁厚 3mm（0.12in）的圆环上，具有三个圆弧长度为 10mm（0.4in）的支撑面。在渗碳过程中，圆盘按照 x 轴正方向对齐。

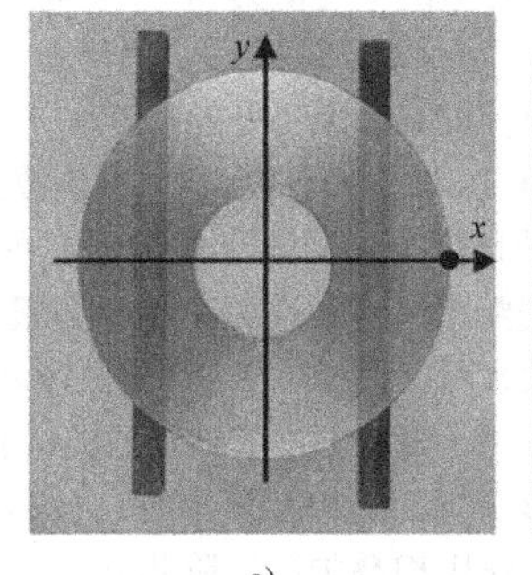

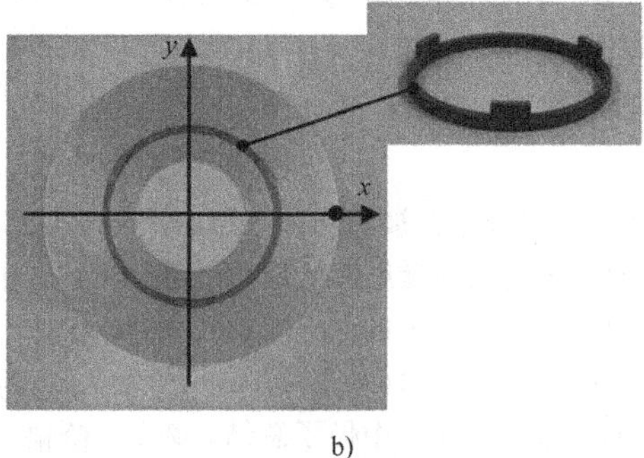

a) b)

图 4-105 表面强化过程中不同的装载工具
a）两直杆支撑型的装载工具 b）三点支撑型的装载工具

4）渗碳深度。在零件表面上碳浓度的变化影响淬火过程中的相变动力学和应力状态。在预热炉内，圆盘被加热到 850℃（1560℉）。在 20min 的均温后，圆盘被加热到 940℃（1725℉）的渗碳温度。由于最终渗碳深度依赖于渗碳时间，对于 0.6mm（0.023in）的深度，渗碳时间达到 65min；对于 0.8mm（0.031in）的深度，渗碳时间达到 135min。

5）淬火温度。通过提高淬火温度（从 840℃到 940℃，或 1545℉到 1725℉），零件内的温度梯度增加了。这影响了淬火过程中的相变和应力状态。按照 5K/min 冷却到淬火温度 840℃（1545℉），随后进行均温。当第一个圆盘被从炉中取出在气体喷嘴下淬火的时候，在开始第二次淬火之前，需要用 10min 把余下那个圆盘预热到淬火温度。在这个淬火温度下，没有发现第 1 个圆盘和第 2 个圆盘的渗碳与硬度分布有区别。但是，在采用 940℃（1725℉）高淬火温度的情况下，由于在更高的温度下碳的扩散能力增加了，预期对碳和硬度分布有大的影响。为了避免对零件畸变的影响，一次只对一个圆盘进行渗碳。

6）淬火过程中的气体流量。通过把淬火气体流量从 8000L/min（2115gal/min）增加到 12000L/min（3170gal/min），从 800℃（1470℉）到 500℃（930℉）的冷却时间从 24.8s 减少到 20.0s。因此，增加了零件内的温度梯度，并且改变了相变的发展过程。所采用的喷气床包括 64 个喷嘴（图 4-106）：32 个喷嘴在顶部，32 个喷嘴在底部。喷嘴被排列成两个同心圆，因此每个喷嘴能够喷射到的那部分圆盘表面积相同。因此，在两个表面上的换热系数分布是对称的。

a)

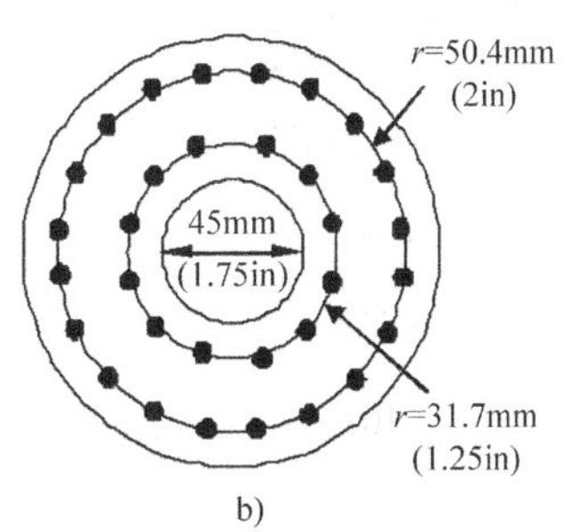

b)

图 4-106 圆盘淬火的喷嘴区域

a）喷嘴 b）喷嘴分布示意图

7）初始坯料中材料位置的影响。在对相同材料制成的圆柱体的另一项分析中，对于从同一根圆棒上制造的圆柱体，发现了弯曲方向有明显的相关性。这种畸变行为的原因可解释为在不同的圆棒中带状组织的方向不同。因为必须用不同圆棒（圆棒长度为 3m 或 10ft）制造圆盘，可能存在的、与圆棒相关的对圆盘畸变的影响被包括在本次检验中：坯料从两个圆棒上锯下。

8）DOE 的参数。表 4-9 为 2_V^{5-2} 测试计划列出了分析因素的取值水平。使用了下列关于部分因素试验的生成器：G1 = BCDE，G2 = ACE，G1 × G2 = ABD。这导致主要影响与第二阶相互作用的混淆。这样，假设第二阶相互作用可以忽略。对于总共 32 个试验，8 个变量每个重复 4 次。

（3）如何测量圆盘畸变 在试验开始之前，必须决定试样的哪些尺寸和形状是主要关注的。在热处理之前和之后必须测量这些尺寸和形状。测量装置的不确定性必须与要确定的那些影响的尺度相匹配。测量点的数目必须适应所研究试样的形状和尺寸，所研究试样将被可视化。为了减少主要研究中的测量工作，一些预测试是有帮助的。

表 4-9 在第 2 部分研究中被评估因素（加热、渗碳和淬火）的水平

因素代码	因素	水平	
		−	+
A	装载工具	两直杆支撑	三点支撑
B	体积流速	8000L/min（2115gal/min）	12000L/min（3170gal/min）
C	淬火温度	840℃（1545℉）	940℃（1725℉）
D（AB）	渗碳深度	0.8mm（0.031in）	0.6mm（0.23in）
E（AC）	钢棒	A 棒	B 棒

在本实例中，几何测量在坐标测量机（CMM）上进行。

一个带有倾斜和对中单元的旋转平台被用于测量。制造商关于一维、二维和三维长度测量不确定性的说明如下（长度 L，单位为 mm）：

$$U_1 = 1.2\mu m + L/500\mu m$$

$$U_2 = 1.5\mu m + L/300\mu m$$

$$U_3 = 2\mu m + L/300\mu m$$

为了评价由热处理造成的尺寸与形状变化，在渗碳之前和之后测量所有圆盘。在圆盘内表面和外表面上的不同高度上，测量程序分别包括两个和三个圆度图。此外，在顶面和底面上沿着不同半径的圆进行了 4 个平面度测量（图 4-107）。按照测量程序，分析了下述尺寸和形状变动：

1）在不同 z 坐标处的内表面半径和外表面半径的变化。

2）在不同半径处的高度变化。

3）在不同 z 坐标处的内表面和外表面圆度偏差的变化。

4）在顶面和底面上的平面度偏差的变化。

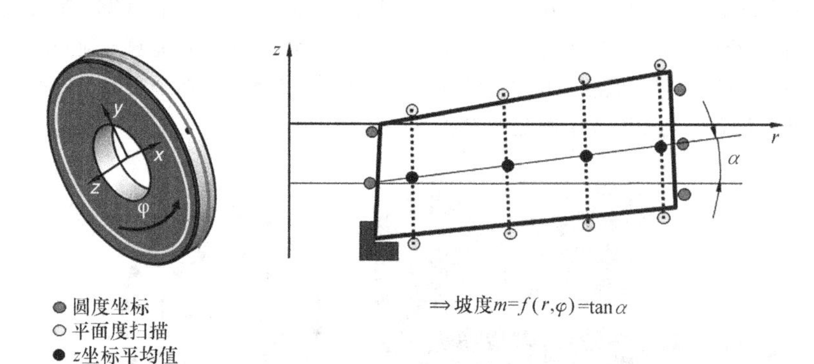

图 4-107 研究圆盘的测量位置以及碟形畸变坡度测量方法的图示

（4）如何分析圆盘畸变　圆盘的一种典型畸变是在顶面和底面形成碟形，这是由最终热处理带来的（参见本章 4.1 节），这种畸变现象可以通过计算圆盘的坡度（m）来描述。为了排除由渗碳带来的在圆盘边缘上典型的、对称影响，可以针对在上表面和下表面上的至少 4 个测量点计算 z 坐标的平均值。针对圆周方向上的不同角度（φ），采用在 $r-z$ 平面内的最小二乘分析计算出坡度（m）。

采用傅立叶分析，由各自的形状可以分离出圆度偏差，例如呈椭圆形和呈三角形。这个方法在本章 4.1 节有详细描述。如果沿圆周路径采用这种方法，傅立叶分析还可以用于测量其他维度。对于平面度扫描和圆盘产生碟形畸变的坡度测量，满足采用傅立叶分析的条件。

（5）如何区分统计分散性和真实影响　为了识别影响畸变行为的显著因素和相互作用，DOE 方案的结果可以用 t 测试（t－test）来评估。可以定义 95%、99% 和 99.9% 三个置信区间，对应的误差类型 I 的概率分别为：$\alpha_1 = 0.05$，$\alpha_2 = 0.01$，$\alpha_3 = 0.001$。采用带置信区间比较各因素的影响，这些影响可以分为 4 个显著水平：不显著（a）、不确定（b）、显著（c）和非常显著（d）。

为了进一步解释测量结果，区别显著度和相关性是重要的。如果非常仔细地执行了一个 DOE 方案，对于在 100mm（4in）范围内的尺寸影响可能在 0.05μm（2μin）范围内，影响很显著，但是这些影响在实际上没有相关性，并且在后续的考虑中被忽略。

3. 检测评估

本部分是包括关于尺寸变化和形状变化的讨论。

（1）尺寸变化，第 1 部分：铸造、成形和机加工　由渗碳淬火所释放的累积畸变势导致了圆盘的典型尺寸变化（表 4-10）。完整 DOE 方案的平均值如图 4-108a 所示。在轴向，尺寸变化引起了平均 1.71‰的高度增加（26μm 或 1mils）。内半径和外半径减小。最终热处理后的平均内半径比切削后的平均内半径小了 1.46‰（－33μm 或－1.3mils），同时平均外半径减小了大约 0.5‰（－30μm 或－1.2mils）。平均体积变化是 1.02‰。

表 4-10　各因素的显著水平和影响以及圆盘相对尺寸变化之间的相互作用

因素和相互作用（见表 4-8 中的定义）	A	B		C				D							E
			AB		AC	BC	DE		AD	BD	CE	CD	BE	AE	
			CDE		BDE	ADE	ABC		BCE	ACE	ABD	ABE	ACD	BCD	
高度变化，ΔH															
平均变化：1.71‰；影响的标准偏差：0.01‰															
影响,‰	-0.47	-0.06	0.06	-0.03	0.00	-0.01	0.04	-0.03	001	0.04	0.02	0.02	-0.01	0.00	0.01
显著水平	(d)	(d)	(d)	(a)	(a)	(a)	(c)	(a)	(a)	(b)	(a)	(a)	(a)	(a)	(a)
内半径变化，$\Delta R_i^{(0)}$															
平均变化：-1.46‰；影响的标准偏差：0.01‰															
影响,‰	0.13	0.01	-0.01	0.29	-0.01	0.03	-0.01	-0.06	0.01	0.00	-0.03	0.02	-0.01	0.01	0.00
显著水平	(d)	(a)	(a)	(d)	(a)	(b)	(a)	(d)	(a)	(a)	(c)	(a)	(a)	(a)	(a)
外半径变化，$\Delta R_o^{(0)}$															
平均变化：0.49‰；影响的标准偏差：0.01‰															
影响,‰	-0.19	-0.02	0.00	0.11	-0.01	0.00	0.00	0.00	0.00	0.00	-0.01	0.00	-0.01	0.00	0.01
显著水平	(d)	(d)	(a)	(d)	(a)	(a)	(a)	(a)	(a)	(a)	(a)	(a)	(a)	(a)	(a)

注：(a) 表示不显著，(b) 表示不确定，(c) 表示显著，(d) 表示非常显著。

所谓的参数变动的影响定义为，一个参数在正水平上的全部测量值的平均值与其在负水平上的平均值的差值。图 4-108b 显示了淬透性参数导致试样最大尺寸变化的情形。虚线代表平均尺寸变化，如图 4-108a 所示。对于两个水平的淬透性，点线标示了结果。

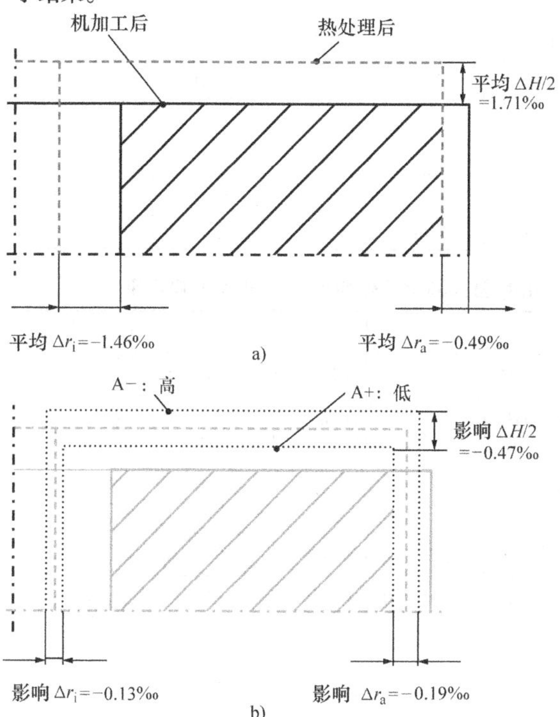

图 4-108　圆盘剖面尺寸变化示意图
a) 第 1 部分检验中的平均尺寸变化　b) 淬透性 (A) 的影响

锻造温度对于高度和外半径的变化有非常显著的影响。但是，这些影响相对比较小，因此不相关。对于淬透性 (A) 和锻造温度 (B) 的相互作用，情况相同。预热处理对内半径和外半径的变化有非常显著的影响。切削策略和进给率，以及其他相互作用，没有非常显著的影响或没有相关的影响（表4-10）。

(2) 尺寸变化，第 2 部分：加热、渗碳和淬火　在第 2 部分检验中圆盘尺寸变化的平均趋势与第 1 部分检验的相同，对比图 4-108a 和图 4-109a 可以看到。由于在这两部分检验中使用了不同的热处理设备，平均值有差别。

体积流量 (B)、淬火温度 (C) 和渗碳深度 (D) 这几个变量影响尺寸大小的变化（表 4-11）。可以确定，渗碳深度这个变量产生的影响最大（图 4-109b）。

(3) 形状变化，第 1 部分：铸造、成形和机加工　作为被分析圆盘的相关形状变化，检测出平均值为 4.1μm 的外表面椭圆度（$R_o^{(2)}$）和平均值为 -0.11μm/mm 的碟形畸变坡度（$m^{(0)}$）（表 4-12）。

DOE 的结果显示出若干非常显著和显著的主要影响及其相互作用。在外表面上这些主要影响和相互作用的数值非常小（约为 1.0μm 或 0.04mils），与内表面上主要影响和相互作用的数值也相当。主要的椭圆度变化实际上是由于在热处理过程中把圆盘悬挂起来造成的。源自圆盘质量（1.2kg 或 2.6lb）的蠕变造成了平行于重力方向的伸长。

碟形畸变坡度的变化主要受到切削策略 (D) 的影响，如图 4-110 所示。对于切削策略 4/3，碟形畸变坡度的平均变化为 -0.4μm/mm，对于切削策略 1/6，平均变化增加到 0.19μm/mm。

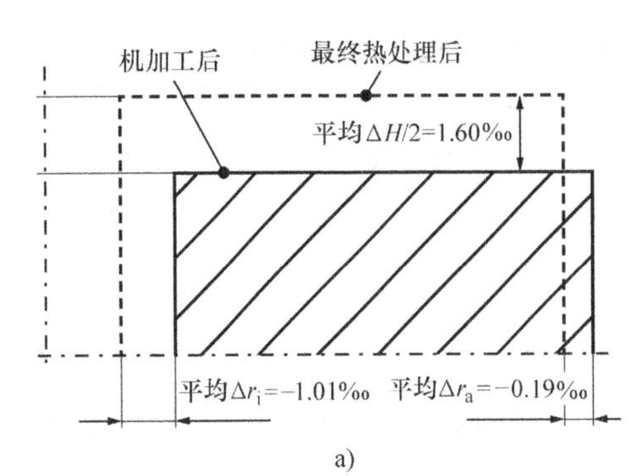

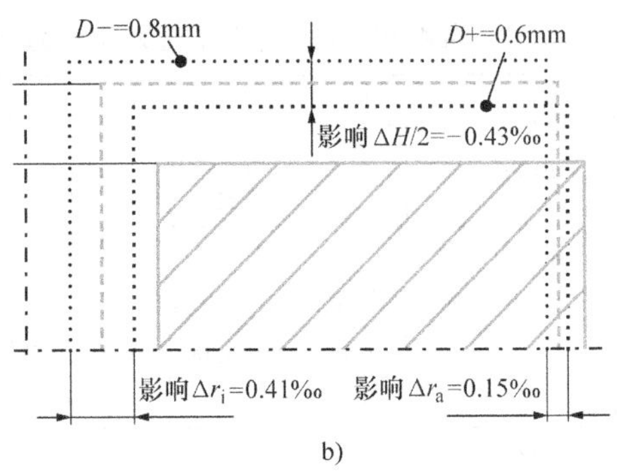

图4-109 圆盘剖面尺寸变化示意图

a）第2部分检验中的平均尺寸变化 b）渗碳深度（D）的影响

表4-11 最终热处理（加热、渗碳和淬火）引起的尺寸变化中各因素和相互作用的影响

因素和相互作用（见表4-9中的定义）	A	B	D	C	E		
	BD	AD	AB		AC	BC	CD
	CD					DE	BE
		CDE	BCE	BDE	BCD	ACD	ABC
						ABE	ADE
高度变化，ΔH 平均变化：1.60‰；影响的标准偏差：0.05‰							
影响，‰	0.03	0.18	−0.43	0.03	−0.07	−0.01	−0.06
显著水平	(a)	(c)	(d)	(a)	(a)	(a)	(a)
内半径的影响，Δ$R_i^{(0)}$ 平均变化：−1.01‰；影响的标准偏差：0.03‰							
影响，‰	−0.01	0.08	0.41	0.24	0.04	−0.03	−0.05
显著水平	(a)	(c)	(d)	(d)	(a)	(a)	(a)
外半径的影响，Δ$R_o^{(0)}$ 平均变化：−0.19‰；影响的标准偏差：0.01‰							
影响，‰	−0.01	0.08	0.15	0.18	0.00	−0.02	−0.00
显著水平	(a)	(d)	(d)	(d)	(a)	(a)	(a)

表4-12 圆盘的椭圆度变化和碟形畸变坡度变化的因素和相互作用的影响及其影响水平

因素和相互作用（见表4-8中的定义）	A	B		C				D							E
			AB		AC	BC	DE		AD	BD	CE	CD	BE	AE	
			CDE		BDE	ADE	ABC		BCE	ACE	ABD	ABE	ACD	BCD	
外表面椭圆度幅度的变化，Δ$R_o^{(2)}$ 平均变化：4.1μm；影响的标准偏差：0.3μm															
影响，μm	−1.0	−1.0	1.0	−0.9	0.2	0.4	0.5	−0.7	0.4	0.9	−0.5	−0.1	0.5	0.2	−0.1
显著水平	(d)	(d)	(d)	(c)	(a)	(a)	(a)	(b)	(a)	(c)	(a)	(a)	(a)	(a)	(a)
碟形畸变坡度的变化，Δ$m^{(0)}$ 平均变化：−0.11μm/mm；影响的标准偏差：0.01μm/mm															
影响，μm/mm	0.03	−0.06	−0.04	0.00	−0.08	−0.02	0.03	0.59	−0.12	−0.02	0.06	0.00	−0.05	0.04	0.01
显著水平	(a)	(a)	(a)	(a)	(b)	(a)	(a)	(d)	(c)	(a)	(a)	(a)	(a)	(a)	(a)

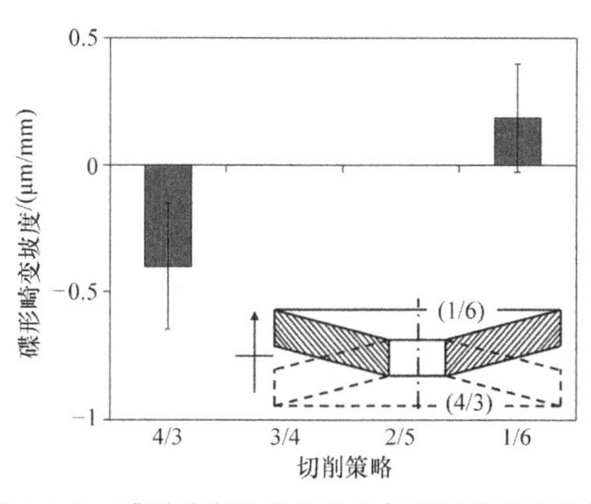

图 4-110 碟形畸变坡度的变化与切削策略的关联

（4）形状变化，第 2 部分：加热、渗碳和淬火

在第 2 部分研究中，最重要的形状变化是外表面圆度图（$R_o^{(2)}$，椭圆度）的二次谐波、碟形畸变坡度（$m^{(0)}$）及其二次谐波（$m^{(2)}$）（表 4-13）。

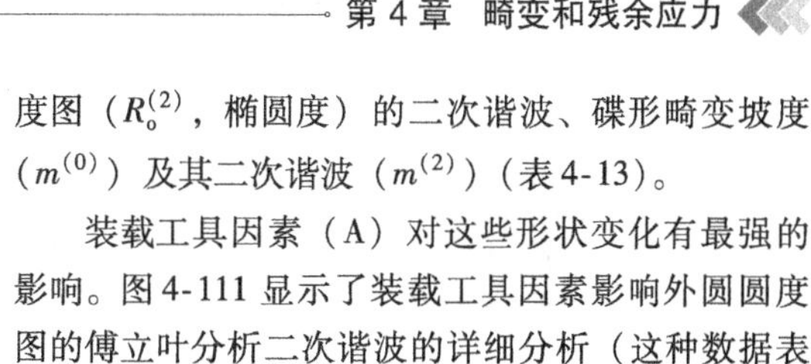

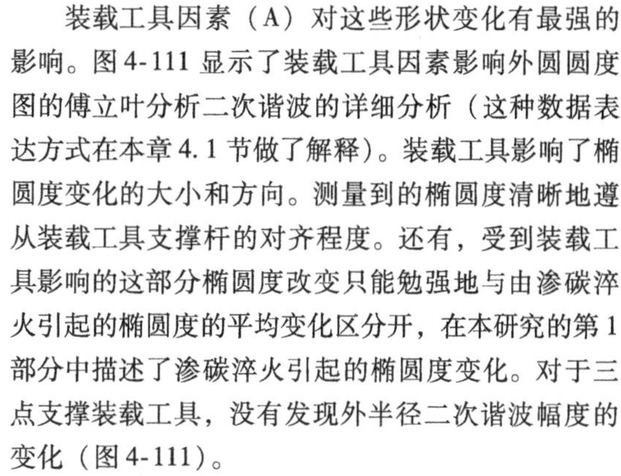

装载工具因素（A）对这些形状变化有最强的影响。图 4-111 显示了装载工具因素影响外圆圆度图的傅立叶分析二次谐波的详细分析（这种数据表达方式在本章 4.1 节做了解释）。装载工具影响了椭圆度变化的大小和方向。测量到的椭圆度清晰地遵从装载工具支撑杆的对齐程度。还有，受到装载工具影响的这部分椭圆度改变只能勉强地与由渗碳淬火引起的椭圆度的平均变化区分开，在本研究的第 1 部分中描述了渗碳淬火引起的椭圆度变化。对于三点支撑装载工具，没有发现外半径二次谐波幅度的变化（图 4-111）。

表 4-13 最终热处理（加热、渗碳和淬火）引起的形状变化中各因素和相互作用的影响

因素和相互作用（见表 4-9 中的定义）	A	B	D	C	E		
	BD	AD	AB		AC	BC	CD
	CE					DE	BE
		CDE	BCE	BDE	BCD	ACD	ABC
						ABE	ADE
高度变化，$\Delta R_o^{(2)}$							
平均变化：3.1μm；影响的标准偏差：0.2μm							
影响，μm	−3.9	0.2	−0.2	0.0	0.2	−0.4	0.4
显著水平	(d)	(a)	(a)	(a)	(a)	(b)	(b)
碟形畸变坡度的变化，$\Delta m^{(0)}$							
平均变化：0.45μm/mm；影响的标准偏差：0.04μm/mm							
影响，μm/mm	−0.30	0.02	−0.07	−0.05	0.05	−0.04	−0.01
显著水平	(d)	(a)	(a)	(a)	(a)	(a)	(a)
第 2 阶碟形畸变坡度的变化，$\Delta m^{(2)}$							
平均变化：0.09μm/mm；影响的标准偏差：0.01μm/mm							
影响，μm/mm	−0.13	0.05	−0.05	−0.01	0.00	0.00	−0.01
显著水平	(d)	(d)	(d)	(a)	(a)	(a)	(a)

对于碟形畸变坡度的变化，也发现了类似的结果。装载工具（A）是影响平均碟形翘曲坡度的唯一因素。考虑到碟形畸变坡度的二次谐波，情况就更加复杂了（图 4-112）。如图 4-112 所示，表面变形可以被理解为鞍形。在复平面中可以发现两个优先的畸变方向。鞍形方向与装载工具排列方向之间的微小角度偏移可以解释为由装载工具自身的畸变引起。同样，对于三点支撑装载工具没有发现其对碟形畸变坡度的影响。

4.4.2 畸变机理的识别

表 4-14 总结了 4.4.1 节中的结果，并且显示了畸变势载体、参数和变量，以及与有关尺寸大小和体积变化的结果之间的关系，其中只选择了显著和非常显著的结果。铸造、成形和机加工的参数用下标数字 1 表示，第 2 部分研究中的参数用下标数字 2 表示。由于与工程实践无关，相当小的结果（1 ~ 2μm，或 0.04 ~0.08mil）被加上了括号。在后文中，将讨论不同载体对畸变形成的影响和相应机理。无论如何，应首先分析体积与尺寸变化之间的关系。

1. 体积与尺寸变化

如表 4-14 所示，对于本项分析的不同参数，高度、孔半径、外半径这三个尺寸的变化之间存在完全不同的关系。如果比较渗碳深度的数据与淬透性的数据，可以发现非常相似的变化，但是发现了完全不同的内半径和外半径的变化。因此，出现了问题：增加的体积是如何被分配到高度、孔半径和外半径这三个尺寸上的？

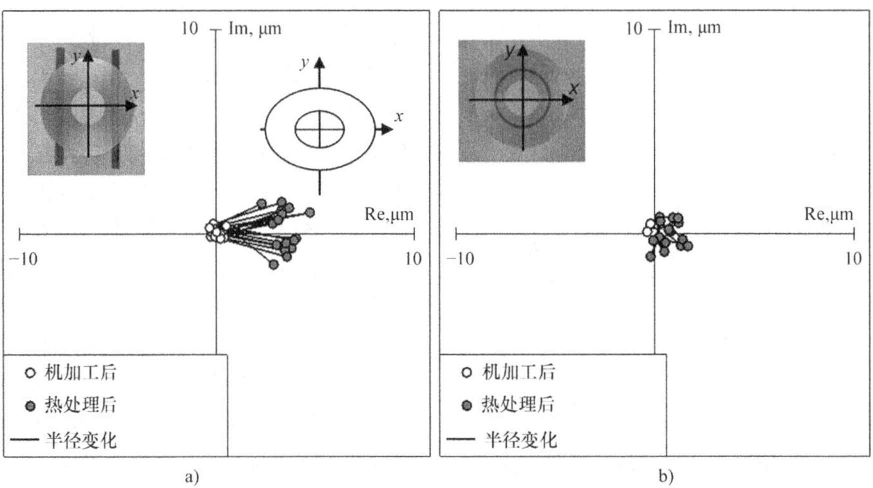

图 4-111　由装载工具引起的外半径的二次谐波幅度的变化
a）两直杆支撑型　b）三点支撑型

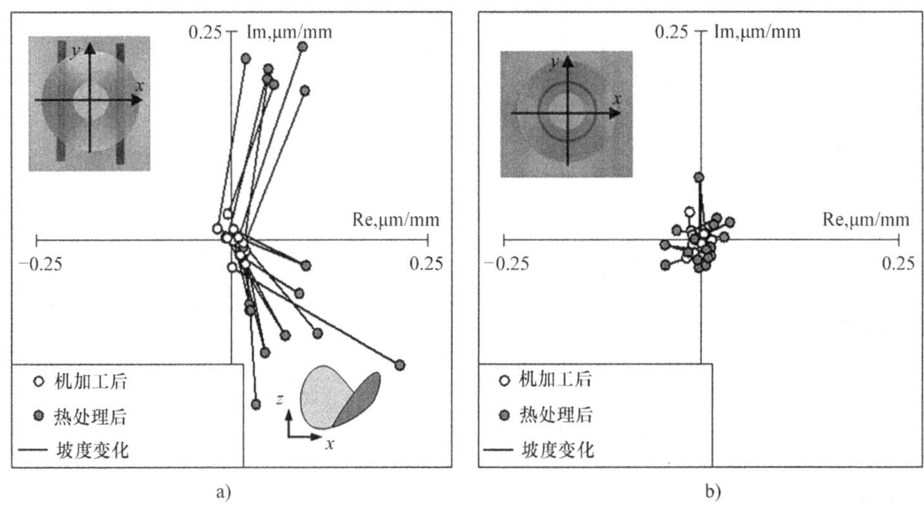

图 4-112　由装载工具引起的碟形畸变坡度的二次谐波幅度的变化
a）两直杆支撑型　b）三点支撑型

表 4-14　畸变势载体与所研究参数对形状和尺寸变化的显著和非常显著影响因素之间的关系

畸变载体	参数和变量	尺寸变化			体积变化	形状变化		
		ΔH（‰）	$\Delta R_i^{(0)}$（‰）	$\Delta R_o^{(0)}$（‰）	ΔV（‰）	$\Delta R_o^{(2)}$/μm	$\Delta m^{(0)}$/(μm/mm)	$\Delta m^{(2)}$/(μm/mm)
合金元素和显微组织的分布	D：渗碳深度①	−0.43	0.41	0.15	−0.23	—	—	(−0.05)
	A：淬透性②	−0.47	0.13	−0.19	−0.96	(−1.0)	—	—
	C：预备热处理②	—	0.29	0.11	0.14	(−0.9)	—	—
	E：钢棒①	—	—	—	—	—	—	—
残余应力的分布和加工流程	D：切削策略②	—	(−0.06)	—	—	—	0.59	—
	E：进给率②	—	—	—	—	—	—	—
	A：加载工具①	—	—	—	—	−3.9	−0.3	−0.13
温度的分布	B：锻造温度②	(−0.06)	—	(−0.02)	—	(−1.0)	—	—
	B：冷却速度①	0.18	(0.08)	0.08	0.33	—	—	(0.05)
	C：淬火温度①	—	0.24	0.18	0.37	—	—	—

注：括号内的数值太小，与工业实践无关。体积的变化是利用尺寸变化计算而得的。
① 由表 4-9 定义的因素。
② 由表 4-8 定义的因素。

一般来说，渗碳淬火圆盘的体积变化可以按以下公式计算：

$$\frac{\Delta V}{V}=\frac{\Delta H}{H}+\frac{2(R_o\Delta R_o-R_i\Delta R_i)}{R_o^2-R_i^2} \tag{4-33}$$

式中，V是体积；H是高度；R_o是外半径；R_i是内半径。

在使用式（4-33）时，需要注意，尺寸变化通常取决于位置。这一点在图4-13中有说明。因此，必须用平均尺寸变化来估算体积变化。

如果使用按照下式计算的平均半径（$\bar{R}$）和壁厚（W）代替内半径和外半径：

$$\bar{R}=\frac{R_o+R_i}{2};\quad W=R_o-R_i \tag{4-34}$$

则式（4-33）变为

$$\frac{\Delta V}{V}=\frac{\Delta H}{H}+\frac{\Delta\bar{R}}{\bar{R}}+\frac{\Delta W}{W} \tag{4-35}$$

这是已知的体积变化与尺寸变化之间的唯一关系。三维尺寸变化的数值依赖于很多参数。因此，一般来说，只有热处理数值模拟才能预测这些数据。

下面讨论一些简化的案例。

（1）无相变淬火　在本章4.1节，给出了计算出的没有相变的圆柱体、圆盘和圆环的尺寸变化。在这种情况下，体积变化为零，下列公式是有效的。

圆柱体：
$$0=\frac{\Delta L}{L}+2\frac{\Delta R}{R} \tag{4-36}$$

圆环：
$$0=\frac{\Delta H}{H}+\frac{\Delta R}{R}+\frac{\Delta W}{W} \tag{4-37}$$

式中，L是圆柱的长度。

对于圆柱体，无相变情况下给出了两个维度的尺寸变化之间的简单比例，即长度和半径：

$$\frac{\Delta L}{L}:\frac{\Delta R}{R}=-2 \tag{4-38}$$

这个关系独立于其他参数。无论如何，如果一个物体必须由三个或更多的尺寸来描述，缺少体积变化与不同尺寸的关系的知识，只能写出类似于式（4-37）的公式。

（2）整体淬火　如果分析一个仅生成马氏体的淬火过程，那么体积变化是常数，并且与冷却条件无关。圆柱体的尺寸变化满足：

$$\left(\frac{\Delta L}{L}-\frac{\Delta V}{V}\right):\frac{\Delta R}{R}=-2 \tag{4-39}$$

图4-113显示了模拟结果与Biot数的关系，Biot数（B_i）的定义如下：

$$Bi_a=\frac{\alpha}{\lambda_a}\frac{V}{O} \tag{4-40}$$

式中，α是换热系数；λ_a是奥氏体相的热导率；O是表面积。

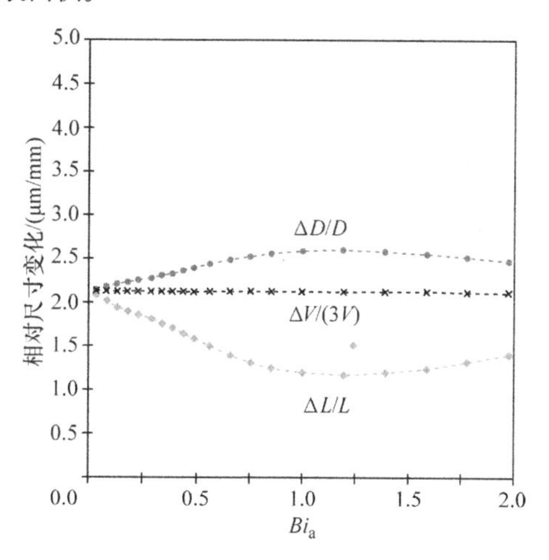

图4-113　SAE 52100钢整体淬火后圆柱体的直径和长度变化

由图4-113可以看到，半径与长度变化之间的比例不是常数。如同在本章4.1节中所讨论的，最终尺寸取决于热应力与相变应力的相互作用。因此，按照式（4-39），Biot数变化与马氏体生成结合在一起导致了不同的比例。

（3）发生扩散型相变的淬火过程　对于这些条件，没有与图4-113类似的系统的数值模拟。尽管如此，由于热应力与相变应力之间的相互作用，在这些更复杂的实例中产生了尺寸变化。因此，存在相似的曲线。主要区别是，体积变化不但不再是常数，而且还依赖于冷却条件。采用傅里叶数（Fo），对于圆盘的非整体淬火，式（4-35）可以改写成：

$$\frac{\Delta V}{V}(Bi,Fo)=\frac{\Delta H}{H}+\frac{\Delta\bar{R}}{\bar{R}}+\frac{\Delta W}{W} \tag{4-41}$$

$$Fo=\frac{a}{R^2}t \tag{4-42}$$

式中，a是热扩散系数；t是时间。

对渗碳淬火，碳浓度分布$C(\vec{r})$也会影响体积变化。因此，必须考虑增加的碳浓度对体积的影响：

$$\frac{\Delta V}{V}(Bi,Fo,C(\vec{r}))=\frac{\Delta H}{H}+\frac{\Delta\bar{R}}{\bar{R}}+\frac{\Delta W}{W} \tag{4-43}$$

2. 合金元素与微观组织分布载体的影响

在多数情况下，在畸变产生的过程中，合金元素与微观组织分布以耦合的方式起作用。因此，一起讨论这两个载体。如表4-14所示，所分析的、作用于这些载体的参数对尺寸变化有主要影响，只有切削策略与此不同并且造成碟形畸变，这将在后续章节中分析相应的机理。

(1) 渗碳深度　表4-14显示了渗碳深度从0.8mm (0.031in) 减少到0.6mm (0.023in) 导致了-0.23‰的体积变化。导致这一结果主要有以下三个原因:

1) 在表层中增加的碳引起了依赖于局部碳含量增加的局部比体积增加（图4-114）。因此，零件的体积也必然增加。

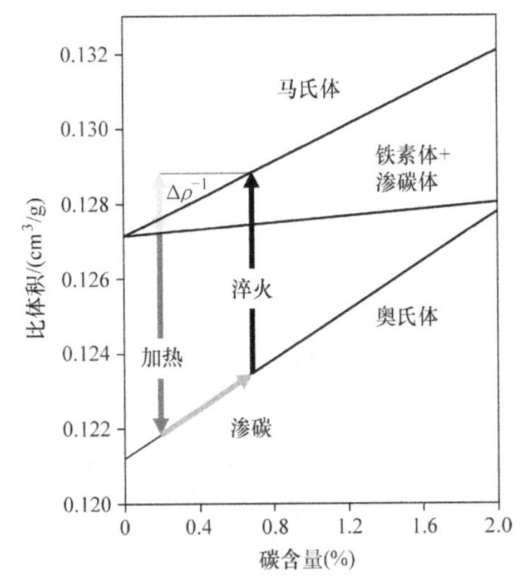

图4-114　表面硬化引起的局部比体积的变化

2) 增加的碳含量使得局部的连续冷却转变(CCT) 图移动到更迟后的转变时间，并降低了局部马氏体相变开始温度。因此，在表层中增加的马氏体的形成依赖于给定的冷却条件，这个效果也会增加局部的比体积。

3) 由于增加的碳含量引起的局部马氏体相变开始温度的降低可以导致残留奥氏体增加，这个效果减少了由于两个其他的机理所产生的体积增加。

评估渗碳深度变化的效果必须考虑这三种效果。为了获得渗碳深度的增加，增加的碳必须被嵌入零件中（图4-115）。由于渗碳区域中所有相的碳含量增加，因此局部的比体积将会增加。

改变后的微观组织的影响也可以被计算出来。无论如何，为了做到这一点，必须知道两种条件下的微观组织分布，这取决于增加的马氏体和增加的残留奥氏体的含量，由于碳增加所引起的比体积增加的效果或大或小。要估算体积变化，可以使用Lement或Thelning给出的数据。但是，必须知道微观组织的完整分布，在参考文献［22，23］中所给出的公式要在试样/零件的体积上进行积分，在热处理数值模拟过程中完成这种积分。这个方法的基础在本章4.5节给出。

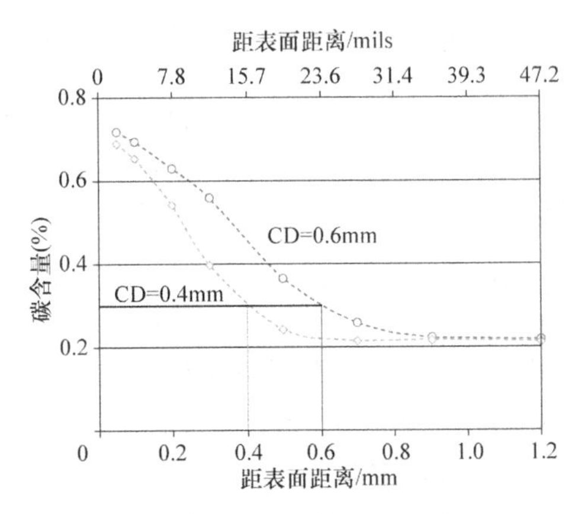

图4-115　渗碳层厚度为0.4mm和0.6mm情况下的碳浓度分布

(2) 淬透性　在层次1的研究中，淬透性降低导致-0.96‰的体积变化。这是所有研究参数所产生的最大影响。产生这一结果的原因主要是，CCT图被改变了，还有合金元素增加对空间的需求。

更大的淬透性意味着CCT图被向右移动到更晚的时间。如果一个SAE 5120钢的渗碳淬火零件在心部包含铁素体和珠光体，提高淬透性会在心部形成贝氏体而不是铁素体和珠光体。此外，在表层下面的贝氏体含量会由于马氏体含量的增加而减少。与心部的铁素体和珠光体相比，贝氏体的比体积更大，导致体积增加（图4-116）。在渗碳淬火层下面，由于马氏体的比体积大于贝氏体的比体积，马氏体含量增加导致同样结果。因为这种机制几乎在所有体积中都起作用，只有在表层可以忽略这一效果，这个机制很有效，解释了为什么可以观测到大的体积增加。然而，如果一个零件的微观组织是100%的马氏体，使用具有更高淬透性的合金钢坯料只会产生小的效果，这个效果取决于合金元素变化所引起的比体积变化。

参考文献［24］给出了Mallener所做的系统性研究结果，他研究了淬透性对齿轮内孔直径的影响。总共测量了100件SAE 5120 (20MnCr5) 钢坯料的淬透性及所产生的齿轮内孔直径的变化，用J10处的端淬硬度表征淬透性。图4-117表明，提高淬透性后，倾向于减小内孔直径。然而，测量数据的分散性很大。这意味着不是仅有相变行为影响内孔尺寸变化。由于化学成分引起的其他参数变化也产生影响，例如热导率、热应变或屈服强度。

(3) 预备热处理　预备热处理把微观组织从调质状态改变为铁素体-珠光体组织，这导致0.14‰的体积增加。这两种初始组织比体积的差异可以解释这一现象。与铁素体-珠光体组织相比，调质组

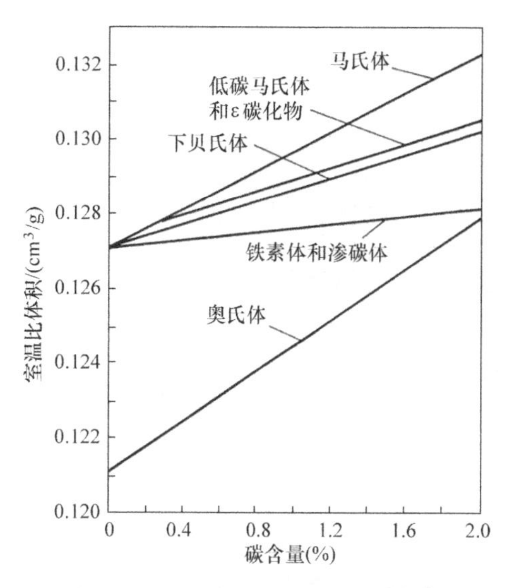

图 4-116　不同微观组织的比体积

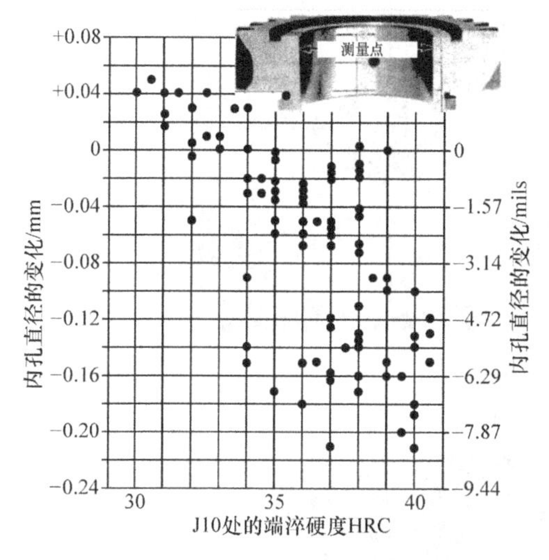

图 4-117　淬透性对内孔直径的影响

织的比体积更接近马氏体状态（图 4-117）。这说明，对于调质状态，最终微观组织与初始微观组织之间的差异更小。因此，把初始微观组织改成铁素体 - 珠光体组织导致了体积增加。如果材料退火工艺在没有可控制、可重复状态下进行，这个机理可以导致尺寸变化。

（4）圆钢棒　在给定的条件下，使用来自同一铸坯的不同圆钢棒，在尺寸和形状方面没有区别。但是，这个结果不是自然的。对热处理后的圆棒进行深入的畸变分析，发现了圆棒的畸变与在其横截面上可以观察到的矩形组织之间存在关联，如图 4-118所示。采用电子探针 X 射线微区分析（EP-MA）测量到，矩形组织与元素分布有关。宏观金相组织显示了由宏观 - 微观偏析所引起的不均匀元素分布，这种成分偏析受到凝固条件的显著影响。由弓形连铸机生产的铸坯，在轧机的最初两个轧辊机架上进行往复热轧，初始温度大约为 1250℃（2280℉）。然后，在 H - V 机架上成形轧制成圆棒（图 4-119c），接着在有感应加热装置的三辊减径模块上轧制成直径为 25mm（1in）的圆棒。在钢棒热轧不同阶段的 Baumann 侵蚀和宏观侵蚀表明，这些微观组织可以在轧制过程中改变，但是微观组织源自铸造过程。在由具有不均匀元素分布钢棒制成的锻造圆盘中，也发现了这些偏析类型。直径 73mm（2.8in）的热轧渗碳淬火钢棒的横截面宏观照片显示了（图 4-120a）亮的和暗的带圆角矩形，把这些材料锻造成直径为 125mm（4.9in）圆盘后，在圆盘上仍然能识别出这些带圆角矩形。为了分析沿圆盘高度方向和圆周方向元素分布的均匀性，取样方法如图 4-120b 所示。图 4-121a 揭示了一种很明显的线状组织，伴随有亮带和暗带的不对称变形。在圆周方向上也存在某种均匀性的改变（图 4-121b）。

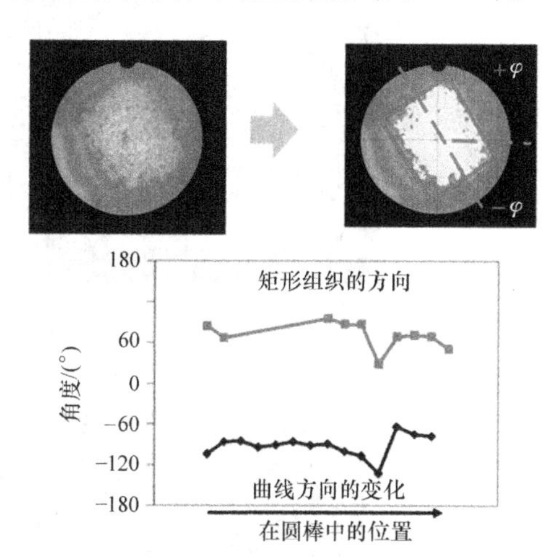

图 4-118　在 20MnCr5 轴（直径为 20mm 或 0.8in）横截面上观察到的矩形组织的方向与由于整体淬火引起的曲线方向的角度变化之间的关系

为了理解热轧制圆棒材料中这种灰暗的和明亮的偏析形态是如何发展的、为什么甚至在镦粗最剧烈的圆棒截面上可以发现矩形组织以及如何影响这些组织的形状，用有限元方法建立了整个轧机的轧制架的模型（图 4-122）。用变形后的材料流动网格、轧制过程中不同阶段的圆棒横截面上的对数应变分布给出分析结果（图 4-123）。图 4-123a 显示了初始状态的流动网格（不是有限单元网格）和流动网格在铸坯横截面上的规则形状。图 4-123a ~ f 显示了钢棒横截面形状的变化和对数应变分布的变化，这些变化是按照图 4-122 中所建的轧机机架模型计算出来的。把方形连铸坯从 265mm×265mm（10.4in×10.4in）的截面积轧制成直径 73mm（2.8in）的圆棒，总的截面压缩比率是 16.8。

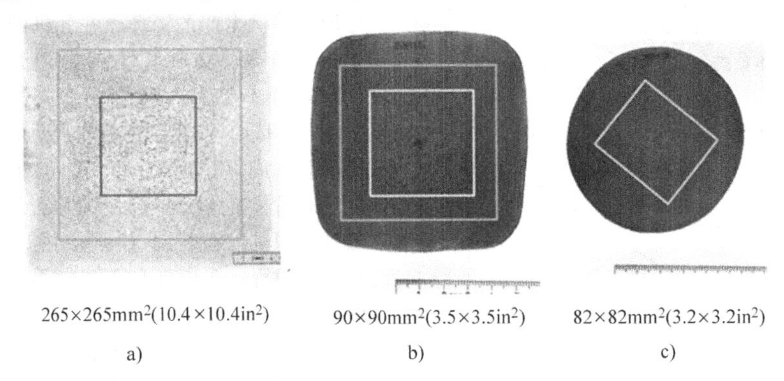

图 4-119 Baumman 侵蚀前和在钢棒热轧过程的不同阶段的宏观金相
a）方坯连铸 b）两台轧机架轧后 c）圆轧机架轧后

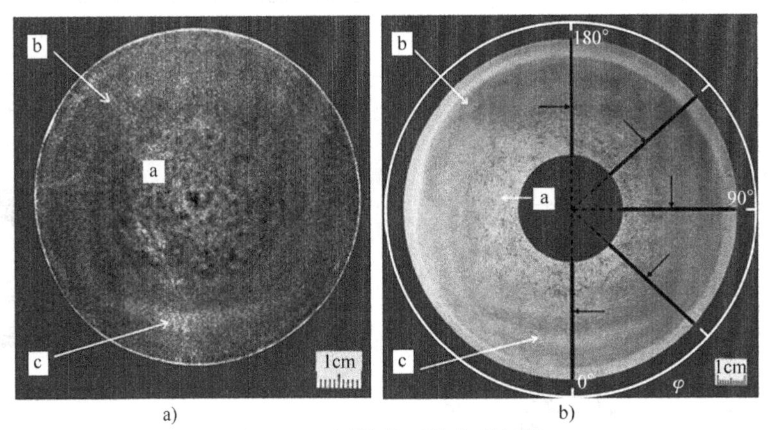

图 4-120 圆棒截面的宏观组织
a）在轧制圆盘的表面 b）试样

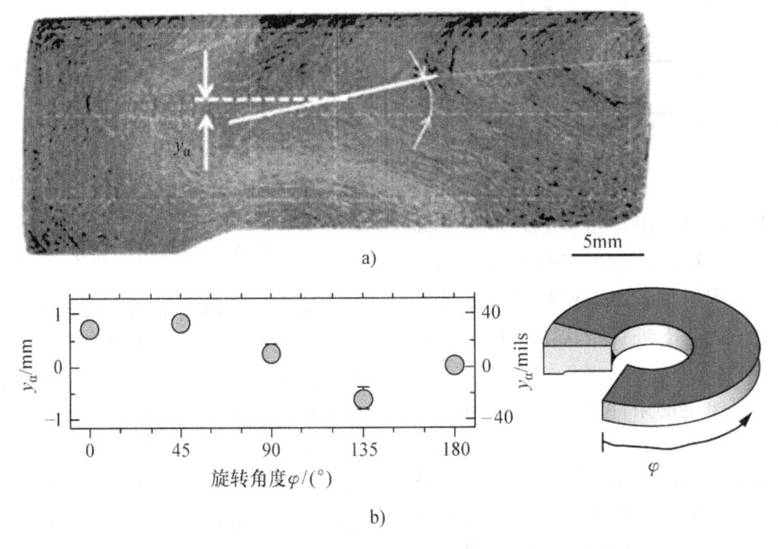

图 4-121 齿轮坯料的纤维流动模式特征
a）与距离 y_α 的关系 b）与旋转角度的关系

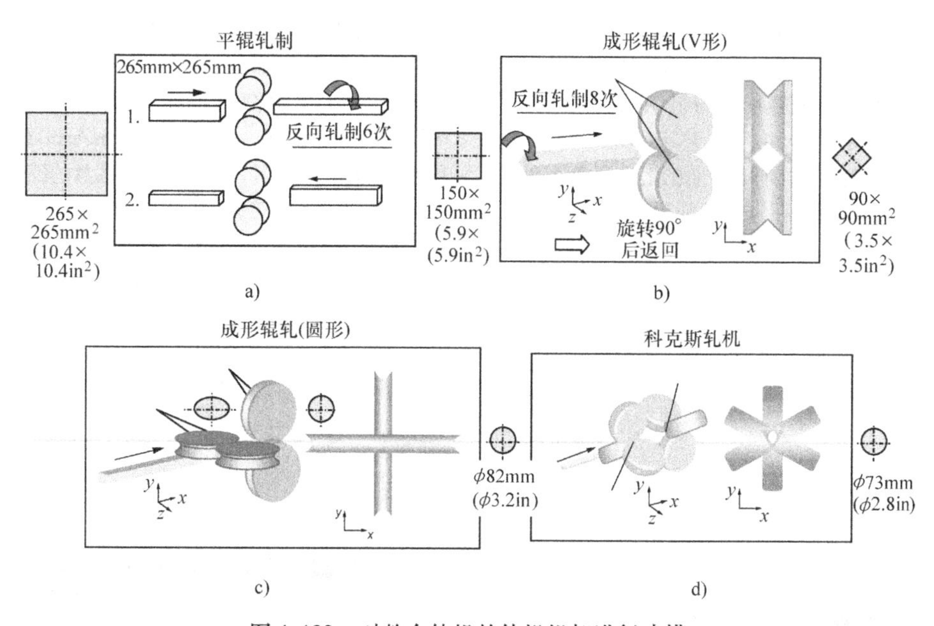

图 4-122 对整个轧机的轧机机架进行建模

a）平辊轧制 b）成形辊轧（V 形） c）成形辊轧（圆形） d）科克斯轧机

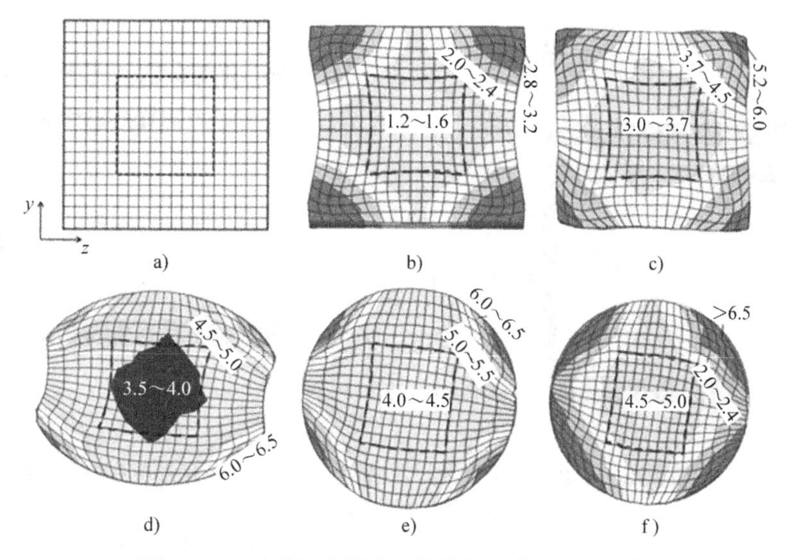

图 4-123 连铸坯中横截面的材料流动和应变分布

a）方坯连铸，随后进行采用一定的方法进行热轧 b）初轧机 c）V 形轧机机架 d）、e）圆形轧机机架 f）校准辊架

如图 4-123 所示，在水平机架和 V 形机架上每道次轧制后转动 90°进行的往复轧制导致了对称的应变分布，相对于横截面的中心，每个 1/4 区域具有几乎相同的应变分布。通过使方形棒的边缘向水平中心线产生变形，圆形轧机机架的第一对轧辊减弱了这种对称性。第二对轧辊（垂直方向）把棒材的外形变成圆形，恢复之前所具有的高度应变分布对称性，但是不能补偿由第一对轧辊造成的更强的材料流动。因此，具有两对轧辊的圆形轧机机架在与水平方向相对应的垂直方向上造成了可以观察到的不对称。为了给具有六边形孔的科克斯（Kocks）轧机准备坯料，圆形轧制是必须的。不管怎样，科克斯轧机增加了棒材的总体应变，但是在轧制结束前不改变应变分布对称性（图 4-123d ~ f）。结果进一步表明，在心部流动网格的形状没有发生很大的变化，尽管横截面面积被减少到了铸坯横截面面积的大约 6%。根据反向分析，按照图 4-118 和图 4-119 显示的宏观照片中发现的形状和大小引入了划线的

长方形。根据流动网格的变形得到了一个理想的方形组织，其边平行于铸坯表面，这又支持了图4-119所示的试验结果，即横截面上的组织源自于连续铸造过程中的凝固条件。

(5) 切削策略　切削策略的变化对圆盘零件的碟形畸变有很大影响。在采用切削策略1的情况下，分别从上表面和下表面去除厚度为1mm（0.04in）和6mm（0.24in）的材料层（图4-104）。在采用切削策略2的情况下，从上表面去除的材料层的厚度是4mm（0.16in），从下表面去除的材料层的厚度是3mm（0.12in）。碟形畸变效果用在圆盘上测量到的径向平均坡度来表示，如图4-107所示。如图4-110所示，把所采用的切削策略从策略1变为策略2，使得批量为128的圆盘的平均碟形畸变坡度从+0.19mm/mm（凹面）变成-0.40mm/mm（凸面）。在图4-124的中心位置，显示了所有圆盘的碟形畸变坡度相对于切削策略的变化，即在上表面和下表面去除材料。对于这两种切削策略，给出了具有最大和最小碟形畸变坡度变化的圆盘的宏观照片。图中显示，在两组碟形畸变坡度变化范围内位于最高和最低两端的圆盘具有相似的材料流动特征——只是垂直移动，这是采用不同材料去除策略的一种结果。

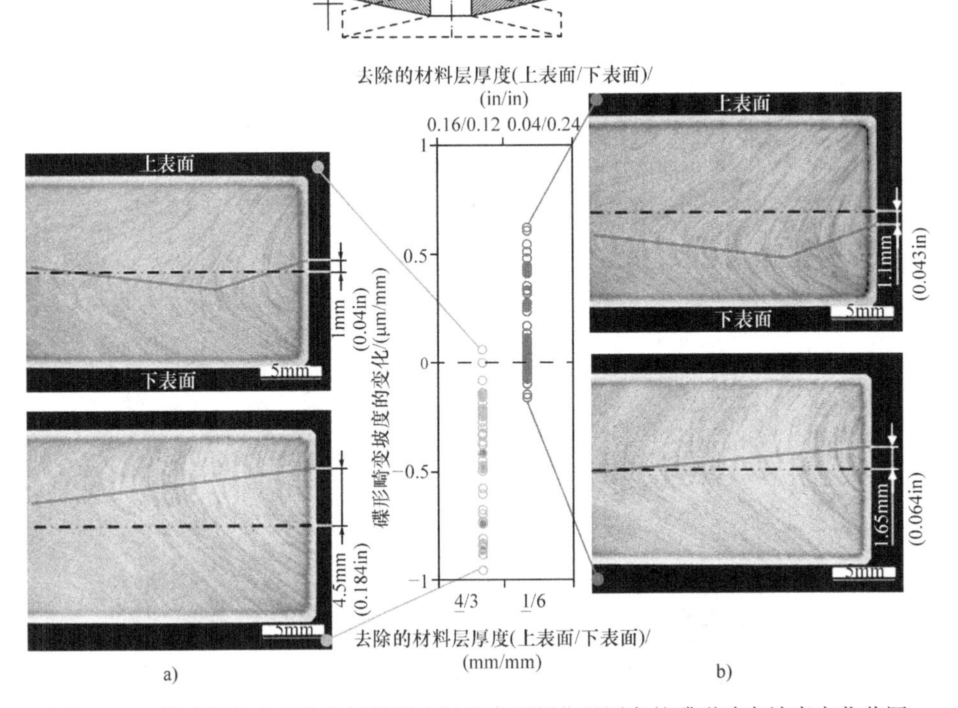

图4-124　锻造圆盘中心孔的显微照片以及表面硬化后圆盘的碟形畸变坡度变化范围（采用两种不同的材料去除分配方法）

a）上表面4mm，下表面3mm　b）上表面1mm，下表面6mm

假设在平行于轴的平面上和锻造圆盘的横截面上的典型材料流动是与圆盘碟形畸变方向和强度相关，如图4-124所示，所谓的材料主流线被引入，该流线与带状组织中的铁素体（亮的部分）和珠光体（暗的部分）线在弯曲程度最大的点相交（图4-124）。在图4-124中，通过画出相对于材料主流线与宏观照片中心垂直距离的圆盘坡度变化，得到了图4-125。平均起来，从所分析的渗碳淬火圆盘中随机选出的子集显示了碟形畸变坡度变化与材料流动之间的线性相关性，与切削策略无关。无论如何，所采用的切削策略将会造成沿直线的趋势线的移动。图4-125说明，如果在圆盘形渗碳淬火零件中的内部材料流动是已知的，通过调整在圆盘表面上的切削策略有可能在平均意义上达到碟形畸变坡度的零变化。

3.（残余）应力分布和受力过程载体的影响

车削加工后残余应力出现在圆盘中，并且主要受到进给率的影响。在热处理过程中，应力可能由零件的重量引起。

(1) 进给率　一个重要的结果是，在给定条件下进给率以及相应的机加工后的残余应力对畸变没有影响。在锥齿轮的研究中也看到了同样结果。对这个结果的解释是上表面和下表面上的相对的薄层中（在几百微米范围内）在机加工工序后产生了残余应力。因此，由热处理过程中消除残余应力所产生的塑性变形太小，不能对尺寸大小改变造成显著影响。

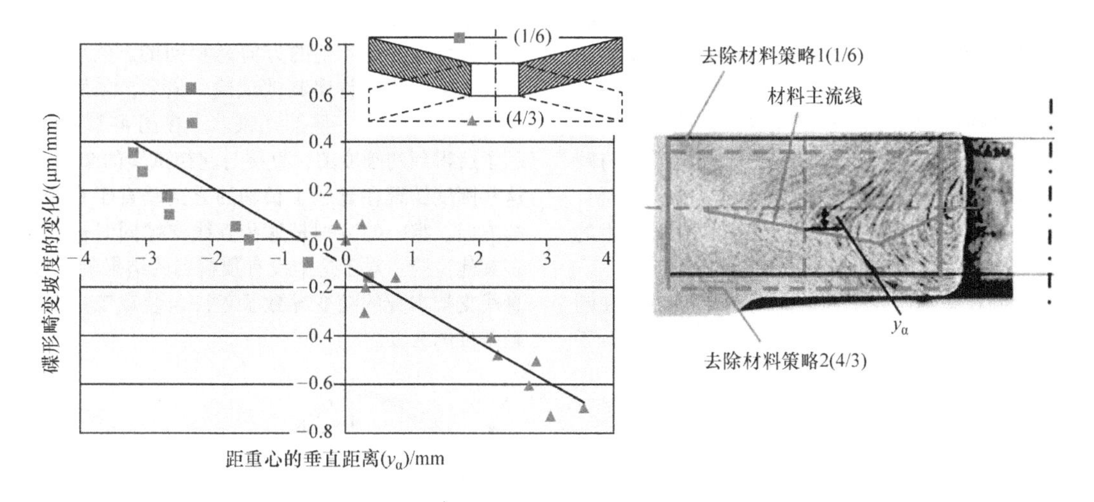

图4-125 渗碳淬火后的圆盘碟形畸变坡度的变化与材料流动之间的关系

注：方块代表材料切削策略1/6，三角代表材料切削策略4/3。

另外，在圆盘轴向上残余应力分布的不对称性加上小的应力影响层厚度，没有大到足以产生一个可以使圆盘产生碟形畸变的弯矩。

（2）装载工具、椭圆度 加载工具从三点支撑变成两直杆支撑造成了椭圆度变形的变化增加了3.9μm（0.15mil）。此外，两直杆支撑装载工具造成的椭圆变形方向严格遵照直线支撑架的排列方向：椭圆的长轴垂直于两直杆的方向（图4-121）。对于三点支撑装载工具，椭圆度变形方向是随机分布的。

这些结果必须用圆盘和直杆支承架之间的相互作用来解释，这种相互作用的来源是零件的静载荷以及圆盘和支承架之间的摩擦，所产生的力垂直作用于直杆支架并在圆盘内部产生应力。对轴承座圈的数值模拟表明涉及两种机制：蠕变和相变塑性。这些模拟中的一个问题是未知的摩擦系数。因此，做了这个参数的变动分析。对于小的数值，产生了小的椭圆度变形的变动。但是，当超过一个关键值，在这个实例中大约是0.27，发生了大的椭圆度变形增加（图4-126a）。

为了理解这个结果，图4-126b显示了加热和奥氏体化过程中椭圆度变形的温度依赖性。对于0.2的摩擦系数，如果只考虑蠕变，几乎没有形状变化发生。如果把相变塑性加入这个模型，在相变过程中产生椭圆度变形，并且在奥氏体化温度上产生了加大的椭圆度变形。

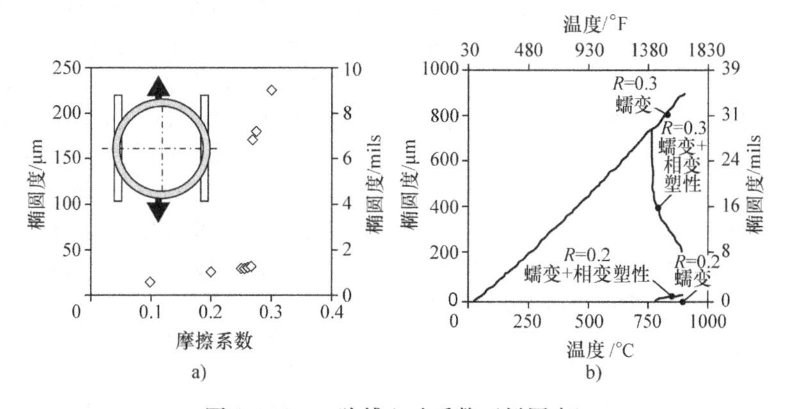

图4-126 二阶傅立叶系数（椭圆度）

a）作为摩擦系数的函数 b）与不同机理的温度相关

对于超过临界值的摩擦系数（0.3），模拟结果预测圆环附着在支承架上，并且由于连续的膨胀，二阶系数连续地增加。只有当加入相变塑性的时候，通过这个机制，椭圆度变形被减小到可以接受的数值。

因为几何形状和工艺是不同的，这些结果没有直接传递到渗碳淬火圆盘的畸变产生。但是，与畸变相关的机理是相同的。如果必须进行精确分析，对于给定条件必须进行热处理模拟来估计所产生的椭圆度的变化。

观察圆盘椭圆度变化的方向（图4-111），在圆环模拟中可以看到一种差异：椭圆环的长轴平行于直线支撑，而支撑是垂直于圆盘的。对于这种差异的解释有或多或少的随机性。起初，在圆环试验中使用了几何形状精确的直线支撑架。这样满足了模拟的假设，而且产生的方向是相同的。然后，这种直线支架被用于许多其他试验。最后，采用先前的条件重复进行了一些圆环试验。在图4-127中，显示了所得到的圆度图，直接与起初试验的结果比较。这些圆度图现在显示了长轴的方向垂直于直线支撑的方向。唯一的区别是这些直线支撑同时被用于许多其他试验。对于这个没有预料到的结果的解释是，直线支架本身的畸变导致了零件与装载工具之间接触条件的改变。

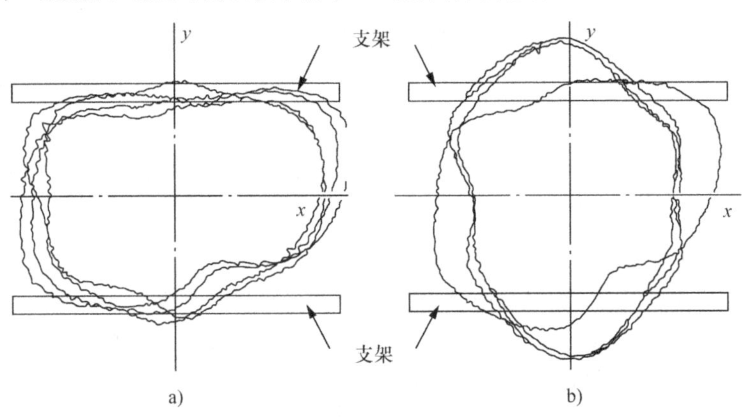

图4-127 强化后的圆环的圆度图
a）处理前 b）处理后

关于圆盘，旧的和多次使用的直线支架也被用于这些试验。因此，对于椭圆度变化方向的一个可能的解释可以与圆环的解释相同。

（3）装载工具、碟形畸变 采用三点支撑装载工具取代两条直线支撑的装载工具导致了平均碟形畸变坡度减少了0.3mm/mm（表4-14）。此外，碟形畸变坡度的二阶谐波（图4-112中鞍形图案的幅值）减少了0.13mm/mm。所产生的结果可以解释为圆盘的重量产生了恒定应力。这种应力通过蠕变产生塑性变形。在高温下、比较长的渗碳时间特别容易产生这种结果。

4. 温度分布载体的影响

温度分布扮演了特殊的角色。一方面，许多材料性能依赖于这个参数，并且工艺过程（如相变）受这个变量控制。另一方面，温度分布直接产生了热应力。

（1）锻造温度 锻造温度对流动应力和材料流动有很强的影响。因此，锻造温度与微观组织分布之间产生了相互作用，同时锻造温度与偏析分布之间也存在相互作用。然而，在给定条件下，锻造温度从1150℃（2100℉）升高到1250℃（2280℉），只产生了无关的小影响（表4-14）。

（2）冷却速度 把气嘴的氮气流量从8000L/min（2115gal/min）增加到12000L/min（3170gal/min），圆盘中的冷却速度增加，导致了圆盘体积增加0.33‰。在前文的“淬透性”中，主要解释了导致这个结果的原因。不管怎样，不是把CCT曲线移向时间更长的一侧和不变的冷却曲线，而是固定了CCT曲线，并将冷却曲线移向时间较短的一侧。增加的马氏体含量以及贝氏体含量导致了体积增加。

加速的冷却过程可以用增大的Biot数来描述。改变了的应力演变以及应力与相变的相互作用，导致了几何尺寸变化的改变。对于圆柱体的整体淬火，这个结果可以在图4-113中看到。

（3）淬火温度 淬火温度从840℃（1545℉）增加到940℃（1725℉）导致体积增加0.37‰。起初，这个结果似乎可以用冷却速度增加（图4-128a）和所产生的马氏体含量增加来解释。然而，如果把更高淬火温度的冷却曲线移动一个固定的时间间隔（图4-128b），对两条冷却曲线的进一步分析表明，两者在 820℃（1510℉）之上是相同的。所用钢材的相图计算结果表明，形核和相变可以在 800℃（1470℉）开始。相应地，两条冷却曲线之间的差异对相变行为没有影响，因此，应该没有不同的体积变化发生。为了验证这些理论分析，进行了热膨胀试验。在这些试验中，得到了两个试验的完全温

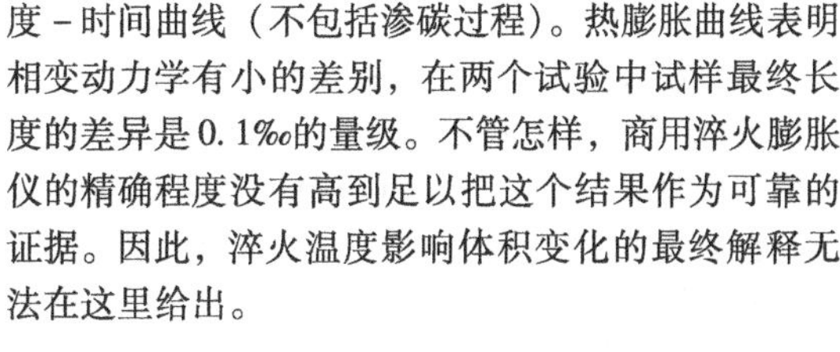

度－时间曲线（不包括渗碳过程）。热膨胀曲线表明相变动力学有小的差别，在两个试验中试样最终长度的差异是 0.1‰的量级。不管怎样，商用淬火膨胀仪的精确程度没有高到足以把这个结果作为可靠的证据。因此，淬火温度影响体积变化的最终解释无法在这里给出。

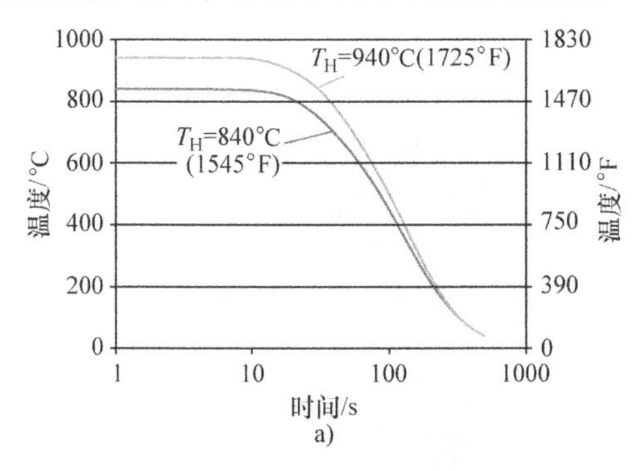

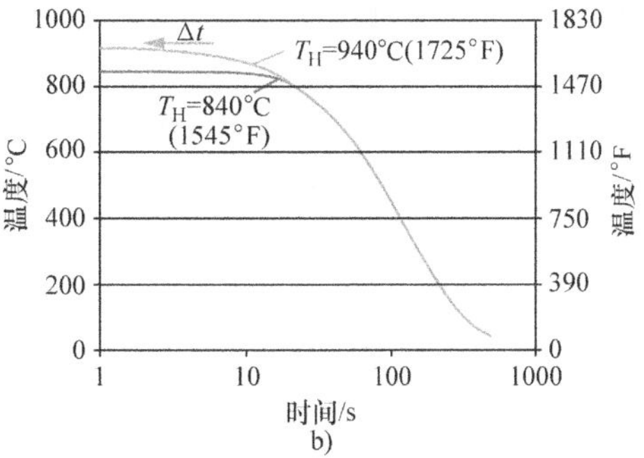

图 4-128　圆柱体心部的冷却曲线

a）淬火温度对圆柱体心部冷却曲线的影响　b）两条曲线之间时间间隔的影响

5. 质量－几何形状分布载体的影响

几何形状－质量分布起到了特殊作用。一方面，甚至在其他的畸变势载体都处于理想的条件下，质量分布的不对称性也会造成畸变（参见本章 4.1 节）。在这个意义上，相当数量的畸变势经常是在零件设计阶段建立起来的。按照参考文献［32］，这个数量已经达到了渗碳淬火齿轮总畸变势的大约 60%。

另一方面，状态变量分布只定义在相对应的空间体积内，同时工艺参数，比如工作应力和热流量及质量流量（如碳流量），作用在该空间体积的表面上。此外，由于应力与应变分布依赖于几何形状，几何形状在畸变产生过程中起主动作用。

由于质量－几何形状分布这个因素在随后章节中的重要性，下面给出几个实例。第一个实例显示了带孔简单圆盘的圆孔直径变化的影响。在第二个实例中显示了齿轮基体尺寸变化（也是一个带孔圆盘）和齿部的影响。最后，展示了一些更复杂齿轮几何形状的结果。

（1）内孔直径对圆盘尺寸变化的影响　除了在 4.4.1 节中给出的试验之外，用不同的内孔直径（0mm、20mm、40mm 和 60mm，或 0in、0.8in、1.6in 和 2.3in）进行了试验。孔不是用锻造方法制成的，而是采用钻孔方法制成的，这导致圆盘内带状组织的对称分布。按照本节“加热、渗碳和淬火”部分的表述，制造工艺的其他参数保持不变。试验设计（DOE）的变量如下：

1）装载工具：三点支承。

2）气体体积流量：800L/min（2115gal/min）。

3）淬火温度：840℃（1545℉）。

4）渗碳深度：0.8mm（0.31in）。

所产生的体积和尺寸变化在图 4-129 中展示。按照式（4-33），由尺寸变化计算出体积变化，体积随内孔半径的增加而增加。这个结果可以用两个简单事实解释：

1）随着内孔半径增加，圆盘的表面－体积比率也增加。相应地，圆盘的冷却速度也增加，因此，贝氏体和马氏体的含量也将增加。

2）查看渗碳层体积与总体积的比率，内半径增加导致这个比率的增加。这也导致了相对体积增加。

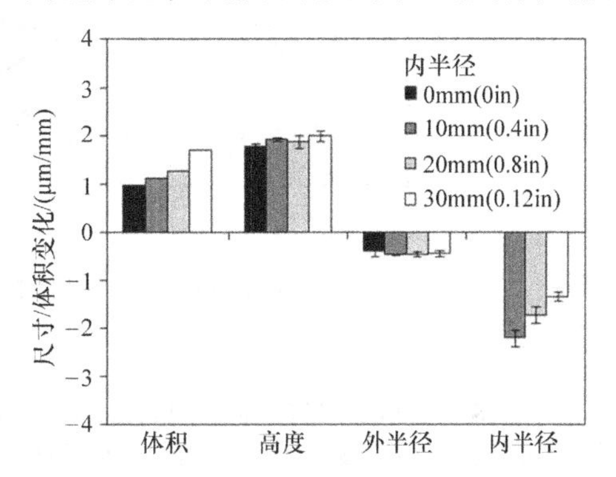

图 4-129　内孔半径对体积的影响及其对带孔圆盘尺寸变化的影响

到此为止，给出了结果之中简单的、可以解释的部分。所产生的尺寸变化很有趣——只有内半径的相对变化受其绝对数值变化的影响——但是，没有热处理模拟就无法解释（参考本文中“体积与尺

寸变化”部分中的讨论)。

(2) 齿部与基体的尺寸和形状变化之间的关系 Kohlhoff 等把基体形状和尺寸变化与齿轮齿部的畸变行为做了对比。齿轮由相同尺寸圆盘加工而成，在前面描述的研究中使用。图 4-130 比较了两者的几何形状。这项研究的基本问题是，产生齿部畸变的原因是什么？是齿部几何形状的变化或是齿部的位移？答案是，总的来说，两种效果都必须考虑。基体的畸变总会导致齿部的移动或碟形畸变，基体的这些变形可以导致齿部轮廓和侧线测量位置的移动。图 4-131a 示意了外半径变化对齿厚的影响。碟形畸变的后果在图 4-131b 中说明。因此，形状变形可以计算出来，尽管齿部形状本身没有改变。

图 4-130 研究所用的圆盘和齿轮的对比

注：内半径为 22.5mm (0.88in)；外半径为 60mm (2.36in)；高度为 15mm (0.60in)。

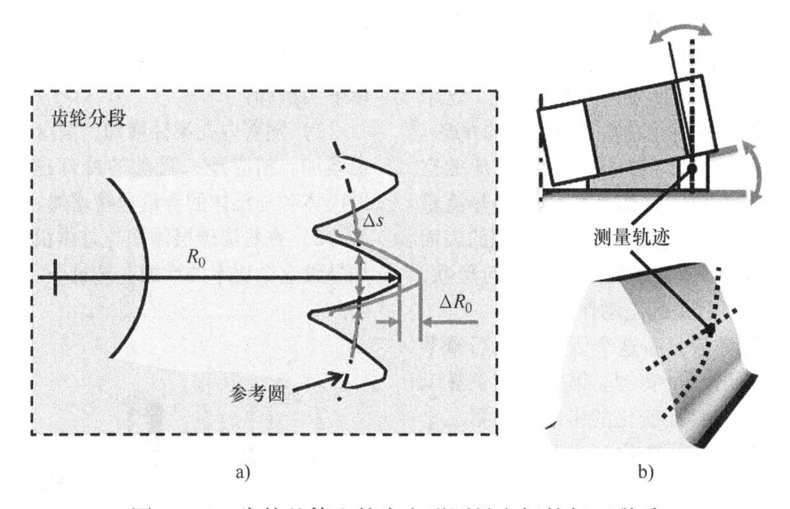

图 4-131 齿轮基体和轮齿变形测量之间的相互联系

a) 齿厚外径变化的影响 b) 齿厚外径变化的后果

这一结果对于畸变分析是很关键的。因此，必须把基体影响与轮齿的真实畸变分离开。Kohlhoff 发现了基体尺寸和形状变换与轮廓角误差 ($f_{H\alpha}$)、齿向误差 ($f_{H\beta}$) 以及轮齿厚度之间的一些关联 (表 4-15)。图 4-132 显示了零阶外半径 (R_0) 变化和零阶轮廓角误差 ($f_{H\alpha}$) 变化之间的关联。测量结果存在线性关系，可用相关系数 (r) 分别为 0.88 和 0.9 的直线来描述，取决于轮齿的侧面。如果没有发生外半径变化 ($\Delta R_0=0$)，那么轮齿本身的畸变数值可以直接在坐标上读出 (大约 7μm，或 0.27mil)。因此，用这个方法可以把两种效果分开。

(3) 几何形状对渗碳淬火后齿轮畸变的影响 图 4-133 显示了辐板厚度对轮廓角误差和齿向误差的影响。随着厚度增加，这些误差显著减小。轮毂厚度和齿高的比值增加也能得到同样结果 (图 4-134)。两种方法都导致基体刚度增加。

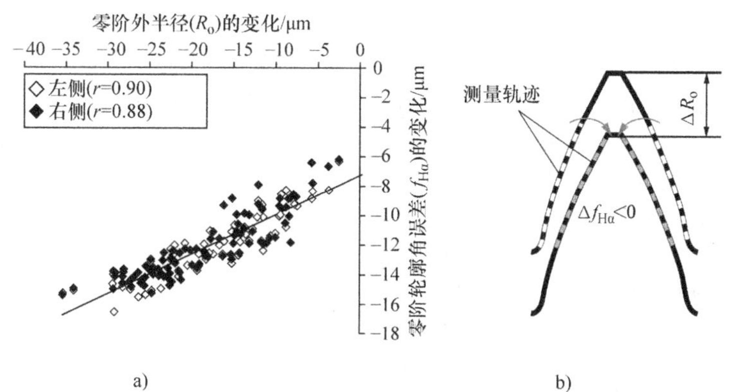

图 4-132　外径变化和轮廓角误差变化的相关性

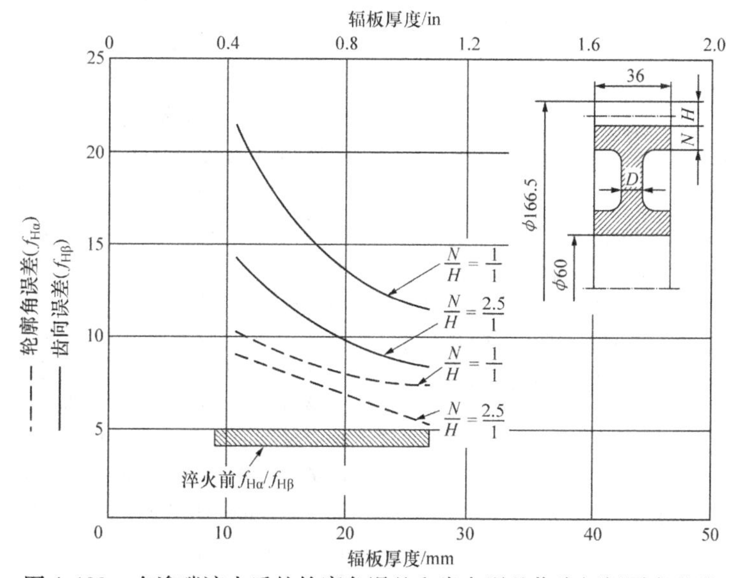

图 4-133　在渗碳淬火后的轮廓角误差和齿向误差作为辐板厚度以及不同的轮毂厚度和齿高的比值的函数

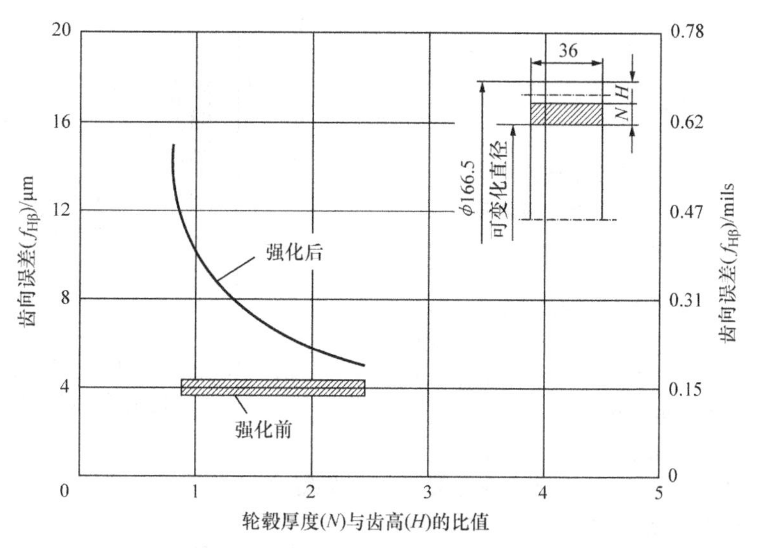

图 4-134　轮毂厚度和齿高的比值对于渗碳淬火后的齿向误差的影响

4.4.3 畸变补偿方法的开发

本小节讨论改善畸变势载体的均匀性（即对称性）的方法，以及在一个或多个载体分布中定向地加入附加非均匀性/非对称性的补偿方法。

1. 改善畸变势载体均匀性/对称性的方法

用在 SAE 5120 钢所制棒材中观测到的偏析（图 4-118）以及在平行于轴向的平面上带状组织的变形（图 4-104、图 4-121 和图 4-124），来考虑材料非均匀性对畸变的影响，避免或者至少显著减少畸变效应的一种方法是使用均质材料。为证明这种方法的有效性，按照图 4-100 和图 4-101 所示同样的制造工艺，用喷射成形方法制造了 SAE 5120 圆盘。喷射成形材料具有没有偏析的、更为均匀的组织。图 4-135 对比了用连续铸造材料制造的圆盘的碟形畸变坡度的变化（62 件）与喷射成形制造的圆盘的碟形畸变坡度的变化（8 件），采用切削策略为 4/3 和 1/6（图 4-124 和图 4-125）。结果表明，对于喷射成形材料，圆盘碟形畸变坡度的平均变化近似为零（0.03 ~ 0.0μm/mm），而且标准偏差也大约减小了 50%（从 0.23 ~ 0.12μm/mm）。因此，均匀程度更好的材料，例如接近零偏析的喷射成形 SAE 5210 钢，不再表现出切削策略对碟形畸变坡度的影响。

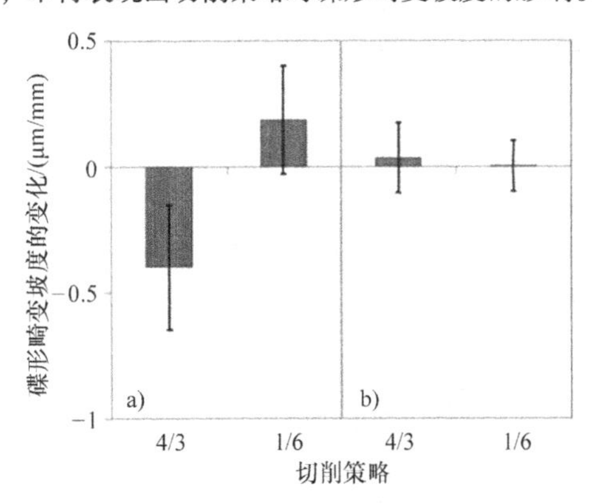

图 4-135 对连铸的以及喷射成形后采用 4/3 和 1/6 切削策略制成的圆盘的碟形畸变坡度变化的比较

另一种减少零件畸变的方法是基于确保一种对称畸变势的概念，可以通过应用对称制造工艺获得。为了这个目的，用连铸 SAE 5210 钢制造的圆盘在对称模具中锻造（图 4-136 为示意图），用来产生对称的内部材料流动。中心孔用钻孔方法而不用锻造和冲压方法加工。图 4-136 显示，对于 8 个对称锻造圆盘，碟形畸变坡度的变化是切削策略的函数。在同时采用对称切削策略 6/6 时（从上表面切削掉 6mm 并从下表面切削掉 6mm），可得到最小的平均碟形畸变坡度变化。相对于非对称锻造和切削圆盘（图 4-135a），标准偏差减小了大约 50%。

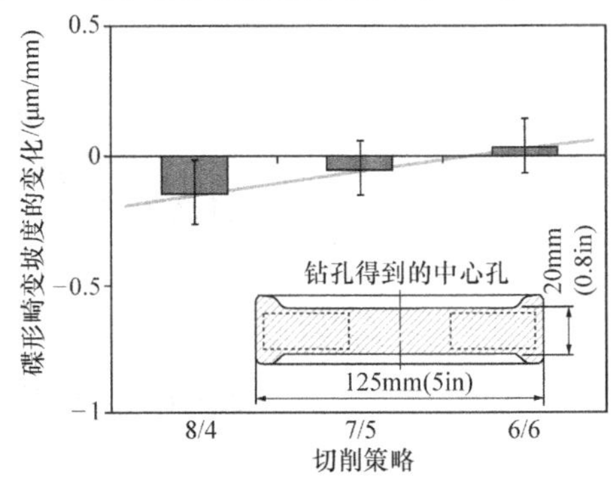

图 4-136 圆盘碟形畸变坡度的变化作为对称的带有中心孔的锻造圆盘切削策略的函数

2. 在一个或多个载体分布中定向加入附加非均匀性/非对称性的补偿

这个方法的一个例子是，应用一种非对称切削策略来补偿由非对称锻造工艺所产生的畸变势，锻造工艺造成了非对称材料流动。对于两种极端切削策略，图 4-110 显示了具有非对称材料流动的圆盘的碟形畸变坡度变化，切削策略导致了从外凸（1/6）到内凹（4/3）的碟形形状。这些图形意味着应该有一个中间的切削策略，该切削策略能使碟形畸变坡度的变化为零。对于图 4-137 中的非对称切削策略 2/5［从上表面去除 2mm（0.08in）并从下表面去除 5mm（0.2in）］，这一点得到了证实。然而，在这个实例中，碟形畸变坡度变化的标准偏差没有像预期的那样改变。

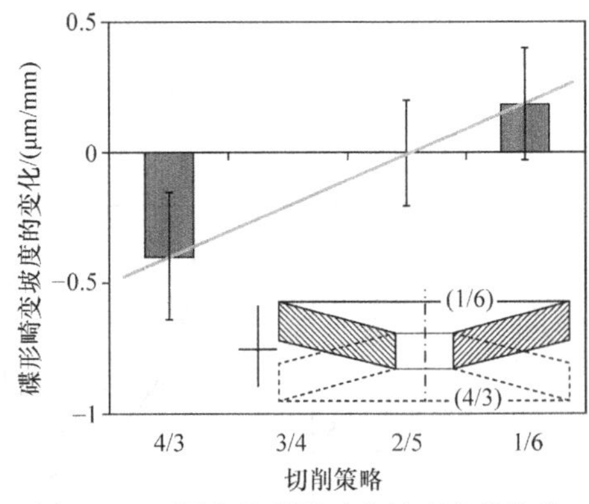

图 4-137 圆盘的碟形畸变坡度变化作为切削策略的函数

致谢

从 2001—2011 年，“畸变工程——制造工艺中的畸变控制”联合研究中心（CRC）得到了德国研究基金（DFG）的资助。在此期间，开发了畸变工程方法，本中心成员获得了在本文中使用的关于圆盘畸变的结果。作者们感谢 DFG 的资助，并感谢所有 CRC 成员的亲密合作以及许多有益的讨论。

参考文献

1. Th. Lübben and H.W. Zoch, Introduction to the Basics of Distortion Engineering, *J. Heat Treat. Mater.*, May 2012, p 275–290
2. Th. Lübben, F. Hoffmann, and H.-W. Zoch, Distortion Engineering: Basics and Application to Practical Examples of Bearing Races, in Comprehensive Materials Processing, Krauss, G., Elsevier Ltd., 2014; Vol. 12, p 299–344
3. H.-W. Zoch, Distortion Engineering—Interim Results after One Decade Research within the Collaborative Research Center Distortion Engineering, *Materialwiss. Werkst.*, Vol 43 (No. 1–2), 2012, p 9–15
4. P. Stark, U. Fritsching, M. Hunkel, and D. Hansmann, Process Integrated Distortion Compensation of Large Bearing Rings, *Materialwiss. Werkst.*, Vol 43 (No. 1–2), 2012, p 56–62
5. M. Hunkel, Modelling of Phase Transformations and Transformation Plasticity of a Continuous Casted Steel 20MnCr5 Incorporating Segregations, *Materialwiss. Werkst.*, Vol 43 (No. 1–2), 2012, p 150–157
6. M. Hunkel, Anisotropic Transformation Strain and Transformation Plasticity: Two Corresponding Effects, *Materialwiss. Werkst.*, Vol 40 (No. 5–6), 2009, p 466–472
7. H. Surm, M. Hermann, K. Sattelberger, A. Küper, and F. Hoffmann, Identifikation verzugsrelevanter Einflussgrößen und Wechselwirkungen in der Fertigungskette "Einsatzgehärtetes Tellerrad, *J. Heat Treat. Mater.*, Vol 65 (No. 2), 2010, p 85–94
8. H. Surm, M. Hermann, K. Sattelberger, A. Küper, and F. Hoffmann, Systematische Untersuchung der Verzugspotenzialträger in der Fertigungskette “Einsatzgehärtetes Tellerrad, *J. Heat Treat. Mater.*, Vol 66 (No. 4), 2011, p 203–215
9. K. Schimanski, A. Hehl, H.-W. Zoch, and N. Jordan, Analysis of Process Chains Including Thermal Joining in View of Distortion, *Aluminium Alloys—Their Physical and Mechanical Properties*, Vol 2, J. Hirsch, B. Skrotzki, and G. Gottstein, Ed., Wiley Verlag, Weinheim, 2008, p 1979–1984
10. K. Schimanski, O. Karsten, A. von Hehl, and H.-W. Zoch, Systematic Investigations on the Influences on Distortion Caused by Laser Beam Welding, *Proc. European Conference on Materials and Structures in Aerospace (EUCOMAS 2009)*, July 1–2, 2009 (Augsburg, Germany), VDI Wissensforum GmbH, Düsseldorf, 2009
11. J. Volkmuth, Residual Stresses and Distortion, *J. Heat Treat. Mater.*, Vol 51 (No. 3), 1996, p 145–154 (in German)
12. T. Pfeifer, Qualitätsmanagement – Strategien, Methoden, Techniken. 3. Auflage, Carl Hanser Verlag, München, 2001
13. B. Clausen, F. Frerichs, D. Klein, T. Kohlhoff, Th. Lübben, C. Prinz, R. Rentsch, J. Sölter, D. Stöbener, and H. Surm, Identification of Process Parameters Affecting Distortion of Disks for Gear Manufacturing—Part I: Casting, Forming and Machining, and Part II: Heating, Carburizing, Quenching, *Materialwiss. Werkst.*, Vol 40 (No. 5–6), 2009, p 354–367
14. K. Ishikawa, *Introduction to Quality Control*, J.H. Loftus, Trans., 3A Corporation, Tokyo, 1990
15. J. Sölter, L. Nowag, A. de Rocha, A. Walter, E. Brinksmeier, and T. Hirsch, Einfluss von Maschinenstellgrößen auf die Eigenspannungszustände beim Drehen von Wälzlagerringen. HTM Z. Werkst. Wärmebeh. Fertigung Vol 59 (No. 3), 2004, p 169–175
16. E. Scheffler, Statistische Versuchsplanung und -auswertung – Eine Einführung für Praktiker. Deutscher Verlag für Grundstoffindustrie, Stuttgart, 1997
17. J. Pan, Factors Affecting Final Part Shaping, *Handbook of Residual Stresses and Deformation of Steel*, G. Totten, M. Howes, and T. Inoue, Ed., ASM International, 2002, p 159–182
18. F. Frerichs, Th. Luebben, F. Hoffmann, and P. Mayr, Distortion of Long Cylinders with Small Diameters Due to Axial Symmetric Cooling, *Int. J. Mater. Prod. Tec.*, Vol 24 (No. 1–4), 2005, p 244–258
19. M. Hunkel, F. Hoffmann, and H.-W. Zoch, Distortion Due to Segregations of Components of a Low Alloy SAE 5120 Steel after Blank and Case Hardening, *J. Heat Treat. Mater.*, Z. Werkst. Waermebeh. Fertigung Vol 62 (No. 4), 2007, p 144–149
20. W. Kleppmann, *Taschenbuch Versuchsplanung*, Carl Hanser Verlag, Munich, Vienna, 2001
21. B.P. Maradit, “Analytical, Numerical and Experimental Investigation of the Distortion Behavior of Steel Shafts during Through-Hardening,” master’s thesis, Middle East Technical University, 2010
22. B.S. Lement, *Distortion in Tool Steels*, American Society for Metals, Metals Park, OH, 1959
23. K.E. Thelning, *Steel and Its Heat Treat-*

ment, Butterworths, London, 1985
24. H. Mallener, Maß- und Formänderung beim Einsatzhärten. Härterei-Technische Mitteilungen Vol 45 (No. 1), 1990, p 66–72
25. C. Prinz, M. Hunkel, B. Clausen, F. Hoffmann, and H.-W. Zoch, Characterization of Segregations and Microstructure and Their Influence on Distortion of Low Alloy SAE 5120 Steel, *Materialwiss. Werkst.*, Vol 40 (No. 5–6), 2009, p 368–373
26. C. Prinz and R. Rentsch, Experimental Investigation Concerning the Development of Distortion Potential during the Production of 20MnCr5, *Materialwiss. Werkst.*, Vol 43 (No. 1–2), 2012, p 63–67
27. I. Eisbrecher, B. Clausen, M. Hunkel, and R. Rentsch, Anisotropies and Inhomogeneities in the Microstructure of the Case Hardening Steel SAE 5120, *Materialwiss. Werkst.*, Vol 43 (No. 1–2), 2012, p 78–83
28. R. Rentsch and C. Prinz, Finite Element Analysis of the Hot Rolling Process on the Origins of Inhomogeneities Related to Steel Bar Distortion, *Materialwiss. Werkst.*, Vol 43 (No. 1–2), 2012, p 73–77
29. R. Rentsch, Parameters of Distortion in Forging Gear Wheel Blanks, *Materialwiss. Werkst.*, Vol 43 (No. 1–2), 2012, p 68–72
30. R. Rentsch, Material Flow Analysis for Hot-Forming of 20MnCr5 Gear Wheel Blanks, *Materialwiss. Werkst.*, Vol 40 (No. 5–6), 2009, p 374–379
31. H. Surm and J. Rath, Mechanismen der Verzugsentstehung bei Wälzlagerringen aus 100Cr6. *J. Heat Treat. Mater.*, Vol 67 (No. 5), 2012, p 291–303
32. C.M. Bergström, L.-E. Larsson, and T. Lewin, Reduzierung des Verzuges beim Einsatzhärten, Härterei-Techn. Mitt. Vol 43, 1988, p 36–40
33. T. Kohlhoff, C. Prinz, R. Rentsch, and H. Surm, Influence of Manufacturing Parameters on Gear Distortion, *Materialwiss. Werkst.*, Vol 43 (No. 1–2), 2012, p 84–90
34. T. Kohlhoff, C. Prinz, R. Rentsch, and H. Surm, "Influence of Manufacturing Parameters on Gear Distortion," Lecture, 3rd International Conference on Distortion Engineering (Bremen, Germany), IWT Bremen, Sept 14–16, 2011
35. E. Brinksmeier, T. Lübben, U. Fritsching, C. Cui, R. Rentsch, and J. Sölter, Distortion Minimization of Disks for Gear Manufacture, *Int. J. Mach. Tool Manu.*, Vol 51, 2011, p 331–338

选择参考文献

- H.-W. Zoch, Distortion Engineering: Vision or Ready to Application, *Materialwiss. Werkst.*, Vol 40 (No. 5–6), 2009, p 342–348

4.5 钢热处理过程的建模与模拟——组织、畸变、残余应力和开裂的预测

C. Simsir, Metal Forming Center of Excellence (MFCE), Atilim University

几乎所有的高性能工程零件在制造过程中都要经过至少一次热处理。热处理可能是位于热加工工艺的最后一道工序，使得零件在装配前满足所需的物理性能；热处理也可能是处于加工工艺的中间工序，用来提高材料的可加工性、可切削性或者其他影响制造的性能。尽管热处理是大部分金属或合金零件加工工艺中的一道必不可少的工序，但它也是造成废品、生产损失以及零件二次加工的主要原因之一。

畸变、开裂、组织与性能（如硬度和残余应力）被认为是金属与合金热处理过程中存在的重要问题。尽管单个零件出现热处理问题时，其修复成本取决于多方面因素，包括前期加工工序、零件规格以及所用材料，但热处理问题所导致的成本损失通常会比较高，或者说至少是不可忽视的。由于前期的成本累加，最后硬化热处理工序的成本损失尤为显著。例如，大畸变与淬火裂纹通常是不可修复的，因此热处理所导致的成本损失需要包含热处理之前所有工序的加工成本。此外，热处理相对诸如成形与切削等传统加工工艺而言，需要消耗更多的能量，占用更长的加工时间，并且会造成更多的 CO_2 排放。因此，在绿色可持续需求的驱使下，制造商更多地在考虑如何提高热处理的效率。

在过去的三十多年里，计算机模拟已经被证明是提高热处理效率的一种强大工具。自从 20 世纪 70 年代，研究者已经对淬火热处理建立的数学模型开发了相应的计算机程序进行模拟。随后，商业有限元软件问世，至今已有大约二十年之久。尽管相对于结构设计与成形模拟工具的应用，热处理模拟的工业应用仍处于比较低的水平，在过去的十多年里，在国际热处理组织以及世界范围内几个重大项目的推进下，热处理模拟已经取得了重大的进展。在潜在的不可忽视的利益驱使下，美国金属学会（ASM International）、德国热处理和材料协会（AWT）和日本热处理协会（JSHT）作为热处理界的开创者，率先将传播热处理模拟工业应用视作其未来发展蓝图的首要任务。

近几年，由于热处理模拟在工业与学术界关注度的提升，陆续发表了一些相关的文章。在开始本节内容之前，值得花一些篇幅对已发表的文章进行

总结，并给出本节的总体框架。这些文章的影响力不尽相同，本节主要关注其中的两篇，它们对热处理模拟的不同方面进行了阐述。

第一篇文章同样出自本章的作者，发表于参考文献［8］中。这篇文章可能是目前为止对热处理模拟理论描述得最为详尽的，其中包含了采用通用有限元软件进行热处理模拟的基本技巧。这篇文章主要针对的是材料建模的专家以及热处理模拟材料建模与软件开发相关的研究生。但是，此文章中并没有涉及相关淬火热处理模拟的工业应用案例研究。

第二篇值得关注的是参考文献［9］中 Wallis 所写的文章。这篇文章主要从工程角度介绍淬火热处理模拟的研究与应用，特别针对钛合金以及高温合金锻件进行了评述。其中影响最大的部分可能是在复杂热交换建模以及相应热交换边界条件的确定。该文章关注的是航空合金材料，计算其热处理变形与残余应力时通常将相变因素予以忽略。其中关于钢材淬火工艺模拟部分的影响力较小，因为其相变引起的非弹性变形是不可忽略的。

本节主要针对前人文章未关注的部分，对钢材热处理模拟的最新研究进展进行阐述。主要从工程师的角度关注相关的概念、应用、数据来源、缺点以及可能的解决办法，而不关注理论与数学模型方面。本节提供的大部分分析材料主要集中于低合金钢加热、整体淬火以及表面淬火处理模拟等方面，意在对热处理缺陷（如畸变、开裂、意外的组织分布以及残余应力）进行预测。本节提供了一些工具钢与模具钢的淬火与回火热处理模拟案例，并对以上材料热处理模拟技术的缺点进行了阐述。

本节主要分成六个部分进行阐述。第一部分讲述了近三十年热处理模拟的发展历程，并指出当前模拟手段的先进性；第二部分主要关注热处理模拟的一些基本概念，包括物理过程以及其相互作用、热处理模拟软件与常用模拟策略；第三部分对热处理模拟所需的材料数据进行了总结，并对数据来源的可靠性以及试验与计算获取材料数据方法进行了讨论；第四部分讲述了精确热处理模拟所需的工艺数据及其确定方法；第五部分主要关注的是热处理模拟结果的验证方法，并特别对验证试验的选择与设计原则进行了阐述；第六部分主要通过已有文献报道的工业应用案例研究来阐述热处理模拟的应用、能力以及限制。本节最后对所有材料进行了总结，着重关注热处理模拟当前存在的问题、可能的解决办法以及未来发展趋势。

4.5.1　热处理模拟发展历史与先进性

热处理模拟的第一次尝试可以追溯到 20 世纪 70 年代中期。自此之后，热处理的数值模拟与应用得到了持续发展。由于热处理模拟在工业与科学研究领域的重要性，现在它已成为多种学科工作者共同的研究热点，包括工艺工程师、冶金学家、物理学家以及数学家。

第一次尝试通过计算机模拟预测畸变、组织分布以及残余应力最早由日本科学家在 20 世纪 70 年代中期发起。由于计算能力的限制，最初的大部分研究都是基于中空或实心圆柱体进行的。此外，由于物理模型的不成熟甚至缺失，在模拟过程中对一些相变影响因素进行了忽略。模拟结果的准确性通常通过微观组织分析、硬度测试以及 XRD 残余应力测量进行验证。尽管一些计算结果（如温度场、硬度分布以及体积变化）具有一定的可信度，但研究显示相关模型仍需进行改进，以实现畸变与残余应力的预测。

在研究力度与产出方面，20 世纪 80 年代可以看作是热处理模拟真正诞生的十年。在来自法国南锡与巴黎的杰出贡献和国际科学家的支持下，以及日本开创者的持续努力下，第一套成熟的热处理模拟模型被开发出来，这些模型后来集成于商业热处理模拟软件中，如 SYSWELD 与 DEFORM - HT，并在热处理模拟研究中广泛沿用至今。随着计算能力的增强以及计算机的普及，计算机模拟研究主要集中在具有对称形状的几何上，如有限高度的实心和中空的圆柱体。由于热力模型的改进，残余应力与畸变的预测结果的精度也得以显著提高。这得益于热力模型中相变诱发塑性（TRIP）模型的完善，相变诱发塑性是一个额外的，在相变过程中与应力交互作用产生的塑性应变分量。此外，Inoue 等人首次尝试对齿轮盘渗碳淬火工艺进行模拟，而当时前人的研究都集中在单一淬火硬化工艺上。

20 世纪 90 年代，由于模型的日趋成熟以及计算机性能与有限元软件的显著改善，热处理模拟学术研究与应用在世界范围内得到了广泛的传播。同时众多商业有限元软件的发布，例如 DANTE、HEARTS、TRAST、SYSWELD 与 DEFORM - HT，使得热处理模拟的发展更进一步，从而在 20 世纪 80 年代模型的基础上可以实现一些热处理工艺模拟。除了上述的专用热处理模拟软件外，通用型商业有限元软件，如 ABAQUS、ANSYS 与 MSC. Marc 也被研究者通过用户定义子程序进行了扩展，以适用于热处理模拟。这样专业使用者只需将精力放在模型开发与结果评价上，而不必进行高效有限元求解器与前后处理的开发。另外，随着科研人员在淬火处理模拟研究上的持续努力，在这一阶段，热加工 - 力学 -

冶金耦合模型在表面淬火处理工艺模拟中得到了广泛的应用，如表面淬火、感应淬火与激光淬火工艺。随着模拟应用的逐渐增多，相变动力学与相变热力行为模型也随之得到了显著的改善。

自21世纪以来，在热处理领域开创者美国 ASM International、德国 AWT 与日本 JSHT 的支持下，热处理模拟的工业应用推广进程得以深入发展。在这十年里，美国、德国与日本推进了一些大规模项目使热处理模拟工业应用的缺点得以改进。尽管仍有许多问题有待解决（将在本节后续讨论），这些项目解决了其中的某些问题，至少初步展现了热处理模拟工业应用推进的切实可行的蓝图。

在讨论热处理模拟全新突破的亮点前，值得对该时期的相关研究进展进行总结。在21世纪初，热处理模拟相关的发表文章数量相对于之前有显著的提高。在这期间，热处理模拟在诸如整体/局部淬火、渗碳/碳氮共渗、感应淬火、激光淬火与回火工艺中得到了大量应用。

在此期间，2000年伊始的主要发现之一就是对淬火时复杂沸腾现象建模不确定性的认识。这一认识将研究指向两个方向展开：一是开发具有工业应用适应性的热处理系统，例如灵活的流体（气体、液体、喷雾等）喷射场，从而可以提供更加易于控制以及定制的冷却条件；二是复杂沸腾现象建模以及通过计算流体动力学（CFD）模拟确定换热系数（HTC）的时间与空间分布。尽管多相 CFD 模拟具有很好的前景，但目前看来与常规工程实践仍有较大的偏离。

过去十年里另一项重大认识在于许多钢种热处理模拟所需材料参数的缺失。热处理模拟过程对输入参数具有很高的敏感性，单单一个简单的热处理模拟就需要大量难以获取的材料数据。只有少数必要数据可以在公开文献或者企业材料属性数据库中查询到。尽管一些数据可以通过标准测试试验服务获得，但大量关键数据的获取需要通过特别的设备、测试手段以及专业知识进行。这一问题的解决办法之一，如 Funatani 等人所建议的，是通过国际合作建立针对热处理模拟的数据库。其中一项具有代表性的工作是由日本材料科学协会在2002年通过国际合作发起的，旨在为计算机模拟建立相应的材料数据库（MATEQ）。ASM 将建立热处理模拟研究材料数据库列为其2020年热处理技术蓝图远景（VISION 2020）的一项长期首要任务。然而，就目前作者的了解而言，在这一方面仍没有任何显著的进展。最近，另一项可能有利于热处理模拟在工业上传播与应用的认识是通过经验、半经验、基于神经元网络、基于热力学与动力学以及多尺度计算的材料学技术进行热处理模拟材料属性数据计算研究。一款可以用于计算典型热处理模拟所需的材料数据的商业型软件（JMATPRO）在此期间发布。尽管有一些研究在进行淬火模拟时采用的是 JMATPRO 计算得出的数据，但热处理相关文献中仍然缺乏对计算数据的全面试验验证以及其对模拟结果影响的研究报道。然而，一些重大项目的提出让人们对这一领域的进展有所期待，如“材料基因组计划”以及类似的世界范围内推进的集成计算材料工程（ICME）项目。此外，从商业软件角度看，相图计算软件（CALPHAD）开发者中有望发掘出具有竞争力的产品，如 Thermo - Calc 与 Pandat。

21世纪初的另一认识是材料相变过程中热力行为整体描述方法存在部分不足。这其中涵盖了众多热门话题，包括混合相宏观性能计算、相变塑性以及应力与塑性应变对相变动力学的影响。这些模型部分不足的主要原因在于相变的多尺度本质：尽管整体模型方法通常可以成功预测出热处理循环后最终相的体积分数，但这些方法并不能得出关于相变的任何组织形貌相关的信息（如形核位置分布与生长形貌），而这些因素恰恰会影响到相应过程的热力行为。因此，热处理过程中相变多尺度模拟因其具有提供这些额外信息的潜力已成为近十年热处理模拟的一大研究方向。在这些研究中，相变过程中的物理现象通常在微观尺度通过元胞自动机与相场法进行建模模拟，而宏观热力响应通过连续尺度有限元（FEM）或有限差分法（FDM）进行模拟，并对微观模拟的结果予以考虑。在不同尺度上主要通过尺度平移方法或者代表体积单元（RVEs）进行衔接。然而，由于多尺度模拟需要很大的计算量，这其中大部分研究都局限在概念验证模拟层面，揭示相变形貌方面的可能影响。热处理模拟仍然缺乏零件范围内的多尺度模拟研究。尽管人们期待多尺度方法为热处理模拟带来更强的预测能力与精度，但这些方法最终在工业意义上得到应用还有较长的路要走。

热处理模拟的最近一项里程碑是热处理全流程模拟，包括加热、淬火、回火以及一些中间阶段（如渗碳）。这一过程的实现考虑了前期加工工序的影响，如轧制、锻造、切削等。这种系统性的模拟方法具有很好的发展前景，主要在于它解决了多个难题，这些难题并不是单个热处理模拟累加那么简单，从而从其他方面提升了模拟的质量。该方法既需要全新的材料模型以考虑之前加工工序中累加的变形能，也需要通过试验和模拟手段跟踪变形能的变化并将其转换至热处理模拟模块中。在工程角度看来，这些模型已经被成功应用于曲轴弯曲变形，整体/表面淬火处理过程中齿轮盘凹曲变形，以及加工残余应力导致的轴承环偏心度的预测。另外，由于相关模型的缺失或不同模拟软件之间数据传递的问题，进行这种连续加工热处理模拟并不容易。然而，相信这些不足将会在不久的将来得到解决，因为"工艺链模拟"与"全流程解决方案"作为世界范围内集成计算材料工程发展的一部分，已成为模拟软件业以及学术领域的热门话题。

4.5.2 热处理模拟基础

对于热处理这类热加工而言，需要充分理解产品最终性能与加工过程中物理现象的紧密关系，才能通过分析或者试验手段设计工艺以在预期生产效率下获得最优产品质量。基于以上考虑，通过解决以下问题，热处理模拟可以带来巨大的收益。

1）获得预期的组织、硬度与性能分布。

2）减少裂纹出现带来的损失。

3）通过控制变形（尺寸与形状）以减少二次加工。

4）通过控制组织与残余应力分布提高产品性能与服役时间（疲劳、蠕变、腐蚀与磨损）。

5）通过计算机辅助进行全新热处理策略设计以减少能源消耗与生产时间。

6）开发更具效率与创新性的热处理系统。

抛去上述种种优势，热处理建模是一项具有挑战性的任务。热处理是一个多物理场作用过程，其中包含多个不同物理现象复杂的耦合作用，如热传递、相变与应力演变。由于其中的复杂性与耦合关系，这类问题的非线性本质使得无法直接获得其解析解。严密处理该问题需要一套全面的热 - 力 - 冶金耦合理论。一些模型可以获得其"交错数值解"，其中大部分是通过有限元方法实现的。一些模型已经应用于商业有限元软件中，如 DANTE、DEFORM - HT、FORGE、HEARTS 和 SYSWELD，这些软件的主要目标用户是模拟工程师，而不是建模专家。

一个合理的热处理模拟模型以及其数值实现必须与以下所有内容相对应：

1）多物理过程。模型必须考虑多个物理现象（如热传递、相变、扩散与变形）以及这些现象的相互耦合作用（如温度与组织相关属性、潜热以及相变塑性）。对于感应淬火过程模拟，必须对电磁与电动问题进行求解，并耦合考虑相关现象，如温度与组织相关电磁属性以及涡流产热（焦耳效应）。

2）材料非线性。在热处理过程中，材料属性通常随温度、组织构成、应力以及合金元素成分（特别是碳）改变而明显变化。

3）复杂边界条件。热处理零件通常处于较强的非线性边界条件下，如表面温度与位置相关的换热系数以及感应扫描淬火与激光淬火工艺中移动的边界条件。

4）复杂几何体。尽管对于某些问题，采用二维模型就已经足够了，但由于非对称与复杂形状零件存在较为显著的淬火裂纹与变形趋势，这些问题仍需采用复杂的三维模型进行处理。此外，对于许多热处理系统，其热传导条件是非对称分布的，这就要求必须采用三维模型进行分析。三维热处理模拟需要相当大的计算量（内存与计算时间），同时也要求模型数值处理实施对大规模问题具有较强的鲁棒性。

对于工程应用，热处理模拟软件的功能相比与数学建模以及模拟工程师的具体实施更为重要。对于模型处理，几乎所有的商业型软件都采用学术与工业应用上公认的模型。但作者认为模拟相关的软件在易用性与适应性上仍有待加强。对于优秀的商业热处理模拟软件的重要功能，作者将会从自身角度在本节后续内容进行讨论。这些功能对于热处理模拟在工业上的应用与传播至关重要。

由于热处理过程的多物理本质，热处理模拟工程师需要对以下跨学科问题具有基本的认识：

1）热量传递，以解释计算得出的工件温度场分布。

2）材料力学，以解释计算得出的变形与应力分布。

3）冶金转变，以解释计算得出的组织演变结果。

4）扩散与析出反应，以解释诸如渗碳与碳氮共渗这类化学热处理模拟的合金元素（C、N 等）浓度场计算结果。

5）感应加热原理，以解释感应淬火模拟结果。

6）流体力学，以解释计算流体力学（CFD）对换热系数的计算。

7）有限元方法（网格划分、初始与边界条件定义、时间步、收敛性等）。

模拟者并不需要对以上问题进行深入理解，在软件培训与实践中可以逐渐深入地了解到其中的细节。参与热处理模拟工作是一个提升自身对以上问题理解以及开拓工程视野的绝佳机会。

1. 热处理过程中发生的现象

尽管热处理是一个复杂的多物理问题，但热量传递是一个驱动事件，因为它触发了其他过程。在工程角度，向淬火冷却介质传递的热量可能是工程师需要针对不同情况唯一需要做出调整的参数。工件表面换热与流体流动以及液固界面发生的热物理过程紧密相关。工件的温度变化是相变发生的主要驱动力。在加热与冷却过程中，母相的热力学稳定性将会发生变化，并最终导致相变的发生。相变会通过相变潜热改变温度分布。

淬火工件由于高的温度梯度以及力学性能随温度变化的作用，将会在其内部产生热应力。不同位置由于冷却速度的差异将会导致不同程度的热收缩，从而在工件内部产生应力来与之平衡。此外，由于新相与母相的密度差异，由此导致的相变应力会叠加至局部应力状态。热应变与相变应变的相互合作与竞争最终导致了一个波动的内部应力场，在某些条件下将会诱发裂纹的产生。在淬火零件的任意位置，其应力状态依赖于温度与组织的演变并随着时间发生变化。内应力引起的非均匀变形将在热处理结束后导致残余应力的产生，这可能是有利的也可能是有害的，主要取决于残余应力的大小、符号以及分布情况。另外，应力与之前塑性变形通过对转变热力学与动力学的改变，从而对相变产生影响。大部分热处理模拟基本上忽略了这一影响的作用。但在某些情况下，这一影响具有重要的作用，后续将会予以讨论。

2. 物理场及其耦合作用

图4-138对热处理过程中存在的物理现象及其相互耦合作用进行了总结。尽管淬火是一个复杂的多物理问题，但热交换是其中的一个驱动事件，因为它触发了其他过程。图中实线代表了在钢材热处理模拟中需要对这一耦合关系进行处理；虚线表示通常在模拟中予以忽略的耦合关系，只有在一些特定场合才会被考虑；点线表示那些通常被忽略的不重要的耦合关系。

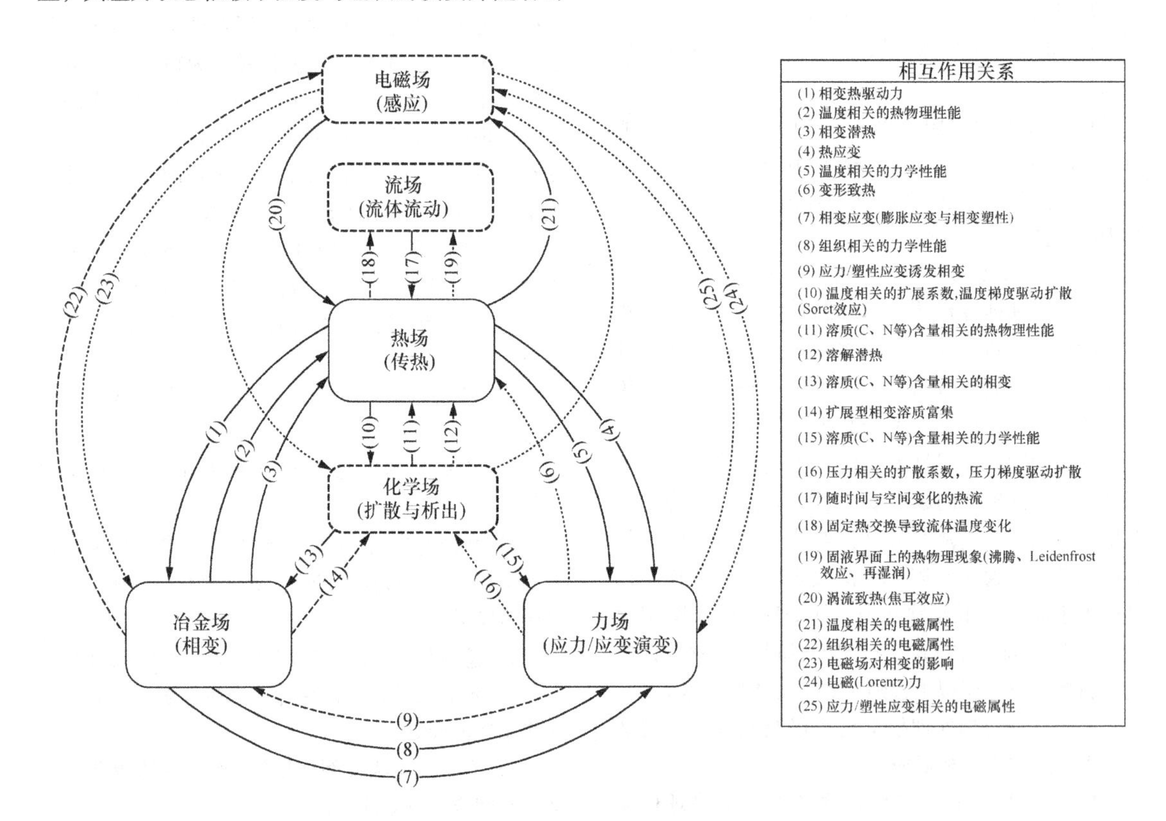

图4-138 热处理模拟相关物理场以及其相互作用关系图

(1) 场 表4-15对一系列热处理模拟所需考虑的场进行了总结。在表4-15中，单个不带上标的加号（+）表示正确模拟所必须考虑的场；单个不带上标的减号（-）表示通常被忽略的场。如果某个符号带上标，这表示其对一些例外情况做出了说明。这些例外情况指的是包含/剔除该场是必须的或者可能能够提升模拟结果的精度。

表 4-15　热处理工艺模拟所需考虑的物理场

工艺	工艺模拟所需要考虑的物理场					
	热场	力场	冶金场	化学场	流场	电磁场
加热	+	-①	-①	+	-②	-③
冷却	+	+	+	-	-④	-
渗碳	+	+	+	+	-④	-
感应淬火	+	+	+	-⑤	-④	+
回火	+	+	-⑥	-	-	-

① 通常不予考虑，但对于预测大型构件加热开裂、先前加工产生的残余应力释放导致的变形以及成分偏析钢非均匀膨胀导致的变形等则必须考虑。

② 通常不予考虑，但有利于预测对流加热条件下工件的变形。

③ 通常不予考虑，感应加热或直接电流加热除外。

④ 由于沸腾流体流动模型还不成熟，通常不予考虑，但对于流体喷射淬火以及强烈淬火工艺模拟比较有用。

⑤ 通常不予考虑，对于表面经过渗碳处理的工件进行感应淬火处理模拟例外。

⑥ 通常需要考虑，但是一些研究只是通过蠕变模型模拟回火过程中的应力回复以及变形。若需预测硬度分布则必须考虑冶金转变的影响。

1）热场。该场用于计算工件中的瞬时温度分布。它是一个基本场，并对其他物理过程具有驱动作用，如组织演变与内应力的产生。此外，所有其他场都会受温度作用，因为大部分材料参数都是与温度相关的。因此，热处理工件瞬态温度场的精确模拟也是组织以及变形与残余应力预测的必要环节。不管冶金与力学场计算过程处理得如何完美，粗糙的传热模型或者不精确的传热输入数据最终仍会对组织、变形与残余应力预测结果带来相当大的误差。

热场控制方程采用的是带有内热源的傅里叶热传导方程。热处理模拟倾向于采用这种能量形式的傅里叶方程，因为它能够很好地处理潜热效应。参考文献［158］深入介绍了淬火过程中热传导的建模过程。

2）冶金场。该场用于计算工件中的组织演变。对于最终产品性能主要受组织分布影响的情况，冶金场在其中起着决定性作用。由于组织决定材料性能，本质上来说所有的物理场都会受到相变的影响。相变主要由温度变化驱动。在加热与冷却过程中，温度的变化将会显著改变相的稳定性，从而导致母相分解为新相与相混合物。同时，冶金场与其他场之间呈现出相对复杂的耦合关系，例如相变潜热、相变塑性以及应力/应变诱发（辅助）相变。

热处理模拟软件通常采用基于现象的非等温动力学模型计算生成相体积分数与状态变量的函数关系。对于马氏体相变，广泛采用的模型是 K－M 模型与 Magee 模型。这些模型建立了马氏体相变分数与马氏体相变开始温度（Ms）下过冷度的关系。然而，据报道也有一些其他模型能够对某些钢种给出更好的预测结果。

对于扩散控制型相变（铁素体、珠光体、贝氏体、奥氏体），其相变过程是与时间相关的。这些相变主要利用经 Scheil 叠加法则扩展的 JMAK 等温模型进行模拟。也有一些模型是直接基于非等温过程建立的。Mittemeijer、Reti 以及 Simsir 与 Gur 的文章中对热处理模拟中热传导建模的相关细节进行了讨论。

3）化学场。该场用于计算诸如渗碳、渗氮与碳氮共渗一类的化学表面热处理中扩散与析出反应。其中包括质量扩散方程的求解，当给定温度下达到溶解度极限时，有时还需耦合考虑随后发生的析出反应过程。化学场具有重要作用，因为热与冶金性能和扩散元素（C、N 等）的分布息息相关。

化学（扩散）场由菲克第二定律控制，并通过浓度的峰与谷对析出反应进行耦合。菲克第二定律的数学表达式与傅里叶热传导方程的形式非常相似。析出反应可以脱离时间关系单独考虑，也可以通过动力学方程予以控制，如相变过程。一些软件在热处理模拟时倾向于采用热力学形式的菲克定律进行建模，因为这种形式具有更好的物理基础以及更加完善的表达。Sarmiento 和 Bongiovanni 在其文章中详细讨论了扩散与析出现象的建模与模拟的研究进展。

4）流场。该场用于计算工件周围的流体流动，在淬火过程中热量传递主要是通过介质流动进行的。工件周围的换热是进行精确温度分布模拟所要考虑的最重要的边界条件，如果可以通过计算得出温度随时间与空间的分布，这无疑是件非常有价值的工作。要实现这一过程需要耦合温度场与流场进行模拟。

流场的控制方程采用纳维－斯托克斯（Navier－Stokes）方程。对于沸腾流体流动，需要额外对气相形成与崩塌建立方程。热处理模拟中流场建模的细节可参照 Mackenzie 与 Banka 的文章。

5）电磁场。该场主要用于计算感应加热与淬火工艺中的电磁场强度以及涡流密度。电磁场需要与热场耦合考虑，因为其通过焦耳效应触发了工件内部产热。

电磁场计算可以通过麦克斯韦方程进行控制。电场强度通过电动力学转换为涡流密度（或功率密度）。功率密度分布可以在后续加热模拟中当作热源对待。Newkov 对电磁场建模与模拟的相关细节做出了详细的描述。

6）力场。该场用于计算热处理过程中产生的变形与内应力分布。尽管其他一些属性（如硬度）不通过力场也能够进行精确预测，但变形与内应力的计算必须通过力场进行。由于复杂的材料本构以及其相互耦合关系，力场可能是在建模与模拟中最为复杂的。

力场通过包含弹性应变、（黏）塑性应变、热应变以及相变应变的复杂本构模型进行控制，其中每一项都由自身控制方程与补充方程进行描述。相关细节详见 Inoue 等人、Denis 等人、Leblond 等人以及 Simsir 与 Gur 的研究。

（2）耦合　与温度、组织以及化学成分相关的热、力、冶金以及电磁性能之间存在明显的耦合关系。同样，流体性能与流体温度相关。除了以上所述的耦合关系外，由于两两不同物理场的交互作用产生的额外物理现象中还存在其他类型的耦合作用。前一种耦合关系可以轻松地在有限元软件中通过共享场物理量或者状态物理量实现；后一种类型则需要在本构关系中添加相应的控制方程才能够实现。前一种类型的耦合关系比较易于理解，因而在本节不予讨论。表 4-16 中列出了一些热处理模拟所必须考虑的耦合关系。表 4-16 中还对例外情况进行了注释，讨论了其实现的可能办法。

表 4-16　热处理工艺模拟所需考虑的耦合关系

耦合参量	热处理过程				
	加热	淬火	渗碳	感应加热	回火
温度相关的热力学属性	+	+	+	+	+
温度相关的相变	+①	+②	+②	+②	+
温度相关的扩散	–	–	+	–	–
温度相关的电磁属性	–③	–	–	+	–
成分相关的热力学属性	–④	–	+	–④	–④
成分相关的相变	–④	–	+	–④	+⑤
成分相关的扩散行为	–	–	+⑥	–	–
成分相关的电磁属性	–⑦	–	–	–⑦	–
组织相关的热力学属性	+	+	+	+	+
组织相关的电磁属性	–⑧	–	–	–⑧	–
晶粒尺寸（奥氏体）相关的相变动力学	+⑨	+⑨	+⑨	+⑨	–
相变潜热	+⑩	+	+	+	+⑩
溶解潜热	–	–	–	–	–
温降效应（热弹性）	–	–	–	–	–
塑性变形致热	–	–	–	–	–
相变应变	+	+	+	+	+⑪
相变诱导塑性（TRIP）	–⑫	+	+	+	+⑬
各向异性相变应变（ATS）	–⑭	–⑭	–⑭	–	–
应力诱发/辅助相变（SIT/SAT）	–	–⑮	–⑮	–⑮	–
预应变辅助相变（PPSAT）	–⑯	–⑰	–	–⑯	–
磁电（涡流）效应	–③	–	–	+	–
电磁（焦耳）效应	–③	–	–	+	–

（续）

耦合参量	热处理过程				
	加热	淬火	渗碳	感应加热	回火
洛伦兹力	–⑰	–	–	–⑰	–
流体流速相关的表面换热系数	–⑱	–⑲	–⑲	–⑲	–
吸热/放热导致的流体温度变化	–	–⑳	–⑳	–	–

① 缓慢加热条件下的奥氏体转变量可看作给定温度下奥氏体的平衡转变分数。

② 对于快速加热或冷却的热处理过程，相变还与加热/冷却速度相关。

③ 通常不予考虑，感应加热或直接通电加热除外。

④ 通常不予考虑，经过渗碳以及正火的工件除外。

⑤ 尽管对于精确预测表面硬度分布很必要，但由于数据缺失通常不予考虑。

⑥ 尽管一些应用忽略了碳含量对扩散系数的影响并没有出现问题，对于真空渗碳工艺模拟这一要素似乎比较重要。另外，在碳氮共渗工艺模拟中，互扩散元素（N）成分对扩散、溶解度以及热力学活度有影响。

⑦ 由于数据缺失通常不予考虑。从文献报道的结果中可以看出其影响不大。

⑧ 尽管对于感应淬火模拟考虑磁属性的组织相关性很重要，但在建模中通常假定转变数量很快而将磁属性定义为温度相关的函数，忽略时间的影响。

⑨ 尽管原则上考虑相变动力学的晶粒尺寸以及初始组织相关性很必要，通常这一因素是通过相似初始组织的膨胀试样在相似条件下的相变数据间接考虑的。因为直接建模需要通过大量的试验获取模型参数。然而，对于热轧工件冷却过程模拟，直接采用晶粒尺寸模型可能比较必要。

⑩ 对于缓慢加热以及回火工艺模拟，潜热的影响可以忽略。

⑪ 在回火过程中渗碳体均匀析出导致的膨胀性相变应变很低，如果后续没有发生马氏体或贝氏体转变，该影响可忽略。

⑫ 对于加热模拟，之前的热力学模型通常忽略相变塑性的影响。最近的研究发现显示具有强偏析组织的钢在加热过程中也会有相变塑性产生。对于变形预测则需考虑这一因素的影响，但对于淬火后的残余应力预测可忽略。

⑬ 对于渗碳体连续析出可忽略相变塑性的影响，但对于残留奥氏体转变为马氏体或贝氏体过程则必须考虑。

⑭ 相变应变的各向异性最近发现是具有强化学偏析的钢（如 AISI 5120），加热或缓冷过程的主要变形机制。这可能是这类钢加热和缓冷过程中的主要变形来源，因此对于变形预测不可忽略。但是就现有研究案例而言，它对内应力预测的影响很小。

⑮ 到目前为止没有研究考虑其影响，予以忽略。严重的冷塑性变形可能会影响后续的奥氏体化过程。如果这一影响存在的话，其将进一步影响加热的变形情况。由于感应淬火过程中奥氏体化区域主要集中在工件的表面，这一影响将显得更加微弱。

⑯ 尽管奥氏体预变形对后续冷却过程相变的影响已经广为人知，并且已有一些模型应用于热处理模拟中，相关文献中依然缺乏在工件尺度上考虑其影响的研究案例。这一因素可能对于热锻工件直接淬火的变形与残余应力预测具有重要影响。

⑰ 在文献中，由于考虑到感应淬火过程的集肤效应以及短时性，对其模拟通常忽略洛伦兹力的影响。

⑱ 通常不予考虑，但对于大型工件对流加热的变形预测有利。

⑲ 由于沸腾流体流动模型还不成熟，通常不予考虑，但对于流体喷射淬火以及强烈淬火工艺模拟比较有用。对于气体、喷气或强烈淬火工艺，通常采用单向弱耦合就足够了。将来在浸入式淬火工艺模拟中具有很好的发展潜力。

⑳ 对于耦合流体力学沸腾模拟很有必要。目前该模型还不成熟，但将来具有很好的发展潜力。

1）热 – 冶金耦合。热与冶金之间存在强烈的双向耦合作用。工件内的温度变化是相变发生的驱动力。热处理过程中相变动力学本质上取决于温度以及加热/冷却速度。另外，相变过程与周围环境存在热量交互，被称之为相变潜热。工件中正在发生相变的部分可作为一个热源或热沉考虑，这取决于相变反应是放热还是吸热。潜热效应在宏观上表现为加热或冷却速度的突变。大型工件在冷却过程中，其远离表面的内部某些位置甚至可能出现局部温度升高的现象。有研究指出，在淬火热处理模拟中忽略潜热的作用对温度场的精确预测具有很大的副作用。

2）热 – 力耦合。热与力之间存在强烈的单向耦合关系。工件内部存在温度梯度，这将导致其空间某些位置热压缩/膨胀程度存在差异，并最终在工件内部产生连续起伏的热应力场分布。如果局部等效应力达到了混合相的屈服强度，这些应力将会使工件发生塑性变形。众所周知，金属塑性变形会伴随着产生热量，通常被称之为塑性变形致热。对于热处理过程，通常会产生百分之几的少量应变。其应变致热相对于传递至淬火冷却介质的热量以及相变潜热微乎其微，因而在模拟中可以忽略。除了塑性应变致热，通常认为在热弹效应作用下，弹性应变会造成温度降低。其影响甚至比塑性应变致热还小，可以在热处理模拟中安全地予以忽略。

3）冶金-力耦合。尽管一些研究表明有必要对冶金作用与力之间采用双向耦合关系进行考虑，但通常还是将其看作强单向耦合关系，只考虑冶金转变过程对应力/应变演变的影响。相变通过相变应变对力场产生作用。在相变过程中，正在发生相变的微小区域会发生体积变化，偶尔也会发生形状变化。这将导致膨胀式的应变与相变诱发塑性（TRIP）应变。在相变过程中，相变诱发塑性将会对材料塑性性能带来显著的提升。当前，人们公认在钢材热处理模拟中变形与残余应力的精确预测必须考虑相变塑性的影响。也有研究指出，在表面处理中，如感应淬火与激光淬火，相变塑性的作用更加显著。另外，人们对静水压力作用会降低伴随密度减少的相变（如铁素体、珠光体、贝氏体以及马氏体相变）的转变温度，偏应力相反会提高转变温度的观点也达成了共识。此外，静水压力会推迟相变开始时间并减缓其转变速率；偏应力则相反会缩短相变孕育期并加快其转变速率。尽管已有一些数学模型用于处理应力对相变的作用，但由于数据匮乏或者数值计算难度大，大部分热处理模拟都忽略了应力对相变的影响。幸运的是，在大多数情况下，忽略这一耦合作用的影响仍能得出比较可靠的模拟结果，但研究中也发现了一些例外情况。

4）流-热耦合。热处理模拟中换热边界条件计算必须考虑流体流动与热交换的耦合作用，以替代试验法通过对冷却曲线进行繁琐的热交换反向求解运算：工件表面任意位置的对流换热系数正比于局部传质速率以及流体的比热容。对于沸腾的流体，整体换热系数需要额外考虑新产生的气相的作用。此外，工件排出的热量可能会导致流体温度的升高，进而由于流体密度与黏度的改变影响其流动情况。对于气体淬火，只需采取单向弱耦合建模就足够了。在热处理模拟时通过导入换热系数的计算结果以实现流体计算与热处理模拟的耦合求解。同样的方法可以应用于强淬火模拟中。此时由于工件表面的高速流体流动，产生的气相可以被忽略。然而，对于在汽化淬火介质中进行浸入式淬火模拟，通常有必要考虑流-热之间的双向强耦合作用。

5）电磁-热耦合。这类耦合可用于计算感应加热过程中工件的瞬时温度场。交变磁场与导电工件相互作用并产生涡流。在焦耳效应的作用下，涡流会使工件产生热量，从而使温度与组织相关的电磁属性发生改变。电磁与热通常采用单向弱耦合进行处理。在热处理模拟时通过导入温度或功率密度分布以实现电磁与热过程的耦合求解。在这种处理方法中，相变过程忽略了时间因素，被认为是瞬时发生的，从而间接地考虑组织对电磁与热属性的影响。从一些研究结果中可以得出，上述处理办法对于感应加热过程中的瞬时温度场可进行相对准确的预测。对电磁与热以及冶金场进行双向强耦合处理并没有太多的必要。

3. 热处理模拟软件

理论上许多具有用户材料与边界条件子程序功能的通用非线性有限元软件都可以用于进行热处理模拟。基础有限元软件可以是非商业性质的学术程序或者具有合适用户子程序界面的商业型程序（如ABAQUS、ADINA、COMSOL、LS-DYNA、MSC. Marc 等）。尽管有许多学术型与专用模块采用这种方式针对热处理模拟进行开发，但是材料模型建立特别需要时间以及显著的专业知识。此外，这些模块通常并没有经过大量的测试以及性能优化，并且不具有用户易用性。这些模块通常在科研机构的专家以及个体专家间使用，并且以热处理模拟服务面向企业开放。

如果模拟操作者面对的是企业个人，那么更为可行的办法就是采用商业型热处理模拟专用软件，如 DANTE、DEFORM-HT、FORGE、HEARTS、MUSIMAP、SIMUFACT 和 SYSWELD。这些软件的开发经过了相当长的时间，并且以可靠的模型以及有限元求解器为基础。与大多数学术型程序不同，它们会针对工业需求持续进行优化。采用商业热处理模拟软件的另一大理由是其具有更完善的文档介绍以及技术支持。表4-17总结出了可用于钢材热处理模拟的商业软件以及它们在不同热处理工艺中的应用。

表4-17 钢材热处理模拟常用的商业软件

软件[①]	热处理工艺					
	加热	整体淬火	渗碳	碳氮共渗	感应淬火	回火
DANTE[②]	+	+	+	-	+[③]	+
DEFORM-HT	+	+	+	-	+	+
FORGE	+	+	+	-	+	+

（续）

软件①	热处理工艺					
	加热	整体淬火	渗碳	碳氮共渗	感应淬火	回火
MAGMA. Steel	+②	+②	–	–	–	+④
MUSIMAP⑤	+	+	+	+	+	+
SIMUFACT. Premap	+	+	–	–	–	+
SYSWELD	+	+	+	+	+⑥	+

① 已停止维护的商用热处理模拟软件不在此列，如 COSMAP、HEARTS、TRAST 等。

② 同时需要 ABAQUS 许可。

③ ABAQUS 早期版本不支持直接进行电磁 - 热场计算。功率密度函数需采用其他软件计算并导入。

④ 尽管 MAGMA 是为铸造行业设计的，但通过 MAGMA. Steel 可进行一些热处理模拟计算。

⑤ 同时需要 ADINA 许可。

⑥ 基于边界元法的快速电磁 - 热求解器，目前只适用于二维模型。

另外值得指出的是，几乎所有的热处理模拟软件都采用的是隐式时间积分算法。隐式时间积分算法的稳定性不受条件约束，特别适用于淬火过程的热效应模拟。

尽管商业热处理模拟有限元软件已经针对某些标准进行了优化，但是它们在功能、用户友好以及灵活性方面的开发仍落后于被更广泛使用的 CAE 软件，如 CFD、结构分析以及金属成形模拟。一款优异的商业热处理模拟软件应该具有以下特点与功能：

（1）可靠的材料模型　提供的热 - 力 - 冶金模型必须是被认可的且在物理上可靠的模型。通常这不会成为问题，因为大部分优秀的商业热处理模拟软件采用的是经过学术研究全面验证的模型，并且在工业上有许多成功案例。

（2）材料数据库　热处理模拟中需要许多难以获得的材料数据，正是因为这个原因在许多情况下限制了热处理模拟的应用。尽管目前在世界范围内都无法将所有钢材针对热处理完全进行表征和测试，但是模拟软件应该包含常规热处理钢材的相关材料属性数据。

（3）淬火冷却介质数据库　淬火模拟需要至少定义汽化淬火冷却介质的换热系数与温度的变化关系。模拟软件应该至少包含针对常用工业淬火冷却介质全面可靠的换热系数表达函数。现有的热处理模拟软件中只有少数集成了淬火冷却介质数据库。

（4）高性能软件　数值处理过程应该稳定且高效，以适应大型三维模型模拟。对于热处理模拟工业应用，计算时间是一个无法回避的重要问题。尽管由于热处理模拟的复杂性，用其运行时间与结构分析或者金属成形模拟进行比较并不公平，但是软件的内存要求以及运行速度应该设计的尽可能高。不幸的是，大多数古老的热处理模拟软件并不能像最近开发的面向更大市场的软件一样充分利用高性能计算机的优势，例如 CFD、结构动力学以及钣金成形模拟软件。

（5）灵活易用的前处理器　典型的工业模拟工程师的大部分时间都花在前处理建模上。软件的灵活程度，即软件界面可实现的功能，与建立模拟模型的简单程度之间的平衡对软件界面设计师而言一直是个挑战。不幸的是，对于现有的热处理模拟软件而言，其前处理功能要么对相对复杂的模型建立而言显得太过简化，要么就是对于一个简单模拟模型建立而言操作显得过于繁琐。然而，随着非学术型用户的增加，几乎可以确信模拟软件公司会对以上问题予以解决。

（6）多物理场后处理器　由于热处理过程同时包含了多个物理现象，模拟软件后处理系统应该能够允许多个场量结果的同时显示，如温度、位移、应力/应变以及相百分数。通过对模拟结果的有效解析，可以找出热处理工艺中存在的问题。幸运的是，现有的所有热处理模拟软件都在不同程度上支持多物理场后处理，但是一些改进仍然值得期待。

（7）自动优化功能　尽管其他功能的模拟软件（结构设计、金属成形等）能够在指定约束下进行自动优化计算以满足特定要求，但现有热处理模拟软件并不具有这个功能。热处理模拟优化主要是通过人为比较或者脚本程序实现，对于非专业人员任何一种方法都不算简便。如果软件拥有自动优化功能，热处理人员肯定会从中受益。比如，在最低心部与表面硬度的约束下，对齿轮进行热处理优化工艺设计，以获得最小的齿变形。热处理与产品设计人员的最终目标是确定齿轮表面的最小硬化厚度。如果可以简单通过模拟实现，无疑将会带来帮助。不幸的是，现在没有热处理模拟软件可以支持自动优化功能，但是将来根据用户的要求，这一功能肯定会被实现。

（8）材料数据创建与校核工具包　即便用户获得了热处理模拟所需的所有材料数据，将已有数据转换成热处理模拟采用的模型参数并不是件轻而易举的事，通常需要一些专业知识。此外，搜集到的数据需要通过简单的试验进行验证，如膨胀试验以及 Jominy 端淬试验，以用于复杂的热处理模拟中。材料数据校核自动或半自动工具对非专业人员而言是非常有帮助的。一些现有的热处理模拟软件在一定程度上支持这一功能，然而其他一些软件甚至不支持内嵌材料数据的显示查看。

（9）换热系数拟合工具　如果模拟软件数据库中没有所用的淬火冷却介质数据，有必要建立热交换反算求解器通过淬火实测数据确定换热系数与表面温度的函数关系。此外，对于形状复杂的工件淬火模拟，有必要进一步通过计算确定其温度与位置（或时间与位置）相关的换热系数，以提高其模拟精度。现有的热处理模拟软件中只有少数几款支持这一功能。

（10）碳含量拟合工具　尽管表面物质传递系数（MTC）不如换热系数那样对工艺条件敏感，但为了提高表面硬化模拟结果的精度，建立一个通过热重试验数据计算 MTC 或者通过碳含量试验测试值自动化/半自动化拟合 MTC 是非常实用的。据本节的作者所知，目前还没有相关热处理模拟软件支持这一功能。

4. 模拟策略

本节所讨论的所有包含淬火过程的钢热处理工艺（整体/局部淬火、渗碳、碳氮共渗以及感应淬火），其模拟策略将在本部分进行深入讨论。其他热处理工艺（渗碳、感应淬火）的模拟策略要求额外对先行过程进行模拟，以便为淬火模拟提供其他必要的数据。这些先行过程都具有淬火步骤，其模拟策略将在后续部分予以讨论。

（1）加热与整体/局部淬火模拟热处理　模拟的策略与所采用的模拟软件紧密相关。目前，对于热处理模拟主要由两种不同的处理办法。它们之间的差别主要如何处理热－力－冶金耦合关系。

第一种方法采用全耦合进行热－力－冶金分析。这种情况下，有限元模拟的每一个时间步都将计算温度、组织以及所涉及的变形、应力与应变的分布。所有场变量数据将计算并保存在同一网格下。这种方法可以处理图 4-138 所示的所有可能的耦合关系，包括通常被忽略的耦合关系，例如变形致热以及应力/应变作用下的相变。然而，对于非必要考虑的耦合关系，这种耦合方法也有以下一些弊端：

1）热、冶金与力计算对时间步具有不同的敏感度。在全耦合下需要将敏感场所需的最小时间步应用于所有场量计算中，这将加大计算时间。

2）热、冶金与力计算对单元尺寸的要求也不相同。例如，力计算相对于热、冶金计算可以在更粗的网格上进行。尽管全耦合分析并不需要强制在同一网格下进行，但据本文作者所知，全耦合热处理模拟都是在同一网格下进行的，这将导致计算效能的降低。

3）一些模拟软件不支持单独进行热－冶金分析，不管对于某些模拟是否必要，都强制采用热－力－冶金全耦合分析。例如，组织和硬度分布可以不通过变形与应力分析就可以准确预测。这时额外的力计算将会对计算时间以及内存需要带来不必要的负担。

第二种方法通过解耦将分析分成两部分连续进行，如图 4-139 所示。第一步采用热－冶金强耦合分析计算得出瞬时温度场与组织场分布并将其保存至外部文件。热－冶金全耦合分析的具体算法流程如图 4-140 所示。

在开始计算之前，初始温度、成分、组织以及晶粒尺寸分布可以通过人为指定或者从先前分析结果中导入，如加热（感应）、渗碳或者热锻分析。

热－冶金分析最重要的边界条件是换热系数。通常，换热系数至少是与表面温度相关的函数。对于复杂几何外形以及换热条件，还需确定换热系数在空间与时间上的分布关系。这一过程可以通过人为指定或者 CFD 分析结果导入定义边界条件实现。

其次，人为定义或从软件数据库中读入相关热物理性能参数（图 4-139 和图 4-140），后续将对这些热物理性能进行具体讨论。热物理性能必须单独针对不同的相至少定义为与温度相关的函数。对于渗碳或碳氮共渗热处理工艺模拟，热物理性能同时还需定义为碳与氮含量相关的函数。最后，对组织演变计算所需的相变参数进行定义。对于渗碳过程模拟，相变参数必须与碳含量进行关联。第二步采用第一步结果中保存的温度与相变分数信息进行热－力耦合分析（图 4-139）。计算采用独立的时间步进行，而温度与相组分数据由瞬时热－冶金分析历史文件结果插值得出。这种方法可以考虑所有的热－力以及除了应力与预先塑性变形对相变的影响外的力－冶金耦合关系。此外，对于力分析可以采用独立的网格以提高计算性能。然而，采用新网格需要格外注意，以避免不同网格间数据插值时数据的显著丢失。

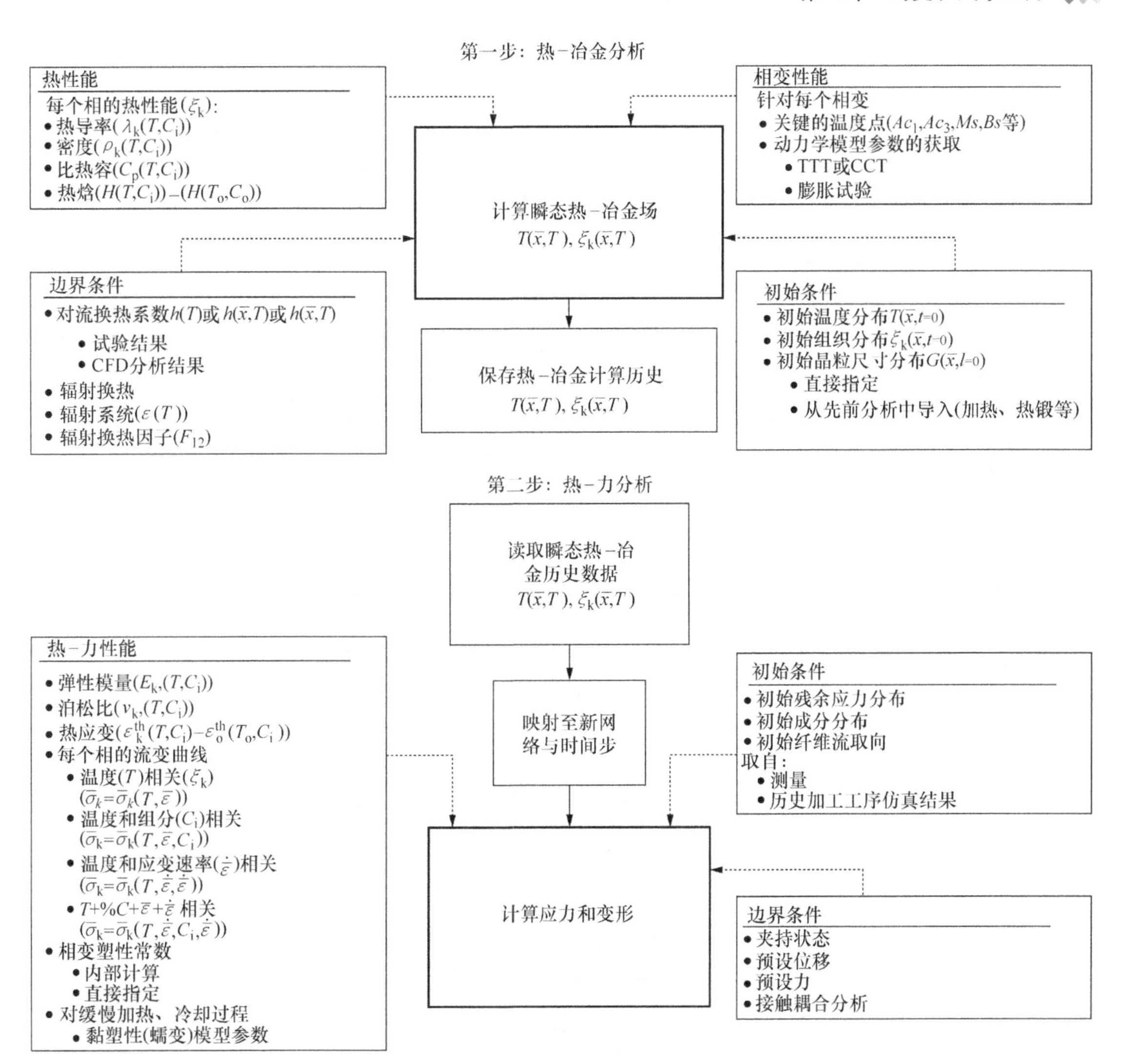

图 4-139　热处理模拟中的解耦模拟策略

TTT—时间-温度转变　CCT—连续冷却转变　CFD—计算流体动力学

常规热处理模拟通常不会特别指定初始力学条件。然而，如果需要预测在先前加工操作的残余应力作用下加热过程中工件的变形，在模拟时其初始条件中需要指定初始残余应力分布。初始应力与应变可以从先前加工过程模拟（金属成形与切削）结果导入进行定义。当然也可以通过人为手动对残余应力分布进行定义。然而，对于复杂的几何外形手动定义几乎是不可能的，因为残余应力的分布必须满足平衡条件，而由于解的不确定性，不可能通过几个试验测试数据建立满足平衡条件的三维应力场张量。

热处理热力模型的边界条件往往比较简单。大多数情况下，为了避免工件的刚性移动与转动，只需通过最小的节点限制其位移即可。这种情况适用于轻量装夹的工件，仅仅在人为指定的装夹点周围产生应力与应变波动。对于重型装夹，装夹位置需要特别指定，这样才能模拟出与实际一致的结果。对于模压淬火，可以使用预作用力或压力边界条件进行定义。另外一种方法是通过耦合接触分析进行热处理模拟。然而，尽管已经有研究对这种方法进行了尝试，但热处理相关的文献中仍缺乏高度成功的案例报道。

和热-冶金分析相似，热-力分析中也需要单独对不同相的热-力学性能按与温度的关系进行定义。对于渗碳与碳氮共渗淬火过程模拟，材料的热-力学性能参数还必须定义为与碳和氮含量相关的函数。必要的热-力学性能包括弹性性能（杨氏模量、泊松比）、塑性性能（屈服强度、流变曲

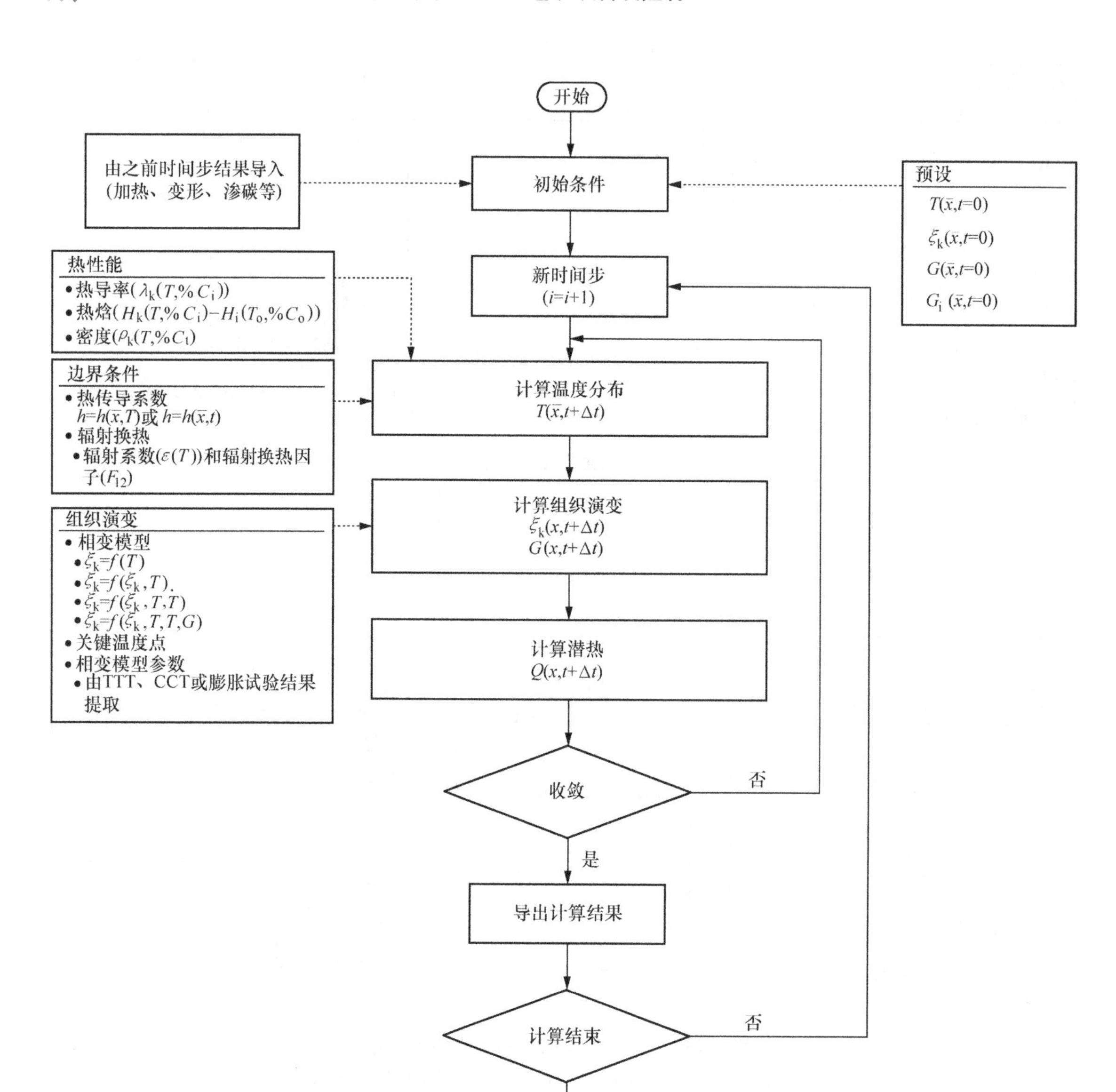

图4-140 热-冶金全耦合分析的算法流程

线)、相变塑性系数以及热应变（或者热胀系数与相变应变)。对于缓慢加热与冷却过程，塑性性能有必要用黏塑性（蠕变）模型参数进行替代。

（2）渗碳/碳氮共渗模拟 渗碳与碳氮共渗模拟可以简单通过在淬火模拟前添加一个碳氮扩散与析出分析的初始步（“第0步”）实现。将扩散与析出的分析结果保存至外部文件，并在淬火模拟计算步中予以导入。

对于渗碳工艺，因为其工艺参数通常在固溶极限范围内，通常忽略其析出反应，因此渗碳模拟变成了一个纯扩散分析过程。图4-141列出了表面淬火处理模拟的分析策略、输入参数以及输出结果。

因为大多数渗碳过程是在非等温下进行的（包括加热至渗碳温度以及冷却至淬火温度)，对于其模拟必须先指定所经历的温度历史数据。这一过程可以通过三种方法实现：假设工艺过程比较缓慢，以至于工件温度与炉温变化历史相同，从而人为指定一个均匀的温度变化历史；在解耦下单独进行加热模拟，并将模拟结果导入渗碳分析中；采用扩散-传热耦合分析。

因为大多数渗碳模拟的初始组织为均一的奥氏体组织，通常不需要在初始条件中指定扩散元素与组织分布。然而，部分奥氏体化或溶解的情况，组织与元素分析信息可从加热/奥氏体化与析出物溶解耦合分析结果中导入。

渗碳模拟过程的主要边界条件是工件表面的传质系数（MTC）。对于低压渗碳模拟可能有必要对其表面饱和（过饱和）度进行定义。通常，由于表面原子键的缺乏，表面饱和度和体积溶解极限值间会有差异。MTC 并不像换热系数（HTC）那样敏感，可以通过优化计算对碳含量模拟值与试验值拟合得出，或者在渗碳过程中通过热重试验得出。

扩散元素的扩散系数是扩散模拟中需要定义的最重要的材料属性。尽管扩散系数通常仅仅定义为与温度相关的函数，但在一些情况下还需要定义其与自扩散或联合扩散元素分布的关系。在基于热力学活度的扩散模型下，需要定义 Henry 活度系数与温度的关系。对于多元素扩散的情况，为了计算热力学运动，还需要定义 Wagner 交互作用。对于析出过程模拟，计算中还需要输入析出物的溶解极限以及其计量方式。如果析出量随时间的变化不可忽略，在计算中还需对其析出动力学进行定义。

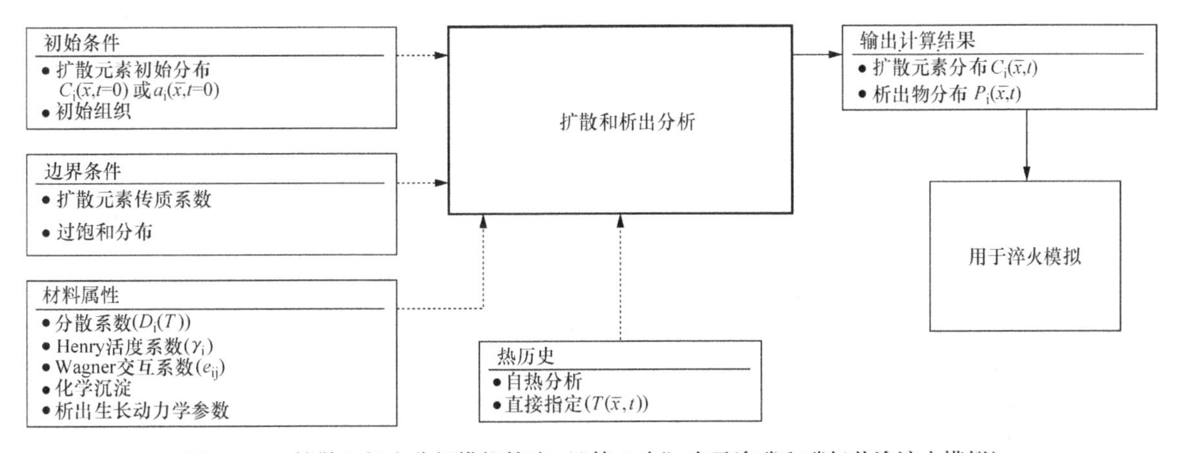

图 4-141　扩散和析出分析模拟策略（“第 0 步”表示渗碳和碳氮共渗淬火模拟）

（3）感应淬火模拟　感应淬火模拟可以简单通过在淬火模拟前添加一个感应淬火分析的初始步（“第 0 步”）实现，初始感应加热步用于计算工件的初始温度分布。这一过程可以通过一些专用的热处理模拟软件实现（如 DEFORM、SYSWELD、SIMUFACT 等）。但是，通常这一过程是通过具有热－电磁耦合分析模块的软件实现的（如最新版本的 ABAQUS、ANSYS、COMSOL 及 MSC. Marc）。采用专用电磁模拟软件也比较常见，如 ELTA 与 FLUX。

这一过程通过弱耦合分析将时间相关的温度分布或者功率密度导入加热模拟中实现。这一耦合过程忽略了潜热的影响，认为潜热小于涡流产热。

对于边界条件定义，电磁模拟的输入参数（线圈电流、线圈几何、感应频率等）比较容易控制并且具有较低的不确定性，这使得工艺具有可重复性并且容易进行模拟。

感应加热模拟所需的典型材料参数有热性能（热导率、比热容、密度）与电磁性能（磁导率、电导率或电阻率）。对于单向耦合模拟策略，组织与化学成分相关的电磁与热物理性能通过只考虑温度相关的磁性能间接进行耦。研究结果显示，对于感应淬火过程模拟，这种方法能够得出足够准确的模拟结果。

4.5.3　材料数据

在具体介绍热处理模拟所需材料数据、获取方式以及数据源前，首先有必要对钢材热处理模拟文献中经常使用/错用的一个名词“相”进行澄清。在本小节中，组织组成如铁素体、奥氏体、珠光体、贝氏体、马氏体以及回火马氏体都被简称为相。确切地说，这种说法是错误的，因为珠光体、贝氏体以及回火马氏体是铁素体与渗碳体具有不同形态的相混合物。然而，为了简洁以及与其他文献对应，本文继承了这种不恰当的说法。

1. 通用方法

如表 4-18 所示，钢材热处理模拟需要大量的材料性能数据，包括一系列热物理、热化学、热力学以及相变性能。大部分材料性能都要针对每一个组织组成相进行定义，并表述成与温度相关的函数，这使得数据库的规模更为庞大。对于诸如渗碳与碳氮共渗这类化学热处理模拟，材料性能还需要表述成与扩散元素分布相关的函数，这使得模拟所需的材料数据更为庞大。

表 4-18 一些热处理工艺模拟所需的材料性能参数

性能	热处理工艺					
	加热	整体淬火	渗碳	碳氮共渗	感应淬火	回火
密度	+	+	+	+	+	+
热导率	+	+	+	+	+	+
比热容	+①	+①	+①	+①	+①	+①
相变焓	+①	+①	+①	+①	+①	+①
焓	+①	+①	+①	+①	+①	+①
杨氏模量	+	+	+	+	+	+
泊松比	+	+	+	+	+	+
热膨胀率	+②	+②	+②	+②	+②	+②
相变应变	+②	+②	+②	+②	+②	+②
热应变	+②	+②	+②	+②	+②	+②
流变曲线	+③	+④	+④	+④	+④	+③
蠕变曲线	+③	+④	+④	+④	+④	+③
TRIP 常数	-⑤	+	+	+	+	-⑥
相变参数	+	+	+	+	+	+
电导率	-⑥	-	-	-	+	-
磁导率	-⑥	-	-	-	+	-
扩散系数	-	-	+	+⑦	-	-
活度系数	-	-	+⑧	+⑧	-	-
交互系数	-	-	-	+⑨	-	-
溶解度	-	-	+⑧	+⑨	-	-

① 如果软件采用的是基于能量的热传导公式，需要同时定义热焓而不是比热容和相变焓。

② 如果软件使用的是基于热应变的模型，需要同时定义线胀应变而不是热胀系数和相变应变。

③ 对于缓慢加热以及回火工艺，应力回复需要采用黏塑性（蠕变）材料模型而不是弹塑性模型，因为此时应力一般在屈服点以下。黏塑性模型参数通常由蠕变曲线（蠕变应变速率 - 时间）或者应力松弛试验（应力 - 时间）获得。

④ 对于快速加热与冷却工艺，弹塑性材料模型（屈服发生在屈服强度以上）相对于黏塑性材料模型其模型参数确定需要更少的试验数据，因而采用该模型将更方便。大多数热处理模拟软件需要以表格的形式输入与温度以及应变速率相关的各相流变曲线（应力 - 塑性应变）。

⑤ 尽管最初一些相变诱导塑性模型忽略了奥氏体化过程中的 TRIP 效应，最近一些对带状偏析钢奥氏体化过程的研究中明确阐述了其重要性。因此，如果软件支持 TRIP 定义，在加热工艺模拟时需要考虑该因素的影响。

⑥ 由于均匀析出过程中体积变化很小，中低碳钢尤甚，此时碳析出导致的 TRIP 应变可以忽略。然而，对于高碳钢以及回火过程中发生残留奥氏体向贝氏体或马氏体转变时则需要考虑其影响。

⑦ 碳氮共渗模拟中碳和氮的扩散系数需要定义为共同扩散元素成分的函数，这样更加贴近实际。

⑧ 仅适用于对扩散与析出过程采用基于热力学活度模型的热处理模拟软件。

⑨ 仅适用于两个及以上元素扩散模拟的情形，如碳氮共渗。此时需要采用基于活度的模型。

如果热处理模拟软件材料数据库中不包含所需材料的数据，这些材料的性能数据必须通过以下任意一种方式获取，每种方式都有各自的优缺点。

试验测试是获取所需材料性能数据最为可靠的一种方法。在这种情况下，测试试验需要在所要模拟工艺过程的特定条件下进行。然而，这种方式既昂贵又费时间。此外，只有部分所需材料性能可以在标准实验室测定，一些其他性能测试需要相关专业知识以及特殊的仪器，比如物理模拟试验机与原位 X 射线衍射（XRD）系统。目前，由于技术手段的缺乏，一些材料的性能数据仍无法通过试验直接测定。这些材料的性能通过由测试数据外推或者反算技术获得。

如果可能的话，从已有文献中搜集数据是最简单与经济的方法之一。对于大部分未集成于热处理模拟软件中的钢，这种方法并不适用。数据可能不存在或者需要从一些不同的地方搜集。这时数据的可靠性可能会存在问题，即使不存在问题，获取数据的试验条件可能和实际应用之间存在显著的差异。例如，热锻模拟所采用的流变曲线通常在较大的应变与应变速率下获得，这些流变曲线数据并不适用于热处理模拟，因为热处理过程中的应变速率通常很小，对其而言流变曲线中应变在 1% ~2% 间的数据精度比获得大应变范围流变曲线数据重要得多。从不同来源搜集数据存在的另一大问题是搜集的数据可能不相匹配，从而造成“Franken 材料”的出现。

采用经验模型计算获得所需数据是创建材料数据库最为简单与廉价的方式。材料性能经验模型往往存在偏差，这要求在应用时采用统计建模技术进行修正，如回归分析、人工神经元网络以及基因算法。这些模型实际应用中需要大量来自受训模型的数据，而实际可能并没有如此多的数据支持。此外，当需要通过模型进行外推时，这些技术并不能确保最终结果的质量，因为实际钢材的化学成分超出了受训数据的范围。

如果所针对的材料性能拥有相关物理模型，采用具有物理基础的模型相对于经验模型是一个更好的选择，这样保证了模型外推时获得结果的质量。此外，具有物理基础的模型所需的参数数量将显著减少，而且这些参数是一些物理量，而不是拟合常量。不幸的是，热处理模拟所需的材料性能只有极少数能通过全物理模型进行表示。大多数模型介于经验与物理模型之间。例如，一些经验模型的数学表达式可以在物理上进行解释，从而在超出预期的条件下可以得出相对可靠的结果。另外，一些物理基础的模型的某些物理参数不能直接通过试验加以确定，这些参数通过反演技术拟合得出。在这种情况下，这些物理参数应该被当作拟合参数对待，它们降低了物理模型相对于经验模型的优势。这种方法也常常是物理模型的一种误用。

微尺度模拟，如分子动力学、密度泛函理论、相场法、元胞自动机法或微观力学模拟，可以看作是物理模型的一种高级应用。对于这种方法，由于物理模型比较复杂，无法通过解析法处理，只能通过数值方法求解。这种方法的一大优势是求解过程中无须经过解析法的大量简化处理，并且可以在计算中考虑更多的物理因素。尽管这种方法有比较大的发展前景，但其离工程实践应用还很远。另外，大量的计算需求也有可能使这种方法无法得到实际应用。

正如前面所讲述的一样，对于热处理模拟所有所需数据的获得还没有一种真正简单的方法。通常需要通过多种方式才能获得一套完整的数据。热处理模拟材料数据创建的一种智能方法是通过计算机模拟对材料参数进行敏感性分析。根据热处理模拟的预期（高精度/低精度结果，或者只要求定性结果），对于敏感参数采用高精度的获取方法，而低敏感的参数采用简单的获取方法。

不管采取哪种数据获取策略，搜集到的数据必须转换为热处理模拟软件的格式。一些商业热处理模拟软件拥有处理试验数据的模块，这将有助于进行数据转换。即使材料数据是经过专业人员获取与创建的，建议仍需对该材料数据通过标准试验进行验证与校核。其中验证与校核策略将在本章 4.5.5 小节具体讲述。

对于局部淬火、渗碳以及感应淬火模拟材料数据的创建案例详见 Acht 等人、Luetjens 等人以及 Schwenk 等人的文章。

2. 密度、热胀系数、相变应变

密度是热 - 冶金场、热 - 力场以及热 - 电磁场控制方程中的一个基础物理性能参数。质量以及其与温度和组织的关系分别与热胀系数以及相变应变相关。在准静态分析中，热 - 力场控制方程中并没有密度参数，但是它通过热应变与相变对其产生显著作用。密度及其热力学对应参数（热胀系数、相变应变）是热处理模拟中变形与残余应力预测的高敏感度材料参数，应该通过尽可能精确的手段确定其参数值。

室温密度测量可以简单地通过阿基米德方法实现。然而，真正的挑战在于高温单相密度的确定。高温密度信息通常通过参考温度（通常为室温）的密度测定值与淬火膨胀仪在加热冷却循环中材料线膨胀的测量值组合确定。然而，如果材料的线膨胀是各向异性的，这种方法可能会得出错误的结果。因为大部分膨胀仪仅仅测量的是工件的长度或者直径。

相变应变通过参考温度下的密度或者温差进行计算。因此，应该采取精度相对较高的方法进行确定。高精度室温密度测量通常比膨胀仪测得的热应变差更为精确。

渗碳模拟热应变的确定通常需要进行特殊处理，因为标准膨胀测试中无法进行原位渗碳处理。因此，需要首先对工件进行渗碳处理并对其进行膨胀试验。

然而，此方法需要进行特殊校核，因为膨胀曲线只给出了工件相对初始长度的相对长度变化，而未考虑渗碳过程的长度变化。

原位高温 XRD 是另一种可用于测定密度与热胀系数的方法。这种方法只能应用于单相材料，而不能用于相混合物，如珠光体与贝氏体。相混合物的密度可以通过所测量的单相铁素体与渗碳体的密度以及体积百分数通过线性混合规则求得。然而，这种方法相对于膨胀测量方法更加复杂，极少会应用于热处理模拟高温密度或热胀系数测定中。Jablonka 等人的研究是一个很好的例子。

密度、热胀系数以及它们与温度的关系也可以通过从计算理论密度计算方法获得。目前在工程角度，热处理模拟中应用最为广泛的是基于热力学的物理性能计算方法。商业型软件 JMATPRO 能够对相关数据进行计算，其采用的主要方法见参考文献［128，130，131］。然而，热处理模拟研究报道中仍旧缺乏对高质量试验与计算所得数据的模拟结果的详细比较。因此，通过计算所得数据的影响仍然是个未知数。

3. 比热容、潜热、热导率

比热容通常通过量热技术如差示扫描量热法（DSC）与差热分析法（DTA）获取。DSC 的精度一般比 DTA 要高，但其需要配备特定的设备才能在高于650℃（1200℉）的条件下进行测试，这使得常规 DSC 设备无法适用于钢的热处理模拟。潜热可以通过计算相变范围内 DSC 曲线以下的面积获得。

对于采用热焓法的模拟软件，热焓数据可以通过在设定热焓为零的参照状态下（通常为室温下的初始组织）沿着加热－冷却曲线对比热数据进行积分获得。

比热容、潜热以及热焓是基础物理变量，它们可以通过热力学方法比较精确地计算得出。从头计算方法和分子动力学也可以用于计算这些性能参数。然而，据本文作者所知，这些方法还未能应用于钢热过程模拟的热物理参数计算。

热导率可以通过任意一种标准方法获得，包括稳态法与瞬态法。此外，闪光导热仪可以有效地应用于特别是高温下的热导率的测量。闪光导热法可以测量材料的热扩散率，进而可以根据测试温度下钢材的密度与比热容计算出其热导率。

和比热容类似，单相的热传导系数也可以通过热力学物理性能计算得出。已有的热处理模拟研究报道中并没有给出热导率计算值影响的全面研究，但是初步结果似乎显示了其准确性。

最后，这些数据也可通过文献搜集获得。同一钢种的热物理性能的差别并不大。采用相似钢材的数据对模拟结果并没有显著的影响。参考文献［192，193］为该调查研究开了一个好头。

4. 电导率、磁导率

电导率可以在恒定电流密度下通过测量设定长度试样的压降进行确定。由于电导率与试样长度以及截面面积相关，其测定结果需要根据材料的热胀数据进行修正。电导率可由一个经验公式表示，该经验公式根据钢材的化学成分采用参考文献［193］中的数据推导而得。

电导率同样可以通过热力学物理性能计算方法计算得出。然而，对于感应淬火模拟，采用计算出的数据相对于测量数据的影响仍未可知。

磁导率以及其与温度和外加磁场的关系可以从磁滞损耗测试数据中提取获得。通常磁导率测试是在室温下进行的，高温测试需要在特定的设备下进行。提取方法并不固定，可对参考文献［124，196－198］中的一些案例进行参照。

JMATPRO 软件同样拥有温度与组织相关的钢磁导率计算的特定模块，其采用的方法依据是室温下的单相磁导率以及磁导率与硬度的关系。然而，具体处理细节仍未公开发表，只出现在一些软件内部文档中。不管如何，这种方法并不能考虑磁场非线性，即相对磁导率与所施加磁场强度的关系。

5. 扩散系数

碳在奥氏体中的扩散系数与温度紧密相关（$D=D(T)$），通常采用 Arrhenius 形式的方程进行表示。碳的扩散系数还与碳含量相关（$D=D(T,C)$），这样处理有助于更加切合实际的渗碳过程模拟。总体来说，扩散系数与钢的化学成分相关，包括置换元素，如 Cr、Ni、Mo 等。然而，据本文作者所知，在对变形与残余应力的热处理模拟中，这一影响目前还没有被考虑过。

在低浓度固溶体中，与自身含量相关的原子扩散系数可以在不同条件下通过扩散通量与相应的碳含量测定值确定。最常用的方法包括稳态法、Boltzmann－Matano 法和直接通量积分法。不管哪种方法的求解过程都需要一些专业知识，并不能简单实现。

对于多元素扩散并伴随析出反应的情况，如碳氮共渗过程，碳与氮的扩散系数还应与共同扩散原子的含量相关。常用的多相扩散与析出处理方法可参考 Fortunier 等人的文章。

扩散系数还可以通过第一原理计算获得。然而，热处理相关的文献报道中还没有扩散系数计算值的应用研究。

渗碳模拟中预测变形与残余应力的一般办法是

采用碳含量相关的扩散系数进行计算，这些扩散系数数据可以从文献或者如 THERMO - CALC、DICTRA、PANDAT 与 MATCALC 材料数据库软件中获得，并且通过扩散通量的拟合直到试验测量的碳含量与模拟结果相吻合。

6. 相变模型参数

相变参数对钢材热处理模拟结果的质量有着非常大的影响。组织、性能变化、畸变与残余应力的准确预测的前提是要提供给模拟软件高质量的相变数据。尽管对于高温合金或钛合金锻压件的淬火模拟其相变影响通常可以被忽略，但对于钢热处理模拟相变因素是不可或缺的，去应力退火除外。在某些情况下，回火过程中应力回复与变形模拟也可以不考虑相变影响，而采用黏塑性材料模型进行。如果材料进一步不发生贝氏体或马氏体转变，这种处理办法是合理的。

（1）试验测试技术概述　原则上，相变温度及其演变可以通过跟踪任意具有组织敏感性的物理量测量数据获得。密度、热流、电阻率以及声音传播速度是进行相变研究的一些常用物理性能。此外，相变还可以直接通过原位 XRD 技术进行研究。然而，除了少数例外情况，这些技术的绝大部分没有被广泛应用于钢材热处理模拟材料参数的确定中。在对不同方法简短回顾后，本部分将集中对一些传统方法进行介绍。

确定热处理模拟中相变模型最常用的方法是膨胀测量法，该方法用于对热处理过程中试样长度或直径的变化进行测量（有时两者都测量，需借助特殊设备）。差示扫描量热法以及 DTA 测试是另外两种常用的方法，它们更加适用于进行析出反应研究，如回火过程中碳化物的析出。因为碳化物析出所导致的体积变化非常小，以至于无法通过膨胀法进行测定。而通过 DSC 对析出过程产生的热流测定的精度相对于膨胀仪对体积变化测定，其精度更高。追踪回火过程析出反应或者奥氏体化过程中碳化物溶解过程的另一种方法可以通过电阻率的原位测试实现。因为电阻率对与溶质浓度的敏感度比其他方法测定的属性更高。

原位 XRD 同样可以应用于直接进行相变与析出动力学测定。在热处理模拟文献中有一些原位 XRD 的学术应用报道。其中一篇研究采用在传统衍射仪附加一个环境试验炉的方法以确定滚珠轴承钢加热时的碳化物溶解动力学。然后，该研究中试验确定的参数被用于后续热处理模拟研究中。在另外一篇研究中，研究者通过同步辐射方法对滚动轴承钢淬火过程中带有自回火效应的马氏体相变动力学进行了测定。

最后，非接触激光超声波是一种具有前景的相变研究方法。然而，该方法所需的设备成本很高并且几乎无法获得。这一技术目前仍离工程实践应用较远。

（2）临界温度　热处理过程中组织演变模拟的第一步是确定不同相变发生的温度区间。这些温度区间通常以临界温度为界，比如马氏体转变开始温度（Ms）、马氏体转变结束温度（Mf）、贝氏体转变起始温度（Bs）、奥氏体转变起始温度（Ac_1）、奥氏体转变结束温度（Ac_3）。这些温度可以直接从膨胀试验结果、等温/时间 - 温度转变曲线（IT/TTT）、时间 - 温度奥氏体化转变曲线（TTA）、连续冷却转变曲线（CCT）或者连续加热转变曲线（CHT）中提取得出，或者可以通过热力学计算或经验模型计算得出。

文献中对如何确定临界温度与化学成分的关系提出了一些建议。其中一些基于热力学计算；另外一些基于数据统计分析的纯唯象表达式。对于工程实践，大部分临界温度还可以通过相图计算（CALPHAD）软件获得，如 Thermo - Calc、Pandat 或 Jmatpro。

（3）动力学模型参数　组织演变模拟的下一步是确定相变的动力学参数。对于扩散控制类型的转变，其转变动力学至少与实际转变分数、温度以及加热/冷却速度相关。商业热处理模拟软件提供了许多相关模型。另外，模型所需的数据可以从膨胀试验结果、TTT/CCT/CHT 曲线中提取得出，或者通过经验性或基于热力学/动力学理论的方法计算得出。

获取相变数据最简单的方法可能是从著名热处理图谱中包含的 TTT/CCT 或 CHT 曲线中提取，如参考文献［221 - 226］。然而，某种特定情况下的数据可能不在其中，或者图谱中只总结了某个极为不同的条件下的 TTT/CCT 曲线。从 TTT/CCT 曲线提取相变参数的另一个问题是这些曲线一般只包含了用于拟合的相变开始（1%）与结束（99%）的数据点。因而，这些点中间的相变行为被认作是完全遵循动力学方程的。另外，从等温或连续冷却膨胀试验结果进行相变模型参数拟合允许在整个转变范围内进行。

最后，转变曲线提取这种方法也没有办法考虑在不同钢材供应商条件下钢材化学成分的影响，甚至同一钢厂不同熔炉钢液之间差别的影响。对于加热模拟，CHT 曲线的应用更少。一方面，CHT 曲线很少出现在公开文献中；另一方面，CHT 曲线对钢材初始组织依赖很大。初始组织会影响化学成分以及后续轧制工艺的热力学过程。轧机轧制过程与钢材生产商以及最终半成品的尺寸与形状（棒状、方块状、板状等）紧密相关。因此，对于热处理模拟，奥氏体化动力学参数提取最好通过对不同加热速率下膨胀试验进行。

从试验角度看，淬火膨胀仪比较常见，并且测试费用比较便宜。此外，对于相变动力学膨胀试验测试已有相关标准与指南。因此，如果需要获得更高的热处理模拟预测精度，强烈建议采取试验测试数据确定相变动力学参数。

对于马氏体相变，其转变动力学参数同样可以采用 *Ms* 与 *Mf* 获得。*Ms* 与 *Mf* 可以从 TTT/CCT 曲线或一些方法计算得出。然而，TTT/CCT 曲线中并不总是包含 *Mf*，并且几乎没有相关的模型可用于计算 *Mf*。和扩散型相变一样，只采用两三个数据点进行参数拟合并不能真实地反映马氏体相变的演变过程。采用膨胀测试数据不仅可以获得完整转变行为的拟合参数，而且可以检验出转变过程是否可以通过所选模型进行建模。Koistinen - Marburger（K - M）模型是钢材马氏体相变过程建模最常用的模型。然而，也有报道显示对于一些钢种，K - M 模型并不适用。针对这一问题，参考文献［51，161，231，232］中也提出了一些其他替代模型。

如果需要考虑应力与预变形对相变动力学的影响，需要通过应力膨胀仪、变形膨胀仪或物理模拟试验机进行试验研究。这些仪器相对于淬火膨胀仪比较少见。原则上，测试搜集的数据会图形化显示于应力 - TTT/CCT（S - TTT/S - CCT）曲线中。然而，目前这些曲线还未在公开文献中发表过。总之，其数据提取策略还未标准化，并且与所采用的应力/塑性应变影响模型相关。

7. 弹性性能

热处理过程中内应力演变模拟精度对弹性性能比较敏感。对于残余应力与畸变预测，室温弹性性能的数值相对高温数值更为重要。然而，对于淬火裂纹分析，此时内应力的演变要重要得多，因而弹性性能的精度对结果的影响也更为显著。

固体的弹性性能，如体积模量与剪切模量，可以通过许多方法进行确定。其中最常用的方法是力学测试，如拉伸试验、压弯试验或扭转试验。还有其他一些技术，包括仪器压痕试验、超声试验以及谐振频率与阻尼分析（RFDA）试验。

对于热处理模拟，通常在大温度范围内对不同的相进行拉伸试验以确定其杨氏模量。拉伸试验通常在物理模拟机上进行，如 Gleeble、TA/Baehr 以及 MTS 系统。热物理模拟试验机支持在较高的加热/冷却速率下进行热力学试验。尽管高温拉伸试验有一些执行标准，但这些标准并没有专注于如何确定弹性性能。ASTM E111 - 04 对如何确定弹性模量进行了说明，但是这部分内容针对的是常规拉伸机室温试验测试，并不涉及物理模拟试验机试验。物理模拟试验机拉伸试验可以获得高质量的模量数据，但需要通过高精度应变测量技术对应力应变曲线起始部分单独进行测试设置。一些针对热处理模拟材料数据建立的物理模拟试验机拉伸试验应用可见参考文献［124，180，182］。

对于传统测试系统以及物理模拟试验机，确定泊松比同样是个挑战。如果需要精确测定，试验系统必须配备允许轴向与周向应变测定的高精度应变测量系统。对于物理模拟试验机而言，目前具有如此配置的系统非常有限。

确定高温弹性属性的另一大难题是如何区分应力应变曲线的线性部分，造成此问题的原因是材料在超低应力下的黏性流变。这一现象对于低应变速率（$10^{-4} \sim 10^{-3} s^{-1}$）更为明显，而这正是热处理过程的典型应变速率。一个解决办法是在高应变速率下进行弹性性能测定试验以抑制黏塑性效应，从而使线性区域更加明显。然而，该系统还必须在试验中支持较高的取样速率，从而在较短的测试时间内提供足够多的具有统计意义的数据。

对于确定材料杨氏模量与泊松比数据，特别是其高温数据，RFDA 是一项很有前景的技术。此项技术通过对小锤敲击工件所发声音去卷积实现。这是一个测量动态弹性性能的方法。然而，对大部分相关材料，其动态与静态弹性模量之间的差异小于 1% ~2%，这个差别比静态拉伸试验的误差还要低。对于室温测试，此方法试样设置简单并且测试费用低。此方法同样适用于高温试验，只需要将测试系统嵌入一个加热炉即可。对于热处理模拟而言，这个系统最大的劣势在于当前商业系统的加热与冷却速率无法与物理模拟试验机相比。然而这些工程问题日后可能会得到解决。

非接触式激光超声是另一项对于弹性性能测定具有发展前景的新技术。这种方法也可以集成于物理模拟试验机中。然而，这样的系统仍比较少见并且价格昂贵。据本文作者所知，到目前为止，此项技术仍未在热处理模拟研究中得到应用。

除了试验测定方法外，材料各相的弹性性能及其与温度的关系可以通过第一原理计算得出，因为材料弹性性能是具有明确定义的物理量。然而目前在热处理模拟中还没有此类方法应用的研究报道。

另一类计算方法是基于热力学物理性能计算实

现的。固溶体的弹性性能采用纯相的弹性性能以及相互作用系数计算而得。然后，采用均匀化（匀质化）方法可以计算得出混合相的弹性性能。这个方法目前已集成在 JMATPRO 软件中。和其他计算得出的材料性能一样，其对热处理模拟结果的整体影响还没有经过量化研究。然而，由于测试试验的复杂性以及高温弹性性能对畸变与残余应力的不敏感性，在目前看来这些方法似乎是最简单的解决办法。

8. 弹塑性/黏塑性性能

目前热处理模拟所采用的材料模型可以分为两大类：弹塑性和黏（弹）塑性。其中主要区别在于对屈服与流变速率处理的不同。在弹塑性模型下，只有应力状态超出临界应力（屈服应力或流变应力）的情况下材料才会发生永久变形（非弹性）。然而，对于黏（弹）塑性模型，时间与变形速率相关的非弹性变形可以在任意应力下发生，而不存在一个严格的临界值。在低应力下，蠕变是黏塑性现象最简单的形式。

尽管弹塑性和黏塑性都可以定义为与应变速率相关的模型，但黏塑性模型本质上是与应变速率相关的，而弹塑性模型只能通过将屈服强度与流变曲线表示为应变速率的函数才能间接地考虑应变速率的影响。尽管可将相关数据表示为应变速率的函数，但弹塑性模型无法描述低于屈服极限时应力松弛过程。

热处理模拟中对弹塑性模型和黏塑性模型的选择取决于实际应用。原则上，通用黏塑性模型适用于任意弹塑性模型应用的场合。然而，应变速率无关的弹塑性模型在热处理模拟中应用最为频繁。因为对于黏塑性与应变速率相关的弹塑性模型而言，其数据获取需要大量的试验并且其评价过程更为繁琐。

参考文献［31，238－240］针对黏塑性模型在热处理模拟中的实现过程与应用进行了研究。这些模型主要针对的是存在缓慢冷却/加热或应力松弛过程的热处理模拟，此时在长时间的高温作用下黏滞效应变得尤为显著。不管是预测炉内加热或炉冷下的变形，还是预测回火过程的变形与应力松弛，都需要采用黏塑性模型。

屈服强度与流变曲线是弹塑性模型的基本材料数据。屈服强度决定了材料何时发生永久变形，流变曲线（应力－塑性应变曲线）决定了材料的硬化性能。原则上，这些性能数据可以通过不同的相进行高温拉伸、压缩或扭转试验获取。采用物理模拟试验机进行高温拉伸与压缩试验是热处理模拟中获取材料流变曲线最常用的手段。在高冷却速度与高精度控制下，物理模拟试验机也可实现对亚稳态奥氏体流变曲线的测定。对于亚稳态奥氏体测试，首先工件在物理模拟试验机中加热至奥氏体化，然后淬火至相应的测试温度，并在奥氏体分解前进行测试。具体的试验案例可参照 Acht 等人、Eriksson 等人以及 Schwenk 等人的文章。

Simsir 等人对先前的方法进行了扩展并通过等温循环拉压试验对循环加载下传统淬火模型的适用性进行了研究。钢在淬火过程中，工件中的某一位置呈现出循环拉压的状态，因此在材料建模中需要考虑循环载荷下的应力－应变关系。研究结果显示，商业热处理模拟软件普遍集成的基于传统各向同性与线性随动淬火规则只能部分反映亚稳态奥氏体的循环淬火性能，要实现这一性能的精确模拟需要更为复杂的非线性随动硬化规则。

Akerstrom 等人采用非等温压缩试验对工件在冷却过程中进行压缩对亚稳态奥氏体的流变曲线进行测定。等温流变曲线可以通过非等温试验的力－位移数据反算分析确定。这一方法可以显著减少试验数量，并且可能更适用于具有低淬透性的钢材。当珠光体/贝氏体鼻尖附近转变时间较短时，即使采用物理模拟试验机也无法进行相关试验。

黏塑性模型参数通常采用蠕变试验进行测定。记录工件在不同应力等级下伸长率随时间的变化，测试结果通常以应变速率与时间的图表表示。最简单的蠕变模型只考虑上述曲线的线性部分，对应于蠕变过程的稳态区域，并建立稳态蠕变速率与施加应力的关系。例如，Norton－Hoff 蠕变模型具有两个参数，其参数值可以通过测试数据拟合确定。Norton－Hoff 模型可以通过两个额外参数的反向应力项进行扩展以提高其模型精度。根据模拟软件所集成的黏塑性模型的不同，数据拟合的复杂性也可能存在差异。理论上，黏塑性模型参数也可以通过不同应变速率下的应力－应变曲线拟合确定，但这一方法并不常用。

Hunkel 等人在连续加热过程中采用混合蠕变、相变诱发塑性（TRIP）以及各向异性相变应变（ATS）试验对 SAE 5120 钢奥氏体化过程进行了研究，并对研究中确定蠕变模型参数所采用的复杂方法进行了解释。

对于非试验手段获取数据的方法，常规文献数据几乎不适用于热处理模拟，因为其中大部分可用的高温流变数据都是针对金属成形建立的。对于金属成形模拟，流变曲线需要建立至较高的应变。而对于热处理模拟，低应变下（1%～2%）的流变曲线精度更为重要。此外，金属成形数据并不是针对每个相单独创建的，并且所用数据通常在热成形范围内（稳定奥氏体相）。最后，流变曲线中没有贝氏体与马氏体组织的相关数据，因为热处理后出现的这些组织实际在金属成形中并不常用。

最后，最新一项研究进展可以通过半经验公式实现屈服强度与流变曲线的计算。该方法在计算屈服强度时考虑了应变硬化、析出强化、固溶强化以及粒子强化的影响。目前 MATCALC 具有这一功能，因为它可以对组织进行预测。据本文作者所知，DICTRA 目前在针对类似功能进行开发。另外，可以通过简化考虑应变硬化与蠕变的交互作用进行流变曲线计算。JMATPRO 除了可以通过热软化计算温度相关的屈服强度外，还可以通过此方法实现单相（奥氏体、铁素体、珠光体、贝氏体与马氏体）流变曲线的计算。根据本文作者对该软件的使用经验，在一些情况下软件计算出的流变曲线与试验测定的数据非常接近，但也存在一些具有显著差别的情形。这一方法似乎具有很好的发展前景，但在得到模拟设置的可靠应用前还需要得到进一步的改进。

9. 相变诱发塑性

对于热处理变形、残余应力以及内应力演变预测，相变诱发塑性是材料模型中重要的非弹性变形项。尽管相变塑性的影响与热处理过程以及过程状态相关，热处理学会已经对钢热处理过程中涉及密度显著变化的相变模拟需要考虑相变塑性达成了共识。

文献中有许多相变塑性模型，其中一些已经在商业热处理软件中得到了应用。相变塑性系数（K）是相变塑性模型的主要参数。当前一些软件可以根据一些模型通过相变膨胀试验数据、奥氏体屈服强度，有时也包括母相的屈服强度，计算出相关相变塑性系数。但是大部分软件同时提供了手动指定选项。对于后一种方法，相变塑性系数必须通过试验方法确定。

这些试验需要在应力膨胀仪或配备高精度应变测量系统的物理模拟试验机上进行。通常试验法确定 K 值的过程包括在施加不同应力下进行等温应力膨胀测试。测试可以在拉伸或压缩条件下进行。相对非应力条件下转变产生的额外长度变化被称作为相变塑性大小。相变塑性系数可以通过应力与相变塑性大小关系图的回归线斜率进行确定。马氏体相变塑性系数的确定采用了相似的策略，只不过将等温试验替换为非等温试验。对于高碳或高合金钢，这一过程可能需要应力膨胀仪（或物理模拟试验机）具有在低于0℃条件淬火的能力，因为此时 Mf 可能大大低于室温。除此之外还有一些其他更为复杂的方法，其中涉及对相变塑性应变与相转变分数关系图的分析，这些内容已超出了本部分的讨论范围。参考文献［180，247－252］中有丰富的应用案例，并对相关细节进行了描述。

4.5.4 工艺数据

精确的热处理模拟除了需要高质量的材料数据外，还需要高质量的工艺数据，用于有限元模型的边界条件定义。尽管在商业热处理软件中进行工艺参数定义及其简单，但是一些输入参数的确定，如淬火与化学热处理中的换热系数（HTC）与传质系数（MTC），仍是具有挑战性的任务。不幸的是，这些参数对模拟的准确度具有很高的影响，必须尽可能精确地对其进行确定。

本小节将对现有的工艺参数确定方法进行简短的总结。在众多工艺参数中，HTC、MTC 以及感应淬火工艺参数（线圈电流、频率、加热时间）被选作具有大影响的参数。为了简略起见，本小节的范围仅局限于这些参数的讨论。在这些参数中，HTC 具有特殊地位。因为对于绝大多数包含淬火过程的热处理变形预测，HTC 通常是影响最大的参数。因此，本小节的大部分内容将会致力于讨论 HTC 的相关确定方法。

1. 换热系数

可靠的热处理模拟需要相关描述冷却过程中发生的热处理现象的方程与参数。表征冷却介质吸收热量能力的典型物理量有换热系数（HTC）和热流（HF）。

热交换随着表面温度的变化而显著变化，在可汽化介质（油、水、高分子溶液）浸入式淬火过程中表现尤为明显。此外，热交换通常在工件的整个表面并不均匀。真实淬火模拟必须将热边界条件（HTC 与 HF）处理为表面温度与局部位置的函数。在一些过程中 HTC 还有可能与时间相关，例如高压气淬的充气阶段。

尽管从参考文献［253－257］中可以获得 HTC 函数的平均值，但是由于畸变、淬火裂纹以及残余应力对随表面温度与位置变化的 HTC 具有很高敏感度，使得这些数据的应用比较有限。

热处理模拟中的换热系数函数可以通过试错法、数学反算技术或者计算流体力学（CFD）模拟方法获取。毫无疑问，试错法的过程比较繁琐，但对于可以忽略温度相关性的情况，这种方法对于 HTC 的获取可能比较适用。尽管如此，在无法较好地对 HTC 函数进行初步预估的情况下，该方法并不适用于浸入式淬火工艺。因为该方法是完全探索式的，本部分将不予以讨论。

对于其他的方法，本部分只进行一个简短的总结。因为已经有一些相关主题的优秀文章可供参考。MacKenzie 和 Banka 对所有的 HTC 确定方法，包括 CFD 模拟方法，进行了细致的评述。Liščić，Tensi 和 Liščić，以及 Totten 等人对一些标准和常规的技术进行了回顾。此外，Wallis 的相当一部分文献回顾主要针对的是 HTC 确定方法在工程中的应用案例。

2. 反传热技术

（1）反传热问题（IHCPs）　该方法基于温度测量从而对热加工过程物理问题中的未知 HTC 进行预测。因此，与经典直接传热问题给定原因（边界 HF 或 HTC）确定结果（工件温度演变）的模式不同，反问题涉及根据影响结果对造成的原因进行预测。IHCPs 的求解具有一定的难度。在数学上，IHCPs 属于一类称作不适定问题，而标准传热问题属于适定问题。适定问题在输入参数微小变化时倾向于具有唯一稳定的解。

反传热问题解的存在可以通过物理推理确定。例如，如果瞬态问题中测量的温度值发生变化，可以预测出其中存在的具有因果关系的特征，如边界热流。另外，反问题解的唯一性只能在某些特定情形下通过数学方法验证。还需要注意的是，反问题对输入数据的随机测量误差非常敏感，需要采用特殊的技术使解保持稳定。

反问题的目标是找出引起测量到的温度信号的合适的热边界条件。大部分用于确定 HTC 或 HF 的交互型数值方法是基于最小二乘余量（S）的最小化算法。最小二乘余量表示的是交互过程中记录的冷却/加热曲线与采用预估的热边界条件计算值之间的差异，如图 4-142 所示。

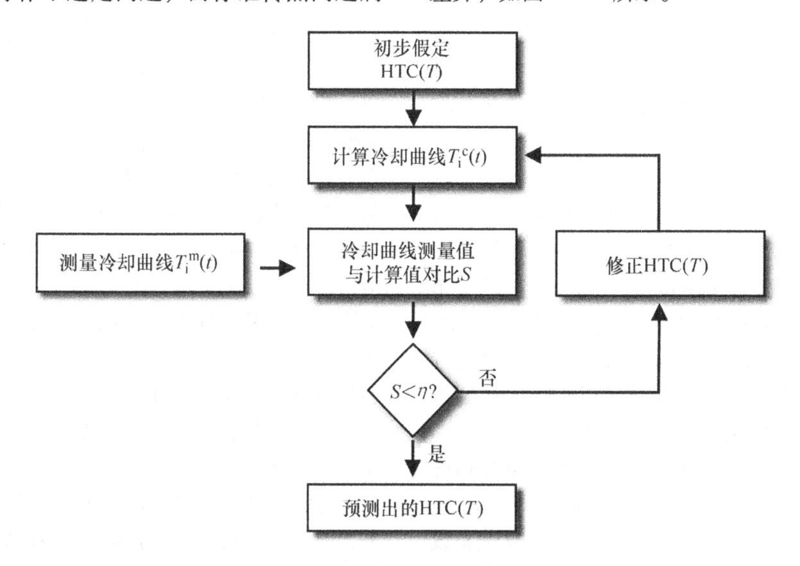

图 4-142　确定换热系数函数的基本步骤

IHCP 方法实现起来比较困难，因为它对测量误差非常敏感。当意欲获得最多的信息时，实现的困难程度将更加显著。对于不透明的导热物体，其内部与表面位置对瞬时温度的反应存在较大的差别。与表面温度变化相比，内部温度演变靠近心部将急剧衰减。也可能会观察到内部温度响应在时间上的巨大延迟。这些衰减与延迟效应是直接求解问题的重要研究内容，因为它们为反问题中遇到的困难提供了工程视角。

（2）应用案例　许多文章中采用 Alifanov、Tikhonov 与 Beck 的方法研究 IHCP 的求解过程。其中一部分研究以及其他方面的应用方法将在以下文献引用中介绍。

有研究预测了 Jominy 端淬试验冷却过程中 HTC 随时间与空间的分布。其中采用的算法基于迭代正则化法以及共轭梯度法与伴随法，并通过镍（没有冶金转变）以及具有固态相变的 16MND5 钢制成的工件对计算程序进行了验证。

Kim 采用三步法实现了齿轮坯料油淬过程温度与位置相关的 HTC 计算。在第一步中，采用安装了 7 个热电偶的真实工件在相同介质中淬火获取其相应的冷却曲线。然后，对采用日本银探针记录的冷却曲线采用集中热容法确定换热系数函数 HTC（T）。最后，以函数 HTC（T）为起始预测，通过 IHCP 迭代程序进行换热系数函数 HTC（T，z）的估算。

有一些数值方法可用于 IHCP 求解。然而，由于某种原因，其中一些相对其他的方法更加实用。对收敛性、精度以及可靠性进行基准测试有助于提高给定任务的计算表现。Muniz 对一些用于找出预先设定的假定初始条件的反向求解方法进行了分析，结果表明如果不采用正则化法将无法得出可靠的结果。在另一项研究中，Beck 对 IHCP 技术进行了比较以采用瞬时温度样本测量来确定表面 HF。这些方法包括具有无限逼近的函数规范、Tikhonov 正则化，以及迭代正则化和格林函数形式的作用于大时间区域的特定函数。在这项研究中，调研的所有方法都能得到类似的结果，但在计算时间上有显著的差异。从相同的角度，Felde 等人研究了两种数值过滤方法（Savitzky－Golay 和基于傅里叶分析的过滤法）在冷却曲线数据提取质量上的表现。试验将直径 25mm（1in）与长度 50mm（2in）的 304 不锈钢试样在 28℃（82℉）下不同浓度的氮气以及温度分别为 28℃（82℉）、30℃（86℉）、33℃（91℉）、36℃（97℉）的搅拌油中进行淬火，并测量其中心的冷却曲线。研究发现当采用过滤方法后，结果的波动将会降低。

在最近的一项研究中，Felde 针对四个不同的用于预测一维与二维热边界条件的优化算法进行了基准试验研究。应用于进行圆柱体工件 HTC 函数预测的方法有共轭梯度法、Levenberg－Marquardt 法、单纯形法以及 NSGAII 法（遗传算法）。研究结论显示，对于简单的反传热问题求解采用文中分析的算法都可以有效实现，但是对于复杂的情形需要采用健全且可进行全局搜索的技术，如 NSGAII。

（3）工程实践　建议采用反向技术获取高精度的 HTC 函数不仅需要选取合适的 IHCP 程序，还需要测量出高质量的冷却/加热曲线。关于淬火试验设计与制备以及工件热电偶安装的相关细节可参考本小节开头部分引用的参考文献。其中一些经验规则总结如下：

1）在实践中，浸没淬火 HTC 函数不仅与表面温度以及淬火冷却介质类型相关，还与位置、材料以及表面状态（表面粗糙度、润湿性等）相关。此外，同样与材料、表面状态以及介质容器几何形状相关的辐射换热并不是直接处理的，而是间接包含于 HTC 的定义中。相同的淬火冷却介质在不同的容器几何形状以及搅动状态下，其淬火性能可能会发生显著变化。因此，如果可能，建议在实际淬火系统（淬火冷却介质与介质容器）下进行 HTC 测定。此外，淬火试样往往具有简单的几何形状，并且通常由属于完全不同的材料种类的不锈钢或铁镍超合金制成。最后，试样与实际工件的表面状态之间可能存在显著的差别。

2）为了避免数据延迟与衰减，热电偶的位置应该与所分析的表面尽可能接近。

3）如果采用 IHCP 算法出现解不唯一或不合理的情况，需要增加热电偶的数量或修正其固定位置。

4）优先选择低延迟热电偶以减少滞后效应。如果热电偶具有较高的延迟，将无法满足较低的反应时间。

5）数据采集频率并不是越高越好。过高的采集频率可能给测试数据带来较大的干扰，这些干扰需要人工平滑处理予以消除。

6）选择合适的滤波技术，因为过多的过滤可能会导致数据丢失，而过少的过滤会影响 IHCP 算法的稳定性。

7）对于给定的热交换案例，建议通过初步的标准测试选择合适的 IHCP 方法，从而可以用最小的计算时间获得与实际最相符的结果。

（4）通过计算流体动力学确定换热系数　应用 CFD 计算空间与时间分布的换热条件是一个新兴领域。其潜在优势在于可以减少冷却曲线测量以及反向分析所耗的时间与精力。CFD 的另一个优点是，它是通向完全热处理虚拟设计的一个重要步骤。目前，精确的热处理模拟需要以试验测定冷却/加热曲线获取 HTC 为前提。在复杂模拟中为了获得高精度结果，传统方法获取 HTC 应该针对实际工件与淬火系统进行。因为 HTC 的敏感性不仅与淬火冷却介质相关，而且与工件和介质容器的几何形状、介质流动状态以及工件的表面粗糙度相关。

显然，上述方法需要加工工件、设计热电偶并在实际淬火条件下进行试验。

尽管这种方法已被证明可以得到准确的模拟结果，但是它把热处理模拟的应用限制为一个故障诊断工具，而不是一个真正的虚拟过程设计工具。然而，CFD 模拟应用可以减少甚至完全避免试验数据获取，从而促进完全虚拟设计过程的实现。

计算流体动力学模拟在气淬和液体喷射淬火模拟 HTC 计算中得到了相当成功的应用，并且在这些情况下可以当作标准工具进行使用。此外，同样的做法似乎也适用于强烈/高速淬火工艺。然而，这种方法在可汽化液体浸入式淬火模拟中的应用仍有待改善。研究者在浸入式淬火模型与工具的创建上越来越多的研究尝试，使得上述方法的应用前景充满希望。这些工具可能在不久的将来成为热处理模拟实践的一部分。对于 CFD 耦合热处理模拟几个应用实例的详细信息可参照 4.5.6 节的相关内容。

3. 传质系数（MTC）

MTC 类似于传热问题中的 HTC，它是渗碳和碳氮共渗模拟中扩散计算的基础边界条件。和 HTC 一样，MTC在热处理模拟软件中的定义相当容易，但是其试验确定比较具有挑战性。渗碳处理的精确模拟需要以MTC的准确定义为前提。因为在气体渗碳处理中碳传递速率通常受限于碳由气体传递至固体表面的速率，这使得MTC在计算中的重要性不亚于扩散系数。

据报道，MTC不仅与问题相关，还取决于钢材的化学成分以及工件的表面状态。例如，Rowan与Sisson的研究显示，尽管奥氏体稳定元素（Si、Ni）会提高固体的碳扩散率，但会降低MTC值，而碳化物形成元素（Cr、Mo）则作用相反。根据Karabelchtchikova等人的研究，钢材表面的MTC值随着表面粗糙度的提高而升高，而平滑的工件并不会对碳含量造成显著的影响。

热重法是确定MTC的常用方法之一，通过该方法可以精确测量渗碳过程中试样的增重。另一种常用的方法是计算传递至试样的碳输入量，具体是根据渗碳试验后所测量的碳含量对应的面积进行计算。一般将同时采用这两种方法，以获得较高的测量精度。

确定MTC值最常用的方法是试错法。首先，采用一个预先假定的MTC值进行扩散模拟，例如这个假定值可以来自某个文献。然后对MTC值进行人工校核以使模拟与测量的碳浓度分布足够接近。其中碳浓度拟合过程也可以通过自动优化算法快速实现。然而，据本文作者所知，尽管当前所有的商业热处理软件都提供碳浓度拟合自动优化工具，但是如果扩散模拟的最终目的是为了设计渗碳工艺过程以获得某个碳浓度分布，而不是为了预测畸变、残余应力以及组织，那么这种方法将是不可行的。对于这种情况，粗糙的工艺设计通常采用一些文献的使用数据就已经足够了，因为MTC并不像HTC具有较高的敏感度。

4. 感应淬火工艺参数

线圈电流、磁化频率以及加热时间是实际感应淬火工艺模拟的关键工艺参数。然而，由于工艺过程的极短作用时间以及其工艺设备的固有限制，对于感应-轮廓-淬火参数，上述参数的提取通常并不是一件简单的任务。例如，在大部分高功率应用下，不可能直接测量出线圈的电流。因此，参考文献［198］建议测量频率转化器出口的输出电流并对提取的线圈电流进行校核。通常还需要进行二次校核，将输入电流与线圈电流进行关联。由于输入电流是一个工程工艺参数，可以直接进行控制。

感应淬火工艺参数确定的另一大问题是加热循环中频率的变化，这是由于振荡器电感的温度相关性造成的。然而，频率变化并不会对加热过程产生重要的影响，因为它仍处于相同数量级。因此，在模拟中可以直接使用发射器频率。

大多数感应淬火工艺是基于功率控制的，而并非温度控制，并且由于工艺过程作用时间短且模拟结果对加热时间具有较高的敏感度，加热时间的确定也是一个难题。如果测量设备可以对整个循环进行检测，加热时间可以根据电流测量结果进行测量。另一种可行的方法是根据温度测量结果对加热时间进行估算。但是后一种方法在模拟的开始阶段会带来微小误差，因为在恒定电流密度下瞬时电流增长部分并不能在温度测量中准确反映出来。

4.5.5　模拟验证

计算机模拟作为一种工具可用于获得热处理过程内部细节、热处理问题纠错、热处理工艺设计与优化、提升产品性能以及发展创新热处理工艺。另外，将热处理模拟集成于研究以及开发环境中需要对模拟软件以及材料、工艺参数与数值参数进行校核。因为热处理是复杂的物理过程，包括多尺度和非线性现象。在特定情况下，热处理模拟经验证后可以作为一个合格的工具进行使用。尽管除了只为了解工艺过程，大多数目的的模拟都不可避免需要进行相关验证，验证过程的复杂程度主要与模拟目的所需的精度相关。然而，几乎在任何情况下，由于相关成本与时间的限制，实际工程中不希望在完整工件尺度下进行热处理模拟验证。此外，即使全尺寸模拟能够显示出模拟结果是否与试验相符，它几乎无法提供关于导致两者差异的原因的相关信息。

本小节主要对热处理模拟验证技术以及验证过程选择与设计的基本理念进行讨论，并不涉及具体验证案例。验证测试的选择可能与热处理过程与设备、测试与测量硬件以及工程能力的限制紧密相关。此外，在“4.5.6应用案例”中列举了许多应用案例，这些案例在应用中或多或少会涉及一些相关验证策略。

在开始验证之前，尽管在工业中不常用，强烈建议通过有限元网格与时间步的收敛性分析对数值参数进行验证与优化。经过这一步可以确保产生差异的原因不是来自数值参数。

由于热处理工艺周期中畸变、相变以及内应力的中途测量具有一定的困难，热处理模拟验证通常是基于工艺过程结束时预测与试验测量物理量之间的比较进行的（如几何尺寸、碳含量分布以及组织分布）。工件中一些位置的温度演变通常是验证测试的唯一测量物理量。依赖于热处理工艺、系统以及工件，在工业尺度进行原位温度测量甚至可能是不可行的。

由于所涉及工艺过程的复杂性、热处理问题的多物理本质以及大量的材料/工艺参数，建议对于热处理模拟采用分层次多尺度验证策略。典型的分层验证过程包括单位尺寸验证、标准测试验证以及简化工业案例验证。

与验证尺度无关，测试试验的选择需要尽可能分离出单一现象，如热传导、冶金转变、扩散、畸变以及内应力生成。一些固有的强耦合现象的存在，如潜热与相变塑性，使某些物理现象可能无法被完全分离。然而，两步模拟策略，也就是在冶金模拟后紧接着热力学分析，也可以应用于验证过程中。在温度场、碳含量、组织分布以及硬度验证后可以紧接着进行畸变与残余应力验证。

单位尺度模拟（如膨胀试验模拟或物理模拟试验机力学测试模拟）很少应用于工程中，但是在材料模型开发与建立中分别得到了科研人员与软件开发者的广泛使用。但是，这些方法在工程实践中一些材料数据验证或软件中不同材料模型选择上仍然是有用的。

工程实践中典型的验证顺序是先进行标准测试验证。标准测试验证的第一步包括材料数据验证。这一步很有必要，因为其中涉及了大量的参数、不同的数据来源以及表征试验评价中可能存在的问题。为了获得理想的精度，后续经常有必要进一步对工艺参数（如 HTC 与 MTC）进行验证。因此建议初始材料参数验证在明确的工艺条件以及相对简单的几何形状下进行。

例如，气/喷雾/喷射淬火工艺或简单的 Jominy 端淬试验相对于可汽化介质浸入式淬火工艺，其换热条件更为明确。在热处理模拟研究中，Jominy 端淬试验是进行热与冶金模拟验证的常用手段。同样，简单几何形状（如圆柱状、碟状以及环状）试样的气淬试验是热力学模型以及材料参数验证的常用方法，主要通过畸变与残余应力预测与测量结果的比较进行。因此，即便对于浸入式淬火工艺模拟，采用以上方法之一进行材料参数验证是更好的选择。类似地，扩散系数数据可以通过简单试样气体渗碳试验进行验证，而并非低压渗碳工艺。因为低压渗碳工艺确定 MTC 与表面饱和浓度将更为复杂。

标准测试验证的第二步是对诸如 HTC 与 MTC 等工艺数据进行验证与初步校核。如先前所述，HTC 与 MTC 通常不仅仅需要验证，而且还需要对其进行校核。例如，在简单淬火槽中，采用标准淬火试样试验得到的 HTC 函数可以通过简单试样在实际热处理炉以及淬火槽中的淬火试验进行校核。

分层验证过程的第二种范围是简单工艺范围验证。在这种情况下，工业下的几何与工艺条件应该在不导致参数关系与因果关系发生显著改变的前提下进行简化。关于几何简化，基体法是简单工业范围验证最常用的方法之一。例如，非对称轴承环可以简化为空心圆柱环；齿轮可以简化为盘；轴可以简化为圆柱体或阶梯圆柱体。然后，在相似条件下，优先在实际热处理系统中，对基体进行热处理。简化的工业范围的验证参数与方法与标准测试的类似。同样，通常需要对工艺参数进行进一步校核，直到达到验证标准。重复一下，组织与硬度分布是热冶金计算验证的基础物理量，而热力学计算验证大多数通过畸变与残余应力测量进行。

4.5.6 应用案例

从 20 世纪 80 年代初开始，陆续有许多通过计算机模拟对不同零件与材料的热处理过程进行理解与优化的成功案例出现。热处理模拟的学术研究已经可以很好地揭示畸变、残余应力演变以及淬火裂纹的机理；其工业应用也已经可以实现畸变的最小化、防止裂纹出现以及提高零件的使用寿命。该领域中大多数公开发表的研究成果主要集中于诸如齿轮、连杆、轴承、发动机缸体铸件、模具、轮毂以及阀门这些零件。因为尺寸精度与使用寿命是这些零件的首要要求。这些零件所使用的材料也是多种多样的，从传统钢材以及铝合金到航空合金（如钛合金与高温合金）都有涉及。依据零件的加工工艺，感兴趣的热处理过程包括淬火、渗碳、碳氮共渗、感应淬火以及激光淬火。大多数已发表的文献没有囊括热处理者关心的全部问题（畸变、裂纹、组织以及残余应力），往往只涉及其中的一个或几个问题。由于所研究零件、工艺以及材料的多样性，本小节的内容主要专注于传统钢材传动零件淬火、渗碳以及感应淬火的计算机模拟应用。对于航空合金热处理的应用案例研究，读者可以参考 Wallis 的文章。本书所关注的是热处理模拟的工业应用，其潜在读者是工程师而不是学术人员。因此，大多数学术应用并不在本书的论述范畴，除非当前该应用还没有相关的工业应用。

1. 齿轮

齿轮是动力传动系统的重要部件之一。对重载齿轮更高精度与更长寿命的持续不断的需求一直是世界范围内的一个挑战。大多数钢制齿轮需要经过渗碳或感应淬火处理以满足其性能要求。高性能的齿轮是一个兼具高耐磨损与抗疲劳性能的精密零件。由于其相对复杂的几何外形，要达到以上所有目标对热处理者是个巨大的挑战。计算机模拟是齿轮热处理工艺优化的绝佳工具，可以低成本地对畸变与残余应力分布以及其在整个工艺过程的演变进行预测。齿轮热处理模拟相关的文献中囊括了许多残余应力优化的案例，但很少涉及热处理畸变的研究。这可能是由于热处理畸变不仅仅依赖于热处理过程本身，同时依赖于其之前所经历的加工过程。然而，热处理后的残余应力状态主要取决于其热处理过程。因此，单纯通过齿轮热处理模拟进行畸变预测可能不如残余应力的预测结果准确；考虑历史加工过程影响的齿轮热处理模拟的新尝试将在本小节的结尾部分进行介绍。

（1）直升机齿轮 Freborg 等人采用商用热处理模拟软件 DANTE 对 Pyrowear 53 合金钢制直升机齿轮气体渗碳工艺的潜在疲劳性能提升进行了分析，其采用的是 Kobasko 的强烈淬火（IQ）工艺。该研究的第一部分通过一个 V 形开口试样模型的计算结果比较论述了 DANTE 软件的计算精度、相关材料参数以及模拟过程。试样只在其顶部进行了渗碳处理，并且通过试验测定了经过传统油淬以及不同 IQ 工艺后的残余应力与硬度。模拟结果与试验结果达到了较好的吻合。该研究的第二部分通过开口试样物理试验研究了 IQ 工艺带来的优化压应力对弯曲疲劳的影响，并且证实了其对疲劳寿命的预期提升效果。该研究的最后对 IQ 工艺在简单直齿轮根部产生有利压应力的适用性进行了研究。主要对齿轮关键位置油淬、IQ 处理以及齿面静载弯曲后的残余应力模拟结果进行了对比分析。研究结果显示，与油淬相比，IQ 处理工艺可以显著改善齿基与齿根残余压应力的大小与深度。图 4-143 显示了齿轮静载下的最小主应力分布的模拟结果。从图中不难看出，在载荷作用下齿根处的拉应力会增加，而对于经过 IQ 处理的齿轮，即使在静载作用下其齿根处仍然处于压应力状态。结果显示 IQ 处理工艺可以至少将齿轮的弯曲疲劳寿命提高 25%。本文作者认为除了考虑静载作用，额外考虑动载荷的影响并进行相关模拟分析将会更有说服力。因为，根据 Hertz 接触理论，齿面接触应力出现最大值的位置并不在表面而是在其表面以下某个深度处。由于 IQ 处理后齿面以下位置的残余应力并没有得到显著改善，如果可以说明齿轮根部弯曲疲劳相对于齿面以下的接触疲劳占据主导因素，那么齿轮疲劳性能才会得到预期改善。参考文献［276］的作者并没有提供任何齿轮疲劳的试验测试数据（尽管在文献中提到了齿轮疲劳试验的设置），因此其结论并不具有十足的说服力。

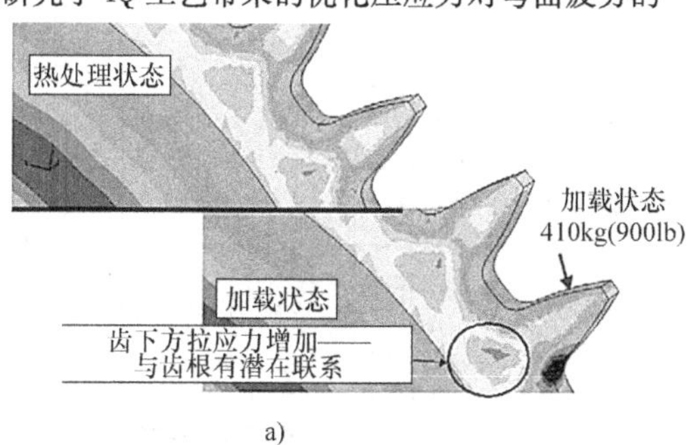

a)

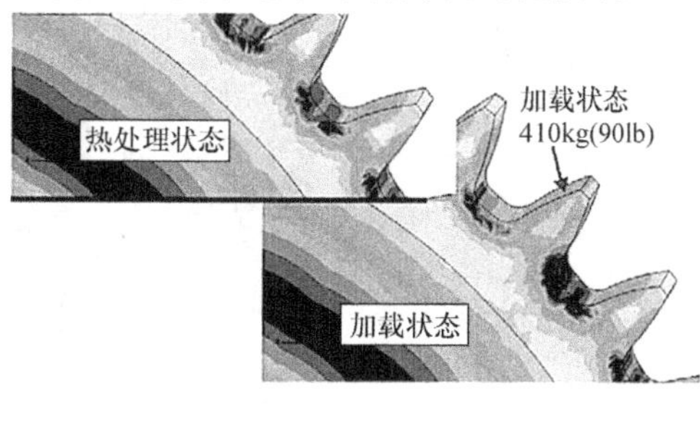

b)

图 4-143 加载和空载作用状态下单齿弯曲残余应力的截面分布图
a）油淬齿轮 b）IQ 处理齿轮

（2）直齿轮真空渗碳 在参考文献［86］中，Li 等人研究了硬化深度对残余应力分布以及疲劳寿命的影响。其研究对象采用的是与参考文献［276］中同样材料的相似齿轮，但采用的是真空渗碳工艺而不是气体渗碳工艺。该研究通过 DANTE 软件对整个热处理过程进行了模拟，包括真空渗碳、油淬、深冷处理以及双回火过程。该研究对参考文献［276］中研究的盲点进行了重点关注，研究了动态接触条件下残余压应力大小与深度的影响，这主要取决于固定淬火与回火条件下的渗层厚度。该研究的第一部分对不同真空渗碳工艺策略齿面与齿根处的碳含量分布进行了研究，分别得出了 0.5mm（0.02in）、1.0mm（0.04in）与 1.5mm（0.06in）厚度的渗碳层。

图 4-144 所示为由 DANTE - VCARB 模块计算得出的不同真空渗碳条件下齿面与齿根处的碳浓度分布。从图 4-144 中可以清楚地看出曲率对齿轮根部附近碳浓度径向分布的影响。进而研究了齿面在静载作用下是否存在热处理残余应力的影响，结果显示提升表面压应力具有积极的作用，尽管该文献的作者承认分析结果具有不确定性。最后，作者为了得出更具说服力的结论，采用动态接触应力分析模拟了真实状态下对渗层深度与残余压应力的影响。

图 4-145 所示为热处理状态下齿轮中混合接触应力的分布。该研究的结论显示有利于提升疲劳寿命的最优渗层厚度为 0.7mm（0.03in）。但该研究并

没有讲述得到0.7mm（0.03in）渗层厚度的具体渗碳工艺，也没有列出该厚度下的模拟结果。这一结论可能是作者根据0.5mm（0.02in）与1mm（0.04in）渗层厚度下的模拟结果插值得出的。该研究并没有讨论畸变对渗碳工艺的影响，尽管实际上畸变和残余应力具有同等的重要性。诸如打磨的此类畸变补偿方法可能会显著改变齿轮表面或者次表面的残余应力分布状态，并且在动态环境下，畸变导致的接触几何的变化也会对应力分布带来显著的影响。

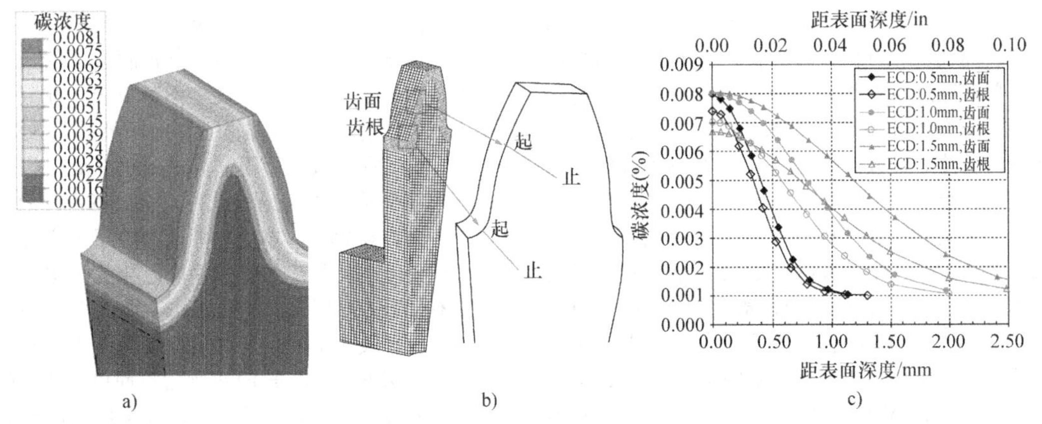

图4-144 由DANTE-VCARB模块计算得出的不同真空渗碳条件下齿面与齿根处的碳浓度分布

a）渗碳层深度为1.5mm（0.06in）的碳浓度分布 b）选取用于模拟结果分析的截面和两条直线段

c）碳浓度与渗碳层深度以及几何效应的关系（ECD表示有效渗碳层深度）

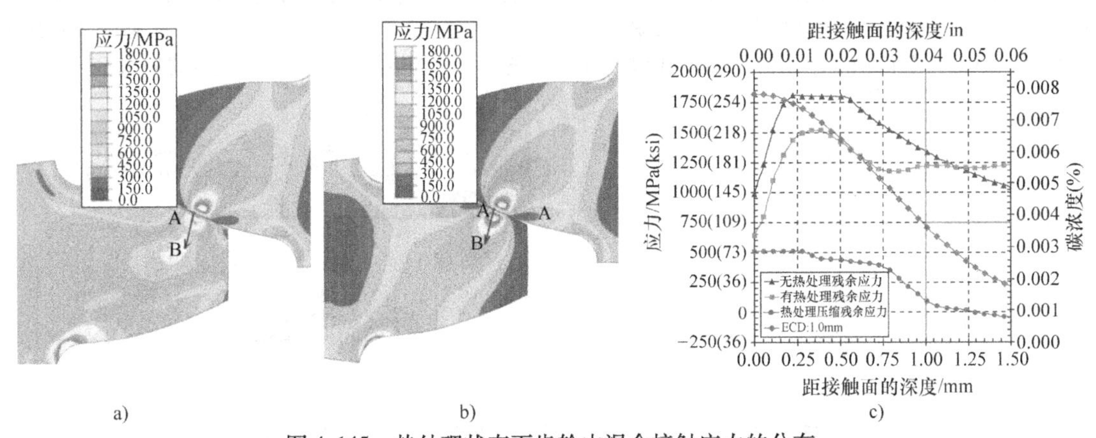

图4-145 热处理状态下齿轮中混合接触应力的分布

a）无热处理残余应力 b）有热处理残余应力 c）接触应力与渗碳层深度的关系

（3）齿轮IQ工艺的夹具设计与优化 上文总结的大多数研究主要关注的是热处理模拟在残余应力预测与优化方面的应用。然而，也有一些研究关注的是渗碳齿轮与齿面的畸变行为。例如，在参考文献［108］中，Banka等人通过计算流体力学采用FLUENT计算了换热系数（HTC）随时间以及位置的变化。计算结果进而被用于DANTE淬火模拟中进行Pyrowear 53合金渗碳齿轮IQ处理的夹具设计与优化。尽管计算工件周围三维瞬态流场是可行的，但在高流速下的高计算量使得这一计算变得不切实际。这种情况下甚至会忽略沸腾区域的影响。该研究的第一部分进行了二维瞬时稳态流体分析，并且采用一种高效的方法通过两次稳态分析预测所有几何类型局部热流密度随时间的变化。

图4-146所示为二维瞬态模拟下流速以及HTC的变化分布，并且对稳态分析以及二维瞬态模拟预测的热流密度进行了比较。从图中可以看出，作者建议的方法在位置1和2可以获得较好的预测，但是对位置3的预测质量不佳，这可能与该点附近较差的流动相关。Banka等人研究的第二部分采用两种三维稳态分析计算了齿轮周围HTC的三维瞬时变化，这一方法相对于三维瞬时流体分析具有更好的鲁棒性。计算得出的HTC分布函数可以作为边界条件应用于热处理模拟软件中。图4-147a、b显示了采用有限元方法的计算结果以及IQ工艺开始与结束时所导入的HTC值。热处理模拟通过后处理考虑了

碳含量、内应力演变以及翘曲畸变的影响。该研究对齿顶处的残余应力状态进行了简要讨论，然而并没有涉及齿面与齿根处更为重要的残余应力状态的讨论。在讨论中作者主要关注的是翘曲畸变的演变，因为如果不考虑局部换热系数的变化就无法模拟出这一畸变状态。图4-147c显示了热处理不同阶段的翘曲畸变演变结果。从图中可以看出，齿根处首先由于齿轮顶部与底部的温度差异所导致的热收缩差异而向下翘曲，然后由于底部首先发生马氏体相变引起显著的向上翘曲畸变。尽管该研究中呈现的结果全面且合理，但不足的是其中并没有任何关于畸变或残余应力结果的试验验证。

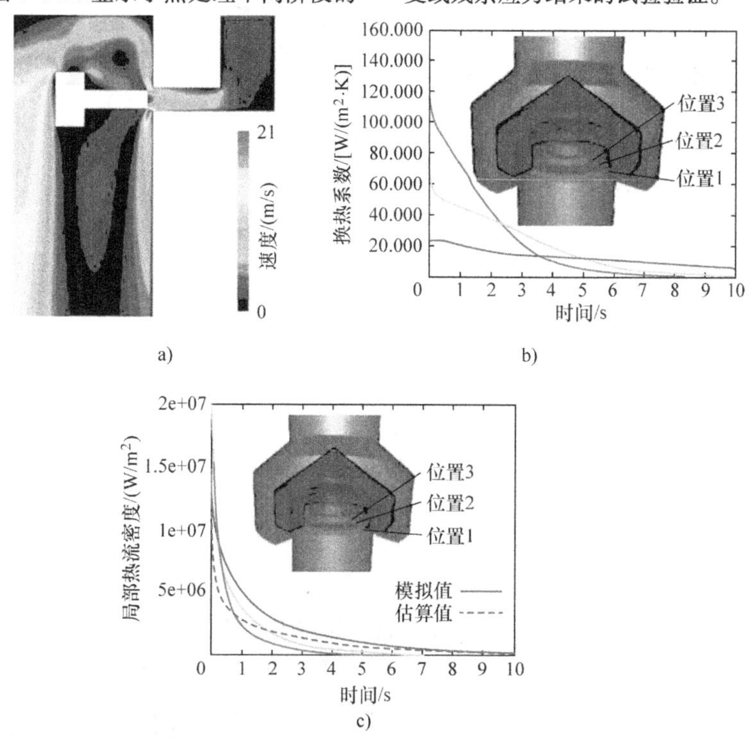

图4-146 二维瞬态模拟下流速以及HTC的变化分布

a）淬火夹具和齿轮坯料周围流速分布 b）二维瞬时模拟出的齿轮坯料上三个位置的表面换热系数的时间变化曲线 c）热流模拟结果与估算值对比

（4）汽车用锥齿轮 MacKenzie等人通过热处理模拟研究了淬火冷却介质流动的均匀性对批量渗碳淬火齿轮畸变的影响。所研究的齿轮长度大约为232mm（9.1in），材料为SAE 8620钢。支架上分布有三层齿轮并在箱槽中进行油淬，淬火油自下而上流动。Kumar等人采用FLUENT CFD分析对淬火中介质流动不均匀性的影响进行了协同研究。淬火系统与CFD分析的计算域如图4-148a所示。从图4-148中可以看出，为了提高CFD分析的计算效率，作者对齿轮的齿部进行了简化。基于图4-148b所示的计算结果，Kumar等人总结得出介质流动呈对称分布，在支架内部几乎没有差异，尽管在箱体最外处附近具有较高的流速。细看支架上齿轮附近的流速分布可以发现流体中存在一些不均匀与非对称性（图4-148c）。因此，此位置处的热处理状态具有位置相关性，如畸变、组织、残余应力与硬度。

在MacKenzie等人研究的第二部分，为了研究位置对齿轮弯曲畸变的影响，作者选取了支架上的两个齿轮进行了渗碳与淬火模拟。热处理模拟所选取的齿轮分别位于顶部（A11）与中部（B11）的左下角。齿轮模型与网格如图4-149a所示。渗碳与淬火模拟都是在基于商业有限元方法的热处理模拟软件DANTE中进行的。作者根据CFD计算得出的流速结果定义了与位置以及流速相关的换热系数函数，并将其映射至有限元模型表面。所模拟的热处理过程包括随炉加热、渗碳、转移时表面与空气换热、油淬以及最后空冷至室温。工件在927℃（1700℉）、0.8%的碳势环境下渗碳8h，最终获得具有碳含量为0.5%、厚度为0.7mm的渗碳层。图4-149b显示了齿轮翘曲畸变在轴向位置的分布。从图中可以看出，A11位置处的齿轮相对于B11位置处的齿轮轴具有较大的畸变，而齿轮头部位置的畸变在B11位置似乎更大。模拟结果显示了齿轮畸变具有明显的位置相关性，这与CFD模拟结果的推断相一致。

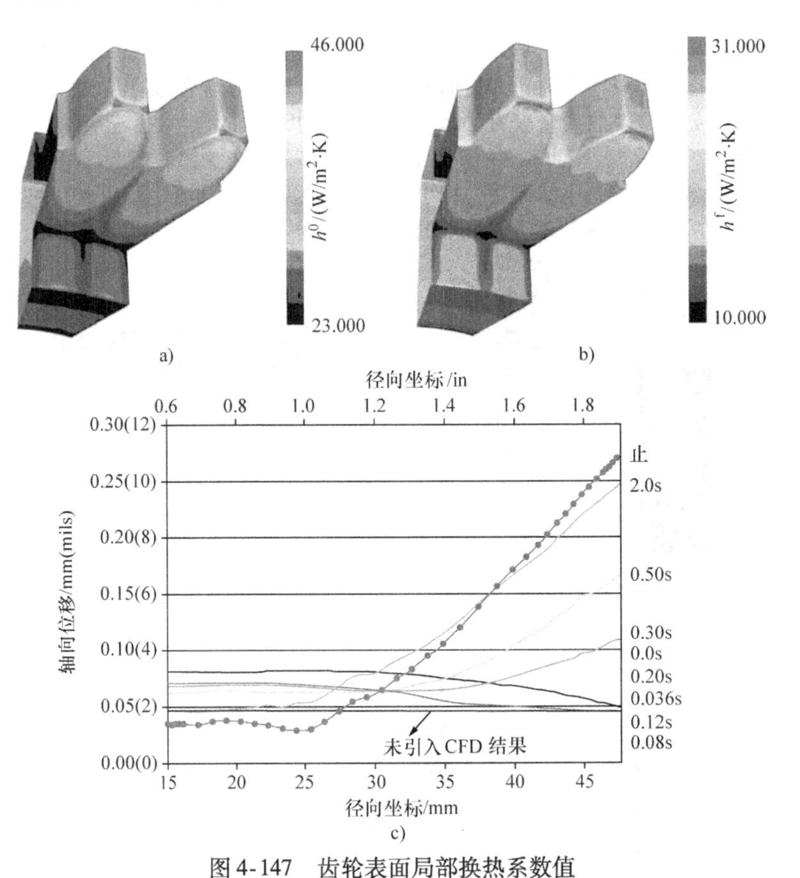

图4-147 齿轮表面局部换热系数值

a）初始时刻 b）IQ工艺结束时 c）淬火时不同时间点产生的翘曲畸变

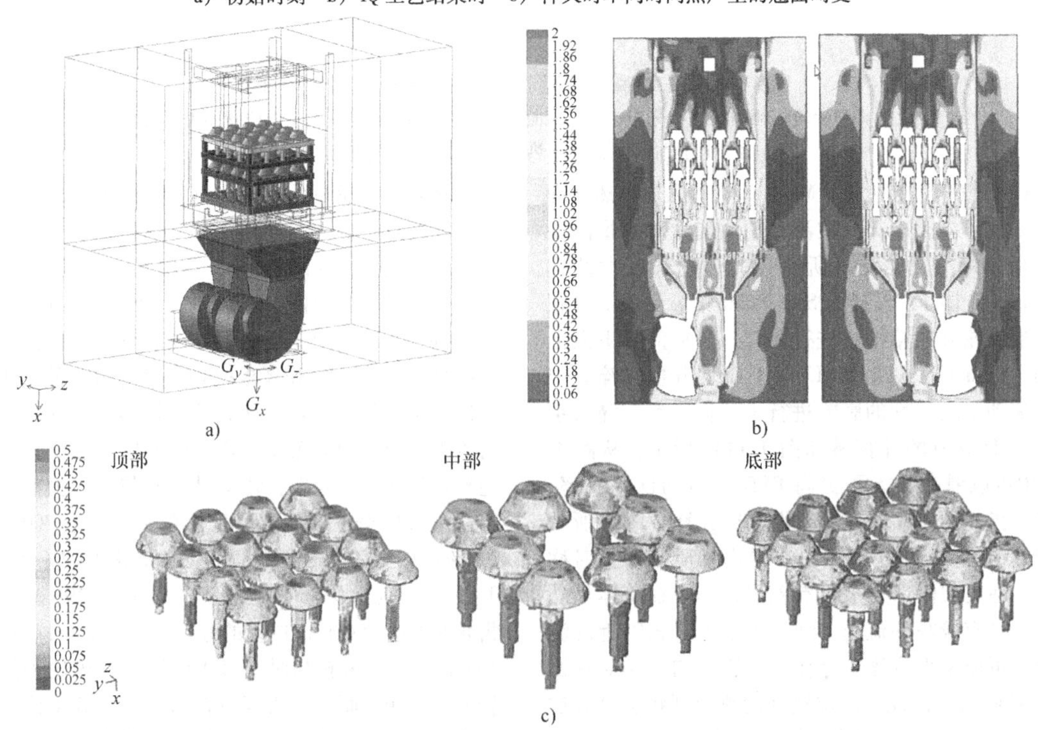

图4-148 采用FLUENT CFD分析对淬火中介质流动不均匀性影响的研究

a）CFD分析的计算域 b）支架沿对角线的剖面图用于显示搅拌器和齿轮 c）支架中齿轮周围介质流动强度分布

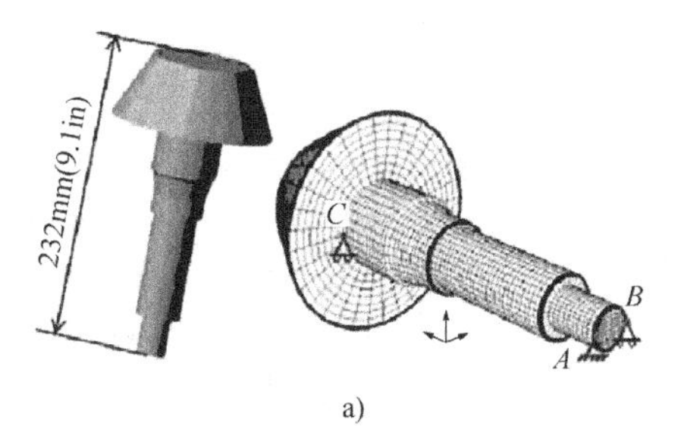

a)

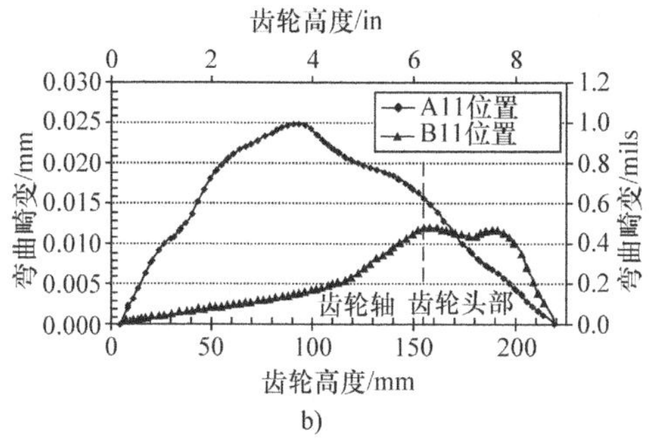

b)

图 4-149　齿轮畸变

a）齿轮实体模型与有限元网格划分

b）A11 与 B11 位置处齿轮畸变比较

MacKenzie 等人研究的最后对一个假定条件的模拟案例进行了细致的后处理分析以理解畸变发生的机理。基于这一目的，作者选择了介质沿齿轮轴向流动的油淬工艺。通常实际中并不会采用这种流动方式，因为据本文作者所知这种工艺将会导致较大的畸变。对于该假定工艺，其换热系数不是通过 CFD 计算得出的，而是假定其与轴向位置无关，并且在周向呈正弦函数形式分布。作者同时对温度、奥氏体含量（体积分数）以及畸变大小分布进行了评价。图 4-150b ~ d 显示了在三个所选时间步温度与奥氏体含量的分布情况。从图中可以看出，由于温度分布不对称（这是仅有的可能，因为此时并没有相变发生），在淬火开始阶段（$t=4.66$s）齿轮在淬火油流动方向就呈现出明显的畸变。随着齿轮轴对立面温差的降低，其畸变也随之降低。当少量相变发生后，畸变将会进一步降低。这一现象可以从图 4-150a 中 $t=10$s、15s、20s 时的曲线中看出。然后，背面的相变速率超过了前面，随之由于相变导致的体积膨胀导致了畸变的增加。69s 后，从图 4-150d可以看出，除了高碳的情况，大部分相变都已经转变完全。然而，轴背面的温度相对于前面仍然较高。随着淬火温度降至室温，对立面不同程度的热收缩将会导致畸变的降低。参考文献［277］最后在结论处总结了热处理模拟与 CFD 计算结合进行热处理工艺优化的亮点。尽管缺乏试验验证与评论，其研究仍是热处理模拟与 CFD 计算结合在工业过程中应用的优秀案例。此外，如果能够对支架中所有齿轮进行模拟分析，并得出其在整个支架上的畸变变化，该研究工作将更有意义。

（5）环形齿轮气淬　Li 和 Ferguson 尝试通过热处理模拟改进的不同风扇速度下的两步气淬工艺以降低 AISI 5130 钢环形齿轮低压渗碳与高压气淬过程中的失圆度。尽管研究对象是齿轮，其热处理模拟集中在轴承部分，因为环形齿轮不同于典型的齿轮，其几何与热处理反应与大型环更接近。97 齿齿轮环的外圈与内圈直径分别为 165mm（6.5in）与 141mm（5.6in），高度为 20mm（0.8in）。其 CAD 几何模型如图 4-151a 所示。从图中可以看出，环形齿轮的内壁相对较薄，在热处理过程中易于发生失圆。齿轮在 950℃（1740℉）进行渗碳处理以获得目标 0.5mm（0.02in）的渗碳层厚度以及 0.85% 的表面碳含量。如图 4-151b 所示，因为渗碳与淬火过程中主要的碳与热量交换发生在径向，可以通过平面应变假设对齿轮环横截面进行二维建模简化。尽管参考文献［70］中没有提及，但在表面采用细密单元对这种大型齿轮进行三维建模所需的计算资源将会显著增加。据参考文献［70］报道，由于几何因素碳含量在齿轮环外表面、齿根以及齿顶处具有显著的变化。

渗碳结束后，环形齿轮将在 1min 内转移至淬火腔，并在高压氮气中分别采用相对最大功率 40% 与 100% 的不同风扇速度分两步进行淬火。作者的主要目的是模拟图 4-151c 所示的间歇淬火。在两步淬火之间设计一个保温段是为了通过降低齿轮的温度梯度以减少畸变。作者进行了相关淬火试验并通过热电偶测定了齿轮周向的温度变化，这是导致失圆的主要原因。在淬火过程中，冷却曲线由间隔 60°分布于周向中心表面的 6 个热电偶记录。畸变值由间隔 30°分布的 6 对节点的位移进行评价。热电偶记录的数据显示沿着齿轮环的热交换是不均匀的，这将导致实测值与采用均匀换热系数得到的模拟结果之间存在 30℃（55℉）的差异。基于此，作者决定在模拟中采用非均匀分布的换热系数，间隔 60°分别采用 6 个不同的换热系数值。非均匀分布的换热系数值通过反算法对应 40% 与 60% 风扇速度的试验结果计算得出。在此区间的风扇速度对应的换热系数值通过插值法计算得出。作者指出，在换热系数插值过程中忽略潜热的影响将会导致模拟与试验结果之间的巨大差异。

最后，Li 和 Ferguson 采用四组设计参数（阶段 1 风扇速度、阶段 1 冷却持续时间、阶段 2 持续时间以及阶段 3 风扇速度）进行了优化计算。系统条件

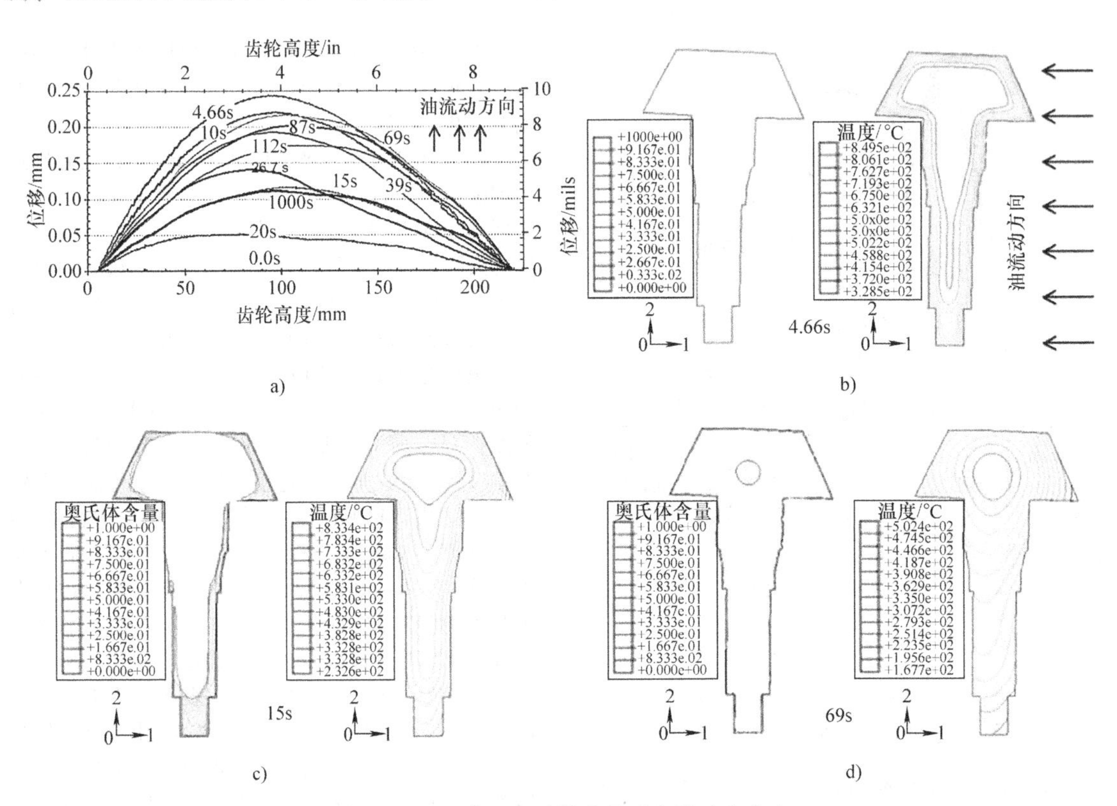

a) b) c) d)

图 4-150 温度、奥氏体含量及齿轮畸变分布

a）淬火过程中油反向流动下不同时间的弯曲畸变 b）~d）淬火过程中不同时间的奥氏体含量与温度分布

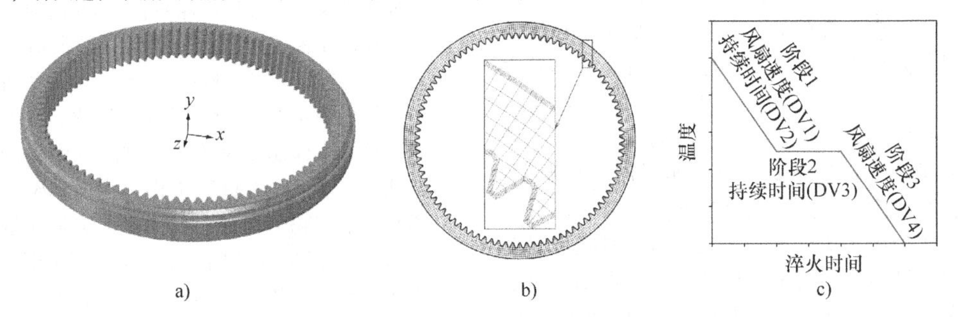

a) b) c)

图 4-151 环形齿轮气淬分析

a）环形齿轮 CAD 模型 b）平面应变有限元模型 c）两步法高压气体淬火工艺流程（DV—设计参数）

中的约束条件还包括表面与心部的硬度值。然而，据作者所述这一限制条件并不会被触发，因为即使在最低风扇速度下所获得的硬度值也能满足要求。根据作者报道，畸变对阶段 1 的冷却时间与阶段 2 的持续时间比较敏感。图 4-152a 通过相差 1s 的两个时间步的齿轮环几何尺寸的比较显示了其敏感性。这一现象是由于 1s 内冷速最快位置发生大量马氏体相变导致的，而此时其他位置还没有发生相变。图 4-152b 显示了当阶段 1 的冷却时间由 22.5s 变为 23.5s 的影响结果。同样从图中可以看出，阶段 1 时间的微小变化将会导致几何尺寸的巨大变化。基于以上分析结果，作者认为单纯通过控制所设定的变量值来协调畸变是不切实际的，因此作者建议引入其他控制变量，如气体压力与合金成分。他们还建议采用 CFD 方法对气淬过程进行分析，并为工艺优化提供更好的方向。该文献采用易于理解的方法进行了高质量的研究。尽管最终作者建议的工艺优化策略失败了，但该研究很好地演示了通过热处理模拟方法评估工艺改进的可行性。欢迎进行一个耦合 CFD 计算的相似研究以填补此类文献的空白。

（6）大型渗碳渐开线齿轮 Decroos 和 Seefeldt 采用热处理模拟研究了大型齿轮淬火过程中重力、浸入时间以及相变诱发塑性（TRIP）的影响。在参考文献［85］的介绍部分，作者结合相变诱发塑性考虑了重力以及浸入时间的可能影响，通常中小型零件的淬火模拟中不会考虑以上因素的影响。作者研究的对象是48齿的渐开线齿轮，内径为70cm（28in），根部直径为100cm（40in），齿高为30cm（12in），总重量为4100kg（9040lb）。齿轮的热处理工艺包括950℃（1740℉）下渗碳9h、920℃（1690℉）保温、90℃（195℉）油浴淬火1h以及150℃（300℉）回火。在渗碳与保温过后，齿轮通过悬挂钢丝支撑转移并以15cm/s（6in/s）的速度浸入油浴中。在模拟时从开始转移到油淬结束的过程中考虑了重力的影响。浸入过程是通过在齿轮底部至顶部施加一个随淬火速率而升高的介质换热系数函数实现的。未与淬火冷却介质接触部分采用的是静止空气的换热系数。此外，阿基米德作用力影响通过逐步更新的重力加速度予以考虑。

该研究第二部分列出了渗碳与淬火过程模拟所用的数学模型。模拟方法只在常规热-力-冶金耦合方法的基础上进行了微小的改变。其中的最大差异似乎是采用蠕变法则对TRIP效应进行建模。本部分中，据作者所述TRIP模型是采用修正的蠕变规则建立的，这是一种典型的老式方法，无法加入商业有限元软件的复杂材料模型中。作者出于对称性的考虑只对48个齿中的一个进行了建模模拟，尽管这意味着齿轮是通过48个悬挂线支撑进行转移的，这不太合理。模型采用的是结构型的层状网格以获取温度与碳含量的梯度变化，如图4-153a所示。文中似乎采用的是通用有限元软件ANASYS通过蠕变法则建立了TRIP模型，尽管作者在文中并没有明确提及所采用模拟软件的名称以及TRIP模型的实现方法。图4-153b中所示的点与线被用于进行温度、残余应力与畸变结果的后处理。在结果部分，作者比较了两个模型的模拟结果。第一个模型考虑了TRIP效应以及重力的影响，相反第二个模型没有考虑上述因素的影响。另外，第一个模型中定义了有限的浸入时间，而第二个模型假定浸入是瞬时发生的。第一个模型的计算结果显示考虑浸入时间在浸入结束时温度分布在轴向呈现一定的梯度，这可能会影响工件的热处理反应。作者进一步对两种模型下的残余应力分布进行了比较。结果显示两种模型在MH1与MH2位置的应力分布趋势一致，但模型2计算得出的应力值要大于第一个模型。根据作者所述，最大差异达到了100MPa。图4-154通过轮廓位移比较显示了两个模型的畸变差异。从图中可以看出，考虑TRIP与重力影响的模型预测出内环与外环直径都变大，而另一模型的预测结果则相反。类似地，第一个模型预测高度变大，另一个模型预测的结果相反。仔细观察轴向位移的计算结果（图4-154c、d）可以看出，由于重力影响所导致的悬挂位置处位移量的增加。

Decroos和Seefeldt在大型工件模拟中揭示重力影响的尝试是非常有意义的，因为它揭示了先前从未考虑的现象。然而，由于文献的陈述与实施问题，该研究存在的问题与它解决的问题不相上下。例如，TRIP效应伴随重力影响同时考虑。在热处理模拟三十多年的发展历史中，在钢热处理中应该考虑TRIP效应的影响也成为公认的事实。由于在忽略TRIP效应的同时忽略重力的影响，文献无法在结果中区分重力的单独影响。相似的问题也出现在浸入时间的影响作用中。

（7）非对称渗碳齿轮坯料　Acht等人通过计算机模拟与试验验证的方法研究了SAE 5120钢齿轮坯料在非对称渗碳工艺过程中翘曲畸变的影响因素。图4-155a通过气体渗碳齿轮坯料经过非对称渗碳达到0.8mm（0.03in）渗碳层厚度与0.8%表面碳含量的模拟结果显示了其翘曲畸变。该研究得出的主要结论是由于对立面密度与热应变的非对称性，除非齿轮顶部与底部可以获得完全对称的碳含量分布，否则渗碳齿轮畸变将无法避免。该研究中作者主要关注的是坯料几何尺寸（厚度与直径）与碳浓度分布（表面碳含量与渗碳层厚度）的影响。作者开始对碳浓度分布的计算结果与试验测试值进行了对比，发现其吻合良好。该研究的首要发现是如图4-155b所示，在碳浓度固定的情况下，不管是模拟结果还是实测值都确定地指出翘曲畸变的大小随着坯料直径与厚度比值的增大而指数型降低。其第二项重要成果是发现了畸变行为与渗碳层厚度的影响关系。然而，这一结果并没有通过图表明确表述，作者非系统性地指出了渗碳层厚度与表面碳含量的影响以及渗碳层厚度与圆盘厚度的潜在相互作用。

（8）确定气体渗碳齿轮坯料的畸变相关参数　Acht等人在其另一项研究中通过试验设计（DOE）的方法确定了气体渗碳齿轮坯料尺寸变化的影响因素。作者在DOE中采用商业有限元软件SYSWELD进行热处理模拟代替传统的试验方法，这是基于软件的易用性实现的。该研究与先前那些研究的不同点在于其采用概率图与方差分析的方法对影响因素及其相互作用关系进行分析并全面提取出相应的影响因素。作者将圆盘厚度、表面碳含量以及渗碳层深度作为主要影响因素设计了一个全系数的DOE试验。图4-156a对概率图分析进行了总结。因为只有渗碳层深度与圆盘厚度为偏离的线性关系，可以推断出它们是影响最大的两个因素。在这部分研究中没有发现这些因素之间存在相互作用关系。图4-156b对方差分析方法的结果进行了总结，从矩形高

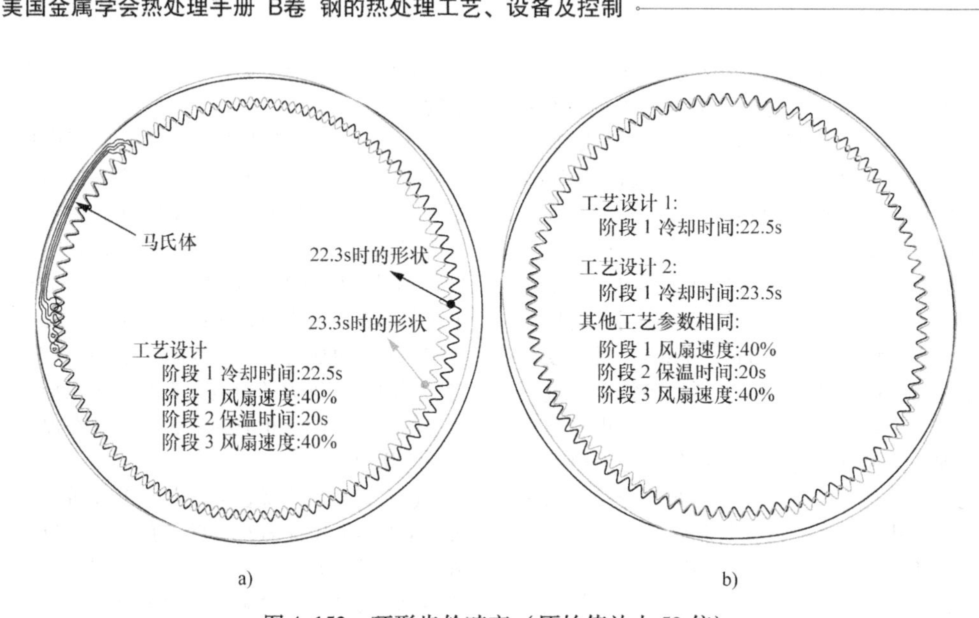

图 4-152　环形齿轮畸变（原始值放大 50 倍）

a）方案 1 在冷却 22. 3s 和 23. 3s 时的形状改变　b）冷却时间差为 1s 的失圆度

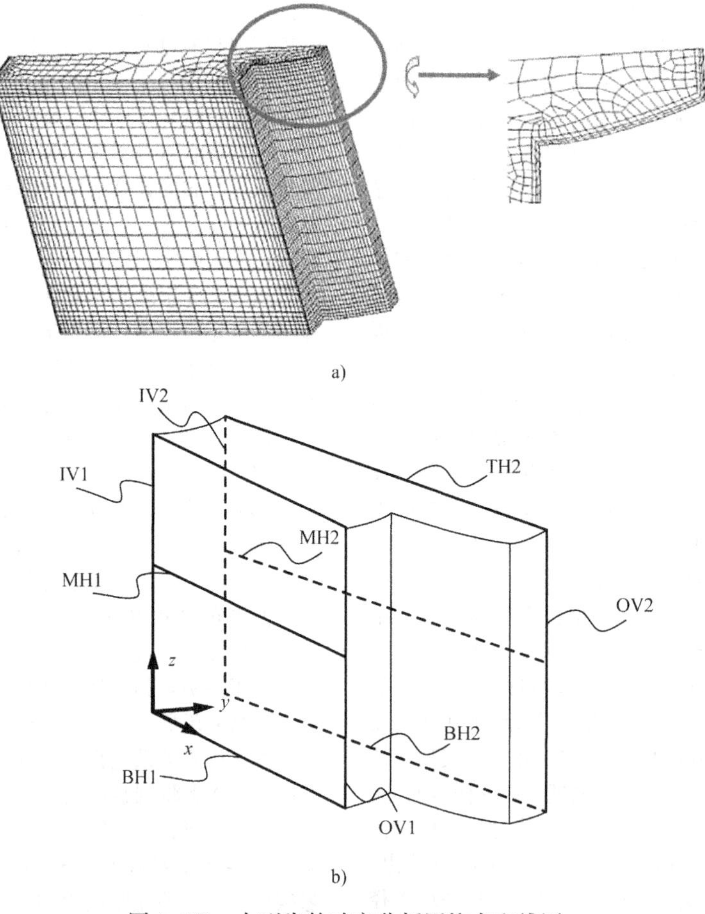

图 4-153　大型齿轮畸变分析网格点和线图

a）齿轮的有限元网格　b）历史数据曲线图对应的点和线位置

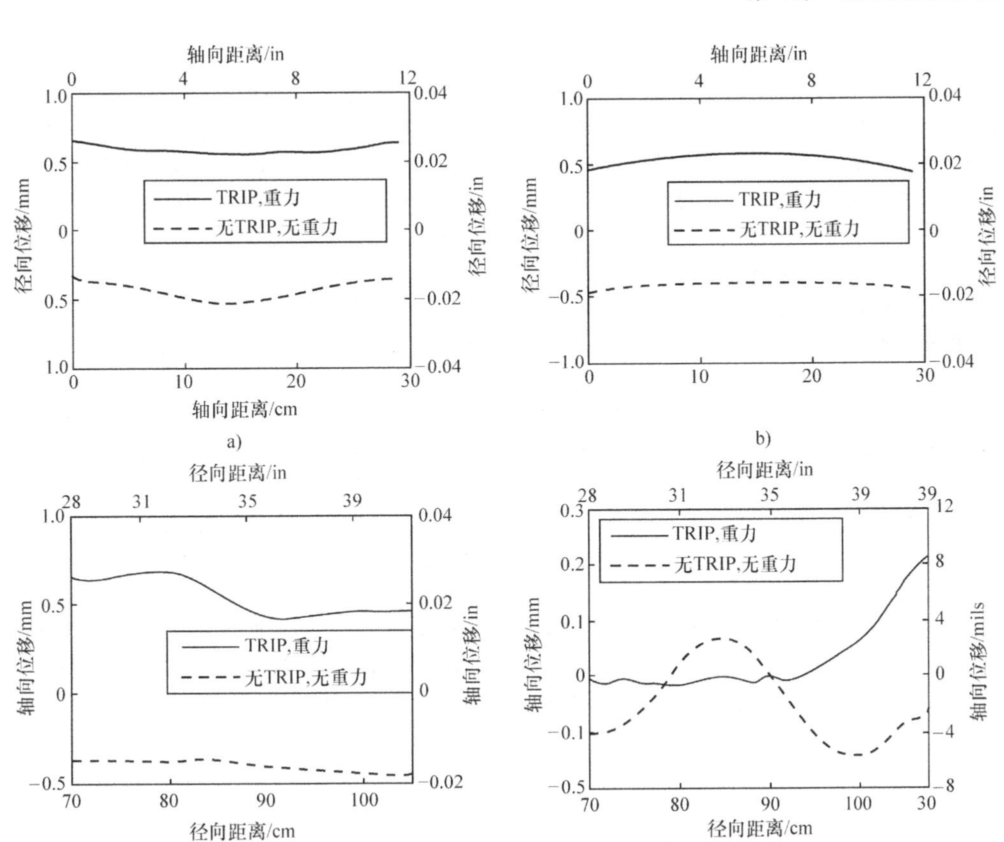

图4-154 垂直线与水平线的位移分布图

a）沿线IV2（内部）径向位移分布 b）沿线OV2（外部）径向位移分布 c）沿线BH2（顶部）轴向位移分布 d）沿线TH2（顶部）轴向位移分布

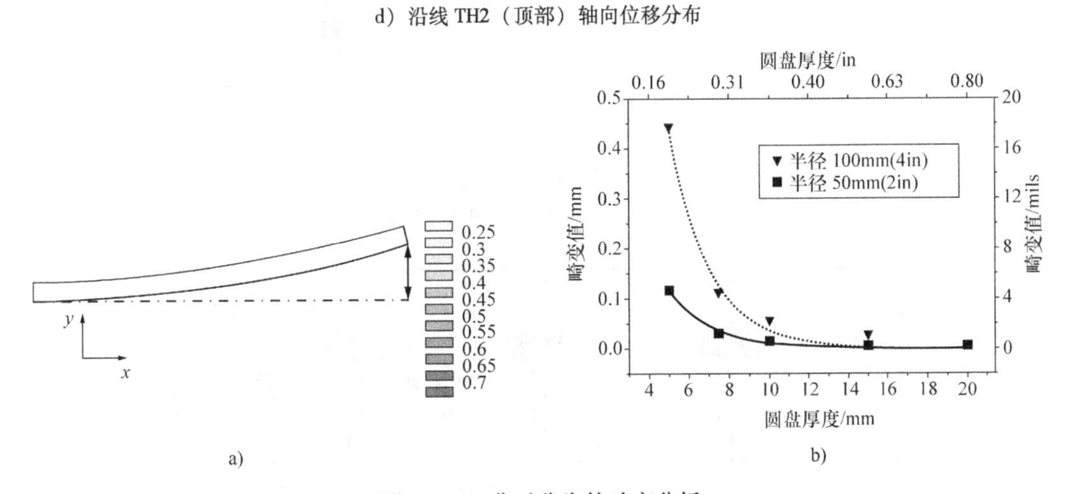

图4-155 非对称齿轮畸变分析

a）部分渗碳圆盘畸变原始尺寸（放大倍数：50） b）公式拟合结果

度差异可以直观地看出厚度与渗碳层深度是最具影响的两个因素。因为方差分析方法要求在结果中具有分散数据，当模拟结果不具有分散数据时，需要人为加入试验中测定的数据误差带。不同于概率图，方差分析进一步得出了渗碳层深度与厚度的相互作用系数。

（9）由于成分偏析导致的渗碳齿轮坯料变形 Simsir等人在材料模型建立方面进行了一系列研究，用于对称简化下加热、渗碳与淬火工艺模拟下齿轮畸变的预测。这些研究是为数不多的在热处理模拟中考虑了历史加工过程影响的案例。该研究主要是受 Clausen 试验研究中认为 SAE 5120 钢齿轮坯料的切削策略为最大影响因素以及 Hunkel 等人对同种材料制成的轴由于偏析导致弯曲畸变的模拟研究的启发。此处对参考文献［83］进行重点关注，因为该参考文献对当前的研究发现进行了总结。该参考文献首先对一些早期研究进行了总结，描述了连铸过程中出现并在后续加工中调整的偏析结构对轴和齿轮畸变的影响。然后，作者总结了一个数学模型用于在传统热处理模拟模型中引入一个额外的由于带状组织位向导致的各向异性相变应变（ATS）。对于这部分可以参考参考文献［280］，在里面对该模型通过与纤维流呈一定角度加工试样的膨胀试验结果进行了确定。文献的下一部分建立了一个工艺链模拟模型，考虑所有加工过程，如图 4-157 所示，包括原始棒材热轧、盘加工以及齿轮坯料真空渗碳处理。

热处理之前的工序模拟在成形模拟软件 DEFORM 中进行，热处理模拟是在其内部基于通用有限元软件 ABAQUS 二次开发出的热处理模拟模块中实现的。成形模拟的细节详见参考文献［284］。热处理模拟中包含了图 4-158 中列出的所有工序，包括加热至奥氏体化温度、保温、加热至渗碳温度、真空渗碳、冷却至淬火温度以及高压气淬。为了进一步理解真空渗碳的效果，作者对齿轮坯料整体淬火建立了一系列模拟模型，这些工艺并不会被应用在齿轮生产中。

Simsir 等人研究的最后一部分对模拟与试验结果进行了比较分析。图 4-159a 对碳含量的模拟值与试验测量值进行了对比，发现其吻合良好。作者将原因归结于模拟中考虑了表面过饱和碳的影响以及采用了与温度和碳含量相关的扩散系数。图 4-159b 总结了两组不同试验的畸变坡度预测结果的对比。从图中可以总结出，模拟结果与试验数据吻合良好并且可以准确地预测畸变发生的方向。考虑到实测数据的分散性，模拟预测的畸变大小也是合理的。图 4-159c 是一个试验数据与模拟结果吻合度更好的对比图。作者最后认为表面淬火过程需要进行更详细的研究以理解其与整体淬火结果之间存在的巨大差异。

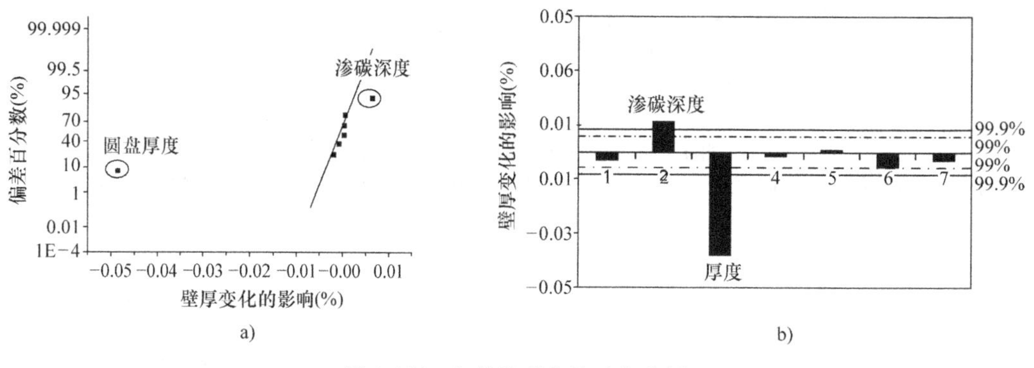

图 4-156　气体渗碳齿轮畸变分析

a）影响壁厚变化的概率图　b）方差分析中壁厚变化

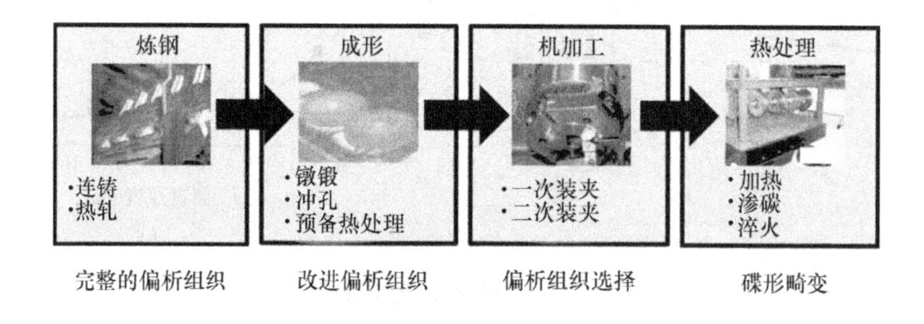

图 4-157　齿轮坯料真空渗碳加工工艺流程

（10）直齿轮感应淬火工艺优化　除渗碳淬火外，感应淬火也是提高齿轮性能的一个常规表面处理工艺。与渗碳淬火处理相比，感应淬火处理更加可控与稳定，并且可以在硬化层获得更高的表面残余应力以及更深的残余压应力，因此齿轮感应淬火处理正越来越受欢迎。感应淬火模拟在最近的十年里获得了显著的改进，模拟在工艺试错以及零件/工艺设计与优化过程中使用的频率也越来越高。对于

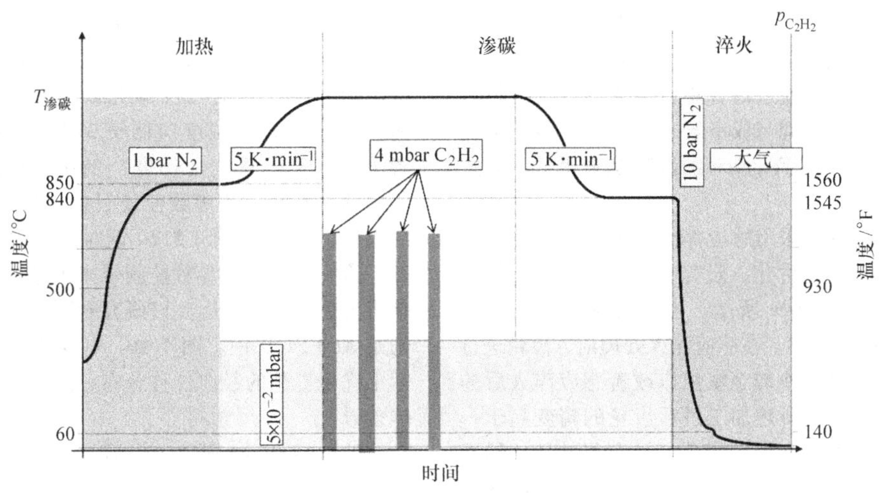

图 4-158　模拟的热处理工序（1bar = 10^5Pa）

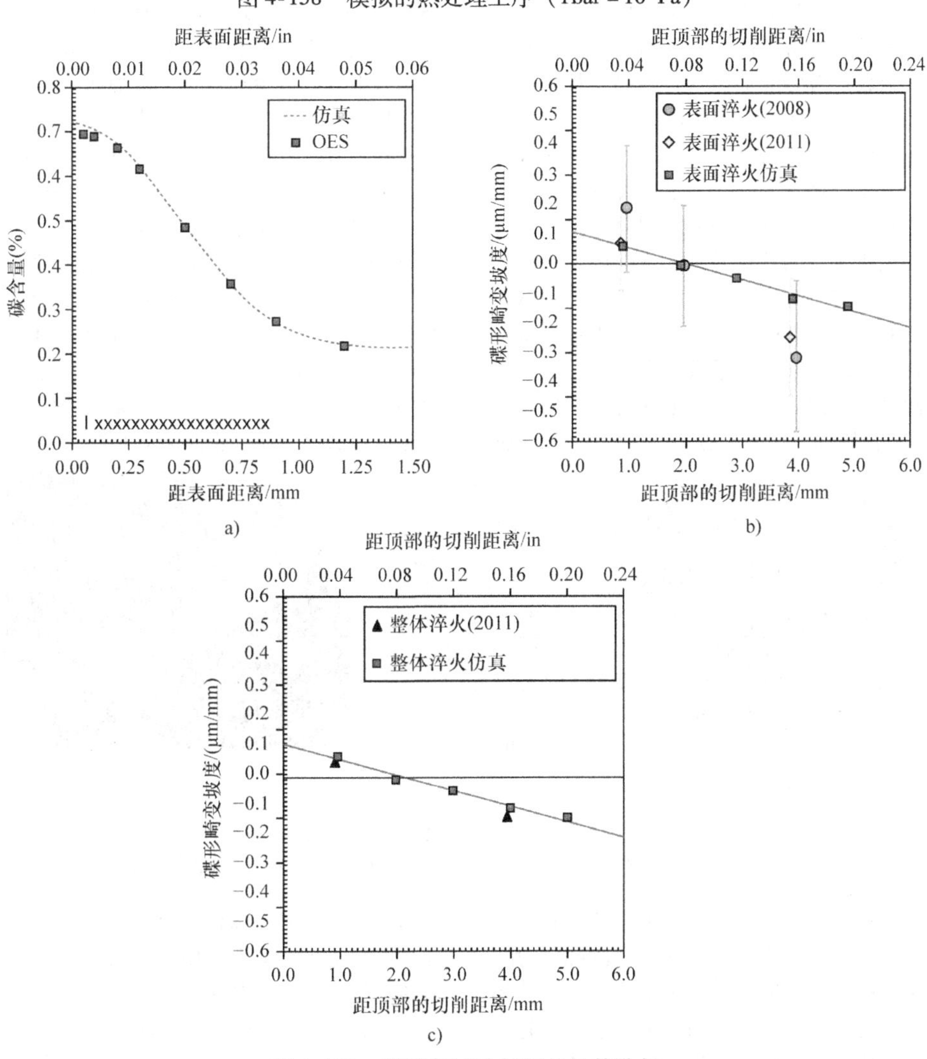

图 4-159　模拟与试验结果的比较分析

a）碳含量分布模拟结果与光谱（OES）测定数据对比　b）表面淬火条件下预测畸变值与测量值的对比

c）整体淬火条件下预测畸变值与测量值的对比

热处理工作者来说，通过试验试错的方式设计一个获得优良表面残余应力且达到最小畸变的工艺是巨大的挑战。然而，通过耦合感应淬火分析与数值优化算法使得兼具时间与成本效益的虚拟工艺/产品优化成为可能。Li 与 Ferguson 的研究是采用这一方式的重要案例。

Li 和 Ferguson 采用感应淬火模拟对直齿轮的畸变与疲劳寿命进行优化。研究中采用的齿轮几何形状与尺寸如图 4-160a 所示。齿轮备选材料为 AISI 5120 与 AISI 5130 钢。在感应淬火处理前，齿轮进行了真空渗碳处理并冷却至室温以改善感应淬火后的表面性能。据作者所述加工过后齿轮的畸变趋于一致并且可以通过改变齿轮绿色设计获得补偿。然后对齿轮依次施加低频与高频磁场进行加热。DANTE 软件无法进行热 - 磁场分析，但是可以通过直接在模型中定义一个功率密度函数（与时间与空间相关的功率密度函数）对感应加热进行模拟。加热结束后，齿轮经过淬火停留后进行喷水冷却。

如图 4-160b 所示，作者建立了一个二维平面应变有限元模型在 DANTE 中进行模拟。据作者所述采用二维模型而不采用三维模型的原因是考虑到涉及大量分析的优化算法的计算效率。优化中定义的约束为图中所示的点 P_1、P_2 和 P_3。加热过程被认为是恒定不变的，只考虑以下参数作为淬火过程优化的关键工艺变量：齿面换热系数、齿根换热系数以及淬火前的停留时间。工艺优化至获得最小的齿尖位移，在以下约束下允许的最大极限为 25μm (2.4mils)：齿轮根部位置（P_1）的残余压应力应至少为 -500MPa（-72520psi）；轮齿心部（P_2）应该至少包含 95% 的马氏体组织；喷水淬火前齿轮内径处（P_3）的温度应低于 370℃（700℉）。作者采用基于敏感度（梯度）的优化算法通过在设定范围内改变工艺参数使得目标函数达到最小值。结果显示，由于 AISI 5120 钢对工艺变量的高敏感度，给实际操作中参数控制带来困难，对其进行优化将会更加困难。因此该研究剩下的部分主要针对的是 AISI 5130 钢。图 4-161 中以轮廓图的方式显示了优化工艺的径向位移分布、周向应力以及马氏体含量。

Li 与 Ferguson 研究的最后将优化后的二维应力状态映射至一个三维模型并在齿轮齿面施加了一个 180kN 的静态弯曲载荷用于研究齿轮运行过程中热处理残余应力对混合应力的影响。从图 4-162 所示的结果中可以清楚地看出，在静态分析中包含和不包含热处理残余应力下的应力大小与分布存在明显的差异。可以看出不包含热处理应力的齿轮齿根处的最大主应力大约为 1650MPa（239000psi），而包含热处理应力的情况下其最大主应力为 850MPa（123000psi）。1650MPa 的载荷已经超过了马氏体的屈服强度，这会使得齿轮轮齿立即断裂。另外，在 850MPa 的应力作用下齿轮可能会超过其跳动。该研究可能是采用感应淬火模拟进行齿轮性能优化最出色的工作之一。此外，不幸的是该研究中并没有给出相应的试验验证以建议优化工艺。

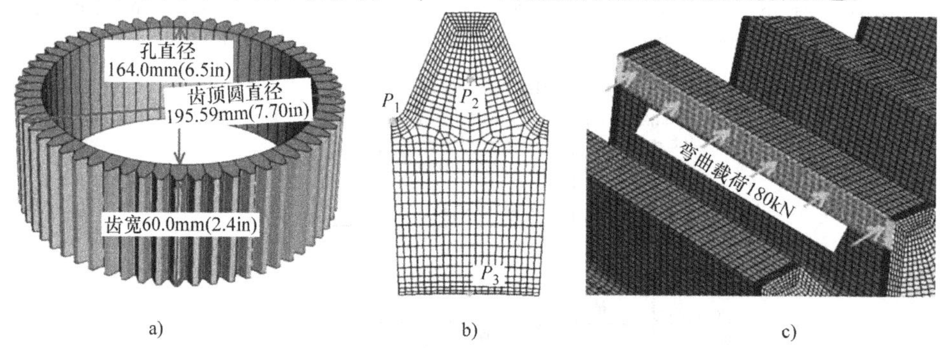

图 4-160　直齿轮感应淬火工艺优化

a）60 齿直齿齿轮几何模型　b）二维平面应变有限元网格划分　c）弯曲载荷施加示意图

（11）齿轮部分小结　采用计算机模拟进行齿轮热处理工艺优化可能是热处理模拟最流行的应用。在最近二十年这一领域取得了显著的进展，这使得齿轮加工中出现了许多成功应用案例。过去齿轮热处理模拟主要用于进行试错分析。现在模拟也可以用于在某些条件下进行齿轮畸变与残余应力大小的预测与优化。但是，该方法的应用仍存在一些缺点，在后续改进中需要高效解决。本部分将主要针对齿轮加工以及热处理模拟中存在的一些共性问题对作者指出的一些问题进行总结。

首先，高质量材料数据的缺失仍然是一个挑战。材料数据库中包含有齿轮加工中一些常用钢种的热处理模拟所需的材料数据。尽管可获取数据的常见钢种（AISI 51XX、AISI 86XX）可能是齿轮最常用

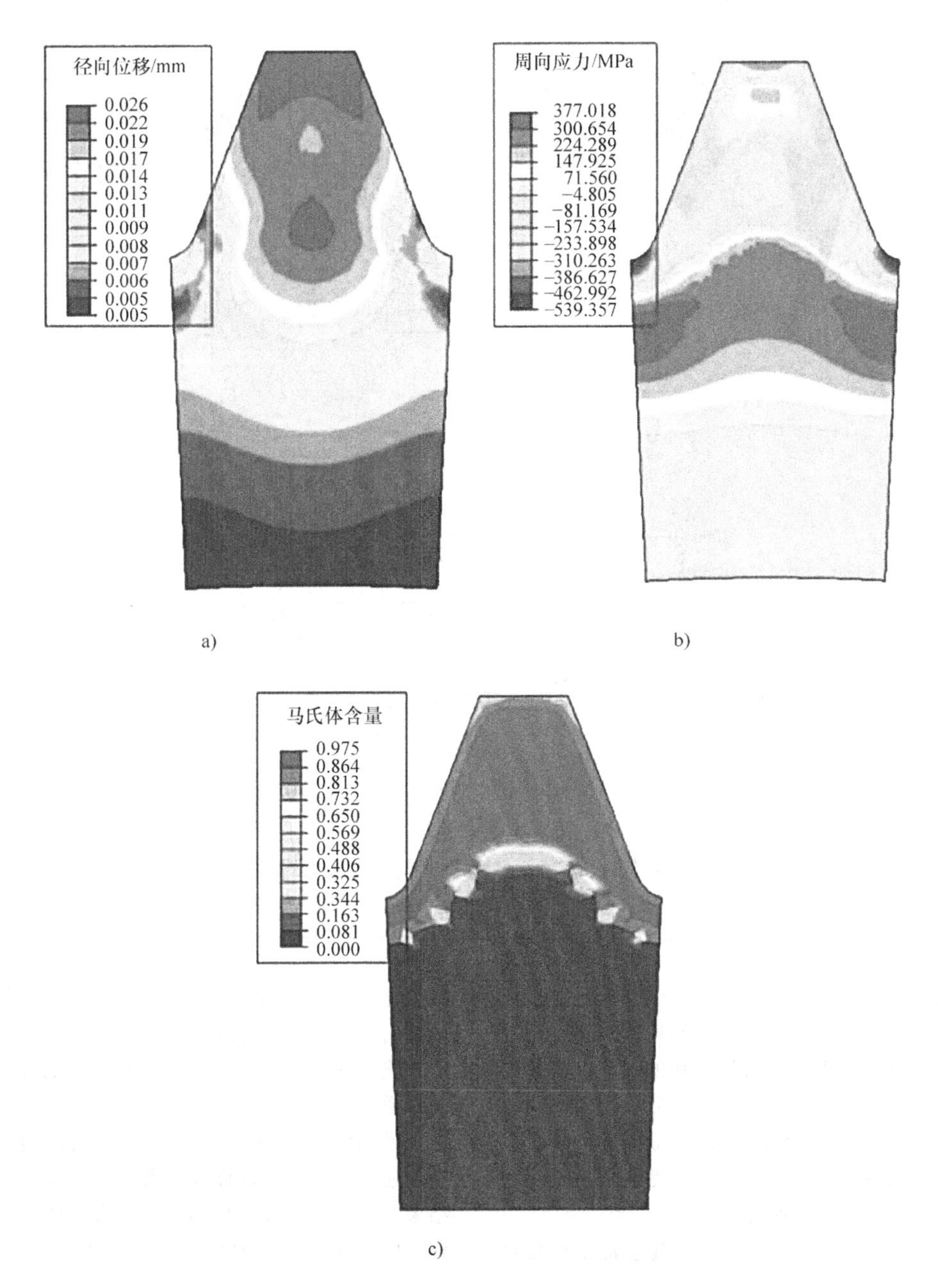

图 4-161 AISI 5130 钢齿轮的优化结果

a）径向畸变 b）周向应力 c）马氏体含量分布

的材料，依然缺乏许多非常用的材料数据。采用第一原理软件计算材料属性可能提供一个高效的解决办法。然而，据笔者所知，还没有关于计算材料属性数据对计算结果精度影响的细致研究。

确定诸如齿轮这类复杂形状，周围随时间与空间变化的换热系数数据也仍然是一个挑战。传统的淬火探头测量的方法无法直接考虑复杂外形以及淬火容器内流动变化的影响，并且多数时候探头测量的数据需要进行人为修正。采用在工件上嵌入热电偶确定换热系数的方法，其过程繁琐、耗时且成本高昂，仅适用于具有高附加值的工件。针对该问题，研究中有一些对气淬与 IQ 工艺采用 CFD 计算的成功案例。而且在近几年中获得了重大发展，但对浸入式淬火进行 CFD 分析仍然不成熟。膜沸腾与核沸腾阶段的模拟模型通常需要引入经验模型参数，这些参数需要采用真实工件与淬火容器进行试验测定。即使工件表面状态或淬火系统发生微小的变化，这些参数都可能需要重新进行测定。这些事实使得

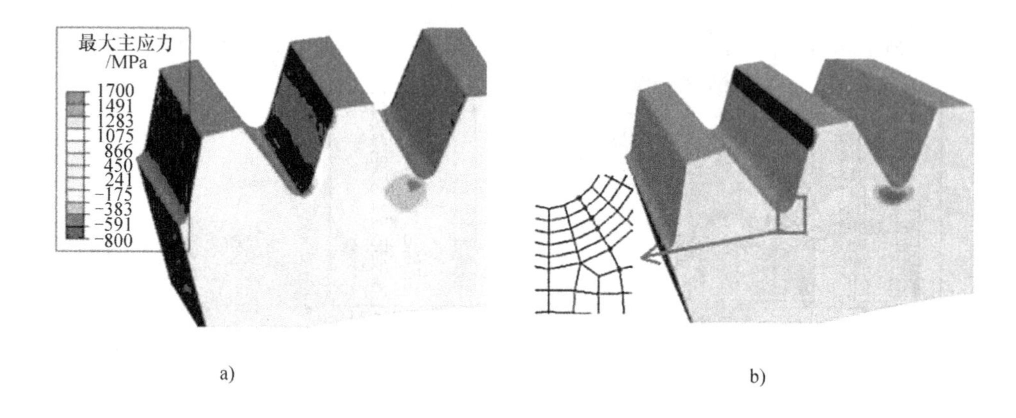

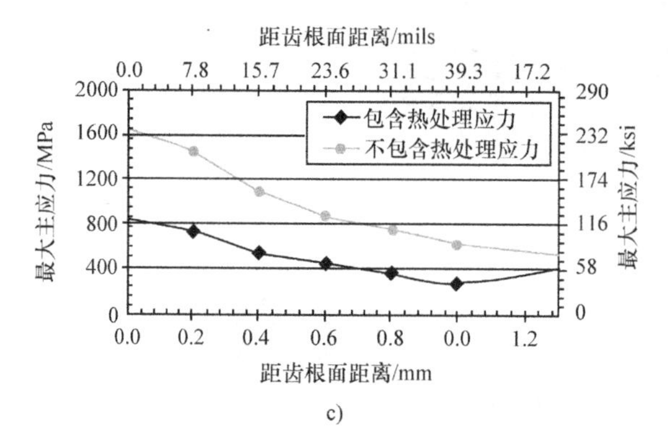

图 4-162 疲劳弯曲载荷下最大主应力对比

a）不包含热处理残余应力 b）包含热处理残余应力

c）载荷作用下最大主应力从齿根面沿深度方向的分布曲线

CFD 在许多工业案例中应用变得不切实际。此外，即使对于气体淬火，由于大负荷的计算需求，计算中通常忽略齿轮齿附近的换热系数的变化，而这对畸变预测的影响是至关重要的。最后，当前商业有限元软件并没有一个简单通用的界面进行 CFD 数据向热处理模拟的迁移操作。这一过程通常是手动型的，并且需要一定的专业性。

最后，最新的研究已经澄清了先前加工历史也会影响到齿轮畸变。例如，宏观和微观偏析甚至在理想热处理条件下也会对齿轮畸变造成影响。有一些齿轮加工相关的工业案例说明了先前成形处理会影响到后续工件对热处理加工的反应。例如，热锻齿轮热处理可能会受淬火前奥氏体晶粒尺寸分布的影响。同样地，网状组织的锻造齿轮热处理也可能受到冷成形过程中整体残余应力的影响。据笔者所知，热处理相关的研究文献中还鲜有关于齿轮加工工艺链中此类影响的全面研究报道。在热处理模拟中包含先前加工操作的影响需要关于每个加工工序结束时与畸变相关的测量数据或者工艺链模拟数据。通过试验确定相对较小工件的三维组织与残余应力的变化需要相关同步技术，而这在实际操作中是不可行的。因此，工艺链模拟正逐渐成为一个受欢迎的方法。尽管已经有几个工艺链模拟的成功实施案例报道，但其在工业中应用还不成熟。其中的挑战之一是如何在不同的软件结果之间进行数据传递。目前还没有全面的软件界面可以对不同模拟软件的结果进行必要的数据传递。虽然有一些软件在市场宣传中声称可以提供完全虚拟加工模拟的解决方案，但是有报道称同一软件商提供的软件之间进行数据传递也仍存在许多问题。另一个阻碍工艺链模拟有效应用的因素是累积误差。为了避免误差累积或使其最小化，需要尽可能对每一个工序进行精确模拟并且克服在软件间进行数据传递的精度缺失。

2. 轴

轴是动力传输系统中必不可少承受重载的部件。和齿轮一样，基础工业中更高承载力、更快运行速度以及更长服役寿命的要求构成了轴加工的重大挑战。高性能的轴必须满足高强度、长疲劳寿命的条件。与实际应用相关，有时可能还有抗磨损/腐蚀和高温强度等性能要求。为了达到这些要求，绝大多数钢轴都需要经过热处理并在表面淬火或整体淬火条件下使用。热处理对轴的最终性能具有决定性的作用。畸变、裂纹以及偏离预期组织与性能分布是轴类热处理的常见问题。此外，优化的残余应力分布可以显著改善疲劳寿命以及应力腐蚀开裂敏感性。

长圆柱体（轴）淬火模拟在热处理模拟文献中具有特殊的地位，因为有大部分开创性研究均用于建立钢轴的热处理模拟策略。其中主要原因是早期计算机进行淬火模拟缺乏计算能力，圆柱体淬火可以通过轴对称模型（二维）进行简化，如果轴的长径比足够大，模型甚至可以进行一维简化。由于建模与测量的简便性，甚至现在采用长圆柱体热处理模拟进行机理研究以及新方法测试仍很流行。本着简洁的考虑，本部分仅列出一系列反映工业应用或者常规热处理模拟无法涉及的研究报道。

（1）传动轴疲劳寿命优化　Zhang等人采用商业有限元软件DANTE研究了渗碳时间对SAE 8620钢制表面淬火传动轴的残余应力状态以及疲劳寿命的影响。研究对象为350mm（14in）长、分布有中心不通孔以及几个非对称油孔的阶梯轴。模拟中采用的几何形状、有限元网格以及研究截面如图4-163所示。

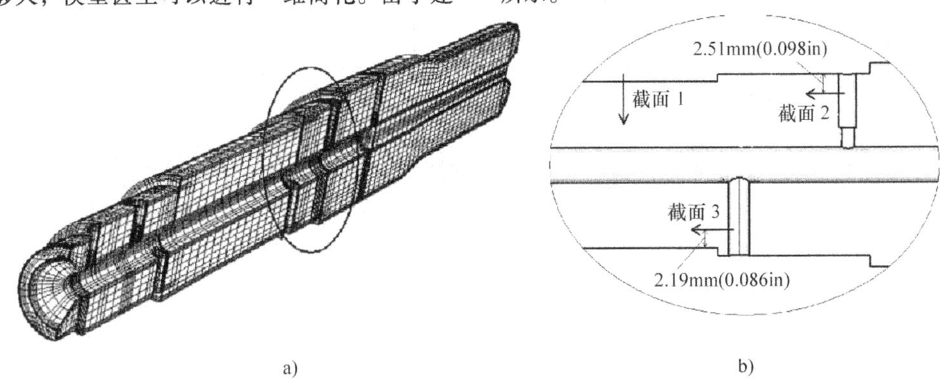

图4-163　模拟中采用的几何形状、有限元网格以及研究截面

a）传动轴几何模型的一半以及模拟中使用的有限元网格　b）评价热处理结果的三个关键截面位置

模拟的热处理过程包括随炉加热至927℃（1700℉）、在0.9%的碳势气氛中渗碳不同的时间、转移至212℃（415℉）的盐浴以及空冷至室温。作者对盐浴温度进行了调整，使其低于心部材料的*Ms*温度但高于高碳表面的*Ms*温度。在研究的第一部分，作者分别在3h、8h、12h以及18h的渗碳时间下研究了渗碳时间对关键截面碳含量分布的影响。在0.4%的碳势下所得到的渗碳层厚度分别为0.8mm（0.03in）、1.1mm（0.04in）、1.4mm（0.06in）以及1.7mm（0.07in）。从图4-164a显示的结果中可以看出，工件凸出位置的表面碳含量高于下凹位置。这是由于凸出表面具有更高的比表面积。

研究的第二部分讨论了温度与贝氏体含量（体积分数）的演变。在这一部分，作者讨论了保温时间对表面贝氏体相变完成度的影响，并且提到实践中在工件表面发生全部贝氏体转变需要更长的保温时间。进而作者讨论了不同渗碳时间下淬火态工件的组织与硬度分布。作者在这一部分还将8h渗碳工艺下硬度的模拟结果与实测数据进行了对比，发现两者吻合良好。研究的最后一部分对渗碳时间对关键截面残余应力分布的影响进行了讨论。结果如图4-164b、c所示。作者总结得出，获得最优的高残余压应力与残余压应力深度组合的最优渗碳时间在8～12h之间。

（2）带键孔的轴变形　在另一篇研究报道中，Huang等人通过模拟结合试验的方法采用了DEFORM-HT对带有键孔的JIS S45C淬火轴（图4-165a）的畸变进行了预测。热处理过程包括将轴在20min内加热至850℃（1500℉）以及在自来水和10% PAG溶液中淬火至30℃（85℉）。试验研究由淬火试验组成并通过相机对淬火过程的润湿行为与畸变进行监测，换热系数通过由银探头提取的冷却曲线分析确定，淬火结束后进行尺寸与硬度测量。进一步考虑探头与钢轴之间的材料与形状差异导致的误差，对银探头提取的换热系数函数进行优化。模拟中考虑到对称性，仅对轴的一半进行建模并采用四面体结构单元进行网格划分（图4-165b）。研究中还提到键槽拐角处设定的换热系数函数相对于表面的其他位置要高很多。尽管在那些区域由于膜的过早破裂进行这样的处理是合理的，但是不清楚这种处理方法是否具有物理或简单的试验数据拟合支持。据作者所述所有材料数据都出自已有文献，但在该研究中并没有提供相关参考文献。

Huang等人在试验验证部分首先通过工件上两

个内嵌热电偶记录的温度历史数据与预测结果进行了对比验证，两者吻合良好。然后，作者将畸变演变的模拟结果与录像进行了比较，如图4-166所示。结果显示模拟很好地捕捉到了轴的畸变趋势。作者没有提供10% PAG溶液淬火的相似比较结果，这可能是由于轴的爆炸式润湿，特别是在淬火起始阶段，阻碍了对畸变的观测。作者下一步表明轴畸变的预测结果与坐标测量值吻合良好。在这部分，作者展示了油淬的结果，但其在研究中并没有详细说明。结论显示油淬相对于10% PAG溶液的淬火畸变量可以减少30%。最后，作者对实测硬度分布值与模拟结果进行了比较，结果表明尽管模拟结果略大于试验结果，两者之间仍具有较好的相关性。尽管在水淬键槽拐角处的换热系数修改处的表述略微含糊，但这仍是一篇关于轴热处理模拟应用的优秀报道。

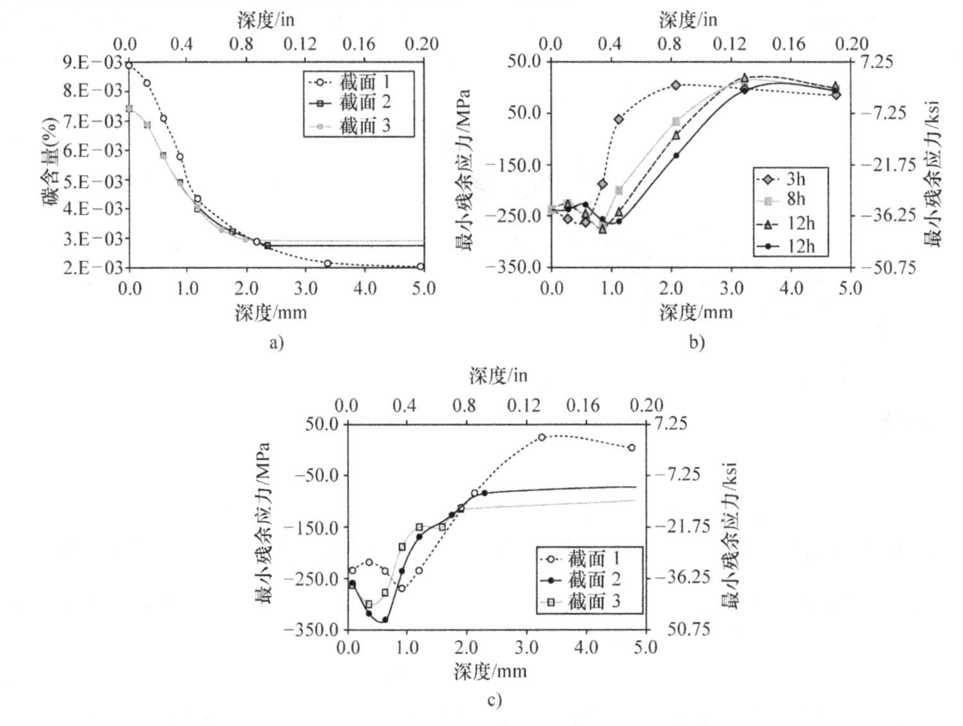

图4-164　碳含量分布、残余应力、渗碳时间与渗碳深度的关系

a）渗碳12h后关键截面处的碳含量分布　b）不同渗碳时间下截面1上的残余应力分布

c）渗碳12h后三个关键截面处的残余应力分布

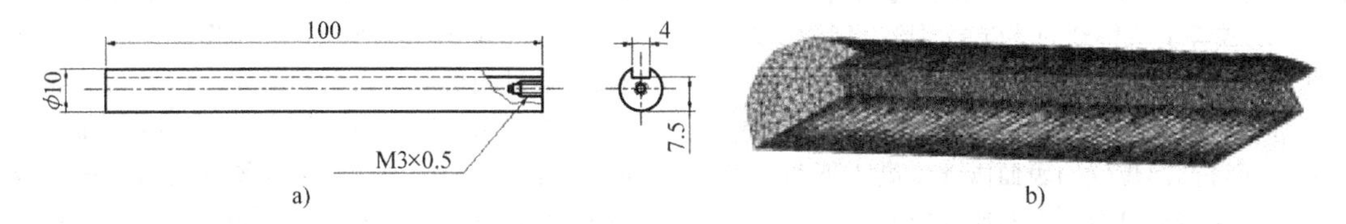

图4-165　采用DEFORM－HT对带有键孔的JIS S45C淬火轴进行畸变预测

a）试样尺寸　b）模拟中使用的有限元模型和网格

（3）大型轴交替控时淬火　Zuo等人使用热处理模拟设计了交替控时淬火（ATQ）的新技术，以避免大型轴在淬火过程中发生开裂。ATQ工艺中轴处于水空交替的循环中，以避免次表面马氏体相变过程中高表面拉应力的扩展进而导致已发生马氏体相变的表面出现开裂。

作者表明在合适的时间与多次水空交替淬火通过允许热流从心部流向表面以降低工件表面与次表面的温差可以解决这个问题。然而这样的一个工艺通过试错法去设计是相当复杂的，尤其是考虑到轴的大尺寸。作者通过基于商业有限元软件MSC. Marc开发的具有传热与相变模拟功能的内部热处理模拟模块进行模拟。热处理工艺包括将大型AISI 4140钢轴加热至850℃（1560℉），然后在两种不同的浸入－移出方式下淬火。在模拟中，将工件几何形状进行轴对称简化，有效的换热系数（HTC）通过考虑

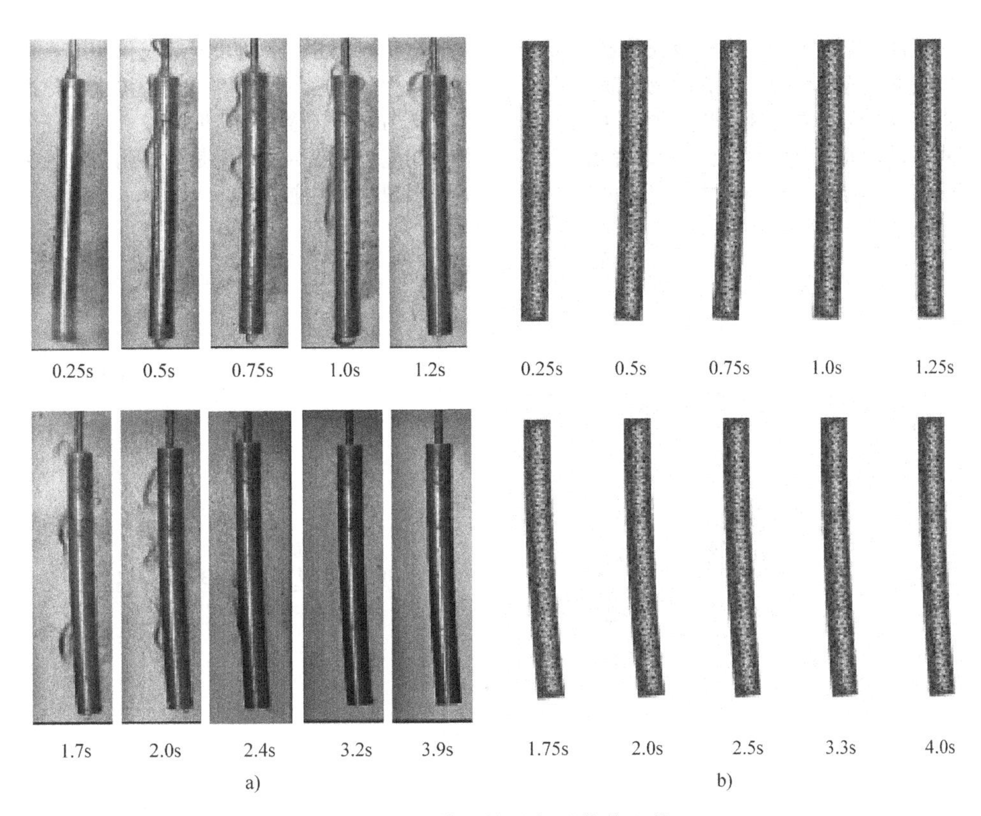

图 4-166　模拟结果与录像的比较

a）在 30℃（85℉）自来水中淬火时水的沸腾行为以及轴的畸变，键槽位于轴的左侧

b）水淬过程中淬火畸变的模拟结果

对流和辐射计算得出，然而 HTC 的确定方法在该研究中没有给出。模拟通过比较在表面（*A*）、中部（*B*）和心部（*C*）三点处的热电偶测量值和模拟结果进行验证。图4-167b 显示了试验结果和模拟结果之间具有良好的一致性。然后作者比较了两种淬火方式下所计算的组织分布并且尝试着将上述组织分布与试验测得的屈服/抗拉强度、塑性、冲击韧性、硬度等参数关联。由于在第一种淬火方式最后阶段产生了较多的马氏体、较少的贝氏体，因此试样呈现出高韧性和低强度的性能。作者利用计算机模拟进行 ATQ 工艺设计的想法是值得鼓励的，但是总体而言，该研究中无论是对试验流程还是对数值计算流程的描述都不清楚，因为其忽略了轴的尺寸，淬火设置，HTC 和材料数据的获取方法，屈服/抗拉强度、伸长率、冲击韧性和硬度的测量过程（包括试样的位置）等因素。另外，模拟中也没有涉及畸变和应力的计算，而畸变和应力演变相对于温度和组织演变在 ATQ 设计中更为重要。

（4）大型转轴　Wei 等人为了评价分步喷水淬火相对于传统空冷后喷水淬火工艺的适用性，对大型发电机轴淬火进行了模拟。Ni3.5CrMoV 钢轴的一半几何形状及尺寸如图 4-168a 所示。在研究的第一部分，作者强调了大型工件淬火模拟中考虑应力 - 相变交互作用影响可能的重要性。因为工件表面与心部之间存在的较大温差会产生很大的应力。在这部分作者通过已有文献分析对可能的影响进行了推断，并列出了不同温度下不同钢材等温转变时相变塑性的试验结果。

研究的第二部分进行了发电机轴的淬火模拟。然而，目前尚不清楚在模拟中如何体现应力与相变的交互作用。在这一部分，作者通过淬火模拟对两种不同的工艺策略进行了评估。第一种淬火方法是空冷 10min 后喷水淬火，第二种方法是空冷/喷水淬火交替进行，这与 Zuo 等人的思路相同，尽管该研究中并未引用该文献。采用交替淬火的目的是为了减小工件表面的高径向拉应力。如果较高的拉应力作用于几乎刚发生完全马氏体相变的表面时，由于新生马氏体的脆性工件可能很容易出现开裂。作者指出交替的空冷/喷水淬火方式主要影响的是表面上的温度演变，并不会影响到表面 7cm（2.75in）以下（*B* 点）或心部（*C* 点）区域，因此可以认为除了表面，轴的其他位置的组织分布是没有区别的。另外，获得的表面组织由略微增加的少量贝氏体和略微减少的马氏体组成，这和标准工艺获得的组织差别不大，如图4-168b所示。从图4-168c中可以看出，两种淬火方式下的获得的轴向拉应力大小峰值相同，但是出现峰值应力时表面的马氏体总量是完全不同的。交替淬火方式下的表面马氏体相变在压应力作用下发生。最后，作者得出交替淬火比标准的喷水淬火更为安全。然而该研究并没有提供任何关于阶梯轴的应力演变数据，但是预料到在直径突变的位置会出现较大的应力。

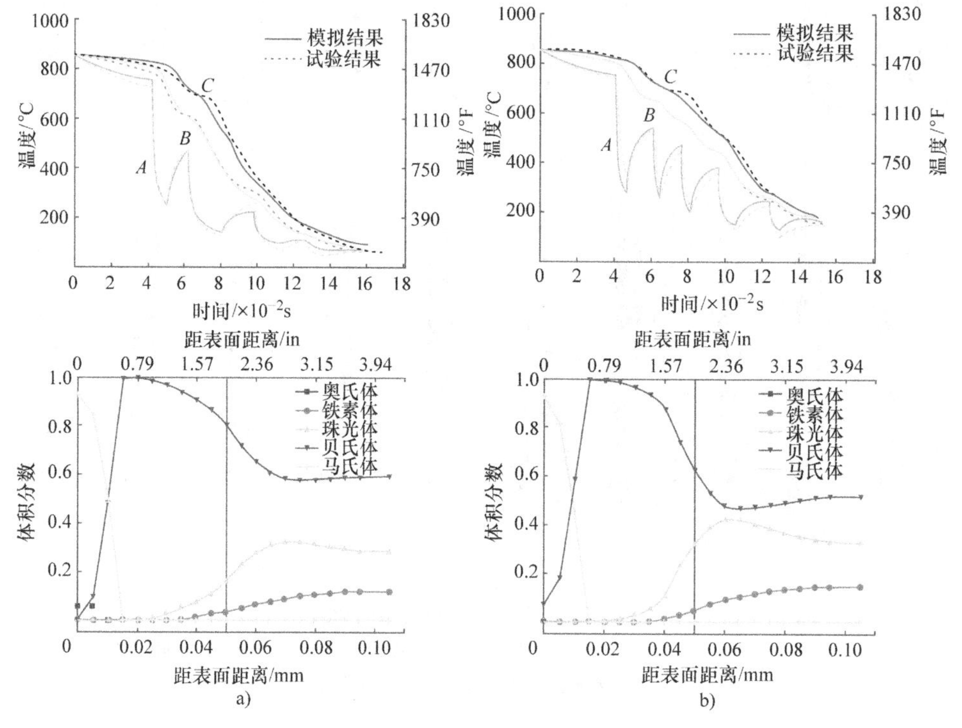

图4-167 淬火过程的冷却曲线以及组织分布
a）淬火方式1 b）淬火方式2

通过模拟研究大型轴应力－相变相互作用的影响是非常有价值的，因为大应力甚至可能改变相变的发生顺序，如Burtchen等人的研究。他们明确证实了该现象对轴承环等温贝氏体化后表面残余应力预测结果的影响，然而该研究没有介绍任何相关的实施效果和实施步骤，并且这些影响是否真的发挥了作用也不清楚，尽管该文章的大部分内容都在介绍关于这一影响的文献综述。该文章的另一个缺点是没有提供任何试验验证。总之，研究应力－相变相互作用对大型部件淬火的影响是非常有价值的。

（5）淬火轴与回火轴性能场预测　Smoljan等人通过有限差分法（FDM）尝试对淬火和回火后钢轴的组织和性能分布进行预测。形状和尺寸如图4-169a所示的DIN 41Cr4轴首先加热至850℃（1560℉）保温30min，在搅拌的油介质中淬火，然后在600℃（1110℉）下回火。在模拟中，只通过FDM模拟了温度演变，并从计算结果中提取了FDM网格每个节点的特征时间（t_{815}），然后特征时间被转化为端淬试验试样的等效距离。最后，组织和性能的分布，如硬度、屈服强度、抗拉强度、伸长率、冲击韧性，通过特征时间共享将端淬试样计算结果与轴节点数据传递进行预测。重要区域计算出的性能如图4-169b所示。

该方法是在热－冶金耦合模块和模拟出现之前确定工件某些位置性能的传统方法的简单计算机化，其缺点之一是冷却过程计算中忽略了组织演变和潜热的影响，这会导致特征时间计算的不准确。同样很明显地，该种方法并不能用于间歇、交替和阶梯式淬火处理，另外，该方法不需要利用复杂的试验和热处理工艺去获取热力学性能参数，并且还可用于复杂的参数计算，如伸长率和冲击韧性（其一般不易通过物理模型计算获得）。

（6）偏析引起的轴畸变　虽然化学和微观结构的不均匀性和带状组织被认为是影响轴畸变的相关参数，但是在热处理模拟中却很少基于上述参数进行探索。Kunkel等人在通过计算机模拟研究偏析对整体淬火的SAE 5120钢轴的影响以用于预测尺寸变化和畸变方面做出了很大贡献，在这篇研究中，偏析和相关的带状组织被处理为附加的三维各向异性相变应变。为了简单起见，只对整体淬火工艺进行研究，这是因为渗碳工艺只影响轴表面的薄层，且只要渗碳层的厚度均匀，就不会对畸变产生影响。

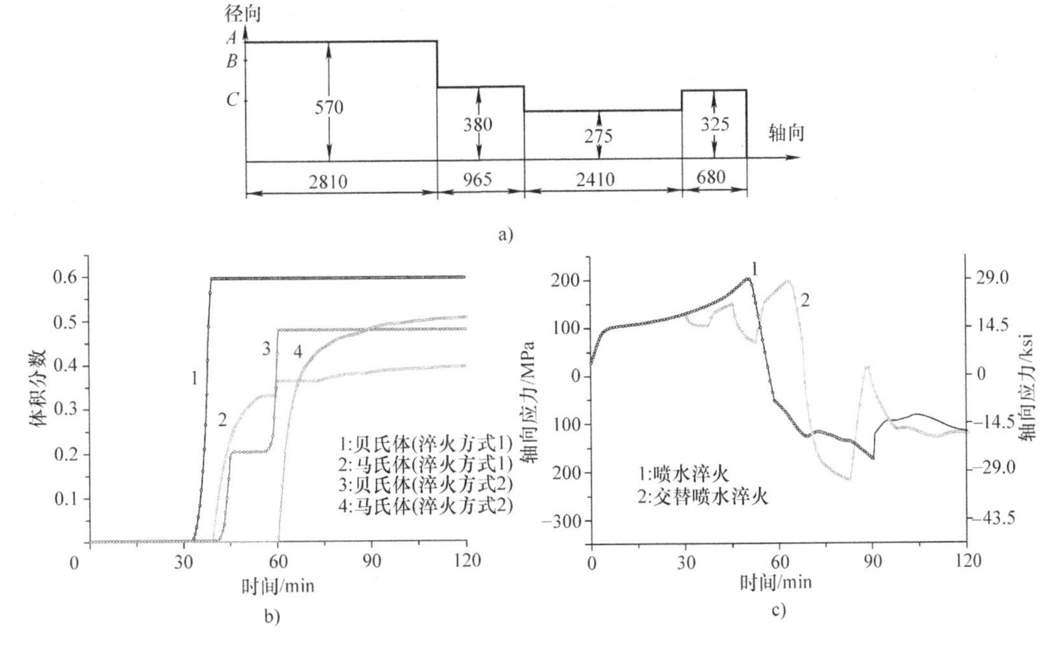

图 4-168 大型转轴淬火模拟

a）发电机轴轴向截面几何形状的一半 b）组织演变结果对比

c）交替喷水淬火工艺与标准淬火工艺下表面（A 点）的轴向应力对比

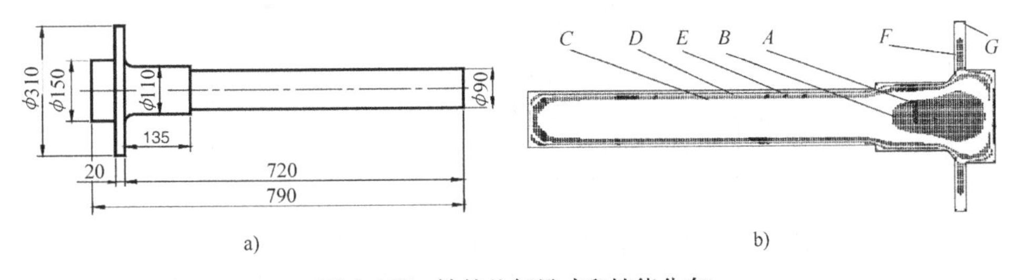

图 4-169 轴的几何尺寸和性能分布

a）41Cr4 钢轴的几何尺寸 b）轴截面处的性能分布

这篇研究的试验部分包括实验室尺度和零件尺度试验。小型试验包括对不同位置和取向的试样进行膨胀分析，这些试验用于建立各向异性相变应变（ATS）的经验模型并提取相关参数，ATS 的经验模型由于不属于应用范围，因此不予详述。零件尺度试验和模拟研究包括不同直径大小的热轧轴（26.0mm、28.5mm 和 31.0mm，或 1.02in、1.12in 和 1.22in）的整体淬火，轴的尺寸变化和畸变曲率可以基于膨胀试验结果和试样径向位置和取向推算出来，这样可以分别考虑宏观和微观偏析的影响。在试验部分，轴置于一个氮气气氛下的垂直管炉中加热至 880℃（1615℉），然后随炉冷却或对称气淬至 20℃（70℉）。尽管试验在对称加热和冷却的条件下进行，坐标测量结果显示轴的尺寸变化具有位置相关性并且发生了预期的翘曲畸变，缓慢冷却比淬火的影响更为明显。轴的三维模拟使用的是商业热处理模拟软件 SYSWELD。通过径向位置相关的热应变建立一个与径向位置以及位向相关的 ATS 经验模型。图 4-170a、b 显示了轴的平均长度、直径以及体积变化的实测值与模拟值的对比，轴在缓冷和淬火条件下的翘曲畸变对比如图 4-170c 所示。从图中可以看出，模拟结果很好地预测了各向异性的尺寸变化和畸变结果，因为大多数的模拟结果位于试验的误差带内（淬火翘曲畸变是个例外），模拟结果低估了轴在喷气淬火下的畸变。作者认为这是由于膨胀仪对马氏体相变相关参数的测量精度不够，因为试验中淬火膨胀仪即使在最大冷速下也不能避免贝氏体的形成。最后，作者认为，使用新的 ATS 模型模拟能够捕捉到大部分以前热处理模拟无法获得的结果。他们也再次强调了 ATS 模型在热处理模拟中的重要性和使用可控的非对称喷气式淬火抵消偏析导致的畸变的可行性。据作者所知，这项研究是热处理模拟中一个重要的工作，因为它可能是第一个成功捕捉到材料不均匀性和加工过程对热处理模拟结果影响的研究。随后，这项研究被用于表面淬火齿轮加工链的模拟研究中，Simsir 等人在此方面做了一系列研究，涉及更为复杂的工艺链模拟，其中在热锻与机加工过程涉及偏析位向分布的改变。

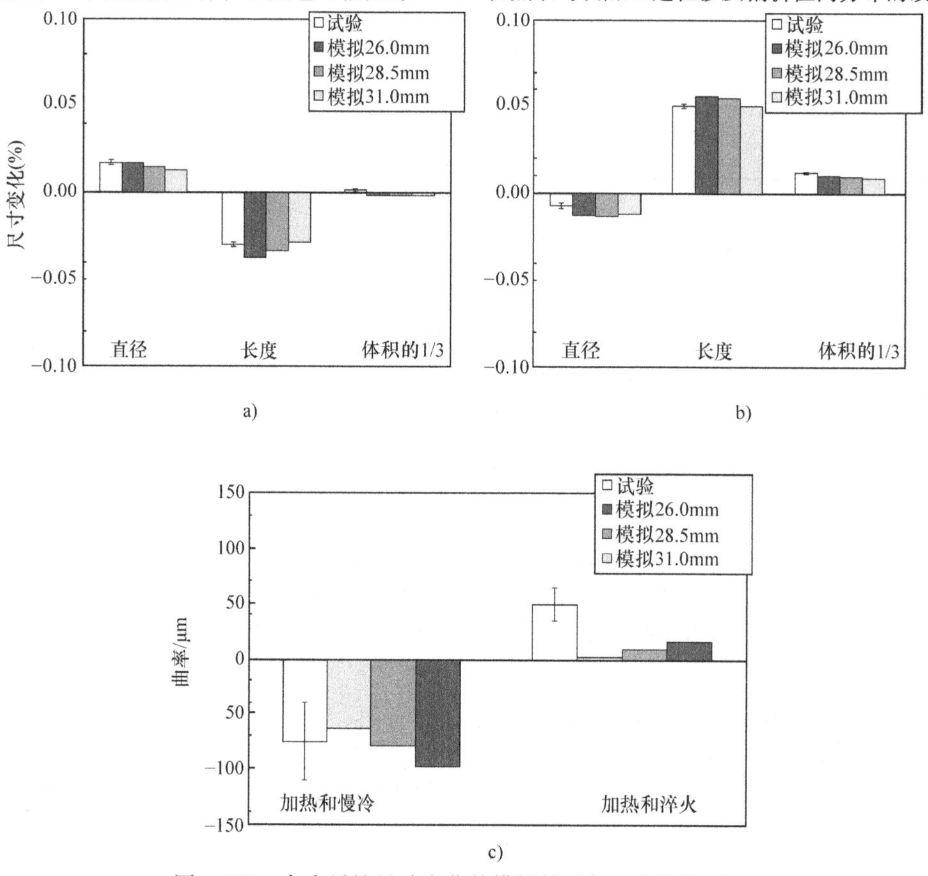

图 4-170 各向异性尺寸变化的模拟结果与试验数据对比

a）缓慢冷却 b）不同位置加工轴的淬火模拟 c）畸变曲率模拟结果与实测值对比

（7）非对称切割轴 Lee 和 Lee 提出了一个马氏体相变的动力学替代模型并进行了如图 4-171a 所示的非对称切割 AISI 5120 钢轴的加热和淬火模拟与试验验证。文章的第一部分讨论了 Koistinen－Marburger（K－M）模型和文献所报道试验数据之间的偏差，提出了一个新的基于膨胀试验的唯象模型，同时考虑了原奥氏体晶粒尺寸的影响。作者还强调了精确预测热处理畸变的马氏体相变动力学模型的重要性。文章的第二部分运用模拟和试验验证了上述模型的可行性，研究的工艺包括将轴在 15min 内加热至 860℃（1580℉）进行奥氏体化，接着在 17℃（65℉）的油介质中淬火。两步模拟（加热和淬火）模型在通用有限元软件 ABAQUS 中通过用户子程序实现。模拟中使用的 HTC 函数通过类似尺寸的 AISI 304 不锈钢圆柱体数据反算得出。模拟结果通过温度、硬度和畸变测量数据进行验证，模拟和试验结果吻合良好。图 4-171b 展示了试验测量的畸变结果与传统 K－M 模型、新模型模拟结果的比较，从图中可以看出使用新模型的模拟结果与试验数据更相符。

模拟方法得到验证后，Lee 和 Lee 运用该模型研究了畸变、组织和内应力的发展过程。如图 4-172 所示，从图中可以看出，轴首先在剪切方向上发生了弯曲，因为此处存在较大的热收缩，然后轴在相变开始时缓慢地伸直，在马氏体相变开始前轴几乎全部变直，但是马氏体发生之后轴在反方向以更快的速度再次发生弯曲。在淬火的最后阶段，轴在剪切的方向上呈现明显的变形（500μm，或 0.02in），该数据已被试验结果所证明。该文章是预测热处理畸变模拟的良好应用。另外，使用的 HTC 值直接从

不同材料制成的探头中获取，并且正如Huang等人所说的，对该结果无须进行校正。最后，如果热应变和相变应变直接从沿着或垂直于带状组织的膨胀试样中获得，由此可能会得出使人误导的相变应变和相变动力学，这是因为AISI 5120钢在加热过程中具有明显的各向异性相变应变。

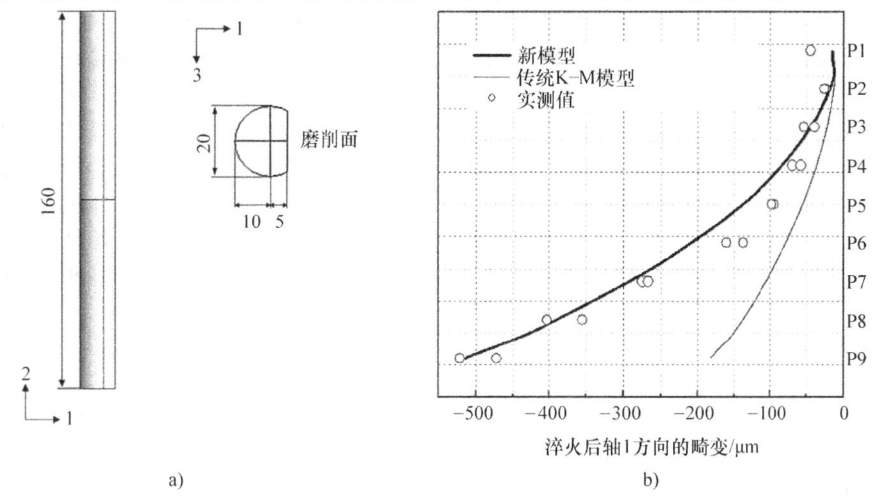

图4-171 非对称切割轴的几何尺寸和淬火模拟

a）非对称切割AISI 5120钢轴的几何尺寸 b）翘曲畸变的模拟值和实测值之间的比较

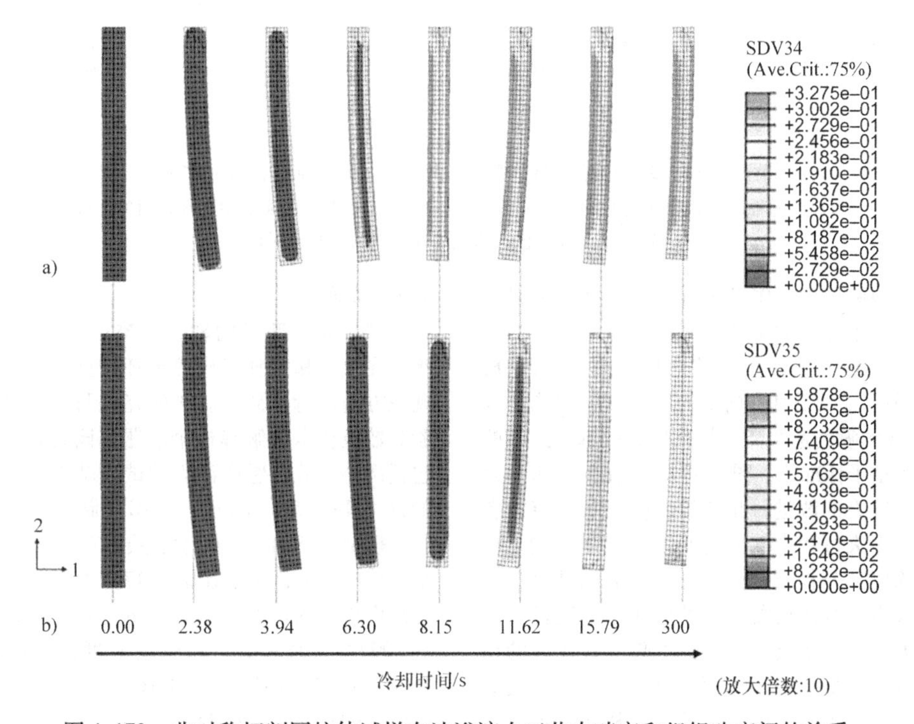

图4-172 非对称切割圆柱体试样在油浴淬火工艺中畸变和组织改变间的关系

a）贝氏体体积分数 b）马氏体体积分数

（8）阶梯轴气嘴组喷气淬火优化 柔性喷射（气体、喷雾、水射流等）局部淬火是控制和补偿畸变的有力工具。另外，与浸透性淬火相比其潜在畸变较小，同时也可用于监测所施加部件表面上的HTC值随空间和时间的变化。柔性喷射淬火技术应用于组织的分布和残余应力优化、避免开裂、补偿加工残余应力导致的畸变和淬火过程中的带状组织方面。这种方法对淬火技术进一步创新发挥了很大的作用。热处理模拟加上CFD模拟是基于理论进行柔性喷射淬火系统设计的重要工具。CFD模拟允许瞬态/稳态流场的计算以确定 HTC 分布，这对流体射流的空间排列和时间容量设计是非常重要的，热处理模拟可以给用户提供工件各点的温度、组织、畸变以及内应力演变分析。本部分的其余部分则是致力于解决 CFD 和热处理模拟的耦合在热处理问题以及淬火工艺优化中的应用。

Brzoza 等人运用耦合的 CFD 和热处理模拟进行 SAE 52100 钢阶梯轴和切割盘喷气阵列气淬工艺应力和畸变最小化优化。为了保持截面结构的一致性，此处的研究对象只针对轴，尽管切割盘也具有很高的研究价值。这些轴在转动炉中被加热至 850℃（1560℉），这种工艺通过工件反向转动可以实现轴类零件的均匀加热，然后在喷气阵列中进行淬火，其换热系数几乎为常数［450W/(m^2·K)］。本文所使用的喷气阵列淬火设备包括 8 列气嘴，每列中还包含 4 个对称分布在轴周围的气嘴，如图 4-173a 所示。首先，样品周围的 HTC 分布通过商业软件包 FLUENT CFD 计算得出。忽略瞬时效应并假设热表面间气体加热不影响流场，这导致 HTC 分布与热处理模拟结果耦合度很小。热处理模拟使用的是 Magdeburg 大学开发的内部有限元程序。耦合的 CFD－HT 模拟出温度值和测量结果的对比如图 4-173b 所示。轴长度方向径向位移分布如图 4-173c 所示。从图中可以看出，预测的冷却曲线和平均径向位移基本与试验值吻合。

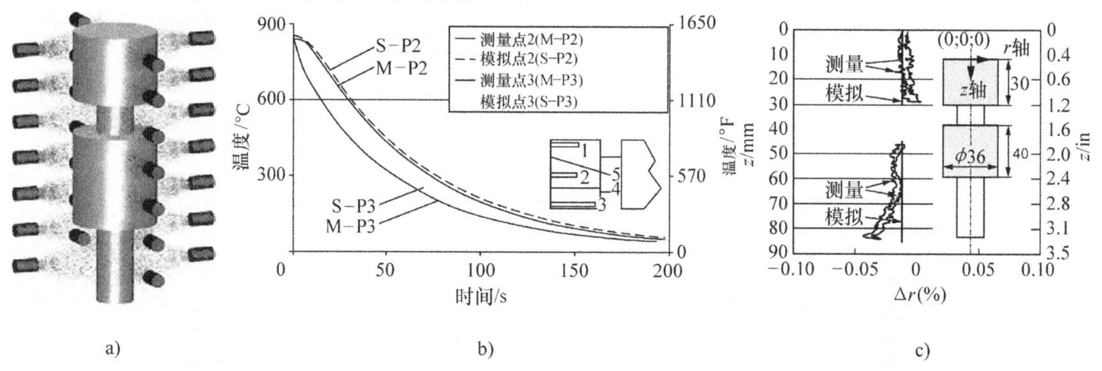

图 4-173 阶梯轴气阵列喷气淬火模拟（S—模拟，M—实测）

a）阶梯轴的形状和气嘴的排列方式 b）测量点的温度曲线的实测值与模拟值的比较

c）轴向上径向位移曲线的预测值与实测值对比

模拟模型验证后，作者进行了一系列模拟以优化薄工件和厚工件中的温差和硬度分布，遗憾的是作者没有提供优化方法的相关信息。在最后部分，图 4-174a 展示了轴长度方向上的最优 HTC 分布，其中喷嘴 2、6 的喷气速率高于标准值，喷嘴 8、11 的喷气速率则小于标准值。图 4-174b 为在轴的边角处温度分布和应力的改进，此处的温度分布和应力会导致工件在淬火过程中某一时间段内发生开裂。尽管文章的摘要部分提及测量了相变、表面硬度、畸变和残余应力，但在正文部分没有使用上述任一参数。本文的某些结果成功地证明了喷气式淬火的良好前景和耦合 CFD－HT 模拟的应用。然而数学模型的细节描述占据了本文的很大篇幅，从而导致优化方法和附加试验结果的讨论不够深入。

除了淬火、渗碳，感应淬火也是提升轴表面性能的一种常见热处理方式，然而感应淬火和其他形式的热处理一样，在畸变、开裂、硬化深度的控制、残余应力分布方面均存在问题。感应淬火模拟为改善工艺设计、解决问题、理解常见问题的机制提供了很大的帮助。本节的其余部分探讨了几个关于感应淬火的例子。

（9）带有凹槽的轴感应淬火裂纹预测 Horino 等人在预测和解释感应淬火环槽型圆柱轴时的开裂现象方面进行了研究。该研究表明需要联合使用试验和数值技术去解释这个问题。该研究的试验环节包括两个部分：感应淬火的试验基于三组不同等级的钢（JIS S35C、S45C、S55C）制成的环槽型轴进行，模拟验证温度、硬度、残余应力和畸变测量参数。感应淬火试验是在图 4-175a 所示的电感设备和样品中进行的。为了获得 5mm（0.2in）的淬火深度和 1000℃（1830℉）的最高温度，试样在转速为 250r/min、感应频率为 10kHz 下加热 4.5s，然后从电感器的孔喷水淬火 15s，结果表明，只有碳含量最高的试样中（JIS S55C）的凹槽的侧表面上沿圆周方向发生开裂。作者使用金相试验分析了开裂区域，结果显示开裂在高径向拉伸力的作用下发生在之前的奥氏体边界处。

在该篇研究的模拟部分，对开裂进行模拟以用于形成开裂发生的预测和解释标准。作者使用了 JMAG 软件分析热电磁场，FINAS/ TPS 软件模拟热能、组织和应变－应力场。模拟使用了轴对称模块，其中基于对称性考虑半轴和半电感被用于建模，如图4-175b 所示。使用了超过 10 万个三角形单元去捕捉电流密度、温度和边角处马氏体相变的急剧变化。

模拟的详细验证通过比较测量和模拟的温度变化、硬度、残余应力、沿某一方向的位移进行。图 4-176

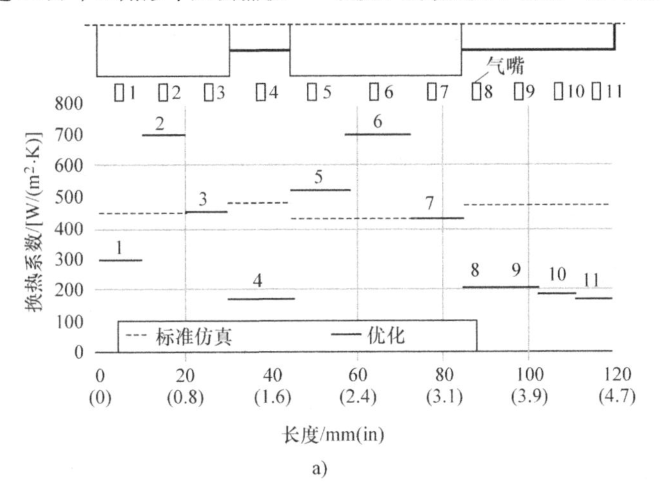

a)

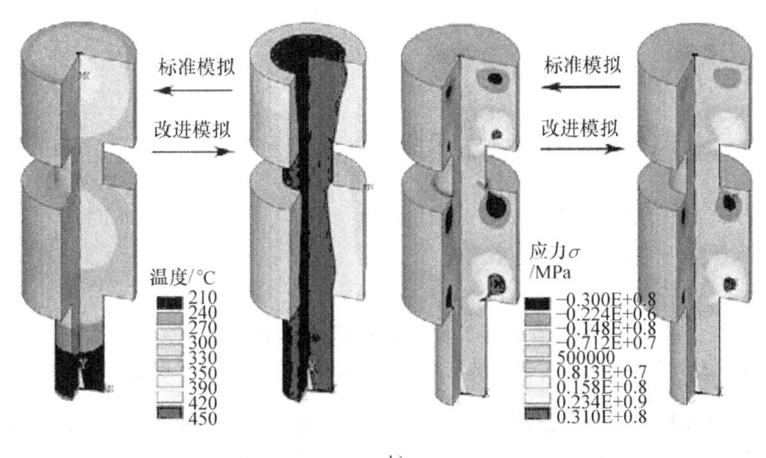

b)

图 4-174　轴的优化模拟

a）轴的标准换热系数与优化后的换热系数　b）气嘴阵列分布优化前后在 50s 的温度与应力场分布

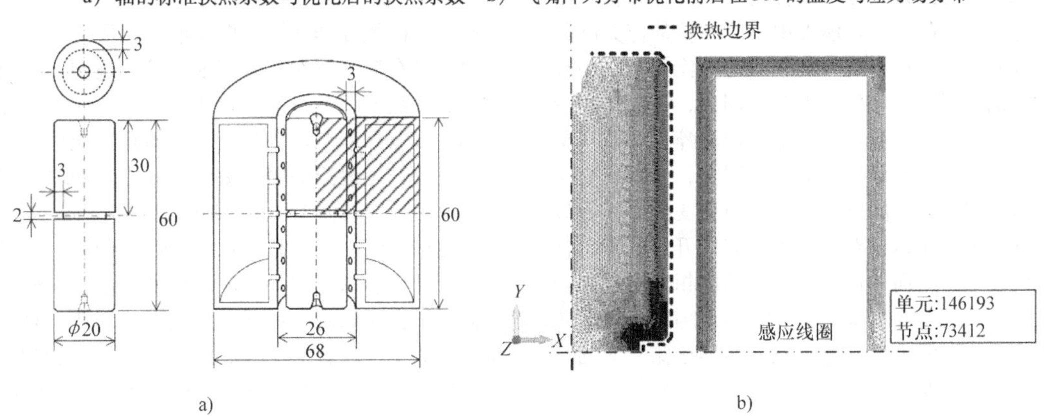

a)　　b)

图 4-175　带有凹槽轴的尺寸及模拟模型

a）试样与感应线圈的形状和尺寸　b）模拟使用的有限元模型

选取了上述评价标准的某些结果，从图中可以明显地看出，所有的测量结果和模拟结果高度吻合，虽然有一些结果略有差异，但这些在复杂的模拟计算中是完全可以接受的。

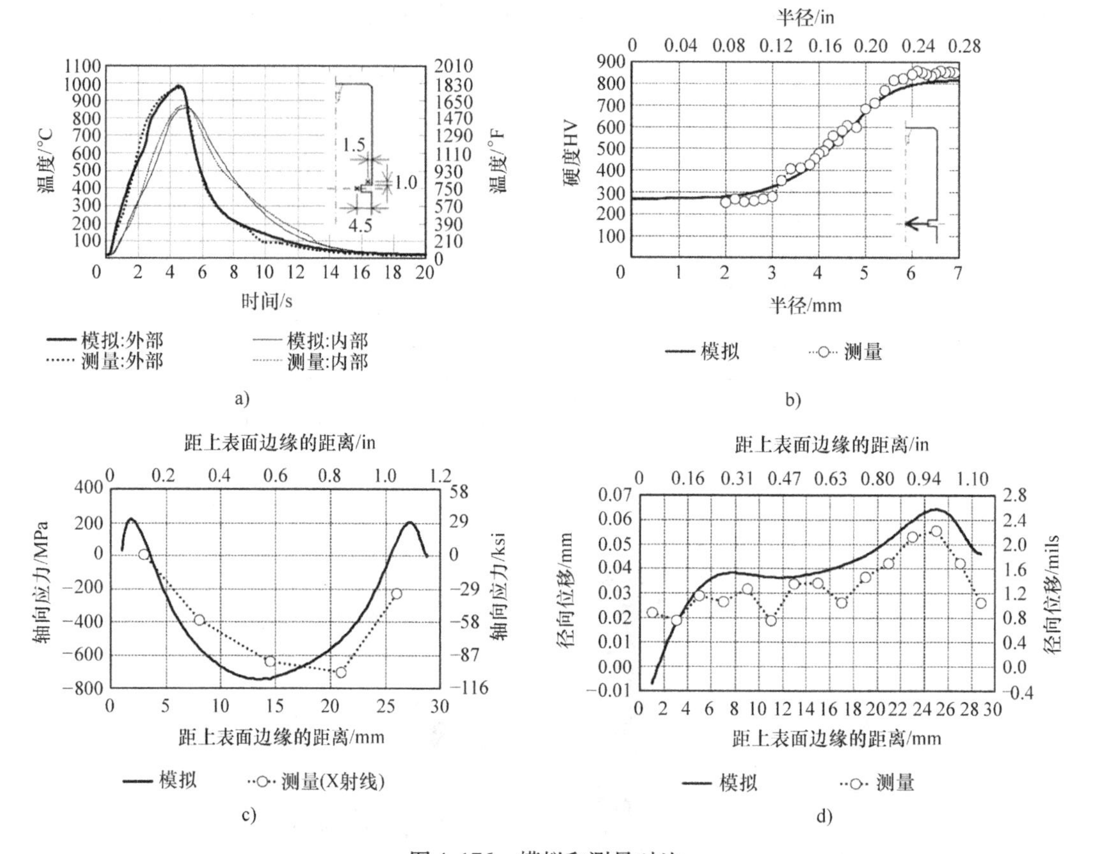

图 4-176 模拟和测量对比

a）淬火中测量点的温度演变 b）硬度曲线 c）轴向残余应力分布 d）沿图示方向的径向位移分布

在通过各种测量验证后，作者对模拟结果进行了彻底地后加工，以用于研究其在预测凹槽的侧表面开裂的可行性。为了实现上述目的，图 4-177 显示了温度、马氏体相变、试验观察到的开裂位置附近的径向应力的变化。模拟中的径向拉伸应力峰值出现在开始冷却后、试验观察到的马氏体相变中开裂位置的临近处并持续了 5.2s。因此，马氏体相变中产生的高径向拉应力可以作为预测淬火开裂现象的解释标准。在该篇研究的最后部分，作者研究了开裂位置附近的不同现象（热能和相变应力）导致的径向应力变化以期获得一种可能的开裂机制，他们同时也指出径向弹性应力在马氏体相变中也起着重要作用并且随着冷却的进行其所起作用越来越大。因为塑性变形发生在冷却过程中环形槽侧表面的径向，该侧表面发生了由马氏体相变引起的体积膨胀拉伸，从而高拉应力导致了冷却过程中开裂的发生。作者总结得出通过计算模拟预测和解释感应淬火中开裂现象是可行的，但是他们也同时强调了预测淬火开裂量化标准的必要性。该篇研究涵盖了高质量的试验和模拟研究并且承认了对淬火开裂量化标准的需求。

（10）轴类小结 热处理模拟已经被证明是预测和解决轴的热处理问题、提高轴的表面性能的有效工具，且在精密部件和大型轴上尤为适用。已经有关于轴的热处理模拟的大量研究，然而这些研究有相当一部分只涉及基础研究，而不是工业应用，并且除了热处理模拟的固有缺点，轴的热处理模拟技术仍有一些与具体零件相关的问题。

这些问题的产生主要是由于使用材料的多样性、轴的尺寸和形状变化导致的。材料的多样性还导致热处理模拟无法获得可靠材料数据的问题。只有少数的相关钢种（这也是齿轮和轴承通常使用的钢种）在研究中提及并且包含在商业热处理模拟软件的数据库中。对于齿轮，利用软件去计算所有材料的性能作为第一原理可以提供一种有效的方式去解决这个问题。然而，据笔者所知，至今为止还没有进行或者发表高质量的、精确计算的热处理模拟技术的详细、公正的研究。

随着日益精进的加工技术，轴的几何形状包括简单的圆柱体、阶梯轴、具有键孔或者油孔的轴。然而，使用钢种和尺寸的多样化（从很小的轴到船舰、堤坝和煤反应器中使用的超大型轴）都构成了热处理工艺和模拟中的附加挑战。

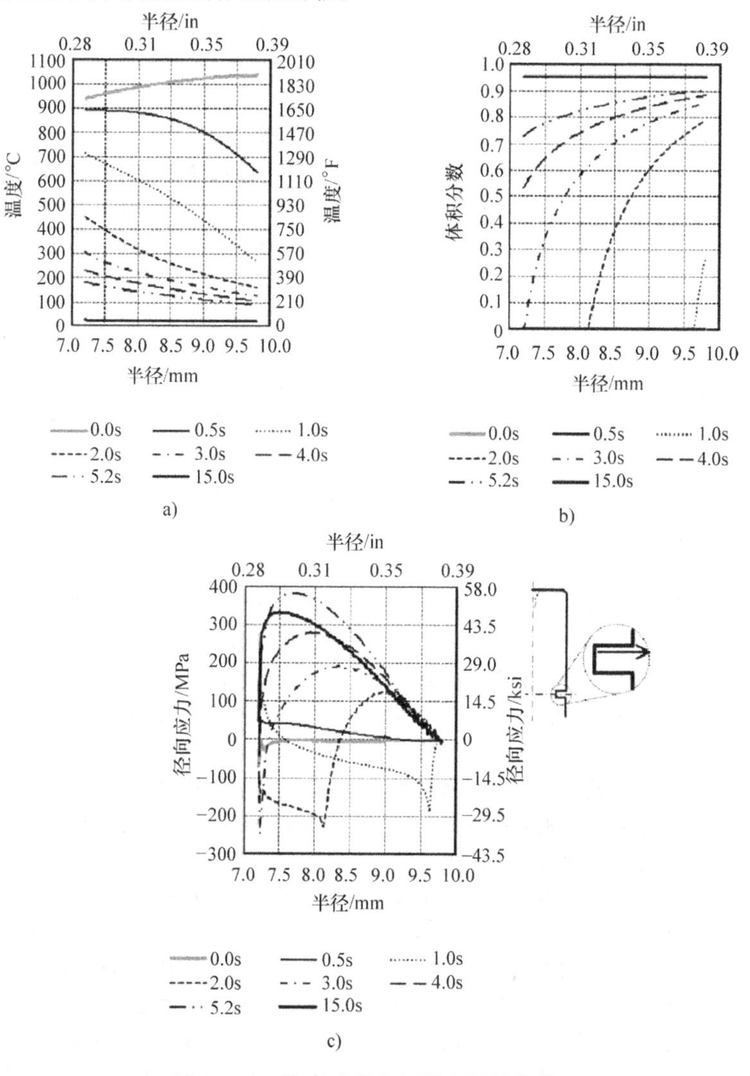

图 4-177 淬火过程中相关变量的变化

a）温度 b）马氏体体积分数 c）径向应力

举例来说，轴的弯曲在加工中对不均匀和非对称更为敏感，这需要在热处理模拟中特别注意，但是在工业中这种注意有时不太容易操作。在大多数的批量处理工艺中，这些参数的不确定性太高以至于不能使用在计算机模拟中。大型轴还未实现批量化生产，制造中更少进行控制，也没有完全实现自动化，这主要是因为轴对热处理的反应存在许多变数，而这些都不能很容易地体现在模拟程序中。比如，即使是最先进和最完善的 CFD 研究也通常因为试验的不确定性导致工业中 HTC 时间和空间判定的失败。考虑到工艺的改进，可能的解决方法包括增加更多可控的热处理系统的应用，例如柔性喷气淬火、单件或小批量加工工艺。然而，上述解决方式没有一种能够在工业中获得广泛应用，这主要是因为它们需要更多的投资和更长的处理时间并且还会在批量化生产结构的实施程序中产生问题。科研人员和技术人员应当针对传统的热处理技术互相配合以提高这些工艺的可行性。从模拟的角度出发，一个可供选择的解决方案是将热处理模拟软件和不确定条件下的优化程序两者进行耦合。不确定条件下的优化是一个新兴的领域，它的程序已在很多工业应用中获得成功使用，但是据作者所知，有关热处理模拟方面的文献缺少这部分研究，所缺的这部分研究可能与浸没式淬火的显著的不确定性有关，从而导致即使经过不确定条件下的优化后仍产生问题。

和齿轮一样，轴的热处理模拟通常也是忽略了热处理零件的生产工序，尽管人们早就了解轴的热处理畸变和生产工序密切相关。然而 Hunkel 等人的研究清楚地表明气淬 AISI 5120 钢轴的淬火弯曲很大程度上与轴的宏观和微观偏析分布有关。但是，热处理模拟在工业中的应用并没有在相关文献中得以体现，一方面可能是由于缺少额外试验研究的必要性，例如测定合金元素和组织的分布，另一方面可能是由于各个批号的参数存在较大的差异性。

在大轴的热处理中普遍存在的一个问题是淬火开裂。尽管目前已经有一些对预测和解释淬火开裂现象的研究，但热处理技术仍缺乏对淬火裂纹预测的量化标准。当然，热处理模拟由于只具有指示开裂的属性而主要用于故障排除。

另外需要进一步研究的是有关相变对内应力的作用。较大的应力因为轴表面和心部温度的显著差异而在大型轴的淬火中产生。据作者所知，尽管这类模型已经使用 20 年以上但目前仍没有合适的商业软件包支持这种耦合，并且文献中的应用程序是基于用户编程的，无论是商业软件还是内部开发的有限元分析软件。从技术角度出发，耦合的实施需要热-力-冶金分析的全方面耦合，极富挑战性。因为应力导致的相变参数的显著变化可能导致系统严重的非线性、强制使用更小的时间步且容易产生发散。另一个与应力相变耦合有关的问题是缺乏不同相，而且这些参数只能通过特定的仪器例如应变/应力膨胀仪或者物理模拟装置获得，此外获得的结果还必须通过专业技术人员仔细地提取参数而得。

最后，大型轴淬火由于自身明显的重量和长时间的淬火处理，其中的重力和黏塑性会对尺寸的变化产生影响，然而有关这方面的研究在热处理模拟中至今还没有获得应用。

3. 轴承环

轴承也是动力传动系统中的重要组成部分，同时基于对轴承的使用寿命和更高运行速度的迫切需求构成了轴承制造的巨大挑战，如今有基于轴承环的应用和环的尺寸涌现出的各种现有制造工艺、原料和热处理工序。轴承环的热处理畸变（例如圆度、锥度等）是由与原料生产相关的一系列参数，例如之前的制造过程、热处理类型等系统参数决定的。举例来说，大型环的椭圆度（OOR）通常是可以通过压缩环或扩大环来纠正的，但这两种方式均有某些缺点，并且对于较大的偏差，上述任一种方式均不可行并且由于开裂、畸变、无法预期的残余应力等因素的存在导致它们在很多场合下均不能实施。一个类似的问题在具有较大的直径和壁厚比，且壁厚限定的环（“薄壁环”）中出现，这些环的畸变通常经过昂贵耗时的硬磨（珩磨）后消失。因此，为了纠正较大的椭圆度，使用较大的切削余量是必要的，当然这也会导致更长的研磨时间、更高的研磨损伤和硬质层可能被移除的风险。

尽管轴承环或许是动力传动系统中畸变敏感度最高的组成部件，但相关方面的热处理模拟出版物相对轴承和轴却是较少的，这种情况出现的一个原因可能是生产链中潜在发生的携带畸变发生了决定性作用：非均匀性、不对称性材料和加工条件在热处理模拟中不易获得。下文的第一部分主要用于讨论传统的热处理模拟技术，第二部分则侧重于基于现有生产操作的效果所做的研究。

（1）淬火参数对大型热轧环畸变的影响 Pascon 等对 42CrMo4（相当于 AISI 4140）钢制成的热轧环在空冷和淬火条件下分别进行模拟，这项研究也成功得到了模拟下的灵敏度和参数分析的试验验证。此项模拟在 Liege 大学研究的基础上利用 LAGAMINE 有限元代码完成，该篇文章从材料模型的展示开始，展示的模型中除了 Denis 等人研究的有关相变应力的影响之外都是常规的，并且这些参数都是从 AFNOR XC 80（相当于 AISI 1080）钢的相关文献中获取的。在验证环节，空冷后的大型圆柱环［空冷后内径为 1085mm（43in），外径为 1197mm（47in），高度为 85mm（3.3in）］通过两个步骤的二维轴对称模型进行模拟并且与试验数据进行验证，在第一个步骤中，将环从预设的均匀的 1080℃（1975℉）环境中开始空冷直至环表面温度冷却至 880℃（1615℉），此温度区间下的温度计算分布如图 4-178a 所示；在第二个步骤中，环从当前温度空冷至室温，图 4-178b 显示了环的三个阶段［热轧后 1080℃（1975℉）、880℃（1615℉）、室温］的模拟和试验下内径和外径的尺寸变化比较结果，并且从五组试验结果中，作者得出模拟的数据偏差在标准误差范围之内。

在 Pascon 等人所写文献的第二部分中提到灵敏度和参数分析可在空冷至室温的过程中通过验证模拟得出，另外，环的尺寸相对变化（内直径、外直径、高度），平面度和锥度等因素由于材料参数存在 20% 的误差而被引入，但是上述结果中并没有马氏体的参数，因为 42CrMo4 钢在空冷时并不会产生马

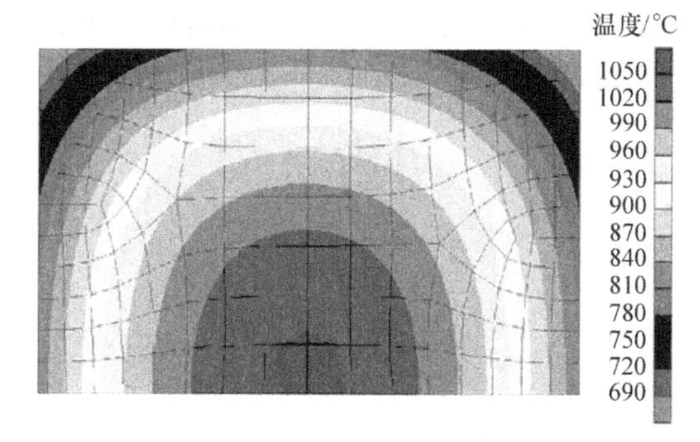

a)

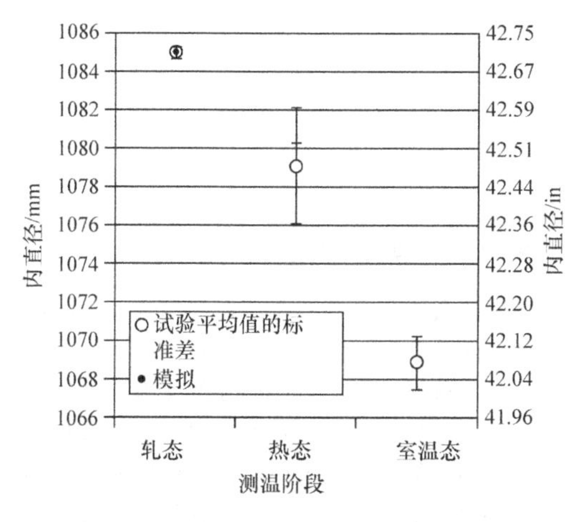

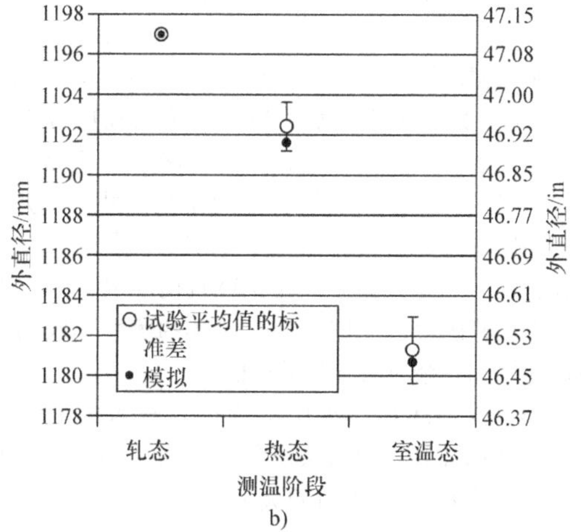

b)

图 4-178 大型热轧环的淬火模拟

a）从 1080℃（1975℉）空冷至 880℃（1615℉）后的初始温度场

b）内直径和外直径的实测值与预测值的比较

氏体。其余的研究显示相变的热胀系数是一个重要的影响参数，而膨胀系数、热导率、比热容、相变、相变诱发塑性应变（TRIP）和屈服极限则影响适中。最后，杨氏模量、泊松比、剪切模量、潜热和 TTT 图的偏移系数几乎都会对结果产生影响。

搅拌水溶液（0.5m/s，或者 19.7in/s）的淬火过程参数分析集中在环的几何形状、冷却速率和环在水浴槽的放置位置等影响因素。在该研究中，环的几何形状所产生的影响首先被研究。图 4-179a 显示了薄壁环和圆盘状环畸变模式的比较结果，如图所示，薄壁环具有更大的畸变并且出现了圈盘所没有出现的旋转畸变，并且不同空冷速率所产生的影响通过在较低搅拌速度（0.2m/s，或 7.9in/s）下的淬火进行模拟分析。作者认为 HTC 函数已被确定用于标准（$v=0.5$m/s）和修正（$v=0.2$m/s）两种情况下，从图 4-179b 所显示的模拟结果看，在降低搅拌速度的情况下旋转方向显示为从逆时针到顺时针的反方向旋转。最后，该研究通过简单的在仅与淬火介质直接接触的面的 HTC 函数方法对淬火料架（框）中环的位置所产生的影响做出分析，此处假定料架（框）中环与环之间的接触面是绝热的，上述模拟结果可在图 4-179c 中体现。在模拟中，两面接触相当于料架（框）中的环没有隔离块，三面接触相当于料架（框）顶部的环没有隔离块，四面接触则意味着环可以在料架（框）中的任意位置，这是由于隔离块的分离作用允许所有面与淬火介质接触。从模拟结果分析中，作者总结得出三面接触由于最多的非对称淬火条件产生了最大的旋转畸变。

这篇文章由于阐释了在热轧环畸变中某些参数具有的作用而富有指导意义，然而该篇文章的数据并没有提供试验验证，并且使用的二维轴对称模型也不能获取圆度偏差量。众所周知，圆度偏差量与圆周方向上的不对称和非均匀性密切相关，同时对料架（框）中环的位置和搅拌速率的模拟分析由于流场、相关的 HTC 值与料架（框）的位置和取向密切相关而显得过于简单，另外应力－相变耦合影响也是不清楚的。尽管这样，作者仍成功地证明了对环的畸变存在潜在影响某些参数的作用，尽管这些证明结果可能不具有实际量化性且不能在工业中获得量化使用。

（2）大型热轧环和淬火环的矫直工艺设计 Da Silvs 使用热处理模拟对 AISI 4140 钢制成的大型热轧薄壁环在正火和淬火过程中所产生的畸变和残余应力进行预测以获得通过压缩环以纠正椭圆度的方法。该研究的第一部分对材料数据和 C 环淬火模拟程序进行验证，第二部分探讨热轧环的正火模拟分析，上述模拟结果是基于高度为 163.5mm（6.4in）、内外径分别为 1163.8mm（45.8in）和 1296.9mm（51.1in）的大型热轧薄壁环、商用有限元软件包和 DEFORM－HT 热处理模拟程序的。为了考虑高度方向上的对称性，利用大量三维体单元进行半环的建模，并且环的轧制工艺在接近 1205℃（2200℉）下进行、925℃

(1700℉) 正火 2h，然后空冷至室温，然而没有模拟环轧制工艺，且在热处理模拟中忽略了由成形所带来的圆度、厚度的变化。在正火和空冷模拟中考虑了空气的对流和料架（框）中相邻环之间辐射的影响。

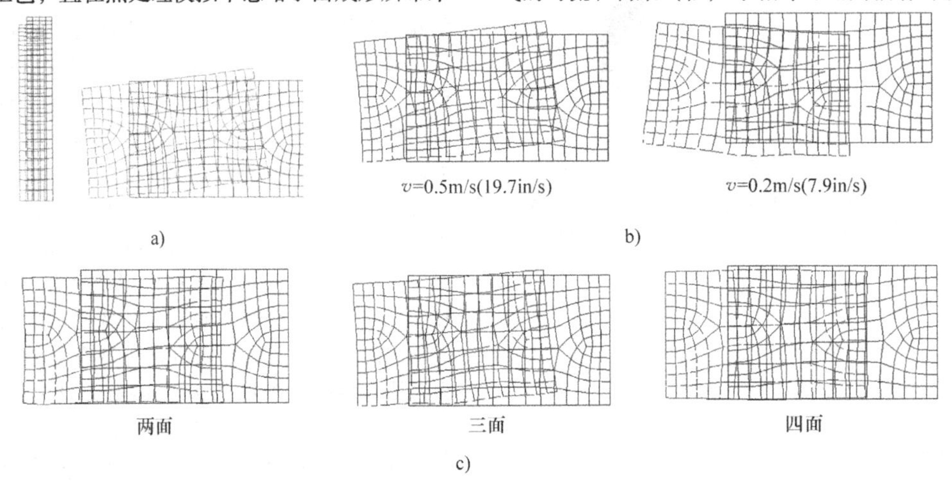

图 4-179　畸变结果对比

a）扁长型环与厚大型环　b）标准速度搅动与缓慢搅动　c）环处于淬火槽中不同位置

基于上述模拟结果，作者认为尽管相邻环之间由于存在辐射传热而导致环的不同面之间存在微小的温度偏差，但这并不会明显影响环在最后阶段的椭圆度，因此，正火后的畸变和残余应力可以忽略且在再加热工序，淬火模拟中也不考虑其传递作用。通过简单的各向同性膨胀模式对环再加热至 850℃ (1560℉)、保温 2h，因为没有考虑加热过程中的残余应力松弛、蠕变、相变塑性和各向异性变形应变，所以在加热的最后阶段也不存在明显的圆度偏差。

在工业中，上述环是以图 4-180a 所示的方式料架（框）且在搅拌的聚合物水溶液中淬火。料架（框）的排列方式、环的大小、螺旋桨的位置和速度的变化主要取决于产品和淬火槽的设计。正如作者所言，运用 CFD 模拟来计算环周围的 HTC 分布是不切实际的，因此本文研究的重点为图 4-180b 所示的环左侧面临着螺旋桨时假设的 HTC 分布。模拟结果表明存在一个绝对值为 12.8mm (0.5in) 的椭圆度，并且 图 4-180c 显示了淬火后实际的残余应力分布结果。椭圆度的出现是由于残余应力的非对称性分布和在不均匀的冷却环境所导致的，这在图 4-181 可以体现。

在研究的最后，作者尝试使用淬火模拟结果去设计达到名义几何尺寸的矫直工艺。据悉畸变网格和应力应变数据可以从热处理模拟模块传递至畸变模拟模块，然而这也表明了定义一个用于淬火环的新材料是必要的，因为在不同模块之间无法进行材料数据传递。这一事实可能带来一系列结果，因为材料数据的不匹配在模拟的第一步就已发生松弛。作者认为残余应力由于畸变模拟模块开发团队所报道的插值问题在开始阶段呈现大幅下降，但是也有可能是因为材料数据的不匹配导致应力松弛所引起的。事实上，在模拟中没有考虑力学性能参数的非均一性是不对的。通过使用模拟实现模块行程的变化以获得可能的最小椭圆度。据报道，通过优化的矫直工艺在模块行程为 63mm (2.5in) 的情况下可以将椭圆度的量级从 12.8mm (0.5in) 降至 1.32mm (0.05in)。图 4-182 显示了矫直工艺前和矫直工艺后实际的应力分布。本研究成功地展示了部分工艺链，例如正火、淬火和矫直下的模拟，另外，仍存在一些例如假定的 HTC 分布、材料数据传递和缺少试验验证等问题。同时，环在矫直前不易调节，并且矫直工艺的设计忽略了淬火后环的脆性导致的开裂可能性和残余应力导致的弯曲。

(3) 大型环在淬火中随同矫直技术的设计　Rath 等使用计算机模拟去评估几组为了补偿淬火畸变对风力发电站中使用的大型渗碳 AISI 4317 钢环 [外直径为 1100mm (43.3in)，内直径为 800mm (31.5in)，高度为 250mm (9.8in)] 随同矫直策略的可行性。研究开始，作者总结了不同的淬火工艺技术，但是本研究讨论的范围仅限于伴随着矫直工艺的轴向拉伸。作者陈述了该项技术已成功应用于高达几百毫米直径的环上，但实际上该方法并不十分适合此类大型环。下面将讨论三种不同的策略：第一种是涉及淬火前环的塑性变形的传统方法，然而该方法由于所需的巨大的强制力超过了淬火机的能力，因而对于大环并不可行。为了探索在常规的淬火工艺中矫直大型环的可行性，作者通过计算机模拟调查了利用时间相关的蠕变和TRIP效应来减少矫直力的可能。利用屈服和蠕变来评估矫直的模拟计算通过ABAQUS/标准FEA软件完成，评估利用TRIP矫直较低作用力下环的模拟计算则通过商业热处理模拟软件包SYSWELD完成。对于ABAQUS模拟而言，考虑到工艺的对称性，如图4-183所示的七节拉伸段、四分之一环和冲头被用于建模，且环的建模初始椭圆度为2mm（0.08in），为了对环划分较大的网格忽略5mm（0.2in）的渗碳层，并且模拟中拉伸段的热量传递也不考虑。

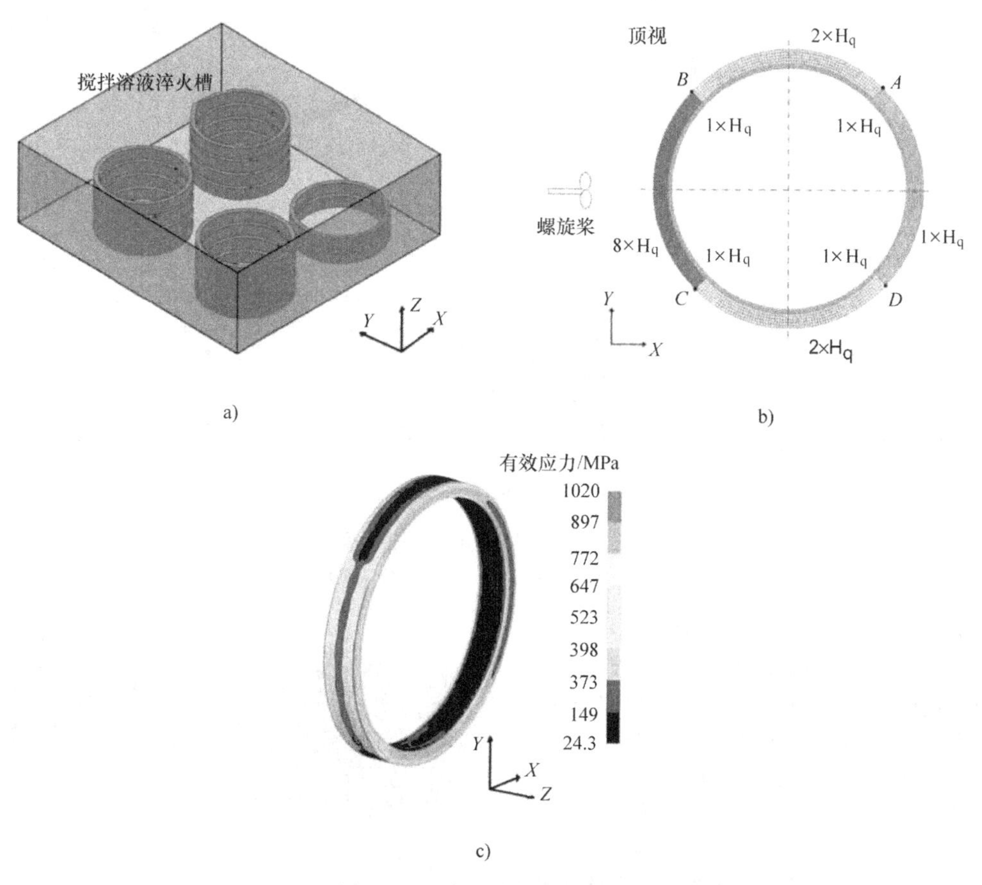

图4-180 大型热轧环的模拟

a）环在淬火槽中的典型排布方式，搅拌器的位置根据淬火槽设计而变化 b）环表面的换热系数分布

c）淬火后预测的等效残余应力分布

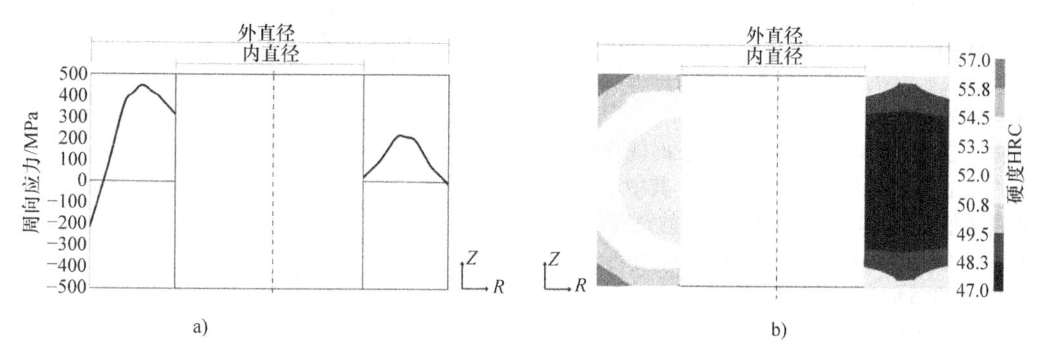

图4-181 大型热轧环的力学性能分布

a）环横截面中心线上的周向应力分布 b）环横截面上的硬度分布

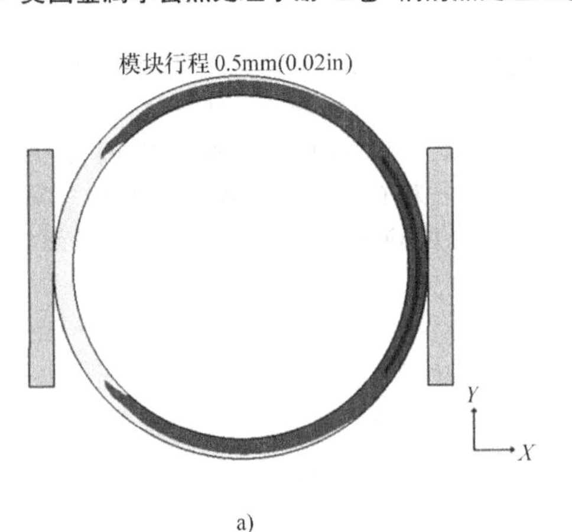

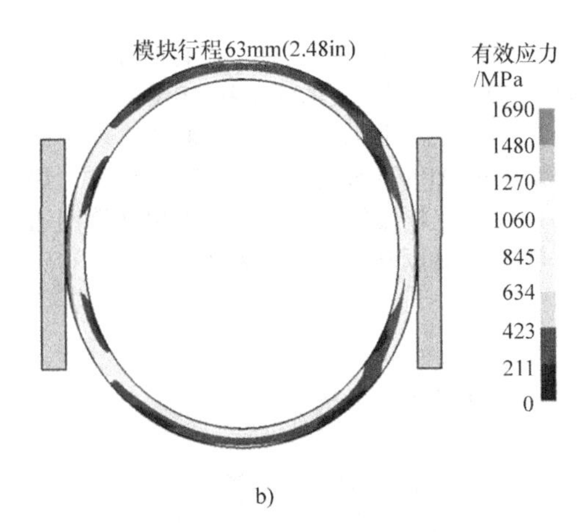

图 4-182　矫直工艺

a）压缩开始　b）模块行程为 63mm

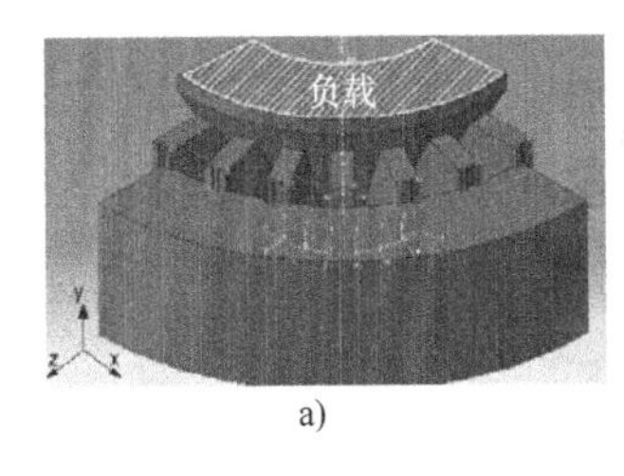

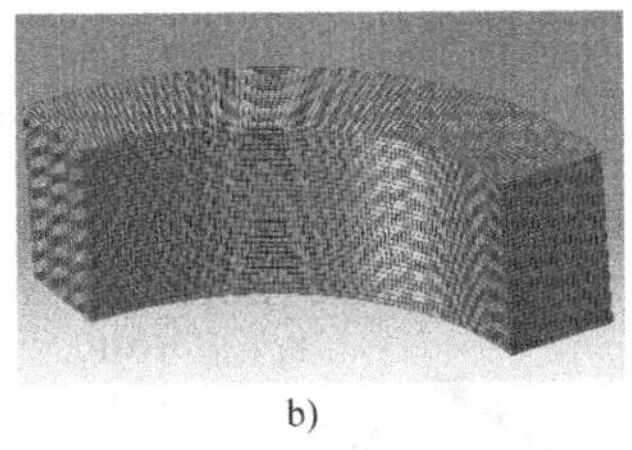

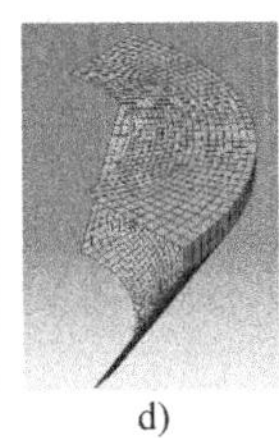

图 4-183　ABAQUS 模拟要素

a）模拟模型　b）环网格　c）分段网格　d）冲头网格

首先，线性增加的负载对拉伸轴的矫直通过在时间为2s时施加一系列为淬火压力机最大负载倍数的负载下进行模拟，负载在时间为4s时完全移除，结果显示至少将负载增加至淬火压力机最大负载的20 倍时才能将椭圆度从 2mm 变化至 0.3mm（0.01in），环和截面在时间为3s 时的实际应力分布如图4-184 所示，从图中可以看出，实际应力升至70MPa，这比奥氏体在860℃（1580℉）时的屈服强度44 MPa还高，这也说明了塑性变形和环的矫直在此阶段发生。然而塑性变形同时在环的内表面也产生了不期望的缺口，另外，拉伸轴的最大接触压力接近175MPa，这比硬化后的 SAE 52100 钢轴的屈服强度（1600MPa）要小得多。因此，作者总结得出在传统的淬火压力机中淬火前通过屈服的方法矫直环是不可行的。

在第二步中，探讨了淬火前利用长时间作用的负载所产生的蠕变来矫直环的可行性，其中改变了负载的最大值和负载时间以寻求最合适的矫直参数。一个动力蠕变的原材料被作为材料模型，由于缺少AISI 4317 钢的蠕变数据，模拟中使用了 AISI 5120 钢的材料数据。模拟结果显示了若负载保持在某一合适的时间范围内，在环上施加较小的、不产生不期望缺口的负载对环进行矫直是可能的，模拟结果还

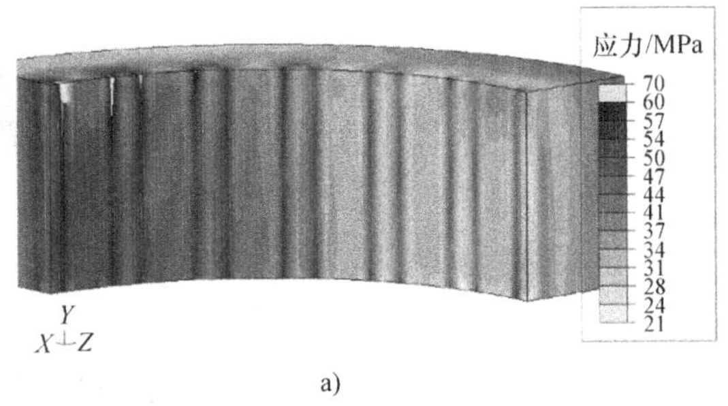

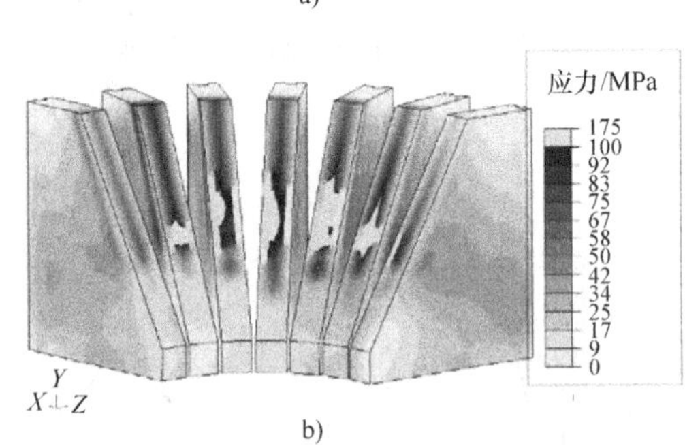

图 4-184　环及其截面上的应力分布

a）环的应力分布

b）各截面上的应力分布

证明了普通的淬火压力机对环进行矫直是需要很长时间的，反之则需要较大的负载。作者同时也陈述

了具有 3 倍最大负载容量的淬火压力机可在 20s 内完成矫直。

在 Rath 等人著作的最后一部分，研究了利用 SYSWELD 软件模拟计算马氏体相变形成 TRIP 应变进行矫直中添加的负载，选择 SYSWELD 软件是因为它具有模拟相变和 TRIP 的功能。然而作者认为 SYSWELD 软件由于需要较大的计算需求而不能模拟接触问题，尽管理论上这是可行的，因此，研究人员致力于从 ABAQUS 模拟中探索接触负载，但是由于接触条件随着相变应力的改变而改变，该种方法也不是很通用。尽管如此，作者仍然证明了 TRIP 仍是一种在较小的负载下矫直环的有效机制。

这篇文章展示了热处理模拟在使用随同技术矫直环的畸变中的良好应用前景，不够完善的是文章的最后部分由于软件的限制而没能实现完全实用化。这将有利于利用有限元分析软件去解决接触和热处理模型中的类似问题。使用 ABSQUS 内部的热处理模拟模块或者可替代的商业软件，例如 DEFORM - HT 或者 FORGE，它们可以提供有效的结果以用于在较小负载下矫正的 TRIP 开发。

（4）管状环感应淬火　Ferguson 等人利用模拟去评估扫描淬火和单点式感应淬火管状环的内径和外径的可行性，该管长度为 0.16m（6.3in），内直径（ID）为 0.16m（6.3in），外直径（OD）为 0.28m（11in）。首先，利用 ELTA 软件进行热磁模拟以获得扫描淬火管深度在 6 ~ 7mm（0.24 ~ 0.28in）之间、最大表面温度为 1100℃（2010℉）的工艺参数，并且这个目标可在设定感应频率为 2kHz、扫描速率为 0.00139m/s（0.05472in/s）的情况下完成，必须强调的是这些参数只对 ID 淬火 6mm（0.24in）的淬火层和 OD 淬火 6.8mm（0.27in）的淬火层起作用。使用与底部接触的喷射角度为 45°、喷射范围为 0.05m（2in）的喷射头进行淬火。图 4-185为过程示意图。模拟的第一步是计算在不同轴距下的能量密度分布时间函数，接着把计算的能量密度函数导入商业热处理软件包 DANTE 中，通过这种方式进行温度、组织、应力应变场的互相耦合计算。在工艺分析部分，作者通过模拟去评估 ID 和 OD 扫描淬火区别、扫描和单点淬火区别的可行性，这是通过追踪温度、马氏体相变和内应力来实现的。作者认为两种工艺临近结束部分在淬火层中很高的周向拉应力是类似的，然而在扫描淬火的结束部分可以看到还是存在区别的，如图 4-185b、c 所示。从图中可以观察到 ID 淬火导致轴向和周向上较大的残余拉应力，另外，OD 淬火导致了淬火层中的残余压应力，并且还在马氏体层下面观察到了残余拉应力。

在 Ferguson 等人研究的最后部分，对单点淬火和扫描淬火进行了畸变比较。图 4-186a、b 显示了 OD 和 ID 淬火工艺的比较结果，结果表明这两种淬火方式均导致了心部的径向收缩以及 OD 淬火工艺中外表面中部的微小凸起，如图 4-186a 所示。扫描和单点淬火畸变之间的主要区别是后者相对于管的中心产生了对称的径向变化。另外，图 4-186b 在不考虑淬火机制的前提下显示了心部和 OD 表面均呈现径向收缩。作者总结得出 ID 和 OD 扫描淬火工艺由于结束部分在马氏体中产生的较大拉应力具有出现开裂的风险，并且 ID 淬火开裂风险更高。

a)

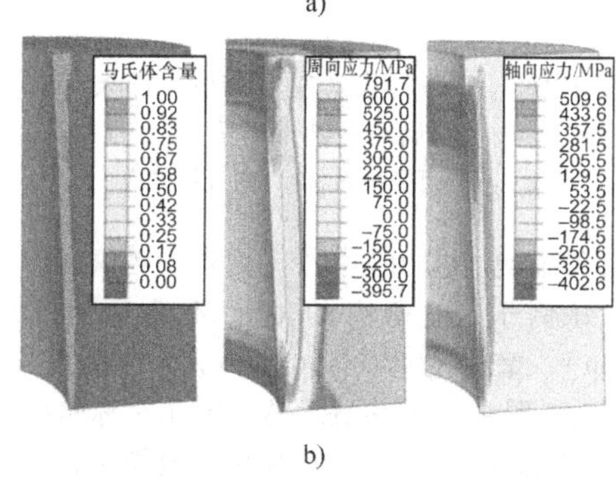

b)

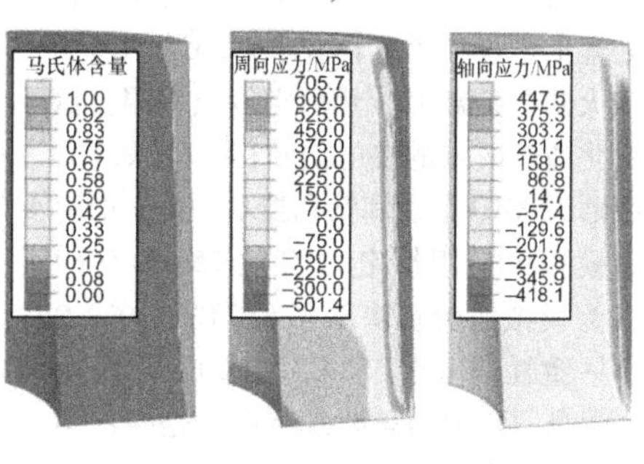

c)

图 4-185　扫描感应淬火和喷水淬火示意图
a）马氏体与残余应力分布　b）内直径淬火工艺　c）外直径淬火工艺

（5）圆柱形轴承环贝氏体化　Burtchen 等人进行了 AISI 52100 钢轴承圈的盐浴淬火和等温贝氏体化的组合试验和模拟研究以了解和预测淬火工艺，

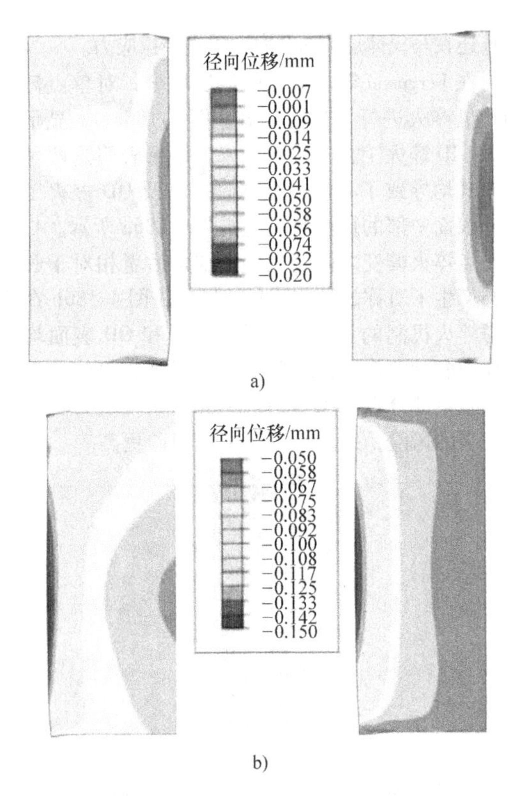

图 4-186 扫描淬火（左）和单点淬火（右）后畸变结果对比

a）外直径淬火 b）内直径淬火

这项研究是考虑应力对相变动力学作用重要性的一个很好例子，被研究的轴承环外径为 120mm（4.7in），壁厚为 10mm（0.4in），高度为 46mm（1.8in）。图 4-187a 中展示的二维非对称模型和有限元网格被用于 SYSWELD 软件的模拟中，被研究的热处理工艺包括奥氏体化、235℃（455℉）下的盐浴淬火并在保温 4h，然后空冷至室温。试验中温度的变化通过嵌入的热电偶获得，残余应力深度分布曲线通过 XRD 衍射和钻孔技术获得，如图 4-187b 所示，模拟中使用恒定 HTC 值 2500W/(m^2 · K)。作者认为模拟的验证揭示了 550℃（1020℉）以下存在不一致性，而在 550℃（1020℉）以上结果相一致，另外，预测的表面残余应力是拉应力而实际测得的是压应力。从图 4-187b 中可以看出，预测的与实际的残余应力曲线在表面的第一小段是完全不同的。

在该研究的第二部分，Burtchen 等人侧重于解释和解决模拟和试验中为何出现不一致的问题。他们首先做出的努力是优化 HTC 值以获得更好的一致性。对于这一点，他们在模型中提出了几点明显的修改，包括基于温度变化的 HTC 应用和 Hunkel 等人所建议的两步法相变动力学函数，然而上述改进对残余应力状态并未发挥显著的作用，尽管它们几乎与冷却曲线完美吻合。于是学者们开始研究应力在相变动力学中的影响，并运用了 Denis 等人提出的由用户编程的 SYSWELD 软件、使用之前步骤优化过的 HTC 函数重复模拟应力相关的等温转变函数。这种优化导致了模拟中表面残余应力的减小，作者在图 4-188 中通过应力的变化过程解释了这一现象。图 4-188a 显示了传统热处理模拟温度和应力的发展过程，图 4-188b 从模拟中提取了应力相关的相变行为。作者认为贝氏体化过程中表面残余压应力现象的发生是由相变引起的。他们认为传统工艺中由于环的表面早期发生相变导致环的表面应力相对于心部呈现拉应力状态。然而图 4-188b 中的结果显示了淬火过程中轴承环的心部比表面更大的拉应力导致其相变更早发生，尽管这一解释非常合理，但作者认为只有通过特定应力和组织演变的测量才能得出最终结论。该研究清楚地阐释了与应力相关的相变行为在预测残余应力上的重要性并且成功地解释了轴承环表面上为何会产生无法预期的残余压应力。然而该研究中人为改变 HTC 函数的理由仍是不清楚的，这些改变的物理解释或许有所裨益。

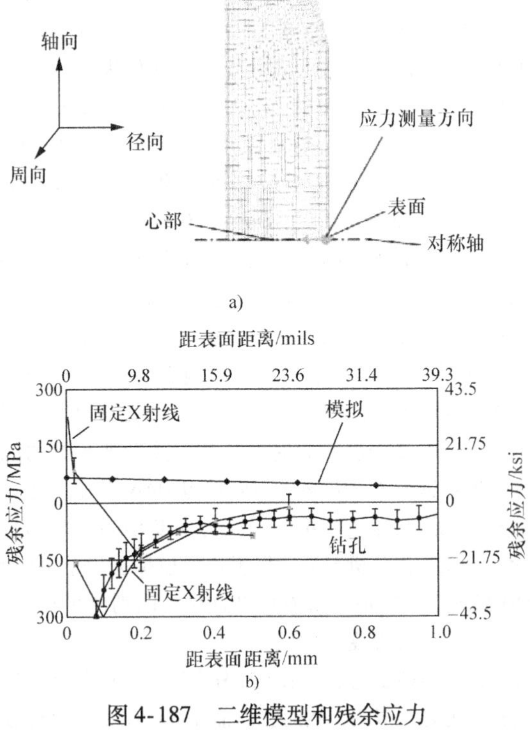

图 4-187 二维模型和残余应力

a）二维模型 b）残余应力

（6）锥形轴承环的喷气式淬火 Frerichs 等人联合使用试验、分析和模拟技术去理解和预测 AISI 5

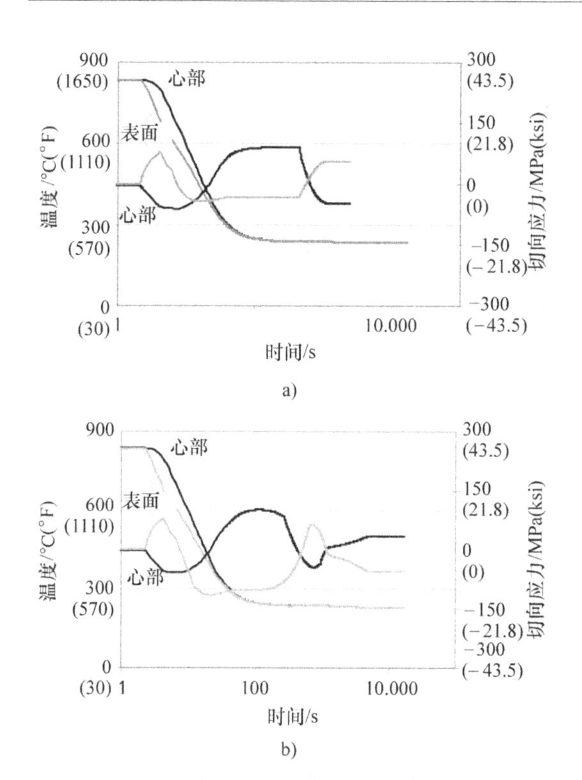

图 4-188　应力对相变动力学的影响
a）温度与应力的发展过程
b）与应力相关的相变行为

2100 钢制成的锥形轴承环在喷气式淬火中的畸变。该研究的主要目的是调查质量分布对潜在畸变的影响。由于锥形轴承环在轴向上质量分布的不对称性导致其具有不同的畸变类型（锥度的变化）而被选为研究对象。为此，对图 4-189a 中所示各种尺寸的锥形轴承环进行高压喷气式淬火。图 4-190a 显示了不同几何形状环的锥度或“倾斜度”的变化。该研究的大多数结果基于试验研究，而本文侧重模拟研究，因此读者想要了解该研究中试验结果的细节需要去参考其原始文献。

Frerichs 等人的模拟研究侧重于喷气式淬火而不是高压喷气式淬火。轴承环首先在预热炉中 10min 内加热至 850℃（1560℉），并在该温度下的氮气气氛中保持 25min。图 4-189b 示意了在喷气嘴气场中的淬火。HTC 的分布通过在 FLUENT 软件中的 CFD 模拟进行。SYSWELD 软件的二维轴对称模拟使用公布的材料数据研究环的外直径和倾斜度的变化。作者陈述了使用二维模拟的原因是因为喷气式淬火的主要热传递方式为径向传递，且并未发现二维模拟和三维模拟在预测环倾斜度时的显著区别（该研究中没有二维模拟和三维模拟的比较结果）。作者用平均的 HTC 替代 HTC 分布，此处内环的 HTC 值［438W/(m^2·K)］比外环的 HTC 值［468W/(m^2·K)］稍小。通过模拟和试验获得的所有几何参数的最大区别为 0.03°，如图 4-190b 所示。

作者其后运用已经验证过的模拟研究倾斜的机制（还包括可能的补偿策略）。经典的塑性（屈服）和 TRIP 是倾斜度发生变化的可能机制。作者认为 TRIP 导致了喷气式淬火中倾斜度的发生变化，这是因为即使在更高的温度下内应力还是不足以引发屈服的发生，他们还补充了在不考虑 TRIP 情况下模拟中没有出现倾斜，但该研究中没有相关数据。

该研究的最后部分主要侧重于通过模拟调查可能的补偿方法的研究。在这部分，作者声称倾斜可以在轴向上改变 HTC 来避免，轴向上 HTC 的变化必须使得每个轴向上环厚度与 HTC 的比值保持恒定，该声称已被模拟证实。图 4-190c 表明了通过该方法可获得一个更加均匀的温度分布，然而该研究中并未给出实际操作中如何施加上述的轴向 HTC 梯度。

（7）加热过程中加工诱发应力对轴承畸变的影响　一系列由 Surm 等发表的出版物包含了表征轴承环在加工应力和加工诱发应力过程中去除不均匀材料的热处理模拟方面的尝试。参考文献［300］集中在人工技术引起的加工诱发残余应力而不是加工模拟，该技术基于非均匀的热应力变化产生与试验测量结果类似的残余应力模型。笔者支持这种方法，因为模拟一个完整的车削加工工艺需要大量的时间。在这两个研究中，在略低于共析

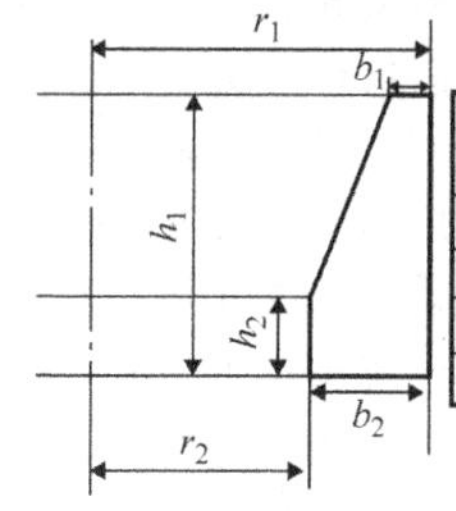

尺寸 / 形式	h_1	h_2	b_1	b_2	r_1	r_2	I_{zz}	I_{yz}	β
	mm						mm^2		(°)
01	26	4	2.5	7.3	73.5	66.5	468	694	12.3
02	26	4.9	3.0	7.1	73.5	66.5	468	632	11.0
03	26	5.4	3.5	7.5	74.0	66.5	572	680	11.0
04	26	0.62	3.5	7.5	74.0	66.5	468	610	9.0

a)

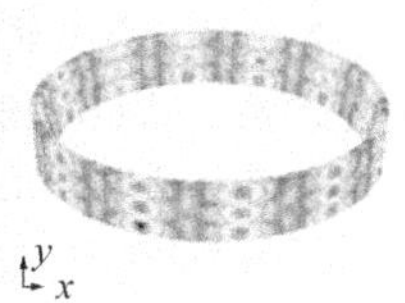

b)

图 4-189　锥形轴承环尺寸及喷气式淬火模拟
a）几何尺寸变化与产生的转动惯量（I_{zz}）与偏离惯量（I_{yz}）
b）内置轴承环的喷嘴排列（左），喷嘴气场中锥形轴承换热系数 CFD 模拟结果（右）

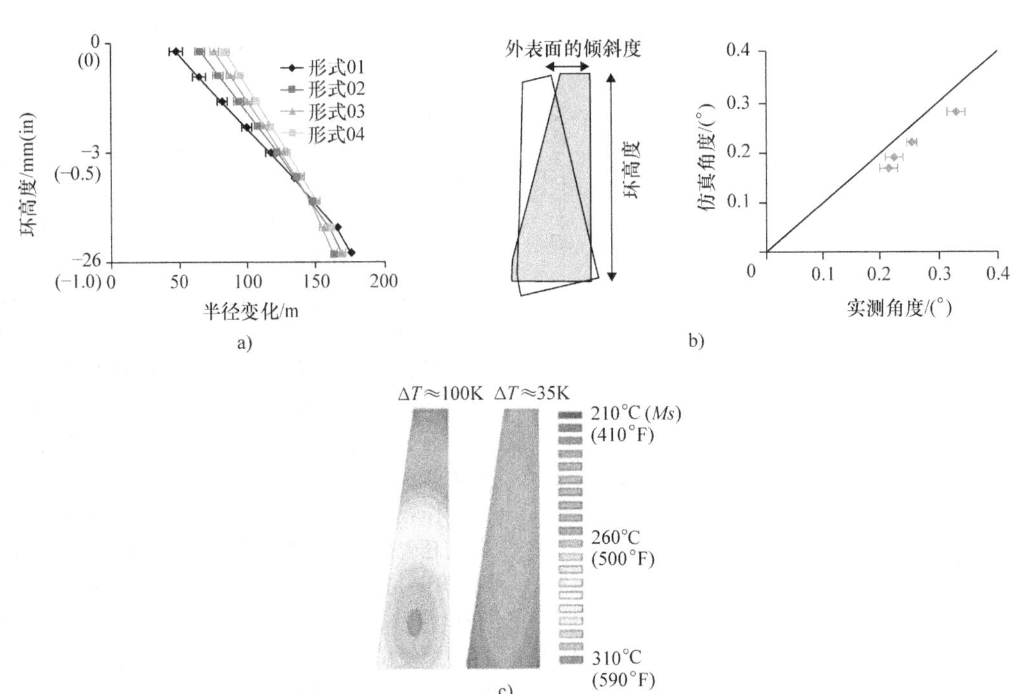

图 4-190 不同尺寸环的淬火模拟

a）不同尺寸环在喷气场淬火后外径与倾斜度的变化 b）外表面的倾斜度：实测值与计算值的比较

c）马氏体相变开始阶段环横截面上的温度分布：固定换热系数（左）和随长度方向上变化的换热系数（右）

温度（730℃或1350℉）下对SAE 52100钢轴承［外直径为145mm（5.7in），内直径为123mm（4.8in），高度为26mm（1in）］加热，并进行试验和模拟研究。需要指出的是，模拟中调整了加热曲线为了与加热炉中和氮气气氛下的预热烘箱中的试样测量温度相匹配。通过使用SYSWELD软件进行二维和三维模拟来研究在加热过程中的残余应力松弛和圆度偏差的演变。模拟中所使用的几何形状和有限元网格如图4-191a所示。模拟被分为三个步骤来进行，第一步是一个虚拟的步骤，其中必须考虑由于夹持导致的非均匀材料去除所产生的影响（参考文献［301］），第二步根据Scrum等人的研究介绍了加工诱发残余应力（参考文献［300］）。图4-191b示意了人工干预的第二步步骤。该研究中的加热模拟没有将时间相关塑性（蠕变）作为应力松弛发生的机制，并且只将屈服（典型塑性）作为应力松弛发生的唯一机制。图4-192示出了在加热不同阶段内环和外环圆度图的演变。从图中可以看出，机加工后环主要的圆度偏差模式为三角形，并且在加热结束时偏差变大。730℃（1350℉）下失圆度（OOR）的幅度与非均匀材料移除导致的OOR幅度类似。在讨论部分，作者对模拟结果进行后处理以追踪加热过程中残余应力松弛和OOR的演变。图4-193a示出了不同加热阶段塑性变形的演变，从图中可以看出，环的第一次变形发生在220℃（430℉）、刚好低于外圈表面的下部位置处。内应力的重新分布导致了变形的发生，并且应力释放到内圈和外圈的整个表面层。作者还报道了几乎整个加工层都经历了塑性变形，并且应力在加热过程结束时才释放。最后，图4-193b比较了两组试验中的圆度变化，并且得出经过喷气淬火处理后预测出的三角形幅度和试验测量值相吻合的结论。最后作者认为这一结果是令人鼓舞的，但加热过程中仍存在很多需要试验测量验证的地方。

这些研究为探索热处理模拟中机加工相关参数的影响提供了帮助，另外，使用人工方法解释机加工的影响需要加工前残余应力状态的细节特征参数，但这在工业应用中通常是不可行的。还有另一可行的方法，即通过层的移除、伪机械和伪热负荷去模拟实际操作中的车削工艺，然而这种方法也需要校准测量的残余应力。据笔者所知，现在在热处理模拟中还不能考虑加工诱发残余应力参数所带来的影响，但是将冷加工，如环轧、锻造、矫直等产生的影响纳入考虑范围，已经达到一定的水平。接下来提及的Thuvander的研究，是一个很好的示范。

（8）成形残余应力对轴承环畸变的影响 Thuvander使用成形、材料去除和热处理模拟研究SAE 52100钢轴承环［外直径为77mm（3in），内直径为66.3mm（2.6in），高度为15mm（0.6in）］的畸变。

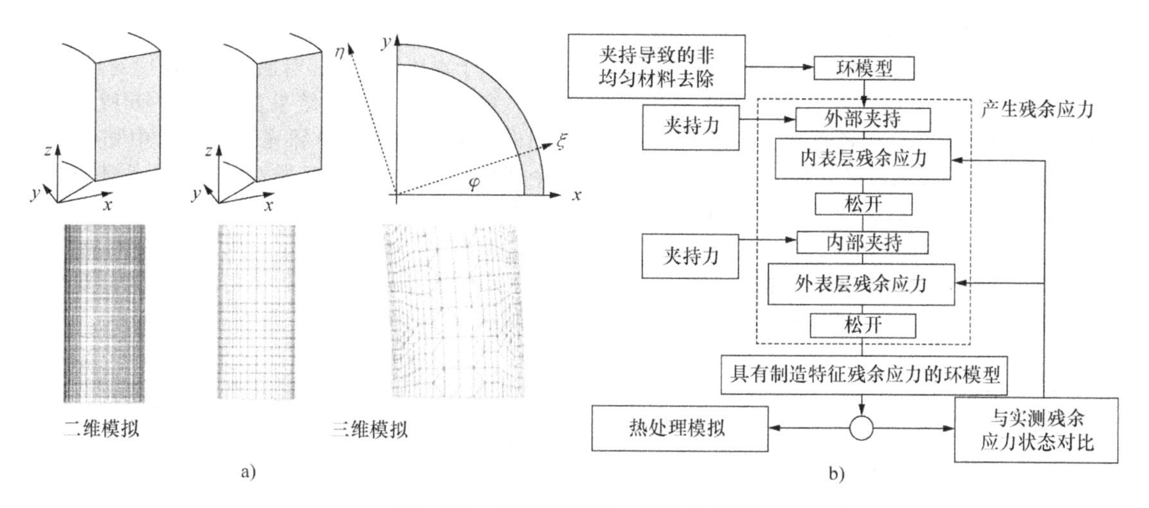

图 4-191　模拟坐标系、网格和步骤

a）二维和三维模拟中采用的坐标系和网格　b）残余应力产生过程中不同的模拟步骤

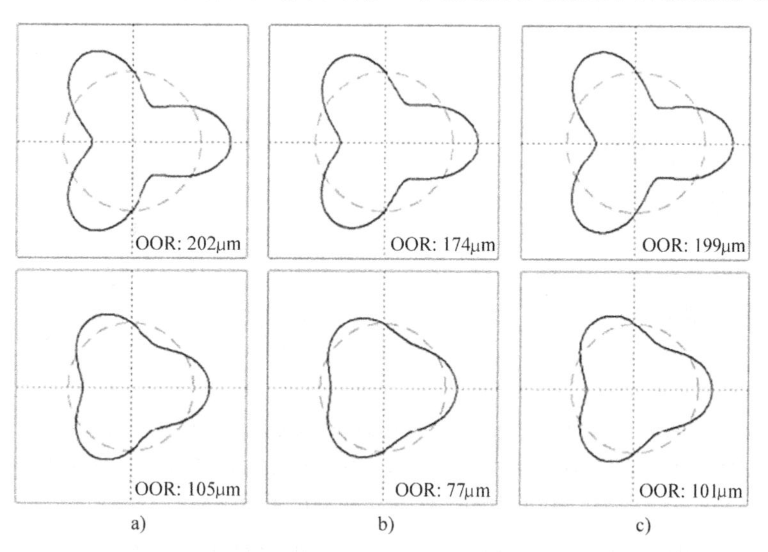

图 4-192　不同步骤中外环表面（上）与内环表面（下）的圆度

a）移除材料各向异性　b）应力产生后　c）730℃（1345℉）的温度下

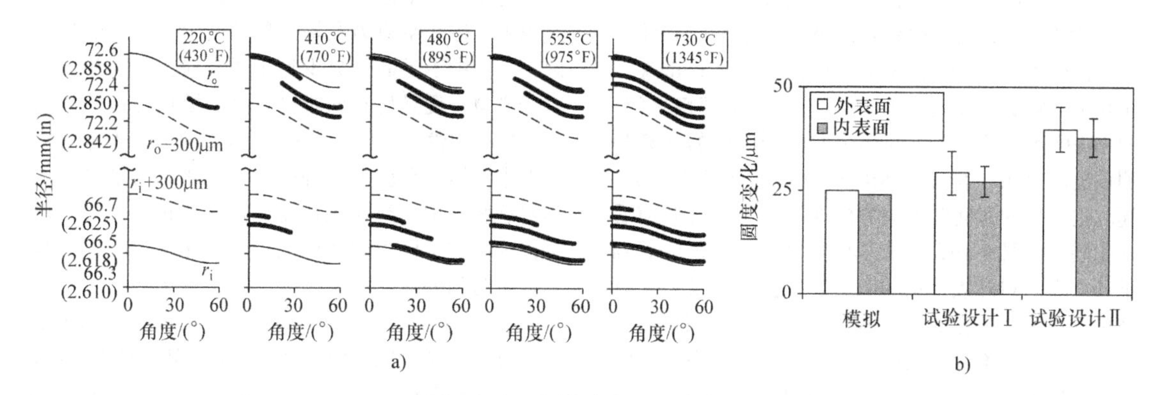

图 4-193　塑性畸变和圆度变化

a）不同加热阶段的塑性畸变演变　b）两组试验对比中的圆度变化

轴承环是从管［外直径为81mm（3.2in），内径为65.3mm（2.6in），长度为490mm（19.3in）］切割加工而得的。加工链中矫直管使用弯曲、切割和淬火。为了简单起见，作者通过该管的三点弯曲、切割、和软化退火步骤模拟了加工链。从图4-194a中可以看出，假设非对称残余应力从弯曲阶段开始被遏止，以切割和软化退火中的非对称残余应力分布和松弛作为研究对象。弯曲和切割模拟使用通用有限元软件包ABAQUS执行，并且软化退火模拟使用由瑞典材料研究所开发的Dis tSIMR模块。基于对称性考虑，弯曲模拟的研究对象为1/4管，弯曲模拟的研究结果如图4-194b所示。切割模拟则通过四个步骤完成：从管中切割出一个截面，车削内径，车削外径，最后是环与管的分离切割。使用模拟分析每个步骤中OOR的演变，如图4-194c～f所示。从上述结果中可知，最大形状偏差发生在环上没有任何约束的最后切割阶段。

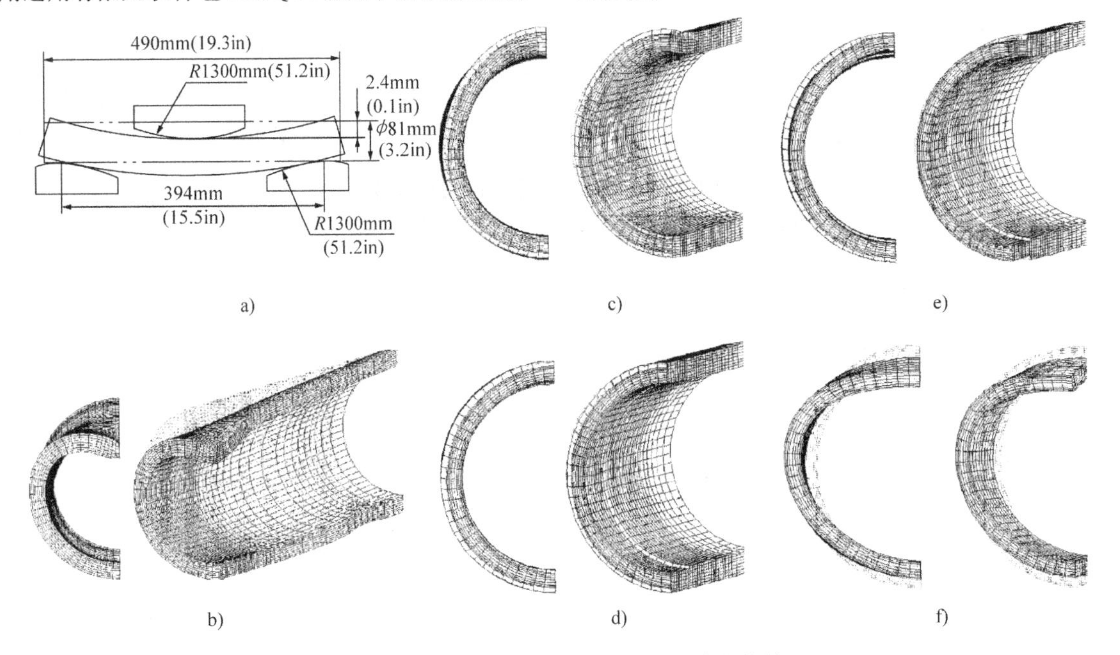

图4-194 弯曲和切割模拟（原始位移大小放大倍数：100）
a）三点压弯试验设置 b）三点压弯后圆管形状模拟结果 c）切割出一个截面的圆管形状 d）车削内部 e）车削外部 f）最终切割后的圆管形状

在软化退火步骤，剩余的残余应力被释放，并且环的圆度发生了微小的改变。对于这些模拟，使用了用户自定义的以位错密度为基础的蠕变模型的DistSIMR模块，其在初级和次级蠕变中都能有效工作。该模型可在高温Norton蠕变和低温Ludwik－Hollomon蠕变中收敛，因此适用于较大的温度区间。图4-195示出了两个不同环中间段圆度图的计算和测量比较结果。首先，OOR在热处理前是均匀的，同时也可以看到椭圆度的方向在软化退火工艺前后是相同的。图4-196展示了在软化退火工艺前后轴承环内表面和外表面的OOR峰/谷值的测量和计算结果的比较。作者认为总体上模拟和测量结果是相一致的，并且还有几处模拟和测量结果是高度一致的，当然存在差异的地方是因为模型的简单化、不够精确的材料数据库以及其他输入数据。总之，需要再次强调的是主要畸变都是发生在环与管分离的切割段，但是作为剩余残余应力松弛的结果，增大OOR的进一步畸变可能会在加热过程中继续发生。

这项研究是为数不多的用于证明切割和热处理过程中本体残余应力在轴承环畸变中重要性的论文之一，美中不足的是缺少加工诱发应力的讨论，这对于模拟来说是比较困难的。由于模拟与试验数据的良好一致性，不同于Surm等人的研究，不考虑冷变形中本体残余应力之外的其他因素是可能的，不过对这些因素进行讨论还是有所裨益的。此外，模拟淬火相对于模拟软化退火更为有用，因为淬火与工业更为相关。

（9）轴承环的总结 轴承环热处理模拟优化采用计算机模拟可能是使用度最少的热处理模拟应用，并且需要很多改善。造成这种现象的一个重要原因是薄壁环的畸变对周向上初始条件和边界条件的变化更为敏感。Surm等人清楚地证明了在加热和冷却

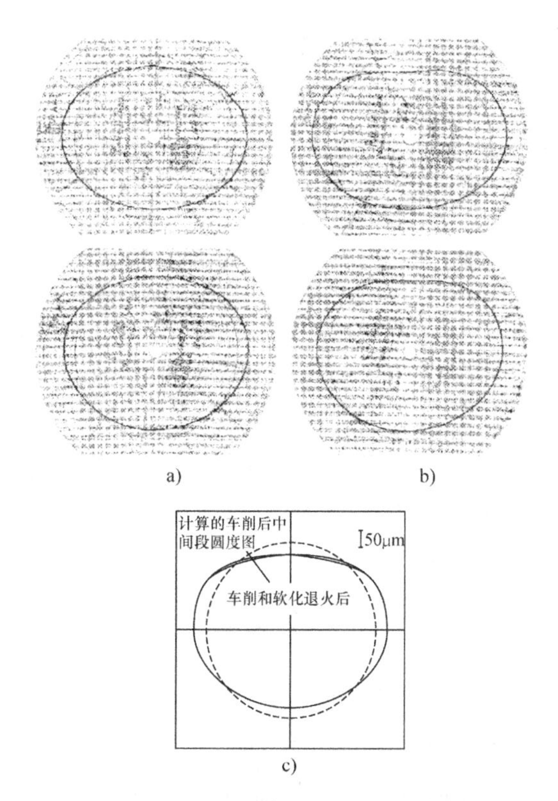

图 4-195　环的外部轮廓的畸变模拟和测量结果
a）退火前　b）退火后　c）模拟结果

过程中环的 OOR 值与周向上的温度变化密切相关，Frerichs 等人总结了该结论并且证明了环在热处理后其径向和周向上的任何热弹性参数的变化都会引起 OOR 值的变化。然而即使在气体淬火的情况下，测量批量生产中的每个环的圆周变化热通量是不可能的，因此使用热处理模拟实际是不切实际的，除非有限元软件中界定了准确的初始/边界条件和相关材料模型。

热处理前的残余应力是低刚性结构如薄壁轴承环畸变的主要原因之一，热处理前不均匀残余应力的主要来源是冷成形和机加工操作。Surm 和 Rath 明确总结了钢轴承环的圆度偏差与机加工中加工参数和夹持条件产生的不均匀的残余应力密切相关。尽管残余应力对热处理畸变的影响已众所周知，但由于很难定量描述完整的残余应力状态，因此其在热处理模拟中很少被考虑。热处理前完整的残余应力状态的试验表征是昂贵且非常耗时的，另外它的计算需要模拟完整的工业链，这在很多情况下是不切实际的。在轴承的加工链中，尤其在环轧和车削模拟中去捕捉表面残余应力梯度是非常困难的。加热过程中不均匀的残余应力松弛分布是畸变的原因，然而在很多情况下，无论是加热步骤还是模拟计算

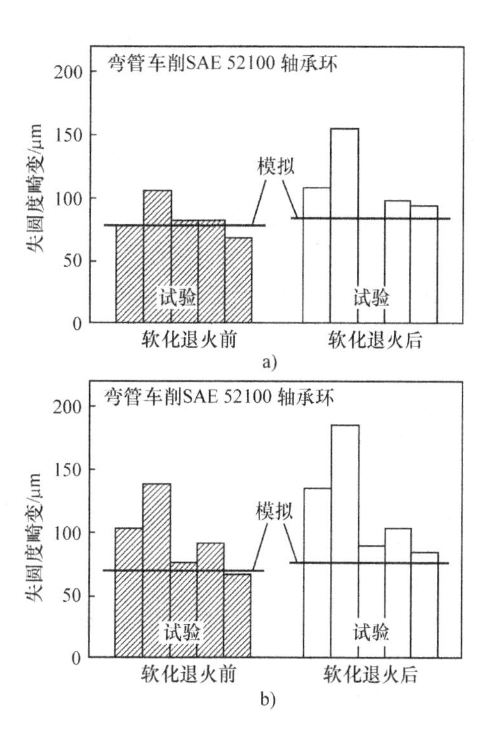

图 4-196　退火前后失圆度畸变峰谷的测量和模拟结果
a）轴承外环　b）轴承内环

中，加热过程中的残余应力松弛的影响都没有被考虑。

4.5.7　总结和展望

钢的热处理模拟技术在过去的三十多年中得到了巨大的发展。如今除了科研人员，甚至工程师都能够进行热处理模拟分析。并且在科学和工业领域有大量的关于计算机模拟技术成功实施的案例。很多情况下，应用限制是出自材料或工艺数据匮乏，而非模拟软件本身。基于上述事实，可以说如今的热处理模拟技术在某些工业领域的应用已经非常成熟。这主要归功于以下原因（但不仅局限于这些）：

1）来自不同学科的众多科学家和研究人员在世界范围内的努力。

2）各种热处理组织为传播所付出的努力。

3）成熟的热 - 力 - 冶金模型开发。

4）计算机计算能力的显著提升。

5）商业热处理模拟软件的存在。

6）越来越多包含多物理场功能的商业软件出现。

7）软件在支持热力学、动力学和物理属性计算中的改进。

8）物理、冶金和性能测试手段的改进。

9）工艺过程参数确定方法的改进，包括反算法和基于物理的方法。

尽管在上述领域都取得了重大的进步，但是一些应用仍需进一步改进，主要包括以下方面：

1）淬火开裂。如今淬火开裂的原因可通过热处理模拟做出解释，然而当前的工作只能用于故障排除和理论解释，而非作为预测工具，这主要是由于对淬火开裂缺乏公认的物理判断准则。

2）模具钢热处理。尽管已经有关于模具钢热处理的模拟尝试，但是相比于低碳钢和低合金钢这些方法和模块都还不够成熟。

3）回火。尽管回火模拟的历史可以追溯到二十多年前，但相对于其他热处理工艺，其模拟研究相对较少，并且主要的研究对象为低合金钢，只有一小部分研究对象是模具钢。

工业热处理模拟在学术界和工业界的共同努力下可以得到加速发展，具体如下：

1）建立大型材料数据库。

2）改进材料性能计算方法：①在不牺牲功能和灵活性的基础上对商业热处理软件用户界面进行改进；②改进数值计算方法以降低复杂模型的计算成本；③改进 HTC 反算算法；④改进 CFD 在确定汽化液体 HTC 中的应用；⑤标准化材料与工艺过程数据获取方法。

尽管本节主要致力于研究钢热处理工艺的建模和模拟，但在工业模拟开发中仍有许多辅助工作等待完成。在模拟实施中取得关键性的成功步骤是热处理控制，热处理控制需要开发工程系统去控制热传递从而根据模拟结果对工艺参数进行优化，热处理模拟的实际功效只能通过设计使用柔性加热和冷却系统加以利用。柔性热处理加热系统和计算机模拟的结合可以解决之前不能解决的问题，并且可以为工艺/产品的开发和创新提供强有力的支撑。未来，热处理模拟在计算机逻辑计算能力允许的情况下甚至可以成为柔性热处理仪器控制系统的一部分。

本节结束之前，有必要再次强调模拟和热处理控制不管是在工业还是科学领域都是极富前景的研究方向，从 20 世纪 70 年代的少量研究开始至今已获得了巨大的进步，然而这些所有的成功都建立在努力、协作和新方法、新工具发展的基础之上，作者也希望本节能够为该领域的入门者提供一些他们所需要的帮助。

致　谢

在此笔者想要感谢 Tatsuo Innoue 和 Sabine Denis 在热处理模拟领域所做出的杰出贡献，以及 George Totten 为热处理模拟传播付出的巨大努力。笔者还要感谢 Hans - Werner Zoch、Franz Hoffmann、Thomas Lübben、Martin Hunkel 和其他的来自 IWT - Bremen 的同事，他们为我的 SFB570 “畸变工程” 项目提供了良好的研究环境。同时也要对 Hakan Gür（METU）和 Erman Tekkaya（IUL - Dortmund）在热处理模拟领域概述部分所提供的帮助表示感谢。对 Imre Felde（University of Obuda）、Kyozo Arimoto（Arimotech）和 Zhichao Li（Dante Solutions）在预测淬火裂纹部分所提供的帮助表示感激。Celalettin Karadogan、Omer Music、Kemal Davut、Izzet Ozdemir 和其他同事以及 MFCE 的合作伙伴在本节的撰写方面也提供了非常多的帮助。笔者还要深深地感谢 Mine Kahveci 和 MuazzezŞimşir 在准备和撰写本节内容所给予的激励、支持和耐心。

参考文献

1. R.L. Houghton, Heat Treating Technology Roadmap Update 2006, Part I: Process and Materials Technology, *Heat Treat. Prog.*, Vol 6, 2006, p 54–57
2. S. Denis, P. Archambault, E. Gautier, A. Simon, and G. Beck, Phase Transformations and Generation of Heat Treatment Residual Stresses in Metallic Alloys, *Proceedings of the Fifth European Conference on Residual Stresses (ECRS-5)*, Trans Tech Publications Ltd, Zurich-Uetikon/Switzerland, 2000, p 184–198
3. J. Rohde and A. Jeppsson, Literature Review of Heat Treatment Simulations with Respect to Phase Transformation, Residual Stresses and Distortion, *Scand. J. Metall.*, Vol 29, 2000, p 47–62
4. V. Nemkov, Modeling of Induction Hardening Processes, *Handbook of Thermal Process Simulation of Steels*, C.H. Gür and J. Pan, Ed., CRC Press - Taylor & Francis Group, 2009, p 427–498
5. J. Pan, G. Gu, and W. Zhang, Industrial Applications of Computer Simulation of Heat Treatment and Chemical Heat Treatment, *Handbook of Thermal Process Modeling of Steels*, 2009, p 673–700
6. S.S. Sahay, Modeling of Industrial Heat Treatment Operations, *Handbook of Thermal Process Modeling of Steels*, C.H. Gür and J. Pan, Ed., CRC Press - Taylor & Francis Group, 2009, p 313–340
7. G.S. Sarmiento and M.V. Bongiovanni, Modeling of Case Hardening, *Handbook of Thermal Process Modeling of Steels*, C.H. Gür and J. Pan, Ed., CRC

Press - Taylor & Francis Group, 2009, p 627–673
8. C. Şimşir and C.H. Gür, Simulation of Quenching, *Handbook of Thermal Process Modeling of Steels*, C.H. Gür and J. Pan, Ed., CRC Press - Taylor & Francis Group, 2009, p 341–426
9. R.A. Wallis, Modeling of Quenching, Residual-Stress Formation, and Quench Cracking, *Metals Process Simulation*, Vol 22B, *ASM Handbook*, D. Furrer and S.L. Semiatin, Ed., ASM International, 2010, p 547–585
10. C.H. Gür and C. Şimşir, Simulation of Quenching: A Review, *Mater. Perform. Charact.*, Vol 9, 2012, p 1–37
11. T. Inoue and K. Tanaka, Elastic-Plastic Stress Analysis of Quenching when Considering a Transformation, *Int. J. Mech. Sci.*, Vol 17, 1975, p 361–367
12. T. Inoue, K. Haraguchi, and S. Kimura, Analysis of Stresses due to Quenching and Tempering of Steel, *Trans. ISIJ*, Vol 18, 1978, p 11–15
13. T. Inoue and B. Raniecki, Determination of Thermal-Hardening Stress in Steels by Use of Thermoplasticity Theory, *J. Mech. Phys. Solids*, Vol 26, 1978, p 187–212
14. S. Denis, A. Simon, and G. Beck, Modellization of Thermomechanical Behavior and Stress-Phase Transformation Interactions during Martensitic Tempering of Steel and Calculation of Internal Stresses, *Mem. Etud. Sci. Rev. Met.*, Vol 81, 1984, p 445–445
15. S. Denis, E. Gautier, A. Simon, and G. Beck, Stress-Phase Transformation Interactions—Basic Principles, Modeling and Calculation of Internal Stresses, *Mater. Sci. Technol.*, Vol 1, 1984, p 805–814
16. S. Denis, C. Basso, F.M.B. Fernandes, and A. Simon, Contribution of Internal-Stresses of Thermal Origin in the Calculation of Phase-Transformation Progression in Continuous Cooling of a XC-80 Steel, *Mem. Etud. Sci. Rev. Met.*, Vol 83, 1986, p 533–542
17. S. Denis, E. Gautier, S. Sjostrom, and A. Simon, Influence of Stresses on the Kinetics of Pearlitic Transformation during Continuous Cooling, *Acta Metall.*, Vol 35, 1987, p 1621–1632
18. S. Denis, S. Sjostrom, and A. Simon, Coupled Temperature, Stress, Phase-Transformation Calculation Model Numerical Illustration of the Internal-Stresses Evolution during Cooling of a Eutectoid Carbon-Steel Cylinder, *Metall. Mater. Trans. A*, Vol 18, 1987, p 1203–1212
19. F.B.M. Fernandes, S. Denis, and A. Simon, Mathematical Model Coupling Phase Transformation and Temperature Evolution during Quenching of Steels, *Mater. Sci. Technol.*, Vol 10, 1985, p 838–844
20. J.B. Leblond and J. Devaux, A New Kinetic Model for Anisothermal Metallurgical Transformations in Steels Including Effect of Austenite Grain Size, *Acta Metall.*, Vol 32, 1984, p 137–146
21. J.B. Leblond, G. Mottet, J. Devaux, and J.C. Devaux, Mathematical-Models of Anisothermal Phase-Transformations in Steels, and Predicted Plastic Behavior, *Mater. Sci. Technol.*, Vol 1, 1985, p 815–822
22. J.B. Leblond, G. Mottet, and J.C. Devaux, A Theoretical and Numerical Approach to the Plastic Behavior of Steels during Phase-Transformations—1. Derivation of General Relations, *J. Mech. Phys. Solids*, Vol 34, 1986, p 395–409
23. J.B. Leblond, Mathematical Modelling of Transformation Plasticity in Steels II: Coupling with Strain Hardening Phenomena, *Int. J. Plasticity*, Vol 5, 1989, p 573–591
24. J.B. Leblond, J. Devaux, and J.C. Devaux, Mathematical Modelling of Transformation Plasticity in Steels I: Case of Ideal-Plastic Phases, *Int. J. Plasticity*, Vol 5, 1989, p 551–572
25. T. Inoue, S. Nagaki, T. Kishino, and M. Monkawa, Description of Transformation Kinetics, Heat-Conduction and Elastic-Plastic Stress in the Course of Quenching and Tempering of Some Steels, *Ing. Arch.*, Vol 50, 1981, p 315–327
26. T. Inoue and Z.G. Wang, Finite Element Analysis of Coupled Thermoinelastic Problem with Phase Transformation, *Int. Conf. Num. Meth. in Industrial Forming Processes*, Vol, 1982, p
27. T. Inoue and Z.G. Wang, Coupling between Stress, Temperature, and Metallic Structures during Processes Involving Phase-Transformations, *Mater. Sci. Technol.*, Vol 1, 1985, p 845–850
28. T. Inoue, T. Yamaguchi, and Z.G. Wang, Stresses and Phase-Transformations Occurring in Quenching of Carburized Steel Gear Wheel, *Mater. Sci. Technol.*, Vol 1, 1985, p 872–876
29. M. Gergely, P. Tardy, G. Buza, and T. Reti, Prediction of Transformation Characteristics and Microstructure of Case-Hardened Components, *Heat Treat. Met.*, Vol 11, 1984, p 67–67
30. W. Mitter, Umwandlungsplastizitat und ihre Berucksichtigung bei der Berechnung von Eigenspannungen, *Materialkundlich-Technische*, Vol 7, 1987, p
31. F.G. Rammerstorfer, D.F. Fischer, W. Mitter, K.J. Bathe, and M.D. Snyder,

On Thermo-elastic-plastic Analysis of Heat-Treatment Processes Including Creep and Phase Changes, *Comput. Struct.*, Vol 13, 1981, p 771–779
32. T. Reti, M. Gergely, and P. Tardy, Mathematical Treatment of Nonisothermal Transformations, *Mater. Sci. Technol.*, Vol 3, 1987, p 365–371
33. S. Sjostrom, J.F. Ganghoffer, S. Denis, E. Gautier, and A. Simon, Finite-Element Calculation of the Micromechanics of a Diffusional Transformation. 2. Influence of Stress Level, Stress History and Stress Multiaxiality, *Eur. J. Mech. A-Solid.*, Vol 13, 1994, p 803–817
34. S. Sjöström, S. Denis, E. Gautier, and A. Simon, FEM Calculation of the Micromechanics of a Diffusional Transformation, *International Conference on Residual Stresses*, G. Beck, S. Denis, and A. Simon, Ed., Springer Netherlands, 1989, p 416–422
35. G. Besserdich, B. Scholtes, H. Mueller, and E. Macherauch, Development of Residual Stresses and Distortion during Hardening of SAE 4140 Cylinders Taking into Account Transformation Plasticity, *Residual Stresses*, DGM Information GmbH, Oberursel, 1993, p 975–984
36. G. Besserdich, B. Scholtes, H. Muller, and E. Macherauch, Consequences of Transformation Plasticity on the Development of Residual-Stresses and Distortions during Martensitic Hardening of SAE 4140 Steel Cylinders, *Steel Res.*, Vol 65, 1994, p 41–46
37. S. Jahanian, Residual and Thermoelastoplastic Stress Distributions in a Heat Treated Solid Cylinder, *Mater. High Temp.*, Vol 13, 1995, p 103–110
38. C.H. Gür and A.E. Tekkaya, Finite Element Simulation of Quench Hardening, *Steel Res.*, Vol 67, 1996, p 298–306
39. C.H. Gür, A.E. Tekkaya, and W. Schuler, Effect of Boundary Conditions and Workpiece Geometry on Residual Stresses and Microstructure in Quenching Process, *Steel Res.*, Vol 67, 1996, p 501–506
40. M. Hunkel, T. Luebben, F. Hoffmann, and P. Mayr, Simulation of Residual Stresses in Components Made of 100Cr6 after Heat Treatment, *J. Heat Treat. Mater.*, Vol 59, 1999, p 365–372
41. Y.S. Yang and S.J. Na, Effect of Transformation Plasticity on Residual Stress Fields in Laser Surface Hardening Treatment, *J. Heat. Treat.*, Vol 9, 1991, p 49–56
42. T. Reti, M. Reger, D. Chiglione, and D. Duchateau, Computer-Optimized Planning of 2-Stage Carburising, *Heat Treat. Met.*, Vol 19, 1992, p 103–106
43. M. Zandona, A. Mey, M. Boufoussi, S. Denis, and A. Simon, Calculation of Internal Stresses during Surface Heat Treatment of Steels, *European Conf. on Residual Stresses*, DGM, 1993, p 1011–1020
44. S. Jahanian, Thermoelastoplastic and Residual Stress Analysis during Induction Hardening of Steel, *J. Mater. Eng. Perform.*, Vol 4, 1995, p 737–744
45. V.C. Prantil, M.L. Callabresi, J.F. Lathrop, G.S. Ramaswamy, and M.T. Lusk, Simulating Distortion and Residual Stresses in Carburized Thin Strips, *J. Eng. Mater. Technol. (Trans. ASME)*, Vol 125, 2003, p 116–124
46. K.F. Wang, S. Chandrasekar, and H.Y. Yang, Finite-Element Simulation of Induction Heat Treatment, *J. Mater. Eng. Perform.*, Vol 1, 1992, p 97–112
47. S. Denis, D. Farias, and A. Simon, Mathematical-Model Coupling Phase-Transformations and Temperature Evolutions in Steels, *ISIJ Int.*, Vol 32, 1992, p 316–325
48. M.J. Starink, Kinetic Equations for Diffusion-Controlled Precipitation Reactions, *J. Mater. Sci.*, Vol 32, 1997, p 4061–4070
49. M.T. Todinov, Alternative Approach to the Problem of Additivity, *Metall. Mater. Trans. B*, Vol 29, 1998, p 269–273
50. Y.K. Lee and M.T. Lusk, Thermodynamic Prediction of the Eutectoid Transformation Temperatures of Low-Alloy Steels, *Metall. Mater. Trans. A*, Vol 30, 1999, p 2325–2330
51. M.T. Lusk and Y.-K. Lee, A Global Material Model for Simulating the Transformation Kinetics of Low Alloy Steels, *Proceedings of the 7th International Seminar of the International IFHT*, 1999, IFHT, Budapest, Hungary, p 273–282
52. T. Reti and I. Felde, A Non-linear Extension of the Additivity Rule, *Comp. Mater. Sci.*, Vol 15, 1999, p 466–482
53. R.G. Stringfellow and D.M. Parks, A Self-Consistent Model of Isotropic Viscoplastic Behavior in Multiphase Materials, *Int. J. Plasticity*, Vol 7, 1991, p 529–547
54. S. Denis, Considering Stress-Phase Transformation Interactions in the Calculation of Heat Treatment Residual Stresses, *J. Phys. (France) IV*, Vol 06, 1996, p C1-159–C1-174
55. F.D. Fischer, Q.P. Sun, and K. Tanaka, Transformation-Induced Plasticity (TRIP), *Appl. Mech. Rev.*, Vol 49, 1996, p 317–364
56. F. Marketz, F.D. Fischer, and K. Tanaka, Micromechanics of Transformation-Induced Plasticity and Variant Coalescence, *J. Phys. (France) IV*, Vol 6, 1996,

p 445–454
57. M.T. Todinov, J.F. Knott, and M. Strangwood, An Assessment of the Influence of Complex Stress States on Martensite Start Temperature, *Acta Mater.*, Vol 44, 1996, p 4909–4915
58. T. Reti, Z. Fried, and I. Felde, Computer Simulation of Steel Quenching Process Using a Multi-phase Transformation Model, *Comp. Mater. Sci.*, Vol 22, 2001, p 261–278
59. C.C. Liu, X.J. Xu, and Z. Liu, A FEM Modeling of Quenching and Tempering and Its Application in Industrial Engineering, *Finite Elements in Analysis and Design*, Vol 39, 2003, p 1053–1070
60. F. Frerichs and T. Lübben, Simulation of Gas Quenching, *J. Phys. (France) IV*, Vol 30300, 2004, p 1–8
61. W. Shi, X. Zhang, and Z. Liu, Model of Stress-Induced Phase Transformation and Prediction of Internal Stresses of Large Steel Workpieces during Quenching, *J. Phys. (France) IV*, Vol 120, 2004, p 473–479
62. M. Veaux, S. Denis, and P. Archambault, Modelling and Experimental Study of the Bainitic Transformation, Residual Stresses and Deformations in the Quenching Process of Middle Alloyed Steel Parts, *J. Phys. (France) IV*, Vol 120, 2004, p 719–726
63. M. Burtchen, M. Hunkel, T. Lubben, F. Hoffmann, and H.-W. Zoch, Simulation of Quenching Treatments on Bearing Components, *Härt.-Tech.Mitt.*, Vol 61 (No. 3), 2006, p 136–141
64. B. Smoljan, N. Tomašić, and D. Iljkić, 3D Simulation of Quenching of Steel Specimen,...*Modelling and Simulation*, Vol, 2006, p 1–6
65. S.H. Kang and Y.T. Im, Three-Dimensional Thermo-elastic-plastic Finite Element Modeling of Quenching Process of Plain-Carbon Steel in Couple with Phase Transformation, *Int. J. Mech. Sci.*, Vol 49, 2007, p 423–439
66. M. Hunkel, F. Hoffmann, and H. Zoch, Simulation of the Distortion of Cylindrical Shafts during Heat Treatment due to Segregations, *Int. J. Micro. Mater. Prop.*, Vol 3, 2008, p 162–177
67. C. Şimşir and C.H. Gür, 3-D FEM Simulation of Steel Quenching and Investigation of the Effect of Asymmetric Geometry on Residual Stress Distribution, *J. Mater. Process. Tech.*, Vol 207 (No. 1–3), 2008, p 211–221
68. C. Şimşir and C.H. Gür, A FEM Based Framework for Simulation of Thermal Treatments: Application to Steel Quenching, *Comp. Mater. Sci.*, Vol 44, 2008, p 588–600
69. S. Wei and N. Zhen-guo, Modelling of Stress-Phase Transformation Interaction and Numerical Simulation of Large Steel Forgings, *3rd International Conference on Distortion Engineering (IDE 2011)*, Sept 14–16, 2011 (Bremen, Germany), p 379–386
70. Z. Li and B.L. Ferguson, Gas Quenching Process Optimization to Minimize Distortion of a Thin-Wall Ring Gear by Simulation, *J. Heat Treat. Mater.*, Vol 68 (No. 1), 2013, p 35–41
71. B.L. Ferguson, A.M. Freborg, G.J. Petrus, and M.L. Callabresi, Predicting the Heat-Treat Response of a Carburized Helical Gear, *Gear Tech.*, Nov/Dec 2002, p 20–25
72. B. Ferguson, A. Freborg, and G. Petrus, "Comparison of Quenching Processes for Hardening a Coil Spring," SAE Technical Paper 2002-01-1373, 2002
73. C.C. Liu, D.Y. Ju, and T. Inoue, A Numerical Modeling of Metallo-thermo-mechanical Behavior in Both Carburized and Carbonitrided Quenching Processes, *ISIJ Int.*, Vol 42, 2002, p 1125–1134
74. T. Reti, Residual Stresses in Carburised, Carbonitrided and Case-Hardened Components (Part 1), *Heat Treat. Met.*, Vol 30, 2003, p 83–96
75. M. Przylecka, W. Gestwal, and G.E. Totten, Modelling of Phase Transformations and Hardening of Carbonitrided Steels, *J. Phys. (France) IV*, Vol 120, 2004, p 129–136
76. T. Reti, Residual Stresses in Carburised, Carbonitrided and Case-Hardened Components (Part 2), *Heat Treat. Met.*, Vol 31, 2004, p 4–10
77. C. Franz, G. Besserdich, V. Schulze, H. Muller, and D. Lohe, Influence of Transformation Plasticity on Residual Stresses and Distortions due to the Heat Treatment of Steels with Different Carbon Content, *Mater. Sci. Forum*, Vol 490–491, Trans Tech Publications, Switzerland, 2005, p 47–52
78. A.M. Freborg, B.L. Ferguson, Z. Li, and D.X. Schwam, Bending Fatigue Strength Improvement of Carburized Aerospace Gears, *Heat Treating 2005: Proceedings of the 23rd Conference*, Sept 25–28, 2005 (Pittsburgh, PA), ASM International, 2006, p 186–195
79. S. Zhang, Z. Li, and B.L. Ferguson, Effect of Carburization on the Residual Stress and Fatigue Life of a Transmission Shaft, *Heat Treating 2005: Proceedings of the 23rd Conference*, Sept 25–28, 2005 (Pittsburgh, PA), ASM International, 2006, p 216–223
80. C. Acht, B. Clausen, F. Hoffmann, and H.W. Zoch, Simulation of the Distortion of 20MnCr5 Parts after Asymmetrical Carburization, *Mater.wiss. Werkst.tech.*,

Vol 37, 2006, p 152–156
81. M. Hunkel, E. Hoffmann, and H.-W. Zoch, Distortion of Components due to Segregations of a Low Alloy SAE 5120 Steel after Blank and Case Hardening, *Härt.-Tech.Mitt.*, Vol 62 (No. 4), 2007, p 144–149
82. S.H. Kang and Y.T. Im, Finite Element Investigation of Multi-phase Transformation within Carburized Carbon Steel, *J. Mater. Process. Tech.*, Vol 183, 2007, p 241–248
83. C. Şimşir, M. Hunkel, J. Luetjens, and R. Rentsch, FEM Modeling of the Distortion of Blank/Case Hardened Gear Blanks due to Chemical Banding, *Quenching Control and Distortion 2012: Proceedings of the 6th International Quenching and Control of Distortion Conference Including the 4th International Distortion Engineering Conference*, Sept 9–13, 2012 (Chicago, IL), ASM International, 2012, p 465–476
84. C. Şimşir, M. Hunkel, J. Lütjens, and R. Rentsch, Process-Chain Simulation for Prediction of the Distortion of Case-Hardened Gear Blanks, *Mater.wiss. Werkst. tech.*, Vol 43, 2012, p 163–170
85. K. Decroos and M. Seefeldt, Modeling of Distortions after Carburization and Quenching Processes of Large Gears, *Model. Simul. Mater. Sc.*, Vol 21, 2013, p 035002
86. Z. Li, A. Freborg, B. Hansen, and T.S. Srivatsan, Modeling the Effect of Carburization and Quenching on the Development of Residual Stresses and Bending Fatigue Resistance of Steel Gears, *J. Mater. Eng. Perform.*, Vol 22, 2013, p 664–672
87. J. Fuhrmann and D. Homberg, Numerical Simulation of the Surface Hardening of Steel, *Int. J. Numer. Method. H.*, Vol 9, 1999, p 705–724
88. F. Cajner, B. Smoljan, and D. Landek, Computer Simulation of Induction Hardening, *J. Mater. Process. Tech.*, Vol 2004, p 1–8
89. I. Magnabosco, P. Ferro, A. Tiziani, and F. Bonollo, Induction Heat Treatment of a ISOC45 Steel Bar: Experimental and Numerical Analysis, *Comp. Mater. Sci.*, Vol 35, 2006, p 98–106
90. S.W. Dean, T. Horino, F. Ikuta, K. Arimoto, C. Jin, and S. Tamura, Explanation on the Origin of Distortion in Induction Hardened Ring Specimens by Computer Simulation, *J. ASTM Int.*, Vol 6, 2009, p 101–109
91. T. Horino, H. Inoue, F. Ikuta, and K. Kawasaki, Explanation by Computer Simulation about Quenching Crack Generation in Induction Hardening Process of Cylindrical Specimens with a Ring Groove, *3rd International Conference on Distortion Engineering (IDE 2011)*, Sept 14–16, 2011 (Bremen, Germany), p 339–347
92. Z. Li and B.L. Ferguson, Controlling Gear Distortion and Residual Stresses during Induction Hardening, *Gear Technol.*, March/April 2012, p 50–57
93. B.L. Ferguson, Z. Li, and V. Nemkov, *Stress and Deformation during Induction Hardening of Tubular Products*, *Quenching Control and Distortion 2012: Proceedings of the 6th International Quenching and Control of Distortion Conference Including the 4th International Distortion Engineering Conference*, Sept 9–13, 2012 (Chicago, IL), ASM International, 2012, p 34–44
94. Z. Li and B.L. Ferguson, Optimization of an Induction Hardening Process for a Steel Gear Component, *Mater. Perform. Charact.*, Vol 1, 2012, p 1–18
95. H.J.M. Geijselaers, "Numerical Simulation of Stresses due to Solid State Transformations," Ph.D. thesis, University of Twente, 2000
96. K. Obergfell, V. Schulze, and O. Vöhringer, Simulation of Phase Transformations and Temperature Profiles by Temperature Controlled Laser Hardening: Influence of Properties of Base Material, *Surf. Eng.*, Vol 19, 2003, p 359–363
97. N. Cheung, M. Pinto, M. Ierardi, and A. Garcia, Mathematical Modeling and Experimental Analysis of the Hardened Zone in Laser Treatment of a 1045 AISI Steel, *Mater. Res.*, Vol 7, 2004, p 349–354
98. L. Costa, R. Vilar, T. Reti, R. Colaco, A.M. Deus, and I. Felde, Simulation of Phase Transformations in Steel Parts Produced by Laser Powder Deposition, *Mater. Sci. Forum*, Vol 473–474, Trans Tech Publications, Switzerland, 2005, p 315–320
99. K.F. Yao, B. Qian, W. Shi, C.C. Liu, and Z. Liu, Experimental Study and Numerical Prediction of Phase Transformation Evolution during Tempering Process of Martensite, *Acta Metall. Sin.*, Vol 39, 2003, p 892–896
100. J.F. Wei, O. Kessler, M. Hunkel, F. Hoffmann, and P. Mayr, Anisotropic Distortion of Tool Steels D2 and M3 during Gas Quenching and Tempering, *Steel Res. Int.*, Vol 75, 2004, p 759–765
101. Z. Zhang, D. Delagnes, and G. Bernhart, Microstructure Evolution of Hot-Work Tool Steels during Tempering and Definition of a Kinetic Law Based on Hardness Measurements, *Mat. Sci. Eng. A-Struct.*, Vol 380, 2004, p 222–230
102. Y. Wang, B. Appolaire, S. Denis, P. Arch-

ambault, and B. Dussoubs, Study and Modelling of Microstructural Evolutions and Thermomechanical Behaviour during the Tempering of Steel, *Int. J. Microstruct. Mater. Prop.*, Vol 1, 2006, p 197–207

103. M. Hunkel, T. Luebben, O. Belkessam, U. Fritsching, F. Hoffmann, and P. Mayr, Modeling and Simulation of Coupled Gas and Material Behavior during Gas Quenching, *Heat Treating 2001: Proceedings of 21st Conference*, Nov 5–8, 2001 (Indianapolis, IN), ASM International, 2001, p 32–40
104. P.F. Stratton and A. Richardson, Validation of a Single Component Gas Quenching Model, *J. Phys. (France) IV*, Vol 120, 2004, p 537–543
105. G. Pellegrino, F. Chaffotte, J.F. Douce, S. Denis, J.P. Bellot, and P. Lamesle, Efficient Numerical Simulation Techniques for High Pressure Gas Quenching, *Heat Treating 2005: Proceedings of the 23rd Conference*, Sept 25–28, 2005 (Pittsburg, PA), ASM International, 2006, p 320–328
106. S. Schuettenberg and F. Frerichs, Process Technology for Distortion Compensation by Means of Gas Quenching in Flexible Jet Fields, *Int. J. Materials and Product Technology*, Vol 24, 2005, p 259–269
107. M. Brzoza, E. Specht, J. Ohland, O. Belkessam, T. Lubben, and U. Fritsching, Minimizing Stress and Distortion for Shafts and Discs by Controlled Quenching in a Field of Nozzles, *Mater.wiss. Werkst.tech.*, Vol 37, 2006, p 97–102
108. A. Banka, J. Franklin, Z. Li, B.L. Ferguson, and M.A. Aronov, Applying CFD to Characterize Gear Response during Intensive Quenching Process, *Heat Treating 2007: Proceedings of 24th Conference*, Sept 17–19, 2007 (Detroit, MI), ASM International, 2007, p 147–155
109. S. Schuettenberg, F. Krause, M. Hunkel, H.W. Zoch, and U. Fritsching, Quenching with Fluid Jets, *Mater.wiss. Werkst.tech.*, Vol 40, 2009, p 408–413
110. T. Luebben, J. Rath, F. Krause, F. Hoffmann, U. Fritsching, and H.W. Zoch, Determination of Heat Transfer Coefficient during High-Speed Water Quenching, *Int. J. Microstruct. Mater. Prop.*, Vol 7, 2012, p 106–124
111. P. Stark, U. Fritsching, M. Hunkel, and D. Hansmann, Process Integrated Distortion Compensation of Large Bearing Rings, *Mater.wiss. Werkst.tech.*, Vol 43, 2012, p 56–62
112. S. Kernazhitskiy, "Numerical Modeling of a Flow in a Quench Tank," M.Sc. thesis, Portland State University, 2003
113. S. Kernazhitskiy and G. Recktenwald, Numerical Modeling of Flow in a Large Quench Tank, *ASME 2004 Heat Transfer/Fluids Engineering Summer Conference*, Vol 3, July 11–15, 2004 (Charlotte, NC), ASME, 2004, p 129–137
114. D.S. MacKenzie, A. Kumar, and K. Metwally, Optimizing Agitation and Quench Uniformity Using CFD, *Heat Treating 2005: Proceedings of the 23rd Conference*, Sept 25–28, 2005 (Pittsburgh, PA), ASM International, 2006, p 271–278
115. N. Chen, B. Liao, J. Pan, Q. Li, and C. Gao, Improvement of the Flow Rate Distribution in Quench Tank by Measurement and Computer Simulation, *Mater. Lett.*, Vol 60, 2006, p 1659–1664
116. M. Springmann and A. Kühhorn, Coupled Thermal-Multiphase Flow Analysis in Quenching Processes for Residual Stress Optimization in Compressor and Turbine Discs, *ASME 2008 Pressure Vessels and Piping Conference*, Vol 4, July 27–31, 2008 (Chicago, IL), ASME, 2008, p 147–156
117. P. Stark and U. Fritsching, Modeling and Simulation of Film and Transitional Boiling Processes on a Metallic Cylinder during Quenching, *J. ASTM Int.*, Vol 8 (No. 10), 2011
118. J. Franklin and A. Banka, Progress on the Development of a Comprehensive Quenching Model, *Quenching Control and Distortion 2012: Proceedings of the 6th International Quenching and Control of Distortion Conference Including the 4th Internationa Distortion Engineering Conference*, Sept 9–13, 2012 (Chicago, IL), 2012, p 589–605
119. D.N. Passarella, R. Cancellos, I. Vieitez, F. Varas, and E.B. Martin, Quenching Model Based on Multiphase Fluid Dynamics, *Quenching Control and Distortion 2012: Proceedings of the 6th International Quenching and Control of Distortion Conference Including the 4th Internationa Distortion Engineering Conference*, Sept 9–13, 2012 (Chicago, IL), 2012, p 394–405
120. H.J. Maier and U. Ahrens, Isothermal Bainitic Transformation in Low Alloy Steels: Factors Limiting Prediction of the Resulting Material's Properties, *Z. Metallkd.*, Vol 93, 2002, p 712–718
121. Z. Li, B.L. Ferguson, and A.M. Freborg, Data Needs for Modeling Heat Treatment of Steel Parts, *Proc. MS&T '04, Continuous Casting Fundamentals, Engineered Steel Surfaces, and Modeling and Computer Applications in Metal Casting, Shaping and Forming Processes*, Vol 2,

TMS, 2004, p 219–226
122. M. Wolff, M. Bohm, G. Lowisch, and A. Schmidt, Modelling and Testing of Transformation-Induced Plasticity and Stress-Dependent Phase Transformations in Steel via Simple Experiments, *Comp. Mater. Sci.*, Vol 32, 2005, p 604–610
123. C. Şimşir and C. Hakan Gür, A Review on Modeling and Simulation of Quenching, *J. ASTM Int.*, Vol 6 (No. 2), Feb 2009
124. M. Schwenk, T. Straus, J. Hoffmeister, and V. Schulze, Data Acquisition for Numerical Modelling of Induction Surface Hardening Process Specific Considerations, *Heat Treating 2011: Proceedings of the 26th Conference*, Oct 31–Nov 2, 2011 (Cincinnati, OH), ASM International, 2011, p 167–176
125. K. Funatani, *Modeling and Simulation Technology for the Advancement of Materials Processing Technology*, EDP Sciences, France, 2004, p 737–742
126. T. Inoue and K. Okamura, *Material Database for Simulation of Metallo-Thermo-Mechanical Field*, St. Louis, MO, ASM International, 2000, p 753–760
127. N. Saunders and A.P. Miodownik, *CALPHAD (Calculation of Phase Diagrams): A Comprehensive Guide*, Elsevier, 1998
128. N. Saunders, U.K.Z. Guo, X. Li, A.P. Miodownik, and J.P. Schillé, Using JMatPro to Model Materials Properties and Behavior, *JOM*, Vol 55, 2003, p 60–65
129. Y.A. Chang, H.B. Chao, S.L. Chen, F. Zhang, W. Cao, and K. Wu, Phase Equilibria and Phase Diagram Modeling, *Fundamentals of Modeling for Metals Processing*, Vol 22A, *ASM Handbook*, D. Furrer and S.L. Semiatin, Ed., ASM International, 2009, p 441–454
130. Z. Guo, N. Saunders, and J.P. Schillé, Modelling Phase Transformations and Material Properties Critical to the Prediction of Distortion during the Heat Treatment of Steels, *Int. J. Microstruct. Mater. Prop.*, Vol 4, 2009, p 187–195
131. Z. Guo, N. Saunders, J.P. Schillé, and A.P. Miodownik, Material Properties for Process Simulation, *Mat. Sci. Eng. A-Struct.*, Vol 499, 2009, p 7–13
132. A.D. Da Silva, "Prediction and Control of Geometric Distortion and Residual Stresses in Hot Rolled and Heat Treated Large Rings," Ph.D. thesis, Federal University of Minas Gerais, 2012
133. M.F. Horstemeyer, *Integrated Computational Materials Engineering (ICME) for Metals: Using Multiscale Modeling to Invigorate Engineering Design with Science*, Wiley, 2012
134. L. Taleb and S. Petit-Grostabussiat, Elastoplasticity and Phase Transformations in Ferrous Alloys: Some Discrepencies between Experiments and Modeling, *J. Phys. (France) IV*, Vol 12, 2002, p 187–194
135. M. Cherkaoui and M. Berveiller, Micromechanical Modeling of the Martensitic Transformation Induced Plasticity in Steels, *Smart Mater. Struct.*, Vol 9, 2000, p 592–603
136. M. Cherkaoui and M. Berveiller, Mechanics of Materials Undergoing Martensitic Phase Change: A Micro-Macro Approach for Transformation Induced Plasticity, *Z. Angew. Math. Mech.*, Vol 80, 2000, p 219–232
137. L. Taleb and F. Sidoroff, A Micromechanical Modeling of the Greenwood-Johnson Mechanism in Transformation Induced Plasticity, *Int. J. Plasticity*, Vol 19, 2003, p 1821–1842
138. A.S.J. Suiker and S. Turteltaub, Computational Modelling of Plasticity Induced by Martensitic Phase Transformations, *Int. J. Numer. Meth. Eng.*, Vol 63, 2005, p 1655–1693
139. T. Antretter, F.D. Fischer, G. Cailletaud, and B. Ortner, On the Algorithmic Implementation of a Material Model Accounting for the Effects of Martensitic Transformation, *Steel Res. Int.*, Vol 77, 2006, p 733–740
140. D.D. Tjahjanto, S. Turteltaub, A.S.J. Suiker, and S. van der Zwaag, Modelling of the Effects of Grain Orientation on Transformation-Induced Plasticity in Multiphase Carbon Steels, *Model. Simul. Mater. Sc.*, Vol 14, 2006, p 617–636
141. S. Turteltaub and A.S.J. Suiker, Grain Size Effects in Multiphase Steels Assisted by Transformation-Induced Plasticity, *Int. J. Solids Struct.*, Vol 43, 2006, p 7322–7336
142. F. Barbe, R. Quey, L. Taleb, and E. Souza de Cursi, Numerical Modelling of the Plasticity Induced during Diffusive Transformation. An Ensemble Averaging Approach for the Case of Random Arrays of Nuclei, *Eur. J. Mech. A-Solid.*, Vol 27, 2008, p 1121–1139
143. H. Hoang, F. Barbe, R. Quey, and L. Taleb, FE Determination of the Plasticity Induced during Diffusive Transformation in the Case of Nucleation at Random Locations and Instants, *Comp. Mater. Sci.*, Vol 43, 2008, p 101–107
144. R. Mahnken, A. Schneidt, and T. Antretter, Macro Modelling and Homogenization for Transformation Induced Plasticity of a Low-Alloy Steel, *Int. J. Plasticity*, Vol 25, 2009, p 183–204
145. F. Barbe and R. Quey, A Numerical Modelling of 3D Polycrystal-to-Polycrystal Diffusive Phase Transformations Involving Crystal Plasticity, *Int. J. Plasticity*,

Vol 27, 2011, p 823–840
146. M. Hunkel, Anisotropic Transformation Strain and Transformation Plasticity: Two Corresponding Effects, *Mater.wiss. Werkst.tech.*, Vol 40, 2009, p 466–472
147. C. Şimşir, T. Luebben, M. Hunkel, F. Hoffmann, and H.W. Zoch, Anisotropic Transformation Strain and Its Consequences on Distortion during Austenitization, *Mater. Perform. Charact.*, Vol 1 (No. 1), 2012
148. M. Hunkel, F. Frerichs, and C. Prinz, Size Change due to Anisotropic Dilation Behaviour of a Low Alloy SAE 5120 Steel, *Steel Res. Int.*, Vol 78, 2007, p 45–51
149. C. Şimşir, I. Eisbrecher, M. Hunkel, T. Lübben, and F. Hoffmann, The Prediction of the Distortion of Blank-Hardened Gear Blanks by Considering the Effect of Prior Manufacturing Operations, *Steel Res. Int.*, Vol 2011, p 199–204
150. C. Şimşir, M. Hunkel, J. Lütjens, and R. Rentsch, Process-Chain Simulation for Prediction of the Distortion of Case-Hardened Gear Blanks, *3rd International Conference on Distortion Engineering (IDE 2011)*, Sept 14–16, 2011 (Bremen, Germany), p 437–446
151. O. Grohmann, R. Rentsch, C. Heinzel, and E. Brinksmeier, Numerical Distortion Simulation of Roller Bearing Rings, *Mater.wiss. Werkst.tech.*, Vol 43, 2012, p 158–162
152. A. Thuvander, Out of Roundness Distortion of Bearing Rings Owing to Internal Stresses from Tube Bending, *Mater. Sci. Technol.*, Vol 18, 2002, p 312–318
153. H. Surm and F. Hoffmann, Influence of Clamping Conditions on Distortion during Heating of Bearing Rings, *Mater.wiss. Werkst.tech.*, Vol 40, 2009, p 396–401
154. S. Sjostrom, Interactions and Constitutive Models for Calculating Quench Stresses in Steel, *Mater. Sci. Technol.*, Vol 1, 1984, p 823–829
155. M. Wolff, M. Böhm, and D. Helm, Material Behavior of Steel—Modeling of Complex Phenomena and Thermodynamic Consistency, *Int. J. Plasticity*, Vol 24, 2008, p 746–774
156. D. Bammann, V. Prantil, A. Kumar, and J. Lathrop, Development of a Carburizing and Quenching Simulation Tool: A Material Model for Carburizing Steels Undergoing Phase Transformations, *Proceedings of 2nd International Quenching and Control of Distortion Conference*, Nov 4–7, 1996 (Cleveland, OH), ASM International, 1996, p 367–376
157. M. Burtchen, T. Luebben, F. Hoffmann, and H.W. Zoch, Simulation of Quenching Treatments on Bearing Components, *Strojniski Vestn.*, Vol 55, 2009, p 155–159
158. C. Şimşir and C.H. Gür, Simulation of Quenching, *Thermal Process Modeling of Steels*, C.H. Gür and J. Pan, CRC Press, 2009, p 341–425
159. D.P. Koistinen and R.E. Marburger, A General Equation Prescribing the Extent of the Austenite-Martensite Transformation in Pure Non-carbon Alloys and Plain Carbon Steels, *Acta Mater.*, Vol 7, 1959, p 55–69
160. C.L. Magee, "Transformation Kinetics, Micro-plasticity and Ageing of Martensite in Fe-31Ni," Ph.D. thesis, Carnegie Inst. of Tech., 1966
161. M. Wildau, "Zum Einfluss der Werkstoffeigenschaften auf Spannungen, Eigenspannungen und Maßänderungen von Werkstücken aus Stahl," Ph.D. thesis, RWTH Aachen, 1986
162. P.K. Agarwal and J.K. Brimacombe, Mathematical Model of Heat Flow and Austenite-Pearlite Transformation in Eutectoid Carbon Steel Rods for Wire, *Metall. Trans.*, Vol 12 B, 1981, p 121–133
163. M. Avrami, Kinetics of Phase Change. I. General Theory, *J. Chem. Phys.*, Vol 7, 1939, p 1103–1112
164. M. Avrami, Kinetics of Phase Change. II. Transformation-Time Relations for Random Distribution of Nuclei, *J. Chem. Phys.*, Vol 8, 1940, p 212–224
165. M. Avrami, Kinetics of Phase Change III. Granulation, Phase Change, and Microstructure, *J. Chem. Phys.*, Vol 9, 1941, p 177–184
166. E. Scheil, Anlaufzeit der austenitumwandlung, *Arch. Eisenhüttenwes*, Vol 8, 1935, p 565–567
167. E.J. Mittemeijer, Analysis of the Kinetics of Phase-Transformations, *JOM*, Vol 27, 1992, p 3977–3987
168. D.S. MacKenzie and A. Banka, Determination of Heat Transfer Coefficients for Thermal Modeling, *Fundamentals of Modeling for Metals Processing*, Vol 22A, *ASM Handbook*, D. Furrer and S.L. Semiatin, Ed., ASM International, 2009
169. T. Inoue, Section 9.11: Coupling of Stress-Strain, Thermal, and Metallurgical Behaviors, *Handbook of Materials Behavior Models*, L. Jean, Ed., Academic Press, 2001, p 884–895
170. G.W. Greenwood and R.H. Johnson, The Deformation of Metals under Small Stresses during Phase Transformations, *Proc. Roy. Soc.*, Vol 283, 1965, p 403–422
171. S. Yamanaka, T. Sakanoue, T. Yoshii, T. Kozuka, and T. Inoue, Influence of Transformation Plasticity on the Distortion of Carburized Quenching Process of Cr-Mo Steel Ring, *Heat Treating 1998: Proceedings of the 18th Conference*, ASM International, 1999, p 657–664
172. D. Lambert, W. Wu, and K. Arimoto,

Finite Element Analysis of Internal Stresses in Quenched Steel Cylinders, *Heat Treating 1999: Proceedings of the 19th Conference*, 1999 (Cincinnati, OH), ASM International, 2000, p 425–434
173. S. Denis, Prediction of the Residual Stresses Induced by Heat Treatments and Thermochemical Surface Treatments, *Rev. Métall., Cah. Inf. Tech.*, Vol 94, 1997, p 157-&
174. J. Grum, Modeling of Laser Surface Hardening, *Handbook of Thermal Process Modeling of Steels*, C. Gür and J. Pan, Ed., CRC Press - Taylor & Francis Group, 2009, p 499–626
175. H. Bhadeshia and J.W. Christian, Bainite in Steels, *Metall. Trans. A*, Vol 21, 1990, p 767–797
176. M. Maalekian and E. Kozeschnik, Modeling Mechanical Effects on Promotion and Retardation of Martensitic Transformation, *Mat. Sci. Eng. A-Struct.*, Vol 528, 2011, p 1318–1325
177. N. El Kosseifi, "Numerical Simulation of Boiling for Industrial Quenching Processes," Ph.D. thesis, MINES ParisTech - Paris Institute of Technology, 2012
178. A. Eser, A. Bezold, C. Broekmann, K. Bambauer, and C. Şimşir, Simulation of the Deformation and Residual Stress Evolution during Tempering of Hot-Work Tool Steel, *3rd International Conference on Distortion Engineering (IDE 2011)*, Sept 14–16, 2011 (Bremen, Germany), p 515–522
179. J. Rath, T. Luebben, F. Frerichs, M. Hunkel, and F. Hoffmann, Comparison of Different Straightening Strategies in Press Quenching of Large Rings by Simulation, *3rd International Conference on Distortion Engineering (IDE 2011)*, Sept 14–16, 2011 (Bremen, Germany), p 33–42
180. C. Acht, M. Dalgic, F. Frerichs, M. Hunkel, A. Irretier, T. Luebben, and H. Surm, Determination of the Material Properties for the Simulation of Through Hardening of Components Made from SAE 52100 - Part 1, *J. Heat Treat. Mater.*, Vol 63, 2008, p 234–244
181. C. Acht, M. Dalgic, F. Frerichs, M. Hunkel, A. Irretier, T. Luebben, and H. Surm, Determination of the Material Properties for the Simulation of Through Hardening of Components Made from SAE 52100 - Part 2, *J. Heat Treat. Mater.*, Vol 63, 2008, p 362–371
182. J. Luetjens, V. Heuer, F. Koenig, T. Luebben, V. Schulze, and N. Trapp, Determination of Input Data for the Simulation of Case Hardening, *1st International Conference on Distortion Engineering (IDE 2005)*, Sept 14–16, 2005 (Bremen, Germany), IWT, 2005, p 269–279
183. B.P. Maradit, "Investigating the Influence of Quench Process Parameters on Distortion of Steel Components," M.Sc. thesis, Middle East Technical University, 2010
184. R.A. Jaramillo and M.T. Lusk, Dimensional Anisotropy during Phase Transformations in a Chemically Banded 5140 Steel. Part I: Experimental Investigation, *Acta Mater.*, Vol 52, 2004, p 851–858
185. D.W. Suh, C.S. Oh, H.N. Han, and S.J. Kim, Dilatometric Analysis of Phase Fraction during Austenite Decomposition into Banded Microstructure in Low-Carbon Steel, *Metall. Mater. Trans. A*, Vol 38 A, 2007, p 2963–2973
186. D.W. Suh, C.S. Oh, H.N. Han, and S.J. Kim, Dilatometric Analysis of Austenite Decomposition Considering the Effect of Non-isotropic Volume Change, *Acta Mater.*, Vol 55, 2007, p 2659–2669
187. A. Jablonka, K. Harste, and K. Schwerdtfeger, Thermomechanical Properties of Iron and Iron-Carbon Alloys: Density and Thermal Contraction, *Steel Res.*, Vol 62, 1991, p 24–33
188. C. Yang, M. Chen, and Z.Y. Guo, Molecular Dynamics Simulation of the Specific Heat of Undercooled Fe-Ni Melts, *Int. J. Thermophys.*, Vol 22, 2001, p 1303–1309
189. "Standard Test Method for Steady-State Thermal Transmission Properties by Means of the Heat Flow Meter Apparatus," ASTM C518-10, *Annual Book of ASTM Standards*, ASTM, 2010
190. "Standard Test Method for Thermal Conductivity of Solids by Means of the Guarded-Comparative-Longitudinal Heat Flow Technique," ASTM E1225-04, *Annual Book of ASTM Standards*, ASTM, 2004
191. W.J. Parker, R.J. Jenkins, C.P. Butler, and G.L. Abbott, Flash Method of Determining Thermal Diffusivity, Heat Capacity, and Thermal Conductivity, *J. Appl. Physics*, Vol 32, 1961, p 1679–1684
192. F. Richter, *Physikalische Eigenschaften von Staehlen und ihre Temperaturabhaengigkeit*, Stahleisen Sonderberichte, 1983
193. *Properties and Selection: Irons, Steels, and High-Performance Alloys*, Vol 1, *ASM Handbook*, ASM International, 1990
194. "Standard Test Method for Resistivity of Electrical Conductor Material," ASTM B193-02, *Annual Book of ASTM Standards*, ASTM, 2002

195. Y. Sun, D. Niu, and J. Sun, Temperature and Carbon Content Dependence of Electrical Resistivity of Carbon Steel, *Industrial Electronics and Applications, 2009. ICIEA 2009. 4th IEEE Conference on*, May 25–27, 2009 (Xi'an, China), IEEE, p 368–372
196. H. Kawaguchi, M. Enokizono, and T. Todaka, Thermal and Magnetic Field Analysis of Induction Heating Problems, *J. Mater. Process. Tech.*, Vol 161, 2005, p 193–198
197. Y. Sun, J. Sun, and D. Niu, Numerical Simulation of Induction Heating of Steel Bar with Nonlinear Material Properties, *Automation and Logistics, 2009. ICAL '09. IEEE International Conference on*, Aug 5–7, 2009 (Shenyang, China), IEEE, p 450–454
198. M. Schwenk, M. Fisk, T. Cedell, J. Hoffmeister, V. Schulze, and L.E. Lindgren, Process Simulation of Single and Dual Frequency Induction Surface Hardening Considering Magnetic Nonlinearity, *Mater. Perform. Charact.*, Vol 1, 2012, p 1–20
199. O.K. Rowan and R. Sisson, Effect of Alloy Composition on Carburizing Performance of Steel, *J. Phase Equilib. Diff.*, Vol 30, 2009, p 235–241
200. R.P. Smith, The Diffusivity of Carbon in Iron by the Steadystate Method, *Acta Metall.*, Vol 1, 1953, p 578–587
201. L. Boltzmann, Zur Integration der Diffusionsgleichung bei variablen Diffusionscoefficienten, *Ann. Phys. (Leipzig)*, Vol 53, 1894, p 959–964
202. C. Matano, On the Relationship Between the Diffusion Coefficients and Concentrations of Solid Metals, *Jap. J. Phys.*, Vol 8, 1933, p 109–113
203. M.A. Dayananda, Atomic Mobilities and Vacancy Wind Effects in Multicomponent Alloys, *Metall. Trans.*, Vol 2, 1971, p 334–335
204. R. Fortunier, J.B. Leblond, and D. Pont, Recent Advances in the Numerical Simulation of Simultaneous Diffusion and Precipitation of Chemical Elements in Steels, *Phase Transformations during the Thermal/ Mechanical Processing of Steel*, Canadian Inst. of Mining, Metallurgy and Petroleum, Vancouver, Canada, 1995, p 357–365
205. R. Fortunier, J.B. Leblond, and J.M. Bergheau, Computer Simulation of Thermochemical Treatments: Modeling Diffusion and Precipitation in Metals, *J. Shangai Jia Tong U.*, Vol 5, 2000, p 213–220
206. G.G. Tibbetts, Diffusivity of Carbon in Iron and Steels at High Temperatures, *J. Appl. Phys.*, Vol 51, 1980, p 4813–4816
207. O. Karabelchtchikova and R. Sisson, Carbon Diffusion in Steels: A Numerical Analysis Based on Direct Integration of the Flux, *J. Phase Equilib. Diff.*, Vol 27, 2006, p 598–604
208. T.S. Hummelshøj, T. Christiansen, M.A.J. Somers, Determination of Concentration Dependent Diffusion Coefficients of Carbon in Expanded Austenite, *Defect Diffus. Forum*, Vol 273–276, 2008, p 306–311
209. J. Epp, H. Surm, O. Kessler, and T. Hirsch, In Situ X-ray Phase Analysis and Computer Simulation of Carbide Dissolution of Ball Bearing Steel at Different Austenitizing Temperatures, *Acta Mater.*, Vol 55, 2007, p 5959–5967
210. J. Epp, H. Surm, O. Kessler, and T. Hirsch, In-Situ X-ray Investigations and Computer Simulation during Continuous Heating of a Ball Bearing Steel, *Metall. Mater. Trans. A*, Vol 38, 2007, p 2371–2378
211. J. Epp, T. Hirsch, and C. Curfs, In Situ X-ray Diffraction Analysis of Carbon Partitioning during Quenching of Low Carbon Steel, *Metall. Mater. Trans. A*, Vol 43, 2012, p 2210–2217
212. S.E. Kruger and E.B. Damm, Monitoring Austenite Decomposition by Ultrasonic Velocity, *Mat. Sci. Eng. A-Struct.*, Vol 425, 2006, p 238–243
213. A. Moreau, S.E. Kruger, M. Côté, and P. Bocher, In-Situ Monitoring of Microstructure during Thermomechanical Simulations Using Laser-Ultrasonics, *1st International Symposium on Laser Ultrasonics: Science, Technology and Applications*, July 16–18, 2008 (Montreal, Canada), p
214. J.S. Kirkaldy and E.A. Baganis, Thermodynamic Prediction of Ae_3 Temperature of Steels with Additions of Mn, Si, Ni, Cr, Mo, Cu, *Metall. Trans. A*, Vol 9, 1978, p 495–501
215. K. Hashiguchi, J.S. Kirkaldy, T. Fukuzumi, and V. Pavaskar, Prediction of the Equilibrium, Paraequilibrium and No-Partition Local Equilibrium Phase-Diagrams for Multicomponent Fe-C Base Alloys, *Calphad*, Vol 8, 1984, p 173–186
216. J.S. Kirkaldy and D. Venugopalan, *Phase Transformations in Ferrous Alloys*, A.R. Marder and J.I. Goldstein, Ed., The Metallurgical Society of AIME, 1984, p 125–148
217. K.W. Andrews, Emprical Formulae for the Calculation of Some Transformation Temperatures, *J. Iron Steel I.*, Vol 203, 1965, p 721–727
218. Z. Zhao, C. Liu, Y. Liu, and D.O. Northwood, A New Empirical Formula for the Bainite Upper Temperature Limit of Steel, *J. Mater. Sci.*, Vol 36, 2001, p 5045–5056
219. C. Capdevila, F.G. Caballero, and

C. García de Andrés, Determination of M_s Temperature in Steels: A Bayesian Neural Network Model, *ISIJ Int.*, Vol 42, 2002, p 894–902
220. S.M.C. van Bohemen, Bainite and Martensite Start Temperature Calculated with Exponential Carbon Dependence, *Mater. Sci. Technol.*, Vol 28, 2012, p 487–495
221. F. Wever, A. Rose, and J. Orlich, *Atlas zur Waermebehandlung der Staehle*, 1954–1976
222. *Atlas of Isothermal Transformation Diagrams of B.S. En Steels*, The Iron and Steel Institute, London, 1956
223. *Atlas des Courbes de Transformation des Acier de Fabrication Française*, IRSID, 1974
224. M. Atkins, *Atlas of Continuous Cooling Transformation Diagrams for Engineering Steels*, British Steel Corporation, 1977
225. G. Vander Voort, *Atlas of Time-Temperature Diagrams for Nonferrous Alloys*, ASM International, 1991
226. Z. Zhang and R.A. Farrar, *Atlas of Continuous Cooling Diagrams Applicable to Low Carbon Low Alloy Weld Metals*, Maney Publishing, 1995
227. H. Surm, O. Kessler, M. Hunkel, F. Hoffmann, and P. Mayr, Modelling the Ferrite/Carbide → Austenite Transformation of Hypoeutectoid and Hypereutectoid Steels, *J. Phys. (France) IV*, Vol 120, 2004, p 111–119
228. "Standard Practice for Quantitative Measurement and Reporting of Hypoeutectoid Carbon and Low-Alloy Steel Phase Transformations," ASTM A 1033-04, *Annual Book of ASTM Standards*, ASTM, 2004
229. "Guidelines for Preparation, Execution and Evaluation of Dilatometric Transformation Tests on Iron Alloys," SEP 1681:1998, Verlag Stahleisen GmbH, 1998
230. "Creating of Time-Temperature-Transformation Diagrams for Iron Alloys," SEP 1680:1990, Verlag Stahleisen GmbH, 1990
231. C.L. Magee, The Kinetics of Martensite Formation in Small Particles, *Metall. Trans.*, Vol 2, 1971, p 2419–2430
232. S.J. Lee and Y.K. Lee, Effect of Austenite Grain Size on Martensitic Transformation of Low Alloy Steel, *PRICM-5: The 5th Pacific Rim International Conference on Advanced Materials and Processing [proceedings]*, Nov 2–5, 2004 (Beijing, China), Trans Tech Publications, 2005, p 3169–3172
233. "Metallic Materials—Tensile Testing—Part 2: Method of Test at Elevated Temperature," ISO 6892-2:2011, International Organization for Standardization, 2011
Organization for Standardization, 2011
234. "Standard Test Methods for Tension Testing of Metallic Materials," ASTM E8/E8M-13a, *Annual Book of ASTM Standards*, ASTM, 2013
235. G. Roebben, B. Bollen, A. Brebels, J. Van Humbeeck, and O. Van der Biest, Impulse Excitation Apparatus to Measure Resonant Frequencies, Elastic Moduli, and Internal Friction at Room and High Temperature, *Rev. Sci. Instrum.*, Vol 68, 1997, p 4511–4515
236. A. Moreau and S.E. Kruger, Non-Destructive Determination of Elastic Properties of Steels at High Temperatures by Laser Ultrasonics, *Physical and Numerical Simulation of Materials Processing: Selected, Peer Reviewed Papers from the 5th International Conference on Physical and Numerical Simulation of Materials Processing*, Oct 23–27, 2007 (Zhengzhou, China), Trans Tech Publications Ltd, 2008, p
237. S. Denis, P. Archambault, E. Gautier, A. Simon, and G. Beck, Prediction of Residual Stress and Distortion of Ferrous and Non-ferrous Metals: Current Status and Future Developments, *J. Mater. Eng. Perform.*, Vol 11, 2002, p 92–102
238. F. Colonna, E. Massoni, S. Denis, J.L. Chenot, J. Wendenbaum, and E. Gauthier, On Thermo-elastic-viscoplastic Analysis of Cooling Processes Including Phases Changes, *J. Mater. Process. Tech.*, Vol 34, 1992, p 525–532
239. Y. Vincent, J.M. Bergheau, and J.B. Leblond, Viscoplastic Behaviour of Steels during Phase Transformations, *C. R. Mecanique*, Vol 331, 2003, p 587–594
240. D. Huin, P. Flauder, and J.B. Leblond, Numerical Simulation of Internal Oxidation of Steels during Annealing Treatments, *Oxid. Met.*, Vol 64, 2005, p 131–167
241. M. Eriksson, M. Oldenburg, M.C. Somani, and L.P. Karjalainen, Testing and Evaluation of Material Data for Analysis of Forming and Hardening of Boron Steel Components, *Model. Simul. Mater. Sc.*, Vol 10, 2002, p 277
242. C. Şimşir, M. Dalgiç, T. Lübben, A. Irretier, M. Wolff, and H.W. Zoch, The Bauschinger Effect in the Supercooled Austenite of SAE 52100 Steel, *Acta Mater.*, Vol 58, 2010, p 4478–4491
243. M. Wolff, B. Suhr, and C. Şimşir, Parameter Identification for an Armstrong-Frederick Hardening Law for Supercooled Austenite of SAE 52100 Steel, *Comp. Mater. Sci.*, Vol 50, 2010, p 487–495
244. P. Åkerström, B. Wikman, and M. Oldenburg, Material Parameter Estimation for Boron Steel from Simultaneous Cooling and Compression Experiments,

Model. Simul. Mater. Sc., Vol 13, 2005, p 1291–1308

245. M. Hunkel, M. Dalgic, and F. Hoffmann, Plasticity of the Low Alloy Steel SAE 5120 during Heating and Austenitizing, *Berg Hüttenmänn. Monatsh.*, Vol 155, 2010, p 125–128
246. Z. Guo, N. Saunders, A.P. Miodownik, and J.P. Schillé, Introduction of Materials Modelling into Processing Simulation - Towards True Virtual Design and Simulation, *Int. J. Metall. Eng.*, Vol 2, 2013, p 198–202
247. M. Wolff, M. Bohm, M. Dalgic, G. Lowisch, N. Lysenko, and J. Rath, Parameter Identification for a TRIP Model with Backstress, *Comp. Mater. Sci.*, Vol 37, 2006, p 37–41
248. M. Wolff, M. Bohm, M. Dalgic, G. Lowisch, and J. Rath, TRIP and Phase Evolution for the Pearlitic Transformation of the Steel 100Cr6 under Step-wise Loads, *Mater.wiss. Werkst.tech.*, Vol 37, 2006, p 128–133
249. M. Wolff, M. Bohm, M. Dalgic, and G. Lowisch, Validation of a TP Model with Backstress for the Pearlitic Transformation of the Steel 100Cr6 under Step-wise Loads, *Comp. Mater. Sci.*, Vol 39, 2007, p 49–54
250. M. Dalgic, A. Irretier, H. Zoch, and G. Lowisch, Transformation Plasticity at Different Phase Transformation of a Through Hardening Bearing Steel, *Int. J. Mater. Prop.*, Vol 3, 2008, p 49–64
251. M. Wolff, M. Böhm, M. Dalgic, and I. Hüßler, Evaluation of Models for TRIP and Stress-Dependent Transformation Behaviour for the Martensitic Transformation of the Steel 100Cr6, *Comp. Mater. Sci.*, Vol 43, 2008, p 108–114
252. S. Bökenheide, M. Wolff, M. Dalgiç, D. Lammers, and T. Linke, Creep, Phase Transformations and Transformation-Induced Plasticity of 100Cr6 Steel during Heating, *Mater.wiss. Werkst.tech.*, Vol 43, 2012, p 143–149
253. O.M. Alifanov, *Inverse Heat Transfer Problems*, Springer, 1994
254. A.N. Tikhonov and V. Arsenin, *Solutions of Ill-Posed Problems*, Winston, 1977
255. J.V. Beck, B. Blackwell, and C.R. St Clair, *Inverse Heat Conduction: Ill-Posed Problems*, Wiley-Interscience, 1985
256. M.N. Ozisik, *Inverse Heat Transfer: Fundamentals and Applications*, Taylor & Francis, 2000
257. J. Taler and P. Duda, *Solving Direct and Inverse Heat Conduction Problems*, Springer, 2005
258. B. Liščić, Heat Transfer Control During Quenching, *Mater. Manuf. Process.*, Vol 24, 2009, p 879–886
259. H.M. Tensi and B. Liščić, Determination of Quenching Power of Various Fluids, *Quenching Theory and Technology*, 2nd ed., B. Liščić, G.E. Totten, and L.C.F. Canale, Ed., CRC Press, Taylor & Francis, 2010, p 315–358
260. G.E. Totten, G.M. Webster, H.M. Tensi, and B. Liščić, Standards for Cooling Curve Analysis of Quenchants, *Heat Treat. Met.*, Vol 24, 1997, p 92–94
261. P. Le Masson, T. Loulou, E. Artioukhine, P. Rogeon, D. Carron, and J.-J. Quemener, A Numerical Study for the Estimation of a Convection Heat Transfer Coefficient during a Metallurgical "Jominy End-Quench" Test, *Int. J. Therm. Sci.*, Vol 41, 2002, p 517–527
262. S.-Y. Kim, S. Kubota, and M. Yamanaka, Application of CAE in cold forging and heat treatment processes for manufacturing of precision helical gear part, *J. Mater. Process. Tech.*, Vol. 201, 2008, p 25–31
263. W.B. Muniz, H.F. de Campos Velho, and F.M. Ramos, A Comparison of Some Inverse Methods for Estimating the Initial Condition of the Heat Equation, *J. Comput. Appl. Math.*, Vol 103, 1999, p 145–163
264. J.V. Beck, B. Blackwell, and A. Haji-Sheikh, Comparison of Some Inverse Heat Conduction Methods Using Experimental Data, *Int. J. Heat Mass Tran.*, Vol 39, 1996, p 3649–3657
265. I. Felde, T. Reti, G.S. Sarmiento, M.G. Pallandella, G.E. Totten, and X.L. Chen, Effect of Smoothing Methods on the Results of Different Inverse Modelling Techniques, *Heat Treating 2002: Proceedings of 21st Conference*, 2002 (Indianapolis, IN), p 76–83
266. I. Felde, Determination of Thermal Boundary Conditions during Immersion Quenching by Optimization Algorithms, *Mater. Perform. Charact.*, Vol 1, 2012, p 425–435
267. G.E. Totten, H.M. Tensi, and L.C.F. Canal, Chemistry of Quenching Part 2 - Fundamental Thermophysical Processes Involved in Quenching, *Heat Treating and Surface Engineering: Proceedings of the 22nd Heat Treating Society Conference and the 2nd International Surface Engineering Congress*, Sept 15–17, 2003 (Indianapolis, IN), ASM International, 2004, p 148–154
268. G.E. Totten, H.M. Tensi, and L.C.F. Canale, Chemistry of Quenching Part 1 - Fundamental Interfacial Chemical Processes Involved in Quenching, *Heat Treating and Surface Engineering: Pro-*

cesses Involved in Quenching, *Heat Treating and Surface Engineering: Proceedings of the 22nd Heat Treating Society Conference and the 2nd International Surface Engineering Congress*, Sept 15–17, 2003 (Indianapolis, IN), ASM International, 2004, p 141–147

269. R. Collin, D. Gunnarson, and D. Thulin, Mathematical Model for Predicting Carbon Concentration Profiles of Gas Carburized Steel, *J. Iron Steel I.*, Vol 210, 1972, p 785–789
270. O. Karabelchtchikova, C.A. Brown, and R.D. Sisson, Effect of Surface Roughness on the Kinetics of Mass Transfer during Gas Carburizing, *J. Heat Treat. Mater.*, Vol 2008, 2008, p 257–264
271. E.J. Dede, Medium and High-Frequency Power Systems for Industrial Induction, *Proceedings of the International Symposium on Heating by Electromagnetic Sources*, 2007 (Padua, Italy), p 411–420
272. S.L. Semiatin and D.E. Stutz, *Induction Heat Treatment of Steel*, ASM International, 1986
273. H.W. Zoch, From Single Production Step to Entire Process Chain—The Global Approach of Distortion Engineering, *Mater.wiss. Werkst.tech.*, Vol 37, 2006, p 6–10
274. H.W. Zoch, Distortion Engineering: Vision or Ready to Application? *Mater.wiss. Werkst.tech.*, Vol 40, 2009, p 342–348
275. H.W. Zoch, Distortion Engineering—Interim Results after One Decade Research within the Collaborative Research Center, *Mater.wiss. Werkst. tech.*, Vol 43, 2012, p 9–15
276. N.I. Kobasko, Increasing the Service Life and Reliability of Components through the Use of New Steel Quenching Technology, *Met. Sci. Heat Treat. (USSR)*, Vol 31, 1989, p 645–653
277. S. MacKenzie, Z. Li, and B.L. Ferguson, Effect of Quenchant Flow on the Distortion of Carburized Automotive Gears, *Härt.-Tech.Mitt.*, Vol 63 (No. 1), p 15–21
278. A. Kumar, H. Metwally, S. Paingankar, and D.S. MacKenzie, Evaluation of Flow Uniformity around Automotive Pinion Gears during Quenching, *Härt.-Tech. Mitt.*, Vol 62 (No. 6), 2007, p 274–278
279. C. Acht, T. Lübben, F. Hoffmann, and H.W. Zoch, Simulation of the Influence of Carbon Profile and Dimensions on Distortion Behaviour of SAE 5120 Discs by Using a Design of Experiment, *Comp. Mater. Sci.*, Vol 39, 2007, p 527–532
280. C. Şimşir, I. Eisbrecher, M. Hunkel, F. Hoffmann, and H.W. Zoch, The Prediction of Distortion of Blank-Hardened Gear Blanks by Considering the Effect of Prior Manufacturing Operations, *Steel Res. Int.: Special Edition for ICTP 2011*, 2011, p 131–136
281. B. Clausen and F. Frerichs, Identification of Process Parameters Affecting Distortion of Disks for Gear Manufacture Part I: Casting, Forming and Machining, *Mater.wiss. Werkst.tech.*, Vol 2009, p 29–40
282. B. Clausen, F. Frerichs, T. Kohlhoff, T. Lübben, C. Prinz, R. Rentsch, J. Sölter, H. Surm, D. Stöbener, and D. Klein, Identification of Process Parameters Affecting Distortion of Disks for Gear Manufacture Part II: Heating, Carburizing, Quenching, *Mater.wiss. Werkst.tech.*, Vol 40, 2009, p 361–367
283. B. Clausen, H. Surm, F. Hoffmann, and H.W. Zoch, The Influence of Carburizing on Size and Shape Changes, *Mater.wiss. Werkst.tech.*, Vol 40, 2009, p 414–419
284. H. Rentsch, Parameters of Distortion in Forging Gear Wheel Blanks, *Mater.wiss. Werkst.tech.*, Vol 43, 2012, p 68–72
285. C.H. Gür and A.E. Tekkaya, Numerical Investigation of Non-homogeneous Plastic Deformation in Quenching Process, *Mat. Sci. Eng. A-Struct.*, Vol 319–321, 2001, p 164–169
286. D. Huang, K. Arimoto, D. Lambert, and M. Narazaki, Prediction of Quench Distortion on Steel Shaft with Keyway by Computer Simulation, *Heat Treating 2000: Proceedings of the 20th Conference*, Oct 9–12, 2000 (St. Louis, MO), ASM International, 2000, p 708–712
287. M. Narazaki and D.Y. Ju, Simulation of Distortion during Quenching of Steel - Effect of Heat Transfer in Quenching, *Heat Treating 1998: Proceedings of the 18th Conference*, Oct 12–15, 1998, ASM International, 1999, p 629–638
288. X.-w. Zuo, S. Zhou, N.-l. Chen, and B. Liao, Timed Quenching Process for Large-Scale AISI 4140 Steel Shaft, *J. Shanghai Jiaotong U. (Sci.)*, Vol 16, 2011, p 224–226
289. B. Smoljan, Prediction of Mechanical Properties and Microstructure Distribution of Quenched and Tempered Steel Shaft, *J. Mater. Process. Tech.*, Vol 175, 2006, p 393–397
290. S.-J. Lee and Y.-K. Lee, Finite Element Simulation of Quench Distortion in a Low-Alloy Steel Incorporating Transformation Kinetics, *Acta Mater.*, Vol 56, 2008, p 1482–1490
291. H. Surm and J. Rath, Distortion Mechanisms in the Process Chain Bearing Ring, *J. Heat Treat. Mater.*, Vol 5, 2012, p 291–303
292. K. Arimoto, D. Lambert, W.T. Wu, and M. Narazaki, Prediction of Quench Crack-

ing by Computer Simulation, *Heat Treating 1999: Proceedings of the 19th Conference*, 1999 (Cincinnati, OH), ASM International, 2000, p 435–440

293. J. Cai, L. Chuzhoy, and K.W. Burris, Numerical Simulation of Heat Treatment and Its Use in Prevention of Quench Cracks, *Heat Treating 2000: Proceedings of the 20th Conference*, Oct 9–12, 2000 (St. Louis, MO), ASM International, 2000, p 701–707
294. D. Gallina, Finite Element Prediction of Crack Formation Induced by Quenching in a Forged Valve, *Eng. Fail. Anal.*, Vol 18, 2011, p 2250–2259
295. A. Sugianto, M. Narazaki, M. Kogawara, and A. Shirayori, Failure Analysis and Prevention of Quench Crack of Eccentric Holed Disk by Experimental Study and Computer Simulation, *Eng. Fail. Anal.*, Vol 16, 2009, p 70–84
296. H.K.D.H. Bhadeshia, Steels for Bearings, *Prog. Mater. Sci.*, Vol 57, 2012, p 268–435
297. F. Pascon, G. Bles, C. Bouffioux, S. Casotto, S. Bruschi, and A.-M. Habraken, Prediction of Distortion during Cooling of Steel Rolled Rings Using Thermal-Mechanical-Metallurgical Finite Element Model, *Steel Grips*, Vol 2, 2004, p Suppl. Metal Forming 2004
298. S. Denis, Considering Stress-Phase Transformation Interactions in the Calculation of Heat Treatment Residual Stresses, *Mechanics of Solids with Phase Changes, CISM Courses and Lectures - No 368*, Springer, 1997, p 293–
299. F. Frerichs, T. Lübben, F. Hoffmann, and H.W. Zoch, Distortion of Conical Formed Bearing Rings Made of SAE 52100, *Mater.wiss. Werkst.tech.*, Vol 40, 2009, p 402–407
300. H. Surm, O. Kessler, F. Hoffmann, and H.W. Zoch, Manufacturing Residual Stress States in Heat Treatment Simulation of Bearing Rings, *Mater.wiss. Werkst.tech.*, Vol 37, 2006, p 52–57
301. E. Brinksmeier and J. Sölter, Prediction of Shape Deviations in Machining, *CIRP Ann.-Manuf. Techn.*, Vol 58, 2009, p 507–510
302. H. Surm, F. Frerichs, T. Lübben, F. Hoffmann, and H.W. Zoch, Distortion of Rings Due to Inhomogeneous Temperature Distribution, *Mater.wiss. Werkst.tech.*, Vol 43, 2012, p 29–36
303. F. Frerichs, T. Lübben, F. Hoffmann, and H.W. Zoch, Ring Geometry as an Important Part of Distortion Potential, *Mater.wiss. Werkst.tech.*, Vol 43, 2012, p 16–22
304. H. Surm, O. Kessler, F. Hoffmann, and H.W. Zoch, Modelling of Austenitising with Non-constant Heating Rate in Hypereutectoid Steels, *Int. J. Microstruct. Mater. Prop.*, Vol 3, 2008, p 35
305. M. Hunkel, Modelling of Phase Transformations and Transformation Plasticity of a Continuous Casted Steel 20MnCr5 Incorporating Segregations, *Mater.wiss. Werkst.tech.*, Vol 43, 2012, p 150–157

第5章 参考资料

5.1 气氛使用指南

空气是制备气氛中的主要组分，当然保护性气氛除外。在空气的化学组成中，氮气约占78%，氧气约占21%，还有稀少的二氧化碳和其他气体。作为气氛，空气是氧化性气氛，因为氧是空气中最活跃的组分。氧能和大多数金属发生反应生成氧化物。另外，氧和溶入钢中的碳发生反应使得零件表面碳含量下降。

水蒸气也是炉内气氛中的一种重要组分，因为在高温下水分解成初生氢和氧，氧引起脱碳，氢使得氧化铁还原成铁，但它在一定条件下也能使钢脱碳。氢对钢的脱碳作用取决于炉内温度、湿度（气体和炉子）、时间和钢的碳含量。在700℃（1300℉）以下，氢的脱碳作用可以忽略，但是一旦超过这个温度，其影响将明显增加。

为保证钢的碳含量不发生变化，所需要的中性气氛的常见露点温度如图5-1所示。其他气体组分和气氛应用见表5-1和表5-2。

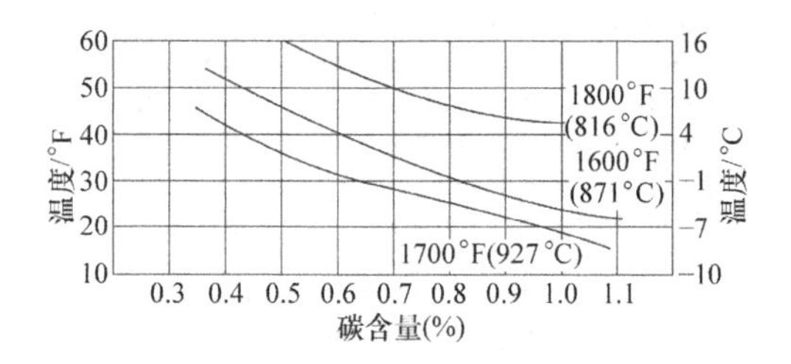

图5-1 钢在各种不同温度下淬火时，吸热式中性气氛的露点温度与碳含量之间的关系

表5-1 主要炉内气氛的分类和应用

分类编号	名称	常见应用	名义成分（体积分数,%）				
			N_2	CO	CO_2	H_2	CH_4
101	淡型放热式气氛	钢的氧化物涂层	86.8	1.5	10.5	1.2	—
102	浓型放热式气氛	光亮退火，铜钎焊，烧结	71.5	10.5	5.0	12.5	0.5
201	淡型制备氮气	中性加热	97.1	1.7	—	1.2	—
202	浓型制备氮气	退火，不锈钢钎焊	75.3	11.0	—	13.2	0.5
301	淡型吸热式气氛	清洁淬火	45.1	19.6	0.4	34.6	0.3
302	浓型吸热式气氛	气体渗碳	39.8	20.7	—	38.7	0.8
402	木炭	渗碳	64.1	34.7	—	1.2	—
501	淡型放热式-吸热式气氛	清洁淬火	63.0	17.0		20.0	—
502	浓型放热式-吸热式气氛	气体渗碳	60.0	19.0	—	21.0	—
601	分解氨	钎焊，烧结	25.0	—	—	75.0	—
621	淡型氨燃烧气氛	中性加热	99.0	—	—	1.0	
622	浓型氨燃烧气氛	烧结不锈钢粉末	80.0	—	—	20.0	—

表5-2 气体发生器使用指南

待处理材料	工艺	工艺周期		外表		温度范围		气氛发生器推荐②
		长①	短	光亮	清洁	℉	℃	
低碳钢	退火	—	X	X	—	1200~1350	649~732	放热式气氛③④
中高碳钢	退火（不脱碳）	X	X	X	—	1200~1450	649~788	吸热式气氛
合金钢，中高碳钢	退火（不脱碳）	X	X	X	—	1300~1600	704~871	吸热式气氛
高速工具钢，包括高钼钢	退火（不脱碳）	X	X	X	—	1400~1600	760~871	吸热式气氛

（续）

待处理材料	工艺	工艺周期		外表		温度范围		气氛发生器推荐[2]
		长[1]	短	光亮	清洁	℉	℃	
不锈钢，铬钢和铬镍钢	退火	X	X	X	—	1800～2100	982～1149	吸热式气氛
铜	退火	X	X	X	—	400～1200	204～649	放热式气氛[5]
各种黄铜	退火	X	X	—	X	800～1350	427～732	放热式气氛[5]，氨气氛
铜镍合金	退火	X	X	X	—	800～1400	427～760	放热式气氛[5]
硅铜合金	退火	X	X	X	—	1200～1400	649～760	放热式气氛[3][4]
铝合金	退火和均匀化	X	X	X	—	700～1100	371～593	放热式气氛[3][4][5]
低碳－硅合金钢	退火	—	X	—	X[1]	1400～1500	760～816	放热式气氛[3][4]
低碳－硅合金钢	发蓝	—	X	X	X	850～950	454～510	放热式气氛[4][6]
低碳钢	铜钎焊	—	X	X	—	2050	1121	放热式气氛[3][4]
中高碳钢和合金钢	铜钎焊（无脱碳）	—	X	X	—	2050	1121	吸热式气氛
高碳钢，高铬钢	铜钎焊（无脱碳）	—	X	X	—	2050	1121	氨气氛
不锈钢	铜钎焊	—	X	X	—	2500	1121	氨气氛
铜或黄铜	磷钎焊或银钎焊	—	X	X	—	1200～1600	649～871	放热式气氛[1]
碳钢，合金钢	淬火（无脱碳）	—	X	—	X	1400～2400	760～1316	吸热式气氛
中高碳钢	淬火（无脱碳）	—	X	X	—	1400～1800	760～982	吸热式气氛
合金钢，中高碳钢	淬火（无脱碳）	—	X	X	—	1800～2400	982～1316	吸热式气氛
含钼高速工具钢	淬火（无脱碳）	—	X	X	—	400～1200	204～649	吸热式气氛
所有的铁基金属	回火或拉拔	X	—	—	X	1400～1800	760～982	放热式气氛[3][4]
渗碳钢	气体渗碳	—	X	X	—	1800～2050	982～1121	吸热式气氛[7]
低碳铁基金属	还原和烧结	—	X	—	—	1800～2050	982～1121	吸热式气氛
高碳钢和合金钢	还原和烧结	—	X	—	—	1600～1850	871～1010	吸热式气氛，氨气氛
非铁金属	还原和烧结	—	X	—	—	1400～1800	760～982	吸热式气氛，氨气氛
低碳钢	正火	X	X	—	—	1600～1850	871～1010	放热式气氛[3][4]
高碳钢和合金钢	正火（无脱碳）	X	X	—	—	1500～2000	816～1093	吸热式气氛

① 时间周期如果超过2h，则为“长”。

② 浓型或淡型气氛，取决于个别应用。

③ 浓型气氛。

④ 露点为4.4℃（40℉）的气氛。

⑤ 淡型气氛。

⑥ 中等浓型气氛。

⑦ 可使用放热式气氛作为载体。

氮分子作为空气的主要组分对铁素体来说是惰性的，用作低碳钢退火气氛是非常满意的，但是，用作高碳钢的保护性气氛，氮气必须是完全干燥的，因为其中少量的水蒸气也会引起钢的脱碳。氮分子在不锈钢表面是活跃的，因此不能用于不锈钢的热处理。氮原子（通常在热处理温度下）不具备保护作用，因为它会和铁结合生成弥散分布的细小氮化物，提高钢表面硬度。

二氧化碳和一氧化碳是在钢热处理中常用的两种重要气体。在奥氏体化温度下，二氧化碳与钢表面的碳反应生成一氧化碳。炉内气氛中最常加入或者发现的碳氢化合物是甲烷（CH_4）、乙烷（C_2H_6）、丙烷（C_3H_8）和丁烷（C_4H_{10}），这些气体赋予气氛渗碳能力，炽热的钢件表面的化学活性取决于这些气体的热分解及其在钢表面形成初生碳的趋势，以及炉内工作室和工件的温度。热分解造成了炭黑的沉积，其量正比于碳氢化合物中的碳原子数。因此，在炉室内的丁烷和丙烷比乙烷和甲烷更容易形成炭黑。

大多数制备气氛是指常见的通用名称，或在有些情况下是指商业名称。美国气体协会根据气氛制备方法或使用的原始组分把一些重要的工业气氛分为六类，其规范和定义如下：

100系列，放热式气氛：是由气体和空气混合物部分或完全燃烧形成的，可以通过去除水蒸气以达到预期的露点。

200 系列，氮基气氛：是指通过去除二氧化碳和水蒸气制备的放热式氮基气氛。

300 系列，吸热式气氛：是由燃料气体和空气混合物在外部充满催化剂的加热室内制成的。

400 系列，碳基气氛：是由空气穿过炽热的活性炭炉床制备而成的气氛。

500 系列，放热－吸热式气氛：是由燃料和空气完全燃烧制成的气氛，然后去除水蒸气，再依靠燃料气体在外部加热催化室重新形成二氧化碳进而转化成一氧化碳。

600 系列，氨基气氛：是由原氨、分解氨或通过调节露点部分或全部燃烧后的分解氨组成的气氛。

将类别中的大类细分，并用数值来指定制备方法上的差异。用以下两位数中的一位来替换上述六个基本类型中的两个零，用于指定制备炉内气氛的某些特别之处：

01：使用淡型空气－燃气混合物。

02：使用浓型空气－燃气混合物。

03 和 04：没有分离装置或发生器，直接在炉内完成气体的制备。

05 和 06：在导入工作室之前，先让原生基础气氛通过炽热的活性炭。

07 和 08：在导入工作室之前，向基础气氛中添加碳氢化合物原料气。

09 和 10：在导入工作室之前，向基础气氛中添加碳氢化合物原料气和干燥的无水氨。

11 和 12：在导入工作室之前，向基础气氛中添加氯、碳氢化合物燃料气和空气。

13 和 14：在导入工作室之前，对含硫的基础气氛进行去硫或去异味。

15、16、17 和 18：在导入工作室之前，向基础气氛里添加锂蒸气。

19 和 20：添加锂蒸气，在炉子内部完成气体的制备。

21 和 22：在导入工作室之前，给基础气氛增加一些特殊处理。

23 和 24：在添加水蒸气和空气的同时加催化剂，使发生器里的 CO 转化成 CO_2，然后释放。

25 和 26：在添加水蒸气的同时加催化剂，使发生器里的 CH_4 转化成 H_2 和 CO_2，然后释放。

这种分类提供了很多的可能性，实际上，只有少数几种气氛类型在工业上非常重要。表 5-1 给出了几种重要气氛及其典型应用，当要求低露点（湿气含量）时，见图 5-2 给出的几种常用脱水方法。图 5-3、图 5-4 分别给出了根据空气和天然气比例求得的放热式和吸热式气氛中的气体含量。

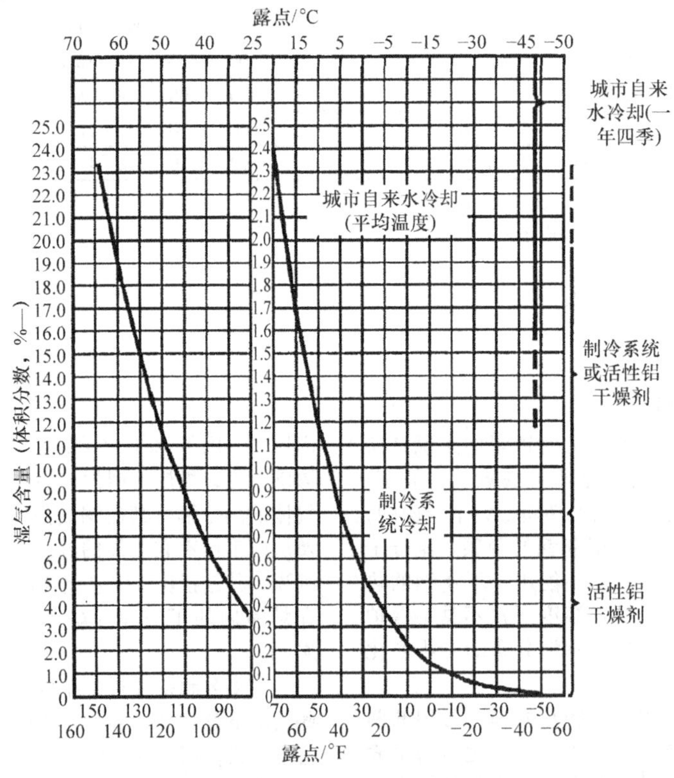

图 5-2　各种脱水方法对气体湿气含量和露点的影响

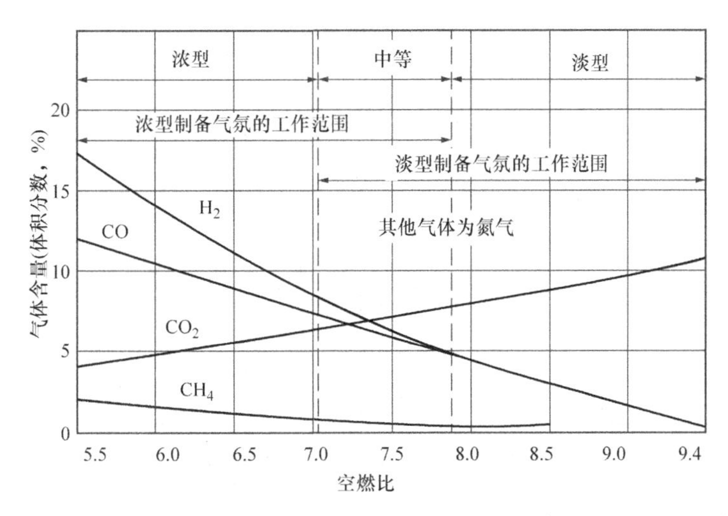

图5-3 天然气（90% CH_4，5% C_2H_6，5% N_2）制备的放热式气氛中的空燃比

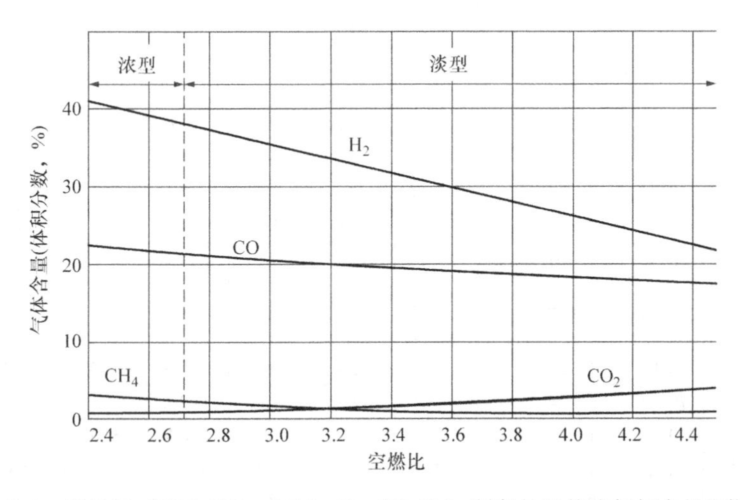

图5-4 天然气（90% CH_4，5% C_2H_6，5% N_2）制备的吸热式气氛中的空燃比

惰性气体组成的保护性气氛在金属或合金无法使用其他常见保护气氛组分时使用，如不锈钢的光亮淬火。氩气和氦气经常用于活泼金属的热处理。氩气的成本约为氦气的一半，通常比较受人青睐，氦气比较受限。和氩气相比，氦气的价格更多取决于最终用途。空气中含有0.93%（体积分数）的氩气。

氩气是从液化空气中分离出来的，氦气则是用类似深冷的方法从天然气储备中分离出来的。由于氦气的密度低（0.179×10^{-3} g/cm^3 或 6.47×10^{-6} lb/in^3，20℃或70℉时），大部分氦气释放到了大气中。这一损失对于将来的氦气供应也是一个威胁。

应该对惰性气体和氮气的残余滞留给予足够的重视。当工作人员进入容器进行工作或维修时，强烈推荐实施特别的防范措施，尽管这些气体无毒，但是在滞留区还是会发生窒息现象。惰性气体和氮气无色无味，一般存在于底装料炉的顶部，同样也会存在于立式顶装料炉中。建议工作人员在进入容器之前，先用空气搅拌或冲洗。其他的适当安全措施也是有益的。

参考文献

1. *Heat Treating Data Book*, 10th ed., SECO/Warwick Corporation, 2011

5.2 气体性能

热处理使用的燃料气体包括加热用燃料气体和炉内气氛。空气中含有78%的氮气、21%的氧气以及微量的一氧化碳（见表5-3），空气具有氧化性气氛的性能，这是因为氧气是空气中的主要活性组分。常用气体和液体的物理性能见表5-4、表5-5。

表 5-3 大气成分

气体组分		体积分数 %	体积分数 10^{-4}%	气体组分		体积分数 %	体积分数 10^{-4}%
固定组分	氮气（N_2）	78.084	—	可变化的组分	二氧化碳（CO_2）	—	30~400
	氧气（O_2）	20.9476	—		氮的氧化物（N_2O）	—	0.5
	氩气（Ar）	0.934	—		二氧化氮（NO_2）	—	0~0.22
	氖气（Ne）	—	18.18		水（H_2O）	1.25	—
	氦气（He）	—	5.24		氢气（H_2）	—	0.5 类
氪气（Kr）		—	1.14		一氧化碳（CO）	—	1 类
氙气（Xe）		—	0.087	甲烷（CH_4）		—	2 类
				乙烷（C_2H_6）		—	<0.1 类
				其他烃基（C_nH_{2n+2}）		—	<0.1 类

表 5-4 常用气体和液体的物理性能

名称	分子式	相对分子质量	密度①/(g/L)	熔点 ℃	熔点 ℉	沸点 ℃	沸点 ℉	自燃温度 ℃	自燃温度 ℉	爆炸极限,空气中的体积分数(%) 下限	上限
乙炔	C_2H_2	26.04	1.173	-81	-114	-83.6③	-118	335	635	2.5	80.0
空气	—	28.97②	1.2929	—	—	—	—	—	—	—	—
氨气	NH_3	17.03	0.7710	-77.7	-108	-33.4	-28	780	1436	16.0	27.0
氩气	Ar	39.04	1.784	-189.2	-309	-185.7	-302	—	—	—	—
正丁烷	C_4H_{10}	58.12	2.703	-138	-216	-0.6	31	430	806	1.6	8.5
异丁烷	C_4H_{10}	58.12	2.637	-159	-254	-11.7	11	—	—	—	—
丁烯	C_4H_8	56.10	2.591	-185	-301	-6.3	21	—	—	1.7	9.0
二氧化碳	CO_2	44.01	1.977	-57(在5atm时)	-71	-78.5③	-109	—	—	—	—
一氧化碳	CO	28.01	1.250	-207	-340	-191	-312	650	1202	12.5	74.2
氯气	Cl_2	70.91	3.214	-101	-150	-34	-29	—	—	—	—
乙烷	C_2H_6	30.07	1.356	-172	-277	-88.6	-127	510	950	3.1	150
乙烯	C_2H_4	28.05	1.261	-169	-272	-103.7	-155	543	1009	3.0	34.0
氦气	He	4.003	0.1785	-272	-458	-268.9	-452	—	—	—	—
正庚烷	C_7H_{16}	100.20	0.684g/cm³	-90.6	-131	98.4	209	233	451	1.0	6.0
正己烷	C_6H_{14}	86.17	0.6594g/cm³	-95.3	-140	68.7	156	248	478	1.2	6.9
氢气	H_2	2.016	0.0899	-259.2	-435	-252.8	-423	580	1076	4.1	74.2
氯化氢	HCl	36.47	1.639	-112	-170	-894	-119	—	—	—	—
氟化氢	HF	20.01	0.921	-92.3	-134	19.5	67	—	—	—	—
硫化氢	H_2S	34.08	1.539	-84	-119	-62	-80	—	—	4.3	45.5
甲烷	CH_4	16.04	0.7168	-182.5	-297	-161.5	-259	538	1000	5.3	13.9
氮气	N_2	28.016	1.2506	-209.9	-346	-195.8	-320	—	—	—	—
正辛烷	C_8H_{18}	114.23	0.7025g/cm³	-56.8	-70	125.7	258	232	450	0.8	3.2
氧气	O_2	32.00	1.4290	-218.4	-361	-183.0	-297	—	—	—	—
正戊烷	C_5H_{12}	72.15	0.016g/cm³	-131	-204	36.2	97	310	590	1.4	8.0
丙烷	C_3H_8	44.09	2.020	-189	-308	-44.5	-48	465	869	2.4	9.5
丙烯	C_3H_6	42.05	1.915	-184	-299	-48	-54	458	856	2.0	11.1
二氧化硫	SO_2	64.06	2.926	-75.7	-104	-10.0	14	—	—	—	—

① 气体的密度是指在0℃（32℉）和760mmHg（1atm）时，单位为g/L。液体的密度是指在20℃（70℉）时，单位为g/cm³。

② 因为空气是一种混合物，它没有真实的相对分子质量，这是空气组分的平均相对分子质量。

③ 是指在所列温度下升华的物质。

表 5-5 简单气体的特性

简单气体和化合物	临界温度		临界压力/psia	易燃性		自燃温度		混合物最高燃烧速度/(ft/s)	毒性			水溶性，15℃（60℉），30 inHg	热导率/[Btu/(ft²·℉·in·s)]	液体相对密度，15℃（60℉），	蒸发热 15℃或60℉/(Btu/lb)
	℃	℉		下限(%)	上限(%)	℃	℉		没有严重搅动时吸入1h最大量(10^{-4}%)	1.5h危险值(10^{-4}%)	迅速致命值(10^{-4}%)				
H_2	-240	-400	188	4.1	74	580~590	1076~1094	8.2		单纯性窒息		0.00000167	3.05×10^{-4}	—	—
O_2	-118	-181	731	—	—	—	—	—	—	—	—	0.000049	4.47×10^{-5}	—	—
N_2	-147	-233	492	—	—	—	—	—		单纯性窒息窒息		0.000022	4.38×10^{-5}	—	—
CO	-139	-218	515	12.5	74	644~658	1191~1216	1.6	1000~1200	1500~2000		非常轻微	4.12×10^{-5}	—	—
CO_2	31	88	1073	—	—	—	—	—		5%~7%呼吸兴奋	4000	0.090	2.63×10^{-5}	—	—
CH_4	-82	-116	673	5.3	14.0	650~750	1200~1382	1.2		单纯性窒息		—	5.63×10^{-5}	—	223
C_2H_6	32	90	717	3.2	12.5	370~630	968~1166	-		单纯性窒息		—	3.46×10^{-5}	0.38	210
C_3H_8	96	204	632	2.4	9.5	~518	~965	-		麻醉		—	—	0.51	183
$n-C_4H_{10}$	153	308	529	1.9	8.5	~500	~930	1.03		麻醉		—	—	0.58	166
$iso-C_4H_{10}$	134	273	544	—	—	—	—	—	—	—	—	—	—	0.56	159
$n-C_5H_{12}$	197	387	485	1.4	8.0	~477	~890	—		麻醉、惊厥、刺激		—	223×10^{-5}	0.63	153
$iso-C_5H_{12}$	188	370	482	—	—	—	—	—		麻醉、惊厥、刺激		—	—	—	—
C_6H_{14}	235	455	434	—	—	—	—	—		麻醉、惊厥、刺激		—	1.98×10^{-5}	0.66	143
C_2H_5	9	49	748	3.3	34	538~549	1000~1020	2.1		单纯性窒息和麻醉		—	3.14×10^{-5}	—	—
C_3H_9	92	198	662	2.2	10	—	—	—		麻醉		—	—	—	—
C_4H_3	—	—	—	1.7	9	—	—	—		麻醉		—	—	—	—
C_2H_2	36	97	911	2.5	80	406~440	763~824	4.1		单纯性窒息和麻醉		—	332×10^{-5}	—	—
C_6H_6	288	551	701	1.4	8.0	740	1364	—	3100~4700	—	19000	—	1.60×10^{-5}	0.88	—
C_7H_8	321	609	612	1.3	6.75	810	1490	—	3100~4700	—	19000	—	—	—	—
C_3H_{10}	—	—	—	—	—	—	—	—	3100~4700	—	19000	—	—	—	—
$C_{10}H_5$	—	—	—	—	—	—	—	—	—	—	—	—	—	—	—
NH_3	132	270	1639	16	27	—	—	—	300~500	—	5000~10000	0.612	384×10^{-5}	—	—
H_2S	100	212	1307	—	—	—	—	—	200~300	500~700	1000~3000	0.00466	2.30×10^{-5}	—	—
H_2O	374	706	3226	—	—	—	—	—	—	—	—	—	4.17×10^{-5}	—	1058
空气	-176	-285	547	—	—	—	—	—	—	—	—	—	4.28×10^{-5}	—	—

5.2.1 炉内气氛

炉内气氛（吸热式、放热式、分解氨、分解乙醇和氮基）通常由一些易燃、有毒或令人窒息的一些气体或气体混合物组成，爆炸、起火和中毒是其潜在的危险。美国国家防火协会（NFPA）标准86C涵盖了适于热处理连续网带炉的各种安全因素，其中涉及生产和使用常见气氛气体的四种特别危险。气氛气体和空气的混合物集中在有限的空间内容易引起爆炸，相对少量的气氛气体会发生意外燃烧或者突然失控。一氧化碳、氨或乙醇还可能使工作人员中毒，当窒息性气体的浓度高到一定程度，有可能发生窒息。

炉内气氛灾难通常可以分成三类：起火、爆炸和中毒。气氛含有高于4%的可燃烧气体就属于易燃类。这个百分比中还包括一个实际上的安全区间，这点绝不能忽略。根据NFPA标准86C的规定，在没有正确使用惰性气体洗炉之前，绝对不能把易燃气体H_2、CO、CH_4和其他碳氢燃料气体导入炉温低于760℃（1400℉）以下的工作室。

在某一温度时，空气和可燃气体的混合物一旦点燃就会爆炸。当炉内工作室温度恰好在760℃（1400℉）或略高一点时，可燃气体很有可能在爆炸灾难尚未发生前就燃烧了。邻近的冷室或前室随着气氛从炉子到前室直到空气中的氧气耗尽一直是火花闪耀，然后前室关闭。气氛的主流通过炉子和相邻的冷室或前室然后被燃烧。点燃的气氛炉废气是可视化的即时安全象征。

许多气氛组成是有毒气体。氨、一氧化碳和甲醇是剧毒。人在氨或一氧化碳体积分数小于0.5%的空气中待不到半个小时就会致命。炉内燃烧气体，使其转化成燃烧产物，然后再排放到室外，以避免室内供氧不足。在有气体发生器和气氛加热炉的建筑物里，通风是一个重要的安全因素。

5.2.2 燃烧效率

减少热损失是控制燃烧的基本要素，它与燃烧前的空燃比密切相关。过多的空气会降低效率，这是因为用来加热这些空气的能源浪费了。空气过少导致燃料燃烧不完全，这也是一种浪费。因此，从理论上讲，当空燃比最接近化学计量燃烧条件时，效率最大。但是，实际上，空气过量到一定程度是必要的，使得燃料完全燃烧，这是因为工业燃烧器的燃料、空气混合往往不够完善。

在大多数工艺中，因为空燃比太大（空气过多）而使效率受到损失。这种类型的损失效果如图5-5所示，在几种废气温度下，燃料需求量是过多氧气的函数。由图5-5可见，高温过程节能潜力最大。例如，在815℃（1500℉）的燃烧工艺中，把过量的氧气的体积分数从6%减少到5%，可节省超过5%的燃料。空燃比的控制部分取决于炉子是用辐射管直接加热还是间接加热工件，因为直接加热涉及工件暴露在炽热的烟气中，在直接加热的炉子中，空燃比的控制可以轻微偏向于化学计量比的氧化性或者还原性气氛，视具体应用情况而定。例如，在钢铁工业，板坯再加热炉在1%的过氧量下运行，以避免在钢坯表面产生致密氧化层，而其他工艺必须在轻微还原性气氛下加热，以防止氧化。

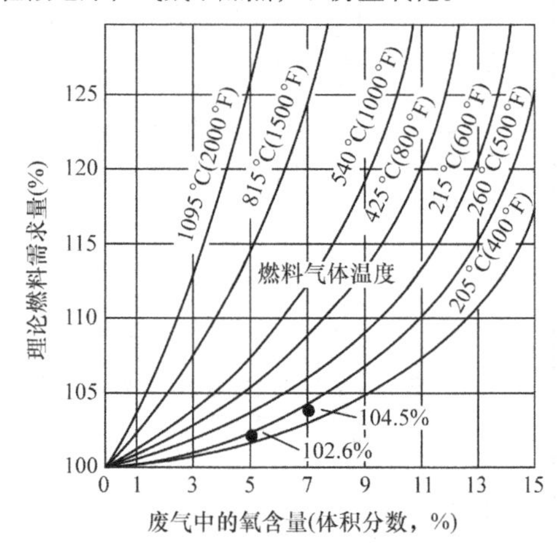

图5-5 典型燃气燃烧过程中由于空气过量造成燃烧效率低下

根据特定的燃烧工艺，效率最高的最佳氧的体积分数是1%～3%的过氧量，CO的最佳范围在(200～250)×10^{-4}%（但是，有关工业废气排放标准规定，CO的体积分数为60×10^{-4}%）。对于同样变化的空燃比来说（图5-6），还原性燃烧的效率下降比氧化性燃烧快很多，因此，如果要求还原性气氛，那么辐射管间接加热可能效率更高，这是因为燃烧过程在接近化学计量比的氧化性一侧燃烧效率更高。

5.2.3 燃烧性能和传热

图5-7和表5-6～表5-8给出了气体的燃烧性质和热量。表5-9～表5-12给出了气体的热性能。燃烧火焰传热是由于传导和辐射两种方式的结合。例如，天然气火焰单靠辐射传热很慢，因为天然气火焰是透明的。因此，燃气传导传热是直接加热和间接加热燃气炉的一个重要因素。提高燃烧火焰传热的方法还包括通过预热燃烧空气来提高火焰温度。高速燃烧器能够提高间接加热炉的传导传热。使用高速燃烧器能在炉内产生更强烈的气体循环，从而促进传热的均匀性。少数高速燃烧器提供除了燃烧器阵列以外的有效方法，大多数燃烧器需要单独调整以期获得均匀的加热。

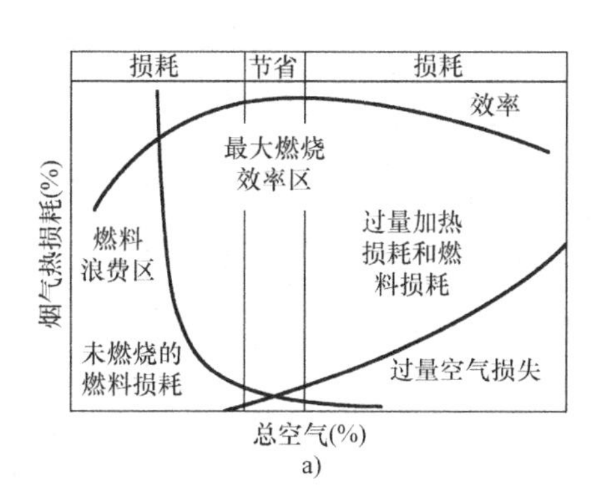

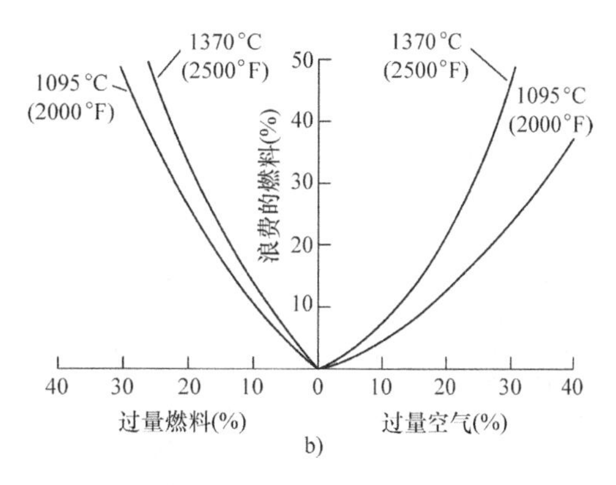

图5-6　空气过量或燃料过量对燃烧效率的影响

a）对燃烧效率的总体影响　b）对燃料浪费百分比的影响

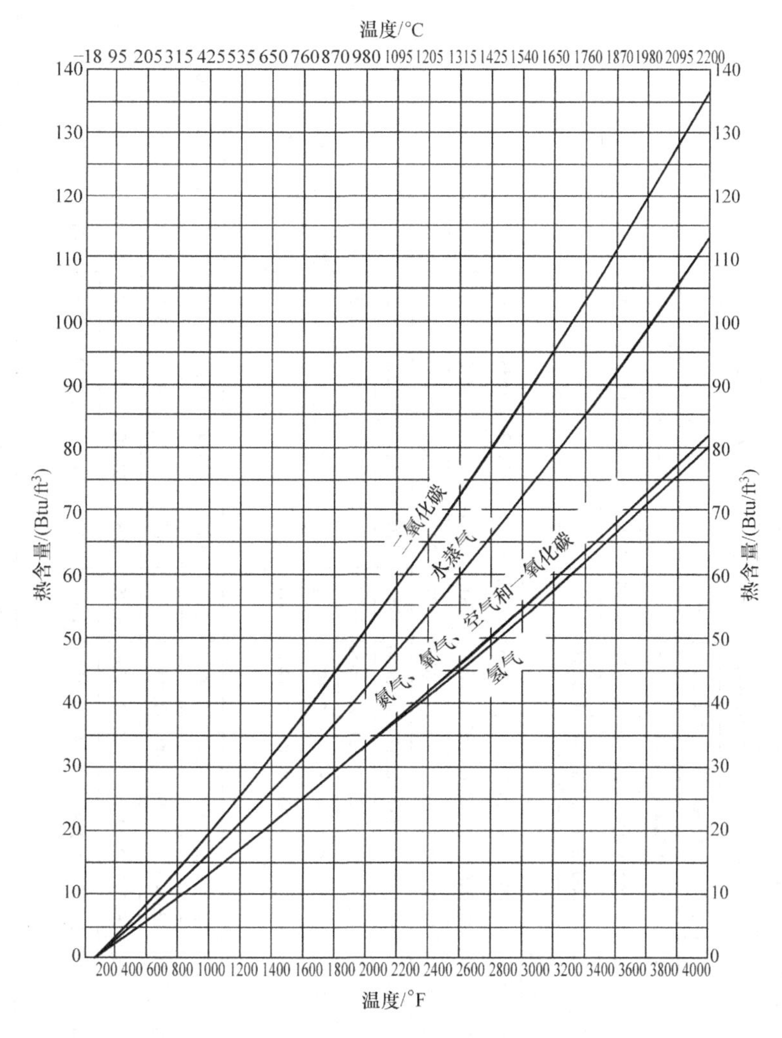

图5-7　15℃（60℉）以上各种不同气体的热含量与温度的关系

表 5-6 气体燃烧常数

序号	气体名称	分子式	相对分子质量	密度/(lb/ft³)	比体积/(ft³/lb)	相对密度(空气为1)	燃烧热				燃烧所需气体体积/ft³						所需气体质量/lb					
							Btu/ft³		Btu/lb		燃烧所需气体			燃烧产物			燃烧所需气体			燃烧产物		
							毛值	净值	毛值	净值	O_2	N_2	空气	CO_2	H_2O	N_2	O_2	N_2	空气	CO_2	H_2O	N_2
1	碳	C	12.000	—	—	—	—	—	14140	14140	—	—	—	—	—	—	2.667	8.873	11.540	3.667	—	8.873
2	氢气	H_2	2.015	0.005327	187.723	0.06959	323.8	275.1	61100	51643	0.5	1.882	2.382	—	1.0	1.882	7.939	26.414	34.353	—	8.989	26.414
3	氧气	O_2	32.000	0.08461	11.819	1.1053	—	—	—	—	—	—	—	—	—	—	—	—	—	—	—	—
4	氮气(大气)	N_2	28.016	0.07439	13.443	0.9718	—	—	—	—	—	—	—	—	—	—	—	—	—	—	—	—
5	一氧化碳	CO	28.000	0.07404	13.506	0.9672	323.5	323.5	4369	4369	0.5	1.882	2.382	1.0	-	1.882	0.571	1.900	2.741	1.571	—	1.900
6	二氧化碳	CO_2	44.000	0.1170	8.548	1.5282	—	—	—	—	—	—	—	—	—	—	—	—	—	—	—	—
烷烃系列 C_nH_{2n+2}																						
7	甲烷	CH_4	16.031	0.04243	23.565	0.5543	1014.7	913.8	23912	21533	2.0	7.528	9.528	1.0	2.0	7.528	3.992	13.282	17.274	2.745	2.248	13.282
8	乙烷	C_2H_6	30.046	0.08029	12.455	1.04882	1781	1631	22215	20312	3.5	13.175	16.675	2.0	3.0	13.175	3.728	12.404	16.132	2.929	1.799	12.404
9	丙烷	C_3H_8	44.062	0.1196	8.365	1.5617	2572	2371	21564	19834	5.0	18.821	23.821	3.0	4.0	18.821	3.631	12.081	15.712	2.996	1.635	12.081
10	异丁烷	C_2H_{10}	58.077	0.1582	6.321	2.06654	3353	3102	21247	19606	6.5	24.467	30.967	4.0	5.0	24.467	3.581	11.914	15.495	3.030	1.551	11.914
11	正丁烷	C_4H_{10}	58.077	0.1582	6.321	2.06654	3353	3102	21247	19606	6.5	24.467	30.967	4.0	5.0	24.467	3.581	11.914	15.495	3.030	1.551	11.914
12	正戊烷	C_5H_{12}	72.092	0.1904	5.252	2.4872	3981	3679	20908	19322	8.0	30.114	38.114	5.0	6.0	30.114	3.551	11.815	15.366	3.052	1.499	11.815
13	正己烷	C_6H_{14}	86.107	0.2274	4.398	2.9704	4667	4315	20526	18976	9.5	35.760	45.260	6.0	7.0	35.760	3.530	11.745	15.275	3.067	1.465	11.745
烯烃 C_nH_{2n}																						
14	乙烯	C_2H_4	28.031	0.07456	13.412	0.9740	631	1530	21884	20525	3.0	11.293	14.293	2.0	2.0	11.293	3.425	11.935	14.820	3.139	1.285	11.395
15	丙烯	C_3H_6	42.046	0.1110	9.007	1.4504	2336	2185	21042	19683	4.5	16.939	21.439	3.0	3.0	16.939	3.425	11.395	14.820	3.139	1.285	11.395
16	丁烯	C_4H_8	56.062	0.1480	6.756	1.9336	3135	2884	20840	19481	6.0	22.585	28.585	4.0	4.0	22.585	3.425	11.395	14.820	3.139	1.285	11.395
17	乙炔	C_2H_2	26.015	0.06971	14.344	0.9107	1503	1453	21572	20840	2.5	9.411	11.911	2.0	1.0	9.411	3.075	10.231	13.306	3.383	0.692	10.231
芳烃系列 C_nH_{2n-6}																						
18	苯	C_6H_6	78.046	0.2060	4.852	2.6920	3741	3590	18150	17418	7.5	28.232	35.732	6.0	3.0	28.232	3.075	10.231	13.306	3.383	0.692	10.231
19	甲苯	C_7H_8	92.062	0.2431	4.113	3.1760	4408	4206	18129	17301	9.0	33.878	42.887	7.0	4.0	33.878	3.128	10.407	13.535	3.346	0.783	10.407
20	二甲苯	C_8H_{10}	106.077	—	—	—	5155	—	18410	—	10.5	39.524	50.024	8.0	5.0	39.524	3.168	10.540	13.708	3.318	0.849	10.540
21	萘	$C_{10}H_8$	128.062	—	—	—	5589	—	17298	—	12.0	45.170	57.170	10.0	4.0	45.170	2.999	9.978	12.977	3.436	0.563	9.978

其他气体																						
22	氨气	NH_3	17.031	0.04563	21.914	0.5961	433	—	9598	—	—	—	—	—	—	—	—	—	—	—	—	—
23	硫化氢	H_2S	34.080	0.09109	10.979	1.189	672		7479		1.5	5.646	7.146	SO_2 = 1.0	1.0	5.646	1.408	4.685	6.093	SO_2 = 1.880	0.529	4.085
24	二氧化硫	SO_2	64.06	0.1733	5.770	2.264	—	—	—	—	—	—	—	—	—	—	—	—	—	—	—	—
25	水蒸气	H_2O	18.015	0.14758	21.017	0.6215	—	—	—	—	—	—	—	—	—	—	—	—	—	—	—	—
26	空气	—	28.9	0.07655	13.063	1.0000	—	—	—	—	—	—	—	—	—	—	—	—	—	—	—	—

表 5-7　常用工业气体的性能

序号	名称	气体组成(体积分数,%)							照明剂(体积分数,%)		相对密度	相对于1ft³空气的气体体积参考值/ft³	热含量/(Btu/ft³)		气体燃烧产物/ft³				CO_2体积分数(%)	热含量(净值)/(Btu/ft³)	无过量空气时的火焰温度	
		CO_2	O_2	N_2	CO	H_2	CH_4	$C_2H_4$①	$C_2H_4$①	$C_2H_4$①			毛值	净值	H_2O	CO_2	N_2	总和			℃	℉
1	天然气(伯明翰)	—	—	5.0	—	—	90.0	5.0	—	—	0.60	9.41	1002	904	2.02	1.00	7.48	10.50	11.8	86.0	1963	3565
2	天然气(匹兹堡)	—	—	0.8	—	—	83.4	15.8	—	—	0.61	10.58	1129	1021	2.22	1.15	8.37	11.73	12.1	87.0	1961	3562
3	天然气(加利福尼亚州南部)	0.7	—	0.5	—	—	84.0	14.8	—	—	0.64	10.47	1116	1009	2.20	1.14	8.28	11.62	12.1	87.0	1954	3550
4	天然气(洛杉矶)	6.5	—	—	—	—	77.5	16.0	—	—	0.70	10.05	1073	971	2.10	1.16	7.94	11.20	12.7	86.7	1954	3550
5	天然气(堪萨斯州)	0.8	—	—	—	—	84.1	6.7	—	—	0.63	9.13	974	879	1.95	0.98	7.30	10.23	11.9	86.0	1946	3535
6	改良天然气	1.4	0.2	2.9	9.7	46.6	37.1	—	1.3	(C_3H_6) 0.8	0.41	5.22	599	536	1.30	0.53	4.16	5.59	11.3	89.6	1991	3615
7	天然气和水蒸气混合气	4.4	2.1	4.7	25.5	35.1	23.1	4.7	0.2	0.2	0.61	4.43	525	477	1.01	0.64	3.55	5.20	15.3	91.7	1999	3630
8	焦炉煤气	2.2	0.8	8.1	6.3	46.5	32.1	—	3.5	0.5	0.44	4.99	574	514	1.25	0.51	4.02	5.78	11.2	87.0	1988	3610
9	煤气(连续立式)	3.0	0.2	4.4	10.9	54.5	24.2	—	1.5	1.3	0.42	4.53	532	477	1.15	0.49	3.62	5.26	11.9	90.7	2007	3645
10	煤气(倾斜炉)	1.7	0.8	8.1	7.3	49.5	29.2	—	0.4	3.0	0.47	5.23	599	540	1.23	0.57	4.21	6.01	11.9	89.9	2016	3660

（续）

序号	名称	气体组成（体积分数，%）							照明剂（体积分数，%）		相对密度	相对于1ft³空气的气体体积参考值/ft³	热含量/（Btu/ft³）		气体燃烧产物/ft³				CO_2体积分数（%）	热含量（净值）/（Btu/ft³）	无过量空气时的火焰温度	
		CO_2	O_2	N_2	CO	H_2	CH_4	$C_2H_4$①	$C_2H_4$①	$C_2H_4$①			毛值	净值	H_2O	CO_2	N_2	总和			℃	℉
11	煤气（间歇立式）	1.7	0.5	8.2	6.9	49.7	29.9	—	3.0	0.1	0.41	4.64	540	482	1.21	0.45	3.75	5.41	10.7	89.0	1988	3610
12	煤气（卧式炉）	2.4	0.75	11.35	7.35	47.95	27.15	—	1.32	1.73	0.47	4.68	542	486	1.15	0.50	3.81	5.46	11.6	89.0	1982	3600
13	焦炉煤气和富碳水煤气混合气	3.4	0.3	12.0	17.4	36.8	24.9	—	3.7	1.5	0.58	4.71	545	495	1.04	0.62	3.85	5.51	13.9	90.0	1999	3630
14	煤、焦炉煤气和碳化物水煤气混合气	1.8	1.6	13.6	9.0	42.6	28.0	—	2.4	1.0	0.50	4.52	528	475	1.11	0.50	3.71	5.32	11.8	89.3	2004	3640
15	碳化物水煤气	3.0	0.5	2.9	34.0	40.5	10.2	—	6.1	2.8	0.63	4.60	550	508	0.87	0.76	3.66	5.29	17.2	96.2	2052	3725
16	碳化物水煤气	4.3	0.7	6.5	32.0	34.0	15.5	—	4.7	2.3	0.67	4.51	535	493	0.75	0.86	3.63	5.24	17.1	94.2	2038	3700
17	碳化物水煤气（低密度）	2.8	1.0	5.1	21.0	47.5	15.0	—	5.2	2.4	0.54	4.61	549	501	0.98	0.64	3.70	5.31	14.7	94.3	5366	9690
18	水煤气（焦炭）	5.4	0.7	8.3	37.0	47.3	1.3	—	—	—	0.57	2.10	287	262	0.53	0.44	1.74	2.71	20.1	96.6	2021	3670
19	水煤气（烟煤）	5.5	0.9	27.6	28.2	32.5	4.6	—	0.4	0.3	0.70	2.01	262	239	0.47	0.41	1.86	2.74	18.0	87.2	1932	3510
20	油气（太平洋海岸）	4.7	0.3	3.6	12.7	48.6	26.3	—	2.7	1.1	0.47	4.73	551	496	1.15	0.56	3.77	5.48	12.9	90.5	1999	3630
21	发生炉气体（荞麦无烟煤）	8.0	0.1	50.0	23.2	17.7	1.0	—	—	—	0.86	1.06	143	133	0.22	0.32	1.34	1.88	19.4	70.5	1746	3175
22	发生炉气体（烟煤）	4.5	0.1	50.0	23.2	17.7	1.0	—	—	—	0.86	1.06	143	133	0.22	0.32	1.34	1.88	19.4	70.5	1746	3175
23	发生炉气体（每磅焦炭含有0.6lb水蒸气）	6.4	—	52.8	27.1	13.3	0.4	—	—	—	0.88	1.00	135	128	0.17	0.34	1.32	1.82	20.5	70.3	1654	3010
24	高炉气体	11.5	—	60.0	27.5	1.0	—	—	—	—	1.02	0.68	92	92	0.02	0.39	1.14	1.54	25.5	59.9	1454	2650
25	工业丁烷②	—	—	—	—	—	—	—	—	—	1.95	30.47	3225	2977	4.93	3.93	24.07	32.93	14.0	90.5	2004	3640
26	工业丙烷③	—	—	—	—	—	—	—	—	—	1.52	23.82	2572	2371	4.17	3.00	18.82	25.99	13.7	91.2	2015	3660

① 此处原文有误，译者注。

② 93% C_4H_{10}和7% C_3H_8。

③ 100% C_3H_8。

表5-8 各种气体在25℃（77℉）以上温度的热含量（15℃或60℉，760mmHg或30inHg）

（单位：Btu/ft³）

气体温度		CO	CO_2	CH_4	H_2	N_2	O_2	H_2O	AX①	DX②	DX③
℃	℉										
40	100	0.4	0.6	0.5	0.4	0.4	0.4	0.5	0.4	0.4	0.4
95	200	2.3	3.0	2.9	2.3	2.3	2.3	2.6	2.3	2.3	2.3
150	300	4.1	5.6	5.4	4.1	4.1	4.2	4.8	4.1	4.2	4.3
205	400	6.0	8.3	8.2	6.0	6.0	6.1	7.0	6.0	6.1	6.2
315	600	9.8	14.1	14.3	9.7	9.7	10.1	11.5	9.7	10.0	10.2
370	700	11.7	17.1	17.7	11.5	11.7	12.2	13.8	11.6	11.9	12.2
425	800	13.7	20.2	21.3	13.4	13.6	14.2	16.1	13.4	13.9	14.2
480	900	15.7	23.4	25.0	15.2	15.5	16.3	18.5	15.3	15.9	16.3
540	1000	17.7	26.6	29.0	17.1	17.5	18.5	21.0	17.2	18.0	18.4
595	1100	19.7	29.9	—	—	—	—	—	—	—	—
650	1200	21.8	33.2	37.4	20.9	21.6	22.8	26.0	21.0	22.1	22.7
705	1300	23.8	36.6	41.9	22.8	23.6	25.0	28.5	23.0	24.2	24.9
815	1500	28.1	43.5	51.2	26.6	27.8	29.4	33.8	26.9	28.5	29.3
860	1600	30.2	47.1	56.1	28.5	29.9	31.6	36.5	28.9	30.7	31.6
925	1700	32.3	50.6	61.1	30.5	32.0	33.9	39.3	30.9	32.8	33.8
980	1800	34.5	54.2	66.2	32.5	34.1	36.1	42.1	32.9	35.0	36.1
1040	1900	36.7	57.8	71.4	34.5	36.3	38.4	44.9	34.9	37.2	38.4
1095	2000	38.9	61.4	76.7	36.5	38.4	40.7	47.8	37.0	39.5	40.7
1150	2100	41.1	65.0	82.1	38.5	40.6	43.0	50.7	39.0	41.7	43.0
1205	2200	43.3	68.7	87.6	40.5	42.8	45.3	53.6	41.1	44.0	45.4
1260	2300	45.5	72.4	93.2	42.5	45.0	47.6	56.6	43.2	46.2	47.7
1315	2400	47.8	76.1	98.9	44.6	47.2	499	59.6	45.3	48.5	50.1
1370	2500	50.0	79.8	104.7	46.7	49.4	52.2	62.7	47.4	50.8	52.5
1425	2600	52.3	83.6	110.5	48.7	51.7	54.6	65.7	49.5	53.1	54.8
1480	2700	54.5	87.3	116.4	50.8	53.9	56.9	68.9	51.6	55.4	57.2
1540	2800	56.8	91.1	122.4	53.0	56.2	59.3	72.0	53.8	57.7	59.6
1595	2900	59.1	94.9	128.4	55.1	58.4	61.6	75.2	55.9	60.0	62.0
1650	3000	61.3	98.7	134.5	57.2	60.7	64.0	78.3	58.1	62.4	64.5
1705	3100	63.6	102.5	140.7	59.4	63.0	66.4	81.6	60.3	64.7	66.9
1760	3200	65.9	106.3	146.9	61.5	65.2	68.8	84.8	62.4	67.1	69.3
1815	3300	68.2	110.1	153.1	63.7	67.5	71.2	88.1	64.6	69.4	71.7
1870	3400	70.5	114.0	159.4	65.9	69.8	73.6	91.4	66.8	71.8	74.2
1925	3500	72.8	117.8	165.7	68.0	72.1	76.0	94.7	69.1	74.2	76.6
1980	3600	75.2	121.7	172.1	70.2	74.4	78.4	98.0	71.3	76.5	79.1
2040	3700	77.5	125.6	178.5	72.5	76.7	80.9	101.4	73.5	78.9	81.5
2095	3800	79.8	129.4	185.0	74.7	79.09	83.3	104.7	75.8	81.3	84.0
2150	3900	82.1	133.3	191.5	76.9	81.3	85.8	108.1	78.0	83.7	86.5
2205	4000	84.4	137.2	198.0	79.1	83.6	88.2	11.5	80.3	86.1	88.9
2260	4100	86.8	141.1	204.6	81.4	85.9	90.7	115.0	82.5	88.5	91.4
2315	4200	89.1	145.0	211.1	83.7	88.3	93.2	118.4	84.8	90.9	93.9
2370	4300	91.4	148.9	217.8	85.9	90.6	95.6	121.9	87.1	93.3	96.4
2425	4400	93.8	152.8	224.4	88.2	92.9	98.1	125.3	89.4	95.7	98.9
2480	4500	96.1	156.7	231.1	90.5	95.2	100.6	128.8	91.7	98.1	101.3
2540	4600	98.5	160.6	237.8	92.8	97.6	103.1	132.3	94.0	100.5	103.8
2595	4700	100.8	164.5	244.5	95.1	99.9	105.6	135.9	96.3	102.9	106.3
2650	4800	103.2	168.5	251.2	97.4	102.2	108.1	139.4	98.6	105.4	108.8
2705	4900	105.5	172.4	258.0	99.7	104.6	110.7	142.9	100.9	107.8	111.3
2760	5000	107.9	176.3	254.8	102.0	106.9	113.2	146.5	103.2	110.2	113.8

① 75.0% H_2 和 25.0% N_2。

② 12.0% H_2 和 72.8% N_2。

③ 1.0% H_2 和 88.0% N_2。

表 5-9 气体的黏度 ［单位：lb/(ft · h)］

气体温度		空气	CO	CO_2	H_2	N_2	O_2	水蒸气
℃	℉							
40	100	0. 0462	0. 0432	0. 0379	0. 0223	0. 0440	0. 052	—
95	200	0. 0520	0. 0487	0. 0439	0. 0249	0. 0496	0. 059	—
150	300	0. 0575	0. 054	0. 0497	0. 0273	0. 055	0. 066	0. 0359
205	400	0. 0626	0. 059	0. 055	0. 0297	0. 060	0. 022	0. 0408
260	500	0. 0675	0. 063	0. 060	0. 0319	0. 064	0. 077	0. 0455
315	600	0. 0722	0. 068	0. 065	0. 0341	0. 069	0. 082	0. 051
370	700	0. 767	0. 072	0. 070	0. 0361	0. 073	0. 087	0. 056
425	800	0. 0810	0. 076	0. 075	0. 0380	0. 077	0. 092	0. 061
480	900	0. 0852	0. 080	0. 079	0. 0399	0. 081	0. 096	0. 065
540	1000	0. 0892	0. 083	0. 083	0. 0419	0. 085	0. 0100	0. 069
595	1100	0. 0932	0. 086	0. 087	0. 0438	0. 088	0. 105	0. 071
650	1200	0. 0970	0. 089	0. 091	0. 0458	0. 092	0. 109	0. 077
705	1300	0. 101	0. 093	0. 095	0. 0477	0. 095	0. 113	0. 081
760	1400	0. 104	0. 096	0. 099	0. 0496	0. 099	0. 117	0. 085
815	1500	0. 108	0. 099	0. 103	0. 051	0. 101	0. 120	0. 089
870	1600	0. 111	0. 102	0. 107	0. 053	0. 104	0. 123	0. 093
925	1700	0. 115	0. 105	0. 110	0. 055	0. 108	0. 126	0. 097
980	1800	0. 118	0. 108	0. 113	0. 056	0. 111	0. 128	0. 101
1040	1900	0. 121	0. 111	0. 116	0. 058	0. 114	0. 130	0. 105
1095	2000	0. 124	0. 114	0. 119	0. 059	0. 117	0. 132	0. 109

表 5-10 气体的热导率 ［单位：Btu/(ft · h · ℉)］

气体温度		空气	CO	CO_2	H_2	N_2	O_2	水蒸气
℃	℉							
40	100	0. 0514	0. 0142	0. 0101	0. 109	0. 0151	0. 0157	—
95	200	0. 0174	0. 160	0. 0125	0. 122	0. 0170	0. 0180	—
150	300	0. 0193	0. 0178	0. 0150	0. 135	0. 0189	0. 0203	0. 0171
205	400	0. 0212	0. 0196	0. 0174	0. 0146	0. 0207	0. 0225	0. 0200
260	500	0. 0231	0. 0214	0. 0198	0. 157	0. 0225	0. 0246	0. 0228
315	600	0. 0250	0. 0231	0. 0222	0. 0168	0. 0242	0. 0265	0. 0257
370	700	0. 0268	0. 0248	0. 0246	0. 178	0. 0259	0. 0283	0. 0288
425	800	0. 0286	0. 0264	0. 0270	0. 188	0. 0275	0. 0301	0. 0321
480	900	0. 0303	0. 0279	0. 0294	0. 198	0. 0290	0. 0319	0. 0355
540	1000	0. 0319	0. 0294	0. 0317	0. 208	0. 0305	0. 0337	0. 0388
595	1100	0. 0336	0. 0309	0. 0339	0. 219	0. 0319	0. 0354	0. 0422
650	1200	0. 0353	0. 0324	0. 0360	0. 0229	0. 0334	0. 0370	0. 0457
705	1300	0. 0369	0. 0339	0. 0380	0. 240	0. 0349	0. 0386	0. 0494
760	1400	0. 0385	0. 0353	0. 0399	0. 250	0. 0364	0. 0401	0. 053
815	1500	0. 0400	0. 0367	0. 0418	0. 260	0. 0379	0. 0404	0. 057
870	1600	0. 0415	0. 0381	0. 0436	0. 270	0. 0394	0. 0425	0. 061
925	1700	0. 0430	0. 0395	0. 0453	0. 280	0. 0409	0. 0436	0. 064
980	1800	0. 0444	0. 0408	0. 0469	0. 289	0. 0423	0. 0446	0. 068
1040	1900	0. 0458	0. 0420	0. 0484	0. 298	0. 0437	0. 0456	0. 072
1095	2000	0. 0471	0. 0431	0. 050	0. 307	0. 0450	0. 0466	0. 076

表5-11 气体的比热容 [单位：Btu/(lb·℉)]

气体温度		空气	CO	CO_2	H_2	N_2	O_2	DX[①]蒸气
℃	℉							
40	100	0.240	0.249	0.203	3.42	0.249	0.220	—
95	200	0.241	0.250	0.216	3.44	0.249	0.223	—
150	300	0.243	0.251	0.227	3.45	0.250	0.226	0.456
205	400	0.245	0.253	0.237	3.46	0.252	0.230	0.462
260	500	0.247	0.256	0.247	3.47	0.254	0.234	0.470
315	600	0.250	0.259	0.256	3.48	0.256	0.239	0.477
370	700	0.253	0.263	0.263	3.49	0.259	0.243	0.485
425	800	0.256	0.266	0.269	3.49	0.262	0.246	0.494
480	900	0.259	0.270	0.275	3.50	0.265	0.249	0.50
540	1000	0.262	0.273	0.280	3.51	0.269	0.252	0.51
595	1100	0.265	0.276	0.284	3.53	0.272	0.255	0.52
650	1200	0.268	0.279	0.288	3.55	0.275	0.257	0.53
705	1300	0.271	0.282	0.292	3.57	0.278	0.259	0.54
760	1400	0.274	0.284	0.295	3.59	0.280	0.261	0.55
815	1500	0.276	0.287	0.298	3.62	0.282	0.263	0.56
870	1600	0.278	0.290	0.301	3.64	0.285	0.265	0.56
925	1700	0.280	0.292	0.303	3.67	0.288	0.266	0.57
980	1800	0.282	0.294	0.305	3.70	0.290	0.268	0.58
1040	1900	0.284	0.296	0.307	3.73	0.292	0.269	0.59
1095	2000	0.286	0.298	0.309	3.76	0.294	0.270	0.60

① DX组成见表5-8。

表5-12 气体的普朗特数

气体温度		空气	CO	CO_2	H_2	N_2	O_2	DX[①]蒸气
℃	℉							
40	100	0.72	0.76	0.76	0.70	0.73	0.73	—
95	200	0.72	0.76	0.76	0.70	0.73	0.73	—
150	300	0.72	0.76	0.75	0.70	0.73	0.73	0.95
205	400	0.72	0.76	0.75	0.70	0.73	0.74	0.96
260	500	0.72	0.76	0.75	0.70	0.73	0.74	0.94
315	600	0.72	0.76	0.75	0.70	0.73	0.74	0.94
370	700	0.72	0.76	0.75	0.71	0.73	0.75	0.93
425	800	0.72	0.77	0.75	0.71	0.73	0.75	0.92
480	900	0.72	0.77	0.74	0.71	0.75	0.75	0.91
540	1000	0.73	0.77	0.73	0.71	0.74	0.75	0.91
595	1100	0.73	0.77	0.73	0.71	0.75	0.75	0.90
650	1200	0.74	0.77	0.73	0.71	0.75	0.75	0.88
705	1300	0.74	0.77	0.73	0.71	0.75	0.75	0.88
760	1400	0.74	0.77	0.73	0.72	0.76	0.75	0.87
815	1500	0.74	0.77	0.73	0.72	0.75	0.75	0.87
870	1600	0.74	0.78	0.74	0.72	0.75	0.76	0.87
925	1700	0.75	0.78	0.73	0.72	0.76	0.76	0.87
980	1800	0.75	0.78	0.73	0.72	0.76	0.77	0.87
1040	1900	0.75	0.78	0.73	0.72	0.76	0.77	0.82
1095	2000	0.75	0.79	0.74	0.72	0.77	0.77	0.87

① DX组成见表5-8。

参考文献

1. Bulk Gases for the Electronics Industry, Brochure, Praxair Inc., Chicago, IL
2. Protective Atmospheres and Analysis Curves. Brochure, Electric Furnace Company, Salem, OH
3. N. Burk and G. Woolbert, Technologies for Low Cost Combustion Control, in *Industrial Combustion Technologies*, American Society for Metals, 1986, p 213–220
4. Atmospheres for Heat Treating Equipment, Brochure, Surface Combustion, Inc., Maumee, OH

5.3 加热时间和保温时间

加热时间和保温时间分别是指使工件达到所要求的温度所需要的时间和在所要求的温度下保持的时间。加热时间主要随加热系统的传热特性而变化，而保温时间则与热处理类型、钢的成分和组织结构以及加热速率有关。本节重点讨论使用不同类型炉子系统时钢的淬火和回火时间，感应淬火和回火问题详见本套手册 A 卷中的“钢的感应淬火”以及 C 卷中的“感应淬火钢的回火”。

5.3.1 加热时间

不同的炉子加热方法可以获得宽泛的加热速率，如图 5-8 所示。加热时间随零件形状的不同而不同。表5-13给出了不同零件形状对应的不同速度因子，速度因子用来与图 5-8 中的加热时间相乘，以估算加热时间。更深入的传热关系请见本章 5.4 节“热传递方程”。不同碳素钢和合金钢的加热速度是非常接近的，这是因为钢的传热性能（比热容和热导率）对碳素钢和合金钢而言只有一点点变化。对不锈钢来说，添加合金元素，特别是镍、铜和铬，对热传导有明显的影响，奥氏体不锈钢具有较低的热传导性，如图 5-9 所示。比热容不会发生重大变化，除非奥氏体不锈钢在铁素体向奥氏体转变时比热容没有出现尖峰，如图 5-10 所示。

5.3.2 淬火

确定炉子淬火所需要加热时间的最好方法是通过可视视频观测工件的实际加热累积情况，观察措施如下：

1）直接在工件的最大截面后面放置热电偶。

2）通过微微开启炉门而不是通过窥视孔来判断工件的实际温度，而不是松散的氧化层或边角处的温度。

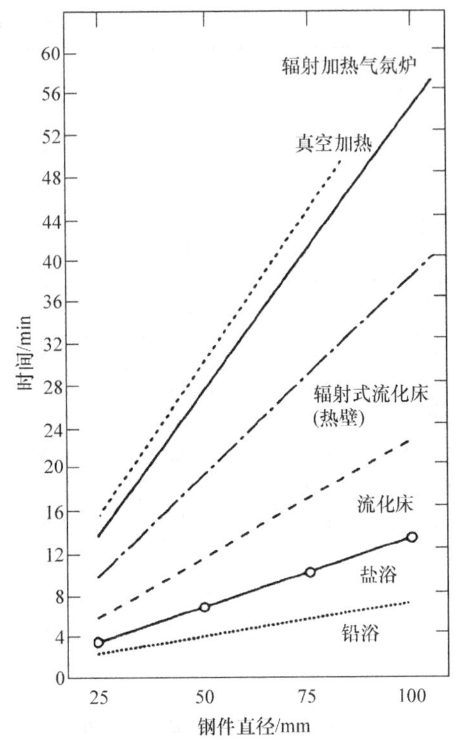

图 5-8 各种炉子的加热时间

表 5-13 估算不同形状零件加热时间的速度因子

形状类型	速度因子
长圆柱体（D）	1
长正方体（$D\times D$）	1
长方体（$D\times 2D$）	0.7
长方体（$D\times 3D$）	0.6
大板（非常宽，厚度为 D）	0.5
球体（D）	1.5
立方体（$D\times D\times D$）	1.5

注：D 表示直径。

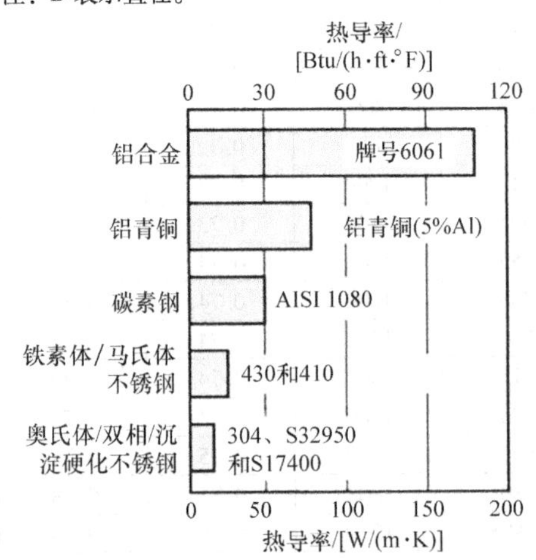

图 5-9 不同材料热导率的典型变化规律

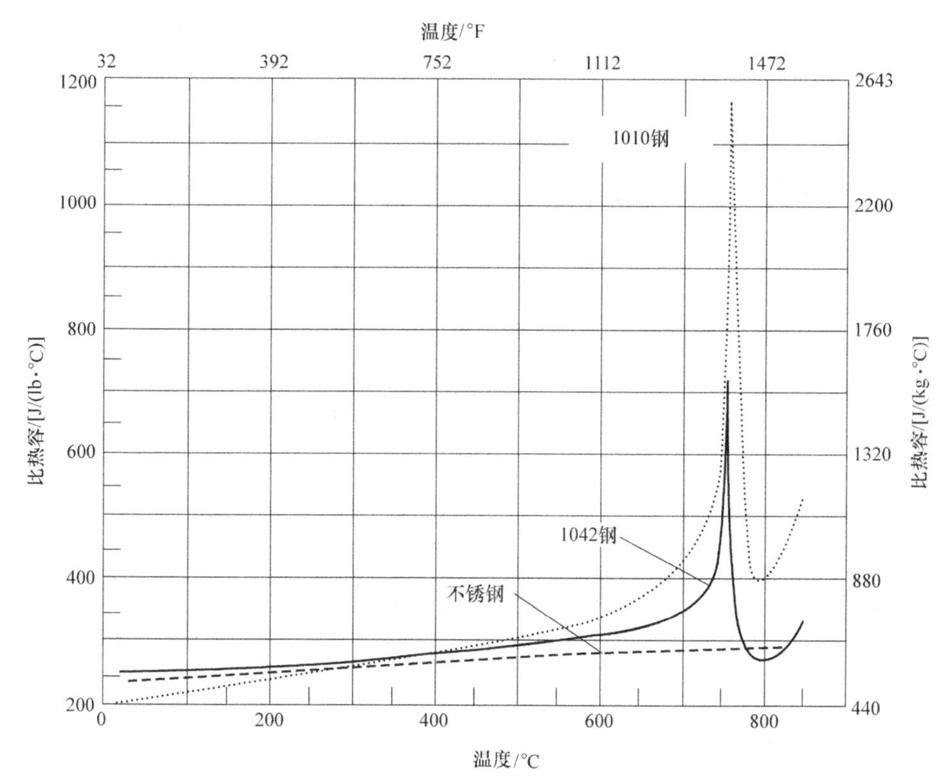

图5-10 一些钢的比热容与温度的关系

3）在工件和热电偶明显加热到760～815℃（1400～1500℉）以后，按照每均匀加热25mm（1in）大概需要5min的标准计算保温时间。

一个近似计算加热时间的公式是，对圆棒工件来说每25mm（1in）需要20min，或者每5min的加热速率为3.2mm（0.125in）。

奥氏体化保温时间取决于钢的化学成分和组织，以及所需的碳化物溶解度。碳化物比较容易分解的普通碳素钢和低合金钢在达到奥氏体化温度之后只需要几分钟保温时间，通常15～20min的保温时间就足够了。对中合金钢保温时间推荐值也为15～20min。低合金钢要求每毫米截面厚度保温30s左右。在所有工具钢中，高合金铬钢需要的保温时间最长，最长保温时间在20～30min之间变化，具体则取决于所选择的奥氏体化温度。高速钢是合金含量最高的钢，在淬火时，每英寸厚度的总体加热时间为4～6min，但也不能过长以至于“起泡”。

5.3.3 回火

回火可以在对流传热炉内、盐浴炉甚至在熔融金属浴炉内完成。感应或火焰加热也可以用来回火，但在这里不做讨论。几种不同加热介质的比较见表5-14。流化床炉回火温度通常为100～750℃（212～1380℉）（见表5-14）。流化床炉不仅比对流传热炉更节能，而且传热效率可以和盐浴炉和铅浴炉相媲美，同时又没有这些设备固有的健康和环境危害。

在以上所示的不同回火系统中，对流传热炉是最常见的，也是最重要的，因为这些设备配备了风

表5-14 不同回火设备可达到的回火温度范围

设备类型	温度范围		使用条件
	℃	℉	
对流传热炉	50～750	120～1380	针对大批量的普通零件，不同种类的载荷使温度控制难度加大
盐浴炉	160～750	320～1380	迅速、均匀加热，适用于中小批量，不用于外轮廓难以清洗的零件
流化床炉	100～750	212～1380	可以通过改变流态化气体、气体速度、炉床温度和流动粒子尺寸获得宽泛的传热速度，比对流传热炉更节省能源，具有与盐浴炉和铅浴炉同样的加热速度，但更安全、更环保，可作为替代产品
油浴炉	最高250	最高480	最好长期敞口，要求特殊的通风和火灾控制措施
熔融金属浴炉	390以上	735以上	加热非常快，要求特殊工装（高密度）

扇或鼓风机以使载荷获得均匀加热。通常，对流回火炉设计应用于150～750℃（300～1380℉）的温度范围。表5-15给出了各种不同形状零件回火所需要的大致加热时间。

表5-15 回火加热时间的近似计算 （单位：min）

回火温度/℉	热空气炉，有/无循环			循环空气炉或油浴炉		
	立方形或球形	方形或圆柱形	中厚板	立方形或球形	方形或圆柱形	中厚板
250	30	55	80	15	20	30
300	30	50	75	15	20	30
350	30	50	70	15	20	30
400	25	45	65	15	20	30
500	25	40	60	15	20	30
600	25	40	55	15	20	30
700	20	35	50	15	20	30
800	20	30	45	15	20	30
900	20	30	40	15	20	30

注：1. 温度在480℃（900℉）以上可以观察到工件颜色变化。

2. 表中数据是指当炉温稳定在最高温度，钢件表面发黑或有氧化层时，每英寸直径或厚度达到炉温所需要的时间。如果工件是精磨表面或其他光亮表面，在静止的空气炉中加热时间可以翻倍。在循环炉或油浴炉中不需要再做额外的考虑。

3. 油浴炉只能用于低温。

参考文献

1. G.E.Totten, G.R. Garsombke, D. Pye and R.W. Reynoldson, 'Chapter 6 – Heat Treating Equipment', *Steel Heat Treatment Handbook*, Eds G.E. Totten and M.A.H. Howes, 1997, Marcel Dekker, Inc., NewYork, NY, p 293–481
2. W.F. Gale and T.C. Totemeier, Ed., Chap. 29, Heat Treatment, *Smithells Metals Reference Book,* 8th ed., Butterworth-Heinemann, 2004
3. *Selecting Carpenter stainless Steels,* Carpenter Technology Corporation, 1987, p 149, 182, 222, 223
4. V. Rudnev et al., *Handbook of Induction Heating*, Marcel Dekker, 2003, p 136–137
5. Carpenter Steel Company in the Service Bulletin Vol.2, No. 9
6. K.E. Thelning, Steel and Its Heat Treatment, Bofors Handbook , Butterworth, London and Boston, 1975, p 209–210
7. Heat Treating of Steel', *Metals Handbook—Desk Edition, Second Edition*, Ed. J.R. Davis, 1998, ASM International, Materials Park, OH, p 970–982

5.4 热传递方程

热传递是由于温差引起的能量传递。无论何时，只要介质中存在温差，就会发生热传递现象。机械工程师可以处理内燃机、发电机、制冷机、加热及通风设备中的热传递问题。冶金和陶瓷工程师必须精确控制温度以满足热处理后各金属或陶瓷性能的需要。在工程领域，所面临的热传递问题都是如何更为有效地传输热量，或者增加或减小热量传递对建筑物进行保护。

已知的热传递方式包括传导、对流和辐射三种。它们的物理本质完全不同。对于热传导，热量是在同一介质或在直接接触的不同介质中从高温区域流向低温区域。热传导是热量在不透明固体中的唯一传导机制。当流体由于大幅运动混合在一起时，会发生对流换热现象。热量从一个流体微粒传导到其他流体微粒仍然是一个热传导过程。除此之外，热量还可以依靠液体流动从空间上一个点传递到其他位置。热对流是固体和液体或气体之间最重要的热传递机制。热辐射通过电磁波运动从一个物体向其他物体传递热量。另外，辐射换热不需要介质。

傅里叶提出的热传导基本方程表述为单位时间内通过给定截面的热量正比于垂直于该导热方向上截面面积和温度变化。其中，比例常数称为热导率。一般来说，材料的热导率随温度变化。很多工业生产中存在热传导现象，例如铸件退火、橡胶脱硫以及建筑围墙、加热炉和烤炉的加热和冷却过程。

为了计算通过物体表面与液体环境的对流换热系数，需要全面了解热传导基本原理、流体动力学和边界层理论。分析过程中所涉及的复杂问题可以通过引入牛顿冷却定律的单参数进行分析。牛顿冷却定律的表述：对流换热时，单位时间内物体单位表面积与流体交换的热量等于对流换热系数与表面和液体的温差的乘积。对流换热系数不是材料特性，它与物体的几何特征、流体特性和流量大小有关。只要涉及物体表面与流体的热交换都属于对流换热，如墙壁表面和管道外壁等的换热。此外，汽化和液化也是典型的对流换热过程。

所有的物体都要释放热辐射。一种理想的辐射体称为黑体。它放出的热辐射与其绝对温度的四次方成正比。这就是斯特番 - 玻尔兹曼（Stefan - Boltzmann）定律。而其他一些表面就不会释放和黑体一样多的热辐射，如光滑的油漆表面。为了描述这种灰体的热辐射，在斯特番 - 玻尔兹曼定律中引入了辐射率，它是灰体表面与理想黑体表面热辐射的比值。随着物体温度升高，热辐射强度会逐渐增大。因此，在火炉加热和火山喷发时，热辐射对热量传递的贡献很大。在设计加热和通风系统时，太阳辐射起了很重要的作用。即使温度较低，在自然对流情况下，热辐射对热量传递的作用也很大。

大多数热传递问题包括以上两种或更多热传递机制。例如蒸汽冷凝器中蒸汽与冷却水之间的热量传递是典型的热传导和对流换热过程。而对于大型蒸汽发生器，辐射、对流和热传导同时起到传递热量的作用。

5.4.1 热传导

热传导过程是物体内部相邻分子相互作用下的能量传递。在同种材料中，热流与电流传递相似。单位时间内的热流正比于以下各个物理量：

1）材料的热导率。

2）垂直于导热方向上的导热面积。

3）潜在的温度梯度。

如果流入和流出物体的热量相等，就会形成热平衡状态。在这种情况下，物体内部温度不随时间变化。反之，在非热平衡状态下，物体内部温度和热焓随时间变化。

1. 傅里叶定律、导热方程和边界条件

法国物理学家傅里叶首先提出了热传导基本定律——傅里叶定律。表5-16给出了不同坐标系内傅里叶定律的基本形式。根据傅里叶定律和热力学第一定律可以推导出不同形式的导热方程，见表5-17。为求解物体内部的温度分布，还需要边界条件。表5-18给出了常见的热传导边界条件。

表5-16 热传导傅里叶定律

一般形式	$\boldsymbol{q}(\boldsymbol{v},\theta) = -k\nabla(\boldsymbol{r},\theta)$
笛卡儿坐标系	$q_x = -k\dfrac{\partial T}{\partial x}$ $q_y = -k\dfrac{\partial T}{\partial y}$ $q_z = -k\dfrac{\partial T}{\partial z}$
圆柱坐标系 $x = r\cos\phi$ $y = r\sin\phi$ $z = z$	$q_r = -k\dfrac{\partial T}{\partial r}$ $q_\phi = -k\dfrac{1}{r}\dfrac{\partial T}{\partial \phi}$ $q_z = -k\dfrac{\partial T}{\partial z}$
球坐标系 $x = r\sin\psi\cos\phi$ $y = r\sin\psi\sin\phi$ $z = r\cos\psi$	$q_r = -k\dfrac{\partial T}{\partial r}$ $q_\phi = -k\dfrac{1}{r}\dfrac{\partial T}{\partial \phi}$ $q_\psi = -k\dfrac{1}{r\sin\phi}\dfrac{\partial T}{\partial \psi}$

表 5-17 固体的热传导微分方程

一般形式，热物性可变	$\rho C_p \frac{\partial T(\boldsymbol{r},\theta)}{\partial \theta} = \nabla \cdot [k\nabla T(\boldsymbol{r},\theta)] + g(\boldsymbol{r},\theta)$
一般形式，热物性不变	$\frac{1}{a}\frac{\partial T(\boldsymbol{r},\theta)}{\partial \theta} = \nabla^2 T(\boldsymbol{r},\theta) + \frac{g(\boldsymbol{r},\theta)}{k}$
一般形式，热物性不变，无热源	$\frac{1}{a}\frac{\partial T(\boldsymbol{r},\theta)}{\partial \theta} = \nabla^2 T(\boldsymbol{r},\theta)$（傅里叶方程）
一般形式，热物性不变，稳态	$\nabla^2 T(\boldsymbol{r}) + \frac{g\boldsymbol{r}}{k} = 0$（泊松方程）
一般形式，热物性不变，稳态无热源	$\nabla^2 T(\boldsymbol{r}) = 0$（拉普拉斯方程）
笛卡儿坐标系，热物性恒定	$\frac{\partial^2 T}{\partial x^2} + \frac{\partial^2 T}{\partial y^2} + \frac{\partial^2 T}{\partial z^2} + \frac{g(x,y,z,\theta)}{k} = \frac{1}{a}\frac{\partial T}{\partial \theta}$
圆柱坐标系，热物性恒定	$\frac{1}{r}\frac{\partial}{\partial r}\left(r\frac{\partial T}{\partial r}\right) + \frac{1}{r^2}\frac{\partial^2 T}{\partial \phi^2} + \frac{\partial^2 T}{\partial z^2} + \frac{g(x,y,z,\theta)}{k} = \frac{1}{\alpha}\frac{\partial T}{\partial \theta}$
球坐标系，热物性恒定	$\frac{1}{r^2}\frac{\partial}{\partial r}\left(r^2\frac{\partial T}{\partial r}\right) + \frac{1}{r^2\sin\psi}\frac{\partial}{\partial \psi}\left(\sin\psi\frac{\partial T}{\partial \psi}\right) + \frac{1}{r^2\sin^2\psi}\frac{\partial^2 T}{\partial \phi^2} + \frac{g(r,\phi,\psi,\theta)}{k} = \frac{1}{\alpha}\frac{\partial T}{\partial \theta}$

表 5-18 固体热传导边界条件

系统的描述	示意图	边界条件
指定的表面温度	s, T_s, q_n, n	$T = T_s, n = s$
指定的表面热流	s, q_n, q'', n(向外)；s, q_n, q'', n(向外)	$-k\left(\frac{\partial T}{\partial n}\right) = +q'', n = s$ $-k\left(\frac{\partial T}{\partial n}\right) = -q'', n = s$
表面绝热	s, $q''=0$, n	$\frac{\partial T}{\partial n} = 0, n = s$
环境温度为 T_∞，对流换热	s, T_s, q_n, q_c, T_∞, n(向外)	$-k\frac{\partial T}{\partial n} = h(T - T_\infty), n = s$
环境温度为 T_e，辐射换热	s, T_e, q_n, ε, n	$-k\frac{\partial T}{\partial n} = \sigma\varepsilon(T^4 - T_e^4), n = s$

（续）

系统的描述	示意图	边界条件
当热流距离较远时的对流换热	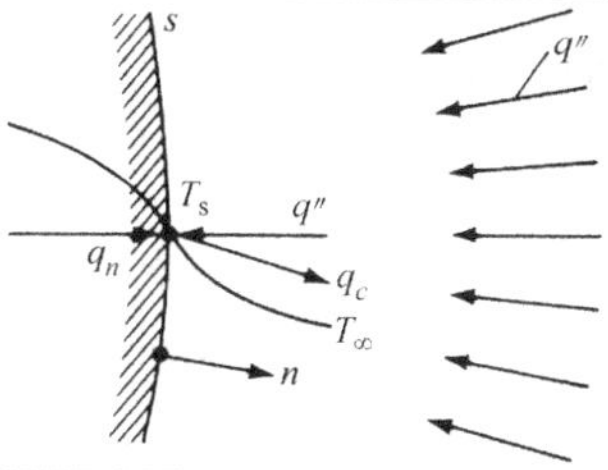 s q'' T_s q'' q_n q_c T_∞ n	$-k\dfrac{\partial T}{\partial n}+q''=h(T-T_\infty),n=s$
两个不同热导率的固体完全接触时的界面	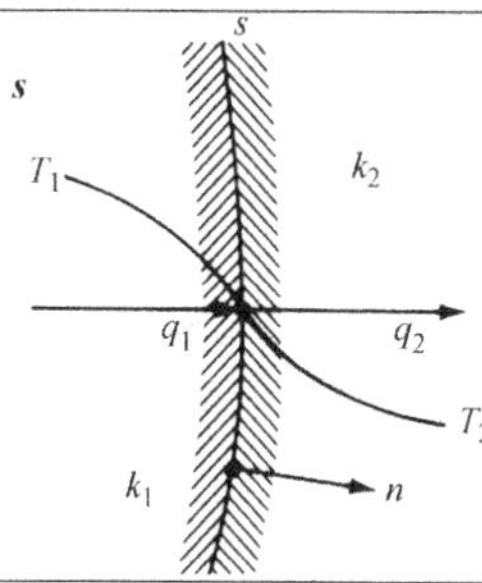 s s T_1 k_2 q_1 q_2 T_2 k_1 n	$-k_1\dfrac{\partial T_1}{\partial n}=-k_2\dfrac{\partial T_2}{\partial n},n=s$ $T_1=T_2,n=s$
两个不同热导率的固体相对移动时的界面，界面压力为 p，干摩擦系数为 μ，相对速度为 V	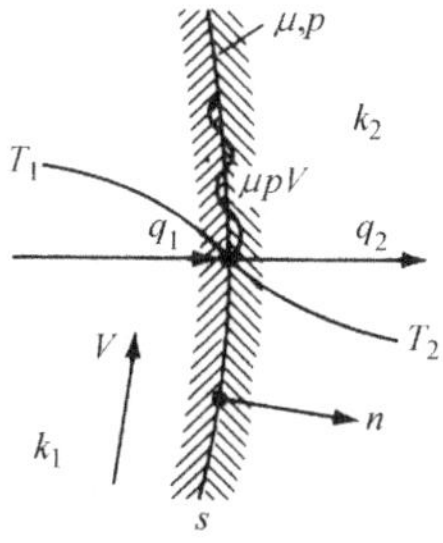 μ,p k_2 T_1 μpV q_1 q_2 V T_2 n k_1 s	$-k_1\dfrac{\partial T_1}{\partial n}+\mu pV=-k_2\left(\dfrac{\partial T_2}{\partial n}\right)$ $n=s$
固体的熔化或升华过程	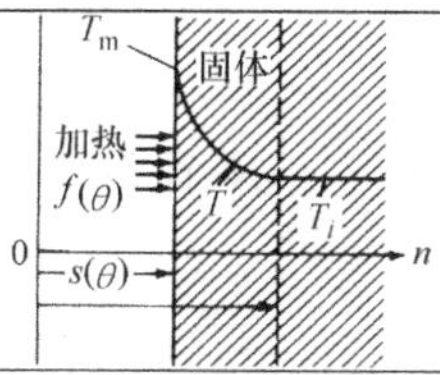 T_m 固体 加热 $f(\theta)$ T T_i 0 $s(\theta)$ n	$f(\theta)+k_s\dfrac{\partial T}{\partial n}=\rho L\dfrac{ds(\theta)}{d\theta}$ $n=s(\theta)$
固-液界面的一维凝固和熔化问题	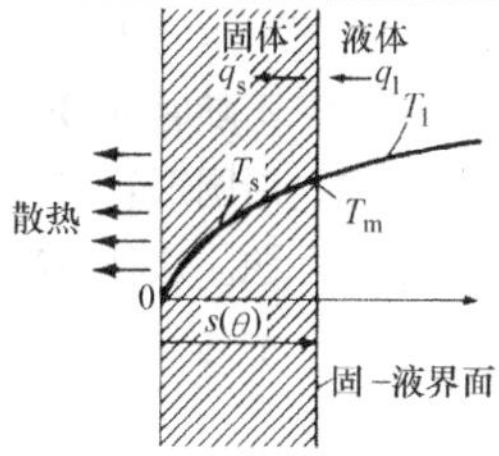 固体 液体 q_s q_1 T_1 T_s 散热 T_m 0 $s(\theta)$ 固-液界面 a) 凝固 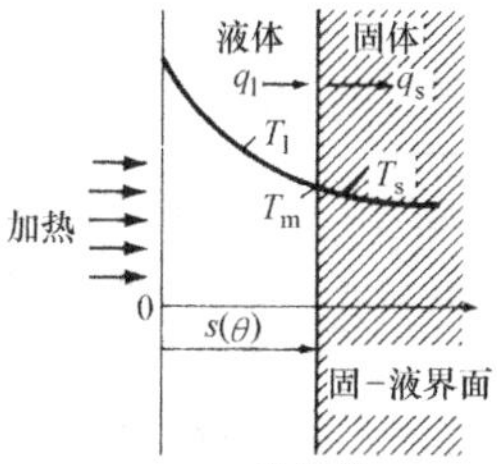 液体 固体 q_1 q_s T_1 T_s 加热 T_m 0 $s(\theta)$ 固-液界面 b) 熔化	$\left[k_s\left(\dfrac{\partial T_s}{\partial n}\right)-k_1\left(\dfrac{\partial T_1}{\partial n}\right)\right]=\rho L\dfrac{ds}{d\theta}$ $n=s(\theta)$

注：L 表示熔化潜热；s 表示熔化、凝固或者表面/界面的衰退距离；$ds/d\theta$ 表示熔化、凝固或者消融速率；$f(\theta)$ 表示与时间相关的表面热流；下标 s 表示固相；下标 l 表示液相；ρ 表示密度。

2. 物质的热导率

热导率是物质的热物性，其定义为单位温度梯度经单位导热面传递热量的速度。表5-19中列出了一些常见材料的热导率。一般而言，物质热导率的大小与温度密切相关。从图5-11中可以看出几种典型物质的热导率随温度的变化规律。热导率可用 k 表示，它的大小同样取决于物质的化学成分、状态、结构和外压力。

表5-19 不同物质在室温下的热导率

	物质	热导率 k	
		W/(m·℃)	Btu/(h·ft·℉)
金属	银	420	240
	铜	390	230
	金	320	180
	铝	200	120
	硅	150	87
	镍	91	53
	铬	90	52
	纯铁	80	46
	锗	60	35
	碳素钢（1%C）	54	31
	合金钢（18%Cr，8%Ni）	16	9.2
非金属	2A型钻石	2300	1300
	1型钻石	900	520
	蓝宝石（Al_2O_3）	46	27
	石灰石	1.5	0.87
	玻璃（Pyrex7740）	1.0	0.58
	聚四氟乙烯（Duroid 5600）	0.40	0.23
	砖（B&W K-28）	0.24	0.14
	石膏	0.13	0.075
	软木	0.040	0.023
液体	汞	8.7	5.0
	水	0.6	0.35
	F-12氟利昂	0.08	0.046
气体	氢气	0.18	0.10
	空气	0.026	0.015
	氮气	0.026	0.015
	水蒸气	0.018	0.01
	F-12氟利昂	0.0097	0.0056

注：1W/(m·℃)=0.5778Btu/(h·ft·℉)。

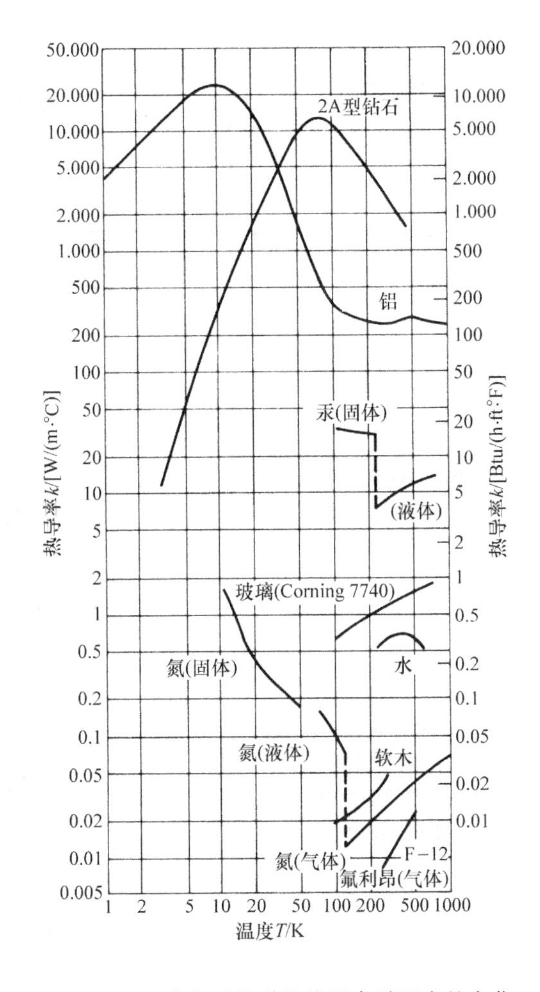

图5-11 几种典型物质的热导率随温度的变化

3. 一维稳态热传导

对于一维热传导问题，热流速度和温度分布都不随时间变化。对于沿厚板厚度方向上的热传导、沿圆形管壁方向上的热传导等都属于一维热传导问题。这种情况下的傅里叶定律及热传导微分方程表示为

$$Q=-kA\frac{dT}{dx} \text{或} Q=-kA\frac{dT}{dr}$$

和
$$\frac{1}{r^n}\frac{d}{dr}\left(r^n\frac{dT}{dr}\right)=0$$

当 $n=0$ 时，r 取代 x。当 n 取值为0、1、2时，分别代表厚板、圆柱体和球体传热。表5-20给出了一些简单几何体在一维稳态热传导情况下的温度分布和热传递速度。

4. 复合结构的一维稳态热传导

对于火箭推进室内衬、核反应堆的燃料元件和

表5-20 厚板、空心圆柱体和空心球体的温度分布及热传递速度

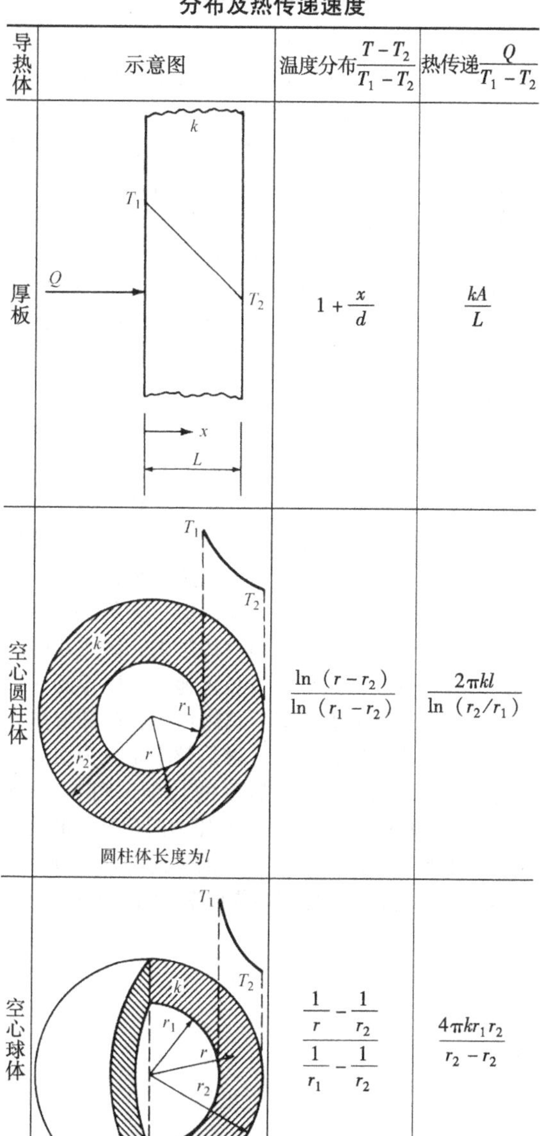

导热体	示意图	温度分布 $\frac{T-T_2}{T_1-T_2}$	热传递 $\frac{Q}{T_1-T_2}$
厚板		$1+\frac{x}{d}$	$\frac{kA}{L}$
空心圆柱体	圆柱体长度为l	$\frac{\ln(r-r_2)}{\ln(r_1-r_2)}$	$\frac{2\pi kl}{\ln(r_2/r_1)}$
空心球体		$\frac{\frac{1}{r}-\frac{1}{r_2}}{\frac{1}{r_1}-\frac{1}{r_2}}$	$\frac{4\pi k r_1 r_2}{r_2-r_1}$

载人航天器等多层复合材料，热传导有其实际应用价值。考虑到多层复合材料由 N 层不同厚度的材料组成，且每种材料的热导率不同。假设不同层之间的接触热阻可忽略不算。为了得到热流密度 Q 和温度分布 T，根据电流传播类比可得到：

$$\frac{1}{U_iA_i}=\frac{1}{U_oA_o}=R_i+\sum_{n=1}^{N}R_n+R_o=\frac{T_i-T_o}{Q}$$

式中，R_i、R_o和 R_n分别是内表面、外表面和 N 层材料之间的热阻；U_i和 U_o分别是内、外表面的总热传递系数；A_i和 A_o分别是垂直于内、外表面热流方向的截面面积。表5-21给出了不同几何体外表面总热传递系数倒数的显式公式 $1/U_o$。

表5-21 一维复合结构外表面处总热传递系数的倒数 $1/U_o$

通用公式	$\frac{A(s_{N+1})/A(s_1)}{h_i}+A(s_{N+1})\sum_{n=1}^{N}\frac{1}{k_n}\int_{s_n}^{s_{n+1}}\frac{ds}{A(s)}+\frac{1}{h_o}$
笛卡儿坐标系	$\frac{1}{h_i}+\sum_{n=1}^{N}\frac{L_n}{k_n}+\frac{1}{h_o}$
圆柱坐标系	$\frac{r_{N+1}/r_1}{h_i}+r_{N+1}\sum_{n=1}^{N}\frac{1}{k_n}\ln\left(\frac{r_{n+1}}{r_n}\right)+\frac{1}{h_o}$
球坐标系	$\frac{(r_{N+1}/r_1)^2}{h_i}+r_{N+1}^2\sum_{n=1}^{N}\frac{1}{k_n}\left(\frac{1}{r_n}-\frac{1}{r_{n+1}}\right)+\frac{1}{h_o}$

注：$A(s_n)$表示第 n 层复合材料在位置 s_n处的截面面积；L_n表示第 n 层的厚度；其他符号的意义如图5-12所示。

为了得到温度分布，Q 被写成了温差和相关热阻的函数：

$$Q=(T-T_o)\left[(1/k_n)\int_{s}^{s_{n+1}}ds/A(s)+\sum(1/k_m)\int_{s_m}^{s_{m+1}}ds/A(s)+1/h_oA\right]^{-1}$$

式中，T 是位置 s 处的温度（图5-12）。不同几何系统中，无量纲温度分布可以表示为关于 U_o 的函数，见表5-22。这些公式只适用于一维稳态热传导。

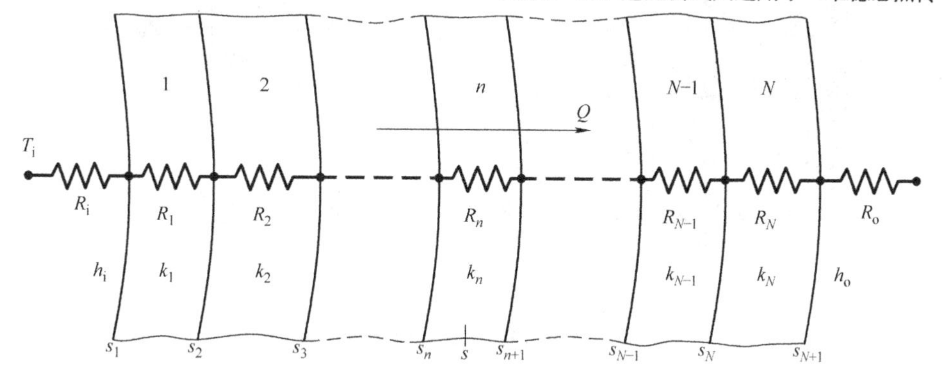

图5-12 一维复合结构

实际上，串并联结构相结合也很重要，特别是在笛卡儿几何体中。图 5-13a 给出了一个并串联结构，它可以用图 5-13b 中的热循环来表示。所对应的总热传递系数表示为

$$U=\frac{1}{(b_1+b_2)(R_1+R_2+R_3)}$$
$$=\frac{1}{\frac{L_1}{k_1}+\frac{b_1+b_2}{(k_1b_2/L_2)+(k_2b_1/L_2)}+\frac{L_3}{k_3}}$$

表 5-22 一维复合结构中无量纲的温度分布$\frac{T-T_o}{T_i-T_o}$

通用公式	$U_o\left[\frac{A(s_{N+1})}{k_n}\int_{s_n}^{s_{n+1}}\frac{ds}{A(s)}+A(s_{N+1})\sum_{m=n+1}^{N}\frac{1}{k_m}\int_{s_m}^{s_{m+1}}\frac{ds}{A(s)}+\frac{1}{h_o}\right]$
笛卡儿坐标系	$U_o\left(\frac{x_{n+1}-x}{k_n}+\sum_{m=n+1}^{N}\frac{x_{m+1}-x_m}{k_m}+\frac{1}{h_o}\right)$
圆柱坐标系	$U_o\left[\frac{r_{N+1}}{k_n}\ln\left(\frac{r_{n+1}}{r}\right)+r_{N+1}\sum_{m=n+1}^{N}\frac{1}{k_m}\ln\left(\frac{r_{m+1}}{r_m}\right)+\frac{1}{h_o}\right]$
球坐标系	$U_o\left[\frac{r_{N+1}}{k_n}\left(\frac{r_{N+1}}{r}-\frac{r_{N+1}}{r_{n+1}}\right)+r_{N+1}^2\sum_{m=n+1}^{N}\frac{1}{k_m}\left(\frac{1}{r_m}-\frac{1}{r_m+1}\right)+\frac{1}{h_o}\right]$

注：x_n表示内表面到第 n 层复合材料的距离；r_n表示第 n 层复合材料的内半径；其他符号意义如图 5-12 所示。

5. 绝热管和球体的临界半径

应用一维复合结构公式对管、电线和球体的绝热有实际意义。如图 5-14 所示，给定了管或球体的外半径，就能确定达到绝热效果最佳的壁厚。绝热发挥作用时，外表面温度降低，但对流热耗散表面积增大。这种相互对立的影响会导致存在最佳的绝热厚度。当绝热半径为临界半径 r_o^* 时，热损失达到最大。表 5-23 列出了热传递系数恒定或变化以及是否考虑热辐射影响情况下绝热管和球临界半径的计算公式。当热辐射的影响被考虑时，由于表面温度 T_o 和临界半径 r_o^* 未知，需要求解非线性方程来计算临界半径。

6. 扩展表面的稳态热传递

热传递的其中一个最重要的应用是对扩展表面或散热片的热分析，以此来增加构件与外部流体之间的热交换。当把散热片安装在热阻最大的表面上时，散热片能够最为有效地分隔开载热流体。设计和安装散热片时需要综合考虑散热效率、散热片的选材、冷却介质的流动阻力和制造工艺等。假设材料的热物性恒定，不考虑辐射的影响，散热片端部的热传导可忽略，满足一维热传递，可以得到 9 种不同类型散热片的温度场、总热传递速率和散热效率的计算公式，见表 5-24。散热效率定义为实际传递热量与可能最大传递热量的比值。图 5-15 和图 5-16 分别比较了四种纵向肋片和四种脊片的散热效率。表 5-25 列出了一些常见的纵向肋片和脊片的最佳尺寸与表面积、体积和热导率之间的关系。

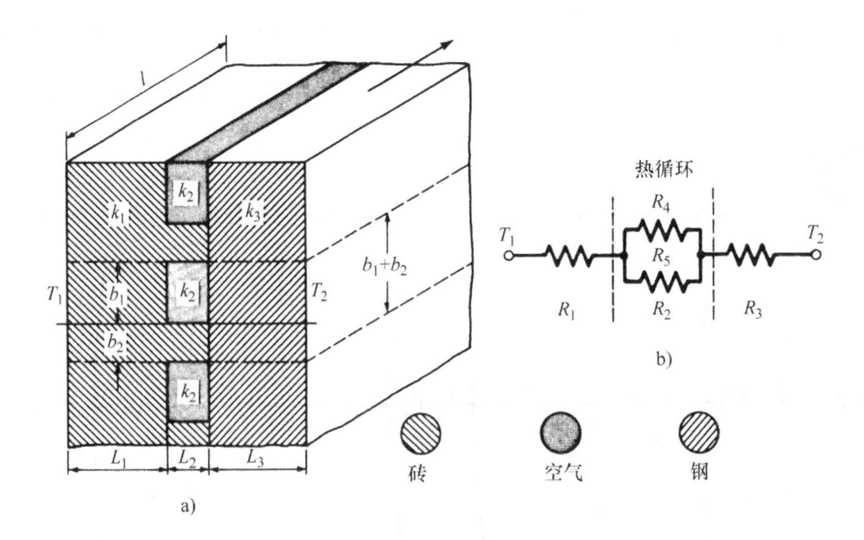

图 5-13 并串联复合结构及其等效热循环

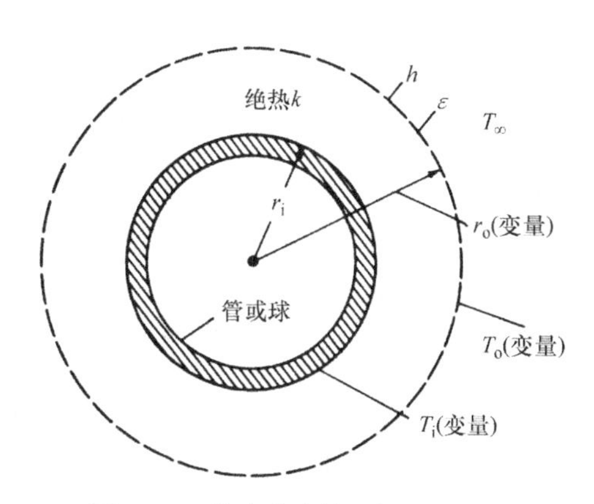

图5-14 管或球绝热层的临界厚度

表5-23 径向传热临界半径公式

边界条件	圆柱坐标系	球坐标系
热传递系数不变且无热辐射	$r_o^* = \dfrac{k}{h}$	$r_o^* = \dfrac{2k}{h}$
热传递系数 $h = \dfrac{(T_o - T_\infty)^n}{r_o^m}$ 且无热辐射	$r_o^* = \dfrac{k(1-m)}{h(1+n)}$	$r_o^* = \dfrac{k(2-m)}{h(1+n)}$
热传递系数不变且考虑热辐射	$r_o^* = \dfrac{k}{h+4\varepsilon\sigma T_o^3}$ $\dfrac{k(T_i - T_o)}{\ln \dfrac{r_o^*}{r_i}} = hr_o^*(T_o - T_\infty) + r_o^*\sigma\varepsilon(T_o^4 - T_\infty^4)$	$r_o^* = \dfrac{2k}{h+4\varepsilon\sigma T_o^3}$ $\dfrac{kr_i(T_i - T_o)}{r_o^* - r_i} = hr_o^*(T_o - T_\infty) + \sigma\varepsilon r_o^*(T_o^4 - T_\infty^4)$
热传递系数 $h = \dfrac{(T_o - T_\infty)^n}{r_o^m}$ 且考虑热辐射	$r_o^* = \dfrac{k[h(1-m)(T_o - T_\infty) + \varepsilon\sigma(T_o^4 - T_\infty^4)]}{[(1+n)h + 4\varepsilon\sigma T_o^3][h(T_o - T_\infty) + \sigma\varepsilon(T_o^4 - T_\infty^4)]}$ 和 $\dfrac{k(T_i - T_o)}{\ln \dfrac{r_o^*}{r_i}} = hr_o^*(T_o - T_\infty) + r_o^*\sigma\varepsilon(T_o^4 - T_\infty^4)$	$r_o^* = \dfrac{k[(2-m)h(T_o - T_m) + 2\sigma\varepsilon(T_o^4 - T_\infty^4)]}{[(1+n)h + 4\sigma\varepsilon T_o^3][h(T_o - T_\infty) + \sigma\varepsilon(T_o^4 - T_\infty^4)]}$ 和 $\dfrac{kr_i(T_i - T_o)}{r_o^* - r_i} = hr_o^*(T_o - T_\infty) + \sigma\varepsilon r_o^*(T_o^4 - T_\infty^4)$

表5-24A 不同类型散热片的热传递特征

散热片类型	示意图	散热片类型	示意图
矩形截面纵向肋片	散热片长度 散热片高度 T_b L δ_o(宽度) b T_∞ x $x=b$ $x=0$	三角形截面纵向肋片	$L=l$ δ_o b x $x=b$ $x=0$

（续）

散热片类型	示意图	散热片类型	示意图
凹形抛物线截面纵向肋片	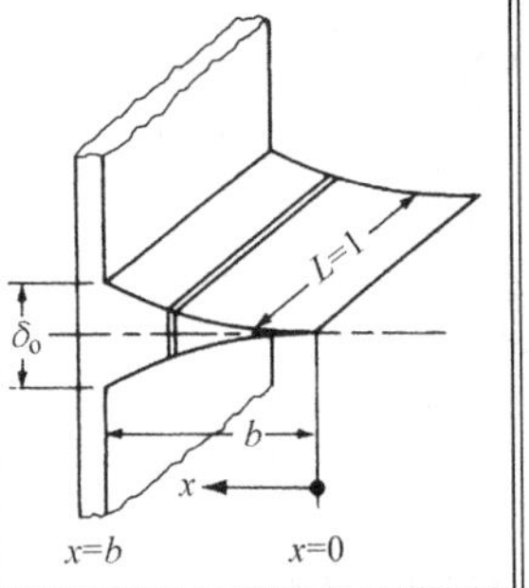 $L=1$ δ_o b x $x=b$ $x=0$	圆柱形脊片	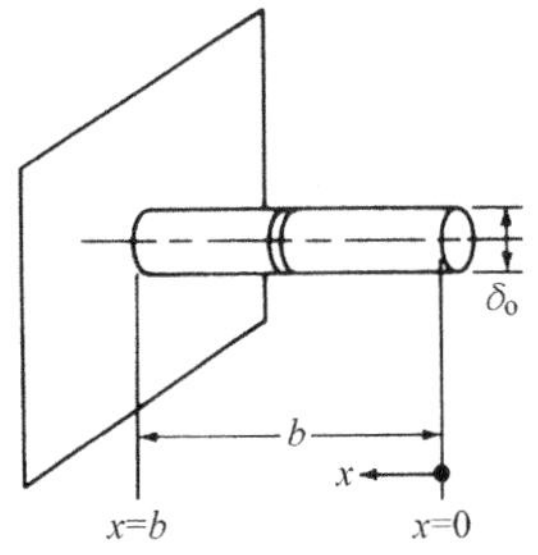 δ_o b x $x=b$ $x=0$
凸形抛物线截面纵向肋片	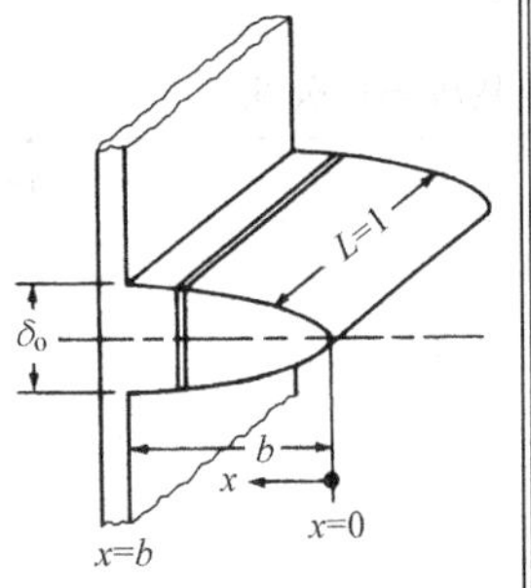 $L=1$ δ_o b x $x=b$ $x=0$	圆锥形脊片	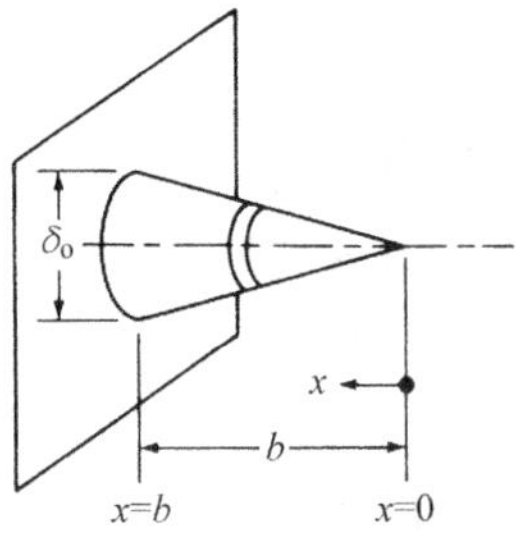 δ_o x b $x=b$ $x=0$
矩形截面径向肋片	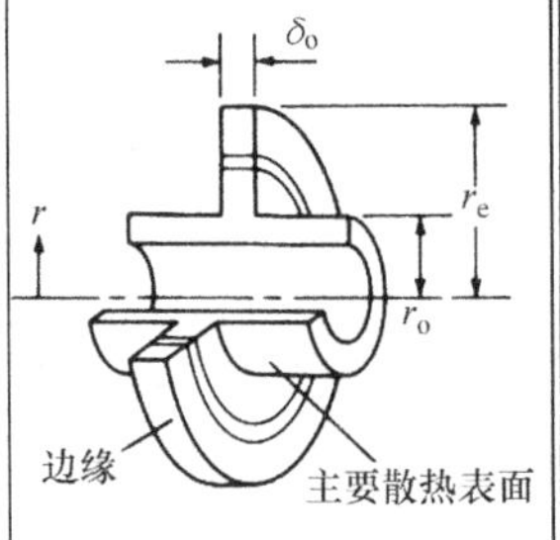 δ_o r r_e r_o 边缘 主要散热表面	凹形抛物线截面脊片	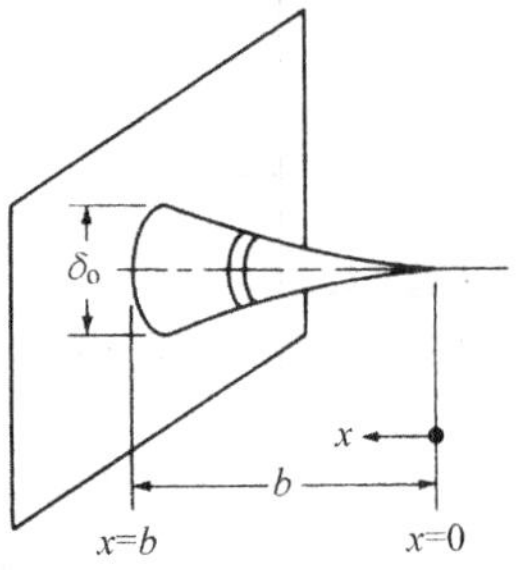 δ_o x b $x=b$ $x=0$
双曲线截面径向肋片	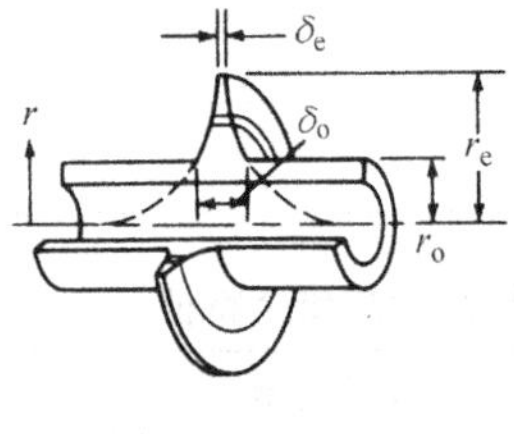 δ_e r δ_o r_e r_o	凸形抛物线截面脊片	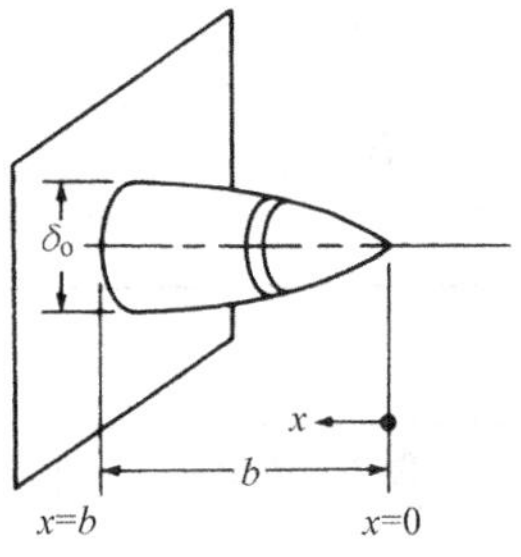 δ_o x b $x=b$ $x=0$

表 5-24B　不同类型散热片的热传递特征

散热片类型	温度分布$\dfrac{T-T_\infty}{T_b-T_\infty}=\dfrac{\Theta}{\Theta_b}$	总热耗散速率 Q
矩形截面纵向肋片	$\dfrac{\cosh mx}{\cosh mb}$	$k\delta_o m\theta_b \tanh mb$
三角形截面纵向肋片	$\dfrac{I_0(2m\sqrt{bx})}{I_0(2mb)}$	$\dfrac{2h\Theta_b I_1(2mb)}{mI_0(2mb)}$

（续）

散热片类型	温度分布$\dfrac{T-T_\infty}{T_b-T_\infty}=\dfrac{\Theta}{\Theta_b}$	总热耗散速率 Q
凹形抛物线截面纵向肋片	$\left(\dfrac{x}{b}\right)^{P_1}$	$\dfrac{k\delta_o\Theta_b}{2b}\left[-1+\sqrt{1+(2mb)^2}\right]$
凸形抛物线截面纵向肋片	$\left(\dfrac{x}{b}\right)^{1/4}\dfrac{I_{-1/3}\left(\dfrac{4}{3}mb^{1/4}x^{3/4}\right)}{I_{-1/3}\left(\dfrac{4}{3}mb\right)}$	$k\delta_o\Theta_b m\dfrac{I_{2/3}\left(\dfrac{4}{3}mb\right)}{I_{-1/3}\left(\dfrac{4}{3}mb\right)}$
矩形截面径向肋片	$\dfrac{[K_1(mr_e)I_0(mr)+I_1(mr_e)K_0(mr)]}{I_0(mr_o)K_1(mr_e)+I_1(mr_e)K_0(mr_o)}$	$2\pi r_o\delta_o km\Theta_b\left[\dfrac{I_1(mr_e)K_1(mr_o)-K_1(mr_e)I_1(mr_o)}{I_0(mr_o)K_1(mr_e)+I_1(mr_e)K_0(mr_o)}\right]$
双曲线截面径向肋片	$\left(\dfrac{r}{r_o}\right)^{1/2}\left\{\dfrac{I_{2/3}\left(\dfrac{2}{3}Mr_e^{3/2}\right)I_{1/3}\left(\dfrac{2}{3}Mr^{3/2}\right)-I_{-2/3}\left(\dfrac{2}{3}Mr_e^{3/2}\right)I_{-1/3}\left(\dfrac{2}{3}Mr^{3/2}\right)}{I_{2/3}\left(\dfrac{2}{3}Mr_e^{3/2}\right)I_{1/3}\left(\dfrac{2}{3}Mr_o^{3/2}\right)-I_{-2/3}\left(\dfrac{2}{3}Mr_e^{3/2}\right)I_{-1/3}\left(\dfrac{2}{3}Mr_o^{3/2}\right)}\right\}$	$2\pi kr_o\delta_o\Theta_b M\sqrt{r_o\psi}$
圆柱形脊片	$\dfrac{\cosh mx}{\cosh mb}$	$\dfrac{\pi}{4}kd^2m\Theta_b\tanh mb$
圆锥形脊片	$\left(\dfrac{b}{x}\right)^{1/2}\dfrac{I_1(2M\sqrt{x})}{I_1(2M\sqrt{b})}$	$\dfrac{\pi k\delta_o^2\Theta_b M}{4\sqrt{b}}\left[\dfrac{I_2(2M\sqrt{b})}{I_1(2M\sqrt{b})}\right]$
凹形抛物线截面脊片	$\left(\dfrac{x}{b}\right)^{P_1}$	$\dfrac{\pi k\delta_o^2\Theta_b[-3+(9+4M^2)^{1/2}]}{8b}$
凸形抛物线截面脊片	$\dfrac{I_0\left(\dfrac{4}{3}\sqrt{2}mb^{1/4}x^{3/4}\right)}{I_0\left(\dfrac{4}{3}\sqrt{2}mb\right)}$	$\dfrac{\sqrt{2}}{4}k\pi\delta_o^2\Theta_b m\dfrac{I_1\left(\dfrac{4}{3}\sqrt{2}mb\right)}{I_0\left(\dfrac{4}{3}\sqrt{2}mb\right)}$
矩形截面纵向肋片	$\dfrac{\tanh mb}{mb}$	$m=(2h/k\delta_o)^{1/2}$
三角形截面纵向肋片	$\dfrac{I_1(2mb)}{mbI_0(2mb)}$	$m=(2h/k\delta_o)^{1/2}$
凹形抛物线截面纵向肋片	$\dfrac{2}{1+\sqrt{1+(2mb)^2}}$	$P_1=-\dfrac{1}{2}+\dfrac{1}{2}(1+4m^2b^2)^{1/2}$
凸形抛物线截面纵向肋片	$\dfrac{1}{mb}\dfrac{I_{2/3}\left(\dfrac{4}{3}mb\right)}{I_{-1/3}\left(\dfrac{4}{3}mb\right)}$	$m=\left(\dfrac{2h}{k\delta_o}\right)^{1/2}$
矩形截面径向肋片	$\dfrac{2r_o}{m(r_e^2-r_o^2)}\left[\dfrac{I_1(mr_e)K_1(mr_o)-K_1(mr_e)I_1(mr_o)}{I_0(mr_o)K_1(mr_e)+I_1(mr_e)K_0(mr_o)}\right]$	$m=\left(\dfrac{2h}{k\delta_o}\right)^{1/2}$
双曲线截面径向肋片	$\dfrac{2r_o\psi}{m(r_e^2-r_o^2)}$	$\psi=\dfrac{[I_{2/3}(\frac{2}{3}Mr_e^{3/2})I_{-2/3}(\frac{2}{3}Mr_o^{3/2})-I_{-2/3}(\frac{2}{3}Mr_e^{3/2})I_{2/3}(\frac{2}{3}Mr_o^{3/2})]}{I_{-2/3}(\frac{2}{3}Mr_e^{3/2})I_{-1/3}(\frac{2}{3}Mr_o^{3/2})-I_{2/3}(\frac{2}{3}Mr_e^{3/2})I_{1/3}(\frac{2}{3}Mr_o^{3/2})]}$ $M^2=m^2/r_o=\dfrac{2h}{k\delta_o r_o}$

（续）

散热片类型	温度分布$\frac{T-T_\infty}{T_b-T_\infty}=\frac{\Theta}{\Theta_b}$	总热耗散速率 Q
圆柱形脊片	$\frac{\tanh mb}{mb}$	$m=(4h/kd)^{1/2}$
圆锥形脊片	$\frac{\sqrt{2}I_2(2\sqrt{2mb})}{(mb)I_1(2\sqrt{2mb})}$	$M=(2m^2b)^{1/2}$ $m=(2h/k\delta_o)^{1/2}$
凹形抛物线截面脊片	$\frac{2}{1+(1+\frac{8}{9}m^2b^2)^{1/2}}$	$M=\sqrt{2}mb$ $m=(2h/k\delta_o)^{1/2}$ $P_1=-\frac{3}{2}+\frac{1}{2}\sqrt{9+4M^2}$
凸形抛物线截面脊片	$\frac{1}{(2\sqrt{2}/3)mb}\frac{I_1(\frac{4}{3}\sqrt{2}mb)}{I_0(\frac{4}{3}\sqrt{2}mb)}$	$m=(2h/k\delta_o)^{1/2}$

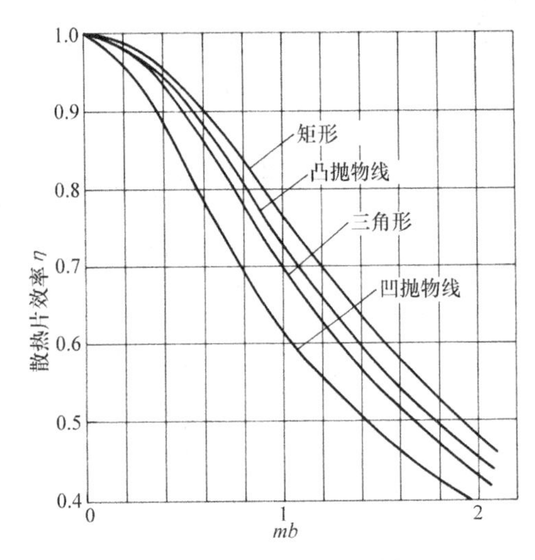

图 5-15　四种纵向肋片散热效率的对比

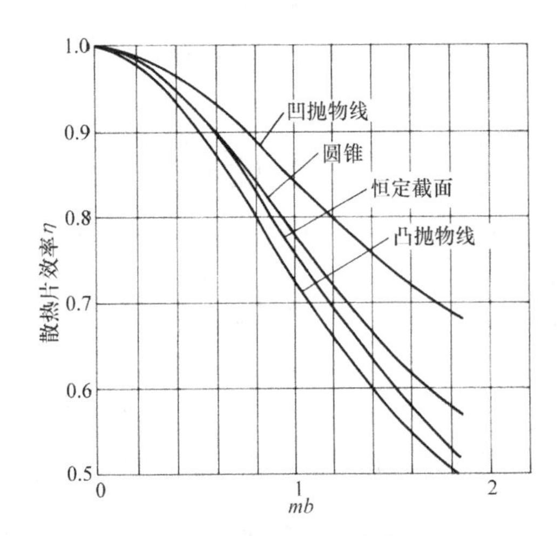

图 5-16　四种脊片散热效率的对比

表 5-25　一些纵向肋片和脊片的最佳尺寸

散热片类型	散热片宽度 δ_o	散热片宽度 b
矩形截面纵向肋片	$0.791\left[A_p^2\left(\frac{2h}{k}\right)\right]^{1/3}$	$1.262\left(\frac{kA_p}{2h}\right)^{1/3}$
三角形截面纵向肋片	$1.328\left[A_p^2\left(\frac{2h}{k}\right)\right]^{1/3}$	$1.506\left(\frac{A_pk}{2h}\right)^{1/3}$
凹形抛物线截面纵向肋片	$1.651\left[A_p^2\left(\frac{2h}{k}\right)\right]^{1/3}$	$1.817\left(\frac{A_pk}{2h}\right)^{1/3}$
凸形抛物线截面纵向肋片	$1.071\left[A_p^2\left(\frac{2h}{k}\right)\right]^{1/3}$	$1.401\left(\frac{A_p}{2h}\right)^{1/3}$
圆柱形脊片	$1.308\left[V^2\left(\frac{2h}{k}\right)\right]^{1/5}$	$0.744\left[V\left(\frac{k}{2h}\right)^2\right]^{1/5}$
圆锥形脊片	$1.701\left[V^2\left(\frac{2h}{k}\right)\right]^{1/5}$	$1.320\left[V\left(\frac{k}{2h}\right)^2\right]^{1/5}$
凹形抛物线截面脊片	$1.825\left[V^2\left(\frac{2h}{k}\right)\right]^{1/5}$	$1.911\left[V\left(\frac{k}{2h}\right)^2\right]^{1/5}$
凸形抛物线截面脊片	$1.564\left[V^2\left(\frac{2h}{k}\right)\right]^{1/5}$	$1.041\left[V\left(\frac{k}{2h}\right)^2\right]^{1/5}$

7. 多维稳态热传导

高于一维的稳态热传导问题能够用解析、图解、试验模拟、数值计算方法来求解。在这里推荐用解析方法来处理简单几何体及其边界条件。复杂几何体及其等温边界条件和绝热边界条件组成的系统可用图解法和类比法求解。当边界条件中包含通过表面的热传递，推荐用数值计算方法。这种方法可以较为灵活地处理具有不同物理性质和不均匀边界条件的问题。数值解能够较为方便地用数字计算机计算得到。

在二维系统中只有两个温度限制，导热形状因子 S 可以由公式 $Q=kS(T_1-T_2)$（T_1 和 T_2 是两个几何体的等温表面温度）确定。表 5-26 总结了几种几何体的导热形状因子大小。

表 5-26　稳定热传导情况下不同系统的形状因子 S

示意图	形状因子	约束条件
埋入具有等温表面的半无限介质中且半径为 r 的等温圆柱体	$\dfrac{2\pi L}{\operatorname{arccosh}(D/r)}$	$L \gg r$
	$\dfrac{2\pi L}{\ln(2D/r)}$	$L \gg r$
	$2\pi L$	$D > 3r$
	$\ln L$	$D \gg r$
	$r\left[1-\dfrac{\ln L/2D}{\ln(L/r)}\right]$	$L \gg D$
埋入无限介质中且半径为 r 的等温球体	$4\pi r$	
埋入具有等温表面的半无限介质中且半径为 r 的等温球体	$\dfrac{4\pi r}{1-r/(2D)}$	
埋入无限介质中的两个等温圆柱体之间的热传导	$\dfrac{2\pi L}{\operatorname{arccosh}\left(\dfrac{D^2-r_1^2-r_2^2}{2r_1r_2}\right)}$	$L \gg r$ $L \gg D$
放置在半无限介质中且半径为 r 的等温圆柱体	$\dfrac{2\pi L}{\ln(2L/r)}$	$L \gg 2r$

（续）

示意图	形状因子	约束条件
长度为 L 的偏心圆柱体 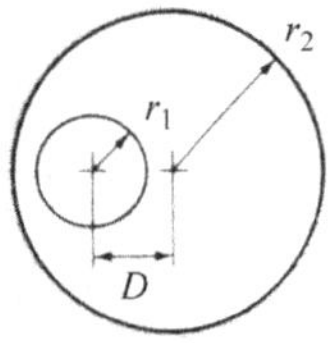	$\dfrac{2\pi L}{\operatorname{arccosh}\left(\dfrac{r_1^2+r_2^2-D^2}{2r_1r_2}\right)}$	$L \gg r_2$
长度为 L 且位于立方体中心的圆柱体 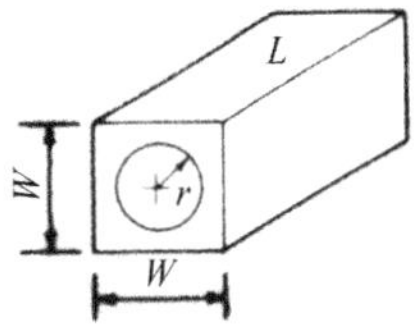	$\dfrac{2\pi L}{\ln(0.54W/r)}$	$L \gg W$
三角形中的圆管 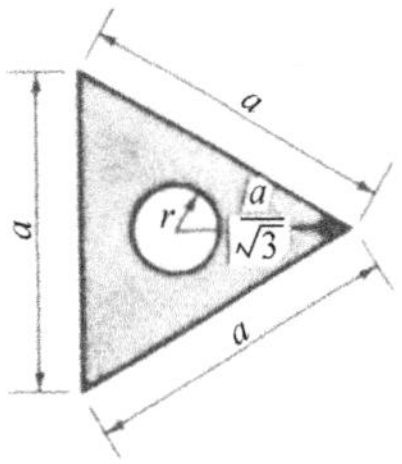	$\dfrac{2\pi L}{\ln\left(\dfrac{0.327a}{r}\right)}$	
方形管 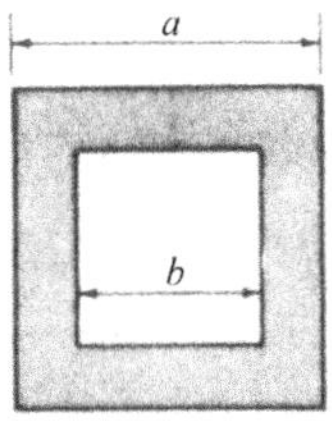	$\dfrac{6.791L}{\ln\left(\dfrac{a}{b}\right)-0.054}$	
五边形中的圆管 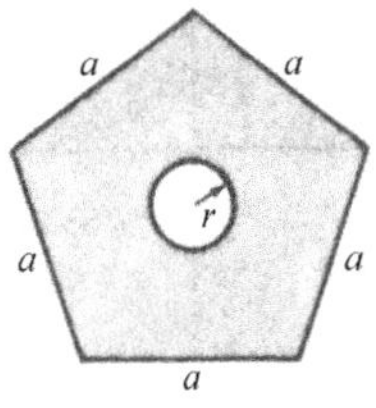	$\dfrac{2\pi L}{\ln\left(\dfrac{0.724a}{r}\right)}$	

（续）

示意图	形状因子	约束条件
埋入具有等温表面的半无限介质中的等温长方体 等温	$1.685L\left[\lg\left(1+\frac{b}{a}\right)\right]^{-0.59}\left(\frac{b}{c}\right)^{-0.078}$	
埋入具有等温表面的半无限介质中的水平薄圆盘 等温	$4r$	$D=0$
	$8r$	$D\gg 2r$
埋入半无限介质中的半球 绝热	$2\pi r$	
埋入具有等温表面的半无限介质中的等温球	$\frac{4\pi r}{1+r/2D}$	
埋入无限介质中的两个等温球	$\frac{4\pi}{\frac{r_2}{r_1}\left[1-\frac{(r_1/D)^4}{1-(r_2/D)^2}\right]-\frac{2r_2}{D}}$	$D>5r$
埋入具有等温表面的半无限介质中且长度为 L 的矩形板 等温	$\frac{\pi W}{\ln(4W/L)}$	$D=0$
	$\frac{2\pi W}{\ln(4W/L)}$	$D\gg W$

（续）

示意图	形状因子	约束条件
六边形中的圆管 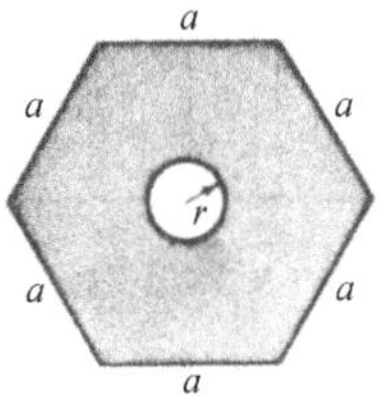	$\dfrac{2\pi L}{\ln\left(\dfrac{0.898a}{r}\right)}$	
共焦点椭圆 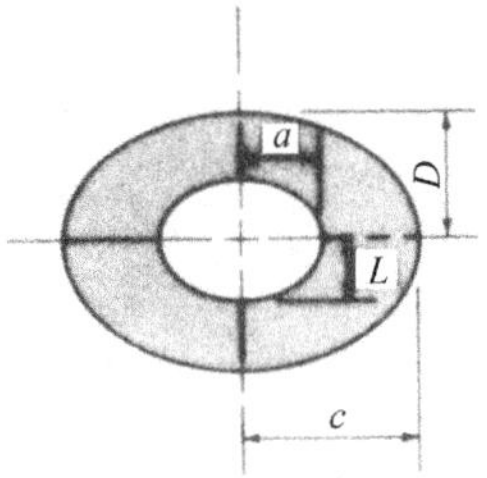	$\dfrac{2\pi L}{\ln\left(\dfrac{c+D}{a+D}\right)}$	
椭圆体中的长条 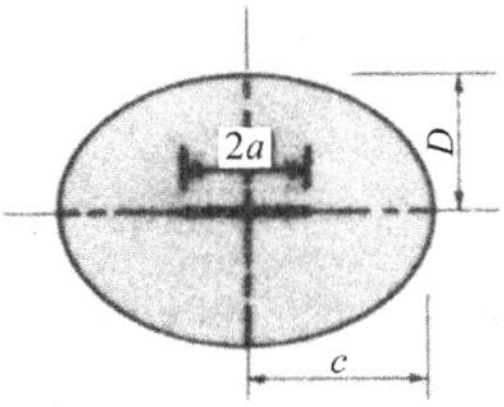	$\dfrac{2\pi L}{\ln\left(\dfrac{D+c}{a}\right)}$	
埋入固体中的矩形管 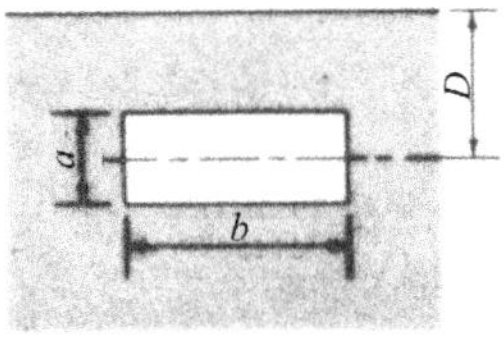	$\dfrac{\left(5.7+\dfrac{6}{2a}\right)L}{\ln\left(\dfrac{3.5D}{b^{1/4}a^{3/4}}\right)}$	
埋入固体中的一排管（对于任意一个管） 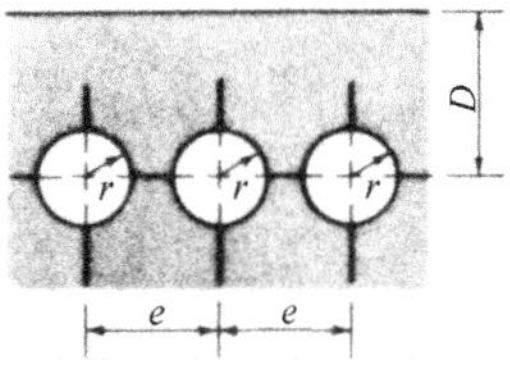	$\dfrac{2\pi L}{\ln\left[\dfrac{e}{\pi r}\sinh\left(\dfrac{2\pi D}{e}\right)\right]}$ 在半无限固体中的管	
	$\dfrac{2\pi L}{\ln\left[\dfrac{e}{\pi r}\sinh\left(\dfrac{\pi D}{e}\right)\right]}$ 在固体平面中的管	
埋入土壤中的环形体 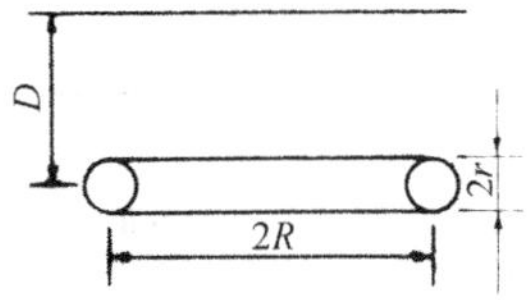	$4\pi^2R/\ln\left[8\dfrac{R}{r}\left(\dfrac{\ln(4R/D)}{\ln(8R/r)}\right)+1\right]$	$r \ll D \ll R$
	$4\pi^2R/\ln(8R/r)$	$D \gg R$

（续）

示意图	形状因子	约束条件
埋入无限介质中的平行圆盘	$\dfrac{4\pi}{2\left[\dfrac{\pi}{2}-\arctan\ (r/D)\right]}$	$D>5r$
埋入固体中的长条	（Ⅰ）$\dfrac{2.94L}{(D/b)^{0.32}}$ （Ⅱ）$\dfrac{2.38L}{(D/b)^{0.24}}$	

8. 非稳态热传导

如果一个固体快速发生某种变化，在达到温度平衡或稳态传热之前要经历一定的时间。必须用修正分析来解释内能与时间的变化，并且必须调整边界条件，与非稳态热传递问题的物理条件相匹配。非稳态热流问题也包含周期变化的温度和热流。可以在内燃机、空调、仪表和过程控制中发现这种现象。

（1）内热阻可忽略的系统　尽管没有一种材料的热导率可以无限大，但在假设内热阻很小以至于任何瞬时的系统温度大体上是均匀的情况下，在可接受的精确范围内可以求解许多瞬态热流问题。当表面和环境媒介之间的外热阻大于热传递过程的内热阻时，这种假设可以被证明。根据这种假设的分析称为集总热容分析。可以用内热阻与外热阻的比值来衡量固体的热阻。这个比值可以写成无量纲的形式 hL/k，称为毕奥（Biot）数。其中，h 是平均单位表面传热系数；L 是特征长度，等于体积与表面积的比值；k 是固体的热导率。当毕奥数小于 0.1 时，所分析的集总热容类型应小于一个合理的估计值。将一个温度为 T_i 的固体突然放置在温度为 T_∞ 的环境中，如果固体的热传递系数和比热容恒定，根据集总热容分析，固体中的温度变化表达为

$$\frac{T-T_\infty}{T_i-T_\infty}=\exp(-kA\theta/\rho cV)=\exp(-FoBi)$$

式中，Bi 和 Fo（$Fo=a\theta/L^2$）分别是毕奥数和傅里叶数。在 θ 时刻的瞬态热传递速率为

$$q=\rho cV\frac{\mathrm{d}T}{\mathrm{d}\theta}=kA(T_\infty-T_i)\exp(-BiFo)$$

根据

$$Q=\int_0^0 q\mathrm{d}\theta=(T_\infty-T_i)\rho cV[1-\exp(BiFo)]$$

可知，时间间隔 θ 内的总热量等于集总系统的内能变化。

根据集总热容分析，表5-27总结了一些简单系统的温度变化。

表5-27　内热阻可忽略时（$k\to\infty$）简单系统的温度变化

系统	温度变化 $\dfrac{T-T_\infty}{T_i-T_\infty}$
厚度为 L 无限大的平板	$e^{-\left(\frac{2h}{L\rho c}\right)\theta}$
半径为 r_0 无限长的圆柱体	$e^{-\left(\frac{2h}{r_0\rho c}\right)\theta}$
半径为 r_0 的球体	$e^{-\left(\frac{3h}{r_0\rho c}\right)\theta}$
边长为 a 无限长的方棒	$e^{-\left(\frac{4h}{a\rho c}\right)\theta}$
边长为 a 的立方体	$e^{-\left(\frac{6h}{a\rho c}\right)\theta}$
薄板在温度为 T_∞ 的流体中，且 T_∞ 随时间线性变化，如 $T_\infty=a+b\theta$	$\theta=(a+b\theta)\quad-\dfrac{\rho cVb}{hA}+\left(T_i-a+\dfrac{\rho cVb}{hA}\right)e^{-\left(\frac{hA}{\rho cV}\right)\theta}$

注：ρ 为密度；c 为比热容；V 为体积；A 为表面积。

（2）表面热阻可忽略的系统　当一个固体的内热阻远大于表面热阻时，则认为热传递系数无限大（$h\to\infty$）以至于初始表面温度 T_o 突然变化至环境温度 T_∞，且保持不变（$T_o=T_\infty$）。对于这种情况，求解温度场需要求解偏微分方程。对于简单几何体且具有恒定热物质 k、ρ 和 c，可求得解析解，见表5-28。相对应的示意图如图5-17～图5-20所示。

表 5-28 时间间隔 θ 内的温度分布和热传导

示意图	温度分布$\dfrac{T-T_0}{T_i-T_0}$	初始储能 Q_i	时间间隔 θ 内的热传递$\dfrac{Q}{Q_i}$
半无限固体 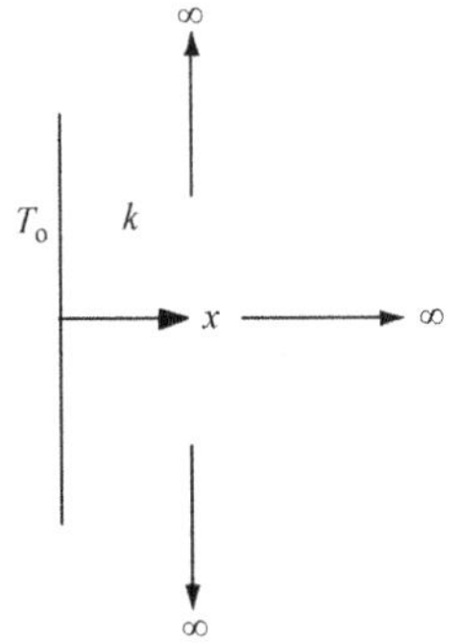	$\mathrm{erf}\left(\dfrac{x}{2\sqrt{a\theta}}\right)$	$\rho cA\ (T_i-T_o)$	$-\dfrac{2}{\sqrt{\pi}}\sqrt{a\theta}$
半径为 r_o 的无限长圆柱体 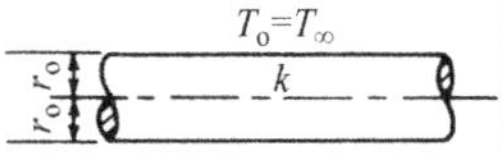	$\sum\limits_{n=1}^{\infty}\dfrac{1}{\beta_n}\exp(-\beta_n^2 a\theta/r_o^2)$ $J_0(\beta_n r/r_o)/J_1(\beta_n)$ β_n 是 $J_0(\beta)=0$ 的解	$\rho c\pi r_o^2(T_i-T_o)$	$\sum\limits_{n=1}^{\infty}\dfrac{-1}{\beta_n^2}[1-\exp(-\beta_n^2 a\theta/r_o^2)]$
厚度为 $2L$ 的无限大平板 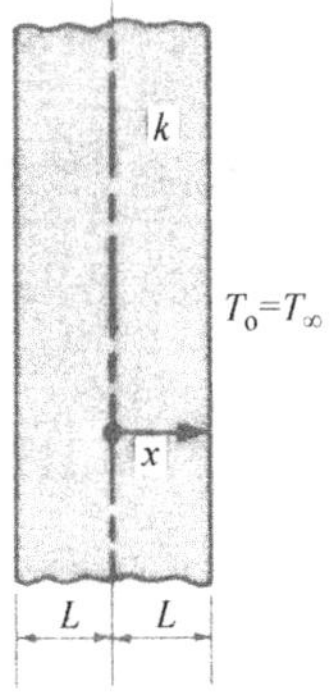	$\dfrac{2}{\pi}\sum\limits_{n=0}^{\infty}\exp\left\{-\left[\left(n+\dfrac{1}{2}\right)\pi\right]^2\dfrac{a\theta}{L^2}\right\}\times$ $\dfrac{(-1)^n}{n+\dfrac{1}{2}}\cos\left(n+\dfrac{1}{2}\right)\dfrac{\pi x}{L}$	$\rho cAL(T_i-T_o)$	$\dfrac{2}{\pi^2}\sum\limits_{n=0}^{\infty}\dfrac{-1}{\left(n+\dfrac{1}{2}\right)^2}\left\{1-\exp\left\{-\left[\left(n+\dfrac{1}{2}\right)\pi\right]^2\dfrac{a\theta}{L^2}\right\}\right\}$
半径为 r_o 的球体 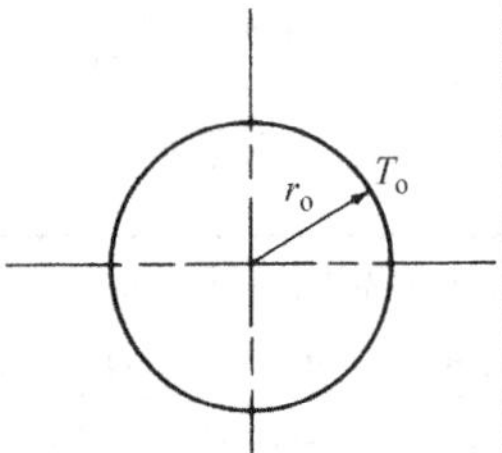	$\dfrac{2r_o}{\pi r}\sum\limits_{n=1}^{\infty}\dfrac{(-1)^{n+1}}{n}$ $\exp\left[-\dfrac{n^2\pi^2 a\theta}{r_o^2}\right]\sin\left(\dfrac{n\pi r}{r_o}\right)$	$\dfrac{4}{3}\pi r_o^3\rho c(T_i-T_o)$	$\dfrac{6}{\pi^2}\sum\limits_{n=1}^{\infty}\dfrac{-1}{n^2}\left[1-\exp\left(-\dfrac{n^2\pi^2 a\theta}{r_o^2}\right)\right]$

注：T_i 为初始温度；$T_o=T_\infty$，为表面温度；J_0 为第一类零阶贝塞尔函数；J_1 为第一类一阶贝塞尔函数；erf 为误差函数。

（3）有限表面和内热阻系统　对于大部分固体的热传递问题，热导率和表面热传递系数都是有限的。因此，必须采用对流换热边界条件来求解傅里叶微分方程。在以前的文献资料中，大量的解析法被广泛采

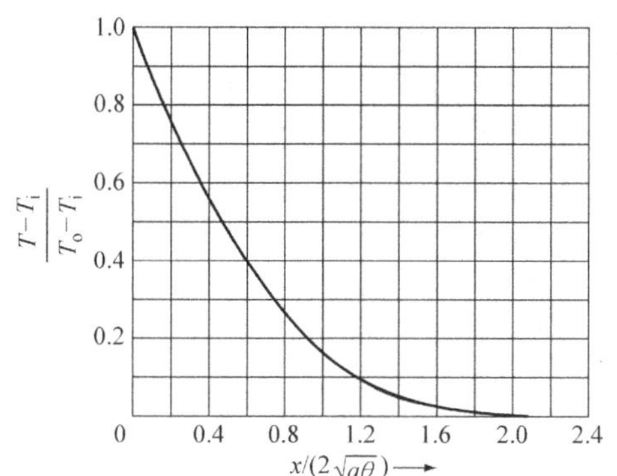

图5-17 表面温度从 T_i（$\theta<0$ 时）突然变到 T_o（$\theta \geqslant 0$ 时），半无限固体中（$x>0$）的温度响应、温度梯度和加热速度

用来求解温度场。表5-29给出了工程实践中一些常见的简单系统。相应的温度图表（Heisler 和 Gröber 图表）如图5-21～图5-30所示。

（4）二维或三维瞬态系统　许多实际问题包含二维或三维热流。对于这种问题，可联立几个一维瞬态方程来进行求解。图5-31给出了几种几何特征所需要的求解方法。在这些情况下，初始温度为 T_i 的物体瞬间放置在温度为 T_∞ 的对流换热环境中。图5-31中用到了以下符号：

$$C(r,\theta) = \frac{T(r,\theta) - T_\infty}{T_i - T_\infty}$$

$$P(x,\theta) = \frac{T(x,\theta) - T_\infty}{T_i - T_\infty}$$

$$S(x,\theta) = \frac{T(x,\theta) - T_\infty}{T_i - T_\infty}$$

式中，C（r，θ）表示圆柱体的瞬态解；P（x，θ）表示平板的瞬态解；S（x，θ）表示半无限体的瞬态解。

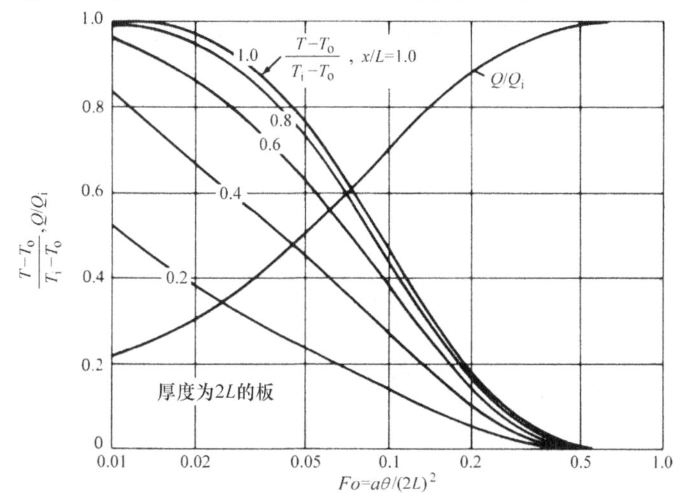

图5-18 对于温度为 T_i、厚度为 $2L$ 的无限大平板，当表面温度突然变到 T_o 时的温度分布和热流（x 从表面开始测量）

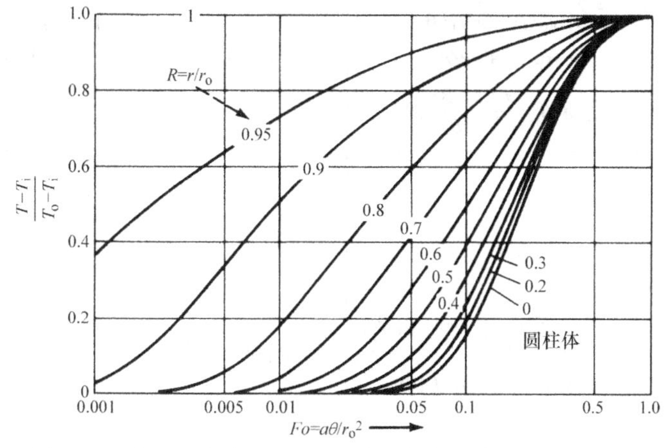

图5-19 表面温度从 T_i（$\theta<0$ 时）突然变到 T_o（$\theta \geqslant 0$ 时），半径为 r_o 无限长圆柱体的温度响应

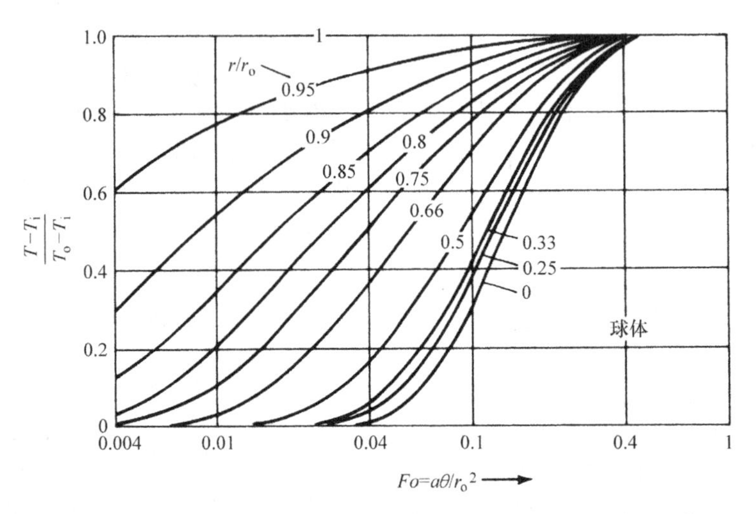

图 5-20　表面温度从 T_i（$\theta<0$ 时）突然变到 T_o（$\theta\geqslant0$ 时），半径为 r_o 球体的温度响应

表 5-29　有限热导率和表面热传递系数固体中的温度分布和热传递

示意图	温度分布 $\frac{T-T_\infty}{T_i-T_\infty}$	初始储能 Q_i	时间间隔 θ 内的热传递 $\frac{Q}{Q_i}$
半无限固体	$\mathrm{erf}\left(\frac{x}{2\sqrt{a\theta}}\right)+\exp\left[\frac{hx}{k}+\frac{h^2a\theta}{k^2}\right]\times\left[1-\mathrm{erf}\left(\frac{x}{2\sqrt{a\theta}}+\frac{h}{k}\sqrt{a\theta}\right)\right]$		
半径为 r_o 的无限长圆柱体	$2\sum_{n=1}^{\infty}\frac{J_1(\beta_n)J_0(\beta_n r/r_o)}{J_0^2(\beta_n)+J_1^2(\beta_n)}\times\exp(-\beta_n^2a\theta/r_o^2)$ β_n 是 $\beta=\frac{hr_oJ_0(\beta)}{kJ_1(\beta)}$ 的解	$\rho c\pi r_o^2(T_i-T_\infty)$	$4\sum_{n=1}^{\infty}\frac{1}{\beta_n^2}\frac{-J_1^2(\beta_n)}{J_0^2(\beta_n)+J_1^2(\beta_n)}\times[1-\exp(-\beta_n^2a\theta/r_o^2)]$
厚度为 $2L$ 的无限大平板	$4\sum_{n=1}^{\infty}\left[\frac{\sin\beta_n}{2\beta_n+\sin(2\beta_n)}\right]e^{-\beta_n^2a\theta/L^2}\cos\left(\frac{\beta_nx}{L}\right)$ β_n 是 $\beta\tan\beta=hL/k$ 的解	$\rho c_\rho L(T_i-T_\infty)$	$4\sum_{n=1}^{\infty}\frac{-\sin^2\beta_n}{2\beta_n^2+\beta_n\sin(2\beta_n)}[1-\exp(-\beta_n^2a\theta/L^2)]$

（续）

示意图	温度分布$\frac{T-T_\infty}{T_i-T_\infty}$	初始储能 Q_i	时间间隔 θ 内的热传递$\frac{Q}{Q_i}$
半径为 r_o 的球体	$4\sum_{n=1}^{\infty}\frac{\sin\beta_n-\beta_n\cos\beta_n}{2\beta_n-\sin(2\beta_n)}\times$ $\exp[-\beta_n^2 a\theta/r_o^2]\frac{\sin(\beta_n r/r_o)}{\beta_n r/r_o}$ β_n 是 $\beta\cos\beta=1-\frac{hr_o}{k}$ 的解	$\frac{4}{3}\pi r_o^3\rho c(T_i-T_\infty)$	$12\sum_{n=1}^{\infty}\frac{-(\sin\beta_n-\beta_n\cos\beta_n)^2}{\beta_n^3(2\beta_n-\sin 2\beta_n)}\times$ $[1-\exp(-\beta_n^2 a\theta/r_o^2)]$

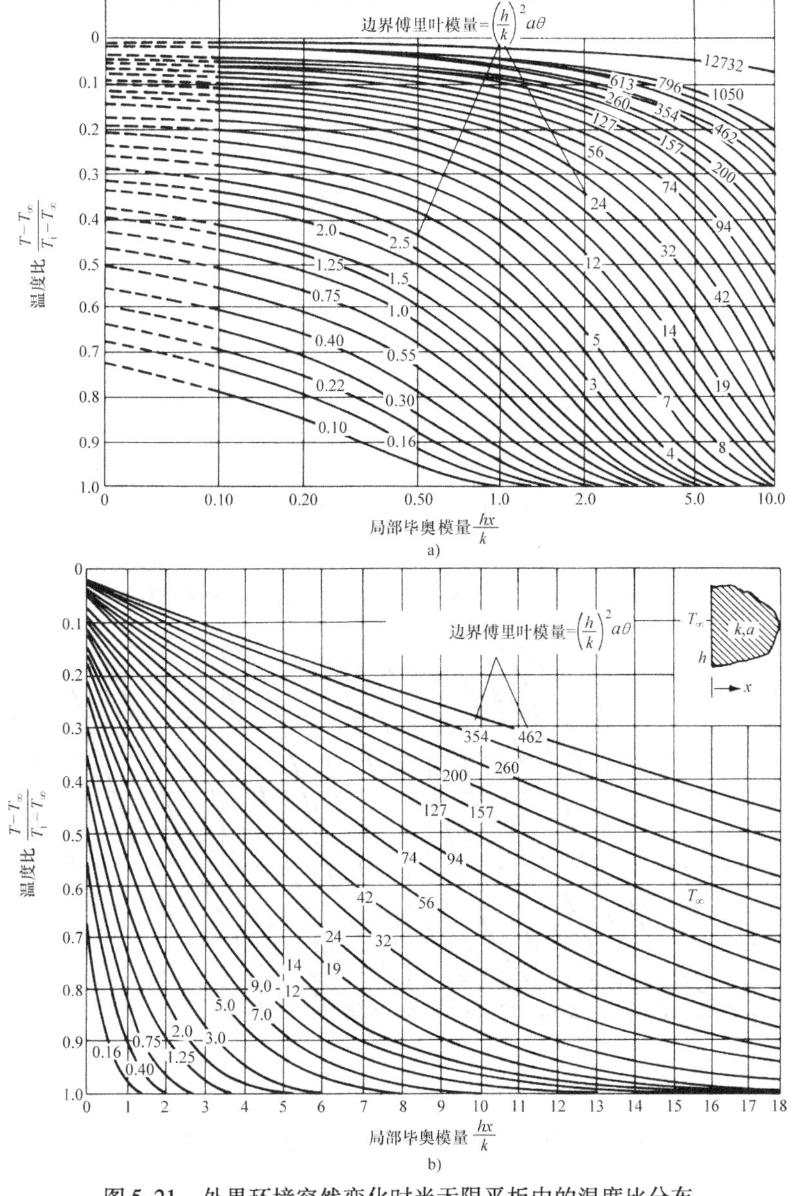

图5-21 外界环境突然变化时半无限平板中的温度比分布

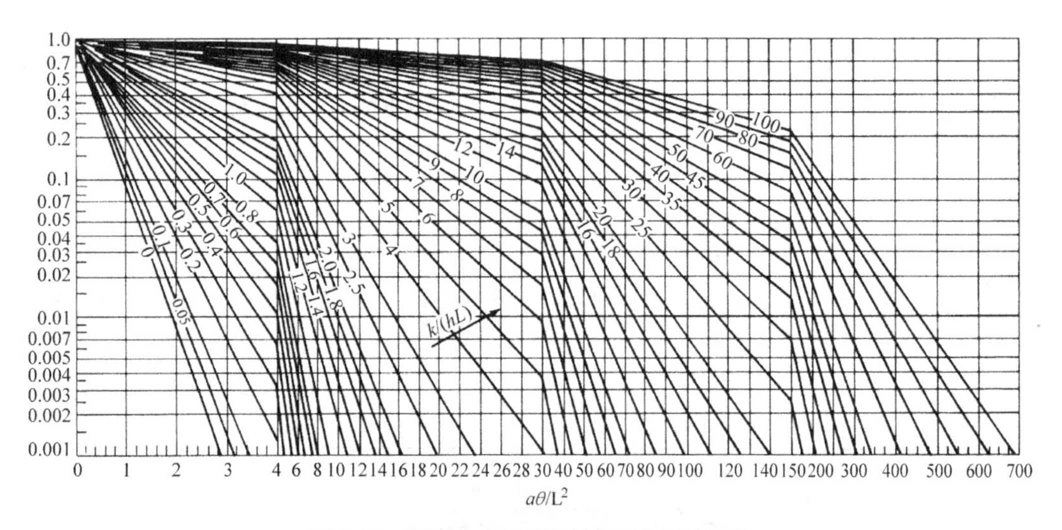

图 5-22 厚度为 2L 无限大平板的中板温度

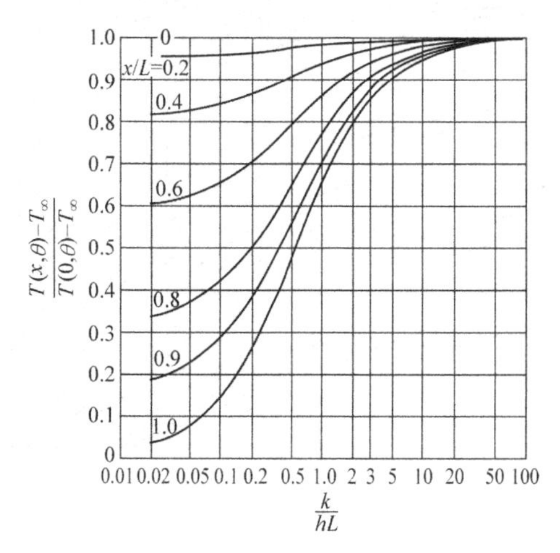

图 5-23 厚度为 2L 无限大平板中与中心温度相关的温度

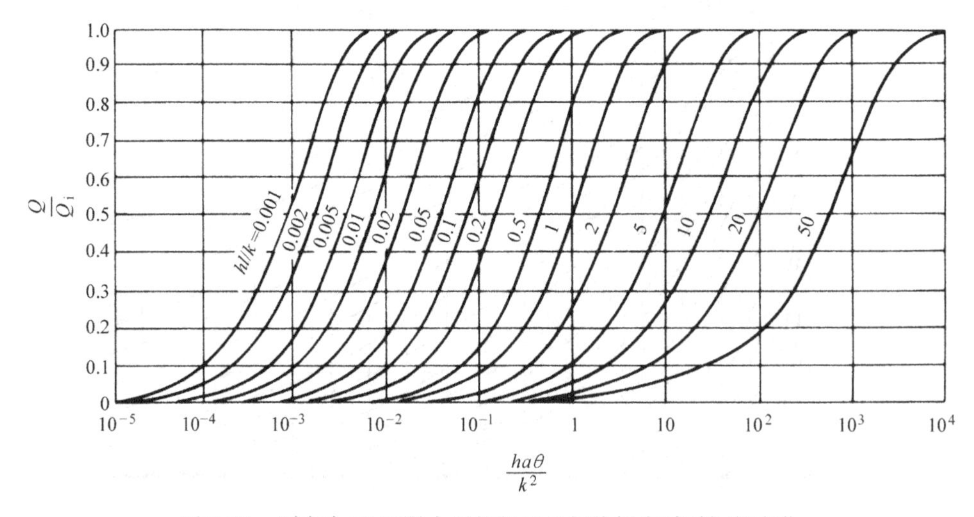

图 5-24 厚度为 2L 无限大平板的无量纲热损失随时间的变化

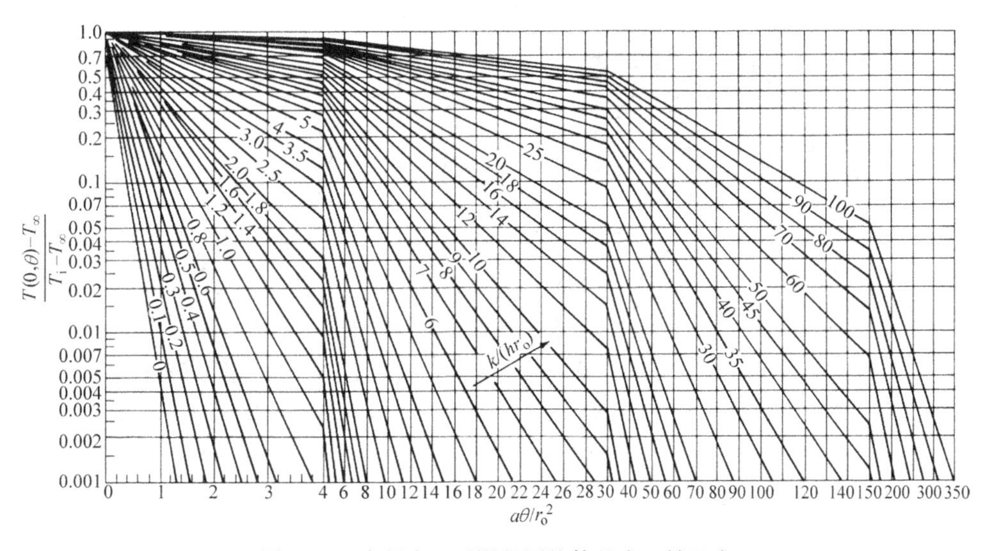

图5-25 半径为 r_o 无限长圆柱体的中心轴温度

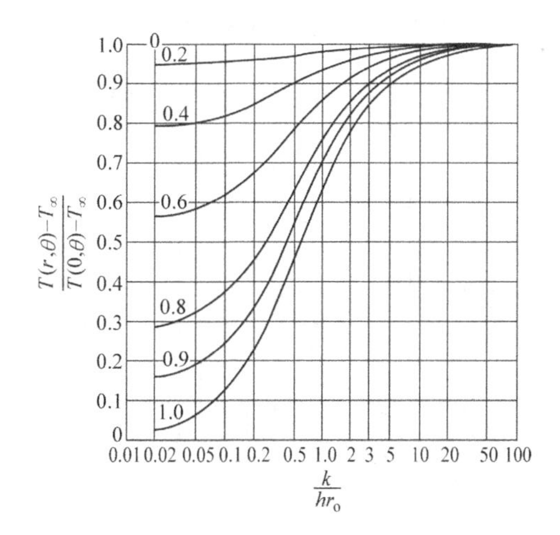

图5-26 半径为 r_o 无限长圆柱体中与轴线温度相关的温度

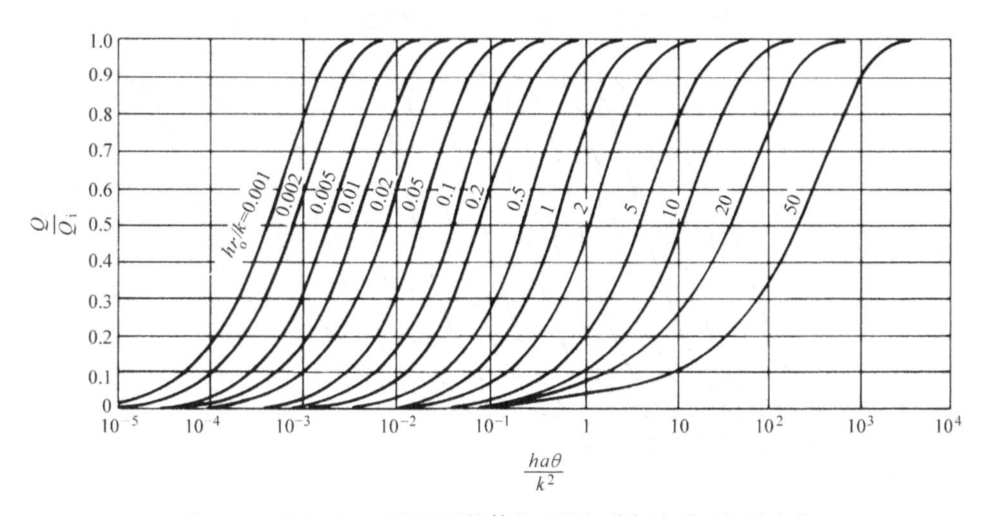

图5-27 半径为 r_o 无限长圆柱体的无量纲热损失随时间的变化

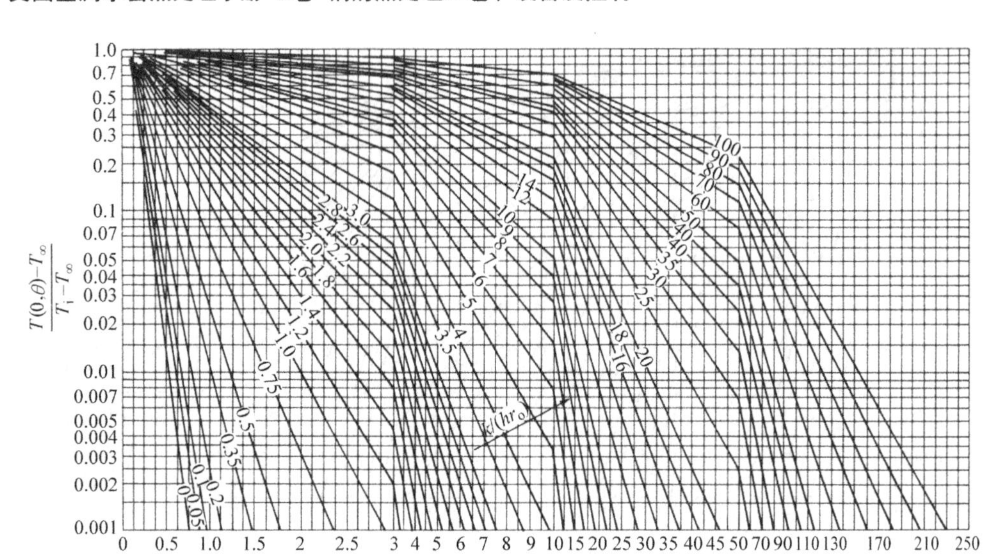

图 5-28 半径为 r_o 球体的中心温度

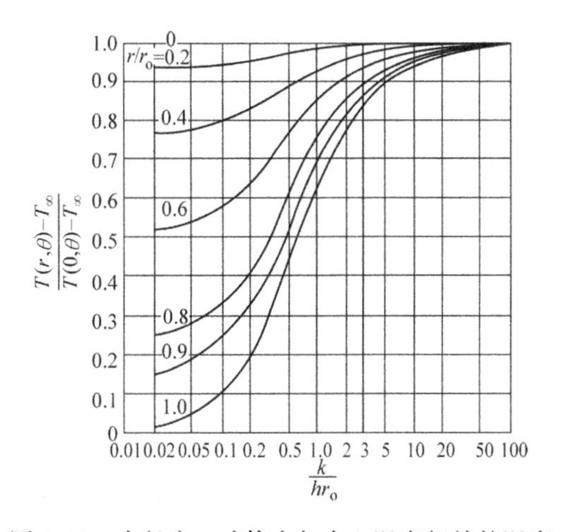

图 5-29 半径为 r_o 球体中与中心温度相关的温度

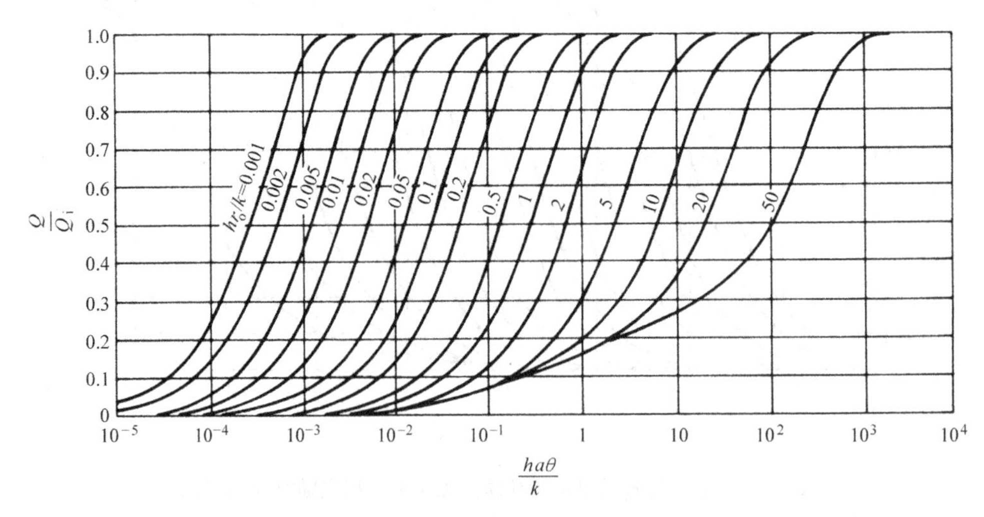

图 5-30 半径为 r_o 球体的无量纲热损失随时间的变化

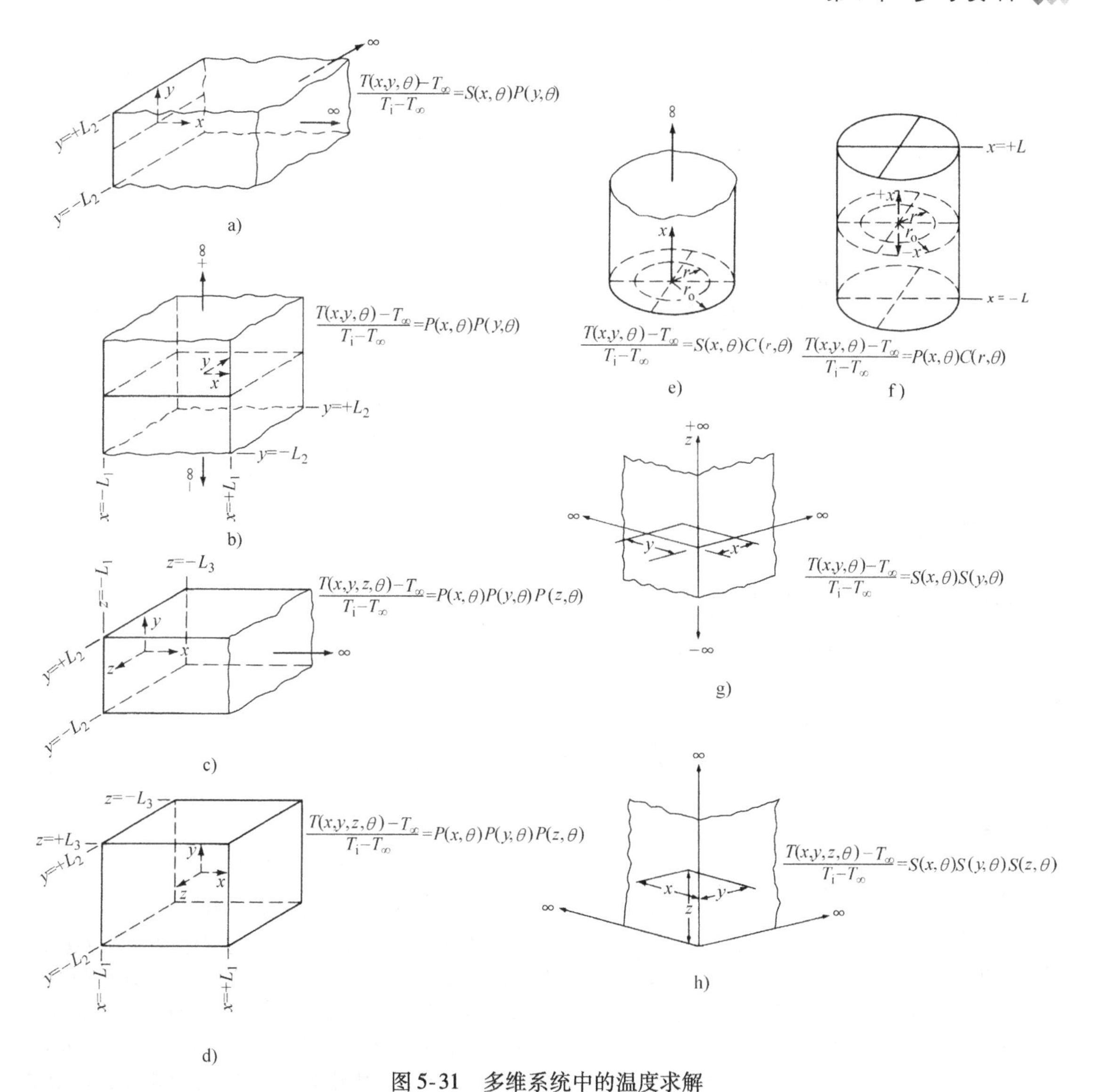

图5-31 多维系统中的温度求解

a）半无限平板 b）无限长矩形棒 c）半无限长矩形棒 d）矩形平行管 e）半无限长圆柱体 f）短圆柱体 g）1/4无限大固体 h）1/8无限大固体

5.4.2 对流换热

流体和固体表面相接触时发生对流换热。如果流体静止不动，这种问题变成了一个简单热传导或简单热扩散问题。如果流体被水泵、风扇、风或其他工具驱动，这个过程一般称为强制对流。如果流体被地心引力，自身输送过程而引起的密度梯度作用等外力驱动，这个过程称为自然对流。对流引起的热传递速率可用牛顿冷却定律来表示，即 $Q=hA(T_s-T_\infty)$。式中，A 表示流体接触表面积；h 表示对流换热系数。对流换热系数是一个与流体流动、流体热物性和系统几何特征相关的复杂公式。一般来说，它的数值大小取决于流体温度 T_∞ 的测量位置。确定对流换热系数有以下四种常见的方法：

1）结合试验进行量纲分析。

2）精确求解边界层方程。

3）根据积分法对边界层做近似分析。

4）进行热量、质量和动量传递之间的类比。

在大多数实际情况下，对流换热系数可以通过经验公式得到。这些经验公式是通过结合相关试验进行量纲分析得到的。对于大多数工程应用，平均值具有重要意义。表5-30给出了工程实践中平均对流换热系数 h 的数量级。根据热传递过程是否包括自然对流或强制对流，对流换热系数通常与一个相关无量纲参数（努塞特数 Nu）和其他三个无量纲参数（雷诺数 Re、普朗特数 Pr、格拉斯霍夫数 Gr）有关。表5-31给出了一些与对流换热问题相关的无量纲参数及其物理解释。

对流换热过程的精确数学分析需要同时求解描述流体运动和能量传递的方程。因此，流体流动的知识对对流换热过程的基础研究很重要。

表5-32概括了在热物性不变的情况下，层流流动的微分方程。流体流动的重要微分方程包括。

1）根据质量守恒定律得到的连续方程。

2）根据牛顿运动第二定律得到的动量方程。

3）根据能量守恒定律得到的能量方程。

表5-30　对流换热系数 *h* 的数量级

热传递方式	Btu/(h · ft² · °F)	W/(m² · K)
空气，自然对流	1～5	6～30
过热蒸汽或空气，强制对流	5～50	30～300
油，强制对流	10～300	60～1800
水，强制对流	50～2000	300～6000
水，沸腾	500～10000	3000～60000
蒸汽，凝结	1000～20000	6000～120000

表5-31　无量纲参数的物理解释

无量纲参数的名称	表达式	物理解释
毕奥数（*Bi*）	$\frac{hL_c}{k}$	内热阻/外热阻
埃克特数（*E*）	$\frac{u_\infty^2}{c_p(T_w-T_\infty)}$	动能/热能
欧拉数（*Eu*）	$\frac{p}{\rho u_\infty^2}$	压力/惯性力
傅里叶数（*Fo*）	$\frac{k\theta}{\rho c_p L_c^2}$	无量纲的瞬时时间/热导率
弗劳德数（*Fr*）	$\frac{u_\infty^2}{L_c g}$	惯性力/重力
格拉斯霍夫数（*Gr*）	$\frac{gL_c^3\beta(T_w-T_\infty)}{v^2}$	（浮力）（惯性力）/（黏滞力）²
刘易斯数（*Le*）	$\frac{D\rho_{cp}}{k}$	质量扩散率/热扩散率
马赫数（*M*）	$\frac{u_\infty}{u_c}$	速度/声速
努赛特数（*Nu*）	$\frac{hL_c}{k}$	温度梯度之比
佩克莱数（*Pe*）	$\frac{c_p\rho u_\infty L_c}{k}$	对流/导热
普朗特数（*Pr*）	$\frac{\mu c_p}{k}$	动量扩散率/热扩散率
瑞利数（*Ra*）	$\frac{gL_c^3\beta(T_w-T_\infty)}{nu\alpha}$	浮力和惯性力/黏滞力和热扩散力
雷诺数（*Re*）	$\frac{\rho\mu_\infty L_c}{\mu}$	惯性力/黏滞力
施密特数（*Sc*）	$\frac{\mu}{\rho D}$	动量扩散率/质量散率
舍伍德数（*Sh*）	$\frac{h_D L_c}{D}$	浓度梯度比
斯坦顿数（*St*）	$\frac{h}{c_p\rho u_\infty}$	板的热传递/对流

表5-32　关于流体流动的几个关键微分方程

连续方程		$\nabla \cdot \boldsymbol{V}=0$
运动方程	自然对流	$\rho\frac{d\boldsymbol{V}}{d\theta}=\mu\nabla^2\boldsymbol{V}-\rho g\beta(T-T_\infty)$
	强制对流	$\rho\frac{d\boldsymbol{V}}{d\theta}=-\nabla_p+\mu\nabla^2\boldsymbol{V}+\rho g$
	能量方程	$\rho c_p\frac{dT}{d\theta}=k\nabla^2T+\mu\overline{\Phi}$

注：1. $\frac{d}{d\theta}$为时间全微分，$\frac{d}{d\theta}=\frac{\partial}{\partial\theta}+\boldsymbol{V}\cdot\nabla$，$\boldsymbol{V}=\boldsymbol{u}_i+\boldsymbol{v}_j+\boldsymbol{w}_k$，速度场。

2. $\overline{\Phi}$为耗散函数，例如对于笛卡儿坐标，

$$\overline{\Phi}=2\left[\left(\frac{\partial u}{\partial x}\right)^2+\left(\frac{\partial v}{\partial y}\right)^2+\left(\frac{\partial w}{\partial z}\right)^2\right]+\left(\frac{\partial v}{\partial x}+\frac{\partial u}{\partial y}\right)^2+\left(\frac{\partial w}{\partial y}+\frac{\partial v}{\partial z}\right)^2+\left(\frac{\partial u}{\partial z}+\frac{\partial w}{\partial x}\right)^2-\frac{2}{3}\left(\frac{\partial u}{\partial x}+\frac{\partial v}{\partial y}+\frac{\partial w}{\partial z}\right)^2$$

3. μ为动力黏度；β为热胀系数。

1. 热量传递和动量传递之间的类比

在强制对流和自然对流的流体动力学分析中，确定流动是否为层流或湍流很重要。当流体的单个单元遵循的路径光滑且呈流线型，就存在层流强制对流和自然对流。当流体单元不稳定且随机运动，流动呈现湍流。雷诺数等无量纲参数群是判断给定条件下层流或湍流是否稳定的标准。描述流体流动和热传递机制的数学公式能够用来描述层流，尽管这些公式只能够分析求解流过平板或穿过圆管等许多简单系统。关于湍流交换机制的理论不够充足，以至于不能直接对其温度分布进行公式描述。但可以用热量和动量传递之间的类比来分析湍流。具体来说，就是根据试验把对流换热系数写成关于摩擦系数f的函数。关于气体或液体在湍流管中的流动，表5-33给出了一些常见的类比公式。对于纯气体，雷诺数类比约等于1。但是当采用科尔伯恩类比时，普朗特数在0.6～50之间。为了在热量和动量传递之间进行类比，有必要了解摩擦系数。对于不同几何体中的层流和湍流，摩擦系数的预测公式见表5-34。流体穿过管束的命名如图5-32所示。此外，图5-33给出了摩擦系数与管流雷诺数的关系，即穆迪图。

表5-33 管流斯坦顿数的类比公式

类比类型	斯坦顿数，$St=\frac{Nu}{RePr}$
雷诺类比	$\frac{f}{8}$
普朗特类比	$\frac{\frac{f}{8}}{1+5\sqrt{\frac{f}{8}}(Pr-1)}$
冯卡门类比	$\frac{\frac{f}{8}}{1+5\sqrt{\frac{f}{8}}\left\{Pr-1+\ln\left[1+\frac{5}{6}(Pr-1)\right]\right\}}$
科尔伯恩类比	$\frac{f}{8}Pr^{-2/3}$
德斯勒和韦伯类比	$\frac{\frac{f}{8}}{1.07+9\sqrt{\frac{f}{8}}(Pr-1)Pr^{-1/4}}$
彼多霍夫和波波夫类比	$\frac{\frac{f}{8}}{1.07+12.7\sqrt{\frac{f}{8}}(Pr^{2/3}-1)}$

注：摩擦系数的定义为$f=\tau_w/(1/2\rho u_b^2)$。在工程应用中还常用到其他摩擦系数，如范宁摩擦系数。它的大小是当前值的1/4。

2. 外流强制对流

外流包括流体流过平板，流过球、线或管等非流线形几何体，以及垂直流向管束。流过平板和非流线形几何体的最重要不同在于边界层的行为。对于流线形几何体，如果它完全发生，边界层分离发生在后端附近。对于非流线形几何体，边界层的分离点通常离主要边界较近。

平板是外流流动分析中最简单的几何体，人们对其进行了全面的研究，得到了非常有用的结果。表5-35总结了几种几何体的外流平均对流换热系数Nu。在管束中的热传递对换热器的设计特别重要。这种情况下相应的平均努赛特数表示为

$$Nu=C\,Re_{max}Pr^{1/3}$$

式中，Re_{max}是根据最大速度得到的雷诺数。在不同无量纲参数中的所有流体性质能够在液膜温度下得到。表5-36给出了流体流过10排以上管束时C和n的值。如果小于10排管束，表5-36中的Nu值需要乘以表5-37中的适应性因子。

表5-34 不同流动状态和几何特征条件下的摩擦系数公式

流动状态和几何特征	摩擦系数公式	适用范围和备注
光滑或粗糙管的层流	$f=\frac{64}{Re}$	$Re<2000$
光滑管或平行板的湍流	$\frac{1}{\sqrt{\frac{f}{4}}}=4.0\lg\left(Re\sqrt{\frac{f}{4}}\right)-0.4$	$Re>3000$
矩形、三角形、梯形导管的湍流	$\frac{f}{4}=0.079Re^{-0.25}$	$Re<100000$
粗糙管的完全湍流	$\frac{1}{\sqrt{\frac{f}{4}}}=4\lg\frac{D}{e}+2.28$	$\frac{D/e}{Re\sqrt{\frac{f}{4}}}>0.01$
粗糙管的过渡流	$\frac{1}{\sqrt{\frac{f}{4}}}=4\lg\frac{D}{e}+2.28-4\lg\left(1+4.67\frac{D/e}{Re\sqrt{\frac{f}{4}}}\right)$	
平板的层流	$f_x=0.664Re_x^{-0.5}$	$Re_x<5\times10^5$
平板的湍流	$f_x=0.0592Re_x^{-0.2}$	$5\times10^5<Re_x<10^7$
流过直线排列管束①	$f=4\left[0.044+\frac{0.08(S_l/D)}{[(S_t/D)/D]^{[10.43+(1.13D/S_l)]}}\right]Re_{max}^{-0.15}$	$2000<Re<40000$
流过交错排列管束①	$f=4\left[0.25+\frac{0.1175}{\left(\frac{S_t-D}{D}\right)^{1.08}}\right]Re_{max}^{-0.16}$	$2000<Re<40000$

注：最大雷诺数$Re_{max}=\frac{\rho u_{max}D}{\mu}$。

① 各符号的意义如图5-32所示。

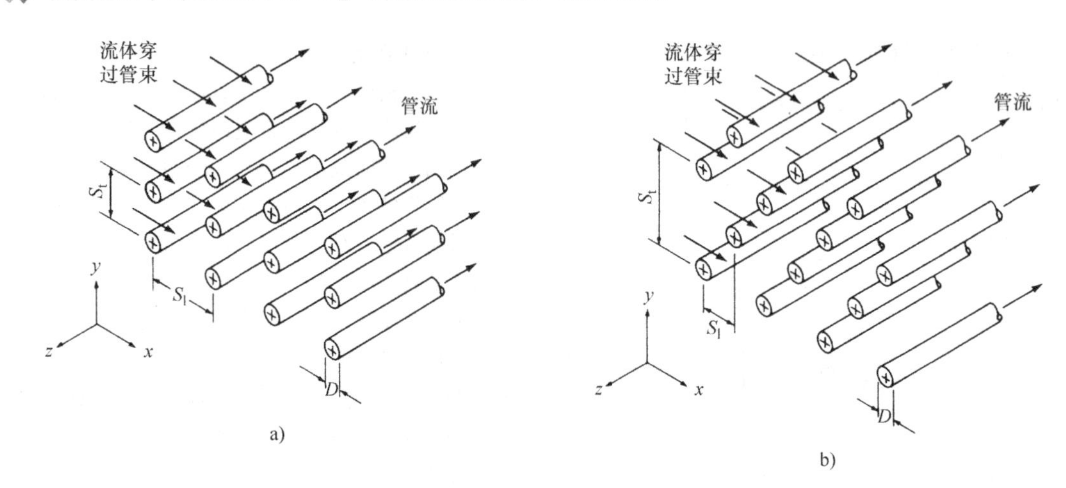

图 5-32 流体流过管束的命名

a）直线排列 b）交错排列

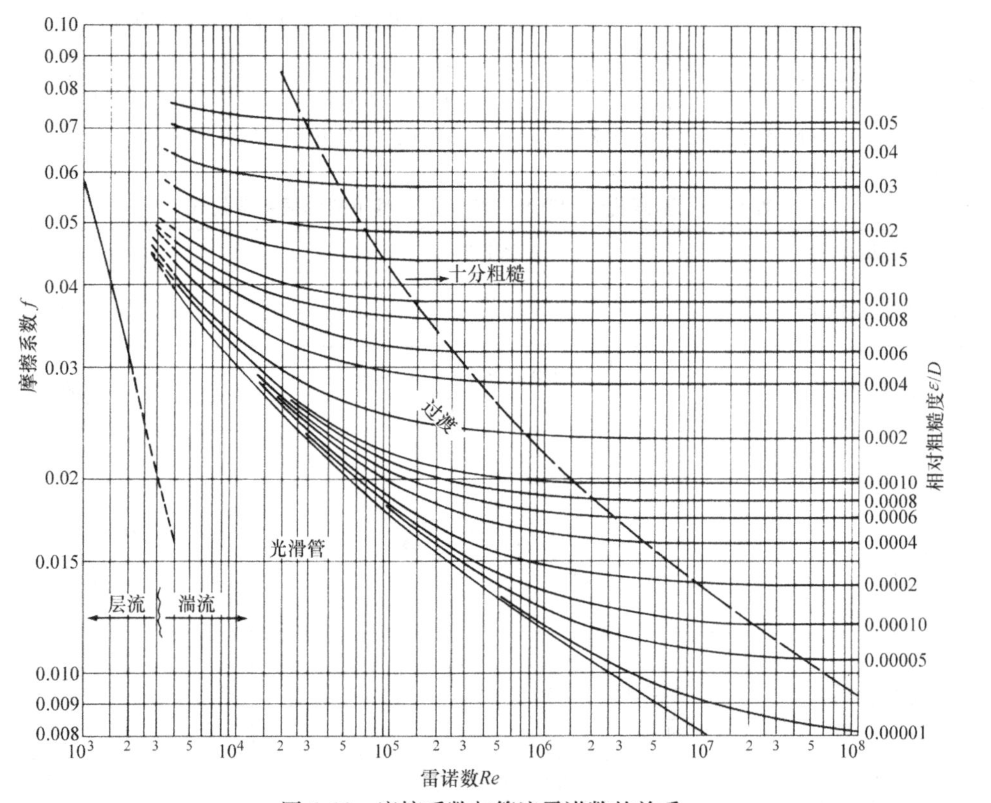

图 5-33 摩擦系数与管流雷诺数的关系

表 5-35 外流强制对流的相关性

几何结构	与 Nu 的关系	适用范围
流过平板	$0.664Re_L^{1/2}Pr^{1/3}$ $(0.036Re_L^{4/5}-836)\ Pr^{1/3}$ $0.036\ (Re_L^{0.8}Pr^{0.43}-17400)+297Pr^{1/3}$ $0.036Pr^{0.42}\ (Re_L^{0.8}-9200)\ (\mu_\infty/\mu_w)^{0.14}$	层流 $Re<5\times10^5$ $Re>5\times10^5$ $10^5<Re_L<5.5\times10^6$，$0.7<Pr<380$ $0.26<\mu_\infty/\mu_w<3.5$

（续）

几何结构	与 Nu 的关系	适用范围
斜板	$0.86Re^{1/2}Pr^{1/3}$	
流过圆柱体	$[0.8327-0.4\ln(RePr)]^{-1}$ $0.3+0.62\phi(1+3.92\times10^{-4}Re^{5/8})^{4/5}$ $\phi=Re^{1/2}Pr^{1/3}[1+(0.4/Pr)^{2/3}]^{-1/4}$ $0.989Re^{0.33}Pr^{1/3}$ $0.911Re^{0.385}Pr^{1/3}$ $0.683Re^{0.466}Pr^{1/3}$ $0.193Re^{0.618}Pr^{1/3}$ $0.0266Re^{0.805}Pr^{1/3}$ $(0.35+0.56Re^{0.62})Pr^{0.3}$ $(0.4Re^{1/2}+0.06Re^{2/3})Pr^{0.4}(\mu_b/\mu_w)^{1/4}$	$RePr<0.2$ $0.2<RePr$ $0.4<Re<4$ $4<Re<40$ $40<Re<4000$ $4000<Re<40000$ $40000<Re<400000$ $0.1<Re<100000$ $5000<Re<100000$
流过方形管	$0.246Re^{0.58}Pr^{1/3}$ $0.102Re^{0.675}Pr^{1/3}$ L_c L_c	$5000<Re<100000$ $5000<Re<100000$

注：所有流体物性均在液膜温度 $T_f=(T_w+T_\infty)/2$ 下得到。雷诺数和普朗特数也在液膜温度下得到。

表 5-36　流体流过 10 排以上管束时 C 和 n 的值

S_t/D		S_t/D							
		1.25		1.5		2.0		3.0	
		C	n	C	n	C	n	C	n
直线排列	1.250	0.348	0.592	0.275	0.608	0.100	0.704	0.0633	0.752
	1.500	0.367	0.586	0.250	0.620	0.101	0.702	0.0678	0.744
	2.000	0.418	0.570	0.299	0.602	0.229	0.632	0.198	0.648
	3.000	0.290	0.601	0.357	0.584	0.374	0.581	0.286	0.608
交错排列	0.600	—	—	—	—	—	—	0.213	0.636
	0.900	—	—	—	—	0.446	0.571	0.401	0.581
	1.000	—	—	0.497	0.558	—	—	—	—
	1.125	—	—	—	—	0.478	0.565	0.518	0.560
	1.250	0.518	0.556	0.505	0.554	0.519	0.556	0.522	0.562
	1.500	0.451	0.568	0.460	0.562	0.452	0.568	0.488	0.568
	2.000	0.404	0.572	0.416	0.568	0.482	0.556	0.449	0.570
	3.000	0.310	0.592	0.356	0.580	0.440	0.562	0.421	0.574

注：$Nu=CRe^nPr^{1/3}$（$2000<Re_{max}<40000$）；几何特征和符号意义如图 5-32 所示。

表 5-37 *N* 排管束的 *Nu* 值与 10 排管束的 *Nu* 值之比

N	1	2	3	4	5	6	7	8	9	10
直线排列	0.64	0.80	0.87	0.90	0.92	0.94	0.96	0.98	0.99	1.0
交错排列	0.68	0.75	0.83	0.89	0.92	0.95	0.97	0.98	0.99	1.0

3. 内流强制对流

在工程上，冷或热的流体流过管道是一个很重要的热传导过程。对于管流的对流热传导问题，会经常遇到两种典型的边界条件：一种是均匀的管壁温度（UWT），另一种是均匀的管壁热流（UHF）。在任何一种情况下，努赛特数都与雷诺数和普朗特数相关。表 5-38 总结了流体充分流动情况下内流强制对流的这种相关性。

表 5-38 内流强制对流的相关性

几何结构	与 *Nu* 的关系	适用范围
流过光滑的圆管 $Re_{cr}=2300$	UWT：$1.86\ (Re\cdot Pr)^{1/3}\ (D/C)^{1/3}\ (\mu/\mu_w)^{0.14}$ UWT：$3.66+\dfrac{0.0668\ (D/L)\ RePr}{1+0.04\ [(D/L)\ RePr]^{2/3}}$ 充分发展 UWT：$Nu=3.685$ UHF：$Nu=4.364$ UWT：$0.021Re^{0.8}Pr^{0.6}$ UHF：$0.022Re^{0.8}Pr^{0.6}$ UHF：$\dfrac{\left(\dfrac{f}{8}\right)RePr\ (\mu/\mu_w)^n}{1.07+12.7\sqrt{\dfrac{f}{8}}\ (Pr^{2/3}-1)}$ $f=(1.82\lg Re-1.64)^{-2}$ 加热时 $n=0.11$，冷却时 $n=0.25$ UWT：$5.0+0.025\ (RePr)^{0.8}$ UHF：$4.82+0.0185\ (RePr)^{0.827}$	层流 $RePr\ (D/L)>10$ 层流 层流 湍流 $0.5<Pr<10$ 湍流 $2<Pr<140$ $5\times10^3<Re<1.25\times10^5$ $0.08<\mu/\mu_w<40$ 液态金属 $1000<RePr$ 液态金属 $10^2<RePr<10^4$ $3.6\times10^3<Re<9.05\times10^5$
流过粗糙的圆管	UWT：$\dfrac{\left(\dfrac{f}{8}\right)RePr}{1+1.5Re^{-1/8}Pr^{-1/6}\ [\ (f/f_s)\ Pr-1]}$ UHF：$\left(\dfrac{f}{8}\right)RePr\left\{[1+5.19Pr^{0.44}\ (e^*)^{0.2}-8.48]\ \sqrt{\dfrac{f}{8}}\right\}$ $e^*=Re\sqrt{\dfrac{f}{8}}\dfrac{\varepsilon}{D}$	$Pr<1$ $500<Re<8\times10^4$ $1.2<Pr<5.9$ $6\times10^4<Re<5\times10^5$ $0.0024<\dfrac{\varepsilon}{D}<0.049$
平板之间流动	UWT：$12+0.03Re^mPr^n$ $m=0.88-\dfrac{0.24}{3.6+Pr}$ $n=0.33+0.5e^{-0.6Pr}$ $8.3+0.02Re^{0.82}Pr^n$ $n=0.52+\dfrac{0.0096}{0.02+Pr}$	$0.1<Pr<10^4$ $10^4<Re<10^6$ $0.004<Pr<0.1$ $10^4<Re<10^6$
螺旋管；线圈直径 *D*；管直径 *d*	UWT：$\dfrac{0.32+3\ (d/D)}{0.86-0.8\ (d/D)}$ $Re^{0.5}Pr^{0.33}\ (d/L)^{0.14+0.8(d/D)}$ UHF：$1.268Re^{0.26}Pr^{1/6}$	$20<Re\ (d/D)^{1/2}<830$ $30<Pr<450$ $0.01<d/D<0.08$

注：UHF 表示在边界上的均匀热流；UWT 表示均匀管壁温度；μ_w是在管壁温度下得到的，其他热物性都是在整体温度下得到的；*f* 是光滑管壁的摩擦系数；ε/D 是管壁的相对粗糙度。

当流体进入管道时，在流体充分加速之前有一段距离叫作入口段距离。在入口段长度之后，流体的速度与轴向位置无关。同样，在温度分布均匀之前的距离叫作热入口段长度。随着流体远离入口，对流换热系数不断减小。表5-39给出了层流流过圆管且管壁温度和热流不变情况下的局部努塞特数。对于湍流，热流耦合的局部努塞特数和在UHF和UWT边界条件下的流动进口段长度分别如图5-34和图5-35所示。

表5-39　管壁热流均匀（UHF）和温度均匀（UWT）情况下，圆管的局部层流努塞特数

$X^* = \frac{x}{r}\frac{1}{RePr}$	管壁热流均匀下的 Nu_{x*}	管壁温度均匀下的 Nu_{x*}
0.001	—	12.86
0.002	—	—
0.004	12.0	7.91
0.010	9.93	5.99
0.020	7.49	—
0.040	6.14	4.18
0.080	5.19	3.79
0.100	—	3.71
0.200	4.51	3.66
∞	4.36	3.66

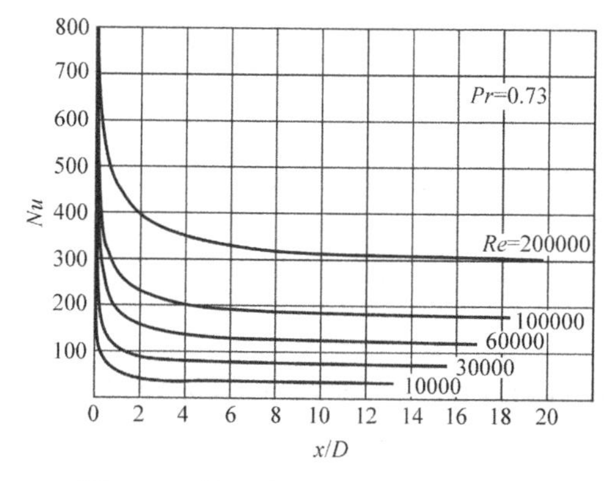

图5-34　管壁热流恒定时，热流耦合圆管入口长度中的努塞特数

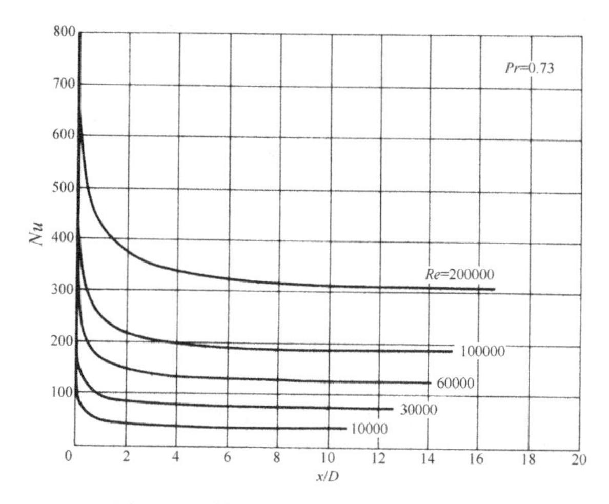

图5-35　管壁温度恒定时，热流耦合圆管入口长度中的努塞特数

4. 自然对流

自然对流和强制对流对储存在流体中的内能传递本质上是相同的。然而，在自然对流中混合运动的强度一般较小，从而导致自然对流换热系数小于强制对流换热系数。对于蒸汽散热器、建筑物墙壁、人体、输电线、变压器、电热丝等在静止大气中的换热过程，自然对流起到了主导作用。确定在空气或制冷设备中的热负荷需要了解自然对流换热系数。重力不是产生自然对流的唯一体积力，离心力和科里奥利力同样影响自然对流换热，特别是在旋转系统中影响最大。等温墙自然对流时，其相应的努赛特数与格拉斯霍夫数和普朗特数相关，即 $Nu = C(GrPr)^n R$。在关系式中，引入修正函数 R 是为了解释反作用和包括一个较宽的参数范围。不同几何系统的自然对流换热系数见表5-40。固体表面和其外界流体之间的自然对流换热速率只取决于流动是否为层流或湍流。对于等温墙，当 $10^4 < PrGr < 10^9$ 时，发生层流自然对流；当 $PrGr > 10^9$ 时，发生湍流自然对流；当 $PrGr < 10^3$ 时，自然对流的影响可被忽略。

对于两个等温垂直板之间的热传递等复杂系统在封闭空间中自然对流换热是另一个有趣的现象。此时，热流与有效或表观热导率 k_e 相关，即

$$\frac{Q}{A} = k_e \frac{\Delta T_w}{\delta}$$

式中，ΔT_w 是两个表面的温差；δ 是两个等温表面的距离。表观热导率考虑了自然对流的影响，其一般形式为

$$\frac{k_e}{k} = C(Gr_\delta Pr)^n \left(\frac{L}{\delta}\right)^m$$

表5-41列出了一些物理系统的 C、n 和 m 值。

5. 混合对流及旋转体的对流

在强制对流中，其流体速度与自然对流的流体速度相当。因此，当空气速度大约为1ft/s，必须考虑强制对流和自然对流的叠加所成的混合对流。如果强制对流的影响非常大，自然对流的影响可忽略。反之，强制对流的影响可忽略。可用 Gr/Re^2 的大小定量描述浮力对强制对流的影响。当 $0.1 < Gr/Re^2 < 10$ 时，水平或垂直于管的自然对流、强制对流和混合对流机制示意图分别如图5-36和图5-37所示。

旋转体中的热传递是典型的混合对流。当旋转速度很小或表面温度和流体温度相差很大时，自然对流起主导作用；当旋转速度足够大时，自然对流的影响就会相对较小，强制对流起主导作用。当 Gr 与 Re^2 的数量级相当时，就要考虑自然对流和强制对流的混合影响。表5-42给出了不同旋转系统中对流换热系数的计算公式。

表 5-40 不同系统的自然对流换热系数 [$Nu=C(GrPr)^nR$]

系统		示意图	C	n	R	适用条件
自由表面	水平圆柱体	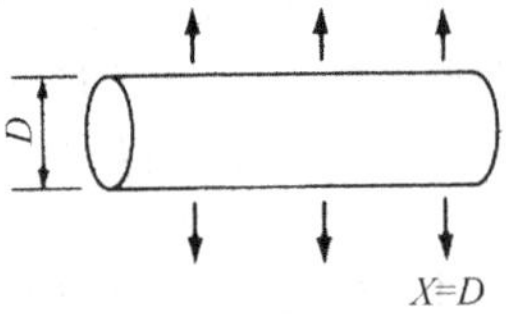 $X=D$	0.53	$\frac{1}{4}$	1	层流
			0.13	$\frac{1}{3}$	1	湍流
	相距较远的垂直板和垂直圆柱体	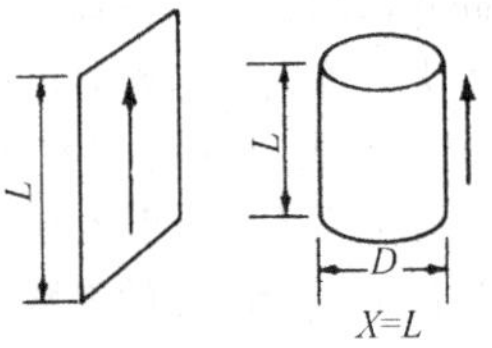 $X=L$	0.8	$\frac{1}{4}$	$\left[1+\left(1+\frac{1}{\sqrt{Pr}}\right)^2\right]^{-1/4}$	层流；当 $C=0.6$，$X=x$ 时，可以计算出局努塞特数；当 $\frac{D}{L}\geqslant 38Gr^{-1/4}$ 时可应用于垂直圆柱体
			0.0246	$\frac{2}{5}$	$[Pr^{1/6}/(1+0.494Pr^{2/3})]^{2/5}$	湍流；当 $C=0.0296$，$X=x$ 时，可以计算出局努塞特数
	加热后面朝上水平放置的平板	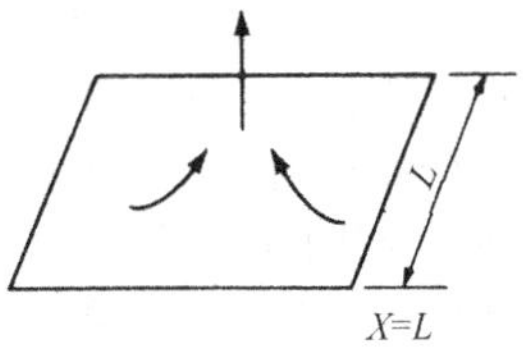 $X=L$	0.54	$\frac{1}{4}$	1	层流；对于直径为 D 的圆盘，$X=0.9D$
			0.14	$\frac{1}{3}$	1	湍流
	半径较小的垂直圆柱体	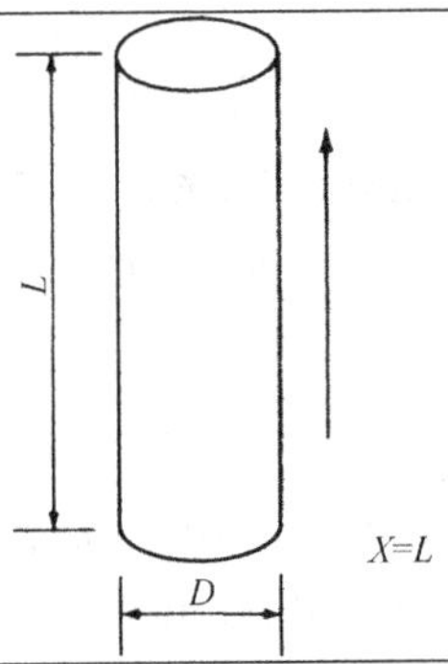 $X=L$	0.686	$\frac{1}{4}$	$[Pr/(1+1.05Pr)]^{1/4}$	层流：$Nu_{总}=Nu+0.52\frac{L}{D}$
	加热后面朝下水平放置的平板	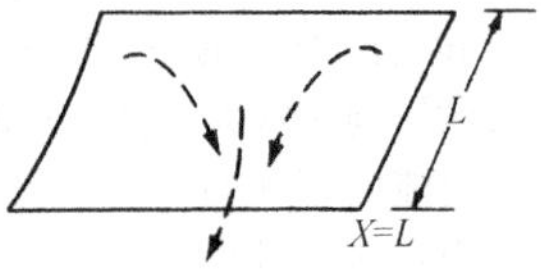 $X=L$	0.27	$\frac{1}{4}$	1	只有层流
	适当倾斜放置的平板	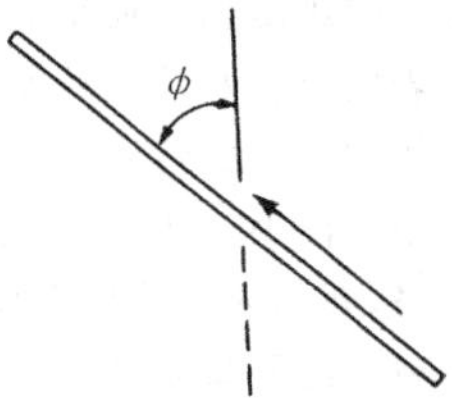 ϕ	0.8	$\frac{1}{4}$	$\left[\frac{\cos\phi}{1+\left(1+\frac{1}{\sqrt{Pr}}\right)}\right]^{1/4}$	层流（对倾斜平板，用 $\cos\phi$ 乘以 Gr）

（续）

系统		示意图	C	n	R	适用条件
自由表面	球体	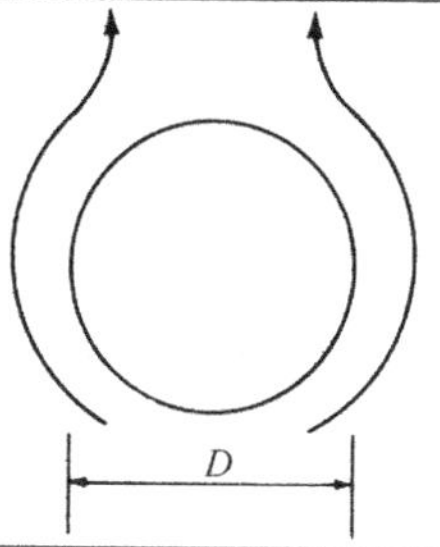 $X=D$	0.9	$\frac{1}{4}$	1	层流（空气）
封闭体	两个平行放置的平板，上板温度较低	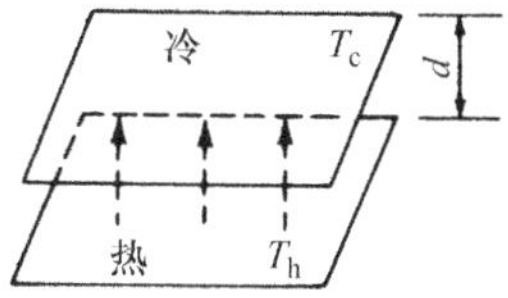 冷 T_c；热 T_h；$\Delta T=T_h-T_c$；$X=d$	0.195	$\frac{1}{4}$	$Pr^{-1/4}$	层流（空气）$10^4<Gr<4\times10^5$
			0.068	$\frac{1}{3}$	$Pr^{-1/3}$	湍流（空气）$Gr>4\times10^5$
	两个垂直放置的平板，两板的温度相同	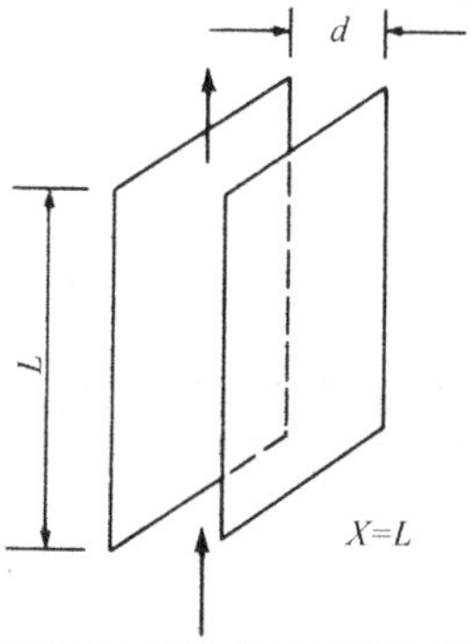 $X=L$	0.04	1	$(d/L)^3$	空气层
	垂直放置的空心圆柱体	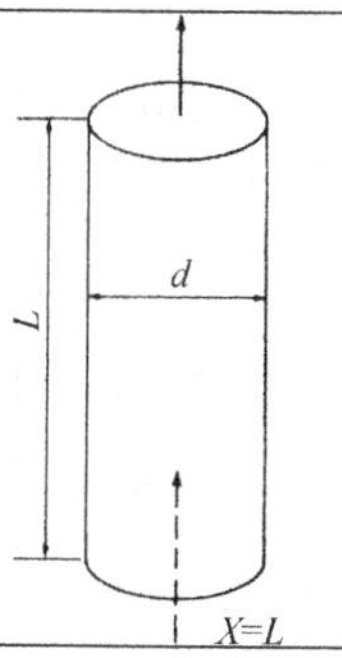 $X=L$	0.01	1	$(d/L)^3$	空气柱
	两个垂直放置的平板，两板的温度不相同	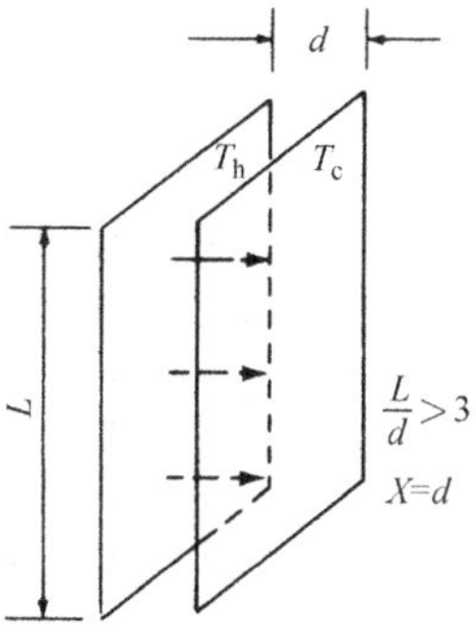 $\frac{L}{d}>3$；$X=d$；$\Delta T=T_h-T_c$	0.18	$\frac{1}{4}$	$(L/d)^{-1/9}(Pr)^{-1/4}$	层流（空气）$2\times10^4<Gr<2\times10^5$
			0.065	$\frac{1}{3}$	$(L/d)^{-1/9}(Pr)^{-1/3}$	湍流（空气）$2\times10^5<Gr<10^7$

（续）

系统		示意图	C	n	R	适用条件
封闭体	两个平行放置的平板，上板温度较高	$Nu=\frac{1}{2}(Nu_{垂直}\cos\phi+Nu_{水平}\sin\phi)$ T_h d T_c $\Delta T=T_h-T_c$ $x=d$	—	—	—	纯热传导 $q=k\frac{(T_h-T_c)}{d}$
			0.27	$\frac{1}{4}$	1	层流（空气）$3\times10^5<GrPr<3\times10^{10}$
	温度均匀的矩形固体	a b c T_w T_∞	0.55	$\frac{1}{4}$	1	层流 $\frac{1}{X}=\frac{1}{c}+\frac{1}{(a+b)/2}$

注：X 表示系统的特征长度；$\Delta T=T_w-T_\infty$；T_h表示温度较高的表面温度；T_c 表示温度较低的表面温度；β 是流体的体积热胀系数；β 是从 T_∞ 或 T_b 中计算得到的，所有热物性（β 除外）是在液膜温度时得到的。

表 5-41 封闭系统中以 $k_e/k=C(Gr_\delta Pr)^n(L/\delta)^m$ 为形式的自然对流经验公式

流体	几何体	$Gr_\delta Pr$	Pr	L/δ	C	n	m
气体	垂直放置的平板，等温	<2000	$k_e/k=1.0$				
		6000~200000	0.5~2	11~42	0.197	$\frac{1}{4}$	$-\frac{1}{9}$
		$200000\sim1.1\times10^7$	0.5~2	11~42	0.073	$\frac{1}{3}$	$-\frac{1}{9}$
	水平放置的平板，等温，下部加热	<1700	$k_e/k=1.0$				
		1700~7000	0.5~2	—	0.059	0.4	0
		$7000\sim3.2\times10^5$	0.5~2	—	0.212	$\frac{1}{4}$	0
		$>3.2\times10^5$	0.5~2	—	0.061	$\frac{1}{3}$	0
液体	水平放置的平板，恒定热流或等温	$10^4\sim10^7$	1~20000	10~40	$0.42(Pr^{0.012})$	$\frac{1}{4}$	-0.3
		$10^6\sim10^9$	1~20	1~40	0.046	$\frac{1}{3}$	0
	水平放置的平板，等温，下部加热	<1700	$k_e/k=1.0$	—			
		1700~6000	1~5000	—	0.012	0.6	0
		6000~37000	1~5000	—	0.375	0.2	0
		$37000\sim10^8$	1~20	—	0.13	0.3	0
		$>10^8$	1~20	0.057	$\frac{1}{3}$	0	0
气体或液体	垂直圆环	和垂直平板相同					
	水平圆环，等温	$6000\sim10^6$	1~5000	—	0.11	0.29	0
		$10^6\sim10^8$	1~5000	—	0.40	0.20	0
	球形环	$120\sim1.1\times10^9$	0.7~4000	—	0.228	0.226	0

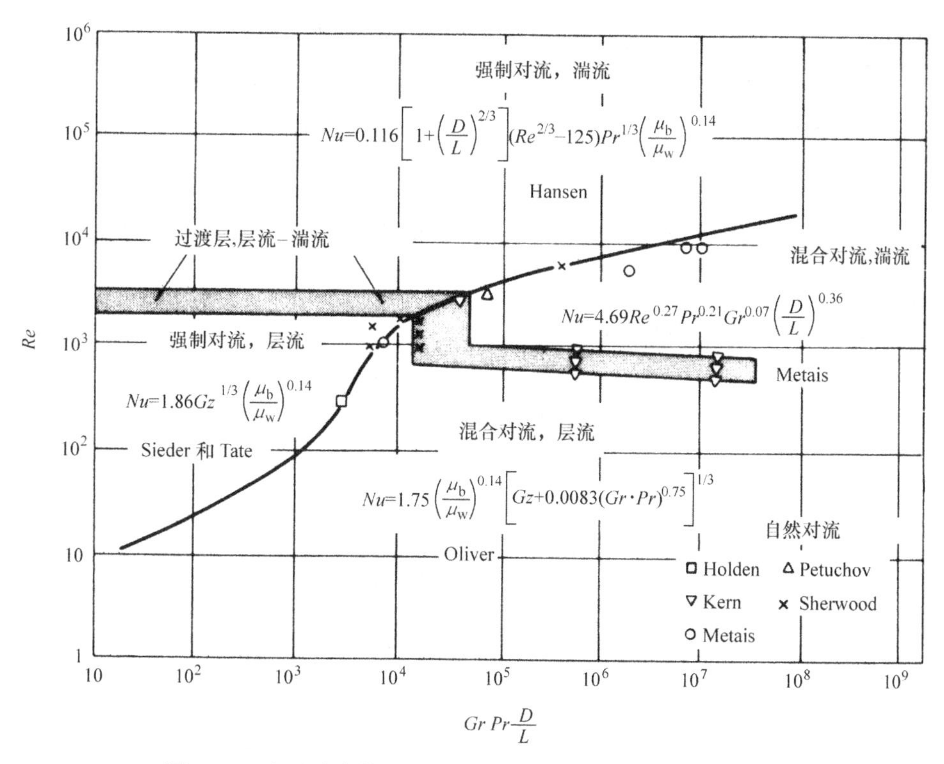

图5-36 流过垂直管的自然对流、强制对流和混合对流机制

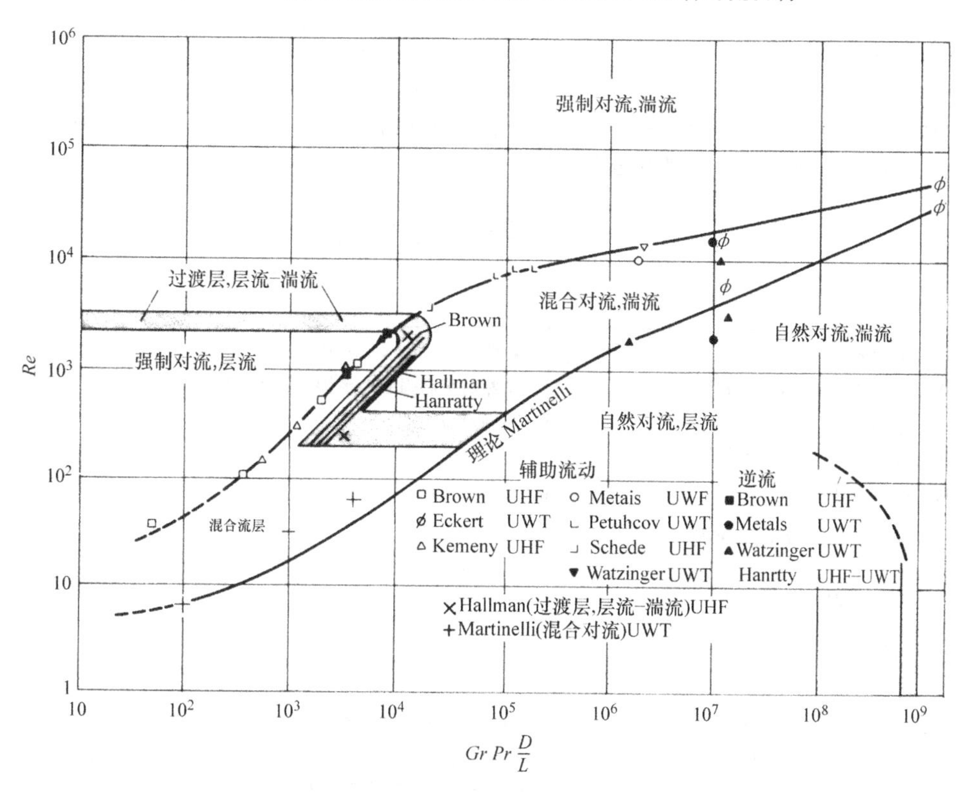

图5-37 流过水平管的自然对流、强制对流和混合对流机制

表 5-42 旋转体的对流换热系数

	公式	条件
旋转圆盘	$Nu=(0.277+0.105Pr)\ Re^{0.5}$ $Nu=1.1Re^{0.5}$ $Nu=0.015Re^{0.8}$ $Nu=0.015Re^{0.8}-100\left(\frac{r_c}{R}\right)^2$ $Nu=0.4\ (Re^2+Gr)^{0.25}$ 式中，$Nu=\frac{hR}{k}$，$Re=\frac{\omega R^2}{\upsilon}$，$Gr=\frac{\beta g R^3 \pi^{3/2}\Delta T}{\upsilon^2}$	层流，$Re<2.5\times10^5$，$0.7<Pr<5.0$ 层流，$Re<2.5\times10^5$，$Pr=10$ 湍流，$Re>2.5\times10^5$，$Pr=0.72$ $r=0\sim r_c$ 之间的层流，$r=r_c\sim R$ 之间的湍流。其中，$r_c=(2.5\times10^5\upsilon/\omega)^{1/2}$，$Pr=0.72$
	自然对流和旋转在层流中的综合影响（旋转轴水平放置） 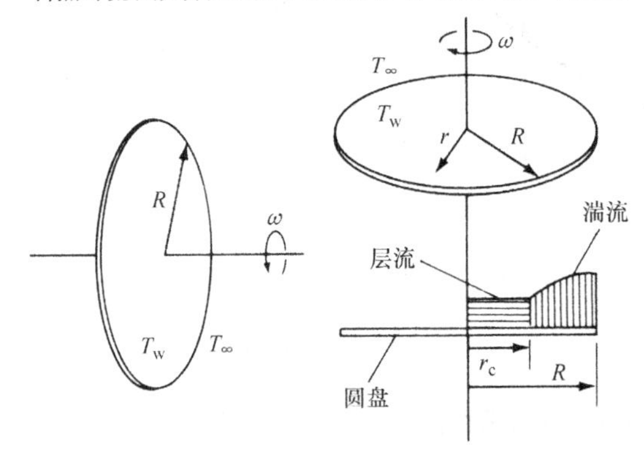	
旋转圆锥体	$Nu=0.515\ (Gr)^{0.25}$ $Nu=0.33Re^{0.5}$ $Nu=Re^{0.5}\ [0.331+0.412\ (Gr/Re^2)\ +\cdots]$ 式中，$Nu=\frac{hL}{k}$，$Re=\frac{\omega L^2\sin\alpha}{\upsilon}$，$Gr=\frac{\beta g L^3\cos\alpha\Delta T}{\upsilon^2}$	层流，自然对流 $Pr=0.72$，$Gr/Re^2>2.0$ 强制对流，$Pr=0.72$，$Gr/Re^2<0.05$ 自然对流和强制对流混合，$Pr=0.72$，$0.2<Gr/Re^2<1.0$ 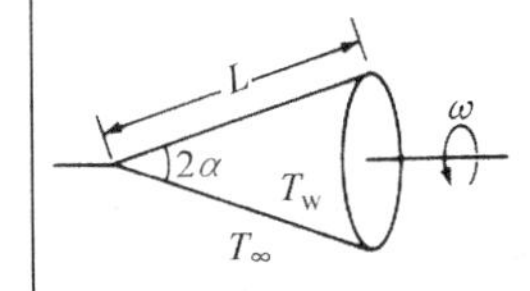
旋转圆柱体	$Nu=0.456\ (GrPr)^{0.26}$ $Nu=0.18\ [\ (0.5Re^2+Gr)\ Pr]^{0.315}$ $Nu=\frac{RePr\sqrt{C_D}}{5Pr+5\ln\ (3Pr+1)}+\sqrt{2/C_D}-12$ C_D 可由以下公式得到: $\frac{Re}{B}=-1.828+1.77\ln B\ (B\geqslant950)$ $\frac{Re}{B}=-3.68+2.04\ln B\ (B<950)$ 式中，$B=Re\sqrt{C_D}$ $Nu=0.135\ [\ (0.5Re^2+Re_f^2+Gr)\ Pr]^{0.33}$ 式中，$Nu=\frac{hD}{k}$，$Re=\frac{\omega D^2}{\upsilon}$，$Re_f=\frac{\gamma_\infty D}{\upsilon}$，$Gr=\frac{\beta g D^3\Delta T}{\upsilon^2}$	自然对流，$Re<(Gr/Pr)^{0.5}$ 自然对流和强制对流混合，$Re\leqslant5\times10^4$ 强制对流，$Re>10^5$ 旋转、自然对流和交错流动的综合影响，$Re_f<1.5\times10^4$，$0.6<Pr<15$，$10^3<Re<5\times10^4$，方括号［］中的值 $<10^9$ 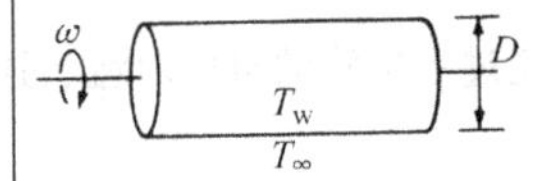

（续）

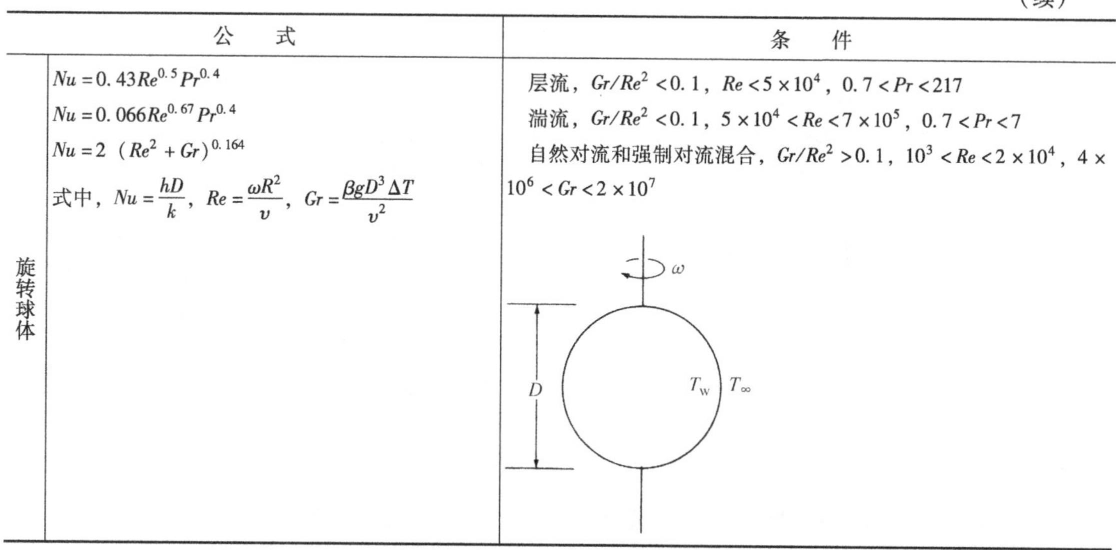

	公　式	条　件
旋转球体	$Nu=0.43Re^{0.5}Pr^{0.4}$	层流，$Gr/Re^2<0.1$，$Re<5\times10^4$，$0.7<Pr<217$
	$Nu=0.066Re^{0.67}Pr^{0.4}$	湍流，$Gr/Re^2<0.1$，$5\times10^4<Re<7\times10^5$，$0.7<Pr<7$
	$Nu=2\ (Re^2+Gr)^{0.164}$	自然对流和强制对流混合，$Gr/Re^2>0.1$，$10^3<Re<2\times10^4$，$4\times10^6<Gr<2\times10^7$
	式中，$Nu=\dfrac{hD}{k}$，$Re=\dfrac{\omega R^2}{v}$，$Gr=\dfrac{\beta gD^3\Delta T}{v^2}$	

注：流体的热物性是在液膜温度下得到的；ω 表示旋转角速度；X 表示特征长度；$\Delta T=T_w-T_\infty$；C_D表示表面阻力系数。

5.4.3 热辐射

热辐射与辐射体的温度密切相关。尽管人们还没有完全明白辐射的物理机制，但很多时候可以把辐射能想象为电磁波或光子的传递，尽管没有任何观点可以完全描述所观测现象的本质。如图5-38所示，电磁现象包括了从宇宙短波和γ射线到无线长波等各类辐射。对于热辐射，波长范围为10^{-7}～10^{-4}m。可见光谱波长为3.9×10^{-7}～7.8×10^{-7}m。各类电磁辐射在真空中的传播速度$c=\lambda v=33.9\times10^8$m/s。其中，$\lambda$是波长，$v$是频率。辐射与热传导和对流有两大区别：第一，辐射不需要传播介质；第二，辐射的能量与辐射体表面温度的四次方或五次方成正比。

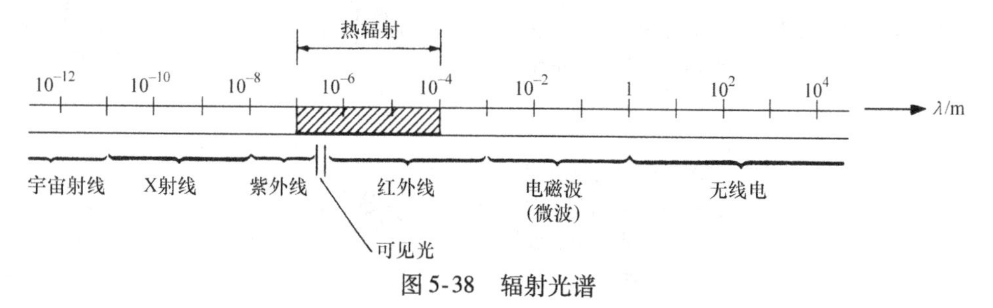

图5-38　辐射光谱

1. 黑体和热辐射基本定律

当物体受到热辐射时，一部分辐射能被吸收，一部分被反射，其余的穿过物体。在数学上可表示为$\alpha+\rho+\tau=1$。其中，α、ρ和τ分别为吸收率、反射率和透射率。它们分别表示吸收、反射和穿透的能量分数。对于大部分不透明固体，除非其非常薄，几乎没有辐射能可以穿透。在这种情况下，$\alpha+\rho=1$。只有吸收没有反射的物体叫作黑体。尽管黑体并不存在，但它可以作为比较实际物体吸收和放出辐射的标准。

对于黑体，其总辐射强度可用斯特藩－玻尔兹曼定律来描述。其辐射密度的直接分布可用朗伯余弦定律来描述。辐射密度的光谱分布可用普朗克分布定律和最大光谱辐射密度表示。其中，可用维恩位移定律得到最大光谱辐射密度。如图5-39所示，当黑体表面对整个半球面均匀热辐射时，辐射热量Q表示为$Q=A\sigma\ (T_1^4-T_2^4)$。其中，T_1为黑体表面温度，A为表面积，T_2为环境温度。

定向辐射力垂直于物体表面且等于辐射强度。而黑体半球辐射力是定向辐射力的π倍。表5-43总结了黑体的热物性。下面介绍一些热辐射基本定律。

（1）基尔霍夫定律　在热平衡情况下，实际物体的辐射强度与相同温度下黑体辐射力的比值等于实际物体的辐射吸收率，其表达式为

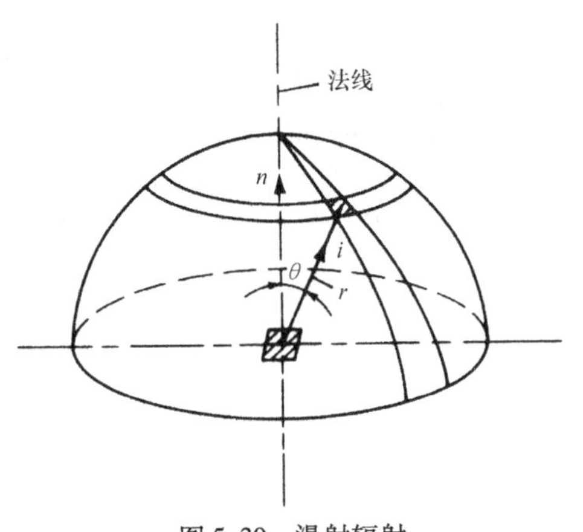

图 5-39 漫射辐射

$$\frac{e}{e_b}=\alpha \text{ 或 } \varepsilon=\alpha$$

在给定温度下，灰体表面的辐射率等于吸收率。

（2）朗伯余弦定律 给定方向的辐射强度与辐射方向和面源法线夹角的余弦成正比，即

$$i_{b\theta}=i_{bn}\cos\theta$$

半球空间上，黑体的辐射强度与方向无关，且其辐射率等于半球辐射率，即 $\varepsilon_n=\varepsilon$。

（3）普朗克辐射分布定律 黑体辐射强度的光谱分布表示为

$$i_{\lambda b}=\frac{2C_1}{\lambda^5(e^{C_2/\lambda T}-1)}$$

该公式给出了辐射光谱中每个波长放射能量的数量级。上述公式可以重新表示为

$$\frac{i_{\lambda b}}{T^5}=\frac{2C_1}{(\lambda T)^5(e^{C_2/\lambda T}-1)}$$

可以看出，对于一个给定的（λT），在任何温度下 $i_{\lambda b}/T^5$ 的值相同。它们两者之间的关系可以用单曲线来描述。

（4）斯特藩-玻尔兹曼定律 黑体的总辐射力正比于其表面绝对温度的四次方。黑体半球总辐射力表示为

$$e_b=\int_0^{\infty}e_{\lambda b}\mathrm{d}\lambda=\int_0^{\infty}\pi i_{\lambda b}\mathrm{d}\lambda=\sigma T^4$$

式中，σ 为斯特藩-玻尔兹曼常数。

（5）维恩位移定律 随着温度增加，最大的黑体辐射强度向短波长方向移动。在温度 T 下，最大辐射强度波长的计算公式为 $\lambda_{max}T=C_3$。

表 5-44 给出了之前提到的各常数的数值大小。

表 5-43 黑体的热物性

符号	名称	定义	示意图	公式
$i'_{\lambda b}(\lambda, T)$	光谱强度	单位时间内垂直通过单位投影面积，单位立体角内，单位波长间隔大约为 λ 的辐射能量	λ；90°	$\frac{2C_1}{\lambda^5(e^{C_2/\lambda T}-1)}$ 普朗克定律
$i'_b(T)$	总强度	单位时间内垂直通过单位投影面积，单位立体角内，所有波长的辐射能量	所有λ；90°	$\frac{\sigma T^4}{\pi}$
$e'_{\lambda b}(\lambda, \theta, T)$	定向光谱辐射力	单位时间内，在与表面法线夹角为 θ 的方向上通过单位表面积，单位立体角内，单位波长间隔的辐射能量	θ；λ；90°	$i'_{\lambda b}\cos\theta$
$e'_b(\theta, T)$	定向总辐射力	单位时间内，在与表面法线夹角为 θ 的方向上通过单位表面积，单位立体角内，所有波长的辐射能量	θ；所有λ；90°	$\frac{\sigma T^4}{\pi}\cos\theta$

（续）

符号	名称	定义	示意图	公式
$e_{\lambda b}$ (λ, $\theta_1-\theta_2$, $\varphi_1-\varphi_2$, T)	有限立体角光谱辐射力	单位时间内，单位表面积上，在立体角为 $\theta_1\leqslant\theta\leqslant\theta_2$，$\varphi_1\leqslant\varphi\leqslant\varphi_2$，单位波长间隔的辐射能量	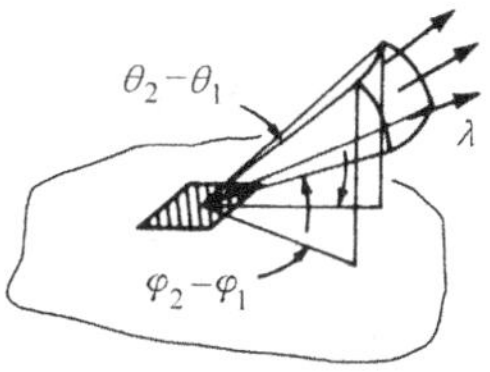	$i'_{\lambda b}\dfrac{\sin^2\theta_2-\sin^2\theta_1}{2}(\varphi_2-\varphi_1)$
e ($\theta_1-\theta_2$, $\varphi_1-\varphi_2$, T)	有限立体角总辐射力	单位时间内，单位表面积上，在立体角为 $\theta_1\leqslant\theta\leqslant\theta_2$，$\varphi_1\leqslant\varphi\leqslant\varphi_2$，所有波长的辐射能量	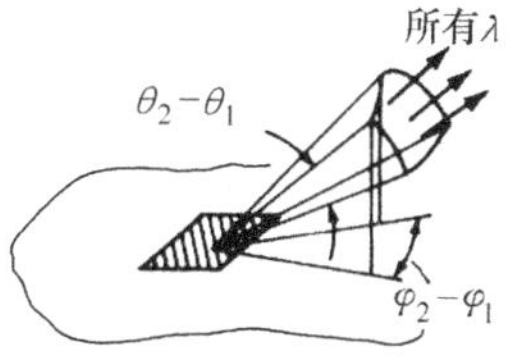	$\dfrac{\sigma T^4}{\pi}(\varphi_2-\varphi_1)\dfrac{\sin^2\theta_2-\sin^2\theta_1}{2}$
$e_{\lambda b}$ ($\lambda_1-\lambda_2$, $\theta_1-\theta_2$, $\varphi_1-\varphi_2$, T)	有限立体角光谱段辐射力	单位时间内，单位表面积上，在立体角为 $\theta_1\leqslant\theta\leqslant\theta_2$，$\varphi_1\leqslant\varphi\leqslant\varphi_2$，波长段为 $\lambda_1-\lambda_2$ 的辐射能量	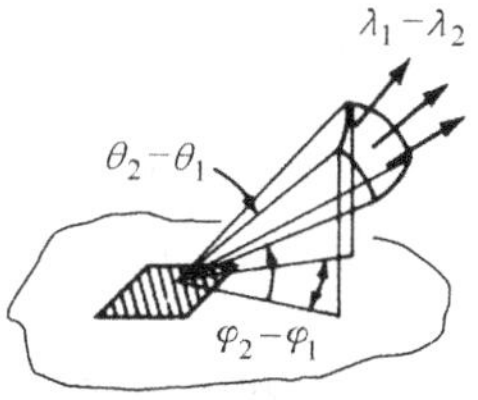	$\dfrac{\sigma T^4}{\pi}(\varphi_2-\varphi_1)\dfrac{\sin^2\theta_2-\sin^2\theta_1}{2}\times(F_{0-\lambda_2}-F_{0-\lambda_1})$
$e_{\lambda b}$ (λ, T)	半球光谱辐射力	单位时间内，单位表面积上，在半球立体角内，单位波长间隔的辐射能量	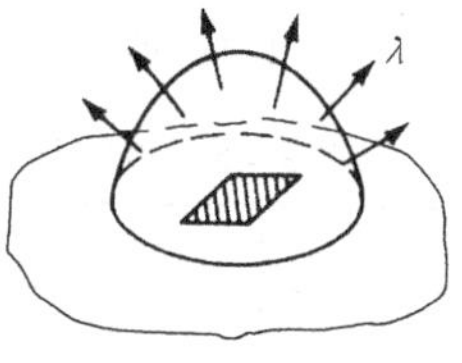	$\pi i'_{\lambda b}$
$e_{\lambda b}$ ($\lambda_1-\lambda_2$, T)	半球光谱段辐射力	单位时间内，单位表面积上，在半球立体角内，波长段为 $\lambda_1-\lambda_2$ 的辐射能量	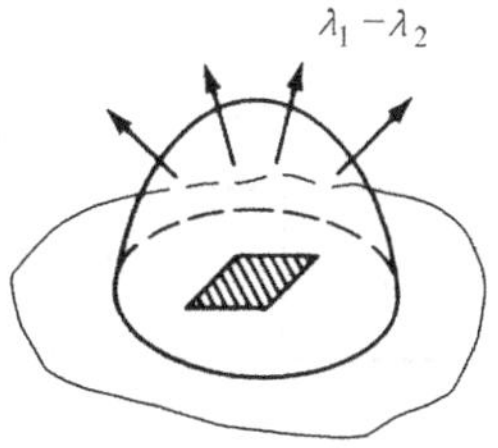	$(F_{0-\lambda_2}-F_{0-\lambda_1})\sigma T^4$
e (T)	半球总辐射力	单位时间内，单位表面积上，在半球立体角内，所有波长的辐射能量	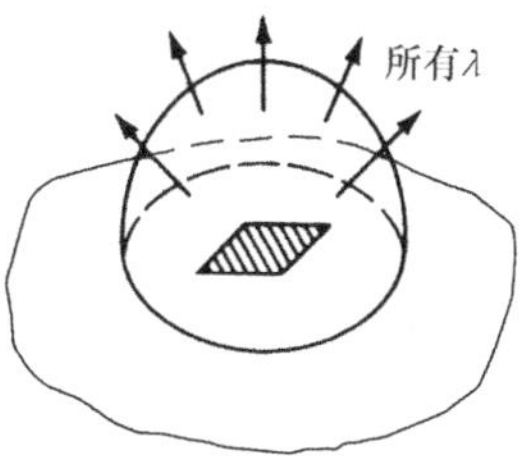	σT^4 斯特藩－玻尔兹曼定律

注：光谱的辐射能量取决于波长，上标（′）表示定向量；$F_{0\sim\lambda}$ 表示波长为 $0\sim\lambda$ 上的总黑体辐射强度或辐射力，即 $F_{0-\lambda}=\int_0^{\lambda}\dfrac{e_{\lambda b}(\lambda)\mathrm{d}\lambda}{\sigma T^4}$。

表 5-44 普朗克、斯特藩－玻尔兹曼和维恩方程中的常数大小

常数	定义	取值
C_1	普朗克光谱能量分布第一常数	$0.595\times10^{-9}\text{W}\cdot\text{m}^2$
C_2	普朗克光谱能量分布第二常数	$1.438\times10^{-2}\ \text{m}\cdot\text{K}$
C_3	维恩位移定律	$0.289\times10^{-2}\ \text{m}\cdot\text{K}$
σ	斯特藩－玻尔兹曼常数	$5.669\times10^{-8}\text{W}/(\text{m}^2\cdot\text{K}^4)$

2. 辐射形状因子

许多特殊的问题中包括了辐射。除非温度足够高以至于发生电离或分解，不同表面之间的介质对其热辐射密度有很大的影响。单原子或大多数双原子气体是透明的。在热传递分析中，大多数表面可以被认为是漫射发射体和辐射反射体。因此，计算辐射换热的关键问题是计算表面之间的总漫射辐射分数。从表面 A_i 发射的辐射落到另一个表面 A_j 上的百分比称为辐射形状因子 F_{i-j}。下标 i 表示发射表面，下标 j 表示接受表面。

如图 5-40 所示，对于黑体表面 A_1 和 A_2，它们之间的净辐射热量表示为

$$Q_{1-2}=\sigma(T_1^4-T_2^4)A_1F_{1-2}=\sigma(T_1^4-T_2^4)A_1F_{2-1}$$

式中

$$F_{1-2}=\frac{1}{\pi A_1}\int_{A_1}\int_{A_2}\frac{\cos\theta_1\cos\theta_2}{S^2}\mathrm{d}A_1\mathrm{d}A_2$$

$$F_{2-1}=\frac{1}{\pi A_2}\int_{A_1}\int_{A_2}\frac{\cos\theta_1\cos\theta_2}{S^2}\mathrm{d}A_1\mathrm{d}A_2$$

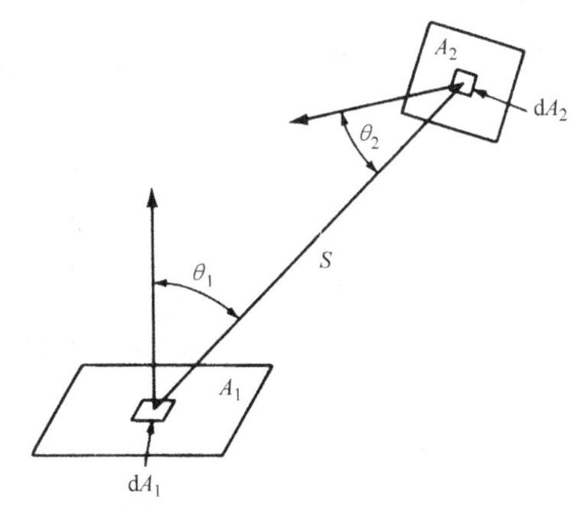

图 5-40 几何形状因子符号

漫射辐射的形状因子 F_{i-j} 是两个表面的几何特性。F_{1-2} 与 F_{2-1} 之间满足互相作用关系，即 $A_1F_{1-2}=A_2F_{2-1}$。表 5-45 总结了几种净能量传递情况下的形状因子和能量转换关系。图 5-41 描述了两个不同面积的辐射视角因子。

表 5-45 形状因子和能量转换的关系

净能量传递	形状因子	相互作用关系
元面积和元面积之间 $\mathrm{d}^2Q_{d1\leftrightarrow d2}=\sigma(T_1^4-T_2^4)\mathrm{d}A_1\mathrm{d}F_{d1-d2}$	$\mathrm{d}F_{d1-d2}=\frac{\cos\theta_1\cos\theta_2}{\pi S^2}\mathrm{d}A_2$	$\mathrm{d}A_1\mathrm{d}F_{d1-d2}=\mathrm{d}A_2\mathrm{d}F_{d2-d1}$
元面积和有限面积之间 $\mathrm{d}Q_{d1\leftrightarrow d2}=\sigma(T_1^4-T_2^4)\mathrm{d}A_1F_{d1-2}$	$F_{d1-2}=\int_{A_2}\frac{\cos\theta_1\cos\theta_2}{\pi S^2}\mathrm{d}A_2$	$\mathrm{d}A_1F_{d1-2}=A_2\mathrm{d}F_{2-d1}$
有限面积和有限面积之间 $Q_{1\leftrightarrow2}=\sigma(T_1^4-T_2^4)A_1F_{1-2}$	$F_{1-2}=\frac{1}{A_1}\int_{A_1}\int_{A_2}\frac{\cos\theta_1\cos\theta_2}{\pi S^2}\mathrm{d}A_2\mathrm{d}A_1$	$A_1F_{1-2}=A_2F_{2-1}$

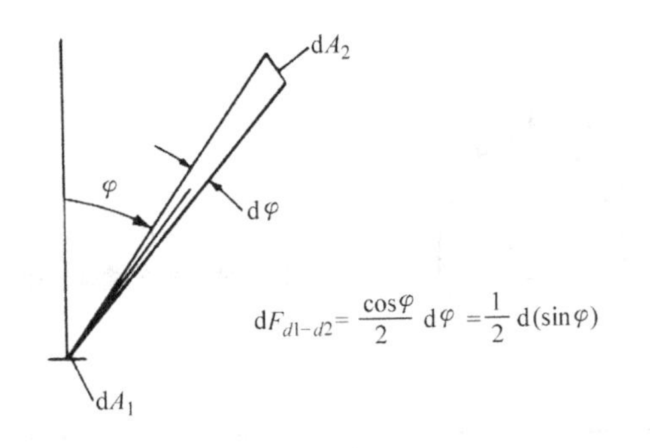

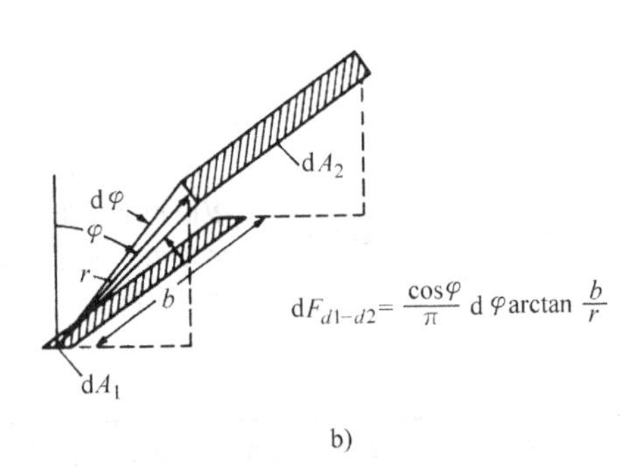

图 5-41 两个不同面积的辐射视角因子

a）特定宽度和任意长度的面积 $\mathrm{d}A_1$ 向特定宽度无限长条 $\mathrm{d}A_2$，两者之间存在并行生成线

b）在并行生成线上，特定宽度和长度为 b 的长条向特定宽度相同长度的长条

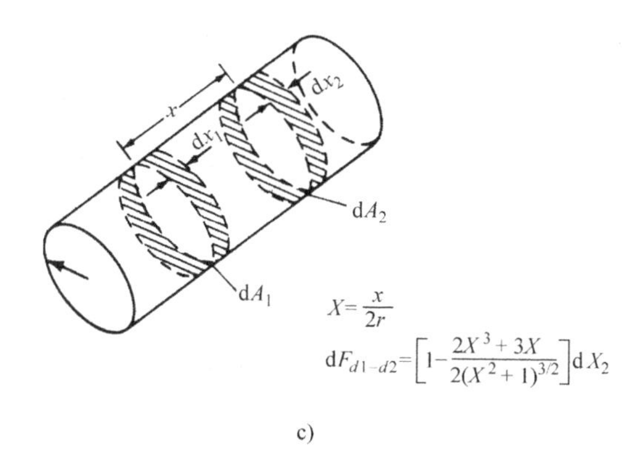

c)

图 5-41 两个不同面积的辐射视角因子（续）

c）在直立圆柱体内的两个环单元

3. 黑体空腔的辐射换热

设有 N 个等温黑体表面组成的空腔，如图 5-42 所示。热辐射在第 k 个表面的净能量损失或为了维持第 k 个表面温度为 T_k 时所必须提供的热量为

$$Q_k = \sigma A_k \sum_{j=1}^{N} (T_k^4 - T_j^4) F_{k-j}$$

这就是第 k 个表面向周围表面的总辐射换热量。

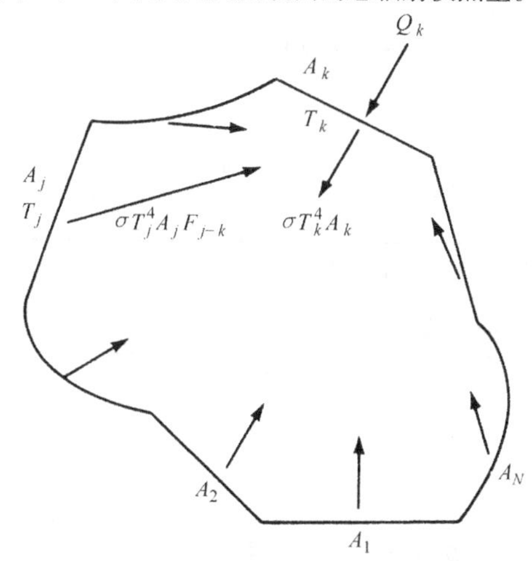

图 5-42 N 个等温黑体面组成的空腔

4. 灰体空腔的辐射换热

设有 N 个不连续的表面组成的空腔，如图 5-43 所示。热辐射从一个表面出发，一部分被其他表面反射或多次反射，一部分被吸收。可用净辐射方法来分析这一复杂的辐射换热过程。根据这种方法可获得漫射灰体空腔中热流和温度之间的关系。表 5-46 总结了不同边界条件下的这种关系。

正如表 5-46 所示，为了获得第 k 个表面上的输入外热源 Q_k、辐射度 j_k 和表面温度 T_k，需要求解 N 个方程。表 5-47 给出了工程应用中一些常见系统的

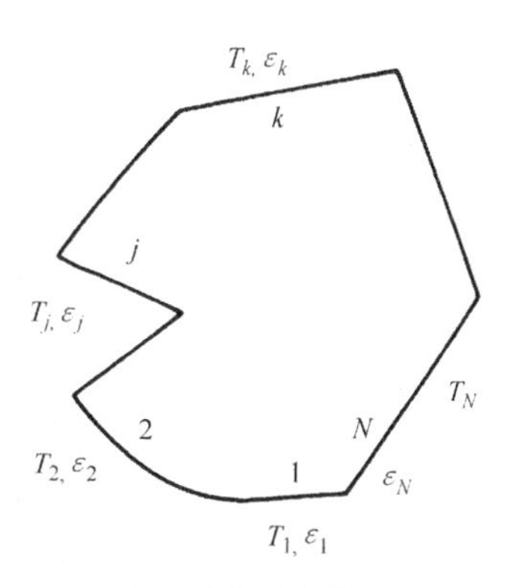

图 5-43 N 个不连续的灰体面组成的空腔

漫射表面间的辐射能交换率。

5. 辐射屏蔽

借助可隔绝辐射传播的屏蔽能够在很大程度上减小辐射换热。通常，辐射屏蔽材料的热导率较高且辐射率较低。如果辐射屏蔽放置在相互辐射的表面之间或覆盖在一个表面上来隔绝辐射热，屏蔽效果就会更好。如图 5-44 所示，当两个无限大平行面被 N 层辐射屏蔽层隔开时，稳定传热状态下的辐射热流强度 q 表示为

$$q = \frac{\sigma(T_1^4 - T_2^4)}{1/\varepsilon_1 + 1/\varepsilon_2 - 1 + \sum_{n=1}^{N}(1/\varepsilon_{n1} + 1/\varepsilon_{n2} - 1)}$$

式中，ε_{n1} 和 ε_{n2} 是屏蔽层两侧的辐射率。大多数情况下，屏蔽层两侧的辐射率相等。如果各层屏蔽的辐射率都等于 ε_s。上式变为

$$q = \frac{\sigma(T_1^4 - T_2^4)}{1/\varepsilon_1 + 1/\varepsilon_2 - 1 + N(2/\varepsilon_s + -1)}$$

如果墙壁的辐射率和屏蔽层的辐射率相同，即 $\varepsilon_1 = \varepsilon_2 = \varepsilon_s$，上式中可以进一步简化为

$$q = \frac{\sigma(T_1^4 - T_2^4)}{(N+1)(2/\varepsilon_s - 1)}$$

表 5-46 能量通量与温度在漫射灰体空腔中的关系

边界条件	所需的量	关系
所有表面温度均为 T_k	Q_k	$\sum_{j=1}^{N}\left(\frac{\delta_{kj}}{\varepsilon_j}-F_{k-j}\frac{1-\varepsilon_j}{\varepsilon_j}\right)\frac{Q_j}{A_j}=\sum_{j=1}^{N}(\delta_{kj}-F_{k-j})\sigma T_j^4$
$1\leqslant k\leqslant N$	J_k	$\delta_{kg}=\begin{cases}1\varsigma & 当k=j时\\0\varsigma & 当k\neq j时\end{cases}$ $\sum_{j=1}^{N}[\delta_{kj}-(1-\varepsilon_k)F_{k-j}]J_j=\varepsilon_k\sigma T_k^4$ $k=1,2,\cdots,N$
所有表面的热流均为 Q_k	T_k	$\sum_{j=1}^{N}(\delta_{kj}-F_{k-j})\sigma T_j^4=\sum_{j=1}^{N}\left(\frac{\delta_{kj}}{\varepsilon_j}-F_{k-j}\frac{1-\varepsilon_j}{\varepsilon_j}\right)\frac{Q_j}{A_j}$
$1\leqslant k\leqslant N$	J_k	$(J_k-\sum_{j=1}^{N}F_{k-j}J_j)=\frac{Q_k}{A_k}$
$T_k,1\leqslant k\leqslant m$	$Q_k,1\leqslant k\leqslant m$	$\sum_{j=1}^{N}[\delta_{kj}-(1-\varepsilon_k)F_{k-j}]J_j=\varepsilon_k\sigma T_k^4 \quad 1\leqslant k\leqslant m$
$Q_k,m+1\leqslant k\leqslant N$	$T_k,m+1\leqslant k\leqslant N$ $J_k,1\leqslant k\leqslant N$	$\sum_{j=1}^{N}(\delta_{kj}-F_{k-j})J_j=\frac{Q_k}{A_k} \quad m+1\leqslant k\leqslant N$ 用以上 N 个方程先求解 J_j，然后： $Q_k=\frac{A_k\varepsilon_k}{1-\varepsilon_k}(\sigma T_k^4-J_k) \quad 1\leqslant k\leqslant m$ $T_k=\left[\left(\frac{Q_k(1-\varepsilon_k)}{A\varepsilon_k}+J_k\right)\frac{1}{\sigma}\right]^{1/4} \quad m+1\leqslant k\leqslant N$

注：Q_k等于向第 k 个表面输入的外热源；J_k是辐射度，或者是单位时间和单位面积离开第 k 个表面的能量。

表 5-47 漫射表面间的辐射能交换率

示意图	辐射热交换率
灰体表面向黑体环境 T_2 $\varepsilon_1A_1T_1$	$Q_{1-2}=\varepsilon_1\sigma(T_1^4-T_2^4)A_1$
两个任意表面 $\varepsilon_1A_1T_1$ $\varepsilon_2A_2T_2$	$Q_{1-2}=\frac{\sigma\varepsilon_1\varepsilon_2A_1F_{1-2}(T_1^4-T_2^4)}{\varepsilon_1\varepsilon_2+\varepsilon_2F_{1-2}(1-\varepsilon_1)+\varepsilon_1F_{2-1}(1-\varepsilon_2)}$

（续）

示意图	辐射热交换率
两个无限大的平板 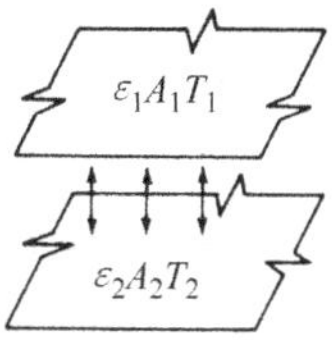	$Q_{1-2}=\dfrac{1}{\dfrac{1}{\varepsilon_1}+\dfrac{1}{\varepsilon_2}-1}\sigma(T_1^4-T_2^4)A_1$
一个小的封闭体和空腔 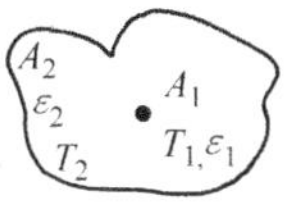	$Q_{1-2}=\varepsilon_1A_1\sigma(T_1^4-T_2^4)$
无限长的同心圆柱体、同心球体或者任意封闭体和包裹它的空腔 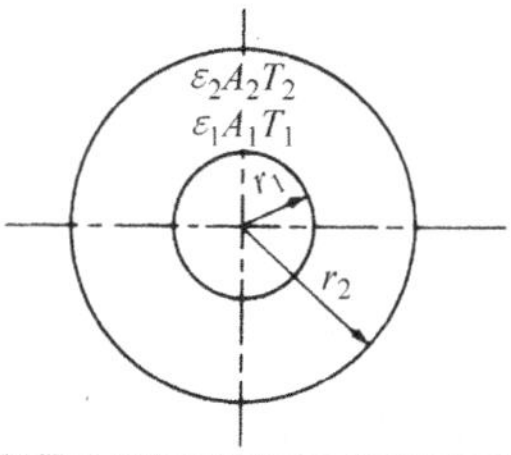	$Q_{1-2}=\dfrac{1}{\dfrac{1}{\varepsilon_1}+\dfrac{A_1}{A_2}\left(\dfrac{1}{\varepsilon_2}-1\right)}\sigma(T_1^4-T_2^4)A_1$
在辐射表面下的两个黑体表面 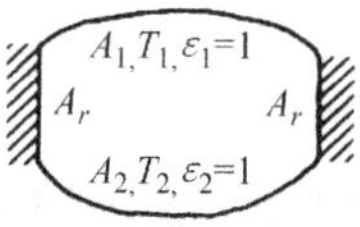	$Q_{\underset{r}{1-2}}=r(T_1^4-T_2^4)A_1F_{1r2}$ 式中，$F_{\underset{r}{1-2}}=F_{1-2}+\dfrac{1}{\dfrac{1}{F_{1-r}}+\dfrac{A_1}{A_2F_{2-4}}}$
在辐射表面下两个不能发现彼此的黑体表面 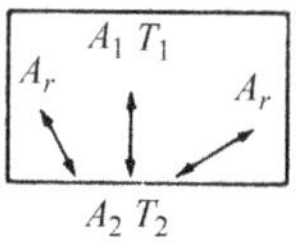	$Q_{1-2}=\sigma(T_1^4-T_2^4)A_1F_{1-2}$ 式中，$F_{1-2}=\dfrac{A_2-A_1F_{1-2}^2}{A_1+A_2-2A_1F_{1-2}}$
在辐射表面下的两个任意灰体表面 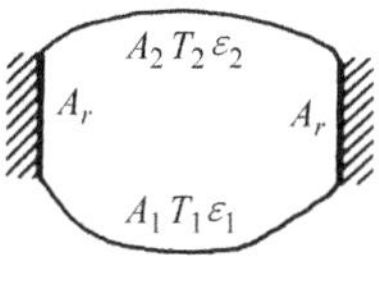	$Q_{\underset{r}{1-2}}=\sigma A_1F_{1-2}(T_1^4-T_2^4)$ 式中，$F_{1-2}=\dfrac{1}{\dfrac{1}{F_{1r2}}+\dfrac{1}{\varepsilon_1}-1+\dfrac{A_1}{A_2}\left(\dfrac{1}{\varepsilon_2}-1\right)}$ 且 $F_{\underset{r}{1-2}}=F_{1-2}+\dfrac{1}{\dfrac{1}{F_{1-r}}+\dfrac{A_1}{A_2F_{2-r}}}$
一个气体和一个黑体边界表面 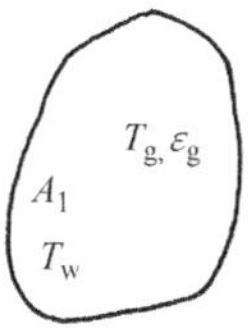	$Q_{A-g}=\sigma A_1(\varepsilon_gT_g^4-\alpha_gT_w^4)$

（续）

示意图	辐射热交换率
在辐射边界表面下一个气体和一个黑体边界表面 A_r T_g, ε_g A_1, T_w	$Q_{\underset{r}{A-g}} = \bar{\varepsilon} g A_1 (T_g^4 - T_w^4)$ 式中，$\bar{\varepsilon}_g = \left[1 + \dfrac{A_r/A_1}{1 + \dfrac{\varepsilon_g}{(1-\varepsilon_g)F_{r-1}}}\right]\varepsilon_g$ = 等效辐射率
在辐射边界表面下一个气体和一个灰体边界表面 A_r T_g, ε_g $A_1 \varepsilon_1 T_w$	$Q_{\underset{r}{A-c}} = \dfrac{\sigma A_1 (T_g^4 - T_w^4)}{\dfrac{1}{\varepsilon_g} + \dfrac{1}{\varepsilon_1} - 1}$ 式中，$\bar{\varepsilon}_g = \left[1 + \dfrac{A_r/A_1}{1 + \dfrac{\varepsilon_g}{(1-\varepsilon_g)F_{r-1}}}\right]\varepsilon_g$

可见，随着屏蔽层数增加辐射热流强度减小。如图 5-45 所示，同心圆柱或球形屏蔽层的热辐射屏蔽与平板的类似。因此，通过同心圆柱或球形屏蔽层的辐射热流强度 Q 可表示为

$$Q = \frac{A_1 \sigma (T_1^4 - T_2^4)}{1/\varepsilon_1 + (A_1/A_2)(1/\varepsilon_2 - 1) + \sum_{n=1}^{N} (A_1/A_{sn})(1/\varepsilon_{n1} + 1/\varepsilon_{n2} - 1)}$$

式中，两个墙壁的面积 A_1 和 A_2，以及屏蔽层的面积 A_{sn} 都各不相同。如果各个屏蔽层的辐射率都等于 ε_s，则

$$Q = \frac{A_1 \sigma (T_1^4 - T_2^4)}{1/\varepsilon_1 + 1/\varepsilon_s - 1 + \sum_{n=1}^{N-1} (A_1/A_{sn})(2/\varepsilon_s - 1) + (A_1/A_{sn})(1/\varepsilon_s + 1/\varepsilon_2 - 1)}$$

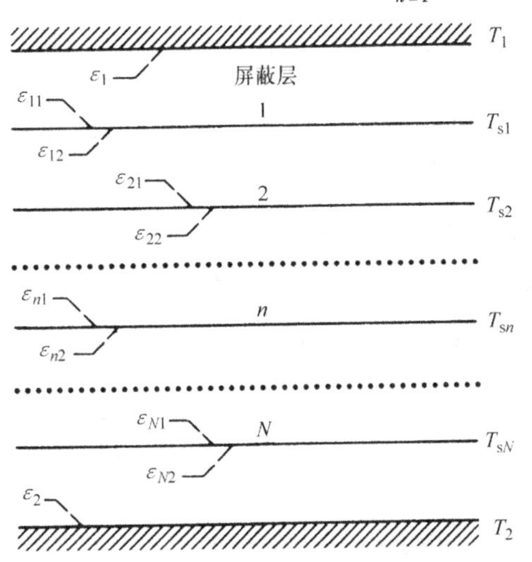

图 5-44　两个无限大平行面被 N 层辐射屏蔽层隔开

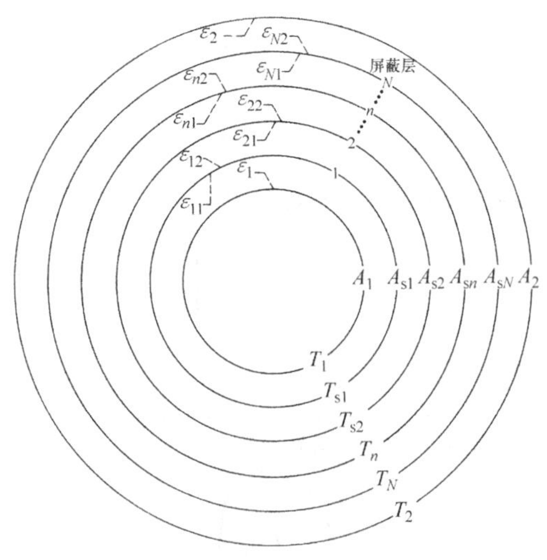

图 5-45　同心圆柱或球形之间的辐射屏蔽层

1. L.C. Thomas, *Fundamentals of Heat Transfer,* Prentice Hall, Englewood Cliffs, NJ, 1980
2. D.Q. Kern and A.D. Kraus, *Extended Surface Heat Transfer,* 2nd ed., McGraw-Hill, New York, 1972
3. V.S. Arpaci, *Conduction Heat Transfer,* Addison-Wesley, Reading, MA, 1966
4. B.T.F. Chung, "Heat Transfer Processes Notes," University of Akron, unpublished work
5. J.P. Holman, *Heat Transfer,* 5th ed., McGraw-Hill, St. Louis, 1981
6. H.Y. Wong, *Handbook of Essential Formulas and Data on Heat Transfer for Engineers,* Longman Group Ltd., London, 1977
7. B.V. Karlekar and R.M. Desmond, *Engineering Heat Transfer,* West Publishing, New York, 1977
8. M.W. Kays and M.E. Crawford, *Convective Heat and Mass Transfer,* 2nd ed., McGraw-Hill, New York, 1980
9. R.V. Andrews, Solving Conductive Heat Transfer Problems with Electrical-Analogue Shape Factors, *Chemical Engineering Progress*, Vol 5 (No. 2), 1955, p 67
10. R. Siegel and J.R. Howell, *Thermal Radiation Heat Transfer,* 2nd ed., McGraw-Hill, New York, 1980
11. B.T.F. Chung and M.H.N. Naraghi, A Simpler Formulation for Radiative View Factors from Spheres to a Class of Axisymmetric Bodies, *J. Heat Transf.*, Vol 104, 1982, p 201
12. M.H.N. Naraghi and B.T.F. Chung, Radiation Configuration Factor Between Disks and a Class of Axisymmetric Bodies, *J. Heat Transf.*, Vol 104, 1982, p 426
13. *ASM Handbook of Engineering Mathematics,* American Society for Metals, 1983

选择参考文献

- J.T. Anderson and O.A. Saunders, Convection from an Isolated Heated Horizontal Cylinder Rotating about its Axis, *Proc. Roy. Soc.*, Vol 217A, 1953, p 555
- C.K. Brown and W.H. Gauvin, Combined Free and Forced Convection, Parts I & II, *Can. J. Chem. Eng.*, Vol 43, 1965, p 306, 313
- A.J. Buschman and C.M. Pittmann, "Configuration Factors for Exchange of Radiant Energy between Axisymmetric Sections of Cylinders, Cones and Hemispheres and Their Base," NASA TN D-944, 1961
- A.J. Chapman, *Heat Transfer*, 3rd ed., MacMillan, New York, 1974
- B.T.F. Chung and P.S. Sumitra, Radiation Shape Factor from Plane Point Sources, *J. Heat Transf.*, Vol 94, 1972, p 328
- B.T.F. Chung and M.H.N. Naraghi, Some Exact Solutions for Radiation View Factors for Spheres, *AIAA J.*, Vol 19, 1981, p 1077
- B.T.F. Chung, M.M. Kermani and M.H.N. Naraghi, "A Formulation of Radiation View Factors from Conical Surfaces," AIAA Paper 83–0156, 1983
- E.C. Cobb and O.A. Saunders, Heat Transfer from a Rotating Disc, *Proc. Rov. Soc.,* Vol 236A, 1956, p 343
- R.G. Deissler Analysis of Turbulent Heat Transfer, Mass Transfer and Friction in Smooth Tubes at High Prandtl Numbers," NASA TR 1210, 1955
- D.F. Dipprey and R.H. Sabersky, Heat and Momentum Transfer in Smooth and Rough Tubes at Various Prandtl Numbers, *Int. J. Heat Mass Transf.*, Vol 6, 1963, p 329
- E. Eckert and T. Jackson, "Analysis of Turbulent Free Convection Boundary Layer on Flat Plate," NASA TN 2207, 1950
- E.R.G. Eckert and R.M. Drake, *Heat and Mass Transfer,* 2nd ed., McGraw Hill Book Co., New York, 1959
- A.J. Ede, Advances in Free Convection, *Advances in Heat Transfer,* Vol 4, Academic Press, 1967
- R.M. Frand, Heat Transfer by Forced Convection from a Cylinder to Water in Crossflow, *Int. J. Heat Mass Transf.*, Vol 8, 1965, p 995
- A. Feingold and K.G. Gupta, New Analytical Approach to the Evaluation of Configuration Factors in Radiation from Spheres and Infinitely Long Cylinders, *J. Heat Transf.*, Vol 92, 1970, p 67
- M. Fishenden and O.A. Saunders *An Introduction to Heat Transfer,* Oxford University Press, 1950
- E.D. Grimson, Correlation and Utilization of New Data on Flow Resistance and Heat Transfer for Cross Flow of Gases over Tube Banks, *Trans. ASME,* Vol 59, 1937, p 583
- H. Grober, S. Erk and U. Grigull *Fundamentals of Heat Transfer,* McGraw-Hill, New York, 1961
- E. Hahne and U. Grigull, Formfakter and Formweider stand der Stationaun Mehrdimensionalen Warmeleitung, *Int. J. Heat Mass Transf.*, Vol 18, 1975, p 251
- D.C. Hamilton and W.R. Morgan "Radiant Interchange Configuration Factors," NASA TN 2836, 1952
- M.P. Heisler, Temperature Charts for Induction and Constant Temperature Heating, *Trans. ASME,* Vol 69, 1947, p 227
- R.G. Hering and R.J. Grosh, Laminar Combined Convection from a Rotating Cone,

J. Heat Transf., Vol 85, 1963, p 29

- H.C. Hottel, Radiant Heat Transmis Between Surfaces Separated by Non-absorbing Media, *Trans. ASME,* Vol 53, 1931, p 265
- F.P. Incropera and D.P. Dewitt, *Fundamentals of Heat Transfer,* John Wiley & Sons, New York, 1981
- M. Jakob, *Heat Transfer,* Vol 1, John Wiley & Sons, New York, 1957
- M. Jakob, *Heat Transfer,* Vol 2, John Wiley & Sons, New York, 1957
- M. Jakob, Heat Transfer and Flow Resistance in Cross Flow of Gases over Tube Banks, *Trans. ASME,* Vol 60, 1938, p 384
- W.M. Kays and R.K. Lo, "Basic Heat Transfer and Flow Friction Data for Gas Flow Normal to Banks of Staggered Tubes: Use of a Transient Technique, Stanford University," Tech. Rep. 15, Navy Contract N6-ONR 251 T.O.6, 1952
- W.M. Kays and I.S. Bjorklund, Heat Transfer from a Rotating Cylinder with and without Cross Flow, *Trans. ASME,* Vol 80, 1958, p 70
- J.G. Knudsen and D.L. Katz, *Fluid Dynamics and Heat Transfer,* McGraw-Hill, St. Louis, 1958
- H. Kramers, Heat Transfer from Spheres to Flowing Media, *Physica,* Vol 12, 1946, p 61
- F. Kreith, L.R. Roberts, J.A. Sullivan, and S. N. Sinha, Convection Heat Transfer and Flow Phenomena of Rotating Spheres, *Int. J. Heat Transf.*, Vol 6, 1963, p 881
- F. Kreith, Convective Heat Transfer in Rotating Systems, *Advances in Heat Transfer,* Vol 5, Academic Press, 1968
- F. Kreith, *Principles of Heat Transfer,* 3rd ed., Harper & Row, New York, 1973
- S.S. Kutateladze and V.M. Borishanskii, *A Concise Encyclopedia of Heat Transfer,* Pergamon Press, 1966
- E.J. LeFevre and A.J. Ede, Laminar Free Convection from the Outer Surface of a Vertical Circular Cylinder, *Proc. Ninth Congress, Applied Mech. Paper 1167,* 1956
- H. Leuenberger and R.A., Person, "Compilation of Radiation Shape Factors for Cylindrical Assemblies," ASME Paper 56-A-144, 1956
- J.H. Lienhard, *A Heat Transfer Textbook,* Prentice Hall, Englewood Cliffs, NJ, 1981
- W.H. McAdams, *Heat Transmission,* 3rd ed., McGraw-Hill, New York, 1954
- B. Metais and E.R.G. Eckert, Forced, Mixed and Free Convection Regimes, *ASME J. Heat Transf.*, Vol 86, 1964, p 295
- V.T. Morgan, The Overall Convective Heat Transfer from Smooth Circular Cylinders, *Advances in Heat Transfer,* Vol 11, Vol Academic Press, 1975
- M.N. Ozisik, *Boundary Value Problems of Heat Conduction,* International Textbook Co., Scranton, PA, 1968
- S. Ostrach, "An Analysis of Laminar Free Convective Flow and Heat Transfer about a Flat Plate Parallel to the Direction of the Generating Body Force," NASA TN 2635, 1952
- B.S. Petukhov and V.N. Popov, Theoretical Calculation of Heat Exchange and Frictional Resistance in Turbulent Flow in Tubes of an Incompressible Fluid with Variable Physical Properties, *Trans. High Temp.* Vol 17 (No. 1), 1963
- R.W. Powell, C.Y. Ho, and P.E. Lidey, "Thermal Conductivity of Selected Materials," NSRDS-NBS 8, Washington, D.C., U.S. Department of Commerce, 1966
- W.M. Rohsenow and J.P. Hartnett, *Handbook of Heat Transfer,* McGraw-Hill, New York, 1973
- R. Rudenberg, Die Ausbreitung der Luft-und Erdfelder um Hocha-pannungaleitungen besonders bei Erd und Kurzschterssen, *Electrotech. Z.*, Vol 46, 1945, p 1342
- P.J. Schneider, *Conduction Heat Transfer,* Addison-Wesley, Reading, MA, 1955
- P.J. Schneider, *Temperature Response Charts,* John Wiley & Sons, New York, 1963
- E.M. Sparrow, T.M. Hallman, and R. Seigel, Turbulent Heat Transfer in the Thermal Entrance Region of a Pipe with Uniform Heat Flux, *Appl. Sci. Res.*, Vol A7, 1957, p 37
- E.M. Sparrow and R.D. Cess, *Radiation Heat Transfer,* Wadsworth Publishing Co., Englewood Cliffs, NJ, 1966
- Y.S. Touloukian, R.W. Powell, C.Y. Ho, and P.G. Klemens, *Thermophysical Properties of Matter,* Vol 1–3, IFI/Plenum Data Corporation, New York, 1970
- R.L. Webb, A Critical Evaluation of Analytical Solutions and Reynolds Analogy Equations for Turbulent Heat and Mass Transfer in Smooth Tubes, *Warme-und Stoffubertragung,* Bd. 4, 1971, p 197
- S. Whitaker, Forced Convection Heat Transfer Correlation for Flow in Pipes, Past Flat Plate, Single Cylinders, Single Spheres and Flow in Packed Beds and Tube Bundles, *AICHE J.*, Vol 18, 1972, p 361